智能电能表
现场检测方法及错误接线分析

孟凡利　祝素云　李晗晖　刘　浩　编著

中国电力出版社
CHINA ELECTRIC POWER PRESS

内　容　提　要

智能电能表与传统的电能表最大的不同是具有双向计量、双向通信及多种费控等功能。

本书以DL/T 448—2000《电能计量装置技术管理规程》为依据，以智能电能表及互感器联合接线检测分析为主，根据现场实测数据结果，结合智能电能表屏幕所显示的功能，重点介绍智能电能表及电压互感器二次侧不断相和断相时的错误接线实例分析。

本书可作为现场计量人员的学习用书，也可供相关专业人员参考。

图书在版编目（CIP）数据

智能电能表现场检测方法及错误接线分析/孟凡利等编著．北京：中国电力出版社，2012.8（2025.11重印）

ISBN 978－7－5123－3388－8

Ⅰ.①智…　Ⅱ.①孟…　Ⅲ.①智能电度表－检测②智能电度表－接线错误－分析　Ⅳ.①TM933.4

中国版本图书馆CIP数据核字（2012）第181633号

中国电力出版社出版、发行

（北京市东城区北京站西街19号　100005　http://www.cepp.sgcc.com.cn）

北京天宇星印刷厂印刷

各地新华书店经售

*

2012年12月第一版　　2025年11月北京第五次印刷

787毫米×1092毫米　16开本　34.5印张　832千字

印数6001—6500册　　定价**79.00**元

前 言

近年来，随着各种先进技术在电网中的广泛应用，智能化已经成为电网发展的必然趋势。所谓智能电网，是将先进的传感量测技术、信息通信技术、分析决策技术、自动控制技术和能源电力技术相结合，并与电网基础设施高度集成而形成的新型现代化电网。智能电能表是智能电网不可或缺的基本重要组成部件。国家电网公司正在大规模实施电能量信息采集工程，智能电能表是实现信息采集的最基本组成部分。智能电能表由测量单元、数据处理单元、通信单元等组成，具有电能量计量、信息存储及处理、实时监测、自动控制、信息交互等功能。智能电能表与传统的电能表最大不同是具有双向计量、双向通信及多种费控等功能。智能电能表与机械式电能表工作原理不同，例如，电能表等效电路图（即每相分压值变化情况），对于机械表来说每元件阻值是一定的，每组元件分压值是相等的；而智能电能表阻值则不固定，其分压值随电能表内部分压设计原理（互感器、阻容分压等）的不同而变化，即使是具有一定实践经验的计量检定人员也不容易判断。由于智能电能表面市较晚而规模应用较快，关于错误接线分析多见于机械式电能表，而对智能电能表的分析很少见。本书主要是以智能电能表分析为主，结合现场实际情况，尽可能地利用较少且方便携带的仪器结合电能表屏幕显示出的参数进行各种情况的判断，同时介绍了在现场分析的方法及智能电能表的具体应用。

本书利用智能电能表本身具有的功能显示结合现场仪器测定数据进行对比判断，即多依靠科学的检测仪器，尽量少利用人力经验，通过巡视电能表屏显的功能参数来初步判断表计运行是否正常，简化现场判断过程，快速掌握分析判断的方法，以减少计量装置故障运行时间。同时还能促使检测设备制造厂商不断研发、完善检测设备的功能。

本书主要编著者为焦作供电公司孟凡利、祝素云、刘浩，郑州万特电气有限公司李晗晖。前五章由孟凡利、祝素云共同编写，第六章由刘浩编写；孟凡利、祝素云、李晗晖及古长周参与数据测试分析。本书在编写过程中，得到了郑州万特电气有限公司、河南许继仪表有限公司、杭州海兴电力科技有限公司、杭州百富电子技术有限公司、威胜集团有限公司、宁波三星电气股份有限公司在技术层面的大力支持，在此表示感谢。

由于编写时间和作者水平有限，书中难免有误，在此恳请同行及广大读者批评指正。

编　者

2012 年 1 月

目　录

前言

第一章　概述……………………………………………………………………………… 1
第一节　智能电能表的工作原理……………………………………………………… 1
第二节　智能电能表各测量单元的功能……………………………………………… 2
第三节　智能电能表与机械式电能表的差异………………………………………… 9
第四节　智能电能表的外形、布局及液晶显示含义 ………………………………… 12
第二章　智能电能表现场检测方法 ……………………………………………………… 20
第一节　检测设备的分类及测量点的选择 …………………………………………… 20
第二节　测量方法及分析 ……………………………………………………………… 21
第三节　现场校验仪测量方法 ………………………………………………………… 24
第四节　现场测量电能表数据时应注意的事项 ……………………………………… 36
第三章　电能表的内部分压为三角/“V”形结构时电压互感器二次侧不断相错误接线的实例分析 …………………………………………………………………………… 38
第一节　电压相序为 UVW 时的错误接线实例分析 ……………………………… 38
第二节　电压相序为 VWU 时的错误接线实例分析 ……………………………… 49
第三节　电压相序为 WUV 时的错误接线实例分析 ……………………………… 61
第四节　电压相序为 WVU 时的错误接线实例分析 ……………………………… 74
第五节　电压相序为 VUW 时的错误接线实例分析 ……………………………… 86
第六节　电压相序为 UWV 时的错误接线实例分析 ……………………………… 99
第四章　电能表的内部分压为三角形结构时电压互感器二次侧断相错误接线的实例分析…………………………………………………………………………… 112
第一节　电压相序为 UVW 时的错误接线实例分析 ……………………………… 112
第二节　电压相序为 VWU 时的错误接线实例分析 ……………………………… 144
第三节　电压相序为 WUV 时的错误接线实例分析 ……………………………… 176
第四节　电压相序为 WVU 时的错误接线实例分析 ……………………………… 208
第五节　电压相序为 VUW 时的错误接线实例分析 ……………………………… 240
第六节　电压相序为 UWV 时的错误接线实例分析 ……………………………… 272

第五章　电能表的内部分压为“V”形结构时电压互感器接线二次侧断相错误接线的实例分析……305
第一节　电压相序为 UVW 时的错误接线实例分析……305
第二节　电压相序为 VWU 时的错误接线实例分析……336
第三节　电压相序为 WUV 时的错误接线实例分析……368
第四节　电压相序为 WVU 时的错误接线实例分析……400
第五节　电压相序为 VUW 时的错误接线实例分析……431
第六节　电压相序为 UWV 时的错误接线实例分析……463
第六章　电能量信息采集系统……496
第一节　电能量信息采集系统简介……496
第二节　电能量信息采集系统的通信方式……505
第三节　电能量信息采集系统的常见故障及处理……516

附录 A　用电信息采集系统数据模型……523
附录 B　智能电能表运行状态字……530
附录 C　最大需量及发生时间数据标识编码……532
参考文献……546

第一章

概　　述

第一节　智能电能表的工作原理

一、智能电能表的测量原理

电能测量技术是测量某一时间段内发送或消耗电能的总量，也就是将某一时间段内的电能累计起来。常用的交流电能表不论机械式还是电子式，按接线方式都可以分为直接连接式和经（电压、电流）互感器接通式两大类。电压模拟量输入直接接通220/380V电压的电能表称为低压电能表；经过电压或电流互感器接通的电能表称为高压电能表。高压电能表的输入电压是100V（三相三线）或57.7V（三相四线）。

电子式电能表是怎样计量电能的呢？电路中的瞬时功率 $P=ui$，如果将 u 和 i 输入到乘法器中相乘，就可得一个与输入量的平均功率 P 成正比的平均电压 U。再将此电压经 U/f 转换器转成为频率 f，由频率计计数，电子式电能表的工作原理框图如图1－1所示。

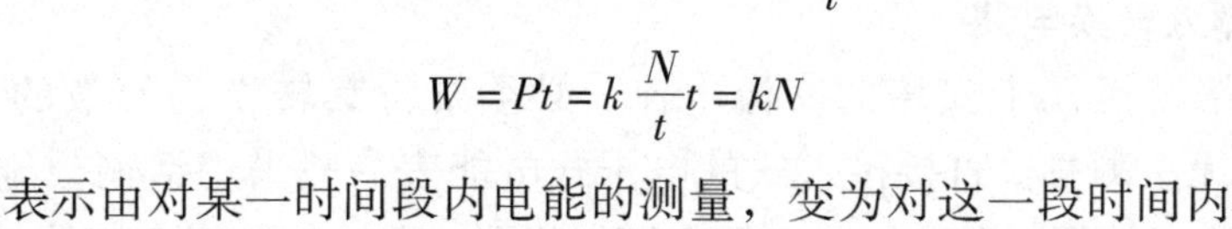

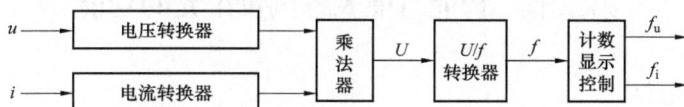

图1－1

即 $ui \propto p \propto f \propto N/t$，式中 N 为电脉冲数，所以 $P=k\dfrac{N}{t}$，则在 t 段时间内的电能为

$$W=Pt=k\frac{N}{t}t=kN$$

公式 $W=kN$ 表示由对某一时间段内电能的测量，变为对这一段时间内转换的电脉冲数（kN）的测量，然后由数码管或计度器直接显示电能（W）的千瓦时数。

电子式电能表有较好的线性度和稳定度，具有功耗小、电压和频率的响应速度好、测量精度高等诸多优点。

二、三相智能电能表的工作原理

三相智能电能表由测量单元和数据处理单元等组成，除计量有功（无功）电能量外，还具有分时、测量需量等两种以上的功能，并能显示、储存和输出数据的电能表。

三相智能电能表的工作原理框图如图1－2所示。

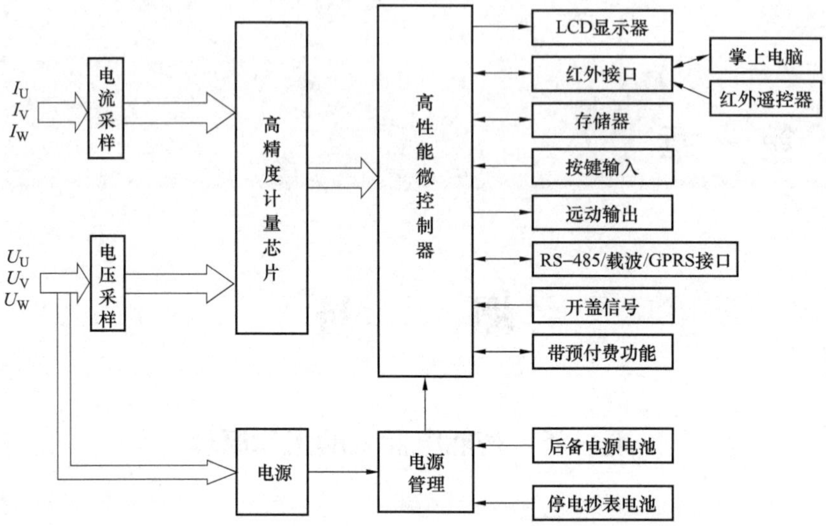

图 1－2

电能表工作时，电压、电流经采样电路分别采样放大后，再由高精度计量芯片转换为数字信号，高性能微控制器负责对数据进行分析处理。由于采用高精度计量芯片，计量芯片自行完成前端高速采样，计量算法稳定，高性能微控制器仅需要管理和控制计量芯片的工作状态。图中的微控制器还用于分时计费和处理各种输入输出数据，并根据预先设定的时段完成分时有功、无功电能计量和最大需量计量的功能，根据需要显示各项数据、通过红外或 RS－485 接口进行通信传输，并完成运行参数的监测，记录存储各种数据。

第二节　智能电能表各测量单元的功能

一、输入转换电路

电子式电能计量仪表中必须有电压和电流输入电路。输入电路的作用，一方面是将被测信号按一定的比例转换成低电压、小电流输入到乘法器中；另一方面是使乘法器和电网隔离，减小干扰。

（一）电流输入转换电路

要测量几安培乃至几十安培的交流电流，必须要将其转换为等效的小信号交流电压（或电流），否则无法测量。直接接入式的电子式电能表一般采用锰铜分流器；经互感器接入式的电子式电能表内部一般采用二次侧互感器级联，以达到前级互感器二次侧不带强电的要求。

1. 锰铜分流器

以锰铜片作为分流电阻 R_S，当大电流 $i(t)$ 流过时会产生相应的成正比的微弱电压 $u_i(t)$，其数学表达式为

$$u_i(t)=i(t)R$$

该小信号 $u_i(t)$ 送入乘法器，作为测量流过电能表的电流 $i(t)$。锰铜分流器测量电流原

理图如图 1 – 3 所示。

锰铜分流器和普通电流互感器相比，具有线性好和温度系数小等优点。锰铜分流器 A 选用 F2 锰铜片，厚度为 2mm，采样电阻 R_s 选 175μΩ，则当基本电流为 5A 时，1、2 之间的取样信号 $u_i=0.875\text{mV}$。

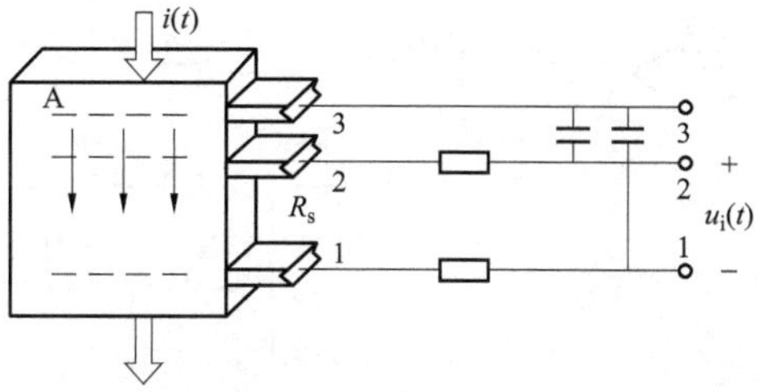

图 1 – 3

2. 电流互感器

采用普通互感器（电磁式）的最大优点是电能表内主回路与二次回路、电压和电流回路可以隔离分开，实现供电主回路电流互感器二次侧不带强电，并可提高电子式电能表的抗干扰能力。其电气原理图如图 1 – 4 所示，其中图 1 – 4（a）是穿线式，图 1 – 4（b）是接入式。

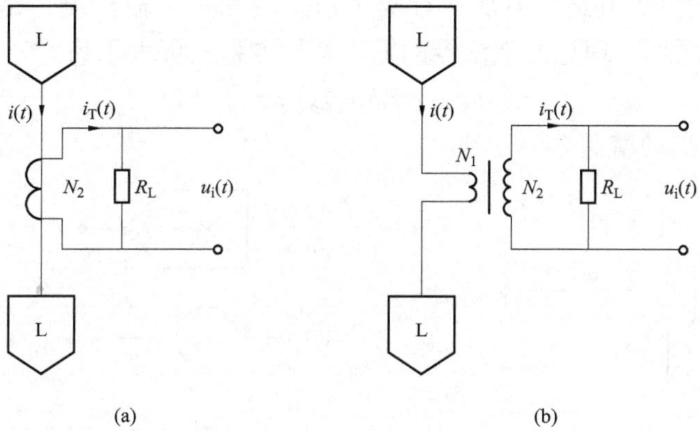

图 1 – 4

$$i(t)=K_I\, i_T(t)$$

式中　$i(t)$——流过电能表主回路的电流，A；

$i_T(t)$——流过电流互感器二次侧的电流，A；

K_I——电流互感器的变比。

$$u_i(t)=i_T(t)R_L=\frac{i(t)}{K_I}\times R_L$$

式中　$u_i(t)$——送往电能计量装置的电流等效电压，V；

R_L——负载电阻，Ω。

（二）电压输入变换电路

和被测电流一样，上百伏（100V 或 220V）的被测电压也必须经分压器或电压互感器转变为等效的小电压信号，方可送入乘法器。电子式电能表内使用的分压器一般为电阻网络或电压互感器。

1. 电阻网络

采用电阻网络的最大优点是线性好、成本低，缺点是不能实现电气隔离。

实用中，一般采用多级（如 3 级）分压，以便提高耐压和方便补偿与调试。典型电阻网络线路如图 1－5 所示。

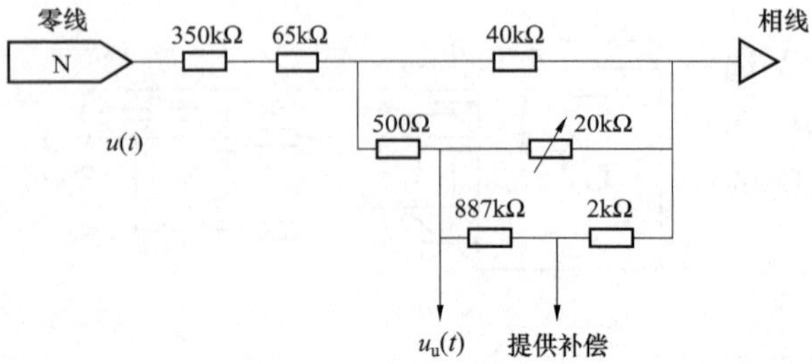

图 1－5

2. 电压互感器

采用互感器的最大优点是可实现一次侧和二次侧的电气隔离，并可提高电能表的抗干扰能力，缺点是成本高。其电路图如图 1－6 所示。

$$u(t)=K_u u_u(t)$$

式中　$u(t)$——被测电压，V；

$u_u(t)$——送给乘法器的等效电压，V。

二、乘法器电路

模拟乘法器是一种将两个互不相关的模拟信号（如输入电能表内连续变化的电压和电流）进行相乘作用的电子电路，通常具有两个输入端和一个输出端，是一个三端网络，其表示方式如图 1－7 所示。理想的乘法器的输出特性方程式可表示为

$$u_0(t)=Ku_x(t)u_y(t)$$

式中　K——是乘法器的增益。

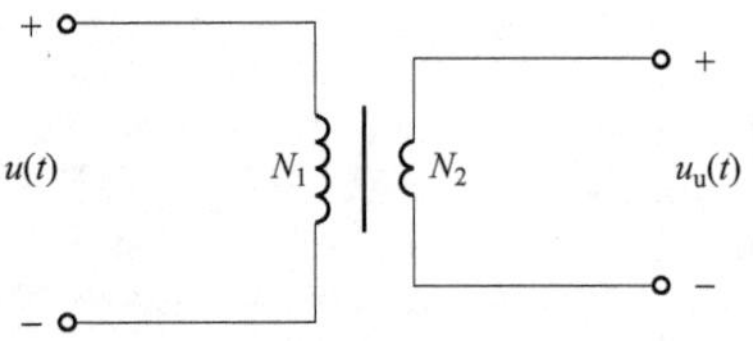

图 1－6

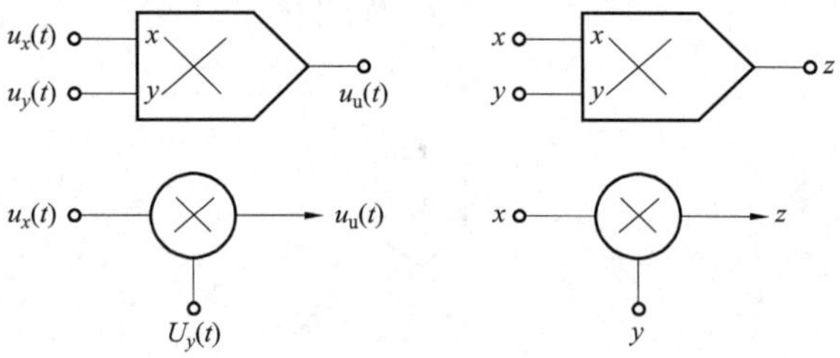

图 1－7

从乘法的代数概念出发，乘法器具有四个工作区域，由它的两个输入电压极性来确定。根据两个输入电压的不同极性，有四种组合方式，可以用图 1－8 平面中的四个象限来具体说明。能够适应两个输入电压极性的四种组合的乘法器，称为四象限乘法器。若一个输入端能够适应正、负两极性电压，而另一个输入端只能适应单一极性电压的乘法器，则称为二象限乘法器。若乘法器在两个输入端分别限定为只有某一种极性的电压才能正常工作，它就是单象限乘法器。

实现两个输入模拟量相乘的方法有多种多样。乘法器是电子式电能表的核心部分，并非每一种乘法器电路都能适用于电子式电能表，下面介绍电子式电能表中常用的乘法器。

（一）时分割乘法器

时分割模拟乘法器的工作过程实质上是一个对被测对象进行调宽调幅的工作过程。它在提供

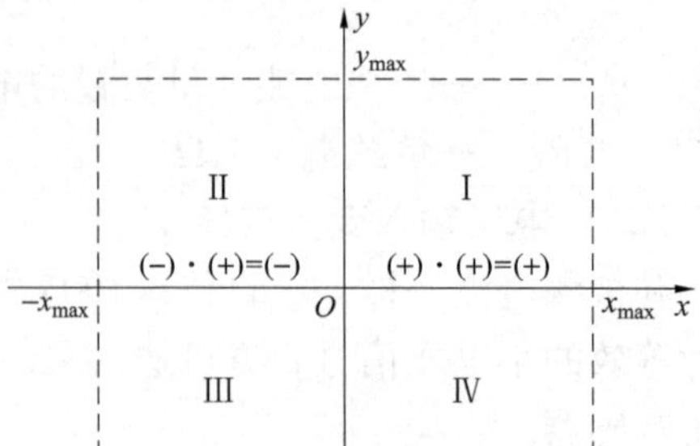

图 1－8

的节拍信号的周期 T 里，对被测电压信号 u_x 作脉冲调宽式处理，调制出正负宽度 T_1、T_2 之差（时间量）与 u_x 成正比的不等宽方波脉冲，即 $T_2 - T_1 = K_1 u_x$；再以此脉冲宽度控制与 u_x 同频的被测电压信号 u_y 的正负极性持续时间，进行调幅处理，使 $u = K_2 u_y$；最后将调宽、调幅波经滤波器输出，输出电压 u_0 为每个周期 T 内电压 u 的平均值，它反映了 u_x、u_y 两同频电压乘积的平均值，实现了两信号的相乘，输出的调宽、调幅方波如图 1－9 所示。

也有时分割乘法器对电流信号 i_x、i_y 进行调宽、调幅处理，输出的直流电流信号 I_0 表示电流 i_x、i_y 乘积的平均值。前者称为电压平衡型时分割乘法器，后者称为电流平衡型时分割乘法器。

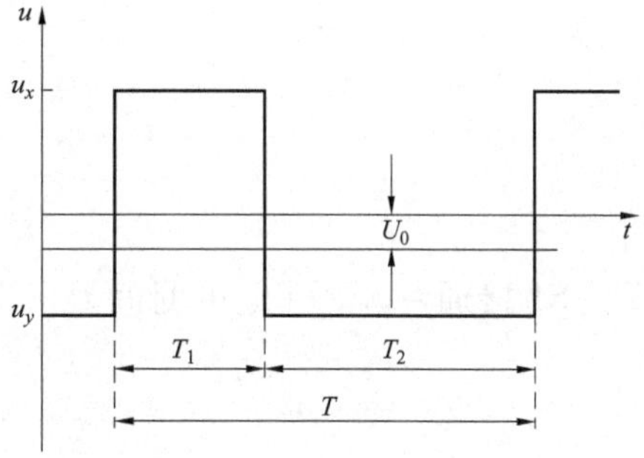

图 1－9

采用三角波作为节拍信号的电压型时分割乘法器的电路原理图如图 1－10 所示。被测电压转换为 u_x，被测电流转换成电压 u_y。图中电路的上半部分是调宽功能单元，下半部分是调幅功能单元。由运算放大器 N2 和电容 C1 组成积分器，对经 R1、R2 输入的电流作求和积分；$+u_N$ 和 $-u_N$ 是正、负基准电压，在电路的设计中，基准电压 u_N 的幅值应比输入电压 u_x 大得多；S1、S2 为两个受电平比较器控制并同时动作的开关；电平比较器是具有两个稳态的直流触发器；运算放大器 N1、电阻 R4 和电容 C2 组成了滤波器。积分输出电压 u_1 和三角波发生器产生的节拍三角波电压 u_2 都加到电平比较器上，当 $u_1 > u_2$ 时，电平比较器输出低电平，S1、S2 分别接 $-u_N$、$-u_y$；当 $u_1 < u_2$ 时，电平比较器输出高电平，S1、S2 分别接 $+u_N$、$+u_y$；当 $u_1 = u_2$ 时，为比较器转换状态。乘法器的输出电压 U_0 就是由 S2 的动作所得到的幅度为 u_y 的不等宽方波电压经滤波后的直流成分。

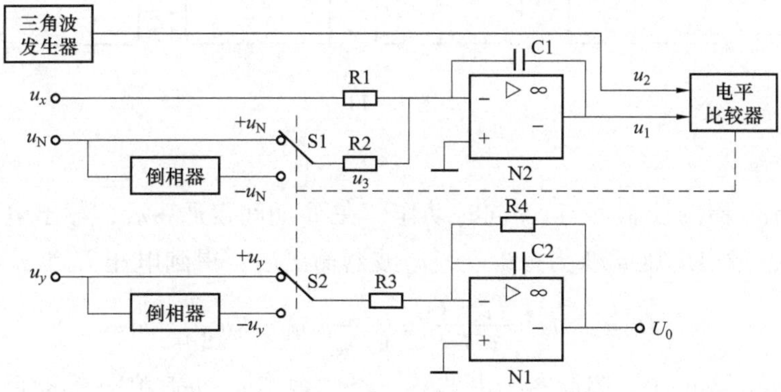

图 1－10

1. 调宽功能单元

三角波信号的时分割乘法器波形图如图 1－11 所示。假定输入电压 u_x 为正值，积分器接通 u_x 和 $+u_N$，输出电压 u_1 从 a 点逐渐向下变化（ab 段），在 ab 段内，$u_1 > u_2$，达到 b 点时，$u_1 = u_2$。由于三角波电压继续向上变化，致使 $u_1 < u_2$，于是电平比较器输出高电平，S1 接通 $+u_N$，积分器输出电压 u_1 转而逐渐向上变化（bc 段），达到 c 点时，$u_1 = u_2$，紧接着三角

波电压继续下降，$u_1 > u_2$，电平比较器输出低电平，S1 接通 $-u_N$，电压 u_1 再次向下变化……如此反复，积分器输出电压 u_1 呈锯齿波形。设开关 S1 接通 $+u_N$ 的时间为 T_1，接通 $-u_N$ 的时间为 T_2，且 $T_1+T_2=T$。当系统达稳态时，积分器在 T_1、T_2 时间段内的总积分电荷量应为零，即

$$\left(\frac{u_x}{R_1}+\frac{u_N}{R_2}\right)T_1+\left(\frac{u_x}{R_1}-\frac{u_N}{R_2}\right)T_2=0$$

$$\frac{u_x}{R_1}(T_1+T_2)+\frac{u_N}{R_2}(T_1-T_2)=0$$

$$T_1-T_2=-\frac{R_2 T}{R_1 u_N}u_x$$

即开关 S1 接通 $-u_N$、$+u_N$ 的时间差（T_2-T_1）与输入电压 u_x 成正比。

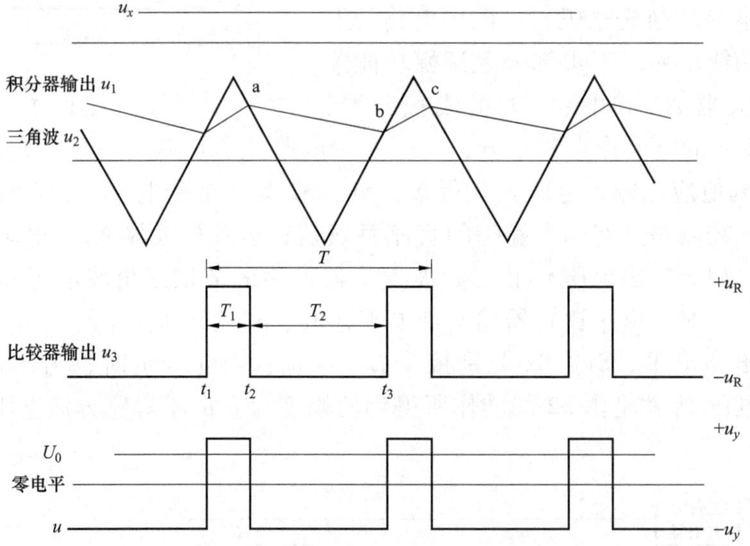

图 1－11

2. 调幅功能单元

开关 S2 在比较器的控制下与 S1 同时动作，在 T_1 期间接通 $+u_y$，输出电压 u 为 $+u_y$，在 T_2 期间接通 $-u_y$，输出电压 u 变为 $-u_y$。经滤波器输出后，得到电压 U_0 为 u 的反向平均值

$$U_0=-u_y\times\frac{T_1-T_2}{T}=\frac{R_2}{R_1 u_N}u_x u_y=Ku_x u_y \propto ui$$

即输出电压 U_0 与 ui 成正比，因此整个电路是一个实现了 u、i 乘积运算的乘法器，它的输出相当于 ui 乘积的平均值，即平均功率。

在调宽电路中，受积分器积分电荷总量平衡条件的约束，对 u_x 的最大幅值有一定限制，它的正边界是当 $T_1=0$、$T_2=T$ 时 $-u_N$ 所能平衡的 u_x 值，负边界是当 $T_1=T$、$T_2=0$ 时 $+u_N$ 所能平衡的 u_x 值，因此 u_x 的幅值应满足条件

$$-\frac{R_1 u_N}{R_2}<u_x<\frac{R_1 u_N}{R_2}$$

至于 u_y，其输入幅值仅受为获取 $-u_y$ 的倒相器的动态范围的限制。

目前在全电子式电能表制造业中，采用时分割模拟乘法器的占有相当大的比例。与其他类型的模拟乘法器相比，时分割模拟乘法器的制造技术比较成熟且工艺性好，原理较为先进，具有更好的线性度，其最突出的优点是具有较高的准确度级别，可达到 0.01 级，基本上解决了如何提高准确度的问题；其主要缺点是带宽较窄，仅为数百赫兹。

（二）数字乘法器

微处理器在全电子式电能表中主要用于数据处理，而在其测量机构中的应用并不多。随着芯片速度的提高和外部接口电路的更加成熟，微处理器的功能将得到充分发挥和扩展。可以预计，应用数字乘法器技术来完成功率/电能测量的前景十分广阔。采用数字乘法器，由计算机软件来完成乘法运算，可以在功率因数为 0 ~ 1 的全范围内保证电能表的测量准确度，这是多种模拟乘法器难以胜任的。采用数字乘法器的全电子式电能表的基本结构框图如图 1 - 12 所示。

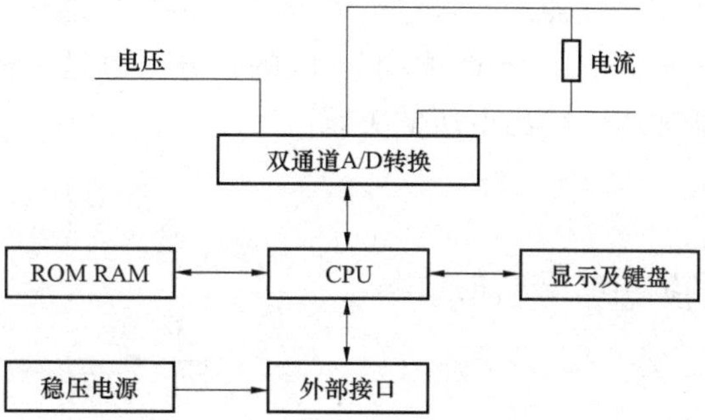

图 1 - 12

微处理器控制双通道 A/D 转换，同时对电压、电流进行采样，由微处理器完成相乘的功能并累计电能。平均功率表示为

$$P = \frac{1}{T}\int_0^T u(t) \times i(t)\,dt$$

式中　T——交流电压、电流的周期。

以 Δt 为时间间隔将上式中的积分做离散化处理，即对电压、电流同时进行采样，则

$$P = \frac{1}{T}\sum_{k=1}^{N} u(k) \times i(k)$$

$$T = N\Delta t$$

这就是用软件计算被测平均功率即有功功率的数学模型。从上式可以看出，平均功率的计算和功率求解过程与功率因数无关，因此，可以得出采用数字乘法器的全电子式电能表的电能测量与功率因数无关的结论，这是这类电能表的一个重要特点。

A/D 转换器的准确度一般较高，其转换误差可以忽略。通过软件来完成采样及乘法计算的准确度与 Δt 的选取有关。Δt 越小，准确度越高，但计算量将增加，且会使实时性变差。由采样理论可知，连续信号离散后得到的时间序列不丢失原信号的信息，不仅采样频率要满足奈奎斯特定律，而且必须等分连续的信号周期，否则会产生测量误差。为此采用软件锁相技术将采样频率自动地锁定在输入信号频率的 N 倍上，这样可以在输入频率发生变化时自动调整采样间隔，即使时钟的漂移变化也不会给测量带来误差。

使用微处理器技术制造全电子式电能表的前景十分看好，但成本高是其商品化的一个主要障碍；数字乘法器的发展还要依靠于电路的集成和芯片价格的降低，但其功能强大、性能优越，在未来先进的电能管理领域中一定会被广泛应用。

三、电压/频率转换器

目前采用的电压/频率转换器，大多是利用积分方式实现转换的。电子式电能表常用的双向积分式电压/频率转换器的原理电路图如图 1－13 所示。运算放大器 N 和电容 C 组成积分器，上下电平比较器有两个比较电平 U_1、U_2。双向积分式电压/频率转换器的波形图如图 1－14 所示。当开关 S 接通 $+U_i$时，电容 C 充电，输出电压 U_0往负向变化（ab 段）；当达到比较器的下限电平 U_2时，比较器控制开关 S 接通 $-U_i$，电容 C 放电，电压 U_o往正向变化；当达到比较器的上限电平 U_1时，S 再次接通 $+U_i$，如此反复，达稳态后，便得到了周期为 T 的三角波。由于 ab 段和 bc 段的积分斜率是一样的，故积分时间也相等，均为 $T/2$。根据积分器输入、输出电压的关系

$$U_1-U_2=\frac{U_1}{RC}\times\frac{T}{2}$$

得到输出电压 U_o的频率

$$f=\frac{1}{T}=\frac{1}{2RC(U_1-U_2)}U_i\propto U_i$$

即输出频率 f 与输入电压 U_i成正比。

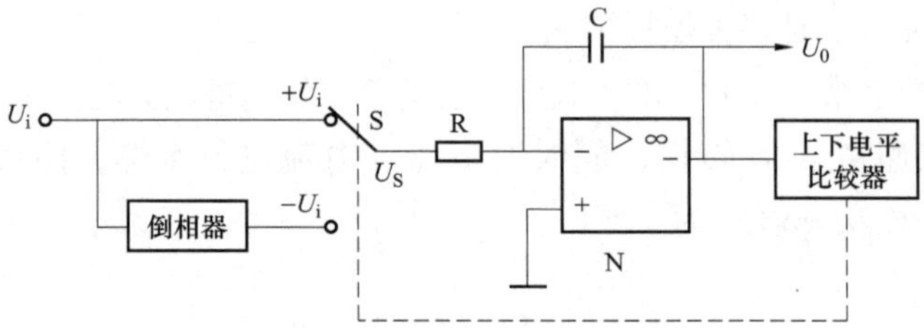

图 1－13

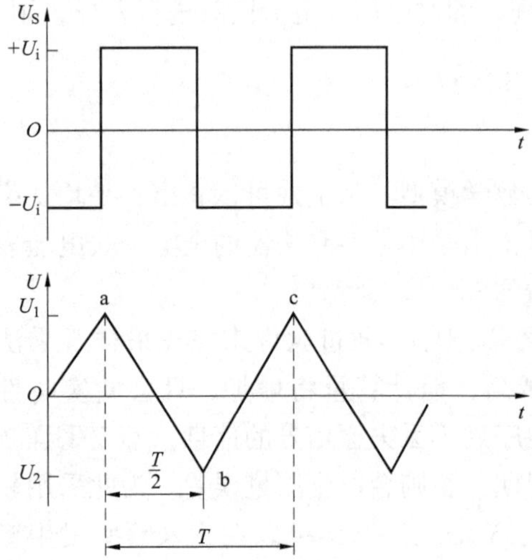

图 1－14

这种电压/频率转换器的主要特点是输出频率较低，选择高稳定性的 R、C 元件，可使其准确度长期保持在 ±0.1% 的水平。

四、分频计数器

在机电式电能表中，由光电转换器将电能信号转换成脉冲信号；而在电子式电能表中，电能信号转化成相应脉冲信号的工作是由乘法器及电压/频率转换器完成的。这两种脉冲信号在送入计数器计数之前，需要先送入分频器进行分频，以降低脉冲频率。这样做，一方面是为了便于取出电能计量单位的位数（如 1% 千瓦时位）；另一方面是考虑到计数器长期计数的容量问题。

所谓分频，就是将输出信号的频率分为输入信号频率的整数分之一；所谓计数，就是对输入的频率信号累计脉冲个数。

在电子式电能表中，分频器和计数器一般采用 CMOS 集成电路器件。这是因为集成电路器件的工作可靠性、抗干扰能力、功率消耗、电路保安和机械尺寸等一系列指标均优于分立元器件组成的电路。

图 1－15 为分频计数器原理框图和脉冲波形。图中电压/频率转换器送来的脉冲信号 f_x 经整形电路整形后，可输出一系列规则的矩形波，并输入到控制门，如图 1－15（b）A 点的波形所示。把由石英晶体振荡器产生的标准时钟脉冲信号经分频后作为时间基准。分频后的标准时钟脉冲信号，如图 1－15（b）B 点的波形所示，也送至控制门，于是控制门打开，将计数脉冲输出，得到如图 1－15（b）C 点的波形。计数器可记录时间 T 内通过控制门的脉冲数，每一个脉冲所代表的电量数经计算确定后，便可经译码电路由显示器显示出来。

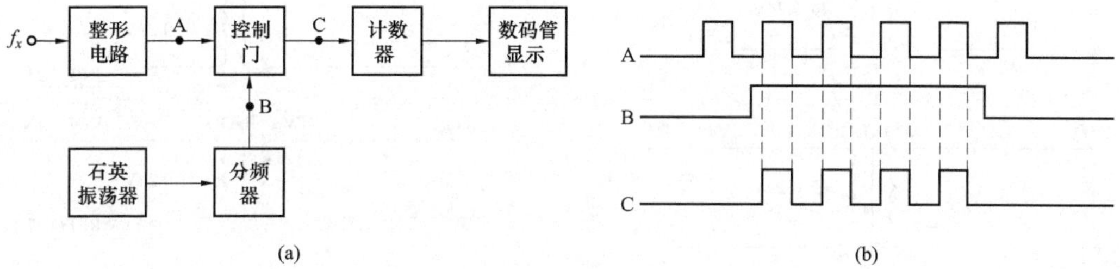

图 1－15

五、显示器

目前常见的电子式电能表显示器件有三种：液晶（LCD）、发光二极管（LED）、荧光管（FIP）。

LCD 显示器是利用液晶在一定电场下发生光学偏振而产生不同透光率来实现显示功能的。它根据光学原理可分为透射式、反射式和半透半反射式；根据视角大小可分为 TN 型（视角为 90°）和 STN 型（视角可达 160°）两种；根据工作温度范围可分为普遍型（0～65℃）和宽温型（－30～＋85℃）。液晶显示器在静态直流电场下寿命很短（一般为几千小时），而在动态交变电场下寿命很长（可达 20 万 h）；除具有长寿命的优点之外，还具有功耗小（小于 10μA），在有一定采光度时显示对比强等优点。

LED 是利用特殊结构和材质的二极管在施加正向工作电压、具有一定工作电流时，发出某一特定波长的可见光来实现显示功能的。根据同一正向工作电流下的发光强度可将其分为普亮、高亮和超高亮 3 种。发光二极管有红、绿、黄等多种颜色，具有温度范围宽（－40～＋85℃）、在弱光背景下显示醒目和低成本等优点；缺点是寿命短（一般为 3 万～5 万 h）、耗电大（一般 5～10mA）、露天下显示不清等。

FIP 显示器是利用特种荧光物质在一定电场和一定红外线热能下产生一定亮度的可见荧光来实现显示功能的。除成本高的缺点外，其优缺点和发光二极管基本相同。

第三节　智能电能表与机械式电能表的差异

一、智能电能表内部接线等效电路图

三相四线电能表电压采样原理如图 1－16 所示。

可见，三相四线电能表计量部分各相电压，均是以中性点 U_N 为参照的，而表内部各相电压采样互不影响。如果电压互感器一次侧某一相熔丝（或线）断开时，二次侧电压值也相应发生变化，变动值一般是 0V 和 220V。

三相三线电能表电压采样原理如图 1－17 所示。

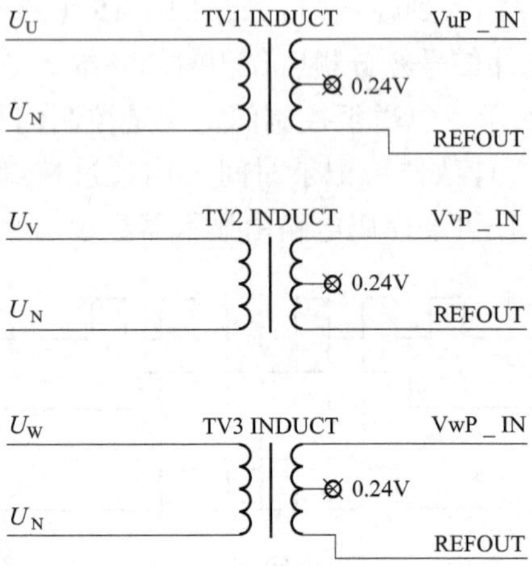

图 1－16

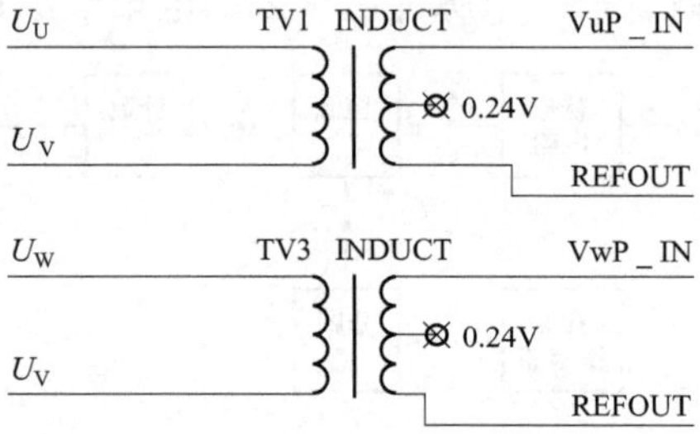

图 1－17

由原理图可知，U、W 相电压采样以 V 相作为参考地，可以根据各自的电压值直接计算得到电压，V 相由于没有电压采样，因此，V 相电压值为 0。如果电压互感器一次侧某一相熔丝（或线）断开时，二次侧电压值也相应发生变化，变动值一般是 0V、50V 和 100V。

二、机械式电能表等效电路图

图 1－18 所示为三相三线有功、60°无功电能表等效电路图。

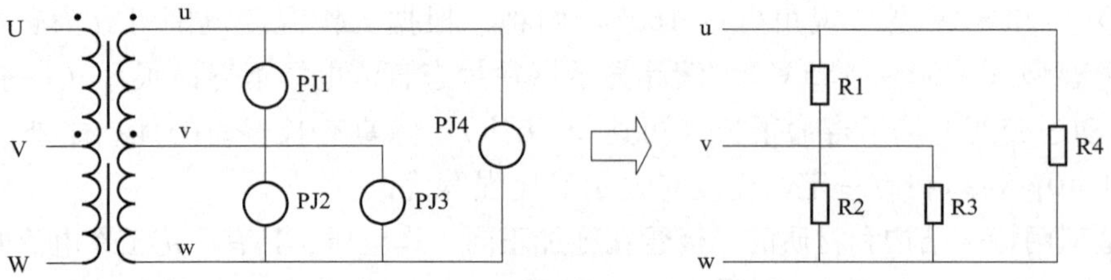

图 1－18

从图中可以看出，当三相电压平衡时，每组电压元件所加电压均为 100V，即每组电压元件的阻值均相等。如果电压互感器一次侧某一相熔丝（或线）断开时，二次侧电压值也相应发生变化，变动值一般是 0V、50V 和 100V。

三、智能电能表与机械表的差异

以三相三线 3×100V 电能表为例。智能电能表内部电压取样分为“△”形与“V”形两种方式，“△”形和“V”形取样等效电路分别如图 1－19 和图 1－20 所示。

从图 1－19 和图 1－20 可以看出，图 1－20 与机械表接线原理基本一致，当 U 相断线时，$U_{uv}=0V$；$U_{wv}=U_{uw}=100V$，二次电压值变化范围为 0、50、100V。图 1－19 则不相同，当 U 相断线时，$U_{uv}=U_{uw}=50V$；$U_{wv}=100V$，二次电压值变化范围为 50、100V。因此，同样是智能表，当电能表接线出现故障时，需要了解到是哪一种接线方式，否则会出现误判，导致计算结果错误，不能正确进行电量追退。表 1－1 是一组三相三线 3×100V、1.5（6）A 智能电能表走字试验的实测数据。

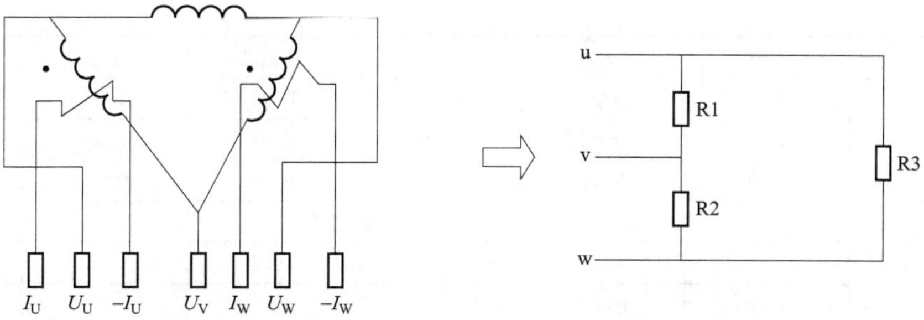

图 1－19

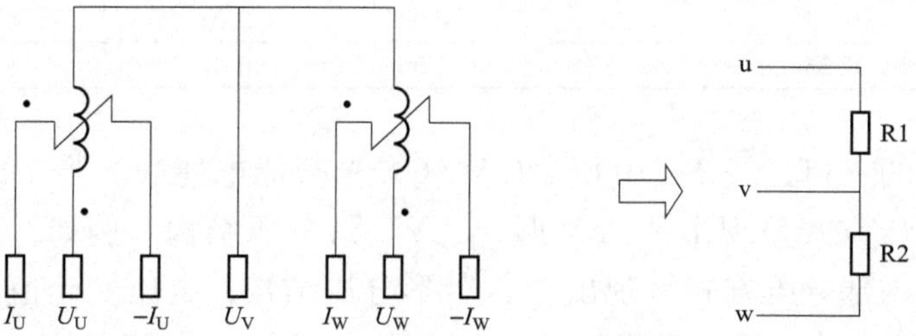

图 1－20

表 1－1

三星 DSSD188S	U 相断		V 相断		W 相断	
	Uuv	48.1		47.7		100
	Uwv	100		49.9		49
	Uuw	49.9		100		48.8
走字	正常	U 相断	正常	V 相断	正常	W 相断
起度	0.11	0.17	0.46	0.36	0.85	0.53
止度	0.46	0.36	0.81	0.53	1.20	0.70
走度	0.35	0.19	0.35	0.17	0.35	0.17
华立 DSSD536	U 相断		V 相断		W 相断	
	Uuv	47.7		49.3		100
	Uwv	100		47.7		49.7
	Uuw	49.7		100		47.7
走字	正常	U 相断	正常	V 相断	正常	W 相断
起度	0.19	0.05	0.55	0.23	0.90	0.40
止度	0.55	0.23	0.90	0.40	1.25	0.58
走度	0.36	0.18	0.35	0.17	0.35	0.18
威胜 DSZ331	U 相断		V 相断		W 相断	
	Uuv	0		54.8		100
	Uwv	100		44.9		0
	Uuw	99.7		100		99.9

续表

走字	正常	U 相断	正常	V 相断	正常	W 相断
起度	0.38	0.24	0.73	0.42	1.09	0.58
止度	0.73	0.42	1.09	0.58	1.43	0.76
走度	0.35	0.18	0.36	0.16	0.34	0.18
科陆 DSZ719	U 相断		V 相断		W 相断	
	Uuv	0.8		49.5		99.6
	Uwv	100.0		49.6		0.8
	Uuw	99.4		100.0		98.5
走字	正常	U 相断	正常	V 相断	正常	W 相断
起度	0.38	0.24	0.73	0.42	1.08	0.58
止度	0.73	0.42	1.08	0.58	1.43	0.76
走度	0.35	0.18	0.35	0.16	0.35	0.18

参与走字试验的三相三线 3×100V、1.5（6）A 智能电能表，当二次任意相电压失压时，电能表内部分压方式呈现出“△”形与“V”形分压结构。例如，型号为 DSSD188S、DSSD536 的电能表内部分压方式呈现出“△”形分压结构，电压变动值为 50V、100V；型号为 DSZ331、DSZ719 的电能表内部分压方式呈现出“V”形分压结构，电压变动值为 0V、50V、100V。由此可以得出智能电能表与机械表的差异：当二次任意相电压失压时，电能表内部分压方式呈现出“△”形与“V”形两种分压结构，而机械表只有“V”形分压结构。因此，在现场对电能表进行检测时，特别是针对智能电能表检测时，应注意各相电压变化情况，以免误判电能表实际运行状况。

第四节　智能电能表的外形、布局及液晶显示含义

一、单相智能电能表的外形和结构

单相智能电能表的外形和结构，如图 1－21 所示。

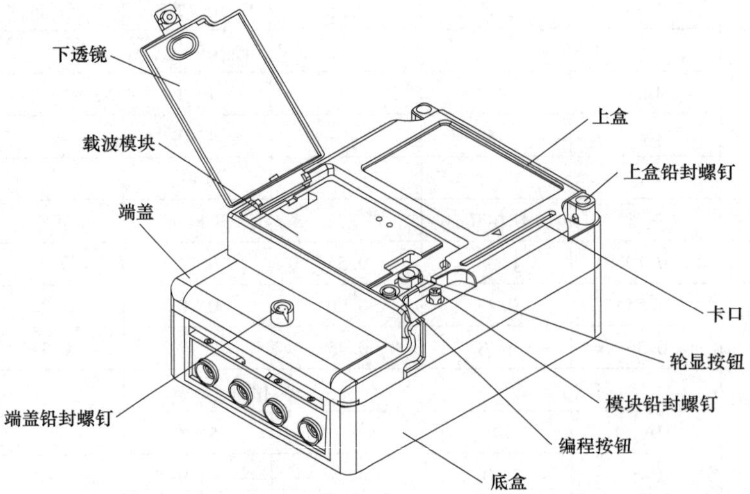

图 1－21

二、三相智能电能表的外形和结构

三相智能电能表的外形和结构，如图 1－22 所示。

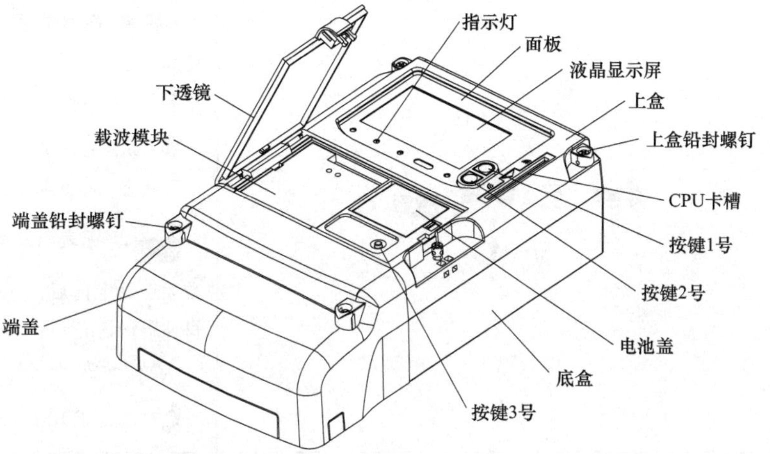

图 1－22

三、单相费控智能电能表（DDZY102C－Z）

1. 单相费控智能电能表液晶显示的内容及说明

单相费控智能电能表液晶显示的内容及说明见表 1－2。

表 1－2

项目	液晶屏上显示的内容	含 义 说 明
全屏		液晶分为 6 个显示区，分别为数据标识信息提示区、通信提示区、数据显示区、当前电价与费率状态区、时段/监测与安全管理提示区、费控功能操作提示区
历史月电能	上 18 月	“上 1～12 月” 数据
分时 功能代码	①② (尖)(峰)(平)(谷)	① 表示主时段表，② 表示副时段表； (尖)(峰)(平)(谷) 为当前的分时费率
阶梯功能 代码	△1 △2、[1][2] [3][4]	△1 △2 指第 1 套或第 2 套阶梯； [1][2] [3][4] 为对应的阶梯段，表示当前为哪个阶梯计费阶段指示

续表

项目	液晶屏上显示的内容	含 义 说 明
指示标示符号	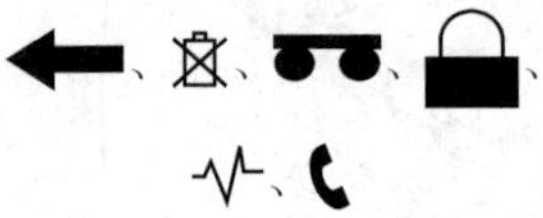	符号常显时，表示总功率反向； 图标出现时，表示电池欠压； 图标出现时，表示已进入编程许可状态，240min 以后会自动消失； 图标表示编程密码连续错误次数大于设定值后，密码被锁，24h 后会自动解锁； 表示处于载波通信状态； 表示处于 RS485 或红外通信状态

2. 液晶显示种类

液晶显示分为自动循环显示、按键循环显示和停电显示 3 种。

(1) 自动循环显示。表计在运行一定时间后（默认 5s，可设），自动切换到下一屏的显示，自动循环显示默认设置如表 1－3 所示。

表 1－3

序号	显示项目名称	说　明
1	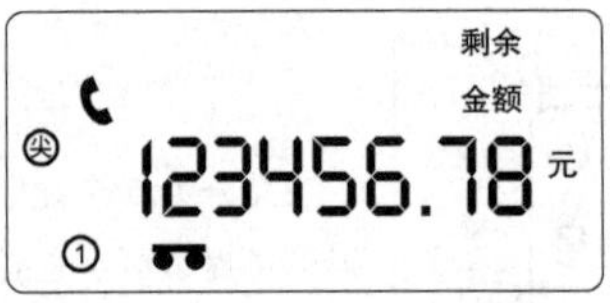	剩余金额：123 456. 78 元； 当前处于主时段尖费率计费阶段； 正在进行红外（或 RS485）通信； 处于编程状态
2		当前总电量：100kWh； 当前处于主时段峰费率计费阶段； 正在进行载波通信； 处于反向计量状态； 密码错误次数超限，处于被锁状态
3		当前尖电量：10kWh； 当前处于主时段谷费率计费阶段； 此时处于电池欠压状态； 分时计费方式
4		当前峰电量：20kWh； 当前处于主时段谷费率计费阶段； 分时计费方式

续表

序号	显示项目名称	说　明
5		当前平电量：30kWh； 当前处于副时段尖费率计费阶段； 继电器处于拉闸状态； 分时计费方式
6		当前谷电量：40kWh； 当前处于副时段峰费率计费阶段； 并处于欠费透支状态； 分时计费方式
7		当前电价为：0.60 元； 当前处于主时段峰费率计费阶段

注 1. 当液晶上显示汉字“当前总（或尖、峰、平、谷）用电量”时，表示是本月度累计的用电量；当液晶上显示汉字“当前总（或尖、峰、平、谷）电量”时，表示是电表使用以来总的累计总电量。

2. 当超功率合闸次数大于限制次数（次数可设置）时，电能表不再合闸，保持跳闸报警状态，请用户及时通知电力相关部门。

3. 一旦发生事件类异常报警，在循环显示的第一屏插入显示该异常代码。异常代码表示的意义为：Err－51：功率超限故障；Err－56：功率反向。

（2）按键循环显示。表计在未插卡时，由用户按下循环显示按键，切换到下一屏的显示，各屏的显示顺序及显示屏数可设。按键循环显示默认设置如表 1－4 所示。

表 1－4

顺序号	显示项目名称	数据显示格式
1	当前剩余金额	××××××.××
2	当前总电量	××××××.××
3	当前尖电量	××××××.××
4	当前峰电量	××××××.××
5	当前平电量	××××××.××
6	当前谷电量	××××××.××
7	上 1 月总电量	××××××.××
8	上 1 月尖电量	××××××.××
9	上 1 月峰电量	××××××.××
10	上 1 月平电量	××××××.××
11	上 1 月谷电量	××××××.××
12	上 2 月总电量	××××××.××

续表

顺序号	显示项目名称	数据显示格式
13	上2月尖电量	××××××.××
14	上2月峰电量	××××××.××
15	上2月平电量	××××××.××
16	上2月谷电量	××××××.××
17	当前阶梯电价	××××.××××
18	用户户号低8位	××××××××
19	用户户号高4位	××××
20	表号低8位	××××××××
21	表号高4位	××××
22	当前日期	××－××－××
23	当前时间	××：××：××
24	故障代码	Err－××
25	电压	×××.×V
26	电流	×××.×××A
27	零线电流	×××.×××A
28	功率	××.××××kW
29	功率因数	×.×××

（3）停电显示功能。停电时可通过按键唤醒显示（背光灯可不点亮）；唤醒后如无操作，LCD在自动显示一个循环后应自动关闭；按键显示操作结束30s后自动关闭显示。

3. 液晶背光功能

液晶背光在下面几种情况下点亮：① 按下循环显示按键时；② 红外通信时；③ 红外遥控装置触发。电压低于78% U_N 下关闭背光。

4. 系统错误显示

表计在运行过程中，若检测到硬件错误，自动循环显示将停止，显示错误代码“Err－××”。错误代码及其意义如表1－5所示。

表1－5

项　目	意　义	项　目	意　义
Err－01	控制回路错误	Err－02	ESAM错误
Err－03	内卡初始化错误	Err－04	时钟电池电压低
Err－05	内部程序错误	Err－06	存储器故障或损坏
Err－08	时钟故障		

四、三相费控智能电能表（DTZY341－B型）

三相费控智能电能表采用大屏幕液晶显示，并有丰富的汉字提示，显示直观、视角宽。液晶全屏图如图1－23所示，液晶显示字符说明见表1－6。

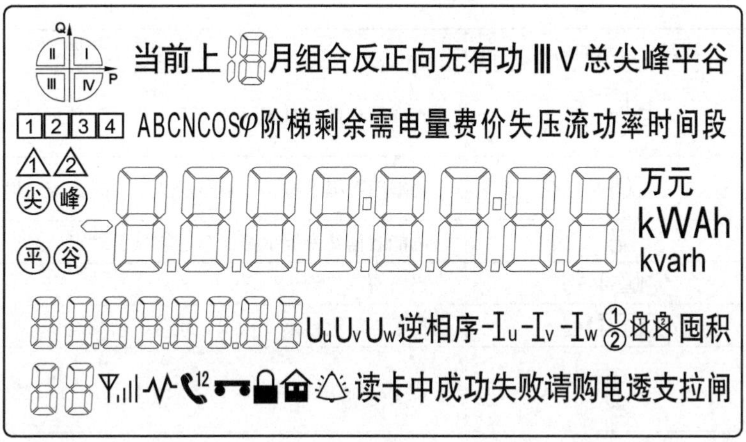

图 1－23

表 1－6

<table>
<tr><th>项目</th><th colspan="3">液晶上显示的内容</th><th>含 义 说 明</th></tr>
<tr><td>电能</td><td colspan="3">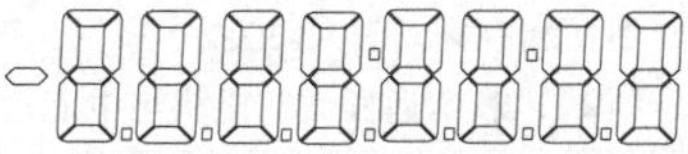</td><td>数据显示行，显示各种记录数据。显示电能数据时，若小数位数为 2，将显示 6 位整数、2 位小数；若小数位数为 3，将显示 5 位整数、3 位小数。每屏显示 1 个时段的电能</td></tr>
<tr><td rowspan="2">四象限</td><td rowspan="2"></td><td>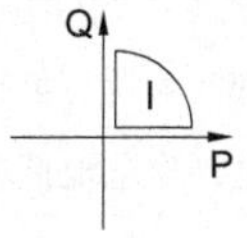
Ⅰ</td><td>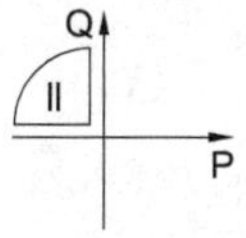
Ⅱ</td><td rowspan="2">指示电能表工作在第几象限。如图所示分别为电能表工作在Ⅰ、Ⅱ、Ⅲ、Ⅳ象限</td></tr>
<tr><td>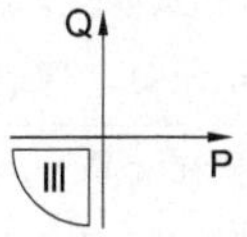
Ⅲ</td><td>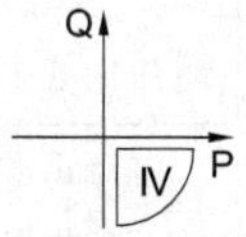
Ⅳ</td></tr>
<tr><td rowspan="2">无功组合方式①</td><td rowspan="2">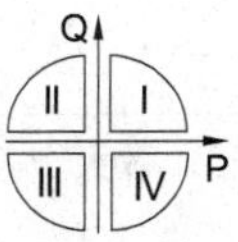</td><td>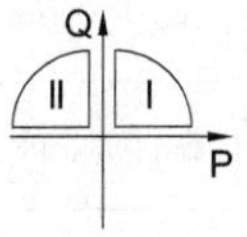
Ⅰ、Ⅱ</td><td>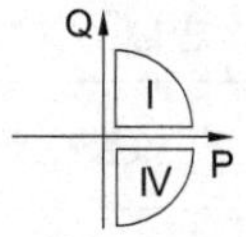
Ⅰ、Ⅳ</td><td rowspan="2">无功组合方式指示，显示组合无功电能时，相应象限组合闪烁。左图分别为Ⅰ、Ⅱ，Ⅰ、Ⅳ，Ⅰ、Ⅲ，Ⅱ、Ⅳ象限组合无功的显示图例</td></tr>
<tr><td>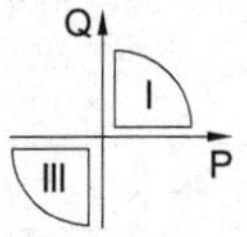
Ⅰ、Ⅲ</td><td>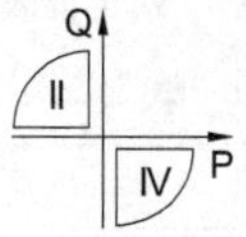
Ⅱ、Ⅳ</td></tr>
</table>

项目	液晶上显示的内容	含义说明
历史月电能	上 8 月	查看历史数据时显示"上1~12月"数据
功率因数	COSφ	功率因数提示符,单独显示"φ"时为相角提示符
费率显示	总	电能数据费率提示符,总电能显示时用"总"字提示
	尖峰平谷	当前费率提示
阶梯显示	1 2 3 4	指示当前运行第"1、2、3、4"阶梯电价
主副时段提示	① ②	①表示使用主时段表;②表示使用副时段表
阶梯表提示	△1 △2	指示当前使用第1、2套阶梯电价
计量单位	kWAh kvarh	有功:kWh;无功:kvarh;电流:A
金额单位	元	显示金额时,显示"元"作为提示
通信状态提示	☎12	红外通信标志,如果同时显示"1",表示第一路RS485通信;显示"2",表示远程通信模块与电能表之间通信
	∿	载波通信标志
逆相序	逆相序	逆相序提示符,当发生逆相序时闪烁显示
电池容量报警	⊠ ⊠	标识为时钟电池低容量报警;标识为停电抄表电池低容量报警
各相电压提示	$U_u U_v U_w$	正常情况下"$U_u U_v U_w$"常显在液晶上,当某相发生失压时,"$U_u U_v U_w$"对应相别闪烁;断相时,"$U_u U_v U_w$"对应相别消失;电压均低于临界电压时,"$U_u U_v U_w$"消失
各相电流提示	$I_u I_v I_w$	电流正常时常显在液晶上,失流时,$I_u I_v I_w$对应相别闪烁;电压均低于临界电压时,"$I_u I_v I_w$"消失
编程许可	▭	此图出现时表示已进入编程许可状态,240min以后或再按一下编程键,"▭"会消失
报警	⚠	报警提示符,有事件时闪烁
实验室状态	⌂	实验室状态提示符
密码锁定	🔒	对电能表编程时,若密码连续出错次数大于等于3次,LCD显示"🔒"提示符
继电器状态	拉闸	继电器跳闸状态指示(跳闸指示灯同步提示)
囤积	囤积	CPU卡的当前购电金额加电能表的当前剩余金额超过设定的囤积金额限值时的状态指示

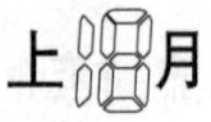

项目	液晶上显示的内容	含 义 说 明
卡处理状态	**读卡中成功失败**	① 插卡时提示“读卡中”； ② 卡处理成功时提示“读卡成功”； ③ 卡处理失败时提示“读卡失败”
显示代码	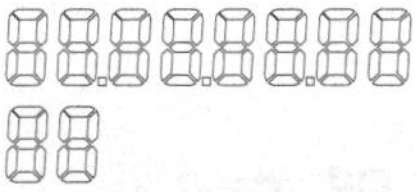	在液晶的左下方。上排显示轮显/键显数据对应的数据标识，下排显示轮显/键显数据在对应数据标识的组成序号，具体参见 DL/T 645—2007《多功能电能表通信协议》
电能的方向	**反正向**	电能的方向显示提示，显示成“正向”或“反向”

① 当显示合元或各元件的组合无功 1 和组合无功 2 电能时， 的相应组合闪烁。如组合无功 1 设置成Ⅰ＋Ⅱ的组合方式，显示组合无功 1 的电能时，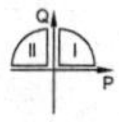 闪烁。退出组合无功显示项目后， 继续用“扇形”提示电能表当前工作的象限。

第二章

智能电能表现场检测方法

第一节 检测设备的分类及测量点的选择

在 Vv 接线方式中，用于高压三相有功、无功电能表的联合接线有很多种，但与电压、电流互感器二次侧的接线都是相同的。因此，只要熟知互感器一、二次侧的正确接线方式及相位关系，正确选用测试仪表工具，即可正确判断错误接线。

一、检测设备的分类

用于现场检测的电能计量装置检测仪种类很多，大致可分为三大类，第一类是用于测试计量装置误差的检测设备，例如测试电能表误差的单、三相现场校验仪等；第二类是用于测试相位、相序的仪表，例如相位表、相序表等；第三类是用于检查接线的仪表，例如现场接线检测仪等。在现场实际工作中，考虑到计量运行设备、测量仪表和操作人员的安全问题，所使用的工具及测量方法越简单、越不容易出错越好。

二、测量点的选择

在现场为了便于对电能表进行测试与维护，互感器二次侧与电能表之间并非直接连接，而是通过各种试验接线端子（接线盒）转接。接线端子和联合接线试验端子分别如图 2－1 和图 2－2 所示。

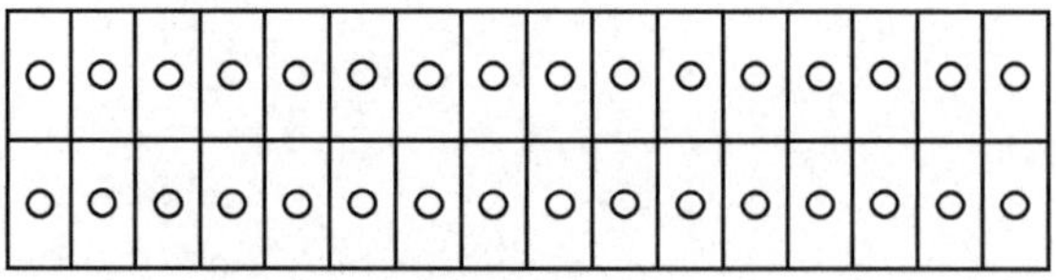

图 2－1

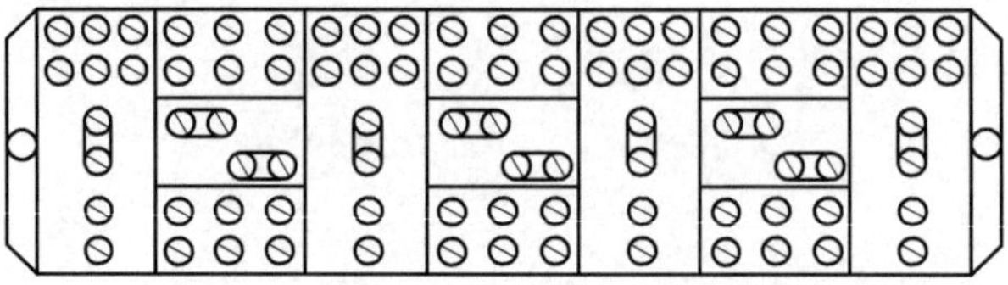

图 2－2

图 2-1 所示的接线端子，常用于变电站计量屏电能表与互感器二次侧的连接。图 2-2 所示的联合接线试验端子，常用于专用计量柜电能表与互感器二次侧的连接。无论是哪一种接线端子，它的主要功能都是断开电压、短接电流，以方便对运行中的电能表进行轮换、校验等带电测试、检修工作。

在现场对计量装置进行测试时，测量点的选择不宜选在图 2-1 和图 2-2 所示的接线端子（接线盒）上，而应在电能表的接线端子上进行测量。

（1）测量的目的是检测电能表各项参数是否正确，电能表是否正常运行。如果测量点选在互感器侧的接线端子上，所测试的数据是接线端子进线侧（即互感器连接端子侧）的数据，它只能反映互感器的运行状况，而不能反映电能表的运行状况。假如互感器与接线端子接线正确，而接线端子与电能表接线错误，这样的测试是没有意义的，因为不能发现电能表运行是否错误。在实际工作中，新装计量装置第一次投入运行时，互感器侧接线一般不容易接错线（四线连接更不容易接错线），往往在更换时发生接错线的概率较大。如果测量点选在电能表接线端子上，就可以及时发现电能表运行是否正常、接线是否正确，而不论互感器接线是否正确。

（2）发现计量装置接线错误就要及时纠正错误接线。在实际工作中，一般在电能表的接线端子上进行纠错较为符合实际。因为互感器是带电运行设备，一般情况下，即使发现错误也不容易及时停电进行改正。如果在接线端子上进行纠错，也不能完全避免错误的存在。例如，互感器极性错误，在接线端子进线侧电压可以带电纠正，电流则不能带电纠正。再者，接线端子的出线侧，不一定满足有功、无功电能表的接线要求。

第二节 测量方法及分析

一、力矩法

力矩法就是将电能表原有的接线改动后，观察电能表圆盘转速或转向的变化，以判断接线是否正确，是一种常用的检查方法。

1. V 相电压（断开）法

原理：三相三线有功电能表在接线正确和三相电压、电流完全对称且功率稳定的情况下，断开 V 相电压，正常时电能表的转速比断开前慢一半，错误接线时的转速变化与此不同。

V 相电压断开后，电能表测量的功率为

$$P=\frac{1}{2}U_{uw}I_u\cos(30°-\varphi)+\frac{1}{2}U_{uw}I_w\cos(30°+\varphi)=\frac{\sqrt{3}}{2}UI\cos\varphi$$

适用范围：负荷稳定且三相对称的三相三线电能计量装置。

2. 电压交叉法

原理：在三相电压、电流都对称的情况下，将电能表的电压线 U、W 位置交换后，即元件 1 由接入的 U_{uv}、I_u 变为 U_{wv}、I_u；元件 2 由接入的 U_{wv}、I_w 变为 U_{uv}、I_w。电能表如不转动或微动，就能肯定电能表的接线是正确的。

电能表两元件电压对换后其测量功率为

$$P = U_{wu}I_{u}\cos(90° + \varphi) + U_{uw}I_{w}\cos(90° - \varphi) = 0$$

适用范围：负荷稳定且三相对称的三相三线电能计量装置。

用力矩法可以判断电能表的接线是否错误，但很难确定是哪一种错误。在没有伏安相位表或无条件做相量分析的情况下，如果三相电路对称且负载平衡，而且已知电压相序及V相电压接线正确（即中线电压与两相电流不同相）和负荷性质（感性和容性），可采用力矩法判断电能表的接线是否正确。

二、瓦秒法

瓦秒法，是将电能表反映的功率与线路中的实际功率比较，以定性判断电能计量装置接线是否正确。

原理：首先按照被测电能表铭牌标示的脉冲数，计算出在恒定功率下输出 N 个脉冲所需要的时间，再记录被测电能表输出 N 个脉冲后所需要的时间，通过时间计算相对误差。当用固定脉冲数（N）测量时间的瓦秒法检定时，被检表的相对误差 γ（%）按下式计算

$$\gamma = \frac{T - t}{t} \times 100(\%)$$

式中 γ——标准功率表或检定装置的已定系统误差，%；

t——实测时间，即被检表在恒定功率下输出 N 个脉冲时，标准测时器测定的时间，s；

T——算定时间，即假定被检表没有误差时，在恒定功率下输出 N 个脉冲所需要的时间，s。

算定时间按下式计算

$$T = \frac{3600 \times 1000N}{CP}$$

式中 N——选定的电能表转数或脉冲数；

C——被测电能表铭牌上标注的脉冲常数，imp/(kW·h)；

P——恒定功率（或被测电能表所带的实际负荷功率），W。

计算出的相对误差如果超过了电能表准确度等级所允许的范围，则说明被测电能表计量失准。

适用范围：负荷稳定的各类电能表。

三、伏安相位表法

1. 相位表的使用方法（以使用SMG2000型相位表为例，如图2-3所示）

（1）将相位表的红表笔和黑表笔连线的另一端按颜色分别插入相位表上标有“U_1”的两侧插孔内。

（2）将相位表电流卡钳连线的另一端插入相位表上标有“I_2”的插孔内。此时应注意，使用相位表时 I_1 和 U_2 是一组，I_2 和 U_1 是一组。

（3）在使用相位表前应先对其进行“校准”。具体方法是：将相位表上的旋钮开关旋至“360°校”挡。此时，相位表上的显示窗口应显示“360”，若显示值不是“360”时，可调节“W”校准螺钉，直至其显示值为“360”为止。

（4）测量电压：选择电压挡“U”，将红、黑表笔与测量点接触，窗口显示电压值。

（5）测量电流：选择电流挡“I”，用电流卡钳卡住需测电流的导线，窗口显示电流值。

（6）测量电压与电流之间的相位差角：选择相位角“φ”挡，将电流卡钳卡住电流进线（应注意电流卡钳的极性一定要正确），再将红表笔和黑表笔分别接触到需测电压的U、V两个端子上。窗口显示值是U_{uv}与I之间的夹角。

2. 检查方法和步骤

（1）电流的测量。

1）将相位表的旋钮开关旋至相应的电流挡（以10A挡为宜）。

2）将相位表的电流卡钳分别卡住电能表表尾的电流进线，依次分别测出电能表U相、W相的电流值，并做好记录。

（2）电压的测量。

1）将相位表的旋钮开关旋至相应的电压挡（以500V挡为宜）。

2）将相位表的红表笔（正极）和黑表笔（负极）分别接触到电能表表尾盒内的U相、V相的接线端子上。此时相位表显示窗口的显示值为U_{uv}的电压值，并作记录。然后再将相位表的红表笔接触到电能表W相的接线端子上，黑表笔仍在V相上，此时的显示值为U_{wv}的电压值，并作记录。最后，将相位表的红表笔和黑表笔分别接触到电能表的W相和U相的接线端子上，这时的显示值为U_{wu}的电压值，并作记录。

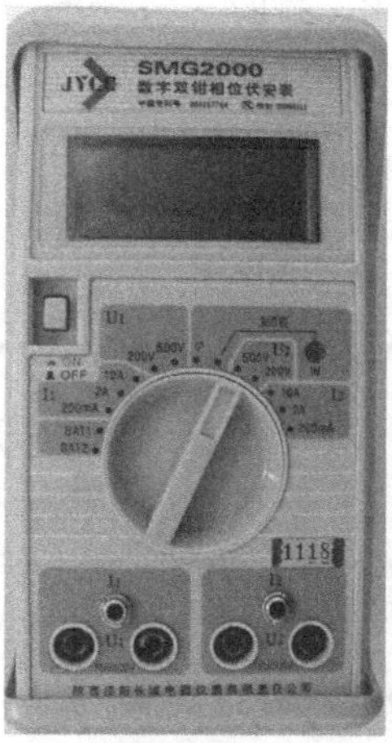

图2－3

（3）角度的测量。

1）将相位表的旋钮开关旋至“φ”挡。

2）先将相位表的电流卡钳卡住电能表表尾U相的电流进线（应注意电流卡钳的极性一定要正确），再将相位表的红表笔和黑表笔分别接触到电能表表尾盒（电能表接线端钮盒）内的U相、V相的电压端子上。此时相位表的显示值是$\dot{U}_{uv}$和$\dot{I}_{u}$之间的夹角，并作记录。再将红表笔接触到W相上，黑表笔仍在V相上，此时相位表的显示值是$\dot{U}_{wv}$和$\dot{I}_{u}$之间的夹角，并作记录。

3）再将相位表的电流卡钳卡住电能表表尾W相的电流进线。将相位表的红表笔和黑表笔分别接触到电能表表尾盒内的U相、V相的电压接线端子上。此时相位表的显示值是$\dot{U}_{uv}$和$\dot{I}_{w}$间的夹角，并作记录。再将红表笔接触到W相上，黑表笔仍在V相上，此时相位表的显示值是$\dot{U}_{wv}$和$\dot{I}_{w}$之间的夹角，并作记录。

（4）确定V相。

1）将相位表的旋钮开关旋至相应的电流挡（以500V挡为宜）。

2）将相位表的黑表笔接触到电能表的接地螺栓上，用相位表的红表笔依次分别接触到U、V、W的电压接线端子上。当相位表的显示值为“0”时，即可确定此相为电能表实际接线中的V相。

（5）判断实际相序。

1）将相位表的旋钮开关旋至“φ”挡。

2）将相位表的电流卡钳卡住电能表任一相电流的进线（应注意电流卡钳的极性一定要

正确）。

3）将相位表的黑表笔接触在上面确定的实际V相电压接线端子上，红表笔则分别接触在另外两相电压端子上，此时可测出两个角度值，记录下并作大小比较。其中角度值小的即可确定为电能表实际接线中的U相（此时两个角度值应满足相差60°的条件），另一相即为W相。这时，也就确定了电能表错误接线时的实际相序。

（6）判断实际接线。

先根据测得的四个角度，即 $\dot{U}_{uv}$ 和 $\dot{I}_u$、$\dot{U}_{wv}$ 和 $\dot{I}_u$、$\dot{U}_{uv}$ 和 $\dot{I}_w$、$\dot{U}_{wv}$ 和 $\dot{I}_w$ 的夹角，来确定电能表的实际电流。具体方法是：

1）先画出相量图。在相量图上，以 U_{uv}（电压下标为实际电压相序。若实际电压相序为WUV时，则下标应为WU）为基准，沿顺时针方向按 $\dot{U}_{uv}$ 和 $\dot{I}_u$ 的角度找出一个点；再以 U_{wv} 为基准，沿顺时针方向按 $\dot{U}_{wv}$ 和 $\dot{I}_u$ 的角度找出另一个点，此点和上一个点在位置上基本重合。按画相量图的方法画出其相量方向，那么这个相量方向即可确定为电能表第一组元件所通入的实际电流。

2）在相量图上，以 U_{uv} 为基准，沿顺时针方向按 $\dot{U}_{uv}$ 和 $\dot{I}_w$ 的角度找出一个点；再以 U_{wv} 为基准，沿顺时针方向按 $\dot{U}_{wv}$ 和 $\dot{I}_w$ 的角度找出另一个点，此点和上一个点在位置上基本重合。按画相量图的方法画出其相量方向，那么这个相量方向即可确定为电能表第二组元件所通入的实际电流。

（7）写出错误接线时电能表测得的电能（以功率表示）。

根据以上测量数据，以及在相量图上进行的分析判断，可以得出电能表错误接线时的电压相序、电流相序及极性，并可写出错误接线时的功率表达式。

第三节　现场校验仪测量方法

力矩法，是通过利用电能表工作原理改变现场电能表的接线方式，来初步判断当前运行电能表是否正常的方法；瓦秒法是假定被检表没有误差时，在恒定功率下输出 N 个脉冲所需要的时间，通过利用算出时间和实际时间的相对误差值，来初步判断电能表是否正常的方法。这两种检测方法也是抄、检人员常用的基本的测量方式之一。伏安相位表法则是计量专业人员常用的检测方法，主要解决电能表接线与相序问题。本节主要介绍怎样利用现场校验仪的检测方法，来判断运行中电能计量装置的接线和相序问题。

一、一体化现场校验仪

所谓一体化现场校验仪，是指集误差测试、相序识别、二次接线检查于一身的检测设备。T－230A型现场校验仪，就是具备此项功能的检测设备之一，其面板如图2－4所示。

1. 面板及说明

中间为液晶大屏幕，显示中文汉字图文。右边为按键，下面是多功能软键，软键随画面的不同有不同的定义（具体见与软键相对应的汉字显示）。数字键1～9是复用键，在其上方的是相对应的快捷功能。

2. 接线端子板

接线端子板如图2－5所示。

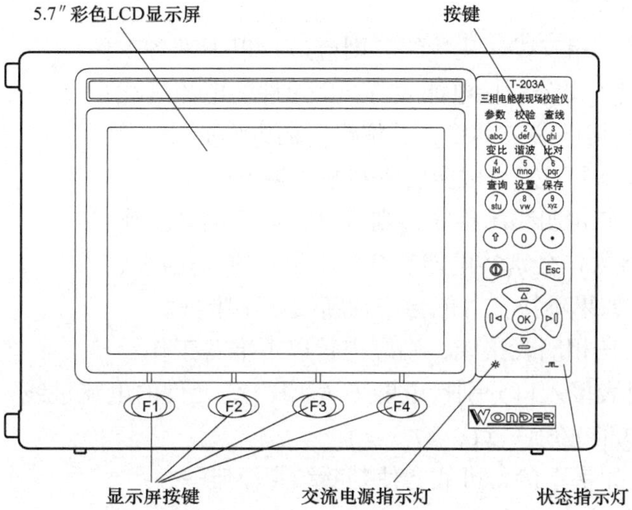

图2－4

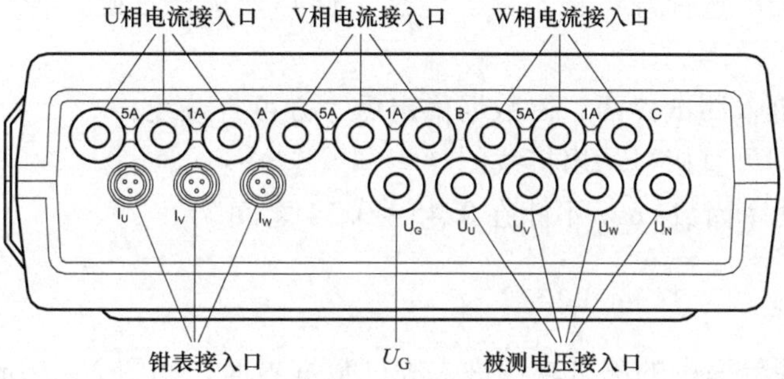

图2－5

接线端子板中，电压输入采用星形连接，三相电压共接地于 U_N；电压输入回路和电流输入回路是电隔离的；电压输入回路在仪器内部和系统地是电隔离的；三相电流输入各回路间及和仪器系统地之间是电隔离的；在查接线时，U_G 电压端子接到被测系统地上，用来测量 U_u、U_v、U_w 和被测系统地间的电压，从而判断哪一相接地。

钳表接入口用来插入仪器所带的各种量程的钳表。

二、测量方法及分析

一体化现场校验仪二次接线检查的具体操作方法和步骤如下。

（一）查错接线

按现场校验仪面板上的“3”键，进入接线条件选择界面，如图2－6所示。

在该界面下，分别按“测试”、“接线”、“条件键”，可进入不同的功能界面。

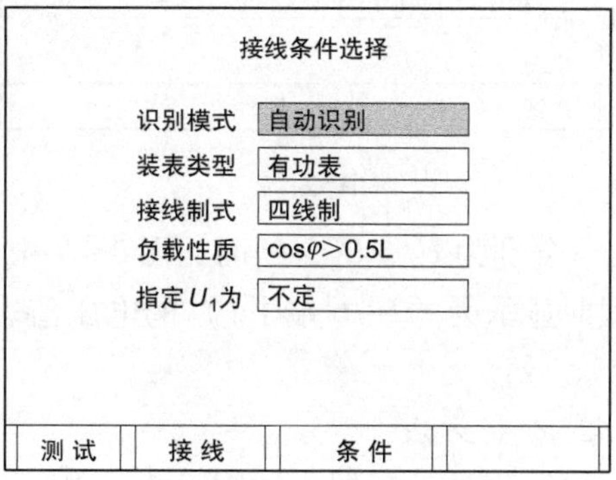

图2－6

1. 查线前的准备工作

（1）如果是检查三相三线简化接线，则应进行以下准备工作：

1）I_u、I_w 钳表接入口分别接电能表 A、C 元件的电流进线；

2）I_v 钳表接入口接电流公共线，三把钳子的方向必须一致；

3）U_G 接大地，如果不接，可能会使判断结果不唯一。

（2）如果是检查三相四线制接线，则应进行以下准备工作：

1）I_u、I_w 钳表接入口分别接电能表 A、C 元件的电流进线；

2）U_G 接大地，如果不接，可能会使判断结果不唯一。

（3）如果是检查三相四线接线，则应进行以下准备工作：

1）I_u、I_v、I_w 钳表接入口分别接电能表 A、B、C 元件的电流进线；

2）三把钳子的方向必须一致；

3）U_G 接大地，如果不接，可能会使判断结果不唯一。

2. 查线的步骤

（1）按接线要求，连接好电压、电流线；

（2）在条件界面中选择好各种条件，注意条件必须选择正确，否则会判断出错误的接线结果；

（3）按测试键进入测试界面，待数据稳定后，方可查接线；

（4）按接线键即可直接显示出接线图。

注意：现场的功率因数 $\cos\varphi$ 不能在 0.45～0.54 之间。

（二）数据分析

1. 测试数据显示

按接线条件选择界面中的测试软键进入测试数据界面，如图 2－7 所示。

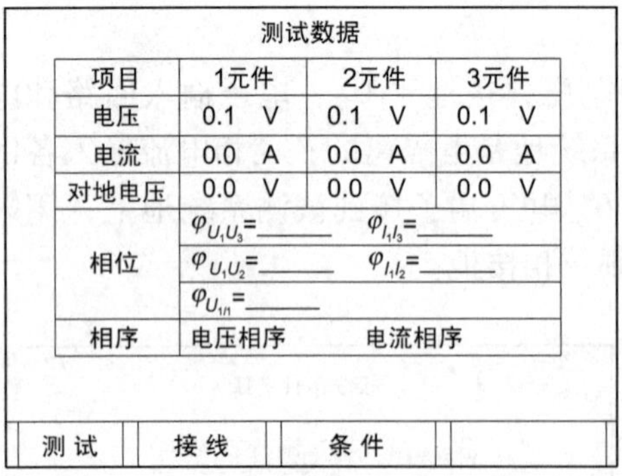

图 2－7

界面中，电压指施加在各元件上的电压；电流指施加在各元件上的电流；对地电压指黄、绿、红电压接线端子的对地电压（要求接地线测量）。

在此界面下，测试的各元件电压、电流之间的相位关系及电压、电流的相序，并非实际电压、电流标称，还需要通过进一步分析来判断各电压、电流的实际相序。

注意：当检查三相三线电能表接线时，假设电能表表尾的三个端子电压“U_u”、“U_v”、“U_w”分别为 U_1、U_2、U_3 时，图 2－7 中 1 元件的电压值表示的是线电压 U_{12}，2 元件（三相三线时显示为“2－6 端子”）的电压值表示的是线电压 U_{13}，3 元件的电压值表示的是线电压 U_{32}。

2. 分析方法

（1）电压互感器二次侧不断相时的分析方法。当电压互感器二次侧不断相时，对于电子式电能表，它的内部分压结构不论是“△”形还是“V”形，测出的错误数据都是一样的，其分析方法也是相同的。

1）确定V相和电压相序。依据所测数据可看出电压、电流值是否正常，有无断相现象。对地电压值中等于零或接近零的那一相即可判定为V相；再根据电压相序的显示，最终可以判断出电压的实际相序。

2）判断实际接线。① 在相量图上，依据判断出的电压相序，画出电能表所用的两个线电压，即用实际电压替换仪器上所显示的“相位”栏中的 U_{12} 和 U_{32}。例如：当电压相序是UVW时，那么 U_{12} 和 U_{32} 就应替换为 U_{uv} 和 U_{wv}。② 依据两个线电压和所测数据中的“相位”值，可以在相量图中画出 I_u 和 I_w 两个电流的位置。所画电流的相序应和仪器上显示的电流相序一致，并且两电流的夹角应等于仪器上显示的“$\varphi_{I_1I_3}$”的值。

3）分析得出结论。

［例2-1］ 表2-1所示错误现象：电压相序为UVW，电流相序为 I_u、I_w，U相TA极性反接。其分析步骤如下。

表2-1

测试数据			
项目	1元件	2-6端子	3元件
电压	99.9V	100.0V	99.9V
电流	1.5A	0.0A	1.5A
对地电压	99.6V	0.3V	99.6V
相位	$\varphi_{I_1I_3}=59.7°$		
	$\varphi_{U_{12}I_1}=240.0°$		
	$\varphi_{U_{32}I_3}=359.9°$　$P=75.5$		
相序	电压相序正　电流相序正		

第一步：从“电压”、“电流”栏中的显示值可以看出电压、电流值均正常，无断相现象。再从“对地电压”值中可以看出等于零或接近零的那一相即可判定为V相，即 U_2 为V相；再根据电压相序的显示“正”，最终判断出电压的实际相序为UVW。

第二步：在相量图上，依据判断出的电压相序UVW，画出电能表所用的两个线电压，即把仪器上显示的“相位”栏中的 U_{12} 替换为 U_{uv}、U_{32} 替换为 U_{wv}。

第三步：如图2-8所示，将测试数据中的相位值 $U_{12}I_1=240°$ 替换成 $U_{uv}I_1=240°$，$U_{32}I_3=360°$ 替换成 $U_{wv}I_3=360°$。在相量图上以 $U_{uv}I_1=240°$ 画出的电流为第一元件通入的电流；以 $U_{wv}I_3=360°$ 画出的电流为第二元件通入的电流。所画电流的相序和仪器上显示的电流相序一致，并且两电流的夹角应等于

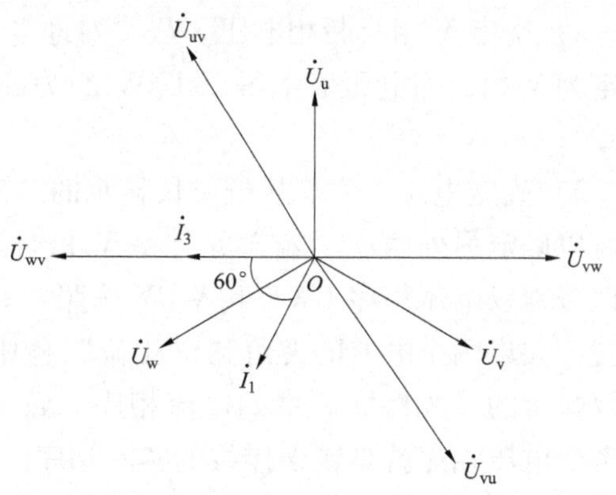

图2-8

仪器上显示的"$\varphi_{I_1I_3}$"的值60°。

第四步：如图2－8所示，从相量图上可以看出I_1所表示的位置是$-I_u$；I_3所表示的位置是I_w。此时可以得出错误接线的结论：电压相序为UVW；电能表的实际接线组别为第一元件U_{uv}、$-I_u$；第二元件U_{wv}、I_w。

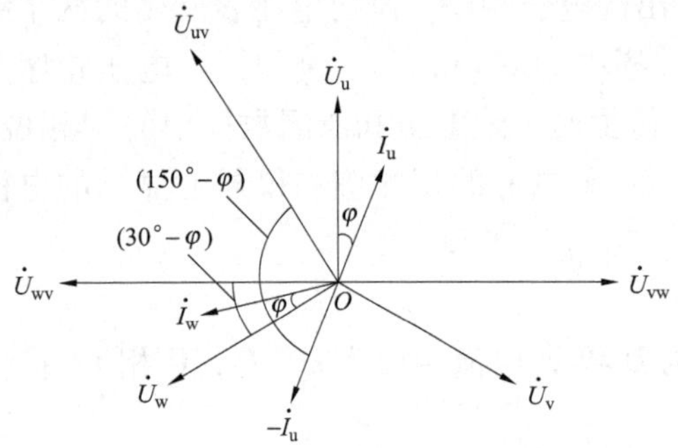

图2－9

第五步：画出错误接线相量图，如图2－9所示。

第六步：写出错误接线时电能表测得的电能（以功率表示）。

根据表2－1的测试数据，以及在相量图上进行的分析判断，可以得出电能表错误接线时的电压相序、电流相序及极性，并可写出错误接线时的功率表达式。

因为电能表所计量的电能与所加电压和电流及相应相电流之间的夹角余弦乘积成正比，根据图2－9画出的错误接线相量图，对两个元件所计量的电能分别进行分析（以功率表示），并设P_1'为第一元件错误计量的功率，P_2'为第二元件错误计量的功率。

第一元件测量的功率为

$$P_1' = U_{uv}(-I_u)\cos(150° - \varphi)$$

第二元件测量的功率为

$$P_2' = U_{wv}I_w\cos(30° - \varphi)$$

在三相电路完全对称时，两元件测量的总功率为

$$\begin{aligned} P' &= P_1' + P_2' \\ &= U_{wv}(-I_u)\cos(150° - \varphi) + U_{wv}I_w\cos(30° - \varphi) \end{aligned}$$

（2）电能表的内部分压为"△"形结构时电压互感器接线二次侧断相时的分析方法。

1）确定电能表内部分压结构（参考第一章第二节）。依据所测数据中的"电压"、"电流值"得出电流值正常，而电压值不正常有断相现象的结论时，若两电压值在50V和100V范围变化，可以判定该计量装置所接电能表的内部分压结构为"△"形结构。

2）确定V相及断相电压。从"对地电压"值中可以看出等于零或接近零的那一相即可判定为V相，而电压值不等于100V的为断相，和校验仪显示的"相序"栏中的电压断相一致。

3）确定电压相序。从校验仪显示的"对地电压"栏中的电压值和"相位"栏中的相位值可以确定另外两相。若3元件是V相时，电压相序则有两种可能UWV和WUV。然后，可以分别以电压相序UWV和WUV按照"相位"栏中的相位值推出两个电流在相量图上的位置。如果两个电流的夹角和"相位"栏中两个电流的夹角相同，两个电流的相序也和校验仪显示的"相序"栏中的电流相序一致，如果它们在相量图上的位置更合理，那么，所参考的电压相序就是错误接线的实际相序。

［例2－2］ 表2－2所示错误现象：电压相序为WUV，电流相序为I_u、I_w，U相TA极性反接，U相电压断相。

表 2－2

测 试 数 据			
项目	1 元件	2－6 端子	3 元件
电压	52.6V	100.8V	48.4V
电流	1.5A	0.0A	1.5A
对地电压	100.5V	48.1V	0.3V
相位	$\varphi_{I_1 I_3}=59.8°$		
	$\varphi_{U_{31} I_1}=120.1°$		
	$\varphi_{U_{31} I_3}=179.9°$　$P=-28.9$		
相序	电压断相 U_2　电流相序正		

第一步：从“电压”栏中的显示值看出 1 元件和 3 元件的电压值不等于 100V，可以判定该错误接线有电压断相，并且根据 1 元件和 3 元件的电压值可以看出，此电能表内部分压结构为“△”形。

第二步：从“对地电压”栏中可以看出 3 元件的电压为 0V，所以确定 U_3 为 V 相。电压值为 48V 的 U_2 为电压断相，与“相序”栏中的电压断相 U_2 一致。

第三步：从“对地电压”栏中确定 U_3 为 V 相后，就可以看出该错误接线的电压相序有两种可能，即 UWV 和 WUV。

第四步：先以电压相序 UWV 推出两个电流在相量图上的位置。将“相位”栏中的 U_{31} 替换成 U_{vu}。那么，$U_{31}I_1=120°$ 就替换成 $U_{vu}I_1=120°$，$U_{31}I_3=180°$ 就替换成 $U_{vu}I_3=180°$。即以 U_{vu} 为基准沿顺时针方向分别转 120°和 180°找到 I_1 和 I_3，如图 2－10 所示。虽然两个电流的夹角等于 60°，但电流 I_3 不符合电流在相量图上的合理位置。

第五步：再以电压相序 WUV 推出两个电流在相量图上的位置。将“相位”栏中的 U_{31} 替换成 U_{vw}。那么，$U_{31}I_1$ 就替换成 $U_{vw}I_1=120°$、$U_{31}I_3$ 就替换成 $U_{vw}I_3=180°$。即以 U_{vw} 为基准沿顺时针方向分别转 120°和 180°找到 I_1 和 I_3 如图 2－11 所示。经过分析初步判定 $I_1=-I_u$、$I_3=I_w$，两个电流极性相反，并且其夹角等于 60°，电流相序为正。

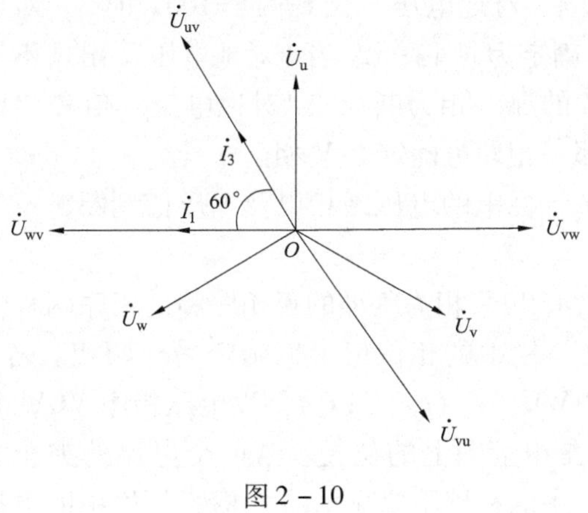

图 2－10

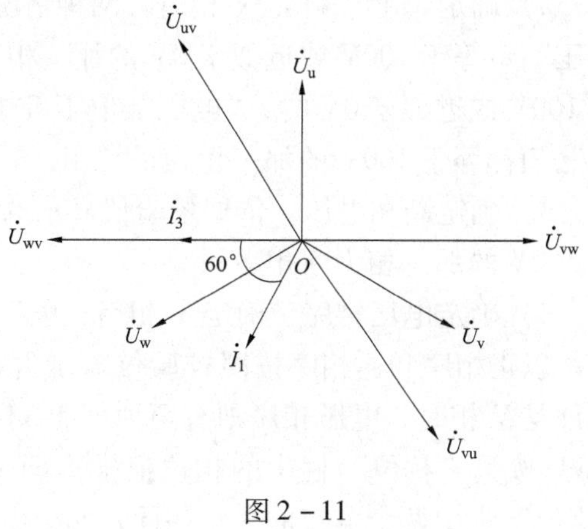

图 2－11

第六步：将两个电流在相量图上的位置进行比较。比较结果是第五步以电压相序 WUV 推出的两个电流 $-\dot{I}_u$、$\dot{I}_w$ 符合两个电流在相量图上的位置。

第七步：最后得出错误接线结论：电压相序为 WUV；电流相序为 $-\dot{I}_u$、$\dot{I}_w$；U 相电压断相。

第八步：画出错误接线相量图，如图2－12 所示。

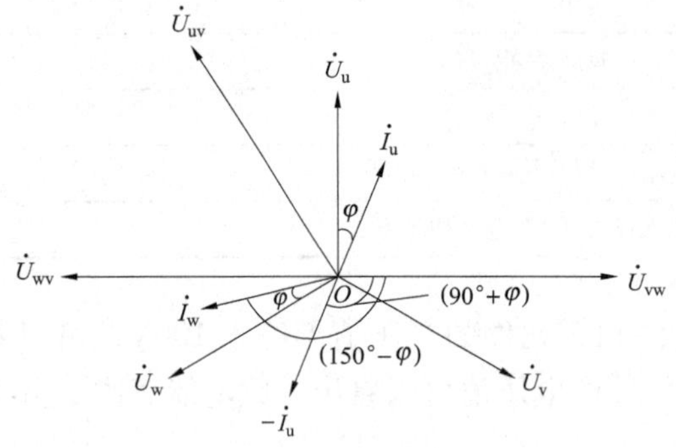

图 2－12

第九步：写出错误接线时电能表测得的电能（以功率表示）。

根据表 2－2 的测试数据，以及在相量图上进行的分析判断，可以得出电能表错误接线时的电压相序、电流相序及极性，并可写出错误接线时的功率表达式。

因为电能表所计量的电能与所加电压和电流及应相电流之间的夹角余弦乘积成正比，根据图 2－12 画出的错误接线相量图，对两个元件所计量的电能分别进行分析（以功率表示），并设 P'_1为第一元件错误计量的功率，P'_2为第二元件错误计量的功率。

第一元件测量的功率为

$$P'_1 = U_{vw}(-I_u)\cos(90° + \varphi)$$

第二元件测量的功率为

$$P'_2 = U_{vw}I_w\cos(150° - \varphi)$$

在三相电路完全对称时，两元件测量的总功率为

$$P' = P'_1 + P'_2$$
$$= U_{vw}(-I_u)\cos(90° + \varphi) + U_{vw}I_w\cos(150° - \varphi)$$

（3）电能表的内部分压为“V”形结构时电压互感器接线二次侧断相时的分析方法。

1）确定电能表内部分压结构。当“V”形结构电能表出现断相时，若两电压值在 0V、50V 和 100V 范围变化，可以判定该计量装置所接电能表的内部分压结构为“V”形结构。

2）确定 V 相。确定 V 相时分两种情况：① 当“对地电压”出现两个 100V 时，“对地电压”不等于 100V 或近似于 0V 的那一相，即可确定为 V 相；② 当“对地电压”出现不等于 100V 或近似于 0V 时，“电压”值不等于 100V 的那一相为断相，“对地电压”值和“电压”值都等于 100V 的那一相为正常相，剩下的那一相即可确定为 V 相。

3）确定断相电压。依据校验仪显示的“相序”栏中的电压断相以及电压值判断，不等于 100V 的那一相为断相。

4）确定电压相序。确定 V 相后，电压相序就有以 V 相为基准的正相序和逆相序两种情况。以正相序和逆相序按照校验仪显示的“相位”栏中的相位值可以确定另外两相。若 1 元件是 V 相时，电压相序则有两种可能 VUW 和 VWU。然后，可以分别以电压相序 VUW 和 VWU 按照“相位”栏中的相位值推出两个电流在相量图上的位置。若两个电流的夹角和“相位”栏中两个电流的夹角相同，两个电流的相序也和校验仪显示的“相序”栏中的电流相序一致，并且它们在相量图上的位置更合理，那么，所参考的电压相序就是错误接线的实

际相序。

[例2-3] 表2-3所示错误现象：表尾电压相序为WUV，电流相序为I_u、I_w，W相TV二次电压断相，W相TA二次极性反接。

表2-3

测试数据			
项目	1元件	2-6端子	3元件
电压	0.9V	99.8V	99.9V
电流	1.5A	0.0A	1.5A
对地电压	99.4V	99.5V	0.4V
相位	$\varphi_{I_1I_3}=59.8°$		
	$\varphi_{U_{32}I_1}=239.9°$		
	$\varphi_{U_{32}I_3}=299.8°$　$P=75.3$		
相序	电压断相U_1　电流相序正		

第一步：从“电压”栏中的显示值看出1元件的电压值不等于100V，其三个电压值符合“V”结构电能表断相的现象，可以判定该错误接线有电压断相，并且此电能表内部分压结构为“V”形。

第二步：“对地电压”栏中3元件的电压U_3近似为0V，所以可以确定U_3为V相。“电压”栏中1元件的电压U_1不等于100V，即可确定U_1为电压断相，与“相序”栏中显示的电压断相U_1一致。

第三步：确定V相后，就可以看出该错误接线的电压相序有两种可能，即UWV和WUV。

第四步：先以电压相序UWV推出两个电流在相量图上的位置。将“相位”栏中的U_{32}替换成U_{vw}。那么，$U_{32}I_1=240°$就替换成$U_{vw}I_1=240°$，$U_{32}I_3=300°$就替换成$U_{vw}I_3=300°$。即以U_{vw}为基准按顺时针方向分别找出240°和300°这两角的位置I_1和I_3，如图2-13所示。两个电流的夹角等于60°，电流相序为正。

第五步：再以电压相序WUV推出两个电流在相量图上的位置。将“相位”栏中的U_{32}替换成U_{vu}。那么，$U_{32}I_1=240°$就替换成$U_{vu}I_1=240°$，$U_{32}I_3=300°$就替换成$U_{vu}I_3=300°$。即以U_{vu}为基准沿顺时针方向分别转240°和300°找到I_1和I_3，如图2-14所示。两个电流的夹角等于60°，电流相序为正。

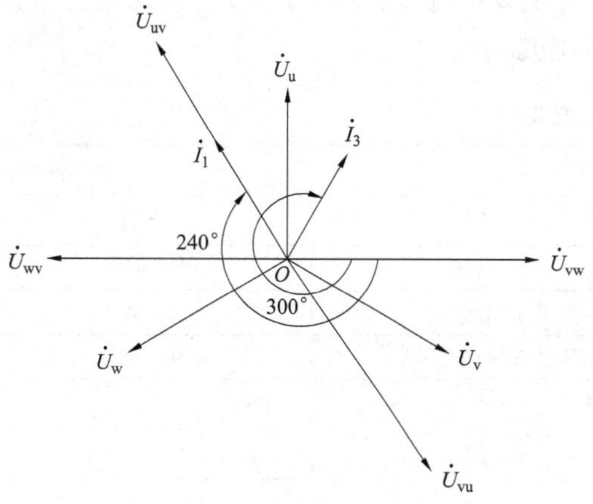

图2-13

第六步：将两个电流在相量图上的位置进行比较。比较结果是第五步以电压相序WUV推出的两个电流的位置更合理，即$I_1=I_u$、$I_3=-I_w$。

第七步：最后得出错误接线结论为：电

压相序为 WUV；电流相序为 I_{u}、I_{w}；W 相电压断。电能表的实际接线组别为：第一元件 I_{u}；第二元件 U_{vu}、$-I_{w}$。

第八步：画出错误接线相量图，如图 2 - 15 所示。

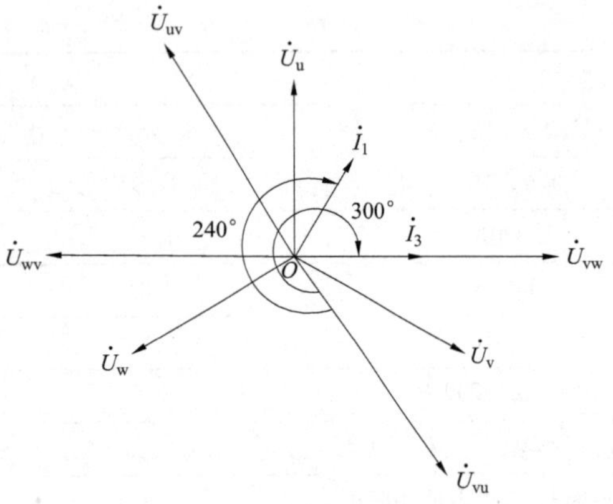

图 2 - 14

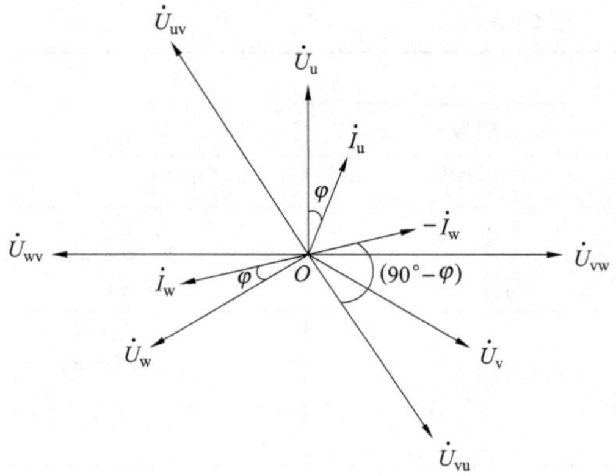

图 2 - 15

第九步：写出错误接线时测得的电能（以功率表示）。

因为电能表所计量的电能与所加电压和电流及相应相电流之间的夹角余弦乘积成正比，根据上面画出的错误接线相量图，对两个元件所计量的电能分别进行分析（以功率表示），并设 P_1' 为第一元件错误计量的功率，P_2' 为第二元件错误计量的功率。

第一元件测量的功率为

$$P_1' = 0$$

第二元件测量的功率为

$$P_2' = U_{vu}(-I_{w})\cos(90° - \varphi)$$

在三相电路完全对称时，两元件测量的总功率为

$$\begin{aligned} P' &= P_1' + P_2' \\ &= 0 + U_{vu}(-I_{w})\cos(90° - \varphi) \end{aligned}$$

[**例 2 - 4**] 表 2 - 4 所示错误现象：表尾电压相序 WVU，电流相序 I_{w}、I_{u}，U 相 TV 二次电压断相。

表 2 - 4

测 试 数 据			
项目	1 元件	2 - 6 端子	3 元件
电压	99.4V	99.3V	0.4V
电流	1.5A	0.0A	1.5A
对地电压	99.2V	0.2V	0.4V
相位	$\varphi_{I_1I_3} = 120.6°$		
	$\varphi_{U_{12}I_1} = 359.9°$		
	$\varphi_{U_{12}I_3} = 120.5°$　$P = 148.6$		
相序	电压断相 U_3　电流相序逆		

第一步：从“电压”栏中的显示值看出3元件的电压值不等于100V，其三个电压值符合“V”结构电能表断相的现象，可以判定该错误接线有电压断相，并且此电能表内部分压结构为“V”形。

第二步：“电压”栏中3元件的电压 U_3 不等于100V，即可确定 U_3 为电压断相，与“相序”栏中显示的电压断相 U_3 一致。“对地电压”栏中1元件的电压等于100V为正常相。所以可以确定 U_2 为V相。

第三步：确定V相后，就可以看出该错误接线的电压相序有两种可能，即UVW和WVU。

第四步：先以电压相序UVW推出两个电流在相量图上的位置。将“相位”栏中的 U_{12} 替换成 U_{uv}。那么，$U_{12}I_1=360°$ 就替换成 $U_{uv}I_1=360°$、$U_{12}I_3=120°$ 就替换成 $U_{uv}I_3=120°$。即以 U_{uv} 为基准沿顺时针方向分别转360°和120°找到 I_1 和 I_3，如图2－16所示。两个电流的夹角等于120°，电流位置不合理。

第五步：再以电压相序WVU推出两个电流在相量图上的位置。将“相位”栏中的 U_{12} 替换成 U_{wv}。那么，$U_{12}I_1=360°$ 就替换成 $U_{wv}I_1=360°$，$U_{12}I_3=120°$ 就替换成 $U_{wv}I_3=120°$。即以 U_{wv} 为基准沿顺时针方向分别转360°和120°找到 I_1 和 I_3，如图2－17所示。两个电流的夹角120°，电流相序为正。

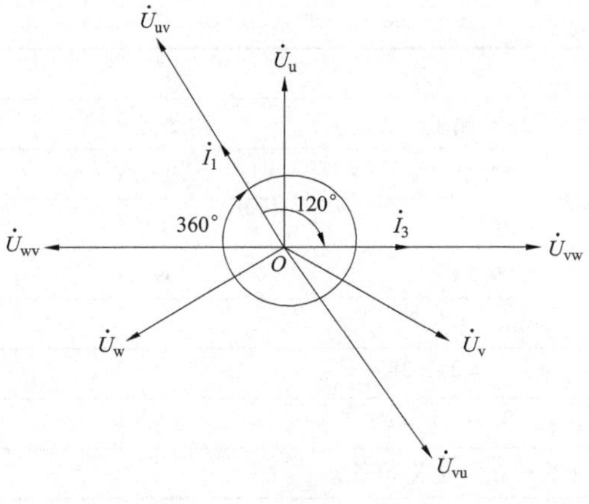

图2－16

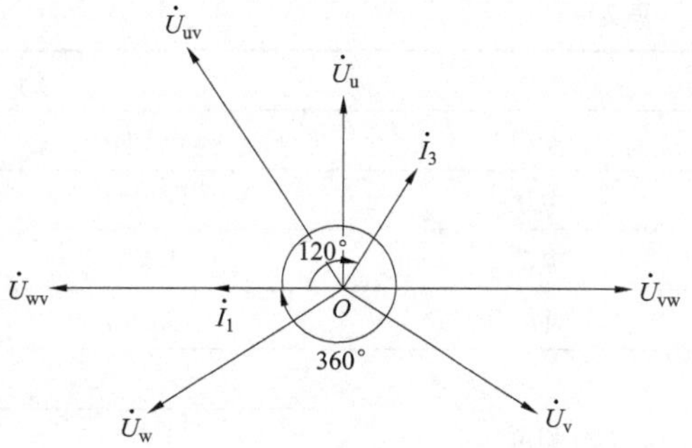

图2－17

第六步：将两个电流在相量图上的位置进行比较。比较结果是，第五步以电压相序WVU推出的两个电流的位置更合理，即 $I_1=I_w$、$I_3=I_u$。

第七步：最后得出错误接线结论为：电压相序WVU；电流相序 I_w、I_u；U相电压断。电能表的实际接线组别为：第一元件 U_{wv}，I_w；第二元件 I_u。

第八步：画出错误接线相量图，如图2－18所示。

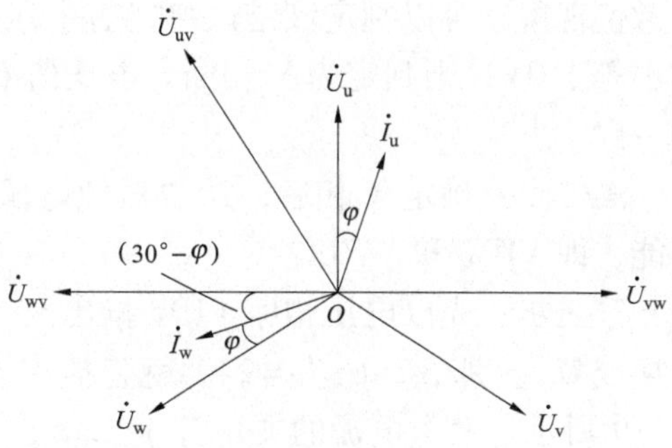

图2－18

第九步：写出错误接线时测得的电能（以功率表示）。

因为电能表所计量的电能与所加电压和电流及相应相电流之间的夹角余弦乘积成正比，根据上面画出的错误接线相量图，对两个元件所计量的电能分别进行分析（以功率表示），并设 P'_1 为第一元件错误计量的功率，P'_2 为第二元件错误计量的功率。

第一元件测量的功率为

$$P'_1 = U_{wv} I_w \cos(30° - \varphi)$$

第二元件测量的功率为

$$P'_2 = 0$$

在三相电路完全对称时，两元件测量的总功率为

$$\begin{aligned} P' &= P'_1 + P'_2 \\ &= U_{wv} I_w \cos(30° - \varphi) + 0 \end{aligned}$$

（4）智能电能表“△”形结构时电压互感器接线二次侧 V 相断相时的分析方法。

当出现 V 相断相时，其判断结果有两种。在现场工作人员经过分析判断确认是 V 相断相时，为了能够得到唯一结果，应先将 V 相恢复接线，再按照不断相的分析方法进行分析。

［例 2－5］ 表 2－5 所示错误现象：电压相序 VWU，电流相序 I_w、I_u，V 相 TV 二次侧电压断相。

表 2－5

测试数据			
项目	1 元件	2－6 端子	3 元件
电压	90.2V	53.2V	99.9V
电流	1.5A	0.0A	1.5A
对地电压	133.9V	99.5V	99.6V
相位	$\varphi_{I_1I_3}=120.3°$		
	$\varphi_{U_{32}I_1}=240.3°$		
	$\varphi_{U_{32}I_3}=0.6°$　$P=150.1$		
相序	电压断相 U_1　电流相序逆		

第一步：从“电压”栏中的显示值看出 1 元件和 2 元件的电压值不等于 100V，且出现异常值现象，可以判定该错误接线有电压断相。再从“对地电压”栏中可以看出对地电压均不等于 0V，则判定为 V 相断。电压值 $U_1=133$V 为电压断相，与“相序”栏中显示 U_1 断相一致。

第二步：确定 V 相后，从“对地电压”栏中就可以看出该错误接线的电压相序有两种可能，即 VUW 和 VWU。

第三步：先以电压相序 VUW 推出两个电流在相量图上的位置。将“相位”栏中的 U_{32} 替换成 U_{wu}。那么，$U_{32}I_1=240°$ 就替换成 $U_{wu}I_1=240°$，$U_{32}I_3=0°$ 就替换成 $U_{wu}I_3=0°$，如图 2－19 所示。两个电流的夹角等于 120°，电流相序为逆。得出结果：电压相序为 VUW；电流相序为 $-I_w$、$-I_u$；V 相电压断相。

第四步：再以电压相序 VWU 推出两个电流在相量图上的位置。将“相位”栏中的 U_{32}

替换成 U_{uw}。那么，$U_{32}I_1=240°$就替换成 $U_{uw}I_1=240°$，$U_{32}I_3=0°$就替换成 $U_{uw}I_3=0°$，如图 2－20 所示。两个电流的夹角等于 120°，电流相序为逆。得出结果：电压相序 VWU；电流相序 I_wI_u；V 相电压断相。

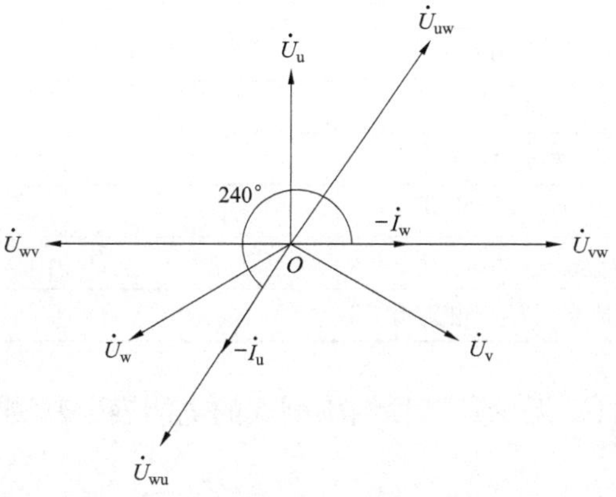

图 2－19

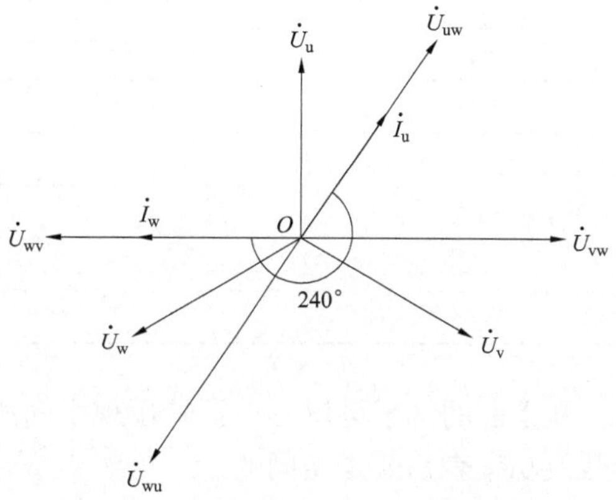

图 2－20

第五步：以电压相序 VUW 和 VWU 分别推出两个电流在相量图上的位置都合理。为了能够得到唯一结果，此时应先将 V 相恢复接线，再按照不断相的分析方法进行分析。

注意：当电压互感器二次侧断相时，若出现中间相断相，对于电子式电能表，它的内部分压结构无论是"△"形还是"V"形，测出的错误数据基本相同，所以其分析方法是相同的。

[**例 2－6**] 如表 2－6 所示，电能表内部分压结构是"V"形，现象为表尾电压相序 VWU，电流相序 I_u、I_w，W 相 TV 二次电压断相。

表 2－6

测试数据			
项目	1 元件	2－6 端子	3 元件
电压	51.0V	99.7V	48.9V
电流	1.5A	0.0A	1.5A
对地电压	0.3V	50.7V	99.4V
相位	$\varphi_{I_1I_3}=239.5°$		
	$\varphi_{U_{31}I_1}=60.1°$		
	$\varphi_{U_{31}I_3}=299.6°$　$P=-1.5$		
相序	电压断相 U_2　电流相序正		

[**例 2－7**] 如表 2－7 所示，电能表内部分压结构是"△"形，现象为表尾电压相序 VWU，电流相序 I_u、I_w，W 相 TV 二次电压断相。

表 2-7

测试数据			
项目	1 元件	2-6 端子	3 元件
电压	47.8V	100.7V	53.2V
电流	1.5A	0.0A	1.5A
对地电压	0.3V	47.5V	100.4V
相位	$\varphi_{I_1I_3}=239.4°$		
	$\varphi_{U_{31}I_1}=60.3°$		
	$\varphi_{U_{31}I_3}=299.7°$ $P=4.2$		
相序	电压断相 U_2 电流相序正		

从上面的例子可以看出：若出现中间相断相时，无论是哪种结构型式的电能表，其测量参数及功率表达式是相同的。

第四节 现场测量电能表数据时应注意的事项

由于电网负荷性质比较复杂，干扰源较多（如各种谐波等），对计量装置的正常运行影响很大。因此，在实际工作中，在现场对计量装置进行测试时，应注意这些影响量的存在，以避免误判断计量差错，给计量工作带来不必要的麻烦。下面介绍现场测量电能表数据时应注意的事项。

一、电力客户

现场测量电能表参数时，发现相量图与正常状态不一致时，应注意：

（1）考虑负荷性质是感性还是容性；

（2）功率因数的变化（正常情况下，高压用户功率因数要求达到 0.9 以上）；

（3）二次负荷是否满足现场测试要求；

（4）二次接线是简化接线还是四线连接；

（5）是 Vv 制接线还是 Yy 制接线；

（6）测量仪器是否正常。

二、发电企业

现场测量电能表参数时，发现相量图与正常状态不一致时应注意：

（1）测量对象是否正确（上网电能表、下网电能表）；

（2）安装有双方向电能表，当有功、无功传输电能方向不一致时，应首先了解清，发电企业对电网是送无功还是吸收无功；

（3）二次负荷是否满足现场测试要求；

（4）二次接线是简化接线还是四线连接；

（5）是 Vv 制接线还是 Yy 制接线；

（6）测量仪器是否正常。

三、各变电站或电网之间用于有功电量平衡考核的计量装置

现场测量电能表参数时，发现相量图与正常状态不一致时应注意：

（1）电能传输的方向，是否与测量一致；
（2）功率因数的大小变化；
（3）二次负荷是否满足现场测试要求；
（4）二次接线是简化接线还是四线连接；
（5）是 Vv 制接线还是 Yy 制接线；
（6）测量仪器是否正常。

第三章

电能表的内部分压为三角/“V”形结构时电压互感器二次侧不断相错误接线的实例分析

第一节　电压相序为 UVW 时的错误接线实例分析

一、表尾电压相序 UVW，电流相序 I_uI_w，U 相 TA 二次侧极性反接

图 3－1 是三相三线有功电能表的错误接线。从图中可以看出电压互感器的二次侧端钮极性接线正确，则电压 U_{uv} 与 U_{wv} 分别接于第一元件和第二元件的电压线圈上。因 U 相 TA 二次侧极性反接，造成 U 相电流线圈通入的电流为 $-I_u$。

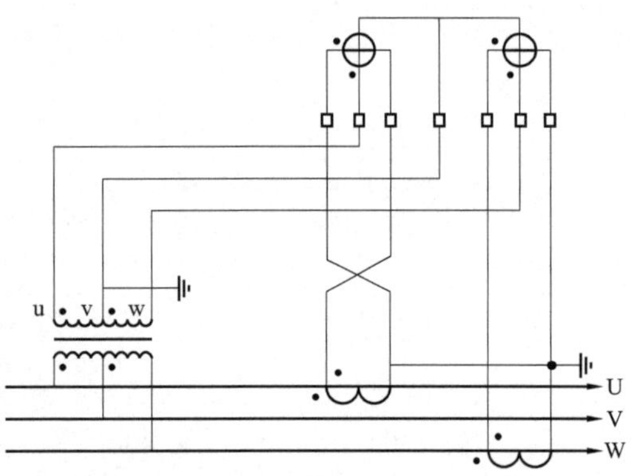

图 3－1

1. 测量数据（以 T－230A 现场校验仪为例）

按照第二章第三节现场校验仪测量方法的使用介绍，将校验仪与电能表接好。在选定的显示界面上将显示出分析所需的所有数据，测试数据如表 3－1 所示。

表 3－1

测试数据			
项目	1 元件	2－6 端子	3 元件
电压	99.9V	100.0V	99.9V
电流	1.5A	0.0A	1.5A
对地电压	99.6V	0.3V	99.6V
相位	$\varphi_{I_1I_3}=59.7°$		
	$\varphi_{U_{12}I_1}=240.0°$		
	$\varphi_{U_{32}I_3}=359.9°$　$P=75.5$		
相序	电压相序正　电流相序正		

2. 分析判断错误现象

（1）从表3－1“电压、电流”栏中的显示值可以看出电压、电流值均正常，无断相现象。再从“对地电压”值中可以看出等于零或接近零的那一相即可判定为V相，即 U_2 为V相；再根据电压相序的显示“正”，最终判断出电压的相序为UVW。

（2）在相量图上，依据判断出的电压相序UVW，画出电能表所用的两个线电压，用实际电压替换仪器上显示相位中的电压，即 U_{12} 替换为 U_{uv}、U_{32} 替换为 U_{wv}。

（3）将所测数据中的相位值 $U_{12}I_1=240°$ 替换成 $U_{uv}I_1=240°$、$U_{32}I_3=360°$ 替换成 $U_{wv}I_3=360°$，可以在相量图中画出 I_u 和 I_w 两个电流的位置，如图3－2所示。所画电流的相序和仪器上显示的电流相序一致，并且两电流的夹角应等于仪器上显示的“$\varphi_{I_1I_3}$”的值60°。

（4）画出错误接线时的实测相量图，如图3－3所示。

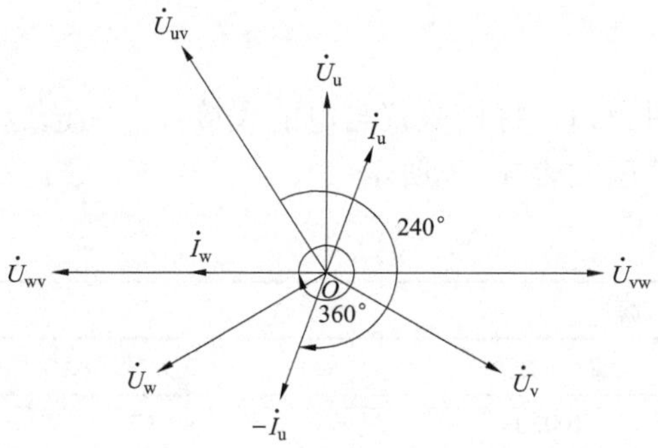

图3－2

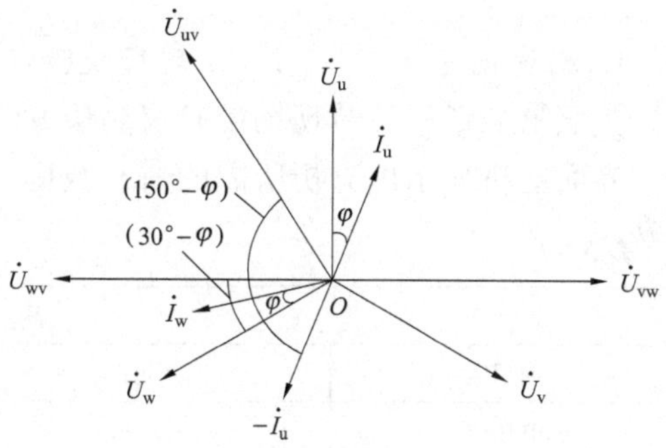

图3－3

3. 写出错误接线时电能表测得的电能（以功率表示）

根据以上测量数据，以及在相量图上进行的分析判断，可以得出电能表错误接线时的电压相序、电流相序及极性，并可写出错误接线时的功率表达式。

因为电能表所计量的电能与所加电压和电流及相应相电流之间的夹角余弦乘积成正比，根据图3－3画出的错误接线相量图，对两个元件所计量的电能分别进行分析（以功率表示），并设 P_1' 为第一元件错误计量的功率，P_2' 为第二元件错误计量的功率。

第一元件测量的功率为

$$P_1'=U_{uv}(-I_u)\cos(150°-\varphi)$$

第二元件测量的功率为

$$P_2'=U_{wv}I_w\cos(30°-\varphi)$$

在三相电路完全对称时，两元件测量的总功率为

$$\begin{aligned}P'&=P_1'+P_2'\\&=U_{uv}(-I_u)\cos(150°-\varphi)+U_{wv}I_w\cos(30°-\varphi)\end{aligned}$$

二、表尾电压相序UVW，电流相序 I_uI_w，W相TA二次侧极性反接

图3－4是三相三线有功电能表的错误接线。从图中可以看出电压互感器的二次侧端钮极性接线正确，则电压 U_{uv} 与 U_{wv} 分别接于第一元件和第二元件的电压线圈上。电流因W相TA二次侧极性反接，造成W相电流线圈通入的电流为 $-I_w$。

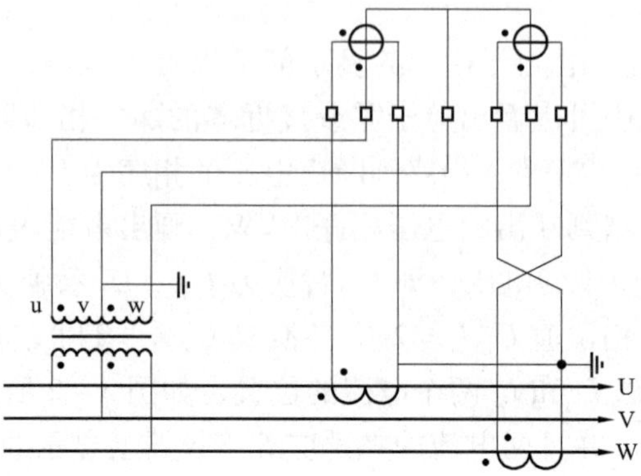

图 3-4

1. 测量数据（以 T-230A 现场校验仪为例）

按照第二章第三节现场校验仪测量方法的使用介绍，将校验仪与电能表接好。在选定的显示界面上将显示出分析所需的所有数据，测试数据如表 3-2 所示。

表 3-2

测试数据			
项目	1 元件	2-6 端子	3 元件
电压	99.9V	100.0V	99.9V
电流	1.5A	0.0A	1.5A
对地电压	99.6V	0.3V	99.6V
相位	$\varphi_{I_1I_3}=59.8°$		
	$\varphi_{U_{12}I_1}=60.0°$		
	$\varphi_{U_{32}I_3}=179.9°$　$P=-75.5$		
相序	电压相序正　电流相序正		

2. 分析判断错误现象

（1）从表 3-2“电压”、“电流”栏中的显示值可以看出电压、电流值均正常，无断相现象。再从“对地电压”值中可以看出等于零或接近零的那一相即可判定为 V 相，即 U_2 为 V 相；再根据电压相序的显示“正”，最终判断出电压的相序为 UVW。

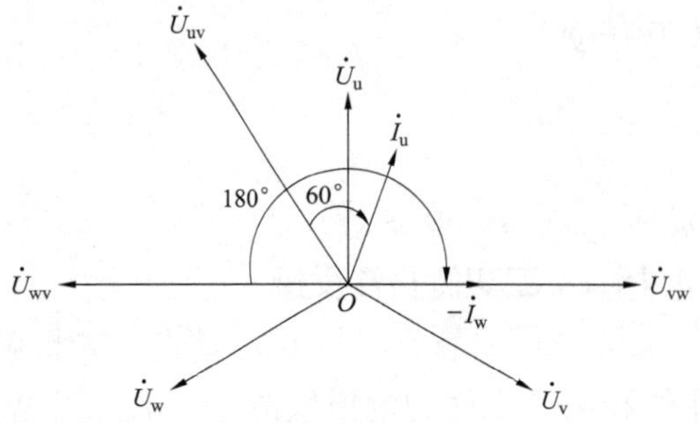

图 3-5

（2）在相量图上，依据判断出的电压相序 UVW，画出电能表所用的两个线电压。用实际电压替换仪器上显示相位中的电压，即 U_{12} 替换成 U_{uv}、U_{32} 替换成 U_{wv}。

（3）将所测数据中的相位值 $U_{12}I_1=60°$ 替换成 $U_{uv}I_1=60°$、$U_{32}I_3=180°$ 替换成 $U_{wv}I_3=180°$，可以在相量图中画出 I_u 和 I_w 两个电流的位置，如图 3-5 所示。所画电流的相序和仪器上显示的电流相序一致，并且两电流的夹角应等于仪器上显示的“$\varphi_{I_1I_3}$”的值60°。

（4）画出错误接线时的实测相量图，如图3－6所示。

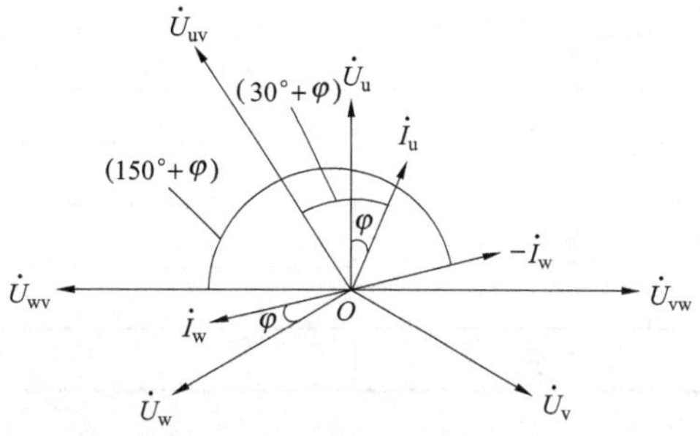

图3－6

3. 写出错误接线时电能表测得的电能（以功率表示）

根据以上测量数据，以及在相量图上进行的分析判断，可以得出电能表错误接线时的电压相序、电流相序及极性，并可写出错误接线时的功率表达式。

因为电能表所计量的电能与所加电压和电流及相应相电流之间的夹角余弦乘积成正比，根据图3－6画出的错误接线相量图，对两个元件所计量的电能分别进行分析（以功率表示），并设P_1'为第一元件错误计量的功率，P_2'为第二元件错误计量的功率。

第一元件测量的功率为

$$P_1' = U_{uv}I_u\cos(30° + \varphi)$$

第二元件测量的功率为

$$P_2' = U_{wv}(-I_w)\cos(150° + \varphi)$$

在三相电路完全对称时，两元件测量的总功率为

$$\begin{aligned}P' &= P_1' + P_2' \\ &= U_{uv}I_u\cos(30° + \varphi) + U_{wv}(-I_w)\cos(150° + \varphi)\end{aligned}$$

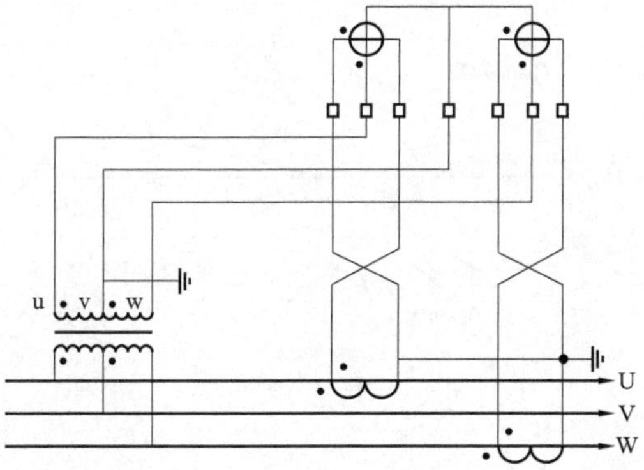

图3－7

三、表尾电压相序UVW，电流相序I_uI_w，U、W相TA二次侧极性反接

图3－7是三相三线有功电能表的错误接线。从图中可以看出电压互感器的二次侧端钮极性接线正确，则电压U_{uv}与U_{wv}分别接于第一元件和第二元件的电压线圈上。电流因U相、W相TA二次侧极性反接，造成U相、W相电流线圈通入的电流分别为$-I_u$、$-I_w$。

1. 测量数据（以T－230A现场校验仪为例）

按照第二章第三节现场校验仪测量方法的使用介绍，将校验仪与电能表接好。在选定的显示界面上将显示出分析所需的所有数据，测试数据如表3－3所示。

表3－3

测 试 数 据			
项目	1元件	2－6端子	3元件
电压	99.9V	100.0V	99.9V
电流	1.5A	0.0A	1.5A

续表

测 试 数 据			
项目	1 元件	2-6 端子	3 元件
对地电压	99.6V	0.3V	99.6V
相位	$\varphi_{I_1I_3}=239.4°$		
	$\varphi_{U_{12}I_1}=240.2°$		
	$\varphi_{U_{32}I_3}=179.8°$　$P=-223.9$		
相序	电压相序正　电流相序正		

2. 分析判断错误现象

（1）从表 3-3“电压、电流”栏中的显示值可以看出电压、电流值均正常，无断相现象。再从“对地电压”值中可以看出等于零或接近零的那一相即可判定为 V 相，即 U_2 为 V 相；再根据电压相序的显示“正”，最终判断出电压的相序为 UVW。

（2）在相量图上，依据判断出的电压相序 UVW，画出电能表所用的两个线电压。用实际电压替换仪器上显示相位中的电压，即 U_{12} 替换成 U_{uv}、U_{32} 替换成 U_{wv}。

（3）将所测数据中的相位值 $U_{12}I_1=240°$ 替换成 $U_{uv}I_1=240°$、$U_{32}I_3=180°$ 替换成 $U_{wv}I_3=180°$，可以在相量图中画出 I_u 和 I_w 两个电流的位置，如图 3-8 所示。所画电流的相序和仪器上显示的电流相序一致，并且两电流的夹角应等于仪器上显示的“$\varphi_{I_1I_3}$”的值 240°。

（4）画出错误接线时的实测相量图，如图 3-9 所示。

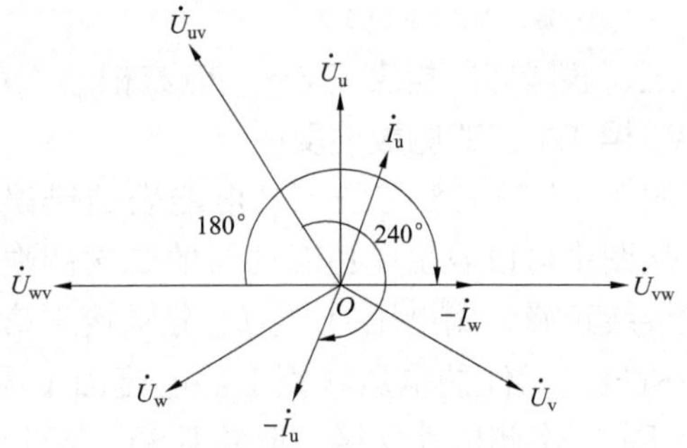

图 3-8

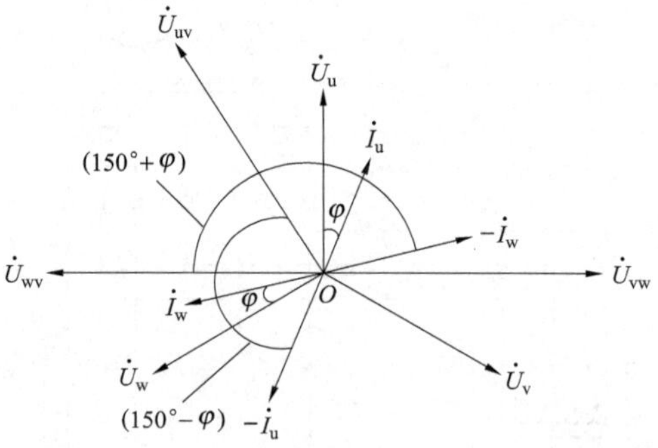

图 3-9

3. 写出错误接线时电能表测得的电能（以功率表示）

根据以上测量数据，以及在相量图上进行的分析判断，可以得出电能表错误接线时的电压相序、电流相序及极性，并可写出错误接线时的功率表达式。

因为电能表所计量的电能与所加电压和电流及相应相电流之间的夹角余弦乘积成正比，根据图 3-9 画出的错误接线相量图，对两个元件所计量的电能分别进行分析（以功率表示），并设 P_1' 为第一元件错误计量的功率，P_2' 为第二元件错误计量的功率。

第一元件测量的功率为

$$P_1'=U_{uv}(-I_u)\cos(150°-\varphi)$$

第二元件测量的功率为

$$P'_2 = U_{wv}(-I_w)\cos(150° + \varphi)$$

在三相电路完全对称时，两元件测量的总功率为

$$\begin{aligned}P' &= P'_1 + P'_2 \\ &= U_{uv}(-I_u)\cos(150° - \varphi) + U_{wv}(-I_w)\cos(150° + \varphi)\end{aligned}$$

四、表尾电压相序 UVW，电流相序 I_wI_u

图 3－10 是三相三线有功电能表的错误接线。从图中可以看出电压互感器的二次侧端钮极性接线正确，则电压 U_{uv} 与 U_{wv} 分别接于第一元件和第二元件电压线圈上。而电流因接错端钮，致使 U 相、W 相电流线圈通入的电流分别为 I_w 和 I_u。

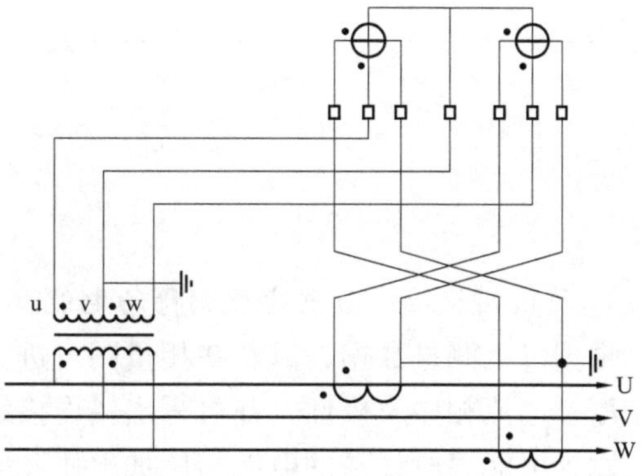

图 3－10

1. 测量数据（以 T－230A 现场校验仪为例）

按照第二章第三节现场校验仪测量方法的使用介绍，将校验仪与电能表接好。在选定的显示界面上将显示出分析所需的所有数据，测试数据如表 3－4 所示。

表 3－4

测 试 数 据			
项目	1 元件	2－6 端子	3 元件
电压	99.9V	100.0V	99.9V
电流	1.5A	0.0A	1.5A
对地电压	99.6V	0.3V	99.6V
相位	$\varphi_{I_1I_3} = 120.7°$		
	$\varphi_{U_{12}I_1} = 299.6°$		
	$\varphi_{U_{32}I_3} = 120.4°$ $P = -1.0$		
相序	电压相序正 电流相序逆		

2. 分析判断错误现象

（1）从表 3－4“电压、电流”栏中的显示值可以看出电压、电流值均正常，无断相现象。再从“对地电压”值中可以看出等于零或接近零的那一相即可判定为 V 相，即 U_2 为 V 相；再根据电压相序的显示“正”，最终判断出电压的相序为 UVW。

（2）在相量图上，依据判断出的电压相序 UVW，画出电能表所用的两个线电压。用实际电压替换仪器上显示相位中的电压，即 U_{12} 替换成 U_{uv}、U_{32} 替换成 U_{wv}。

（3）将所测数据中的相位值 $U_{12}I_1 = 300°$ 替换成 $U_{uv}I_1 = 300°$、$U_{32}I_3 = 120°$ 替换成 $U_{wv}I_3 = 120°$，可以在相量图中画出 I_u 和 I_w 两个电流的位置，如图 3－11 所示。所画电流的相序和仪器上显示的电流相序一致，并且两电流的夹角应等于仪器上显示的“$\varphi_{I_1I_3}$”的值 120°。

（4）画出错误接线时的实测相量图，如图 3－12 所示。

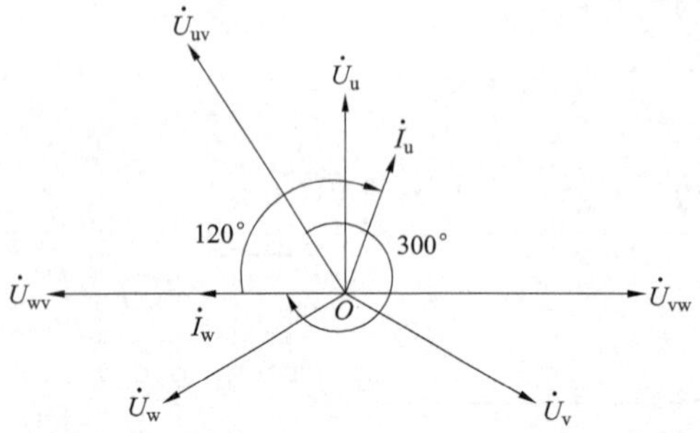

图 3－11

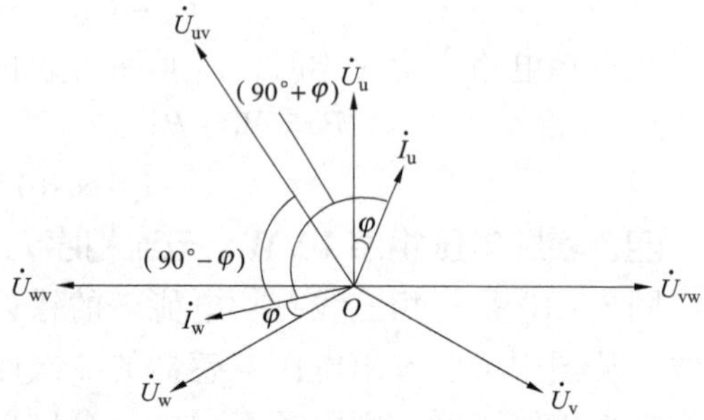

图 3－12

3. 写出错误接线时电能表测得的电能（以功率表示）

根据以上测量数据，以及在相量图上进行的分析判断，可以得出电能表错误接线时的电压相序、电流相序及极性，并可写出错误接线时的功率表达式。

因为电能表所计量的电能与所加电压和电流及相应相电流之间的夹角余弦乘积成正比，根据图 3－12 画出的错误接线相量图，对两个元件所计量的电能分别进行分析（以功率表示），并设 P_1' 为第一元件错误计量的功率，P_2' 为第二元件错误计量的功率。

第一元件测量的功率为

$$P_1' = U_{uv}I_w\cos(90° - \varphi)$$

第二元件测量的功率为

$$P_2' = U_{wv}I_u\cos(90° + \varphi)$$

在三相电路完全对称时，两元件测量的总功率为

$$\begin{aligned}P' &= P_1' + P_2' \\ &= U_{uv}I_w\cos(90° - \varphi) + U_{wv}I_u\cos(90° + \varphi)\end{aligned}$$

五、表尾电压相序 UVW，电流相序 I_wI_u，W 相 TA 二次侧极性反接

图 3－13 是三相三线有功电能表的错误接线。从图中可以看出电压互感器的二次侧端钮极性接线正确，则电压 U_{uv} 与 U_{wv} 分别接于第一元件和第二元件电压线圈上。电流 U 相 W 相接反，并且 W 相 TA 二次侧极性反接，造成 U 相电流线圈通入的电流为 $-I_w$，W 相电流线圈通入的电流为 I_u。

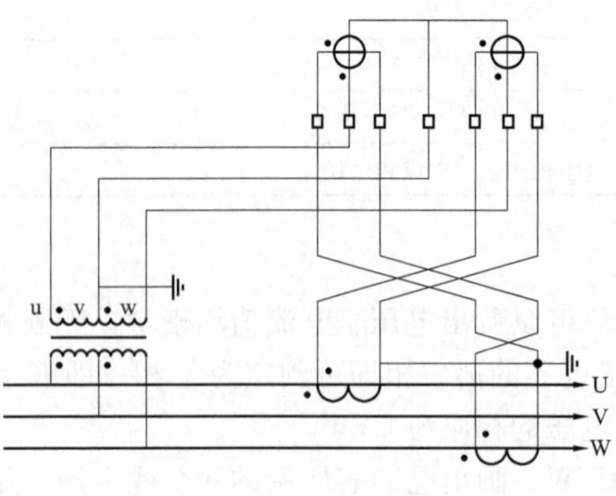

图 3－13

1. 测量数据（以 T－230A 现场校验仪为例）

按照第二章第三节现场校验仪测量方法的使用介绍，将校验仪与电能表接好。在选定的显示界面上将显示出分析所需的所有数据，显示屏数据如表 3－5 所示。

2. 分析判断错误现象

（1）从表 3－5“电压、电流”栏中的显示值可以看出电压、电流值均正常，无断相现

象。再从“对地电压”值中可以看出等于零或接近零的那一相即可判定为 V 相，即 U_2 为 V 相；再根据电压相序的显示“正”，最终判断出电压的相序为 UVW。

表 3 - 5

测试数据			
项目	1 元件	2 - 6 端子	3 元件
电压	99.9V	100.0V	99.9V
电流	1.5A	0.0A	1.5A
对地电压	99.6V	0.3V	99.6V
相位	$\varphi_{I_1I_3}=300.3°$		
	$\varphi_{U_{12}I_1}=119.7°$		
	$\varphi_{U_{32}I_3}=120.1°$　$P=-148.8$		
相序	电压相序正　电流相序逆		

（2）在相量图上，依据判断出的电压相序 UVW，画出电能表所用的两个线电压。用实际电压替换仪器上显示相位中的电压，即 U_{12} 替换为 U_{uv}、U_{32} 替换为 U_{wv}。

（3）将所测数据中的相位值 $U_{12}I_1=120°$ 替换成 $U_{uv}I_1=120°$、$U_{32}I_3=120°$ 替换成 $U_{wv}I_3=120°$，可以在相量图中画出 I_u 和 I_w 两个电流的位置，如图 3 - 14 所示。所画电流的相序和仪器上显示的电流相序一致，并且两电流的夹角应等于仪器上显示的“$\varphi_{I_1I_3}$”的值 300°。

（4）画出错误接线时的实测相量图，如图 3 - 15 所示。

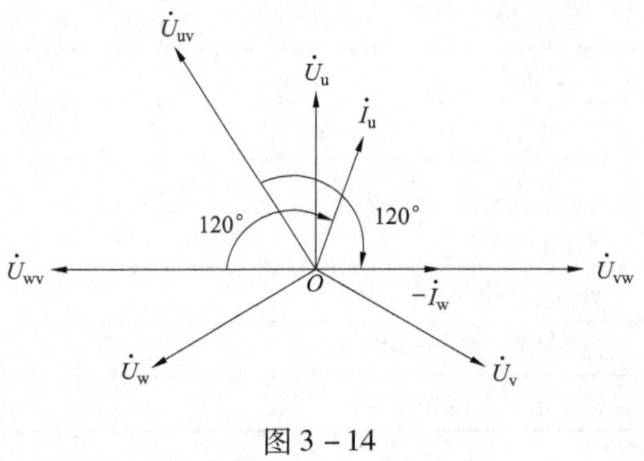

图 3 - 14

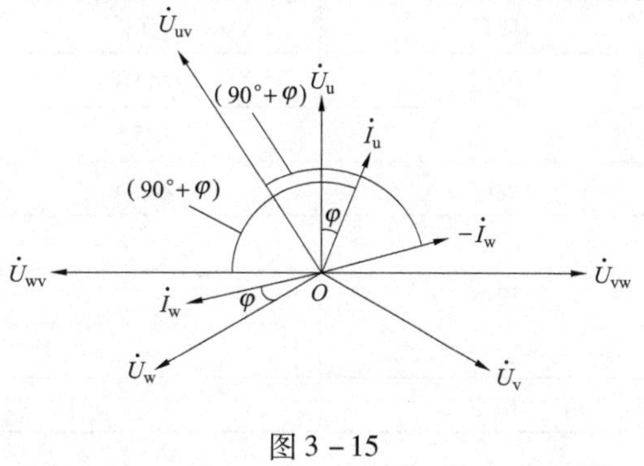

图 3 - 15

3. 写出错误接线时电能表测得的电能（以功率表示）

根据以上测量数据，以及在相量图上进行的分析判断，可以得出电能表错误接线时的电压相序、电流相序及极性，并可写出错误接线时的功率表达式。

因为电能表所计量的电能与所加电压和电流及相应相电流之间的夹角余弦乘积成正比，根据图 3 - 15 画出的错误接线相量图，对两个元件所计量的电能分别进行分析（以功率表示），并设 P_1' 为第一元件错误计量的功率，P_2' 为第二元件错误计量的功率。

第一元件测量的功率为

$$P_1'=U_{uv}(-I_w)\cos(90°+\varphi)$$

第二元件测量的功率为

$$P_2' = U_{wv} I_u \cos(90° + \varphi)$$

在三相电路完全对称时，两元件测量的总功率为：

$$P' = P_1' + P_2'$$
$$= U_{uv}(-I_w)\cos(90° + \varphi) + U_{wv} I_u \cos(90° + \varphi)$$

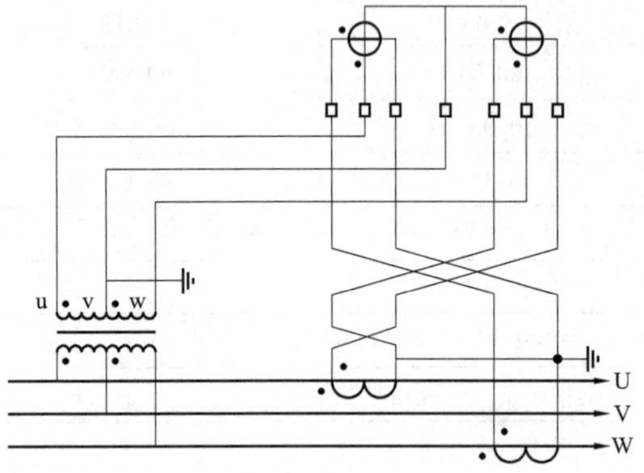

图 3－16

六、表尾电压相序 UVW，电流相序 $I_w I_u$，U 相 TA 二次侧极性反接

图 3－16 是三相三线有功电能表的错误接线。从图中可以看出电压互感器的二次侧端钮极性接线正确，则电压 U_{uv} 与 U_{wv} 分别接于第一元件和第二元件的电压线圈上。电流 U 相 W 相接反，并且 U 相 TA 二次侧极性反接，造成 U 相电流线圈通入的电流为 I_w，W 相电流线圈通入的电流为 $-I_u$。

1. 测量数据（以 T－230A 现场校验仪为例）

按照第二章第三节现场校验仪测量方法的使用介绍，将校验仪与电能表接好。在选定的显示界面上将显示出分析所需的所有数据，显示屏数据如表 3－6 所示。

表 3－6

测 试 数 据			
项目	1 元件	2－6 端子	3 元件
电压	99.9V	100.0V	99.9V
电流	1.5A	0.0A	1.5A
对地电压	99.6V	0.3V	99.6V
相位	$\varphi_{I_1 I_3}$ = 300.3°		
	$\varphi_{U_{12} I_1}$ = 299.7°		
	$\varphi_{U_{32} I_3}$ = 300.2°　P = －148.8		
相序	电压相序正　电流相序逆		

2. 分析判断错误现象

（1）从表 3－6“电压、电流”栏中的显示值可以看出电压、电流值均正常，无断相现象。再从“对地电压”值中可以看出等于零或接近零的那一相即可判定为 V 相，即 U_2 为 V 相；再根据电压相序的显示“正”，最终判断出电压的相序为 UVW。

（2）在相量图上，依据判断出的电压相序 UVW，画出电能表所用的两个线电压。用实际电压替换仪器上显示相位中的电压，即 U_{12} 替换成 U_{uv}、U_{32} 替换成 U_{wv}。

（3）将所测数据中的相位值 $U_{12}I_1 = 300°$ 替换成 $U_{uv}I_1 = 300°$、$U_{32}I_3 = 300°$ 替换成 $U_{wv}I_3 = 300°$，可以在相量图中画出 I_u 和 I_w 两个电流的位置，如图 3－17 所示。所画电流的相序和仪器上显示的电流相序一致，并且两电流的夹角应等于仪器上显示的“$\varphi_{I_1 I_3}$”的值 300°。

（4）画出错误接线时的实测相量图，如图 3－18 所示。

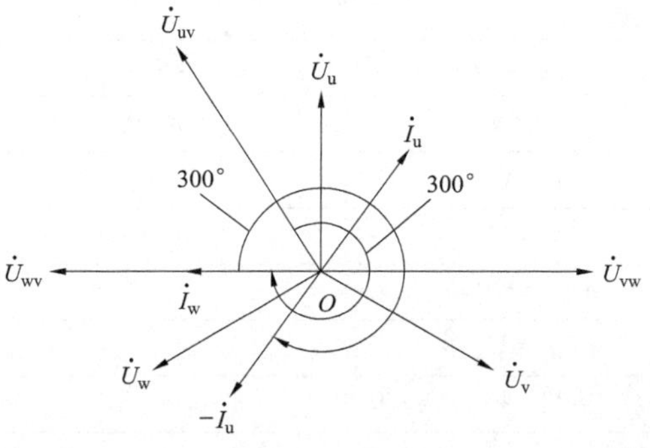

图 3 - 17

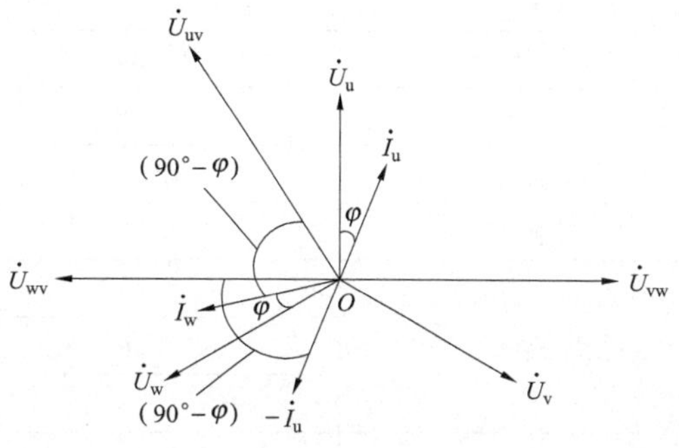

图 3 - 18

3. *写出错误接线时电能表测得的电能（以功率表示）*

根据以上测量数据，以及在相量图上进行的分析判断，可以得出电能表错误接线时的电压相序、电流相序及极性，并可写出错误接线时的功率表达式。

因为电能表所计量的电能与所加电压和电流及相应相电流之间的夹角余弦乘积成正比，根据图 3 - 18 画出的错误接线相量图，对两个元件所计量的电能分别进行分析（以功率表示），并设 P_1'为第一元件错误计量的功率，P_2'为第二元件错误计量的功率。

第一元件测量的功率为

$$P_1' = U_{uv} I_w \cos(90° - \varphi)$$

第二元件测量的功率为

$$P_2' = U_{wv}(-I_u)\cos(90° - \varphi)$$

在三相电路完全对称时，两元件测量的总功率为

$$\begin{aligned} P' &= P_1' + P_2' \\ &= U_{uv} I_w \cos(90° - \varphi) + U_{wv}(-I_u)\cos(90° - \varphi) \end{aligned}$$

七、表尾电压相序 UVW，电流相序 $I_w I_u$，U、W 相 TA 二次侧极性反接

图 3 - 19 是三相三线有功电能表的错误接线。从图中可以看出电压互感器的二次侧端钮极性接线正确，则电压 U_{uv}与 U_{wv}分别接于第一元件和第二元件电压线圈上。电流 U、W 相接反，并且 U、W 相 TA 二次侧极性反接，造成 U 相电流线圈通入的电流为 $-I_w$，W 相电流线圈通入的电流为 $-I_u$。

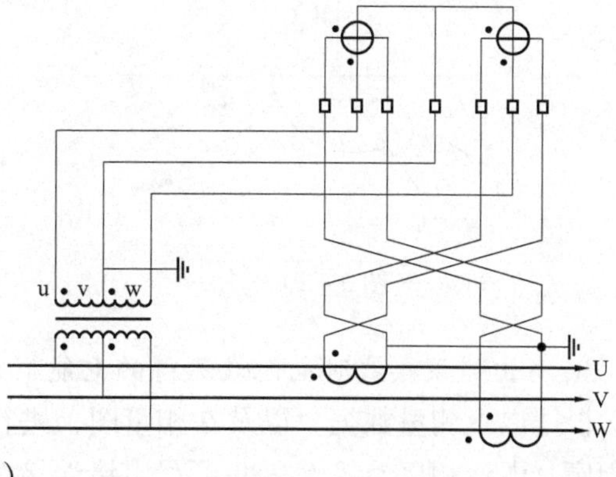

图 3 - 19

1. *测量数据（以 T - 230A 现场校验仪为例）*

按照第二章第三节现场校验仪测量方法的使用介绍，将校验仪与电能表接好。在选定的显示界面上将显示出分析所需的所有数据，显示屏数据如表 3 - 7 所示。

表 3-7

测 试 数 据			
项目	1 元件	2-6 端子	3 元件
电压	99.9V	100.0V	99.9V
电流	1.5A	0.0A	1.5A
对地电压	99.6V	0.3V	99.6V
相位	$\varphi_{I_1I_3}=120.7°$		
	$\varphi_{U_{12}I_1}=119.6°$		
	$\varphi_{U_{32}I_3}=300.4°$　$P=1.0$		
相序	电压相序正　电流相序逆		

2. 分析判断错误现象

（1）从表 3-7“电压”、“电流”栏中的显示值可以看出电压、电流值均正常，无断相现象。再从“对地电压”值中可以看出等于零或接近零的那一相即可判定为 V 相，即 U_2 为 V 相；再根据电压相序的显示“正”，最终判断出电压的相序为 UVW。

（2）在相量图上，依据判断出的电压相序 UVW，画出电能表所用的两个线电压。用实际电压替换仪器上显示相位中的电压，即 U_{12} 替换成 U_{uv}、U_{32} 替换成 U_{wv}。

（3）将所测数据中的相位值 $U_{12}I_1=120°$ 替换成 $U_{uv}I_1=120°$、$U_{32}I_3=300°$ 替换成 $U_{wv}I_3=300°$，可以在相量图中画出 I_u 和 I_w 两个电流的位置，如图 3-20 所示。所画电流的相序和仪器上显示的电流相序一致，并且两电流的夹角应等于仪器上显示的“$\varphi_{I_1I_3}$”的值 120°。

（4）画出错误接线时的实测相量图，如图 3-21 所示。

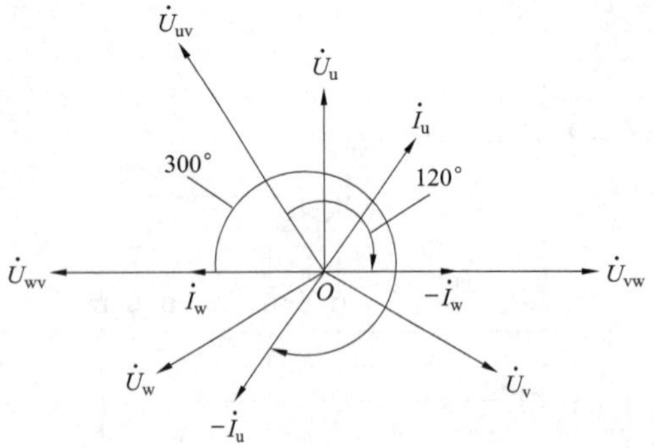

图 3-20

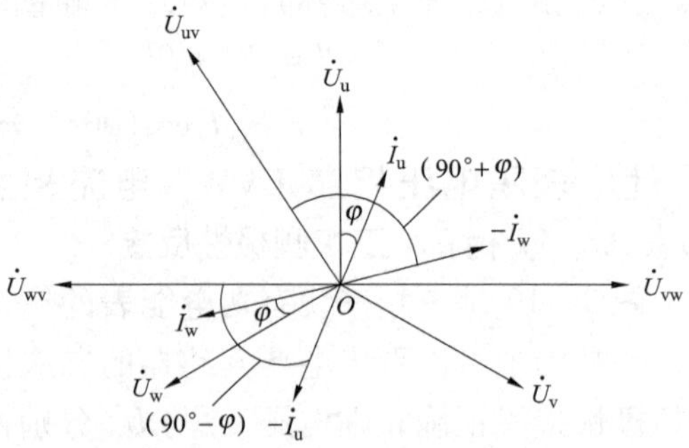

图 3-21

3. 写出错误接线时电能表测得的电能（以功率表示）

根据以上测量数据，以及在相量图上进行的分析判断，可以得出电能表错误接线时的电压相序、电流相序及极性，并可写出错误接线时的功率表达式。

因为电能表所计量的电能与所加电压和电流及相应相电流之间的夹角余弦乘积成正比，根据图 3-21 画出的错误接线相量图，对两个元件所计量的电能分别进行分析（以功率表示），并设 P_1' 为第一元件错误计量的功率，P_2' 为第二元件错误计量的功率。

第一元件测量的功率为

$$P_1' = U_{uv}(-I_w)\cos(90° + \varphi)$$

第二元件测量的功率为

$$P_2' = U_{wv}(-I_u)\cos(90° - \varphi)$$

在三相电路完全对称时，两元件测量的总功率为

$$P' = P_1' + P_2'$$
$$= U_{uv}(-I_w)\cos(90° + \varphi) + U_{wv}(-I_u)\cos(90° - \varphi)$$

第二节　电压相序为 VWU 时的错误接线实例分析

一、表尾电压相序 VWU，电流相序 I_uI_w

图 3－22 是三相三线有功电能表的错误接线。从图中可以看出电压互感器的二次侧端钮极性反接，造成第一元件电压线圈首尾端承受电压 U_{vw}，第二元件电压线圈并接电压 U_{uw}，电流 I_u 和 I_w 分别接入第一元件和第二元件电流线圈。

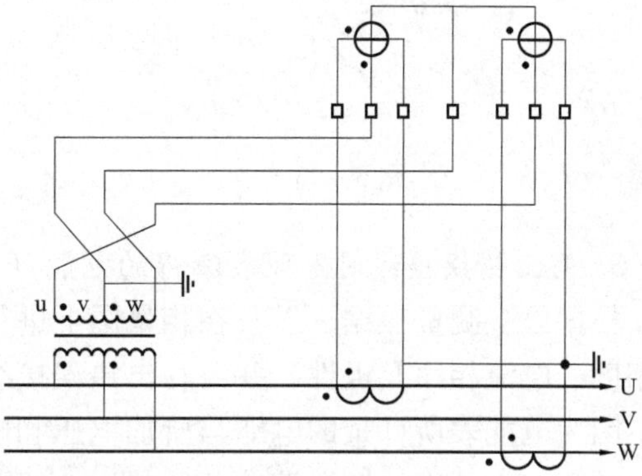

图 3－22

1. 测量数据（以 T－230A 现场校验仪为例）

按照第二章第三节现场校验仪测量方法的使用介绍，将校验仪与电能表接好。在选定的显示界面上将显示出分析所需的所有数据，显示屏数据如表 3－8 所示。

表 3－8

测　试　数　据			
项目	1 元件	2－6 端子	3 元件
电压	99. 8V	100. 0V	100. 0V
电流	1. 5A	0. 0A	1. 5A
对地电压	0. 3V	99. 5V	99. 7V
相位	$\varphi_{I_1I_3}$ = 239. 4°		
	$\varphi_{U_{12}I_1}$ = 300. 3°		
	$\varphi_{U_{32}I_3}$ = 239. 8°　P = －1. 0		
相序	电压相序正　电流相序正		

2. 分析判断错误现象

（1）从表 3－8“电压”、“电流”栏中的显示值可以看出电压、电流值均正常，无断相现象。再从“对地电压”值中可以看出等于零或接近零的那一相即可判定为 V 相，即 U_1 为 V 相；再根据电压相序的显示“正”，最终判断出电压的相序为 VWU。

（2）在相量图上，依据判断出的电压相序 VWU，画出电能表所用的两个线电压。即用

实际电压替换仪器上显示相位中的电压，即 U_{12} 替换成 U_{vw}、U_{32} 替换成 U_{uw}。

（3）将所测数据中的相位值 $U_{12}I_1=300°$ 替换成 $U_{vw}I_1=300°$、$U_{32}I_3=240°$ 替换成 $U_{uw}I_3=240°$，可以在相量图中画出 I_u 和 I_w 两个电流的位置，如图 3－23 所示。所画电流的相序和仪器上显示的电流相序一致，并且两电流的夹角应等于仪器上显示的“$\varphi_{I_1I_3}$”的值 240°。

（4）画出错误接线时的实测相量图，如图 3－24 所示。

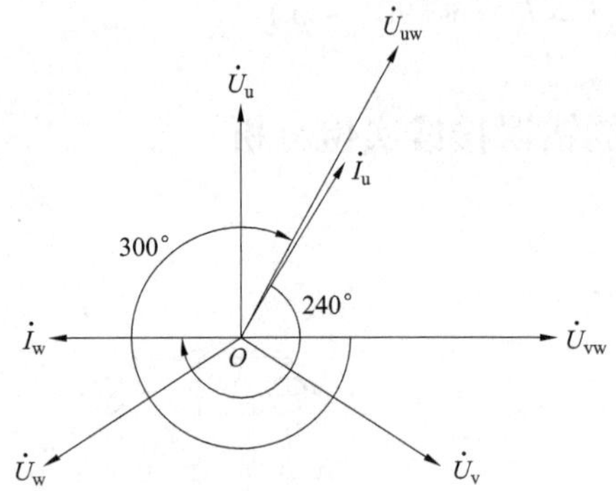

图 3－23

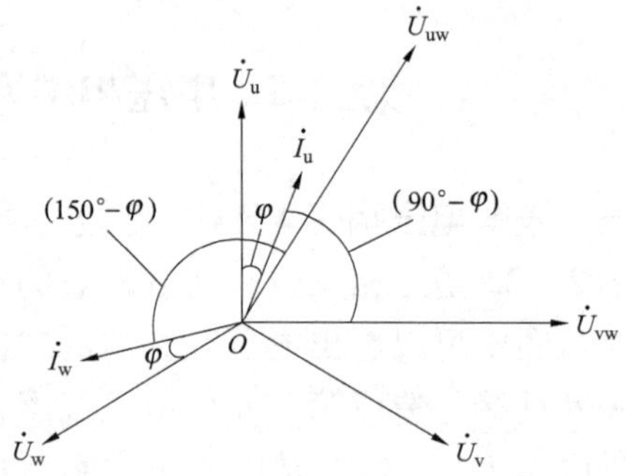

图 3－24

3. 写出错误接线时电能表测得的电能（以功率表示）

根据以上测量数据，以及在相量图上进行的分析判断，可以得出电能表错误接线时的电压相序、电流相序及极性，并可写出错误接线时的功率表达式。

因为电能表所计量的电能与所加电压和电流及相应相电流之间的夹角余弦乘积成正比，根据图 3－24 画出的错误接线相量图，对两个元件所计量的电能分别进行分析（以功率表示），并设 P_1' 为第一元件错误计量的功率，P_2' 为第二元件错误计量的功率。

第一元件测量的功率为

$$P_1'=U_{vw}I_u\cos(90°-\varphi)$$

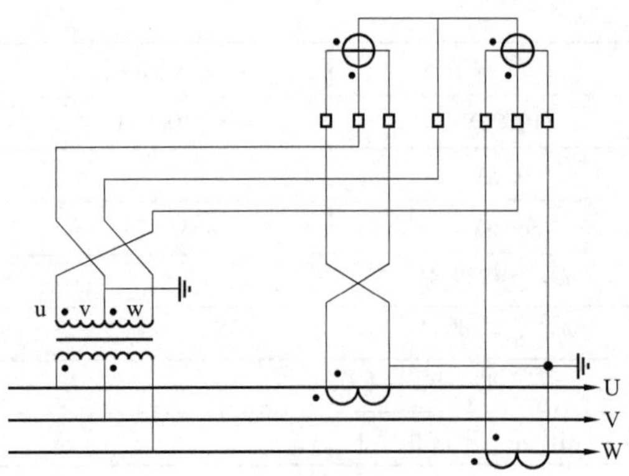

图 3－25

第二元件测量的功率为

$$P_2'=U_{uw}I_w\cos(150°-\varphi)$$

在三相电路完全对称时，两元件测量的总功率为

$$P'=P_1'+P_2'$$
$$=U_{vw}I_u\cos(90°-\varphi)+U_{uw}I_w\cos(150°-\varphi)$$

二、表尾电压相序 VWU，电流相序 I_uI_w，U 相 TA 二次侧极性反接

图 3－25 是三相三线有功电能表的错误接线。从图中可以看出电压互感器的二次侧端钮极性反接，造成第一元件电压线圈首尾端承受电压 U_{vw}。第二元件电压线圈并接电压 U_{uw}。电流因 U 相 TA 二次侧极性反接，所以通入第一元件的电流为 $-I_u$，第二元件的电流为 I_w。

1. 测量数据（以 T－230A 现场校验仪为例）

按照第二章智能电能表现场检测方法中第三节现场校验仪测量方法的使用介绍，将校验仪与电能表接好。在选定的显示界面上将显示出分析所需的所有数据，显示屏数据如表 3－9 所示。

表 3－9

测试数据			
项目	1 元件	2－6 端子	3 元件
电压	99.8V	100.0V	100.0V
电流	1.5A	0.0A	1.5A
对地电压	0.3V	99.5V	99.7V
相位	$\varphi_{I_1I_3}=59.8°$		
	$\varphi_{U_{12}I_1}=120.1°$		
	$\varphi_{U_{32}I_3}=239.9°$　$P=-149.5$		
相序	电压相序正　电流相序正		

2. 分析判断错误现象

（1）从表 3－9“电压”、“电流”栏中的显示值可以看出电压、电流值均正常，无断相现象。再从“对地电压”值中可以看出等于零或接近零的那一相即可判定为 V 相，即 U_1 为 V 相；再根据电压相序的显示“正”，最终判断出电压的相序为 VWU。

（2）在相量图上，依据判断出的电压相序 VWU，画出电能表所用的两个线电压。用实际电压替换仪器上显示相位中的电压，即 U_{12} 替换成 U_{vw}、U_{32} 替换成 U_{uw}。

（3）将所测数据中的相位值 $U_{12}I_1=120°$ 替换成 $U_{vw}I_1=120°$、$U_{32}I_3=240°$ 替换成 $U_{uw}I_3=240°$，可以在相量图中画出 I_u 和 I_w 两个电流的位置，如图 3－26 所示。所画电流的相序和仪器上显示的电流相序一致，并且两电流的夹角应等于仪器上显示的“$\varphi_{I_1I_3}$”的值 60°。

（4）画出错误接线时的实测相量图，如图 3－27 所示。

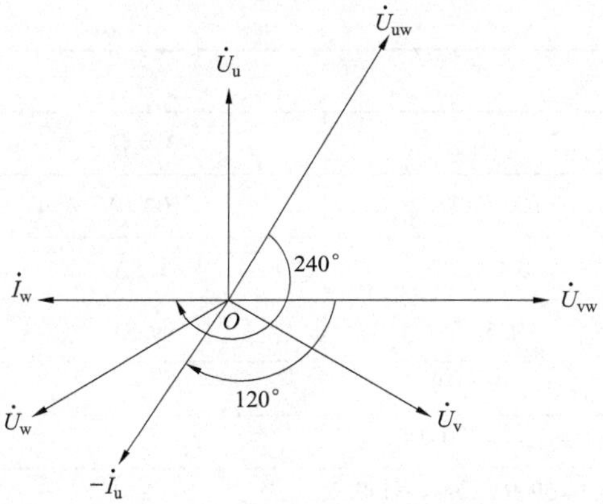

图 3－26

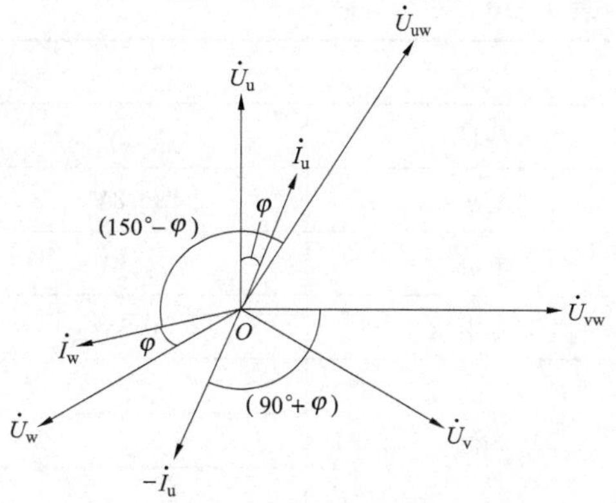

图 3－27

3. 写出错误接线时电能表测得的电能（以功率表示）

根据以上测量数据，以及在相量图上进行的分析判断，可以得出电能表错误接线时的电压相序、电流相序及极性，并可写出错误接线时的功率表达式。

因为电能表所计量的电能与所加电压和电流及相应相电流之间的夹角余弦乘积成正比，根据图3－27画出的错误接线相量图，对两个元件所计量的电能分别进行分析（以功率表示），并设 P_1' 为第一元件错误计量的功率，P_2' 为第二元件错误计量的功率。

第一元件测量的功率为

$$P_1' = U_{vw}(-I_u)\cos(90° + \varphi)$$

第二元件测量的功率为

$$P_2' = U_{uw}I_w\cos(150° - \varphi)$$

在三相电路完全对称时，两元件测量的总功率为

$$\begin{aligned} P' &= P_1' + P_2' \\ &= U_{vw}(-I_u)\cos(90° + \varphi) + U_{uw}I_w\cos(150° - \varphi) \end{aligned}$$

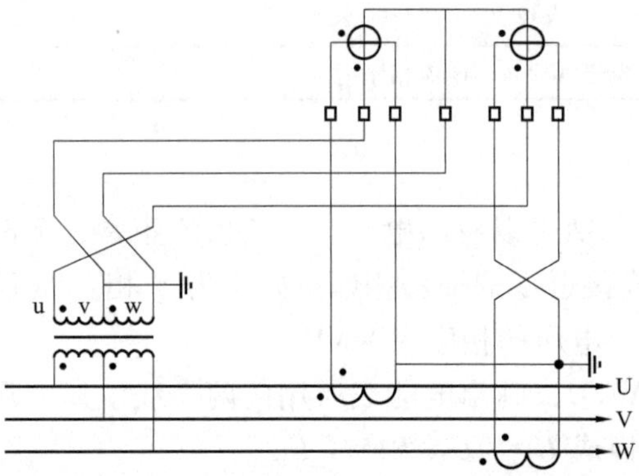

图3－28

三、表尾电压相序 VWU，电流相序 I_uI_w，W 相 TA 二次侧极性反接

图3－28是三相三线有功电能表的错误接线。从图中可以看出电压互感器的二次侧端钮极性反接，造成第一元件电压线圈首尾端承受电压 U_{vw}，第二元件电压线圈并接电压 U_{uw}。电流因 W 相 TA 二次侧极性反接，所以通入第一元件的电流为 I_u，第二元件的电流为 $-I_w$。

1. 测量数据（以 T－230A 现场校验仪为例）

按照第二章第三节现场校验仪测量方法的使用介绍，将校验仪与电能表接好。在选定的显示界面上将显示出分析所需的所有数据，显示屏数据如表3－10所示。

表3－10

测试数据			
项目	1元件	2－6端子	3元件
电压	99.8V	100.0V	100.0V
电流	1.5A	0.0A	1.5A
对地电压	0.3V	99.5V	99.7V
相位	$\varphi_{I_1I_3} = 59.8°$		
	$\varphi_{U_{12}I_1} = 300.1°$		
	$\varphi_{U_{32}I_3} = 59.9°$　$P = -149.5$		
相序	电压相序正　电流相序正		

2. 分析判断错误现象

（1）从表3－10“电压”、“电流”栏中的显示值可以看出电压、电流值均正常，无断

相现象。再从“对地电压”值中可以看出等于零或接近零的那一相即可判定为 V 相，即 U_1 为 V 相；再根据电压相序的显示“正”，最终判断出电压的相序为 VWU。

（2）在相量图上，依据判断出的电压相序 VWU，画出电能表所用的两个线电压。用实际电压替换仪器上显示相位中的电压，即 U_{12} 替换成 U_{vw}、U_{32} 替换成 U_{uw}。

（3）将所测数据中的相位值 $U_{12}I_1=300°$ 替换成 $U_{vw}I_1=300°$、$U_{32}I_3=60°$ 替换成 $U_{uw}I_3=60°$，可以在相量图中画出 I_u 和 I_w 两个电流的位置，如图 3－29 所示。所画电流的相序和仪器上显示的电流相序一致，并且两电流的夹角应等于仪器上显示的“$\varphi_{I_1I_3}$”的值 60°。

（4）画出错误接线时的实测相量图，如图 3－30 所示。

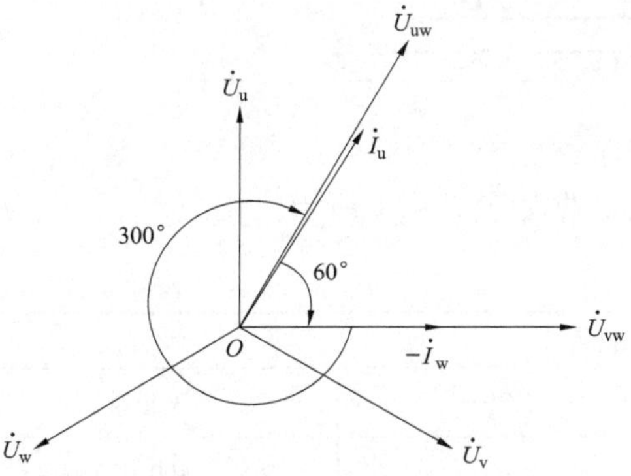

图 3－29

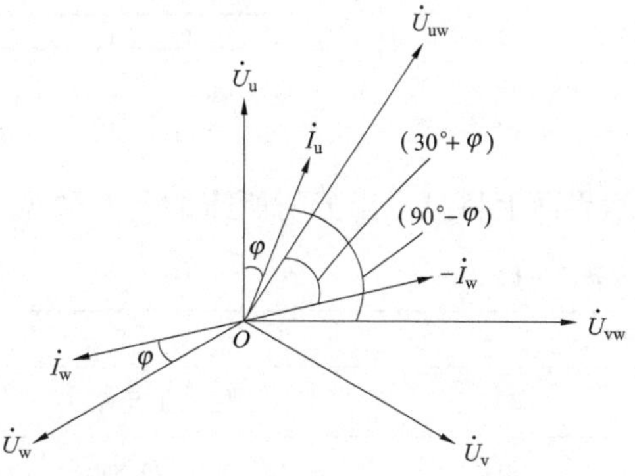

图 3－30

3. 写出错误接线时电能表测得的电能（以功率表示）

根据以上测量数据，以及在相量图上进行的分析判断，可以得出电能表错误接线时的电压相序、电流相序及极性，并可写出错误接线时的功率表达式。

因为电能表所计量的电能与所加电压和电流及相应相电流之间的夹角余弦乘积成正比，根据图 3－30 画出的错误接线相量图，对两个元件所计量的电能分别进行分析（以功率表示），并设 P'_1 为第一元件错误计量的功率，P'_2 为第二元件错误计量的功率。

第一元件测量的功率为

$$P'_1=U_{vw}I_u\cos(90°-\varphi)$$

第二元件测量的功率为

$$P'_2=U_{uw}(-I_w)\cos(30°+\varphi)$$

在三相电路完全对称时，两元件测量的总功率为

$$\begin{aligned}P' &= P'_1+P'_2\\ &=U_{vw}I_u\cos(90°-\varphi)+U_{uw}(-I_w)\cos(30°+\varphi)\end{aligned}$$

四、表尾电压相序 VWU，电流相序 I_uI_w，U、W 相 TA 二次侧极性反接

图 3－31 是三相三线有功电能表的错误接线。从图中可以看出电压互感器的二次侧端钮极性反接，造成第一元件电压线圈首尾端承受电压 U_{vw}，第二元件电压线圈并接电压 U_{uw}。电流因 U、W 相 TA 二次侧极性反接，所以通入第一元件的电流为 $-I_u$，第二元件的电流为 $-I_w$。

1. 测量数据（以 T－230A 现场校验仪为例）

按照第二章第三节现场校验仪测量方法的使用介绍，将校验仪与电能表接好。在选定的

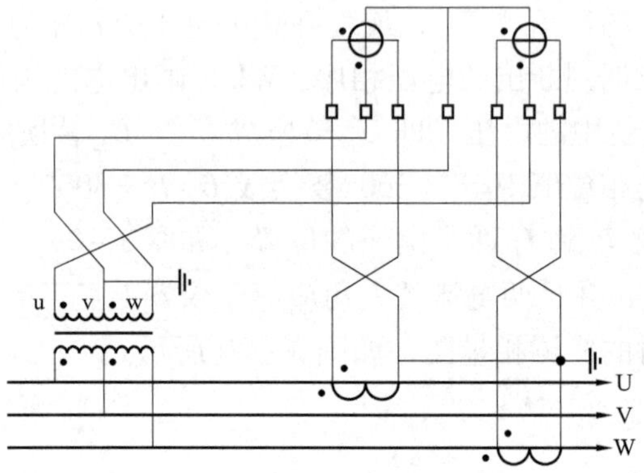

图 3 – 31

显示界面上将显示出分析所需的所有数据，显示屏数据如表 3 – 11 所示。

表 3 – 11

测试数据			
项目	1 元件	2 – 6 端子	3 元件
电压	99.8V	100.0V	100.0V
电流	1.5A	0.0A	1.5A
对地电压	0.4V	99.5V	99.7V
相位	$\varphi_{I_1I_3}=239.4°$		
	$\varphi_{U_{12}I_1}=120.3°$		
	$\varphi_{U_{32}I_3}=59.8°$　$P=-1.0$		
相序	电压相序正　电流相序正		

2. 分析判断错误现象

（1）从表 3 – 11 “电压”、“电流” 栏中的显示值可以看出电压、电流值均正常，无断相现象。再从 “对地电压” 值中可以看出等于零或接近零的那一相即可判定为 V 相，即 U_1 为 V 相；再根据电压相序的显示 “正”，最终判断出电压的相序为 VWU。

（2）在相量图上，依据判断出的电压相序 VWU，画出电能表所用的两个线电压。用实际电压替换仪器上显示相位中的电压，即 U_{12} 替换成 U_{vw}、U_{32} 替换成 U_{uw}。

（3）将所测数据中的相位值 $U_{12}I_1=120°$ 替换成 $U_{vw}I_1=120°$、$U_{32}I_3=60°$ 替换成 $U_{uw}I_3=60°$，可以在相量图中画出 I_u 和 I_w 两个电流的位置，如图 3 – 32 所示。所画电流的相序和仪器上显示的电流相序一致，并且两电流的夹角应等于仪器上显示的 “$\varphi_{I_1I_3}$” 的值 240°。

（4）画出错误接线时的实测相量图，如图 3 – 33 所示。

3. 写出错误接线时电能表测得的电能（以功率表示）

根据以上测量数据，以及在相量图上进行的分析判断，可以得出电能表错误接线时的电压相序、电流相序及极性，并可写出错误接线时的功率表达式。

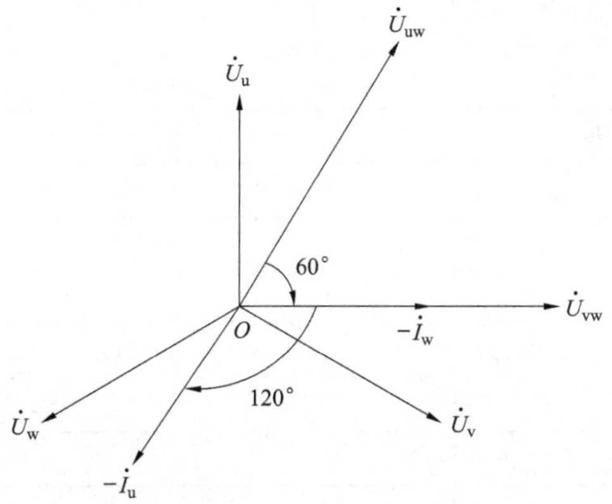

图 3－32

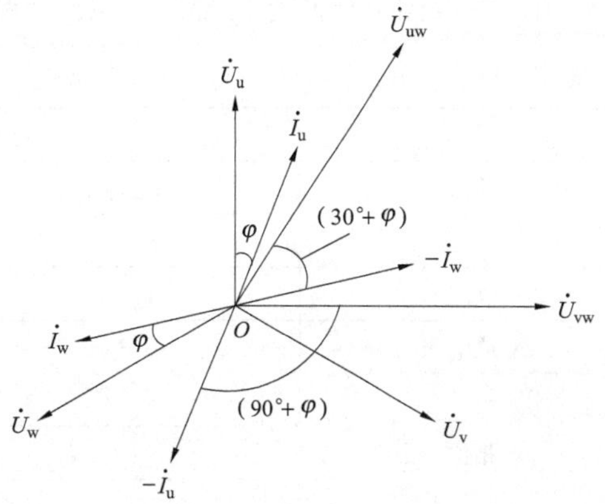

图 3－33

因为电能表所计量的电能与所加电压和电流及相应相电流之间的夹角余弦乘积成正比，根据图 3－33 画出的错误接线相量图，对两个元件所计量的电能分别进行分析（以功率表示），并设 P_1'为第一元件错误计量的功率，P_2'为第二元件错误计量的功率。

第一元件测量的功率为

$$P_1' = U_{vw}(-I_u)\cos(90° + \varphi)$$

第二元件测量的功率为

$$P_2' = U_{uw}(-I_w)\cos(30° + \varphi)$$

在三相电路完全对称时，两元件测量的总功率为

$$\begin{aligned} P' &= P_1' + P_2' \\ &= U_{vw}(-I_u)\cos(90° + \varphi) + U_{uw}(-I_w)\cos(30° + \varphi) \end{aligned}$$

五、表尾电压相序 VWU，电流相序 I_wI_u

图 3－34 是三相三线有功电能表的错误接线。从图中可以看出电压互感器的二次侧端钮极性反接，造成第一元件电压线圈首尾端承受电压 U_{vw}，第二元件电压线圈并接电压 U_{uw}。电流因 U、W 相端钮接错，所以通入第一元件的电流为 I_w，第二元件的电流为 I_u。

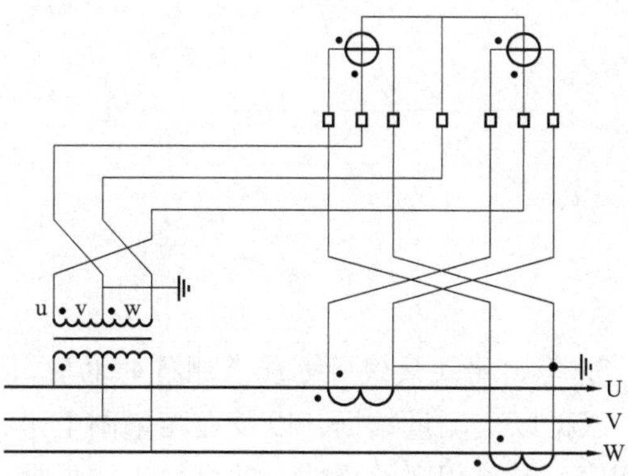

图 3－34

1. 测量数据（以 T－230A 现场校验仪为例）

按照第二章第三节现场校验仪测量方法的使用介绍，将校验仪与电能表接好。在选定的显示界面上将显示出分析所需的所有数据，显示屏数据如表 3－12 所示。

2. 分析判断错误现象

（1）从表 3－12“电压”、“电流”栏中的显示值可以看出电压、电流值均正常，无断相现象。再从“对地电压”值中可以看出等于零或接近零的那一相即可判定为 V 相，即 U_1

为 V 相；再根据电压相序的显示“正”，最终判断出电压的相序为 VWU。

表 3－12

测试数据			
项目	1 元件	2－6 端子	3 元件
电压	99.8V	100.0V	100.0V
电流	1.5A	0.0A	1.5A
对地电压	0.3V	99.5V	99.7V
相位	$\varphi_{I_1I_3}=120.6°$		
	$\varphi_{U_{12}I_1}=179.7°$		
	$\varphi_{U_{32}I_3}=0.4°$　$P=-1.1$		
相序	电压相序正　电流相序逆		

（2）在相量图上，依据判断出的电压相序 VWU，画出电能表所用的两个线电压。用实际电压替换仪器上显示相位中的电压，即 U_{12} 替换成 U_{vw}、U_{32} 替换成 U_{uw}。

（3）将所测数据中的相位值 $U_{12}I_1=180°$ 替换成 $U_{vw}I_1=180°$、$U_{32}I_1=0°$ 替换成 $U_{uw}I_3=0°$，可以在相量图中画出 I_u 和 I_w 两个电流的位置，如图 3－35 所示。所画电流的相序和仪器上显示的电流相序一致，并且两电流的夹角应等于仪器上显示的“$\varphi_{I_1I_3}$”的值 120°。

（4）画出错误接线时的实测相量图，如图 3－36 所示。

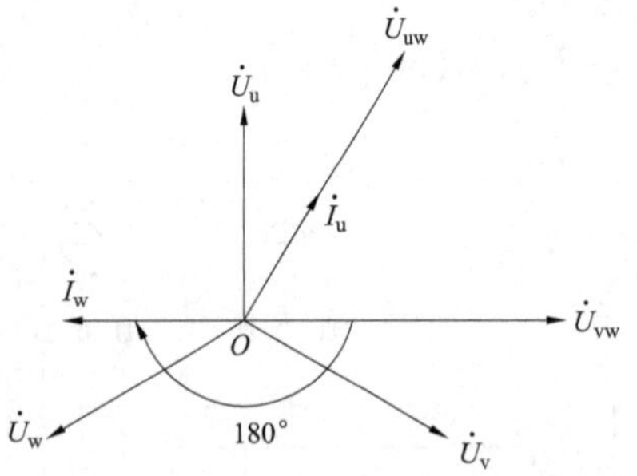

图 3－35

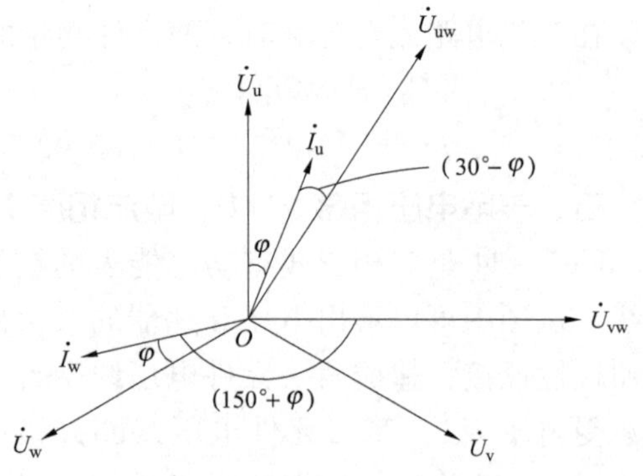

图 3－36

3. 写出错误接线时电能表测得的电能（以功率表示）

根据以上测量数据，以及在相量图上进行的分析判断，可以得出电能表错误接线时的电压相序、电流相序及极性，并可写出错误接线时的功率表达式。

因为电能表所计量的电能与所加电压和电流及相应相电流之间的夹角余弦乘积成正比，根据图 3－36 画出的错误接线相量图，对两个元件所计量的电能分别进行分析（以功率表示），并设 P_1' 为第一元件错误计量的功率，P_2' 为第二元件错误计量的功率。

第一元件测量的功率为

$$P_1'=U_{vw}I_w\cos(150°+\varphi)$$

第二元件测量的功率为

$$P_2' = U_{uw}I_u\cos(30° - \varphi)$$

在三相电路完全对称时，两元件测量的总功率为

$$P' = P_1' + P_2' = U_{vw}I_w\cos(150° + \varphi) + U_{uw}I_u\cos(30° - \varphi)$$

六、表尾电压相序 VWU，电流相序 I_wI_u，W 相 TA 二次侧极性反接

图 3－37 是三相三线有功电能表的错误接线。从图中可以看出电压互感器的二次侧端钮极性反接，造成第一元件电压线圈首尾端承受电压 U_{vw}。第二元件电压线圈并接电压 U_{uw}。电流因 U、W 相端钮接错，并且 W 相 TA 二次极性反接，所以通入第一元件的电流为 $-I_w$，第二元件的电流为 I_u。

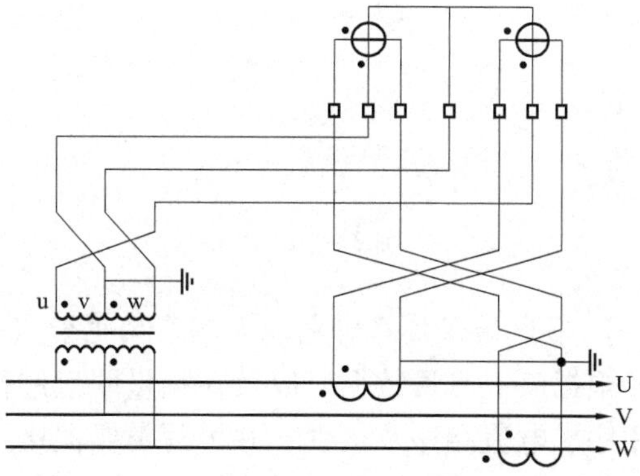

图 3－37

1. 测量数据（以 T－230A 现场校验仪为例）

按照第二章第三节现场校验仪测量方法的使用介绍，将校验仪与电能表接好。在选定的显示界面上将显示出分析所需的所有数据，显示屏数据如表 3－13 所示。

表 3－13

测试数据			
项目	1 元件	2－6 端子	3 元件
电压	99.8V	100.0V	100.0V
电流	1.5A	0.0A	1.5A
对地电压	0.3V	99.5V	99.7V
相位	$\varphi_{I_1I_3}$ = 300.3°		
	$\varphi_{U_{12}I_1}$ = 359.8°		
	$\varphi_{U_{32}I_3}$ = 0.2°　P = 298.1		
相序	电压相序正　电流相序逆		

2. 分析判断错误现象

（1）从表 3－13“电压”、“电流”栏中的显示值可以看出电压、电流值均正常，无断相现象。再从“对地电压”值中可以看出等于零或接近零的那一相即可判定为 V 相，即 U_1 为 V 相；再根据电压相序的显示“正”，最终判断出电压的相序为 VWU。

（2）在相量图上，依据判断出的电压相序 VWU，画出电能表所用的两个线电压。用实际电压替换仪器上显示相位中的电压，即 U_{12} 替换成 U_{vw}、U_{32} 替换成 U_{uw}。

（3）将所测数据中的相位值 $U_{12}I_1 = 0°$ 替换成 $U_{vw}I_1 = 0°$、$U_{32}I_3 = 0°$ 替换成 $U_{uw}I_3 = 0°$，可以在相量图中画出 I_u 和 I_w 两个电流的位置，如图 3－38 所示。所画电流的相序和仪器上显示的电流相序一致，并且两电流的夹角应等于仪器上显示的“$\varphi_{I_1I_3}$”的值 300°。

（4）画出错误接线时的实测相量图，如图 3－39 所示。

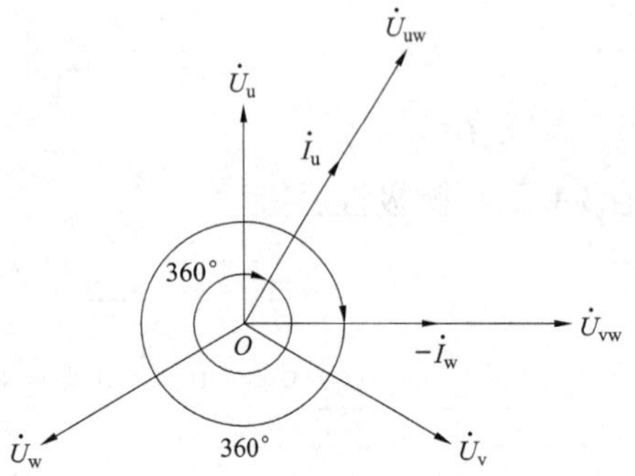

图 3 – 38

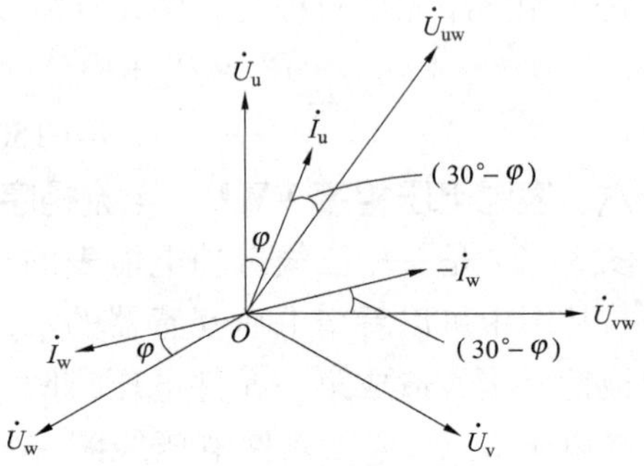

图 3 – 39

3. 写出错误接线时电能表测得的电能（以功率表示）

根据以上测量数据，以及在相量图上进行的分析判断，可以得出电能表错误接线时的电压相序、电流相序及极性，并可写出错误接线时的功率表达式。

因为电能表所计量的电能与所加电压和电流及相应相电流之间的夹角余弦乘积成正比，根据图 3 – 39 画出的错误接线相量图，对两个元件所计量的电能分别进行分析（以功率表示），并设 P_1' 为第一元件错误计量的功率，P_2' 为第二元件错误计量的功率。

第一元件测量的功率为

$$P_1' = U_{vw}(-I_w)\cos(30° - \varphi)$$

第二元件测量的功率为

$$P_2' = U_{uw}I_u\cos(30° - \varphi)$$

在三相电路完全对称时，两元件测量的总功率为

$$\begin{aligned} P' &= P_1' + P_2' \\ &= U_{vw}(-I_w)\cos(30° - \varphi) + U_{uw}I_u\cos(30° - \varphi) \end{aligned}$$

七、表尾电压相序 VWU，电流相序 I_wI_u，U 相 TA 二次侧极性反接

图 3 – 40 是三相三线有功电能表的错误接线。从图中可以看出电压互感器的二次侧端钮极性反接，造成第一元件电压线圈首尾端承受电压 U_{vw}，第二元件电压线圈并接电压 U_{uw}。电流因 U、W 相端钮接错，并且 U 相 TA 二次侧极性反接，所以通入第一元件的电流为 I_w，第二元件的电流为 $-I_u$。

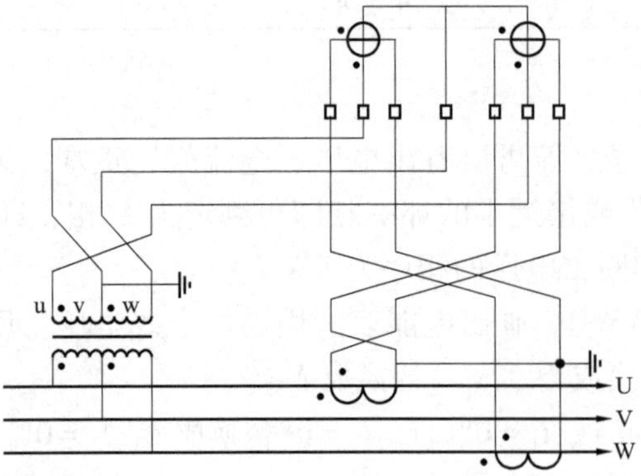

图 3 – 40

1. 测量数据（以 T – 230A 现场校验仪为例）

按照第二章第三节现场校验仪测量方法的使用介绍，将校验仪与电能表接好。在选定的显示界面上将显示出分析所需的所有数据，显示屏数据如表 3 – 14 所示。

表 3－14

测 试 数 据			
项目	1 元件	2－6 端子	3 元件
电压	99.8V	100.0V	100.0V
电流	1.5A	0.0A	1.5A
对地电压	0.3V	99.5V	99.7V
相位	$\varphi_{I_1I_3}=300.3°$		
	$\varphi_{U_{12}I_1}=179.8°$		
	$\varphi_{U_{32}I_3}=180.2°$　$P=-298.2$		
相序	电压相序正　电流相序逆		

2. 分析判断错误现象

（1）从表 3－14“电压”、“电流”栏中的显示值可以看出电压、电流值均正常，无断相现象。再从“对地电压”值中可以看出等于零或接近零的那一相即可判定为 V 相，即 U_1 为 V 相；再根据电压相序的显示“正”，最终判断出电压的相序为 VWU。

（2）在相量图上，依据判断出的电压相序 VWU，画出电能表所用的两个线电压。用实际电压替换仪器上显示相位中的电压，即 U_{12} 替换成 U_{vw}、U_{32} 替换成 U_{uw}。

（3）将所测数据中的相位值 $U_{12}I_1=180°$ 替换成 $U_{vw}I_1=180°$、$U_{32}I_3=180°$ 替换成 $U_{uw}I_3=180°$，可以在相量图中画出 I_u 和 I_w 两个电流的位置，如图 3－41 所示。所画电流的相序和仪器上显示的电流相序一致，并且两电流的夹角应等于仪器上显示的“$\varphi_{I_1I_3}$”的值 300°。

（4）画出错误接线时的实测相量图，如图 3－42 所示。

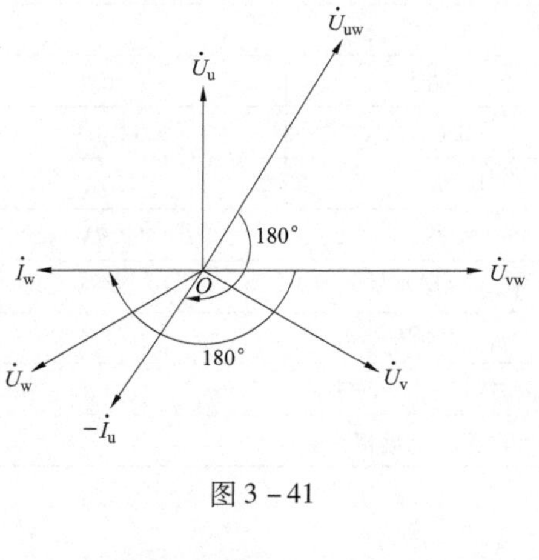

图 3－41

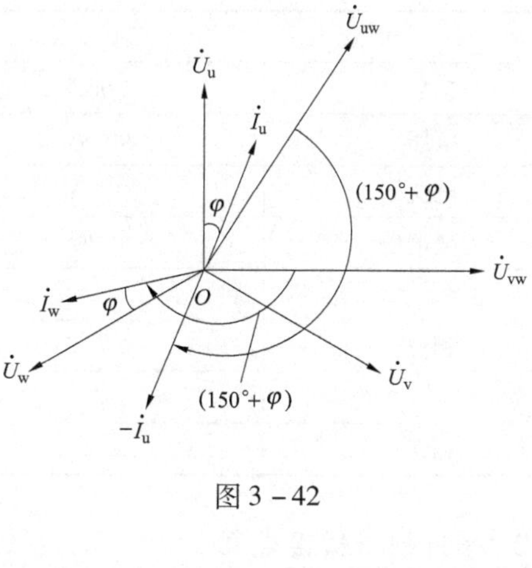

图 3－42

3. 写出错误接线时电能表测得的电能（以功率表示）

根据以上测量数据，以及在相量图上进行的分析判断，可以得出电能表错误接线时的电压相序、电流相序及极性，并可写出错误接线时的功率表达式。

因为电能表所计量的电能与所加电压和电流及相应相电流之间的夹角余弦乘积成正比，根据图 3－42 画出的错误接线相量图，对两个元件所计量的电能分别进行分析（以功率表示），并设 P'_1 为第一元件错误计量的功率，P'_2 为第二元件错误计量的功率。

第一元件测量的功率为

$$P'_1 = U_{vw} I_w \cos(150° + \varphi)$$

第二元件测量的功率为

$$P'_2 = U_{uw}(-I_u)\cos(150° + \varphi)$$

在三相电路完全对称时，两元件测量的总功率为

$$\begin{aligned} P' &= P'_1 + P'_2 \\ &= U_{vw} I_w \cos(150° + \varphi) + U_{uw}(-I_u)\cos(150° + \varphi) \end{aligned}$$

八、表尾电压相序 VWU，电流相序 $I_w I_u$，U、W 相 TA 二次侧极性反接

图 3－43 是三相三线有功电能表的错误接线。从图中可以看出电压互感器的二次侧端钮极性反接，造成第一元件电压线圈首尾端承受电压 U_{vw}，第二元件电压线圈并接电压 U_{uw}。电流因 U、W 相端钮接错，并且 U、W 相 TA 二次侧极性反接，所以通入第一元件的电流为 $-I_w$，第二元件的电流为 $-I_u$。

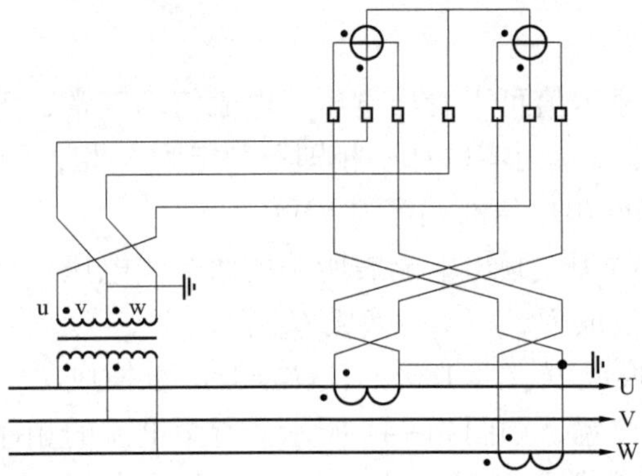

图 3－43

1. 测量数据（以 T－230A 现场校验仪为例）

按照第二章第三节现场校验仪测量方法的使用介绍，将校验仪与电能表接好。在选定的显示界面上将显示出分析所需的所有数据，显示屏数据如表 3－15 所示。

表 3－15

测　试　数　据			
项目	1 元件	2－6 端子	3 元件
电压	99.8V	100.0V	100.0V
电流	1.5A	0.0A	1.5A
对地电压	0.4V	99.5V	99.7V
相位	$\varphi_{I_1I_3}=120.7°$		
	$\varphi_{U_{12}I_1}=359.7°$		
	$\varphi_{U_{32}I_3}=180.4°$　$P=1.0$		
相序	电压相序正　电流相序逆		

2. 分析判断错误现象

（1）从表 3－15“电压”、“电流”栏中的显示值可以看出电压、电流值均正常，无断相现象。再从“对地电压”值中可以看出等于零或接近零的那一相即可判定为 V 相，即 U_1 为 V 相；再根据电压相序的显示“正”，最终判断出电压的相序为 VWU。

（2）在相量图上，依据判断出的电压相序 VWU，画出电能表所用的两个线电压。用实际电压替换仪器上显示相位中的电压，即 U_{12} 替换成 U_{vw}、U_{32} 替换成 U_{uw}。

（3）将所测数据中的相位值 $U_{12}I_1=0°$ 替换成 $U_{vw}I_1=0°$、$U_{32}I_3=180°$ 替换成 $U_{uw}I_3=180°$，可以在相量图中画出 I_u 和 I_w 两个电流的位置，如图3－44所示。所画电流的相序和仪器上显示的电流相序一致，并且两电流的夹角应等于仪器上显示的“$\varphi_{I_1I_3}$”的值120°。

（4）画出错误接线时的实测相量图，如图3－45所示。

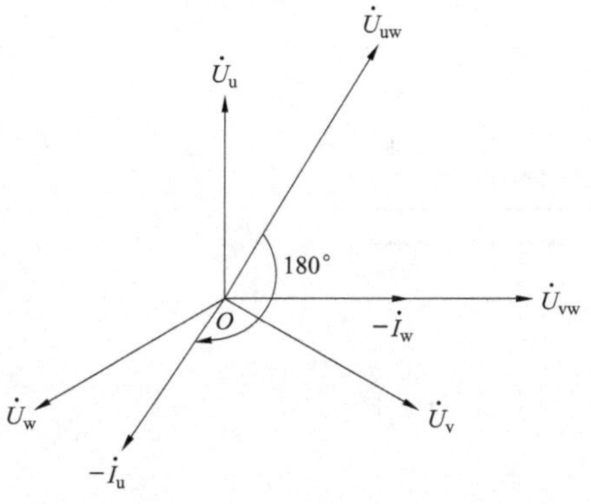

图3－44

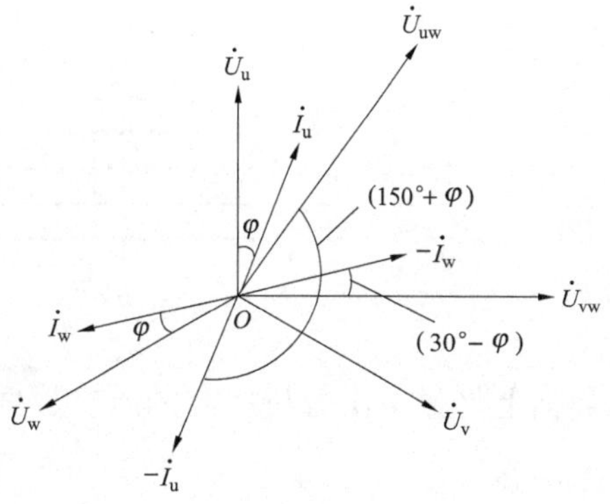

图3－45

3. 写出错误接线时电能表测得的电能（以功率表示）

根据以上测量数据，以及在相量图上进行的分析判断，可以得出电能表错误接线时的电压相序、电流相序及极性，并可写出错误接线时的功率表达式。

因为电能表所计量的电能与所加电压和电流及相应相电流之间的夹角余弦乘积成正比，根据图3－45画出的错误接线相量图，对两个元件所计量的电能分别进行分析（以功率表示），并设 P_1' 为第一元件错误计量的功率，P_2' 为第二元件错误计量的功率。

第一元件测量的功率为

$$P_1' = U_{vw}(-I_w)\cos(30° - \varphi)$$

第二元件测量的功率为

$$P_2' = U_{uw}(-I_u)\cos(150° + \varphi)$$

在三相电路完全对称时，两元件测量的总功率为

$$\begin{aligned} P' &= P_1' + P_2' \\ &= U_{vw}(-I_w)\cos(30° - \varphi) + U_{uw}(-I_u)\cos(150° + \varphi) \end{aligned}$$

第三节　电压相序为WUV时的错误接线实例分析

一、表尾电压相序WUV，电流相序 I_uI_w

图3－46是三相三线有功电能表的错误接线。电压 U_{uv} 与 U_{wv} 分别接于第一元件和第二元件电压线圈上。由于电压互感器二次侧互为反极性，使得U相元件电压线圈两端实际承受的电压为 U_{wu}；W相元件电压线圈两端实际承受的电压则为 U_{vu}；第一元件和第二元件电流线圈通入的电流分别为 I_u 和 I_w。

1. 测量数据（以T－230A现场校验仪为例）

按照第二章第三节现场校验仪测量方法的使用介绍，将校验仪与电能表接好。在选定的

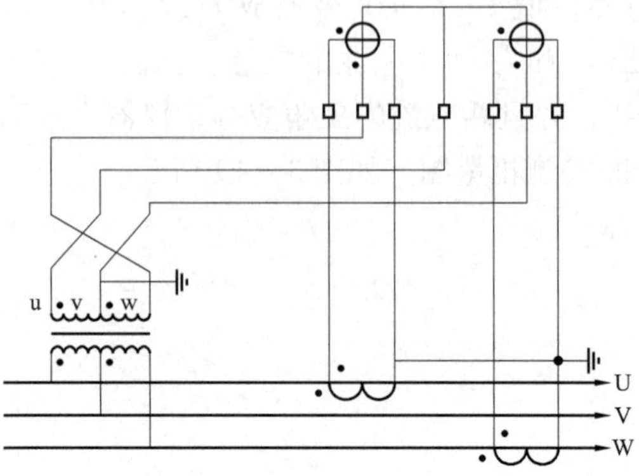

图 3－46

显示界面上将显示出分析所需的所有数据，显示屏数据如表 3－16 所示。

表 3－16

测 试 数 据			
项目	1 元件	2－6 端子	3 元件
电压	99. 9V	99. 8V	99. 9V
电流	1. 5A	0. 0A	1. 5A
对地电压	99. 5V	99. 6V	0. 3V
相位	$\varphi_{I_1I_3}=239.4°$		
	$\varphi_{U_{12}I_1}=180.3°$		
	$\varphi_{U_{32}I_3}=119.7°$　$P=-222.7$		
相序	电压相序正　电流相序正		

2. 分析判断错误现象

（1）从表 3－16“电压”、“电流”栏中的显示值可以看出电压、电流值均正常，无断相现象。再从“对地电压”值中可以看出等于零或接近零的那一相即可判定为 V 相，即 U_3 为 V 相；再根据电压相序的显示“正”，最终判断出电压的相序为 WUV。

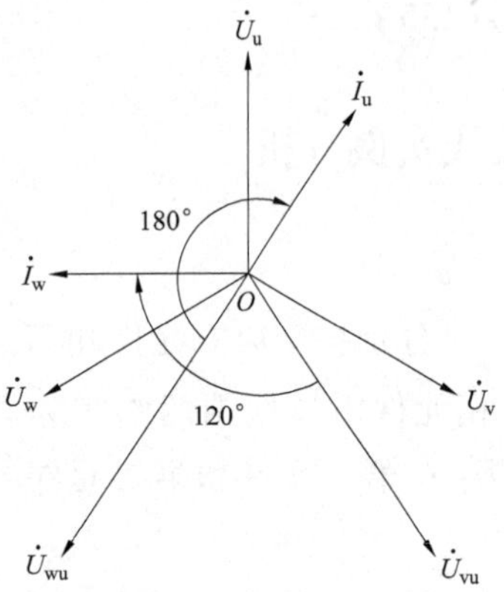

图 3－47

（2）在相量图上，依据判断出的电压相序 WUV，画出电能表所用的两个线电压。用实际电压替换仪器上显示相位中的电压，即 U_{12} 替换成 U_{wu}、U_{32} 替换成 U_{vu}。

（3）将所测数据中的相位值 $U_{12}I_1=180°$ 替换成 $U_{wu}I_1=180°$、$U_{32}I_3=120°$ 替换成 $U_{vu}I_3=120°$，可以在相量图中画出 I_u 和 I_w 两个电流的位置，如图 3－47 所示。所画电流的相序和仪器上显示的电流相序一致，并且两电流的夹角应等于仪器上显示的“$\varphi_{I_1I_3}$”的值 240°。

（4）画出错误接线时的实测相量图，如图 3－48

所示。

3. 写出错误接线时电能表测得的电能（以功率表示）

根据以上测量数据，以及在相量图上进行的分析判断，可以得出电能表错误接线时的电压相序、电流相序及极性，并可写出错误接线时的功率表达式。

因为电能表所计量的电能与所加电压和电流及相应相电流之间的夹角余弦乘积成正比，根据图 3－48 画出的错误接线相量图，对两个元件所计量的电能分别进行分析（以功率表示），并设 P'_1 为第一元件错误计量的功率，P'_2 为第二元件错误计量的功率。

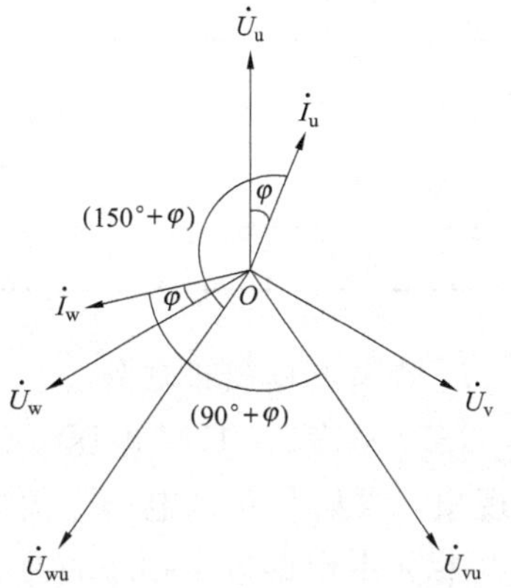

图 3－48

第一元件测量的功率为

$$P'_1 = U_{wu}I_u\cos(150° + \varphi)$$

第二元件测量的功率为

$$P'_2 = U_{vu}I_w\cos(90° + \varphi)$$

在三相电路完全对称，两元件测量的总功率为

$$P' = P'_1 + P'_2 = U_{wu}I_u\cos(150° + \varphi) + U_{vu}I_w\cos(90° + \varphi)$$

二、表尾电压相序 WUV，电流相序 I_uI_w，U 相 TA 二次侧极性反接

图 3－49 是三相三线有功电能表的错误接线。电压 U_{uv} 与 U_{wv} 分别接于第一元件和第二元件电压线圈上。由于电压互感器二次侧互为反极性，使得 U 相元件电压线圈两端实际承受的电压为 U_{wu}；W 相元件电压线圈两端实际承受的电压则为 U_{vu}；电流因 U 相 TA 二次极性反接，造成第一元件电流线圈通入的电流为 $-I_u$，第二元件通入的电流为 I_w。

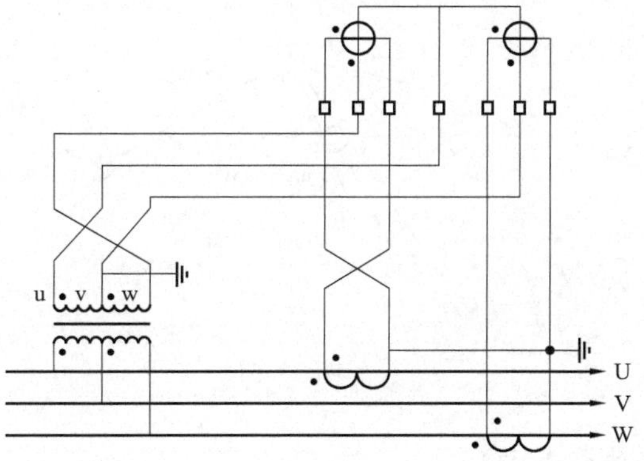

图 3－49

1. 测量数据（以 T－230A 现场校验仪为例）

按照第二章第三节现场校验仪测量方法的使用介绍，将校验仪与电能表接好。在选定的显示界面上将显示出分析所需的所有数据，显示屏数据如表 3－17 所示。

表 3－17

测 试 数 据			
项目	1 元件	2－6 端子	3 元件
电压	99.9V	99.8V	99.9V
电流	1.5A	0.0A	1.5A
对地电压	99.5V	99.6V	0.3V

续表

测试数据	
相位	$\varphi_{I_1I_3}=59.7°$
	$\varphi_{U_{12}I_1}=0.1°$
	$\varphi_{U_{32}I_3}=119.8°$　$P=74.0$
相序	电压相序正　电流相序正

2. 分析判断错误现象

（1）从表3－17“电压”、“电流”栏中的显示值可以看出电压、电流值均正常，无断相现象。再从“对地电压”值中可以看出等于零或接近零的那一相即可判定为V相，即 U_3 为V相；再根据电压相序的显示“正”，最终判断出电压的相序为WUV。

（2）在相量图上，依据判断出的电压相序WUV，画出电能表所用的两个线电压。即用实际电压替换仪器上显示相位中的电压，即 U_{12} 替换成 U_{wu}、U_{32} 替换成 U_{vu}。

（3）将所测数据中的相位值 $U_{12}I_1=0°$ 替换成 $U_{wu}I_1=0°$、$U_{32}I_3=120°$ 替换成 $U_{vu}I_3=120°$，可以在相量图中画出 I_u 和 I_w 两个电流的位置，如图3－50所示。所画电流的相序和仪器上显示的电流相序一致，并且两电流的夹角应等于仪器上显示的“$\varphi_{I_1I_3}$”的值60°。

（4）画出错误接线时的实测相量图，如图3－51所示。

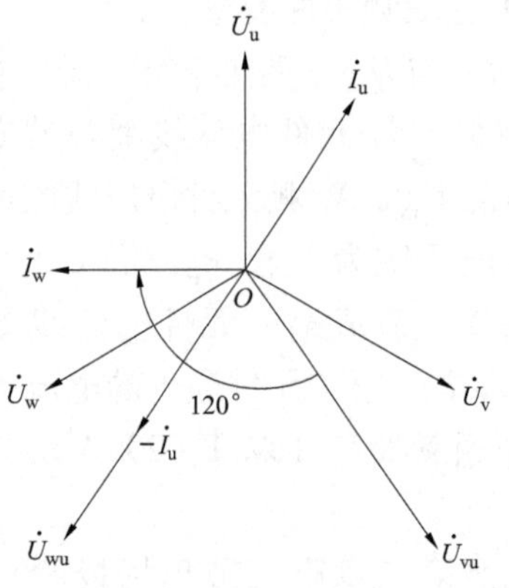

图3－50

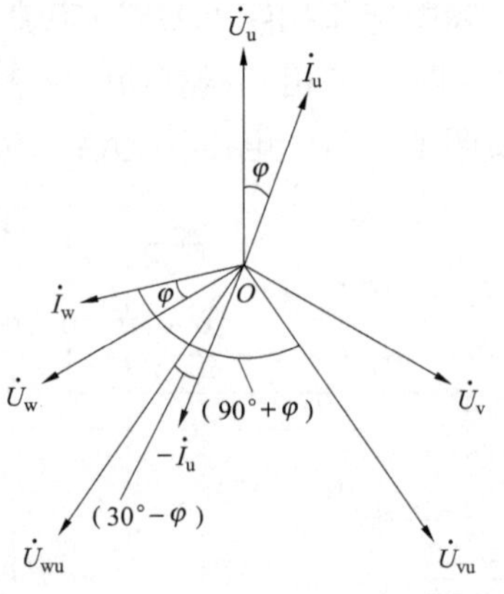

图3－51

3. 写出错误接线时电能表测得的电能（以功率表示）

根据以上测量数据，以及在相量图上进行的分析判断，可以得出电能表错误接线时的电压相序、电流相序及极性，并可写出错误接线时的功率表达式。

因为电能表所计量的电能与所加电压和电流及相应相电流之间的夹角余弦乘积成正比，根据图3－51画出的错误接线相量图，对两个元件所计量的电能分别进行分析（以功率表示），并设 P_1' 为第一元件错误计量的功率，P_2' 为第二元件错误计量的功率。

第一元件测量的功率为

$$P_1'=U_{wu}(-I_u)\cos(30°-\varphi)$$

第二元件测量的功率为

$$P_2' = U_{vu} I_w \cos(90° + \varphi)$$

在三相电路完全对称，两元件测量的总功率为

$$P' = P_1' + P_2' = U_{wu}(-I_u)\cos(30° - \varphi) + U_{vu} I_w \cos(90° + \varphi)$$

三、表尾电压相序 WUV，电流相序 $I_u I_w$，W 相 TA 二次侧极性反接

图 3－52 是三相三线有功电能表的错误接线。电压 U_{uv} 与 U_{wv} 分别接于第一元件和第二元件电压线圈上。由于电压互感器二次侧互为反极性，使得 U 相元件电压线圈两端实际承受的电压为 U_{wu}；W 相元件电压线圈两端实际承受的电压则为 U_{vu}；电流因 W 相 TA 二次侧极性反接，造成第二元件电流线圈通入的电流为 $-I_w$，第一元件通入的电流为 I_u。

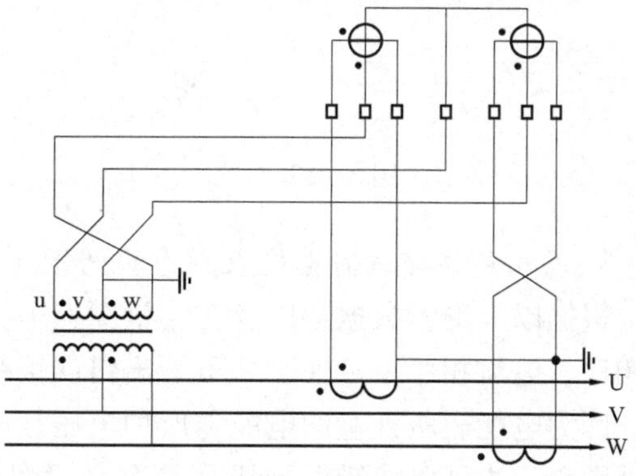

图 3－52

1. 测量数据（以 T－230A 现场校验仪为例）

按照第二章第三节现场校验仪测量方法的使用介绍，将校验仪与电能表接好。在选定的显示界面上将显示出分析所需的所有数据，显示屏数据如表 3－18 所示。

表 3－18

测 试 数 据			
项目	1 元件	2－6 端子	3 元件
电压	99.9V	99.9V	100.0V
电流	1.5A	0.0A	1.5A
对地电压	99.6V	99.7V	0.3V
相位	$\varphi_{I_1 I_3} = 59.7°$		
	$\varphi_{U_{12} I_1} = 180.1°$		
	$\varphi_{U_{32} I_3} = 299.8°$　$P = -73.9$		
相序	电压相序正　电流相序正		

2. 分析判断错误现象

（1）从表 3－18“电压”、“电流”栏中的显示值可以看出电压、电流值均正常，无断相现象。再从“对地电压”值中可以看出等于零或接近零的那一相即可判定为 V 相，即 U_3 为 V 相；再根据电压相序的显示“正”，最终判断出电压的相序为 WUV。

（2）在相量图上，依据判断出的电压相序 WUV，画出电能表所用的两个线电压。即用实际电压替换仪器上显示相位中的电压，即 U_{12} 替换为 U_{wu}、U_{32} 替换为 U_{vu}。

（3）将所测数据中的相位值 $U_{12}I_1 = 180°$ 替换成 $U_{wu}I_1 = 180°$、$U_{32}I_3 = 300°$ 替换成 $U_{vu}I_3 = 300°$，可以在相量图中画出 I_u 和 I_w 两个电流的位置，如图 3－53 所示。所画电流的相序和仪器上显示的电流相序一致，并且两电流的夹角应等于仪器上显示的“$\varphi_{I_1 I_3}$”的值 60°。

（4）画出错误接线时的实测相量图，如图 3－54 所示。

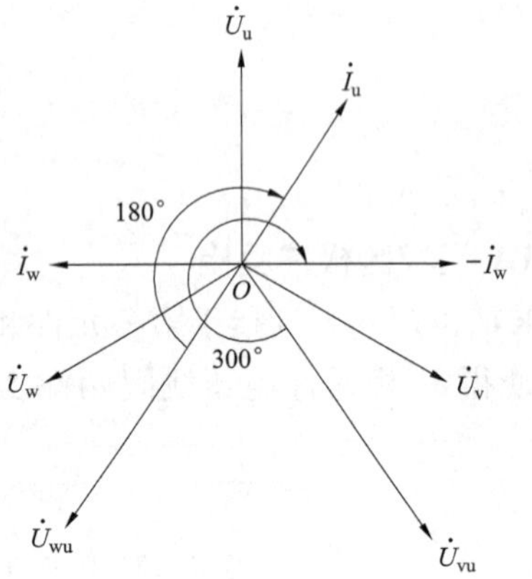

图 3－53

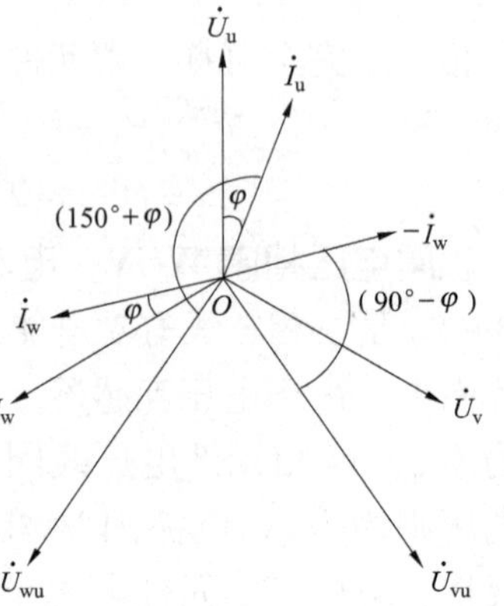

图 3－54

3. 写出错误接线时电能表测得的电能（以功率表示）

根据以上测量数据，以及在相量图上进行的分析判断，可以得出电能表错误接线时的电压相序、电流相序及极性，并可写出错误接线时的功率表达式。

因为电能表所计量的电能与所加电压和电流及相应相电流之间的夹角余弦乘积成正比，根据图 3－54 画出的错误接线相量图，对两个元件所计量的电能分别进行分析（以功率表示），并设 P'_1为第一元件错误计量的功率，P'_2为第二元件错误计量的功率。

第一元件测量的功率为

$$P'_1 = U_{wu}I_u\cos(150° + \varphi)$$

第二元件测量的功率为

$$P'_2 = U_{vu}(-I_w)\cos(90° - \varphi)$$

在三相电路完全对称，两元件测量的总功率为

$$\begin{aligned}P' &= P'_1 + P'_2\\ &= U_{wu}I_u\cos(150° + \varphi) + U_{vu}(-I_w)\cos(90° - \varphi)\end{aligned}$$

四、表尾电压相序 WUV，电流相序 I_uI_w，U、W 相 TA 二次侧极性反接

图 3－55 是三相三线有功电能表的错误接线。电压 U_{uv}与 U_{wv}分别接于第一元件和第二元件电压线圈上。由于电压互感器二次侧互为反极性，使得 U 相元件电压线圈两端实际承受的电压为 U_{wu}；W 相元件电压线圈两端实际承受的电压则为 U_{vu}；电流因 U、W 相 TA 二次侧极性反接，造成第一元件电流线圈通入的电流为 $-I_u$，第二元件通入的电流为 $-I_w$。

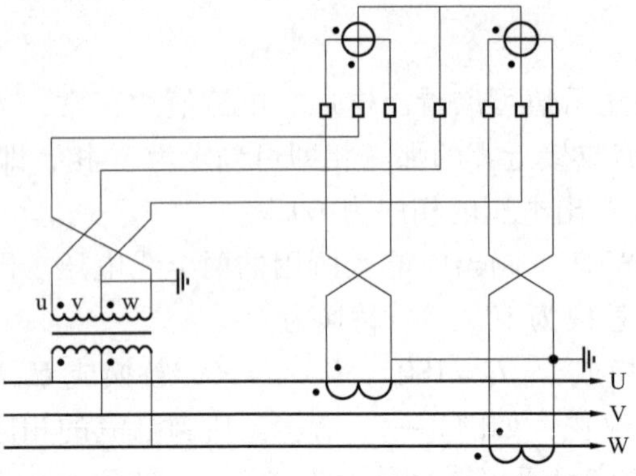

图 3－55

1. 测量数据（以 T－230A 现场校验仪为例）

按照第二章第三节现场校验仪测量方法的使用介绍，将校验仪与电能表接好。在选定的显示界面上将显示出分析所需的所有数

据，显示屏数据如表 3－19 所示。

表 3－19

测 试 数 据			
项目	1 元件	2－6 端子	3 元件
电压	99.9V	99.9V	100.0V
电流	1.5A	0.0A	1.5A
对地电压	99.6V	99.7V	0.3V
相位	$\varphi_{I_1I_3}=239.4°$		
	$\varphi_{U_{12}I_1}=0.3°$		
	$\varphi_{U_{32}I_3}=299.7°$　$P=222.8$		
相序	电压相序正　电流相序正		

2. 分析判断错误现象

(1) 从表 3－19 “电压”、“电流” 栏中的显示值可以看出电压、电流值均正常，无断相现象。再从 “对地电压” 值中可以看出等于零或接近零的那一相即可判定为 V 相，即 U_3 为 V 相；再根据电压相序的显示 “正”，最终判断出电压的相序为 WUV。

(2) 在相量图上，依据判断出的电压相序 WUV，画出电能表所用的两个线电压。用实际电压替换仪器上显示相位中的电压，即 U_{12} 替换成 U_{wu}、U_{32} 替换成 U_{vu}。

(3) 将所测数据中的相位值 $U_{12}I_1=0°$ 替换成 $U_{wu}I_1=0°$、$U_{32}I_3=300°$ 替换成 $U_{vu}I_3=300°$，可以在相量图中画出 I_u 和 I_w 两个电流的位置，如图 3－56 所示。所画电流的相序和仪器上显示的电流相序一致，并且两电流的夹角应等于仪器上显示的 “$\varphi_{I_1I_3}$” 的值 240°。

(4) 画出错误接线时的实测相量图，如图 3－57 所示。

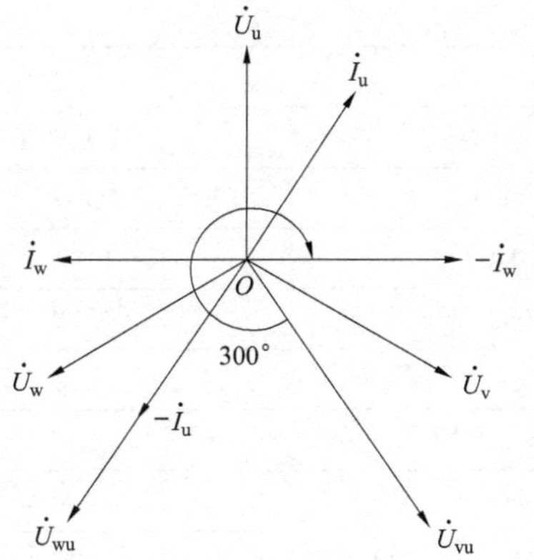

图 3－56

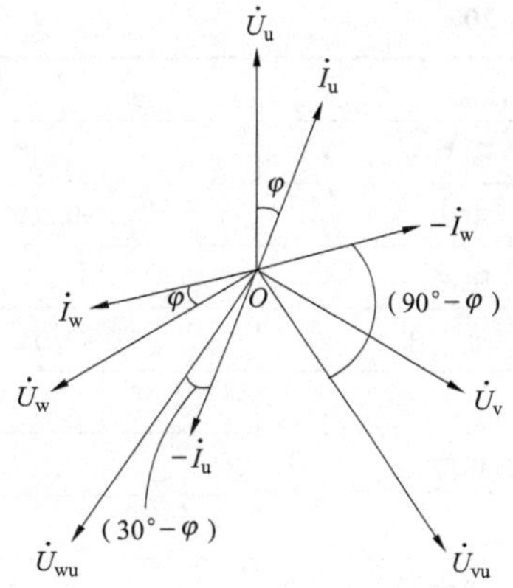

图 3－57

3. 写出错误接线时电能表测得的电能（以功率表示）

根据以上测量数据，以及在相量图上进行的分析判断，可以得出电能表错误接线时的电压相序、电流相序及极性，并可写出错误接线时的功率表达式。

因为电能表所计量的电能与所加电压和电流及相应相电流之间的夹角余弦乘积成正比，

根据图3－57画出的错误接线相量图，对两个元件所计量的电能分别进行分析（以功率表示），并设 P_1' 为第一元件错误计量的功率，P_2' 为第二元件错误计量的功率。

第一元件测量的功率为

$$P_1' = U_{wu}(-I_u)\cos(30° - \varphi)$$

第二元件测量的功率为

$$P_2' = U_{vu}(-I_w)\cos(90° - \varphi)$$

在三相电路完全对称，两元件测量的总功率为

$$\begin{aligned}P' &= P_1' + P_2' \\ &= U_{wu}(-I_u)\cos(30° - \varphi) + U_{vu}(-I_w)\cos(90° - \varphi)\end{aligned}$$

五、表尾电压相序WUV，电流相序 $I_w I_u$

图3－58是三相三线有功电能表的错误接线。电压 U_{uv} 与 U_{wv} 分别接于第一元件和第二元件电压线圈上。由于电压互感器二次侧互为反极性，使得U相元件电压线圈两端实际承受的电压为 U_{wu}；W相元件电压线圈两端实际承受的电压则为 U_{vu}；电流因表尾端钮接错，造成第一元件和第二元件电流线圈通入的电流分别为 I_w 和 I_u。

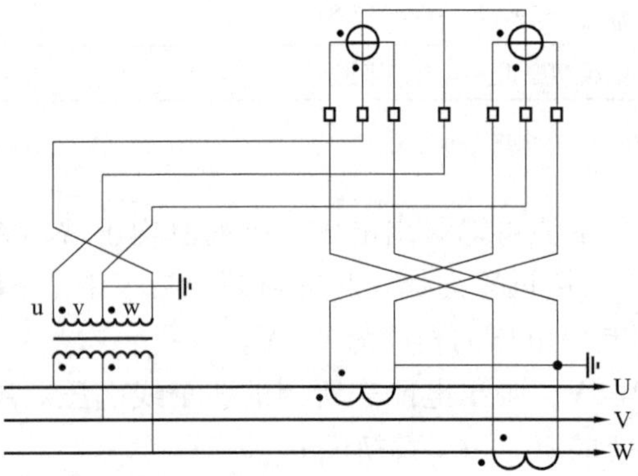

图3－58

1. 测量数据（以T－230A现场校验仪为例）

按照第二章第三节现场校验仪测量方法的使用介绍，将校验仪与电能表接好。在选定的显示界面上将显示出分析所需的所有数据，显示屏数据如表3－20所示。

表3－20

测试数据			
项目	1元件	2－6端子	3元件
电压	99.9V	99.9V	100.0V
电流	1.5A	0.0A	1.5A
对地电压	99.6V	99.7V	0.3V
相位	$\varphi_{I_1I_3}=120.7°$		
	$\varphi_{U_{12}I_1}=59.7°$		
	$\varphi_{U_{32}I_3}=240.3°$　$P=2.1$		
相序	电压相序正　电流相序逆		

2. 分析判断错误现象

（1）从表3－20“电压”、“电流”栏中的显示值可以看出电压、电流值均正常，无断相现象。再从“对地电压”值中可以看出等于零或接近零的那一相即可判定为V相，即 U_3 为V相；再根据电压相序的显示“正”，最终判断出电压的相序为WUV。

（2）在相量图上，依据判断出的电压相序WUV，画出电能表所用的两个线电压。用实

际电压替换仪器上显示相位中的电压，即 U_{12}替换成 U_{wu}、U_{32}替换成 U_{vu}。

（3）将所测数据中的相位值 $U_{12}I_1=60°$替换成 $U_{wu}I_1=60°$、$U_{32}I_3=240°$替换成 $U_{vu}I_3=240°$，可以在相量图中画出 I_u 和 I_w 两个电流的位置，如图 3－59 所示。所画电流的相序和仪器上显示的电流相序一致，并且两电流的夹角应等于仪器上显示的“$\varphi_{I_1I_3}$”的值 120°。

（4）画出错误接线时的实测相量图，如图 3－60 所示。

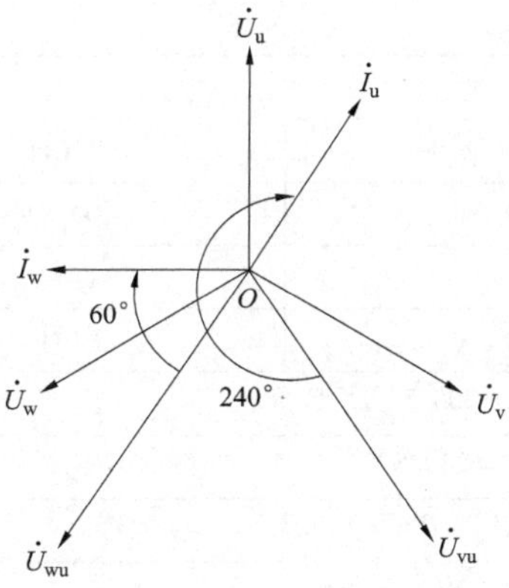

图 3－59

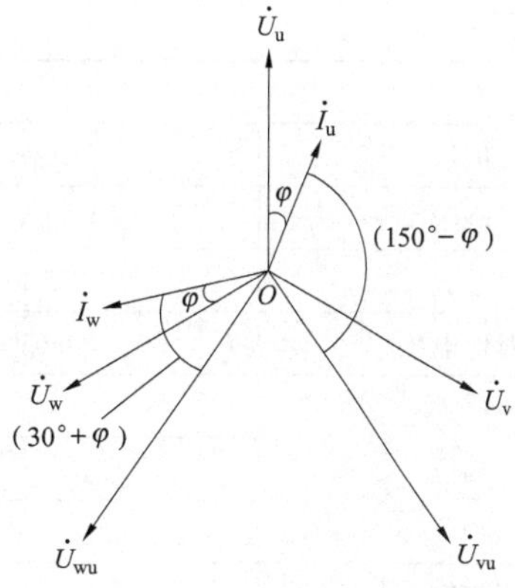

图 3－60

3. 写出错误接线时电能表测得的电能（以功率表示）

根据以上测量数据，以及在相量图上进行的分析判断，可以得出电能表错误接线时的电压相序、电流相序及极性，并可写出错误接线时的功率表达式。

因为电能表所计量的电能与所加电压和电流及相应相电流之间的夹角余弦乘积成正比，根据图 3－60 画出的错误接线相量图，对两个元件所计量的电能分别进行分析（以功率表示），并设 P_1'为第一元件错误计量的功率，P_2'为第二元件错误计量的功率。

第一元件测量的功率为

$$P_1'=U_{wu}I_w\cos(30°+\varphi)$$

第二元件测量的功率为

$$P_2=U_{vu}I_u\cos(150°-\varphi)$$

在三相电路完全对称，两元件测量的总功率为

$$P'=P_1'+P_2'$$

$$=U_{wu}I_w\cos(30°+\varphi)+U_{vu}I_u\cos(150°-\varphi)$$

六、表尾电压相序 WUV，电流相序 I_wI_u，W 相 TA 二次侧极性反接

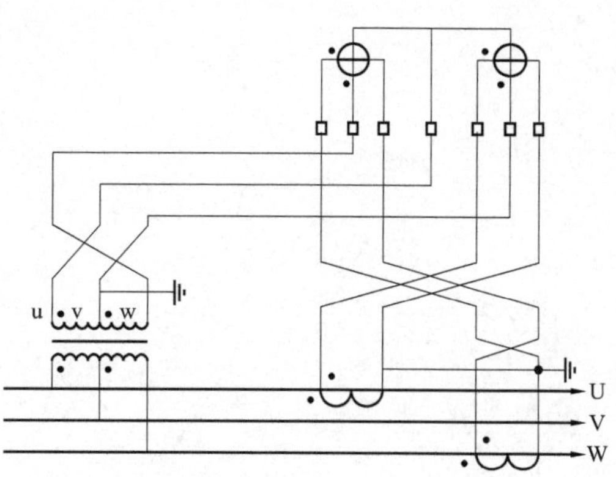

图 3－61

图 3－61 是三相三线有功电能表的错误接线。电压 U_{uv}与 U_{wv}分别接于第一元件和第二元件电压线圈上。由于电压互感器二次侧互为反极性，使得 U 相元件电压线圈两端实际承受的电压为 U_{wu}；W 相元件电压线圈两端实际承受

的电压则为 U_{vu}；电流因 U、W 表尾端钮接错，并且 W 相 TA 二次极性反接，造成第一元件电流线圈通入的电流为 $-I_w$，第二元件通入的电流为 I_u。

1. 测量数据（以 T－230A 现场校验仪为例）

按照第二章第三节现场校验仪测量方法的使用介绍，将校验仪与电能表接好。在选定的显示界面上将显示出分析所需的所有数据，显示屏数据如表 3－21 所示。

表 3－21

测试数据			
项目	1 元件	2－6 端子	3 元件
电压	99.9V	99.9V	100.0V
电流	1.5A	0.0A	1.5A
对地电压	99.6V	99.7V	0.3V
相位	$\varphi_{I_1I_3}=300.3°$		
	$\varphi_{U_{12}I_1}=239.8°$		
	$\varphi_{U_{32}I_3}=240.1°$　$P=-149.3$		
相序	电压相序正　电流相序逆		

2. 分析判断错误现象

（1）从表 3－21“电压”、“电流”栏中的显示值可以看出电压、电流值均正常，无断相现象。再从“对地电压”值中可以看出等于零或接近零的那一相即可判定为 V 相，即 U_3 为 V 相；再根据电压相序的显示“正”，最终判断出电压的相序为 WUV。

（2）在相量图上，依据判断出的电压相序 WUV，画出电能表所用的两个线电压。用实际电压替换仪器上显示相位中的电压，即 U_{12} 替换成 U_{wu}、U_{32} 替换成 U_{vu}。

（3）将所测数据中的相位值 $U_{12}I_1=240°$ 替换成 $U_{wu}I_1=240°$、$U_{32}I_3=240°$ 替换成 $U_{vu}I_3=240°$，可以在相量图中画出 I_u 和 I_w 两个电流的位置，如图 3－62 所示。所画电流的相序和仪器上显示的电流相序一致，并且两电流的夹角应等于仪器上显示的“$\varphi_{I_1I_3}$”的值 300°。

（4）画出错误接线时的实测相量图，如图 3－63 所示。

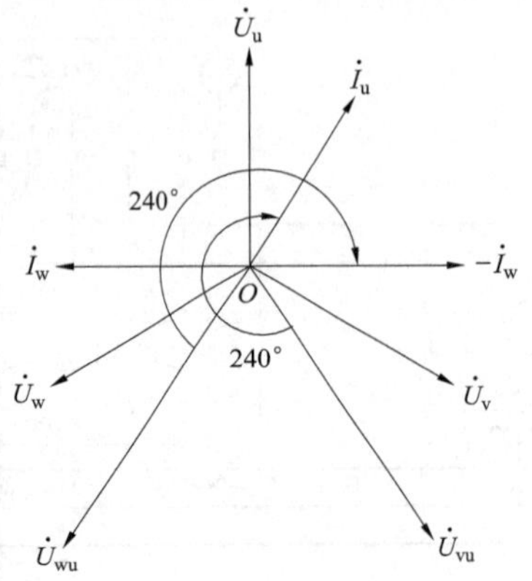

图 3－62

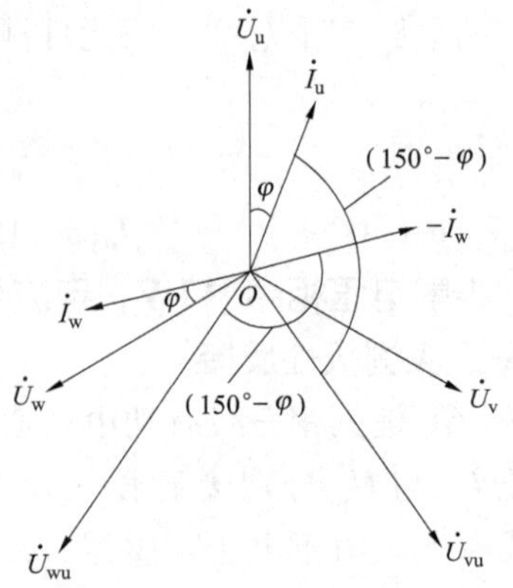

图 3－63

3. 写出错误接线时电能表测得的电能（以功率表示）

根据以上测量数据，以及在相量图上进行的分析判断，可以得出电能表错误接线时的电压相序、电流相序及极性，并可写出错误接线时的功率表达式。

因为电能表所计量的电能与所加电压和电流及相应相电流之间的夹角余弦乘积成正比，根据图 3－63 画出的错误接线相量图，对两个元件所计量的电能分别进行分析（以功率表示），并设 P_1' 为第一元件错误计量的功率，P_2' 为第二元件错误计量的功率。

第一元件测量的功率为

$$P_1' = U_{wu}(-I_w)\cos(150° - \varphi)$$

第二元件测量的功率为

$$P_2' = U_{vu}I_u\cos(150° - \varphi)$$

在三相电路完全对称，两元件测量的总功率为

$$\begin{aligned} P' &= P_1' + P_2' \\ &= U_{wu}(-I_w)\cos(150° - \varphi) + U_{vu}I_u\cos(150° - \varphi) \end{aligned}$$

七、表尾电压相序 WUV，电流相序 I_wI_u，U 相 TA 二次侧极性反接

图 3－64 是三相三线有功电能表的错误接线。电压 U_{uv} 与 U_{wv} 分别接于第一元件和第二元件电压线圈上。由于电压互感器二次侧互为反极性，使得 U 相元件电压线圈两端实际承受的电压为 U_{wu}；W 相元件电压线圈两端实际承受的电压则为 U_{vu}；电流因 U、W 表尾端钮接错，并且 U 相 TA 二次侧极性反接，造成第一元件电流线圈通入的电流为 I_w，第二元件通入的电流为 $-I_u$。

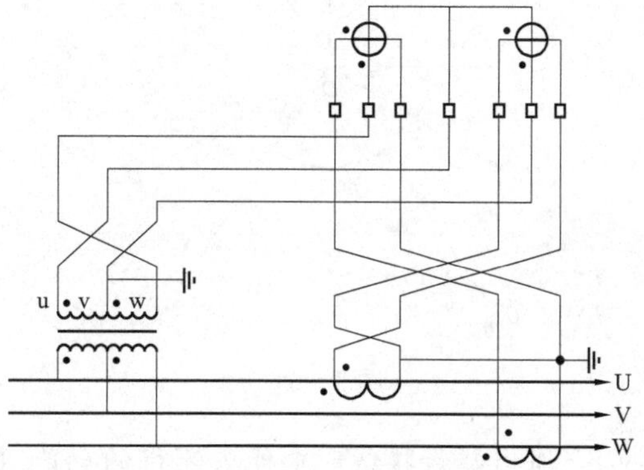

图 3－64

1. 测量数据（以 T－230A 现场校验仪为例）

按照第二章第三节现场校验仪测量方法的使用介绍，将校验仪与电能表接好。在选定的显示界面上将显示出分析所需的所有数据，显示屏数据如表 3－22 所示。

表 3－22

测试数据			
项目	1 元件	2－6 端子	3 元件
电压	99.9V	99.9V	100.0V
电流	1.5A	0.0A	1.5A
对地电压	99.6V	99.7V	0.3V
相位	$\varphi_{I_1I_3}$ = 300.3°		
	$\varphi_{U_{12}I_1}$ = 59.8°		
	$\varphi_{U_{32}I_3}$ = 60.1°　P = 149.2		
相序	电压相序正　电流相序逆		

2. 分析判断错误现象

（1）从表3－22“电压”、“电流”栏中的显示值可以看出电压、电流值均正常，无断相现象。再从“对地电压”值中可以看出等于零或接近零的那一相即可判定为V相，即U_3为V相；再根据电压相序的显示“正”，最终判断出电压的相序为WUV。

（2）在相量图上，依据判断出的电压相序WUV，画出电能表所用的两个线电压。即用实际电压替换仪器上显示相位中的电压，即U_{12}替换为U_{wu}、U_{32}替换为U_{vu}。

（3）将所测数据中的相位值$U_{12}I_1=60°$替换成$U_{wu}I_1=60°$、$U_{32}I_3=60°$替换成$U_{vu}I_3=60°$，可以在相量图中画出I_u和I_w两个电流的位置，如图3－65所示。所画电流的相序和仪器上显示的电流相序一致，并且两电流的夹角应等于仪器上显示的“$\varphi_{I_1I_3}$”的值300°。

（4）画出错误接线时的实测相量图，如图3－66所示。

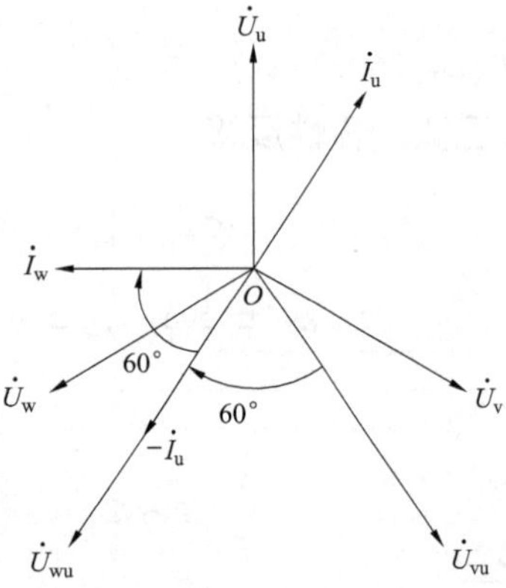

图3－65

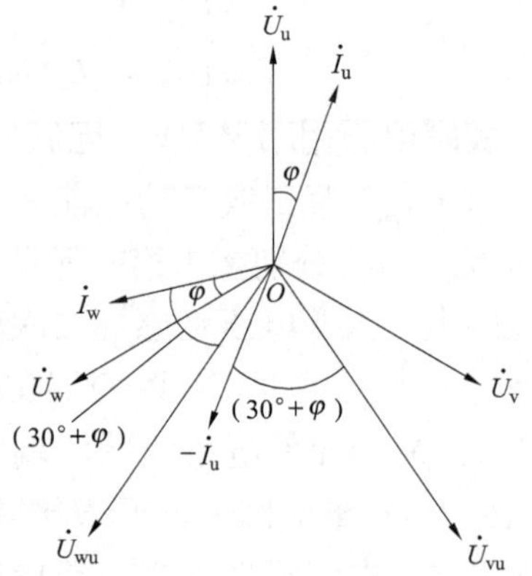

图3－66

3. 写出错误接线时电能表测得的电能（以功率表示）

根据以上测量数据，以及在相量图上进行的分析判断，可以得出电能表错误接线时的电压相序、电流相序及极性，并可写出错误接线时的功率表达式。

因为电能表所计量的电能与所加电压和电流及相应相电流之间的夹角余弦乘积成正比，根据图3－66画出的错误接线相量图，对两个元件所计量的电能分别进行分析（以功率表示），并设P_1'为第一元件错误计量的功率，P_2'为第二元件错误计量的功率。

第一元件测量的功率为

$$P_1'=U_{wu}I_w\cos(30°+\varphi)$$

第二元件测量的功率为

$$P_2'=U_{vu}(-I_u)\cos(30°+\varphi)$$

在三相电路完全对称，两元件测量的总功率为

$$\begin{aligned}P'&=P_1'+P_2'\\&=U_{wu}I_w\cos(30°+\varphi)+U_{vu}(-I_u)\cos(30°+\varphi)\end{aligned}$$

八、表尾电压相序WUV，电流相序I_wI_u，U、W相TA二次侧极性反接

图3－67是三相三线有功电能表的错误接线。电压U_{uv}与U_{wv}分别接于第一元件和第二元

件电压线圈上。由于电压互感器二次侧互为反极性，使得U相元件电压线圈两端实际承受的电压为 U_{wu}；W相元件电压线圈两端实际承受的电压则为 U_{vu}；电流因U、W表尾端钮接错，并且U、W相TA二次侧极性反接，造成第一元件电流线圈通入的电流为 $-I_w$，第二元件通入的电流为 $-I_u$。

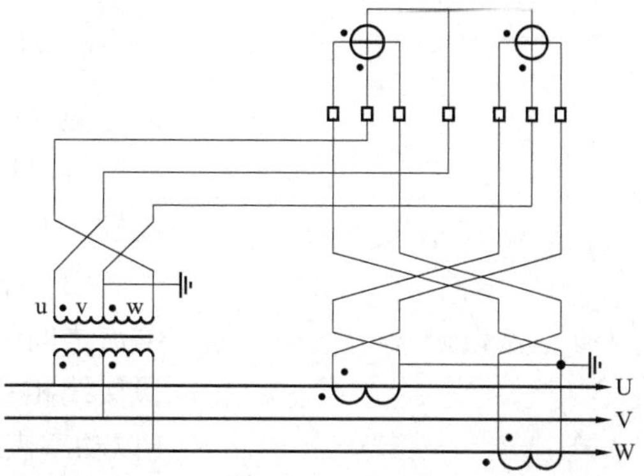

图3－67

1. 测量数据（以T－230A现场校验仪为例）

按照第二章智能电能表现场检测方法中第三节现场校验仪测量方法的使用介绍，将校验仪与电能表接好。在选定的显示界面上将显示出分析所需的所有数据，显示屏数据如表3－23所示。

表3－23

测试数据			
项目	1元件	2－6端子	3元件
电压	99.9V	99.9V	100.0V
电流	1.5A	0.0A	1.5A
对地电压	99.6V	99.7V	0.3V
相位	$\varphi_{I_1I_3}=120.7°$		
	$\varphi_{U_{12}I_1}=239.7°$		
	$\varphi_{U_{32}I_3}=60.3°$　$P=-2.1$		
相序	电压相序正　电流相序逆		

2. 分析判断错误现象

（1）从表3－23“电压”、“电流”栏中的显示值可以看出电压、电流值均正常，无断相现象。再从“对地电压”值中可以看出等于零或接近零的那一相即可判定为V相，即 U_3 为V相；再根据电压相序的显示“正”，最终判断出电压的相序为WUV。

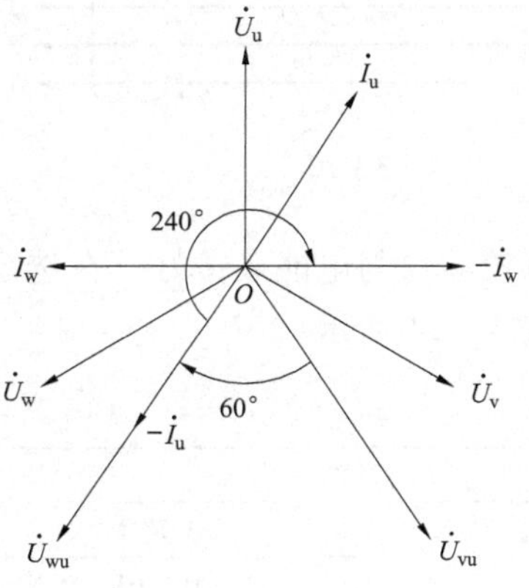

图3－68

（2）在相量图上，依据判断出的电压相序WUV，画出电能表所用的两个线电压。用实际电压替换仪器上显示相位中的电压，即 U_{12} 替换成 U_{wu}、U_{32} 替换成 U_{vu}。

（3）将所测数据中的相位值 $U_{12}I_1=240°$ 替换成 $U_{wu}I_1=240°$、$U_{32}I_3=60°$ 替换成 $U_{vu}I_3=60°$，可以在相量图中画出 I_u 和 I_w 两个电流的位置，如图3－68所示。所画电流的相序和仪器上显示的电流相序一致，并且两电流的夹角应等于仪器上显示的“$\varphi_{I_1I_3}$”的值120°。

（4）画出错误接线时的实测相量图，如图3－69

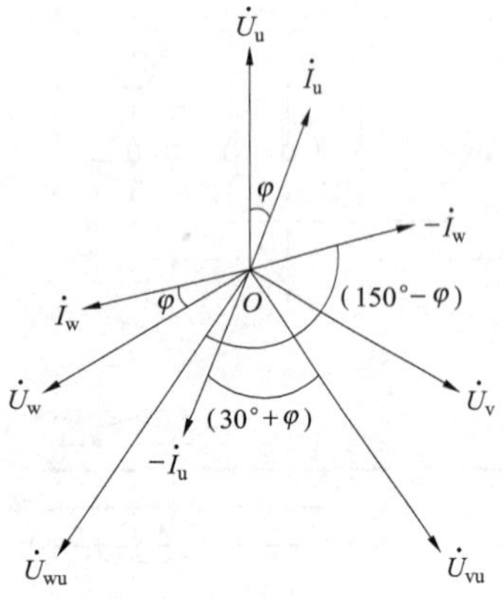

图 3－69

所示。

3. 写出错误接线时电能表测得的电能（以功率表示）

根据以上测量数据，以及在相量图上进行的分析判断，可以得出电能表错误接线时的电压相序、电流相序及极性，并可写出错误接线时的功率表达式。

因为电能表所计量的电能与所加电压和电流及相应相电流之间的夹角余弦乘积成正比，根据图 3－69 画出的错误接线相量图，对两个元件所计量的电能分别进行分析（以功率表示），并设 P_1' 为第一元件错误计量的功率，P_2' 为第二元件错误计量的功率。

第一元件测量的功率为

$$P_1' = U_{wu}(-I_w)\cos(150° - \varphi)$$

第二元件测量的功率为

$$P_2' = U_{vu}(-I_u)\cos(30° + \varphi)$$

在三相电路完全对称，两元件测量的总功率为

$$\begin{aligned} P' &= P_1' + P_2' \\ &= U_{wu}(-I_w)\cos(150° - \varphi) + U_{vu}(-I_u)\cos(30° + \varphi) \end{aligned}$$

第四节　电压相序为 WVU 时的错误接线实例分析

一、表尾电压相序 WVU，电流相序 I_uI_w

图 3－70 是三相三线有功电能表的错误接线。电压 U_{uv} 与 U_{wv} 分别接于第一元件和第二元件电压线圈上。由于电压互感器二次侧互为反极性，使得 U 相元件电压线圈两端实际承受的电压为 U_{wv}；W 相元件电压线圈两端实际承受的电压则为 U_{uv}；第一元件电流线圈通入的电流为 I_u，第二元件电流线圈通入的电流为 I_w。

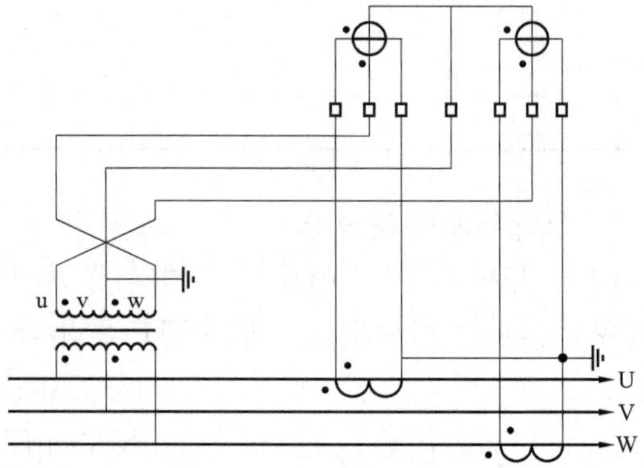

图 3－70

1. 测量数据（以 T－230A 现场校验仪为例）

按照第二章第三节现场校验仪测量方法的使用介绍，将校验仪与电能表接好。在选定的显示界面上将显示出分析所需的所有数据，显示屏数据如表 3－24 所示。

表 3－24

测　试　数　据			
项目	1 元件	2－6 端子	3 元件
电压	100.0V	100.1V	100.0V
电流	1.5A	0.0A	1.5A

续表

测 试 数 据			
项目	1元件	2-6端子	3元件
对地电压	99.7V	0.3V	99.7V
相位	$\varphi_{I_1I_3}=239.4°$		
	$\varphi_{U_{12}I_1}=120.3°$		
	$\varphi_{U_{32}I_3}=299.7°$　$P=-0.3$		
相序	电压相序逆　电流相序正		

2. 分析判断错误现象

(1) 从表3-24“电压”、“电流”栏中的显示值可以看出电压、电流值均正常，无断相现象。再从“对地电压”值中可以看出等于零或接近零的那一相即可判定为V相，即 U_2 为V相；再根据电压相序的显示“逆”，最终判断出电压的相序为WVU。

(2) 在相量图上，依据判断出的电压相序WVU，画出电能表所用的两个线电压。用实际电压替换仪器上显示相位中的电压，即 U_{12} 替换成 U_{wv}、U_{32} 替换成 U_{uv}。

(3) 将所测数据中的相位值 $U_{12}I_1=120°$ 替换成 $U_{wv}I_1=120°$、$U_{32}I_3=300°$ 替换成 $U_{uv}I_3=300°$，可以在相量图中画出 I_u 和 I_w 两个电流的位置，如图3-71所示。所画电流的相序和仪器上显示的电流相序一致，并且两电流的夹角应等于仪器上显示的“$\varphi_{I_1I_3}$”的值240°。

(4) 画出错误接线时的实测相量图，如图3-72所示。

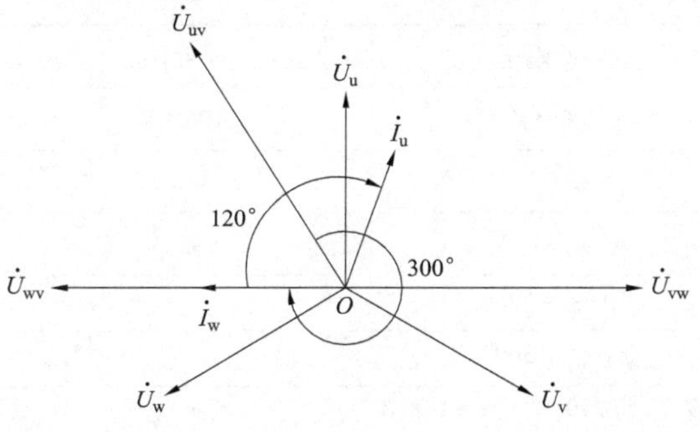

图3-71

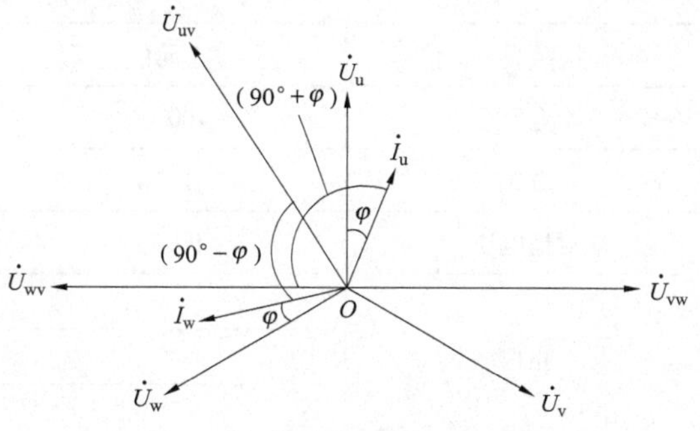

图3-72

3. 写出错误接线时电能表测得的电能（以功率表示）

根据以上测量数据，以及在相量图上进行的分析判断，可以得出电能表错误接线时的电压相序、电流相序及极性，并可写出错误接线时的功率表达式。

因为电能表所计量的电能与所加电压和电流及相应相电流之间的夹角余弦乘积成正比，根据图3-72画出的错误接线相量图，对两个元件所计量的电能分别进行分析（以功率表示），并设 P_1' 为第一元件错误计量的功率，P_2' 为第二元件错误计量的功率。

第一元件测量的功率为

$$P_1'=U_{wv}I_u\cos(90°+\varphi)$$

第二元件测量的功率为

$$P_2'=U_{uv}I_w\cos(90°-\varphi)$$

在三相电路完全对称，两元件测量的总功率为

$$P' = P'_1 + P'_2$$
$$= U_{wv}I_u\cos(90° + \varphi) + U_{uv}I_w\cos(90° - \varphi)$$

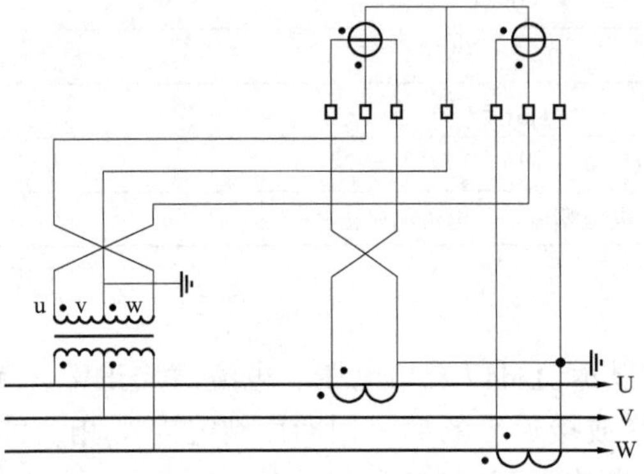

图 3－73

二、表尾电压相序 WVU，电流相序 I_uI_w，U 相 TA 二次侧极性反接

图 3－73 是三相三线有功电能表的错误接线。电压 U_{uv} 与 U_{wv} 分别接于第一元件和第二元件电压线圈上。由于电压互感器二次侧互为反极性，使得 U 相元件电压线圈两端实际承受的电压为 U_{wv}；W 相元件电压线圈两端实际承受的电压则为 U_{uv}；电流因 U 相 TA 二次侧极性反接，造成第一元件电流线圈通入的电流为 $-I_u$，第二元件电流线圈通入的电流为 I_w。

1. *测量数据（以 T－230A 现场校验仪为例）*

按照第二章第三节现场校验仪测量方法的使用介绍，将校验仪与电能表接好。在选定的显示界面上将显示出分析所需的所有数据，显示屏数据如表 3－25 所示。

表 3－25

测试数据			
项目	1 元件	2－6 端子	3 元件
电压	100.0V	100.1V	100.0V
电流	1.5A	0.0A	1.5A
对地电压	99.7V	0.3V	99.7V
相位	$\varphi_{I_1I_3}=59.8°$		
	$\varphi_{U_{12}I_1}=300.1°$		
	$\varphi_{U_{32}I_3}=299.8°$　$P=148.8$		
相序	电压相序逆　电流相序正		

2. *分析判断错误现象*

（1）从表 3－25“电压”、“电流”栏中的显示值可以看出电压、电流值均正常，无断相现象。再从“对地电压”值中可以看出等于零或接近零的那一相即可判定为 V 相，即 U_2 为 V 相；再根据电压相序的显示“逆”，最终判断出电压的相序为 WVU。

（2）在相量图上，依据判断出的电压相序 WVU，画出电能表所用的两个线电压。用实际电压替换仪器上显示相位中的电压，即 U_{12} 替换成 U_{wv}、U_{32} 替换成 U_{uv}。

（3）将所测数据中的相位值 $U_{12}I_1=300°$ 替换成 $U_{wv}I_1=300°$、$U_{32}I_1=300°$ 替换成 $U_{uv}I_3=300°$，可以在相量图中画出 I_u 和 I_w 两个电流的位置，如图 3－74 所示。所画电流的相序和仪器上显示的电流相序一致，并且两电流的夹角应等于仪器上显示的“$\varphi_{I_1I_3}$”的值 60°。

（4）画出错误接线时的实测相量图，如图 3－75 所示。

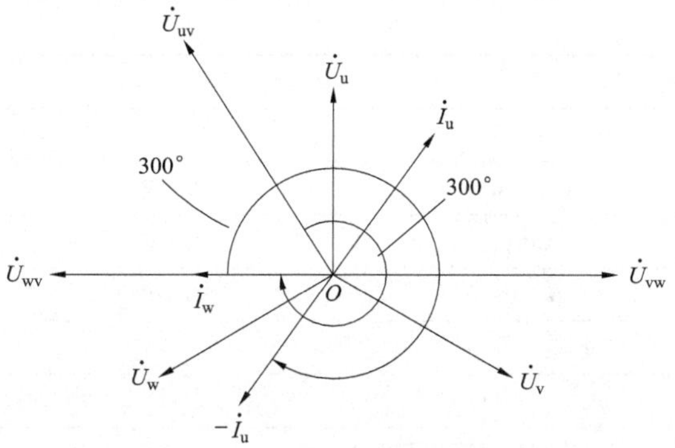

图 3－74

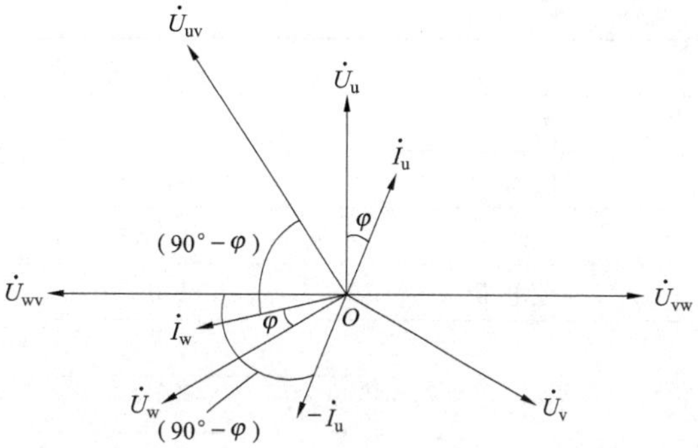

图 3－75

3. 写出错误接线时电能表测得的电能（以功率表示）

根据以上测量数据，以及在相量图上进行的分析判断，可以得出电能表错误接线时的电压相序、电流相序及极性，并可写出错误接线时的功率表达式。

因为电能表所计量的电能与所加电压和电流及相应相电流之间的夹角余弦乘积成正比，根据图 3－75 画出的错误接线相量图，对两个元件所计量的电能分别进行分析（以功率表示），并设 P_1'为第一元件错误计量的功率，P_2'为第二元件错误计量的功率。

第一元件测量的功率为

$$P_1' = U_{wv}(-I_u)\cos(90° - \varphi)$$

第二元件测量的功率为

$$P_2' = U_{uv}I_w\cos(90° - \varphi)$$

在三相电路完全对称，两元件测量的总功率为

$$P' = P_1' + P_2'$$
$$= U_{wv}(-I_u)\cos(90° - \varphi) + U_{uv}I_w\cos(90° - \varphi)$$

三、表尾电压相序 WVU，电流相序 I_uI_w，W 相 TA 二次侧极性反接

图 3－76 是三相三线有功电能表的错误接线。电压 U_{uv}与 U_{wv}分别接于第一元件和第二元件电压线圈上。由于电压互感器二次侧互为反极性，使得 U 相元件电压线圈两端实际承受的电压为 U_{wv}；W 相元件电压线圈两端实际承受的电压则为 U_{uv}；电流因 W 相 TA 二次侧极性反接，造成第二元件电流线圈通入的电流为 $-I_w$，第一元件电流线圈通入的电流为 I_u。

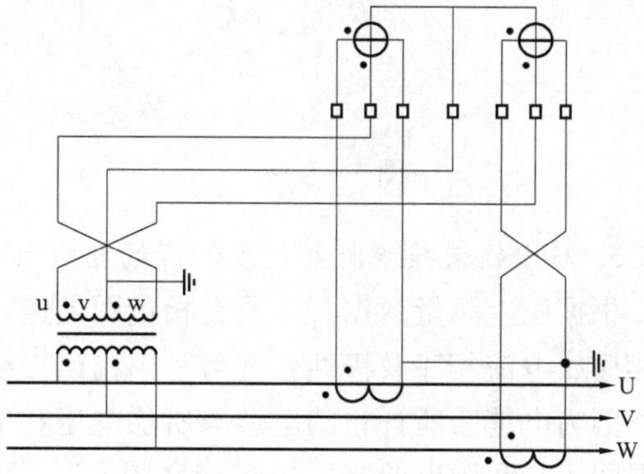

图 3－76

1. 测量数据（以 T－230A 现场校验仪为例）

按照第二章第三节现场校验仪测量方法的使用介绍，将校验仪与电能表接好。在选定的显示界面上将显示出分析所需的所有数

据，显示屏数据如表3－26所示。

表3－26

测 试 数 据			
项目	1元件	2－6端子	3元件
电压	100.0V	100.1V	99.9V
电流	1.5A	0.0A	1.5A
对地电压	99.7V	0.3V	99.6V
相位	$\varphi_{I_1I_3}=59.7°$		
	$\varphi_{U_{12}I_1}=120.1°$		
	$\varphi_{U_{32}I_3}=119.8°$　$P=-149.0$		
相序	电压相序逆　电流相序正		

2. 分析判断错误现象

（1）从表3－26“电压”、“电流”栏中的显示值可以看出电压、电流值均正常，无断相现象。再从“对地电压”值中可以看出等于零或接近零的那一相即可判定为V相，即U_2为V相；再根据电压相序的显示“逆”，最终判断出电压的相序为WVU。

（2）在相量图上，依据判断出的电压相序WVU，画出电能表所用的两个线电压。用实际电压替换仪器上显示相位中的电压，即U_{12}替换成U_{wv}、U_{32}替换成U_{uv}。

（3）将所测数据中的相位值$U_{12}I_1=120°$替换成$U_{wv}I_1=120°$、$U_{32}I_3=120°$替换成$U_{uv}I_3=120°$，可以在相量图中画出I_u和I_w两个电流的位置，如图3－77所示。所画电流的相序和仪器上显示的电流相序一致，并且两电流的夹角应等于仪器上显示的“$\varphi_{I_1I_3}$”的值60°。

（4）画出错误接线时的实测相量图，如图3－78所示。

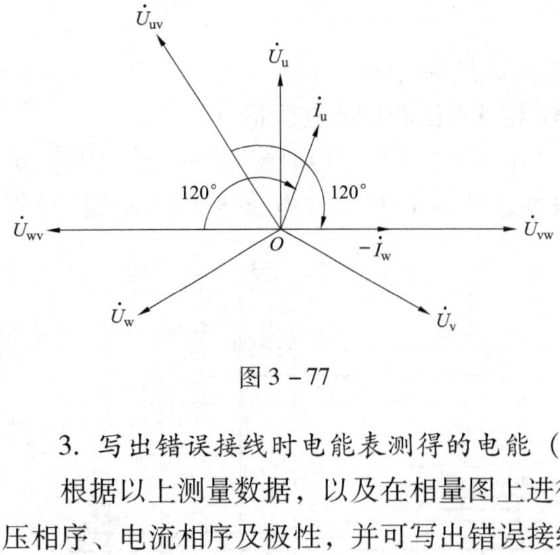

图3－77

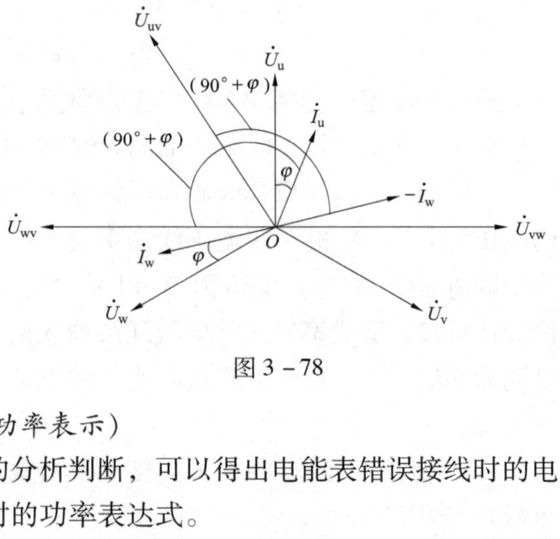

图3－78

3. 写出错误接线时电能表测得的电能（以功率表示）

根据以上测量数据，以及在相量图上进行的分析判断，可以得出电能表错误接线时的电压相序、电流相序及极性，并可写出错误接线时的功率表达式。

因为电能表所计量的电能与所加电压和电流及相应相电流之间的夹角余弦乘积成正比，根据图3－78画出的错误接线相量图，对两个元件所计量的电能分别进行分析（以功率表示），并设P_1'为第一元件错误计量的功率，P_2'为第二元件错误计量的功率。

第一元件测量的功率为

$$P_1' = U_{wv} I_u \cos(90° + \varphi)$$

第二元件测量的功率为

$$P_2' = U_{uv}(-I_w)\cos(90° + \varphi)$$

在三相电路完全对称，两元件测量的总功率为

$$P' = P_1' + P_2'$$
$$= U_{wv} I_u \cos(90° + \varphi) + U_{uv}(-I_w)\cos(90° + \varphi)$$

四、表尾电压相序 WVU，电流相序 $I_u I_w$，U、W 相 TA 二次侧极性反接

图 3－79 是三相三线有功电能表的错误接线。电压 U_{uv} 与 U_{wv} 分别接于第一元件和第二元件电压线圈上。由于电压互感器二次侧互为反极性，使得 U 相元件电压线圈两端实际承受的电压为 U_{wv}；W 相元件电压线圈两端实际承受的电压则为 U_{uv}；电流因 U、W 相 TA 二次侧极性反接，造成第一元件电流线圈通入的电流为 $-I_u$，第二元件电流线圈通入的电流为 $-I_w$。

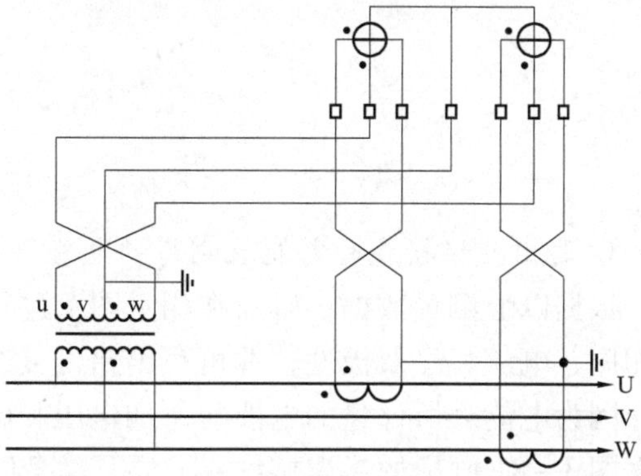

图 3－79

1. 测量数据（以 T－230A 现场校验仪为例）

按照第二章第三节现场校验仪测量方法的使用介绍，将校验仪与电能表接好。在选定的显示界面上将显示出分析所需的所有数据，显示屏数据如表 3－27 所示。

表 3－27

测试数据			
项目	1 元件	2－6 端子	3 元件
电压	100.0V	100.1V	100.0V
电流	1.5A	0.0A	1.5A
对地电压	99.7V	0.3V	99.7V
相位	$\varphi_{I_1I_3}=239.4°$		
	$\varphi_{U_{12}I_1}=300.3°$		
	$\varphi_{U_{32}I_3}=119.7°$　$P=0.4$		
相序	电压相序逆　电流相序正		

2. 分析判断错误现象

（1）从表 3－27“电压”、“电流”栏中的显示值可以看出电压、电流值均正常，无断相现象。再从“对地电压”值中可以看出等于零或接近零的那一相即可判定为 V 相，即 U_2 为 V 相；再根据电压相序的显示“逆”，最终判断出电压的相序为 WVU。

（2）在相量图上，依据判断出的电压相序 WVU，画出电能表所用的两个线电压。用实际电压替换仪器上显示相位中的电压，即 U_{12} 替换成 U_{wv}、U_{32} 替换成 U_{uv}。

（3）将所测数据中的相位值 $U_{12}I_1=300°$替换成 $U_{wv}I_1=300°$、$U_{32}I_3=120°$替换成 $U_{uv}I_3=120°$，可以在相量图中画出 I_u 和 I_w 两个电流的位置，如图 3－80 所示。所画电流的相序和仪器上显示的电流相序一致，并且两电流的夹角应等于仪器上显示的“$\varphi_{I_1I_3}$”的值 240°。

（4）画出错误接线时的实测相量图，如图 3－81 所示。

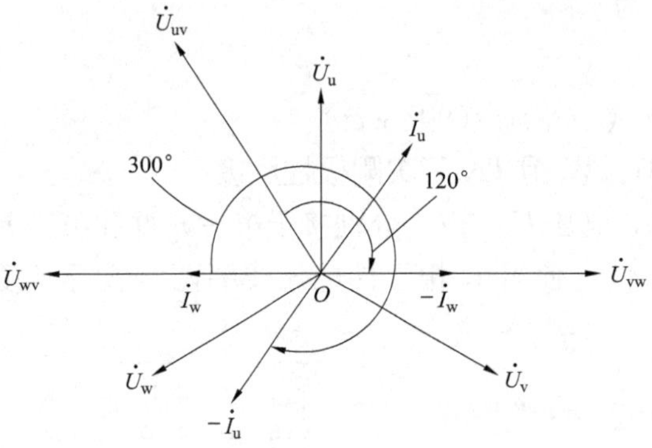

图 3－80

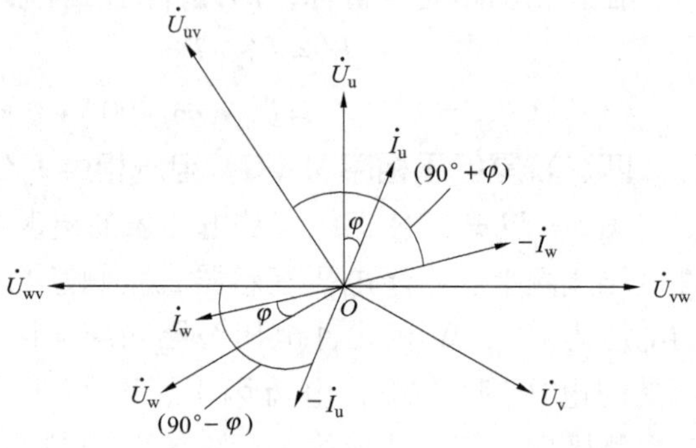

图 3－81

3. *写出错误接线时电能表测得的电能（以功率表示）*

根据以上测量数据，以及在相量图上进行的分析判断，可以得出电能表错误接线时的电压相序、电流相序及极性，并可写出错误接线时的功率表达式。

因为电能表所计量的电能与所加电压和电流及相应相电流之间的夹角余弦乘积成正比，根据图 3－81 画出的错误接线相量图，对两个元件所计量的电能分别进行分析（以功率表示），并设 P_1'为第一元件错误计量的功率，P_2'为第二元件错误计量的功率。

第一元件测量的功率为

$$P_1'=U_{wv}(-I_u)\cos(90°-\varphi)$$

第二元件测量的功率为

$$P_2'=U_{uv}(-I_w)\cos(90°+\varphi)$$

在三相电路完全对称，两元件测量的总功率为

$$\begin{aligned}P'&=P_1'+P_2'\\&=U_{wv}(-I_u)\cos(90°-\varphi)+U_{uv}(-I_w)\cos(90°+\varphi)\end{aligned}$$

五、表尾电压相序 WVU，电流相序 I_wI_u

图 3－82 是三相三线有功电能表的错误接线。电压 U_{uv}与 U_{wv}分别接于第一元件和第二元件电压线圈上。由于电压互感器二次侧互为反极性，使得 U 相元件电压线圈两端实际承受的电压为 U_{wv}；W 相元件电压线圈两端实际承受的电压则为 U_{uv}；电流因 U、W 相表尾端钮接错，造成第一元件电流线圈通入的电流为 I_w，第二元件电流线圈通入的电流为 I_u。

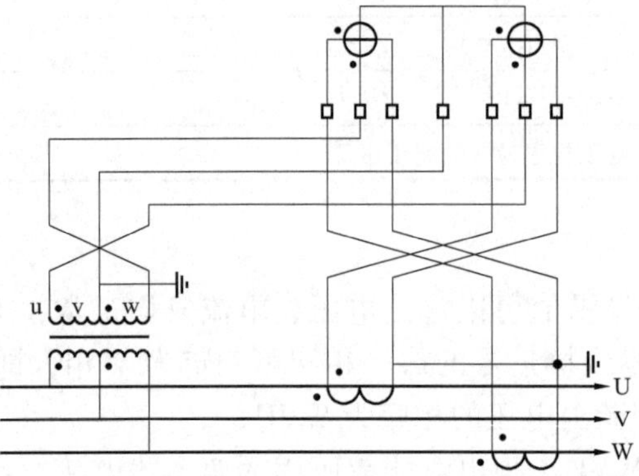

图 3－82

1. 测量数据（以 T－230A 现场校验仪为例）

按照第二章第三节现场校验仪测量方法的使用介绍，将校验仪与电能表接好。在选定的显示界面上将显示出分析所需的所有数据，显示屏数据如表 3－28 所示。

表 3－28

测　试　数　据			
项目	1 元件	2－6 端子	3 元件
电压	99.9V	100.1V	100.0V
电流	1.5A	0.0A	1.5A
对地电压	99.6V	0.3V	99.7V
相位	$\varphi_{I_1I_3}=120.7°$		
	$\varphi_{U_{12}I_1}=359.7°$		
	$\varphi_{U_{32}I_3}=60.3°$　$P=223.7$		
相序	电压相序逆　电流相序逆		

2. 分析判断错误现象

（1）从表 3－28“电压”、“电流”栏中的显示值可以看出电压、电流值均正常，无断相现象。再从“对地电压”值中可以看出等于零或接近零的那一相即可判定为 V 相，即 U_2 为 V 相；再根据电压相序的显示“逆”，最终判断出电压的相序为 WVU。

（2）在相量图上，依据判断出的电压相序 WVU，画出电能表所用的两个线电压。用实际电压替换仪器上显示相位中的电压，即 U_{12} 替换成 U_{wv}、U_{32} 替换成 U_{uv}。

（3）将所测数据中的相位值 $U_{12}I_1=0°$ 替换成 $U_{wv}I_1=0°$、$U_{32}I_1=60°$ 替换成 $U_{uv}I_3=60°$，可以在相量图中画出 I_u 和 I_w 两个电流的位置，如图 3－83 所示。所画电流的相序和仪器上显示的电流相序一致，并且两电流的夹角应等于仪器上显示的“$\varphi_{I_1I_3}$”的值 120°。

（4）画出错误接线时的实测相量图，如图 3－84 所示。

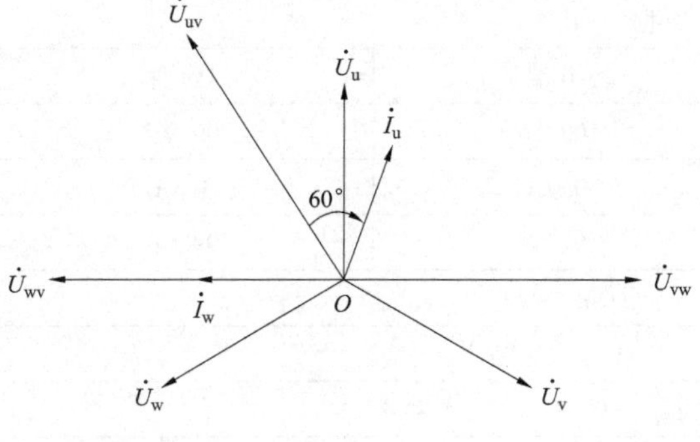

图 3－83

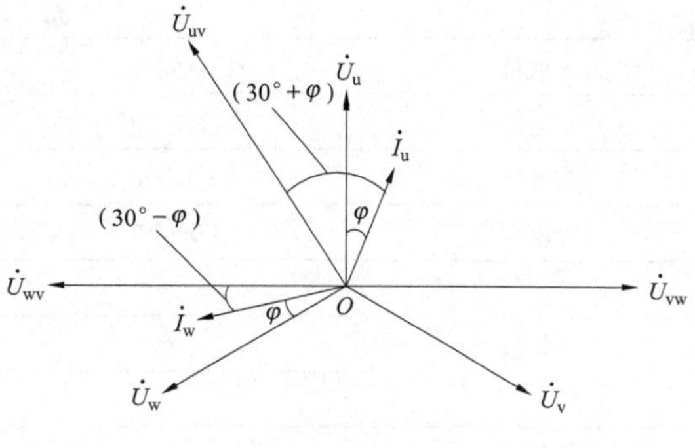

图 3－84

3. 写出错误接线时电能表测得的电能（以功率表示）

根据以上测量数据，以及在相量图上进行的分析判断，可以得出电能表错误接线时的电压相序、电流相序及极性，并可写出错误接线时的功率表达式。

因为电能表所计量的电能与所加电压和电流及相应相电流之间的夹角余弦乘积成正比，

根据图 3 - 84 画出的错误接线相量图，对两个元件所计量的电能分别进行分析（以功率表示），并设 P_1'为第一元件错误计量的功率，P_2'为第二元件错误计量的功率。

第一元件测量的功率为

$$P_1' = U_{wv} I_w \cos(30° - \varphi)$$

第二元件测量的功率为

$$P_2' = U_{uv} I_u \cos(30° + \varphi)$$

在三相电路完全对称，两元件测量的总功率为

$$\begin{aligned} P' &= P_1' + P_2' \\ &= U_{wv} I_w \cos(30° - \varphi) + U_{uv} I_u \cos(30° + \varphi) \end{aligned}$$

六、表尾电压相序 WVU，电流相序 $I_w I_u$，W 相 TA 二次侧极性反接

图 3 - 85 是三相三线有功电能表的错误接线。电压 U_{uv}与 U_{wv}分别接于第一元件和第二元件电压线圈上。由于电压互感器二次侧互为反极性，使得 U 相元件电压线圈两端实际承受的电压为 U_{wv}；W 相元件电压线圈两端实际承受的电压则为 U_{uv}；电流因 U、W 相表尾端钮接错，并且 W 相 TA 二次侧极性反接，造成第一元件电流线圈通入的电流为 $-I_w$，第二元件电流线圈通入的电流为 I_u。

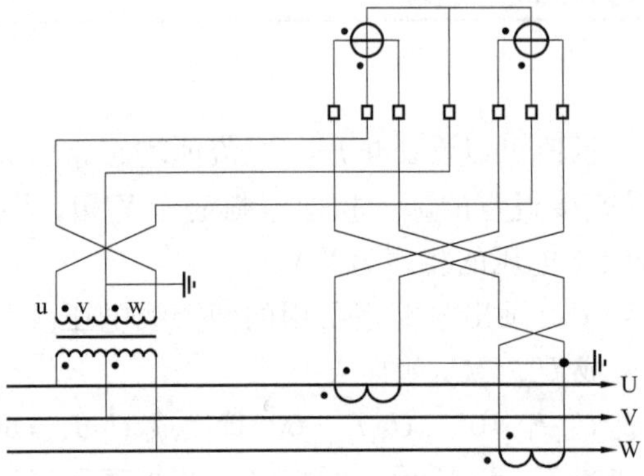

图 3 - 85

1. 测量数据（以 T - 230A 现场校验仪为例）

按照第二章第三节现场校验仪测量方法的使用介绍，将校验仪与电能表接好。在选定的显示界面上将显示出分析所需的所有数据，显示屏数据如表 3 - 29 所示。

表 3 - 29

测试数据			
项目	1 元件	2 - 6 端子	3 元件
电压	100.0V	100.1V	99.9V
电流	1.5A	0.0A	1.5A
对地电压	99.7V	0.3V	99.6V
相位	$\varphi_{I_1I_3}$ = 300.3°		
	$\varphi_{U_{12}I_1}$ = 179.8°		
	$\varphi_{U_{32}I_3}$ = 60.1°　P = -75.2		
相序	电压相序逆　电流相序逆		

2. 分析判断错误现象

（1）从表 3 - 29“电压”、“电流”栏中的显示值可以看出电压、电流值均正常，无断相现象。再从“对地电压”值中可以看出等于零或接近零的那一相即可判定为 V 相，即 U_2 为 V 相；再根据电压相序的显示“逆”，最终判断出电压的相序为 WVU。

（2）在相量图上，依据判断出的电压相序 WVU，画出电能表所用的两个线电压。用实际电压替换仪器上显示相位中的电压，即 U_{12} 替换成 U_{wv}、U_{32} 替换成 U_{uv}。

（3）将所测数据中的相位值 $U_{12}I_1=180°$ 替换成 $U_{wv}I_1=180°$、$U_{32}I_3=60°$ 替换成 $U_{uv}I_3=60°$，可以在相量图中画出 I_u 和 I_w 两个电流的位置，如图 3－86 所示。所画电流的相序和仪器上显示的电流相序一致，并且两电流的夹角应等于仪器上显示的“$\varphi_{I_1I_3}$”的值 300°。

（4）画出错误接线时的实测相量图，如图 3－87 所示。

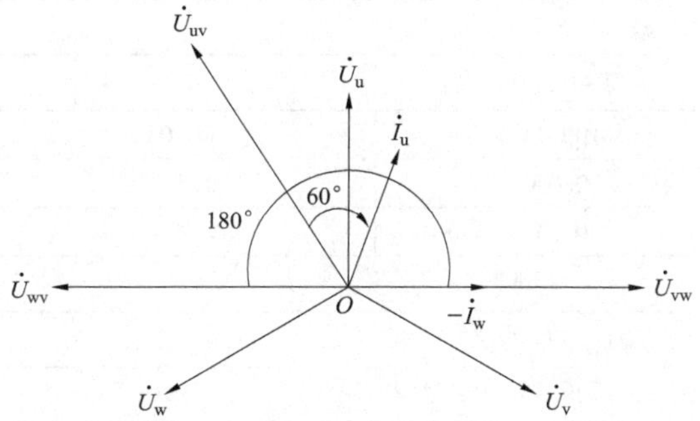

图 3－86

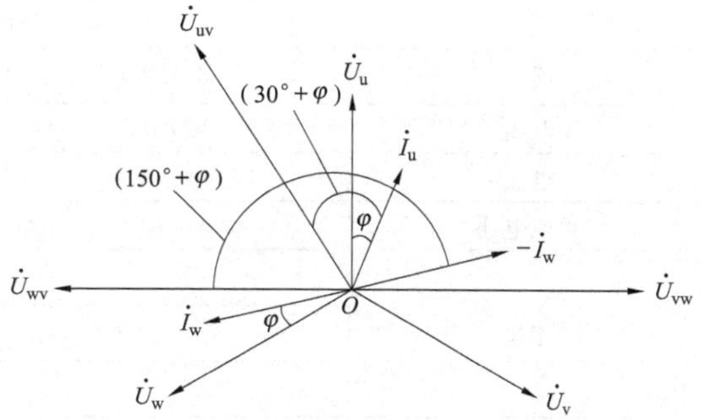

图 3－87

3. 写出错误接线时电能表测得的电能（以功率表示）

根据以上测量数据，以及在相量图上进行的分析判断，可以得出电能表错误接线时的电压相序、电流相序及极性，并可写出错误接线时的功率表达式。

因为电能表所计量的电能与所加电压和电流及相应相电流之间的夹角余弦乘积成正比，根据图 3－87 画出的错误接线相量图，对两个元件所计量的电能分别进行分析（以功率表示），并设 P_1' 为第一元件错误计量的功率，P_2' 为第二元件错误计量的功率。

第一元件测量的功率为

$$P_1'=U_{wv}(-I_w)\cos(150°+\varphi)$$

第二元件测量的功率为

$$P_2'=U_{uv}I_u\cos(30°+\varphi)$$

在三相电路完全对称，两元件测量的总功率为

$$\begin{aligned}P'&=P_1'+P_2'\\&=U_{wv}(-I_w)\cos(150°+\varphi)+\\&\quad U_{uv}I_u\cos(30°+\varphi)\end{aligned}$$

七、表尾电压相序 WVU，电流相序 I_wI_u，U 相 TA 二次侧极性反接

图 3－88 是三相三线有功电能表的错误接线。电压 U_{uv} 与 U_{wv} 分别接于第一元件和第二元件电压线圈上。由于电压互感器二次侧互为反极性，使得 U 相元件电压线圈两端实际承受的电压为 U_{wv}；W 相元件电压线圈两端实际承受的电压则为 U_{uv}；电流因 U、W

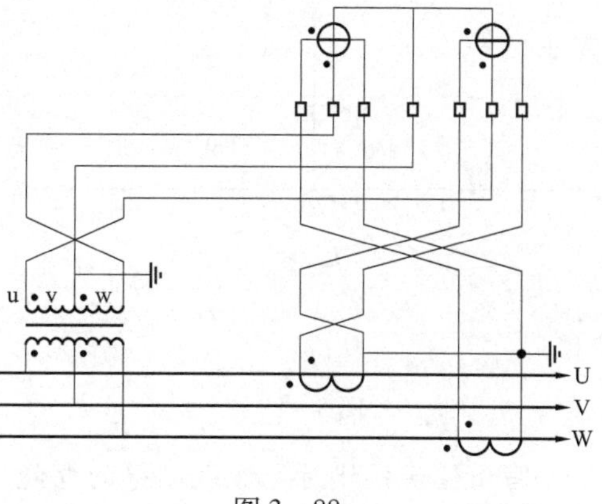

图 3－88

相表尾端钮接错，并且U相TA二次侧极性反接，造成第一元件电流线圈通入的电流为I_w，第二元件电流线圈通入的电流为$-I_u$。

1. 测量数据（以T－230A现场校验仪为例）

按照第二章第三节现场校验仪测量方法的使用介绍，将校验仪与电能表接好。在选定的显示界面上将显示出分析所需的所有数据，显示屏数据如表3－30所示。

表3－30

测 试 数 据			
项目	1元件	2－6端子	3元件
电压	100.0V	100.1V	100.0V
电流	1.5A	0.0A	1.5A
对地电压	99.6V	0.3V	99.7V
相位	$\varphi_{I_1I_3}=300.3°$		
	$\varphi_{U_{12}I_1}=359.8°$		
	$\varphi_{U_{32}I_3}=240.1°$ $P=75.2$		
相序	电压相序逆 电流相序逆		

2. 分析判断错误现象

（1）从表3－30“电压”、“电流”栏中的显示值可以看出电压、电流值均正常，无断相现象。再从“对地电压”值中可以看出等于零或接近零的那一相即可判定为V相，即U_2为V相；再根据电压相序的显示“逆”，最终判断出电压的相序为WVU。

（2）在相量图上，依据判断出的电压相序WVU，画出电能表所用的两个线电压。用实际电压替换仪器上显示相位中的电压，即U_{12}替换成U_{wv}、U_{32}替换成U_{uv}。

（3）将所测数据中的相位值$U_{12}I_1=360°$替换成$U_{wv}I_1=360°$、$U_{32}I_3=240°$替换成$U_{uv}I_3=240°$，可以在相量图中画出I_u和I_w两个电流的位置，如图3－89所示。所画电流的相序和仪器上显示的电流相序一致，并且两电流的夹角应等于仪器上显示的“$\varphi_{I_1I_3}$”的值300°。

（4）画出错误接线时的实测相量图，如图3－90所示。

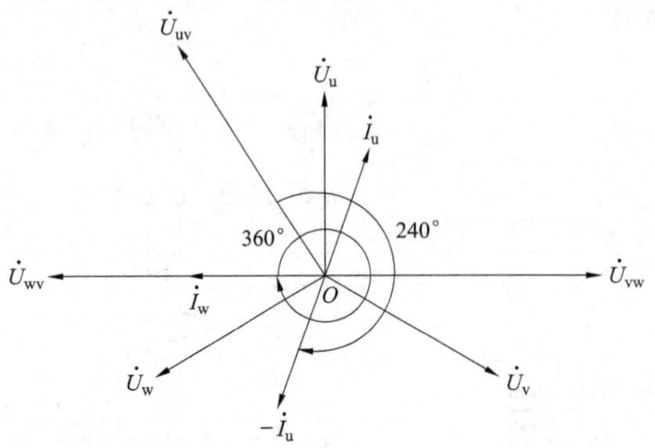

图3－89

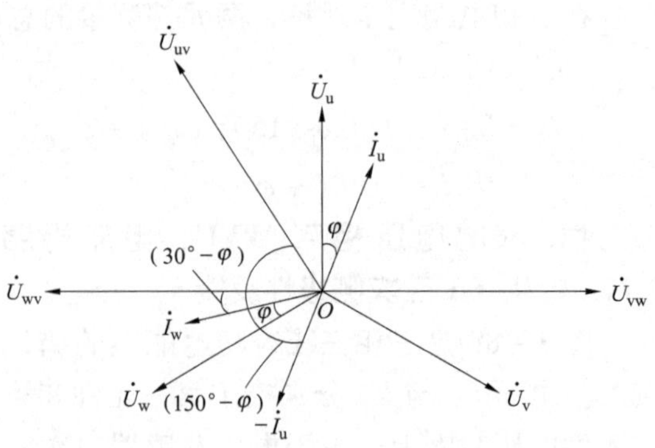

图3－90

3. 写出错误接线时电能表测得的电能（以功率表示）

根据以上测量数据，以及在相量图上进行的分析判断，可以得出电能表错误接线时的电压相序、电流相序及极性，并可写出错误接线时的功率表达式。

因为电能表所计量的电能与所加电压和电流及相应相电流之间的夹角余弦乘积成正比，根据图 3 - 90 画出的错误接线相量图，对两个元件所计量的电能分别进行分析（以功率表示），并设 P_1'为第一元件错误计量的功率，P_2'为第二元件错误计量的功率。

第一元件测量的功率为

$$P_1' = U_{wv}I_w\cos(30° - \varphi)$$

第二元件测量的功率为

$$P_2' = U_{uv}(-I_u)\cos(150° - \varphi)$$

在三相电路完全对称，两元件测量的总功率为

$$\begin{aligned} P' &= P_1' + P_2' \\ &= U_{wv}I_w\cos(30° - \varphi) + U_{uv}(-I_u)\cos(150° - \varphi) \end{aligned}$$

八、表尾电压相序 WVU，电流相序 I_wI_u，U、W 相 TA 二次侧极性反接

图 3 - 91 是三相三线有功电能表的错误接线。电压 U_{uv}与 U_{wv}分别接于第一元件和第二元件电压线圈上。由于电压互感器二次侧互为反极性，使得 U 相元件电压线圈两端实际承受的电压为 U_{wv}；W 相元件电压线圈两端实际承受的电压则为 U_{uv}；电流因 U、W 相表尾端钮接错，并且 U、W 相 TA 二次侧极性反接，造成第一元件电流线圈通入的电流为 $-I_w$，第二元件电流线圈通入的电流为 $-I_u$。

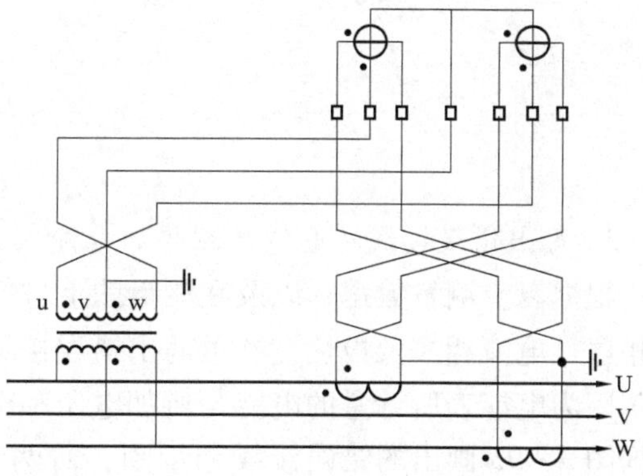

图 3 - 91

1. *测量数据（以 T - 230A 现场校验仪为例）*

按照第二章第三节现场校验仪测量方法的使用介绍，将校验仪与电能表接好。在选定的显示界面上将显示出分析所需的所有数据，显示屏数据如表 3 - 31 所示。

表 3 - 31

测试数据			
项目	1 元件	2 - 6 端子	3 元件
电压	99.9V	100.1V	99.9V
电流	1.5A	0.0A	1.5A
对地电压	99.6V	0.3V	99.6V
相位	$\varphi_{I_1I_3} = 120.0°$		
	$\varphi_{U_{12}I_1} = 179.7°$		
	$\varphi_{U_{32}I_3} = 240.3°$　$P = -223.8$		
相序	电压相序逆　电流相序逆		

2. *分析判断错误现象*

（1）从表 3 - 31 “电压”、“电流” 栏中的显示值可以看出电压、电流值均正常，无断

相现象。再从“对地电压”值中可以看出等于零或接近零的那一相即可判定为 V 相，即 U_2 为 V 相；再根据电压相序的显示“逆”，最终判断出电压的相序为 WVU。

（2）在相量图上，依据判断出的电压相序 WVU，画出电能表所用的两个线电压。用实际电压替换仪器上显示相位中的电压，即 U_{12} 替换成 U_{wv}、U_{32} 替换成 U_{uv}。

（3）将所测数据中的相位值 $U_{12}I_1 = 180°$ 替换成 $U_{wv}I_1 = 180°$、$U_{32}I_3 = 240°$ 替换成 $U_{uv}I_3 = 240°$，可以在相量图中画出 I_u 和 I_w 两个电流的位置，如图 3 - 92 所示。所画电流的相序和仪器上显示的电流相序一致，并且两电流的夹角应等于仪器上显示的“$\varphi_{I_1I_3}$”的值 120°。

（4）画出错误接线时的实测相量图，如图 3 - 93 所示。

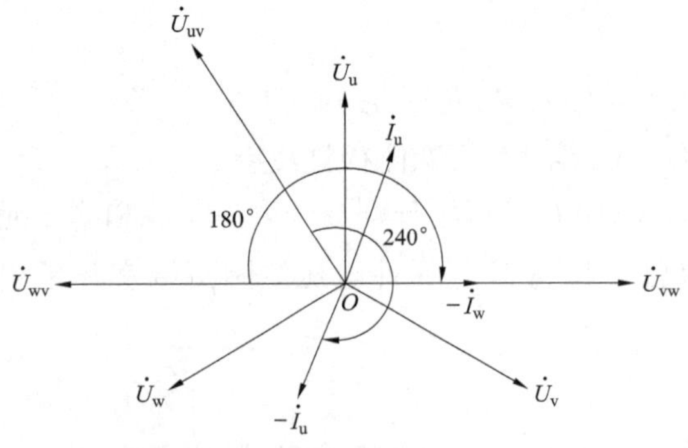

图 3 - 92

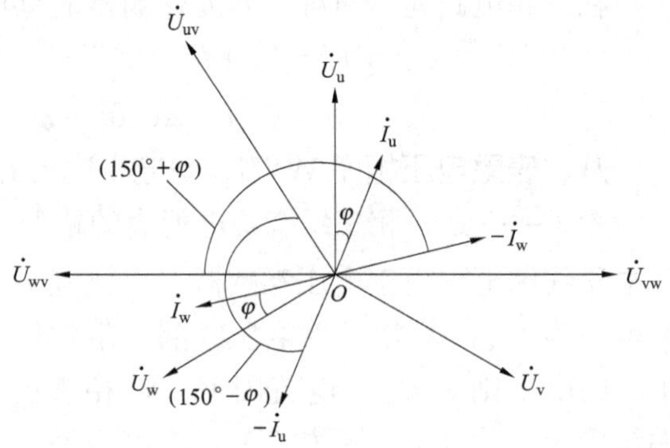

图 3 - 93

3. 写出错误接线时电能表测得的电能（以功率表示）

根据以上测量数据，以及在相量图上进行的分析判断，可以得出电能表错误接线时的电压相序、电流相序及极性，并可写出错误接线时的功率表达式。

因为电能表所计量的电能与所加电压和电流及相应相电流之间的夹角余弦乘积成正比，根据图 3 - 93 画出的错误接线相量图，对两个元件所计量的电能分别进行分析（以功率表示），并设 P_1' 为第一元件错误计量的功率，P_2' 为第二元件错误计量的功率。

第一元件测量的功率为

$$P_1' = U_{wv}(-I_w)\cos(150° + \varphi)$$

第二元件测量的功率为

$$P_2' = U_{uv}(-I_u)\cos(150° - \varphi)$$

在三相电路完全对称，两元件测量的总功率为

$$\begin{aligned} P' &= P_1' + P_2' \\ &= U_{wv}(-I_w)\cos(150° + \varphi) + U_{uv}(-I_u)\cos(150° - \varphi) \end{aligned}$$

第五节　电压相序为 VUW 时的错误接线实例分析

一、表尾电压相序 VUW，电流相序 I_uI_w

图 3 - 94 是三相三线有功电能表的错误接线。电压 U_{uv} 与 U_{wv} 分别接于第一元件和第二元件电压线圈上。由于电压互感器二次侧互为反极性，使得 U 相元件电压线圈两端实际承受

的电压为 U_{vu}；W 相元件电压线圈两端实际承受的电压则为 U_{wu}；第一元件电流线圈通入的电流为 I_u，第二元件电流线圈通入的电流为 I_w。

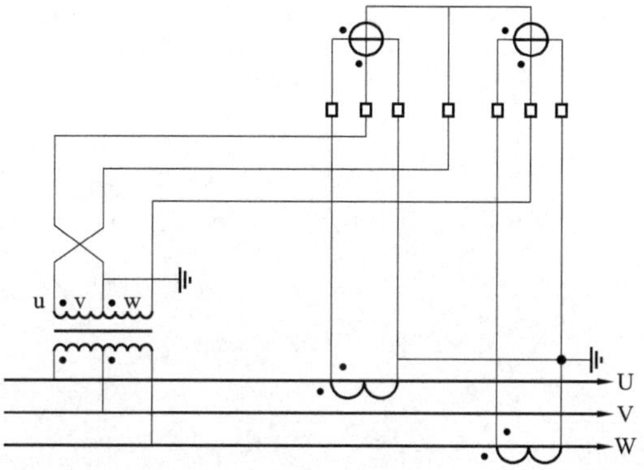

图 3－94

1. 测量数据（以 T－230A 现场校验仪为例）

按照第二章第三节现场校验仪测量方法的使用介绍，将校验仪与电能表接好。在选定的显示界面上将显示出分析所需的所有数据，显示屏数据如表 3－32 所示。

表 3－32

测试数据			
项目	1 元件	2－6 端子	3 元件
电压	100.0V	99.9V	99.9V
电流	1.5A	0.0A	1.5A
对地电压	0.3V	99.7V	99.6V
相位	$\varphi_{I_1I_3}=239.4°$		
	$\varphi_{U_{12}I_1}=240.3°$		
	$\varphi_{U_{32}I_3}=59.7°$　$P=2.2$		
相序	电压相序逆　电流相序正		

2. 分析判断错误现象

（1）从表 3－32“电压”、“电流”栏中的显示值可以看出电压、电流值均正常，无断相现象。再从“对地电压”值中可以看出等于零或接近零的那一相即可判定为 V 相，即 U_1 为 V 相；再根据电压相序的显示“逆”，最终判断出电压的相序为 VUW。

（2）在相量图上，依据判断出的电压相序 VUW，画出电能表所用的两个线电压。即用实际电压替换仪器上显示相位中的电压，即 U_{12} 替换成 U_{vu}、U_{32} 替换成 U_{wu}。

（3）将所测数据中的相位值 $U_{12}I_1=240°$ 替换成 $U_{vu}I_1=240°$、$U_{32}I_3=60°$ 替换成 $U_{wu}I_3=60°$，可以在相量图中画出 I_u 和 I_w 两个电流的位置，如图 3－95 所示。所画电流的相序和仪器上显示的电流相序一致，并且两电流的夹角应等于仪器上显示的“$\varphi_{I_1I_3}$”的值 240°。

（4）画出错误接线时的实测相量图，如图 3－96 所示。

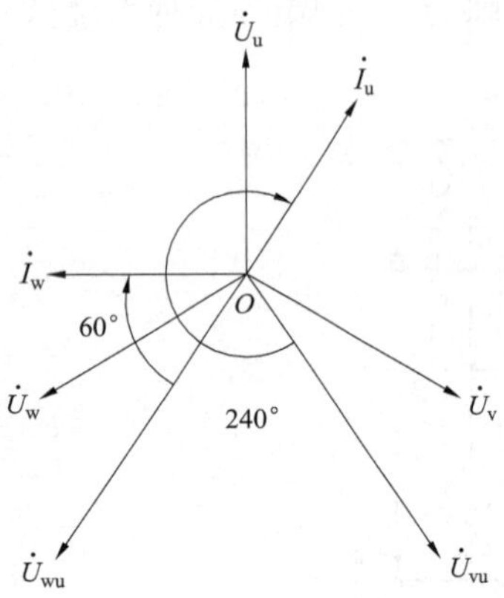

图 3－95

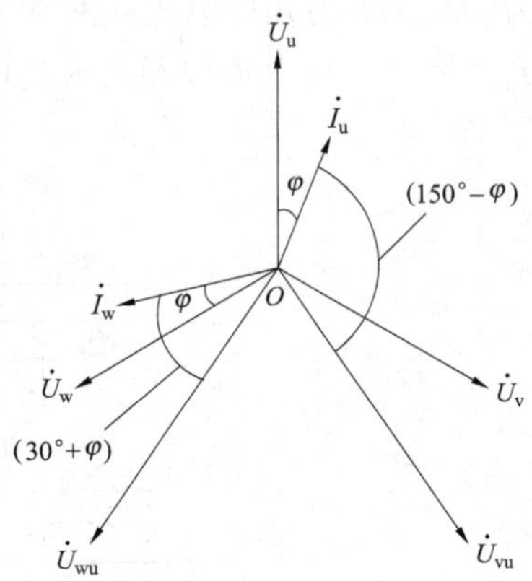

图 3－96

3. 写出错误接线时电能表测得的电能（以功率表示）

根据以上测量数据，以及在相量图上进行的分析判断，可以得出电能表错误接线时的电压相序、电流相序及极性，并可写出错误接线时的功率表达式。

因为电能表所计量的电能与所加电压和电流及相应相电流之间的夹角余弦乘积成正比，根据图 3－96 画出的错误接线相量图，对两个元件所计量的电能分别进行分析（以功率表示），并设 P_1'为第一元件错误计量的功率，P_2'为第二元件错误计量的功率。

第一元件测量的功率为

$$P_1' = U_{vu}I_u\cos(150° - \varphi)$$

第二元件测量的功率为

$$P_2' = U_{wu}I_w\cos(30° + \varphi)$$

在三相电路完全对称，两元件测量的总功率为

$$\begin{aligned}P' &= P_1' + P_2' \\ &= U_{vu}I_u\cos(150° - \varphi) + U_{wu}I_w\cos(30° + \varphi)\end{aligned}$$

二、表尾电压相序 VUW，电流相序 I_uI_w，U 相 TA 二次侧极性反接

图 3－97 是三相三线有功电能表的错误接线。电压 U_{uv} 与 U_{wv} 分别接于第一元件和第二元件电压线圈上。由于电压互感器二次侧互为反极性，使得 U 相元件电压线圈两端实际承受的电压为 U_{vu}；W 相元件电压线圈两端实际承受的电压则为 U_{wu}；电流因 U 相 TA 二次侧极性反接，造成第一元件电流线圈通入的电流为 $-I_u$，第二元件电流线圈通入的电流为 I_w。

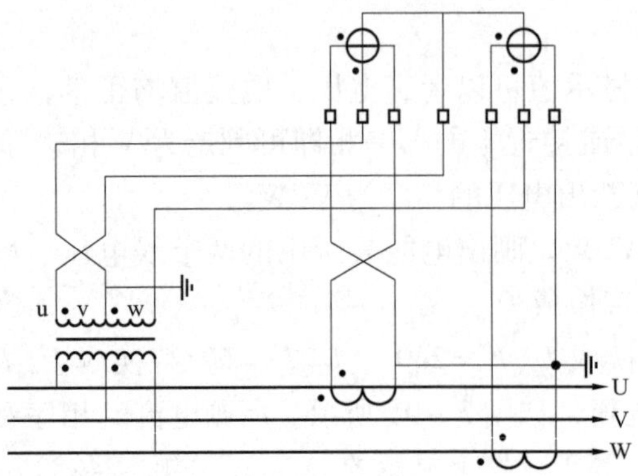

图 3－97

1. 测量数据（以 T－230A 现场校验仪为例）

按照第二章第三节现场校验仪测量方法的使用介绍，将校验仪与电能表接好。在选定的显示界面上将显示出分析所需的所有数

据，显示屏数据如表3－33所示。

表3－33

测 试 数 据			
项目	1元件	2－6端子	3元件
电压	99.9V	99.9V	99.9V
电流	1.5A	0.0A	1.5A
对地电压	0.3V	99.6V	99.6V
相位	$\varphi_{I_1I_3}=59.8°$		
	$\varphi_{U_{12}I_1}=60.1°$		
	$\varphi_{U_{32}I_3}=59.9°$　$P=149.3$		
相序	电压相序逆　电流相序正		

2. 分析判断错误现象

（1）从表3－33“电压”、“电流”栏中的显示值可以看出电压、电流值均正常，无断相现象。再从“对地电压”值中可以看出等于零或接近零的那一相即可判定为V相，即U_1为V相；再根据电压相序的显示“逆”，最终判断出电压的相序为VUW。

（2）在相量图上，依据判断出的电压相序VUW，画出电能表所用的两个线电压。用实际电压替换仪器上显示相位中的电压，即U_{12}替换成U_{vu}、U_{32}替换成U_{wu}。

（3）将所测数据中的相位值$U_{12}I_1=60°$替换成$U_{vu}I_1=60°$、$U_{32}I_3=60°$替换成$U_{wu}I_3=60°$，可以在相量图中画出I_u和I_w两个电流的位置，如图3－98所示。所画电流的相序和仪器上显示的电流相序一致，并且两电流的夹角应等于仪器上显示的“$\varphi_{I_1I_3}$”的值60°。

（4）画出错误接线时的实测相量图，如图3－99所示。

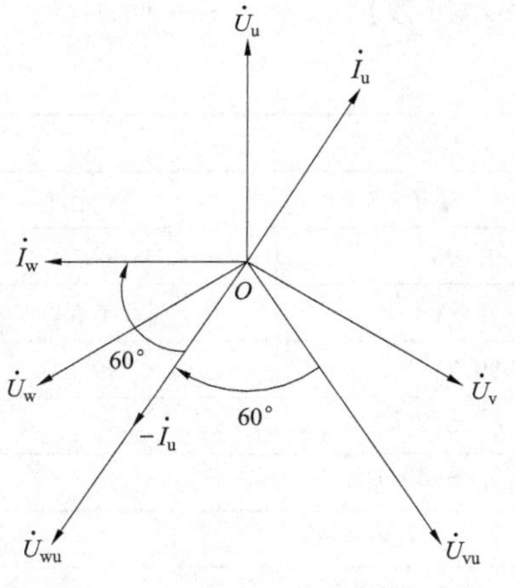

图3－98

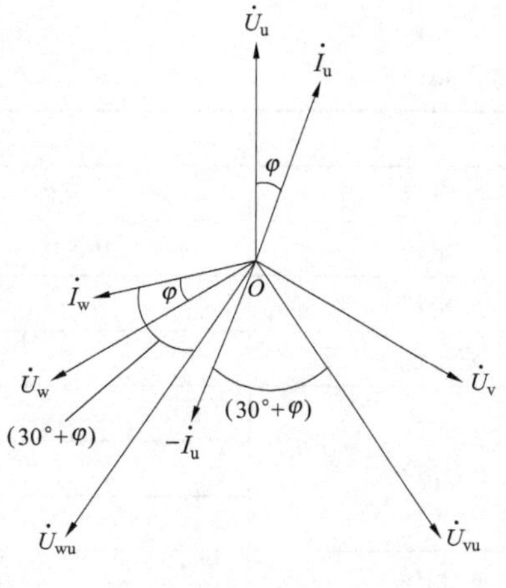

图3－99

3. 写出错误接线时电能表测得的电能（以功率表示）

根据以上测量数据，以及在相量图上进行的分析判断，可以得出电能表错误接线时的电压相序、电流相序及极性，并可写出错误接线时的功率表达式。

因为电能表所计量的电能与所加电压和电流及相应相电流之间的夹角余弦乘积成正比，

根据图 3-99 画出的错误接线相量图，对两个元件所计量的电能分别进行分析（以功率表示），并设 P_1'为第一元件错误计量的功率，P_2'为第二元件错误计量的功率。

第一元件测量的功率为

$$P_1' = U_{vu}(-I_u)\cos(30° + \varphi)$$

第二元件测量的功率为

$$P_2' = U_{wu}I_w\cos(30° + \varphi)$$

在三相电路完全对称，两元件测量的总功率为

$$\begin{aligned} P' &= P_1' + P_2' \\ &= U_{vu}(-I_u)\cos(30° + \varphi) + U_{wu}I_w\cos(30° + \varphi) \end{aligned}$$

三、表尾电压相序 VUW，电流相序 I_uI_w，W 相 TA 二次侧极性反接

图 3-100 是三相三线有功电能表的错误接线。电压 U_{uv}与 U_{wv}分别接于第一元件和第二元件电压线圈上。由于电压互感器二次侧互为反极性，使得 U 相元件电压线圈两端实际承受的电压为 U_{vu}；W 相元件电压线圈两端实际承受的电压则为 U_{wu}；电流因 W 相 TA 二次侧极性反接，造成第一元件电流线圈通入的电流为 I_u，第二元件电流线圈通入的电流为 $-I_w$。

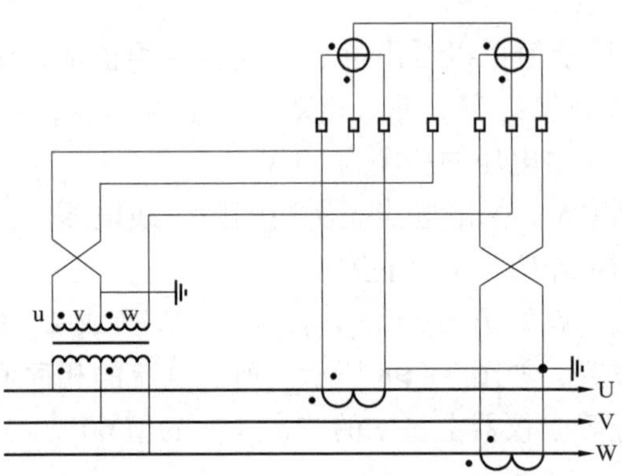

图 3-100

1. 测量数据（以 T-230A 现场校验仪为例）

按照第二章第三节现场校验仪测量方法的使用介绍，将校验仪与电能表接好。在选定的显示界面上将显示出分析所需的所有数据，显示屏数据如表 3-34 所示。

表 3-34

测 试 数 据			
项目	1 元件	2-6 端子	3 元件
电压	100.0V	99.9V	99.9V
电流	1.5A	0.0A	1.5A
对地电压	0.3V	99.7V	99.6V
相位	$\varphi_{I_1I_3}=59.8°$		
	$\varphi_{U_{12}I_1}=240.1°$		
	$\varphi_{U_{32}I_3}=239.9°$　$P=-149.3$		
相序	电压相序逆　电流相序正		

2. 分析判断错误现象

（1）从表 3-34“电压”、“电流”栏中的显示值可以看出电压、电流值均正常，无断相现象。再从“对地电压”值中可以看出等于零或接近零的那一相即可判定为 V 相，即 U_1为 V 相；再根据电压相序的显示“逆”，最终判断出电压的相序为 VUW。

（2）在相量图上，依据判断出的电压相序 VUW，画出电能表所用的两个线电压。用实际电压替换仪器上显示相位中的电压，即 U_{12} 替换成 U_{vu}、U_{32} 替换成 U_{wu}。

（3）将所测数据中的相位值 $U_{12}I_1=240°$ 替换成 $U_{vu}I_1=240°$、$U_{32}I_3=240°$ 替换成 $U_{wu}I_3=240°$，可以在相量图中画出 I_u 和 I_w 两个电流的位置，如图 3－101 所示。所画电流的相序和仪器上显示的电流相序一致，并且两电流的夹角应等于仪器上显示的"$\varphi_{I_1I_3}$"的值 60°。

（4）画出错误接线时的实测相量图，如图 3－102 所示。

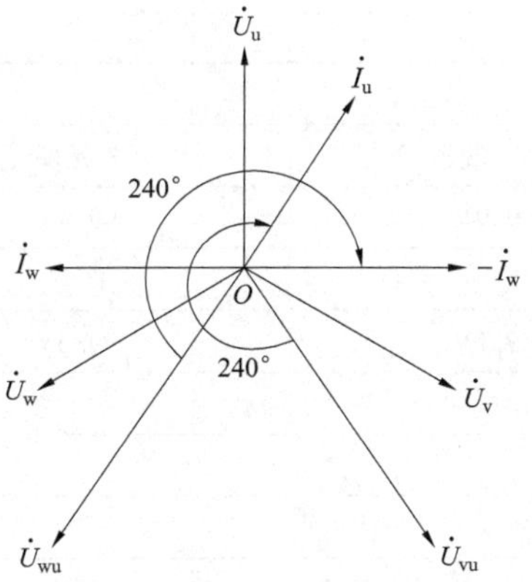

图 3－101

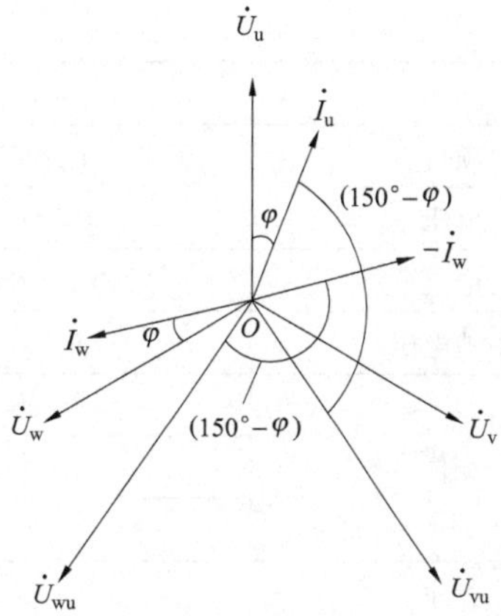

图 3－102

3. 写出错误接线时电能表测得的电能（以功率表示）

根据以上测量数据，以及在相量图上进行的分析判断，可以得出电能表错误接线时的电压相序、电流相序及极性，并可写出错误接线时的功率表达式。

因为电能表所计量的电能与所加电压和电流及相应相电流之间的夹角余弦乘积成正比，根据图 3－102 画出的错误接线相量图，对两个元件所计量的电能分别进行分析（以功率表示），并设 P'_1 为第一元件错误计量的功率，P'_2 为第二元件错误计量的功率。

第一元件测量的功率为

$$P'_1=U_{vu}I_u\cos(150°-\varphi)$$

第二元件测量的功率为

$$P'_2=U_{wu}(-I_w)\cos(150°-\varphi)$$

在三相电路完全对称，两元件测量的总功率为

$$\begin{aligned}P'&=P'_1+P'_2\\&=U_{vu}I_u\cos(150°-\varphi)+\\&\quad U_{wu}(-I_w)\cos(150°-\varphi)\end{aligned}$$

四、表尾电压相序 VUW，电流相序 I_uI_w，U、W 相 TA 二次侧极性反接

图 3－103 是三相三线有功电能表的错误接线。电压 U_{uv} 与 U_{wv} 分别接于第一元件和第二元件电压线圈上。由于电压互感器二次侧

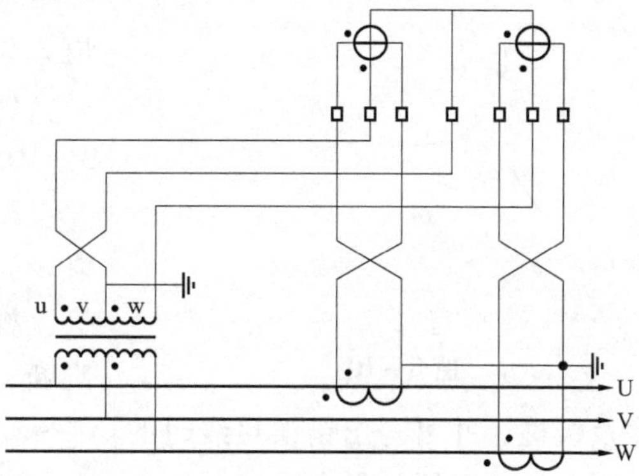

图 3－103

互为反极性，使得U相元件电压线圈两端实际承受的电压为 U_{vu}；W相元件电压线圈两端实际承受的电压则为 U_{wu}；电流因U、W相TA二次侧极性反接，造成第一元件电流线圈通入的电流为 $-I_u$，第二元件电流线圈通入的电流为 $-I_w$。

1. 测量数据（以T－230A现场校验仪为例）

按照第二章第三节现场校验仪测量方法的使用介绍，将校验仪与电能表接好。在选定的显示界面上将显示出分析所需的所有数据，显示屏数据如表3－35所示。

表3－35

测试数据			
项目	1元件	2－6端子	3元件
电压	100.0V	99.9V	99.9V
电流	1.5A	0.0A	1.5A
对地电压	0.3V	99.7V	99.6V
相位	$\varphi_{I_1I_3}=239.4°$		
	$\varphi_{U_{12}I_1}=60.3°$		
	$\varphi_{U_{32}I_3}=239.7°$　$P=-2.2$		
相序	电压相序逆　电流相序正		

2. 分析判断错误现象

（1）从表3－35“电压”、“电流”栏中的显示值可以看出电压、电流值均正常，无断相现象。再从“对地电压”值中可以看出等于零或接近零的那一相即可判定为V相，即 U_1 为V相；再根据电压相序的显示“逆”，最终判断出电压的相序为VUW。

（2）在相量图上，依据判断出的电压相序VUW，画出电能表所用的两个线电压。即用实际电压替换仪器上显示相位中的电压，即 U_{12} 替换成 U_{vu}、U_{32} 替换成 U_{wu}。

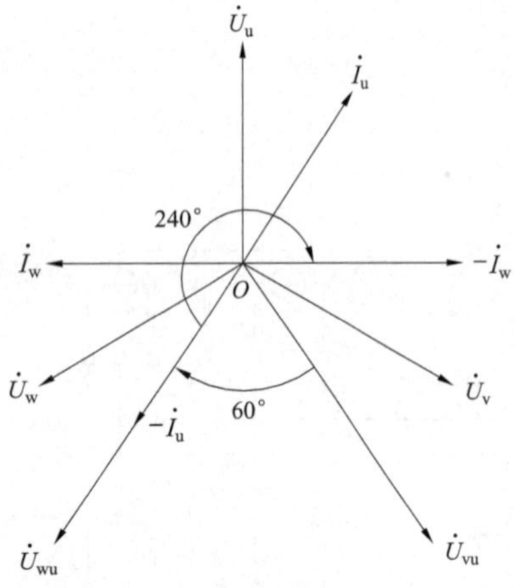

图3－104

（3）将所测数据中的相位值 $U_{12}I_1=60°$ 替换成 $U_{vu}I_1=60°$、$U_{32}I_3=240°$ 替换成 $U_{wu}I_3=240°$，可以在相量图中画出 I_u 和 I_w 两个电流的位置，如图3－104。所画电流的相序和仪器上显示的电流相序一致，并且两电流的夹角应等于仪器上显示的“$\varphi_{I_1I_3}$”的值240°。

（4）画出错误接线时的实测相量图，如图3－105所示。

3. 写出错误接线时电能表测得的电能（以功率表示）

根据以上测量数据，以及在相量图上进行的分析判断，可以得出电能表错误接线时的电压相序、电流相序及极性，并可写出错误接线时的功率表达式。

因为电能表所计量的电能与所加电压和电流及相应相电流之间的夹角余弦乘积成正比，根据图3－105画出的错误接线相量图，对两个元件所计量的电能分别进行分析（以功率表

示)，并设 P_1' 为第一元件错误计量的功率，P_2' 为第二元件错误计量的功率。

第一元件测量的功率为

$$P_1' = U_{vu}(-I_u)\cos(30° + \varphi)$$

第二元件测量的功率为

$$P_2' = U_{wu}(-I_w)\cos(150° - \varphi)$$

在三相电路完全对称，两元件测量的总功率为

$$\begin{aligned} P' &= P_1' + P_2' \\ &= U_{vu}(-I_u)\cos(30° + \varphi) + \\ &\quad U_{wu}(-I_w)\cos(150° - \varphi) \end{aligned}$$

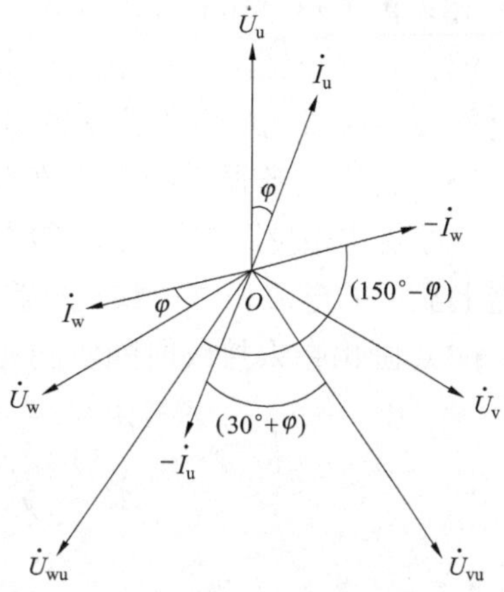

图 3 - 105

五、表尾电压相序 VUW，电流相序 I_wI_u

图 3 - 106 是三相三线有功电能表的错误接线。电压 U_{uv} 与 U_{wv} 分别接于第一元件和第二元件电压线圈上。由于电压互感器二次侧互为反极性，使得 U 相元件电压线圈两端实际承受的电压为 U_{vu}；W 相元件电压线圈两端实际承受的电压则为 U_{wu}；电流因 U、W 相表尾端钮接错，致使第一元件电流线圈通入的电流为 I_w，第二元件电流线圈通入的电流为 I_u。

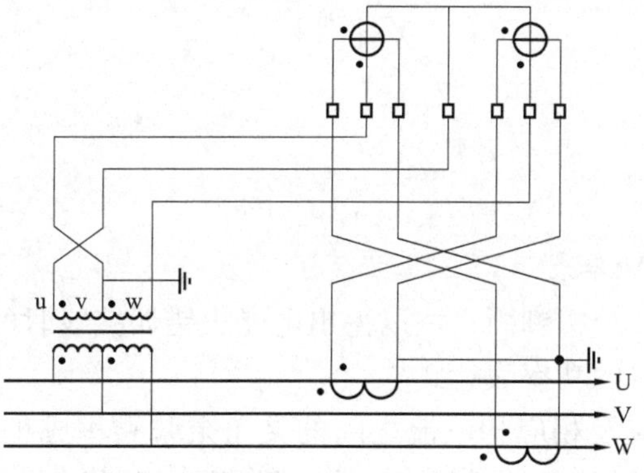

图 3 - 106

1. 测量数据（以 T－230A 现场校验仪为例）

按照第二章第三节现场校验仪测量方法的使用介绍，将校验仪与电能表接好。在选定的显示界面上将显示出分析所需的所有数据，显示屏数据如表 3 - 36 所示。

表 3 - 36

测 试 数 据			
项目	1 元件	2 - 6 端子	3 元件
电压	100.0V	99.9V	99.9V
电流	1.5A	0.0A	1.5A
对地电压	0.3V	99.7V	99.6V
相位	$\varphi_{I_1I_3} = 120.7°$		
	$\varphi_{U_{12}I_1} = 119.7°$		
	$\varphi_{U_{32}I_3} = 180.3°$　$P = -222.8$		
相序	电压相序逆　电流相序逆		

2. 分析判断错误现象

(1) 从表 3 - 36 “电压”、“电流” 栏中的显示值可以看出电压、电流值均正常，无断相现象。再从 “对地电压” 值中可以看出等于零或接近零的那一相即可判定为 V 相，即 U_1

为 V 相；再根据电压相序的显示“逆”，最终判断出电压的相序为 VUW。

（2）在相量图上，依据判断出的电压相序 VUW，画出电能表所用的两个线电压。用实际电压替换仪器上显示相位中的电压，即 U_{12} 替换成 U_{vu}、U_{32} 替换成 U_{wu}。

（3）将所测数据中的相位值 $U_{12}I_1=120°$ 替换成 $U_{vu}I_1=120°$、$U_{32}I_3=180°$ 替换成 $U_{wu}I_3=180°$，可以在相量图中画出 I_u 和 I_w 两个电流的位置，如图 3－107 所示。所画电流的相序和仪器上显示的电流相序一致，并且两电流的夹角应等于仪器上显示的“$\varphi_{I_1I_3}$”的值 120°。

（4）画出错误接线时的实测相量图，如图 3－108 所示。

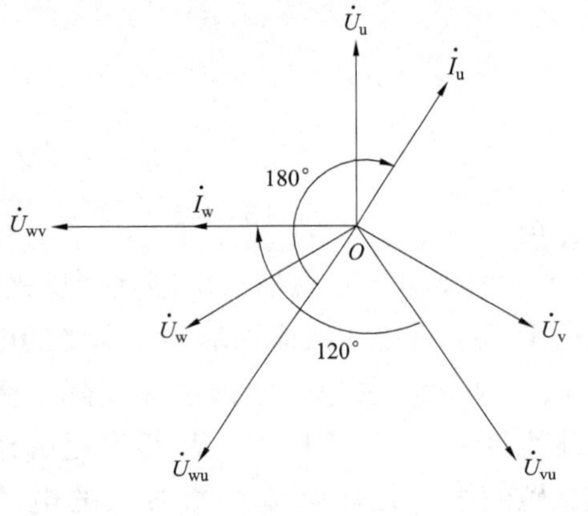

图 3－107

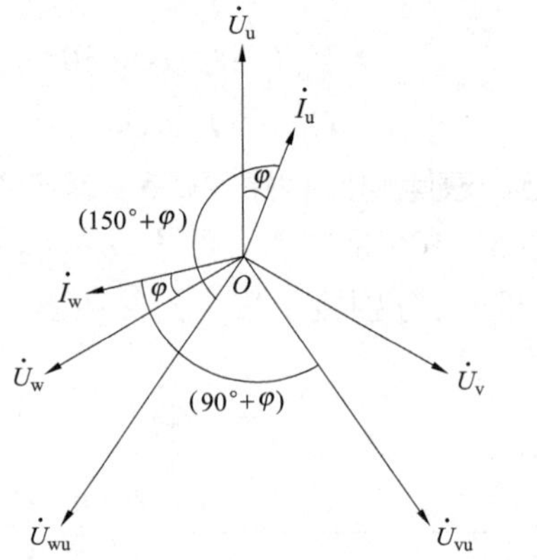

图 3－108

3. 写出错误接线时电能表测得的电能（以功率表示）

根据以上测量数据，以及在相量图上进行的分析判断，可以得出电能表错误接线时的电压相序、电流相序及极性，并可写出错误接线时的功率表达式。

因为电能表所计量的电能与所加电压和电流及相应相电流之间的夹角余弦乘积成正比，根据图 3－108 画出的错误接线相量图，对两个元件所计量的电能分别进行分析（以功率表示），并设 P_1' 为第一元件错误计量的功率，P_2' 为第二元件错误计量的功率。

第一元件测量的功率为

$$P_1'=U_{vu}I_w\cos(90°+\varphi)$$

第二元件测量的功率为

$$P_2'=U_{wu}I_u\cos(150°+\varphi)$$

在三相电路完全对称，两元件测量的总功率为

$$P'=P_1'+P_2'=U_{vu}I_w\cos(90°+\varphi)+U_{wu}I_u\cos(150°+\varphi)$$

六、表尾电压相序 VUW，电流相序 I_wI_u，W 相 TA 二次侧极性反接

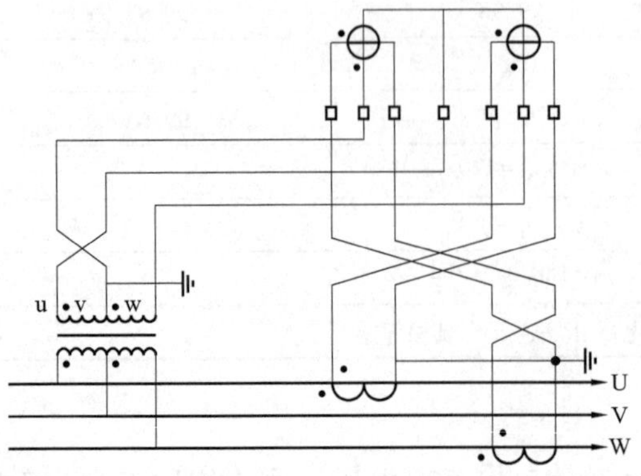

图 3－109

图 3－109 是三相三线有功电能表的错误接线。电压 U_{uv} 与 U_{wv} 分别接于第一元件和第二

元件电压线圈上。由于电压互感器二次侧互为反极性，使得 U 相元件电压线圈两端实际承受的电压为 U_{vu}；W 相元件电压线圈两端实际承受的电压则为 U_{wu}；电流因 U、W 相表尾端钮接错，并且 W 相 TA 二次侧极性反接，造成第一元件电流线圈通入的电流为 $-I_w$，第二元件电流线圈通入的电流为 I_u。

1. 测量数据（以 T－230A 现场校验仪为例）

按照第二章第三节现场校验仪测量方法的使用介绍，将校验仪与电能表接好。在选定的显示界面上将显示出分析所需的所有数据，显示屏数据如表 3－37 所示。

表 3－37

测试数据			
项目	1 元件	2－6 端子	3 元件
电压	100.0V	99.9V	99.9V
电流	1.5A	0.0A	1.5A
对地电压	0.4V	99.7V	99.6V
相位	$\varphi_{I_1I_3}=300.3°$		
	$\varphi_{U_{12}I_1}=299.8°$		
	$\varphi_{U_{32}I_3}=180.1°$　$P=-74.5$		
相序	电压相序逆　电流相序逆		

2. 分析判断错误现象

（1）从表 3－37“电压”、“电流”栏中的显示值可以看出电压、电流值均正常，无断相现象。再从“对地电压”值中可以看出等于零或接近零的那一相即可判定为 V 相，即 U_1 为 V 相；再根据电压相序的显示“逆”，最终判断出电压的相序为 VUW。

（2）在相量图上，依据判断出的电压相序 VUW，画出电能表所用的两个线电压。用实际电压替换仪器上显示相位中的电压，即 U_{12} 替换成 U_{vu}、U_{32} 替换成 U_{wu}。

（3）将所测数据中的相位值 $U_{12}I_1=300°$ 替换成 $U_{vu}I_1=300°$、$U_{32}I_3=180°$ 替换成 $U_{wu}I_3=180°$，可以在相量图中画出 I_u 和 I_w 两个电流的位置，如图 3－110 所示。所画电流的相序和仪器上显示的电流相序一致，并且两电流的夹角应等于仪器上显示的“$\varphi_{I_1I_3}$”的值 300°。

（4）画出错误接线时的实测相量图，如图 3－111 所示。

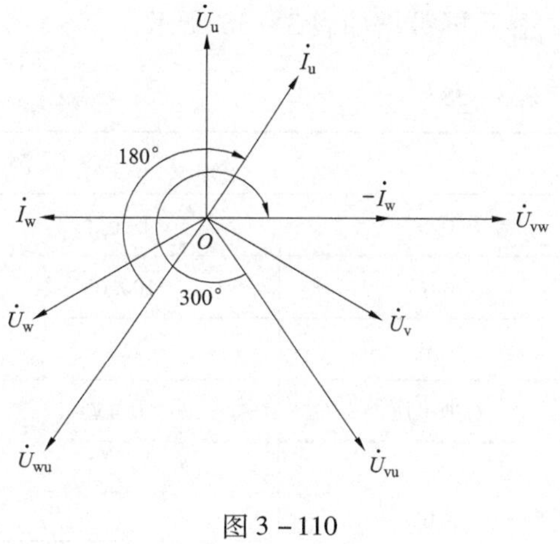

图 3－110

3. 写出错误接线时电能表测得的电能（以功率表示）

根据以上测量数据，以及在相量图上进行的分析判断，可以得出电能表错误接线时的电压相序、电流相序及极性，并可写出错误接线时的功率表达式。

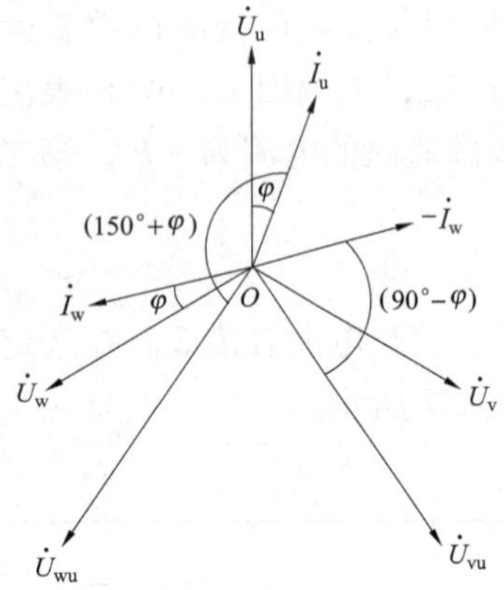

图 3－111

因为电能表所计量的电能与所加电压和电流及相应相电流之间的夹角余弦乘积成正比，根据图 3－111 画出的错误接线相量图，对两个元件所计量的电能分别进行分析（以功率表示），并设 P'_1 为第一元件错误计量的功率，P'_2 为第二元件错误计量的功率。

第一元件测量的功率为

$$P'_1 = U_{vu}(-I_w)\cos(90° - \varphi)$$

第二元件测量的功率为

$$P'_2 = U_{wu}I_u\cos(150° + \varphi)$$

在三相电路完全对称，两元件测量的总功率为

$$P' = P'_1 + P'_2$$

$$= U_{vu}(-I_w)\cos(90° - \varphi) + U_{wu}I_u\cos(150° + \varphi)$$

七、表尾电压相序 VUW，电流相序 I_wI_u，U 相 TA 二次侧极性反接

图 3－112 是三相三线有功电能表的错误接线。电压 U_{uv} 与 U_{wv} 分别接于第一元件和第二元件电压线圈上。由于电压互感器二次侧互为反极性，使得 U 相元件电压线圈两端实际承受的电压为 U_{vu}；W 相元件电压线圈两端实际承受的电压则为 U_{wu}；电流因 U、W 相表尾端钮接错，并且 U 相 TA 二次侧极性反接，造成第一元件电流线圈通入的电流为 I_w，第二元件电流线圈通入的电流为 $-I_u$。

1. *测量数据（以 T－230A 现场校验仪为例）*

按照第二章第三节现场校验仪测量方法的使用介绍，将校验仪与电能表接好。在选定的显示界面上将显示出分析所需的所有数据，显示屏数据如表 3－38 所示。

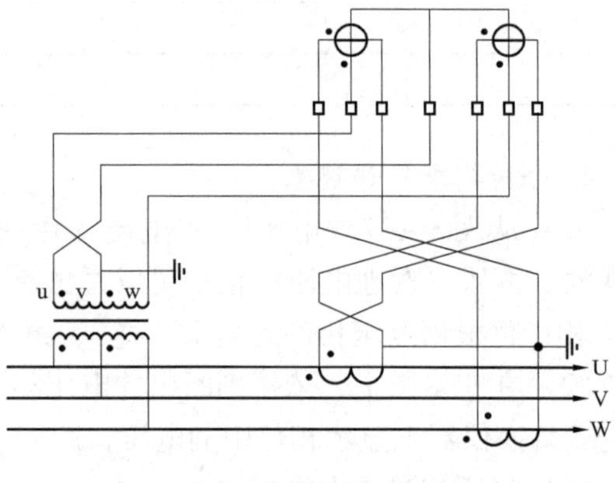

图 3－112

表 3－38

测 试 数 据			
项目	1 元件	2－6 端子	3 元件
电压	100.0V	99.9V	99.9V
电流	1.5A	0.0A	1.5A
对地电压	0.4V	99.7V	99.6V
相位	$\varphi_{I_1I_3}=300.3°$		
	$\varphi_{U_{12}I_1}=119.8°$		
	$\varphi_{U_{32}I_3}=0.1°$　$P=74.5$		
相序	电压相序逆　电流相序逆		

2. 分析判断错误现象

（1）从表3－38“电压”、“电流”栏中的显示值可以看出电压、电流值均正常，无断相现象。再从“对地电压”值中可以看出等于零或接近零的那一相即可判定为V相，即U_1为V相；再根据电压相序的显示“逆”，最终判断出电压的相序为VUW。

（2）在相量图上，依据判断出的电压相序VUW，画出电能表所用的两个线电压。用实际电压替换仪器上显示相位中的电压，即U_{12}替换成U_{vu}、U_{32}替换成U_{wu}。

（3）将所测数据中的相位值$U_{12}I_1=120°$替换成$U_{vu}I_1=120°$、$U_{32}I_3=0°$替换成$U_{wu}I_3=0°$，可以在相量图中画出I_u和I_w两个电流的位置，如图3－113所示。所画电流的相序和仪器上显示的电流相序一致，并且两电流的夹角应等于仪器上显示的“$\varphi_{I_1I_3}$”的值300°。

（4）画出错误接线时的实测相量图，如图3－114所示。

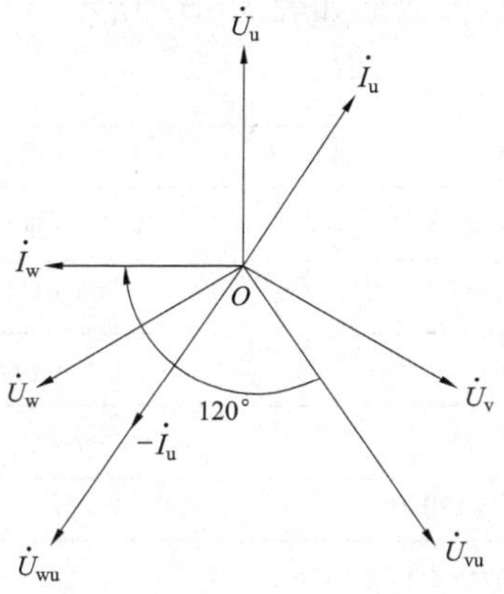

图3－113

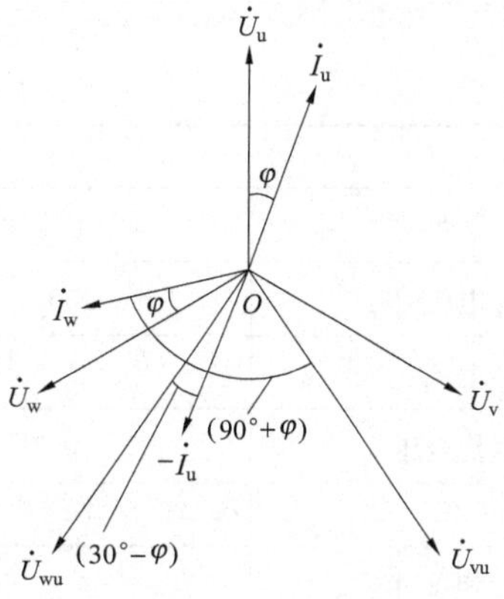

图3－114

3. 写出错误接线时电能表测得的电能（以功率表示）

根据以上测量数据，以及在相量图上进行的分析判断，可以得出电能表错误接线时的电压相序、电流相序及极性，并可写出错误接线时的功率表达式。

因为电能表所计量的电能与所加电压和电流及相应相电流之间的夹角余弦乘积成正比，根据图3－114画出的错误接线相量图，对两个元件所计量的电能分别进行分析（以功率表示），并设P'_1为第一元件错误计量的功率，P'_2为第二元件错误计量的功率。

第一元件测量的功率为

$$P'_1=U_{vu}I_w\cos(90°+\varphi)$$

第二元件测量的功率为

$$P'_2=U_{wu}(-I_u)\cos(30°-\varphi)$$

在三相电路完全对称，两元件测量的总功率为

$$\begin{aligned}P'&=P'_1+P'_2\\&=U_{vu}I_w\cos(90°+\varphi)+U_{wu}(-I_u)\cos(30°-\varphi)\end{aligned}$$

八、表尾电压相序VUW，电流相序I_wI_u，U、W相TA二次侧极性反接

图3－115是三相三线有功电能表的错误接线。电压U_{uv}与U_{wv}分别接于第一元件和第二元件电压线圈上。由于电压互感器二次侧互为反极性，使得U相元件电压线圈两端实际承

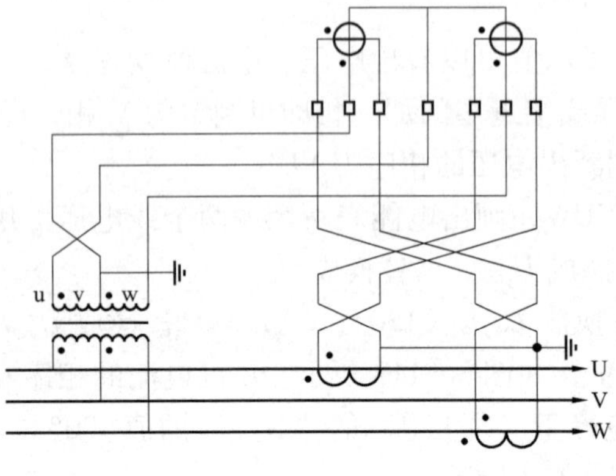

图 3－115

受的电压为 U_{vu}；W 相元件电压线圈两端实际承受的电压则为 U_{wu}；电流因 U、W 相表尾端钮接错，并且 U、W 相 TA 二次侧极性反接，造成第一元件电流线圈通入的电流为 $-I_w$，第二元件电流线圈通入的电流为 $-I_u$。

1. 测量数据（以 T－230A 现场校验仪为例）

按照第二章第三节现场校验仪测量方法的使用介绍，将校验仪与电能表接好。在选定的显示界面上将显示出分析所需的所有数据，显示屏数据如表 3－39 所示。

表 3－39

测试数据			
项目	1 元件	2－6 端子	3 元件
电压	100.0V	99.9V	99.9V
电流	1.5A	0.0A	1.5A
对地电压	0.3V	99.7V	99.6V
相位	$\varphi_{I_1I_3}=120.6°$		
	$\varphi_{U_{12}I_1}=299.7°$		
	$\varphi_{U_{32}I_3}=0.4°$　$P=222.9$		
相序	电压相序逆　电流相序逆		

2. 分析判断错误现象

（1）从表 3－39“电压”、“电流”栏中的显示值可以看出电压、电流值均正常，无断相现象。再从“对地电压”值中可以看出等于零或接近零的那一相即可判定为 V 相，即 U_1 为 V 相；再根据电压相序的显示“逆”，最终判断出电压的相序为 VUW。

（2）在相量图上，依据判断出的电压相序 VUW，画出电能表所用的两个线电压。用实际电压替换仪器上显示相位中的电压，即 U_{12} 替换成 U_{vu}、U_{32} 替换成 U_{wu}。

（3）将所测数据中的相位值 $U_{12}I_1=300°$ 替换成 $U_{vu}I_1=300°$、$U_{32}I_3=0°$ 替换成 $U_{wu}I_3=0°$，可以在相量图中画出 I_u 和 I_w 两个电流的位置，如图 3－116 所示。所画电流的相序和仪器上显示的电流相序一致，并且两电流的夹角应等于仪器上显示的“$\varphi_{I_1I_3}$”的值 120°。

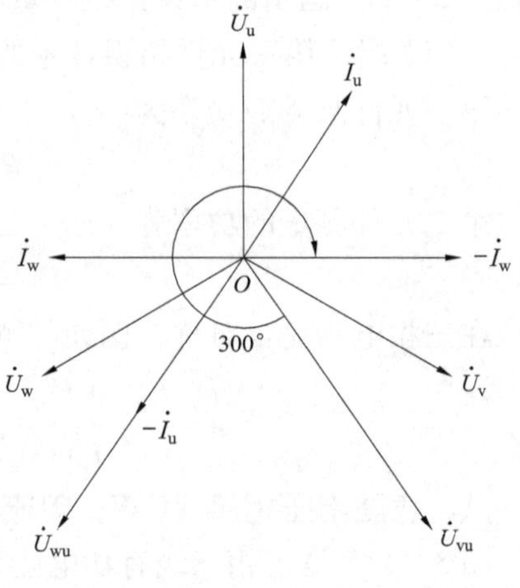

图 3－116

（4）画出错误接线时的实测相量图，如图 3－117 所示。

3. 写出错误接线时电能表测得的电能（以功率表示）

根据以上测量数据，以及在相量图上进行的分析判断，可以得出电能表错误接线时的电压相序、电流相序及极性，并可写出错误接线时的功率表达式。

因为电能表所计量的电能与所加电压和电流及相应相电流之间的夹角余弦乘积成正比，根据图 3－117 画出的错误接线相量图，对两个元件所计量的电能分别进行分析（以功率表示），并设 P_1' 为第一元件错误计量的功率，P_2' 为第二元件错误计量的功率。

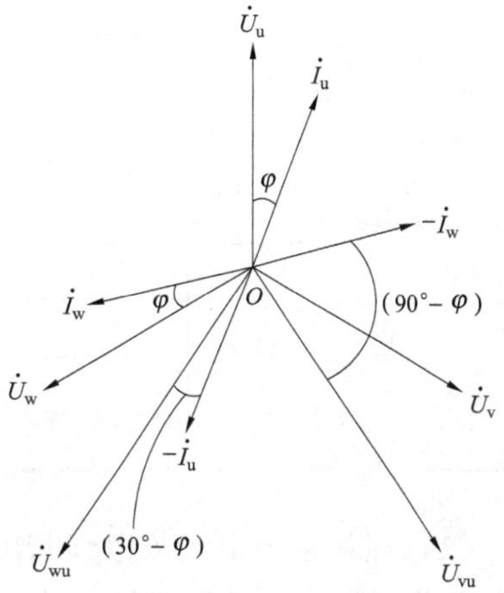

图 3－117

第一元件测量的功率为

$$P_1' = U_{vu}(-I_w)\cos(90° - \varphi)$$

第二元件测量的功率为

$$P_2' = U_{wu}(-I_u)\cos(30° - \varphi)$$

在三相电路完全对称，两元件测量的总功率为

$$\begin{aligned} P' &= P_1' + P_2' \\ &= U_{vu}(-I_w)\cos(90° - \varphi) + U_{wu}(-I_u)\cos(30° - \varphi) \end{aligned}$$

第六节　电压相序为 UWV 时的错误接线实例分析

一、表尾电压相序 UWV，电流相序 I_uI_w

图 3－118 是三相三线有功电能表的错误接线。电压 U_{uv} 与 U_{wv} 分别接于第一元件和第二元件电压线圈上。由于电压互感器二次侧互为反极性，使得 U 相元件电压线圈两端实际承受的电压为 U_{uw}；W 相元件电压线圈两端实际承受的电压则为 U_{vw}；第一元件电流线圈通入的电流为 I_u，第二元件电流线圈通入的电流为 I_w。

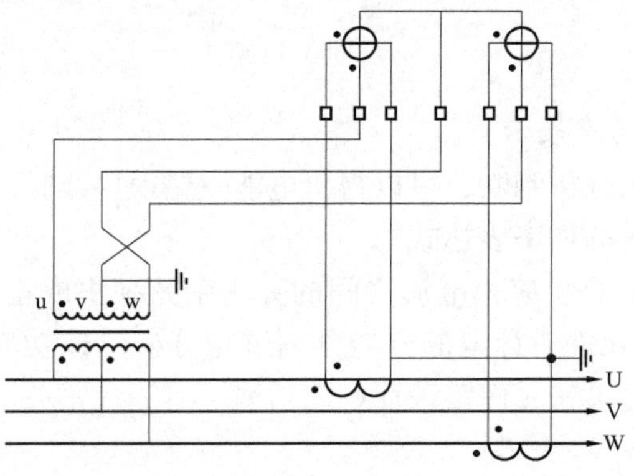

图 3－118

1. 测量数据（以 T－230A 现场校验仪为例）

按照第二章第三节现场校验仪测量方法的使用介绍，将校验仪与电能表接好。在选定的显示界面上将显示出分析所需的所有数据，显示屏数据如表 3－40 所示。

2. 分析判断错误现象

（1）从表 3－40“电压”、“电流”栏中的显示值可以看出电压、电流值均正常，无断相现象。再从“对地电压”值中可以看出等于零或接近零的那一相即可判定为 V 相，即 U_3 为 V 相；再根据电压相序的显示“逆”，最终判断出电压的相序为 UWV。

表 3-40

测试数据			
项目	1 元件	2-6 端子	3 元件
电压	100.0V	100.0V	99.8V
电流	1.5A	0.0A	1.5A
对地电压	99.7V	99.5V	0.3V
相位	$\varphi_{I_1I_3}=239.4°$		
	$\varphi_{U_{12}I_1}=0.4°$		
	$\varphi_{U_{32}I_3}=179.7°$　$P=-1.8$		
相序	电压相序逆　电流相序正		

（2）在相量图上，依据判断出的电压相序 UWV，画出电能表所用的两个线电压。用实际电压替换仪器上显示相位中的电压，即 U_{12} 替换成 U_{uw}、U_{32} 替换成 U_{vw}。

（3）将所测数据中的相位值 $U_{12}I_1=0°$ 替换成 $U_{uw}I_1=0°$、$U_{32}I_3=180°$ 替换成 $U_{vw}I_3=180°$，可以在相量图中画出 I_u 和 I_w 两个电流的位置，如图 3-119 所示。所画电流的相序和仪器上显示的电流相序一致，并且两电流的夹角应等于仪器上显示的“$\varphi_{I_1I_3}$”的值 240°。

（4）画出错误接线时的实测相量图，如图 3-120 所示。

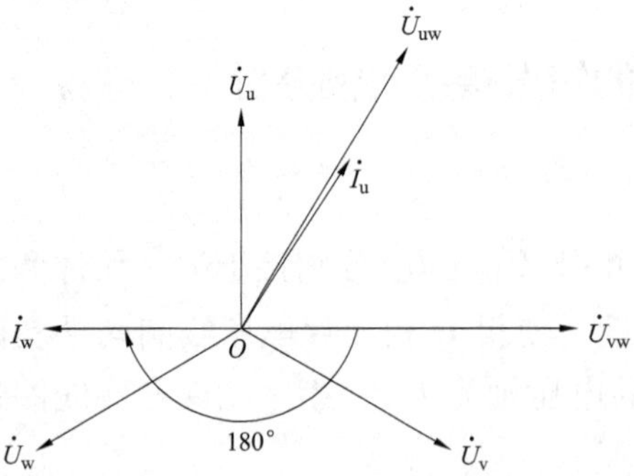

图 3-119

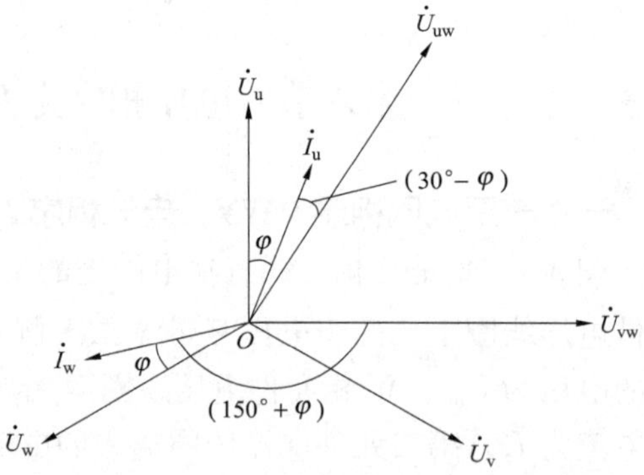

图 3-120

3. 写出错误接线时电能表测得的电能（以功率表示）

根据以上测量数据，以及在相量图上进行的分析判断，可以得出电能表错误接线时的电压相序、电流相序及极性，并可写出错误接线时的功率表达式。

因为电能表所计量的电能与所加电压和电流及相应相电流之间的夹角余弦乘积成正比，根据图 3-120 画出的错误接线相量图，对两个元件所计量的电能分别进行分析（以功率表示），并设 P_1' 为第一元件错误计量的功率，P_2' 为第二元件错误计量的功率。

第一元件测量的功率为

$$P_1'=U_{uw}I_u\cos(30°-\varphi)$$

第二元件测量的功率为

$$P_2'=U_{vw}I_w\cos(150°+\varphi)$$

在三相电路完全对称，两元件测量的总功率为

$$P' = P'_1 + P'_2$$
$$= U_{uw} I_u \cos(30° - \varphi) + U_{vw} I_w \cos(150° + \varphi)$$

二、表尾电压相序 UWV，电流相序 $I_u I_w$，U 相 TA 二次侧极性反接

图 3－121 是三相三线有功电能表的错误接线。电压 U_{uv} 与 U_{wv} 分别接于第一元件和第二元件电压线圈上。由于电压互感器二次侧互为反极性，使得 U 相元件电压线圈两端实际承受的电压为 U_{uw}；W 相元件电压线圈两端实际承受的电压则为 U_{vw}；电流因 U 相 TA 二次侧极性反接，造成第一元件电流线圈通入的电流为 $-I_u$，第二元件电流线圈通入的电流为 I_w。

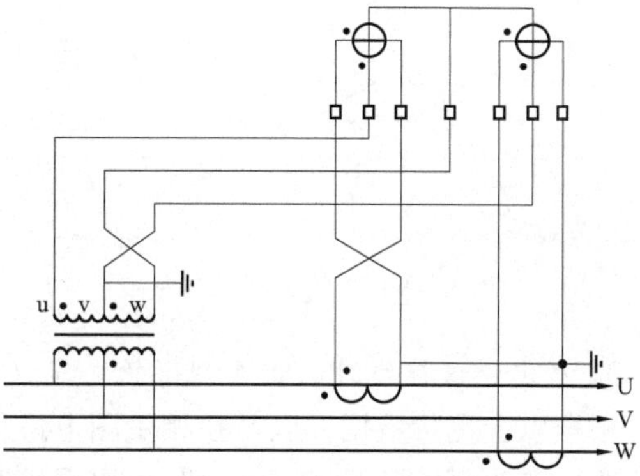

图 3－121

1. 测量数据（以 T－230A 现场校验仪为例）

按照第二章第三节现场校验仪测量方法的使用介绍，将校验仪与电能表接好。在选定的显示界面上将显示出分析所需的所有数据，显示屏数据如表 3－41 所示。

表 3－41

测 试 数 据			
项目	1 元件	2－6 端子	3 元件
电压	100.0V	100.0V	99.8V
电流	1.5A	0.0A	1.5A
对地电压	99.7V	99.5V	0.3V
相位	$\varphi_{I_1I_3}=59.8°$		
	$\varphi_{U_{12}I_1}=180.2°$		
	$\varphi_{U_{32}I_3}=179.9°$　$P=-298.3$		
相序	电压相序逆　电流相序正		

2. 分析判断错误现象

（1）从表 3－41“电压”、“电流”栏中的显示值可以看出电压、电流值均正常，无断相现象。再从“对地电压”值中可以看出等于零或接近零的那一相即可判定为 V 相，即 U_3 为 V 相；再根据电压相序的显示“逆”，最终判断出电压的相序为 UWV。

（2）在相量图上，依据判断出的电压相序 UWV，画出电能表所用的两个线电压。用实际电压替换仪器上显示相位中的电压，即 U_{12} 替换成 U_{uw}、U_{32} 替换成 U_{vw}。

（3）将所测数据中的相位值 $U_{12}I_1=180°$ 替换成 $U_{uw}I_1=180°$、$U_{32}I_3=180°$ 替换成 $U_{vw}I_3=180°$，可以在相量图中画出 I_u 和 I_w 两个电流的位置，如图 3－122 所示。所画电流的相序和仪器上显示的电流相序一致，并且两电流的夹角应等于仪器上显示的“$\varphi_{I_1I_3}$”的值 60°。

（4）画出错误接线时的实测相量图，如图 3－123 所示。

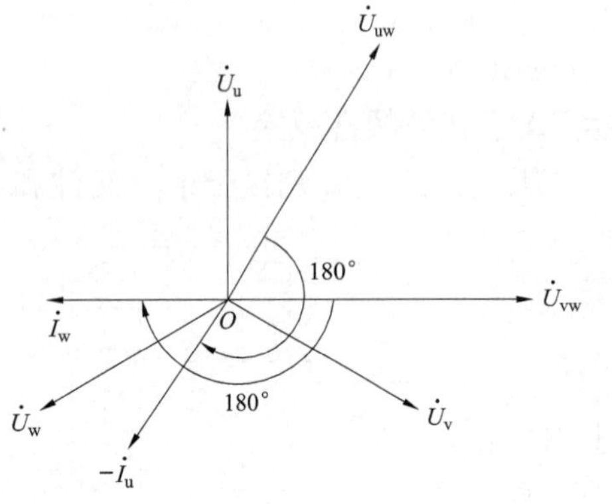

图 3－122

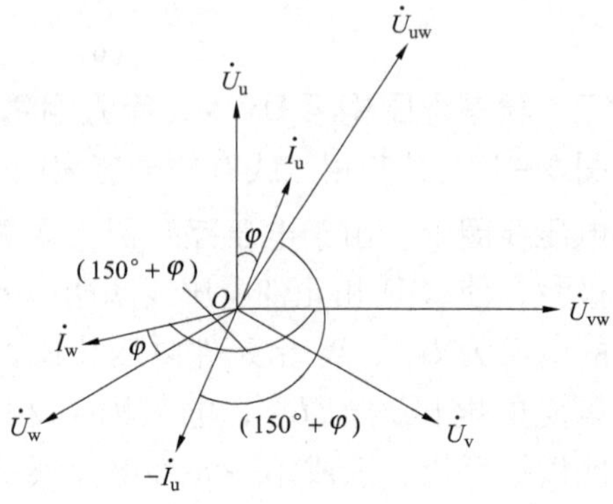

图 3－123

3. 写出错误接线时电能表测得的电能（以功率表示）

根据以上测量数据，以及在相量图上进行的分析判断，可以得出电能表错误接线时的电压相序、电流相序及极性，并可写出错误接线时的功率表达式。

因为电能表所计量的电能与所加电压和电流及相应相电流之间的夹角余弦乘积成正比，根据图 3－123 画出的错误接线相量图，对两个元件所计量的电能分别进行分析（以功率表示），并设 P_1'为第一元件错误计量的功率，P_2'为第二元件错误计量的功率。

第一元件测量的功率为

$$P_1' = U_{uw}(-I_u)\cos(150° + \varphi)$$

第二元件测量的功率为

$$P_2' = U_{vw}I_w\cos(150° + \varphi)$$

在三相电路完全对称，两元件测量的总功率为

$$\begin{aligned}P' &= P_1' + P_2' \\ &= U_{uw}(-I_u)\cos(150° + \varphi) + U_{vw}I_w\cos(150° + \varphi)\end{aligned}$$

三、表尾电压相序 UWV，电流相序 $\boldsymbol{I_u I_w}$，W 相 TA 二次侧极性反接

图 3－124 是三相三线有功电能表的错误接线。电压 U_{uv}与 U_{wv}分别接于第一元件和第二元件电压线圈上。由于电压互感器二次侧互为反极性，使得 U 相元件电压线圈两端实际承受的电压为 U_{uw}；W 相元件电压线圈两端实际承受的电压则为 U_{vw}；电流因 W 相 TA 二次侧极性反接，造成第二元件电流线圈通入的电流为 $-I_w$，第一元件电流线圈通入的电流为 I_u。

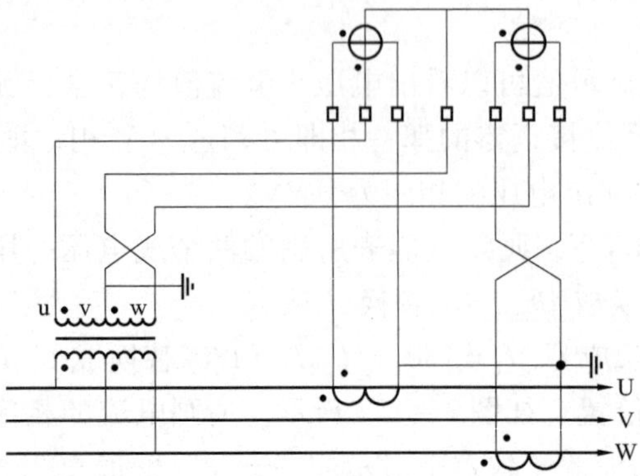

图 3－124

1. 测量数据（以 T－230A 现场校验仪为例）

按照第二章第三节现场校验仪测量方法的使用介绍，将校验仪与电能表接好。在选定的显示界面上将显示出分析所需的所有数据，显示屏数据如表 3－42 所示。

表 3-42

测 试 数 据			
项目	1 元件	2-6 端子	3 元件
电压	100.0V	100.0V	99.8V
电流	1.5A	0.0A	1.5A
对地电压	99.7V	99.5V	0.3V
相位	$\varphi_{I_1I_3}=59.8°$		
	$\varphi_{U_{12}I_1}=0.2°$		
	$\varphi_{U_{32}I_3}=359.9°$　$P=298.3$		
相序	电压相序逆　电流相序正		

2. 分析判断错误现象

（1）从表 3-42“电压”、“电流”栏中的显示值可以看出电压、电流值均正常，无断相现象。再从“对地电压”值中可以看出等于零或接近零的那一相即可判定为 V 相，即 U_3 为 V 相；再根据电压相序的显示“逆”，最终判断出电压的相序为 UWV。

（2）在相量图上，依据判断出的电压相序 UWV，画出电能表所用的两个线电压。用实际电压替换仪器上显示相位中的电压，即 U_{12} 替换成 U_{uw}、U_{32} 替换成 U_{vw}。

（3）将所测数据中的相位值 $U_{12}I_1=0°$ 替换成 $U_{uw}I_1=0°$、$U_{32}I_3=360°$ 替换成 $U_{vw}I_3=360°$，可以在相量图中画出 I_u 和 I_w 两个电流的位置，如图 3-125 所示。所画电流的相序和仪器上显示的电流相序一致，并且两电流的夹角应等于仪器上显示的“$\varphi_{I_1I_3}$”的值 60°。

（4）画出错误接线时的实测相量图，如图 3-126 所示。

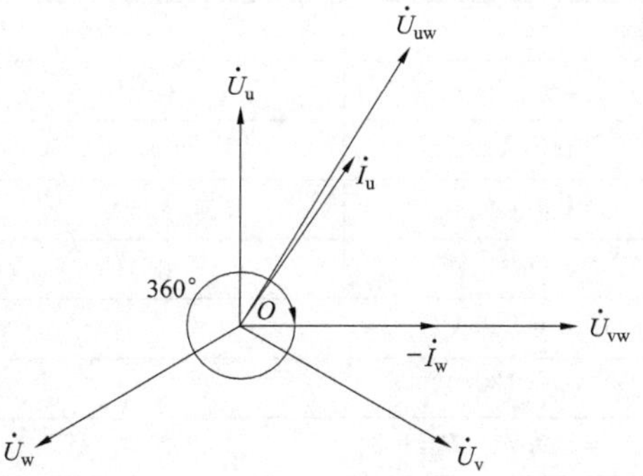

图 3-125

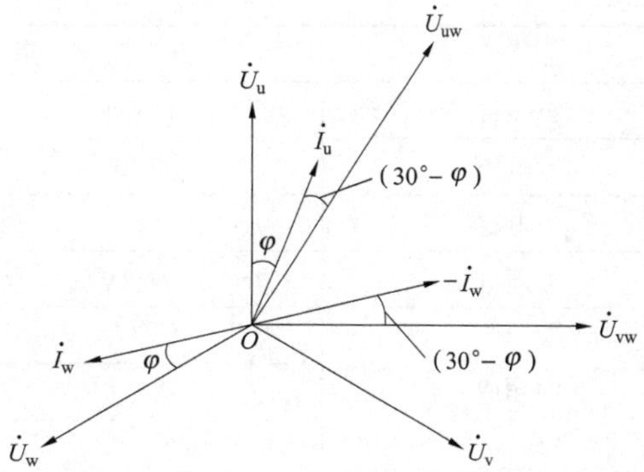

图 3-126

3. 写出错误接线时电能表测得的电能（以功率表示）

根据以上测量数据，以及在相量图上进行的分析判断，可以得出电能表错误接线时的电压相序、电流相序及极性，并可写出错误接线时的功率表达式。

因为电能表所计量的电能与所加电压和电流及相应相电流之间的夹角余弦乘积成正比，根据图 3-126 画出的错误接线相量图，对两个元件所计量的电能分别进行分析（以功率表示），并设 P_1' 为第一元件错误计量的功率，P_2' 为第二元件错误计量的功率。

第一元件测量的功率为

$$P_1' = U_{uw}I_u\cos(30° - \varphi)$$

第二元件测量的功率为

$$P_2' = U_{vw}(-I_w)\cos(30° - \varphi)$$

在三相电路完全对称，两元件测量的总功率为

$$P' = P_1' + P_2'$$
$$= U_{uw}I_u\cos(30° - \varphi) + U_{vw}(-I_w)\cos(30° - \varphi)$$

四、表尾电压相序 UWV，电流相序 I_uI_w，U、W 相 TA 二次侧极性反接

图 3－127 是三相三线有功电能表的错误接线。电压 U_{uv} 与 U_{wv} 分别接于第一元件和第二元件电压线圈上。由于电压互感器二次侧互为反极性，使得 U 相元件电压线圈两端实际承受的电压为 U_{uw}；W 相元件电压线圈两端实际承受的电压则为 U_{vw}；电流因 U、W 相 TA 二次侧极性反接，造成第一元件电流线圈通入的电流为 $-I_u$，第二元件电流线圈通入的电流为 $-I_w$。

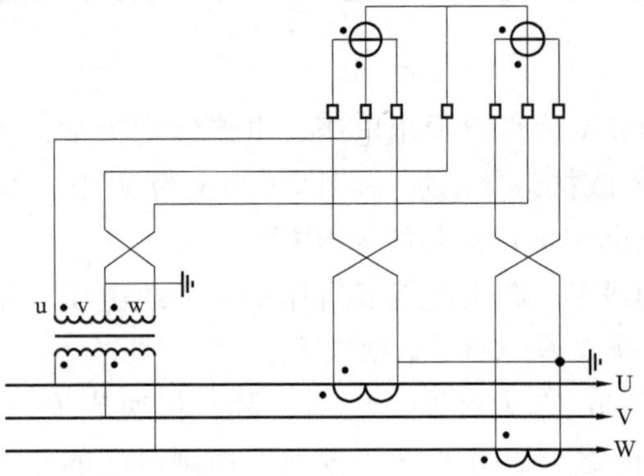

图 3－127

1. 测量数据（以 T－230A 现场校验仪为例）

按照第二章第三节现场校验仪测量方法的使用介绍，将校验仪与电能表接好。在选定的显示界面上将显示出分析所需的所有数据，显示屏数据如表 3－43 所示。

表 3－43

测 试 数 据			
项目	1 元件	2－6 端子	3 元件
电压	100.0V	100.0V	99.8V
电流	1.5A	0.0A	1.5A
对地电压	99.8V	99.5V	0.3V
相位	$\varphi_{I_1I_3}=239.4°$		
	$\varphi_{U_{12}I_1}=180.4°$		
	$\varphi_{U_{32}I_3}=359.7°$　$P=1.8$		
相序	电压相序逆　电流相序正		

2. 分析判断错误现象

（1）从表 3－43“电压”、“电流”栏中的显示值可以看出电压、电流值均正常，无断相现象。再从“对地电压”值中可以看出等于零或接近零的那一相即可判定为 V 相，即 U_3 为 V 相；再根据电压相序的显示“逆”，最终判断出电压的相序为 UWV。

（2）在相量图上，依据判断出的电压相序 UWV，画出电能表所用的两个线电压。用实际电压替换仪器上显示相位中的电压，即 U_{12} 替换成 U_{uw}、U_{32} 替换成 U_{vw}。

（3）将所测数据中的相位值 $U_{12}I_1=180°$ 替换成 $U_{uw}I_1=180°$、$U_{32}I_3=360°$ 替换成 $U_{vw}I_3=$

360°，可以在相量图中画出 I_u 和 I_w 两个电流的位置，如图 3－128 所示。所画电流的相序和仪器上显示的电流相序一致，并且两电流的夹角应等于仪器上显示的“$\varphi_{I_1I_3}$”的值 240°。

（4）画出错误接线时的实测相量图，如图 3－129 所示。

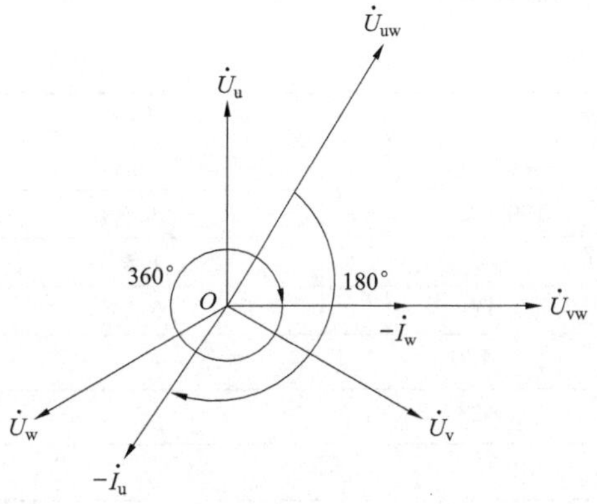

图 3－128

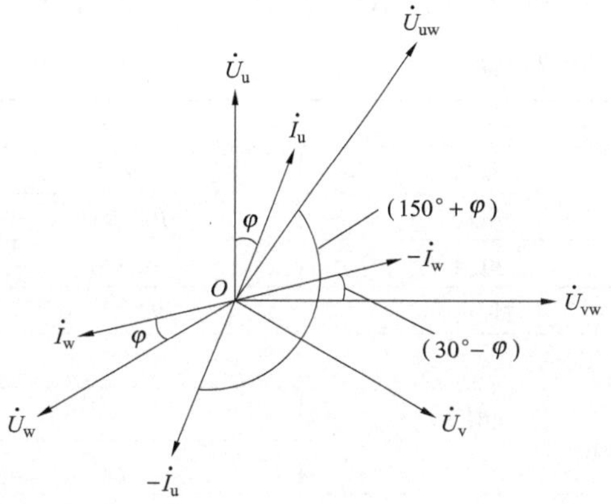

图 3－129

3. 写出错误接线时电能表测得的电能（以功率表示）

根据以上测量数据，以及在相量图上进行的分析判断，可以得出电能表错误接线时的电压相序、电流相序及极性，并可写出错误接线时的功率表达式。

因为电能表所计量的电能与所加电压和电流及相应相电流之间的夹角余弦乘积成正比，根据图 3－129 画出的错误接线相量图，对两个元件所计量的电能分别进行分析（以功率表示），并设 P'_1 为第一元件错误计量的功率，P'_2 为第二元件错误计量的功率。

第一元件测量的功率为

$$P'_1 = U_{uw}(-I_u)\cos(150° + \varphi)$$

第二元件测量的功率为

$$P'_2 = U_{vw}(-I_w)\cos(30° - \varphi)$$

在三相电路完全对称，两元件测量的总功率为

$$\begin{aligned} P' &= P'_1 + P'_2 \\ &= U_{uw}(-I_u)\cos(150° + \varphi) + \\ &\quad U_{vw}(-I_w)\cos(30° - \varphi) \end{aligned}$$

五、表尾电压相序 UWV，电流相序 I_wI_u

图 3－130 是三相三线有功电能表的错误接线。电压 U_{uv} 与 U_{wv} 分别接于第一元件和第二元件电压线圈上。由于电压互感器二次侧互为反极性，使得 U 相元件电压线圈两端实际承受的电压为 U_{uw}；W 相元件电压线圈两端实际承受的电压则为 U_{vw}；电流因表尾端钮接错，造成第一元件电流线圈通入的电

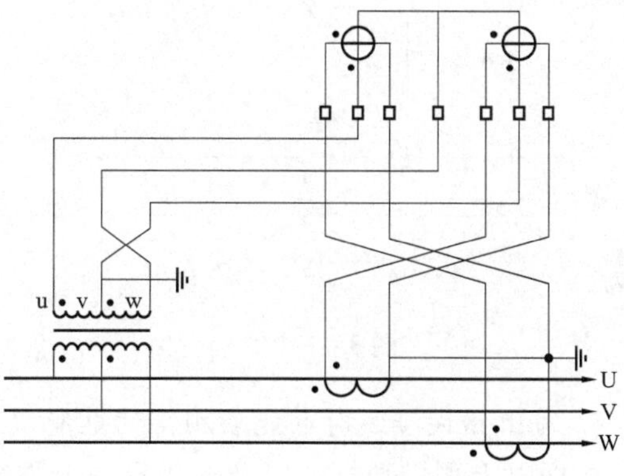

图 3－130

流为 I_w，第二元件电流线圈通入的电流为 I_u。

1. 测量数据（以 T－230A 现场校验仪为例）

按照第二章第三节现场校验仪测量方法的使用介绍，将校验仪与电能表接好。在选定的显示界面上将显示出分析所需的所有数据，显示屏数据如表 3－44 所示。

表 3－44

测　试　数　据			
项目	1 元件	2－6 端子	3 元件
电压	100.0V	100.0V	99.8V
电流	1.5A	0.0A	1.5A
对地电压	99.8V	99.5V	0.3V
相位	$\varphi_{I_1I_3}=120.6°$		
	$\varphi_{U_{12}I_1}=239.8°$		
	$\varphi_{U_{32}I_3}=300.3°$　$P=-0.6$		
相序	电压相序逆　电流相序逆		

2. 分析判断错误现象

（1）从表 3－44“电压”、“电流”栏中的显示值可以看出电压、电流值均正常，无断相现象。再从“对地电压”值中可以看出等于零或接近零的那一相即可判定为 V 相，即 U_3 为 V 相；再根据电压相序的显示“逆”，最终判断出电压的相序为 UWV。

（2）在相量图上，依据判断出的电压相序 UWV，画出电能表所用的两个线电压。用实际电压替换仪器上显示相位中的电压，即 U_{12} 替换成 U_{uw}、U_{32} 替换成 U_{vw}。

（3）将所测数据中的相位值 $U_{12}I_1=240°$ 替换成 $U_{uw}I_1=240°$、$U_{32}I_3=300°$ 替换成 $U_{vw}I_3=300°$，可以在相量图中画出 I_u 和 I_w 两个电流的位置，如图 3－131 所示。所画电流的相序和仪器上显示的电流相序一致，并且两电流的夹角应等于仪器上显示的“$\varphi_{I_1I_3}$”的值 120°。

（4）画出错误接线时的实测相量图，如图 3－132 所示。

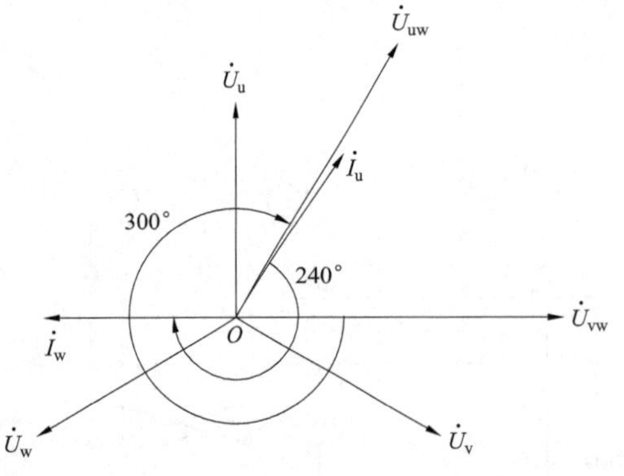

图 3－131

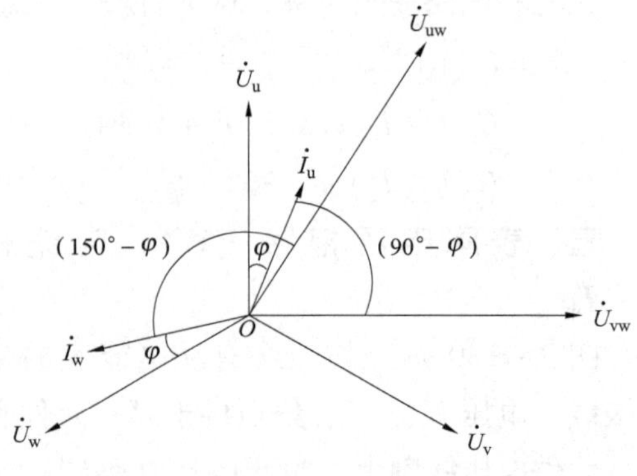

图 3－132

3. 写出错误接线时电能表测得的电能（以功率表示）

根据以上测量数据，以及在相量图上进行的分析判断，可以得出电能表错误接线时的电压相序、电流相序及极性，并可写出错误接线时的功率表达式。

因为电能表所计量的电能与所加电压和电流及相应相电流之间的夹角余弦乘积成正比，根据图 3－132 画出的错误接线相量图，对两个元件所计量的电能分别进行分析（以功率表示），并设 P_1'为第一元件错误计量的功率，P_2'为第二元件错误计量的功率。

第一元件测量的功率为

$$P_1' = U_{uw}I_w\cos(150° - \varphi)$$

第二元件测量的功率为

$$P_2' = U_{vw}I_u\cos(90° - \varphi)$$

在三相电路完全对称，两元件测量的总功率为

$$\begin{aligned} P' &= P_1' + P_2' \\ &= U_{uw}I_w\cos(150° - \varphi) + U_{vw}I_u\cos(90° - \varphi) \end{aligned}$$

六、表尾电压相序 UWV，电流相序 I_wI_u，W 相 TA 二次侧极性反接

图 3－133 是三相三线有功电能表的错误接线。电压 U_{uv}与 U_{wv}分别接于第一元件和第二元件电压线圈上。由于电压互感器二次侧互为反极性，使得 U 相元件电压线圈两端实际承受的电压为 U_{uw}；W 相元件电压线圈两端实际承受的电压则为 U_{vw}；电流因表尾端钮接错，并且 W 相 TA 二次侧极性反接，致使第一元件电流线圈通入的电流为 $-I_w$，第二元件电流线圈通入的电流为 I_u。

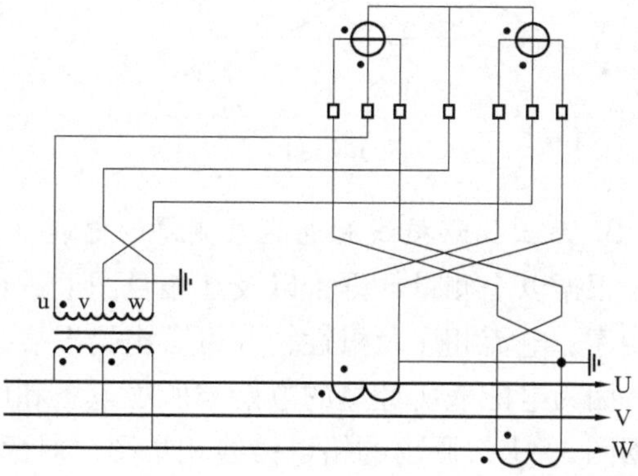

图 3－133

1. 测量数据（以 T－230A 现场校验仪为例）

按照第二章第三节现场校验仪测量方法的使用介绍，将校验仪与电能表接好。在选定的显示界面上将显示出分析所需的所有数据，显示屏数据如表 3－45 所示。

表 3－45

测 试 数 据			
项目	1 元件	2－6 端子	3 元件
电压	100.0V	100.0V	99.8V
电流	1.5A	0.0A	1.5A
对地电压	99.7V	99.5V	0.3V
相位	$\varphi_{I_1I_3}$ = 300.3°		
	$\varphi_{U_{12}I_1}$ = 59.9°		
	$\varphi_{U_{32}I_3}$ = 300.1°　P = 149.7		
相序	电压相序逆　电流相序逆		

2. 分析判断错误现象

（1）从表 3－45“电压”、“电流”栏中的显示值可以看出电压、电流值均正常，无断相现象。再从“对地电压”值中可以看出等于零或接近零的那一相即可判定为 V 相，即 U_3

为 V 相；再根据电压相序的显示“逆”，最终判断出电压的相序为 UWV。

（2）在相量图上，依据判断出的电压相序 UWV，画出电能表所用的两个线电压。用实际电压替换仪器上显示相位中的电压，即 U_{12} 替换成 U_{uw}、U_{32} 替换成 U_{vw}。

（3）将所测数据中的相位值 $U_{12}I_1=60°$ 替换成 $U_{uw}I_1=60°$、$U_{32}I_1=300°$ 替换成 $U_{vw}I_3=300°$，可以在相量图中画出 I_u 和 I_w 两个电流的位置，如图 3－134 所示。所画电流的相序和仪器上显示的电流相序一致，并且两电流的夹角应等于仪器上显示的“$\varphi_{I_1I_3}$”的值 300°。

（4）画出错误接线时的实测相量图，如图 3－135 所示。

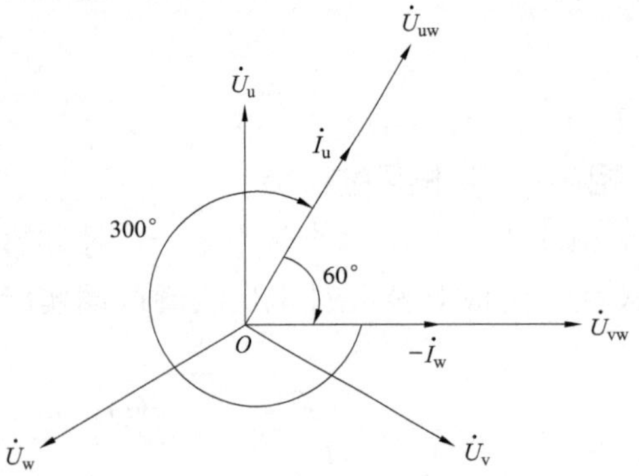

图 3－134

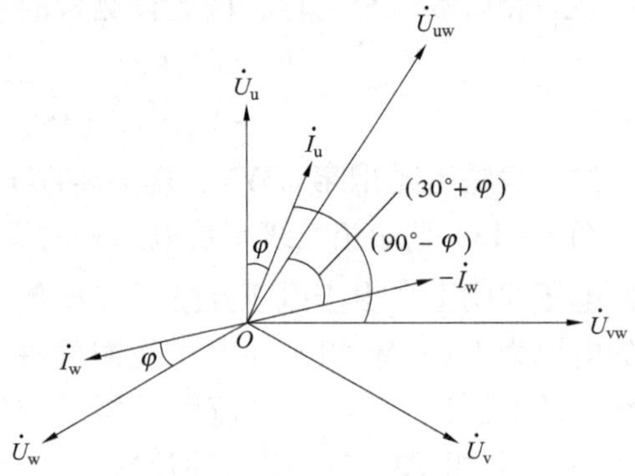

图 3－135

3. 写出错误接线时电能表测得的电能（以功率表示）

根据以上测量数据，以及在相量图上进行的分析判断，可以得出电能表错误接线时的电压相序、电流相序及极性，并可写出错误接线时的功率表达式。

因为电能表所计量的电能与所加电压和电流及相应相电流之间的夹角余弦乘积成正比，根据图 3－135 画出的错误接线相量图，对两个元件所计量的电能分别进行分析（以功率表示），并设 P_1' 为第一元件错误计量的功率，P_2' 为第二元件错误计量的功率。

第一元件测量的功率为

$$P_1'=U_{uw}(-I_w)\cos(30°+\varphi)$$

第二元件测量的功率为

$$P_2'=U_{vw}I_u\cos(90°-\varphi)$$

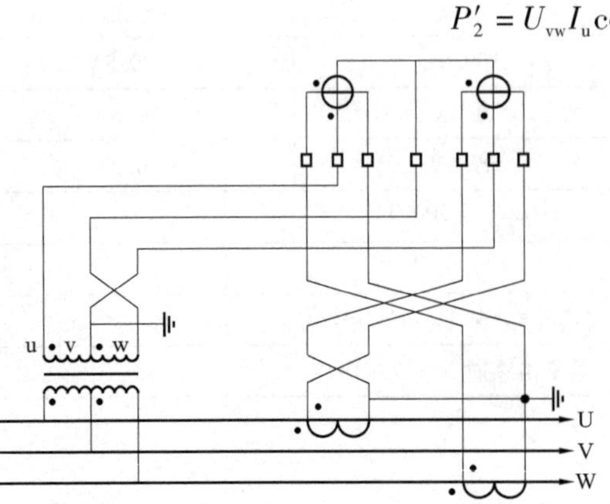

图 3－136

在三相电路完全对称，两元件测量的总功率为

$$\begin{aligned}P'&=P_1'+P_2'\\&=U_{uw}(-I_w)\cos(30°+\varphi)+\\&\quad U_{vw}I_u\cos(90°-\varphi)\end{aligned}$$

七、表尾电压相序 UWV，电流相序 I_wI_u，U 相 TA 二次侧极性反接

图 3－136 是三相三线有功电能表的错误接线。电压 U_{uv} 与 U_{wv} 分别接于第一元件和第二元件电压线圈上。由于电压互感器二次

侧互为反极性，使得 U 相元件电压线圈两端实际承受的电压为 U_{uw}；W 相元件电压线圈两端实际承受的电压则为 U_{vw}；电流因表尾端钮接错，并且 U 相 TA 二次侧极性反接，致使第一元件电流线圈通入的电流为 I_w，第二元件电流线圈通入的电流为 $-I_u$。

1. 测量数据（以 T－230A 现场校验仪为例）

按照第二章第三节现场校验仪测量方法的使用介绍，将校验仪与电能表接好。在选定的显示界面上将显示出分析所需的所有数据，显示屏数据如表 3－46 所示。

表 3－46

测 试 数 据			
项目	1 元件	2－6 端子	3 元件
电压	100.0V	100.0V	99.8V
电流	1.5A	0.0A	1.5A
对地电压	99.7V	99.5V	0.3V
相位	$\varphi_{I_1I_3}=300.3°$		
	$\varphi_{U_{12}I_1}=239.9°$		
	$\varphi_{U_{32}I_3}=120.1°$　$P=-149.7$		
相序	电压相序逆　电流相序逆		

2. 分析判断错误现象

（1）从表 3－46“电压”、“电流”栏中的显示值可以看出电压、电流值均正常，无断相现象。再从“对地电压”值中可以看出等于零或接近零的那一相即可判定为 V 相，即 U_3 为 V 相；再根据电压相序的显示“逆”，最终判断出电压的相序为 UWV。

（2）在相量图上，依据判断出的电压相序 UWV，画出电能表所用的两个线电压。即用实际电压替换仪器上显示相位中的电压，即 U_{12} 替换成 U_{uw}、U_{32} 替换成 U_{vw}。

（3）将所测数据中的相位值 $U_{12}I_1=240°$ 替换成 $U_{uw}I_1=240°$、$U_{32}I_3=120°$ 替换成 $U_{vw}I_3=120°$，可以在相量图中画出 I_u 和 I_w 两个电流的位置，如图 3－137 所示。所画电流的相序和仪器上显示的电流相序一致，并且两电流的夹角应等于仪器上显示的“$\varphi_{I_1I_3}$”的值 300°。

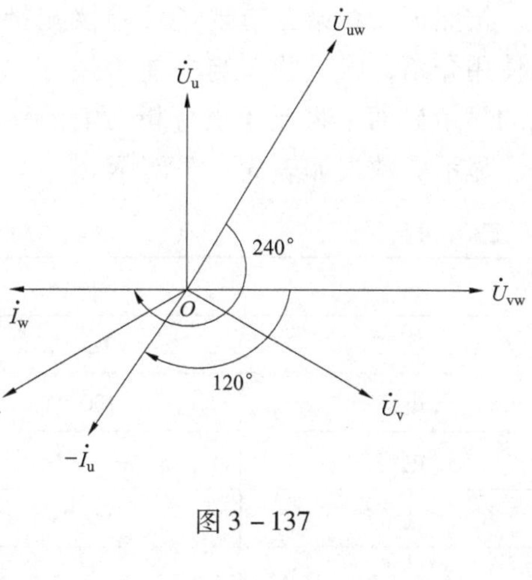

图 3－137

（4）画出错误接线时的实测相量图，如图 3－138所示。

3. 写出错误接线时电能表测得的电能（以功率表示）

根据以上测量数据，以及在相量图上进行的分析判断，可以得出电能表错误接线时的电压相序、电流相序及极性，并可写出错误接线时的功率表达式。

因为电能表所计量的电能与所加电压和电流及相应相电流之间的夹角余弦乘积成正比，

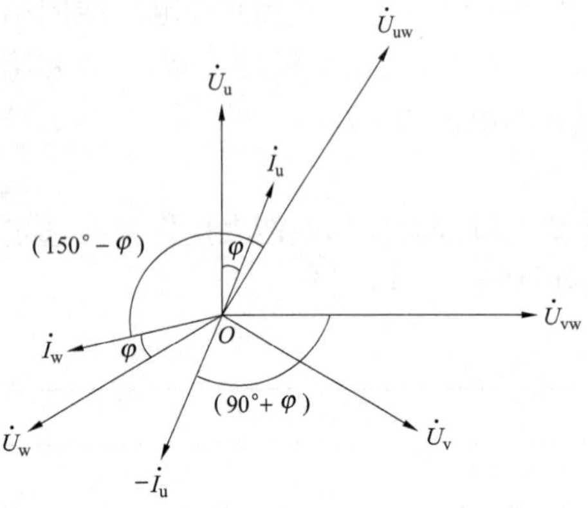

图 3-138

根据图 3-138 画出的错误接线相量图，对两个元件所计量的电能分别进行分析（以功率表示），并设 P_1'，为第一元件错误计量的功率，P_2'，为第二元件错误计量的功率。

第一元件测量的功率为

$$P_1' = U_{uw} I_w \cos(150° - \varphi)$$

第二元件测量的功率为

$$P_2' = U_{vw}(-I_u)\cos(90° + \varphi)$$

在三相电路完全对称，两元件测量的总功率为

$$P' = P_1' + P_2'$$
$$= U_{uw} I_w \cos(150° - \varphi) + U_{vw}(-I_u)\cos(90° + \varphi)$$

八、表尾电压相序 UWV，电流相序 $I_w I_u$，U、W 相 TA 二次侧极性反接

图 3-139 是三相三线有功电能表的错误接线。电压 U_{uv} 与 U_{wv} 分别接于第一元件和第二元件电压线圈上。由于电压互感器二次侧互为反极性，使得 U 相元件电压线圈两端实际承受的电压为 U_{uw}；W 相元件电压线圈两端实际承受的电压则为 U_{vw}；电流因表尾端钮接错，并且 U、W 相 TA 二次侧极性反接，致使第一元件电流线圈通入的电流为 $-I_w$，第二元件电流线圈通入的电流为 $-I_u$。

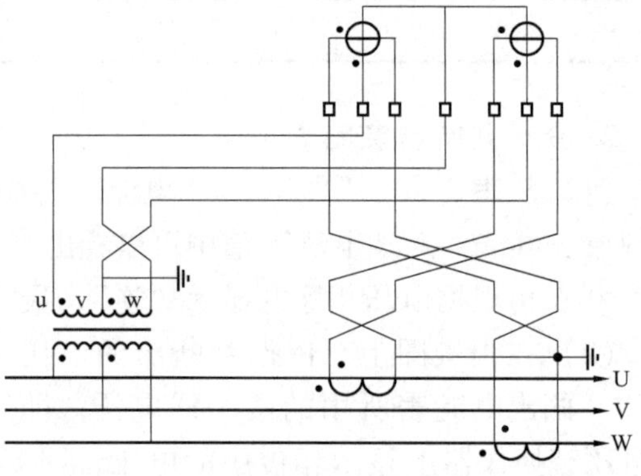

图 3-139

1. *测量数据（以 T-230A 现场校验仪为例）*

按照第二章第三节现场校验仪测量方法的使用介绍，将校验仪与电能表接好。在选定的显示界面上将显示出分析所需的所有数据，显示屏数据如表 3-47 所示。

表 3-47

测试数据			
项目	1 元件	2-6 端子	3 元件
电压	100.0V	100.0V	99.8V
电流	1.5A	0.0A	1.5A
对地电压	99.7V	99.5V	0.3V
相位	$\varphi_{I_1I_3}$ = 120.6°		
	$\varphi_{U_{12}I_1}$ = 59.8°		
	$\varphi_{U_{32}I_3}$ = 120.4°　P = 0.6		
相序	电压相序逆　电流相序逆		

2. 分析判断错误现象

（1）从表3－47“电压”、“电流”栏中的显示值可以看出电压、电流值均正常，无断相现象。再从“对地电压”值中可以看出等于零或接近零的那一相即可判定为V相，即 U_3 为V相；再根据电压相序的显示“逆”，最终判断出电压的相序为UWV。

（2）在相量图上，依据判断出的电压相序UWV，画出电能表所用的两个线电压。用实际电压替换仪器上显示相位中的电压，即 U_{12} 替换成 U_{uw}、U_{32} 替换成 U_{vw}。

（3）将所测数据中的相位值 $U_{12}I_1=60°$ 替换成 $U_{uw}I_1=60°$、$U_{32}I_3=120°$ 替换成 $U_{vw}I_3=120°$，可以在相量图中画出 I_u 和 I_w 两个电流的位置，如图3－140所示。所画电流的相序和仪器上显示的电流相序一致，并且两电流的夹角应等于仪器上显示的“$\varphi_{I_1I_3}$”的值120°。

（4）画出错误接线时的实测相量图，如图3－141所示。

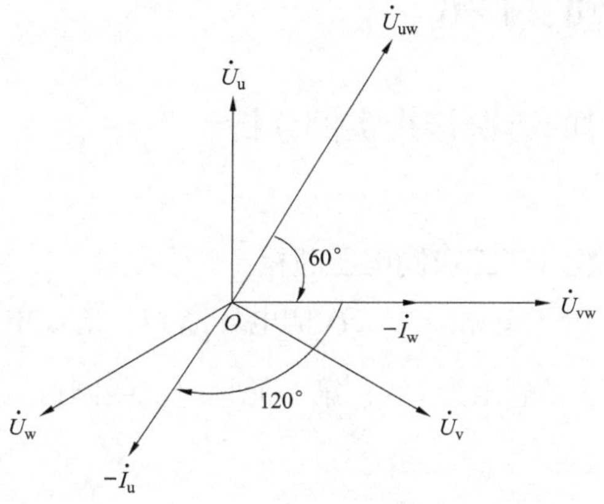

图3－140

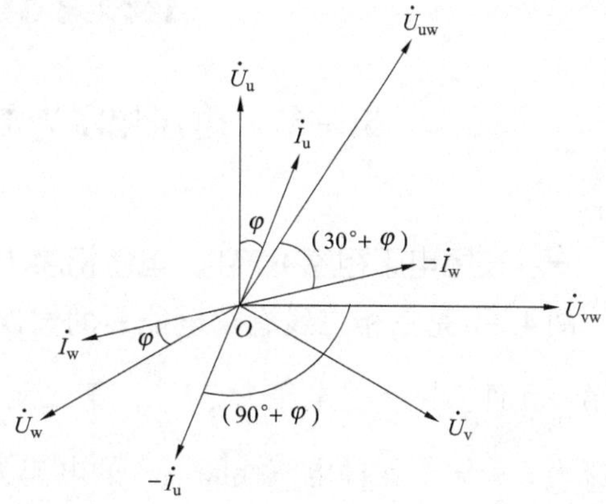

图3－141

3. 写出错误接线时电能表测得的电能（以功率表示）

根据以上测量数据，以及在相量图上进行的分析判断，可以得出电能表错误接线时的电压相序、电流相序及极性，并可写出错误接线时的功率表达式。

因为电能表所计量的电能与所加电压和电流及相应相电流之间的夹角余弦乘积成正比，根据3－141画出的错误接线相量图，对两个元件所计量的电能分别进行分析（以功率表示），并设 P'_1 为第一元件错误计量的功率，P'_2 为第二元件错误计量的功率。

第一元件测量的功率为

$$P'_1=U_{uw}(-I_w)\cos(30°+\varphi)$$

第二元件测量的功率为

$$P'_2=U_{vw}(-I_u)\cos(90°+\varphi)$$

在三相电路完全对称，两元件测量的总功率为

$$\begin{aligned}P'&=P'_1+P'_2\\&=U_{uw}(-I_w)\cos(30°+\varphi)+U_{vw}(-I_u)\cos(90°+\varphi)\end{aligned}$$

电能表的内部分压为三角形结构时电压互感器二次侧断相错误接线的实例分析

第一节 电压相序为 UVW 时的错误接线实例分析

一、表尾电压相序 UVW，电流相序 I_uI_w，U 相 TV 二次侧电压断相

图 4－1 是三相三线有功电能表的错误接线。由于 U 相 TV 二次侧电压断相，造成电能表第一元件实际承受电压为$\frac{1}{2}U_{wv}$，第二元件实际承受电压为 U_{wv}；第一元件电流线圈通入的电流为 I_u，第二元件电流线圈通入的电流为 I_w。

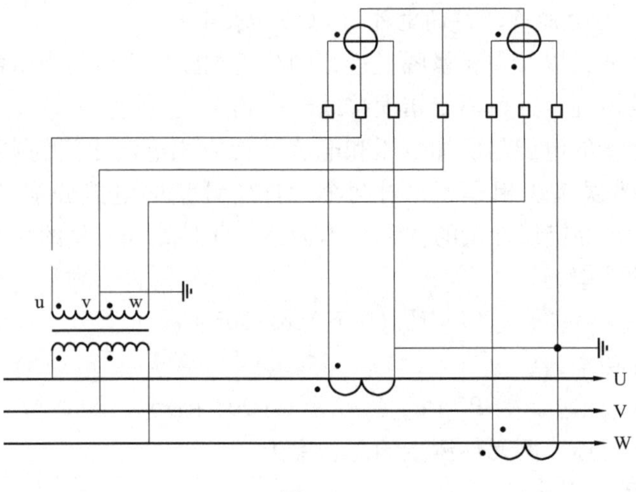

图 4－1

1. 测量数据（以 T－230A 现场校验仪为例）

按照第二章第三节现场校验仪测量方法的使用介绍，将校验仪与电能表接好。在选定的显示界面上将显示出分析所需的所有数据，显示屏数据如表 4－1 所示。

表 4 -1

测 试 数 据			
项目	1 元件	2 -6 端子	3 元件
电压	44.7V	56.9V	100.8V
电流	1.5A	0.0A	1.5A
对地电压	44.4V	0.5V	100.5V
相位	$\varphi_{I_1I_3}=239.6°$		
	$\varphi_{U_{32}I_1}=120.1°$		
	$\varphi_{U_{32}I_3}=359.8°$　$P=125.0$		
相序	电压断相 U_1　电流相序正		

2. 分析判断错误现象

（1）从表 4 -1“电压”栏中的显示值看出 1 元件和 2 元件的电压值不等于 100V，可以判定该错误接线有电压断相，并且根据 1 元件和 2 元件的电压值可以看出，此电能表内部分压结构为“△”形。

（2）从“对地电压”栏中可以看出 2 元件的电压为 0V，所以确定 U_2 为 V 相。电压值为 44V 的 U_1 为电压断相，与“相序”栏中的电压断相 U_1 一致。

（3）确定 U_2 为 V 相后，就可以看出该错误接线的电压相序有两种可能，即 UVW 和 WVU。

（4）如图 4 -2 所示，以电压相序 WVU 推出两个电流在相量图上的位置。将“相位”栏中的 U_{32} 替换成 U_{uv}。那么，$U_{32}I_1=120°$ 就替换成 $U_{uv}I_1=120°$、$U_{32}I_3=360°$ 就替换成 $U_{uv}I_3=360°$。即以 U_{uv} 为基准沿顺时针方向分别转 120°和 360°找到 I_1 和 I_3。

（5）如图 4 -3 所示，以电压相序 UVW 推出两个电流在相量图上的位置。将“相位”栏中的 U_{32} 替换成 U_{wv}。那么，$U_{32}I_1=120°$ 就替换成 $U_{wv}I_1=120°$、$U_{32}I_3=360°$ 就替换成 $U_{wv}I_3=360°$。即以 U_{wv} 为基准沿顺时针方向分别转 120°和 360°找到 I_1 和 I_3。从图上可以看出 $I_1=I_u$、$I_3=I_w$，并且其夹角等于 240°，电流相序为正。

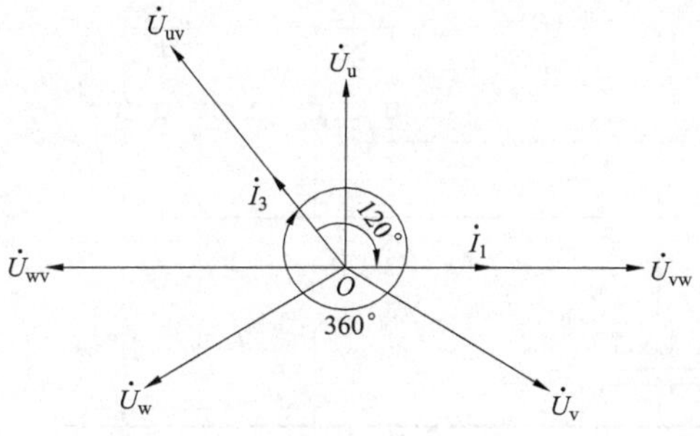

图 4 -2

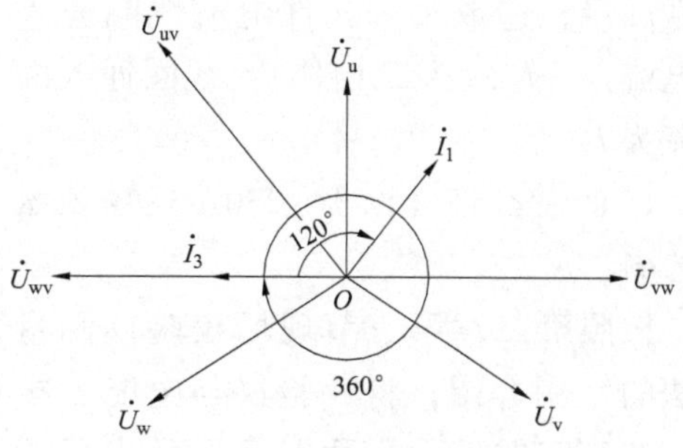

图 4 -3

（6）将两个电流在相量图上的位置进行比较。比较结果是，第五步以电压相序 UVW 推出的两个电流符合两个电流在相量图上的位置。

（7）最后得出错误接线结论：电压相序 UVW，电流相序 I_u、I_w，U 相电压断相。电能表的实际接线组别为：第一元件$\frac{1}{2}U_{wv}$、I_u，第二元件 U_{wv}、I_w。

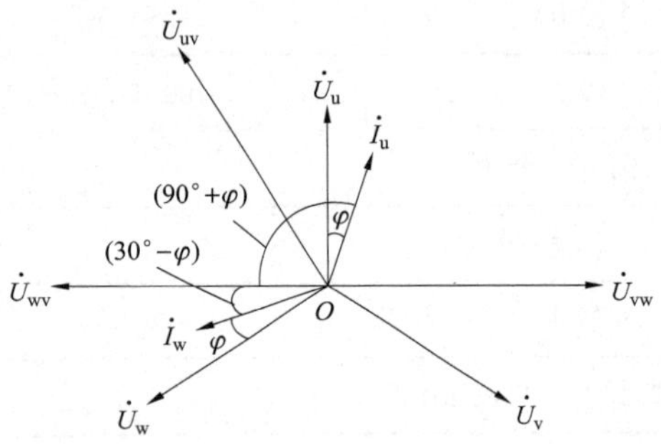

图 4－4

（8）画出错误接线相量图，如图4－4所示。

3. 写出错误接线时电能表测得的电能（以功率表示）

因为电能表所计量的电能与所加电压、电流及相应相电流之间的夹角余弦乘积成正比，根据图 4－4 画出的错误接线相量图，对两个元件所计量的电能分别进行分析（以功率表示），并设 P_1'为第一元件错误计量的功率，P_2'为第二元件错误计量的功率。

第一元件测量的功率为

$$P_1' = \frac{1}{2}U_{wv}I_u\cos(90° + \varphi)$$

第二元件测量的功率为

$$P_2' = U_{wv}I_w\cos(30° - \varphi)$$

在三相电路完全对称时,两元件测量的总功率为

$$\begin{aligned} P' &= P_1' + P_2' \\ &= \frac{1}{2}U_{wv}I_u\cos(90° + \varphi) + U_{wv}I_w\cos(30° - \varphi) \end{aligned}$$

二、表尾电压相序 UVW，电流相序 I_uI_w，U 相 TV 二次侧电压断相，U 相 TA 二次侧极性反接

图 4－5 是三相三线有功电能表的错误接线。由于 U 相 TV 二次侧电压断相，造成电能表第一元件实际承受电压为$\frac{1}{2}U_{wv}$，第二元件实际承受电压为 U_{wv}；电流由于 U 相 TA 二次侧极性反接，造成第一元件电流线圈通入的电流为 $-I_u$，第二元件电流线圈通入的电流为 I_w。

1. 测量数据（以 T－230A 现场校验仪为例）

按照第二章第三节现场校验仪测量方法的使用介绍，将校验仪与电能表接好。在选定的显示界面上将显示出分析所需的所有数据，显示屏数据如表 4－2 所示。

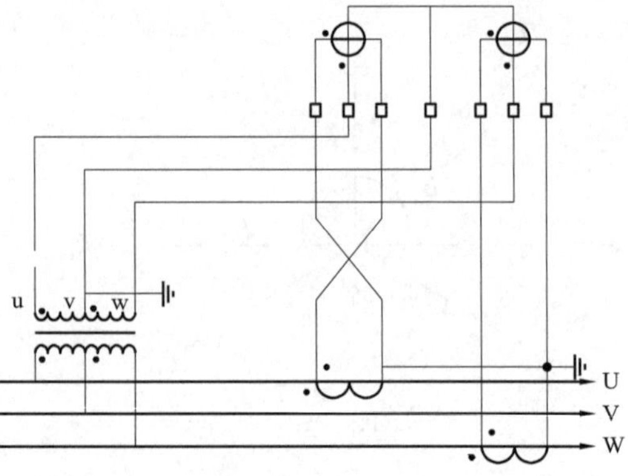

图 4－5

表 4 – 2

测试数据			
项目	1 元件	2 – 6 端子	3 元件
电压	44.7V	56.9V	100.8V
电流	1.5A	0.0A	1.5A
对地电压	44.4V	0.5V	100.5V
相位	$\varphi_{I_1I_3}=60.0°$		
	$\varphi_{U_{32}I_1}=299.9°$		
	$\varphi_{U_{32}I_3}=359.9°$　$P=175.6$		
相序	电压断相 U_1　电流相序正		

2. 分析判断错误现象

（1）从表 4 – 2 “电压”栏中的显示值看出 1 元件和 2 元件的电压值不等于 100V，可以判定该错误接线有电压断相，并且根据 1 元件和 2 元件的电压值可以看出，此电能表内部分压结构为“△”形。

（2）从“对地电压”栏中可以看出 2 元件的电压为 0V，所以确定 U_2 为 V 相。电压值为 44V 的 U_1 为电压断相，与“相序”栏中的电压断相 U_1 一致。

（3）确定 U_2 为 V 相后，就可以看出该错误接线的电压相序有两种可能，即 UVW 和 WVU。

（4）如图 4 – 6 所示，以电压相序 WVU 推出两个电流在相量图上的位置。将“相位”栏中的 U_{32} 替换成 U_{uv}。那么，$U_{32}I_1=300°$ 就替换成 $U_{uv}I_1=300°$、$U_{32}I_3=360°$ 就替换成 $U_{uv}I_3=360°$。即以 U_{uv} 为基准沿顺时针方向分别转 300° 和 360° 找到 I_1 和 I_3。

（5）如图 4 – 7 所示，以电压相序 UVW 推出两个电流在相量图上的位置。将“相位”栏中的 U_{32} 替换成 U_{wv}。那么，$U_{32}I_1=300°$ 就替换成 $U_{wv}I_1=300°$、$U_{32}I_3=360°$ 就替换成 $U_{wv}I_3=360°$。即以 U_{wv} 为基准沿顺时针方向分别转 300° 和 360° 找到 I_1 和 I_3。从图上可以看出 $I_1=-I_u$、$I_3=I_w$，并且其夹角等于 60°，电流相序为正。

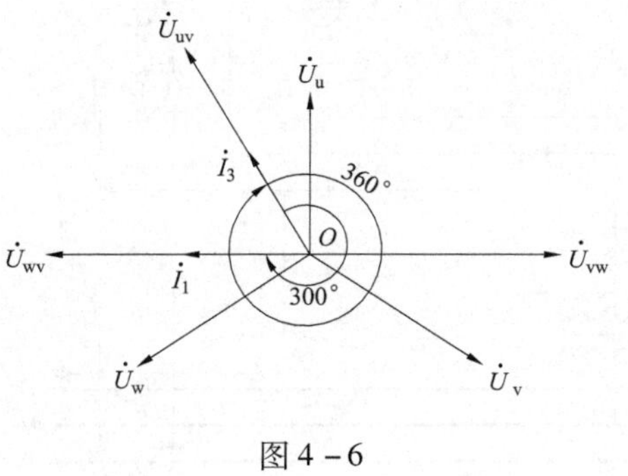

图 4 – 6

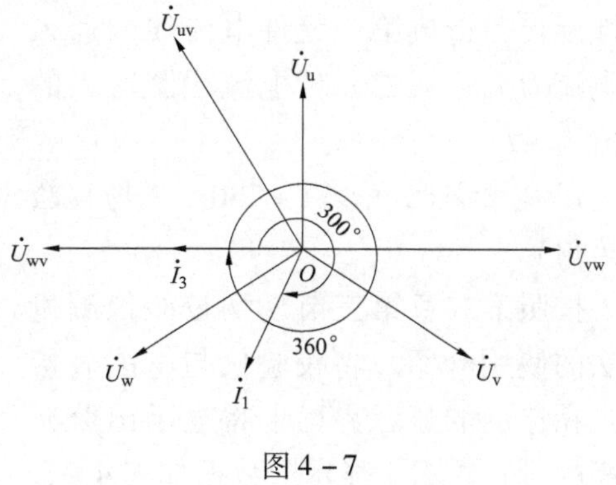

图 4 – 7

（6）将两个电流在相量图上的位置进行比较。比较结果是第五步以电压相序 UVW 推出的两个电流符合两个电流在相量图上的位置。

（7）最后得出错误接线结论：电压相序 UVW，电流相序 I_u、I_w，U 相电压断相。电能表的实际接线组别为：第一元件$\frac{1}{2}U_{wv}$、$-I_u$，第二元件 U_{wv}、I_w。

（8）画出错误接线相量图，如图 4-8 所示。

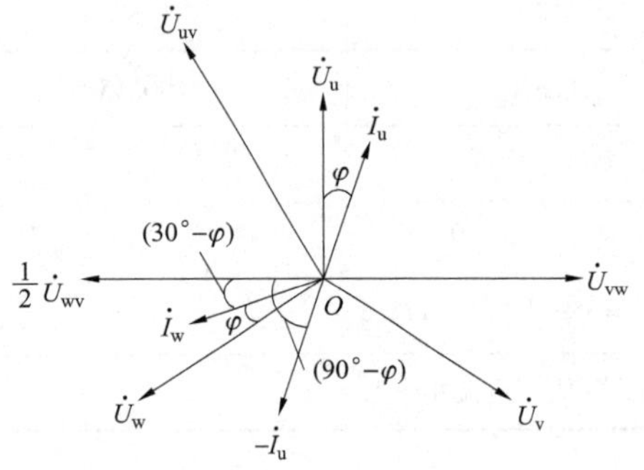

图 4-8

3. 写出错误接线时测得的电能（以功率表示）

因为电能表所计量的电能与所加电压和电流及相应相电流之间的夹角余弦乘积成正比，根据图 4-8 画出的错误接线相量图，对两个元件所计量的电能分别进行分析（以功率表示），并设 P_1'为第一元件错误计量的功率，P_2'为第二元件错误计量的功率。

第一元件测量的功率为

$$P_1' = \frac{1}{2}U_{wv}(-I_u)\cos(90° - \varphi)$$

第二元件测量的功率为

$$P_2' = U_{wv}I_w\cos(30° - \varphi)$$

在三相电路完全对称时,两元件测量的总功率为

$$\begin{aligned}P' &= P_1' + P_2' \\ &= \frac{1}{2}U_{wv}(-I_u)\cos(90° - \varphi) + U_{wv}I_w\cos(30° - \varphi)\end{aligned}$$

三、表尾电压相序 UVW，电流相序 I_uI_w，U 相 TV 二次侧电压断相，W 相 TA 二次侧极性反接

图 4-9 是三相三线有功电能表的错误接线。由于 U 相 TV 二次侧电压断相，造成电能表第一元件实际承受电压为$\frac{1}{2}U_{wv}$，第二元件实际承受电压为 U_{wv}；电流由于 W 相 TA 二次侧极性反接，造成第一元件电流线圈通入的电流为 I_u，第二元件电流线圈通入的电流为 $-I_w$。

1. 测量数据（以 T-230A 现场校验仪为例）

按照第二章第三节现场校验仪测量方法的使用介绍，将校验仪与电能表接好。在选定的显示界面上将显示出分析所需的所有数据，显示屏数据如表 4-3 所示。

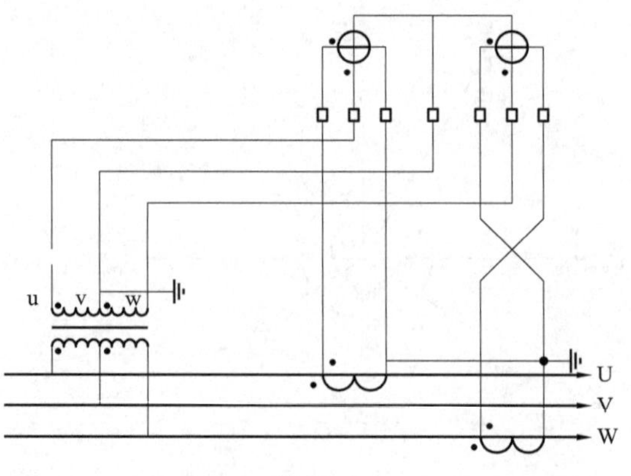

图 4-9

表 4-3

测试数据			
项目	1 元件	2-6 端子	3 元件
电压	44.7V	56.9V	100.8V
电流	1.5A	0.0A	1.5A
对地电压	44.4V	0.5V	100.5V
相位	$\varphi_{I_1I_3}=60.0°$		
	$\varphi_{U_{32}I_1}=119.9°$		
	$\varphi_{U_{32}I_3}=179.9°$　$P=-175.6$		
相序	电压断相 U_1　电流相序正		

2. 分析判断错误现象

（1）从表 4-3“电压”栏中的显示值看出 1 元件和 2 元件的电压值不等于 100V，可以判定该错误接线有电压断相，并且根据 1 元件和 2 元件的电压值可以看出，此电能表内部分压结构为“△”形。

（2）从“对地电压”栏中可以看出 2 元件的电压为 0V，所以确定 U_2 为 V 相。电压值为 44V 的 U_1 为电压断相，与“相序”栏中的电压断相 U_1 一致。

（3）确定 U_2 为 V 相后，就可以看出该错误接线的电压相序有两种可能即 UVW 和 WVU。

（4）如图 4-10 所示，以电压相序 WVU 推出两个电流在相量图上的位置。将“相位”栏中的 U_{32} 替换成 U_{uv}。那么，$U_{32}I_1=120°$ 就替换成 $U_{uv}I_1=120°$、$U_{32}I_3=180°$ 就替换成 $U_{uv}I_3=180°$。即以 U_{uv} 为基准沿顺时针方向分别转 120°和 180°找到 I_1 和 I_3。

（5）如图 4-11 所示，以电压相序 UVW 推出两个电流在相量图上的位置。将“相位”栏中的 U_{32} 替换成 U_{wv}。那么，$U_{32}I_1$ 就替换成 $U_{wv}I_1=120°$、$U_{32}I_3$ 就替换成 $U_{wv}I_3=180°$。即以 U_{wv} 为基准沿顺时针方向分别转 120°和 180°找到 I_1 和 I_3。从图上可以看出 $I_1=-I_u$、$I_3=I_w$，并且其夹角等于 60°，电流相序为正。

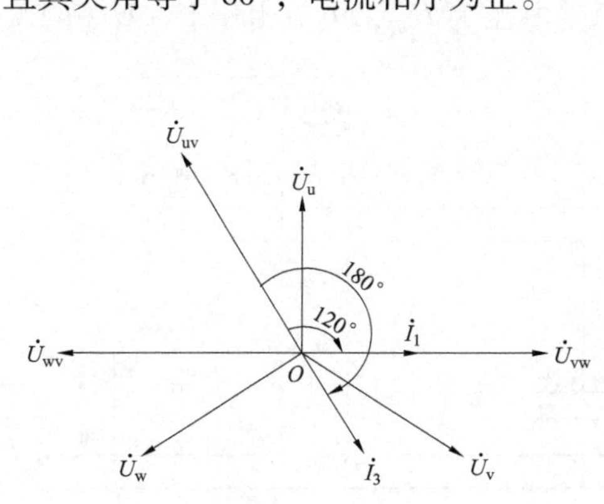

图 4-10

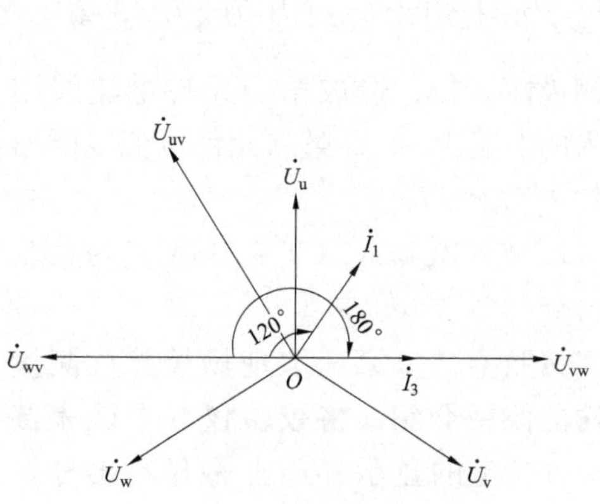

图 4-11

（6）将两个电流在相量图上的位置进行比较。比较结果是第五步以电压相序 UVW 推出的两个电流符合两个电流在相量图上的位置。

（7）最后得出错误接线结论：电压相序 UVW，电流相序 I_u、I_w，U 相电压断相。电能表的实际接线组别为：第一元件$\frac{1}{2}U_{wv}$、I_u，第二元件 U_{wv}、$-I_w$。

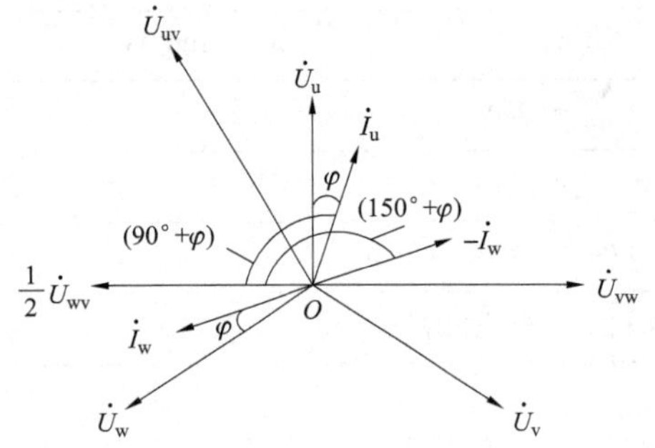

图 4－12

（8）画出错误接线相量图，如图 4－12 所示。

3. 写出错误接线时测得的电能（以功率表示）

因为电能表所计量的电能与所加电压和电流及相应相电流之间的夹角余弦乘积成正比，根据图 4－12 画出的错误接线相量图，对两个元件所计量的电能分别进行分析（以功率表示），并设 P_1'为第一元件错误计量的功率，P_2'为第二元件错误计量的功率。

第一元件测量的功率为

$$P_1' = \frac{1}{2}U_{wv}I_u\cos(90° + \varphi)$$

第二元件测量的功率为

$$P_2' = U_{wv}(-I_w)\cos(150° + \varphi)$$

在三相电路完全对称时，两元件测量的总功率为

$$\begin{aligned} P' &= P_1' + P_2' \\ &= \frac{1}{2}U_{wv}I_u\cos(90° + \varphi) + U_{wv}(-I_w)\cos(150° + \varphi) \end{aligned}$$

四、表尾电压相序 UVW，电流相序 I_uI_w，U 相 TV 二次侧电压断相，U、W 相 TA 二次侧极性反接

图 4－13 是三相三线有功电能表的错误接线。由于 U 相 TV 二次侧电压断相，造成电能表第一元件实际承受电压为$\frac{1}{2}U_{wv}$，第二元件实际承受电压为 U_{wv}；电流由于 U、W 相 TA 二次侧极性反接，造成第一元件电流线圈通入的电流为 $-I_u$，第二元件电流线圈通入的电流为 $-I_w$。

1. 测量数据（以 T－230A 现场校验仪为例）

按照第二章第三节现场校验仪测量方法的使用介绍，将校验仪与电能表接好。在选定的显示界面上将显示出分析所需的所有数据，显示屏数据如表 4－4 所示。

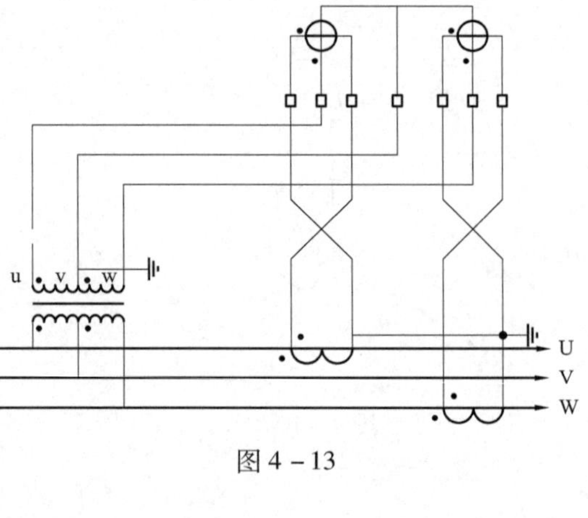

图 4－13

表 4-4

测 试 数 据			
项目	1 元件	2-6 端子	3 元件
电压	44.7V	56.9V	100.8V
电流	1.5A	0.0A	1.5A
对地电压	44.4V	0.5V	100.5V
相位	$\varphi_{I_1I_3}=239.6°$		
	$\varphi_{U_{32}I_1}=300.1°$		
	$\varphi_{U_{32}I_3}=179.8°$　$P=-125.0$		
相序	电压断相 U_1　电流相序正		

2. 分析判断错误现象

（1）从表 4-4“电压”栏中的显示值看出 1 元件和 2 元件的电压值不等于 100V，可以判定该错误接线有电压断相，并且根据 1 元件和 2 元件的电压值可以看出，此电能表内部分压结构为“△”形。

（2）从“对地电压”栏中可以看出 2 元件的电压为 0V，所以确定 U_2 为 V 相。电压值为 44V 的 U_1 为电压断相，与“相序”栏中的电压断相 U_1 一致。

（3）确定 U_2 为 V 相后，就可以看出该错误接线的电压相序有两种可能，即 UVW 和 WVU。

（4）如图 4-14 所示，以电压相序 WVU 推出两个电流在相量图上的位置。将“相位”栏中的 U_{32} 替换成 U_{uv}。那么，$U_{32}I_1=300°$ 就替换成 $U_{uv}I_1=300°$、$U_{32}I_3=180°$ 就替换成 $U_{uv}I_3=180°$。即以 U_{uv} 为基准沿顺时针方向分别转 300°和 180°找到 I_1 和 I_3。

（5）如图 4-15 所示，以电压相序 UVW 推出两个电流在相量图上的位置。将“相位”栏中的 U_{32} 替换成 U_{wv}。那么，$U_{32}I_1=300°$ 就替换成 $U_{wv}I_1=300°$、$U_{32}I_3=180°$ 就替换成 $U_{wv}I_3=180°$。即以 U_{wv} 为基准沿顺时针方向分别转 300°和 180°找到 I_1 和 I_3。从图上可以看出 $I_1=-I_u$、$I_3=-I_w$，并且其夹角等于 240°，电流相序为正。

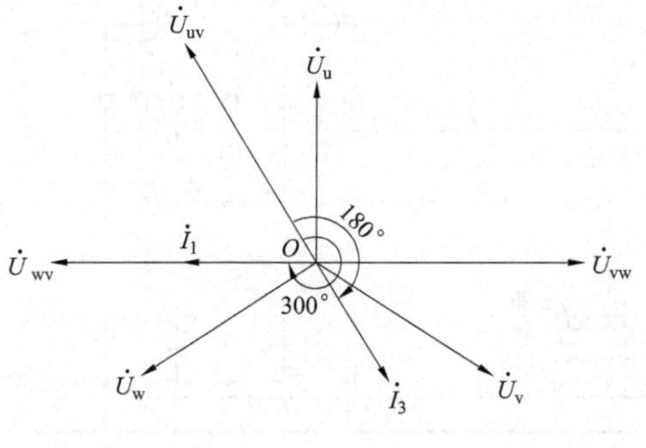

图 4-14

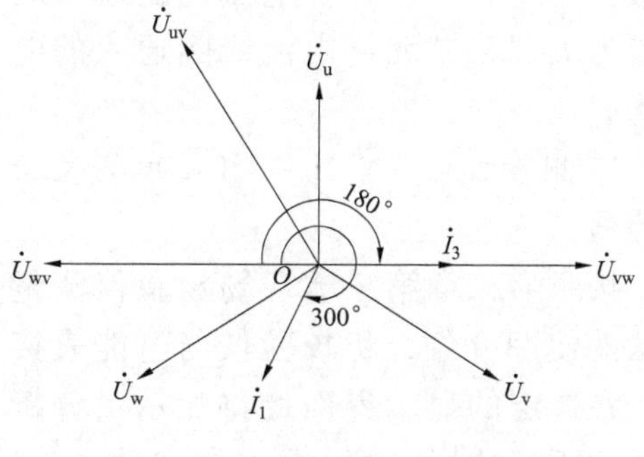

图 4-15

（6）将两个电流在相量图上的位置进行比较。比较结果是第五步以电压相序 UVW 推出的两个电流符合两个电流在相量图上的位置。

（7）最后得出错误接线结论：电压相序 UVW，电流相序 I_u、I_w，U 相电压断相。电能表的实际接线组别为：第一元件$\frac{1}{2}U_{wv}$、$-I_u$，第二元件 U_{wv}、$-I_w$。

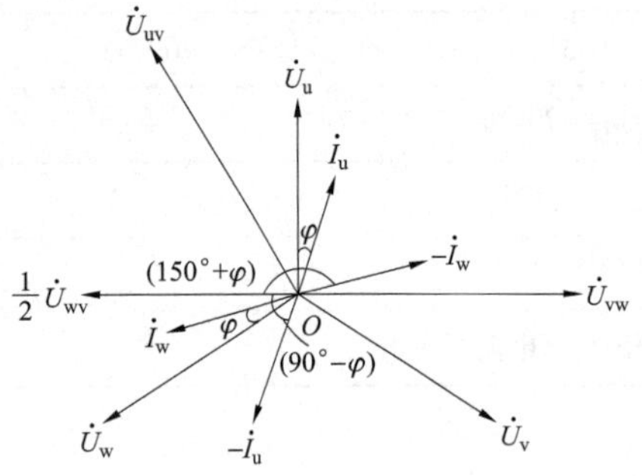

图 4－16

（8）画出错误接线相量图，如图 4－16 所示。

3. 写出错误接线时测得的电能（以功率表示）

因为电能表所计量的电能与所加电压和电流及应相电流之间的夹角余弦乘积成正比，根据图 4－16 画出的错误接线相量图，对两个元件所计量的电能分别进行分析（以功率表示），并设 P_1'为第一元件错误计量的功率，P_2'为第二元件错误计量的功率。

第一元件测量的功率为

$$P_1' = \frac{1}{2}U_{wv}(-I_u)\cos(90° - \varphi)$$

第二元件测量的功率为

$$P_2' = U_{wv}(-I_w)\cos(150° + \varphi)$$

在三相电路完全对称时，两元件测量的总功率为

$$\begin{aligned} P' &= P_1' + P_2' \\ &= \frac{1}{2}U_{wv}(-I_u)\cos(90° - \varphi) + U_{wv}(-I_w)\cos(150° + \varphi) \end{aligned}$$

五、表尾电压相序 UVW，电流相序 I_wI_u，U 相 TV 二次侧电压断相

图 4－17 是三相三线有功电能表的错误接线。由于 U 相 TV 二次侧电压断相，造成电能表第一元件实际承受电压为$\frac{1}{2}U_{wv}$，第二元件实际承受电压为 U_{wv}；电流由于 U、W 相表尾端钮接错，造成第一元件电流线圈通入的电流为 I_w，第二元件电流线圈通入的电流为 I_u。

1. 测量数据（以 T－230A 现场校验仪为例）

按照第二章第三节现场校验仪测量方法的使用介绍，将校验仪与电能表接好。在选定的显示界面上将显示出分析所需的所有数据，显示屏数据如表 4－5 所示。

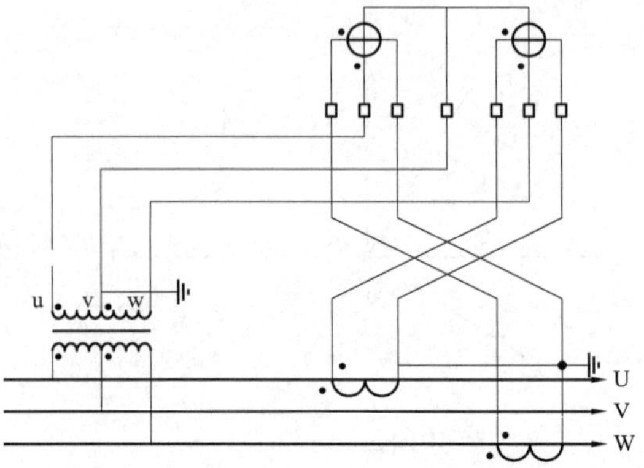

图 4－17

表 4－5

测 试 数 据			
项目	1 元件	2－6 端子	3 元件
电压	44.6V	57.0V	100.8V
电流	1.5A	0.0A	1.5A
对地电压	44.3V	0.5V	100.5V
相位	$\varphi_{I_1I_3}=120.4°$		
	$\varphi_{U_{32}I_1}=359.7°$		
	$\varphi_{U_{32}I_3}=120.1°$　$P=-9.6$		
相序	电压断相 U_1　电流相序逆		

2. 分析判断错误现象

（1）从表 4－5“电压”栏中的显示值看出 1 元件和 2 元件的电压值不等于 100V，可以判定该错误接线有电压断相，并且根据 1 元件和 2 元件的电压值可以看出，此电能表内部分压结构为“△”形。

（2）从“对地电压”栏中可以看出 2 元件的电压为 0V，所以确定 U_2 为 V 相。电压值为 44V 的 U_1 为电压断相，与“相序”栏中的电压断相 U_1 一致。

（3）确定 U_2 为 V 相后，就可以看出该错误接线的电压相序有两种可能，即 UVW 和 WVU。

（4）如图 4－18 所示，以电压相序 WVU 推出两个电流在相量图上的位置。将“相位”栏中的 U_{32} 替换成 U_{uv}。那么，$U_{32}I_1=360°$ 就替换成 $U_{uv}I_1=360°$、$U_{32}I_3=120°$ 就替换成 $U_{uv}I_3=120°$。即以 U_{uv} 为基准沿顺时针方向分别转 360°和 120°找到 I_1 和 I_3。

（5）如图 4－19 所示，以电压相序 UVW 推出两个电流在相量图上的位置。将“相位”栏中的 U_{32} 替换成 U_{wv}。那么，$U_{32}I_1=360°$ 就替换成 $U_{wv}I_1=360°$、$U_{32}I_3=120°$ 就替换成 $U_{wv}I_3=120°$。即以 U_{wv} 为基准沿顺时针方向分别转 360°和 120°找到 I_1 和 I_3。从图上可以看出 $I_1=I_w$、$I_3=I_u$，并且其夹角等于 120°，电流相序为逆。

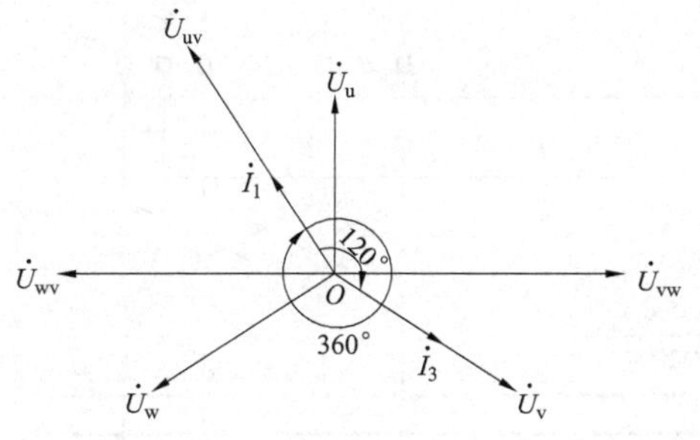

图 4－18

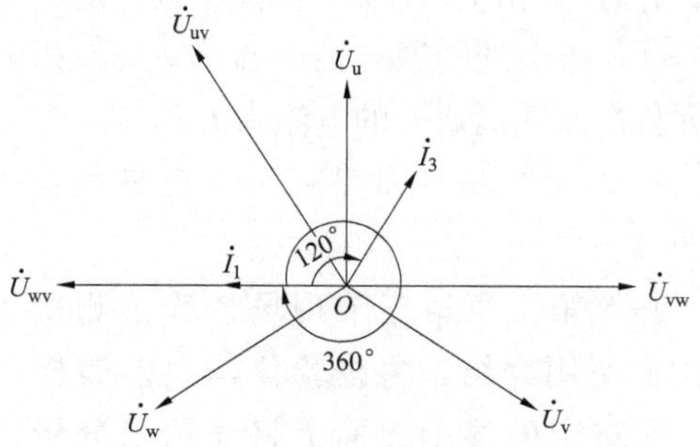

图 4－19

（6）将两个电流在相量图上的位置进行比较。比较结果是第五步以电压相序 UVW 推出的两个电流符合两个电流在相量图上的位置。

（7）最后得出错误接线结论：电压相序 UVW，电流相序 I_w、I_u，U 相电压断相。电能表的实际接线组别为：第一元件$\frac{1}{2}U_{wv}$、I_w，第二元件 U_{wv}、I_u。

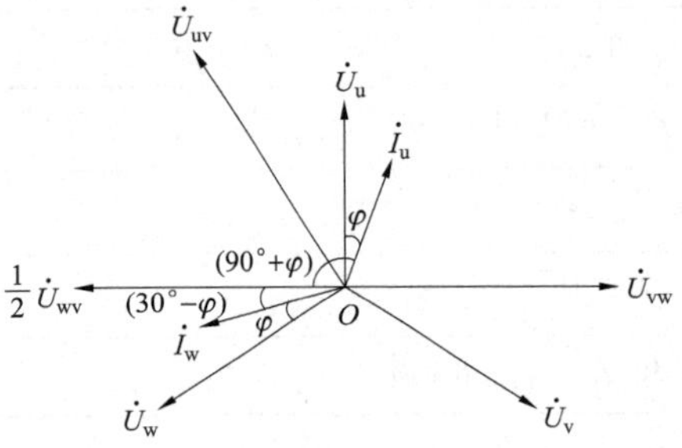

图 4－20

（8）画出错误接线相量图，如图 4－20 所示。

3. 写出错误接线时测得的电能（以功率表示）

因为电能表所计量的电能与所加电压和电流及相应相电流之间的夹角余弦乘积成正比，根据图 4－20 画出的错误接线相量图，对两个元件所计量的电能分别进行分析（以功率表示），并设 P_1'为第一元件错误计量的功率，P_2'为第二元件错误计量的功率。

第一元件测量的功率为

$$P_1' = \frac{1}{2}U_{wv}I_w\cos(30° - \varphi)$$

第二元件测量的功率为

$$P_2' = U_{wv}I_u\cos(90° + \varphi)$$

在三相电路完全对称时，两元件测量的总功率为

$$\begin{aligned} P' &= P_1' + P_2' \\ &= \frac{1}{2}U_{wv}I_w\cos(30° - \varphi) + U_{wv}I_u\cos(90° + \varphi) \end{aligned}$$

六、表尾电压相序 UVW，电流相序 I_wI_u，U 相 TV 二次侧电压断相，W 相 TA 二次侧极性反接

图 4－21 是三相三线有功电能表的错误接线。由于 U 相 TV 二次侧电压断相，造成电能表第一元件实际承受电压为$\frac{1}{2}U_{wv}$，第二元件实际承受电压为 U_{wv}；电流由于 U、W 相表尾端钮接错，并且 W 相 TA 二次侧极性反接，造成第一元件电流线圈通入的电流为 $-I_w$，第二元件电流线圈通入的电流为 I_u。

1. 测量数据（以 T－230A 现场校验仪为例）

按照第二章第三节现场校验仪测量方法的使用介绍，将校验仪与电能表接好。在选定的显示界面上将显示出分析所需的所有数据，显示屏数据如表 4－6 所示。

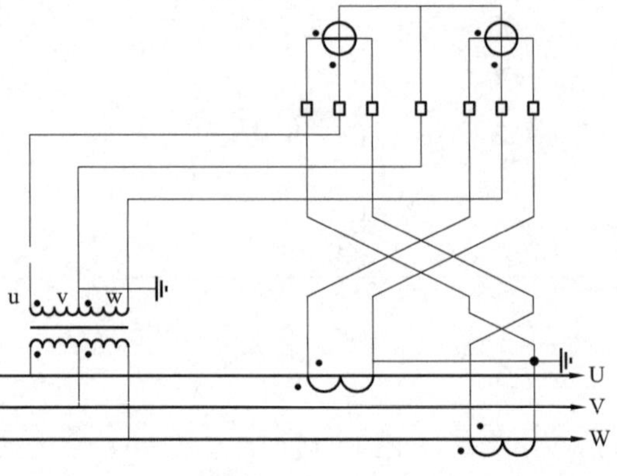

图 4－21

表 4－6

测 试 数 据			
项目	1 元件	2－6 端子	3 元件
电压	44.6V	57.0V	100.8V
电流	1.5A	0.0A	1.5A
对地电压	44.4V	0.5V	100.5V
相位	$\varphi_{I_1I_3}=300.1°$		
	$\varphi_{U_{32}I_1}=179.9°$		
	$\varphi_{U_{32}I_3}=119.9°$　$P=-141.0$		
相序	电压断相 U_1　电流相序逆		

2. 分析判断错误现象

（1）从表 4－6“电压”栏中的显示值看出 1 元件和 2 元件的电压值不等于 100V，可以判定该错误接线有电压断相，并且根据 1 元件和 2 元件的电压值可以看出，此电能表内部分压结构为“△”形。

（2）从“对地电压”栏中可以看出 2 元件的电压为 0V，所以确定 U_2 为 V 相。电压值为 44V 的 U_1 为电压断相，与“相序”栏中的电压断相 U_1 一致。

（3）确定 U_2 为 V 相后，就可以看出该错误接线的电压相序有两种可能，即 UVW 和 WVU。

（4）如图 4－22 所示，以电压相序 WVU 推出两个电流在相量图上的位置。将“相位”栏中的 U_{32} 替换成 U_{uv}。那么，$U_{32}I_1=180°$ 就替换成 $U_{uv}I_1=180°$、$U_{32}I_3=120°$ 就替换成 $U_{uv}I_3=120°$。即以 U_{uv} 为基准沿顺时针方向分别转 180°和 120°找到 I_1 和 I_3。

（5）如图 4－23 所示，以电压相序 UVW 推出两个电流在相量图上的位置。将“相位”栏中的 U_{32} 替换成 U_{wv}。那么，$U_{32}I_1=180°$ 就替换成 $U_{wv}I_1=180°$、$U_{32}I_3=120°$ 就替换成 $U_{wv}I_3=120°$。即以 U_{wv} 为基准沿顺时针方向分别转 180°和 120°找到 I_1 和 I_3。从图上可以看出 $I_1=-I_w$、$I_3=I_u$，并且其夹角等于 300°，电流相序为逆。

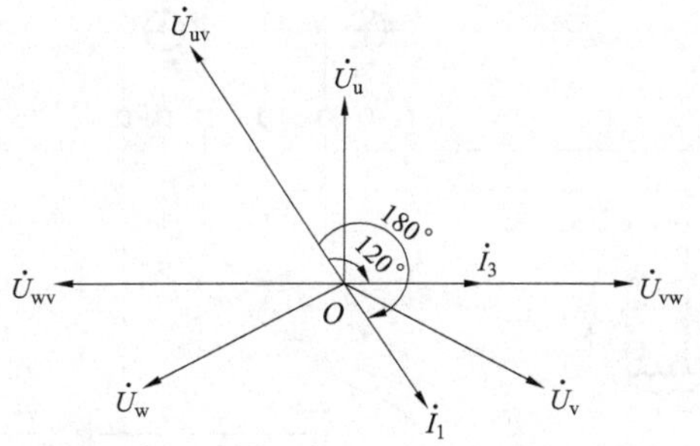

图 4－22

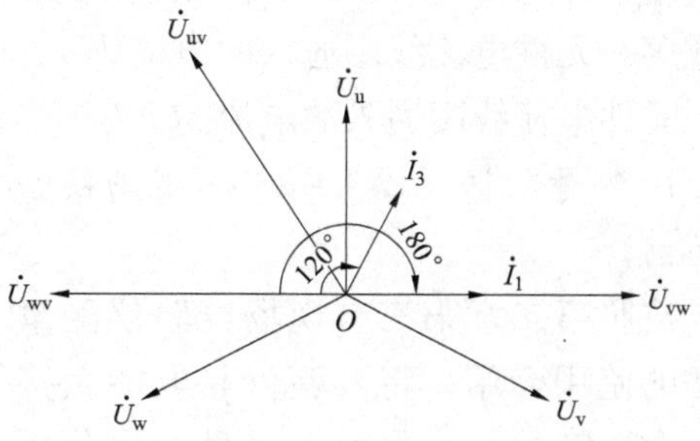

图 4－23

（6）将两个电流在相量图上的位置进行比较。比较结果是第五步以电压相序 UVW 推出的两个电流符合两个电流在相量图上的位置。

（7）最后得出错误接线结论：电压相序 UVW，电流相序 I_w、I_u，U 相电压断相。电能表的实际接线组别为：第一元件$\frac{1}{2}U_{wv}$、$-I_w$，第二元件 U_{wv}、I_u。

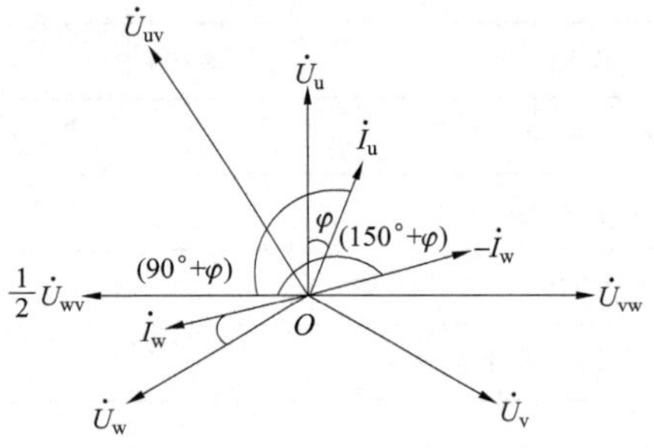

图 4 - 24

（8）画出错误接线相量图，如图 4 - 24 所示。

3. 写出错误接线时测得的电能（以功率表示）

因为电能表所计量的电能与所加电压和电流及相应相电流之间的夹角余弦乘积成正比，根据图 4 - 24 画出的错误接线相量图，对两个元件所计量的电能分别进行分析（以功率表示），并设 P_1'为第一元件错误计量的功率，P_2'为第二元件错误计量的功率。

第一元件测量的功率为

$$P_1' = \frac{1}{2}U_{wv}(-I_w)\cos(150° + \varphi)$$

第二元件测量的功率为

$$P_2' = U_{wv}I_u\cos(90° + \varphi)$$

在三相电路完全对称时，两元件测量的总功率为

$$\begin{aligned}P' &= P_1' + P_2' \\ &= \frac{1}{2}U_{wv}(-I_w)\cos(150° + \varphi) + U_{wv}I_u\cos(90° + \varphi)\end{aligned}$$

七、表尾电压相序 UVW，电流相序 I_wI_u，U 相 TV 二次侧电压断相，U 相 TA 二次侧极性反接

图 4 - 25 是三相三线有功电能表的错误接线。由于 U 相 TV 二次侧电压断相，造成电能表第一元件实际承受电压为$\frac{1}{2}U_{wv}$，第二元件实际承受电压为 U_{wv}；电流由于 U、W 相表尾端钮接错，并且 U 相 TA 二次侧极性反接，造成第一元件电流线圈通入的电流为 I_w，第二元件电流线圈通入的电流为 $-I_u$。

1. 测量数据（以 T - 230A 现场校验仪为例）

按照第二章第三节现场校验仪测量方法的使用介绍，将校验仪与电能表接好。在选定的显示界面上将显示出分析所需的所有数据，显示屏数据如表 4 - 7 所示。

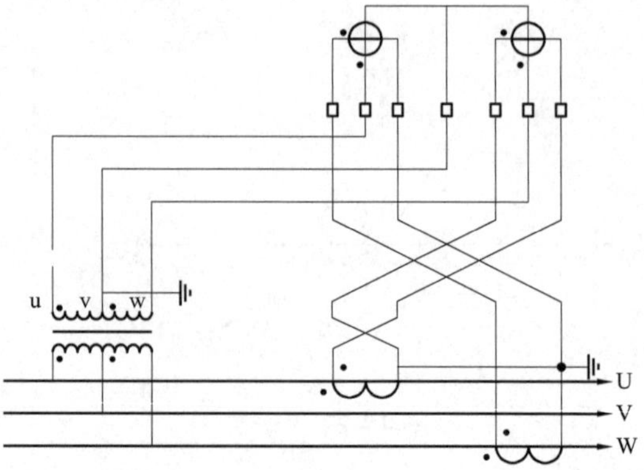

图 4 - 25

表 4－7

测　试　数　据			
项目	1 元件	2－6 端子	3 元件
电压	44.7V	56.9V	100.8V
电流	1.5A	0.0A	1.5A
对地电压	44.4V	0.5V	100.5V
相位	$\varphi_{I_1I_3}=300.1°$		
	$\varphi_{U_{32}I_1}=359.8°$		
	$\varphi_{U_{32}I_3}=299.9°$　$P=141.1$		
相序	电压断相 U_1　电流相序逆		

2. 分析判断错误现象

（1）从表 4－7 “电压” 栏中的显示值看出 1 元件和 2 元件的电压值不等于 100V，可以判定该错误接线有电压断相，并且根据 1 元件和 2 元件的电压值可以看出，此电能表内部分压结构为 “△” 形。

（2）从 “对地电压” 栏中可以看出 2 元件的电压为 0V，所以确定 U_2 为 V 相。电压值为 44V 的 U_1 为电压断相，与 “相序” 栏中的电压断相 U_1 一致。

（3）确定 U_2 为 V 相后，就可以看出该错误接线的电压相序有两种可能，即 UVW 和 WVU。

（4）如图 4－26 所示，以电压相序 WVU 推出两个电流在相量图上的位置。将 “相位” 栏中的 U_{32} 替换成 U_{uv}。那么，$U_{32}I_1=360°$ 就替换成 $U_{uv}I_1=360°$、$U_{32}I_3=300°$ 就替换成 $U_{uv}I_3=300°$。即以 U_{uv} 为基准沿顺时针方向分别转 360°和 300°找到 I_1 和 I_3。

（5）如图 4－27 所示，以电压相序 UVW 推出两个电流在相量图上的位置。将 “相位” 栏中的 U_{32} 替换成 U_{wv}。那么，$U_{32}I_1=360°$ 就替换成 $U_{wv}I_1=360°$、$U_{32}I_3=300°$ 就替换成 $U_{wv}I_3=300°$。即以 U_{wv} 为基准沿顺时针方向分别转 360°和 300°找到 I_1 和 I_3。从图上可以看出 $I_1=I_w$、$I_3=-I_u$，并且其夹角等于 300°，电流相序为逆。

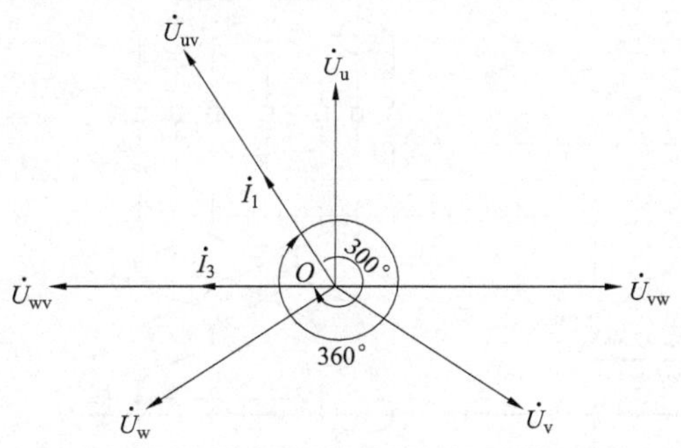

图 4－26

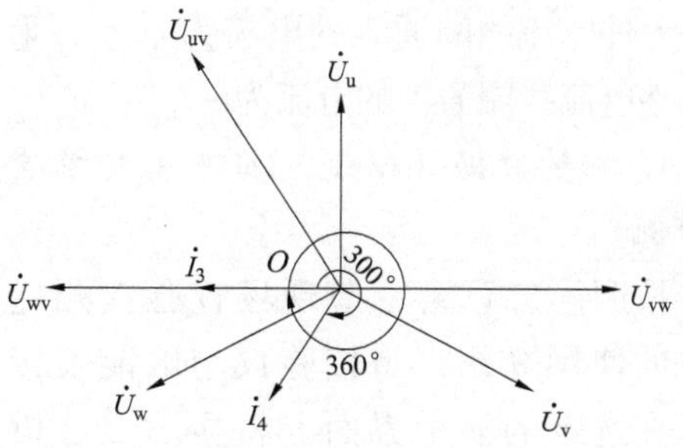

图 4－27

（6）将两个电流在相量图上的位置进行比较。比较结果是第五步以电压相序 UVW 推出的两个电流符合两个电流在相量图上的位置。

（7）最后得出错误接线结论：电压相序 UVW，电流相序 I_w、I_u，U 相电压断相。电能表的实际接线组别为：第一元件$\frac{1}{2}U_{wv}$、I_w，第二元件 U_{wv}、$-I_u$。

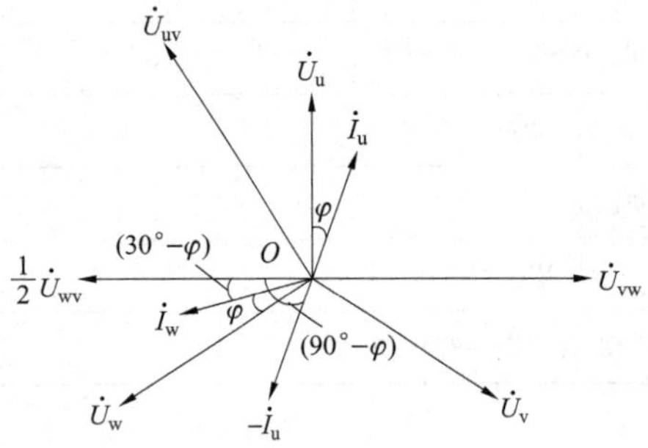

图 4－28

（8）画出错误接线相量图，如图 4－28 所示。

3. 写出错误接线时测得的电能（以功率表示）

因为电能表所计量的电能与所加电压和电流及相应相电流之间的夹角余弦乘积成正比，根据图 4－28 画出的错误接线相量图，对两个元件所计量的电能分别进行分析（以功率表示），并设 P_1'为第一元件错误计量的功率，P_2'为第二元件错误计量的功率。

第一元件测量的功率为

$$P_1' = \frac{1}{2}U_{wv}I_w\cos(30° - \varphi)$$

第二元件测量的功率为

$$P_2' = U_{wv}(-I_u)\cos(90° - \varphi)$$

在三相电路完全对称时，两元件测量的总功率为

$$\begin{aligned}P' &= P_1' + P_2' \\ &= \frac{1}{2}U_{wv}I_w\cos(30° - \varphi) + U_{wv}(-I_u)\cos(90° - \varphi)\end{aligned}$$

八、表尾电压相序 UVW，电流相序 I_wI_u，U 相 TV 二次侧电压断相，U、W 相 TA 二次侧极性反接

图 4－29 是三相三线有功电能表的错误接线。由于 U 相 TV 二次侧电压断相，造成电能表第一元件实际承受电压为$\frac{1}{2}U_{wv}$，第二元件实际承受电压为 U_{wv}；电流由于 U、W 相表尾端钮接错，并且 U、W 相 TA 二次侧极性反接，造成第一元件电流线圈通入的电流为 $-I_w$，第二元件电流线圈通入的电流为 $-I_u$。

1. 测量数据（以 T－230A 现场校验仪为例）

按照第二章第三节现场校验仪测量方法的使用介绍，将校验仪与电能表接好。在选定的显示界面上将显示出分析所需的所有数据，显示屏数据如表 4－8 所示。

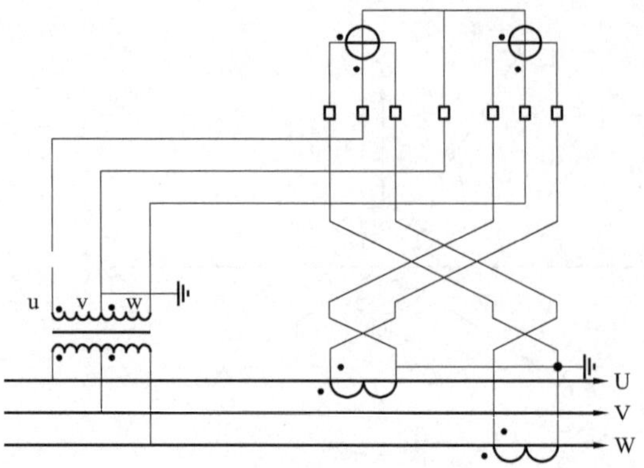

图 4－29

表 4－8

测 试 数 据			
项目	1 元件	2－6 端子	3 元件
电压	44.6V	57.0V	100.8V
电流	1.5A	0.0A	1.5A
对地电压	44.3V	0.5V	100.5V
相位	$\varphi_{I_1I_3}=120.4°$		
	$\varphi_{U_{32}I_1}=179.7°$		
	$\varphi_{U_{32}I_3}=300.1°$　$P=9.6$		
相序	电压断相 U_1　电流相序逆		

2. 分析判断错误现象

（1）从表 4－8“电压”栏中的显示值看出 1 元件和 2 元件的电压值不等于 100V，可以判定该错误接线有电压断相，并且根据 1 元件和 2 元件的电压值可以看出，此电能表内部分压结构为“△”形。

（2）从“对地电压”栏中可以看出 2 元件的电压为 0V，所以确定 U_2 为 V 相。电压值为 44V 的 U_1 为电压断相，与“相序”栏中的电压断相 U_1 一致。

（3）确定 U_2 为 V 相后，就可以看出该错误接线的电压相序有两种可能，即 UVW 和 WVU。

（4）如图 4－30 所示，以电压相序 WVU 推出两个电流在相量图上的位置。将“相位”栏中的 U_{32} 替换成 U_{uv}。那么，$U_{32}I_1=180°$ 就替换成 $U_{uv}I_1=180°$、$U_{32}I_3=300°$ 就替换成 $U_{uv}I_3=300°$。即以 U_{uv} 为基准沿顺时针方向分别转 180°和 300°找到 I_1 和 I_3。

（5）如图 4－31 所示，以电压相序 UVW 推出两个电流在相量图上的位置。将“相位”栏中的 U_{32} 替换成 U_{wv}。那么，$U_{32}I_1=180°$ 就替换成 $U_{wv}I_1=180°$、$U_{32}I_3=300°$ 就替换成 $U_{wv}I_3=300°$。即以 U_{wv} 为基准沿顺时针方向分别转 180°和 300°找到 I_1 和 I_3。从图上可以看出 $I_1=-I_w$、$I_3=-I_u$，并且其夹角等于 120°，电流相序为逆。

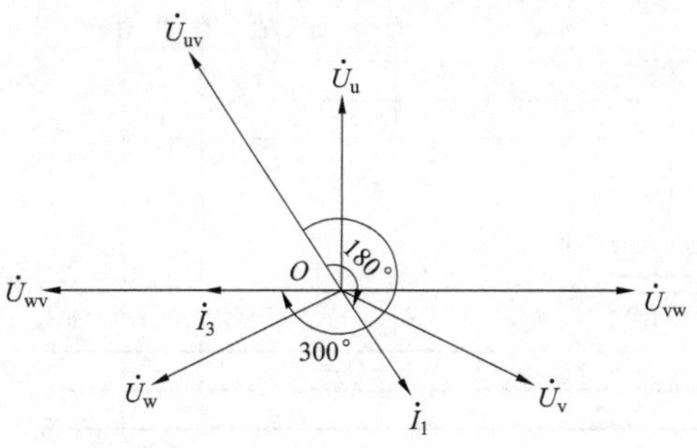

图 4－30

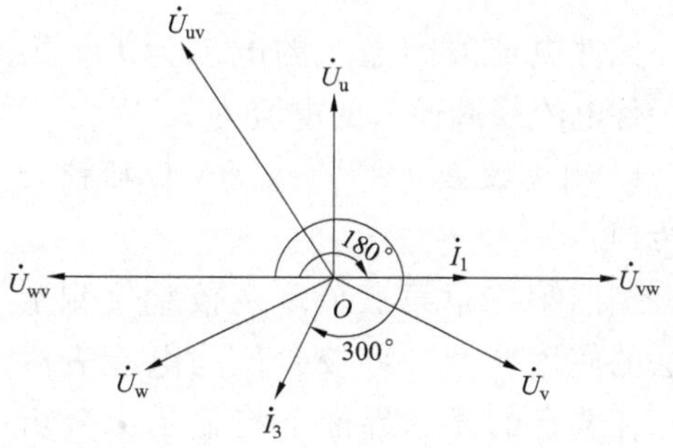

图 4－31

（6）将两个电流在相量图上的位置进行比较。比较结果是第五步以电压相序 UVW 推出的两个电流符合两个电流在相量图上的位置。

（7）最后得出错误接线结论：电压相序 UVW，电流相序 I_w、I_u，U 相电压断相。电能表的实际接线组别为：第一元件$\frac{1}{2}U_{wv}$、$-I_w$，第二元件 U_{wv}、$-I_u$。

（8）画出错误接线相量图，如图 4－32 所示。

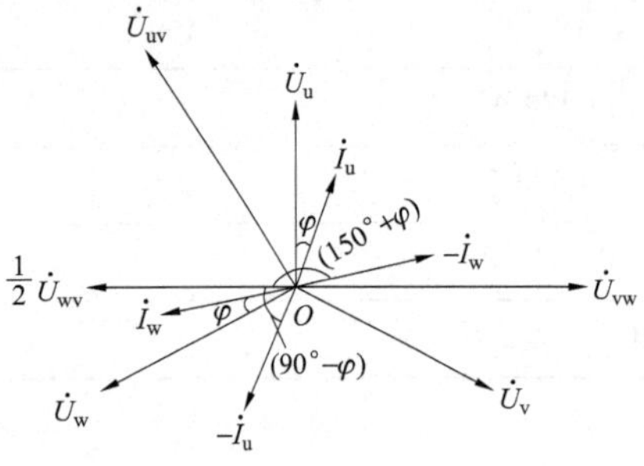

图 4－32

3. 写出错误接线时测得的电能（以功率表示）

因为电能表所计量的电能与所加电压和电流及相应相电流之间的夹角余弦乘积成正比，根据图 4－32 画出的错误接线相量图，对两个元件所计量的电能分别进行分析（以功率表示），并设 P_1'为第一元件错误计量的功率，P_2' 为第二元件错误计量的功率。

第一元件测量的功率为

$$P_1' = \frac{1}{2}U_{wv}(-I_w)\cos(150° + \varphi)$$

第二元件测量的功率为

$$P_2' = U_{wv}(-I_u)\cos(90° - \varphi)$$

在三相电路完全对称时，两元件测量的总功率为

$$P' = P_1' + P_2'$$
$$= \frac{1}{2}U_{wv}(-I_w)\cos(150° + \varphi) + U_{wv}(-I_u)\cos(90° - \varphi)$$

九、表尾电压相序 UVW，电流相序 I_uI_w，W 相 TV 二次侧电压断相

图 4－33 是三相三线有功电能表的错误接线。由于 W 相 TV 二次侧电压断相，造成电能表第一元件电压线圈两端实际承受电压为 U_{uv}，第二元件实际承受电压为$\frac{1}{2}U_{uv}$；第一元件电流线圈通入的电流为 I_u，第二元件电流线圈通入的电流为 I_w。

1. 测量数据（以 T－230A 现场校验仪为例）

按照第二章第三节现场校验仪测量方法的使用介绍，将校验仪与电能表接好。在选定的显示界面上将显示出分析所需的所有数据，显示屏数据如表 4－9 所示。

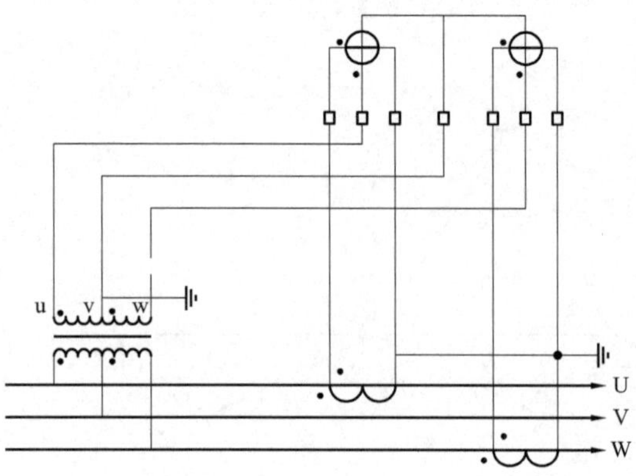

图 4－33

表 4－9

测 试 数 据			
项目	1 元件	2－6 端子	3 元件
电压	100.7V	56.6V	44.8V
电流	1.5A	0.0A	1.5A
对地电压	100.4V	0.3V	44.5V
相位	$\varphi_{I_1I_3}=239.5°$		
	$\varphi_{U_{12}I_1}=60.3°$		
	$\varphi_{U_{12}I_3}=299.7°$　$P=100.5$		
相序	电压断相 U_3　电流相序正		

2. 分析判断错误现象

（1）从表 4－9“电压”栏中的显示值看出 2 元件和 3 元件的电压值不等于 100V，可以判定该错误接线有电压断相，并且根据 2 元件和 3 元件的电压值可以看出，此电能表内部分压结构为“△”形。

（2）从“对地电压”栏中可以看出 2 元件的电压为 0V，所以确定 U_2 为 V 相。电压值为 44V 的 U_3 为电压断相，与“相序”栏中的电压断相 U_3 一致。

（3）确定 U_2 为 V 相后，就可以看出该错误接线的电压相序有两种可能，即 UVW 和 WVU。

（4）如图 4－34 所示，以电压相序 UVW 推出两个电流在相量图上的位置。将“相位”栏中的 U_{12} 替换成 U_{uv}。那么，$U_{12}I_1=60°$ 就替换成 $U_{uv}I_1=60°$、$U_{12}I_3=300°$ 就替换成 $U_{uv}I_3=300°$。即以 U_{uv} 为基准沿顺时针方向分别转 60°和 300°找到 I_1 和 I_3。从图上可以看出 $I_1=I_u$、$I_3=I_w$，并且其夹角等于 240°，电流相序为正。

（5）如图 4－35 所示，以电压相序 WVU 推出两个电流在相量图上的位置。将“相位”栏中的 U_{12} 替换成 U_{wv}。那么，$U_{12}I_1=60°$ 就替换成 $U_{wv}I_1=60°$、$U_{12}I_3=300°$ 就替换成 $U_{wv}I_3=300°$。即以 U_{wv} 为基准沿顺时针方向分别转 60°和 300°找到 I_1 和 I_3。

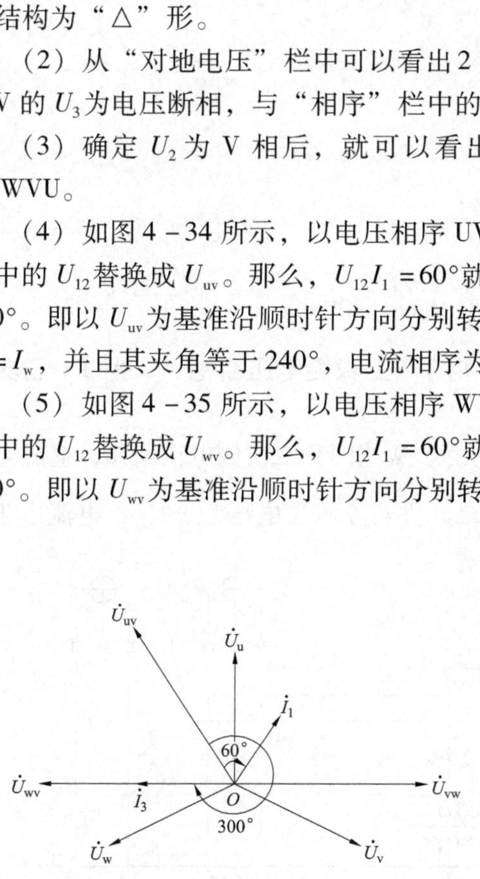

图 4－34

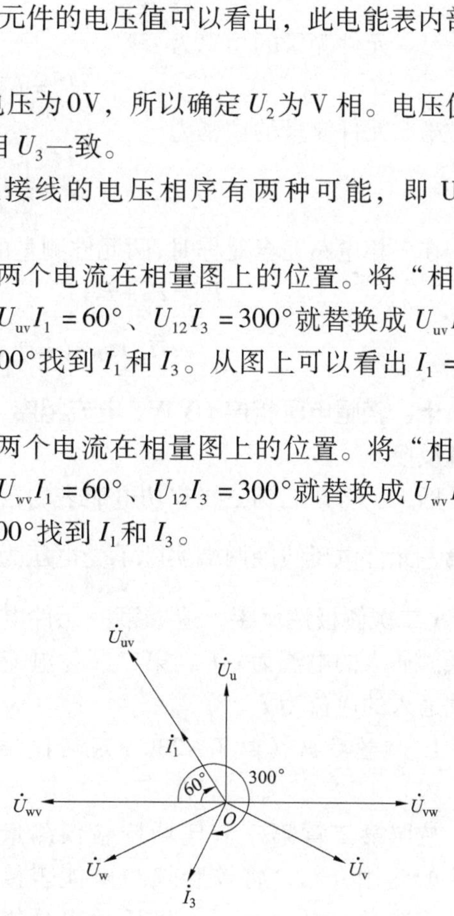

图 4－35

(6) 将两个电流在相量图上的位置进行比较。比较结果是第四步以电压相序 UVW 推出的两个电流符合两个电流在相量图上的位置。

(7) 最后得出错误接线结论：电压相序 UVW，电流相序 I_u、I_w，W 相电压断相。电能表的实际接线组别为：第一元件 U_{uv}、I_u，第二元件$\frac{1}{2}U_{uv}$、I_w。

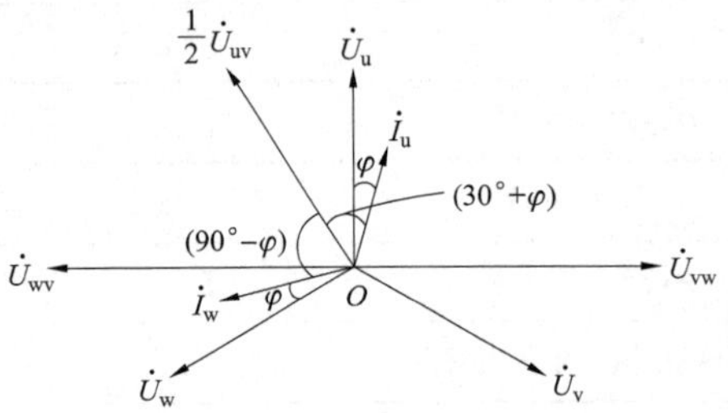

图 4－36

(8) 画出错误接线相量图，如图 4－36 所示。

3. 写出错误接线时测得的电能（以功率表示）

因为电能表所计量的电能与所加电压和电流及相应相电流之间的夹角余弦乘积成正比，根据图 4－36 画出的错误接线相量图，对两个元件所计量的电能分别进行分析（以功率表示），并设 P_1'为第一元件错误计量的功率，P_2'为第二元件错误计量的功率。

第一元件测量的功率为

$$P_1' = U_{uv}I_u\cos(30° + \varphi)$$

第二元件测量的功率为

$$P_2' = \frac{1}{2}U_{uv}I_w\cos(90° - \varphi)$$

在三相电路完全对称时,两元件测量的总功率为

$$\begin{aligned} P' &= P_1' + P_2' \\ &= U_{uv}I_u\cos(30° + \varphi) + \frac{1}{2}U_{uv}I_w\cos(90° - \varphi) \end{aligned}$$

十、表尾电压相序 UVW，电流相序 I_uI_w，W 相 TV 二次侧电压断相，U 相 TA 二次侧极性反接

图 4－37 是三相三线有功电能表的错误接线。由于 W 相 TV 二次侧电压断相，造成电能表第一元件电压线圈两端实际承受电压为 U_{uv}，第二元件实际承受电压为$\frac{1}{2}U_{uv}$；电流由于 U 相 TA 二次侧极性反接，造成第一元件电流线圈通入的电流为 $-I_u$，第二元件电流线圈通入的电流为 I_w。

1. 测量数据（以 T－230A 现场校验仪为例）

按照第二章第三节现场校验仪测量方法的使用介绍，将校验仪与电能表接好。在选定的显示界面上将显示出分析所需的所有数据，显示屏数据如表 4－10 所示。

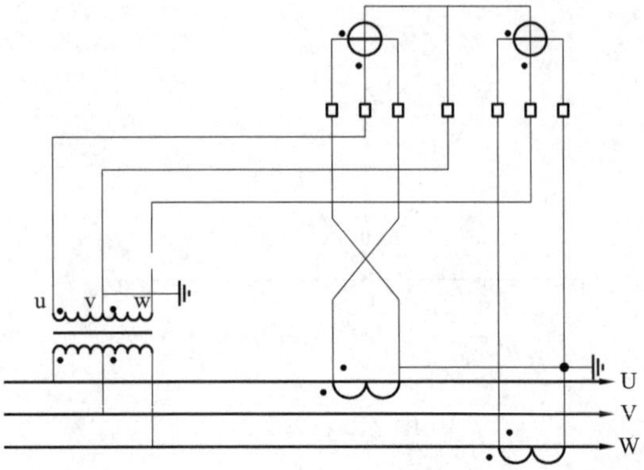

图 4－37

表 4-10

测 试 数 据			
项目	1 元件	2-6 端子	3 元件
电压	100.7V	56.6V	44.8V
电流	1.5A	0.0A	1.5A
对地电压	100.4V	0.3V	44.5V
相位	$\varphi_{I_1I_3}=59.8°$		
	$\varphi_{U_{12}I_1}=240.0°$		
	$\varphi_{U_{12}I_3}=299.8°$　$P=-49.2$		
相序	电压断相 U_3　电流相序正		

2. 分析判断错误现象

(1) 从表 4-10“电压”栏中的显示值看出 2 元件和 3 元件的电压值不等于 100V，可以判定该错误接线有电压断相，并且根据 2 元件和 3 元件的电压值可以看出，此电能表内部分压结构为“△”形。

(2) 从“对地电压”栏中可以看出 2 元件的电压为 0V，所以确定 U_2 为 V 相。电压值为 44V 的 U_3 为电压断相，与“相序”栏中的电压断相 U_3 一致。

(3) 确定 U_2 为 V 相后，就可以看出该错误接线的电压相序有两种可能，即 UVW 和 WVU。

(4) 如图 4-38 所示，以电压相序 UVW 推出两个电流在相量图上的位置。将“相位”栏中的 U_{12} 替换成 U_{uv}。那么，$U_{12}I_1=240°$ 就替换成 $U_{uv}I_1=240°$、$U_{12}I_3=300°$ 就替换成 $U_{uv}I_3=300°$。即以 U_{uv} 为基准沿顺时针方向分别转 240° 和 300° 找到 I_1 和 I_3。从图上可以看出 $I_1=-I_u$、$I_3=I_w$，并且其夹角等于 60°，电流相序为正。

(5) 如图 4-39 所示，以电压相序 WVU 推出两个电流在相量图上的位置。将“相位”栏中的 U_{12} 替换成 U_{wv}。那么，$U_{12}I_1=240°$ 就替换成 $U_{wv}I_1=240°$、$U_{12}I_3=300°$ 就替换成 $U_{wv}I_3=300°$。即以 U_{wv} 为基准沿顺时针方向分别转 240° 和 300° 找到 I_1 和 I_3。

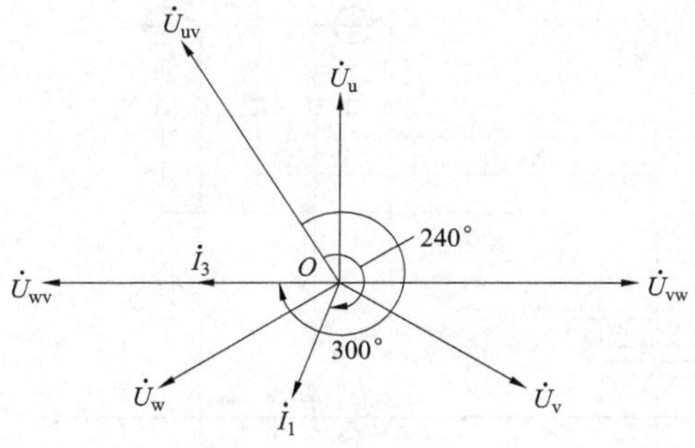

图 4-38

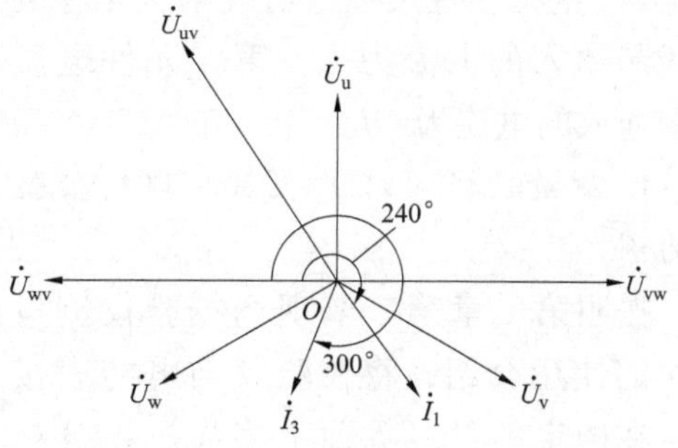

图 4-39

（6）将两个电流在相量图上的位置进行比较。比较结果是第四步以电压相序 UVW 推出的两个电流符合两个电流在相量图上的位置。

（7）最后得出错误接线结论：电压相序 UVW，电流相序 I_u、I_w，W 相电压断相。电能表的实际接线组别为：第一元件 U_{uv}、$-I_u$，第二元件$\frac{1}{2}U_{uv}$、I_w。

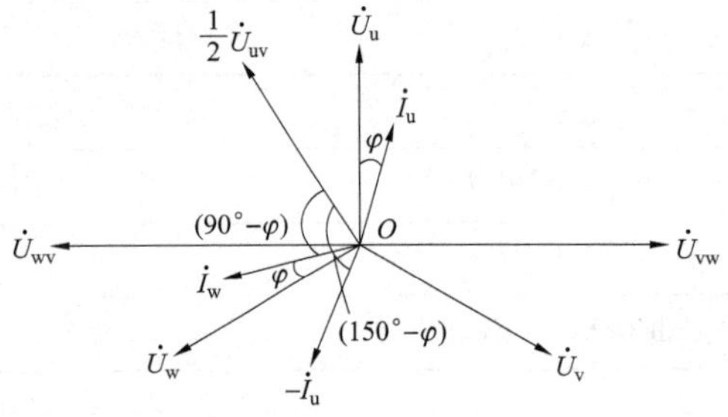

图 4－40

（8）画出错误接线相量图，如图 4－40 所示。

3. 写出错误接线时测得的电能（以功率表示）

因为电能表所计量的电能与所加电压和电流及相应相电流之间的夹角余弦乘积成正比，根据图 4－40 画出的错误接线相量图，对两个元件所计量的电能分别进行分析（以功率表示），并设 P_1'为第一元件错误计量的功率，P_2' 为第二元件错误计量的功率。

第一元件测量的功率为

$$P_1' = U_{uv}(-I_u)\cos(150° - \varphi)$$

第二元件测量的功率为

$$P_2' = \frac{1}{2}U_{uv}I_w\cos(90° - \varphi)$$

在三相电路完全对称时，两元件测量的总功率为

$$\begin{aligned}P' &= P_1' + P_2' \\ &= U_{uv}(-I_u)\cos(150° - \varphi) + \frac{1}{2}U_{uv}I_w\cos(90° - \varphi)\end{aligned}$$

十一、表尾电压相序 UVW，电流相序 I_uI_w，W 相 TV 二次侧电压断相，W 相 TA 二次侧极性反接

图 4－41 是三相三线有功电能表的错误接线。由于 W 相 TV 二次侧电压断相，造成电能表第一元件电压线圈两端实际承受电压为 U_{uv}，第二元件实际承受电压为$\frac{1}{2}U_{uv}$；电流由于 W 相 TA 二次侧极性反接，造成第一元件电流线圈通入的电流为 I_u，第二元件电流线圈通入的电流为 $-I_w$。

1. 测量数据（以 T－230A 现场校验仪为例）

按照第二章第三节现场校验仪测量方法的使用介绍，将校验仪与电能表接好。在选定的显示界面上将显示出分析所需的所有数据，显示屏数据如表 4－11 所示。

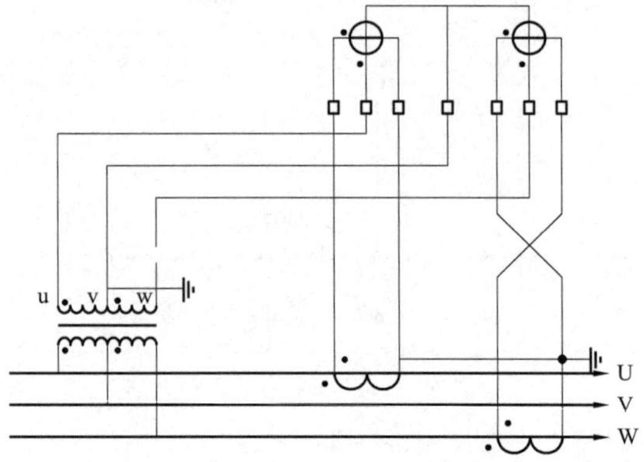

图 4－41

表 4-11

测 试 数 据			
项目	1 元件	2-6 端子	3 元件
电压	100.7V	56.6V	44.8V
电流	1.5A	0.0A	1.5A
对地电压	100.4V	0.3V	44.5V
相位	$\varphi_{I_1I_3}=59.8°$		
	$\varphi_{U_{12}I_1}=60.0°$		
	$\varphi_{U_{12}I_3}=119.8°$　$P=49.2$		
相序	电压断相 U_3　电流相序正		

2. 分析判断错误现象

(1) 从表 4-11 "电压"栏中的显示值看出 2 元件和 3 元件的电压值不等于 100V，可以判定该错误接线有电压断相，并且根据 2 元件和 3 元件的电压值可以看出，此电能表内部分压结构为"△"形。

(2) 从"对地电压"栏中可以看出 2 元件的电压为 0V，所以确定 U_2 为 V 相。电压值为 44V 的 U_3 为电压断相，与"相序"栏中的电压断相 U_3 一致。

(3) 确定 U_2 为 V 相后，就可以看出该错误接线的电压相序有两种可能，即 UVW 和 WVU。

(4) 如图 4-42 所示，以电压相序 UVW 推出两个电流在相量图上的位置。将"相位"栏中的 U_{12} 替换成 U_{uv}。那么，$U_{12}I_1=60°$ 就替换成 $U_{uv}I_1=60°$、$U_{12}I_3=120°$ 就替换成 $U_{uv}I_3=120°$。即以 U_{uv} 为基准沿顺时针方向分别转 60°和 120°找到 I_1 和 I_3。从图上可以看出 $I_1=I_u$、$I_3=-I_w$，并且其夹角等于 60°，电流相序为正。

(5) 如图 4-43 所示，以电压相序 WVU 推出两个电流在相量图上的位置。将"相位"栏中的 U_{12} 替换成 U_{wv}。那么，$U_{12}I_1=60°$ 就替换成 $U_{wv}I_1=60°$、$U_{12}I_3=120°$ 就替换成 $U_{wv}I_3=120°$。即以 U_{wv} 为基准沿顺时针方向分别转 60°和 120°找到 I_1 和 I_3。

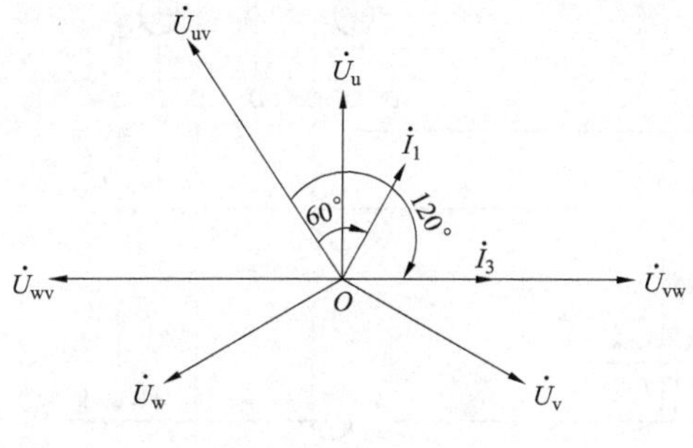

图 4-42

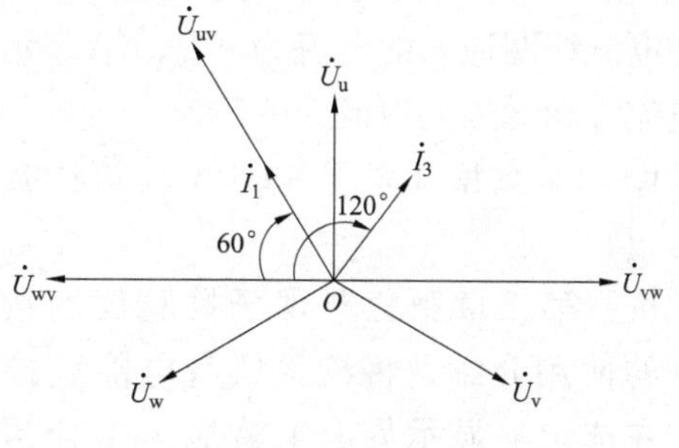

图 4-43

（6）将两个电流在相量图上的位置进行比较。比较结果是第四步以电压相序 UVW 推出的两个电流符合两个电流在相量图上的位置。

（7）最后得出错误接线结论：电压相序 UVW，电流相序 I_u、I_w，W 相电压断相。电能表的实际接线组别为：第一元件 U_{uv}、I_u，第二元件$\frac{1}{2}U_{uv}$、$-I_w$。

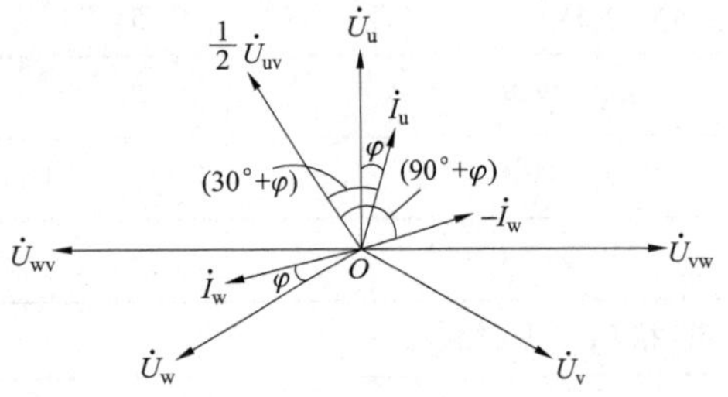

图 4－44

（8）画出错误接线相量图，如图 4－44 所示。

3. 写出错误接线时测得的电能（以功率表示）

因为电能表所计量的电能与所加电压和电流及相应相电流之间的夹角余弦乘积成正比，根据图 4－44 画出的错误接线相量图，对两个元件所计量的电能分别进行分析（以功率表示），并设 P_1'为第一元件错误计量的功率，P_2'为第二元件错误计量的功率。

第一元件测量的功率为

$$P_1' = U_{uv}I_u\cos(30° + \varphi)$$

第二元件测量的功率为

$$P_2' = \frac{1}{2}U_{uv}(-I_w)\cos(90° + \varphi)$$

在三相电路完全对称时,两元件测量的总功率为

$$\begin{aligned} P' &= P_1' + P_2' \\ &= U_{uv}I_u\cos(30° + \varphi) + \frac{1}{2}U_{uv}(-I_w)\cos(90° + \varphi) \end{aligned}$$

十二、表尾电压相序 UVW，电流相序 I_u、I_w，W 相 TV 二次侧电压断相，U、W 相 TA 二次侧极性反接

图 4－45 是三相三线有功电能表的错误接线。由于 W 相 TV 二次侧电压断相，造成电能表第一元件电压线圈两端实际承受电压为 U_{uv}，第二元件实际承受电压为$\frac{1}{2}U_{uv}$；电流由于 U、W 相 TA 二次侧极性反接，造成第一元件电流线圈通入的电流为 $-I_u$，第二元件电流线圈通入的电流为 $-I_w$。

1. 测量数据（以 T－230A 现场校验仪为例）

按照第二章第三节现场校验仪测量方法的使用介绍，将校验仪与电能表接好。在选定的显示界面上将显示出分析所需的所有数据，显示屏数据如表 4－12 所示。

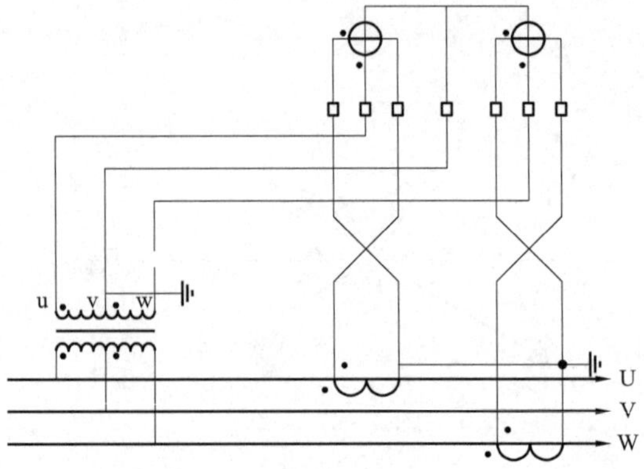

图 4－45

表 4-12

测 试 数 据			
项目	1 元件	2-6 端子	3 元件
电压	100.7V	56.5V	44.9V
电流	1.5A	0.0A	1.5A
对地电压	100.4V	0.3V	44.6V
相位	$\varphi_{I_1I_3}=239.4°$		
	$\varphi_{U_{12}I_1}=240.3°$		
	$\varphi_{U_{12}I_3}=119.7°$　$P=-100.5$		
相序	电压断相 U_3　电流相序正		

2. 分析判断错误现象

(1) 从表 4-12 “电压” 栏中的显示值看出 2 元件和 3 元件的电压值不等于 100V，可以判定该错误接线有电压断相，并且根据 2 元件和 3 元件的电压值可以看出，此电能表内部分压结构为 “△” 形。

(2) 从 “对地电压” 栏中可以看出 2 元件的电压为 0V，所以确定 U_2 为 V 相。电压值为 44V 的 U_3 为电压断相，与 “相序” 栏中的电压断相 U_3 一致。

(3) 确定 U_2 为 V 相后，就可以看出该错误接线的电压相序有两种可能，即 UVW 和 WVU。

(4) 如图 4-46 所示，以电压相序 UVW 推出两个电流在相量图上的位置。将 “相位” 栏中的 U_{12} 替换成 U_{uv}。那么，$U_{12}I_1=240°$ 就替换成 $U_{uv}I_1=240°$、$U_{12}I_3=120°$ 就替换成 $U_{uv}I_3=120°$。即以 U_{uv} 为基准沿顺时针方向分别转 240° 和 120° 找到 I_1 和 I_3。从图上可以看出 $I_1=-I_u$、$I_3=-I_w$，并且其夹角等于 240°，电流相序为正。

(5) 如图 4-47 所示，以电压相序 WVU 推出两个电流在相量图上的位置。将 “相位” 栏中的 U_{12} 替换成 U_{wv}。那么，$U_{12}I_1=240°$ 就替换成 $U_{wv}I_1=240°$、$U_{12}I_3=120°$ 就替换成 $U_{wv}I_3=120°$。即以 U_{wv} 为基准沿顺时针方向分别转 240° 和 120° 找到 I_1 和 I_3。

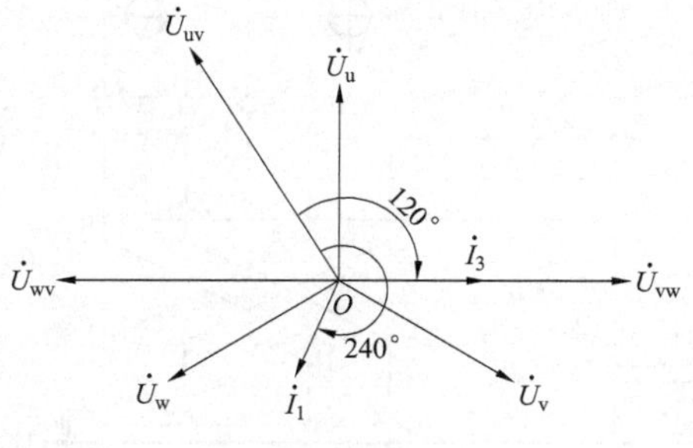

图 4-46

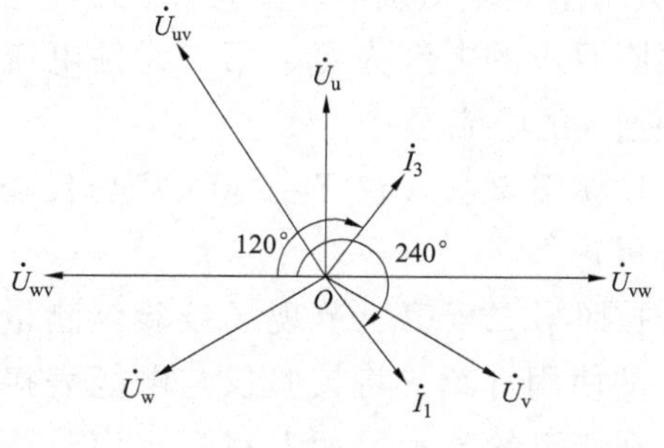

图 4-47

（6）将两个电流在相量图上的位置进行比较。比较结果是第四步以电压相序 UVW 推出的两个电流符合两个电流在相量图上的位置。

（7）最后得出错误接线结论：电压相序 UVW，电流相序 I_u、I_w，W 相电压断相。电能表的实际接线组别为：第一元件 U_{uv}、$-I_u$，第二元件$\frac{1}{2}U_{uv}$、$-I_w$。

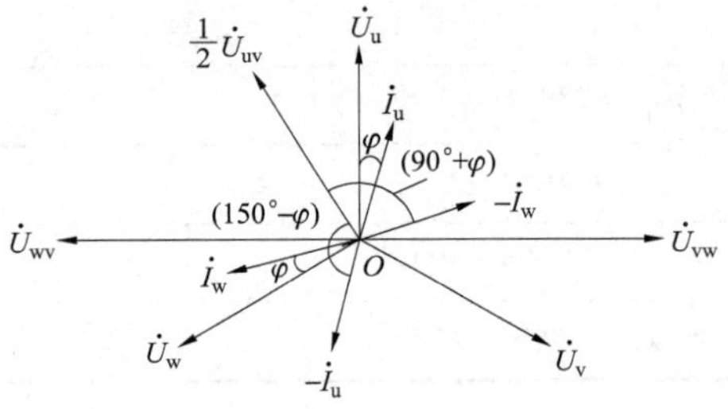

图 4－48

（8）画出错误接线相量图，如图 4－48 所示。

3. 写出错误接线时测得的电能（以功率表示）

因为电能表所计量的电能与所加电压和电流及相应相电流之间的夹角余弦乘积成正比，根据图 4－48 画出的错误接线相量图，对两个元件所计量的电能分别进行分析（以功率表示），并设 P_1'为第一元件错误计量的功率，P_2'为第二元件错误计量的功率。

第一元件测量的功率为

$$P_1' = U_{uv}(-I_u)\cos(150° - \varphi)$$

第二元件测量的功率为

$$P_2' = \frac{1}{2}U_{uv}(-I_w)\cos(90° + \varphi)$$

在三相电路完全对称时，两元件测量的总功率为

$$\begin{aligned} P' &= P_1' + P_2' \\ &= U_{uv}(-I_u)\cos(150° - \varphi) + \frac{1}{2}U_{uv}(-I_w)\cos(90° + \varphi) \end{aligned}$$

十三、表尾电压相序 UVW，电流相序 $I_w I_u$，W 相 TV 二次侧电压断相

图 4－49 是三相三线有功电能表的错误接线。由于 W 相 TV 二次侧电压断相，造成电能表第一元件电压线圈两端实际承受电压为 U_{uv}，第二元件实际承受电压为$\frac{1}{2}U_{uv}$；电流由于 U、W 相表尾端钮接错，造成第一元件电流线圈通入的电流为 I_w，第二元件电流线圈通入的电流为 I_u。

1. 测量数据（以 T－230A 现场校验仪为例）

按照第二章第三节现场校验仪测量方法的使用介绍，将校验仪与电能表接好。在选定的显示界面上将显示出分析所需的所有数据，显示屏数据如表 4－13 所示。

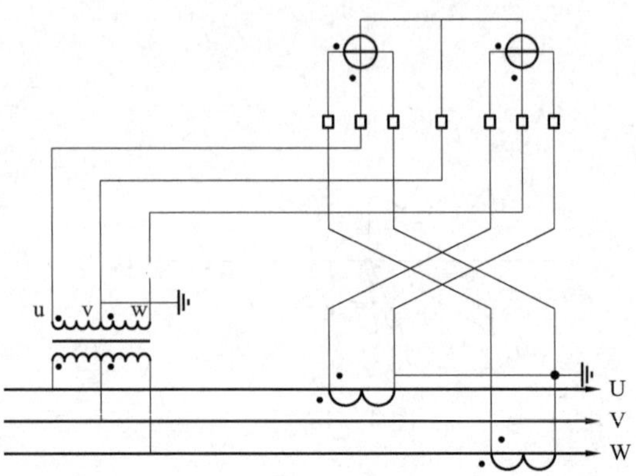

图 4－49

表 4-13

测 试 数 据			
项目	1 元件	2-6 端子	3 元件
电压	100.7V	56.5V	44.9V
电流	1.5A	0.0A	1.5A
对地电压	100.4V	0.3V	44.6V
相位	$\varphi_{I_1I_3}=120.6°$		
	$\varphi_{U_{12}I_1}=299.7°$		
	$\varphi_{U_{12}I_3}=60.3°$　$P=114.3$		
相序	电压断相 U_3　电流相序逆		

2. 分析判断错误现象

（1）从表 4-13“电压”栏中的显示值看出 2 元件和 3 元件的电压值不等于 100V，可以判定该错误接线有电压断相，并且根据 2 元件和 3 元件的电压值可以看出，此电能表内部分压结构为“△”形。

（2）从“对地电压”栏中可以看出 2 元件的电压为 0V，所以确定 U_2 为 V 相。电压值为 44V 的 U_3 为电压断相，与“相序”栏中的电压断相 U_3 一致。

（3）确定 U_2 为 V 相后，就可以看出该错误接线的电压相序有两种可能，即 UVW 和 WVU。

（4）如图 4-50 所示，以电压相序 UVW 推出两个电流在相量图上的位置。将“相位”栏中的 U_{12} 替换成 U_{uv}。那么，$U_{12}I_1=300°$ 就替换成 $U_{uv}I_1=300°$、$U_{12}I_3=60°$ 就替换成 $U_{uv}I_3=60°$。即以 U_{uv} 为基准沿顺时针方向分别转 300° 和 60° 找到 I_1 和 I_3。从图上可以看出 $I_1=I_w$、$I_3=I_u$，并且其夹角等于 120°，电流相序为逆。

（5）如图 4-51 所示，以电压相序 WVU 推出两个电流在相量图上的位置。将“相位”栏中的 U_{12} 替换成 U_{wv}。那么，$U_{12}I_1=300°$ 就替换成 $U_{wv}I_1=300°$、$U_{12}I_3=60°$ 就替换成 $U_{wv}I_3=60°$。即以 U_{wv} 为基准沿顺时针方向分别转 300° 和 60° 找到 I_1 和 I_3。

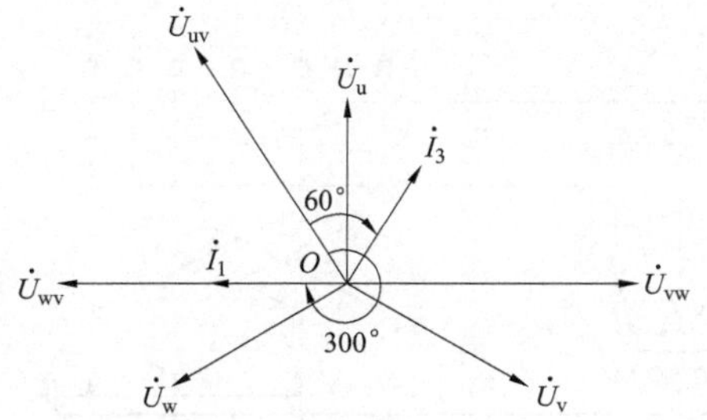

图 4-50

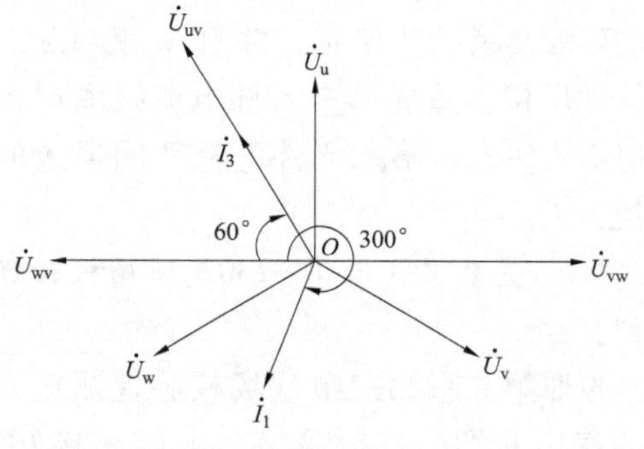

图 4-51

(6) 将两个电流在相量图上的位置进行比较。比较结果是第四步以电压相序 UVW 推出的两个电流符合两个电流在相量图上的位置。

(7) 最后得出错误接线结论：电压相序 UVW，电流相序 I_w、I_u，W 相电压断相。电能表的实际接线组别为：第一元件 U_{uv}、I_w，第二元件$\frac{1}{2}U_{uv}$、I_u。

(8) 画出错误接线相量图，如图 4－52 所示。

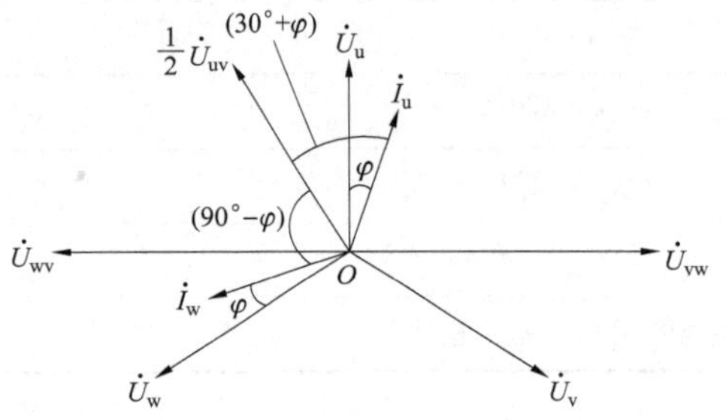

图 4－52

3. 写出错误接线时测得的电能（以功率表示）

因为电能表所计量的电能与所加电压和电流及相应相电流之间的夹角余弦乘积成正比，根据图 4－52 画出的错误接线相量图，对两个元件所计量的电能分别进行分析（以功率表示），并设 P_1'为第一元件错误计量的功率，P_2'为第二元件错误计量的功率。

第一元件测量的功率为

$$P_1' = U_{uv}I_w\cos(90° - \varphi)$$

第二元件测量的功率为

$$P_2' = \frac{1}{2}U_{uv}I_u\cos(30° + \varphi)$$

在三相电路完全对称时，两元件测量的总功率为

$$\begin{aligned} P' &= P_1' + P_2' \\ &= U_{uv}I_w\cos(90° - \varphi) + \frac{1}{2}U_{uv}I_u\cos(30° + \varphi) \end{aligned}$$

十四、表尾电压相序 UVW，电流相序 I_wI_u，W 相 TV 二次侧电压断相，W 相 TA 二次侧极性反接

图 4－53 是三相三线有功电能表的错误接线。由于 W 相 TV 二次侧电压断相，造成电能表第一元件电压线圈两端实际承受电压为 U_{uv}，第二元件实际承受电压为$\frac{1}{2}U_{uv}$；电流由于 U、W 相表尾端钮接错，并且 W 相 TA 二次极性反接，造成第一元件电流线圈通入的电流为 $-I_w$，第二元件电流线圈通入的电流为 I_u。

1. 测量数据（以 T－230A 现场校验仪为例）

按照第二章第三节现场校验仪测量方法的使用介绍，将校验仪与电能表接好。在选定的显示界面上将显示出分析所需的所有数据，显示屏数据如表 4－14 所示。

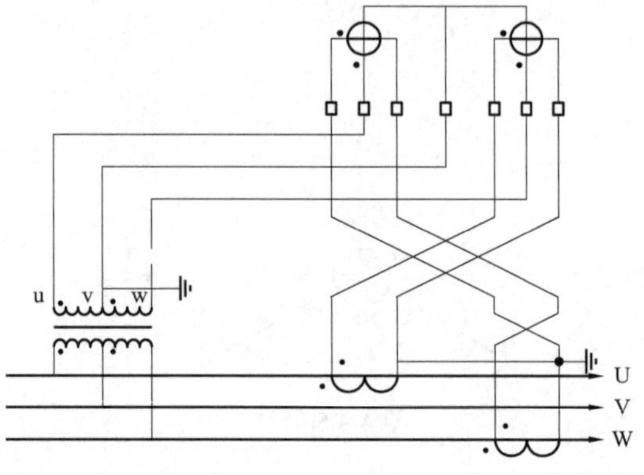

图 4－53

表 4－14

测 试 数 据			
项目	1 元件	2－6 端子	3 元件
电压	100. 7V	56. 5V	44. 9V
电流	1. 5A	0. 0A	1. 5A
对地电压	100. 4V	0. 3V	44. 6V
相位	$\varphi_{I_1I_3}=300.2°$		
	$\varphi_{U_{12}I_1}=119.8°$		
	$\varphi_{U_{12}I_3}=60.0°$　$P=-34.6$		
相序	电压断相 U_3　电流相序逆		

2. 分析判断错误现象

（1）从表 4－14“电压”栏中的显示值看出 2 元件和 3 元件的电压值不等于 100V，可以判定该错误接线有电压断相，并且根据 2 元件和 3 元件的电压值可以看出，此电能表内部分压结构为“△”形。

（2）从“对地电压”栏中可以看出 2 元件的电压为 0V，所以确定 U_2 为 V 相。电压值为 44V 的 U_3 为电压断相，与“相序”栏中的电压断相 U_3 一致。

（3）确定 U_2 为 V 相后，就可以看出该错误接线的电压相序有两种可能，即 UVW 和 WVU。

（4）如图 4－54 所示，以电压相序 UVW 推出两个电流在相量图上的位置。将“相位”栏中的 U_{12} 替换成 U_{uv}。那么，$U_{12}I_1$ 就替换成 $U_{uv}I_1=120°$、$U_{12}I_3$ 就替换成 $U_{uv}I_3=60°$。即以 U_{uv} 为基准沿顺时针方向分别转 120° 和 60° 找到 I_1 和 I_3。从图上可以看出 $I_1=-I_w$、$I_3=I_u$，并且其夹角等于 300°，电流相序为逆。

（5）如图 4－55 所示，以电压相序 WVU 推出两个电流在相量图上的位置。将“相位”栏中的 U_{12} 替换成 U_{wv}。那么，$U_{12}I_1=120°$ 就替换成 $U_{wv}I_1=120°$、$U_{12}I_3=60°$ 就替换成 $U_{wv}I_3=60°$。即以 U_{wv} 为基准沿顺时针方向分别转 120° 和 60° 找到 I_1 和 I_3。

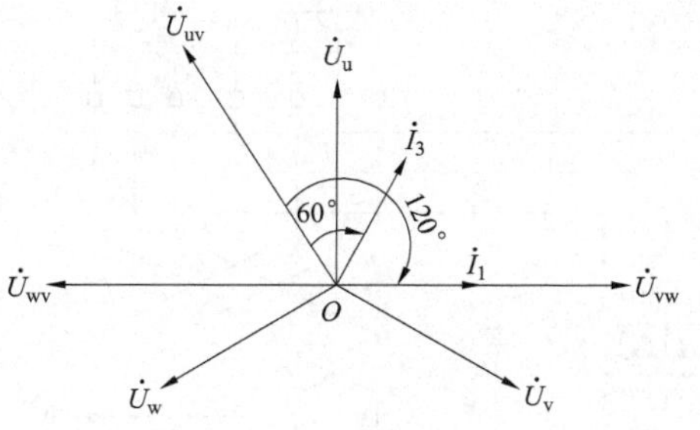

图 4－54

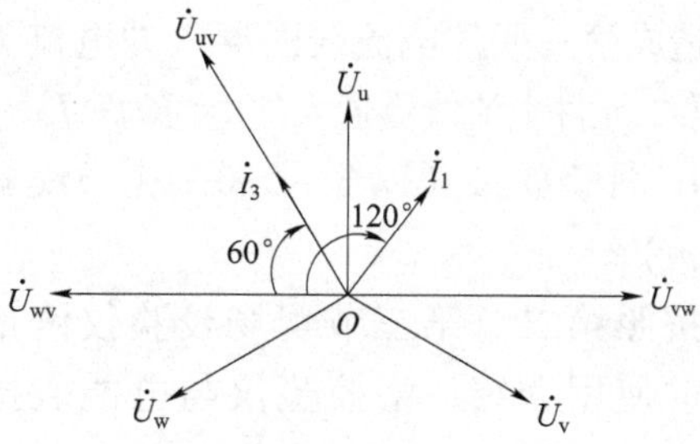

图 4－55

（6）将两个电流在相量图上的位置进行比较。比较结果是第四步以电压相序 UVW 推出的两个电流符合两个电流在相量图上的位置。

（7）最后得出错误接线结论：电压相序 UVW，电流相序 I_w、I_u，W 相电压断相。电能表的实际接线组别为：第一元件 U_{uv}、$-I_w$，第二元件$\frac{1}{2}U_{uv}$、I_u。

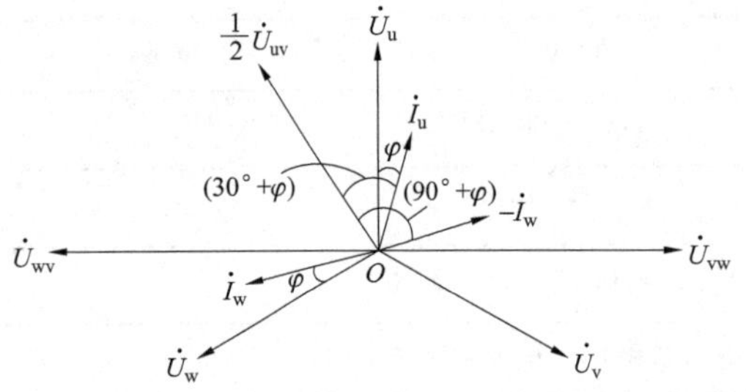

图 4－56

（8）画出错误接线相量图，如图 4－56 所示。

3. 写出错误接线时测得的电能（以功率表示）

因为电能表所计量的电能与所加电压和电流及相应相电流之间的夹角余弦乘积成正比，根据图 4－56 画出的错误接线相量图，对两个元件所计量的电能分别进行分析（以功率表示），并设 P_1'为第一元件错误计量的功率，P_2'为第二元件错误计量的功率。

第一元件测量的功率为

$$P_1' = U_{uv}(-I_w)\cos(90° + \varphi)$$

第二元件测量的功率为

$$P_2' = \frac{1}{2}U_{uv}I_u\cos(30° + \varphi)$$

在三相电路完全对称时，两元件测量的总功率为

$$\begin{aligned} P' &= P_1' + P_2' \\ &= U_{uv}(-I_w)\cos(90° + \varphi) + \frac{1}{2}U_{uv}I_u\cos(30° + \varphi) \end{aligned}$$

十五、表尾电压相序 UVW，电流相序 I_wI_u，W 相 TV 二次侧电压断相，U 相 TA 二次侧极性反接

图 4－57 是三相三线有功电能表的错误接线。由于 W 相 TV 二次侧电压断相，造成电能表第一元件电压线圈两端实际承受电压为 U_{uv}，第二元件实际承受电压为$\frac{1}{2}U_{uv}$；电流由于 U、W 相表尾端钮接错，并且 U 相 TA 二次侧极性反接，造成第一元件电流线圈通入的电流为 I_w，第二元件电流线圈通入的电流为 $-I_u$。

1. 测量数据（以 T－230A 现场校验仪为例）

按照第二章第三节现场校验仪测量方法的使用介绍，将校验仪与电能表接好。在选定的显示界面上将显示出分析所需的所有数据，显示屏数据如表 4－15 所示。

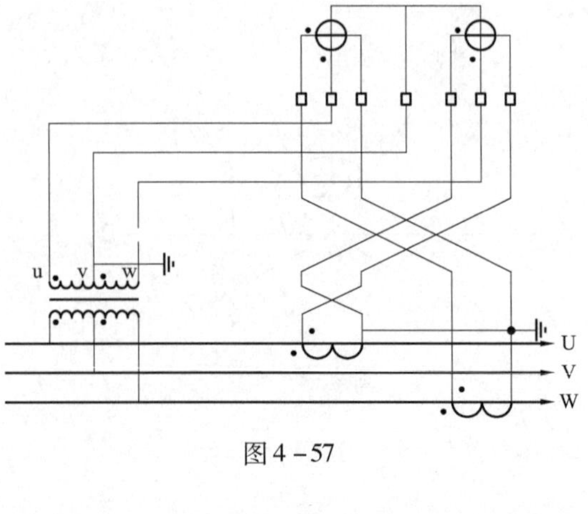

图 4－57

表 4-15

测 试 数 据			
项目	1 元件	2-6 端子	3 元件
电压	100.7V	56.6V	44.8V
电流	1.5A	0.0A	1.5A
对地电压	100.4V	0.3V	44.5V
相位	$\varphi_{I_1I_3}=300.2°$		
	$\varphi_{U_{12}I_1}=299.8°$		
	$\varphi_{U_{12}I_3}=240.0°$ $P=34.6$		
相序	电压断相 U_3 电流相序逆		

2. 分析判断错误现象

(1) 从表4-15 "电压" 栏中的显示值看出2元件和3元件的电压值不等于100V，可以判定该错误接线有电压断相，并且根据2元件和3元件的电压值可以看出，此电能表内部分压结构为 "△" 形。

(2) 从 "对地电压" 栏中可以看出2元件的电压为0V，所以确定 U_2 为V相。电压值为44V的 U_3 为电压断相，与 "相序" 栏中的电压断相 U_3 一致。

(3) 确定 U_2 为V相后，就可以看出该错误接线的电压相序有两种可能，即UVW和WVU。

(4) 如图4-58所示，以电压相序UVW推出两个电流在相量图上的位置。将 "相位" 栏中的 U_{12} 替换成 U_{uv}。那么，$U_{12}I_1=300°$ 就替换成 $U_{uv}I_1=300°$、$U_{12}I_3=240°$ 就替换成 $U_{uv}I_3=240°$。即以 U_{uv} 为基准沿顺时针方向分别转300°和240°找到 I_1 和 I_3。从图上可以看出 $I_1=I_w$、$I_3=-I_u$，并且其夹角等于300°，电流相序为逆。

(5) 如图4-59所示，以电压相序WVU推出两个电流在相量图上的位置。将 "相位" 栏中的 U_{12} 替换成 U_{wv}。那么，$U_{12}I_1=300°$ 就替换成 $U_{wv}I_1=300°$、$U_{12}I_3=240°$ 就替换成 $U_{wv}I_3=240°$。即以 U_{wv} 为基准沿顺时针方向分别转300°和240°找到 I_1 和 I_3。

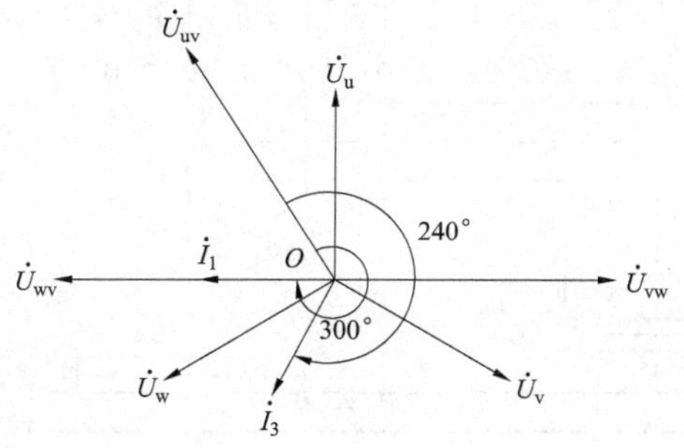

图 4-58

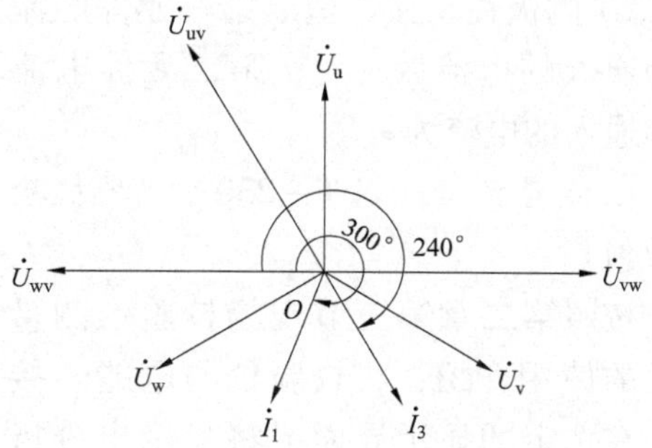

图 4-59

（6）将两个电流在相量图上的位置进行比较。比较结果是第四步以电压相序 UVW 推出的两个电流符合两个电流在相量图上的位置。

（7）最后得出错误接线结论：电压相序 UVW，电流相序 I_w、I_u，W 相电压断相。电能表的实际接线组别为：第一元件 U_{uv}、I_w，第二元件$\frac{1}{2}U_{uv}$、$-I_u$。

（8）画出错误接线相量图，如图 4－60 所示。

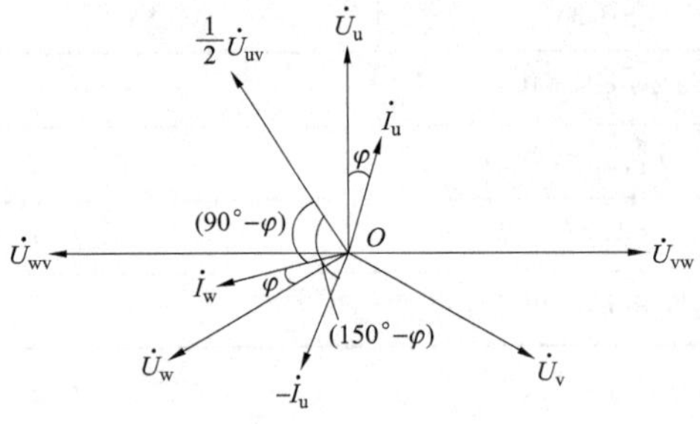

图 4－60

3. 写出错误接线时测得的电能（以功率表示）

因为电能表所计量的电能与所加电压和电流及相应相电流之间的夹角余弦乘积成正比，根据图 4－60 画出的错误接线相量图，对两个元件所计量的电能分别进行分析（以功率表示），并设 P_1'为第一元件错误计量的功率，P_2'为第二元件错误计量的功率。

第一元件测量的功率为

$$P_1' = U_{uv}I_w\cos(90° - \varphi)$$

第二元件测量的功率为

$$P_2' = \frac{1}{2}U_{uv}(-I_u)\cos(150° - \varphi)$$

在三相电路完全对称时，两元件测量的总功率为

$$\begin{aligned}P' &= P_1' + P_2' \\ &= U_{uv}I_w\cos(90° - \varphi) + \frac{1}{2}U_{uv}(-I_u)\cos(150° - \varphi)\end{aligned}$$

十六、表尾电压相序 UVW，电流相序 I_wI_u，W 相 TV 二次侧电压断相，U、W 相 TA 二次侧极性反接

图 4－61 是三相三线有功电能表的错误接线。由于 W 相 TV 二次侧电压断相，造成电能表第一元件电压线圈两端实际承受电压为 U_{uv}，第二元件实际承受电压为$\frac{1}{2}U_{uv}$；电流由于 U、W 相表尾端钮接错，并且 U、W 相 TA 二次侧极性反接，造成第一元件电流线圈通入的电流为 $-I_w$，第二元件电流线圈通入的电流为 $-I_u$。

1. 测量数据（以 T－230A 现场校验仪为例）

按照第二章第三节现场校验仪测量方法的使用介绍，将校验仪与电能表接好。在选定的显示界面上将显示出分析所需的所有数据，显示屏数据如表 4－16 所示。

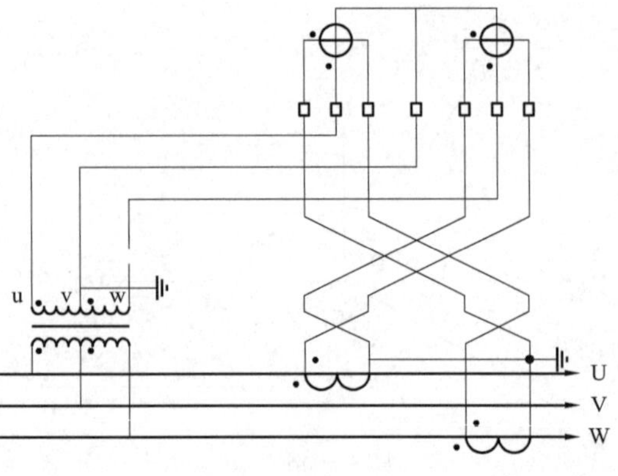

图 4－61

表 4-16

测试数据			
项目	1 元件	2-6 端子	3 元件
电压	100.7V	56.6V	44.8V
电流	1.5A	0.0A	1.5A
对地电压	100.4V	0.3V	44.6V
相位	$\varphi_{I_1I_3}=120.6°$		
	$\varphi_{U_{12}I_1}=119.7°$		
	$\varphi_{U_{12}I_3}=240.3°$　$P=-114.3$		
相序	电压断相 U_3　电流相序逆		

2. 分析判断错误现象

（1）从表 4-16“电压”栏中的显示值看出 2 元件和 3 元件的电压值不等于 100V，可以判定该错误接线有电压断相，并且根据 2 元件和 3 元件的电压值可以看出，此电能表内部分压结构为“△”形。

（2）从“对地电压”栏中可以看出 2 元件的电压为 0V，所以确定 U_2为 V 相。电压值为 44V 的 U_3为电压断相，与“相序”栏中的电压断相 U_3一致。

（3）确定 U_2 为 V 相后，就可以看出该错误接线的电压相序有两种可能，即 UVW 和 WVU。

（4）如图 4-62 所示，以电压相序 UVW 推出两个电流在相量图上的位置。将“相位”栏中的 U_{12} 替换成 U_{uv}。那么，$U_{12}I_1=120°$ 就替换成 $U_{uv}I_1=120°$、$U_{12}I_3=240°$ 就替换成 $U_{uv}I_3=240°$。即以 U_{uv} 为基准沿顺时针方向分别转 120°和 240°找到 I_1 和 I_3。从图上可以看出 $I_1=-I_w$、$I_3=-I_u$，并且其夹角等于 120°，电流相序为逆。

（5）如图 4-63 所示，以电压相序 WVU 推出两个电流在相量图上的位置。将“相位”栏中的 U_{12} 替换成 U_{wv}。那么，$U_{12}I_1=120°$ 就替换成 $U_{wv}I_1=120°$、$U_{12}I_3=240°$ 就替换成 $U_{wv}I_3=240°$。即以 U_{wv} 为基准沿顺时针方向分别转 120°和 240°找到 I_1 和 I_3。

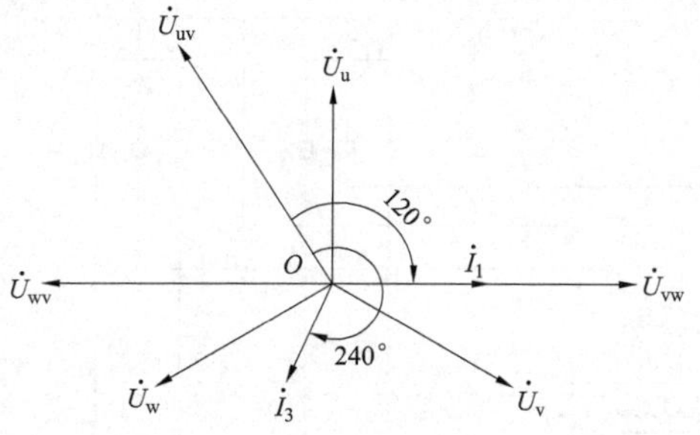

图 4-62

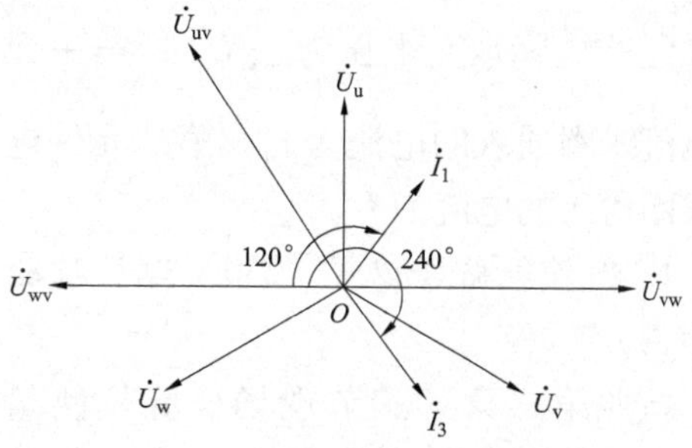

图 4-63

（6）将两个电流在相量图上的位置进行比较。比较结果是第四步以电压相序 UVW 推出的两个电流符合两个电流在相量图上的位置。

（7）最后得出错误接线结论：电压相序 UVW，电流相序 I_w、I_u，W 相电压断相。电能表的实际接线组别为：第一元件 U_{uv}、$-I_w$，第二元件$\frac{1}{2}U_{uv}$、$-I_u$。

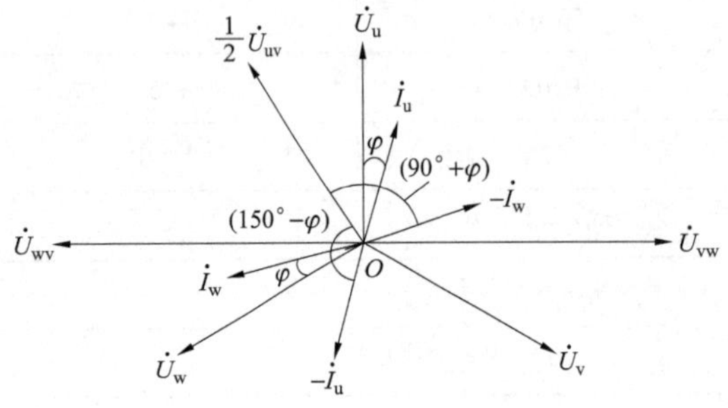

图 4 - 64

（8）画出错误接线相量图，如图 4 - 64 所示。

3. 写出错误接线时测得的电能（以功率表示）

因为电能表所计量的电能与所加电压和电流及相应相电流之间的夹角余弦乘积成正比，根据图 4 - 64 画出的错误接线相量图，对两个元件所计量的电能分别进行分析（以功率表示），并设 P_1'为第一元件错误计量的功率，P_2'为第二元件错误计量的功率。

第一元件测量的功率为

$$P_1' = U_{uv}(-I_w)\cos(90° + \varphi)$$

第二元件测量的功率为

$$P_2' = \frac{1}{2}U_{uv}(-I_u)\cos(150° - \varphi)$$

在三相电路完全对称时，两元件测量的总功率为

$$\begin{aligned} P' &= P_1' + P_2' \\ &= U_{uv}(-I_w)\cos(90° + \varphi) + \frac{1}{2}U_{uv}(-I_u)\cos(150° - \varphi) \end{aligned}$$

第二节　电压相序为 VWU 时的错误接线实例分析

一、表尾电压相序 VWU，电流相序 I_uI_w，U 相 TV 二次侧电压断相

图 4 - 65 是三相三线有功电能表的错误接线。从图中可以看出，电能表表尾电压相序为 VWU，并且 U 相 TV 二次侧电压断相，造成电能表第一元件电压线圈两端实际承受电压为 U_{vw}，第二元件实际承受电压为 $\frac{1}{2}U_{vw}$；第一元件电流线圈通入的电流为 I_u，第二元件电流线圈通入的电流为 I_w。

1. 测量数据（以 T - 230A 现场校验仪为例）

按照第二章第三节现场校验仪测量方法的使用介绍，将校验仪与电能表接好。在选定的显示界面上将显示出分析所需的所有数据，显示屏数据如表 4 - 17 所示。

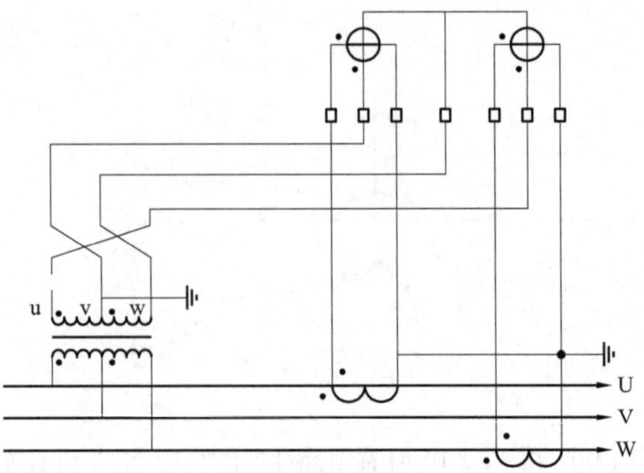

图 4 - 65

表 4-17

测 试 数 据			
项目	1 元件	2-6 端子	3 元件
电压	100.8V	51.6V	49.4V
电流	1.5A	0.0A	1.5A
对地电压	0.3V	100.5V	51.2V
相位	$\varphi_{I_1I_3}=239.5°$		
	$\varphi_{U_{12}I_1}=300.3°$		
	$\varphi_{U_{12}I_3}=179.8°$　$P=2.1$		
相序	电压断相 U_3　电流相序正		

2. 分析判断错误现象

(1) 从表 4-17“电压”栏中的显示值看出 2 元件和 3 元件的电压值不等于 100V，可以判定该错误接线有电压断相，并且根据 2 元件和 3 元件的电压值可以看出，此电能表内部结构为“△”形。

(2) 从“对地电压”栏中可以看出 1 元件的电压为 0V，所以确定 U_1 为 V 相。电压值为 51V 的 U_3 为电压断相，与“相序”栏中的电压断相 U_3 一致。

(3) 确定 U_1 为 V 相后，就可以看出该错误接线的电压相序有两种可能，即 VWU 和 VUW。

(4) 如图 4-66 所示，以电压相序 VWU 推出两个电流在相量图上的位置。将“相位”栏中的 U_{12} 替换成 U_{vw}。那么，$U_{12}I_1=300°$ 就替换成 $U_{vw}I_1=300°$、$U_{12}I_3=180°$ 就替换成 $U_{vw}I_3=180°$。即以 U_{vw} 为基准沿顺时针方向分别转 300° 和 180° 找到 I_1 和 I_3。从图上可以看出 $I_1=I_u$、$I_3=I_w$，并且其夹角等于 240°，电流相序为正。

(5) 如图 4-67 所示，以电压相序 VUW 推出两个电流在相量图上的位置。将“相位”栏中的 U_{12} 替换成 U_{vu}。那么，$U_{12}I_1=300°$ 就替换成 $U_{vu}I_1=300°$、$U_{32}I_3=180°$ 就替换成 $U_{vu}I_3=180°$。即以 U_{vu} 为基准沿顺时针方向分别转 300° 和 180° 找到 I_1 和 I_3。

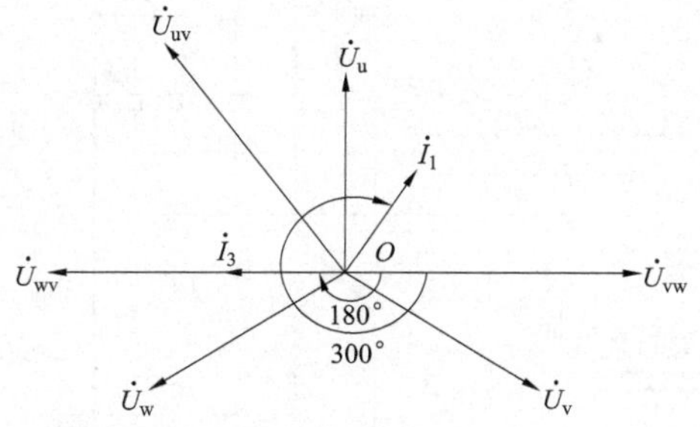

图 4-66

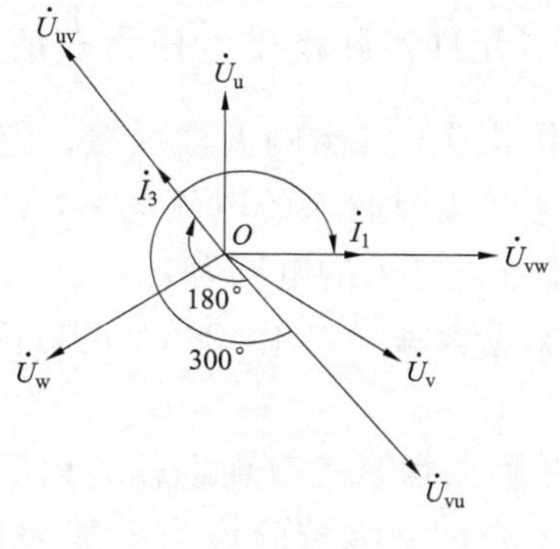

图 4-67

(6) 将两个电流在相量图上的位置进行比较。比较结果是第四步以电压相序 VWU 推出的两个电流符合两个电流在相量图上的位置。

(7) 最后得出错误接线结论：电压相序 VWU，电流相序 I_u、I_w，U 相电压断相。电能表的实际接线组别为：第一元件 U_{vw}、I_u，第二元件$\frac{1}{2}U_{vw}$、I_w。

(8) 画出错误接线相量图，如图 4－68 所示。

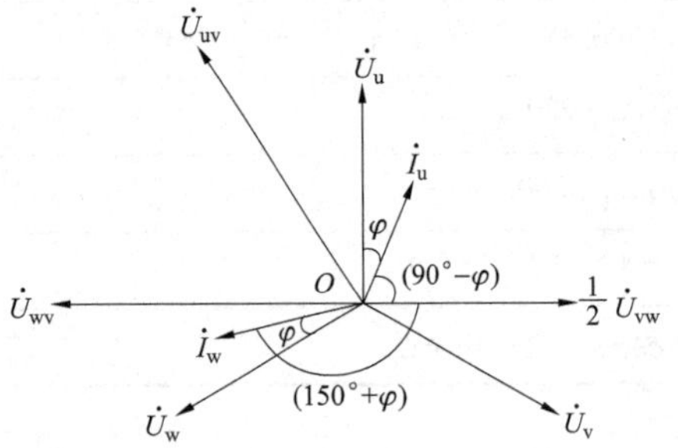

图 4－68

3. 写出错误接线时测得的电能（以功率表示）

因为电能表所计量的电能与所加电压和电流及相应相电流之间的夹角余弦乘积成正比，根据图 4－68 画出的错误接线相量图，对两个元件所计量的电能分别进行分析（以功率表示），并设 P_1'为第一元件错误计量的功率，P_2'为第二元件错误计量的功率。

第一元件测量的功率为

$$P_1' = U_{vw}I_u\cos(90° - \varphi)$$

第二元件测量的功率为

$$P_2' = \frac{1}{2}U_{vw}I_w\cos(150° + \varphi)$$

在三相电路完全对称时，两元件测量的总功率为

$$\begin{aligned} P' &= P_1' + P_2' \\ &= U_{vw}I_u\cos(90° - \varphi) + \frac{1}{2}U_{vw}I_w\cos(150° + \varphi) \end{aligned}$$

二、表尾电压相序 VWU，电流相序 I_uI_w，U 相 TV 二次侧电压断相，U 相 TA 二次侧极性反接

图 4－69 是三相三线有功电能表的错误接线。从图中可以看出，电能表表尾电压相序为 VWU，并且 U 相 TV 二次侧电压断相，造成电能表第一元件电压线圈两端实际承受电压为 U_{vw}，第二元件实际承受电压为$\frac{1}{2}U_{vw}$；电流由于 U 相 TA 二次侧极性反接，造成第一元件电流线圈通入的电流为 $-I_u$，第二元件电流线圈通入的电流为 I_w。

1. 测量数据（以 T－230A 现场校验仪为例）

按照第二章第三节现场校验仪测量方法的使用介绍，将校验仪与电能表接好。在选定的显示界面上将显示出分析所需的所有数据，显示屏数据如表 4－18 所示。

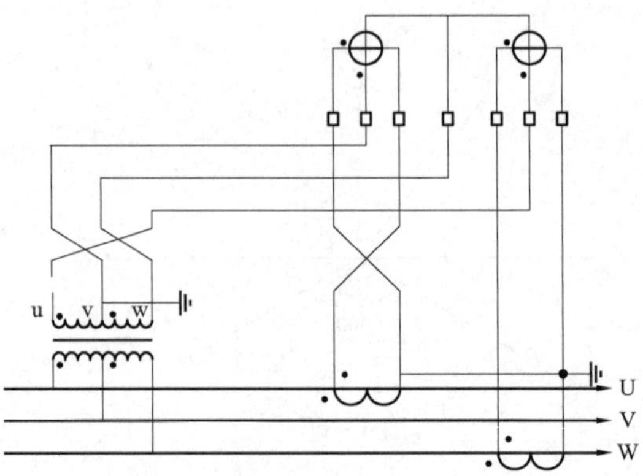

图 4－69

表 4-18

测 试 数 据			
项目	1 元件	2-6 端子	3 元件
电压	100.8V	51.5V	49.4V
电流	1.5A	0.0A	1.5A
对地电压	0.3V	100.5V	51.2V
相位	$\varphi_{I_1I_3}=59.8°$		
	$\varphi_{U_{12}I_1}=120.1°$		
	$\varphi_{U_{12}I_3}=179.9°$　$P=-149.0$		
相序	电压断相 U_3　电流相序正		

2. 分析判断错误现象

（1）从“电压”栏中的显示值看出 2 元件和 3 元件的电压值不等于 100V，可以判定该错误接线有电压断相，并且根据 2 元件和 3 元件的电压值可以看出，此电能表内部结构为“△”形。

（2）从“对地电压”栏中可以看出 1 元件的电压为 0V，所以确定 U_1 为 V 相。电压值为 51V 的 U_3 为电压断相，与“相序”栏中的电压断相 U_3 一致。

（3）确定 U_1 为 V 相后，就可以看出该错误接线的电压相序有两种可能，即 VWU 和 VUW。

（4）如图 4-70 所示，以电压相序 VWU 推出两个电流在相量图上的位置。将“相位”栏中的 U_{12} 替换成 U_{vw}。那么，$U_{12}I_1=120°$ 就替换成 $U_{vw}I_1=120°$、$U_{12}I_3=180°$ 就替换成 $U_{vw}I_3=180°$。即以 U_{vw} 为基准沿顺时针方向分别转 120°和 180°找到 I_1 和 I_3。从图上可以看出 $I_1=I_u$、$I_3=I_w$，并且其夹角等于 60°，电流相序为正。

（5）如图 4-71 所示，以电压相序 VUW 推出两个电流在相量图上的位置。将“相位”栏中的 U_{12} 替换成 U_{vu}。那么，$U_{12}I_1=120°$ 就替换成 $U_{vu}I_1=120°$、$U_{32}I_3=180°$ 就替换成 $U_{vu}I_3=180°$。即以 U_{vu} 为基准沿顺时针方向分别转 120°和 180°找到 I_1 和 I_3。

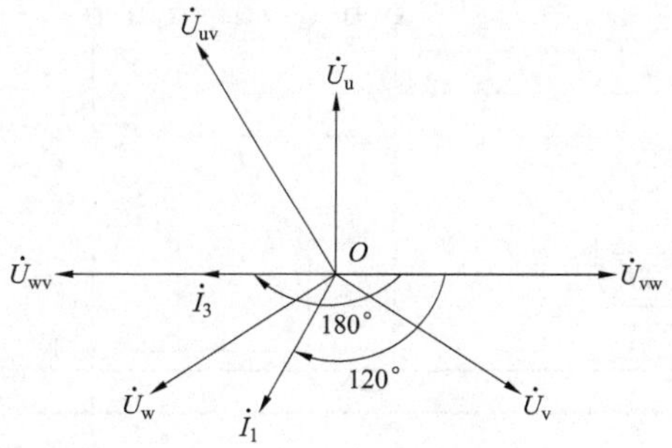

图 4-70

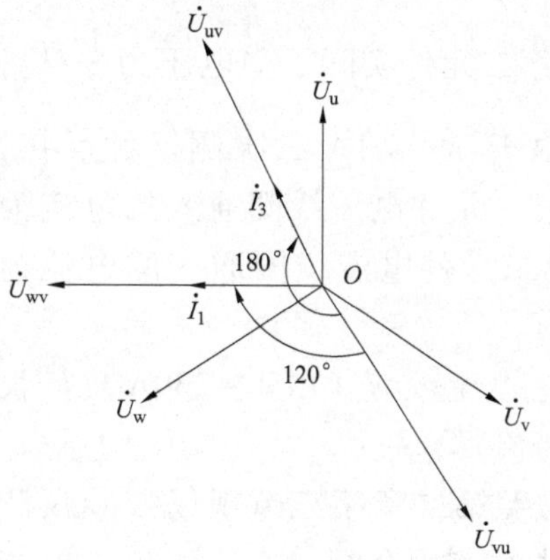

图 4-71

（6）将两个电流在相量图上的位置进行比较。比较结果是第四步以电压相序 VWU 推出的两个电流符合两个电流在相量图上的位置。

（7）最后得出错误接线结论：电压相序 VWU，电流相序 I_u、I_w，U 相电压断相。电能表的实际接线组别为：第一元件 U_{vw}、$-I_u$，第二元件$\frac{1}{2}U_{vw}$、I_w。

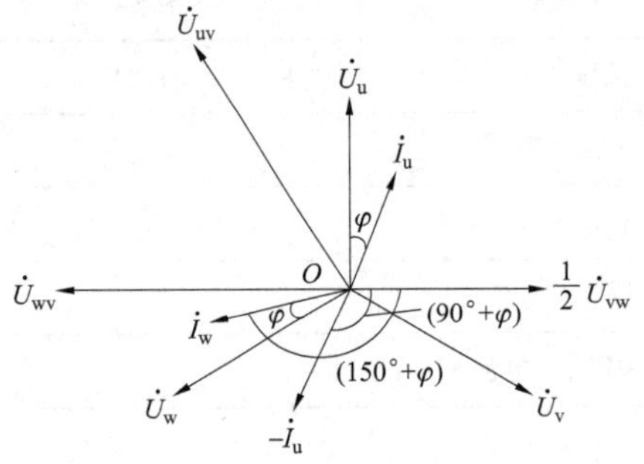

图 4－72

（8）画出错误接线相量图，如图 4－72 所示。

3. 写出错误接线时测得的电能（以功率表示）

因为电能表所计量的电能与所加电压和电流及相应相电流之间的夹角余弦乘积成正比，根据图 4－72 画出的错误接线相量图，对两个元件所计量的电能分别进行分析（以功率表示），并设 P_1'为第一元件错误计量的功率，P_2'为第二元件错误计量的功率。

第一元件测量的功率为

$$P_1' = U_{vw}(-I_u)\cos(90° + \varphi)$$

第二元件测量的功率为

$$P_2' = \frac{1}{2}U_{vw}I_w\cos(150° + \varphi)$$

在三相电路完全对称时，两元件测量的总功率为

$$\begin{aligned}P' &= P_1' + P_2' \\ &= U_{vw}(-I_u)\cos(90° + \varphi) + \frac{1}{2}U_{vw}I_w\cos(150° + \varphi)\end{aligned}$$

三、表尾电压相序 VWU，电流相序 I_uI_w，U 相 TV 二次侧电压断相，W 相 TA 二次侧极性反接

图 4－73 是三相三线有功电能表的错误接线。从图中可以看出，电能表表尾电压相序为 VWU，并且 U 相 TV 二次侧电压断相，造成电能表第一元件电压线圈两端实际承受电压为 U_{vw}，第二元件实际承受电压为$\frac{1}{2}U_{vw}$；电流由于 W 相 TA 二次侧极性反接，造成第一元件电流线圈通入的电流为 I_u，第二元件电流线圈通入的电流为 $-I_w$。

1. 测量数据（以 T－230A 现场校验仪为例）

按照第二章第三节现场校验仪测量方法的使用介绍，将校验仪与电能表接好。在选定的显示界面上将显示

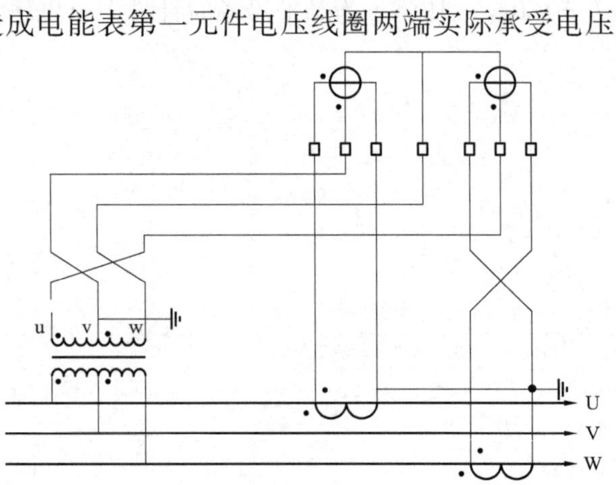

图 4－73

出分析所需的所有数据，显示屏数据如表 4 – 19 所示。

表 4 – 19

测 试 数 据			
项目	1 元件	2 – 6 端子	3 元件
电压	100. 8V	51. 5V	49. 4V
电流	1. 5A	0. 0A	1. 5A
对地电压	0. 3V	100. 5V	51. 2V
相位	$\varphi_{I_1I_3}=59.8°$		
	$\varphi_{U_{12}I_1}=300.1°$		
	$\varphi_{U_{12}I_3}=359.9°$　$P=149.0$		
相序	电压断相 U_3　电流相序正		

2. 分析判断错误现象

（1）从表 4 – 19“电压”栏中的显示值看出 2 元件和 3 元件的电压值不等于 100V，可以判定该错误接线有电压断相，并且根据 2 元件和 3 元件的电压值可以看出，此电能表内部结构为“△”形。

（2）从“对地电压”栏中可以看出 1 元件的电压为 0V，所以确定 U_1 为 V 相。电压值为 51V 的 U_3 为电压断相，与“相序”栏中的电压断相 U_3 一致。

（3）确定 U_1 为 V 相后，就可以看出该错误接线的电压相序有两种可能，即 VWU 和 VUW。

（4）如图 4 – 74 所示，以电压相序 VWU 推出两个电流在相量图上的位置。将“相位”栏中的 U_{12} 替换成 U_{vw}。那么，$U_{12}I_1=300°$ 就替换成 $U_{vw}I_1=300°$、$U_{12}I_3=360°$ 就替换成 $U_{vw}I_3=360°$。即以 U_{vw} 为基准沿顺时针方向分别转 300°和 360°找到 I_1 和 I_3。从图上可以看出 $I_1=I_u$、$I_3=-I_w$，并且其夹角等于 60°，电流相序为正。

（5）如图 4 – 75 所示，以电压相序 VUW 推出两个电流在相量图上的位置。将“相位”栏中的 U_{12} 替换成 U_{vu}。那么，$U_{12}I_1=300°$ 就替换成 $U_{vu}I_1=300°$、$U_{32}I_3=360°$ 就替换成 $U_{vu}I_3=360°$。即以 U_{vu} 为基准沿顺时针方向分别转 300°和 360°找到 I_1 和 I_3。

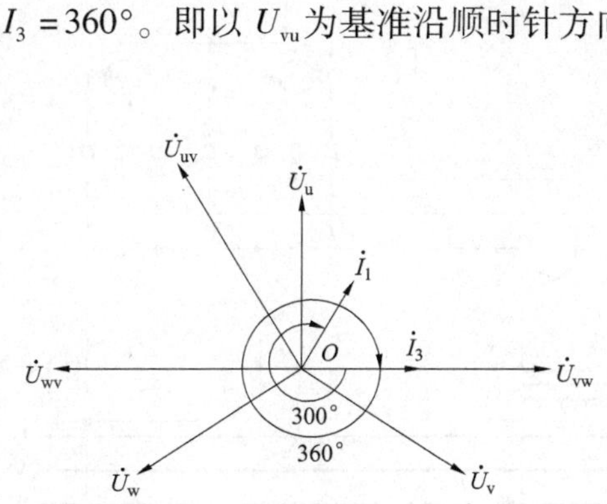

图 4 – 74

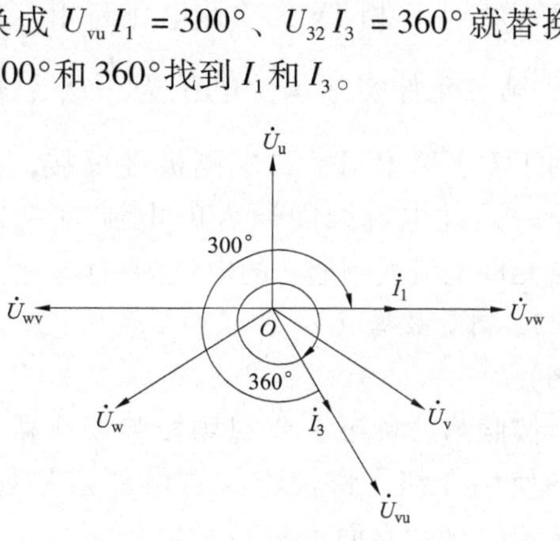

图 4 – 75

（6）将两个电流在相量图上的位置进行比较。比较结果是第四步以电压相序 VWU 推出的两个电流符合两个电流在相量图上的位置。

（7）最后得出错误接线结论：电压相序 VWU，电流相序 I_u、I_w，U 相电压断相。电能表的实际接线组别为：第一元件 U_{vw}、I_u，第二元件$\frac{1}{2}U_{vw}$、$-I_w$。

（8）画出错误接线相量图，如图 4－76 所示。

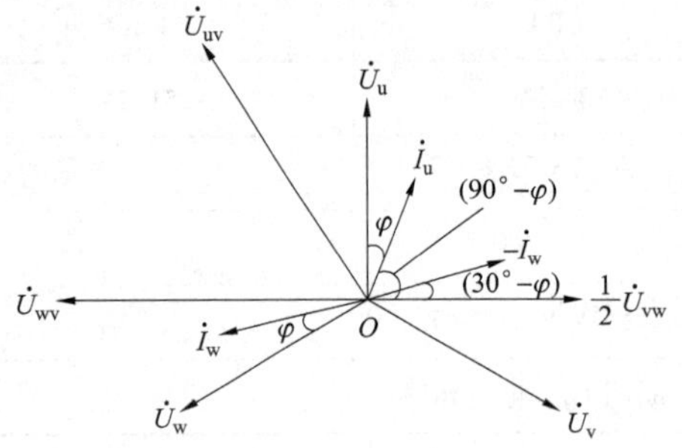

图 4－76

3. 写出错误接线时测得的电能（以功率表示）

因为电能表所计量的电能与所加电压和电流及相应相电流之间的夹角余弦乘积成正比，根据图 4－76 画出的错误接线相量图，对两个元件所计量的电能分别进行分析（以功率表示），并设 P_1'为第一元件错误计量的功率，P_2'为第二元件错误计量的功率。

第一元件测量的功率为

$$P_1' = U_{vw}I_u\cos(90° - \varphi)$$

第二元件测量的功率为

$$P_2' = \frac{1}{2}U_{vw}(-I_w)\cos(30° - \varphi)$$

在三相电路完全对称时，两元件测量的总功率为

$$P' = P_1' + P_2'$$

$$= U_{vw}I_u\cos(90° - \varphi) + \frac{1}{2}U_{vw}(-I_w)\cos(30° - \varphi)$$

四、表尾电压相序 VWU，电流相序 I_uI_w，U 相 TV 二次侧电压断相，U、W 相 TA 二次侧极性反接

图 4－77 是三相三线有功电能表的错误接线。从图中可以看出，电能表表尾电压相序为 VWU，并且 U 相 TV 二次侧电压断相，造成电能表第一元件电压线圈两端实际承受电压为 U_{vw}，第二元件实际承受电压为$\frac{1}{2}U_{vw}$；电流由于 U、W 相 TA 二次侧极性反接，造成第一元件电流线圈通入的电流为 $-I_u$，第二元件电流线圈通入的电流为 $-I_w$。

1. 测量数据（以 T－230A 现场校验仪为例）

按照第二章第三节现场校验仪测量方法的使用介绍，将校验仪与电能表接好。在选定的显示界面上将显示出分析所需的所有数据，显示屏数据如表 4－20 所示。

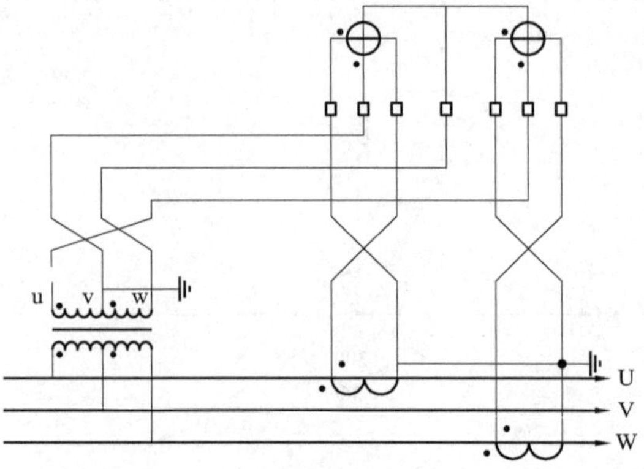

图 4－77

表 4－20

测　试　数　据			
项目	1 元件	2－6 端子	3 元件
电压	100.8V	51.5V	49.4V
电流	1.5A	0.0A	1.5A
对地电压	0.3V	100.5V	51.2V
相位	$\varphi_{I_1I_3}=239.4°$		
	$\varphi_{U_{12}I_1}=120.3°$		
	$\varphi_{U_{12}I_3}=359.8°$　$P=-2.0$		
相序	电压断相 U_3　电流相序正		

2. 分析判断错误现象

（1）从表 4－20“电压”栏中的显示值看出 2 元件和 3 元件的电压值不等于 100V，可以判定该错误接线有电压断相，并且根据 2 元件和 3 元件的电压值可以看出，此电能表内部结构为“△”形。

（2）从“对地电压”栏中可以看出 1 元件的电压为 0V，所以确定 U_1 为 V 相。电压值为 51V 的 U_3 为电压断相，与“相序”栏中的电压断相 U_3 一致。

（3）确定 U_1 为 V 相后，就可以看出该错误接线的电压相序有两种可能，即 VWU 和 VUW。

（4）如图 4－78 所示，以电压相序 VWU 推出两个电流在相量图上的位置。将“相位”栏中的 U_{12} 替换成 U_{vw}。那么，$U_{12}I_1=120°$ 就替换成 $U_{vw}I_1=120°$、$U_{12}I_3=360°$ 就替换成 $U_{vw}I_3=360°$。即以 U_{vw} 为基准沿顺时针方向分别转 120°和 360°找到 I_1 和 I_3。从图上可以看出 $I_1=-I_u$、$I_3=-I_w$，并且其夹角等于 240°，电流相序为正。

（5）如图 4－79 所示，以电压相序 VUW 推出两个电流在相量图上的位置。将“相位”栏中的 U_{12} 替换成 U_{vu}。那么，$U_{12}I_1=120°$ 就替换成 $U_{vu}I_1=120°$、$U_{32}I_3=360°$ 就替换成 $U_{vu}I_3=360°$。即以 U_{vu} 为基准沿顺时针方向分别转 120°和 360°找到 I_1 和 I_3。

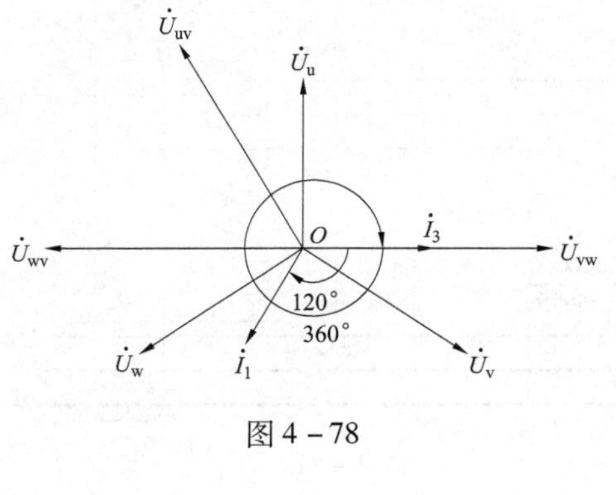

图 4－78

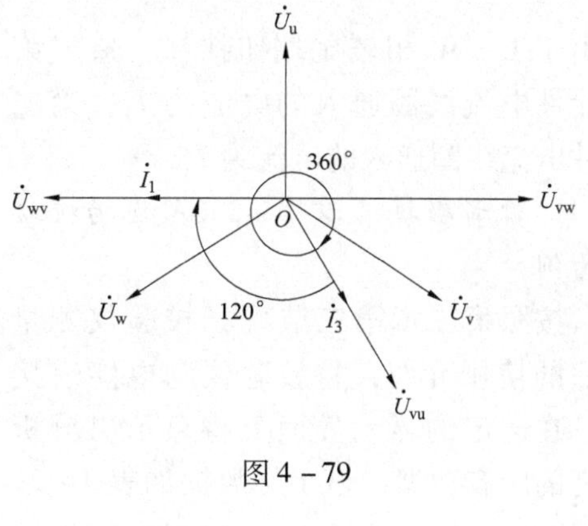

图 4－79

（6）将两个电流在相量图上的位置进行比较。比较结果是第四步以电压相序 VWU 推出的两个电流符合两个电流在相量图上的位置。

（7）最后得出错误接线结论：电压相序 VWU，电流相序 I_u、I_w，U 相电压断相。电能表的实际接线组别为：第一元件 U_{vw}、$-I_u$，第二元件$\frac{1}{2}U_{vw}$、$-I_w$。

（8）画出错误接线相量图，如图 4－80 所示。

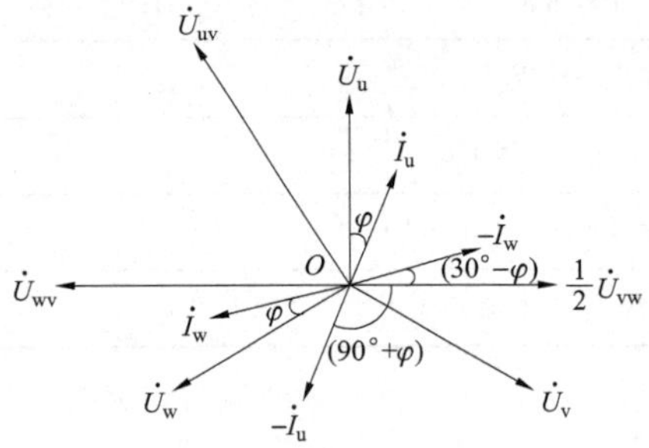

图 4－80

3. 写出错误接线时测得的电能（以功率表示）

因为电能表所计量的电能与所加电压和电流及应相电流之间的夹角余弦乘积成正比，根据图 4－80 画出的错误接线相量图，对两个元件所计量的电能分别进行分析（以功率表示），并设 P_1'为第一元件错误计量的功率，P_2'为第二元件错误计量的功率。

第一元件测量的功率为

$$P_1' = U_{vw}(-I_u)\cos(90° + \varphi)$$

第二元件测量的功率为

$$P_2' = \frac{1}{2}U_{vw}(-I_w)\cos(30° - \varphi)$$

在三相电路完全对称时，两元件测量的总功率为

$$\begin{aligned} P' &= P_1' + P_2' \\ &= U_{vw}(-I_u)\cos(90° + \varphi) + \frac{1}{2}U_{vw}(-I_w)\cos(30° - \varphi) \end{aligned}$$

五、表尾电压相序 VWU，电流相序 I_wI_u，U 相 TV 二次侧电压断相

图 4－81 是三相三线有功电能表的错误接线。从图中可以看出，电能表表尾电压相序为 VWU，并且 U 相 TV 二次侧电压断相，造成电能表第一元件电压线圈两端实际承受电压为 U_{vw}，第二元件实际承受电压为$\frac{1}{2}U_{vw}$；电流由于 U、W 相表尾端钮接错，造成第一元件电流线圈通入的电流为 I_w，第二元件电流线圈通入的电流为 I_u。

1. 测量数据（以 T－230A 现场校验仪为例）

按照第二章第三节现场校验仪测量方法的使用介绍，将校验仪与电能表接好。在选定的显示界面上将显示出分析所需的所有数据，显示屏数据如表 4－21 所示。

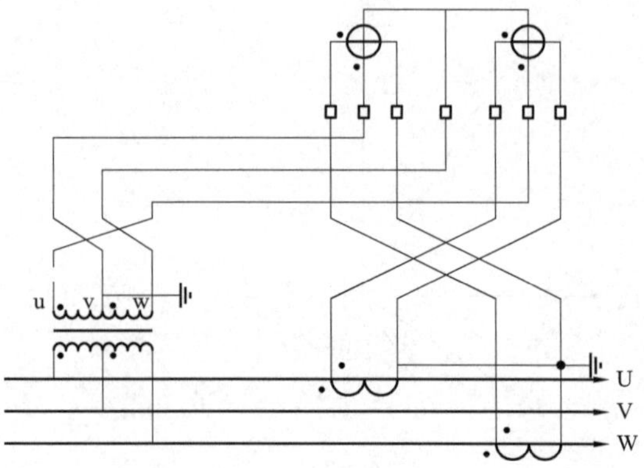

图 4－81

表 4-21

测 试 数 据			
项目	1 元件	2-6 端子	3 元件
电压	100.8V	51.5V	49.4V
电流	1.5A	0.0A	1.5A
对地电压	0.3V	100.5V	51.2V
相位	$\varphi_{I_1I_3}=120.6°$		
	$\varphi_{U_{12}I_1}=179.7°$		
	$\varphi_{U_{12}I_3}=300.3°$　$P=-111.1$		
相序	电压断相 U_3　电流相序逆		

2. 分析判断错误现象

(1) 从表 4-21“电压”栏中的显示值看出 2 元件和 3 元件的电压值不等于 100V，可以判定该错误接线有电压断相，并且根据 2 元件和 3 元件的电压值可以看出，此电能表内部结构为“△”形。

(2) 从“对地电压”栏中可以看出 1 元件的电压为 0V，所以确定 U_1 为 V 相。电压值为 51V 的 U_3 为电压断相，与“相序”栏中的电压断相 U_3 一致。

(3) 确定 U_1 为 V 相后，就可以看出该错误接线的电压相序有两种可能，即 VWU 和 VUW。

(4) 如图 4-82 所示，以电压相序 VWU 推出两个电流在相量图上的位置。将“相位”栏中的 U_{12} 替换成 U_{vw}。那么，$U_{12}I_1=180°$ 就替换成 $U_{vw}I_1=180°$、$U_{12}I_3=300°$ 就替换成 $U_{vw}I_3=300°$。即以 U_{vw} 为基准沿顺时针方向分别转 180°和 300°找到 I_1 和 I_3。从图上可以看出 $I_1=I_w$、$I_3=I_u$，并且其夹角等于 120°，电流相序为逆。

(5) 如图 4-83 所示，以电压相序 VUW 推出两个电流在相量图上的位置。将“相位”栏中的 U_{12} 替换成 U_{vu}。那么，$U_{12}I_1=180°$ 就替换成 $U_{vu}I_1=180°$、$U_{32}I_3=300°$ 就替换成 $U_{vu}I_3=300°$。即以 U_{vu} 为基准沿顺时针方向分别转 180°和 300°找到 I_1 和 I_3。

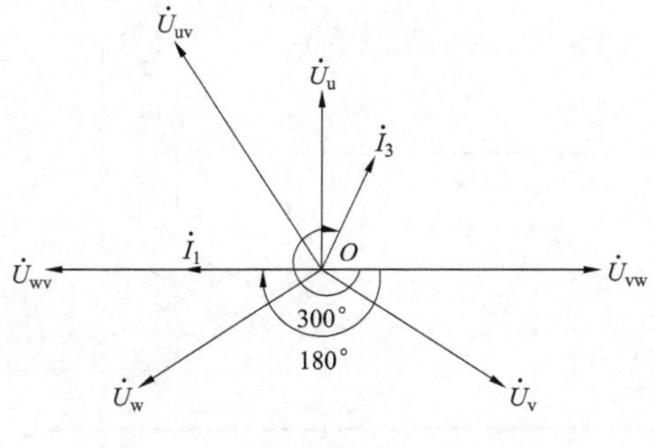

图 4-82

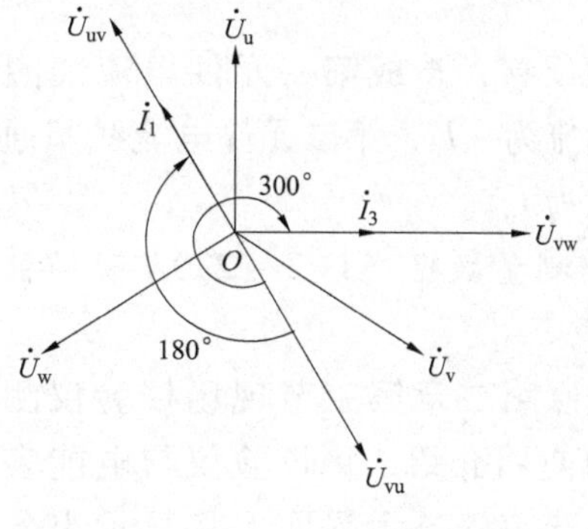

图 4-83

（6）将两个电流在相量图上的位置进行比较。比较结果是第四步以电压相序 VWU 推出的两个电流符合两个电流在相量图上的位置。

（7）最后得出错误接线结论：电压相序 VWU，电流相序 I_w、I_u，U 相电压断相。电能表的实际接线组别为：第一元件 U_{vw}、I_w，第二元件$\frac{1}{2}U_{vw}$、I_u。

（8）画出错误接线相量图，如图 4－84 所示。

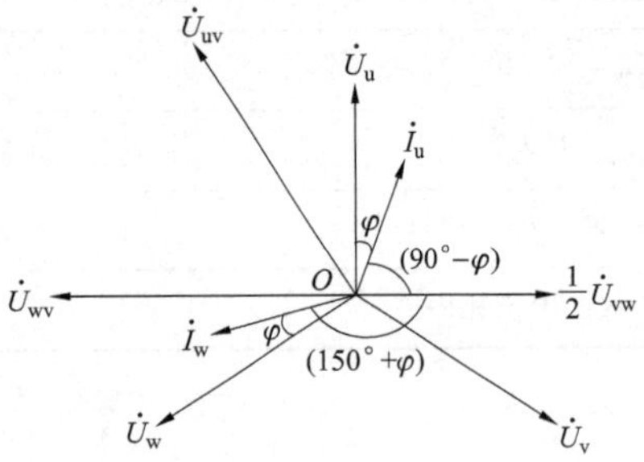

图 4－84

3. 写出错误接线时测得的电能（以功率表示）

因为电能表所计量的电能与所加电压和电流及相应相电流之间的夹角余弦乘积成正比，根据图 4－84 画出的错误接线相量图，对两个元件所计量的电能分别进行分析（以功率表示），并设 P_1'为第一元件错误计量的功率，P_2'为第二元件错误计量的功率。

第一元件测量的功率为

$$P_1' = U_{vw}I_w\cos(150° + \varphi)$$

第二元件测量的功率为

$$P_2' = \frac{1}{2}U_{vw}I_u\cos(90° - \varphi)$$

在三相电路完全对称时，两元件测量的总功率为

$$\begin{aligned}P' &= P_1' + P_2' \\ &= U_{vw}I_w\cos(150° + \varphi) + \frac{1}{2}U_{vw}I_u\cos(90° - \varphi)\end{aligned}$$

六、表尾电压相序 VWU，电流相序 I_wI_u，U 相 TV 二次侧电压断相，W 相 TA 二次侧极性反接

图 4－85 是三相三线有功电能表的错误接线。从图中可以看出，电能表表尾电压相序为 VWU，并且 U 相 TV 二次侧电压断相，造成电能表第一元件电压线圈两端实际承受电压为 U_{vw}，第二元件实际承受电压为$\frac{1}{2}U_{vw}$；电流由于 U、W 相表尾端钮接错，并且 W 相 TA 二次侧极性反接，造成第一元件电流线圈通入的电流为 $-I_w$，第二元件电流线圈通入的电流为 I_u。

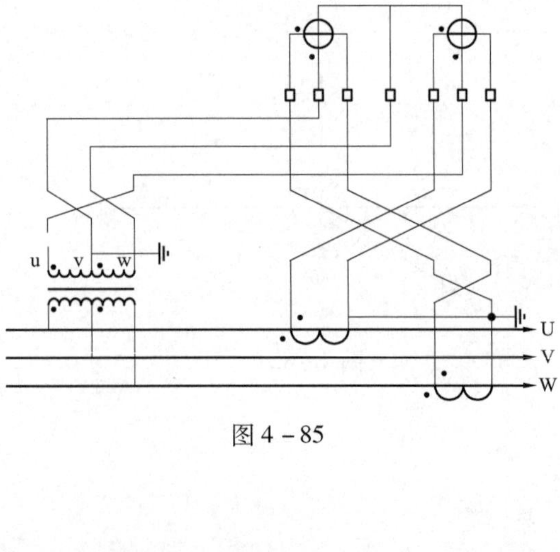

图 4－85

1. 测量数据（以 T－230A 现场校验仪为例）

按照第二章第三节现场校验仪测量方法的使用介绍，将校验仪与电能表接好。在选定的显示界面上将显示出分析所需的所有数据，显示屏数据如表 4－22 所示。

表4-22

测试数据			
项目	1元件	2-6端子	3元件
电压	100.8V	51.5V	49.4V
电流	1.5A	0.0A	1.5A
对地电压	0.3V	100.5V	51.2V
相位	$\varphi_{I_1I_3}=300.3°$		
	$\varphi_{U_{12}I_1}=359.8°$		
	$\varphi_{U_{12}I_3}=300.1°$　$P=189.8$		
相序	电压断相 U_3　电流相序逆		

2. 分析判断错误现象

（1）从表4-22“电压”栏中的显示值看出2元件和3元件的电压值不等于100V，可以判定该错误接线有电压断相，并且根据2元件和3元件的电压值可以看出，此电能表内部结构为“△”形。

（2）从“对地电压”栏中可以看出1元件的电压为0V，所以确定 U_1 为V相。电压值为51V的 U_3 为电压断相，与“相序”栏中的电压断相 U_3 一致。

（3）确定 U_1 为V相后，就可以看出该错误接线的电压相序有两种可能，即VWU和VUW。

（4）如图4-86所示，以电压相序VWU推出两个电流在相量图上的位置。将“相位”栏中的 U_{12} 替换成 U_{vw}。那么，$U_{12}I_1=360°$ 就替换成 $U_{vw}I_1=360°$、$U_{12}I_3=300°$ 就替换成 $U_{vw}I_3=300°$。即以 U_{vw} 为基准沿顺时针方向分别转360°和300°找到 I_1 和 I_3。从图上可以看出 $I_1=-I_w$、$I_3=I_u$，并且其夹角等于300°，电流相序为逆。

（5）如图4-87所示，以电压相序VUW推出两个电流在相量图上的位置。将“相位”栏中的 U_{12} 替换成 U_{vu}。那么，$U_{12}I_1=360°$ 就替换成 $U_{vu}I_1=360°$、$U_{32}I_3=300°$ 就替换成 $U_{vu}I_3=300°$。即以 U_{vu} 为基准沿顺时针方向分别转360°和300°找到 I_1 和 I_3。

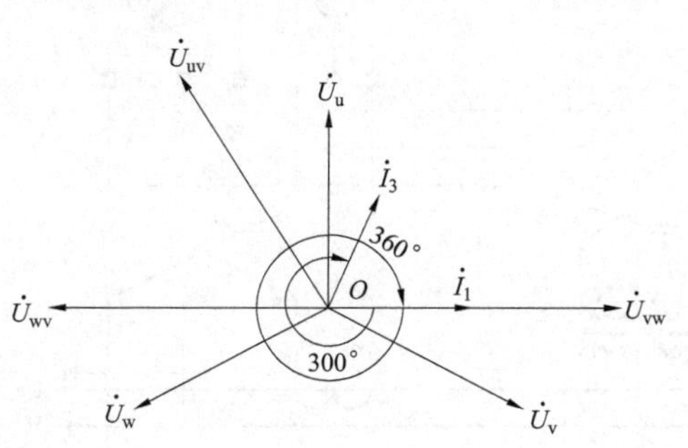

图4-86

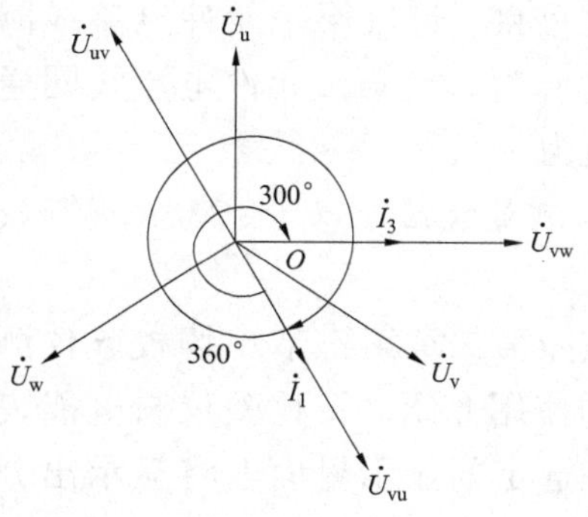

图4-87

（6）将两个电流在相量图上的位置进行比较。比较结果是第四步以电压相序 VWU 推出的两个电流符合两个电流在相量图上的位置。

（7）最后得出错误接线结论：电压相序 VWU，电流相序 I_w、I_u，U 相电压断相。电能表的实际接线组别为：第一元件 U_{vw}、$-I_w$，第二元件$\frac{1}{2}U_{vw}$、I_u。

（8）画出错误接线相量图，如图 4－88 所示。

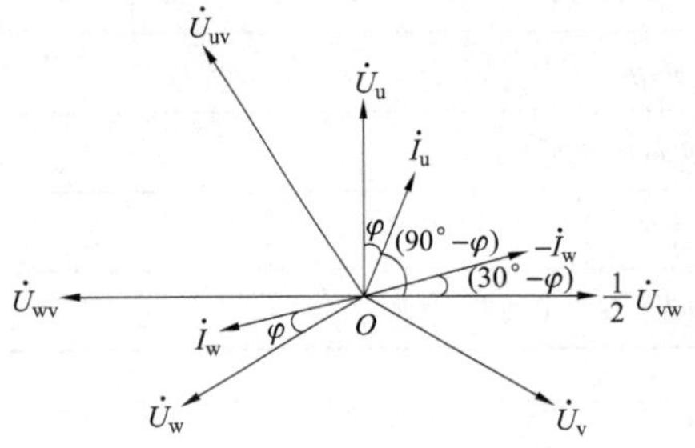

图 4－88

3. 写出错误接线时测得的电能（以功率表示）

因为电能表所计量的电能与所加电压和电流及相应相电流之间的夹角余弦乘积成正比，根据图 4－88 画出的错误接线相量图，对两个元件所计量的电能分别进行分析（以功率表示），并设 P_1'为第一元件错误计量的功率，P_2'为第二元件错误计量的功率。

第一元件测量的功率为

$$P_1' = U_{vw}(-I_w)\cos(30° - \varphi)$$

第二元件测量的功率为

$$P_2' = \frac{1}{2}U_{vw}I_u\cos(90° - \varphi)$$

在三相电路完全对称时,两元件测量的总功率为

$$\begin{aligned}P' &= P_1' + P_2' \\ &= U_{vw}(-I_w)\cos(30° - \varphi) + \frac{1}{2}U_{vw}I_u\cos(90° - \varphi)\end{aligned}$$

七、表尾电压相序 VWU，电流相序 I_wI_u，U 相 TV 二次侧电压断相，U 相 TA 二次侧极性反接

图 4－89 是三相三线有功电能表的错误接线。从图中可以看出，电能表表尾电压相序为 VWU，并且 U 相 TV 二次侧电压断相，造成电能表第一元件电压线圈两端实际承受电压为 U_{vw}，第二元件实际承受电压为$\frac{1}{2}U_{vw}$；电流由于 U、W 相表尾端钮接错，并且 U 相 TA 二次侧极性反接，造成第一元件电流线圈通入的电流为 I_w，第二元件电流线圈通入的电流为 $-I_u$。

1. 测量数据（以 T－230A 现场校验仪为例）

按照第二章第三节现场校验仪测量方法的使用介绍，将校验仪与电能表接好。在选定的显示界面上将显示出分析所需的所有数据，显示屏数据如表 4－23 所示。

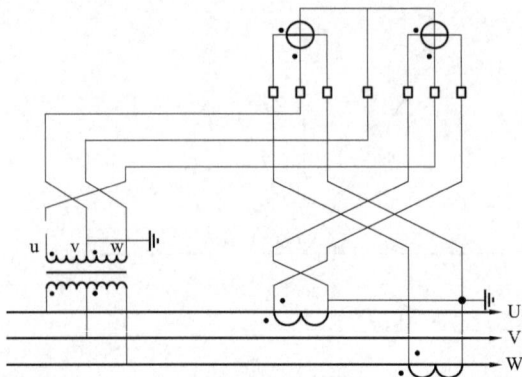

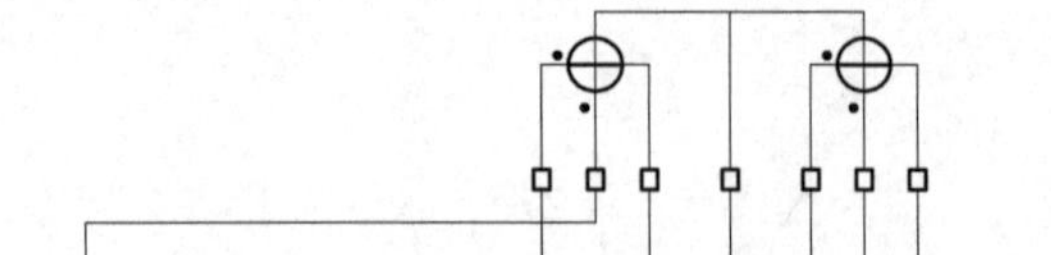

图 4－89

表 4-23

测 试 数 据			
项目	1 元件	2-6 端子	3 元件
电压	100.8V	51.5V	49.4V
电流	1.5A	0.0A	1.5A
对地电压	0.3V	100.5V	51.2V
相位	$\varphi_{I_1I_3}=300.3°$		
	$\varphi_{U_{12}I_1}=179.9°$		
	$\varphi_{U_{12}I_3}=120.1°$　$P=-189.8$		
相序	电压断相 U_3　电流相序逆		

2. 分析判断错误现象

(1) 从 4-23 "电压" 栏中的显示值看出 2 元件和 3 元件的电压值不等于 100V，可以判定该错误接线有电压断相，并且根据 2 元件和 3 元件的电压值可以看出，此电能表内部结构为 "△" 形。

(2) 从 "对地电压" 栏中可以看出 1 元件的电压为 0V，所以确定 U_1 为 V 相。电压值为 51V 的 U_3 为电压断相，与 "相序" 栏中的电压断相 U_3 一致。

(3) 确定 U_1 为 V 相后，就可以看出该错误接线的电压相序有两种可能，即 VWU 和 VUW。

(4) 如图 4-90 所示，以电压相序 VWU 推出两个电流在相量图上的位置。将 "相位" 栏中的 U_{12} 替换成 U_{vw}。那么，$U_{12}I_1=180°$ 就替换成 $U_{vw}I_1=180°$、$U_{12}I_3=120°$ 就替换成 $U_{vw}I_3=120°$。即以 U_{vw} 为基准沿顺时针方向分别转 180° 和 120° 找到 I_1 和 I_3。从图上可以看出 $I_1=I_w$、$I_3=-I_u$，并且其夹角等于 300°，电流相序为逆。

(5) 如图 4-91 所示，以电压相序 VUW 推出两个电流在相量图上的位置。将 "相位" 栏中的 U_{12} 替换成 U_{vu}。那么，$U_{12}I_1=180°$ 就替换成 $U_{vu}I_1=180°$、$U_{32}I_3=120°$ 就替换成 $U_{vu}I_3=120°$。即以 U_{vu} 为基准沿顺时针方向分别转 180° 和 120° 找出 I_1 和 I_3。

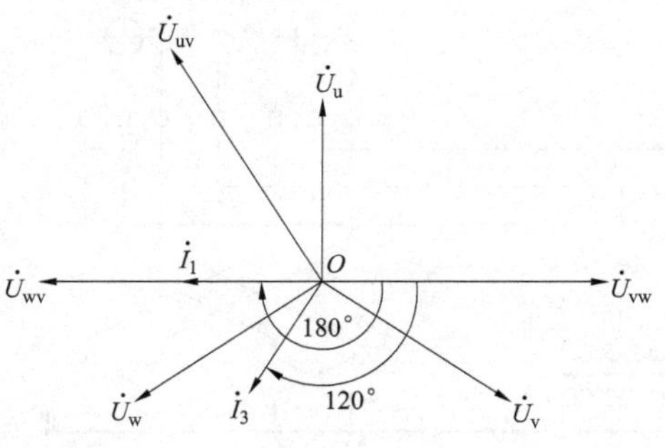

图 4-90

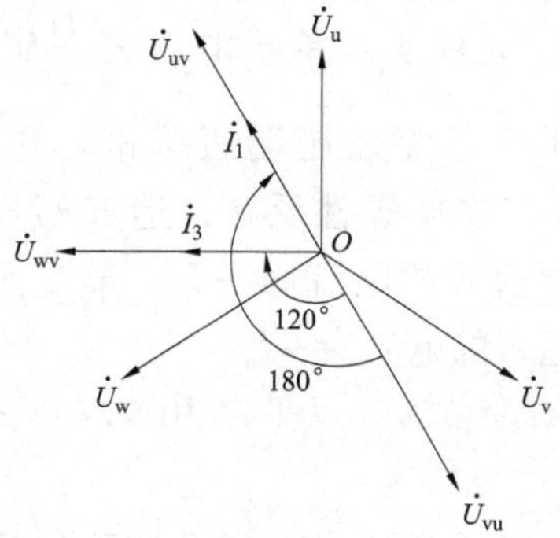

图 4-91

（6）将两个电流在相量图上的位置进行比较。比较结果是第四步以电压相序 VWU 推出的两个电流符合两个电流在相量图上的位置。

（7）最后得出错误接线结论：电压相序 VWU，电流相序 I_w、I_u，U 相电压断相。电能表的实际接线组别为：第一元件 U_{vw}、I_w，第二元件$\frac{1}{2}U_{vw}$、$-I_u$。

（8）画出错误接线相量图，如图 4－92 所示。

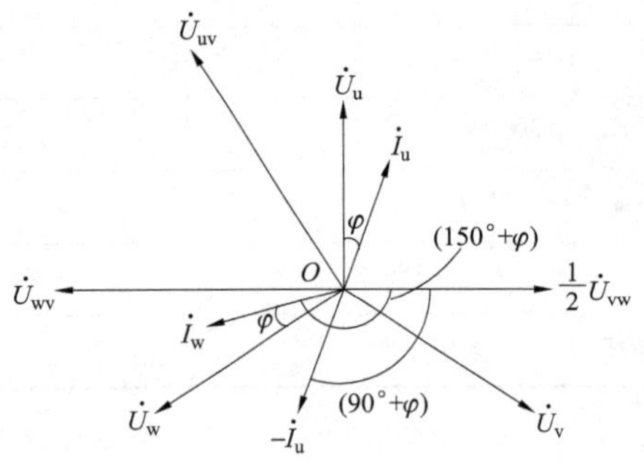

图 4－92

3. 写出错误接线时测得的电能（以功率表示）

因为电能表所计量的电能与所加电压和电流及相应相电流之间的夹角余弦乘积成正比，根据图 4－92 画出的错误接线相量图，对两个元件所计量的电能分别进行分析（以功率表示），并设 P_1'为第一元件错误计量的功率，P_2'为第二元件错误计量的功率。

第一元件测量的功率为

$$P_1' = U_{vw}I_w\cos(150° + \varphi)$$

第二元件测量的功率为

$$P_2' = \frac{1}{2}U_{vw}(-I_u)\cos(90° + \varphi)$$

在三相电路完全对称时,两元件测量的总功率为

$$\begin{aligned}P' &= P_1' + P_2' \\ &= U_{vw}I_w\cos(150° + \varphi) + \frac{1}{2}U_{vw}(-I_u)\cos(90° + \varphi)\end{aligned}$$

八、表尾电压相序 VWU，电流相序 I_wI_u，U 相 TV 二次侧电压断相，U、W 相 TA 二次侧极性反接

图 4－93 是三相三线有功电能表的错误接线。从图中可以看出，电能表表尾电压相序为 VWU，并且 U 相 TV 二次侧电压断相，造成电能表第一元件电压线圈两端实际承受电压为 U_{vw}，第二元件实际承受电压为$\frac{1}{2}U_{vw}$；电流由于 U、W 相表尾端钮接错，并且 U、W 相 TA 二次侧极性反接，造成第一元件电流线圈通入的电流为 $-I_w$，第二元件电流线圈通入的电流为 $-I_u$。

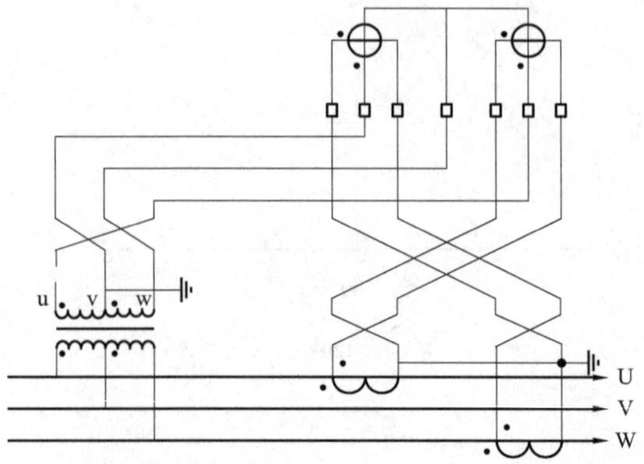

图 4－93

1. 测量数据（以 T－230A 现场校验仪为例）

按照第二章第三节现场校验仪测量方法的使用介绍，将校验仪与电能表接好。在选定的显示界面上将显示出分析所需的

所有数据，显示屏数据如表 4－24 所示。

表 4－24

测试数据			
项目	1 元件	2－6 端子	3 元件
电压	100.8V	51.5V	49.4V
电流	1.5A	0.0A	1.5A
对地电压	0.3V	100.5V	51.2V
相位	$\varphi_{I_1I_3}=120.6°$		
	$\varphi_{U_{12}I_1}=359.7°$		
	$\varphi_{U_{12}I_3}=120.3°$　$P=111.1$		
相序	电压断相 U_3　电流相序逆		

2. 分析判断错误现象

（1）从表 4－24“电压”栏中的显示值看出 2 元件和 3 元件的电压值不等于 100V，可以判定该错误接线有电压断相，并且根据 2 元件和 3 元件的电压值可以看出，此电能表内部结构为“△”形。

（2）从“对地电压”栏中可以看出 1 元件的电压为 0V，所以确定 U_1 为 V 相。电压值为 51V 的 U_3 为电压断相，与“相序”栏中的电压断相 U_3 一致。

（3）确定 U_1 为 V 相后，就可以看出该错误接线的电压相序有两种可能，即 VWU 和 VUW。

（4）如图 4－94 所示，以电压相序 VWU 推出两个电流在相量图上的位置。将“相位”栏中的 U_{12} 替换成 U_{vw}。那么，$U_{12}I_1=360°$ 就替换成 $U_{vw}I_1=360°$、$U_{12}I_3=120°$ 就替换成 $U_{vw}I_3=120°$。即以 U_{vw} 为基准沿顺时针方向分别转 360° 和 120° 找到 I_1 和 I_3。从图上可以看出 $I_1=-I_w$、$I_3=-I_u$，并且其夹角等于 120°，电流相序为逆。

（5）如图 4－95 所示，以电压相序 VUW 推出两个电流在相量图上的位置。将“相位”栏中的 U_{12} 替换成 U_{vu}。那么，$U_{12}I_1$ 就替换成 $U_{vu}I_1=360°$、$U_{32}I_3$ 就替换成 $U_{vu}I_3=120°$。即以 U_{vu} 为基准沿顺时针方向分别转 360° 和 120° 找到 I_1 和 I_3。

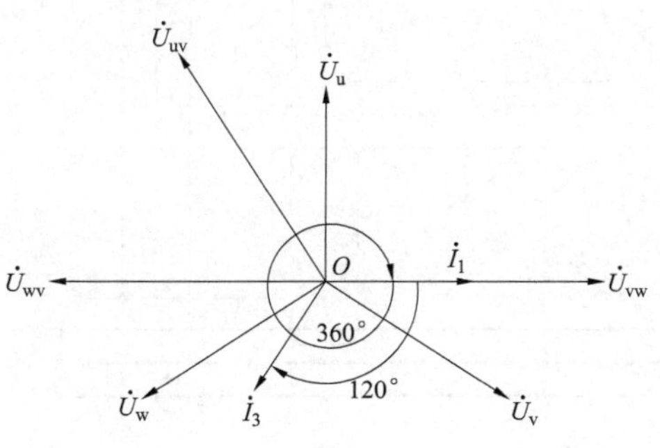

图 4－94

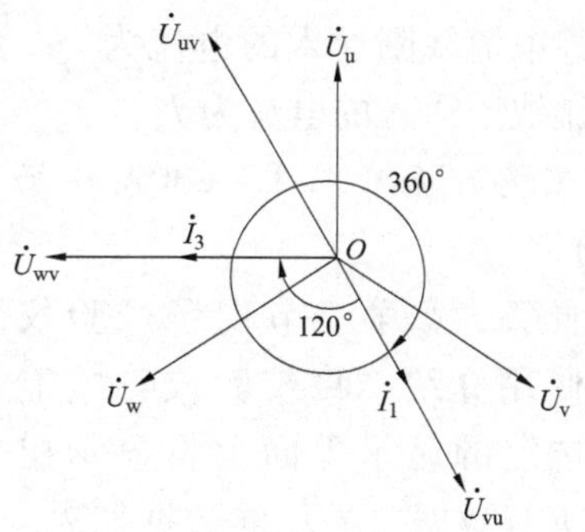

图 4－95

（6）将两个电流在相量图上的位置进行比较。比较结果是第四步以电压相序 VWU 推出的两个电流符合两个电流在相量图上的位置。

（7）最后得出错误接线结论：电压相序 VWU，电流相序 I_w、I_u，U 相电压断相。电能表的实际接线组别为：第一元件 U_{vw}、$-I_w$，第二元件$\frac{1}{2}U_{vw}$、$-I_u$。

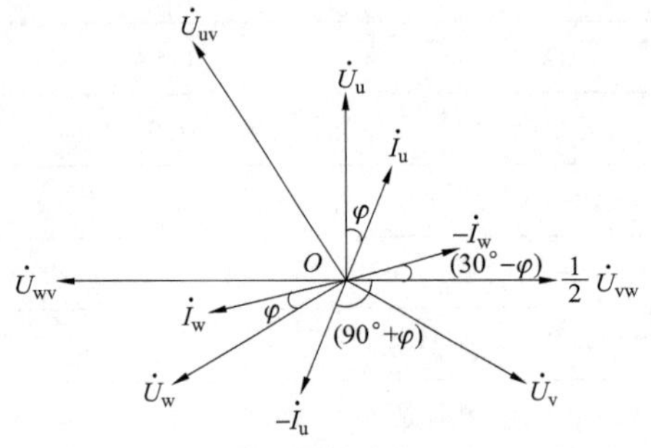

图 4－96

（8）画出错误接线相量图，如图 4－96 所示。

3. 写出错误接线时测得的电能（以功率表示）

因为电能表所计量的电能与所加电压和电流及相应相电流之间的夹角余弦乘积成正比，根据图 4－96 画出的错误接线相量图，对两个元件所计量的电能分别进行分析（以功率表示），并设 P_1'为第一元件错误计量的功率，P_2'为第二元件错误计量的功率。

第一元件测量的功率为

$$P_1' = U_{vw}(-I_w)\cos(30° - \varphi)$$

第二元件测量的功率为

$$P_2' = \frac{1}{2}U_{vw}(-I_u)\cos(90° + \varphi)$$

在三相电路完全对称时，两元件测量的总功率为

$$\begin{aligned} P' &= P_1' + P_2' \\ &= U_{vw}(-I_w)\cos(30° - \varphi) + \frac{1}{2}U_{vw}(-I_u)\cos(90° + \varphi) \end{aligned}$$

九、表尾电压相序 VWU，电流相序 I_uI_w，W 相 TV 二次侧电压断相

图 4－97 是三相三线有功电能表的错误接线。从图中可以看出，电能表表尾电压相序为 VWU，并且 W 相 TV 二次侧电压断相，造成电能表第一元件电压线圈两端实际承受电压为 $\frac{1}{2}U_{vu}$，第二元件实际承受电压为$\frac{1}{2}U_{uv}$；第一元件电流线圈通入的电流为 I_u，第二元件电流线圈通入的电流为 I_w。

1. 测量数据（以 T－230A 现场校验仪为例）

按照第二章第三节现场校验仪测量方法的使用介绍，将校验仪与电能表接好。在选定的显示界面上将显示出分析所需的所有数据，显示屏数据如表 4－25 所示。

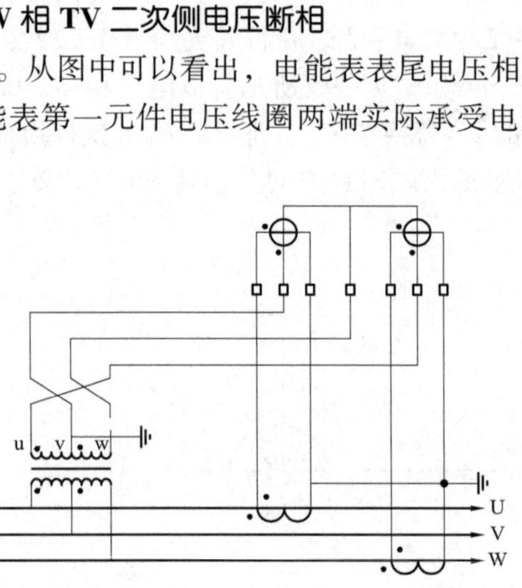

图 4－97

表 4-25

测试数据			
项目	1 元件	2-6 端子	3 元件
电压	47.8V	100.7V	53.2V
电流	1.5A	0.0A	1.5A
对地电压	0.3V	47.5V	100.4V
相位	$\varphi_{I_1I_3}=239.4°$		
	$\varphi_{U_{31}I_1}=60.3°$		
	$\varphi_{U_{31}I_3}=299.7°$　$P=4.2$		
相序	电压断相 U_2　电流相序正		

2. 分析判断错误现象

（1）从表 4-25“电压”栏中的显示值看出 1 元件和 3 元件的电压值不等于 100V，可以判定该错误接线有电压断相，并且根据 1 元件和 3 元件的电压值可以看出，此电能表内部结构为“△”形。

（2）从“对地电压”栏中可以看出 1 元件的电压为 0V，所以确定 U_1 为 V 相。电压值为 47V 的 U_2 为电压断相，与“相序”栏中的电压断相 U_2 一致。

（3）确定 U_1 为 V 相后，就可以看出该错误接线的电压相序有两种可能，即 VWU 和 VUW。

（4）如图 4-98 所示，以电压相序 VWU 推出两个电流在相量图上的位置。将“相位”栏中的 U_{31} 替换成 U_{uv}。那么，$U_{31}I_1=60°$ 就替换成 $U_{uv}I_1=60°$、$U_{31}I_3=300°$ 就替换成 $U_{uv}I_3=300°$。即以 U_{uv} 为基准沿顺时针方向分别转 60° 和 300° 找到 I_1 和 I_3。从图上可以看出 $I_1=I_u$、$I_3=I_w$，并且其夹角等于 240°，电流相序为正。

（5）如图 4-99 所示，以电压相序 VUW 推出两个电流在相量图上的位置。将“相位”栏中的 U_{31} 替换成 U_{wv}。那么，$U_{31}I_1=60°$ 就替换成 $U_{wv}I_1=60°$、$U_{31}I_3=300°$ 就替换成 $U_{wv}I_3=300°$。即以 U_{wv} 为基准沿顺时针方向分别转 60° 和 300° 找到 I_1 和 I_3。

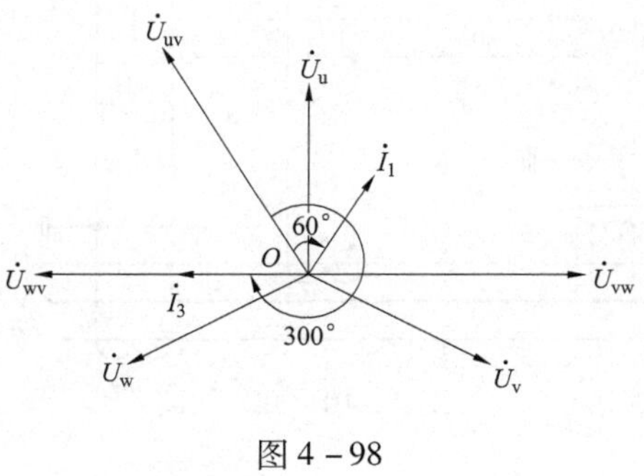

图 4-98

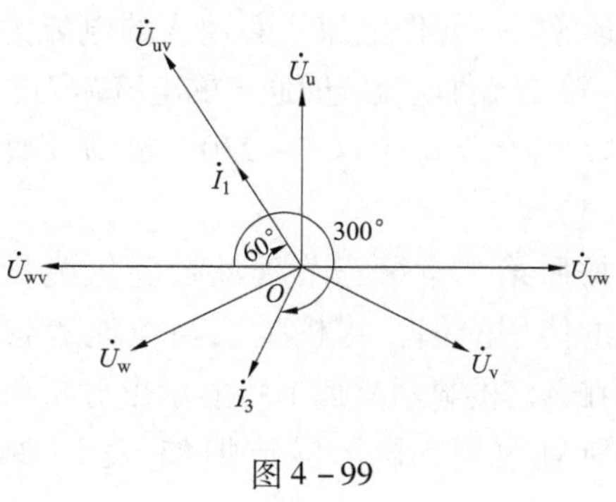

图 4-99

（6）将两个电流在相量图上的位置进行比较。比较结果是第四步以电压相序 VWU 推出的两个电流符合两个电流在相量图上的位置。

（7）最后得出错误接线结论：电压相序 VWU，电流相序 I_u、I_w，W 相电压断相。电能表的实际接线组别为：第一元件$\frac{1}{2}U_{vu}$、I_u，第二元件$\frac{1}{2}U_{uv}$、I_w。

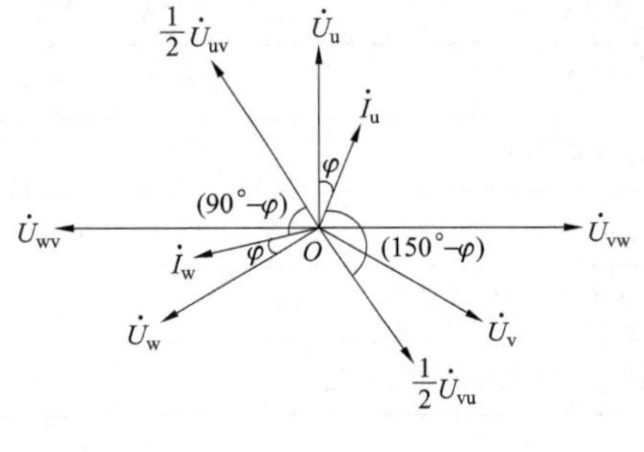

图 4－100

（8）画出错误接线相量图，如图 4－100 所示。

3. 写出错误接线时测得的电能（以功率表示）

因为电能表所计量的电能与所加电压和电流及相应相电流之间的夹角余弦乘积成正比，根据图 4－100 画出的错误接线相量图，对两个元件所计量的电能分别进行分析（以功率表示），并设 P_1'为第一元件错误计量的功率，P_2'为第二元件错误计量的功率。

第一元件测量的功率为

$$P_1' = \frac{1}{2}U_{vu}I_u\cos(150° - \varphi)$$

第二元件测量的功率为

$$P_2' = \frac{1}{2}U_{uv}I_w\cos(90° - \varphi)$$

在三相电路完全对称时，两元件测量的总功率为

$$\begin{aligned} P' &= P_1' + P_2' \\ &= \frac{1}{2}U_{vu}I_u\cos(150° - \varphi) + \frac{1}{2}U_{uv}I_w\cos(90° - \varphi) \end{aligned}$$

十、表尾电压相序 VWU，电流相序 I_uI_w，W 相 TV 二次侧电压断相，U 相 TA 二次侧极性反接

图 4－101 是三相三线有功电能表的错误接线。从图中可以看出，电能表表尾电压相序为 VWU，并且 W 相 TV 二次侧电压断相，造成电能表第一元件电压线圈两端实际承受电压为 $\frac{1}{2}U_{vu}$，第二元件实际承受电压为 $\frac{1}{2}U_{uv}$；电流由于 U 相 TA 二次侧极性反接，造成第一元件电流线圈通入的电流为 $-I_u$，第二元件电流线圈通入的电流为 I_w。

1. 测量数据（以 T－230A 现场校验仪为例）

按照第二章第三节现场校验仪测量方法的使用介绍，将校验仪与电能表接好。在选定的显示界面上将显示出分析所需的所有数据，显示屏数据如 表4－26 所示。

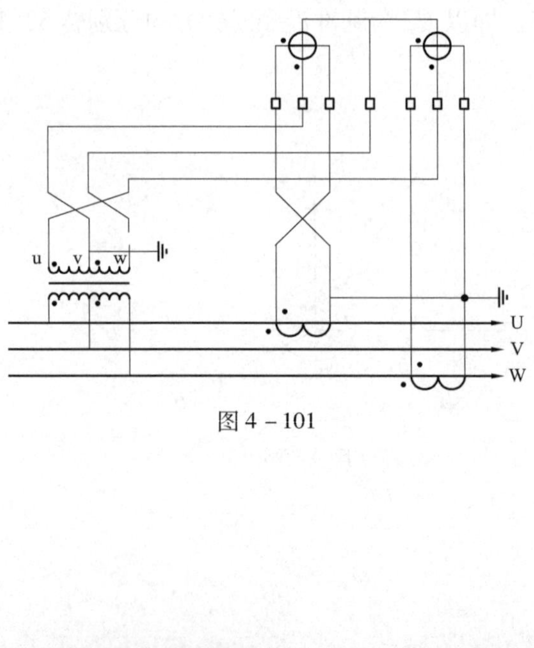

图 4－101

表 4 - 26

测试数据			
项目	1 元件	2 - 6 端子	3 元件
电压	47.8V	100.7V	53.3V
电流	1.5A	0.0A	1.5A
对地电压	0.3V	47.5V	100.4V
相位	$\varphi_{I_1I_3}=59.8°$		
	$\varphi_{U_{31}I_1}=240.0°$		
	$\varphi_{U_{31}I_3}=299.8°$　$P=84.7$		
相序	电压断相 U_2　电流相序正		

2. 分析判断错误现象

（1）从表 4 - 26 “电压” 栏中的显示值看出 1 元件和 3 元件的电压值不等于 100V，可以判定该错误接线有电压断相，并且根据 1 元件和 3 元件的电压值可以看出，此电能表内部结构为 “△” 形。

（2）从 “对地电压” 栏中可以看出 1 元件的电压为 0V，所以确定 U_1 为 V 相。电压值为 47V 的 U_2 为电压断相，与 “相序” 栏中的电压断相 U_2 一致。

（3）确定 U_1 为 V 相后，就可以看出该错误接线的电压相序有两种可能，即 VWU 和 VUW。

（4）如图 4 - 102 所示，以电压相序 VWU 推出两个电流在相量图上的位置。将 “相位” 栏中的 U_{31} 替换成 U_{uv}。那么，$U_{31}I_1=240°$ 就替换成 $U_{uv}I_1=240°$、$U_{31}I_3=300°$ 就替换成 $U_{uv}I_3=300°$。即以 U_{uv} 为基准沿顺时针方向分别转 240° 和 300° 找到 I_1 和 I_3。从图上可以看出 $I_1=-I_u$、$I_3=I_w$，并且其夹角等于 60°，电流相序为正。

（5）如图 4 - 103 所示，以电压相序 VUW 推出两个电流在相量图上的位置。将 “相位” 栏中的 U_{31} 替换成 U_{wv}。那么，$U_{31}I_1=240°$ 就替换成 $U_{wv}I_1=240°$、$U_{31}I_3=300°$ 就替换成 $U_{wv}I_3=300°$。即以 U_{wv} 为基准沿顺时针方向分别转 240° 和 300° 找到 I_1 和 I_3。

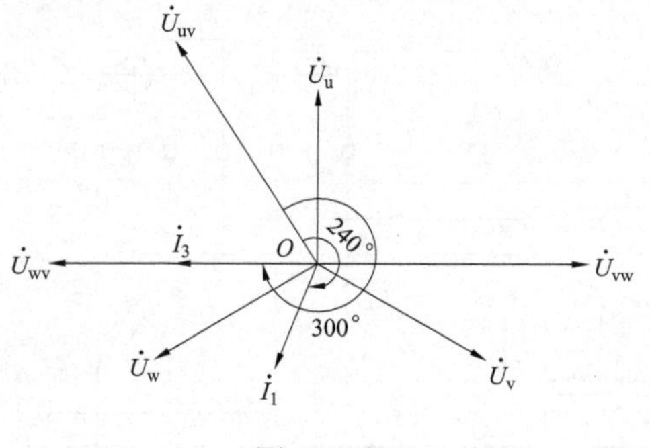

图 4 - 102

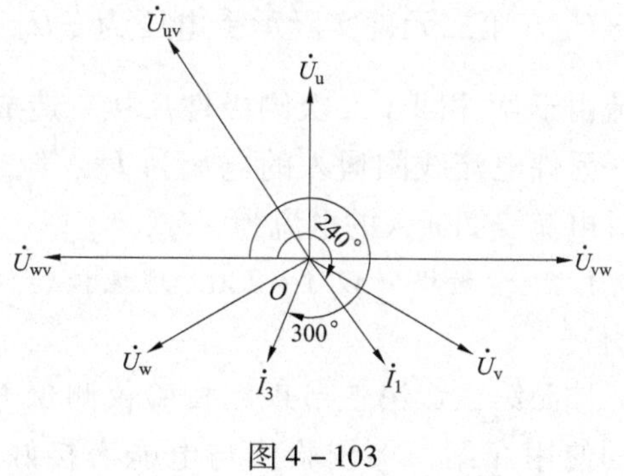

图 4 - 103

（6）将两个电流在相量图上的位置进行比较。比较结果是第四步以电压相序 VWU 推出的两个电流符合两个电流在相量图上的位置。

（7）最后得出错误接线结论：电压相序 VWU，电流相序 I_u、I_w，W 相电压断相。电能表的实际接线组别为：第一元件$\frac{1}{2}U_{vu}$、$-I_u$，第二元件$\frac{1}{2}U_{uv}$、I_w。

（8）画出错误接线相量图，如图 4－104 所示。

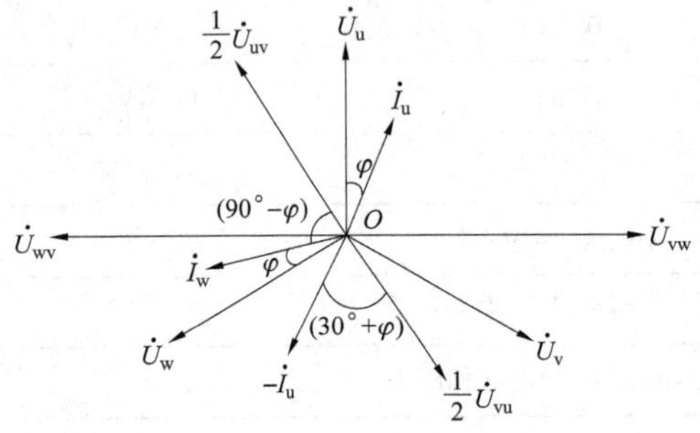

图 4－104

3. 写出错误接线时测得的电能（以功率表示）

因为电能表所计量的电能与所加电压和电流及相应相电流之间的夹角余弦乘积成正比，根据图 4－104 画出的错误接线相量图，对两个元件所计量的电能分别进行分析（以功率表示），并设 P_1'为第一元件错误计量的功率，P_2'为第二元件错误计量的功率。

第一元件测量的功率为

$$P_1' = \frac{1}{2}U_{vu}(-I_u)\cos(30° + \varphi)$$

第二元件测量的功率为

$$P_2' = \frac{1}{2}U_{uv}I_w\cos(90° - \varphi)$$

在三相电路完全对称时，两元件测量的总功率为

$$P' = P_1' + P_2' = \frac{1}{2}U_{vu}(-I_u)\cos(30° + \varphi) + \frac{1}{2}U_{uv}I_w\cos(90° - \varphi)$$

十一、表尾电压相序 VWU，电流相序 I_uI_w，W 相 TV 二次侧电压断相，W 相 TA 二次侧极性反接

图 4－105 是三相三线有功电能表的错误接线。从图中可以看出，电能表表尾电压相序为 VWU，并且 W 相 TV 二次侧电压断相，造成电能表第一元件电压线圈两端实际承受电压为$\frac{1}{2}U_{vu}$，第二元件实际承受电压为$\frac{1}{2}U_{uv}$；电流由于 W 相 TA 二次侧极性反接，造成第一元件电流线圈通入的电流为 I_u，第二元件电流线圈通入的电流为 $-I_w$。

1. 测量数据（以 T－230A 现场校验仪为例）

按照第二章第三节现场校验仪测量方法的使用介绍，将校验仪与电能表接好。在选定的显示界面上将显示出分析所需的所有数据，显示屏数据如表 4－27 所示。

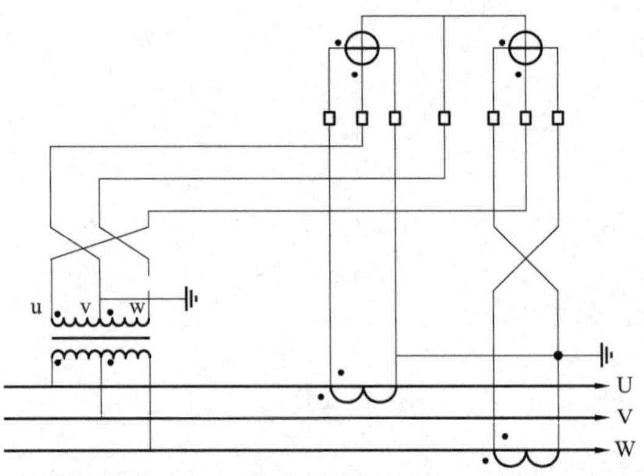

图 4－105

表 4－27

测 试 数 据			
项目	1 元件	2－6 端子	3 元件
电压	47.8V	100.7V	53.2V
电流	1.5A	0.0A	1.5A
对地电压	0.3V	47.5V	100.4V
相位	$\varphi_{I_1I_3}=59.8°$		
	$\varphi_{U_{31}I_1}=60.0°$		
	$\varphi_{U_{31}I_3}=119.8°$　$P=-84.7$		
相序	电压断相 U_2　电流相序正		

2. 分析判断错误现象

（1）从表 4－27“电压”栏中的显示值看出 1 元件和 3 元件的电压值不等于 100V，可以判定该错误接线有电压断相，并且根据 1 元件和 3 元件的电压值可以看出，此电能表内部结构为“△”形。

（2）从“对地电压”栏中可以看出 1 元件的电压为 0V，所以确定 U_1 为 V 相。电压值为 47V 的 U_2 为电压断相，与“相序”栏中的电压断相 U_2 一致。

（3）确定 U_1 为 V 相后，就可以看出该错误接线的电压相序有两种可能，即 VWU 和 VUW。

（4）如图 4－106 所示，以电压相序 VWU 推出两个电流在相量图上的位置。将“相位”栏中的 U_{31} 替换成 U_{uv}。那么，$U_{31}I_1=60°$ 就替换成 $U_{uv}I_1=60°$、$U_{31}I_3=120°$ 就替换成 $U_{uv}I_3=120°$。即以 U_{uv} 为基准沿顺时针方向分别转 60°和 120°找到 I_1 和 I_3。从图上可以看出 $I_1=I_u$、$I_3=-I_w$，并且其夹角等于 60°，电流相序为正。

（5）如图 4－107 所示，以电压相序 VUW 推出两个电流在相量图上的位置。将“相位”栏中的 U_{31} 替换成 U_{wv}。那么，$U_{31}I_1=60°$ 就替换成 $U_{wv}I_1=60°$、$U_{31}I_3=120°$ 就替换成 $U_{wv}I_3=120°$。即以 U_{wv} 为基准沿顺时针方向分别转 60°和 120°找到 I_1 和 I_3。

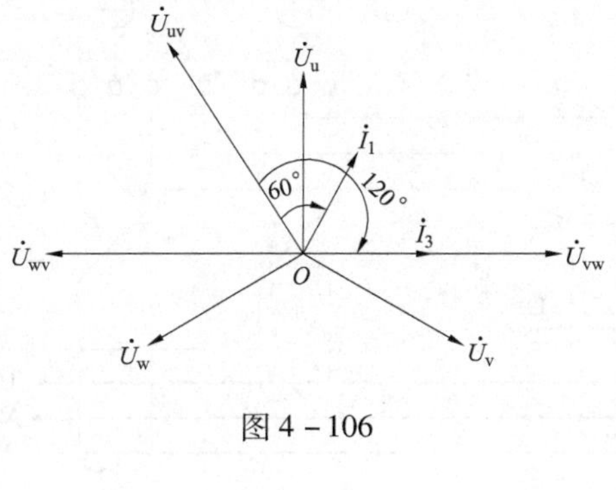

图 4－106

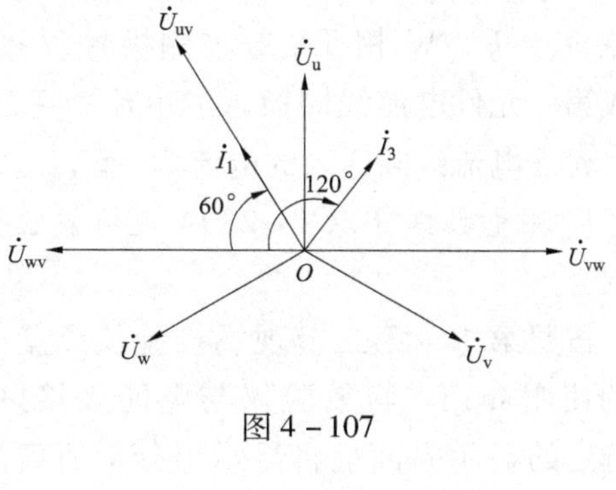

图 4－107

（6）将两个电流在相量图上的位置进行比较。比较结果是第四步以电压相序 VWU 推出的两个电流符合两个电流在相量图上的位置。

（7）最后得出错误接线结论：电压相序 VWU，电流相序 I_u、I_w，W 相电压断相。电能表的实际接线组别为：第一元件$\frac{1}{2}U_{vu}$、I_u，第二元件$\frac{1}{2}U_{uv}$、$-I_w$。

（8）画出错误接线相量图，如图 4－108 所示。

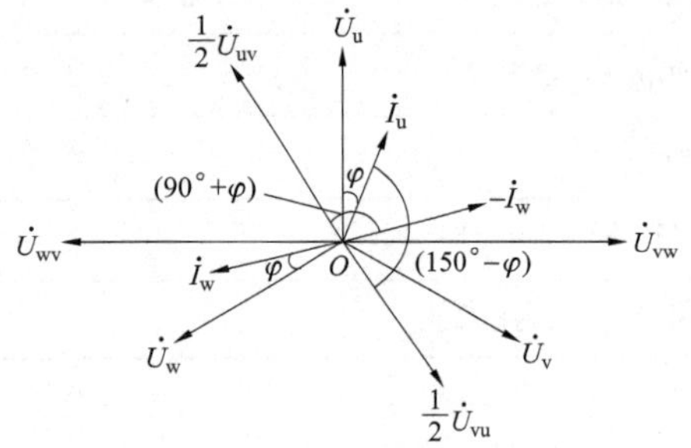

图 4－108

3. 写出错误接线时测得的电能（以功率表示）

因为电能表所计量的电能与所加电压和电流及相应相电流之间的夹角余弦乘积成正比，根据图 4－108 画出的错误接线相量图，对两个元件所计量的电能分别进行分析（以功率表示），并设 P_1'为第一元件错误计量的功率，P_2'为第二元件错误计量的功率。

第一元件测量的功率为

$$P_1' = \frac{1}{2}U_{vu}I_u\cos(150° - \varphi)$$

第二元件测量的功率为

$$P_2' = \frac{1}{2}U_{uv}(-I_w)\cos(90° + \varphi)$$

在三相电路完全对称时，两元件测量的总功率为

$$P' = P_1' + P_2'$$
$$= \frac{1}{2}U_{vu}I_u\cos(150° - \varphi) + \frac{1}{2}U_{uv}(-I_w)\cos(90° + \varphi)$$

十二、表尾电压相序 VWU，电流相序 I_uI_w，W 相 TV 二次侧电压断相，U、W 相 TA 二次侧极性反接

图 4－109 是三相三线有功电能表的错误接线。从图中可以看出，电能表表尾电压相序为 VWU，并且 W 相 TV 二次侧电压断相，造成电能表第一元件电压线圈两端实际承受电压为$\frac{1}{2}U_{vu}$，第二元件实际承受电压为$\frac{1}{2}U_{uv}$；电流由于 U、W 相 TA 二次侧极性反接，造成第一元件电流线圈通入的电流为 $-I_u$，第二元件电流线圈通入的电流为 $-I_w$。

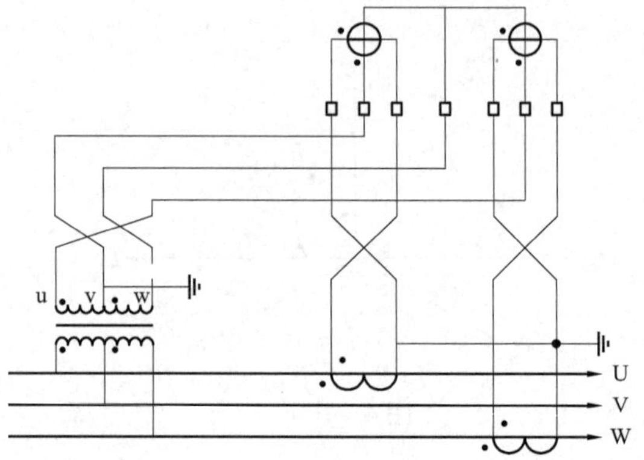

图 4－109

1. 测量数据（以 T－230A 现场校验仪为例）

按照第二章第三节现场校验仪测量方法的使用介绍，将校验仪与电能表接好。在选定的显示界面上将显示出分析所需的所有数据，显示屏数据如表 4－28 所示。

表 4－28

测 试 数 据			
项目	1 元件	2－6 端子	3 元件
电压	47.8V	100.7V	53.3V
电流	1.5A	0.0A	1.5A
对地电压	0.3V	47.5V	100.4V
相位	$\varphi_{I_1I_3}=239.4°$		
	$\varphi_{U_{31}I_1}=240.3°$		
	$\varphi_{U_{31}I_3}=119.7°$　$P=-4.3$		
相序	电压断相 U_2　电流相序正		

2. 分析判断错误现象

（1）从表 4－28“电压”栏中的显示值看出 1 元件和 3 元件的电压值不等于 100V，可以判定该错误接线有电压断相，并且根据 1 元件和 3 元件的电压值可以看出，此电能表内部结构为“△”形。

（2）从“对地电压”栏中可以看出 1 元件的电压为 0V，所以确定 U_1 为 V 相。电压值为 47V 的 U_2 为电压断相，与“相序”栏中的电压断相 U_2 一致。

（3）确定 U_1 为 V 相后，就可以看出该错误接线的电压相序有两种可能，即 VWU 和 VUW。

（4）如图 4－110 所示，以电压相序 VWU 推出两个电流在相量图上的位置。将“相位”栏中的 U_{31} 替换成 U_{uv}。那么，$U_{31}I_1=240°$ 就替换成 $U_{uv}I_1=240°$、$U_{31}I_3=120°$ 就替换成 $U_{uv}I_3=120°$。即以 U_{uv} 为基准沿顺时针方向分别转 240° 和 120° 找到 I_1 和 I_3。从图上可以看出 $I_1=-I_u$、$I_3=-I_w$，并且其夹角等于 60°，电流相序为正。

（5）如图 4－111 所示，以电压相序 VUW 推出两个电流在相量图上的位置。将“相位”栏中的 U_{31} 替换成 U_{wv}。那么，$U_{31}I_1=240°$ 就替换成 $U_{wv}I_1=240°$、$U_{31}I_3=120°$ 就替换成 $U_{wv}I_3=120°$。即以 U_{wv} 为基准沿顺时针方向分别转 240° 和 120° 找到 I_1 和 I_3。

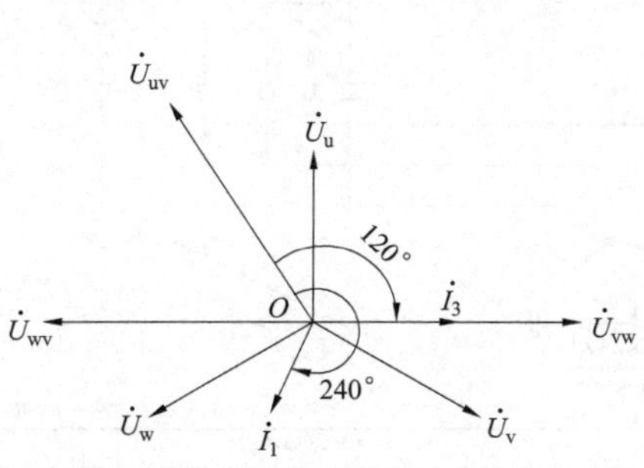

图 4－110

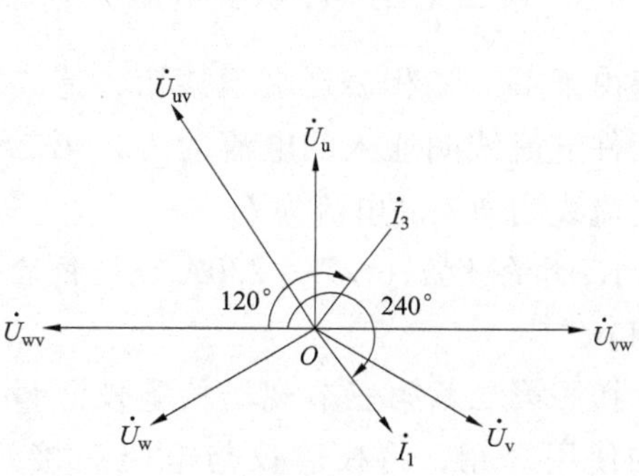

图 4－111

（6）将两个电流在相量图上的位置进行比较。比较结果是第四步以电压相序 VWU 推出的两个电流符合两个电流在相量图上的位置。

（7）最后得出错误接线结论：电压相序 VWU，电流相序 I_u、I_w，W 相电压断相。电能表的实际接线组别为：第一元件$\frac{1}{2}U_{vu}$、$-I_u$，第二元件$\frac{1}{2}U_{uv}$、$-I_w$。

（8）画出错误接线相量图，如图 4－112 所示。

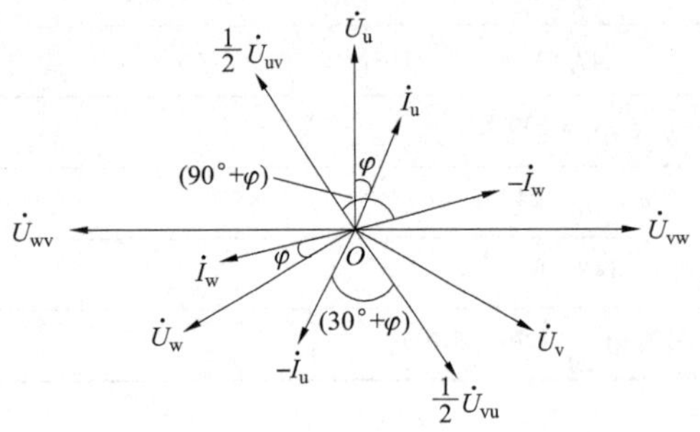

图 4－112

3. 写出错误接线时测得的电能（以功率表示）

因为电能表所计量的电能与所加电压和电流及相应相电流之间的夹角余弦乘积成正比，根据上面画出的错误接线相量图，对两个元件所计量的电能分别进行分析（以功率表示），并设 P_1'为第一元件错误计量的功率，P_2'为第二元件错误计量的功率。

第一元件测量的功率为

$$P_1' = \frac{1}{2}U_{vu}(-I_u)\cos(30° + \varphi)$$

第二元件测量的功率为

$$P_2' = \frac{1}{2}U_{uv}(-I_w)\cos(90° + \varphi)$$

在三相电路完全对称时,两元件测量的总功率为

$$\begin{aligned} P' &= P_1' + P_2' \\ &= \frac{1}{2}U_{vu}(-I_u)\cos(30° + \varphi) + \frac{1}{2}U_{uv}(-I_w)\cos(90° + \varphi) \end{aligned}$$

十三、表尾电压相序 VWU，电流相序 I_wI_u，W 相 TV 二次侧电压断相

图 4－113 是三相三线有功电能表的错误接线。从图中可以看出，电能表表尾电压相序为 VWU，并且 W 相 TV 二次侧电压断相，造成电能表第一元件电压线圈两端实际承受电压为$\frac{1}{2}U_{vu}$，第二元件实际承受电压为$\frac{1}{2}U_{uv}$；电流由于 U、W 相表尾端钮接错，造成第一元件电流线圈通入的电流为 I_w，第二元件电流线圈通入的电流为 I_u。

1. 测量数据（以 T－230A 现场校验仪为例）

按照第二章第三节现场校验仪测量方法的使用介绍，将校验仪与电能表接好。在选定的显示界面上将显示出分析所需的所有数据，显示屏数据如表 4－29 所示。

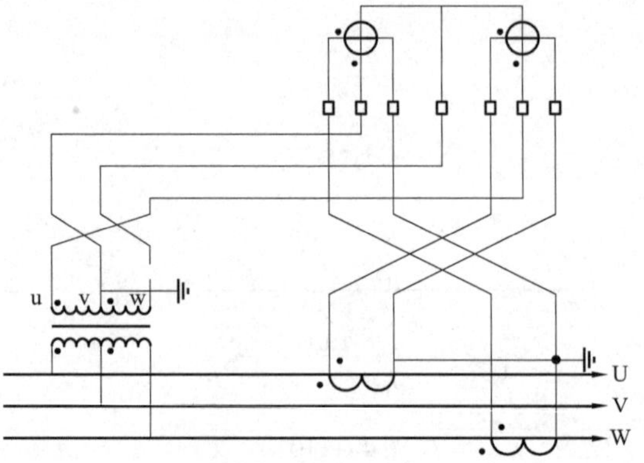

图 4－113

表 4-29

测 试 数 据			
项目	1 元件	2-6 端子	3 元件
电压	47.8V	100.7V	53.3V
电流	1.5A	0.0A	1.5A
对地电压	0.3V	47.5V	100.4V
相位	$\varphi_{I_1I_3}=120.6°$		
	$\varphi_{U_{31}I_1}=299.7°$		
	$\varphi_{U_{31}I_3}=60.3°$ $P=4.0$		
相序	电压断相 U_2 电流相序逆		

2. 分析判断错误现象

（1）从表 4-29“电压”栏中的显示值看出 1 元件和 3 元件的电压值不等于 100V，可以判定该错误接线有电压断相，并且根据 1 元件和 3 元件的电压值可以看出，此电能表内部结构为“△”形。

（2）从“对地电压”栏中可以看出 1 元件的电压为 0V，所以确定 U_1 为 V 相。电压值为 47V 的 U_2 为电压断相，与“相序”栏中的电压断相 U_2 一致。

（3）确定 U_1 为 V 相后，就可以看出该错误接线的电压相序有两种可能，即 VWU 和 VUW。

（4）如图 4-114 所示，以电压相序 VWU 推出两个电流在相量图上的位置。将“相位”栏中的 U_{31} 替换成 U_{uv}。那么，$U_{31}I_1=300°$ 就替换成 $U_{uv}I_1=300°$、$U_{31}I_3=60°$ 就替换成 $U_{uv}I_3=60°$。即以 U_{uv} 为基准沿顺时针方向分别转 300°和 60°找到 I_1 和 I_3。从图上可以看出 $I_1=I_w$、$I_3=I_u$，并且其夹角等于 120°，电流相序为逆。

（5）如图 4-115 所示，以电压相序 VUW 推出两个电流在相量图上的位置。将“相位”栏中的 U_{31} 替换成 U_{wv}。那么，$U_{31}I_1=300°$ 就替换成 $U_{wv}I_1=300°$、$U_{31}I_3=60°$ 就替换成 $U_{wv}I_3=60°$。即以 U_{wv} 为基准沿顺时针方向分别转 300°和 60°找到 I_1 和 I_3。

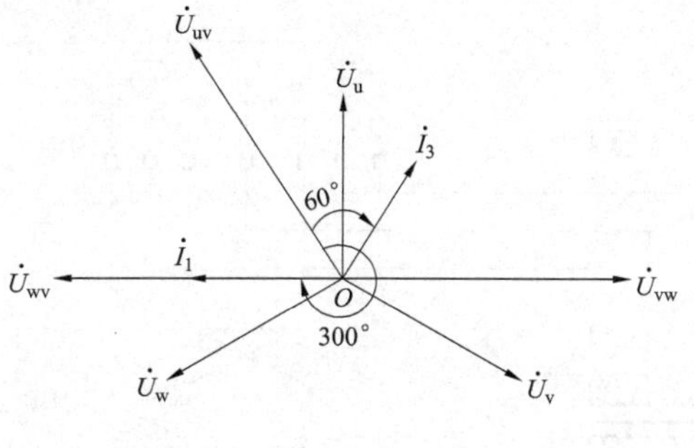

图 4-114

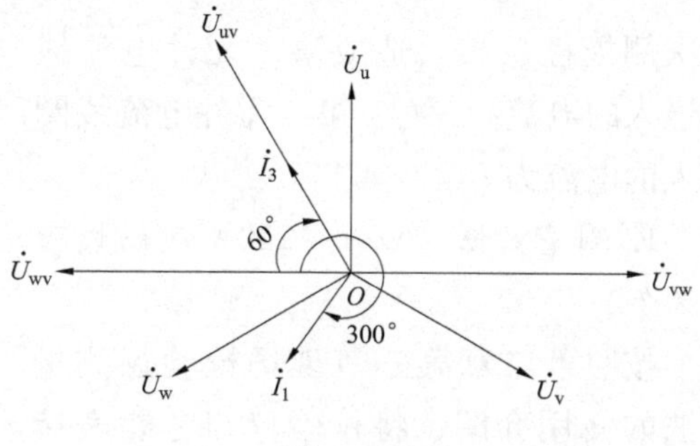

图 4-115

（6）将两个电流在相量图上的位置进行比较。比较结果是第四步以电压相序 VWU 推出的两个电流符合两个电流在相量图上的位置。

（7）最后得出错误接线结论：电压相序 VWU，电流相序 I_w、I_u，W 相电压断相。电能表的实际接线组别为：第一元件$\frac{1}{2}U_{vu}$、I_w，第二元件$\frac{1}{2}U_{uv}$、I_u。

（8）画出错误接线相量图，如图4－116所示。

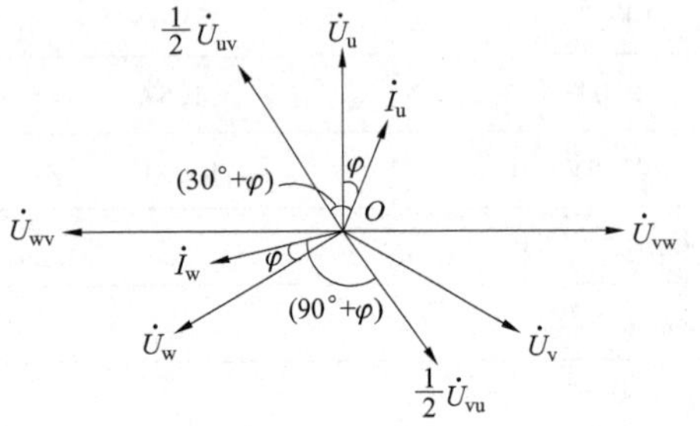

图4－116

3. 写出错误接线时测得的电能（以功率表示）

因为电能表所计量的电能与所加电压和电流及相应相电流之间的夹角余弦乘积成正比，根据上面画出的错误接线相量图，对两个元件所计量的电能分别进行分析（以功率表示），并设 P_1'为第一元件错误计量的功率，P_2'为第二元件错误计量的功率。

第一元件测量的功率为

$$P_1' = \frac{1}{2}U_{vu}I_w\cos(90° + \varphi)$$

第二元件测量的功率为

$$P_2' = \frac{1}{2}U_{uv}I_u\cos(30° + \varphi)$$

在三相电路完全对称时，两元件测量的总功率为

$$\begin{aligned}P' &= P_1' + P_2' \\ &= \frac{1}{2}U_{vu}I_w\cos(90° + \varphi) + \frac{1}{2}U_{uv}I_u\cos(30° + \varphi)\end{aligned}$$

十四、表尾电压相序 VWU，电流相序 I_wI_u，W 相 TV 二次侧电压断相，W 相 TA 二次侧极性反接

图4－117是三相三线有功电能表的错误接线。从图中可以看出，电能表表尾电压相序为 VWU，并且 W 相 TV 二次侧电压断相，造成电能表第一元件电压线圈两端实际承受电压为$\frac{1}{2}U_{vu}$，第二元件实际承受电压为$\frac{1}{2}U_{uv}$；电流由于 U、W 相表尾端钮接错，并且 W 相 TA 二次侧极性反接，造成第一元件电流线圈通入的电流为 $-I_w$，第二元件电流线圈通入的电流为 I_u。

1. 测量数据（以 T－230A 现场校验仪为例）

按照第二章第三节现场校验仪测量方法的使用介绍，将校验仪与电能表接好。在选定的显示界面上将显示出分析所需的所有数据，显示屏数据如表4－30所示。

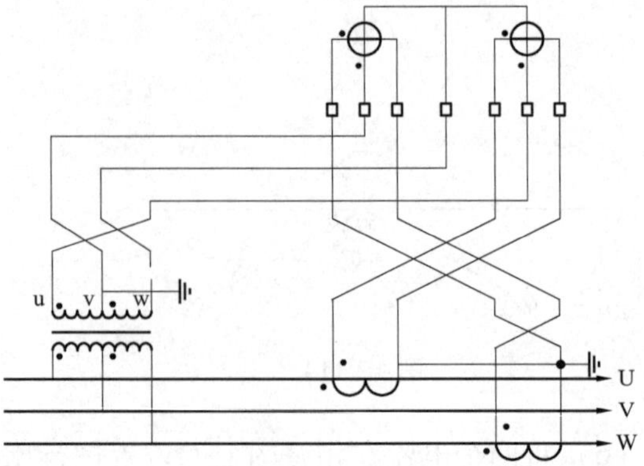

图4－117

表 4－30

测试数据			
项目	1 元件	2－6 端子	3 元件
电压	47.8V	100.7V	53.3V
电流	1.5A	0.0A	1.5A
对地电压	0.3V	47.5V	100.4V
相位	$\varphi_{I_1I_3}=300.2°$		
	$\varphi_{U_{31}I_1}=119.8°$		
	$\varphi_{U_{31}I_3}=60.1°$　$P=64.9$		
相序	电压断相 U_2　电流相序逆		

2. 分析判断错误现象

（1）从表 4－30“电压”栏中的显示值看出 1 元件和 3 元件的电压值不等于 100V，可以判定该错误接线有电压断相，并且根据 1 元件和 3 元件的电压值可以看出，此电能表内部结构为“△”形。

（2）从“对地电压”栏中可以看出 1 元件的电压为 0V，所以确定 U_1 为 V 相。电压值为 47V 的 U_2 为电压断相，与“相序”栏中的电压断相 U_2 一致。

（3）确定 U_1 为 V 相后，就可以看出该错误接线的电压相序有两种可能，即 VWU 和 VUW。

（4）如图 4－118 所示，以电压相序 VWU 推出两个电流在相量图上的位置。将“相位”栏中的 U_{31} 替换成 U_{uv}。那么，$U_{31}I_1=120°$ 就替换成 $U_{uv}I_1=120°$、$U_{31}I_3=60°$ 就替换成 $U_{uv}I_3=60°$。即以 U_{uv} 为基准沿顺时针方向分别转 120°和 60°找到 I_1 和 I_3。从图上可以看出 $I_1=-I_w$、$I_3=I_u$，并且其夹角等于 300°，电流相序为逆。

（5）如图 4－119 所示，以电压相序 VUW 推出两个电流在相量图上的位置。将“相位”栏中的 U_{31} 替换成 U_{wv}。那么，$U_{31}I_1=120°$ 就替换成 $U_{wv}I_1=120°$、$U_{31}I_3=60°$ 就替换成 $U_{wv}I_3=60°$。即以 U_{wv} 为基准沿顺时针方向分别转 120°和 60°找到 I_1 和 I_3。

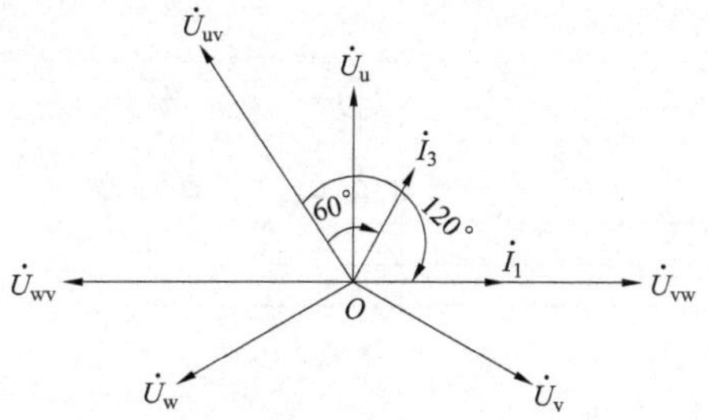

图 4－118

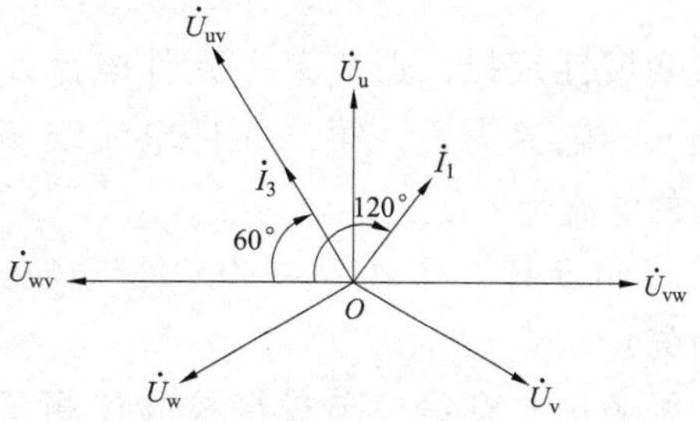

图 4－119

（6）将两个电流在相量图上的位置进行比较。比较结果是第四步以电压相序 VWU 推出的两个电流符合两个电流在相量图上的位置。

（7）最后得出错误接线结论：电压相序 VWU，电流相序 I_w、I_u，W 相电压断相。电能表的实际接线组别为：第一元件$\frac{1}{2}U_{vu}$、$-I_w$，第二元件$\frac{1}{2}U_{uv}$、I_u。

（8）画出错误接线相量图，如图4－120所示。

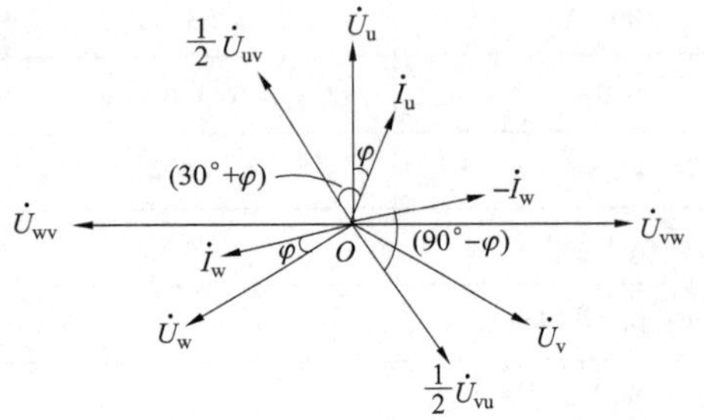

图4－120

3. 写出错误接线时测得的电能（以功率表示）

因为电能表所计量的电能与所加电压和电流及相应相电流之间的夹角余弦乘积成正比，根据图4－120画出的错误接线相量图，对两个元件所计量的电能分别进行分析（以功率表示），并设 P_1'为第一元件错误计量的功率，P_2'为第二元件错误计量的功率。

第一元件测量的功率为

$$P_1' = \frac{1}{2}U_{vu}(-I_w)\cos(90° - \varphi)$$

第二元件测量的功率为

$$P_2' = \frac{1}{2}U_{uv}I_u\cos(30° + \varphi)$$

在三相电路完全对称时,两元件测量的总功率为

$$\begin{aligned}P' &= P_1' + P_2' \\ &= \frac{1}{2}U_{vu}(-I_w)\cos(90° - \varphi) + \frac{1}{2}U_{uv}I_u\cos(30° + \varphi)\end{aligned}$$

十五、表尾电压相序 VWU，电流相序 I_wI_u，W 相 TV 二次侧电压断相，U 相 TA 二次侧极性反接

图4－121是三相三线有功电能表的错误接线。从图中可以看出，电能表表尾电压相序为 VWU，并且 W 相 TV 二次侧电压断相，造成电能表第一元件电压线圈两端实际承受电压为$\frac{1}{2}U_{vu}$，第二元件实际承受电压为$\frac{1}{2}U_{uv}$；电流由于 U、W 相表尾端钮接错，并且 U 相 TA 二次侧极性反接，造成第一元件电流线圈通入的电流为 I_w，第二元件电流线圈通入的电流为 $-I_u$。

1. 测量数据（以 T－230A 现场校验仪为例）

按照第二章第三节现场校验仪测量方法的使用介绍，将校验仪与电能表接好。在选定的显示界面上将显示出分析所需的所有数据，显示屏数据如表4－31所示。

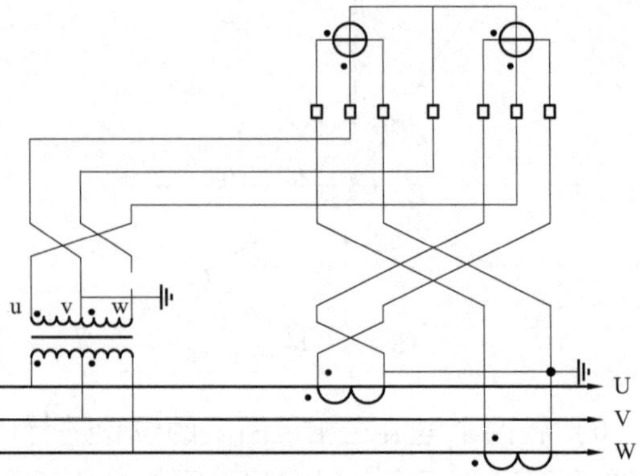

图4－121

表 4 - 31

测 试 数 据			
项目	1 元件	2 - 6 端子	3 元件
电压	47.8V	100.7V	53.3V
电流	1.5A	0.0A	1.5A
对地电压	0.3V	47.5V	100.4V
相位	$\varphi_{I_1I_3}=300.2°$		
	$\varphi_{U_{31}I_1}=299.8°$		
	$\varphi_{U_{31}I_3}=240.1°$ $P=-64.9$		
相序	电压断相 U_2 电流相序逆		

2. 分析判断错误现象

（1）从表 4 - 31 “电压” 栏中的显示值看出 1 元件和 3 元件的电压值不等于 100V，可以判定该错误接线有电压断相，并且根据 1 元件和 3 元件的电压值可以看出，此电能表内部结构为 “△” 形。

（2）从 “对地电压” 栏中可以看出 1 元件的电压为 0V，所以确定 U_1 为 V 相。电压值为 47V 的 U_2 为电压断相，与 “相序” 栏中的电压断相 U_2 一致。

（3）确定 U_1 为 V 相后，就可以看出该错误接线的电压相序有两种可能，即 VWU 和 VUW。

（4）如图 4 - 122 所示，以电压相序 VWU 推出两个电流在相量图上的位置。将 “相位” 栏中的 U_{31} 替换成 U_{uv}。那么，$U_{31}I_1=300°$ 就替换成 $U_{uv}I_1=300°$、$U_{31}I_3=240°$ 就替换成 $U_{uv}I_3=240°$。即以 U_{uv} 为基准沿顺时针方向分别转 300° 和 240° 找到 I_1 和 I_3。从图上可以看出 $I_1=I_w$、$I_3=-I_u$，并且其夹角等于 300°，电流相序为逆。

（5）如图 4 - 123 所示，以电压相序 VUW 推出两个电流在相量图上的位置。将 “相位” 栏中的 U_{31} 替换成 U_{wv}。那么，$U_{31}I_1=300°$ 就替换成 $U_{wv}I_1=300°$、$U_{31}I_3=240°$ 就替换成 $U_{wv}I_3=240°$。即以 U_{wv} 为基准沿顺时针方向分别转 300° 和 240° 找到 I_1 和 I_3。

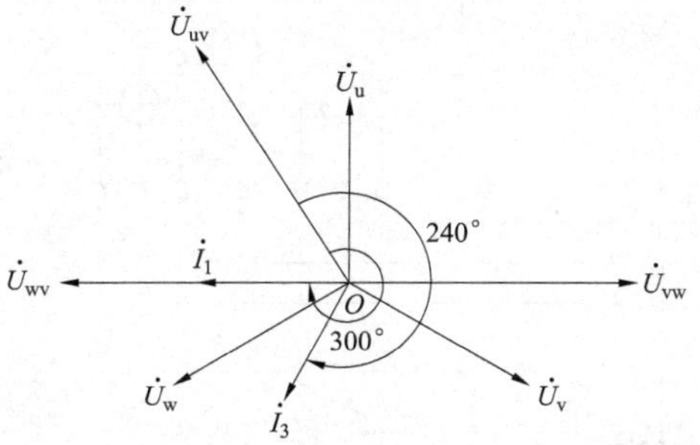

图 4 - 122

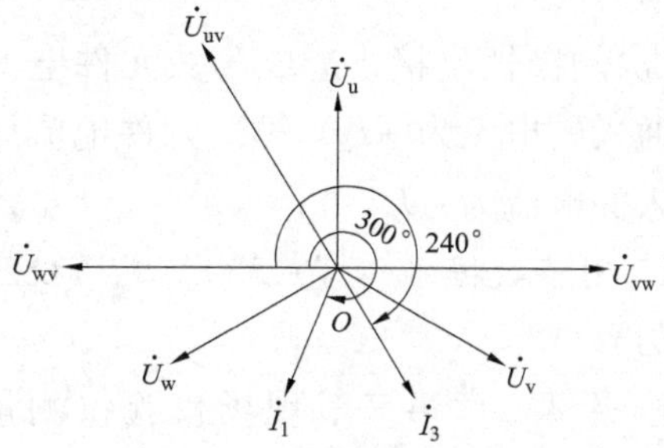

图 4 - 123

（6）将两个电流在相量图上的位置进行比较。比较结果是第四步以电压相序 VWU 推出的两个电流符合两个电流在相量图上的位置。

（7）最后得出错误接线结论：电压相序 VWU，电流相序 I_w、I_u，W 相电压断相。电能表的实际接线组别为：第一元件$\frac{1}{2}U_{vu}$、I_w，第二元件$\frac{1}{2}U_{uv}$、$-I_u$。

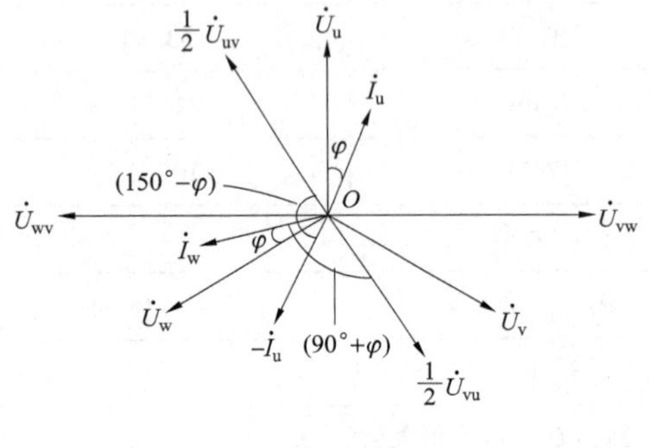

图 4－124

（8）画出错误接线相量图，如图 4－124 所示。

3. 写出错误接线时测得的电能（以功率表示）

因为电能表所计量的电能与所加电压和电流及相应相电流之间的夹角余弦乘积成正比，根据上面画出的错误接线相量图，对两个元件所计量的电能分别进行分析（以功率表示），并设 P_1'为第一元件错误计量的功率，P_2'为第二元件错误计量的功率。

第一元件测量的功率为

$$P_1' = \frac{1}{2}U_{vu}I_w\cos(90° + \varphi)$$

第二元件测量的功率为

$$P_2' = \frac{1}{2}U_{uv}(-I_u)\cos(150° - \varphi)$$

在三相电路完全对称时，两元件测量的总功率为

$$\begin{aligned} P' &= P_1' + P_2' \\ &= \frac{1}{2}U_{vu}I_w\cos(90° + \varphi) + \frac{1}{2}U_{uv}(-I_u)\cos(150° - \varphi) \end{aligned}$$

十六、表尾电压相序 VWU，电流相序 I_wI_u，W 相 TV 二次侧电压断相，U、W 相 TA 二次侧极性反接

图 4－125 是三相三线有功电能表的错误接线。从图中可以看出，电能表表尾电压相序为 VWU，并且 W 相 TV 二次侧电压断相，造成电能表第一元件电压线圈两端实际承受电压为$\frac{1}{2}U_{vu}$，第二元件实际承受电压为$\frac{1}{2}U_{uv}$；电流由于 U、W 相表尾端钮接错，并且 U、W 相 TA 二次侧极性反接，造成第一元件电流线圈通入的电流为 $-I_w$，第二元件电流线圈通入的电流为 $-I_u$。

1. 测量数据（以 T－230A 现场校验仪为例）

按照第二章第三节现场校验仪测量方法的使用介绍，将校验仪与电能表接好。在选定的显示界面上将显示出分析所需的所有数据，显示屏数据如表 4－32 所示。

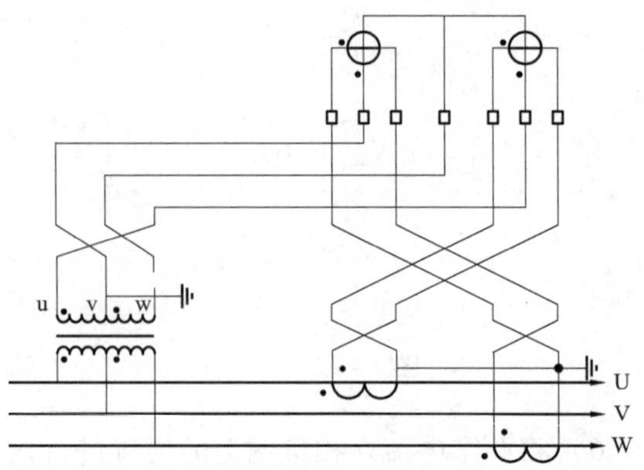

图 4－125

表 4 - 32

测 试 数 据			
项目	1 元件	2 - 6 端子	3 元件
电压	47.8V	100.7V	53.3V
电流	1.5A	0.0A	1.5A
对地电压	0.3V	47.5V	100.4V
相位	$\varphi_{I_1I_3}=120.6°$		
	$\varphi_{U_{31}I_1}=119.7°$		
	$\varphi_{U_{31}I_3}=240.3°$　$P=-4.1$		
相序	电压断相 U_2　电流相序逆		

2. 分析判断错误现象

（1）从表 4 - 32“电压”栏中的显示值看出 1 元件和 3 元件的电压值不等于 100V，可以判定该错误接线有电压断相，并且根据 1 元件和 3 元件的电压值可以看出，此电能表内部结构为“△”形。

（2）从“对地电压”栏中可以看出 1 元件的电压为 0V，所以确定 U_1 为 V 相。电压值为 47V 的 U_2 为电压断相，与“相序”栏中的电压断相 U_2 一致。

（3）确定 U_1 为 V 相后，就可以看出该错误接线的电压相序有两种可能，即 VWU 和 VUW。

（4）如图 4 - 126 所示，以电压相序 VWU 推出两个电流在相量图上的位置。将“相位”栏中的 U_{31} 替换成 U_{uv}。那么，$U_{31}I_1=120°$ 就替换成 $U_{uv}I_1=120°$、$U_{31}I_3=240°$ 就替换成 $U_{uv}I_3=240°$。即以 U_{uv} 为基准沿顺时针方向分别转 120°和 240°找到 I_1 和 I_3。从图上可以看出 $I_1=-I_w$、$I_3=-I_u$，并且其夹角等于 120°，电流相序为逆。

（5）如图 4 - 127 所示，以电压相序 VUW 推出两个电流在相量图上的位置。将“相位”栏中的 U_{31} 替换成 U_{wv}。那么，$U_{31}I_1=120°$ 就替换成 $U_{wv}I_1=120°$、$U_{31}I_3=240°$ 就替换成 $U_{wv}I_3=240°$。即以 U_{wv} 为基准沿顺时针方向分别转 120°和 240°找到 I_1 和 I_3。

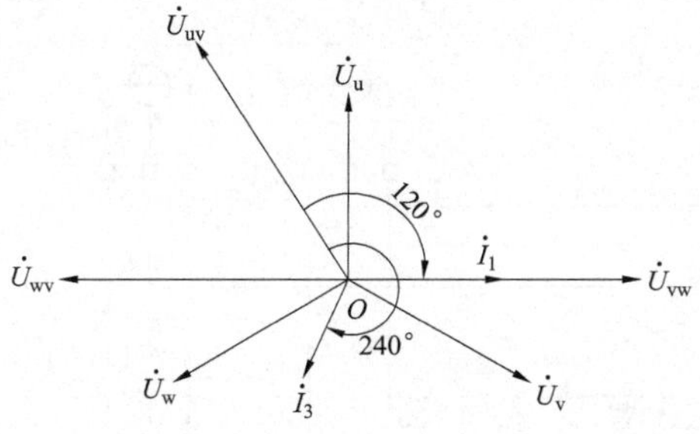

图 4 - 126

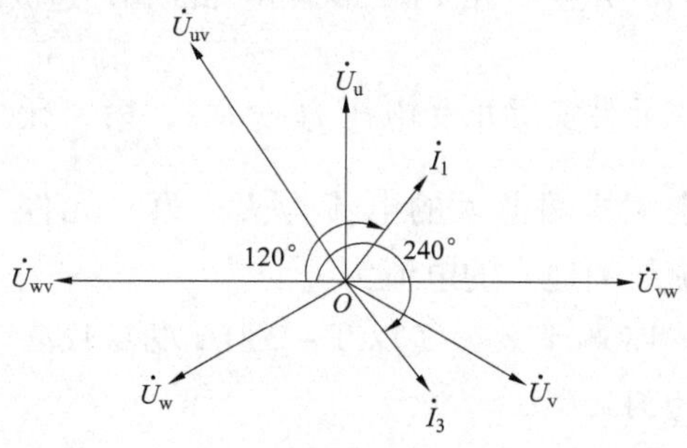

图 4 - 127

（6）将两个电流在相量图上的位置进行比较。比较结果是第四步以电压相序 VWU 推出的两个电流符合两个电流在相量图上的位置。

（7）最后得出错误接线结论：电压相序 VWU，电流相序 I_w、I_u，W 相电压断相。电能表的实际接线组别为：第一元件$\frac{1}{2}U_{vu}$、$-I_w$，第二元件$\frac{1}{2}U_{uv}$、$-I_u$。

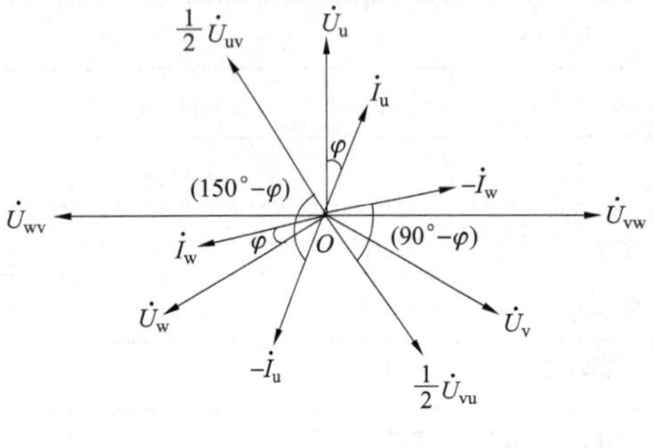

图 4－128

（8）画出错误接线相量图，如图 4－128 所示。

3. 写出错误接线时测得的电能（以功率表示）

因为电能表所计量的电能与所加电压和电流及应相电流之间的夹角余弦乘积成正比，根据图 4－128 画出的错误接线相量图，对两个元件所计量的电能分别进行分析（以功率表示），并设 P_1'为第一元件错误计量的功率，P_2'为第二元件错误计量的功率。

第一元件测量的功率为

$$P_1' = \frac{1}{2}U_{vu}(-I_w)\cos(90° - \varphi)$$

第二元件测量的功率为

$$P_2' = \frac{1}{2}U_{uv}(-I_u)\cos(150° - \varphi)$$

在三相电路完全对称时，两元件测量的总功率为

$$\begin{aligned} P' &= P_1' + P_2' \\ &= \frac{1}{2}U_{vu}(-I_w)\cos(90° - \varphi) + \frac{1}{2}U_{uv}(-I_u)\cos(150° - \varphi) \end{aligned}$$

第三节　电压相序为 WUV 时的错误接线实例分析

一、表尾电压相序 WUV，电流相序 I_uI_w，U 相 TV 二次侧电压断相

图 4－129 是三相三线有功电能表的错误接线。从图中可以看出，电能表表尾电压相序为 WUV，并且 U 相 TV 二次侧电压断相，造成电能表第一元件电压线圈两端实际承受电压为$\frac{1}{2}U_{wv}$，第二元件实际承受电压为 $\frac{1}{2}U_{vw}$；第一元件电流线圈通入的电流为 I_u，第二元件电流线圈通入的电流为 I_w。

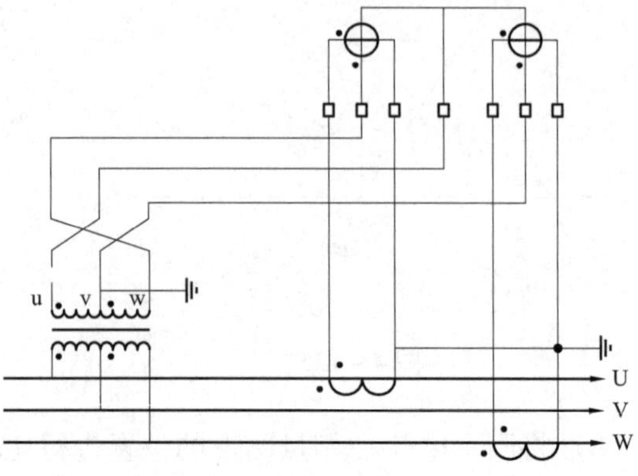

图 4－129

1. 测量数据（以 T－230A 现场校验仪为例）

按照第二章第三节现场校验仪测量方法的使用介绍，将校验仪与电能表接好。在选定的显示界面上将显示出分析所需的所有数据，显示屏数据如表 4－33 所示。

表 4-33

测试数据			
项目	1 元件	2-6 端子	3 元件
电压	52.5V	100.8V	48.4V
电流	1.5A	0.0A	1.5A
对地电压	100.5V	48.2V	0.3V
相位	$\varphi_{I_1I_3}=239.4°$		
	$\varphi_{U_{31}I_1}=300.3°$		
	$\varphi_{U_{31}I_3}=179.8°$　$P=-115.4$		
相序	电压断相 U_2　电流相序正		

2. 分析判断错误现象

（1）从表 4-33 “电压” 栏中的显示值看出 1 元件和 3 元件的电压值不等于 100V，可以判定该错误接线有电压断相，并且根据 1 元件和 3 元件的电压值可以看出，此电能表内部结构为 “△” 形。

（2）从 “对地电压” 栏中可以看出 3 元件的电压为 0V，所以确定 U_3 为 V 相。电压值为 48V 的 U_2 为电压断相，与 “相序” 栏中的电压断相 U_2 一致。

（3）确定 U_3 为 V 相后，就可以看出该错误接线的电压相序有两种可能，即 WUV 和 UWV。

（4）如图 4-130 所示，以电压相序 WUV 推出两个电流在相量图上的位置。将 “相位” 栏中的 U_{31} 替换成 U_{vw}。那么，$U_{31}I_1=300°$ 就替换成 $U_{vw}I_1=300°$、$U_{31}I_3=180°$ 就替换成 $U_{vw}I_3=180°$。即以 U_{vw} 为基准沿顺时针方向分别转 300°和 180°找到 I_1 和 I_3。从图上可以看出 $I_1=I_u$、$I_3=I_w$，并且其夹角等于 240°，电流相序为正。

（5）如图 4-131 所示，以电压相序 UWV 推出两个电流在相量图上的位置。将 “相位” 栏中的 U_{31} 替换成 U_{vu}。那么，$U_{31}I_1=300°$ 就替换成 $U_{vu}I_1=300°$、$U_{31}I_3=180°$ 就替换成 $U_{vu}I_3=180°$。即以 U_{vu} 为基准沿顺时针方向分别转 300°和 180°找到 I_1 和 I_3。

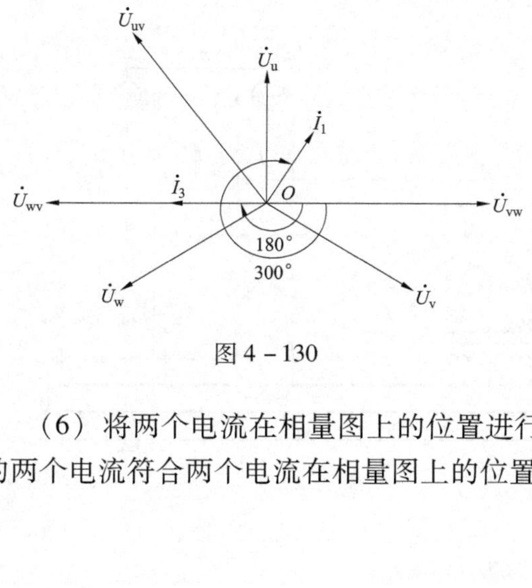

图 4-130

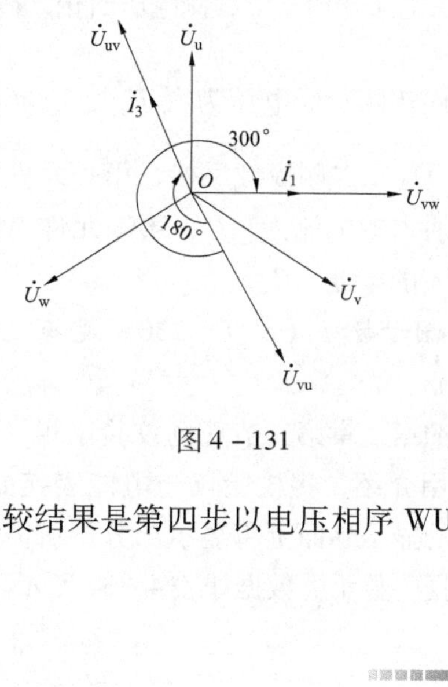

图 4-131

（6）将两个电流在相量图上的位置进行比较。比较结果是第四步以电压相序 WUV 推出的两个电流符合两个电流在相量图上的位置。

(7) 最后得出错误接线结论：电压相序 WUV，电流相序 I_u、I_w，U 相电压断相。电能表的实际接线组别为：第一元件$\frac{1}{2}U_{wv}$、I_u，第二元件$\frac{1}{2}U_{vw}$、I_w。

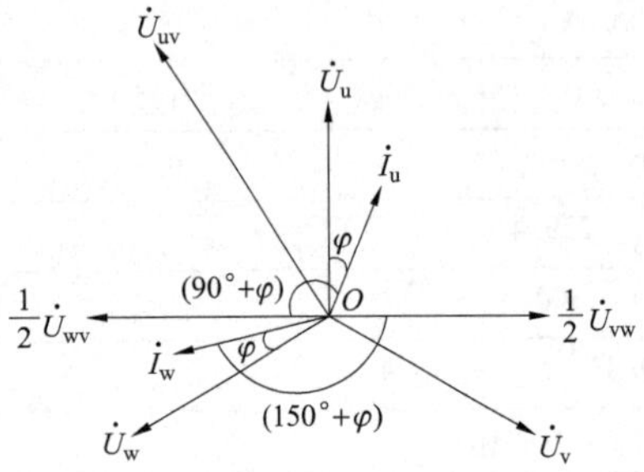

图 4－132

(8) 画出错误接线相量图，如图 4－132 所示。

3. 写出错误接线时测得的电能（以功率表示）

因为电能表所计量的电能与所加电压和电流及相应相电流之间的夹角余弦乘积成正比，根据图 4－132 画出的错误接线相量图，对两个元件所计量的电能分别进行分析（以功率表示），并设 P_1'为第一元件错误计量的功率，P_2'为第二元件错误计量的功率。

第一元件测量的功率为

$$P_1' = \frac{1}{2}U_{wv}I_u\cos(90° + \varphi)$$

第二元件测量的功率为

$$P_2' = \frac{1}{2}U_{vw}I_w\cos(150° + \varphi)$$

在三相电路完全对称时,两元件测量的总功率为

$$\begin{aligned}P' &= P_1' + P_2'\\ &= \frac{1}{2}U_{wv}I_u\cos(90° + \varphi) + \frac{1}{2}U_{vw}I_w\cos(150° + \varphi)\end{aligned}$$

二、表尾电压相序 WUV，电流相序 I_uI_w，U 相 TV 二次侧电压断相，U 相 TA 二次侧极性反接

图 5－133 是三相三线有功电能表的错误接线。从图中可以看出，电能表表尾电压相序为 WUV，并且 U 相 TV 二次侧电压断相，造成电能表第一元件电压线圈两端实际承受电压为 $\frac{1}{2}U_{wv}$，第二元件实际承受电压为 $\frac{1}{2}U_{vw}$；电流由于 U 相 TA 二次侧极性反接，第一元件电流线圈通入的电流为 $-I_u$，第二元件电流线圈通入的电流为 I_w。

1. 测量数据（以 T－230A 现场校验仪为例）

按照第二章第三节现场校验仪测量方法的使用介绍，将校验仪与电能表接好。在选定的显示界面上将显示出分析所需的所有数据，显示屏数据如表 4－34 所示。

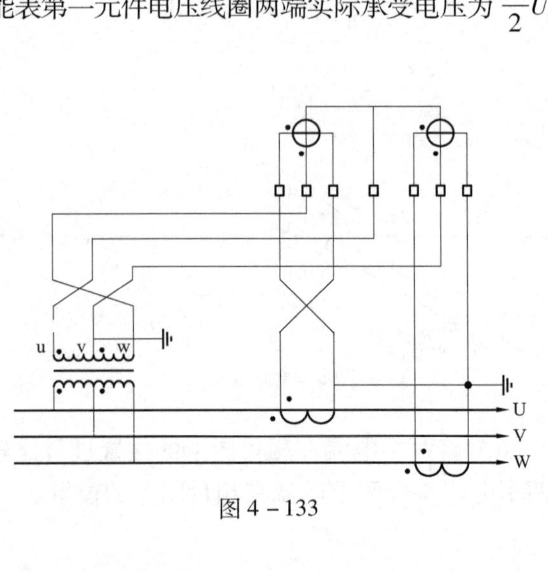

图 4－133

表 4 - 34

测试数据			
项目	1 元件	2 - 6 端子	3 元件
电压	52.6V	100.8V	48.4V
电流	1.5A	0.0A	1.5A
对地电压	100.5V	48.1V	0.3V
相位	$\varphi_{I_1 I_3} = 59.8°$		
	$\varphi_{U_{31} I_1} = 120.1°$		
	$\varphi_{U_{31} I_3} = 179.9°$　$P = -28.9$		
相序	电压断相 U_2　电流相序正		

2. 分析判断错误现象

（1）从表 4 - 34 "电压" 栏中的显示值看出 1 元件和 3 元件的电压值不等于 100V，可以判定该错误接线有电压断相，并且根据 1 元件和 3 元件的电压值可以看出，此电能表内部结构为 "△" 形。

（2）从 "对地电压" 栏中可以看出 3 元件的电压为 0V，所以确定 U_3 为 V 相。电压值为 48V 的 U_2 为电压断相，与 "相序" 栏中的电压断相 U_2 一致。

（3）确定 U_3 为 V 相后，就可以看出该错误接线的电压相序有两种可能，即 WUV 和 UWV。

（4）如图 4 - 134 所示，以电压相序 WUV 推出两个电流在相量图上的位置。将 "相位" 栏中的 U_{31} 替换成 U_{vw}。那么，$U_{31} I_1 = 120°$ 就替换成 $U_{vw} I_1 = 120°$、$U_{31} I_3 = 180°$ 就替换成 $U_{vw} I_3 = 180°$。即以 U_{vw} 为基准沿顺时针方向分别转 120° 和 180° 找到 I_1 和 I_3。从图上可以看出 $I_1 = -I_u$、$I_3 = I_w$，并且其夹角等于 60°，电流相序为正。

（5）如图 4 - 131 所示，以电压相序 UWV 推出两个电流在相量图上的位置。将 "相位" 栏中的 U_{31} 替换成 U_{vu}。那么，$U_{31} I_1 = 120°$ 就替换成 $U_{vu} I_1 = 120°$、$U_{31} I_3 = 180°$ 就替换成 $U_{vu} I_3 = 180°$。即以 U_{vu} 为基准沿顺时针方向分别转 120° 和 180° 找到 I_1 和 I_3。

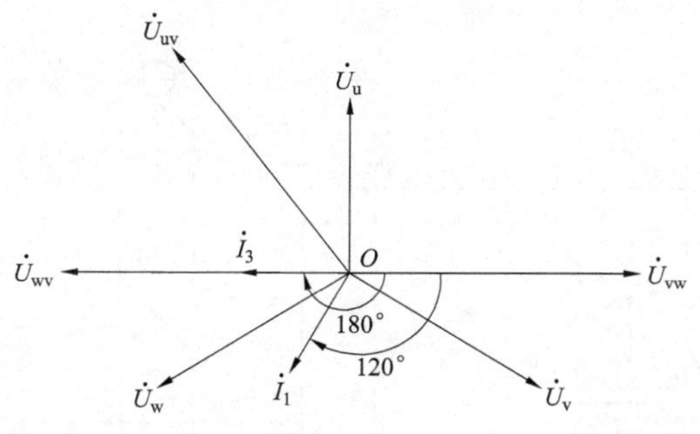

图 4 - 134

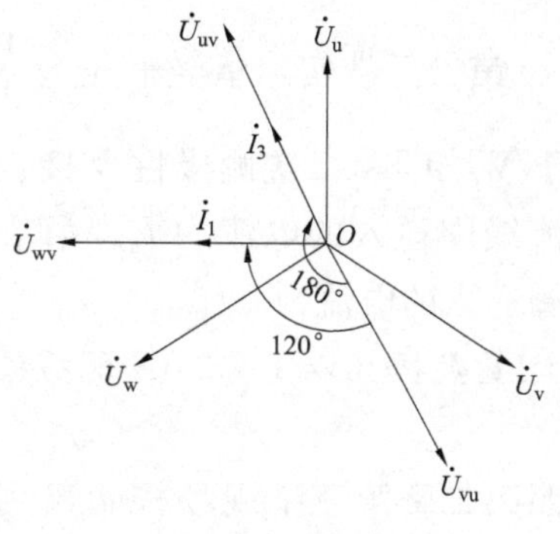

图 4 - 135

（6）将两个电流在相量图上的位置进行比较。比较结果是第四步以电压相序 WUV 推出的两个电流符合两个电流在相量图上的位置。

（7）最后得出错误接线结论：电压相序 WUV，电流相序 I_u、I_w，U 相电压断相。电能表的实际接线组别为：第一元件$\frac{1}{2}U_{wv}$、$-I_u$，第二元件$\frac{1}{2}U_{vw}$、I_w。

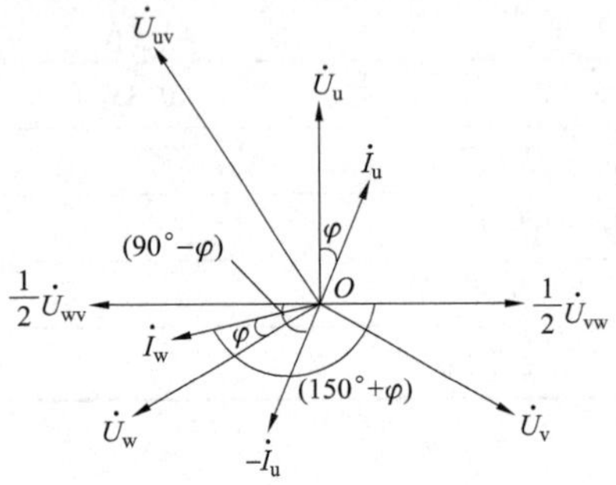

图 4－136

（8）画出错误接线相量图，如图 4－136 所示。

3. 写出错误接线时测得的电能（以功率表示）

因为电能表所计量的电能与所加电压和电流及相应相电流之间的夹角余弦乘积成正比，根据图 4－136 画出的错误接线相量图，对两个元件所计量的电能分别进行分析（以功率表示），并设 P_1'为第一元件错误计量的功率，P_2'为第二元件错误计量的功率。

第一元件测量的功率为

$$P_1' = \frac{1}{2}U_{wv}(-I_u)\cos(90° - \varphi)$$

第二元件测量的功率为

$$P_2' = \frac{1}{2}U_{vw}I_w\cos(150° + \varphi)$$

在三相电路完全对称时,两元件测量的总功率为

$$\begin{aligned}P' &= P_1' + P_2' \\ &= \frac{1}{2}U_{wv}(-I_u)\cos(90° - \varphi) + \frac{1}{2}U_{vw}I_w\cos(150° + \varphi)\end{aligned}$$

三、表尾电压相序 WUV，电流相序 I_uI_w，U 相 TV 二次侧电压断相，W 相 TA 二次侧极性反接

图 4－137 是三相三线有功电能表的错误接线。从图中可以看出，电能表表尾电压相序为 WUV，并且 U 相 TV 二次侧电压断相，造成电能表第一元件电压线圈两端实际承受电压为$\frac{1}{2}U_{wv}$，第二元件实际承受电压为$\frac{1}{2}U_{vw}$；电流由于 W 相 TA 二次侧极性反接，第一元件电流线圈通入的电流为 I_u，第二元件电流线圈通入的电流为 $-I_w$。

1. 测量数据（以 T－230A 现场校验仪为例）

按照第二章第三节现场校验仪测量方法的使用介绍，将校验仪与电能表接好。在选定的显示界面上将显示出分析所需的所有数据，显示屏数据如表 4－35 所示。

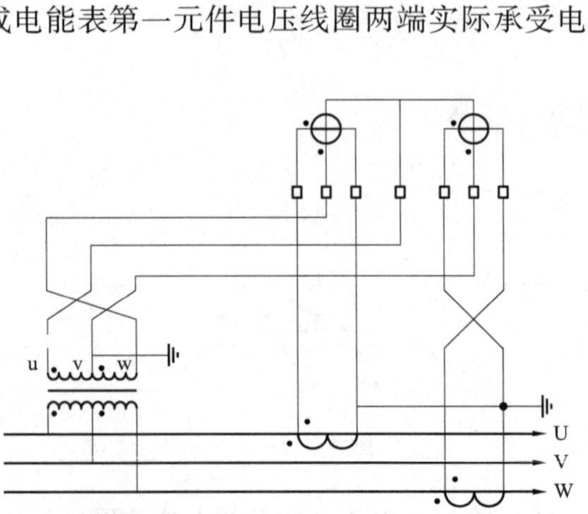

图 4－137

表 4 - 35

测 试 数 据			
项目	1 元件	2 - 6 端子	3 元件
电压	52.6V	100.8V	48.4V
电流	1.5A	0.0A	1.5A
对地电压	100.5V	48.1V	0.3V
相位	$\varphi_{I_1I_3}=59.8°$		
	$\varphi_{U_{31}I_1}=300.1°$		
	$\varphi_{U_{31}I_3}=359.9°$ $P=29.0$		
相序	电压断相 U_2 电流相序正		

2. 分析判断错误现象

(1) 从表 4 - 35 “电压” 栏中的显示值看出 1 元件和 3 元件的电压值不等于 100V，可以判定该错误接线有电压断相，并且根据 1 元件和 3 元件的电压值可以看出，此电能表内部结构为 “△” 形。

(2) 从 “对地电压” 栏中可以看出 3 元件的电压为 0V，所以确定 U_3 为 V 相。电压值为 48V 的 U_2 为电压断相，与 “相序” 栏中的电压断相 U_2 一致。

(3) 确定 U_3 为 V 相后，就可以看出该错误接线的电压相序有两种可能，即 WUV 和 UWV。

(4) 如图 4 - 138 所示，以电压相序 WUV 推出两个电流在相量图上的位置。将 “相位” 栏中的 U_{31} 替换成 U_{vw}。那么，$U_{31}I_1=300°$ 就替换成 $U_{vw}I_1=300°$、$U_{31}I_3=360°$ 就替换成 $U_{vw}I_3=360°$。即以 U_{vw} 为基准沿顺时针方向分别转 300°和 360°找到 I_1 和 I_3。从图上可以看出 $I_1=I_u$、$I_3=-I_w$，并且其夹角等于 60°，电流相序为正。

(5) 如图 4 - 139 所示，以电压相序 UWV 推出两个电流在相量图上的位置。将 “相位” 栏中的 U_{31} 替换成 U_{vu}。那么，$U_{31}I_1=300°$ 就替换成 $U_{vu}I_1=300°$、$U_{31}I_3=360°$ 就替换成 $U_{vu}I_3=360°$。即以 U_{vu} 为基准沿顺时针方向分别转 300°和 360°找到 I_1 和 I_3。

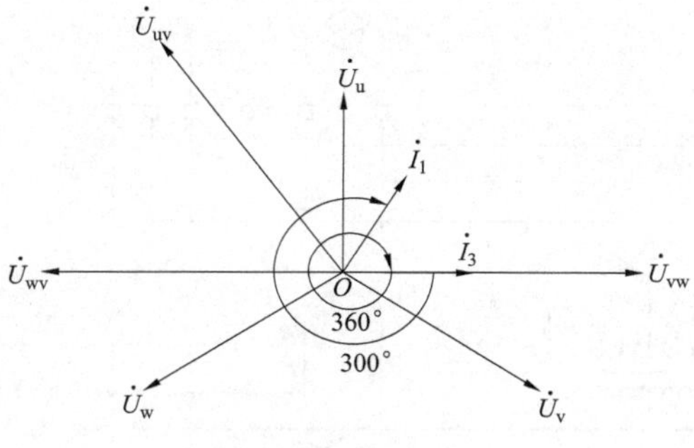

图 4 - 138

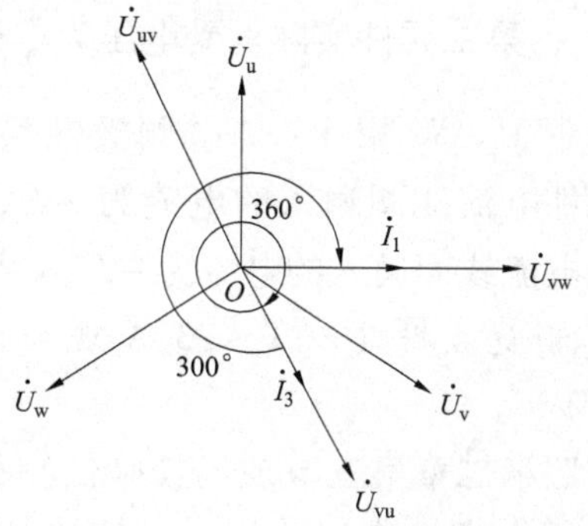

图 4 - 139

（6）将两个电流在相量图上的位置进行比较。比较结果是第四步以电压相序 WUV 推出的两个电流符合两个电流在相量图上的位置。

（7）最后得出错误接线结论：电压相序 WUV，电流相序 I_u、I_w，U 相电压断相。电能表的实际接线组别为：第一元件$\frac{1}{2}U_{wv}$、I_u，第二元件$\frac{1}{2}U_{vw}$、$-I_w$。

（8）画出错误接线相量图，如图 4－140 所示。

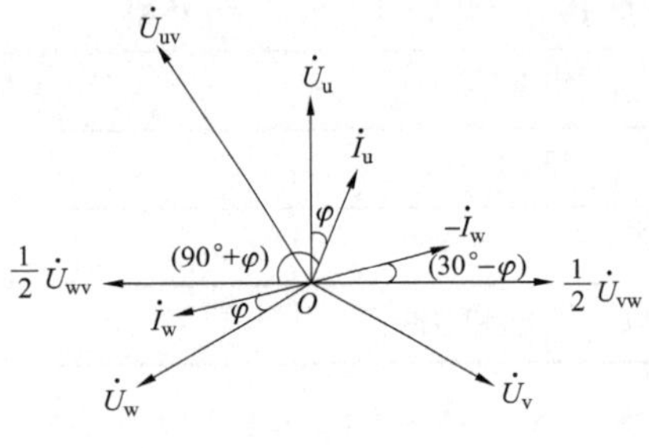

图 4－140

3. 写出错误接线时测得的电能（以功率表示）

因为电能表所计量的电能与所加电压和电流及相应相电流之间的夹角余弦乘积成正比，根据图 4－140 画出的错误接线相量图，对两个元件所计量的电能分别进行分析（以功率表示），并设 P_1'为第一元件错误计量的功率，P_2'为第二元件错误计量的功率。

第一元件测量的功率为

$$P_1'=\frac{1}{2}U_{wv}I_u\cos(90°+\varphi)$$

第二元件测量的功率为

$$P_2'=\frac{1}{2}U_{vw}(-I_w)\cos(30°-\varphi)$$

在三相电路完全对称时，两元件测量的总功率为

$$\begin{aligned}P'&=P_1'+P_2'\\&=\frac{1}{2}U_{wv}I_u\cos(90°+\varphi)+\frac{1}{2}U_{vw}(-I_w)\cos(30°-\varphi)\end{aligned}$$

四、表尾电压相序 WUV，电流相序 I_uI_w，U 相 TV 二次侧电压断相，U、W 相 TA 二次侧极性反接

图 4－141 是三相三线有功电能表的错误接线。从图中可以看出，电能表表尾电压相序为 WUV，并且 U 相 TV 二次侧电压断相，造成电能表第一元件电压线圈两端实际承受电压为$\frac{1}{2}U_{wv}$，第二元件实际承受电压为$\frac{1}{2}U_{vw}$；电流由于 U、W 相 TA 二次侧极性反接，第一元件电流线圈通入的电流为 $-I_u$，第二元件电流线圈通入的电流为 $-I_w$。

1. 测量数据（以 T－230A 现场校验仪为例）

按照第二章第三节现场校验仪测量方法的使用介绍，将校验仪与电能表接好。在选定的显示界面上将显示出分析所需的所有数据，显示屏数据如表 4－36 所示。

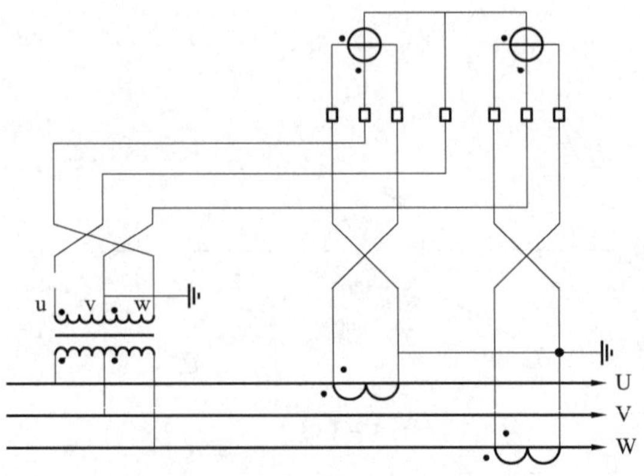

图 4－141

表 4-36

测 试 数 据			
项目	1 元件	2-6 端子	3 元件
电压	52.6V	100.8V	48.4V
电流	1.5A	0.0A	1.5A
对地电压	100.5V	48.1V	0.3V
相位	$\varphi_{I_1I_3}=239.4°$		
	$\varphi_{U_{31}I_1}=120.3°$		
	$\varphi_{U_{31}I_3}=359.8°$　$P=115.4$		
相序	电压断相 U_2　电流相序正		

2. 分析判断错误现象

（1）从表 4-36“电压”栏中的显示值看出 1 元件和 3 元件的电压值不等于 100V，可以判定该错误接线有电压断相，并且根据 1 元件和 3 元件的电压值可以看出，此电能表内部结构为“△”形。

（2）从“对地电压”栏中可以看出 3 元件的电压为 0V，所以确定 U_3 为 V 相。电压值为 48V 的 U_2 为电压断相，与“相序”栏中的电压断相 U_2 一致。

（3）确定 U_3 为 V 相后，就可以看出该错误接线的电压相序有两种可能，即 WUV 和 UWV。

（4）如图 4-142 所示，以电压相序 WUV 推出两个电流在相量图上的位置。将“相位”栏中的 U_{31} 替换成 U_{vw}。那么，$U_{31}I_1=120°$ 就替换成 $U_{vw}I_1=120°$、$U_{31}I_3=360°$ 就替换成 $U_{vw}I_3=360°$。即以 U_{vw} 为基准沿顺时针方向分别转 120°和 360°找到 I_1 和 I_3。从图上可以看出 $I_1=-I_u$、$I_3=-I_w$，并且其夹角等于 240°，电流相序为正。

（5）如图 4-143 所示，以电压相序 UWV 推出两个电流在相量图上的位置。将“相位”栏中的 U_{31} 替换成 U_{vu}。那么，$U_{31}I_1=120°$ 就替换成 $U_{vu}I_1=120°$、$U_{31}I_3=360°$ 就替换成 $U_{vu}I_3=360°$。即以 U_{vu} 为基准沿顺时针方向分别转 120°和 360°找到 I_1 和 I_3。

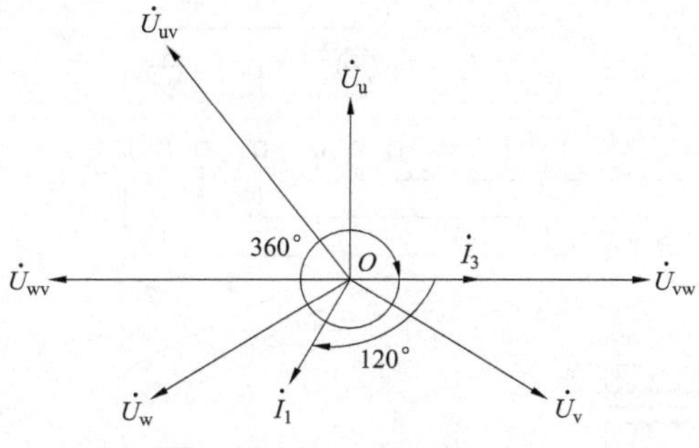

图 4-142

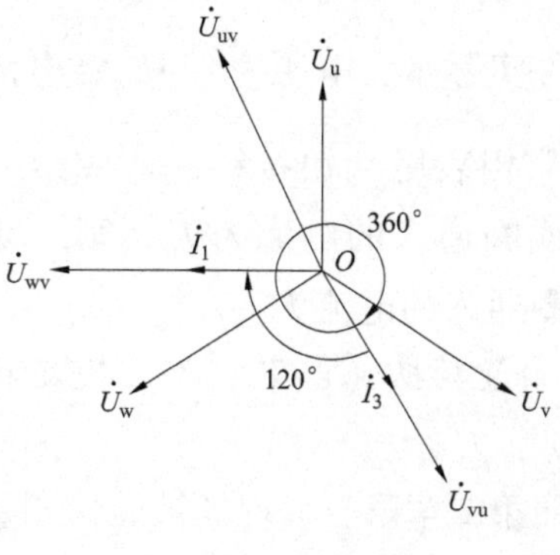

图 4-143

（6）将两个电流在相量图上的位置进行比较。比较结果是第四步以电压相序 WUV 推出的两个电流符合两个电流在相量图上的位置。

（7）最后得出错误接线结论：电压相序 WUV，电流相序 I_u、I_w，U 相电压断相。电能表的实际接线组别为：第一元件$\frac{1}{2}U_{wv}$、$-I_u$，第二元件$\frac{1}{2}U_{vw}$、$-I_w$。

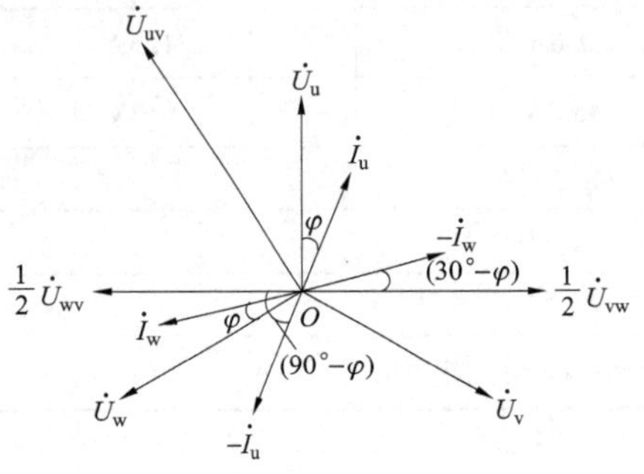

图 4－144

（8）画出错误接线相量图，如图 4－144 所示。

3. 写出错误接线时测得的电能（以功率表示）

因为电能表所计量的电能与所加电压和电流及相应相电流之间的夹角余弦乘积成正比，根据图 4－144 画出的错误接线相量图，对两个元件所计量的电能分别进行分析（以功率表示），并设 P_1'为第一元件错误计量的功率，P_2'为第二元件错误计量的功率。

第一元件测量的功率为

$$P_1' = \frac{1}{2}U_{wv}(-I_u)\cos(90° - \varphi)$$

第二元件测量的功率为

$$P_2' = \frac{1}{2}U_{vw}(-I_w)\cos(30° - \varphi)$$

在三相电路完全对称时，两元件测量的总功率为

$$\begin{aligned}P' &= P_1' + P_2' \\ &= \frac{1}{2}U_{wv}(-I_u)\cos(90° - \varphi) + \frac{1}{2}U_{vw}(-I_w)\cos(30° - \varphi)\end{aligned}$$

五、表尾电压相序 WUV，电流相序 I_wI_u，U 相 TV 二次侧电压断相

图 4－145 是三相三线有功电能表的错误接线。从图中可以看出，电能表表尾电压相序为 WUV，并且 U 相 TV 二次侧电压断相，造成电能表第一元件电压线圈两端实际承受电压为 $\frac{1}{2}U_{wv}$，第二元件实际承受电压为 $\frac{1}{2}U_{vw}$；电流由于 U、W 相表尾端钮接错，造成第一元件电流线圈通入的电流为 I_w，第二元件电流线圈通入的电流为 I_u。

1. 测量数据（以 T－230A 现场校验仪为例）

按照第二章第三节现场校验仪测量方法的使用介绍，将校验仪与电能表接好。在选定的显示界面上将显示出分析所需的所有数据，显示屏数据如表 4－37 所示。

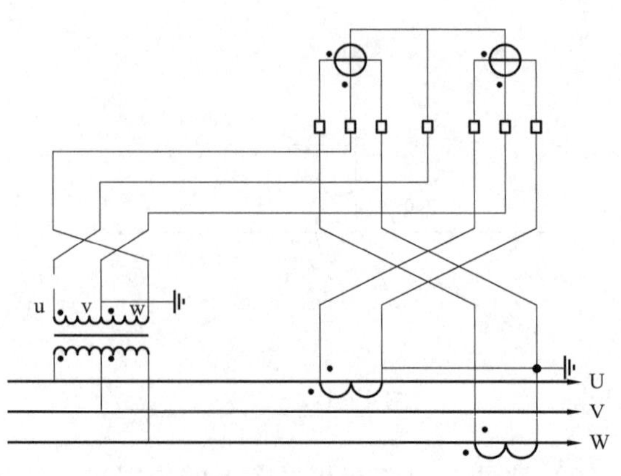

图 4－145

表 4－37

测 试 数 据			
项目	1 元件	2－6 端子	3 元件
电压	52.6V	100.8V	48.4V
电流	1.5A	0.0A	1.5A
对地电压	100.5V	48.1V	0.3V
相位	$\varphi_{I_1I_3}=120.6°$		
	$\varphi_{U_{31}I_1}=179.7°$		
	$\varphi_{U_{31}I_3}=300.3°$　$P=111.4$		
相序	电压断相 U_2　电流相序逆		

2. 分析判断错误现象

（1）从表 4－37 “电压” 栏中的显示值看出 1 元件和 3 元件的电压值不等于 100V，可以判定该错误接线有电压断相，并且根据 1 元件和 3 元件的电压值可以看出，此电能表内部结构为 “△” 形。

（2）从 “对地电压” 栏中可以看出 3 元件的电压为 0V，所以确定 U_3 为 V 相。电压值为 48V 的 U_2 为电压断相，与 “相序” 栏中的电压断相 U_2 一致。

（3）确定 U_3 为 V 相后，就可以看出该错误接线的电压相序有两种可能，即 WUV 和 UWV。

（4）如图 4－146 所示，以电压相序 WUV 推出两个电流在相量图上的位置。将 “相位” 栏中的 U_{31} 替换成 U_{vw}。那么，$U_{31}I_1=180°$ 就替换成 $U_{vw}I_1=180°$、$U_{31}I_3=300°$ 就替换成 $U_{vw}I_3=300°$。即以 U_{vw} 为基准沿顺时针方向分别转 180°和 300°找到 I_1 和 I_3。从图上可以看出 $I_1=I_w$、$I_3=I_u$，并且其夹角等于 120°，电流相序为逆。

（5）如图 4－147 所示，以电压相序 UWV 推出两个电流在相量图上的位置。将 “相位” 栏中的 U_{31} 替换成 U_{vu}。那么，$U_{31}I_1=180°$ 就替换成 $U_{vu}I_1=180°$、$U_{31}I_3=300°$ 就替换成 $U_{vu}I_3=300°$。即以 U_{vu} 为基准沿顺时针方向分别转 180°和 300°找到 I_1 和 I_3。

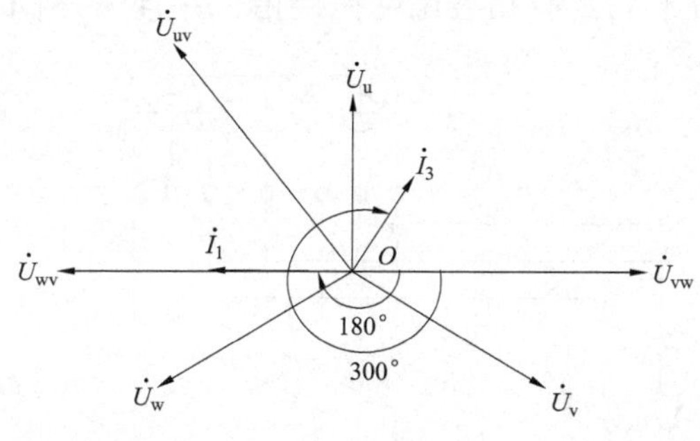

图 4－146

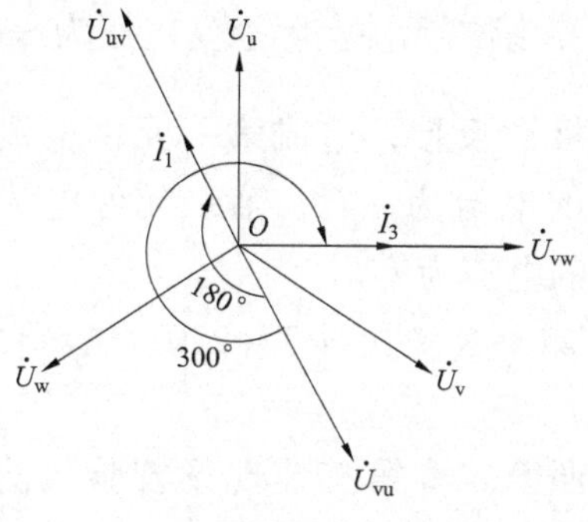

图 4－147

（6）将两个电流在相量图上的位置进行比较。比较结果是第四步以电压相序 WUV 推出的两个电流符合两个电流在相量图上的位置。

（7）最后得出错误接线结论：电压相序 WUV，电流相序 I_w、I_u，U 相电压断相。电能表的实际接线组别为：第一元件$\frac{1}{2}U_{wv}$、I_w，第二元件$\frac{1}{2}U_{vw}$、I_u。

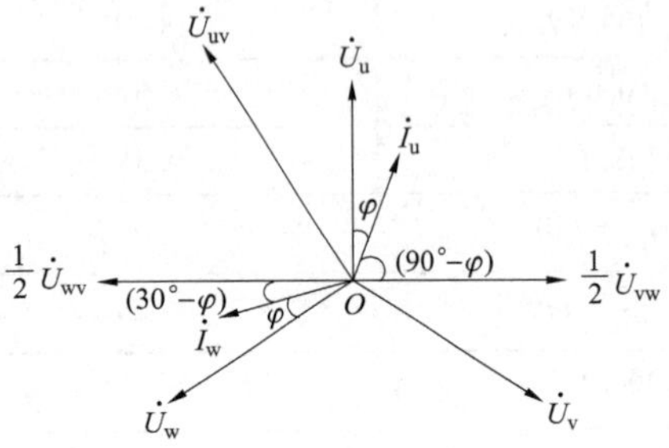

图 4－148

（8）画出错误接线相量图，如图 4－148 所示。

3. 写出错误接线时测得的电能（以功率表示）

因为电能表所计量的电能与所加电压和电流及相应相电流之间的夹角余弦乘积成正比，根据图 4－148 画出的错误接线相量图，对两个元件所计量的电能分别进行分析（以功率表示），并设 P_1'为第一元件错误计量的功率，P_2'为第二元件错误计量的功率。

第一元件测量的功率为

$$P_1' = \frac{1}{2}U_{wv}I_w\cos(30° - \varphi)$$

第二元件测量的功率为

$$P_2' = \frac{1}{2}U_{vw}I_u\cos(90° - \varphi)$$

在三相电路完全对称时，两元件测量的总功率为

$$\begin{aligned} P' &= P_1' + P_2' \\ &= \frac{1}{2}U_{wv}I_w\cos(30° - \varphi) + \frac{1}{2}U_{vw}I_u\cos(90° - \varphi) \end{aligned}$$

六、表尾电压相序 WUV，电流相序 I_wI_u，U 相 TV 二次侧电压断相，W 相 TA 二次侧极性反接

图 4－149 是三相三线有功电能表的错误接线。从图中可以看出，电能表表尾电压相序为 WUV，并且 U 相 TV 二次侧电压断相，造成电能表第一元件电压线圈两端实际承受电压为$\frac{1}{2}U_{wv}$，第二元件实际承受电压为$\frac{1}{2}U_{vw}$；电流由于 U、W 相表尾端钮接错，并且 W 相 TA 二次侧极性反接，造成第一元件电流线圈通入的电流为 $-I_w$，第二元件电流线圈通入的电流为 I_u。

1. 测量数据（以 T－230A 现场校验仪为例）

按照第二章第三节现场校验仪测量方法的使用介绍，将校验仪与电能表接好。在选定的显示界面上将显示出分析所需的所有数据，显示屏数据如表 4－38 所示。

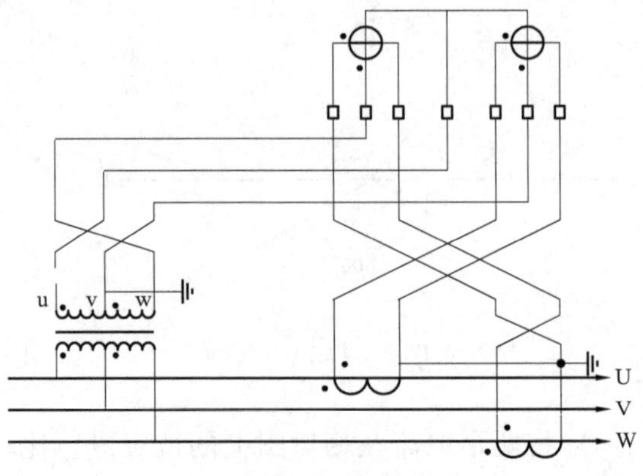

图 4－149

表 4-38

测 试 数 据			
项目	1 元件	2-6 端子	3 元件
电压	52.6V	100.8V	48.4V
电流	1.5A	0.0A	1.5A
对地电压	100.5V	48.1V	0.3V
相位	$\varphi_{I_1I_3}=300.2°$		
	$\varphi_{U_{31}I_1}=359.9°$		
	$\varphi_{U_{31}I_3}=300.1°$　$P=-45.6$		
相序	电压断相 U_2　电流相序逆		

2. 分析判断错误现象

（1）从表 4-38“电压”栏中的显示值看出 1 元件和 3 元件的电压值不等于 100V，可以判定该错误接线有电压断相，并且根据 1 元件和 3 元件的电压值可以看出，此电能表内部结构为“△”形。

（2）从“对地电压”栏中可以看出 3 元件的电压为 0V，所以确定 U_3 为 V 相。电压值为 48V 的 U_2 为电压断相，与“相序”栏中的电压断相 U_2 一致。

（3）确定 U_3 为 V 相后，就可以看出该错误接线的电压相序有两种可能，即 WUV 和 UWV。

（4）如图 4-150 所示，以电压相序 WUV 推出两个电流在相量图上的位置。将“相位”栏中的 U_{31} 替换成 U_{vw}。那么，$U_{31}I_1=360°$ 就替换成 $U_{vw}I_1=360°$、$U_{31}I_3=300°$ 就替换成 $U_{vw}I_3=300°$。即以 U_{vw} 为基准沿顺时针方向分别转 360°和 300°找到 I_1 和 I_3。从图上可以看出 $I_1=-I_w$、$I_3=I_u$，并且其夹角等于 300°，电流相序为逆。

（5）如图 4-151 所示，以电压相序 UWV 推出两个电流在相量图上的位置。将“相位”栏中的 U_{31} 替换成 U_{vu}。那么，$U_{31}I_1=360°$ 就替换成 $U_{vu}I_1=360°$、$U_{31}I_3=300°$ 就替换成 $U_{vu}I_3=300°$。即以 U_{vu} 为基准沿顺时针方向分别转 360°和 300°找到 I_1 和 I_3。

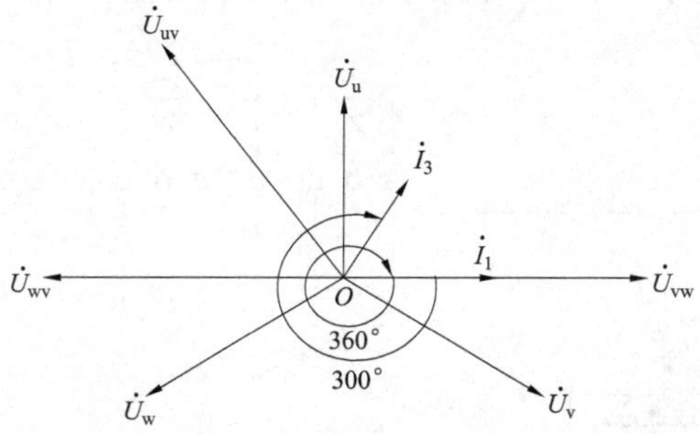

图 4-150

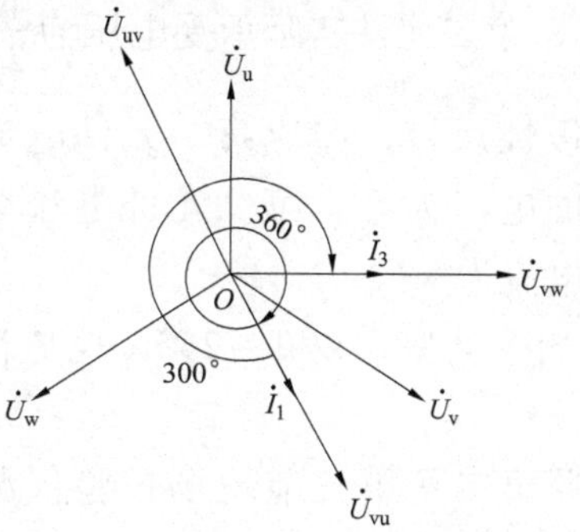

图 4-151

（6）将两个电流在相量图上的位置进行比较。比较结果是第四步以电压相序 WUV 推出的两个电流符合两个电流在相量图上的位置。

（7）最后得出错误接线结论：电压相序 WUV，电流相序 I_w、I_u，U 相电压断相。电能表的实际接线组别为：第一元件$\frac{1}{2}U_{wv}$、$-I_w$，第二元件$\frac{1}{2}U_{vw}$、I_u。

（8）画出错误接线相量图，如图 4－152 所示。

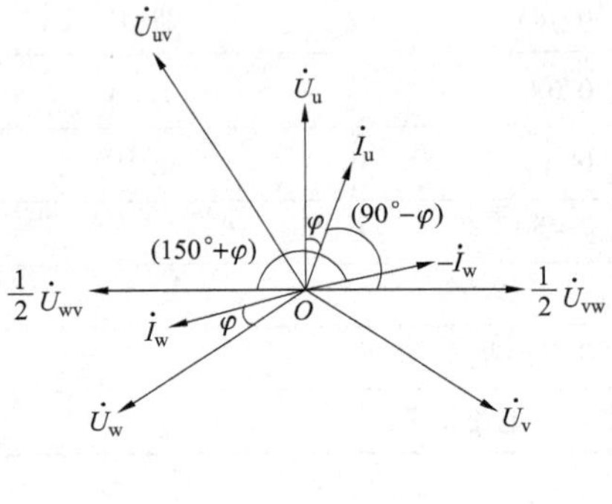

图 4－152

3. 写出错误接线时测得的电能（以功率表示）

因为电能表所计量的电能与所加电压和电流及相应相电流之间的夹角余弦乘积成正比，根据上面画出的错误接线相量图，对两个元件所计量的电能分别进行分析（以功率表示），并设 P_1'为第一元件错误计量的功率，P_2'为第二元件错误计量的功率。

第一元件测量的功率为

$$P_1' = \frac{1}{2}U_{wv}(-I_w)\cos(150° + \varphi)$$

第二元件测量的功率为

$$P_2' = \frac{1}{2}U_{vw}I_u\cos(90° - \varphi)$$

在三相电路完全对称时，两元件测量的总功率为

$$\begin{aligned} P' &= P_1' + P_2' \\ &= \frac{1}{2}U_{wv}(-I_w)\cos(150° + \varphi) + \frac{1}{2}U_{vw}I_u\cos(90° - \varphi) \end{aligned}$$

七、表尾电压相序 WUV，电流相序 I_wI_u，U 相 TV 二次侧电压断相，U 相 TA 二次侧极性反接

图 4－153 是三相三线有功电能表的错误接线。从图中可以看出，电能表表尾电压相序为 WUV，并且 U 相 TV 二次侧电压断相，造成电能表第一元件电压线圈两端实际承受电压为$\frac{1}{2}U_{wv}$，第二元件实际承受电压为$\frac{1}{2}U_{vw}$；电流由于 U、W 相表尾端钮接错，并且 U 相 TA 二次侧极性反接，造成第一元件电流线圈通入的电流为 I_w，第二元件电流线圈通入的电流为 $-I_u$。

1. 测量数据（以 T－230A 现场校验仪为例）

按照第二章第三节现场校验仪测量方法的使用介绍，将校验仪与电能表接好。在选定的显示界面上将显示出分析所需的所有数据，显示屏数据如表 4－39 所示。

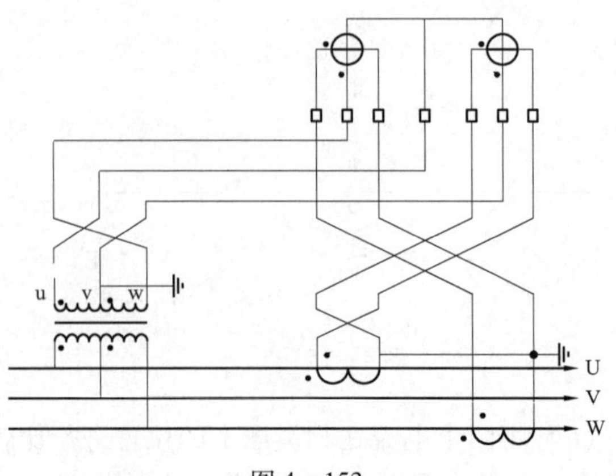

图 4－153

表 4－39

测 试 数 据			
项目	1 元件	2－6 端子	3 元件
电压	52.6V	100.8V	48.4V
电流	1.5A	0.0A	1.5A
对地电压	100.5V	48.1V	0.3V
相位	$\varphi_{I_1I_3}=300.2°$		
	$\varphi_{U_{31}I_1}=179.8°$		
	$\varphi_{U_{31}I_3}=120.1°$　$P=45.6$		
相序	电压断相 U_2　电流相序逆		

2. 分析判断错误现象

（1）从表 4－39“电压”栏中的显示值看出 1 元件和 3 元件的电压值不等于 100V，可以判定该错误接线有电压断相，并且根据 1 元件和 3 元件的电压值可以看出，此电能表内部结构为“△”形。

（2）从“对地电压”栏中可以看出 3 元件的电压为 0V，所以确定 U_3 为 V 相。电压值为 48V 的 U_2 为电压断相，与“相序”栏中的电压断相 U_2 一致。

（3）确定 U_3 为 V 相后，就可以看出该错误接线的电压相序有两种可能，即 WUV 和 UWV。

（4）如图 4－154 所示，以电压相序 WUV 推出两个电流在相量图上的位置。将“相位”栏中的 U_{31} 替换成 U_{vw}。那么，$U_{31}I_1=180°$ 就替换成 $U_{vw}I_1=180°$、$U_{31}I_3=120°$ 就替换成 $U_{vw}I_3=120°$。即以 U_{vw} 为基准沿顺时针方向分别转 180°和 120°找到 I_1 和 I_3。从图上可以看出 $I_1=I_w$、$I_3=-I_u$，并且其夹角等于 300°，电流相序为逆。

（5）如图 4－155 所示，以电压相序 UWV 推出两个电流在相量图上的位置。将“相位”栏中的 U_{31} 替换成 U_{vu}。那么，$U_{31}I_1=180°$ 就替换成 $U_{vu}I_1=180°$、$U_{31}I_3=120°$ 就替换成 $U_{vu}I_3=120°$。即以 U_{vu} 为基准沿顺时针方向分别转 180°和 120°找到 I_1 和 I_3。

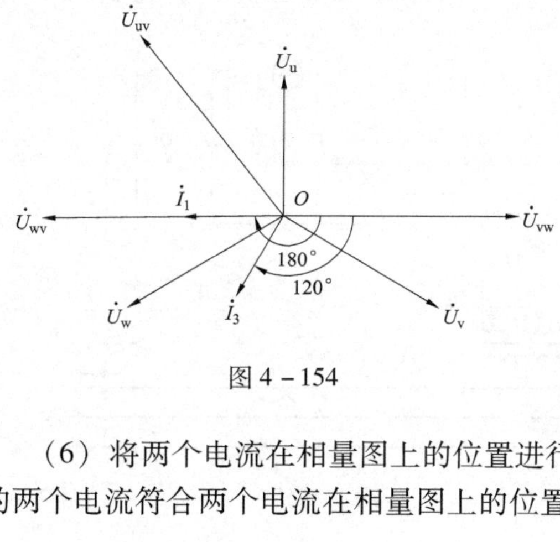

图 4－154

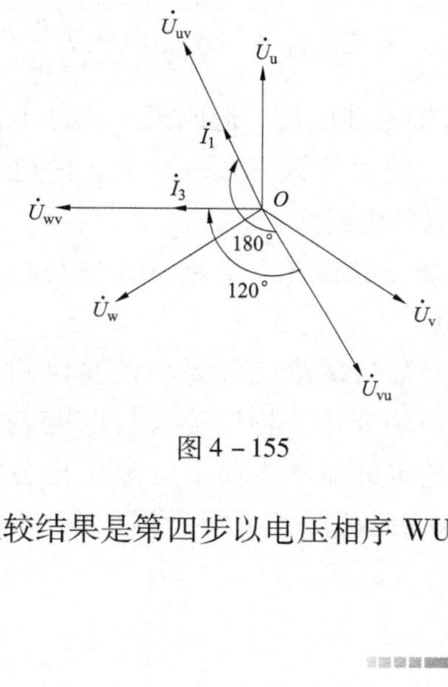

图 4－155

（6）将两个电流在相量图上的位置进行比较。比较结果是第四步以电压相序 WUV 推出的两个电流符合两个电流在相量图上的位置。

（7）最后得出错误接线结论：电压相序 WUV，电流相序 I_w、I_u，U 相电压断相。电能表的实际接线组别为：第一元件$\frac{1}{2}U_{wv}$、I_w，第二元件$\frac{1}{2}U_{vw}$、$-I_u$。

（8）画出错误接线相量图，如图 4－156 所示。

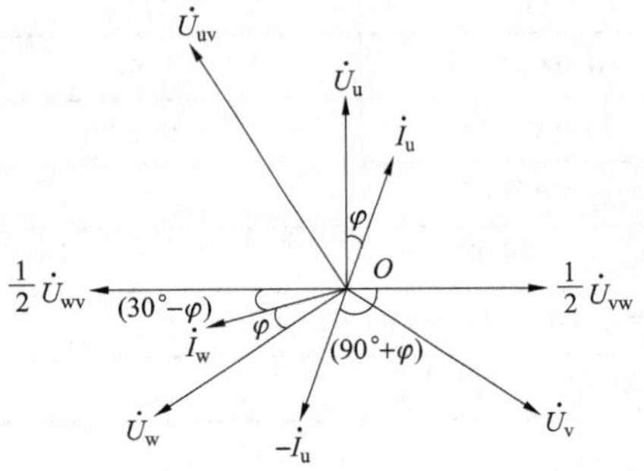

图 4－156

3. 写出错误接线时测得的电能（以功率表示）

因为电能表所计量的电能与所加电压和电流及相应相电流之间的夹角余弦乘积成正比，根据图 4－156 画出的错误接线相量图，对两个元件所计量的电能分别进行分析（以功率表示），并设 P_1'为第一元件错误计量的功率，P_2'为第二元件错误计量的功率。

第一元件测量的功率为

$$P_1' = \frac{1}{2}U_{wv}I_w\cos(30° - \varphi)$$

第二元件测量的功率为

$$P_2' = \frac{1}{2}U_{vw}(-I_u)\cos(90° + \varphi)$$

在三相电路完全对称时,两元件测量的总功率为

$$\begin{aligned}P' &= P_1' + P_2' \\ &= \frac{1}{2}U_{wv}I_w\cos(30° - \varphi) + \frac{1}{2}U_{vw}(-I_u)\cos(90° + \varphi)\end{aligned}$$

八、表尾电压相序 WUV，电流相序 I_wI_u，U 相 TV 二次侧电压断相，U、W 相 TA 二次侧极性反接

图 4－157 是三相三线有功电能表的错误接线。从图中可以看出，电能表表尾电压相序为 WUV，并且 U 相 TV 二次侧电压断相，造成电能表第一元件电压线圈两端实际承受电压为$\frac{1}{2}U_{wv}$，第二元件实际承受电压为$\frac{1}{2}U_{vw}$；电流由于 U、W 相表尾端钮接错，并且 U、W 相 TA 二次侧极性反接，造成第一元件电流线圈通入的电流为 $-I_w$，第二元件电流线圈通入的电流为 $-I_u$。

1. 测量数据（以 T－230A 现场校验仪为例）

按照第二章第三节现场校验仪测量方法的使用介绍，将校验仪与电能表接好。在选定的显示界面上将显示出分析所需的所有数据，显示屏数据如表 4－40 所示。

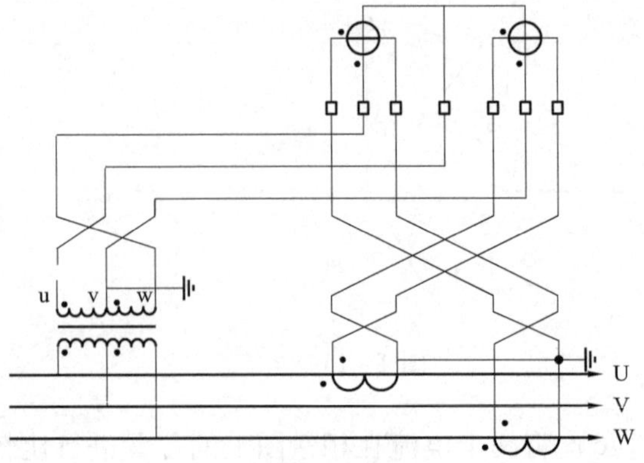

图 4－157

表 4 - 40

测试数据			
项目	1 元件	2 - 6 端子	3 元件
电压	52.6V	100.8V	48.4V
电流	1.5A	0.0A	1.5A
对地电压	100.5V	48.1V	0.3V
相位	$\varphi_{I_1I_3}=120.6°$		
	$\varphi_{U_{31}I_1}=359.7°$		
	$\varphi_{U_{31}I_3}=120.3°$　$P=-111.4$		
相序	电压断相 U_2　电流相序逆		

2. 分析判断错误现象

（1）从表 4 - 40“电压”栏中的显示值看出 1 元件和 3 元件的电压值不等于 100V，可以判定该错误接线有电压断相，并且根据 1 元件和 3 元件的电压值可以看出，此电能表内部结构为“△”形。

（2）从“对地电压”栏中可以看出 3 元件的电压为 0V，所以确定 U_3 为 V 相。电压值为 48V 的 U_2 为电压断相，与“相序”栏中的电压断相 U_2 一致。

（3）确定 U_3 为 V 相后，就可以看出该错误接线的电压相序有两种可能，即 WUV 和 UWV。

（4）如图 4 - 158 所示，以电压相序 WUV 推出两个电流在相量图上的位置。将“相位”栏中的 U_{31} 替换成 U_{vw}。那么，$U_{31}I_1=360°$ 就替换成 $U_{vw}I_1=360°$、$U_{31}I_3=120°$ 就替换成 $U_{vw}I_3=120°$。即以 U_{vw} 为基准沿顺时针方向分别转 360°和 120°找到 I_1 和 I_3。从图上可以看出 $I_1=-I_w$、$I_3=-I_u$，并且其夹角等于 120°，电流相序为逆。

（5）如图 4 - 159 所示，以电压相序 UWV 推出两个电流在相量图上的位置。将“相位”栏中的 U_{31} 替换成 U_{vu}。那么，$U_{31}I_1=360°$ 就替换成 $U_{vu}I_1=360°$、$U_{31}I_3=120°$ 就替换成 $U_{vu}I_3=120°$。即以 U_{vu} 为基准沿顺时针方向分别转 360°和 120°找到 I_1 和 I_3。

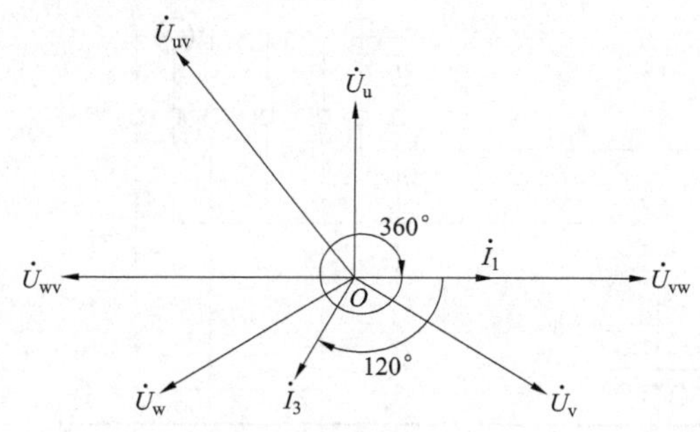

图 4 - 158

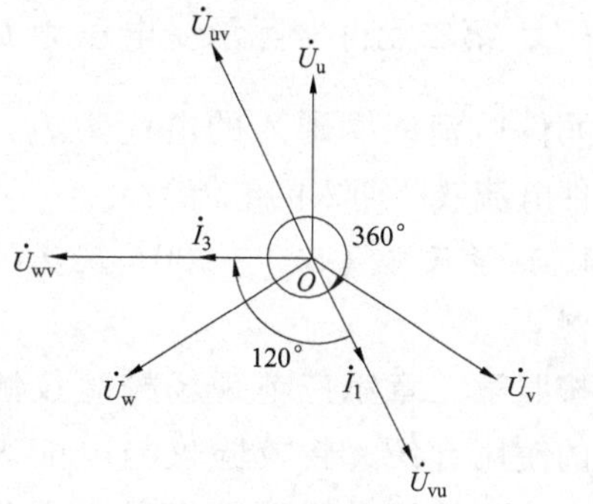

图 4 - 159

（6）将两个电流在相量图上的位置进行比较。比较结果是第四步以电压相序 WUV 推出的两个电流符合两个电流在相量图上的位置。

（7）最后得出错误接线结论：电压相序 WUV，电流相序 I_w、I_u，U 相电压断相。电能表的实际接线组别为：第一元件$\frac{1}{2}U_{wv}$、$-I_w$，第二元件$\frac{1}{2}U_{vw}$、$-I_u$。

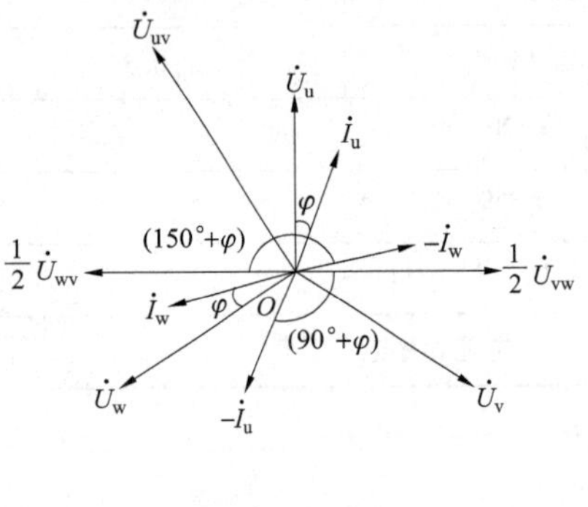

图 4－160

（8）画出错误接线相量图，如图 4－160 所示。

3. 写出错误接线时测得的电能（以功率表示）

因为电能表所计量的电能与所加电压和电流及相应相电流之间的夹角余弦乘积成正比，根据图 4－160 画出的错误接线相量图，对两个元件所计量的电能分别进行分析（以功率表示），并设P_1'为第一元件错误计量的功率，P_2'为第二元件错误计量的功率。

第一元件测量的功率为

$$P_1' = \frac{1}{2}U_{wv}(-I_w)\cos(150° + \varphi)$$

第二元件测量的功率为

$$P_2' = \frac{1}{2}U_{vw}(-I_u)\cos(90° + \varphi)$$

在三相电路完全对称时，两元件测量的总功率为

$$\begin{aligned} P' &= P_1' + P_2' \\ &= \frac{1}{2}U_{wv}(-I_w)\cos(150° + \varphi) + \frac{1}{2}U_{vw}(-I_u)\cos(90° + \varphi) \end{aligned}$$

九、表尾电压相序 WUV，电流相序 I_uI_w，W 相 TV 二次侧电压断相

图 4－161 是三相三线有功电能表的错误接线。从图中可以看出，电能表表尾电压相序为 WUV，并且 W 相 TV 二次侧电压断相，造成电能表第一元件电压线圈两端实际承受电压为$\frac{1}{2}U_{vu}$，第二元件实际承受电压为 U_{vu}；第一元件电流线圈通入的电流为 I_u，第二元件电流线圈通入的电流为 I_w。

1. 测量数据（以 T－230A 现场校验仪为例）

按照第二章第三节现场校验仪测量方法的使用介绍，将校验仪与电能表接好。在选定的显示界面上将显示出分析所需的所有数据，显示屏数据如表 4－41 所示。

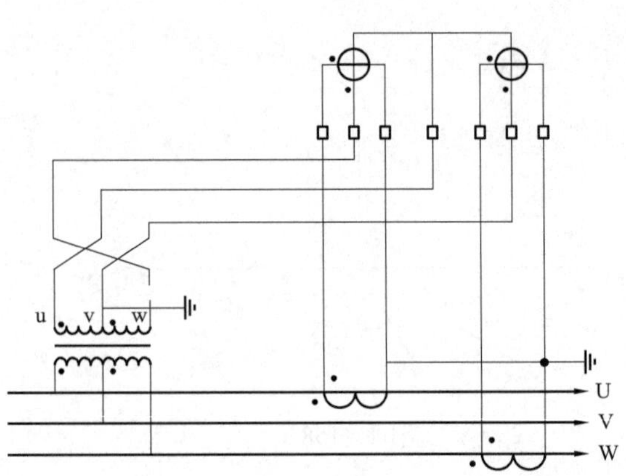

图 4－161

表 4－41

测 试 数 据			
项目	1 元件	2－6 端子	3 元件
电压	49.1V	51.6V	100.7V
电流	1.5A	0.0A	1.5A
对地电压	51.3V	100.4V	0.3V
相位	$\varphi_{I_1I_3}=239.4°$		
	$\varphi_{U_{32}I_1}=240.3°$		
	$\varphi_{U_{32}I_3}=119.7°$　$P=-109.4$		
相序	电压断相 U_1　电流相序正		

2. 分析判断错误现象

（1）从表 4－41“电压”栏中的显示值看出 1 元件和 2 元件的电压值不等于 100V，可以判定该错误接线有电压断相，并且根据 1 元件和 2 元件的电压值可以看出，此电能表内部结构为“△”形。

（2）从“对地电压”栏中可以看出 3 元件的电压为 0V，所以确定 U_3 为 V 相。电压值为 51V 的 U_1 为电压断相，与“相序”栏中的电压断相 U_1 一致。

（3）确定 U_3 为 V 相后，就可以看出该错误接线的电压相序有两种可能，即 WUV 和 UWV。

（4）如图 4－162 所示，以电压相序 WUV 推出两个电流在相量图上的位置。将“相位”栏中的 U_{32} 替换成 U_{vu}。那么，$U_{32}I_1=240°$ 就替换成 $U_{vu}I_1=240°$、$U_{32}I_3=120°$ 就替换成 $U_{vu}I_3=120°$。即以 U_{vu} 为基准沿顺时针方向分别转 240° 和 120° 找到 I_1 和 I_3。从图上可以看出 $I_1=I_u$、$I_3=I_w$，并且其夹角等于 240°，电流相序为正。

（5）如图 4－163 所示，以电压相序 UWV 推出两个电流在相量图上的位置。将“相位”栏中的 U_{32} 替换成 U_{vw}。那么，$U_{32}I_1=240°$ 就替换成 $U_{vw}I_1=240°$、$U_{32}I_3=120°$ 就替换成 $U_{vw}I_3=120°$。即以 U_{vw} 为基准沿顺时针方向分别转 240° 和 120° 找到 I_1 和 I_3。

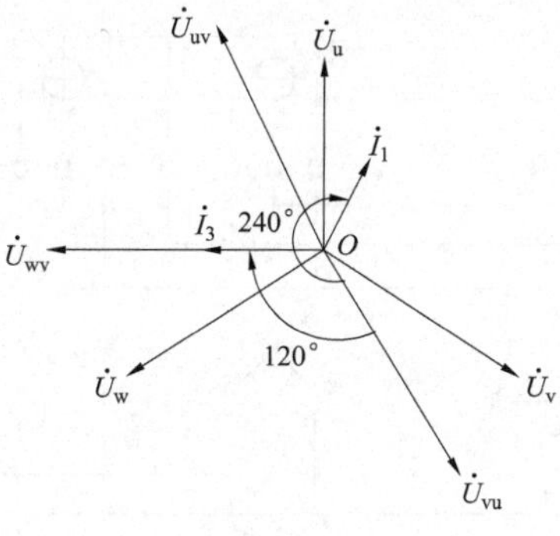

图 4－162

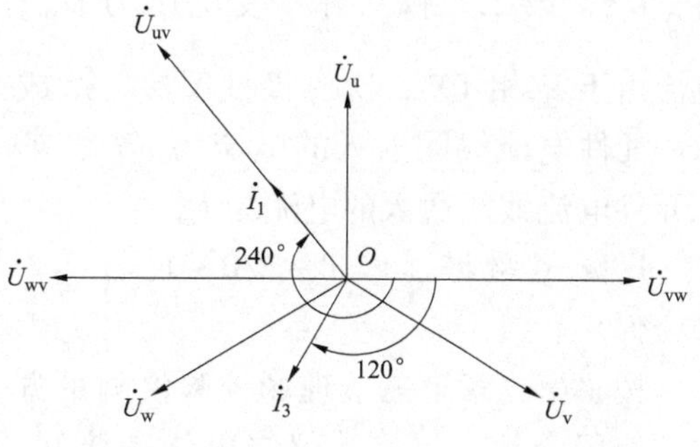

图 4－163

（6）将两个电流在相量图上的位置进行比较。比较结果是第四步以电压相序 WUV 推出的两个电流符合两个电流在相量图上的位置。

（7）最后得出错误接线结论：电压相序 WUV，电流相序 I_u、I_w，W 相电压断相。电能表的实际接线组别为：第一元件$\frac{1}{2}U_{vu}$、I_u，第二元件 U_{vu}、I_w。

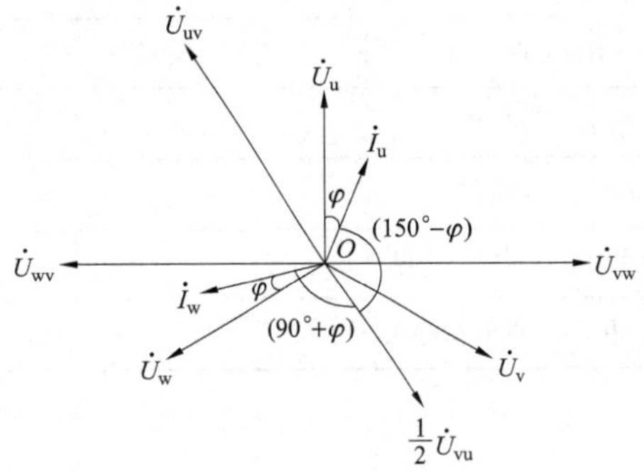

图 4－164

（8）画出错误接线相量图，如图 4－164 所示。

3. 写出错误接线时测得的电能（以功率表示）

因为电能表所计量的电能与所加电压和电流及相应相电流之间的夹角余弦乘积成正比，根据图 4－164 画出的错误接线相量图，对两个元件所计量的电能分别进行分析（以功率表示），并设 P_1'为第一元件错误计量的功率，P_2'为第二元件错误计量的功率。

第一元件测量的功率为

$$P_1' = \frac{1}{2}U_{vu}I_u\cos(150° - \varphi)$$

第二元件测量的功率为

$$P_2' = U_{vu}I_w\cos(90° + \varphi)$$

在三相电路完全对称时,两元件测量的总功率为

$$\begin{aligned}P' &= P_1' + P_2' \\ &= \frac{1}{2}U_{vu}I_u\cos(150° - \varphi) + U_{vu}I_w\cos(90° + \varphi)\end{aligned}$$

十、表尾电压相序 WUV，电流相序 I_uI_w，W 相 TV 二次侧电压断相，U 相 TA 二次侧极性反接

图 4－165 是三相三线有功电能表的错误接线。从图中可以看出，电能表表尾电压相序为 WUV，并且 W 相 TV 二次侧电压断相，造成电能表第一元件电压线圈两端实际承受电压为$\frac{1}{2}U_{vu}$，第二元件实际承受电压为 U_{vu}；电流由于 U 相 TA 二次侧极性反接，造成第一元件电流线圈通入的电流为 $-I_u$，第二元件电流线圈通入的电流为 I_w。

1. 测量数据（以 T－230A 现场校验仪为例）

按照第二章第三节现场校验仪测量方法的使用介绍，将校验仪与电能表接好。在选定的显示界面上将显示出分析所需的所有数据，显示屏数据如表 4－42 所示。

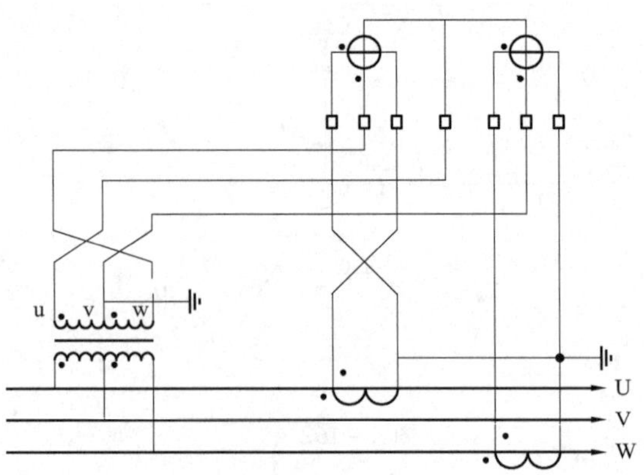

图 4－165

表 4-42

测试数据			
项目	1 元件	2-6 端子	3 元件
电压	49.2V	51.6V	100.7V
电流	1.5A	0.0A	1.5A
对地电压	51.3V	100.4V	0.3V
相位	$\varphi_{I_1I_3}=59.8°$		
	$\varphi_{U_{32}I_1}=60.1°$		
	$\varphi_{U_{32}I_3}=119.8°$　$P=-39.7$		
相序	电压断相 U_1　电流相序正		

2. 分析判断错误现象

（1）从表 4-42“电压”栏中的显示值看出 1 元件和 2 元件的电压值不等于 100V，可以判定该错误接线有电压断相，并且根据 1 元件和 2 元件的电压值可以看出，此电能表内部结构为“△”形。

（2）从“对地电压”栏中可以看出 3 元件的电压为 0V，所以确定 U_3 为 V 相。电压值为 51V 的 U_1 为电压断相，与“相序”栏中的电压断相 U_1 一致。

（3）确定 U_3 为 V 相后，就可以看出该错误接线的电压相序有两种可能，即 WUV 和 UWV。

（4）如图 4-166 所示，以电压相序 WUV 推出两个电流在相量图上的位置。将“相位”栏中的 U_{32} 替换成 U_{vu}。那么，$U_{32}I_1=60°$ 就替换成 $U_{vu}I_1=60°$、$U_{32}I_3=120°$ 就替换成 $U_{vu}I_3=120°$。即以 U_{vu} 为基准沿顺时针方向分别转 60° 和 120° 找到 I_1 和 I_3。从图上可以看出 $I_1=-I_u$、$I_3=I_w$，并且其夹角等于 60°，电流相序为正。

（5）如图 4-167 所示，以电压相序 UWV 推出两个电流在相量图上的位置。将“相位”栏中的 U_{32} 替换成 U_{vw}。那么，$U_{32}I_1=60°$ 就替换成 $U_{vw}I_1=60°$、$U_{32}I_3=120°$ 就替换成 $U_{vw}I_3=120°$。即以 U_{vw} 为基准沿顺时针方向分别转 60° 和 120° 找到 I_1 和 I_3。

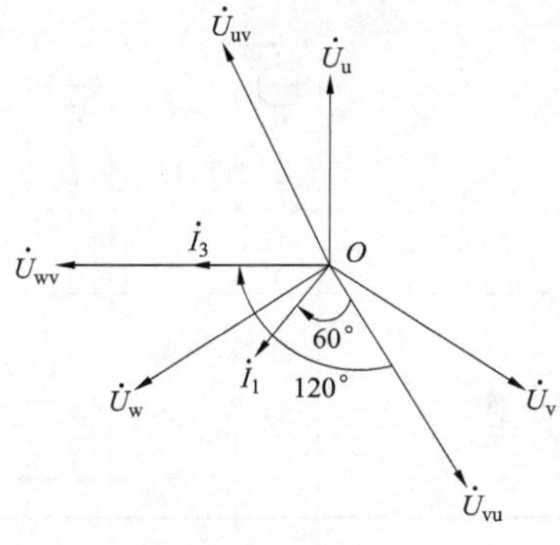

图 4-166

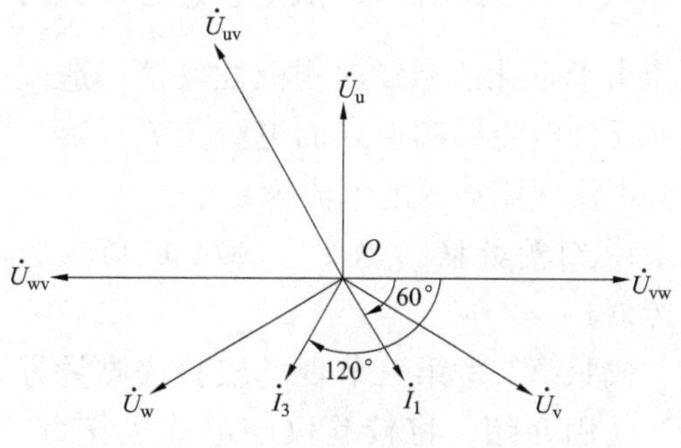

图 4-167

（6）将两个电流在相量图上的位置进行比较。比较结果是第四步以电压相序 WUV 推出的两个电流符合两个电流在相量图上的位置。

（7）最后得出错误接线结论：电压相序 WUV，电流相序 I_u、I_w，W 相电压断相。电能表的实际接线组别为：第一元件$\frac{1}{2}U_{vu}$、$-I_u$，第二元件 U_{vu}、I_w。

（8）画出错误接线相量图，如图 4－168 所示。

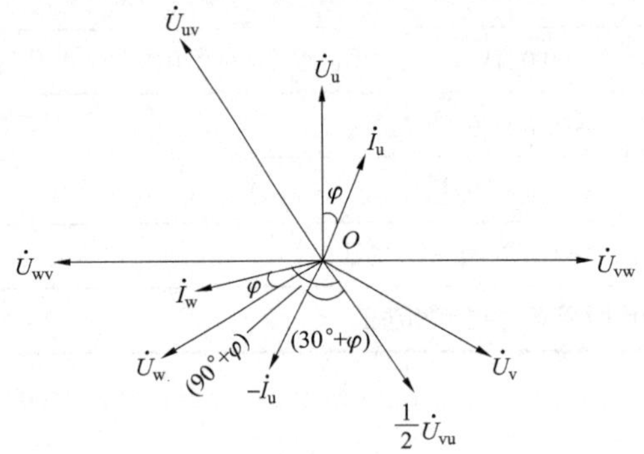

图 4－168

3. 写出错误接线时测得的电能（以功率表示）

因为电能表所计量的电能与所加电压和电流及相应相电流之间的夹角余弦乘积成正比，根据图 4－168 画出的错误接线相量图，对两个元件所计量的电能分别进行分析（以功率表示），并设 P_1'为第一元件错误计量的功率，P_2'为第二元件错误计量的功率。

第一元件测量的功率为

$$P_1' = \frac{1}{2}U_{vu}(-I_u)\cos(30° + \varphi)$$

第二元件测量的功率为

$$P_2' = U_{vu}I_w\cos(90° + \varphi)$$

在三相电路完全对称时,两元件测量的总功率为

$$\begin{aligned} P' &= P_1' + P_2' \\ &= \frac{1}{2}U_{vu}(-I_u)\cos(30° + \varphi) + U_{vu}I_w\cos(90° + \varphi) \end{aligned}$$

十一、表尾电压相序 WUV，电流相序 I_uI_w，W 相 TV 二次侧电压断相，W 相 TA 二次侧极性反接

图 4－169 是三相三线有功电能表的错误接线。从图中可以看出，电能表表尾电压相序为 WUV，并且 W 相 TV 二次侧电压断相，造成电能表第一元件电压线圈两端实际承受电压为$\frac{1}{2}U_{vu}$，第二元件实际承受电压为 U_{vu}；电流由于 W 相 TA 二次侧极性反接，造成第一元件电流线圈通入的电流为 I_u，第二元件电流线圈通入的电流为 $-I_w$。

1. 测量数据（以 T－230A 现场校验仪为例）

按照第二章第三节现场校验仪测量方法的使用介绍，将校验仪与电能表接好。在选定的显示界面上将显示出分析所需的所有数据，显示屏数据如表 4－43 所示。

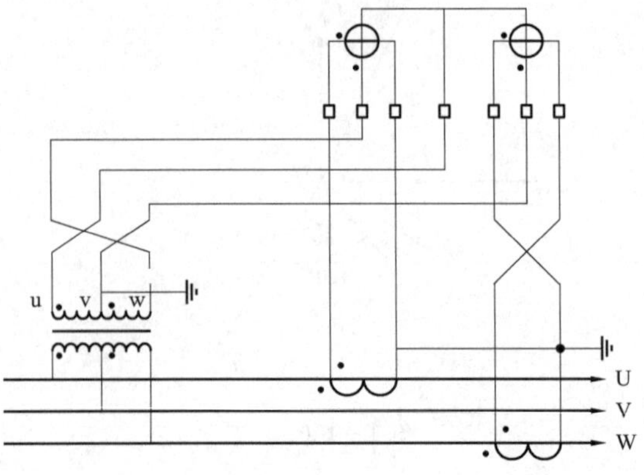

图 4－169

表 4-43

测 试 数 据			
项目	1 元件	2-6 端子	3 元件
电压	49.1V	51.6V	100.7V
电流	1.5A	0.0A	1.5A
对地电压	51.3V	100.4V	0.3V
相位	$\varphi_{I_1I_3}=59.8°$		
	$\varphi_{U_{32}I_1}=240.0°$		
	$\varphi_{U_{32}I_3}=299.8°$ $P=39.5$		
相序	电压断相 U_1　电流相序正		

2. 分析判断错误现象

（1）从表 4-43“电压”栏中的显示值看出 1 元件和 2 元件的电压值不等于 100V，可以判定该错误接线有电压断相，并且根据 1 元件和 2 元件的电压值可以看出，此电能表内部结构为“△”形。

（2）从“对地电压”栏中可以看出 3 元件的电压为 0V，所以确定 U_3 为 V 相。电压值为 51V 的 U_1 为电压断相，与“相序”栏中的电压断相 U_1 一致。

（3）确定 U_3 为 V 相后，就可以看出该错误接线的电压相序有两种可能，即 WUV 和 UWV。

（4）如图 4-170 所示，以电压相序 WUV 推出两个电流在相量图上的位置。将“相位”栏中的 U_{32} 替换成 U_{vu}。那么，$U_{32}I_1=240°$ 就替换成 $U_{vu}I_1=240°$、$U_{32}I_3=300°$ 就替换成 $U_{vu}I_3=300°$。即以 U_{vu} 为基准沿顺时针方向分别转 240°和 300°找到 I_1 和 I_3。从图上可以看出 $I_1=I_u$、$I_3=-I_w$，并且其夹角等于 60°，电流相序为正。

（5）如图 4-171 所示，以电压相序 UWV 推出两个电流在相量图上的位置。将“相位”栏中的 U_{32} 替换成 U_{vw}。那么，$U_{32}I_1=240°$ 就替换成 $U_{vw}I_1=240°$、$U_{32}I_3=300°$ 就替换成 $U_{vw}I_3=300°$。即以 U_{vw} 为基准沿顺时针方向分别转 240°和 300°找到 I_1 和 I_3。

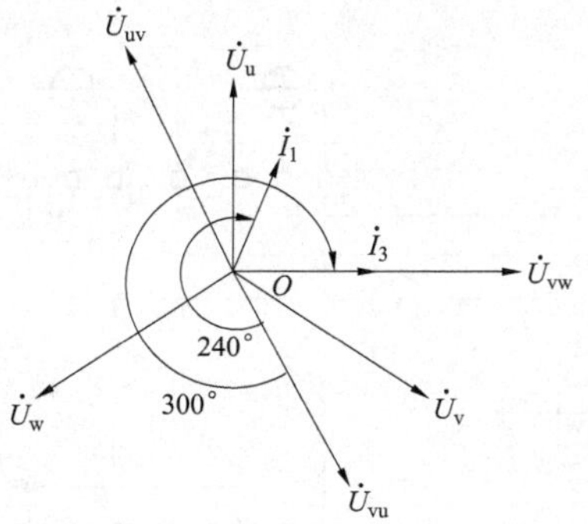

图 4-170

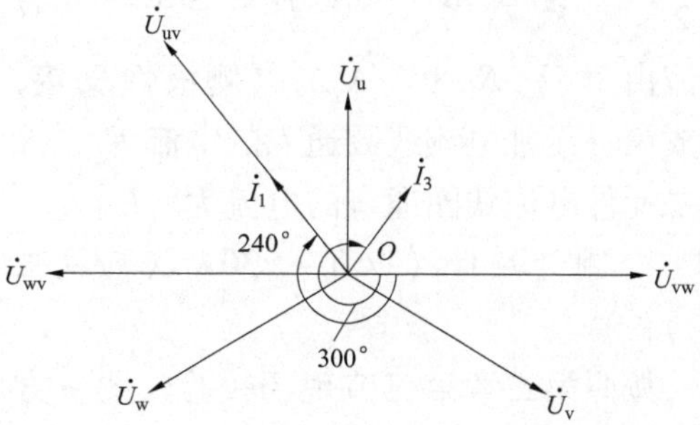

图 4-171

（6）将两个电流在相量图上的位置进行比较。比较结果是第四步以电压相序 WUV 推出的两个电流符合两个电流在相量图上的位置。

（7）最后得出错误接线结论：电压相序 WUV，电流相序 I_u、I_w，W 相电压断相。电能表的实际接线组别为：第一元件$\frac{1}{2}U_{vu}$、I_u，第二元件 U_{vu}、$-I_w$。

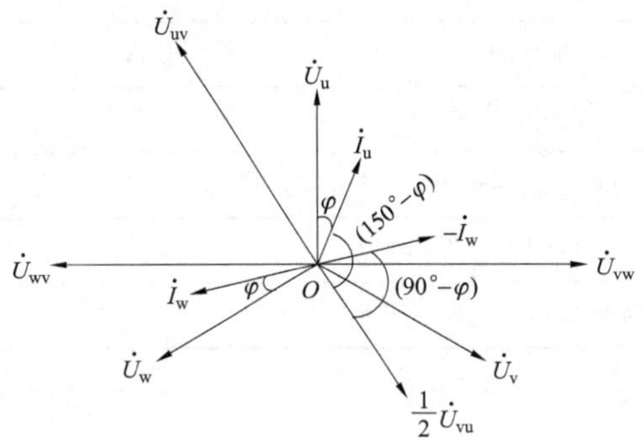

图 4－172

（8）画出错误接线相量图，如图 4－172 所示。

3. 写出错误接线时测得的电能（以功率表示）

因为电能表所计量的电能与所加电压和电流及应相相电流之间的夹角余弦乘积成正比，根据图 4－172 画出的错误接线相量图，对两个元件所计量的电能分别进行分析（以功率表示），并设 P_1'为第一元件错误计量的功率，P_2'为第二元件错误计量的功率。

第一元件测量的功率为

$$P_1' = \frac{1}{2}U_{vu}I_u\cos(150° - \varphi)$$

第二元件测量的功率为

$$P_2' = U_{vu}(-I_w)\cos(90° - \varphi)$$

在三相电路完全对称时，两元件测量的总功率为

$$\begin{aligned} P' &= P_1' + P_2' \\ &= \frac{1}{2}U_{vu}I_u\cos(150° - \varphi) + U_{vu}(-I_w)\cos(90° - \varphi) \end{aligned}$$

十二、表尾电压相序 WUV，电流相序 I_uI_w，W 相 TV 二次侧电压断相，U、W 相 TA 二次侧极性反接

图 4－173 是三相三线有功电能表的错误接线。从图中可以看出，电能表表尾电压相序为 WUV，并且 W 相 TV 二次侧电压断相，造成电能表第一元件电压线圈两端实际承受电压为$\frac{1}{2}U_{vu}$，第二元件实际承受电压为 U_{vu}；电流由于 U、W 相 TA 二次侧极性反接，造成第一元件电流线圈通入的电流为 $-I_u$，第二元件电流线圈通入的电流为 $-I_w$。

1. 测量数据（以 T－230A 现场校验仪为例）

按照第二章第三节现场校验仪测量方法的使用介绍，将校验仪与电能表接好。在选定的显示界面上将显示出分析所需的所有数据，显示屏数据如表 4－44 所示。

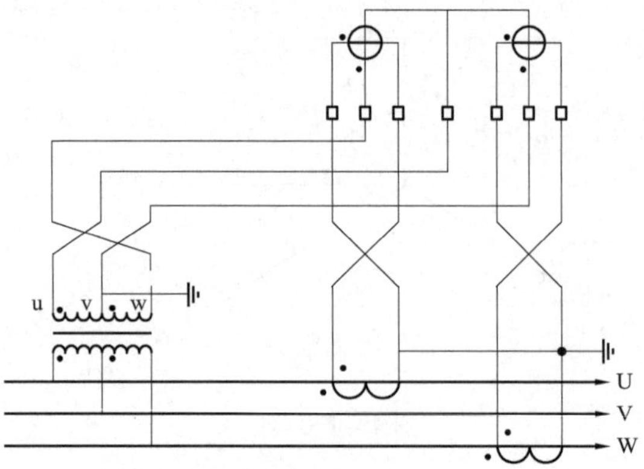

图 4－173

表 4-44

测 试 数 据			
项目	1 元件	2-6 端子	3 元件
电压	49.3V	51.5V	100.7V
电流	1.5A	0.0A	1.5A
对地电压	51.2V	100.4V	0.3V
相位	$\varphi_{I_1I_3}=239.4°$		
	$\varphi_{U_{32}I_1}=60.3°$		
	$\varphi_{U_{32}I_3}=299.7°$　$P=109.5$		
相序	电压断相 U_1　电流相序正		

2. 分析判断错误现象

（1）从表 4-44“电压”栏中的显示值看出 1 元件和 2 元件的电压值不等于 100V，可以判定该错误接线有电压断相，并且根据 1 元件和 2 元件的电压值可以看出，此电能表内部结构为“△”形。

（2）从“对地电压”栏中可以看出 3 元件的电压为 0V，所以确定 U_3 为 V 相。电压值为 51V 的 U_1 为电压断相，与“相序”栏中的电压断相 U_1 一致。

（3）确定 U_3 为 V 相后，就可以看出该错误接线的电压相序有两种可能，即 WUV 和 UWV。

（4）如图 4-174 所示，以电压相序 WUV 推出两个电流在相量图上的位置。将“相位”栏中的 U_{32} 替换成 U_{vu}。那么，$U_{32}I_1=60°$ 就替换成 $U_{vu}I_1=60°$、$U_{32}I_3=300°$ 就替换成 $U_{vu}I_3=300°$。即以 U_{vu} 为基准沿顺时针方向分别转 60° 和 300° 找到 I_1 和 I_3。从图上可以看出 $I_1=-I_u$、$I_3=-I_w$，并且其夹角等于 240°，电流相序为正。

（5）如图 4-175 所示，以电压相序 UWV 推出两个电流在相量图上的位置。将“相位”栏中的 U_{32} 替换成 U_{vw}。那么，$U_{32}I_1=60°$ 就替换成 $U_{vw}I_1=60°$、$U_{32}I_3=300°$ 就替换成 $U_{vw}I_3=300°$。即以 U_{vw} 为基准沿顺时针方向分别转 60° 和 300° 找到 I_1 和 I_3。

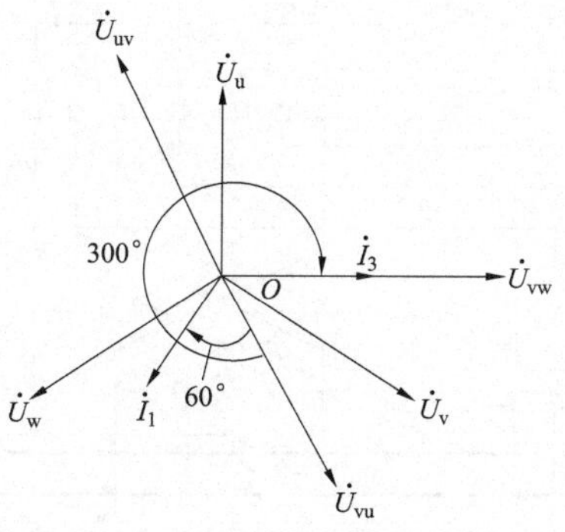

图 4-174

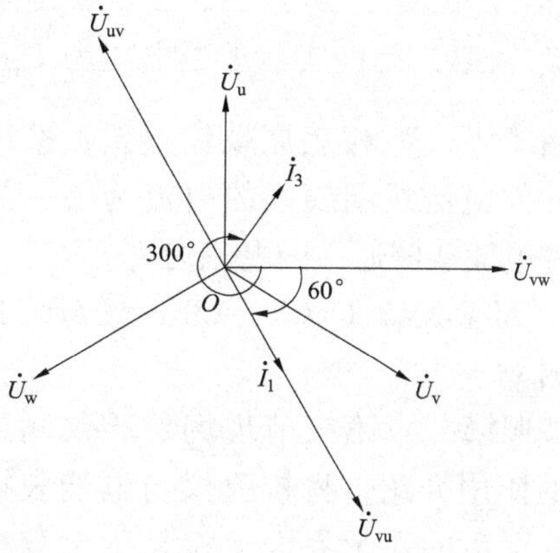

图 4-175

（6）将两个电流在相量图上的位置进行比较。比较结果是第四步以电压相序 WUV 推出的两个电流符合两个电流在相量图上的位置。

（7）最后得出错误接线结论：电压相序 WUV，电流相序 I_u、I_w，W 相电压断相。电能表的实际接线组别为：第一元件$\frac{1}{2}U_{vu}$、$-I_u$，第二元件 U_{vu}、$-I_w$。

（8）画出错误接线相量图，如图4－176所示。

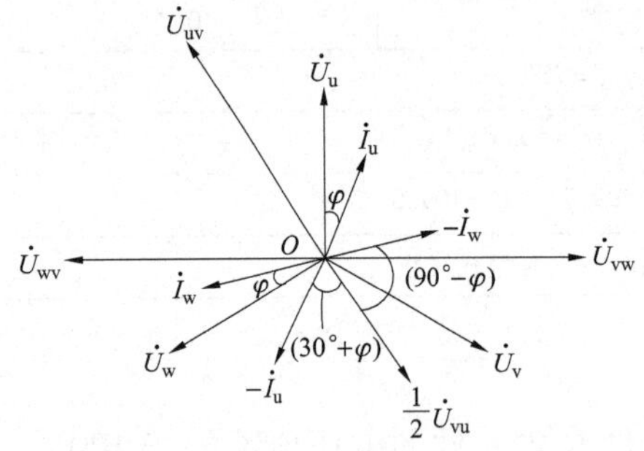

图4－176

3. 写出错误接线时测得的电能（以功率表示）

因为电能表所计量的电能与所加电压和电流及相应相电流之间的夹角余弦乘积成正比，根据图4－176画出的错误接线相量图，对两个元件所计量的电能分别进行分析（以功率表示），并设P_1'为第一元件错误计量的功率，P_2'为第二元件错误计量的功率。

第一元件测量的功率为

$$P_1' = \frac{1}{2}U_{vu}(-I_u)\cos(30° + \varphi)$$

第二元件测量的功率为

$$P_2' = U_{vu}(-I_w)\cos(90° - \varphi)$$

在三相电路完全对称时,两元件测量的总功率为

$$\begin{aligned} P' &= P_1' + P_2' \\ &= \frac{1}{2}U_{vu}(-I_u)\cos(30° + \varphi) + U_{vu}(-I_w)\cos(90° - \varphi) \end{aligned}$$

十三、表尾电压相序 WUV，电流相序 I_wI_u，W 相 TV 二次侧电压断相

图4－177是三相三线有功电能表的错误接线。从图中可以看出，电能表表尾电压相序为 WUV，并且 W 相 TV 二次侧电压断相，造成电能表第一元件电压线圈两端实际承受电压为$\frac{1}{2}U_{vu}$，第二元件实际承受电压为 U_{vu}；电流由于 U、W 相表尾端钮接错，造成第一元件电流线圈通入的电流为 I_w，第二元件电流线圈通入的电流为 I_u。

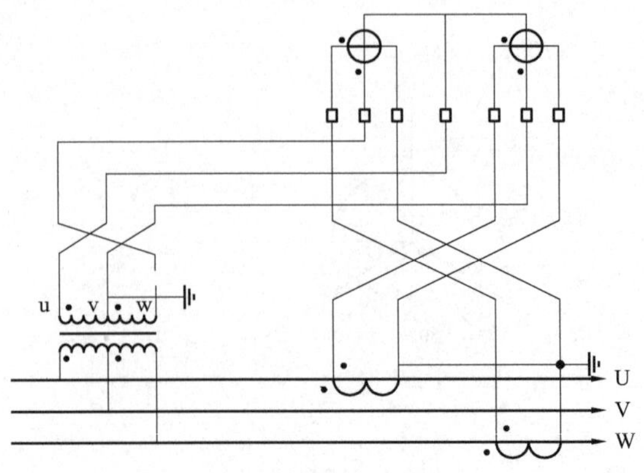

图4－177

1. 测量数据（以 T－230A 现场校验仪为例）

按照第二章第三节现场校验仪测量方法的使用介绍，将校验仪与电能表接好。在选定的显示界面上将显示出分析所需的所有数据，显示屏数据如表4－45所示。

表 4-45

测试数据			
项目	1 元件	2-6 端子	3 元件
电压	49.2V	51.5V	100.7V
电流	1.5A	0.0A	1.5A
对地电压	51.2V	100.4V	0.3V
相位	$\varphi_{I_1I_3}=120.6°$		
	$\varphi_{U_{32}I_1}=119.7°$		
	$\varphi_{U_{32}I_3}=240.3°$　$P=-112.6$		
相序	电压断相 U_1　电流相序逆		

2. 分析判断错误现象

（1）从表 4-45“电压”栏中的显示值看出 1 元件和 2 元件的电压值不等于 100V，可以判定该错误接线有电压断相，并且根据 1 元件和 2 元件的电压值可以看出，此电能表内部结构为“△”形。

（2）从“对地电压”栏中可以看出 3 元件的电压为 0V，所以确定 U_3 为 V 相。电压值为 51V 的 U_1 为电压断相，与“相序”栏中的电压断相 U_1 一致。

（3）确定 U_3 为 V 相后，就可以看出该错误接线的电压相序有两种可能，即 WUV 和 UWV。

（4）如图 4-178 所示，以电压相序 WUV 推出两个电流在相量图上的位置。将“相位”栏中的 U_{32} 替换成 U_{vu}。那么，$U_{32}I_1=120°$ 就替换成 $U_{vu}I_1=120°$、$U_{32}I_3=240°$ 就替换成 $U_{vu}I_3=240°$。即以 U_{vu} 为基准沿顺时针方向分别转 120°和 240°找到 I_1 和 I_3。从图上可以看出 $I_1=I_w$、$I_3=I_u$，并且其夹角等于 120°，电流相序为逆。

（5）如图 4-179 所示，以电压相序 UWV 推出两个电流在相量图上的位置。将“相位”栏中的 U_{32} 替换成 U_{vw}。那么，$U_{32}I_1=120°$ 就替换成 $U_{vw}I_1=120°$、$U_{32}I_3=240°$ 就替换成 $U_{vw}I_3=240°$。即以 U_{vw} 为基准沿顺时针方向分别转 120°和 240°找到 I_1 和 I_3。

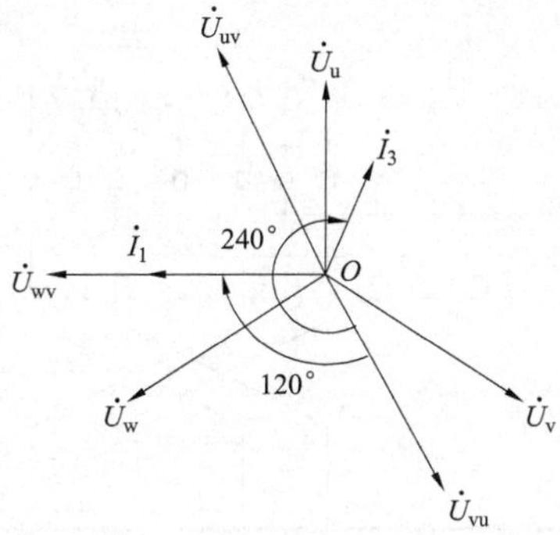

图 4-178

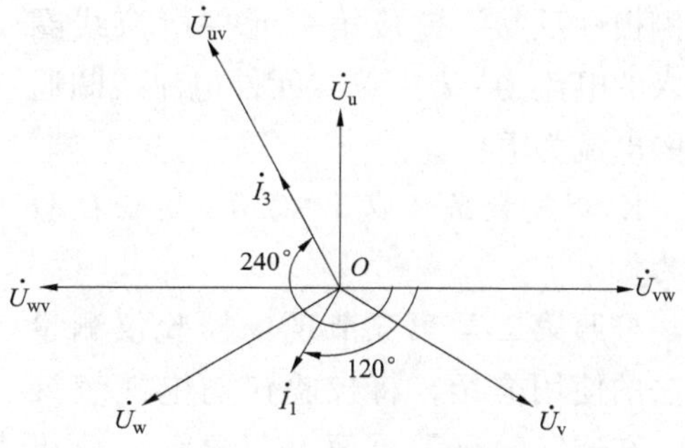

图 4-179

（6）将两个电流在相量图上的位置进行比较。比较结果是第四步以电压相序 WUV 推出的两个电流符合两个电流在相量图上的位置。

（7）最后得出错误接线结论：电压相序 WUV，电流相序 I_w、I_u，W 相电压断相。电能表的实际接线组别为：第一元件$\frac{1}{2}U_{vu}$、I_w，第二元件 U_{vu}、I_u。

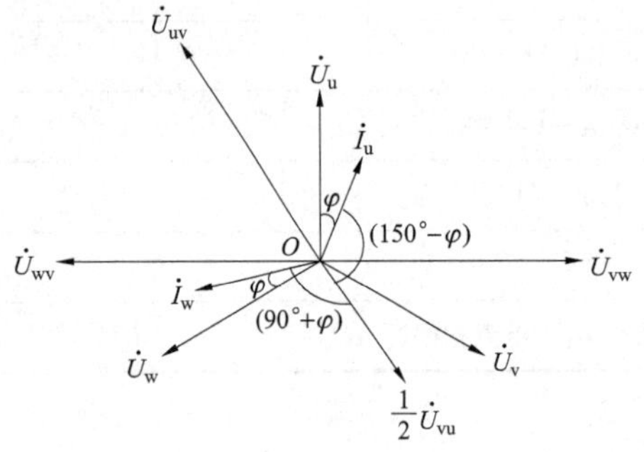

图 4－180

（8）画出错误接线相量图，如图 4－180 所示。

3. 写出错误接线时测得的电能（以功率表示）

因为电能表所计量的电能与所加电压和电流及相应相电流之间的夹角余弦乘积成正比，根据图 4－180 画出的错误接线相量图，对两个元件所计量的电能分别进行分析（以功率表示），并设 P_1'为第一元件错误计量的功率，P_2'为第二元件错误计量的功率。

第一元件测量的功率为

$$P_1' = \frac{1}{2}U_{vu}I_w\cos(90° + \varphi)$$

第二元件测量的功率为

$$P_2' = U_{vu}I_u\cos(150° - \varphi)$$

在三相电路完全对称时，两元件测量的总功率为

$$\begin{aligned} P' &= P_1' + P_2' \\ &= \frac{1}{2}U_{vu}I_w\cos(90° + \varphi) + U_{vu}I_u\cos(150° - \varphi) \end{aligned}$$

十四、表尾电压相序 WUV，电流相序 I_wI_u，W 相 TV 二次侧电压断相，W 相 TA 二次侧极性反接

图 4－181 是三相三线有功电能表的错误接线。从图中可以看出，电能表表尾电压相序为 WUV，并且 W 相 TV 二次侧电压断相，造成电能表第一元件电压线圈两端实际承受电压为$\frac{1}{2}U_{vu}$，第二元件实际承受电压为 U_{vu}；电流由于 U、W 相表尾端钮接错，并且 W 相 TA 二次侧极性反接，造成第一元件电流线圈通入的电流为 $-I_w$，第二元件电流线圈通入的电流为 I_u。

1. 测量数据（以 T－230A 现场校验仪为例）

按照第二章第三节现场校验仪测量方法的使用介绍，将校验仪与电能表接好。在选定的显示界面上将显示出分析所需的所有数据，显示屏数据如表 4－46 所示。

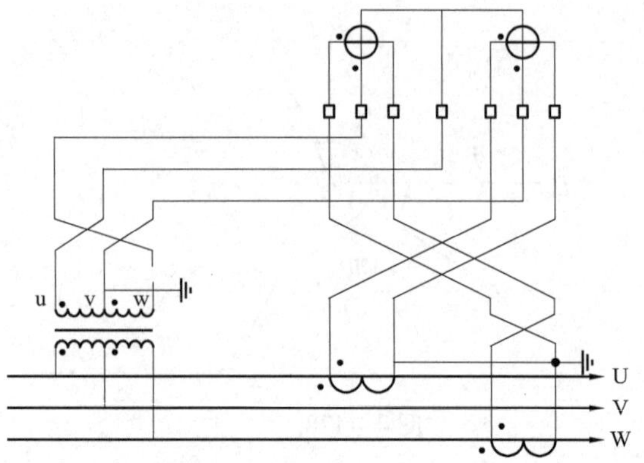

图 4－181

表 4－46

测 试 数 据			
项目	1 元件	2－6 端子	3 元件
电压	49.2V	51.5V	100.7V
电流	1.5A	0.0A	1.5A
对地电压	51.2V	100.4V	0.3V
相位	$\varphi_{I_1I_3}=300.2°$		
	$\varphi_{U_{32}I_1}=299.8°$		
	$\varphi_{U_{32}I_3}=240.1°$　$P=-36.9$		
相序	电压断相 U_1　电流相序逆		

2. 分析判断错误现象

(1) 从表 4－46 "电压" 栏中的显示值看出 1 元件和 2 元件的电压值不等于 100V，可以判定该错误接线有电压断相，并且根据 1 元件和 2 元件的电压值可以看出，此电能表内部结构为 "△" 形。

(2) 从 "对地电压" 栏中可以看出 3 元件的电压为 0V，所以确定 U_3 为 V 相。电压值为 51V 的 U_1 为电压断相，与 "相序" 栏中的电压断相 U_1 一致。

(3) 确定 U_3 为 V 相后，就可以看出该错误接线的电压相序有两种可能，即 WUV 和 UWV。

(4) 如图 4－182 所示，以电压相序 WUV 推出两个电流在相量图上的位置。将 "相位" 栏中的 U_{32} 替换成 U_{vu}。那么，$U_{32}I_1=300°$ 就替换成 $U_{vu}I_1=300°$、$U_{32}I_3=240°$ 就替换成 $U_{vu}I_3=240°$。即以 U_{vu} 为基准沿顺时针方向分别转 300°和 240°找到 I_1 和 I_3。从图上可以看出 $I_1=-I_w$、$I_3=I_u$，并且其夹角等于 300°，电流相序为逆。

(5) 如图 4－183 所示，以电压相序 UWV 推出两个电流在相量图上的位置。将 "相位" 栏中的 U_{32} 替换成 U_{vw}。那么，$U_{32}I_1=300°$ 就替换成 $U_{vw}I_1=300°$、$U_{32}I_3=240°$ 就替换成 $U_{vw}I_3=240°$。即以 U_{vw} 为基准沿顺时针方向分别转 300°和 240°找到 I_1 和 I_3。

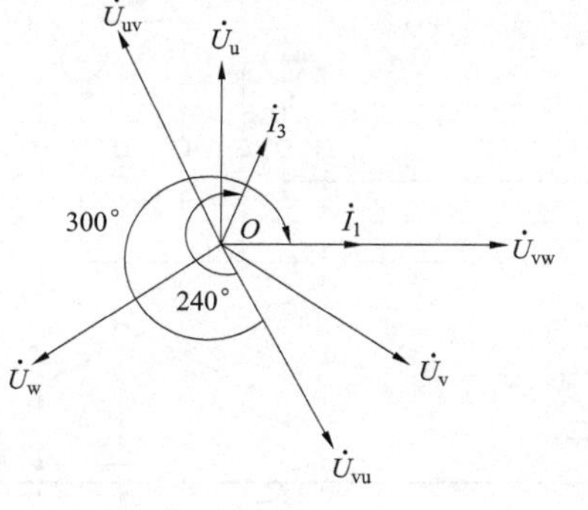

图 4－182

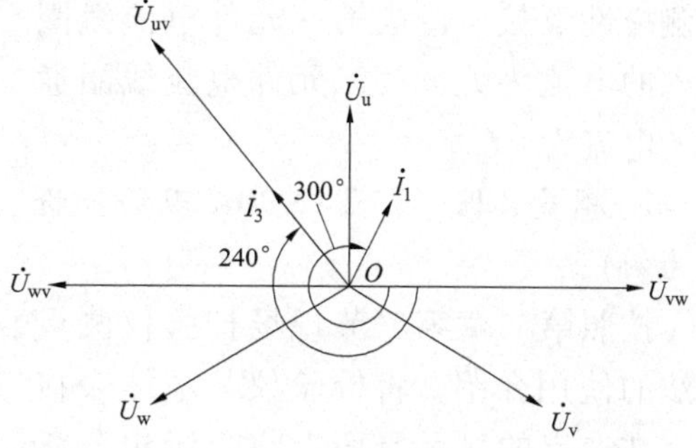

图 4－183

（6）将两个电流在相量图上的位置进行比较。比较结果是第四步以电压相序 WUV 推出的两个电流符合两个电流在相量图上的位置。

（7）最后得出错误接线结论：电压相序 WUV，电流相序 I_w、I_u，W 相电压断相。电能表的实际接线组别为：第一元件$\frac{1}{2}U_{vu}$、$-I_w$，第二元件 U_{vu}、I_u。

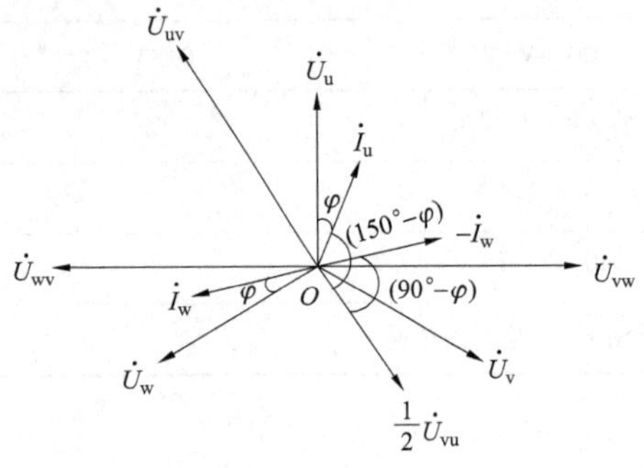

图 4 - 184

（8）画出错误接线相量图，如图 4 - 184 所示。

3. 写出错误接线时测得的电能（以功率表示）

因为电能表所计量的电能与所加电压和电流及相应相电流之间的夹角余弦乘积成正比，根据图 4 - 184 画出的错误接线相量图，对两个元件所计量的电能分别进行分析（以功率表示），并设 P_1'为第一元件错误计量的功率，P_2'为第二元件错误计量的功率。

第一元件测量的功率为

$$P_1' = \frac{1}{2}U_{vu}(-I_w)\cos(90° - \varphi)$$

第二元件测量的功率为

$$P_2' = U_{vu}I_u\cos(150° - \varphi)$$

在三相电路完全对称时，两元件测量的总功率为

$$P' = P_1' + P_2' = \frac{1}{2}U_{vu}(-I_w)\cos(90° - \varphi) + U_{vu}I_u\cos(150° - \varphi)$$

十五、表尾电压相序 WUV，电流相序 I_wI_u，W 相 TV 二次侧电压断相，U 相 TA 二次侧极性反接

图 4 - 185 是三相三线有功电能表的错误接线。从图中可以看出，电能表表尾电压相序为 WUV，并且 W 相 TV 二次侧电压断相，造成电能表第一元件电压线圈两端实际承受电压为$\frac{1}{2}U_{vu}$，第二元件实际承受电压为 U_{vu}；电流由于 U、W 相表尾端钮接错，并且 U 相 TA 二次侧极性反接，造成第一元件电流线圈通入的电流为 I_w，第二元件电流线圈通入的电流为 $-I_u$。

1. 测量数据（以 T - 230A 现场校验仪为例）

按照第二章第三节现场校验仪测量方法的使用介绍，将校验仪与电能表接好。在选定的显示界面上将显示出分析所需的所有数据，显示屏数据如表 4 - 47 所示。

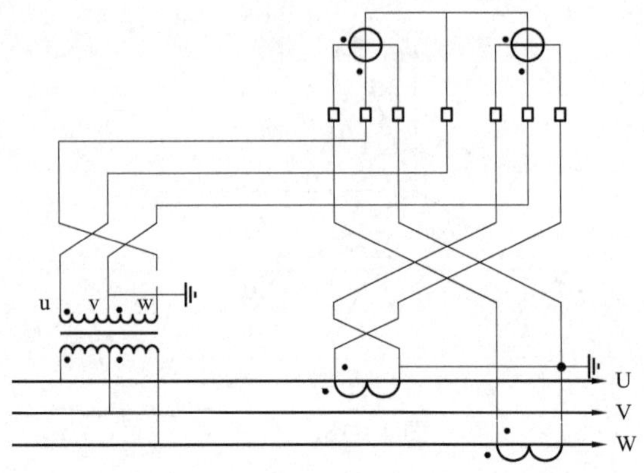

图 4 - 185

表 4 – 47

测 试 数 据			
项目	1 元件	2 – 6 端子	3 元件
电压	49.2V	51.5V	100.7V
电流	1.5A	0.0A	1.5A
对地电压	51.2V	100.4V	0.3V
相位	$\varphi_{I_1I_3}=300.2°$		
	$\varphi_{U_{32}I_1}=119.8°$		
	$\varphi_{U_{32}I_3}=60.0°$　$P=36.9$		
相序	电压断相 U_1　电流相序逆		

2. 分析判断错误现象

（1）从表 4 – 48 “电压” 栏中的显示值看出 1 元件和 2 元件的电压值不等于 100V，可以判定该错误接线有电压断相，并且根据 1 元件和 2 元件的电压值可以看出，此电能表内部结构为 “△” 形。

（2）从 “对地电压” 栏中可以看出 3 元件的电压为 0V，所以确定 U_3 为 V 相。电压值为 51V 的 U_1 为电压断相，与 “相序” 栏中的电压断相 U_1 一致。

（3）确定 U_3 为 V 相后，就可以看出该错误接线的电压相序有两种可能，即 WUV 和 UWV。

（4）如图 4 – 186 所示，以电压相序 WUV 推出两个电流在相量图上的位置。将 “相位” 栏中的 U_{32} 替换成 U_{vu}。那么，$U_{32}I_1=120°$ 就替换成 $U_{vu}I_1=120°$、$U_{32}I_3=60°$ 就替换成 $U_{vu}I_3=60°$。即以 U_{vu} 为基准沿顺时针方向分别转 120° 和 60° 找到 I_1 和 I_3。从图上可以看出 $I_1=I_w$、$I_3=-I_u$，并且其夹角等于 300°，电流相序为逆。

（5）如图 4 – 187 所示，以电压相序 UWV 推出两个电流在相量图上的位置。将 “相位” 栏中的 U_{32} 替换成 U_{vw}。那么，$U_{32}I_1=120°$ 就替换成 $U_{vw}I_1=120°$、$U_{32}I_3=60°$ 就替换成 $U_{vw}I_3=60°$。即以 U_{vw} 为基准沿顺时针方向分别转 120° 和 60° 找到 I_1 和 I_3。

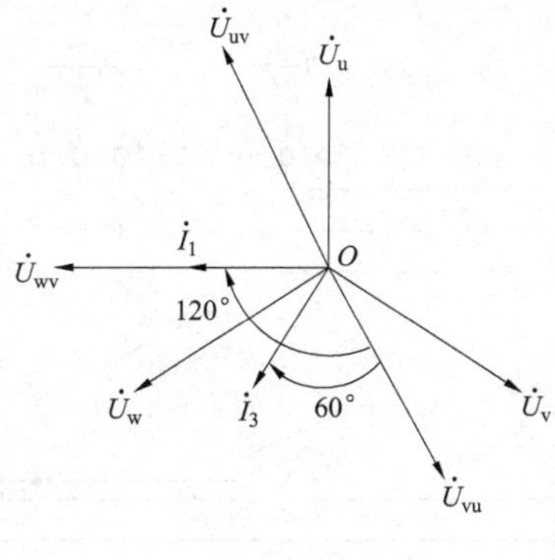

图 4 – 186

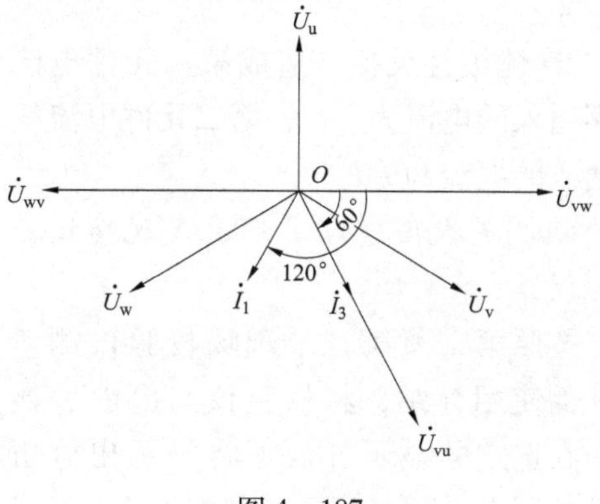

图 4 – 187

（6）将两个电流在相量图上的位置进行比较。比较结果是第四步以电压相序 WUV 推出的两个电流符合两个电流在相量图上的位置。

（7）最后得出错误接线结论：电压相序 WUV，电流相序 I_w、I_u，W 相电压断相。电能表的实际接线组别为：第一元件$\frac{1}{2}U_{vu}$、I_w，第二元件 U_{vu}、$-I_u$。

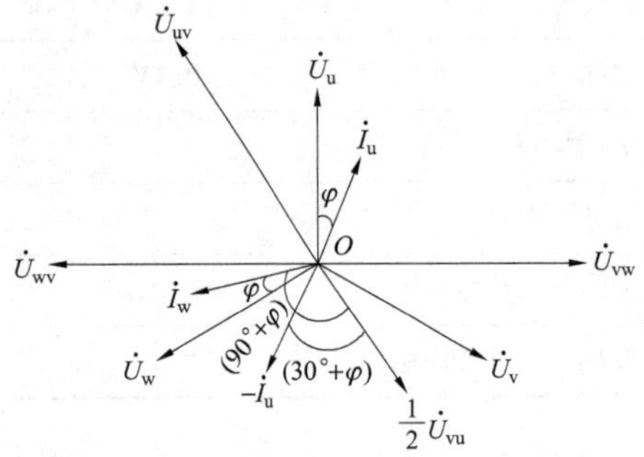

图 4－188

（8）画出错误接线相量图，如图 4－188 所示。

3. 写出错误接线时测得的电能（以功率表示）

因为电能表所计量的电能与所加电压和电流及相应相电流之间的夹角余弦乘积成正比，根据图 4－188 画出的错误接线相量图，对两个元件所计量的电能分别进行分析（以功率表示），并设 P_1'为第一元件错误计量的功率，P_2'为第二元件错误计量的功率。

第一元件测量的功率为

$$P_1' = \frac{1}{2}U_{vu}I_w\cos(90° + \varphi)$$

第二元件测量的功率为

$$P_2' = U_{vu}(-I_u)\cos(30° + \varphi)$$

在三相电路完全对称时，两元件测量的总功率为

$$\begin{aligned}P' &= P_1' + P_2' \\ &= \frac{1}{2}U_{vu}I_w\cos(90° + \varphi) + U_{vu}(-I_u)\cos(30° + \varphi)\end{aligned}$$

十六、表尾电压相序 WUV，电流相序 I_wI_u，W 相 TV 二次侧电压断相，U、W 相 TA 二次侧极性反接

图 4－189 是三相三线有功电能表的错误接线。从图中可以看出，电能表表尾电压相序为 WUV，并且 W 相 TV 二次侧里电压断相，造成电能表第一元件电压线圈两端实际承受电压为$\frac{1}{2}U_{vu}$，第二元件实际承受电压为 U_{vu}；电流由于 U、W 相表尾端钮接错，并且 U、W 相 TA 二次侧极性反接，造成第一元件电流线圈通入的电流为 $-I_w$，第二元件电流线圈通入的电流为 $-I_u$。

1. 测量数据（以 T－230A 现场校验仪为例）

按照第二章第三节现场校验仪测量方法的使用介绍，将校验仪与电能表接好。在选定的显示界面上将显示出分析所需的所有数据，显示屏数据如表 4－48 所示。

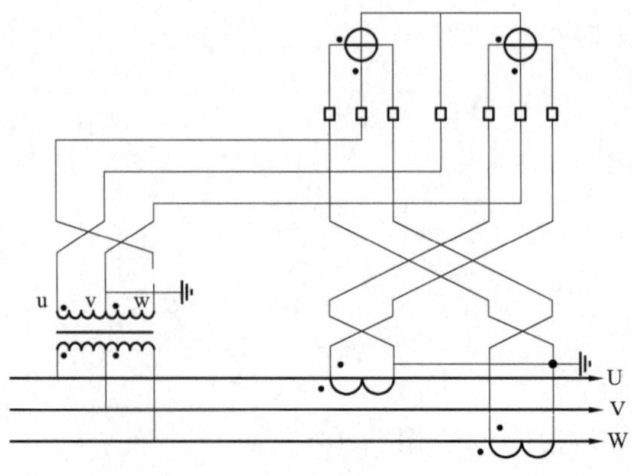

图 4－189

表 4-48

测 试 数 据			
项目	1 元件	2-6 端子	3 元件
电压	49.3V	51.5V	100.7V
电流	1.5A	0.0A	1.5A
对地电压	51.2V	100.4V	0.3V
相位	$\varphi_{I_1I_3}=120.6°$		
	$\varphi_{U_{32}I_1}=299.7°$		
	$\varphi_{U_{32}I_3}=60.3°$　$P=112.6$		
相序	电压断相 U_1　电流相序逆		

2. 分析判断错误现象

（1）从表 4-48“电压”栏中的显示值看出 1 元件和 2 元件的电压值不等于 100V，可以判定该错误接线有电压断相，并且根据 1 元件和 2 元件的电压值可以看出，此电能表内部结构为“△”形。

（2）从“对地电压”栏中可以看出 3 元件的电压为 0V，所以确定 U_3 为 V 相。电压值为 51V 的 U_1 为电压断相，与“相序”栏中的电压断相 U_1 一致。

（3）确定 U_3 为 V 相后，就可以看出该错误接线的电压相序有两种可能，即 WUV 和 UWV。

（4）如图 4-190 所示，以电压相序 WUV 推出两个电流在相量图上的位置。将“相位”栏中的 U_{32} 替换成 U_{vu}。那么，$U_{32}I_1=300°$ 就替换成 $U_{vu}I_1=300°$、$U_{32}I_3=60°$ 就替换成 $U_{vu}I_3=60°$。即以 U_{vu} 为基准沿顺时针方向分别转 300°和 60°找到 I_1 和 I_3。从图上可以看出 $I_1=-I_w$、$I_3=-I_u$，并且其夹角等于 120°，电流相序为逆。

（5）如图 4-191 所示，以电压相序 UWV 推出两个电流在相量图上的位置。将“相位”栏中的 U_{32} 替换成 U_{vw}。那么，$U_{32}I_1=300°$ 就替换成 $U_{vw}I_1=300°$、$U_{32}I_3=60°$ 就替换成 $U_{vw}I_3=60°$。即以 U_{vw} 为基准沿顺时针方向分别转 300°和 60°找到 I_1 和 I_3。

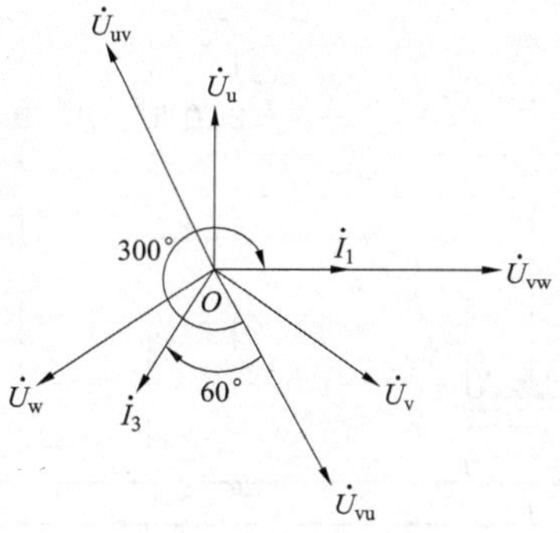

图 4-190

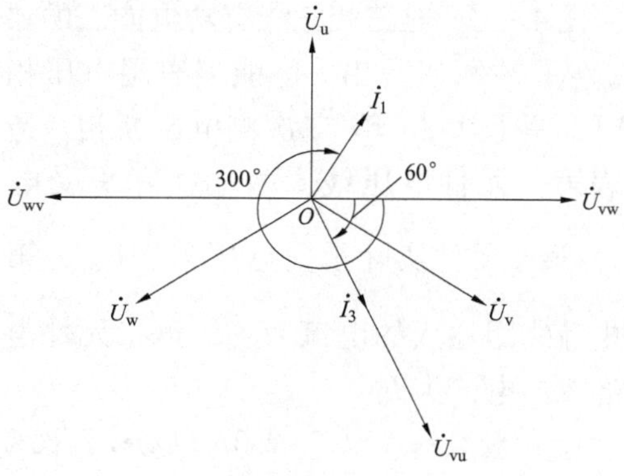

图 4-191

（6）将两个电流在相量图上的位置进行比较。比较结果是第四步以电压相序 WUV 推出的两个电流符合两个电流在相量图上的位置。

（7）最后得出错误接线结论：电压相序 WUV，电流相序 I_w、I_u，W 相电压断相。电能表的实际接线组别为：第一元件$\frac{1}{2}U_{vu}$、$-I_w$，第二元件 U_{vu}、$-I_u$。

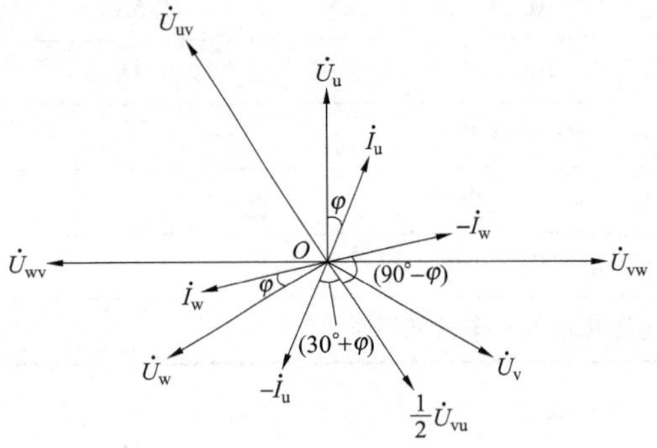

图 4－192

（8）画出错误接线相量图，如图 4－192 所示。

3. 写出错误接线时测得的电能（以功率表示）

因为电能表所计量的电能与所加电压和电流及相应相电流之间的夹角余弦乘积成正比，根据图 4－192 画出的错误接线相量图，对两个元件所计量的电能分别进行分析（以功率表示），并设 P_1'为第一元件错误计量的功率，P_2'为第二元件错误计量的功率。

第一元件测量的功率为

$$P_1' = \frac{1}{2}U_{vu}(-I_w)\cos(90° - \varphi)$$

第二元件测量的功率为

$$P_2' = U_{vu}(-I_u)\cos(30° + \varphi)$$

在三相电路完全对称时，两元件测量的总功率为

$$\begin{aligned} P' &= P_1' + P_2' \\ &= \frac{1}{2}U_{vu}(-I_w)\cos(90° - \varphi) + U_{vu}(-I_u)\cos(30° + \varphi) \end{aligned}$$

第四节　电压相序为 WVU 时的错误接线实例分析

一、表尾电压相序 WVU，电流相序 I_uI_w，U 相 TV 二次侧电压断相

图 4－193 是三相三线有功电能表的错误接线。从图中可以看出，电能表表尾电压相序为 WVU，并且 U 相 TV 二次侧电压断相，造成电能表第一元件电压线圈两端实际承受电压为 U_{wv}，第二元件实际承受电压为$\frac{1}{2}U_{wv}$；第一元件电流线圈通入的电流为 I_u，第二元件电流线圈通入的电流为 I_w。

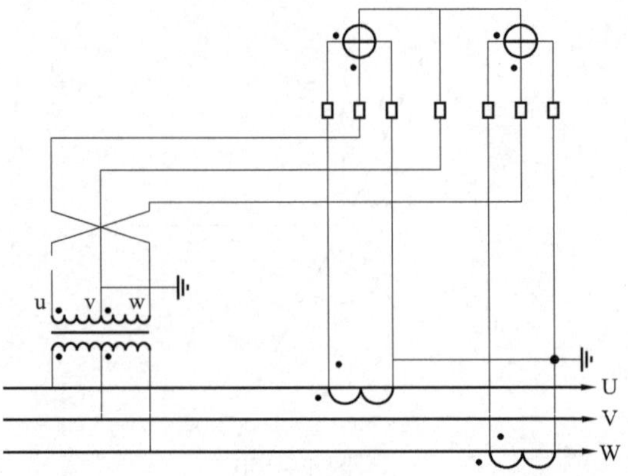

图 4－193

1. 测量数据（以 T－230A 现场校验仪为例）

按照第二章第三节现场校验仪测量方法的使用介绍，将校验仪与电能表接好。在选定的

显示界面上将显示出分析所需的所有数据，显示屏数据如表 4－49 所示。

表 4－49

测试数据			
项目	1 元件	2－6 端子	3 元件
电压	100.8V	56.6V	45.0V
电流	1.5A	0.0A	1.5A
对地电压	100.5V	0.3V	44.7V
相位	$\varphi_{I_1I_3}=239.4°$		
	$\varphi_{U_{12}I_1}=120.3°$		
	$\varphi_{U_{12}I_3}=359.8°$　$P=-9.3$		
相序	电压断相 U_3　电流相序正		

2. 分析判断错误现象

（1）从表 4－49“电压”栏中的显示值看出 2 元件和 3 元件的电压值不等于 100V，可以判定该错误接线有电压断相，并且根据 2 元件和 3 元件的电压值可以看出，此电能表内部结构为“△”形。

（2）从“对地电压”栏中可以看出 2 元件的电压为 0V，所以确定 U_2 为 V 相。电压值为 44V 的 U_3 为电压断相，与“相序”栏中的电压断相 U_3 一致。

（3）确定 U_2 为 V 相后，就可以看出该错误接线的电压相序有两种可能，即 UVW 和 WVU。

（4）如图 4－194 所示，以电压相序 UVW 推出两个电流在相量图上的位置。将“相位”栏中的 U_{12} 替换成 U_{uv}。那么，$U_{12}I_1=120°$ 就替换成 $U_{uv}I_1=120°$、$U_{12}I_3=360°$ 就替换成 $U_{uv}I_3=360°$。即以 U_{uv} 为基准沿顺时针方向分别转 120°和 360°找到 I_1 和 I_3。

（5）如图 4－195 所示，以电压相序 WVU 推出两个电流在相量图上的位置。将“相位”栏中的 U_{12} 替换成 U_{wv}。那么，$U_{12}I_1=120°$ 就替换成 $U_{wv}I_1=120°$、$U_{12}I_3=360°$ 就替换成 $U_{wv}I_3=360°$。即以 U_{wv} 为基准沿顺时针方向分别转 120°和 360°找到 I_1 和 I_3。从图上可以看出 $I_1=I_u$、$I_3=I_w$，并且其夹角等于 240°，电流相序为正。

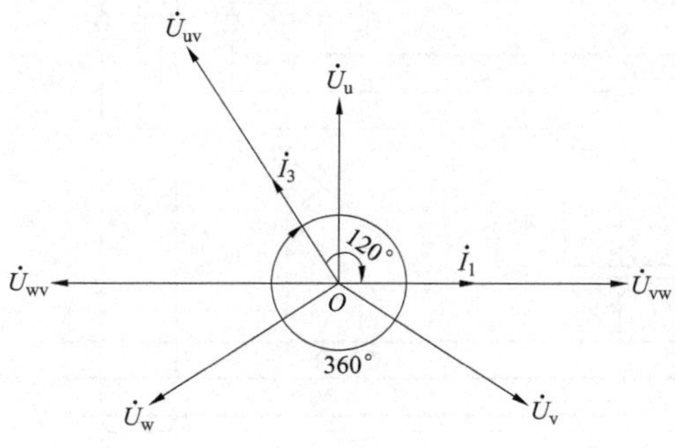

图 4－194

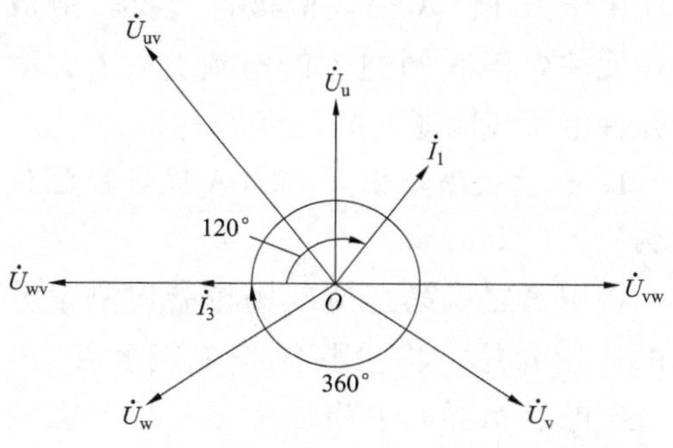

图 4－195

（6）将两个电流在相量图上的位置进行比较。比较结果是第五步以电压相序 WVU 推出的两个电流符合两个电流在相量图上的位置。

（7）最后得出错误接线结论：电压相序 WVU，电流相序 I_u、I_w，U 相电压断相。电能表的实际接线组别为：第一元件 U_{wv}、I_u，第二元件$\frac{1}{2}U_{wv}$、I_w。

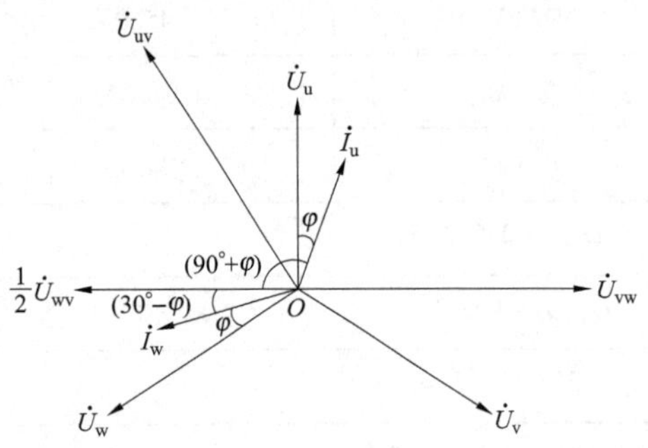

图 4－196

（8）画出错误接线相量图，如图 4－196 所示。

3. 写出错误接线时测得的电能（以功率表示）

因为电能表所计量的电能与所加电压和电流及相应相电流之间的夹角余弦乘积成正比，根据图 4－196 画出的错误接线相量图，对两个元件所计量的电能分别进行分析（以功率表示），并设 P_1'为第一元件错误计量的功率，P_2'为第二元件错误计量的功率。

第一元件测量的功率为

$$P_1' = U_{wv}I_u\cos(90° + \varphi)$$

第二元件测量的功率为

$$P_2' = \frac{1}{2}U_{wv}I_w\cos(30° - \varphi)$$

在三相电路完全对称时，两元件测量的总功率为

$$P' = P_1' + P_2'$$
$$= U_{wv}I_u\cos(90° + \varphi) + \frac{1}{2}U_{wv}I_w\cos(30° - \varphi)$$

二、表尾电压相序 WVU，电流相序 I_uI_w，U 相 TV 二次侧电压断相，U 相 TA 二次侧极性反接

图 4－197 是三相三线有功电能表的错误接线。从图中可以看出，电能表表尾电压相序为 WVU，并且 U 相 TV 二次侧电压断相，造成电能表第一元件电压线圈两端实际承受电压为 U_{wv}，第二元件实际承受电压为$\frac{1}{2}U_{wv}$；电流由于 U 相 TA 二次侧极性反接，造成第一元件电流线圈通入的电流为 $-I_u$，第二元件电流线圈通入的电流为 I_w。

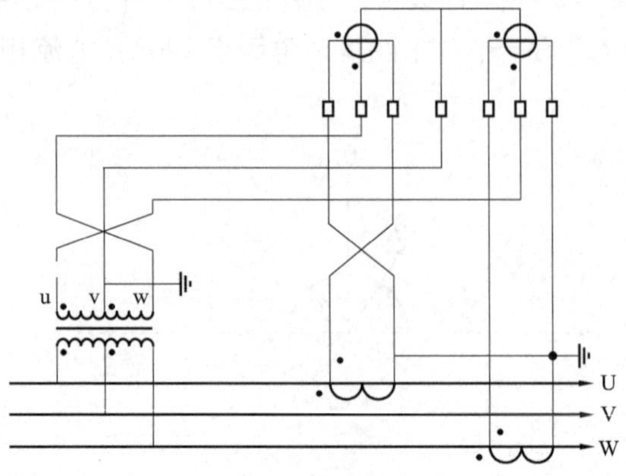

图 4－197

1. 测量数据（以 T－230A 现场校验仪为例）

按照第二章第三节现场校验仪测量方法的使用介绍，将校验仪与电能表接好。在选定的显示界面上将显示出分析所需的所有数据，显示屏数据如表 4－50 所示。

表 4－50

测 试 数 据			
项目	1 元件	2－6 端子	3 元件
电压	100.8V	56.6V	44.9V
电流	1.5A	0.0A	1.5A
对地电压	100.5V	0.3V	44.7V
相位	$\varphi_{I_1I_3}=59.8°$		
	$\varphi_{U_{12}I_1}=300.1°$		
	$\varphi_{U_{12}I_3}=359.9°$　$P=141.8$		
相序	电压断相 U_3　电流相序正		

2. 分析判断错误现象

（1）从表 4－50“电压”栏中的显示值看出 2 元件和 3 元件的电压值不等于 100V，可以判定该错误接线有电压断相，并且根据 2 元件和 3 元件的电压值可以看出，此电能表内部结构为“△”形。

（2）从“对地电压”栏中可以看出 2 元件的电压为 0V，所以确定 U_2 为 V 相。电压值为 44V 的 U_3 为电压断相，与“相序”栏中的电压断相 U_3 一致。

（3）确定 U_2 为 V 相后，就可以看出该错误接线的电压相序有两种可能，即 UVW 和 WVU。

（4）如图 4－198 所示，以电压相序 UVW 推出两个电流在相量图上的位置。将“相位”栏中的 U_{12} 替换成 U_{uv}。那么，$U_{12}I_1=300°$ 就替换成 $U_{uv}I_1=300°$、$U_{12}I_3=360°$ 就替换成 $U_{uv}I_3=360°$。即以 U_{uv} 为基准沿顺时针方向分别转 300°和 360°找到 I_1 和 I_3。

（5）如图 4－199 所示，以电压相序 WVU 推出两个电流在相量图上的位置。将“相位”栏中的 U_{12} 替换成 U_{wv}。那么，$U_{12}I_1=300°$ 就替换成 $U_{wv}I_1=300°$、$U_{12}I_3=360°$ 就替换成 $U_{wv}I_3=360°$。即以 U_{wv} 为基准沿顺时针方向分别转 300°和 360°找到 I_1 和 I_3。从图上可以看出 $I_1=-I_u$、$I_3=I_w$，并且其夹角等于 60°，电流相序为正。

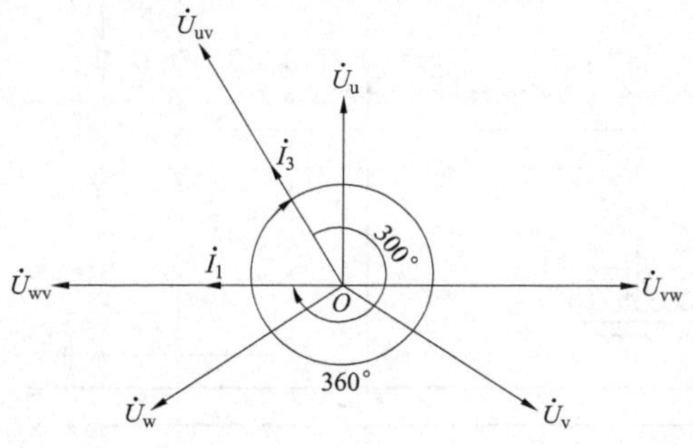

图 4－198

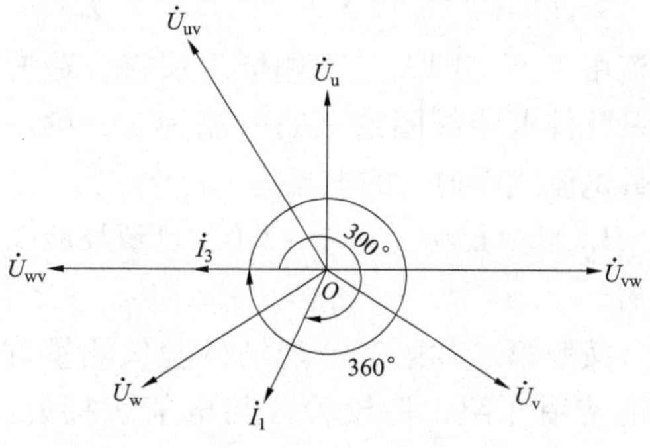

图 4－199

（6）将两个电流在相量图上的位置进行比较。比较结果是第五步以电压相序 WVU 推出的两个电流符合两个电流在相量图上的位置。

（7）最后得出错误接线结论：电压相序 WVU，电流相序 I_u、I_w，U 相电压断相。电能表的实际接线组别为：第一元件 U_{wv}、$-I_u$，第二元件$\frac{1}{2}U_{wv}$、I_w。

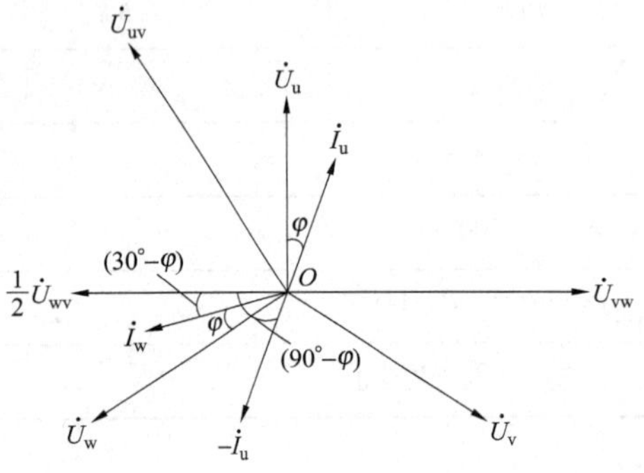

图 4－200

（8）画出错误接线相量图，如图 4－200 所示。

3. 写出错误接线时测得的电能（以功率表示）

因为电能表所计量的电能与所加电压和电流及相应相电流之间的夹角余弦乘积成正比，根据图 4－200 画出的错误接线相量图，对两个元件所计量的电能分别进行分析（以功率表示），并设 P_1'为第一元件错误计量的功率，P_2'为第二元件错误计量的功率。

第一元件测量的功率为

$$P_1' = U_{wv}(-I_u)\cos(90° - \varphi)$$

第二元件测量的功率为

$$P_2' = \frac{1}{2}U_{wv}I_w\cos(30° - \varphi)$$

在三相电路完全对称时，两元件测量的总功率为

$$\begin{aligned} P' &= P_1' + P_2' \\ &= U_{wv}(-I_u)\cos(90° - \varphi) + \frac{1}{2}U_{wv}I_w\cos(30° - \varphi) \end{aligned}$$

三、表尾电压相序 WVU，电流相序 I_uI_w，U 相 TV 二次侧电压断相，W 相 TA 二次侧极性反接

图 4－201 是三相三线有功电能表的错误接线。从图中可以看出，电能表表尾电压相序为 WVU，并且 U 相 TV 二次侧电压断相，造成电能表第一元件电压线圈两端实际承受电压为 U_{wv}，第二元件实际承受电压为$\frac{1}{2}U_{wv}$；电流由于 W 相 TA 二次侧极性反接，造成第一元件电流线圈通入的电流为 I_u，第二元件电流线圈通入的电流为 $-I_w$。

1. 测量数据（以 T－230A 现场校验仪为例）

按照第二章第三节现场校验仪测量方法的使用介绍，将校验仪与电能表接好。在选定的显示界面上将显示出分析所需的所有数据，显示屏数据如表 4－51 所示。

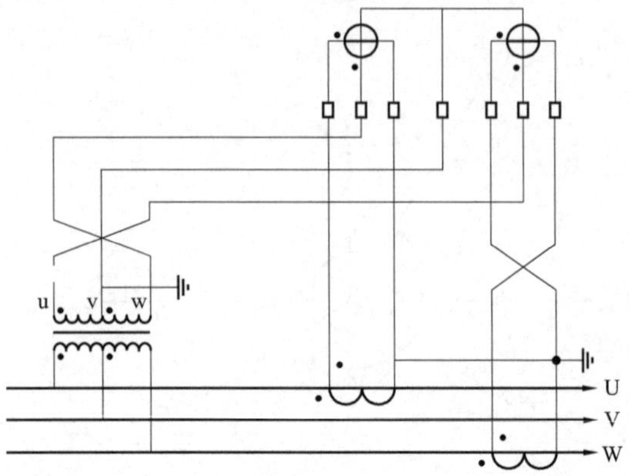

图 4－201

表 4－51

测 试 数 据			
项目	1 元件	2－6 端子	3 元件
电压	100.8V	56.6V	45.0V
电流	1.5A	0.0A	1.5A
对地电压	100.5V	0.3V	44.7V
相位	$\varphi_{I_1I_3}=59.8°$		
	$\varphi_{U_{12}I_1}=120.1°$		
	$\varphi_{U_{12}I_3}=179.9°$　$P=-141.9$		
相序	电压断相 U_3　电流相序正		

2. 分析判断错误现象

（1）从表 4－51“电压”栏中的显示值看出 2 元件和 3 元件的电压值不等于 100V，可以判定该错误接线有电压断相，并且根据 2 元件和 3 元件的电压值可以看出，此电能表内部结构为“△”形。

（2）从“对地电压”栏中可以看出 2 元件的电压为 0V，所以确定 U_2 为 V 相。电压值为 44V 的 U_3 为电压断相，与“相序”栏中的电压断相 U_3 一致。

（3）确定 U_2 为 V 相后，就可以看出该错误接线的电压相序有两种可能，即 UVW 和 WVU。

（4）如图 4－202 所示，以电压相序 UVW 推出两个电流在相量图上的位置。将“相位”栏中的 U_{12} 替换成 U_{uv}。那么，$U_{12}I_1=120°$ 就替换成 $U_{uv}I_1=120°$、$U_{12}I_3=180°$ 就替换成 $U_{uv}I_3=180°$。即以 U_{uv} 为基准沿顺时针方向分别转 120°和 180°找到 I_1 和 I_3。

（5）如图 4－203 所示，以电压相序 WVU 推出两个电流在相量图上的位置。将“相位”栏中的 U_{12} 替换成 U_{wv}。那么，$U_{12}I_1=120°$ 就替换成 $U_{wv}I_1=120°$、$U_{12}I_3=180°$ 就替换成 $U_{wv}I_3=180°$。即以 U_{wv} 为基准沿顺时针方向分别转 120°和 180°找到 I_1 和 I_3。从图上可以看出 $I_1=I_u$、$I_3=-I_w$，并且其夹角等于 60°，电流相序为正。

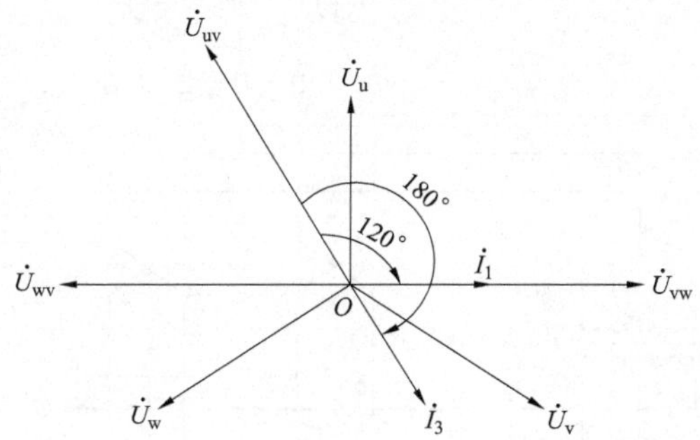

图 4－202

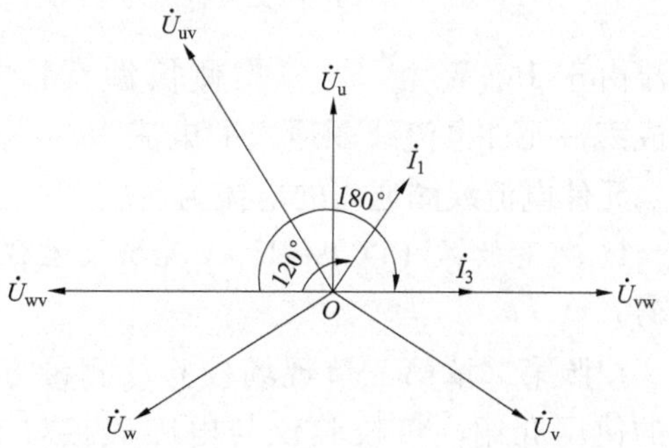

图 4－203

（6）将两个电流在相量图上的位置进行比较。比较结果是第五步以电压相序 WVU 推出的两个电流符合两个电流在相量图上的位置。

（7）最后得出错误接线结论：电压相序 WVU，电流相序 I_u、I_w，U 相电压断相。电能表的实际接线组别为：第一元件 U_{wv}、I_u，第二元件$\frac{1}{2}U_{wv}$、$-I_w$。

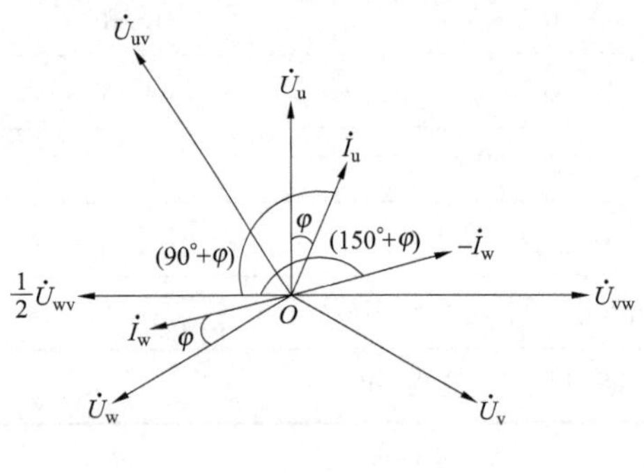

图 4－204

（8）画出错误接线相量图，如图 4－204 所示。

3. 写出错误接线时测得的电能（以功率表示）

因为电能表所计量的电能与所加电压和电流及相应相电流之间的夹角余弦乘积成正比，根据图 4－204 画出的错误接线相量图，对两个元件所计量的电能分别进行分析（以功率表示），并设 P_1'为第一元件错误计量的功率，P_2'为第二元件错误计量的功率。

第一元件测量的功率为

$$P_1' = U_{wv}I_u\cos(90° + \varphi)$$

第二元件测量的功率为

$$P_2' = \frac{1}{2}U_{wv}(-I_w)\cos(150° + \varphi)$$

在三相电路完全对称时，两元件测量的总功率为

$$\begin{aligned}P' &= P_1' + P_2' \\ &= U_{wv}I_u\cos(90° + \varphi) + \frac{1}{2}U_{wv}(-I_w)\cos(150° + \varphi)\end{aligned}$$

四、表尾电压相序 WVU，电流相序 I_uI_w，U 相 TV 二次侧电压断相，U、W 相 TA 二次侧极性反接

图 4－205 是三相三线有功电能表的错误接线。从图中可以看出，电能表表尾电压相序为 WVU，并且 U 相 TV 二次侧电压断相，造成电能表第一元件电压线圈两端实际承受电压为 U_{wv}，第二元件实际承受电压为$\frac{1}{2}U_{wv}$；电流由于 U、W 相 TA 二次侧极性反接，造成第一元件电流线圈通入的电流为 $-I_u$，第二元件电流线圈通入的电流为 $-I_w$。

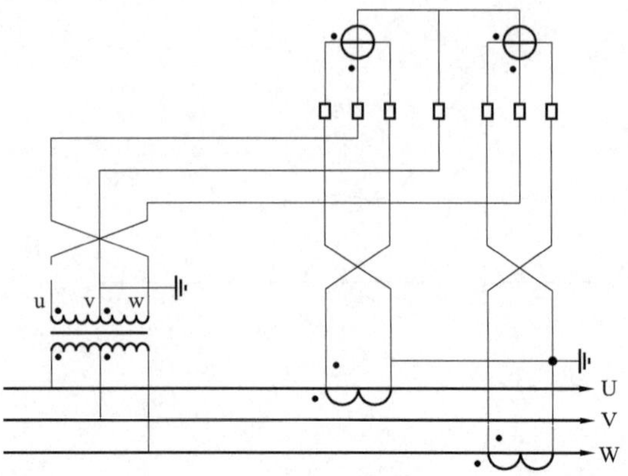

图 4－205

1. 测量数据（以 T－230A 现场校验仪为例）

按照第二章第三节现场校验仪测量方法的使用介绍，将校验仪与电能表接好。在选定的显示界面上将显示出分析所需的所有数据，显示屏数据如表 4－52 所示。

表 4－52

测 试 数 据			
项目	1 元件	2－6 端子	3 元件
电压	100.8V	56.6V	45.0V
电流	1.5A	0.0A	1.5A
对地电压	100.5V	0.3V	44.7V
相位	$\varphi_{I_1I_3}=239.4°$		
	$\varphi_{U_{12}I_1}=300.3°$		
	$\varphi_{U_{12}I_3}=179.8°$　$P=9.3$		
相序	电压断相 U_3　电流相序正		

2. 分析判断错误现象

（1）从表 4－52“电压”栏中的显示值看出 2 元件和 3 元件的电压值不等于 100V，可以判定该错误接线有电压断相，并且根据 2 元件和 3 元件的电压值可以看出，此电能表内部结构为“△”形。

（2）从“对地电压”栏中可以看出 2 元件的电压为 0V，所以确定 U_2 为 V 相。电压值为 44V 的 U_3 为电压断相，与“相序”栏中的电压断相 U_3 一致。

（3）确定 U_2 为 V 相后，就可以看出该错误接线的电压相序有两种可能，即 UVW 和 WVU。

（4）如图 4－206 所示，以电压相序 UVW 推出两个电流在相量图上的位置。将“相位”栏中的 U_{12} 替换成 U_{uv}。那么，$U_{12}I_1=300°$ 就替换成 $U_{uv}I_1=300°$、$U_{12}I_3=180°$ 就替换成 $U_{uv}I_3=180°$。即以 U_{uv} 为基准沿顺时针方向分别转 300°和 180°找到 I_1 和 I_3。

（5）如图 4－207 所示，以电压相序 WVU 推出两个电流在相量图上的位置。将“相位”栏中的 U_{12} 替换成 U_{wv}。那么，$U_{12}I_1=300°$ 就替换成 $U_{wv}I_1=300°$、$U_{12}I_3=180°$ 就替换成 $U_{wv}I_3=180°$。即以 U_{wv} 为基准沿顺时针方向分别转 300°和 180°找到 I_1 和 I_3。从图上可以看出 $I_1=-I_u$、$I_3=-I_w$，并且其夹角等于 240°，电流相序为正。

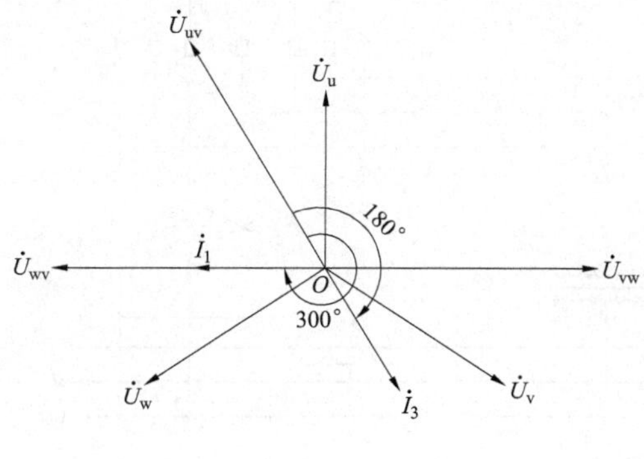

图 4－206

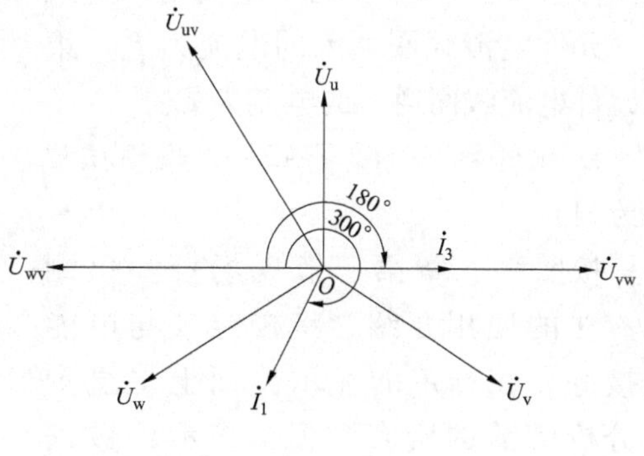

图 4－207

(6) 将两个电流在相量图上的位置进行比较。比较结果是第五步以电压相序 WVU 推出的两个电流符合两个电流在相量图上的位置。

(7) 最后得出错误接线结论：电压相序 WVU，电流相序 I_u、I_w，U 相电压断相。电能表的实际接线组别为：第一元件 U_{wv}、$-I_u$，第二元件$\frac{1}{2}U_{wv}$、$-I_w$。

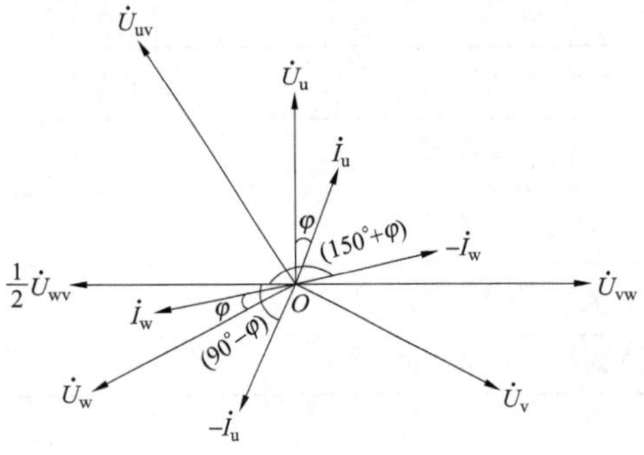

图 4－208

(8) 画出错误接线相量图，如图 4－208 所示。

3. 写出错误接线时测得的电能（以功率表示）

因为电能表所计量的电能与所加电压和电流及相应相电流之间的夹角余弦乘积成正比，根据图 4－208 画出的错误接线相量图，对两个元件所计量的电能分别进行分析（以功率表示），并设 P_1'为第一元件错误计量的功率，P_2'为第二元件错误计量的功率。

第一元件测量的功率为

$$P_1' = U_{wv}(-I_u)\cos(90° - \varphi)$$

第二元件测量的功率为

$$P_2' = \frac{1}{2}U_{wv}(-I_w)\cos(150° + \varphi)$$

在三相电路完全对称时，两元件测量的总功率为

$$\begin{aligned} P' &= P_1' + P_2' \\ &= U_{wv}(-I_u)\cos(90° - \varphi) + \frac{1}{2}U_{wv}(-I_w)\cos(150° + \varphi) \end{aligned}$$

五、表尾电压相序 WVU，电流相序 I_wI_u，U 相 TV 二次侧电压断相

图 4－209 是三相三线有功电能表的错误接线。从图中可以看出，电能表表尾电压相序为 WVU，并且 U 相 TV 二次侧电压断相，造成电能表第一元件电压线圈两端实际承受电压为 U_{wv}，第二元件实际承受电压为$\frac{1}{2}U_{wv}$；电流由于 U、W 相表尾端钮接错，造成第一元件电流线圈通入的电流为 I_w，第二元件电流线圈通入的电流为 I_u。

1. 测量数据（以 T－230A 现场校验仪为例）

按照第二章第三节现场校验仪测量方法的使用介绍，将校验仪与电能表接好。在选定的显示界面上将显示出分析所需的所有数据，显示屏数据如表 4－53 所示。

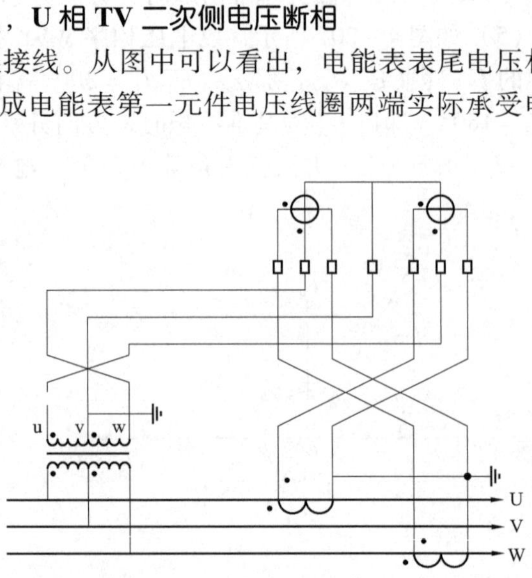

图 4－209

表 4-53

测试数据			
项目	1 元件	2-6 端子	3 元件
电压	100.8V	56.6V	45.0V
电流	1.5A	0.0A	1.5A
对地电压	100.5V	0.3V	44.7V
相位	$\varphi_{I_1I_3}=120.6°$		
	$\varphi_{U_{12}I_1}=359.7°$		
	$\varphi_{U_{12}I_3}=120.3°$　$P=124.3$		
相序	电压断相 U_3　电流相序逆		

2. 分析判断错误现象

(1) 从表 4-53 "电压" 栏中的显示值看出 2 元件和 3 元件的电压值不等于 100V，可以判定该错误接线有电压断相，并且根据 2 元件和 3 元件的电压值可以看出，此电能表内部结构为 "△" 形。

(2) 从 "对地电压" 栏中可以看出 2 元件的电压为 0V，所以确定 U_2 为 V 相。电压值为 44V 的 U_3 为电压断相，与 "相序" 栏中的电压断相 U_3 一致。

(3) 确定 U_2 为 V 相后，就可以看出该错误接线的电压相序有两种可能，即 UVW 和 WVU。

(4) 如图 4-210 所示，以电压相序 UVW 推出两个电流在相量图上的位置。将 "相位" 栏中的 U_{12} 替换成 U_{uv}。那么，$U_{12}I_1=360°$ 就替换成 $U_{uv}I_1=360°$、$U_{12}I_3=120°$ 就替换成 $U_{uv}I_3=120°$。即以 U_{uv} 为基准沿顺时针方向分别转 360° 和 120° 找到 I_1 和 I_3。

(5) 如图 4-211 所示，以电压相序 WVU 推出两个电流在相量图上的位置。将 "相位" 栏中的 U_{12} 替换成 U_{wv}。那么，$U_{12}I_1=360°$ 就替换成 $U_{wv}I_1=360°$、$U_{12}I_3=120°$ 就替换成 $U_{wv}I_3=120°$。即以 U_{wv} 为基准沿顺时针方向分别转 360° 和 120° 找到 I_1 和 I_3。从图上可以看出 $I_1=I_w$、$I_3=I_u$，并且其夹角等于 120°，电流相序为逆。

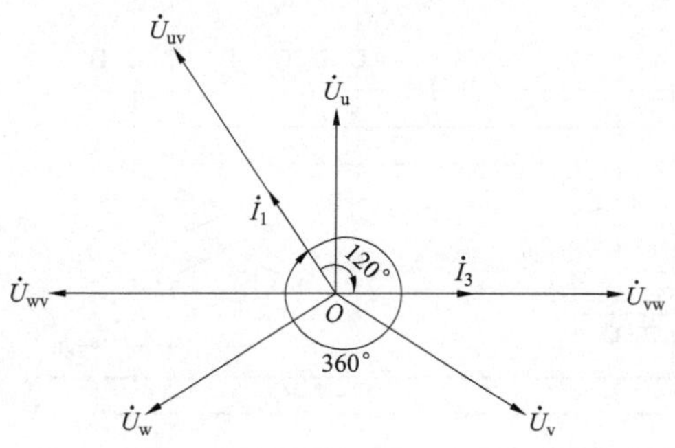

图 4-210

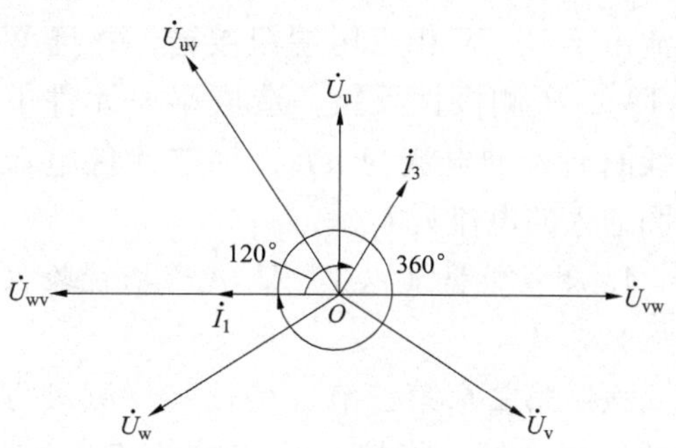

图 4-211

（6）将两个电流在相量图上的位置进行比较。比较结果是第五步以电压相序 WVU 推出的两个电流符合两个电流在相量图上的位置。

（7）最后得出错误接线结论：电压相序 WVU，电流相序 I_w、I_u，U 相电压断相。电能表的实际接线组别为：第一元件 U_{wv}、I_w，第二元件$\frac{1}{2}U_{wv}$、I_u。

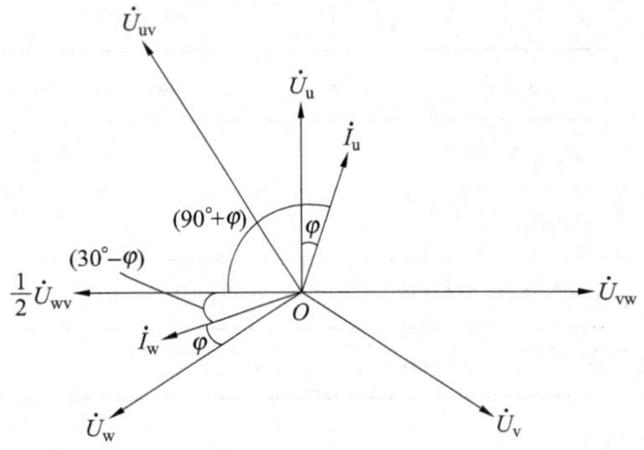

图 4－212

（8）画出错误接线相量图，如图 4－212 所示。

3. 写出错误接线时测得的电能（以功率表示）

因为电能表所计量的电能与所加电压和电流及相应相电流之间的夹角余弦乘积成正比，根据上面画出的错误接线相量图，对两个元件所计量的电能分别进行分析（以功率表示），并设 P_1'为第一元件错误计量的功率，P_2'为第二元件错误计量的功率。

第一元件测量的功率为

$$P_1' = U_{wv}I_w\cos(30° - \varphi)$$

第二元件测量的功率为

$$P_2' = \frac{1}{2}U_{wv}I_u\cos(90° + \varphi)$$

在三相电路完全对称时，两元件测量的总功率为

$$\begin{aligned}P' &= P_1' + P_2' \\ &= U_{wv}I_w\cos(30° - \varphi) + \frac{1}{2}U_{wv}I_u\cos(90° + \varphi)\end{aligned}$$

六、表尾电压相序 WVU，电流相序 I_wI_u，U 相 TV 二次侧电压断相，W 相 TA 二次侧极性反接

图 4－213 是三相三线有功电能表的错误接线。从图中可以看出，电能表表尾电压相序为 WVU，并且 U 相 TV 二次侧电压断相，造成电能表第一元件电压线圈两端实际承受电压为 U_{wv}，第二元件实际承受电压为$\frac{1}{2}U_{wv}$；电流由于 U、W 相表尾端钮接错，并且 W 相 TA 二次侧极性反接，造成第一元件电流线圈通入的电流为 $-I_w$，第二元件电流线圈通入的电流为 I_u。

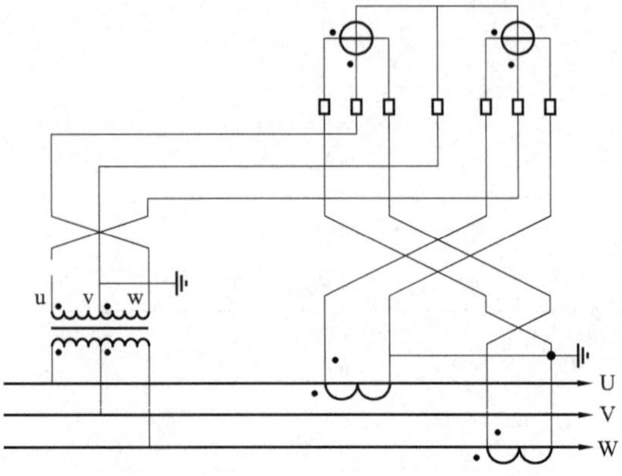

图 4－213

1. 测量数据（以 T－230A 现场校验仪为例）

按照第二章第三节现场校验仪测量方法的使用介绍，将校验仪与电能表接好。在选定的显示界面上将显示出分析所需的

所有数据，显示屏数据如表 4－54 所示。

表 4－54

测试数据			
项目	1 元件	2－6 端子	3 元件
电压	100.8V	56.6V	45.0V
电流	1.5A	0.0A	1.5A
对地电压	100.5V	0.3V	44.7V
相位	$\varphi_{I_1I_3}=300.3°$		
	$\varphi_{U_{12}I_1}=179.9°$		
	$\varphi_{U_{12}I_3}=120.1°$　$P=-176.6$		
相序	电压断相 U_3　电流相序逆		

2. 分析判断错误现象

（1）从表 4－54“电压”栏中的显示值看出 2 元件和 3 元件的电压值不等于 100V，可以判定该错误接线有电压断相，并且根据 2 元件和 3 元件的电压值可以看出，此电能表内部结构为“△”形。

（2）从“对地电压”栏中可以看出 2 元件的电压为 0V，所以确定 U_2 为 V 相。电压值为 44V 的 U_3 为电压断相，与“相序”栏中的电压断相 U_3 一致。

（3）确定 U_2 为 V 相后，就可以看出该错误接线的电压相序有两种可能，即 UVW 和 WVU。

（4）如图 4－214 所示，以电压相序 UVW 推出两个电流在相量图上的位置。将“相位”栏中的 U_{12} 替换成 U_{uv}。那么，$U_{12}I_1=180°$ 就替换成 $U_{uv}I_1=180°$、$U_{12}I_3=120°$ 就替换成 $U_{uv}I_3=120°$。即以 U_{uv} 为基准沿顺时针方向分别转 180°和 120°找到 I_1 和 I_3。

（5）如图 4－215 所示，以电压相序 WVU 推出两个电流在相量图上的位置。将“相位”栏中的 U_{12} 替换成 U_{wv}。那么，$U_{12}I_1=180°$ 就替换成 $U_{wv}I_1=180°$、$U_{12}I_3=120°$ 就替换成 $U_{wv}I_3=120°$。即以 U_{wv} 为基准沿顺时针方向分别转 180°和 120°找到 I_1 和 I_3。从图上可以看出 $I_1=-I_w$、$I_3=I_u$，并且其夹角等于 300°，电流相序为逆。

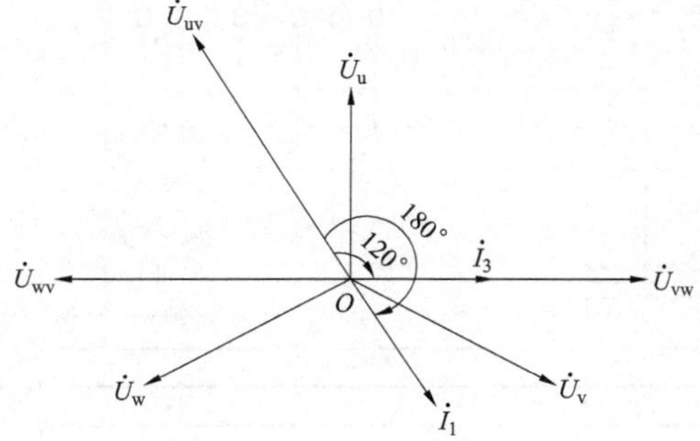

图 4－214

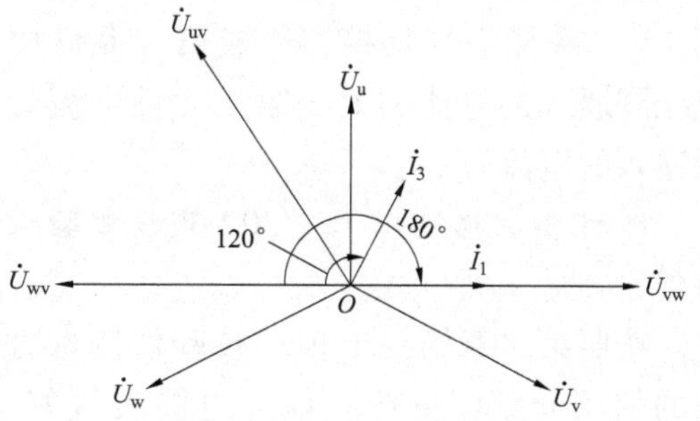

图 4－215

（6）将两个电流在相量图上的位置进行比较。比较结果是第五步以电压相序 WVU 推出的两个电流符合两个电流在相量图上的位置。

（7）最后得出错误接线结论：电压相序 WVU，电流相序 I_w、I_u，U 相电压断相。电能表的实际接线组别为：第一元件 U_{wv}、$-I_w$，第二元件$\frac{1}{2}U_{wv}$、I_u。

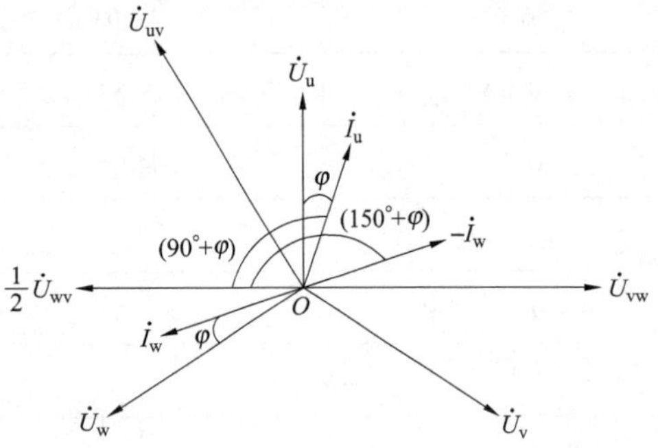

图 4－216

（8）画出错误接线相量图，如图 4－216 所示。

3. 写出错误接线时测得的电能（以功率表示）

因为电能表所计量的电能与所加电压和电流及相应相电流之间的夹角余弦乘积成正比，根据图 4－216 画出的错误接线相量图，对两个元件所计量的电能分别进行分析（以功率表示），并设 P_1'为第一元件错误计量的功率，P_2'为第二元件错误计量的功率。

第一元件测量的功率为

$$P_1' = U_{wv}(-I_w)\cos(150° + \varphi)$$

第二元件测量的功率为

$$P_2' = \frac{1}{2}U_{wv}I_u\cos(90° + \varphi)$$

在三相电路完全对称时，两元件测量的总功率为

$$\begin{aligned}P' &= P_1' + P_2' \\ &= U_{wv}(-I_w)\cos(150° + \varphi) + \frac{1}{2}U_{wv}I_u\cos(90° + \varphi)\end{aligned}$$

七、表尾电压相序 WVU，电流相序 I_wI_u，U 相 TV 二次侧电压断相，U 相 TA 二次侧极性反接

图 4－217 是三相三线有功电能表的错误接线。从图中可以看出，电能表表尾电压相序为 WVU，并且 U 相 TV 二次侧电压断相，造成电能表第一元件电压线圈两端实际承受电压为 U_{wv}，第二元件实际承受电压为$\frac{1}{2}U_{wv}$；电流由于 U、W 相表尾端钮接错，并且 U 相 TA 二次侧极性反接，造成第一元件电流线圈通入的电流为 I_w，第二元件电流线圈通入的电流为 $-I_u$。

1. 测量数据（以 T－230A 现场校验仪为例）

按照第二章第三节现场校验仪测量方法的使用介绍，将校验仪与电能表接好。在选定的显示界面上将显示出分析所需的

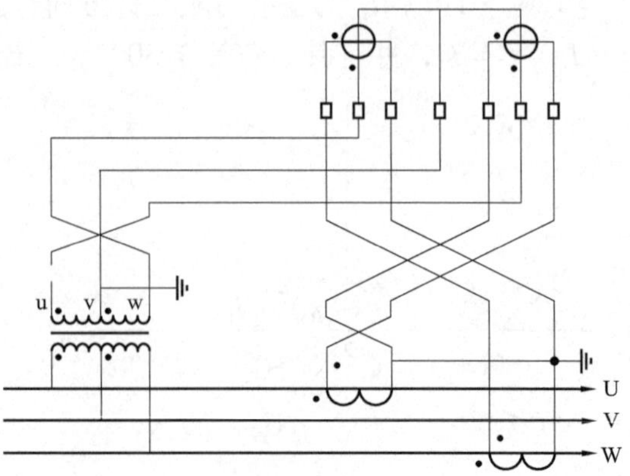

图 4－217

所有数据，显示屏数据如表 4 -55 所示。

表 4 -55

测试数据			
项目	1 元件	2 -6 端子	3 元件
电压	100. 8V	56. 6V	45. 0V
电流	1. 5A	0. 0A	1. 5A
对地电压	100. 5V	0. 3V	44. 7V
相位	$\varphi_{I_1I_3}$ = 300. 3°		
	$\varphi_{U_{12}I_1}$ = 359. 8°		
	$\varphi_{U_{12}I_3}$ = 300. 1°　P = 176. 6		
相序	电压断相 U_3　电流相序逆		

2. 分析判断错误现象

（1）从表 4 -55 “电压” 栏中的显示值看出 2 元件和 3 元件的电压值不等于 100V，可以判定该错误接线有电压断相，并且根据 2 元件和 3 元件的电压值可以看出，此电能表内部结构为 “△” 形。

（2）从 “对地电压” 栏中可以看出 2 元件的电压为 0V，所以确定 U_2 为 V 相。电压值为 44V 的 U_3 为电压断相，与 “相序” 栏中的电压断相 U_3 一致。

（3）确定 U_2 为 V 相后，就可以看出该错误接线的电压相序有两种可能即 UVW 和 WVU。

（4）如图 4 -218 所示，以电压相序 UVW 推出两个电流在相量图上的位置。将 “相位” 栏中的 U_{12} 替换成 U_{uv}。那么，$U_{12}I_1 = 360°$ 就替换成 $U_{uv}I_1 = 360°$、$U_{12}I_3 = 300°$ 就替换成 $U_{uv}I_3 = 300°$。即以 U_{uv} 为基准沿顺时针方向分别转 360°和 300°找到 I_1 和 I_3。

（5）如图 4 -219 所示，以电压相序 WVU 推出两个电流在相量图上的位置。将 “相位” 栏中的 U_{12} 替换成 U_{wv}。那么，$U_{12}I_1 = 360°$ 就替换成 $U_{wv}I_1 = 360°$、$U_{12}I_3 = 300°$ 就替换成 $U_{wv}I_3 = 300°$。即以 U_{wv} 为基准沿顺时针方向分别转 360°和 300°找到 I_1 和 I_3。从图上可以看出 $I_1 = I_w$、$I_3 = -I_u$，并且其夹角等于 300°，电流相序为逆。

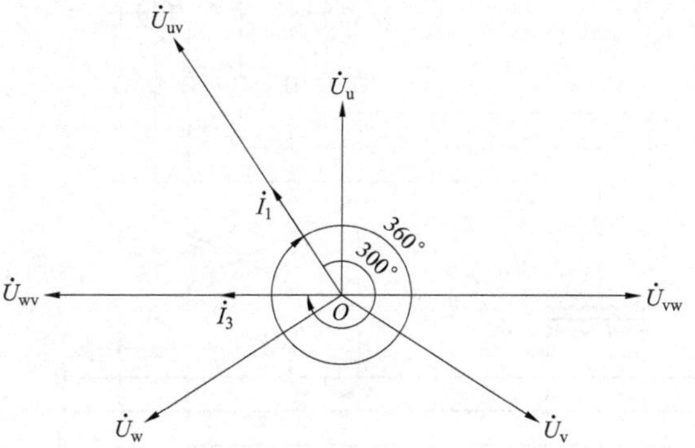

图 4 -218

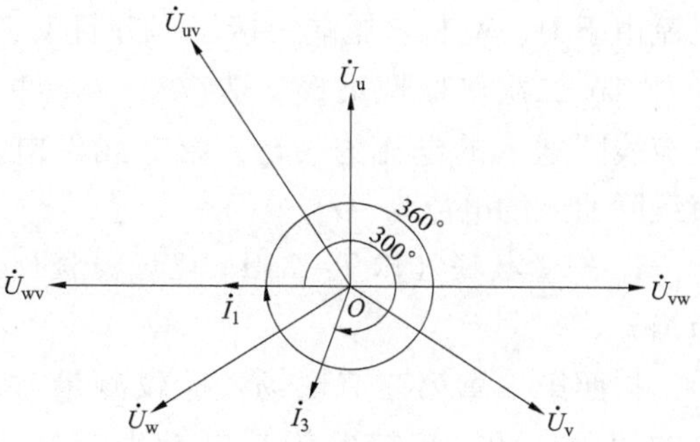

图 4 -219

（6）将两个电流在相量图上的位置进行比较。比较结果是第五步以电压相序 WVU 推出的两个电流符合两个电流在相量图上的位置。

（7）最后得出错误接线结论：电压相序 WVU，电流相序 I_w、I_u，U 相电压断相。电能表的实际接线组别为：第一元件 U_{wv}、I_w，第二元件$\frac{1}{2}U_{wv}$、$-I_u$。

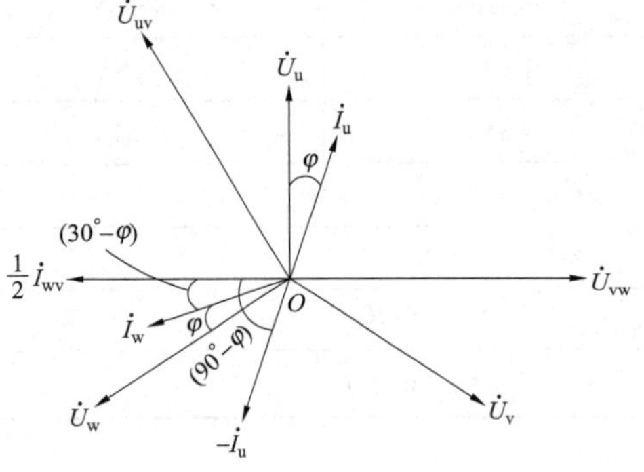

图 4－220

（8）画出错误接线相量图，如图 4－220 所示。

3. 写出错误接线时测得的电能（以功率表示）

因为电能表所计量的电能与所加电压和电流及相应相电流之间的夹角余弦乘积成正比，根据图 4－220 画出的错误接线相量图，对两个元件所计量的电能分别进行分析（以功率表示），并设 P_1'为第一元件错误计量的功率，P_2'为第二元件错误计量的功率。

第一元件测量的功率为

$$P_1' = U_{wv}I_w\cos(30° - \varphi)$$

第二元件测量的功率为

$$P_2' = \frac{1}{2}U_{wv}(-I_u)\cos(90° - \varphi)$$

在三相电路完全对称时，两元件测量的总功率为

$$P' = P_1' + P_2' = U_{wv}I_w\cos(30° - \varphi) + \frac{1}{2}U_{wv}(-I_u)\cos(90° - \varphi)$$

八、表尾电压相序 WVU，电流相序 I_wI_u，U 相 TV 二次侧电压断相，U、W 相 TA 二次侧极性反接

图 4－221 是三相三线有功电能表的错误接线。从图中可以看出，电能表表尾电压相序为 WVU，并且 U 相 TV 二次侧电压断相，造成电能表第一元件电压线圈两端实际承受电压为 U_{wv}，第二元件实际承受电压为$\frac{1}{2}U_{wv}$；电流由于 U、W 相表尾端钮接错，并且 U、W 相 TA 二次侧极性反接，造成第一元件电流线圈通入的电流为 $-I_w$，第二元件电流线圈通入的电流为 $-I_u$。

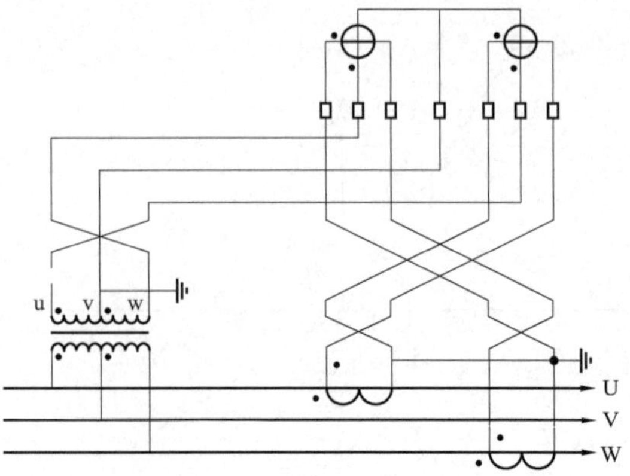

图 4－221

1. 测量数据（以 T－230A 现场校验仪为例）

按照第二章第三节现场校验仪测量方法的使用介绍，将校验仪与电能表接好。在选定的显示界面上将显示出分析所需的

所有数据，显示屏数据如表4－56所示。

表4－56

测 试 数 据			
项目	1元件	2－6端子	3元件
电压	100.8V	56.6V	45.0V
电流	1.5A	0.0A	1.5A
对地电压	100.5V	0.3V	44.7V
相位	$\varphi_{I_1I_3}=120.6°$		
	$\varphi_{U_{12}I_1}=179.7°$		
	$\varphi_{U_{12}I_3}=300.3°$　$P=-124.3$		
相序	电压断相 U_3　电流相序逆		

2. 分析判断错误现象

（1）从表4－56“电压”栏中的显示值看出2元件和3元件的电压值不等于100V，可以判定该错误接线有电压断相，并且根据2元件和3元件的电压值可以看出，此电能表内部结构为“△”形。

（2）从“对地电压”栏中可以看出2元件的电压为0V，所以确定 U_2 为V相。电压值为44V的 U_3 为电压断相，与“相序”栏中的电压断相 U_3 一致。

（3）确定 U_2 为V相后，就可以看出该错误接线的电压相序有两种可能，即UVW和WVU。

（4）如图4－222所示，以电压相序UVW推出两个电流在相量图上的位置。将“相位”栏中的 U_{12} 替换成 U_{uv}。那么，$U_{12}I_1=180°$ 就替换成 $U_{uv}I_1=180°$、$U_{12}I_3=300°$ 就替换成 $U_{uv}I_3=300°$。即以 U_{uv} 为基准沿顺时针方向分别转180°和300°找到 I_1 和 I_3。

（5）如图4－223所示，以电压相序WVU推出两个电流在相量图上的位置。将“相位”栏中的 U_{12} 替换成 U_{wv}。那么，$U_{12}I_1=180°$ 就替换成 $U_{wv}I_1=180°$、$U_{12}I_3=300°$ 就替换成 $U_{wv}I_3=300°$。即以 U_{wv} 为基准沿顺时针方向分别转180°和300°找到 I_1 和 I_3。从图上可以看出 $I_1=-I_w$、$I_3=-I_u$，并且其夹角等于120°，电流相序为逆。

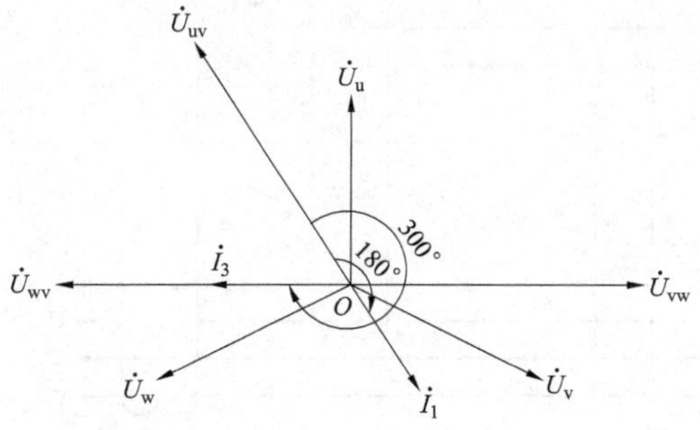

图4－222

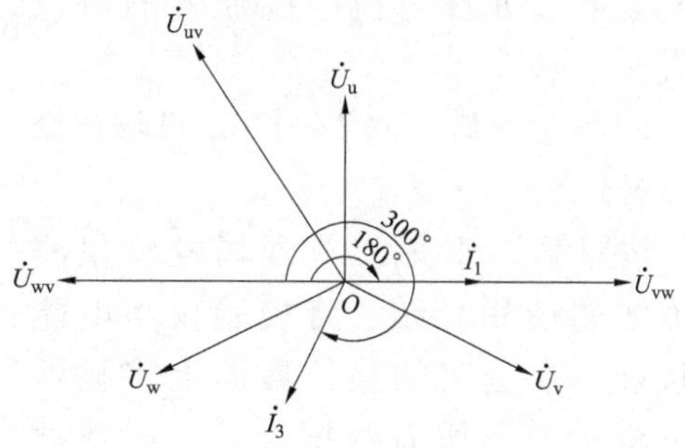

图4－223

（6）将两个电流在相量图上的位置进行比较。比较结果是第五步以电压相序 WVU 推出的两个电流符合两个电流在相量图上的位置。

（7）最后得出错误接线结论：电压相序 WVU，电流相序 I_w、I_u，U 相电压断相。电能表的实际接线组别为：第一元件 U_{wv}、$-I_w$，第二元件$\frac{1}{2}U_{wv}$、$-I_u$。

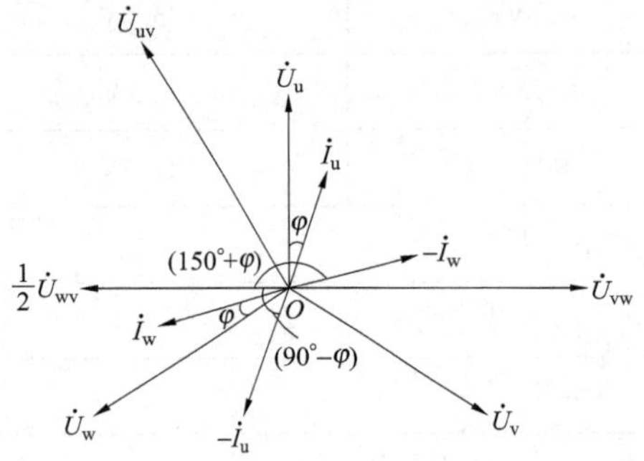

图 4－224

（8）画出错误接线相量图，如图 4－224 所示。

3. 写出错误接线时测得的电能（以功率表示）

因为电能表所计量的电能与所加电压和电流及相应相电流之间的夹角余弦乘积成正比，根据图 4－224 画出的错误接线相量图，对两个元件所计量的电能分别进行分析（以功率表示），并设 P_1'为第一元件错误计量的功率，P_2'为第二元件错误计量的功率。

第一元件测量的功率为

$$P_1' = U_{wv}(-I_w)\cos(150° + \varphi)$$

第二元件测量的功率为

$$P_2' = \frac{1}{2}U_{wv}(-I_u)\cos(90° - \varphi)$$

在三相电路完全对称时，两元件测量的总功率为

$$P' = P_1' + P_2'$$
$$= U_{wv}(-I_w)\cos(150° + \varphi) + \frac{1}{2}U_{wv}(-I_u)\cos(90° - \varphi)$$

九、表尾电压相序 WVU，电流相序 I_uI_w，W 相 TV 二次侧电压断相

图 4－225 是三相三线有功电能表的错误接线。从图中可以看出，电能表表尾电压相序为 WVU，并且 W 相 TV 二次侧电压断相，造成电能表第一元件电压线圈两端实际承受电压为$\frac{1}{2}U_{uv}$，第二元件实际承受电压为 U_{uv}；第一元件电流线圈通入的电流为 I_u，第二元件电流线圈通入的电流为 I_w。

1. 测量数据（以 T－230A 现场校验仪为例）

按照第二章第三节现场校验仪测量方法的使用介绍，将校验仪与电能表接好。在选定的显示界面上将显示出分析所需的所有数据，显示屏数据如表 4－57 所示。

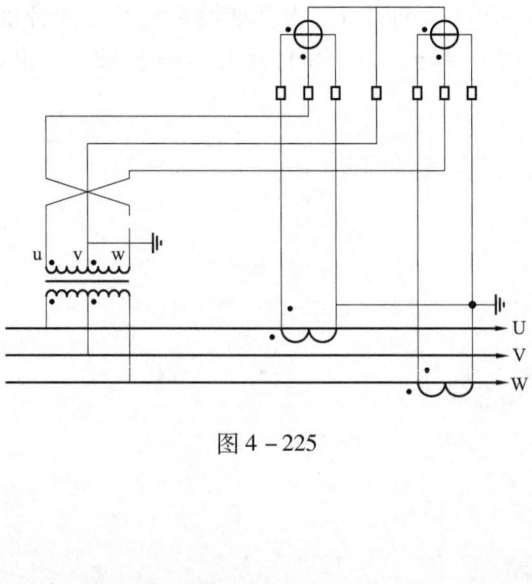

图 4－225

表 4－57

测试数据			
项目	1 元件	2－6 端子	3 元件
电压	44.7V	56.9V	100.7V
电流	1.5A	0.0A	1.5A
对地电压	44.4V	0.3V	100.4V
相位	$\varphi_{I_1I_3}=239.4°$		
	$\varphi_{U_{32}I_1}=60.3°$		
	$\varphi_{U_{32}I_3}=299.7°$　$P=114.6$		
相序	电压断相 U_1　电流相序正		

2. 分析判断错误现象

（1）从表 4－57“电压”栏中的显示值看出 1 元件和 2 元件的电压值不等于 100V，可以判定该错误接线有电压断相，并且根据 1 元件和 2 元件的电压值可以看出，此电能表内部结构为“△”形。

（2）从“对地电压”栏中可以看出 2 元件的电压为 0V，所以确定 U_2 为 V 相。电压值为 44V 的 U_1 为电压断相，与“相序”栏中的电压断相 U_1 一致。

（3）确定 U_2 为 V 相后，就可以看出该错误接线的电压相序有两种可能，即 UVW 和 WVU。

（4）如图 4－226 所示，以电压相序 WVU 推出两个电流在相量图上的位置。将“相位”栏中的 U_{32} 替换成 U_{uv}。那么，$U_{32}I_1=60°$ 就替换成 $U_{uv}I_1=60°$、$U_{32}I_3=300°$ 就替换成 $U_{uv}I_3=300°$。即以 U_{uv} 为基准沿顺时针方向分别转 60°和 300°找到 I_1 和 I_3。从图上可以看出 $I_1=I_u$、$I_3=I_w$，并且其夹角等于 240°，电流相序为正。

（5）如图 4－227 所示，以电压相序 UVW 推出两个电流在相量图上的位置。将“相位”栏中的 U_{32} 替换成 U_{wv}。那么，$U_{32}I_1=60°$ 就替换成 $U_{wv}I_1=60°$、$U_{32}I_3=300°$ 就替换成 $U_{wv}I_3=300°$。即以 U_{wv} 为基准沿顺时针方向分别转 60°和 300°找到 I_1 和 I_3。

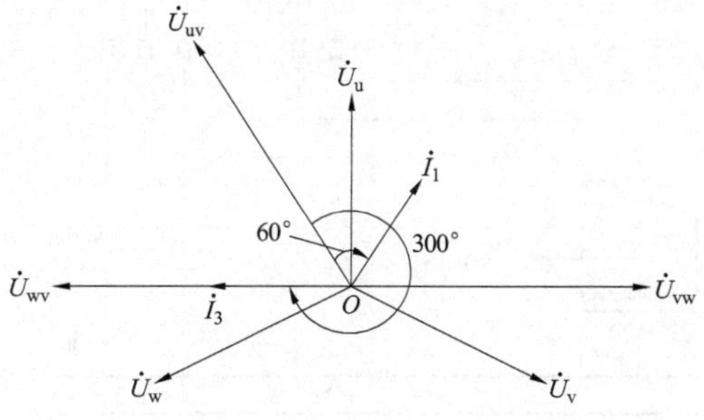

图 4－226

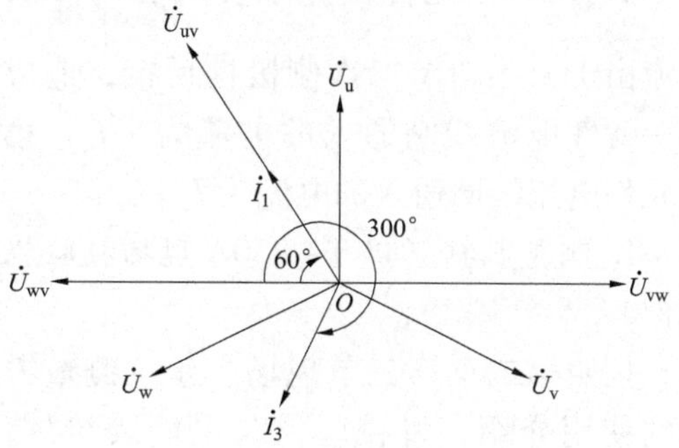

图 4－227

（6）将两个电流在相量图上的位置进行比较。比较结果是第四步以电压相序 WVU 推出的两个电流符合两个电流在相量图上的位置。

（7）最后得出错误接线结论：电压相序 WVU，电流相序 I_u、I_w，W 相电压断相。电能表的实际接线组别为：第一元件$\frac{1}{2}U_{uv}$、I_u，第二元件 U_{uv}、I_w。

（8）画出错误接线相量图，如图 4－228 所示。

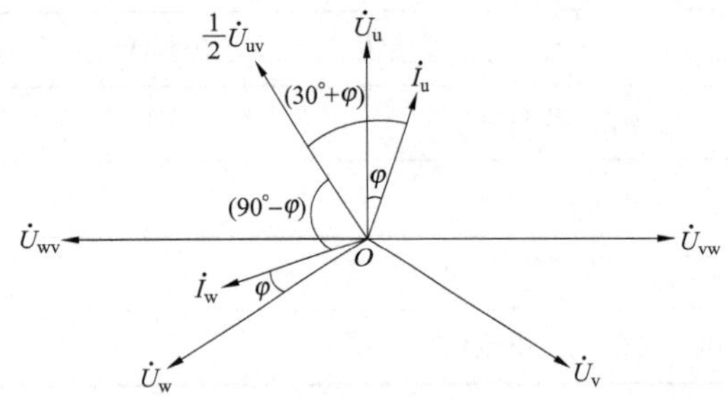

图 4－228

3. *写出错误接线时测得的电能（以功率表示）*

因为电能表所计量的电能与所加电压和电流及相应相电流之间的夹角余弦乘积成正比，根据图 4－228 画出的错误接线相量图，对两个元件所计量的电能分别进行分析（以功率表示），并设 P_1'为第一元件错误计量的功率，P_2'为第二元件错误计量的功率。

第一元件测量的功率为

$$P_1' = \frac{1}{2}U_{uv}I_u\cos(30° + \varphi)$$

第二元件测量的功率为

$$P_2' = U_{uv}I_w\cos(90° - \varphi)$$

在三相电路完全对称时，两元件测量的总功率为

$$\begin{aligned}P' &= P_1' + P_2' \\ &= \frac{1}{2}U_{uv}I_u\cos(30° + \varphi) + U_{uv}I_w\cos(90° - \varphi)\end{aligned}$$

十、表尾电压相序 WVU，电流相序 I_uI_w，W 相 TV 二次侧电压断相，U 相 TA 二次侧极性反接

图 4－229 是三相三线有功电能表的错误接线。从图中可以看出，电能表表尾电压相序为 WVU，并且 W 相 TV 二次侧电压断相，造成电能表第一元件电压线圈两端实际承受电压为$\frac{1}{2}U_{uv}$，第二元件实际承受电压为 U_{uv}；电流由于 U 相 TA 二次侧极性反接，造成第一元件电流线圈通入的电流为－I_u，第二元件电流线圈通入的电流为 I_w。

1. *测量数据（以 T－230A 现场校验仪为例）*

按照第二章第三节现场校验仪测量方法的使用介绍，将校验仪与电能表接好。在选定的显示界面上将显示出分析所需的所有数据，显示屏数据如表 4－58 所示。

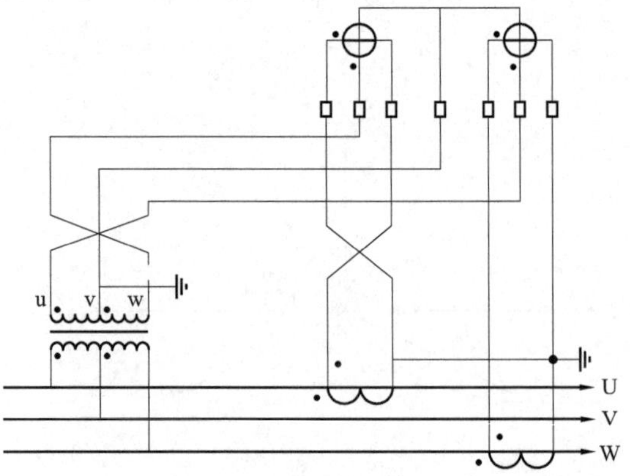

图 4－229

表 4－58

测 试 数 据			
项目	1 元件	2－6 端子	3 元件
电压	44.6V	56.9V	100.7V
电流	1.5A	0.0A	1.5A
对地电压	44.3V	0.3V	100.4V
相位	$\varphi_{I_1I_3}=59.8°$		
	$\varphi_{U_{32}I_1}=240.1°$		
	$\varphi_{U_{32}I_3}=299.8°$　$P=34.5$		
相序	电压断相 U_1　电流相序正		

2. 分析判断错误现象

（1）从表 4－58“电压”栏中的显示值看出 1 元件和 2 元件的电压值不等于 100V，可以判定该错误接线有电压断相，并且根据 1 元件和 2 元件的电压值可以看出，此电能表内部结构为“△”形。

（2）从“对地电压”栏中可以看出 2 元件的电压为 0V，所以确定 U_2 为 V 相。电压值为 44V 的 U_1 为电压断相，与“相序”栏中的电压断相 U_1 一致。

（3）确定 U_2 为 V 相后，就可以看出该错误接线的电压相序有两种可能，即 UVW 和 WVU。

（4）如图 4－230 所示，以电压相序 WVU 推出两个电流在相量图上的位置。将“相位”栏中的 U_{32} 替换成 U_{uv}。那么，$U_{32}I_1=240°$ 就替换成 $U_{uv}I_1=240°$、$U_{32}I_3=300°$ 就替换成 $U_{uv}I_3=300°$。即以 U_{uv} 为基准沿顺时针方向分别转 240°和 300°找到 I_1 和 I_3。从图上可以看出 $I_1=-I_u$、$I_3=I_w$，并且其夹角等于 60°，电流相序为正。

（5）如图 4－231 所示，以电压相序 UVW 推出两个电流在相量图上的位置。将“相位”栏中的 U_{32} 替换成 U_{wv}。那么，$U_{32}I_1=240°$ 就替换成 $U_{wv}I_1=240°$、$U_{32}I_3=300°$ 就替换成 $U_{wv}I_3=300°$。即以 U_{wv} 为基准沿顺时针方向分别转 240°和 300°找到 I_1 和 I_3。

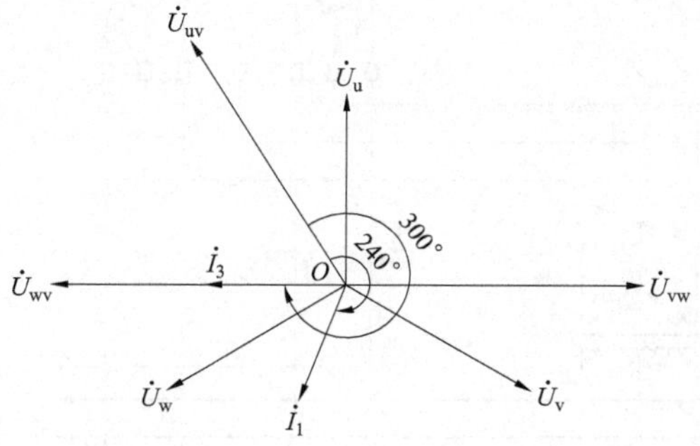

图 4－230

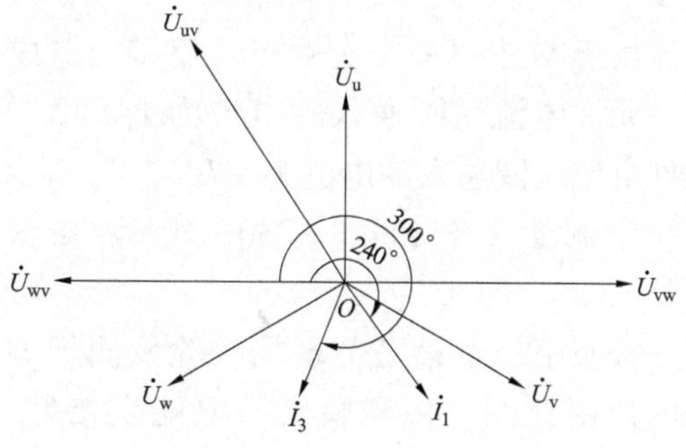

图 4－231

（6）将两个电流在相量图上的位置进行比较。比较结果是第四步以电压相序 WVU 推出的两个电流符合两个电流在相量图上的位置。

（7）最后得出错误接线结论：电压相序 WVU，电流相序 I_u、I_w，W 相电压断相。电能表的实际接线组别为：第一元件$\frac{1}{2}U_{uv}$、$-I_u$，第二元件 U_{uv}、I_w。

（8）画出错误接线相量图，如图 4－232 所示。

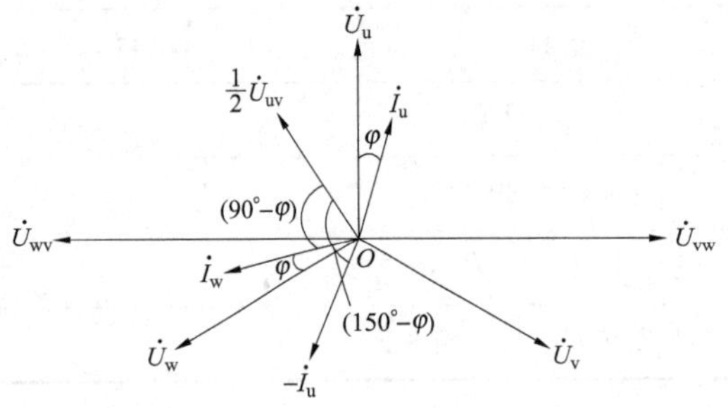

图 4－232

3. 写出错误接线时测得的电能（以功率表示）

因为电能表所计量的电能与所加电压和电流及相应相电流之间的夹角余弦乘积成正比，根据图 4－232 画出的错误接线相量图，对两个元件所计量的电能分别进行分析（以功率表示），并设 P_1'为第一元件错误计量的功率，P_2'为第二元件错误计量的功率。

第一元件测量的功率为

$$P_1' = \frac{1}{2}U_{uv}(-I_u)\cos(150° - \varphi)$$

第二元件测量的功率为

$$P_2' = U_{uv}I_w\cos(90° - \varphi)$$

在三相电路完全对称时，两元件测量的总功率为

$$\begin{aligned} P' &= P_1' + P_2' \\ &= \frac{1}{2}U_{uv}(-I_u)\cos(150° - \varphi) + U_{uv}I_w\cos(90° - \varphi) \end{aligned}$$

十一、表尾电压相序 WVU，电流相序 I_uI_w，W 相 TV 二次侧电压断相，W 相 TA 二次侧极性反接

图 4－233 是三相三线有功电能表的错误接线。从图中可以看出，电能表表尾电压相序为 WVU，并且 W 相 TV 二次侧电压断相，造成电能表第一元件电压线圈两端实际承受电压为$\frac{1}{2}U_{uv}$，第二元件实际承受电压为 U_{uv}；电流由于 W 相 TA 二次侧极性反接，造成第一元件电流线圈通入的电流为 I_u，第二元件电流线圈通入的电流为 $-I_w$。

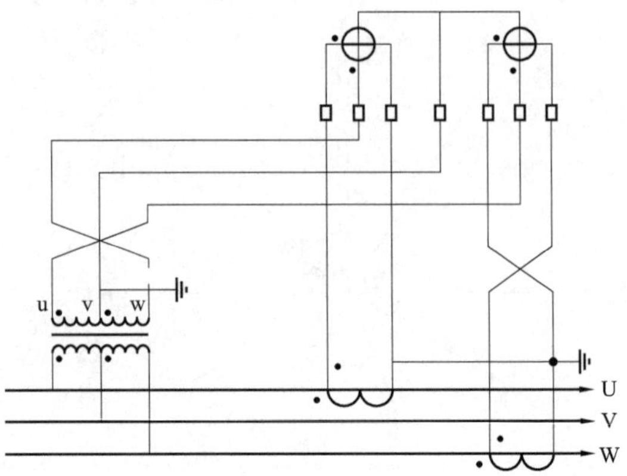

图 4－233

1. 测量数据（以 T－230A 现场校验仪为例）

按照第二章第三节现场校验仪测量方法的使用介绍，将校验仪与电能表接好。在选定的显示界面上将显示出分析所需的所有数据，显示屏数据如表 4－59 所示。

表 4－59

测　试　数　据			
项目	1 元件	2－6 端子	3 元件
电压	44.6V	56.9V	100.7V
电流	1.5A	0.0A	1.5A
对地电压	44.4V	0.3V	100.4V
相位	$\varphi_{I_1I_3}=59.8°$		
	$\varphi_{U_{32}I_1}=60.1°$		
	$\varphi_{U_{32}I_3}=119.8°$　$P=-34.3$		
相序	电压断相 U_1　电流相序正		

2. 分析判断错误现象

（1）从表 4－59“电压”栏中的显示值看出 1 元件和 2 元件的电压值不等于 100V，可以判定该错误接线有电压断相，并且根据 1 元件和 2 元件的电压值可以看出，此电能表内部结构为“△”形。

（2）从“对地电压”栏中可以看出 2 元件的电压为 0V，所以确定 U_2 为 V 相。电压值为 44V 的 U_1 为电压断相，与“相序”栏中的电压断相 U_1 一致。

（3）确定 U_2 为 V 相后，就可以看出该错误接线的电压相序有两种可能，即 UVW 和 WVU。

（4）如图 4－234 所示，以电压相序 WVU 推出两个电流在相量图上的位置。将“相位”栏中的 U_{32} 替换成 U_{uv}。那么，$U_{32}I_1=60°$ 就替换成 $U_{uv}I_1=60°$、$U_{32}I_3=120°$ 就替换成 $U_{uv}I_3=120°$。即以 U_{uv} 为基准沿顺时针方向分别转 60°和 120°找到 I_1 和 I_3。从图上可以看出 $I_1=I_u$、$I_3=-I_w$，并且其夹角等于 60°，电流相序为正。

（5）如图 4－235 所示，以电压相序 UVW 推出两个电流在相量图上的位置。将“相位”栏中的 U_{32} 替换成 U_{wv}。那么，$U_{32}I_1=60°$ 就替换成 $U_{wv}I_1=60°$、$U_{32}I_3=120°$ 就替换成 $U_{wv}I_3=120°$。即以 U_{wv} 为基准沿顺时针方向分别转 60°和 120°找到 I_1 和 I_3。

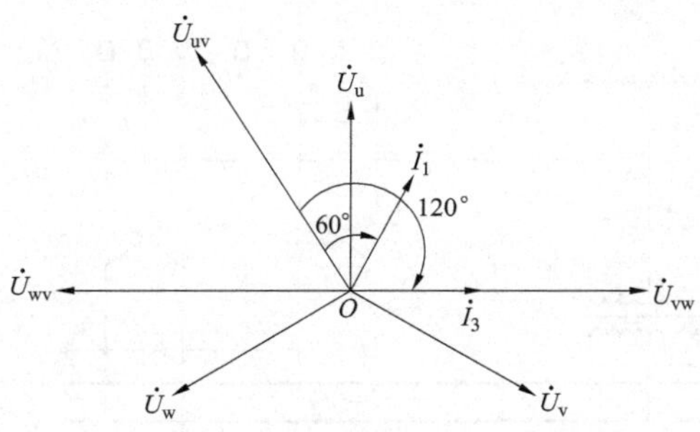

图 4－234

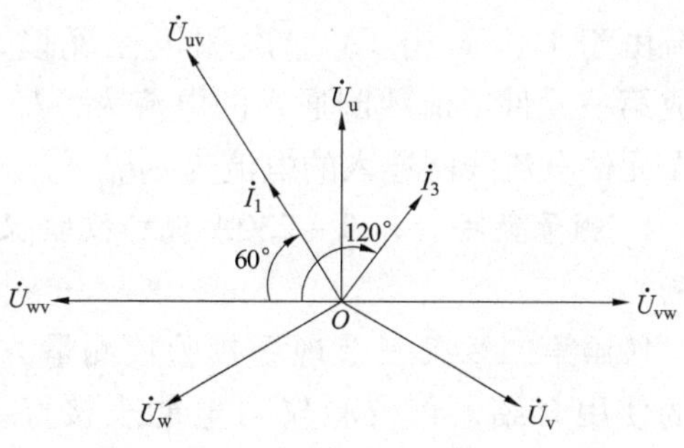

图 4－235

（6）将两个电流在相量图上的位置进行比较。比较结果是第四步以电压相序 WVU 推出的两个电流符合两个电流在相量图上的位置。

（7）最后得出错误接线结论：电压相序 WVU，电流相序 I_u、I_w，W 相电压断相。电能表的实际接线组别为：第一元件$\frac{1}{2}U_{uv}$、I_u，第二元件 U_{uv}、$-I_w$。

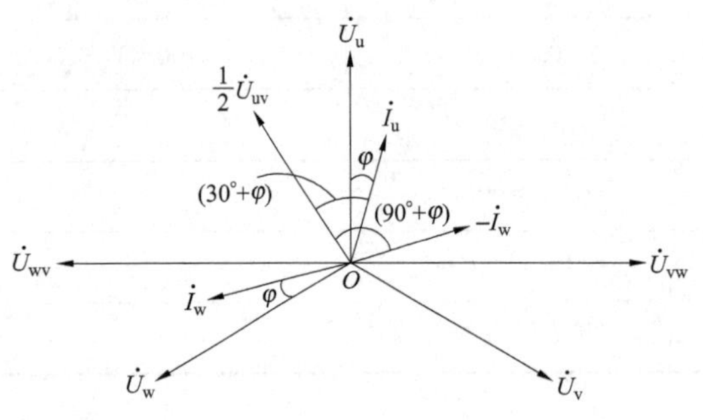

图 4－236

（8）画出错误接线相量图，如图 4－236 所示。

3. 写出错误接线时测得的电能（以功率表示）

因为电能表所计量的电能与所加电压和电流及相应相电流之间的夹角余弦乘积成正比，根据图 4－236 画出的错误接线相量图，对两个元件所计量的电能分别进行分析（以功率表示），并设 P_1'为第一元件错误计量的功率，P_2'为第二元件错误计量的功率。

第一元件测量的功率为

$$P_1' = \frac{1}{2}U_{uv}I_u\cos(30° + \varphi)$$

第二元件测量的功率为

$$P_2' = U_{uv}(-I_w)\cos(90° + \varphi)$$

在三相电路完全对称时，两元件测量的总功率为

$$\begin{aligned} P' &= P_1' + P_2' \\ &= \frac{1}{2}U_{uv}I_u\cos(30° + \varphi) + U_{uv}(-I_w)\cos(90° + \varphi) \end{aligned}$$

十二、表尾电压相序 WVU，电流相序 I_uI_w，W 相 TV 二次侧电压断相，U、W 相 TA 二次侧极性反接

图 4－237 是三相三线有功电能表的错误接线。从图中可以看出，电能表表尾电压相序为 WVU，并且 W 相 TV 二次侧电压断相，造成电能表第一元件电压线圈两端实际承受电压为$\frac{1}{2}U_{uv}$，第二元件实际承受电压为 U_{uv}；电流由于 U、W 相 TA 二次侧极性反接，造成第一元件电流线圈通入的电流为 $-I_u$，第二元件电流线圈通入的电流为 $-I_w$。

1. 测量数据（以 T－230A 现场校验仪为例）

按照第二章第三节现场校验仪测量方法的使用介绍，将校验仪与电能表接好。在选定的显示界面上将显示出分析所需的所有数据，显示屏数据如表 4－60 所示。

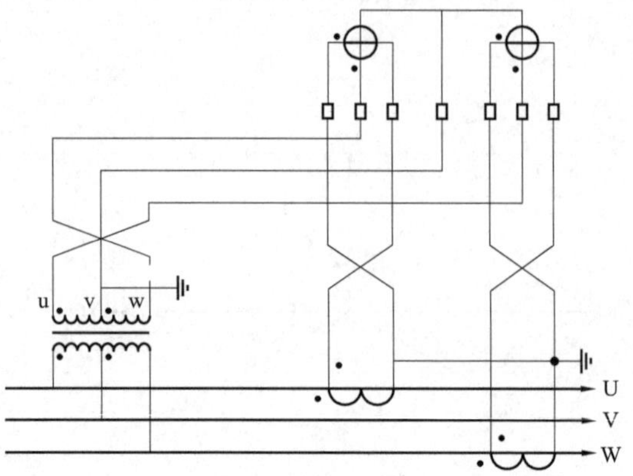

图 4－237

表 4-60

测 试 数 据			
项目	1 元件	2-6 端子	3 元件
电压	44.6V	56.9V	100.7V
电流	1.5A	0.0A	1.5A
对地电压	44.3V	0.3V	100.4V
相位	$\varphi_{I_1I_3}=239.4°$		
	$\varphi_{U_{32}I_1}=240.3°$		
	$\varphi_{U_{32}I_3}=119.7°$　$P=-114.7$		
相序	电压断相 U_1　电流相序正		

2. 分析判断错误现象

（1）从表 4-60“电压”栏中的显示值看出 1 元件和 2 元件的电压值不等于 100V，可以判定该错误接线有电压断相，并且根据 1 元件和 2 元件的电压值可以看出，此电能表内部结构为“△”形。

（2）从“对地电压”栏中可以看出 2 元件的电压为 0V，所以确定 U_2 为 V 相。电压值为 44V 的 U_1 为电压断相，与“相序”栏中的电压断相 U_1 一致。

（3）确定 U_2 为 V 相后，就可以看出该错误接线的电压相序有两种可能，即 UVW 和 WVU。

（4）如图 4-238 所示，以电压相序 WVU 推出两个电流在相量图上的位置。将“相位”栏中的 U_{32} 替换成 U_{uv}。那么，$U_{32}I_1=240°$ 就替换成 $U_{uv}I_1=240°$、$U_{32}I_3=120°$ 就替换成 $U_{uv}I_3=120°$。即以 U_{uv} 为基准沿顺时针方向分别转 240°和 120°找到 I_1 和 I_3。从图上可以看出 $I_1=-I_u$、$I_3=-I_w$，并且其夹角等于 240°，电流相序为正。

（5）如图 4-239 所示，以电压相序 UVW 推出两个电流在相量图上的位置。将“相位”栏中的 U_{32} 替换成 U_{wv}。那么，$U_{32}I_1=240°$ 就替换成 $U_{wv}I_1=240°$、$U_{32}I_3=120°$ 就替换成 $U_{wv}I_3=120°$。即以 U_{wv} 为基准沿顺时针方向分别转 240°和 120°找到 I_1 和 I_3。

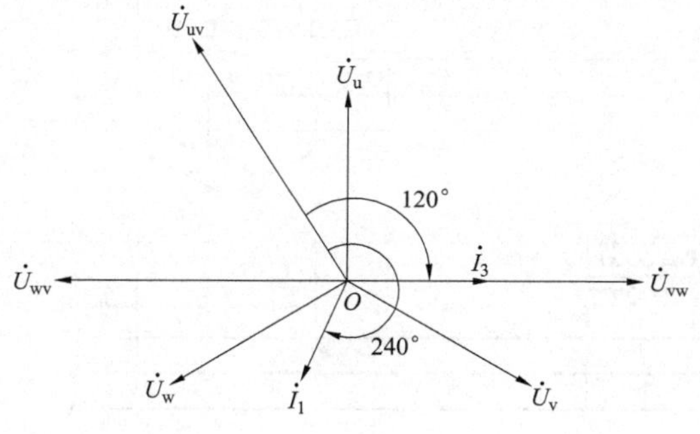

图 4-238

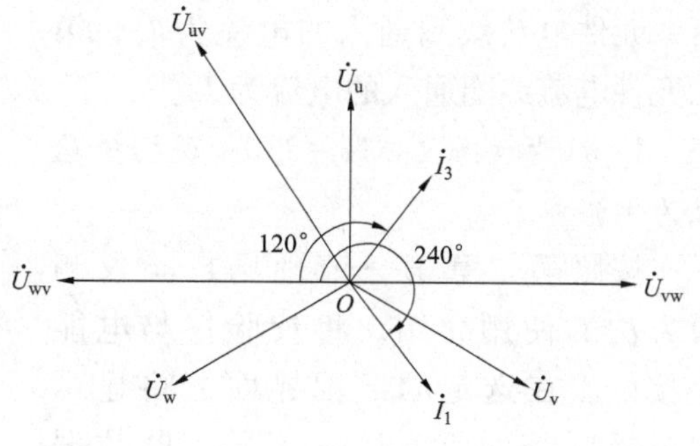

图 4-239

（6）将两个电流在相量图上的位置进行比较。比较结果是第四步以电压相序 WVU 推出的两个电流符合两个电流在相量图上的位置。

（7）最后得出错误接线结论：电压相序 WVU，电流相序 I_u、I_w，W 相电压断相。电能表的实际接线组别为：第一元件$\frac{1}{2}U_{uv}$、$-I_u$，第二元件 U_{uv}、$-I_w$。

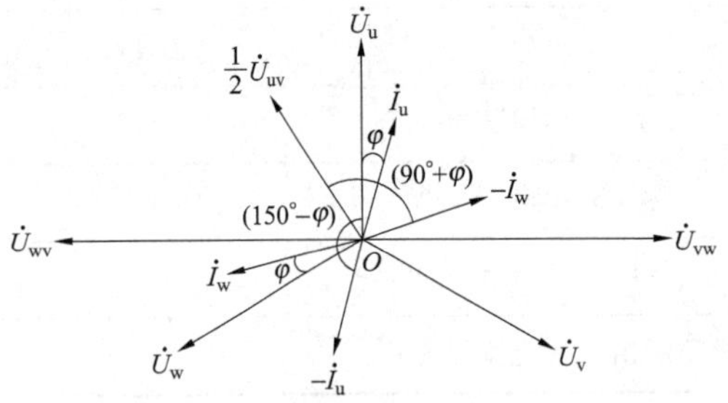

图 4－240

（8）画出错误接线相量图，如图 4－240 所示。

3. 写出错误接线时测得的电能（以功率表示）

因为电能表所计量的电能与所加电压和电流及相应相电流之间的夹角余弦乘积成正比，根据图 4－240 画出的错误接线相量图，对两个元件所计量的电能分别进行分析（以功率表示），并设 P_1'为第一元件错误计量的功率，P_2'为第二元件错误计量的功率。

第一元件测量的功率为

$$P_1' = \frac{1}{2}U_{uv}(-I_u)\cos(150° - \varphi)$$

第二元件测量的功率为

$$P_2' = U_{uv}(-I_w)\cos(90° + \varphi)$$

在三相电路完全对称时，两元件测量的总功率为

$$\begin{aligned} P' &= P_1' + P_2' \\ &= \frac{1}{2}U_{uv}(-I_u)\cos(150° - \varphi) + U_{uv}(-I_w)\cos(90° + \varphi) \end{aligned}$$

十三、表尾电压相序 WVU，电流相序 I_wI_u，W 相 TV 二次侧电压断相

图 4－241 是三相三线有功电能表的错误接线。从图中可以看出，电能表表尾电压相序为 WVU，并且 W 相 TV 二次侧电压断相，造成电能表第一元件电压线圈两端实际承受电压为$\frac{1}{2}U_{uv}$，第二元件实际承受电压为 U_{uv}；电流由于 U、W 相表尾端钮接错，造成第一元件电流线圈通入的电流为 I_w，第二元件电流线圈通入的电流为 I_u。

1. 测量数据（以 T－230A 现场校验仪为例）

按照第二章第三节现场校验仪测量方法的使用介绍，将校验仪与电能表接好。在选定的显示界面上将显示出分析所需的所有数据，显示屏数据如表 4－61 所示。

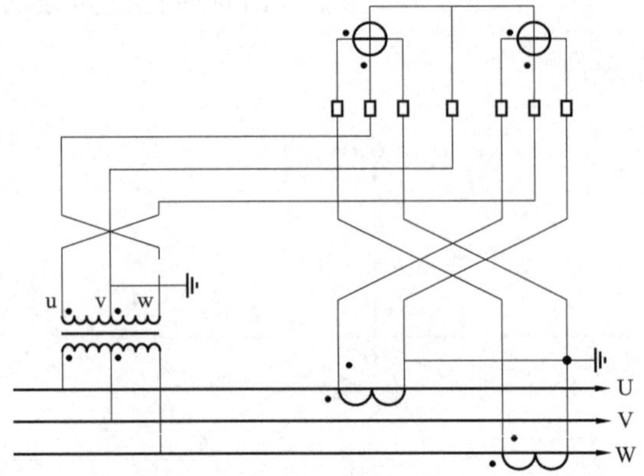

图 4－241

表 4-61

测试数据			
项目	1 元件	2-6 端子	3 元件
电压	44.6V	56.9V	100.7V
电流	1.5A	0.0A	1.5A
对地电压	44.3V	0.3V	100.4V
相位	$\varphi_{I_1I_3}=120.6°$		
	$\varphi_{U_{32}I_1}=299.7°$		
	$\varphi_{U_{32}I_3}=60.3°$　$P=99.7$		
相序	电压断相 U_1　电流相序逆		

2. 分析判断错误现象

（1）从表 4-61“电压”栏中的显示值看出 1 元件和 2 元件的电压值不等于 100V，可以判定该错误接线有电压断相，并且根据 1 元件和 2 元件的电压值可以看出，此电能表内部结构为“△”形。

（2）从“对地电压”栏中可以看出 2 元件的电压为 0V，所以确定 U_2 为 V 相。电压值为 44V 的 U_1 为电压断相，与“相序”栏中的电压断相 U_1 一致。

（3）确定 U_2 为 V 相后，就可以看出该错误接线的电压相序有两种可能，即 UVW 和 WVU。

（4）如图 4-242 所示，以电压相序 WVU 推出两个电流在相量图上的位置。将“相位”栏中的 U_{32} 替换成 U_{uv}。那么，$U_{32}I_1=300°$ 就替换成 $U_{uv}I_1=300°$、$U_{32}I_3=60°$ 就替换成 $U_{uv}I_3=60°$。即以 U_{uv} 为基准沿顺时针方向分别转 300°和 60°找到 I_1 和 I_3。从图上可以看出 $I_1=I_w$、$I_3=I_u$，并且其夹角等于 120°，电流相序为逆。

（5）如图 4-243 所示，以电压相序 UVW 推出两个电流在相量图上的位置。将“相位”栏中的 U_{32} 替换成 U_{wv}。那么，$U_{32}I_1=300°$ 就替换成 $U_{wv}I_1=300°$、$U_{32}I_3=60°$ 就替换成 $U_{wv}I_3=60°$。即以 U_{wv} 为基准沿顺时针方向分别转 300°和 60°找到 I_1 和 I_3。

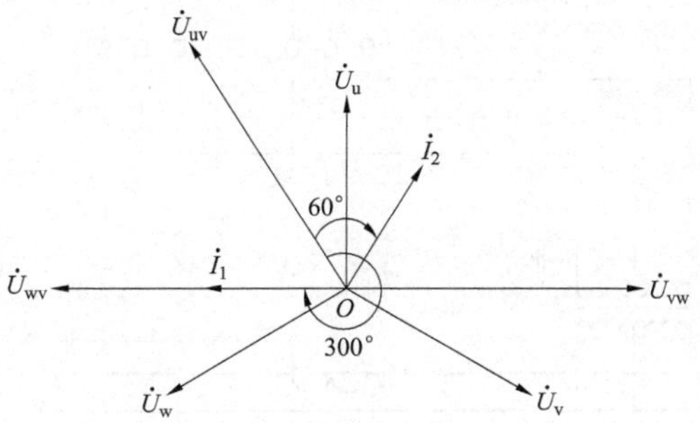

图 4-242

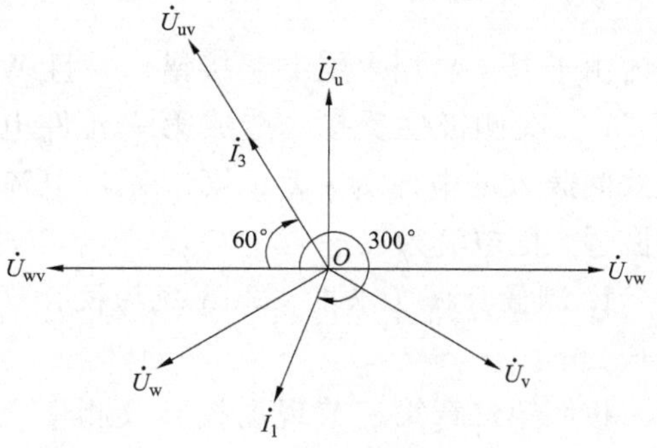

图 4-243

（6）将两个电流在相量图上的位置进行比较。比较结果是第四步以电压相序 WVU 推出的两个电流符合两个电流在相量图上的位置。

（7）最后得出错误接线结论：电压相序 WVU，电流相序 I_w、I_u，W 相电压断相。电能表的实际接线组别为：第一元件$\frac{1}{2}U_{uv}$、I_w，第二元件 U_{uv}、I_u。

（8）画出错误接线相量图，如图 4－244 所示。

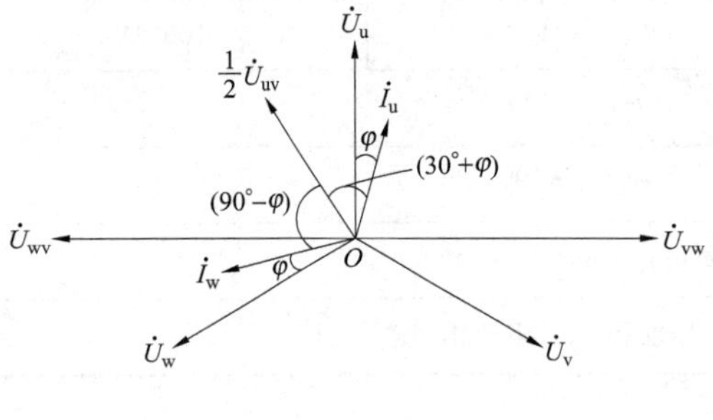

图 4－244

3. 写出错误接线时测得的电能（以功率表示）

因为电能表所计量的电能与所加电压和电流及相应相电流之间的夹角余弦乘积成正比，根据图 4－244 画出的错误接线相量图，对两个元件所计量的电能分别进行分析（以功率表示），并设 P_1'为第一元件错误计量的功率，P_2'为第二元件错误计量的功率。

第一元件测量的功率为

$$P_1' = \frac{1}{2}U_{uv}I_w\cos(90° - \varphi)$$

第二元件测量的功率为

$$P_2' = U_{uv}I_u\cos(30° + \varphi)$$

在三相电路完全对称时，两元件测量的总功率为

$$\begin{aligned}P' &= P_1' + P_2' \\ &= \frac{1}{2}U_{uv}I_w\cos(90° - \varphi) + U_{uv}I_u\cos(30° + \varphi)\end{aligned}$$

十四、表尾电压相序 WVU，电流相序 I_wI_u，W 相 TV 二次侧电压断相，W 相 TA 二次侧极性反接

图 4－245 是三相三线有功电能表的错误接线。从图中可以看出，电能表表尾电压相序为 WVU，并且 W 相 TV 二次侧电压断相，造成电能表第一元件电压线圈两端实际承受电压为$\frac{1}{2}U_{uv}$，第二元件实际承受电压为 U_{uv}；电流由于 U、W 相表尾端钮接错，并且 W 相 TA 二次侧极性反接，造成第一元件电流线圈通入的电流为 $-I_w$，第二元件电流线圈通入的电流为 I_u。

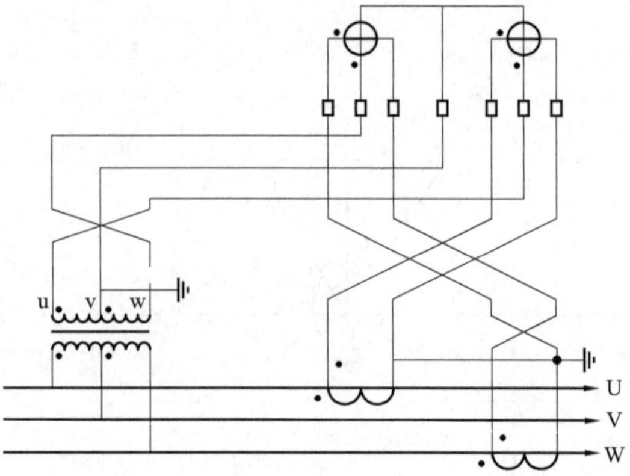

图 4－245

1. 测量数据（以 T－230A 现场校验仪为例）

按照第二章第三节现场校验仪测量方法的使用介绍，将校验仪与电能表接好。在选定的显示界面上将显示出分析所需的

所有数据，显示屏数据如表 4 - 62 所示。

表 4 - 62

测试数据			
项目	1 元件	2 - 6 端子	3 元件
电压	44.6V	56.0V	99.9V
电流	1.5A	0.0A	1.5A
对地电压	44.3V	0.3V	99.6V
相位	$\varphi_{I_1I_3}=300.4°$		
	$\varphi_{U_{32}I_1}=119.7°$		
	$\varphi_{U_{32}I_3}=60.0°$　$P=48.1$		
相序	电压断相 U_1　电流相序逆		

2. 分析判断错误现象

（1）从表 4 - 62“电压”栏中的显示值看出 1 元件和 2 元件的电压值不等于 100V，可以判定该错误接线有电压断相，并且根据 1 元件和 2 元件的电压值可以看出，此电能表内部结构为“△”形。

（2）从“对地电压”栏中可以看出 2 元件的电压为 0V，所以确定 U_2 为 V 相。电压值为 44V 的 U_1 为电压断相，与“相序”栏中的电压断相 U_1 一致。

（3）确定 U_2 为 V 相后，就可以看出该错误接线的电压相序有两种可能，即 UVW 和 WVU。

（4）如图 4 - 246 所示，以电压相序 WVU 推出两个电流在相量图上的位置。将“相位”栏中的 U_{32} 替换成 U_{uv}。那么，$U_{32}I_1=120°$ 就替换成 $U_{uv}I_1=120°$、$U_{32}I_3=60°$ 就替换成 $U_{uv}I_3=60°$。即以 U_{uv} 为基准沿顺时针方向分别转 120°和 60°找到 I_1 和 I_3。从图上可以看出 $I_1=-I_w$、$I_3=I_u$，并且其夹角等于 300°，电流相序为逆。

（5）如图 4 - 247 所示，以电压相序 UVW 推出两个电流在相量图上的位置。将“相位”栏中的 U_{32} 替换成 U_{wv}。那么，$U_{32}I_1=120°$ 就替换成 $U_{wv}I_1=120°$、$U_{32}I_3=60°$ 就替换成 $U_{wv}I_3=60°$。即以 U_{wv} 为基准沿顺时针方向分别转 120°和 60°找到 I_1 和 I_3。

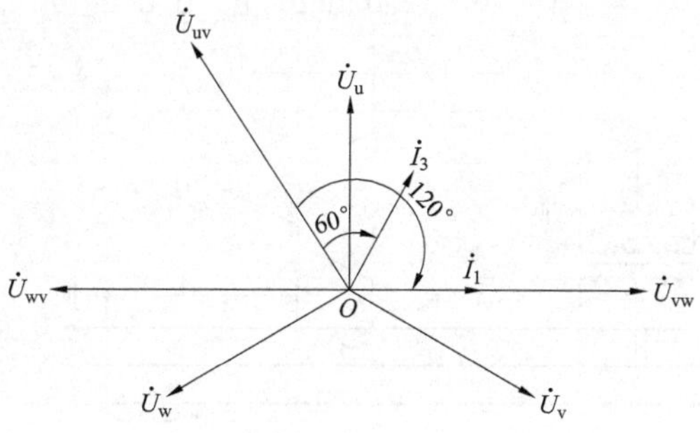

图 4 - 246

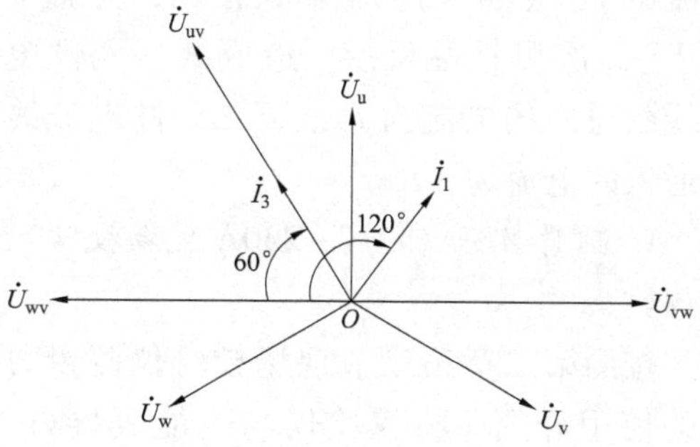

图 4 - 247

（6）将两个电流在相量图上的位置进行比较。比较结果是第四步以电压相序 WVU 推出的两个电流符合两个电流在相量图上的位置。

（7）最后得出错误接线结论：电压相序 WVU，电流相序 I_w、I_u，W 相电压断相。电能表的实际接线组别为：第一元件$\frac{1}{2}U_{uv}$、$-I_w$，第二元件 U_{uv}、I_u。

（8）画出错误接线相量图，如图 4－248 所示。

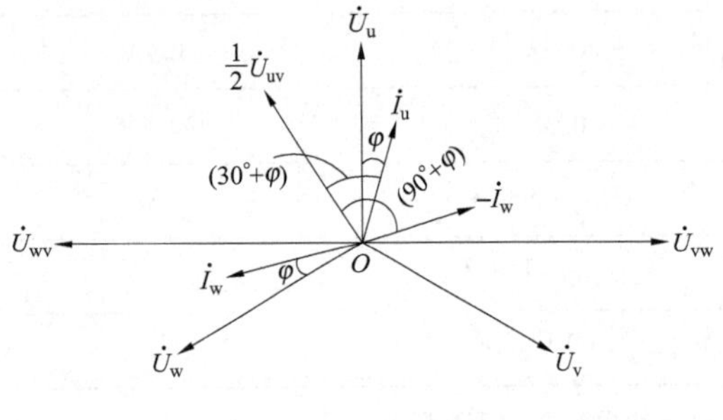

图 4－248

3. 写出错误接线时测得的电能（以功率表示）

因为电能表所计量的电能与所加电压和电流及相应相电流之间的夹角余弦乘积成正比，根据图 4－248 画出的错误接线相量图，对两个元件所计量的电能分别进行分析（以功率表示），并设 P_1'为第一元件错误计量的功率，P_2'为第二元件错误计量的功率。

第一元件测量的功率为

$$P_1' = \frac{1}{2}U_{uv}(-I_w)\cos(90° + \varphi)$$

第二元件测量的功率为

$$P_2' = U_{uv}I_u\cos(30° + \varphi)$$

在三相电路完全对称时，两元件测量的总功率为

$$\begin{aligned} P' &= P_1' + P_2' \\ &= \frac{1}{2}U_{uv}(-I_w)\cos(90° + \varphi) + U_{uv}I_u\cos(30° + \varphi) \end{aligned}$$

十五、表尾电压相序 WVU，电流相序 I_wI_u，W 相 TV 二次侧电压断相，U 相 TA 二次侧极性反接

图 4－249 是三相三线有功电能表的错误接线。从图中可以看出，电能表表尾电压相序为 WVU，并且 W 相 TV 二次侧电压断相，造成电能表第一元件电压线圈两端实际承受电压为$\frac{1}{2}U_{uv}$，第二元件实际承受电压为 U_{uv}；电流由于 U、W 相表尾端钮接错，并且 U 相 TA 二次侧极性反接，造成第一元件电流线圈通入的电流为 I_w，第二元件电流线圈通入的电流为 $-I_u$。

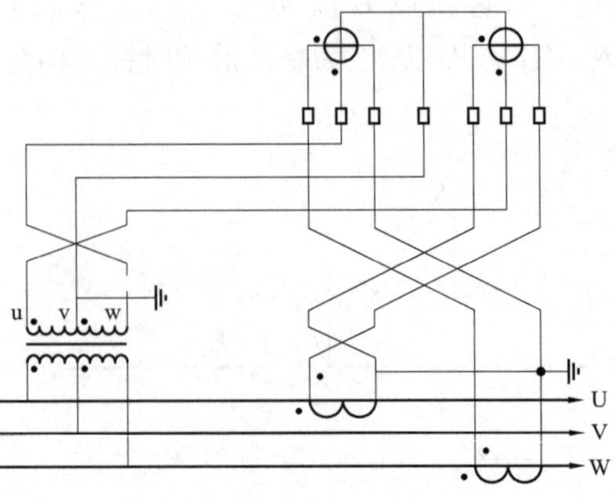

图 4－249

1. 测量数据（以 T－230A 现场校验仪为例）

按照第二章第三节现场校验仪测量方法的使用介绍，将校验仪与电能表接好。在选定的显示界面上将显示出分析所需的

所有数据，显示屏数据如表 4－63 所示。

表 4－63

测 试 数 据			
项目	1 元件	2－6 端子	3 元件
电压	44.6V	56.9V	100.7V
电流	1.5A	0.0A	1.5A
对地电压	44.3V	0.3V	100.4V
相位	$\varphi_{I_1I_3}=300.3°$		
	$\varphi_{U_{32}I_1}=299.8°$		
	$\varphi_{U_{32}I_3}=240.1°$　$P=-49.8$		
相序	电压断相 U_1　电流相序逆		

2. 分析判断错误现象

(1) 从表 4－63“电压”栏中的显示值看出 1 元件和 2 元件的电压值不等于 100V，可以判定该错误接线有电压断相，并且根据 1 元件和 2 元件的电压值可以看出，此电能表内部结构为“△”形。

(2) 从“对地电压”栏中可以看出 2 元件的电压为 0V，所以确定 U_2 为 V 相。电压值为 44V 的 U_1 为电压断相，与“相序”栏中的电压断相 U_1 一致。

(3) 确定 U_2 为 V 相后，就可以看出该错误接线的电压相序有两种可能，即 UVW 和 WVU。

(4) 如图 4－250 所示，以电压相序 WVU 推出两个电流在相量图上的位置。将“相位”栏中的 U_{32} 替换成 U_{uv}。那么，$U_{32}I_1=300°$ 就替换成 $U_{uv}I_1=300°$、$U_{32}I_3=240°$ 就替换成 $U_{uv}I_3=240°$。即以 U_{uv} 为基准沿顺时针方向分别转 300°和 240°找到 I_1 和 I_3。从图上可以看出 $I_1=I_w$、$I_3=-I_u$，并且其夹角等于 300°，电流相序为逆。

(5) 如图 4－251 所示，以电压相序 UVW 推出两个电流在相量图上的位置。将“相位”栏中的 U_{32} 替换成 U_{wv}。那么，$U_{32}I_1=300°$ 就替换成 $U_{wv}I_1=300°$、$U_{32}I_3=240°$ 就替换成 $U_{wv}I_3=240°$。即以 U_{wv} 为基准沿顺时针方向分别转 300°和 240°找到 I_1 和 I_3。

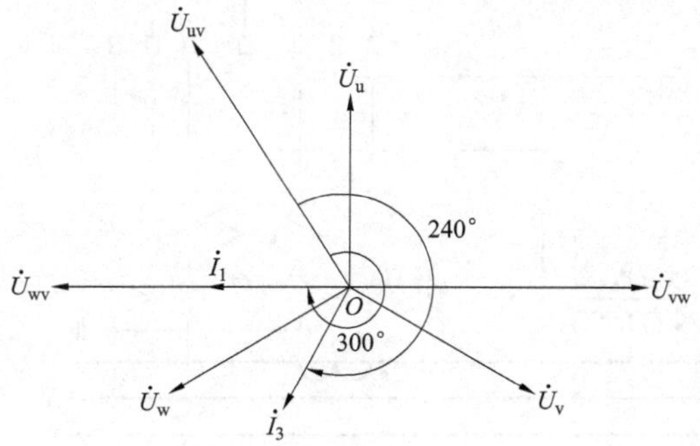

图 4－250

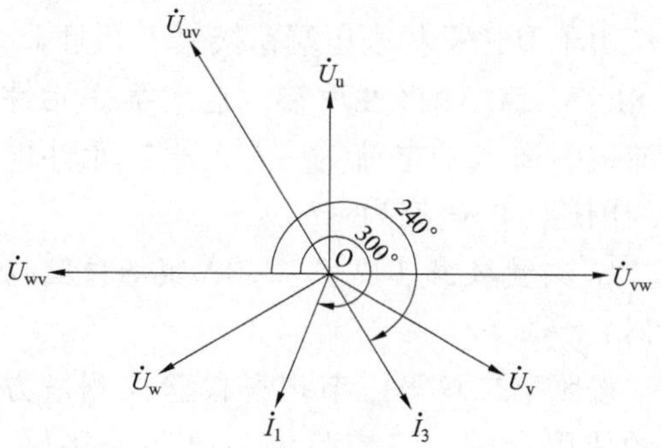

图 4－251

（6）将两个电流在相量图上的位置进行比较。比较结果是第四步以电压相序 WVU 推出的两个电流符合两个电流在相量图上的位置。

（7）最后得出错误接线结论：电压相序 WVU，电流相序 I_w、I_u，W 相电压断相。电能表的实际接线组别为：第一元件$\frac{1}{2}U_{uv}$、I_w，第二元件 U_{uv}、$-I_u$。

（8）画出错误接线相量图，如图 4－252 所示。

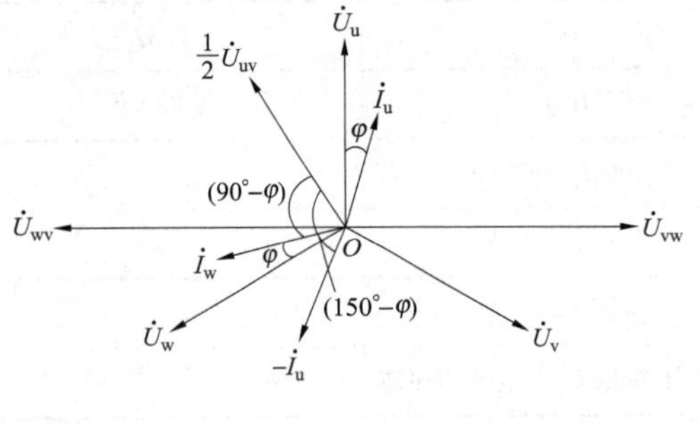

图 4－252

3. 写出错误接线时测得的电能（以功率表示）

因为电能表所计量的电能与所加电压和电流及相应相电流之间的夹角余弦乘积成正比，根据图 4－252 画出的错误接线相量图，对两个元件所计量的电能分别进行分析（以功率表示），并设 P_1'为第一元件错误计量的功率，P_2'为第二元件错误计量的功率。

第一元件测量的功率为

$$P_1' = \frac{1}{2}U_{uv}I_w\cos(90° - \varphi)$$

第二元件测量的功率为

$$P_2' = U_{uv}(-I_u)\cos(150° - \varphi)$$

在三相电路完全对称时，两元件测量的总功率为

$$\begin{aligned} P' &= P_1' + P_2' \\ &= \frac{1}{2}U_{uv}I_w\cos(90° - \varphi) + U_{uv}(-I_u)\cos(150° - \varphi) \end{aligned}$$

十六、表尾电压相序 WVU，电流相序 I_wI_u，W 相 TV 二次侧电压断相，U、W 相 TA 二次侧极性反接

图 4－253 是三相三线有功电能表的错误接线。从图中可以看出，电能表表尾电压相序为 WVU，并且 W 相 TV 二次侧电压断相，造成电能表第一元件电压线圈两端实际承受电压为$\frac{1}{2}U_{uv}$，第二元件实际承受电压为 U_{uv}；电流由于 U、W 相表尾端钮接错，并且 U、W 相 TA 二次侧极性反接，造成第一元件电流线圈通入的电流为 $-I_w$，第二元件电流线圈通入的电流为 $-I_u$。

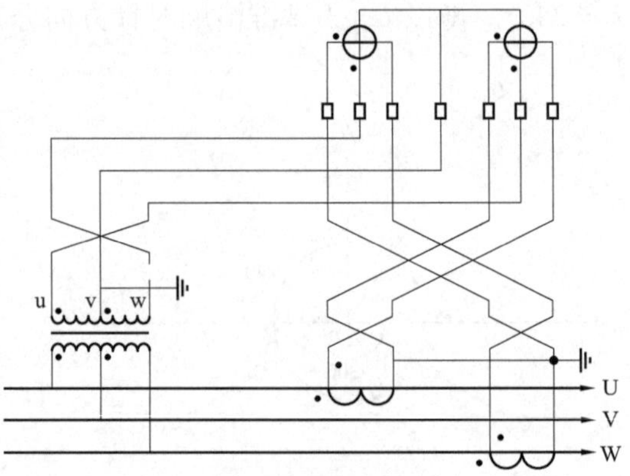

图 4－253

1. 测量数据（以 T－230A 现场校验仪为例）

按照第二章第三节现场校验仪测量方法的使用介绍，将校验仪与电能表接好。在选定的显示界面上将显示出分析所需的

所有数据，显示屏数据如表 4－64 所示。

表 4－64

测试数据			
项目	1 元件	2－6 端子	3 元件
电压	44.6V	57.0V	100.7V
电流	1.5A	0.0A	1.5A
对地电压	44.3V	0.3V	100.4V
相位	$\varphi_{I_1I_3}=120.6°$		
	$\varphi_{U_{32}I_1}=119.7°$		
	$\varphi_{U_{32}I_3}=240.3°$　$P=-99.5$		
相序	电压断相 U_1　电流相序逆		

2. 分析判断错误现象

（1）从表 4－64“电压”栏中的显示值看出 1 元件和 2 元件的电压值不等于 100V，可以判定该错误接线有电压断相，并且根据 1 元件和 2 元件的电压值可以看出，此电能表内部结构为“△”形。

（2）从“对地电压”栏中可以看出 2 元件的电压为 0V，所以确定 U_2 为 V 相。电压值为 44V 的 U_1 为电压断相，与“相序”栏中的电压断相 U_1 一致。

（3）确定 U_2 为 V 相后，就可以看出该错误接线的电压相序有两种可能，即 UVW 和 WVU。

（4）如图 4－254 所示，以电压相序 WVU 推出两个电流在相量图上的位置。将“相位”栏中的 U_{32} 替换成 U_{uv}。那么，$U_{32}I_1=120°$ 就替换成 $U_{uv}I_1=120°$、$U_{32}I_3=240°$ 就替换成 $U_{uv}I_3=240°$。即以 U_{uv} 为基准沿顺时针方向分别转 120°和 240°找到 I_1 和 I_3。从图上可以看出 $I_1=-I_w$、$I_3=-I_u$，并且其夹角等于 120°，电流相序为逆。

（5）如图 4－255 所示，以电压相序 UVW 推出两个电流在相量图上的位置。将“相位”栏中的 U_{32} 替换成 U_{wv}。那么，$U_{32}I_1=120°$ 就替换成 $U_{wv}I_1=120°$、$U_{32}I_3=240°$ 就替换成 $U_{wv}I_3=240°$。即以 U_{wv} 为基准沿顺时针方向分别转 120°和 240°找到 I_1 和 I_3。

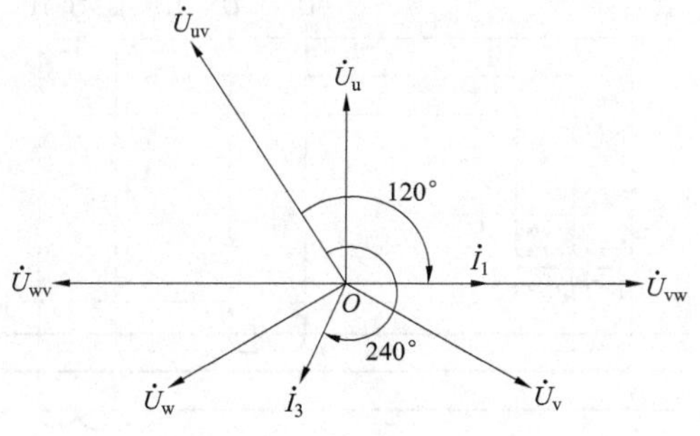

图 4－254

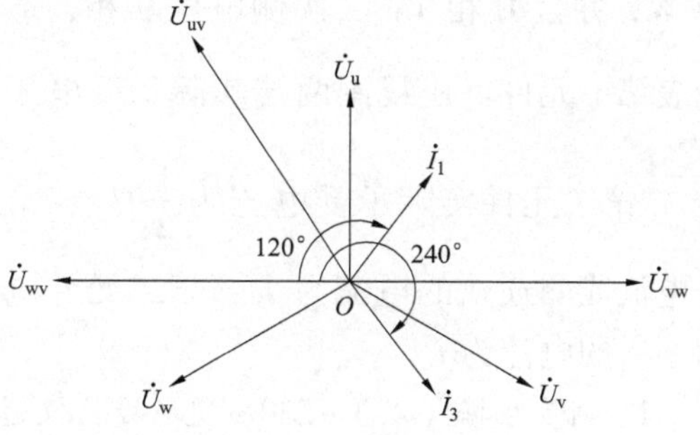

图 4－255

（6）将两个电流在相量图上的位置进行比较。比较结果是第四步以电压相序 WVU 推出的两个电流符合两个电流在相量图上的位置。

（7）最后得出错误接线结论：电压相序 WVU，电流相序 I_w、I_u，W 相电压断相。电能表的实际接线组别为：第一元件$\frac{1}{2}U_{uv}$、$-I_w$，第二元件 U_{uv}、$-I_u$。

（8）画出错误接线相量图，如图 4－256 所示。

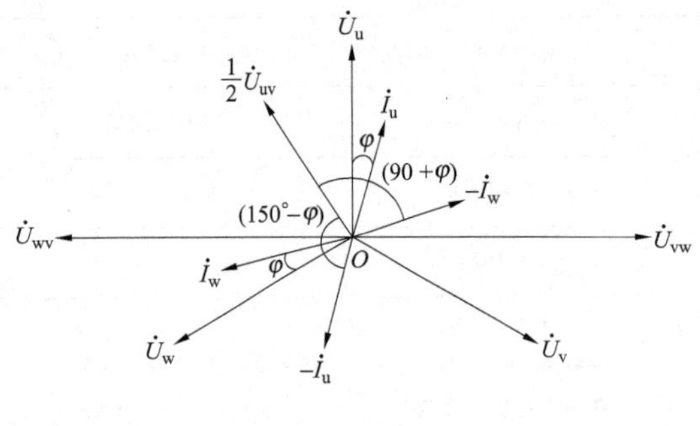

图 4－256

3. 写出错误接线时测得的电能（以功率表示）

因为电能表所计量的电能与所加电压和电流及相应相电流之间的夹角余弦乘积成正比，根据图 4－256 画出的错误接线相量图，对两个元件所计量的电能分别进行分析（以功率表示），并设 P_1'为第一元件错误计量的功率，P_2'为第二元件错误计量的功率。

第一元件测量的功率为

$$P_1' = \frac{1}{2}U_{uv}(-I_w)\cos(90° + \varphi)$$

第二元件测量的功率为

$$P_2' = U_{uv}(-I_u)\cos(150° - \varphi)$$

在三相电路完全对称时，两元件测量的总功率为

$$\begin{aligned}P' &= P_1' + P_2' \\ &= \frac{1}{2}U_{uv}(-I_w)\cos(90° + \varphi) + U_{uv}(-I_u)\cos(150° - \varphi)\end{aligned}$$

第五节　电压相序为 VUW 时的错误接线实例分析

一、表尾电压相序 VUW，电流相序 I_uI_w，U 相 TV 二次侧电压断相

图 4－257 是三相三线有功电能表的错误接线。从图中可以看出，电能表表尾电压相序为 VUW，并且 U 相 TV 二次侧电压断相，造成电能表第一元件电压线圈两端实际承受电压为$\frac{1}{2}U_{vw}$，第二元件实际承受电压为$\frac{1}{2}U_{wv}$；第一元件电流线圈通入的电流为 I_u，第二元件电流线圈通入的电流为 I_w。

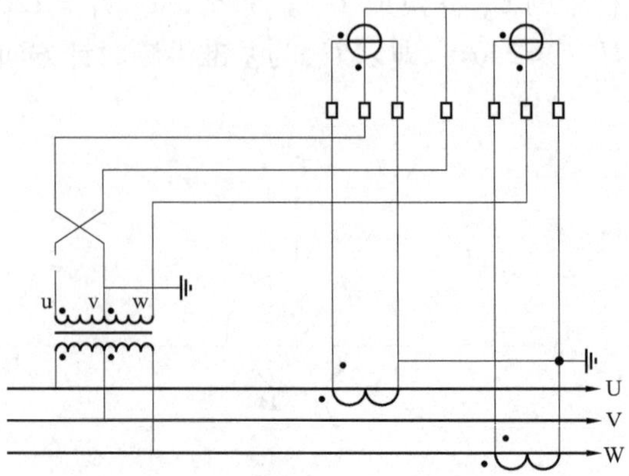

图 4－257

1. 测量数据（以 T－230A 现场校验仪为例）

按照第二章第三节现场校验仪测量方法的

使用介绍，将校验仪与电能表接好。在选定的显示界面上将显示出分析所需的所有数据，显示屏数据如表4－65所示。

表4－65

测试数据			
项目	1元件	2－6端子	3元件
电压	47.8V	100.8V	53.4V
电流	1.5A	0.0A	1.5A
对地电压	0.3V	47.5V	100.5V
相位	$\varphi_{I_1I_3}=239.4°$		
	$\varphi_{U_{31}I_1}=120.3°$		
	$\varphi_{U_{31}I_3}=359.8°$　$P=110.4$		
相序	电压断相 U_2　电流相序正		

2. 分析判断错误现象

（1）从表4－65“电压”栏中的显示值看出1元件和3元件的电压值不等于100V，可以判定该错误接线有电压断相，并且根据1元件和3元件的电压值可以看出，此电能表内部分压结构为“△”形。

（2）从“对地电压”栏中可以看出1元件的电压为0V，所以确定 U_1 为V相。电压值为47V的 U_2 为电压断相，与“相序”栏中的电压断相 U_2 一致。

（3）确定 U_1 为V相后，就可以看出该错误接线的电压相序有两种可能，即VWU和VUW。

（4）如图4－258所示，以电压相序VWU推出两个电流在相量图上的位置。将“相位”栏中的 U_{31} 替换成 U_{uv}。那么，$U_{31}I_1=120°$ 就替换成 $U_{uv}I_1=120°$、$U_{31}I_3=360°$ 就替换成 $U_{uv}I_3=360°$。即以 U_{uv} 为基准沿顺时针方向分别转120°和360°找到 I_1 和 I_3。

（5）如图4－259所示，以电压相序VUW推出两个电流在相量图上的位置。将“相位”栏中的 U_{31} 替换成 U_{wv}。那么，$U_{31}I_1=120°$ 就替换成 $U_{wv}I_1=120°$、$U_{31}I_3=360°$ 就替换成 $U_{wv}I_3=360°$。即以 U_{wv} 为基准沿顺时针方向分别转120°和360°找到 I_1 和 I_3。从图上可以看出 $I_1=I_u$、$I_3=I_w$，并且其夹角等于240°，电流相序为正。

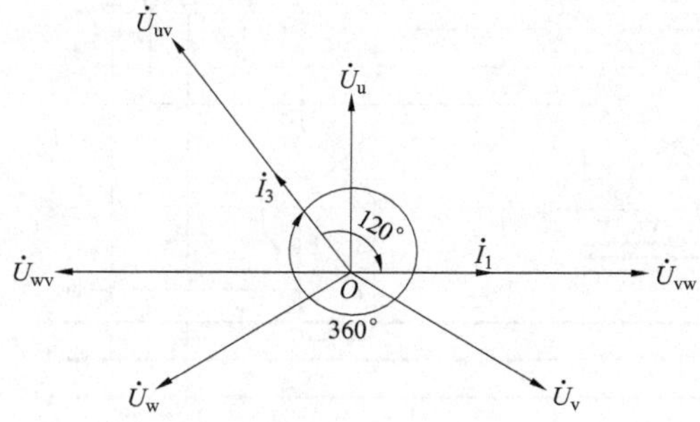

图4－258

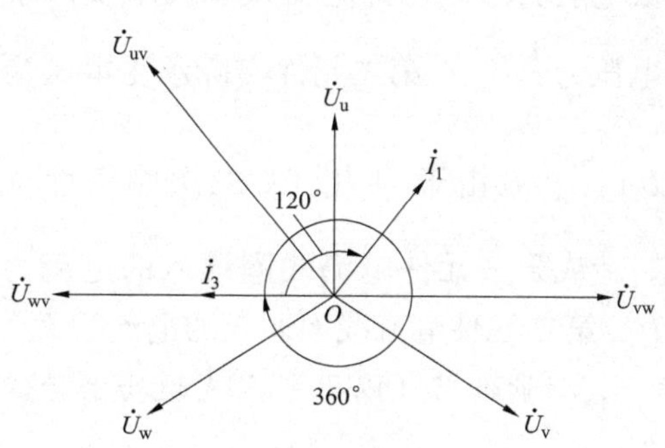

图4－259

（6）将两个电流在相量图上的位置进行比较。比较结果是第五步以电压相序 VUW 推出的两个电流符合两个电流在相量图上的位置。

（7）最后得出错误接线结论：电压相序 VUW，电流相序 I_u、I_w，U 相电压断相。电能表的实际接线组别为：第一元件$\frac{1}{2}U_{vw}$、I_u，第二元件$\frac{1}{2}U_{wv}$、I_w。

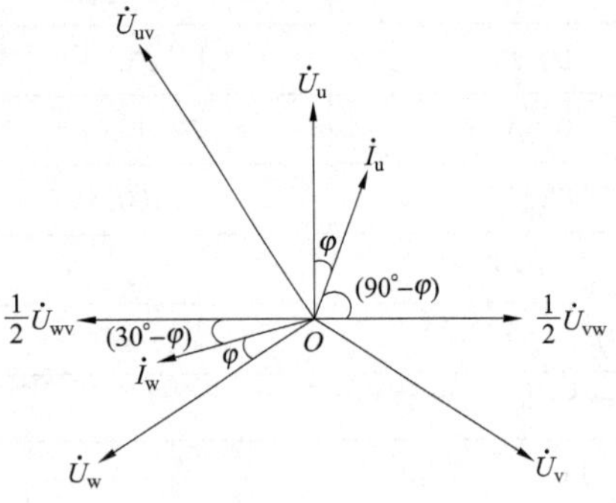

图 4－260

（8）画出错误接线相量图，如图 4－260 所示。

3. 写出错误接线时测得的电能（以功率表示）

因为电能表所计量的电能与所加电压和电流及相应相电流之间的夹角余弦乘积成正比，根据图 4－260 画出的错误接线相量图，对两个元件所计量的电能分别进行分析（以功率表示），并设 P_1'为第一元件错误计量的功率，P_2'为第二元件错误计量的功率。

第一元件测量的功率为

$$P_1' = \frac{1}{2}U_{vw}I_u\cos(90° - \varphi)$$

第二元件测量的功率为

$$P_2' = \frac{1}{2}U_{wv}I_w\cos(30° - \varphi)$$

在三相电路完全对称时，两元件测量的总功率为

$$\begin{aligned}P' &= P_1' + P_2' \\ &= \frac{1}{2}U_{vw}I_u\cos(90° - \varphi) + \frac{1}{2}U_{wv}I_w\cos(30° - \varphi)\end{aligned}$$

二、表尾电压相序 VUW，电流相序 I_uI_w，U 相 TV 二次侧电压断相，U 相 TA 二次侧极性反接

图 4－261 是三相三线有功电能表的错误接线。从图中可以看出，电能表表尾电压相序为 VUW，并且 U 相 TV 二次侧电压断相，造成电能表第一元件电压线圈两端实际承受电压为$\frac{1}{2}U_{vw}$，第二元件实际承受电压为$\frac{1}{2}U_{wv}$；电流由于 U 相 TA 二次侧极性反接，造成第一元件电流线圈通入的电流为$-I_u$，第二元件电流线圈通入的电流为 I_w。

1. 测量数据（以 T－230A 现场校验仪为例）

按照第二章第三节现场校验仪测量方

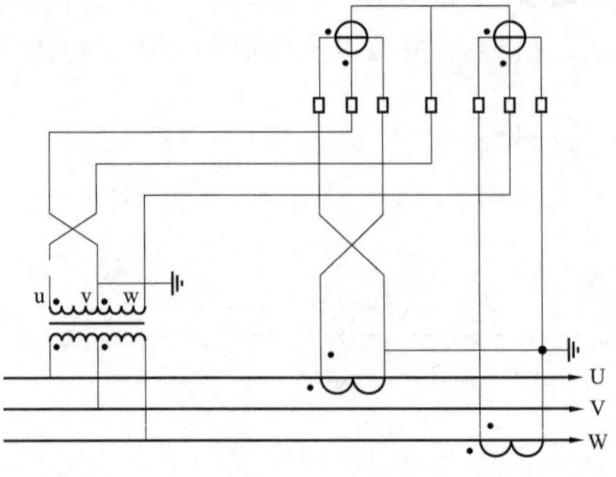

图 4－261

法的使用介绍，将校验仪与电能表接好。在选定的显示界面上将显示出分析所需的所有数据，显示屏数据如表4－66所示。

表4－66

测试数据			
项目	1元件	2－6端子	3元件
电压	47.9V	100.8V	53.3V
电流	1.5A	0.0A	1.5A
对地电压	0.3V	47.6V	100.5V
相位	$\varphi_{I_1I_3}=59.9°$		
	$\varphi_{U_{31}I_1}=299.9°$		
	$\varphi_{U_{31}I_3}=359.9°$　$P=48.6$		
相序	电压断相 U_2　电流相序正		

2. 分析判断错误现象

（1）从表4－66“电压”栏中的显示值看出1元件和3元件的电压值不等于100V，可以判定该错误接线有电压断相，并且根据1元件和3元件的电压值可以看出，此电能表内部分压结构为“△”形。

（2）从“对地电压”栏中可以看出1元件的电压为0V，所以确定U_1为V相。电压值为47V的U_2为电压断相，与“相序”栏中的电压断相U_2一致。

（3）确定U_1为V相后，就可以看出该错误接线的电压相序有两种可能，即VWU和VUW。

（4）如图4－262所示，以电压相序VWU推出两个电流在相量图上的位置。将“相位”栏中的U_{31}替换成U_{uv}。那么，$U_{31}I_1=300°$就替换成$U_{uv}I_1=300°$、$U_{31}I_3=360°$就替换成$U_{uv}I_3=360°$。即以U_{uv}为基准沿顺时针方向分别转300°和360°找到I_1和I_3。

（5）如图4－263所示，以电压相序VUW推出两个电流在相量图上的位置。将“相位”栏中的U_{31}替换成U_{wv}。那么，$U_{31}I_1=300°$就替换成$U_{wv}I_1=300°$、$U_{31}I_3=360°$就替换成$U_{wv}I_3=360°$。即以U_{wv}为基准沿顺时针方向分别转300°和360°找到I_1和I_3。从图上可以看出$I_1=-I_u$、$I_3=I_w$，并且其夹角等于60°，电流相序为正。

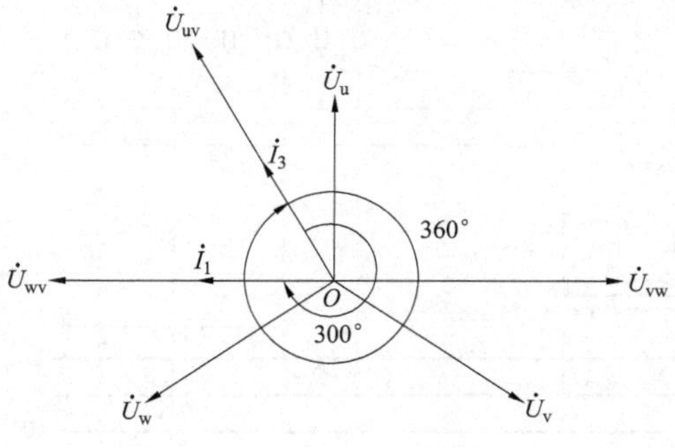

图4－262

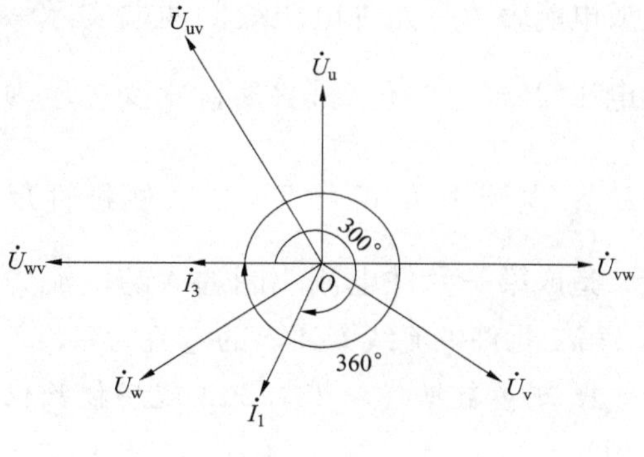

图4－263

（6）将两个电流在相量图上的位置进行比较。比较结果是第五步以电压相序 VUW 推出的两个电流符合两个电流在相量图上的位置。

（7）最后得出错误接线结论：电压相序 VUW，电流相序 I_u、I_w，U 相电压断相。电能表的实际接线组别为：第一元件$\frac{1}{2}U_{vw}$、$-I_u$，第二元件$\frac{1}{2}U_{wv}$、I_w。

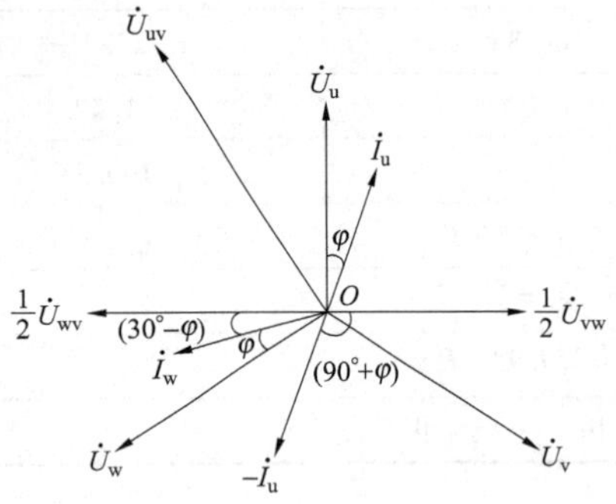

图 4－264

（8）画出错误接线相量图，如图 4－264 所示。

3. 写出错误接线时测得的电能（以功率表示）

因为电能表所计量的电能与所加电压和电流及相应相电流之间的夹角余弦乘积成正比，根据图 4－264 画出的错误接线相量图，对两个元件所计量的电能分别进行分析（以功率表示），并设 P_1'为第一元件错误计量的功率，P_2'为第二元件错误计量的功率。

第一元件测量的功率为

$$P_1' = \frac{1}{2}U_{vw}(-I_u)\cos(90° + \varphi)$$

第二元件测量的功率为

$$P_2' = \frac{1}{2}U_{wv}I_w\cos(30° - \varphi)$$

在三相电路完全对称时，两元件测量的总功率为

$$\begin{aligned} P' &= P_1' + P_2' \\ &= \frac{1}{2}U_{vw}(-I_u)\cos(90° + \varphi) + \frac{1}{2}U_{wv}I_w\cos(30° - \varphi) \end{aligned}$$

三、表尾电压相序 VUW，电流相序 I_uI_w，U 相 TV 二次侧电压断相，W 相 TA 二次侧极性反接

图 4－265 是三相三线有功电能表的错误接线。从图中可以看出，电能表表尾电压相序为 VUW，并且 U 相 TV 二次侧电压断相，造成电能表第一元件电压线圈两端实际承受电压为$\frac{1}{2}U_{vw}$，第二元件实际承受电压为$\frac{1}{2}U_{wv}$；电流由于 W 相 TA 二次侧极性反接，造成第一元件电流线圈通入的电流为 I_u，第二元件电流线圈通入的电流为 $-I_w$。

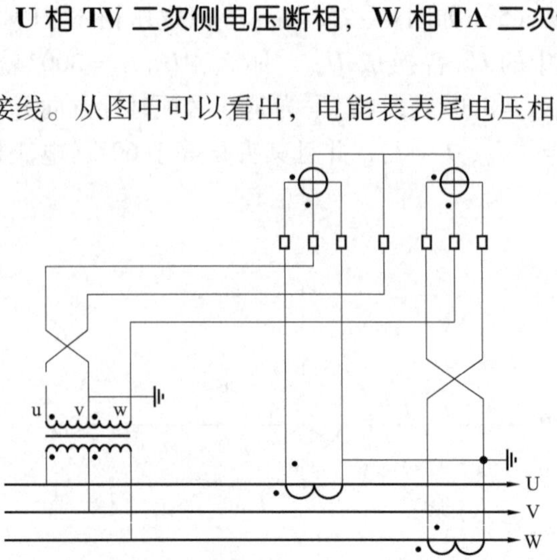

图 4－265

1. 测量数据（以 T－230A 现场校验仪为例）

按照第二章第三节现场校验仪测量方

法的使用介绍，将校验仪与电能表接好。在选定的显示界面上将显示出分析所需的所有数据，显示屏数据如表4－67所示。

表4－67

测试数据			
项目	1元件	2－6端子	3元件
电压	47.8V	100.8V	53.3V
电流	1.5A	0.0A	1.5A
对地电压	0.3V	47.5V	100.5V
相位	$\varphi_{I_1I_3}=59.9°$		
	$\varphi_{U_{31}I_1}=119.9°$		
	$\varphi_{U_{31}I_3}=179.9°$　$P=-48.6$		
相序	电压断相 U_2　电流相序正		

2. 分析判断错误现象

(1) 从表4－67"电压"栏中的显示值看出1元件和3元件的电压值不等于100V，可以判定该错误接线有电压断相，并且根据1元件和3元件的电压值可以看出，此电能表内部分压结构为"△"形。

(2) 从"对地电压"栏中可以看出1元件的电压为0V，所以确定U_1为V相。电压值为47V的U_2为电压断相，与"相序"栏中的电压断相U_2一致。

(3) 确定U_1为V相后，就可以看出该错误接线的电压相序有两种可能，即VWU和VUW。

(4) 如图4－266所示，以电压相序VWU推出两个电流在相量图上的位置。将"相位"栏中的U_{31}替换成U_{uv}。那么，$U_{31}I_1=120°$就替换成$U_{uv}I_1=120°$、$U_{31}I_3=180°$就替换成$U_{uv}I_3=180°$。即以U_{uv}为基准沿顺时针方向分别转120°和180°找到I_1和I_3。

(5) 如图4－267所示，以电压相序VUW推出两个电流在相量图上的位置。将"相位"栏中的U_{31}替换成U_{wv}。那么，$U_{31}I_1=120°$就替换成$U_{wv}I_1=120°$、$U_{31}I_3=180°$就替换成$U_{wv}I_3=180°$。即以U_{wv}为基准沿顺时针方向分别转120°和180°找到I_1和I_3。从图上可以看出$I_1=I_u$、$I_3=-I_w$，并且其夹角等于60°，电流相序为正。

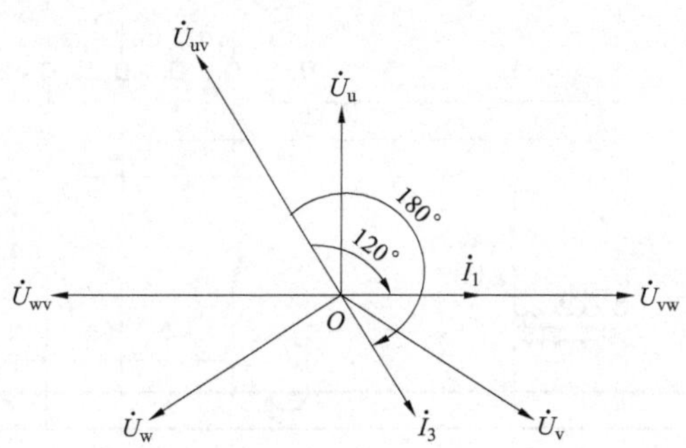

图4－266

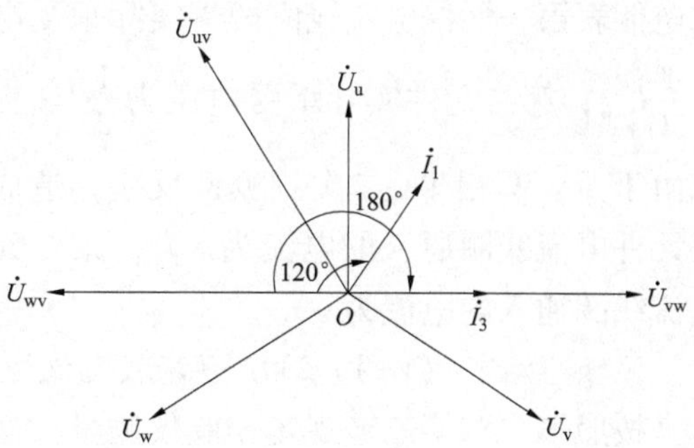

图4－267

（6）将两个电流在相量图上的位置进行比较。比较结果是第五步以电压相序 VUW 推出的两个电流符合两个电流在相量图上的位置。

（7）最后得出错误接线结论：电压相序 VUW，电流相序 I_u、I_w，U 相电压断相。电能表的实际接线组别为：第一元件$\frac{1}{2}U_{vw}$、I_u，第二元件$\frac{1}{2}U_{wv}$、$-I_w$。

（8）画出错误接线相量图，如图 4－268 所示。

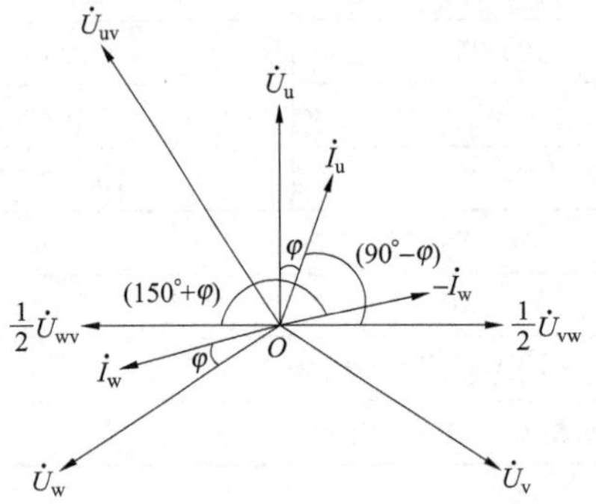

图 4－268

3. 写出错误接线时测得的电能（以功率表示）

因为电能表所计量的电能与所加电压和电流及相应相电流之间的夹角余弦乘积成正比，根据图 4－268 画出的错误接线相量图，对两个元件所计量的电能分别进行分析（以功率表示），并设 P_1'为第一元件错误计量的功率，P_2'为第二元件错误计量的功率。

第一元件测量的功率为

$$P_1' = \frac{1}{2}U_{vw}I_u\cos(90° - \varphi)$$

第二元件测量的功率为

$$P_2' = \frac{1}{2}U_{wv}(-I_w)\cos(150° + \varphi)$$

在三相电路完全对称时，两元件测量的总功率为

$$\begin{aligned}P' &= P_1' + P_2'\\ &= \frac{1}{2}U_{vw}I_u\cos(90° - \varphi) + \frac{1}{2}U_{wv}(-I_w)\cos(150° + \varphi)\end{aligned}$$

四、表尾电压相序 VUW，电流相序 I_uI_w，U 相 TV 二次侧电压断相，U、W 相 TA 二次侧极性反接

图 4－269 是三相三线有功电能表的错误接线。从图中可以看出，电能表表尾电压相序为 VUW，并且 U 相 TV 二次侧电压断相，造成电能表第一元件电压线圈两端实际承受电压为$\frac{1}{2}U_{vw}$，第二元件实际承受电压为$\frac{1}{2}U_{wv}$；电流由于 U、W 相 TA 二次侧极性反接，造成第一元件电流线圈通入的电流为 $-I_u$，第二元件电流线圈通入的电流为 $-I_w$。

1. 测量数据（以 T－230A 现场校验仪为例）

按照第二章第三节现场校验仪测量方法的使用介绍，将校验仪与电能表接好。在选定的显示界面上将显示出分析所需的所有数据，显

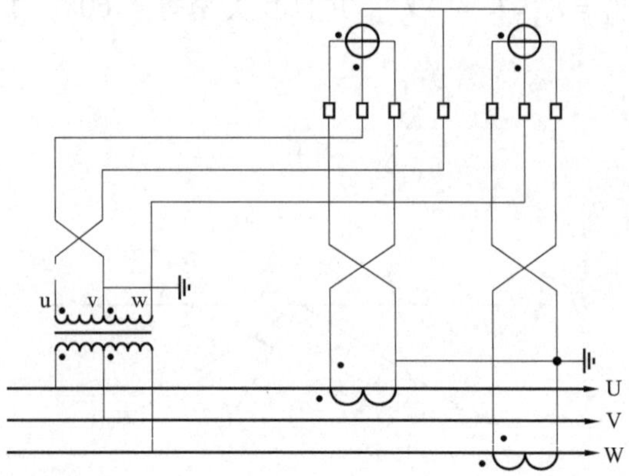

图 4－269

示屏数据如表4－68所示。

表4－68

测试数据			
项目	1元件	2－6端子	3元件
电压	47.8V	100.8V	53.4V
电流	1.5A	0.0A	1.5A
对地电压	0.3V	47.5V	100.5V
相位	$\varphi_{I_1I_3}=239.6°$		
	$\varphi_{U_{31}I_1}=300.2°$		
	$\varphi_{U_{31}I_3}=179.7°$　$P=-110.3$		
相序	电压断相U_2　电流相序正		

2. 分析判断错误现象

（1）从表4－68“电压”栏中的显示值看出1元件和3元件的电压值不等于100V，可以判定该错误接线有电压断相，并且根据1元件和3元件的电压值可以看出，此电能表内部分压结构为“△”形。

（2）从“对地电压”栏中可以看出1元件的电压为0V，所以确定U_1为V相。电压值为47V的U_2为电压断相，与“相序”栏中的电压断相U_2一致。

（3）确定U_1为V相后，就可以看出该错误接线的电压相序有两种可能，即VWU和VUW。

（4）如图4－270所示，以电压相序VWU推出两个电流在相量图上的位置。将“相位”栏中的U_{31}替换成U_{uv}。那么，$U_{31}I_1=300°$就替换成$U_{uv}I_1=300°$、$U_{31}I_3=180°$就替换成$U_{uv}I_3=180°$。即以U_{uv}为基准沿顺时针方向分别转300°和180°找到I_1和I_3。

（5）如图4－271所示，以电压相序VUW推出两个电流在相量图上的位置。将“相位”栏中的U_{31}替换成U_{wv}。那么，$U_{31}I_1=300°$就替换成$U_{wv}I_1=300°$、$U_{31}I_3=180°$就替换成$U_{wv}I_3=180°$。即以U_{wv}为基准沿顺时针方向分别转300°和180°找到I_1和I_3。从图上可以看出$I_1=-I_u$、$I_3=-I_w$，并且其夹角等于240°，电流相序为正。

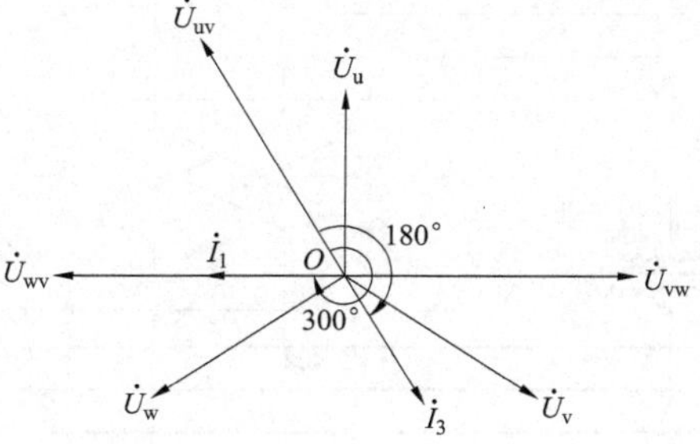

图4－270

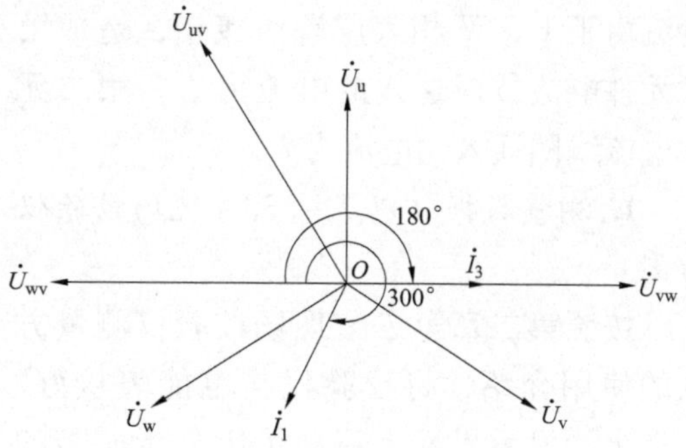

图4－271

（6）将两个电流在相量图上的位置进行比较。比较结果是第五步以电压相序 VUW 推出的两个电流符合两个电流在相量图上的位置。

（7）最后得出错误接线结论：电压相序 VUW，电流相序 I_u、I_w，U 相电压断相。电能表的实际接线组别为：第一元件$\frac{1}{2}U_{vw}$、$-I_u$，第二元件$\frac{1}{2}U_{wv}$、$-I_w$。

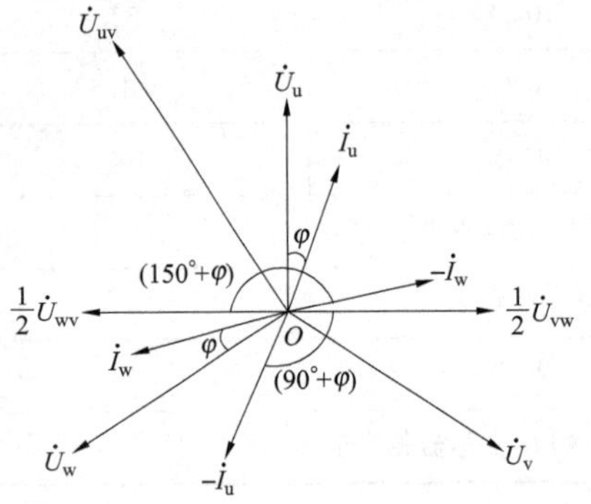

图 4－272

（8）画出错误接线相量图，如图 4－272 所示。

3. 写出错误接线时测得的电能（以功率表示）

因为电能表所计量的电能与所加电压和电流及相应相电流之间的夹角余弦乘积成正比，根据图 4－272 画出的错误接线相量图，对两个元件所计量的电能分别进行分析（以功率表示），并设 P_1'为第一元件错误计量的功率，P_2'为第二元件错误计量的功率。

第一元件测量的功率为

$$P_1' = \frac{1}{2}U_{vw}(-I_u)\cos(90° + \varphi)$$

第二元件测量的功率为

$$P_2' = \frac{1}{2}U_{wv}(-I_w)\cos(150° + \varphi)$$

在三相电路完全对称时，两元件测量的总功率为

$$\begin{aligned} P' &= P_1' + P_2' \\ &= \frac{1}{2}U_{vw}(-I_u)\cos(90° + \varphi) + \frac{1}{2}U_{wv}(-I_w)\cos(150° + \varphi) \end{aligned}$$

五、表尾电压相序 VUW，电流相序 I_wI_u，U 相 TV 二次侧电压断相

图 4－273 是三相三线有功电能表的错误接线。从图中可以看出，电能表表尾电压相序为 VUW，并且 U 相 TV 二次侧电压断相，造成电能表第一元件电压线圈两端实际承受电压为$\frac{1}{2}U_{vw}$，第二元件实际承受电压为$\frac{1}{2}U_{wv}$；电流由于 U、W 相表尾端钮接错，造成第一元件电流线圈通入的电流为 I_w，第二元件电流线圈通入的电流为 I_u。

1. 测量数据（以 T－230A 现场校验仪为例）

按照第二章第三节现场校验仪测量方法的使用介绍，将校验仪与电能表接好。在选定的显示界面上将显示出分析所需的所有数据，显示屏数据如表 4－69 所示。

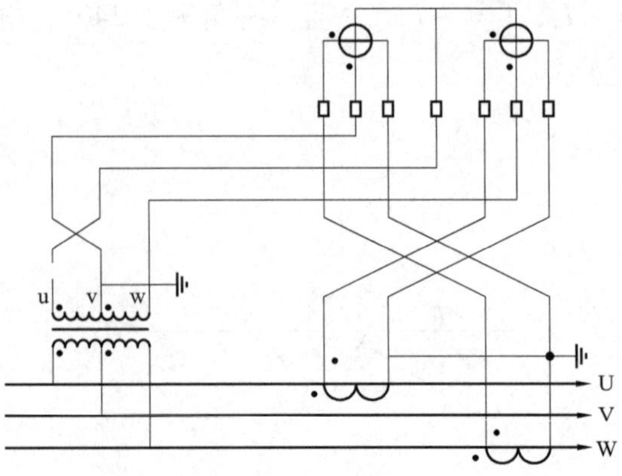

图 4－273

表 4 - 69

测试数据			
项目	1 元件	2 - 6 端子	3 元件
电压	47.8V	100.8V	53.4V
电流	1.5A	0.0A	1.5A
对地电压	0.3V	47.5V	100.5V
相位	$\varphi_{I_1I_3}=120.5°$		
	$\varphi_{U_{31}I_1}=359.7°$		
	$\varphi_{U_{31}I_3}=120.2°$ $P=-116.3$		
相序	电压断相 U_2 电流相序逆		

2. 分析判断错误现象

(1) 从表 4 - 69 "电压" 栏中的显示值看出 1 元件和 3 元件的电压值不等于 100V，可以判定该错误接线有电压断相，并且根据 1 元件和 3 元件的电压值可以看出，此电能表内部分压结构为 "△" 形。

(2) 从 "对地电压" 栏中可以看出 1 元件的电压为 0V，所以确定 U_1 为 V 相。电压值为 47V 的 U_2 为电压断相，与 "相序" 栏中的电压断相 U_2 一致。

(3) 确定 U_1 为 V 相后，就可以看出该错误接线的电压相序有两种可能，即 VWU 和 VUW。

(4) 如图 4 - 274 所示，以电压相序 VWU 推出两个电流在相量图上的位置。将 "相位" 栏中的 U_{31} 替换成 U_{uv}。那么，$U_{31}I_1=360°$ 就替换成 $U_{uv}I_1=360°$、$U_{31}I_3=120°$ 就替换成 $U_{uv}I_3=120°$。即以 U_{uv} 为基准沿顺时针方向分别转 360° 和 120° 找到 I_1 和 I_3。

(5) 如图 4 - 275 所示，以电压相序 VUW 推出两个电流在相量图上的位置。将 "相位" 栏中的 U_{31} 替换成 U_{wv}。那么，$U_{31}I_1=360°$ 就替换成 $U_{wv}I_1=360°$、$U_{31}I_3=120°$ 就替换成 $U_{wv}I_3=120°$。即以 U_{wv} 为基准沿顺时针方向分别转 360° 和 120° 找到 I_1 和 I_3。从图上可以看出 $I_1=I_w$、$I_3=I_u$，并且其夹角等于 120°，电流相序为逆。

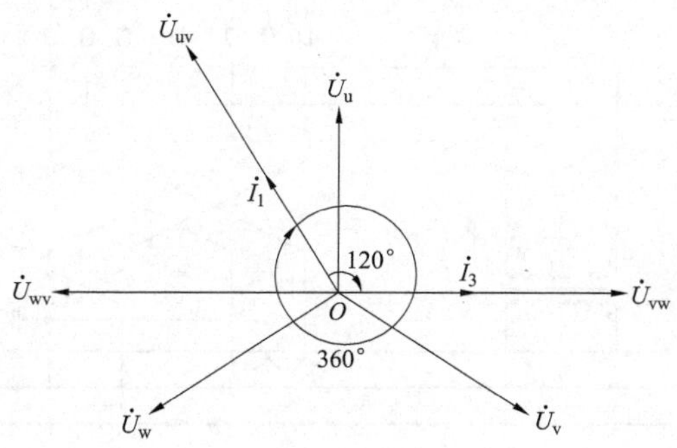

图 4 - 274

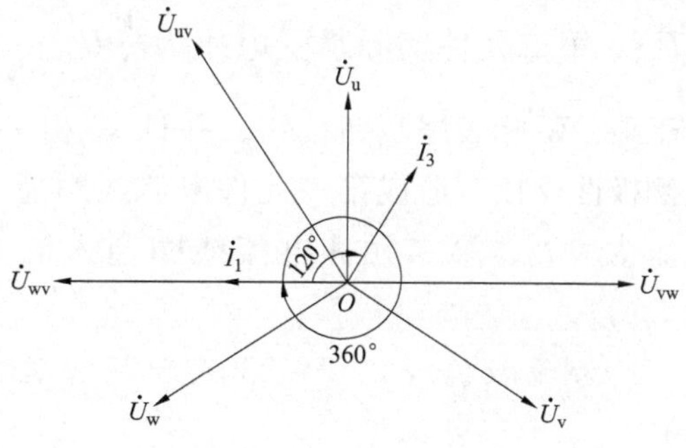

图 4 - 275

（6）将两个电流在相量图上的位置进行比较。比较结果是第五步以电压相序 VUW 推出的两个电流符合两个电流在相量图上的位置。

（7）最后得出错误接线结论：电压相序 VUW，电流相序 I_w、I_u，U 相电压断相。电能表的实际接线组别为：第一元件$\frac{1}{2}U_{vw}$、I_w，第二元件$\frac{1}{2}U_{wv}$、I_u。

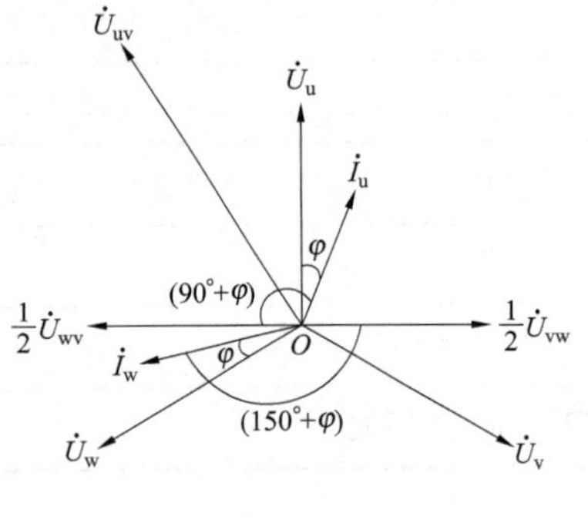

图 4－276

（8）画出错误接线相量图，如图 4－276 所示。

3. 写出错误接线时测得的电能（以功率表示）

因为电能表所计量的电能与所加电压和电流及相应相电流之间的夹角余弦乘积成正比，根据图 4－276 画出的错误接线相量图，对两个元件所计量的电能分别进行分析（以功率表示），并设 P_1'为第一元件错误计量的功率，P_2'为第二元件错误计量的功率。

第一元件测量的功率为

$$P_1' = \frac{1}{2}U_{vw}I_w\cos(150° + \varphi)$$

第二元件测量的功率为

$$P_2' = \frac{1}{2}U_{wv}I_u\cos(90° + \varphi)$$

在三相电路完全对称时，两元件测量的总功率为

$$P' = P_1' + P_2'$$
$$= \frac{1}{2}U_{vw}I_w\cos(150° + \varphi) + \frac{1}{2}U_{wv}I_u\cos(90° + \varphi)$$

六、表尾电压相序 VUW，电流相序 I_wI_u，U 相 TV 二次侧电压断相，W 相 TA 二次侧极性反接

图 4－277 是三相三线有功电能表的错误接线。从图中可以看出，电能表表尾电压相序为 VUW，并且 U 相 TV 二次侧电压断相，造成电能表第一元件电压线圈两端实际承受电压为$\frac{1}{2}U_{vw}$，第二元件实际承受电压为$\frac{1}{2}U_{wv}$；电流由于 U、W 相表尾端钮接错，并且 W 相 TA 二次侧极性反接，造成第一元件电流线圈通入的电流为 $-I_w$，第二元件电流线圈通入的电流为 I_u。

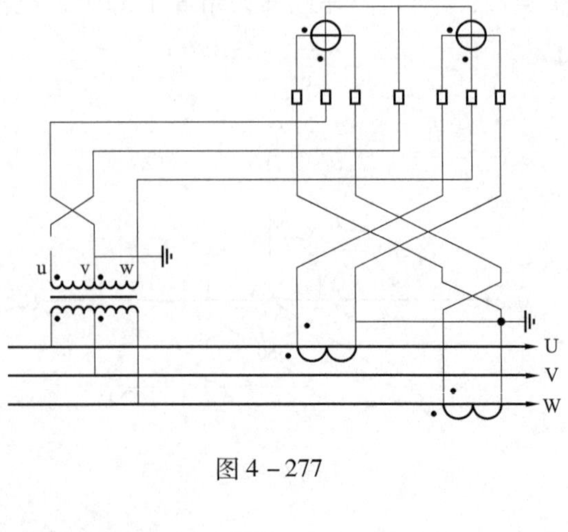

图 4－277

1. 测量数据（以 T－230A 现场校验仪为例）

按照第二章第三节现场校验仪测量方法的

使用介绍，将校验仪与电能表接好。在选定的显示界面上将显示出分析所需的所有数据，显示屏数据如表 4－70 所示。

表 4－70

测试数据			
项目	1 元件	2－6 端子	3 元件
电压	47.8V	100.8V	53.4V
电流	1.5A	0.0A	1.5A
对地电压	0.3V	47.5V	100.5V
相位	$\varphi_{I_1I_3}=300.1°$		
	$\varphi_{U_{31}I_1}=179.8°$		
	$\varphi_{U_{31}I_3}=120.0°$　$P=26.1$		
相序	电压断相 U_2　电流相序逆		

2. 分析判断错误现象

（1）从表 4－70“电压”栏中的显示值看出 1 元件和 3 元件的电压值不等于 100V，可以判定该错误接线有电压断相，并且根据 1 元件和 3 元件的电压值可以看出，此电能表内部分压结构为“△”形。

（2）从“对地电压”栏中可以看出 1 元件的电压为 0V，所以确定 U_1 为 V 相。电压值为 47V 的 U_2 为电压断相，与“相序”栏中的电压断相 U_2 一致。

（3）确定 U_1 为 V 相后，就可以看出该错误接线的电压相序有两种可能，即 VWU 和 VUW。

（4）如图 4－278 所示，以电压相序 VWU 推出两个电流在相量图上的位置。将“相位”栏中的 U_{31} 替换成 U_{uv}。那么，$U_{31}I_1=180°$ 就替换成 $U_{uv}I_1=180°$、$U_{31}I_3=120°$ 就替换成 $U_{uv}I_3=120°$。即以 U_{uv} 为基准沿顺时针方向分别转 180° 和 120° 找到 I_1 和 I_3。

（5）如图 4－279 所示，以电压相序 VUW 推出两个电流在相量图上的位置。将“相位”栏中的 U_{31} 替换成 U_{wv}。那么，$U_{31}I_1=120°$ 就替换成 $U_{wv}I_1=180°$、$U_{31}I_3=120°$ 就替换成 $U_{wv}I_3=120°$。即以 U_{wv} 为基准沿顺时针方向分别转 180° 和 120° 找到 I_1 和 I_3。从图上可以看出 $I_1=-I_w$、$I_3=I_u$，并且其夹角等于 300°，电流相序为逆。

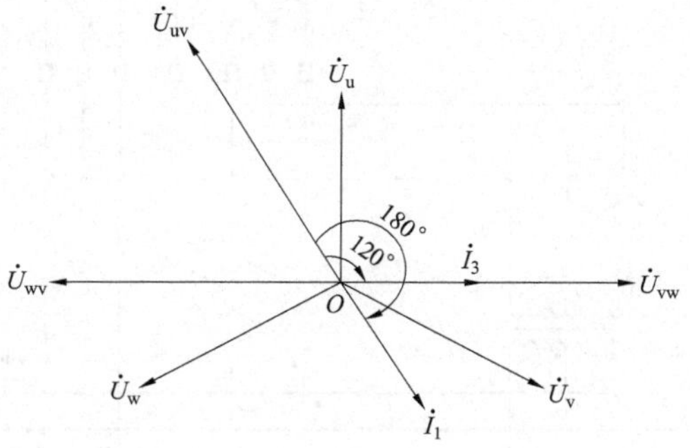

图 4－278

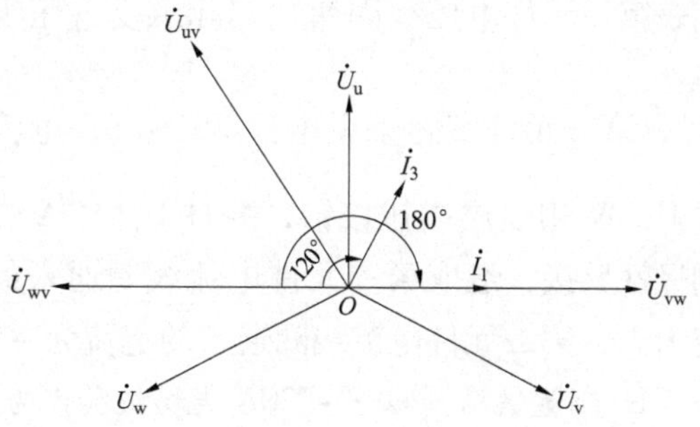

图 4－279

（6）将两个电流在相量图上的位置进行比较。比较结果是第五步以电压相序 VUW 推出的两个电流符合两个电流在相量图上的位置。

（7）最后得出错误接线结论：电压相序 VUW，电流相序 I_w、I_u，U 相电压断相。电能表的实际接线组别为：第一元件$\frac{1}{2}U_{vw}$、$-I_w$，第二元件$\frac{1}{2}U_{wv}$、I_u。

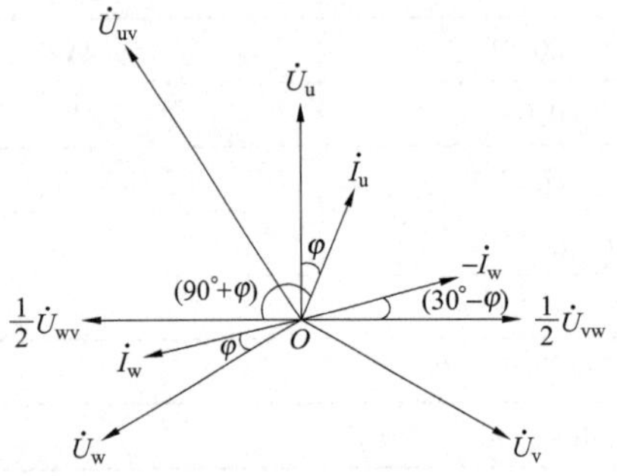

图 4－280

（8）画出错误接线相量图，如图 4－280 所示。

3. 写出错误接线时测得的电能（以功率表示）

因为电能表所计量的电能与所加电压和电流及相应相电流之间的夹角余弦乘积成正比，根据图 4－280 画出的错误接线相量图，对两个元件所计量的电能分别进行分析（以功率表示），并设 P_1'为第一元件错误计量的功率，P_2'为第二元件错误计量的功率。

第一元件测量的功率为

$$P_1' = \frac{1}{2}U_{vw}(-I_w)\cos(30° - \varphi)$$

第二元件测量的功率为

$$P_2' = \frac{1}{2}U_{wv}I_u\cos(90° + \varphi)$$

在三相电路完全对称时，两元件测量的总功率为

$$\begin{aligned} P' &= P_1' + P_2' \\ &= \frac{1}{2}U_{vw}(-I_w)\cos(30° - \varphi) + \frac{1}{2}U_{wv}I_u\cos(90° + \varphi) \end{aligned}$$

七、表尾电压相序 VUW，电流相序 I_wI_u，U 相 TV 二次侧电压断相，U 相 TA 二次侧极性反接

图 4－281 是三相三线有功电能表的错误接线。从图中可以看出，电能表表尾电压相序为 VUW，并且 U 相 TV 二次侧电压断相，造成电能表第一元件电压线圈两端实际承受电压为$\frac{1}{2}U_{vw}$，第二元件实际承受电压为$\frac{1}{2}U_{wv}$；电流由于 U、W 相表尾端钮接错，并且 U 相 TA 二次侧极性反接，造成第一元件电流线圈通入的电流为 I_w，第二元件电流线圈通入的电流为 $-I_u$。

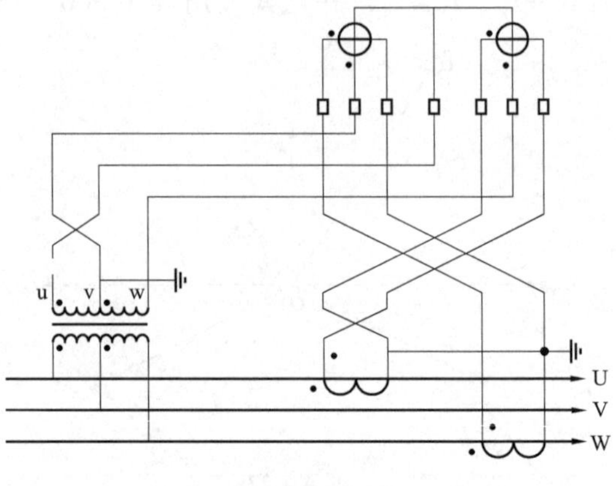

图 4－281

1. 测量数据（以 T－230A 现场校验仪为例）

按照第二章第三节现场校验仪测量方法的使用介绍，将校验仪与电能表接好。在选定的

显示界面上将显示出分析所需的所有数据，显示屏数据如表4－71所示。

表4－71

测 试 数 据			
项目	1元件	2－6端子	3元件
电压	47.8V	100.8V	53.4V
电流	1.5A	0.0A	1.5A
对地电压	0.3V	47.5V	100.5V
相位	$\varphi_{I_1I_3}=300.2°$		
	$\varphi_{U_{31}I_1}=359.8°$		
	$\varphi_{U_{31}I_3}=300.0°$　$P=-26.1$		
相序	电压断相 U_2　电流相序逆		

2. 分析判断错误现象

（1）从表4－71“电压”栏中的显示值看出1元件和3元件的电压值不等于100V，可以判定该错误接线有电压断相，并且根据1元件和3元件的电压值可以看出，此电能表内部分压结构为“△”形。

（2）从“对地电压”栏中可以看出1元件的电压为0V，所以确定 U_1 为V相。电压值为47V的 U_2 为电压断相，与“相序”栏中的电压断相 U_2 一致。

（3）确定 U_1 为V相后，就可以看出该错误接线的电压相序有两种可能，即VWU和VUW。

（4）如图4－282所示，以电压相序VWU推出两个电流在相量图上的位置。将“相位”栏中的 U_{31} 替换成 U_{uv}。那么，$U_{31}I_1=360°$ 就替换成 $U_{uv}I_1=360°$、$U_{31}I_3=300°$ 就替换成 $U_{uv}I_3=300°$。即以 U_{uv} 为基准沿顺时针方向分别转360°和300°找到 I_1 和 I_3。

（5）如图4－283所示，以电压相序VUW推出两个电流在相量图上的位置。将“相位”栏中的 U_{31} 替换成 U_{wv}。那么，$U_{31}I_1=360°$ 就替换成 $U_{wv}I_1=360°$、$U_{31}I_3=300°$ 就替换成 $U_{wv}I_3=300°$。即以 U_{wv} 为基准沿顺时针方向分别转360°和300°找到 I_1 和 I_3。从图上可以看出 $I_1=I_w$、$I_3=-I_u$，并且其夹角等于300°，电流相序为逆。

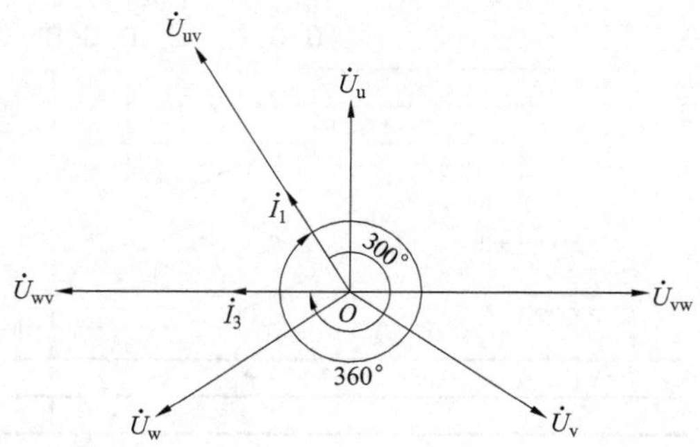

图4－282

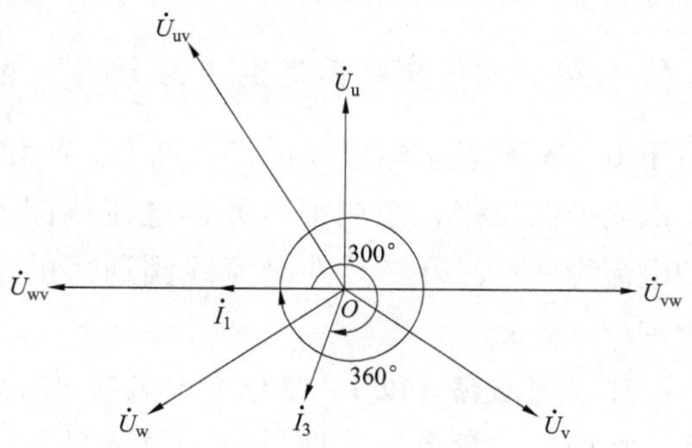

图4－283

（6）将两个电流在相量图上的位置进行比较。比较结果是第五步以电压相序 VUW 推出的两个电流符合两个电流在相量图上的位置。

（7）最后得出错误接线结论：电压相序 VUW，电流相序 I_w、I_u，U 相电压断相。电能表的实际接线组别为：第一元件$\frac{1}{2}U_{vw}$、I_w，第二元件$\frac{1}{2}U_{wv}$、$-I_u$。

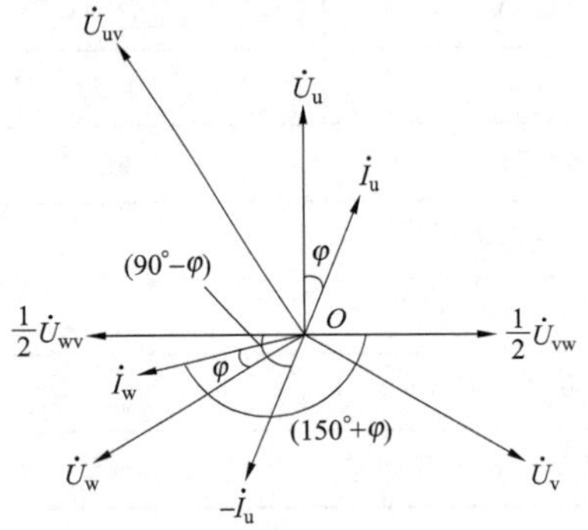

图 4－284

（8）画出错误接线相量图，如图 4－284 所示。

3. 写出错误接线时测得的电能（以功率表示）

因为电能表所计量的电能与所加电压和电流及相应相电流之间的夹角余弦乘积成正比，根据图 4－284 画出的错误接线相量图，对两个元件所计量的电能分别进行分析（以功率表示），并设 P_1'为第一元件错误计量的功率，P_2'为第二元件错误计量的功率。

第一元件测量的功率为

$$P_1' = \frac{1}{2}U_{vw}I_w\cos(150° + \varphi)$$

第二元件测量的功率为

$$P_2' = \frac{1}{2}U_{wv}(-I_u)\cos(90° - \varphi)$$

在三相电路完全对称时，两元件测量的总功率为

$$\begin{aligned} P' &= P_1' + P_2' \\ &= \frac{1}{2}U_{vw}I_w\cos(150° + \varphi) + \frac{1}{2}U_{wv}(-I_u)\cos(90° - \varphi) \end{aligned}$$

八、表尾电压相序 VUW，电流相序 I_wI_u，U 相 TV 二次侧电压断相，U、W 相 TA 二次侧极性反接

图 4－285 是三相三线有功电能表的错误接线。从图中可以看出，电能表表尾电压相序为 VUW，并且 U 相 TV 二次侧电压断相，造成电能表第一元件电压线圈两端实际承受电压为$\frac{1}{2}U_{vw}$，第二元件实际承受电压为$\frac{1}{2}U_{wv}$；电流由于 U、W 相表尾端钮接错，并且 U、W 相 TA 二次侧极性反接，造成第一元件电流线圈通入的电流为 $-I_w$，第二元件电流线圈通入的电流为 $-I_u$。

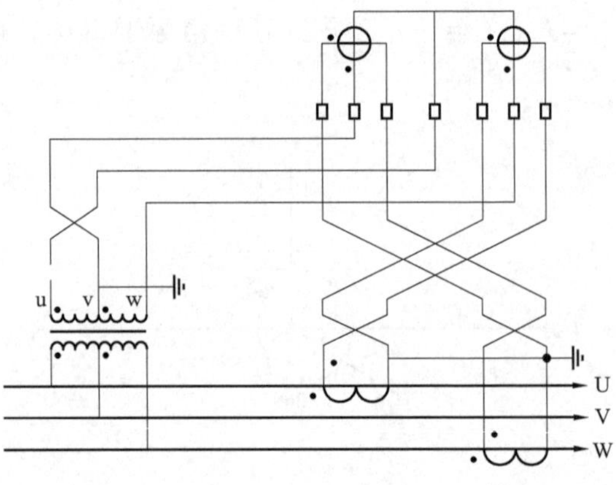

图 4－285

1. 测量数据（以 T－230A 现场校验仪为例）

按照第二章第三节现场校验仪测量方法的使用介绍，将校验仪与电能表接好。在选定的

显示界面上将显示出分析所需的所有数据，显示屏数据如表4－72所示。

表4－72

测 试 数 据			
项目	1元件	2－6端子	3元件
电压	47.8V	100.8V	53.3V
电流	1.5A	0.0A	1.5A
对地电压	0.3V	47.5V	100.5V
相位	$\varphi_{I_1I_3}=120.5°$		
	$\varphi_{U_{31}I_1}=179.7°$		
	$\varphi_{U_{31}I_3}=300.2°$　$P=116.2$		
相序	电压断相 U_2　电流相序逆		

2. 分析判断错误现象

（1）从表4－72“电压”栏中的显示值看出1元件和3元件的电压值不等于100V，可以判定该错误接线有电压断相，并且根据1元件和3元件的电压值可以看出，此电能表内部分压结构为“△”形。

（2）从“对地电压”栏中可以看出1元件的电压为0V，所以确定U_1为V相。电压值为47V的U_2为电压断相，与“相序”栏中的电压断相U_2一致。

（3）确定U_1为V相后，就可以看出该错误接线的电压相序有两种可能，即VWU和VUW。

（4）如图4－286所示，以电压相序VWU推出两个电流在相量图上的位置。将“相位”栏中的U_{31}替换成U_{uv}。那么，$U_{31}I_1=180°$就替换成$U_{uv}I_1=180°$、$U_{31}I_3=300°$就替换成$U_{uv}I_3=300°$。即以U_{uv}为基准沿顺时针方向分别转180°和300°找到I_1和I_3。

（5）如图4－287所示，以电压相序VUW推出两个电流在相量图上的位置。将“相位”栏中的U_{31}替换成U_{wv}。那么，$U_{31}I_1=180°$就替换成$U_{wv}I_1=180°$、$U_{31}I_3=300°$就替换成$U_{wv}I_3=300°$。即以U_{wv}为基准沿顺时针方向分别转180°和300°找到I_1和I_3。从图上可以看出$I_1=-I_w$、$I_3=-I_u$，并且其夹角等于120°，电流相序为逆。

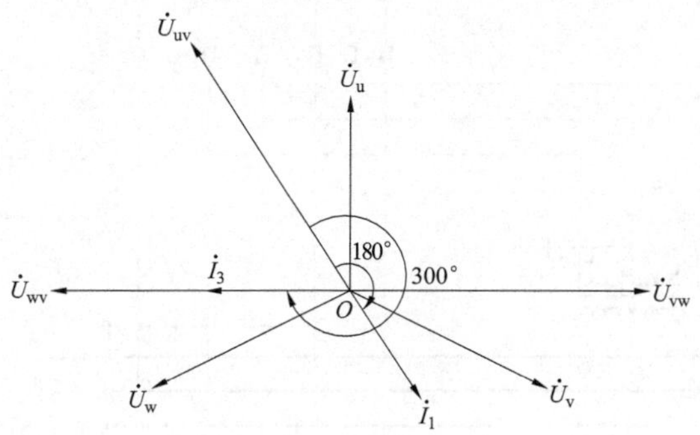

图4－286

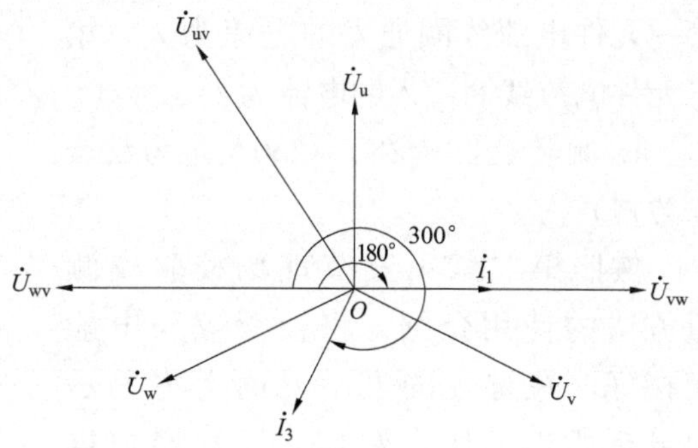

图4－287

（6）将两个电流在相量图上的位置进行比较。比较结果是第五步以电压相序 VUW 推出的两个电流符合两个电流在相量图上的位置。

（7）最后得出错误接线结论：电压相序 VUW，电流相序 I_w、I_u，U 相电压断相。电能表的实际接线组别为：第一元件$\frac{1}{2}U_{vw}$、$-I_w$，第二元件$\frac{1}{2}U_{wv}$、$-I_u$。

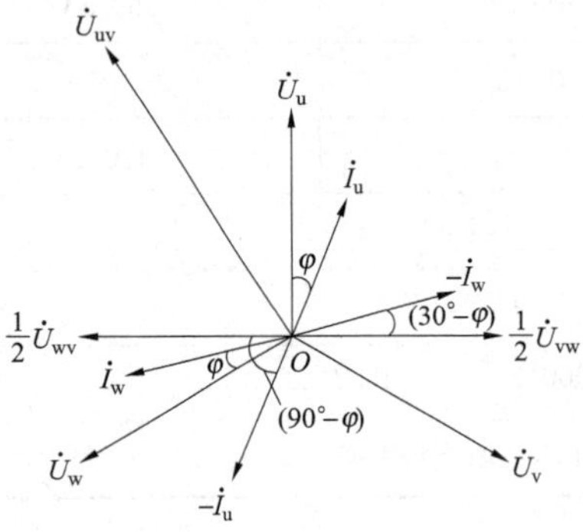

图 4-288

（8）画出错误接线相量图，如图 4-288 所示。

3. 写出错误接线时测得的电能（以功率表示）

因为电能表所计量的电能与所加电压和电流及相应相电流之间的夹角余弦乘积成正比，根据上面画出的错误接线相量图，对两个元件所计量的电能分别进行分析（以功率表示），并设 P_1'为第一元件错误计量的功率，P_2'为第二元件错误计量的功率。

第一元件测量的功率为

$$P_1' = \frac{1}{2}U_{vw}(-I_w)\cos(30° - \varphi)$$

第二元件测量的功率为

$$P_2' = \frac{1}{2}U_{wv}(-I_u)\cos(90° - \varphi)$$

在三相电路完全对称时，两元件测量的总功率为

$$\begin{aligned} P' &= P_1' + P_2' \\ &= \frac{1}{2}U_{vw}(-I_w)\cos(30° - \varphi) + \frac{1}{2}U_{wv}(-I_u)\cos(90° - \varphi) \end{aligned}$$

九、表尾电压相序 VUW，电流相序 I_uI_w，W 相 TV 二次侧电压断相

图 4-289 是三相三线有功电能表的错误接线。从图中可以看出，电能表表尾电压相序为 VUW，并且 W 相 TV 二次侧电压断相，造成电能表第一元件电压线圈两端实际承受电压为 U_{vu}，第二元件实际承受电压为$\frac{1}{2}U_{vu}$；第一元件电流线圈通入的电流为 I_u，第二元件电流线圈通入的电流为 I_w。

1. 测量数据（以 T-230A 现场校验仪为例）

按照第二章第三节现场校验仪测量方法的使用介绍，将校验仪与电能表接好。在选定的显示界面上将显示出分析所需的所有数据，显示屏数据如表 4-73 所示。

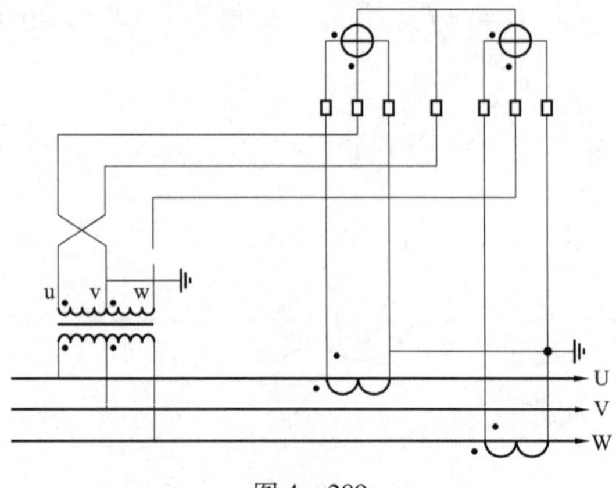

图 4-289

表 4-73

测 试 数 据			
项目	1 元件	2-6 端子	3 元件
电压	100.7V	51.4V	49.4V
电流	1.5A	0.0A	1.5A
对地电压	0.3V	100.4V	51.1V
相位	$\varphi_{I_1I_3}=239.5°$		
	$\varphi_{U_{12}I_1}=240.2°$		
	$\varphi_{U_{12}I_3}=119.7°$ $P=-113.9$		
相序	电压断相 U_3 电流相序正		

2. 分析判断错误现象

（1）从表 4-73“电压”栏中的显示值看出 2 元件和 3 元件的电压值不等于 100V，可以判定该错误接线有电压断相，并且根据 2 元件和 3 元件的电压值可以看出，此电能表内部分压结构为“△”形。

（2）从“对地电压”栏中可以看出 1 元件的电压为 0V，所以确定 U_1 为 V 相。电压值为 51V 的 U_3 为电压断相，与“相序”栏中的电压断相 U_3 一致。

（3）确定 U_1 为 V 相后，就可以看出该错误接线的电压相序有两种可能，即 VWU 和 VUW。

（4）如图 4-290 所示，以电压相序 VWU 推出两个电流在相量图上的位置。将“相位”栏中的 U_{12} 替换成 U_{vw}。那么，$U_{12}I_1=240°$ 就替换成 $U_{vw}I_1=240°$、$U_{12}I_3=120°$ 就替换成 $U_{vw}I_3=120°$。即以 U_{vw} 为基准沿顺时针方向分别转 240°和 120°找到 I_1 和 I_3。

（5）如图 4-291 所示，以电压相序 VUW 推出两个电流在相量图上的位置。将“相位”栏中的 U_{12} 替换成 U_{vu}。那么，$U_{12}I_1=240°$ 就替换成 $U_{vu}I_1=240°$、$U_{12}I_3=120°$ 就替换成 $U_{vu}I_3=120°$。即以 U_{vu} 为基准沿顺时针方向分别转 240°和 120°找到 I_1 和 I_3。从图上可以看出 $I_1=I_u$、$I_3=I_w$，并且其夹角等于 240°，电流相序为正。

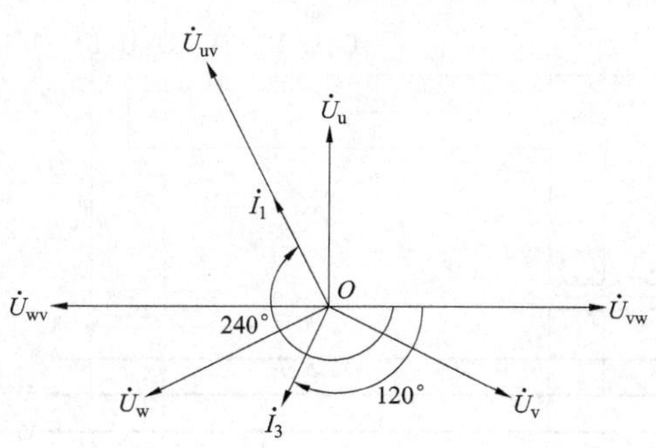

图 4-290

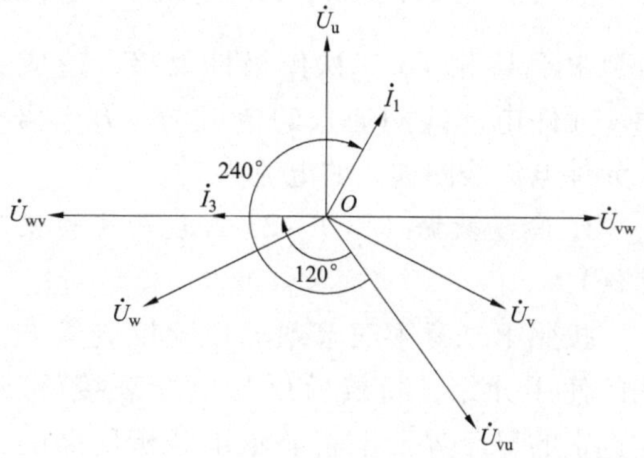

图 4-291

（6）将两个电流在相量图上的位置进行比较。比较结果是第五步以电压相序 VUW 推出的两个电流符合两个电流在相量图上的位置。

（7）最后得出错误接线结论：电压相序 VUW，电流相序 I_u、I_w，W 相电压断相。电能表的实际接线组别为：第一元件 U_{vu}、I_u，第二元件$\frac{1}{2}U_{vu}$、I_w。

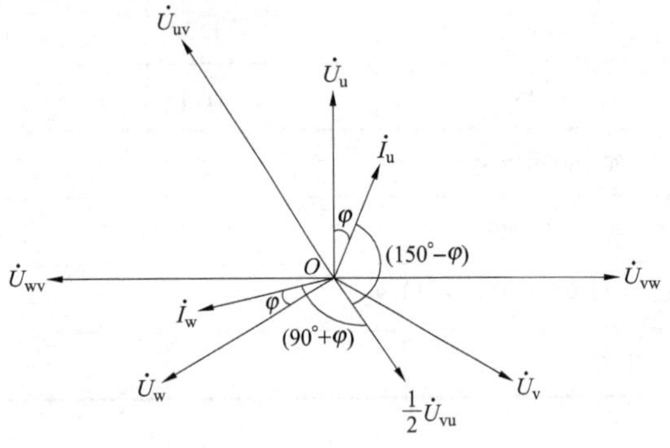

图 4 - 292

（8）画出错误接线相量图，如图 4 - 292 所示。

3. 写出错误接线时测得的电能（以功率表示）

因为电能表所计量的电能与所加电压和电流及相应相电流之间的夹角余弦乘积成正比，根据图 4 - 292 画出的错误接线相量图，对两个元件所计量的电能分别进行分析（以功率表示），并设 P_1'为第一元件错误计量的功率，P_2'为第二元件错误计量的功率。

第一元件测量的功率为

$$P_1' = U_{vu}I_u\cos(150° - \varphi)$$

第二元件测量的功率为

$$P_2' = \frac{1}{2}U_{vu}I_w\cos(90° + \varphi)$$

在三相电路完全对称时，两元件测量的总功率为

$$\begin{aligned}P' &= P_1' + P_2'\\ &= U_{vu}I_u\cos(150° - \varphi) + \frac{1}{2}U_{vu}I_w\cos(90° + \varphi)\end{aligned}$$

十、表尾电压相序 VUW，电流相序 I_uI_w，W 相 TV 二次侧电压断相，U 相 TA 二次侧极性反接

图 4 - 293 是三相三线有功电能表的错误接线。从图中可以看出，电能表表尾电压相序为 VUW，并且 W 相 TV 二次侧电压断相，造成电能表第一元件电压线圈两端实际承受电压为 U_{vu}，第二元件实际承受电压为$\frac{1}{2}U_{vu}$；电流由于 U 相 TA 二次侧极性反接，造成第一元件电流线圈通入的电流为 $-I_u$，第二元件电流线圈通入的电流为 I_w。

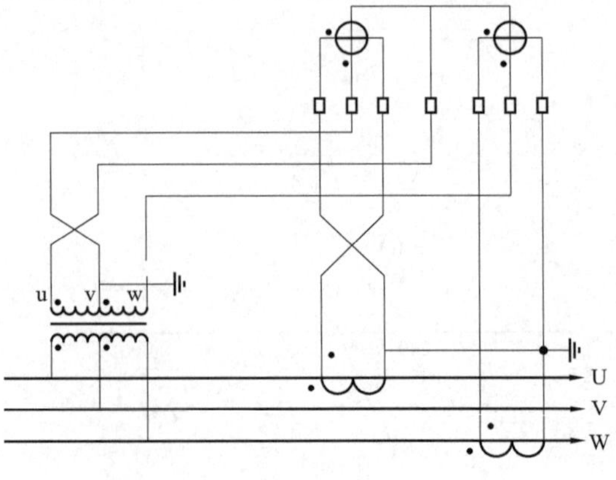

图 4 - 293

1. 测量数据（以 T - 230A 现场校验仪为例）

按照第二章第三节现场校验仪测量方法的使用介绍，将校验仪与电能表接好。在选定的显示界面上将显示出分析所需的所有数据，显示屏数据如表 4 - 74 所示。

表 4－74

测 试 数 据			
项目	1 元件	2－6 端子	3 元件
电压	100.7V	51.4V	49.4V
电流	1.5A	0.0A	1.5A
对地电压	0.3V	100.4V	51.1V
相位	$\varphi_{I_1I_3}=59.9°$		
	$\varphi_{U_{12}I_1}=60.0°$		
	$\varphi_{U_{12}I_3}=119.8°$　$P=36.2$		
相序	电压断相 U_3　电流相序正		

2. 分析判断错误现象

（1）从表 4－74 "电压"栏中的显示值看出 2 元件和 3 元件的电压值不等于 100V，可以判定该错误接线有电压断相，并且根据 2 元件和 3 元件的电压值可以看出，此电能表内部分压结构为"△"形。

（2）从"对地电压"栏中可以看出 1 元件的电压为 0V，所以确定 U_1 为 V 相。电压值为 51V 的 U_3 为电压断相，与"相序"栏中的电压断相 U_3 一致。

（3）确定 U_1 为 V 相后，就可以看出该错误接线的电压相序有两种可能，即 VWU 和 VUW。

（4）如图 4－294 所示，以电压相序 VWU 推出两个电流在相量图上的位置。将"相位"栏中的 U_{12} 替换成 U_{vw}。那么，$U_{12}I_1=60°$ 就替换成 $U_{vw}I_1=60°$、$U_{12}I_3=120°$ 就替换成 $U_{vw}I_3=120°$。即以 U_{vw} 为基准沿顺时针方向分别转 60° 和 120° 找到 I_1 和 I_3。

（5）如图 4－295 所示，以电压相序 VUW 推出两个电流在相量图上的位置。将"相位"栏中的 U_{12} 替换成 U_{vu}。那么，$U_{12}I_1=60°$ 就替换成 $U_{vu}I_1=60°$、$U_{12}I_3=120°$ 就替换成 $U_{vu}I_3=120°$。即以 U_{vu} 为基准沿顺时针方向分别转 60° 和 120° 找到 I_1 和 I_3。从图上可以看出 $I_1=-I_u$、$I_3=I_w$，并且其夹角等于 60°，电流相序为正。

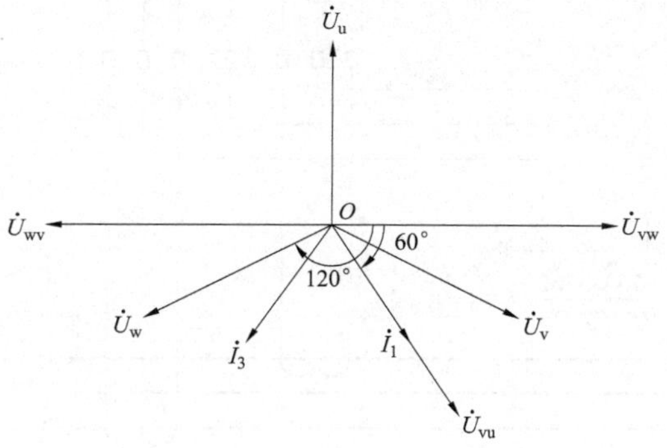

图 4－294

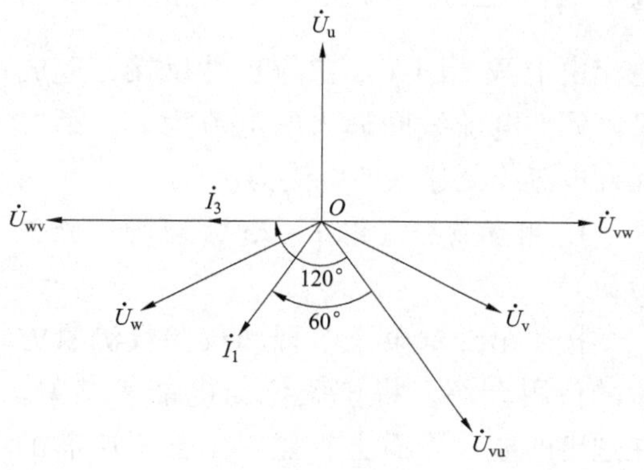

图 4－295

（6）将两个电流在相量图上的位置进行比较。比较结果是第五步以电压相序 VUW 推出的两个电流符合两个电流在相量图上的位置。

（7）最后得出错误接线结论：电压相序 VUW，电流相序 I_u、I_w，W 相电压断相。电能表的实际接线组别为：第一元件 U_{vu}、$-I_u$，第二元件$\frac{1}{2}U_{vu}$、I_w。

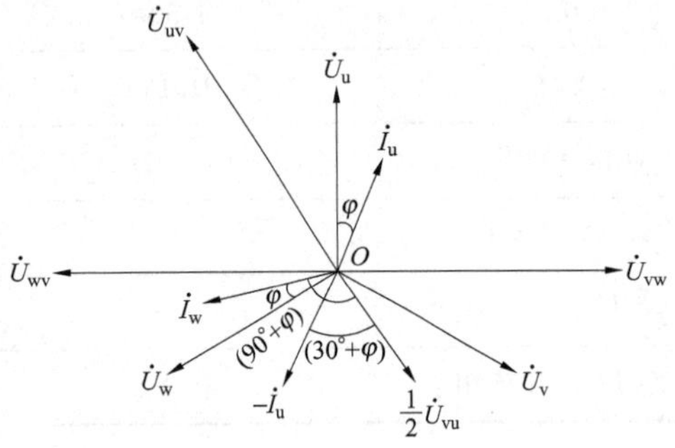

图 4－296

（8）画出错误接线相量图，如图 4－296 所示。

3. 写出错误接线时测得的电能（以功率表示）

因为电能表所计量的电能与所加电压和电流及相应相电流之间的夹角余弦乘积成正比，根据图 4－296 画出的错误接线相量图，对两个元件所计量的电能分别进行分析（以功率表示），并设 P_1'为第一元件错误计量的功率，P_2'为第二元件错误计量的功率。

第一元件测量的功率为

$$P_1' = U_{vu}(-I_u)\cos(30° + \varphi)$$

第二元件测量的功率为

$$P_2' = \frac{1}{2}U_{vu}I_w\cos(90° + \varphi)$$

在三相电路完全对称时，两元件测量的总功率为

$$\begin{aligned} P' &= P_1' + P_2' \\ &= U_{vu}(-I_u)\cos(30° + \varphi) + \frac{1}{2}U_{vu}I_w\cos(90° + \varphi) \end{aligned}$$

十一、表尾电压相序 VUW，电流相序 I_uI_w，W 相 TV 二次侧电压断相，W 相 TA 二次侧极性反接

图 4－297 是三相三线有功电能表的错误接线。从图中可以看出，电能表表尾电压相序为 VUW，并且 W 相 TV 二次侧电压断相，造成电能表第一元件电压线圈两端实际承受电压为 U_{vu}，第二元件实际承受电压为$\frac{1}{2}U_{vu}$；电流由于 W 相 TA 二次侧极性反接，造成第一元件电流线圈通入的电流为 I_u，第二元件电流线圈通入的电流为 $-I_w$。

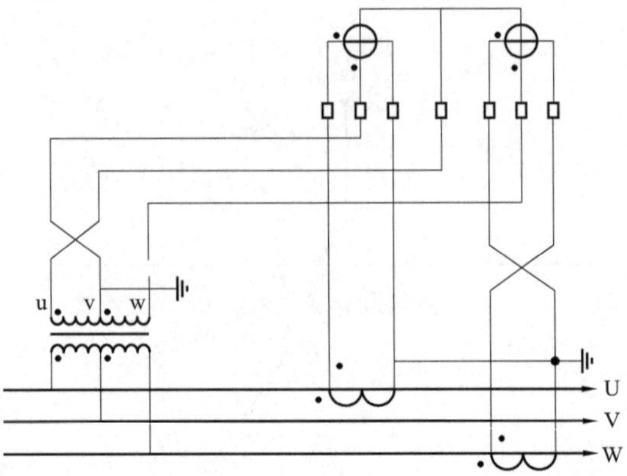

图 4－297

1. 测量数据（以 T－230A 现场校验仪为例）

按照第二章第三节现场校验仪测量方法的使用介绍，将校验仪与电能表接好。在选定的显示界面上将显示出分析所需的所有数据，显示屏数据如表 4－75 所示。

表 4-75

测 试 数 据			
项目	1 元件	2-6 端子	3 元件
电压	100.8V	51.5V	49.4V
电流	1.5A	0.0A	1.5A
对地电压	0.3V	100.5V	51.2V
相位	$\varphi_{I_1I_3}=59.8°$		
	$\varphi_{U_{12}I_1}=240.0°$		
	$\varphi_{U_{12}I_3}=299.8°$　$P=-34.3$		
相序	电压断相 U_3　电流相序正		

2. 分析判断错误现象

(1) 从表 4-75 "电压"栏中的显示值看出 2 元件和 3 元件的电压值不等于 100V，可以判定该错误接线有电压断相，并且根据 2 元件和 3 元件的电压值可以看出，此电能表内部分压结构为"△"形。

(2) 从"对地电压"栏中可以看出 1 元件的电压为 0V，所以确定 U_1 为 V 相。电压值为 51V 的 U_3 为电压断相，与"相序"栏中的电压断相 U_3 一致。

(3) 确定 U_1 为 V 相后，就可以看出该错误接线的电压相序有两种可能，即 VWU 和 VUW。

(4) 如图 4-298 所示，以电压相序 VWU 推出两个电流在相量图上的位置。将"相位"栏中的 U_{12} 替换成 U_{vw}。那么，$U_{12}I_1=240°$ 就替换成 $U_{vw}I_1=240°$、$U_{12}I_3=300°$ 就替换成 $U_{vw}I_3=300°$。即以 U_{vw} 为基准沿顺时针方向分别转 240°和 300°找到 I_1 和 I_3。

(5) 如图 4-299 所示，以电压相序 VUW 推出两个电流在相量图上的位置。将"相位"栏中的 U_{12} 替换成 U_{vu}。那么，$U_{12}I_1=240°$ 就替换成 $U_{vu}I_1=240°$、$U_{12}I_3=300°$ 就替换成 $U_{vu}I_3=300°$。即以 U_{vu} 为基准沿顺时针方向分别转 240°和 300°找到 I_1 和 I_3。从图上可以看出 $I_1=I_u$、$I_3=-I_w$，并且其夹角等于 60°，电流相序为正。

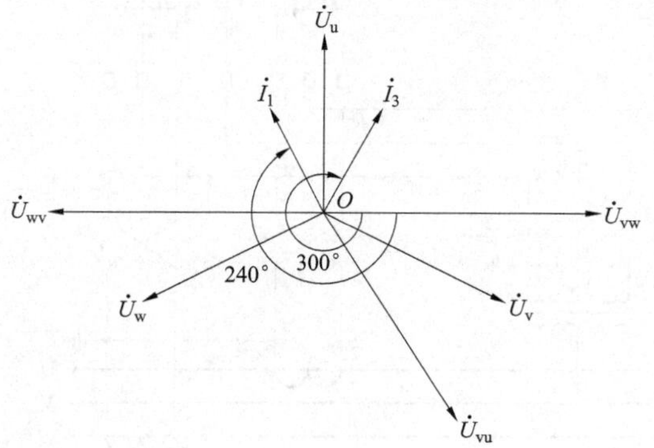

图 4-298

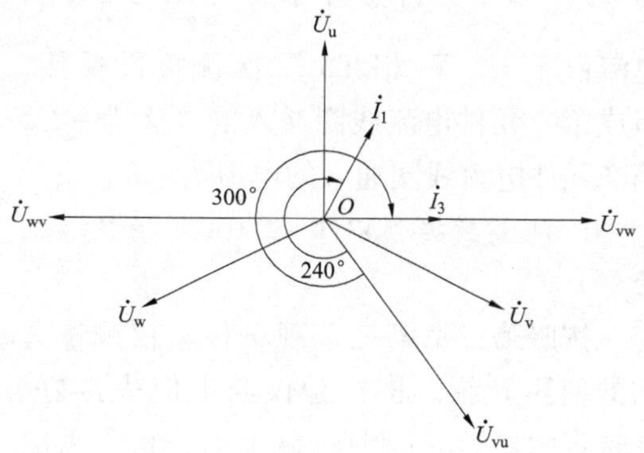

图 4-299

（6）将两个电流在相量图上的位置进行比较。比较结果是第五步以电压相序 VUW 推出的两个电流符合两个电流在相量图上的位置。

（7）最后得出错误接线结论：电压相序 VUW，电流相序 I_u、I_w，W 相电压断相。电能表的实际接线组别为：第一元件 U_{vu}、I_u，第二元件$\frac{1}{2}U_{vu}$、$-I_w$。

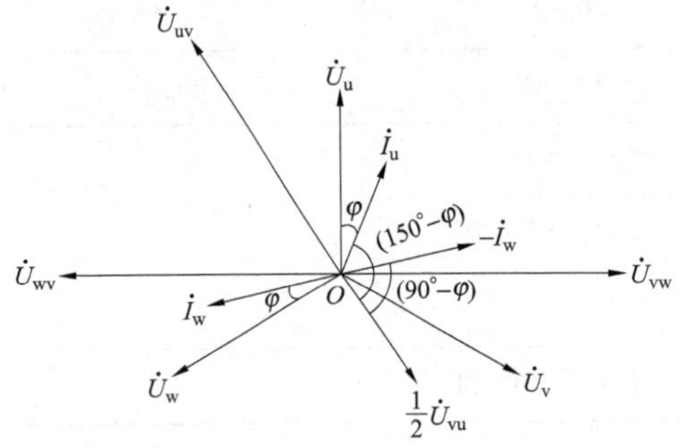

图 4－300

（8）画出错误接线相量图，如图 4－300 所示。

3. 写出错误接线时测得的电能（以功率表示）

因为电能表所计量的电能与所加电压和电流及应相电流之间的夹角余弦乘积成正比，根据图 4－300 画出的错误接线相量图，对两个元件所计量的电能分别进行分析（以功率表示），并设 P_1'为第一元件错误计量的功率，P_2'为第二元件错误计量的功率。

第一元件测量的功率为

$$P_1' = U_{vu}I_u\cos(150° - \varphi)$$

第二元件测量的功率为

$$P_2' = \frac{1}{2}U_{vu}(-I_w)\cos(90° - \varphi)$$

在三相电路完全对称时，两元件测量的总功率为

$$\begin{aligned} P' &= P_1' + P_2' \\ &= U_{vu}I_u\cos(150° - \varphi) + \frac{1}{2}U_{vu}(-I_w)\cos(90° - \varphi) \end{aligned}$$

十二、表尾电压相序 VUW，电流相序 I_uI_w，W 相 TV 二次侧电压断相，U、W 相 TA 二次侧极性反接

图 4－301 是三相三线有功电能表的错误接线。从图中可以看出，电能表表尾电压相序为 VUW，并且 W 相 TV 二次侧电压断相，造成电能表第一元件电压线圈两端实际承受电压为 U_{vu}，第二元件实际承受电压为$\frac{1}{2}U_{vu}$；电流由于 U、W 相 TA 二次侧极性反接，造成第一元件电流线圈通入的电流为 $-I_u$，第二元件电流线圈通入的电流为 $-I_w$。

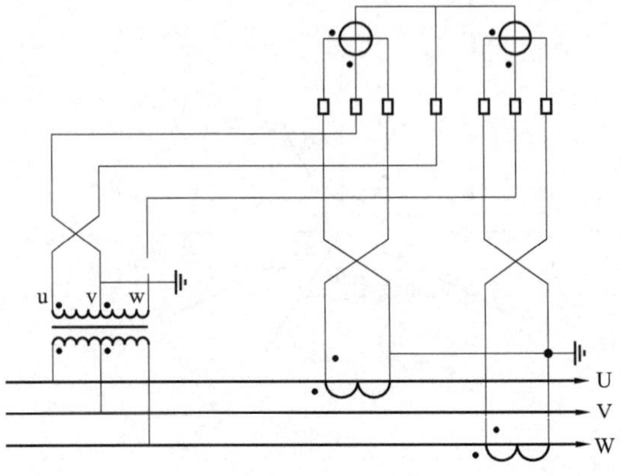

图 4－301

1. 测量数据（以 T－230A 现场校验仪为例）

按照第二章第三节现场校验仪测量方法的使用介绍，将校验仪与电能表接好。在选定的显示界面上将显示出分析所需的所有数据，显示屏数据如表 4－76 所示。

表 4－76

测 试 数 据			
项目	1 元件	2－6 端子	3 元件
电压	100.7V	51.4V	49.4V
电流	1.5A	0.0A	1.5A
对地电压	0.3V	100.4V	51.1V
相位	$\varphi_{I_1I_3}=239.5°$		
	$\varphi_{U_{12}I_1}=60.2°$		
	$\varphi_{U_{12}I_3}=299.7°$　$P=113.8$		
相序	电压断相 U_3　电流相序正		

2. 分析判断错误现象

（1）从表 4－76“电压”栏中的显示值看出 2 元件和 3 元件的电压值不等于 100V，可以判定该错误接线有电压断相，并且根据 2 元件和 3 元件的电压值可以看出，此电能表内部分压结构为“△”形。

（2）从“对地电压”栏中可以看出 1 元件的电压为 0V，所以确定 U_1 为 V 相。电压值为 51V 的 U_3 为电压断相，与“相序”栏中的电压断相 U_3 一致。

（3）确定 U_1 为 V 相后，就可以看出该错误接线的电压相序有两种可能，即 VWU 和 VUW。

（4）如图 4－302 所示，以电压相序 VWU 推出两个电流在相量图上的位置。将“相位”栏中的 U_{12} 替换成 U_{vw}。那么，$U_{12}I_1=60°$ 就替换成 $U_{vw}I_1=60°$、$U_{12}I_3=300°$ 就替换成 $U_{vw}I_3=300°$。即以 U_{vw} 为基准沿顺时针方向分别转 60°和 300°找到 I_1 和 I_3。

（5）如图 4－303 所示，以电压相序 VUW 推出两个电流在相量图上的位置。将“相位”栏中的 U_{12} 替换成 U_{vu}。那么，$U_{12}I_1=60°$ 就替换成 $U_{vu}I_1=60°$、$U_{12}I_3=300°$ 就替换成 $U_{vu}I_3=300°$。即以 U_{vu} 为基准沿顺时针方向分别转 60°和 300°找到 I_1 和 I_3。从图上可以看出 $I_1=-I_u$、$I_3=-I_w$，并且其夹角等于 240°，电流相序为正。

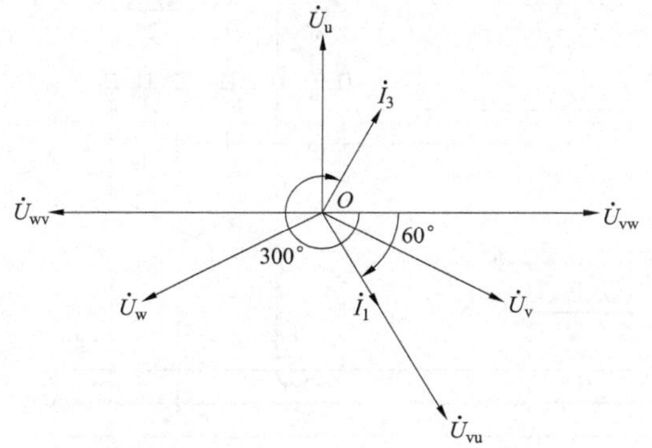

图 4－302

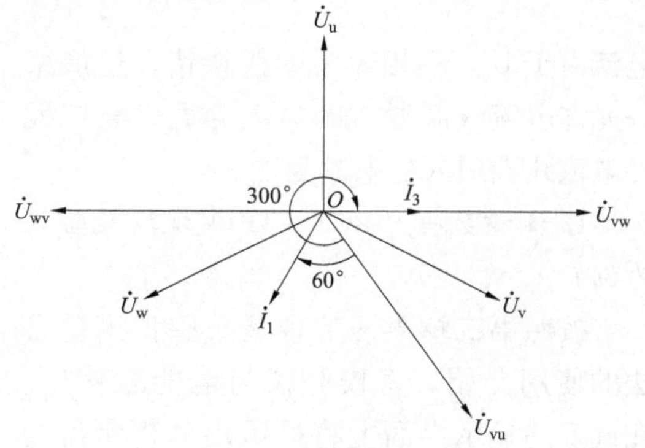

图 4－303

（6）将两个电流在相量图上的位置进行比较。比较结果是第五步以电压相序 VUW 推出的两个电流符合两个电流在相量图上的位置。

（7）最后得出错误接线结论：电压相序 VUW，电流相序 I_u、I_w，W 相电压断相。电能表的实际接线组别为：第一元件 U_{vu}、$-I_u$，第二元件$\frac{1}{2}U_{vu}$、$-I_w$。

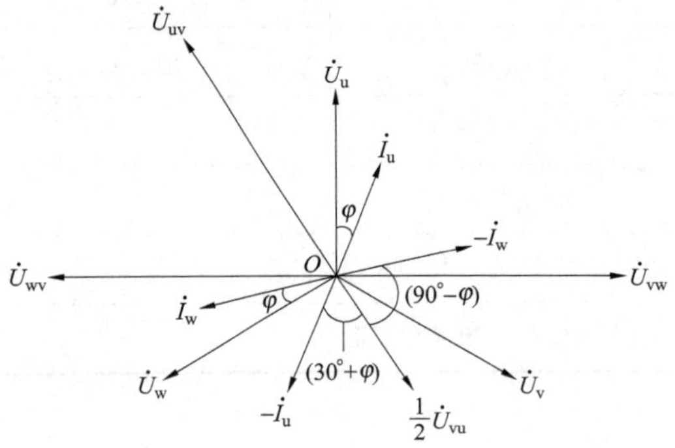

图 4－304

（8）画出错误接线相量图，如图 4－304 所示。

3. 写出错误接线时测得的电能（以功率表示）

因为电能表所计量的电能与所加电压和电流及相应相电流之间的夹角余弦乘积成正比，根据图 4－304 画出的错误接线相量图，对两个元件所计量的电能分别进行分析（以功率表示），并设 P_1'为第一元件错误计量的功率，P_2'为第二元件错误计量的功率。

第一元件测量的功率为

$$P_1' = U_{vu}(-I_u)\cos(30° + \varphi)$$

第二元件测量的功率为

$$P_2' = \frac{1}{2}U_{vu}(-I_w)\cos(90° - \varphi)$$

在三相电路完全对称时，两元件测量的总功率为

$$\begin{aligned} P' &= P_1' + P_2' \\ &= U_{vu}(-I_u)\cos(30° + \varphi) + \frac{1}{2}U_{vu}(-I_w)\cos(90° - \varphi) \end{aligned}$$

十三、表尾电压相序 VUW，电流相序 I_wI_u，W 相 TV 二次侧电压断相

图 4－305 是三相三线有功电能表的错误接线。从图中可以看出，电能表表尾电压相序为 VUW，并且 W 相 TV 二次侧电压断相，造成电能表第一元件电压线圈两端实际承受电压为 U_{vu}，第二元件实际承受电压为$\frac{1}{2}U_{vu}$；电流由于 U、W 相表尾端钮接错，造成第一元件电流线圈通入的电流为 I_w，第二元件电流线圈通入的电流为 I_u。

1. 测量数据（以 T－230A 现场校验仪为例）

按照第二章第三节现场校验仪测量方法的使用介绍，将校验仪与电能表接好。在选定的显示界面上将显示出分析所需的所有数据，显示屏数据如表 4－77 所示。

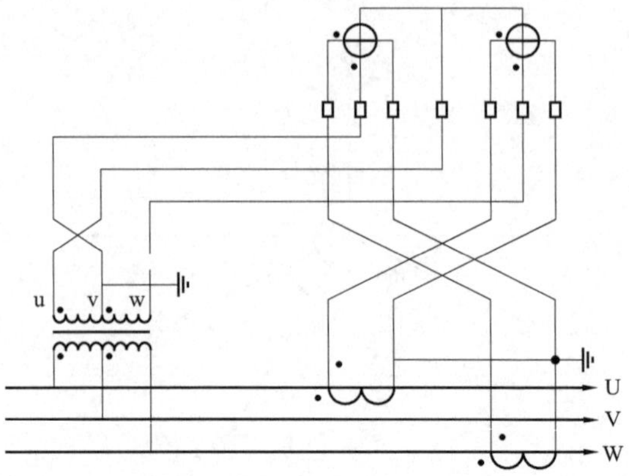

图 4－305

表 4 -77

测 试 数 据			
项目	1 元件	2 -6 端子	3 元件
电压	99.9V	55.7V	44.5V
电流	1.5A	0.0A	1.5A
对地电压	0.3V	99.6V	55.4V
相位	$\varphi_{I_1I_3}=120.7°$		
	$\varphi_{U_{12}I_1}=119.6°$		
	$\varphi_{U_{12}I_3}=240.3°$　$P=-111.2$		
相序	电压断相 U_3　电流相序逆		

2. 分析判断错误现象

（1）从表 4 -77 "电压"栏中的显示值看出 2 元件和 3 元件的电压值不等于 100V，可以判定该错误接线有电压断相，并且根据 2 元件和 3 元件的电压值可以看出，此电能表内部分压结构为"△"形。

（2）从"对地电压"栏中可以看出 1 元件的电压为 0V，所以确定 U_1 为 V 相。电压值为 55V 的 U_3 为电压断相，与"相序"栏中的电压断相 U_3 一致。

（3）确定 U_1 为 V 相后，就可以看出该错误接线的电压相序有两种可能，即 VWU 和 VUW。

（4）如图 4 -306 所示，以电压相序 VWU 推出两个电流在相量图上的位置。将"相位"栏中的 U_{12} 替换成 U_{vw}。那么，$U_{12}I_1=120°$ 就替换成 $U_{vw}I_1=120°$、$U_{12}I_3=240°$ 就替换成 $U_{vw}I_3=240°$。即以 U_{vw} 为基准沿顺时针方向分别转 120°和 240°找到 I_1 和 I_3。

（5）如图 4 -307 所示，以电压相序 VUW 推出两个电流在相量图上的位置。将"相位"栏中的 U_{12} 替换成 U_{vu}。那么，$U_{12}I_1=120°$ 就替换成 $U_{vu}I_1=120°$、$U_{12}I_3=240°$ 就替换成 $U_{vu}I_3=240°$。即以 U_{vu} 为基准沿顺时针方向分别转 120°和 240°找到 I_1 和 I_3。从图上可以看出 $I_1=I_w$、$I_3=I_u$，并且其夹角等于 120°，电流相序为逆。

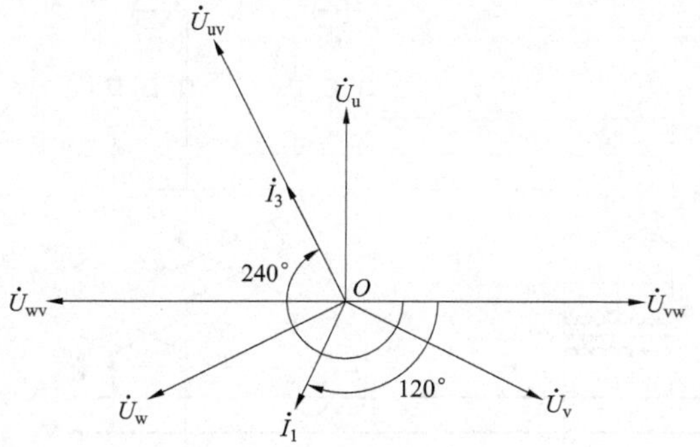

图 4 -306

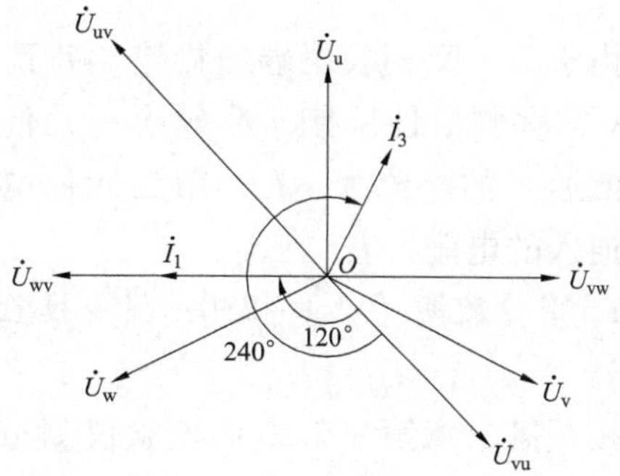

图 4 -307

（6）将两个电流在相量图上的位置进行比较。比较结果是第五步以电压相序 VUW 推出的两个电流符合两个电流在相量图上的位置。

（7）最后得出错误接线结论：电压相序 VUW，电流相序 I_w、I_u，W 相电压断相。电能表的实际接线组别为：第一元件 U_{vu}、I_w，第二元件$\frac{1}{2}U_{vu}$、I_u。

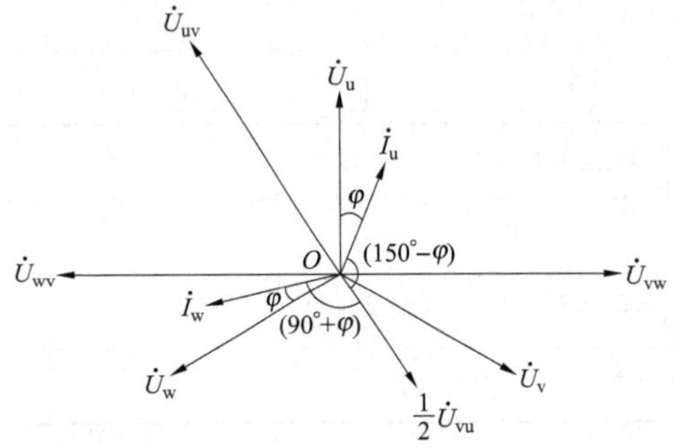

图 4－308

（8）画出错误接线相量图，如图 4－308 所示。

3. 写出错误接线时测得的电能（以功率表示）

因为电能表所计量的电能与所加电压和电流及相应相电流之间的夹角余弦乘积成正比，根据上面画出的错误接线相量图，对两个元件所计量的电能分别进行分析（以功率表示），并设 P_1'为第一元件错误计量的功率，P_2'为第二元件错误计量的功率。

第一元件测量的功率为

$$P_1' = U_{vu}I_w\cos(90° + \varphi)$$

第二元件测量的功率为

$$P_2' = \frac{1}{2}U_{vu}I_u\cos(150° - \varphi)$$

在三相电路完全对称时，两元件测量的总功率为

$$\begin{aligned}P' &= P_1' + P_2' \\ &= U_{vu}I_w\cos(90° + \varphi) + \frac{1}{2}U_{vu}I_u\cos(150° - \varphi)\end{aligned}$$

十四、表尾电压相序 VUW，电流相序 I_wI_u，W 相 TV 二次侧电压断相，W 相 TA 二次侧极性反接

图 4－309 是三相三线有功电能表的错误接线。从图中可以看出，电能表表尾电压相序为 VUW，并且 W 相 TV 二次侧电压断相，造成电能表第一元件电压线圈两端实际承受电压为 U_{vu}，第二元件实际承受电压为$\frac{1}{2}U_{vu}$；电流由于 U、W 相表尾端钮接错，并且 W 相 TA 二次侧极性反接，造成第一元件电流线圈通入的电流为 $-I_w$，第二元件电流线圈通入的电流为 I_u。

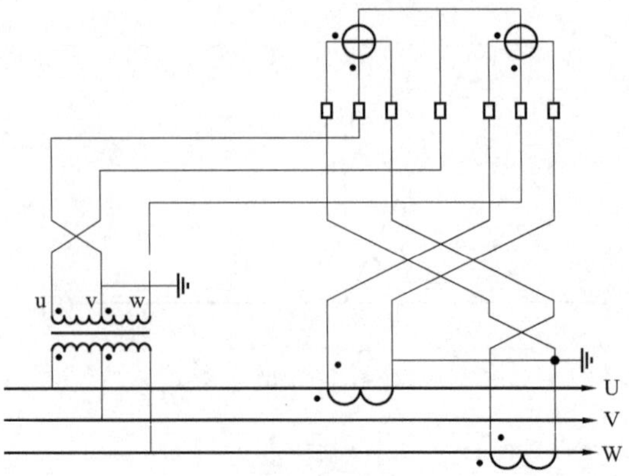

图 4－309

1. 测量数据（以 T－230A 现场校验仪为例）

按照第二章第三节现场校验仪测量方法的使用介绍，将校验仪与电能表接好。在选定的显示界面上将显示出分析所需的

所有数据，显示屏数据如表 4 – 78 所示。

表 4 – 78

测 试 数 据			
项目	1 元件	2 – 6 端子	3 元件
电压	100.7V	51.4V	49.4V
电流	1.5A	0.0A	1.5A
对地电压	0.3V	100.4V	51.1V
相位	$\varphi_{I_1I_3}=300.2°$		
	$\varphi_{U_{12}I_1}=299.8°$		
	$\varphi_{U_{12}I_3}=240.0°$ $P=40.3$		
相序	电压断相 U_3 电流相序逆		

2. 分析判断错误现象

（1）从表 4 – 78“电压”栏中的显示值看出 2 元件和 3 元件的电压值不等于 100V，可以判定该错误接线有电压断相，并且根据 2 元件和 3 元件的电压值可以看出，此电能表内部分压结构为“△”形。

（2）从“对地电压”栏中可以看出 1 元件的电压为 0V，所以确定 U_1 为 V 相。电压值为 51V 的 U_3 为电压断相，与“相序”栏中的电压断相 U_3 一致。

（3）确定 U_1 为 V 相后，就可以看出该错误接线的电压相序有两种可能，即 VWU 和 VUW。

（4）如图 4 – 310 所示，以电压相序 VWU 推出两个电流在相量图上的位置。将“相位”栏中的 U_{12} 替换成 U_{vw}。那么，$U_{12}I_1=300°$ 就替换成 $U_{vw}I_1=300°$、$U_{12}I_3=240°$ 就替换成 $U_{vw}I_3=240°$。即以 U_{vw} 为基准沿顺时针方向分别转 300° 和 240° 找到 I_1 和 I_3。

（5）如图 4 – 311 所示，以电压相序 VUW 推出两个电流在相量图上的位置。将“相位”栏中的 U_{12} 替换成 U_{vu}。那么，$U_{12}I_1=300°$ 就替换成 $U_{vu}I_1=300°$、$U_{12}I_3=240°$ 就替换成 $U_{vu}I_3=240°$。即以 U_{vu} 为基准沿顺时针方向分别转 300° 和 240° 找到 I_1 和 I_3。从图上可以看出 $I_1=-I_w$、$I_3=I_u$，并且其夹角等于 300°，电流相序为逆。

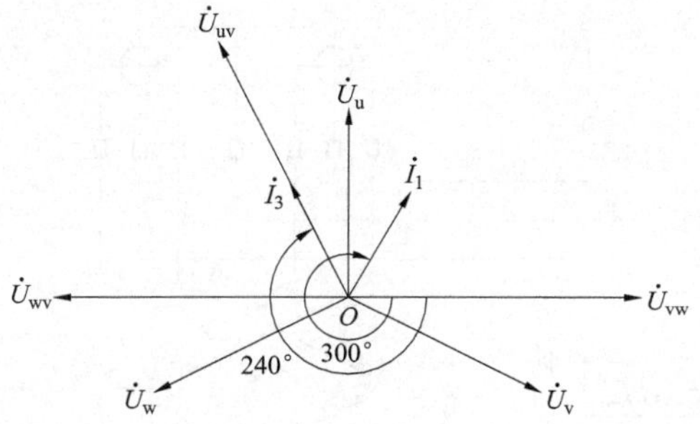

图 4 – 310

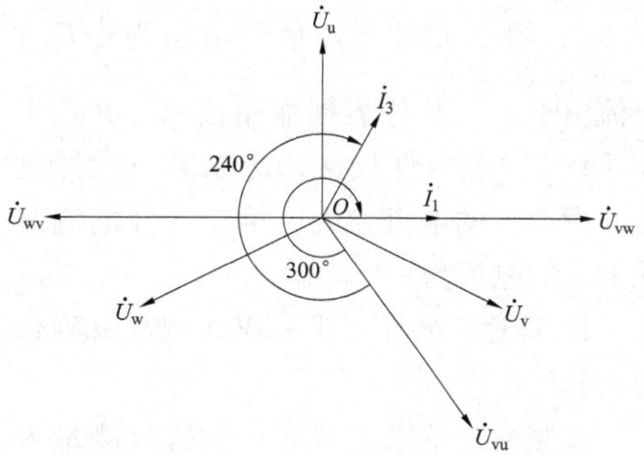

图 4 – 311

（6）将两个电流在相量图上的位置进行比较。比较结果是第五步以电压相序 VUW 推出的两个电流符合两个电流在相量图上的位置。

（7）最后得出错误接线结论：电压相序 VUW，电流相序 I_w、I_u，W 相电压断相。电能表的实际接线组别为：第一元件 U_{vu}、$-I_w$，第二元件$\frac{1}{2}U_{vu}$、I_u。

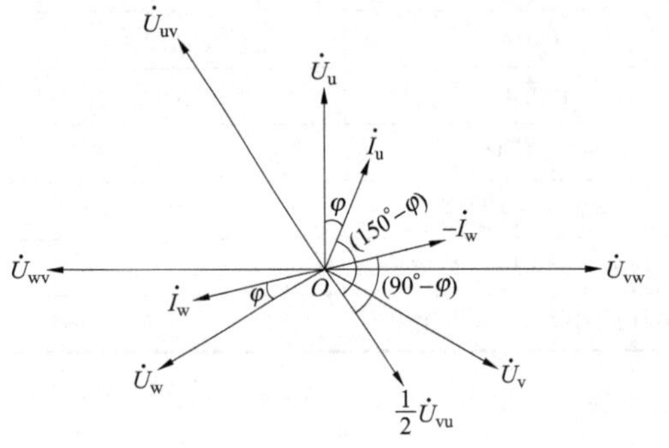

图 4－312

（8）画出错误接线相量图，如图 4－312 所示。

3. 写出错误接线时测得的电能（以功率表示）

因为电能表所计量的电能与所加电压和电流及相应相电流之间的夹角余弦乘积成正比，根据 4－312 画出的错误接线相量图，对两个元件所计量的电能分别进行分析（以功率表示），并设 P_1'为第一元件错误计量的功率，P_2'为第二元件错误计量的功率。

第一元件测量的功率为

$$P_1' = U_{vu}(-I_w)\cos(90° - \varphi)$$

第二元件测量的功率为

$$P_2' = \frac{1}{2}U_{vu}I_u\cos(150° - \varphi)$$

在三相电路完全对称时，两元件测量的总功率为

$$\begin{aligned} P' &= P_1' + P_2' \\ &= U_{vu}(-I_w)\cos(90° - \varphi) + \frac{1}{2}U_{vu}I_u\cos(150° - \varphi) \end{aligned}$$

十五、表尾电压相序 VUW，电流相序 I_wI_u，W 相 TV 二次侧电压断相，U 相 TA 二次侧极性反接

图 4－313 是三相三线有功电能表的错误接线。从图中可以看出，电能表表尾电压相序为 VUW，并且 W 相 TV 二次侧电压断相，造成电能表第一元件电压线圈两端实际承受电压为 U_{vu}，第二元件实际承受电压为$\frac{1}{2}U_{vu}$；电流由于 U、W 相表尾端钮接错，并且 U 相 TA 二次侧极性反接，造成第一元件电流线圈通入的电流为 I_w，第二元件电流线圈通入的电流为 $-I_u$。

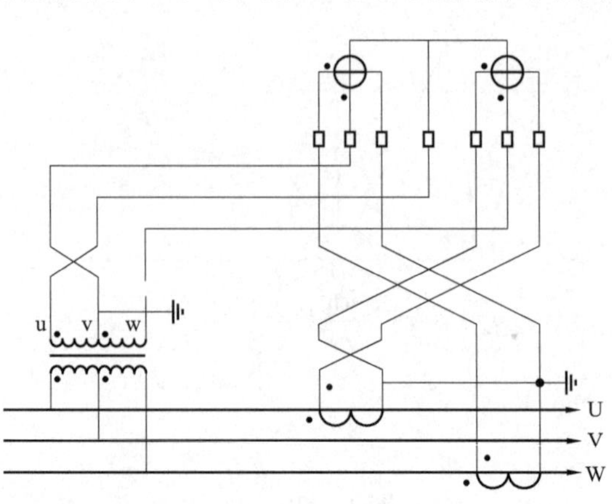

图 4－313

1. 测量数据（以 T－230A 现场校验仪为例）

按照第二章第三节现场校验仪测量方法的使用介绍，将校验仪与电能表接好。在选定的显示界面上将显示出分析所需的

所有数据，显示屏数据如表 4－79 所示。

表 4－79

测 试 数 据			
项目	1 元件	2－6 端子	3 元件
电压	100.7V	51.4V	49.4V
电流	1.5A	0.0A	1.5A
对地电压	0.3V	100.4V	51.0V
相位	$\varphi_{I_1I_3}=300.2°$		
	$\varphi_{U_{12}I_1}=119.8°$		
	$\varphi_{U_{12}I_3}=60.0°$　$P=-40.3$		
相序	电压断相 U_3　电流相序逆		

2. 分析判断错误现象

（1）从表 4－79“电压”栏中的显示值看出 2 元件和 3 元件的电压值不等于 100V，可以判定该错误接线有电压断相，并且根据 2 元件和 3 元件的电压值可以看出，此电能表内部分压结构为“△”形。

（2）从“对地电压”栏中可以看出 1 元件的电压为 0V，所以确定 U_1 为 V 相。电压值为 51V 的 U_3 为电压断相，与“相序”栏中的电压断相 U_3 一致。

（3）确定 U_1 为 V 相后，就可以看出该错误接线的电压相序有两种可能，即 VWU 和 VUW。

（4）如图 4－314 所示，以电压相序 VWU 推出两个电流在相量图上的位置。将“相位”栏中的 U_{12} 替换成 U_{vw}。那么，$U_{12}I_1=120°$ 就替换成 $U_{vw}I_1=120°$、$U_{12}I_3=60°$ 就替换成 $U_{vw}I_3=60°$。即以 U_{vw} 为基准沿顺时针方向分别转 120°和 60°找到 I_1 和 I_3。

（5）如图 4－315 所示，以电压相序 VUW 推出两个电流在相量图上的位置。将“相位”栏中的 U_{12} 替换成 U_{vu}。那么，$U_{12}I_1=120°$ 就替换成 $U_{vu}I_1=120°$、$U_{12}I_3=60°$ 就替换成 $U_{vu}I_3=60°$。即以 U_{vu} 为基准沿顺时针方向分别转 120°和 60°找到 I_1 和 I_3。从图上可以看出 $I_1=I_w$、$I_3=-I_u$，并且其夹角等于 300°，电流相序为逆。

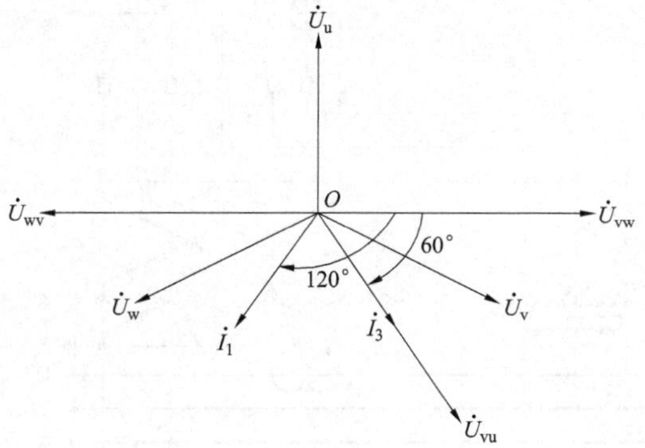

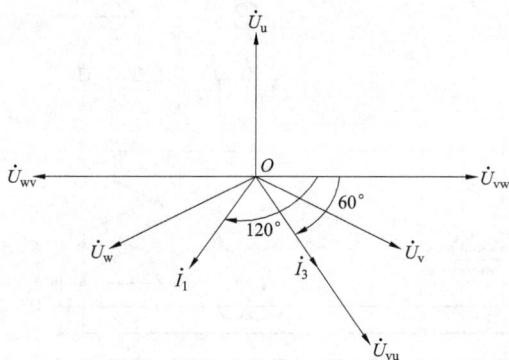

图 4－314

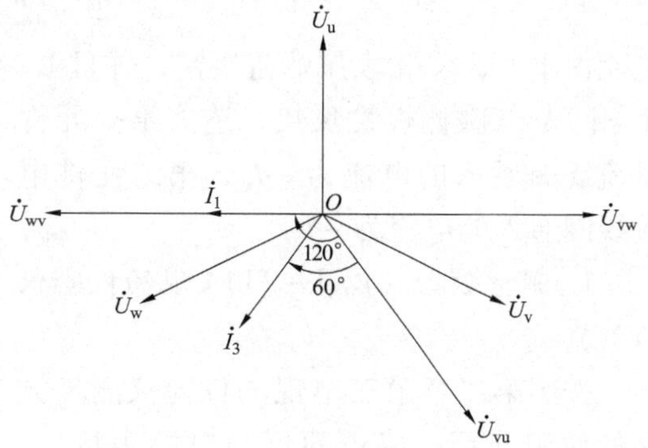

图 4－315

（6）将两个电流在相量图上的位置进行比较。比较结果是第五步以电压相序 VUW 推出的两个电流符合两个电流在相量图上的位置。

（7）最后得出错误接线结论：电压相序 VUW，电流相序 I_w、I_u，W 相电压断相。电能表的实际接线组别为：第一元件 U_{vu}、I_w，第二元件$\frac{1}{2}U_{vu}$、$-I_u$。

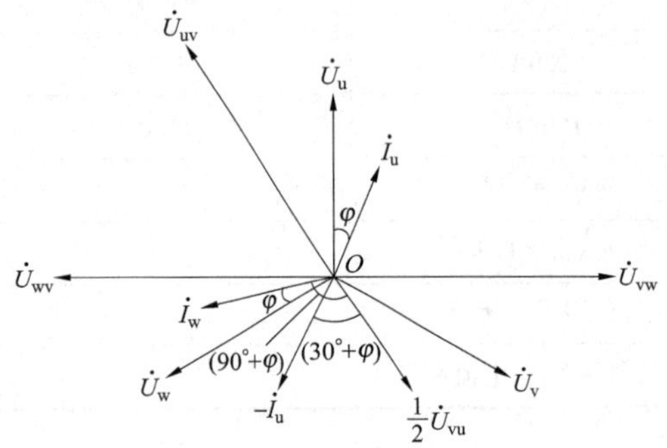

图 4－316

（8）画出错误接线相量图，如图 4－316 所示。

3. 写出错误接线时测得的电能（以功率表示）

因为电能表所计量的电能与所加电压和电流及相应相电流之间的夹角余弦乘积成正比，根据图 4－316 画出的错误接线相量图，对两个元件所计量的电能分别进行分析（以功率表示），并设 P_1'为第一元件错误计量的功率，P_2'为第二元件错误计量的功率。

第一元件测量的功率为

$$P_1' = U_{vu}I_w\cos(90° + \varphi)$$

第二元件测量的功率为

$$P_2' = \frac{1}{2}U_{vu}(-I_u)\cos(30° + \varphi)$$

在三相电路完全对称时，两元件测量的总功率为

$$\begin{aligned}P' &= P_1' + P_2'\\ &= U_{vu}I_w\cos(90° + \varphi) + \frac{1}{2}U_{vu}(-I_u)\cos(30° + \varphi)\end{aligned}$$

十六、表尾电压相序 VUW，电流相序 I_wI_u，W 相 TV 二次侧电压断相，U、W 相 TA 二次侧极性反接

图 4－317 是三相三线有功电能表的错误接线。从图中可以看出，电能表表尾电压相序为 VUW，并且 W 相 TV 二次侧电压断相，造成电能表第一元件电压线圈两端实际承受电压为 U_{vu}，第二元件实际承受电压为$\frac{1}{2}U_{vu}$；电流由于 U、W 相表尾端钮接错，并且 U、W 相 TA 二次侧极性反接，造成第一元件电流线圈通入的电流为 $-I_w$，第二元件电流线圈通入的电流为 $-I_u$。

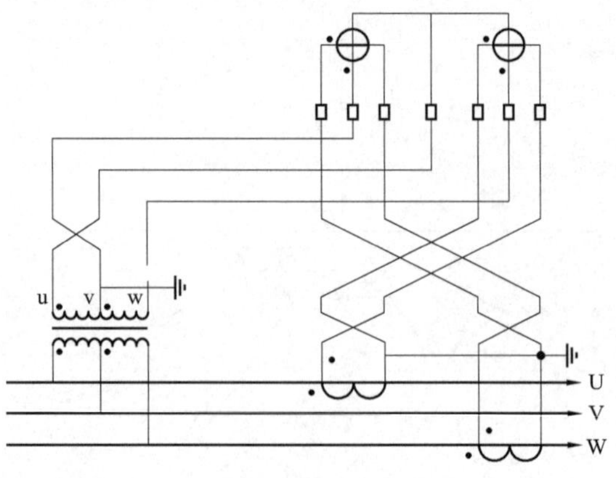

图 4－317

1. 测量数据（以 T－230A 现场校验仪为例）

按照第二章第三节现场校验仪测量方法的使用介绍，将校验仪与电能表接好。在选定的显示界面上将显示出分析所需的

所有数据，显示屏数据如表 4 - 80 所示。

表 4 - 80

测试数据			
项目	1 元件	2 - 6 端子	3 元件
电压	100.7V	51.4V	49.4V
电流	1.5A	0.0A	1.5A
对地电压	0.3V	100.4V	51.1V
相位	$\varphi_{I_1I_3}=120.6°$		
	$\varphi_{U_{12}I_1}=299.7°$		
	$\varphi_{U_{12}I_3}=60.3°$　$P=108.6$		
相序	电压断相 U_3　电流相序逆		

2. 分析判断错误现象

（1）从表 4 - 80“电压”栏中的显示值看出 2 元件和 3 元件的电压值不等于 100V，可以判定该错误接线有电压断相，并且根据 2 元件和 3 元件的电压值可以看出，此电能表内部分压结构为“△”形。

（2）从“对地电压”栏中可以看出 1 元件的电压为 0V，所以确定 U_1 为 V 相。电压值为 51V 的 U_3 为电压断相，与“相序”栏中的电压断相 U_3 一致。

（3）确定 U_1 为 V 相后，就可以看出该错误接线的电压相序有两种可能，即 VWU 和 VUW。

（4）如图 4 - 318 所示，以电压相序 VWU 推出两个电流在相量图上的位置。将“相位”栏中的 U_{12} 替换成 U_{vw}。那么，$U_{12}I_1=300°$ 就替换成 $U_{vw}I_1=300°$、$U_{12}I_3=60°$ 就替换成 $U_{vw}I_3=60°$。即以 U_{vw} 为基准沿顺时针方向分别转 300°和 60°找到 I_1 和 I_3。

（5）如图 4 - 319 所示，以电压相序 VUW 推出两个电流在相量图上的位置。将“相位”栏中的 U_{12} 替换成 U_{vu}。那么，$U_{12}I_1=300°$ 就替换成 $U_{vu}I_1=300°$、$U_{12}I_3=60°$ 就替换成 $U_{vu}I_3=60°$。即以 U_{vu} 为基准沿顺时针方向分别转 300°和 60°找到 I_1 和 I_3。从图上可以看出 $I_1=-I_w$、$I_3=-I_u$，并且其夹角等于 120°，电流相序为逆。

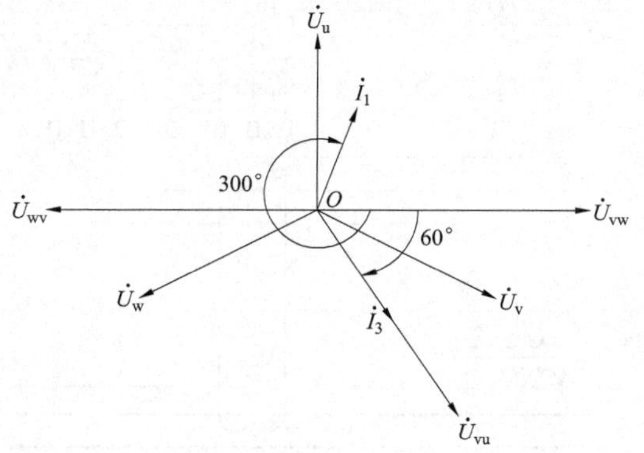

图 4 - 318

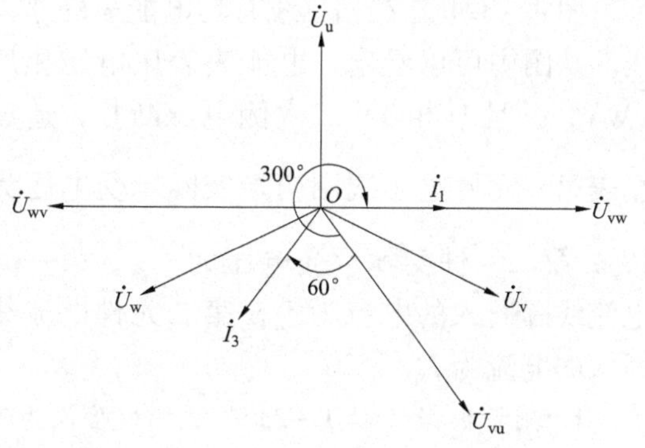

图 4 - 319

（6）将两个电流在相量图上的位置进行比较。比较结果是第五步以电压相序 VUW 推出的两个电流符合两个电流在相量图上的位置。

（7）最后得出错误接线结论：电压相序 VUW，电流相序 I_w、I_u，W 相电压断相。电能表的实际接线组别为：第一元件 U_{vu}、$-I_w$，第二元件$\frac{1}{2}U_{vu}$、$-I_u$。

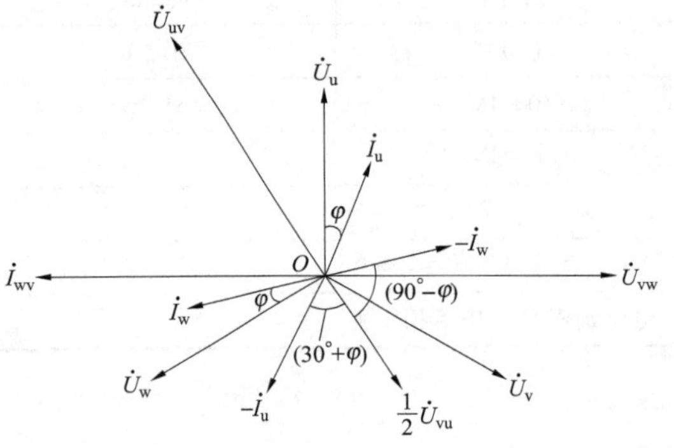

图 4－320

（8）画出错误接线相量图，如图 4－320 所示。

3. 写出错误接线时测得的电能（以功率表示）

因为电能表所计量的电能与所加电压和电流及相应相电流之间的夹角余弦乘积成正比，根据图 4－320 画出的错误接线相量图，对两个元件所计量的电能分别进行分析（以功率表示），并设 P_1'为第一元件错误计量的功率，P_2'为第二元件错误计量的功率。

第一元件测量的功率为

$$P_1' = U_{vu}(-I_w)\cos(90^\circ - \varphi)$$

第二元件测量的功率为

$$P_2' = \frac{1}{2}U_{vu}(-I_u)\cos(30^\circ + \varphi)$$

在三相电路完全对称时，两元件测量的总功率为

$$\begin{aligned} P' &= P_1' + P_2' \\ &= U_{vu}(-I_w)\cos(90^\circ - \varphi) + \frac{1}{2}U_{vu}(-I_u)\cos(30^\circ + \varphi) \end{aligned}$$

第六节　电压相序为 UWV 时的错误接线实例分析

一、表尾电压相序 UWV，电流相序 I_uI_w，U 相 TV 二次侧电压断相

图 4－321 是三相三线有功电能表的错误接线。从图中可以看出，电能表表尾电压相序为 UWV，并且 U 相 TV 二次侧电压断相，造成电能表第一元件电压线圈两端实际承受电压为$\frac{1}{2}U_{vw}$，第二元件实际承受电压为 U_{vw}；第一元件电流线圈通入的电流为 I_u，第二元件电流线圈通入的电流为 I_w。

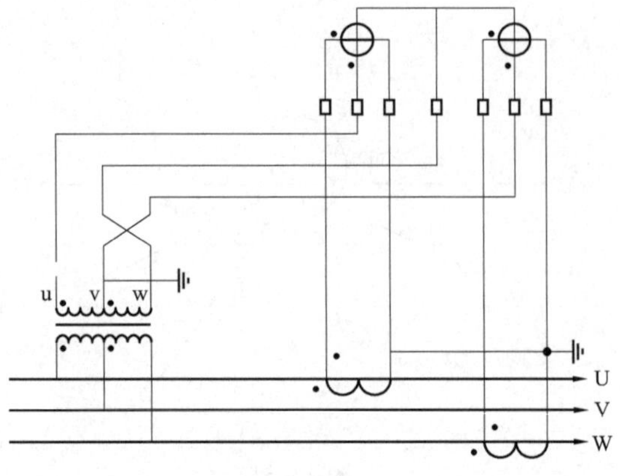

图 4－321

1. 测量数据（以 T－230A 现场校验仪为例）

按照第二章第三节现场校验仪测量方法的使用介绍，将校验仪与电能表接好。在选定的

显示界面上将显示出分析所需的所有数据，显示屏数据如表 4 - 81 所示。

表 4 - 81

测试数据			
项目	1 元件	2 - 6 端子	3 元件
电压	49.2V	51.7V	100.8V
电流	1.5A	0.0A	1.5A
对地电压	51.4V	100.5V	0.3V
相位	$\varphi_{I_1I_3}=239.5°$		
	$\varphi_{U_{32}I_1}=300.3°$		
	$\varphi_{U_{32}I_3}=179.7°$　$P=-112.2$		
相序	电压断相 U_1　电流相序正		

2. 分析判断错误现象

（1）从表 4 - 81 "电压"栏中的显示值看出 1 元件和 2 元件的电压值不等于 100V，可以判定该错误接线有电压断相，并且根据 1 元件和 2 元件的电压值可以看出，此电能表内部分压结构为"△"形。

（2）从"对地电压"栏中可以看出 3 元件的电压为 0V，所以确定 U_3 为 V 相。电压值为 51V 的 U_1 为电压断相，与"相序"栏中的电压断相 U_1 一致。

（3）确定 U_3 为 V 相后，就可以看出该错误接线的电压相序有两种可能，即 WUV 和 UWV。

（4）如图 4 - 322 所示，以电压相序 WUV 推出两个电流在相量图上的位置。将"相位"栏中的 U_{32} 替换成 U_{vu}。那么，$U_{32}I_1=300°$ 就替换成 $U_{vu}I_1=300°$、$U_{32}I_3=180°$ 就替换成 $U_{vu}I_3=180°$。即以 U_{vu} 为基准沿顺时针方向分别转 300°和 180°找到 I_1 和 I_3。

（5）如图 4 - 323 所示，以电压相序 UWV 推出两个电流在相量图上的位置。将"相位"栏中的 U_{32} 替换成 U_{vw}。那么，$U_{32}I_1=300°$ 就替换成 $U_{vw}I_1=300°$、$U_{32}I_3=180°$ 就替换成 $U_{vw}I_3=180°$。即以 U_{vw} 为基准沿顺时针方向分别转 300°和 180°找到 I_1 和 I_3。从图上可以看出 $I_1=I_u$、$I_3=I_w$，并且其夹角等于 240°，电流相序为正。

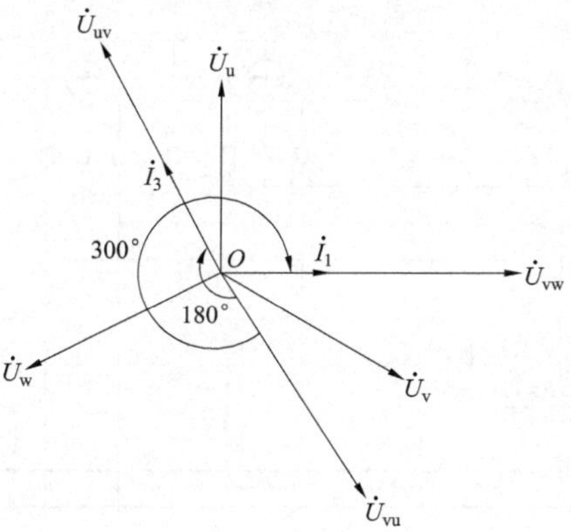

图 4 - 322

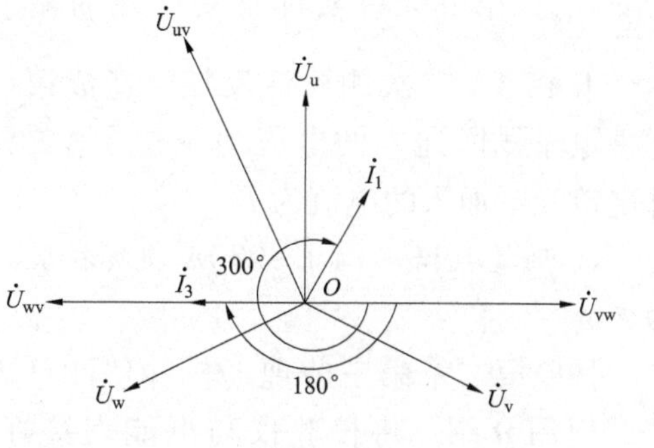

图 4 - 323

（6）将两个电流在相量图上的位置进行比较。比较结果是第五步以电压相序 UWV 推出的两个电流符合两个电流在相量图上的位置。

（7）最后得出错误接线结论：电压相序 UWV，电流相序 I_u、I_w，U 相电压断相。电能表的实际接线组别为：第一元件$\frac{1}{2}U_{vw}$、I_u，第二元件 U_{vw}、I_w。

（8）画出错误接线相量图，如图 4－324 所示。

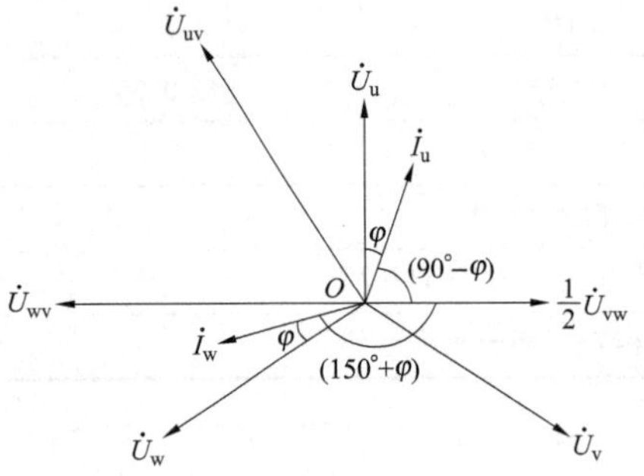

图 4－324

3. 写出错误接线时测得的电能（以功率表示）

因为电能表所计量的电能与所加电压和电流及相应相电流之间的夹角余弦乘积成正比，根据图 4－324 画出的错误接线相量图，对两个元件所计量的电能分别进行分析（以功率表示），并设 P_1'为第一元件错误计量的功率，P_2'为第二元件错误计量的功率。

第一元件测量的功率为

$$P_1' = \frac{1}{2}U_{vw}I_u\cos(90° - \varphi)$$

第二元件测量的功率为

$$P_2' = U_{vw}I_w\cos(150° + \varphi)$$

在三相电路完全对称时，两元件测量的总功率为

$$\begin{aligned} P' &= P_1' + P_2' \\ &= \frac{1}{2}U_{vw}I_u\cos(90° - \varphi) + U_{vw}I_w\cos(150° + \varphi) \end{aligned}$$

二、表尾电压相序 UWV，电流相序 I_uI_w，U 相 TV 二次侧电压断相，U 相 TA 二次侧极性反接

图 4－325 是三相三线有功电能表的错误接线。从图中可以看出，电能表表尾电压相序为 UWV，并且 U 相 TV 二次侧电压断相，造成电能表第一元件电压线圈两端实际承受电压为$\frac{1}{2}U_{vw}$，第二元件实际承受电压为 U_{vw}；由于 U 相 TA 二次侧极性反接，造成第一元件电流线圈通入的电流为 $-I_u$，第二元件电流线圈通入的电流为 I_w。

1. 测量数据（以 T－230A 现场校验仪为例）

按照第二章第三节现场校验仪测量方法的使用介绍，将校验仪与电能表接好。在选定的显示界面上将显示出分析所需的所有数据，显示屏数据如表 4－82 所示。

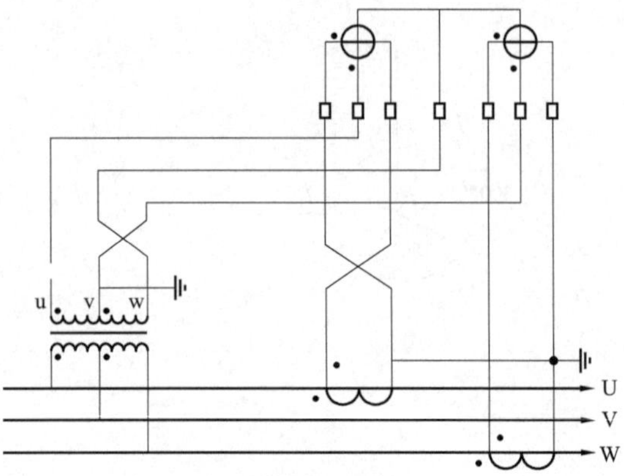

图 4－325

表 4 -82

测 试 数 据			
项目	1 元件	2 -6 端子	3 元件
电压	49.2V	51.7V	100.8V
电流	1.5A	0.0A	1.5A
对地电压	51.4V	100.5V	0.3V
相位	$\varphi_{I_1I_3}=59.8°$		
	$\varphi_{U_{32}I_1}=120.1°$		
	$\varphi_{U_{32}I_3}=179.9°$　$P=-188.6$		
相序	电压断相 U_1　电流相序正		

2. 分析判断错误现象

（1）从表 4 -82“电压”栏中的显示值看出 1 元件和 2 元件的电压值不等于 100V，可以判定该错误接线有电压断相，并且根据 1 元件和 2 元件的电压值可以看出，此电能表内部分压结构为“△”形。

（2）从“对地电压”栏中可以看出 3 元件的电压为 0V，所以确定 U_3 为 V 相。电压值为 51V 的 U_1 为电压断相，与“相序”栏中的电压断相 U_1 一致。

（3）确定 U_3 为 V 相后，就可以看出该错误接线的电压相序有两种可能，即 WUV 和 UWV。

（4）如图 4 -326 所示，以电压相序 WUV 推出两个电流在相量图上的位置。将“相位”栏中的 U_{32} 替换成 U_{vu}。那么，$U_{32}I_1=120°$ 就替换成 $U_{vu}I_1=120°$、$U_{32}I_3=180°$ 就替换成 $U_{vu}I_3=180°$。即以 U_{vu} 为基准沿顺时针方向分别转 120°和 180°找到 I_1 和 I_3。

（5）如图 4 -327 所示，以电压相序 UWV 推出两个电流在相量图上的位置。将“相位”栏中的 U_{32} 替换成 U_{vw}。那么，$U_{32}I_1=120°$ 就替换成 $U_{vw}I_1=120°$、$U_{32}I_3=180°$ 就替换成 $U_{vw}I_3=180°$。即以 U_{vw} 为基准沿顺时针方向分别转 120°和 180°找到 I_1 和 I_3。从图上可以看出 $I_1=-I_u$、$I_3=I_w$，并且其夹角等于 60°，电流相序为正。

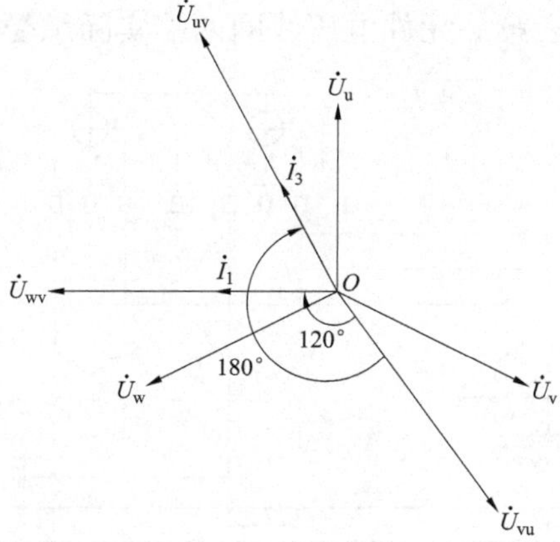

图 4 -326

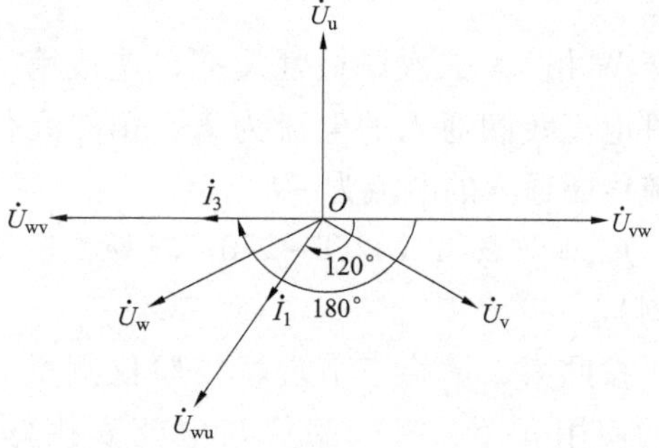

图 4 -327

（6）将两个电流在相量图上的位置进行比较。比较结果是第五步以电压相序 UWV 推出的两个电流符合两个电流在相量图上的位置。

（7）最后得出错误接线结论：电压相序 UWV，电流相序 I_u、I_w，U 相电压断相。电能表的实际接线组别为：第一元件$\frac{1}{2}U_{vw}$、$-I_u$，第二元件 U_{vw}、I_w。

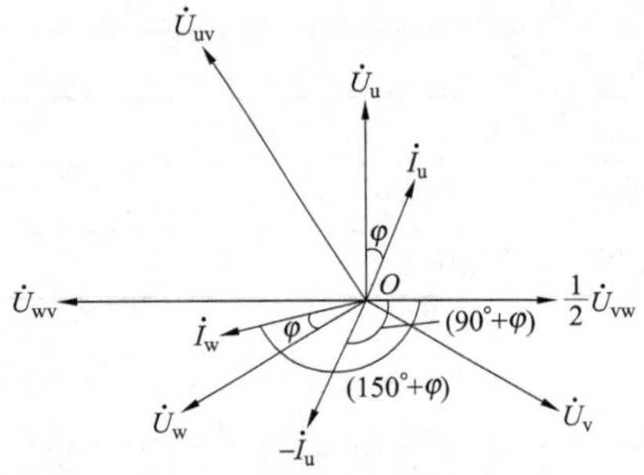

图 4－328

（8）画出错误接线相量图，如图 4－328 所示。

3. 写出错误接线时测得的电能（以功率表示）

因为电能表所计量的电能与所加电压和电流及相应相电流之间的夹角余弦乘积成正比，根据图 4－328 画出的错误接线相量图，对两个元件所计量的电能分别进行分析（以功率表示），并设 P_1'为第一元件错误计量的功率，P_2'为第二元件错误计量的功率。

第一元件测量的功率为

$$P_1' = \frac{1}{2}U_{vw}(-I_u)\cos(90° + \varphi)$$

第二元件测量的功率为

$$P_2' = U_{vw}I_w\cos(150° + \varphi)$$

在三相电路完全对称时，两元件测量的总功率为

$$P' = P_1' + P_2'$$
$$= \frac{1}{2}U_{vw}(-I_u)\cos(90° + \varphi) + U_{vw}I_w\cos(150° + \varphi)$$

三、表尾电压相序 UWV，电流相序 I_uI_w，U 相 TV 二次侧电压断相，W 相 TA 二次侧极性反接

图 4－329 是三相三线有功电能表的错误接线。从图中可以看出，电能表表尾电压相序为 UWV，并且 U 相 TV 二次侧电压断相，造成电能表第一元件电压线圈两端实际承受电压为$\frac{1}{2}U_{vw}$，第二元件实际承受电压为 U_{vw}；由于 W 相 TA 二次侧极性反接，造成第一元件电流线圈通入的电流为 I_u，第二元件电流线圈通入的电流为 $-I_w$。

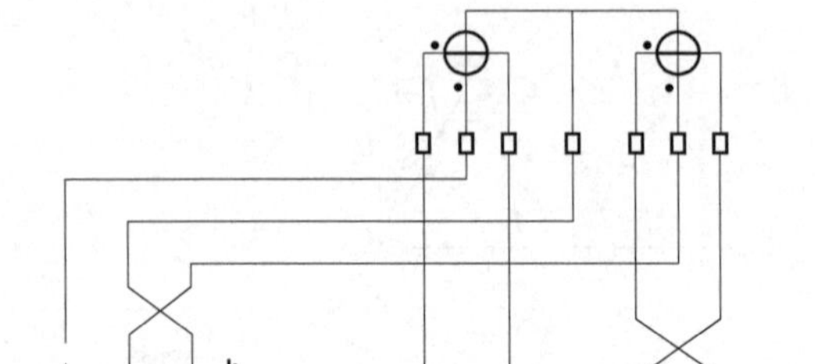

图 4－329

1. 测量数据（以 T－230A 现场校验仪为例）

按照第二章第三节现场校验仪测量方法的使用介绍，将校验仪与电能表接好。在选定的显示界面上将显示出分析所需的所有数据，显示屏数据如表 4－83 所示。

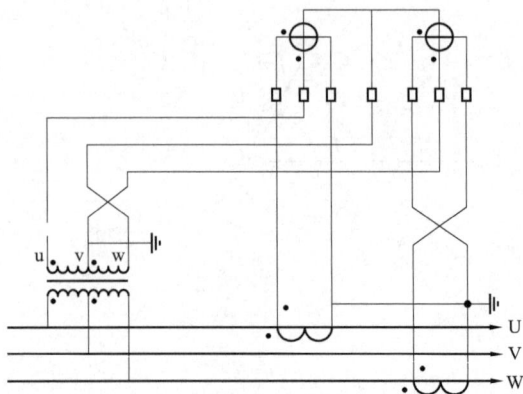

表 4 – 83

测 试 数 据			
项目	1 元件	2 – 6 端子	3 元件
电压	49.3V	51.6V	100.8V
电流	1.5A	0.0A	1.5A
对地电压	51.3V	100.5V	0.3V
相位	$\varphi_{I_1I_3}=59.8°$		
	$\varphi_{U_{32}I_1}=300.1°$		
	$\varphi_{U_{32}I_3}=359.9°$ $P=188.7$		
相序	电压断相 U_1 电流相序正		

2. 分析判断错误现象

（1）从表 4 – 83 “电压”栏中的显示值看出 1 元件和 2 元件的电压值不等于 100V，可以判定该错误接线有电压断相，并且根据 1 元件和 2 元件的电压值可以看出，此电能表内部分压结构为“△”形。

（2）从“对地电压”栏中可以看出 3 元件的电压为 0V，所以确定 U_3 为 V 相。电压值为 51V 的 U_1 为电压断相，与“相序”栏中的电压断相 U_1 一致。

（3）确定 U_3 为 V 相后，就可以看出该错误接线的电压相序有两种可能，即 WUV 和 UWV。

（4）如图 4 – 330 所示，以电压相序 WUV 推出两个电流在相量图上的位置。将“相位”栏中的 U_{32} 替换成 U_{vu}。那么，$U_{32}I_1=300°$ 就替换成 $U_{vu}I_1=300°$、$U_{32}I_3=360°$ 就替换成 $U_{vu}I_3=360°$。即以 U_{vu} 为基准沿顺时针方向分别转 300°和 360°找到 I_1 和 I_3。

（5）如图 4 – 331 所示，以电压相序 UWV 推出两个电流在相量图上的位置。将“相位”栏中的 U_{32} 替换成 U_{vw}。那么，$U_{32}I_1=300°$ 就替换成 $U_{vw}I_1=300°$、$U_{32}I_3=360°$ 就替换成 $U_{vw}I_3=360°$。即以 U_{vw} 为基准沿顺时针方向分别转 300°和 360°找到 I_1 和 I_3。从图上可以看出 $I_1=I_u$、$I_3=-I_w$，并且其夹角等于 60°，电流相序为正。

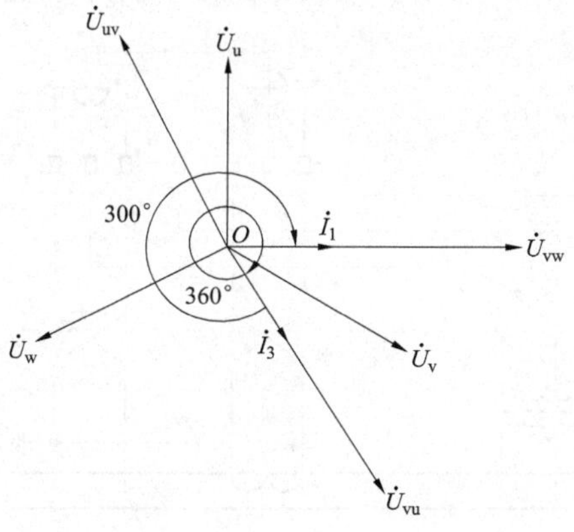

图 4 – 330

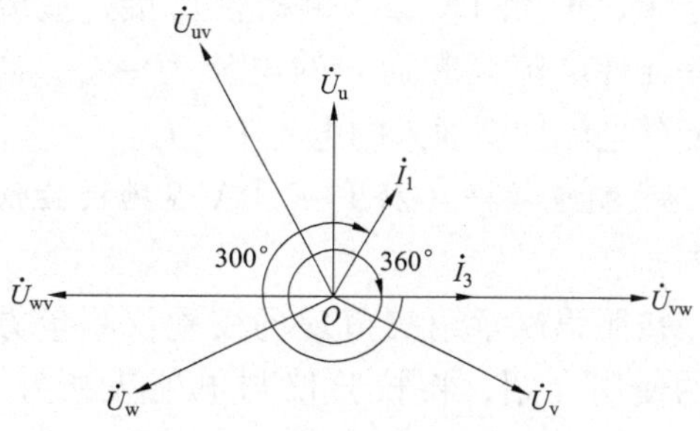

图 4 – 331

（6）将两个电流在相量图上的位置进行比较。比较结果是第五步以电压相序 UWV 推出的两个电流符合两个电流在相量图上的位置。

（7）最后得出错误接线结论：电压相序 UWV，电流相序 I_u、I_w，U 相电压断相。电能表的实际接线组别为：第一元件$\frac{1}{2}U_{vw}$、I_u，第二元件 U_{vw}、$-I_w$。

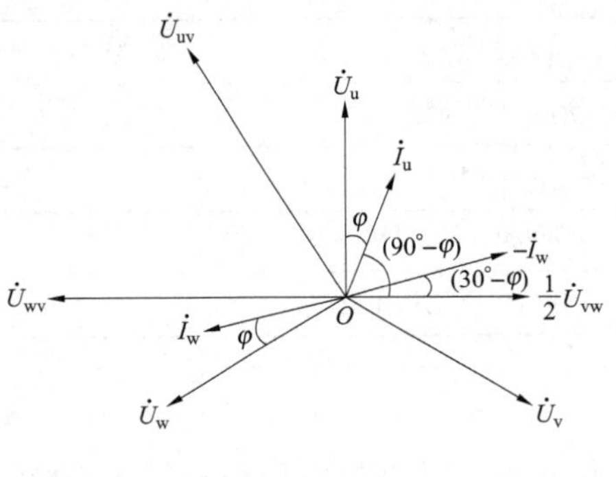

图 4－332

（8）画出错误接线相量图，如图 4－332 所示。

3. 写出错误接线时测得的电能（以功率表示）

因为电能表所计量的电能与所加电压和电流及相应相电流之间的夹角余弦乘积成正比，根据图 4－332 画出的错误接线相量图，对两个元件所计量的电能分别进行分析（以功率表示），并设 P_1'为第一元件错误计量的功率，P_2'为第二元件错误计量的功率。

第一元件测量的功率为

$$P_1' = \frac{1}{2}U_{vw}I_u\cos(90° - \varphi)$$

第二元件测量的功率为

$$P_2' = U_{vw}(-I_w)\cos(30° - \varphi)$$

在三相电路完全对称时，两元件测量的总功率为

$$\begin{aligned} P' &= P_1' + P_2' \\ &= \frac{1}{2}U_{vw}I_u\cos(90° - \varphi) + U_{vw}(-I_w)\cos(30° - \varphi) \end{aligned}$$

四、表尾电压相序 UWV，电流相序 I_uI_w，U 相 TV 二次侧电压断相，U、W 相 TA 二次侧极性反接

图 4－333 是三相三线有功电能表的错误接线。从图中可以看出，电能表表尾电压相序为 UWV，并且 U 相 TV 二次侧电压断相，造成电能表第一元件电压线圈两端实际承受电压为$\frac{1}{2}U_{vw}$，第二元件实际承受电压为 U_{vw}；由于 U、W 相 TA 二次侧极性反接，造成第一元件电流线圈通入的电流为 $-I_u$，第二元件电流线圈通入的电流为 $-I_w$。

1. 测量数据（以 T－230A 现场校验仪为例）

按照第二章第三节现场校验仪测量方法的使用介绍，将校验仪与电能表接好。在选定的显示界面上将显示出分析所需的所有数据，显示屏数据如表 4－84 所示。

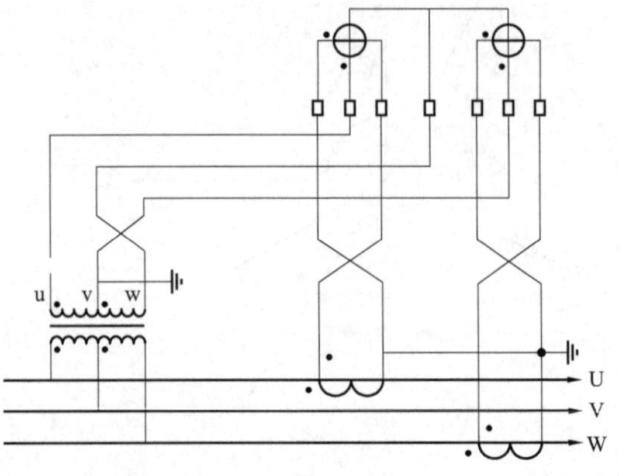

图 4－333

表 4-84

测试数据			
项目	1 元件	2-6 端子	3 元件
电压	49.3V	51.6V	100.8V
电流	1.5A	0.0A	1.5A
对地电压	51.3V	100.5V	0.3V
相位	$\varphi_{I_1I_3}=239.5°$		
	$\varphi_{U_{32}I_1}=120.3°$		
	$\varphi_{U_{32}I_3}=359.8°$　$P=112.2$		
相序	电压断相 U_1　电流相序正		

2. 分析判断错误现象

（1）从表 4-84“电压”栏中的显示值看出 1 元件和 2 元件的电压值不等于 100V，可以判定该错误接线有电压断相，并且根据 1 元件和 2 元件的电压值可以看出，此电能表内部分压结构为“△”形。

（2）从“对地电压”栏中可以看出 3 元件的电压为 0V，所以确定 U_3 为 V 相。电压值为 51V 的 U_1 为电压断相，与“相序”栏中的电压断相 U_1 一致。

（3）确定 U_3 为 V 相后，就可以看出该错误接线的电压相序有两种可能，即 WUV 和 UWV。

（4）如图 4-334 所示，以电压相序 WUV 推出两个电流在相量图上的位置。将“相位”栏中的 U_{32} 替换成 U_{vu}。那么，$U_{32}I_1=120°$ 就替换成 $U_{vu}I_1=120°$、$U_{32}I_3=360°$ 就替换成 $U_{vu}I_3=360°$。即以 U_{vu} 为基准沿顺时针方向分别转 120°和 360°找到 I_1 和 I_3。

（5）如图 4-335 所示，以电压相序 UWV 推出两个电流在相量图上的位置。将“相位”栏中的 U_{32} 替换成 U_{vw}。那么，$U_{32}I_1=120°$ 就替换成 $U_{vw}I_1=120°$、$U_{32}I_3=360°$ 就替换成 $U_{vw}I_3=360°$。即以 U_{vw} 为基准沿顺时针方向分别转 120°和 360°找到 I_1 和 I_3。从图上可以看出 $I_1=-I_u$、$I_3=-I_w$，并且其夹角等于 240°，电流相序为正。

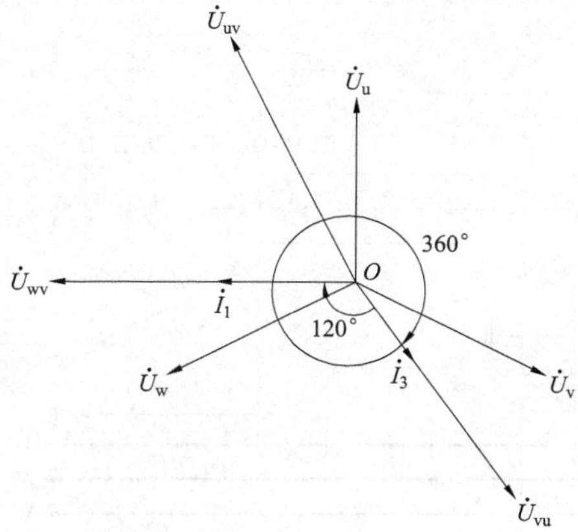

图 4-334

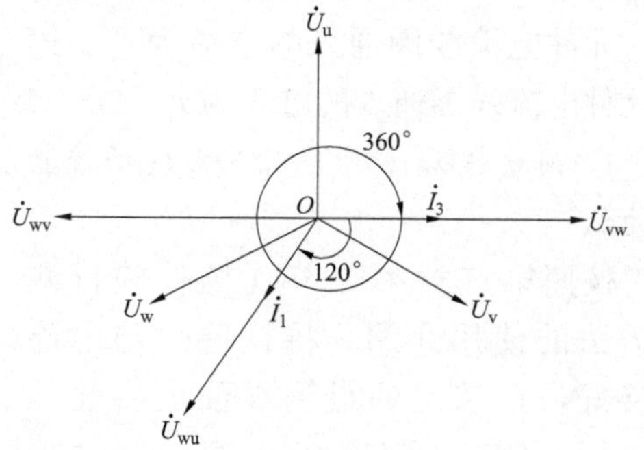

图 4-335

（6）将两个电流在相量图上的位置进行比较。比较结果是第五步以电压相序 UWV 推出的两个电流符合两个电流在相量图上的位置。

（7）最后得出错误接线结论：电压相序 UWV，电流相序 I_u、I_w，U 相电压断相。电能表的实际接线组别为：第一元件$\frac{1}{2}U_{vw}$、$-I_u$，第二元件 U_{vw}、$-I_w$。

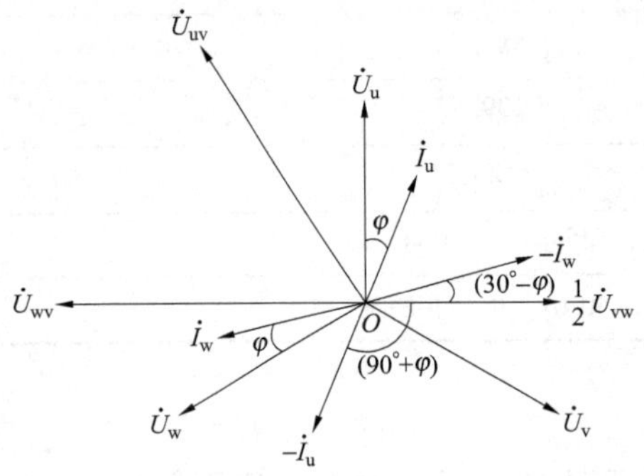

图 4－336

（8）画出错误接线相量图，如图 4－336 所示。

3. 写出错误接线时测得的电能（以功率表示）

因为电能表所计量的电能与所加电压和电流及相应相电流之间的夹角余弦乘积成正比，根据图 4－336 画出的错误接线相量图，对两个元件所计量的电能分别进行分析（以功率表示），并设 P_1'为第一元件错误计量的功率，P_2'为第二元件错误计量的功率。

第一元件测量的功率为

$$P_1'=\frac{1}{2}U_{vw}(-I_u)\cos(90°+\varphi)$$

第二元件测量的功率为

$$P_2'=U_{vw}(-I_w)\cos(30°-\varphi)$$

在三相电路完全对称时，两元件测量的总功率为

$$\begin{aligned}P'&=P_1'+P_2'\\&=\frac{1}{2}U_{vw}(-I_u)\cos(90°+\varphi)+U_{vw}(-I_w)\cos(30°-\varphi)\end{aligned}$$

五、表尾电压相序 UWV，电流相序 I_wI_u，U 相 TV 二次侧电压断相

图 4－337 是三相三线有功电能表的错误接线。从图中可以看出，电能表表尾电压相序为 UWV，并且 U 相 TV 二次侧电压断相，造成电能表第一元件电压线圈两端实际承受电压为$\frac{1}{2}U_{vw}$，第二元件实际承受电压为 U_{vw}；电流由于 U、W 相表尾端钮接错，造成第一元件电流线圈通入的电流为 I_w，第二元件电流线圈通入的电流为 I_u。

1. 测量数据（以 T－230A 现场校验仪为例）

按照第二章第三节现场校验仪测量方法的使用介绍，将校验仪与电能表接好。在选定的显示界面上将显示出分析所需的所有数据，显示屏数据如表 4－85 所示。

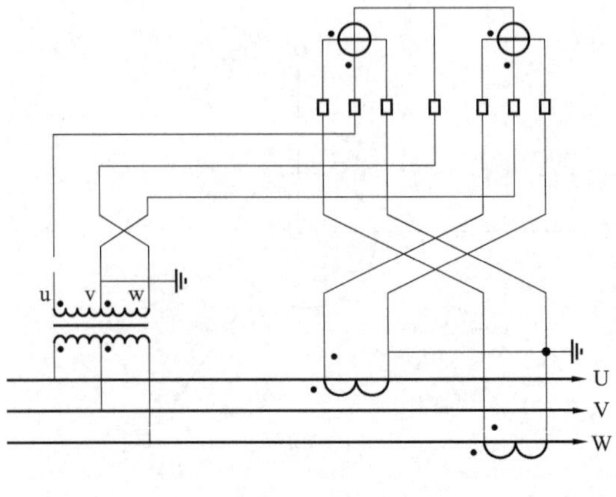

图 4－337

表 4－85

测 试 数 据			
项目	1 元件	2－6 端子	3 元件
电压	49.2V	51.7V	100.8V
电流	1.5A	0.0A	1.5A
对地电压	51.4V	100.5V	0.3V
相位	$\varphi_{I_1I_3}=120.6°$		
	$\varphi_{U_{32}I_1}=179.7°$		
	$\varphi_{U_{32}I_3}=300.3°$　$P=2.3$		
相序	电压断相 U_1　电流相序逆		

2. 分析判断错误现象

（1）从表 4－85“电压”栏中的显示值看出 1 元件和 2 元件的电压值不等于 100V，可以判定该错误接线有电压断相，并且根据 1 元件和 2 元件的电压值可以看出，此电能表内部分压结构为“△”形。

（2）从“对地电压”栏中可以看出 3 元件的电压为 0V，所以确定 U_3 为 V 相。电压值为 51V 的 U_1 为电压断相，与“相序”栏中的电压断相 U_1 一致。

（3）确定 U_3 为 V 相后，就可以看出该错误接线的电压相序有两种可能，即 WUV 和 UWV。

（4）如图 4－338 所示，以电压相序 WUV 推出两个电流在相量图上的位置。将“相位”栏中的 U_{32} 替换成 U_{vu}。那么，$U_{32}I_1=180°$ 就替换成 $U_{vu}I_1=180°$、$U_{32}I_3=300°$ 就替换成 $U_{vu}I_3=300°$。即以 U_{vu} 为基准沿顺时针方向分别转 180°和 300°找到 I_1 和 I_3。

（5）如图 4－339 所示，以电压相序 UWV 推出两个电流在相量图上的位置。将“相位”栏中的 U_{32} 替换成 U_{vw}。那么，$U_{32}I_1=180°$ 就替换成 $U_{vw}I_1=180°$、$U_{32}I_3=300°$ 就替换成 $U_{vw}I_3=300°$。即以 U_{vw} 为基准沿顺时针方向分别转 180°和 300°找到 I_1 和 I_3。从图上可以看出 $I_1=I_w$、$I_3=I_u$，并且其夹角等于 120°，电流相序为逆。

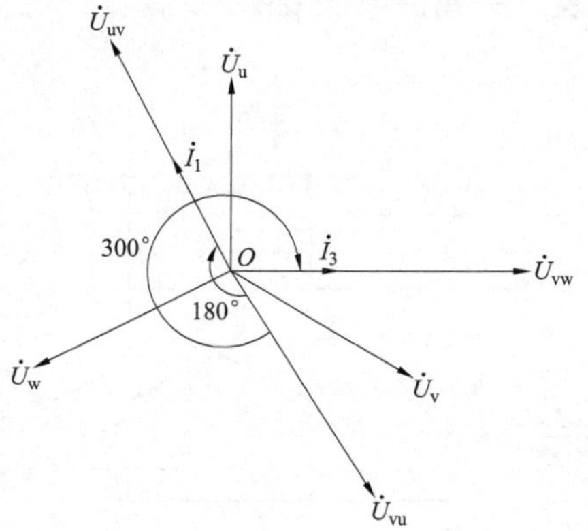

图 4－338

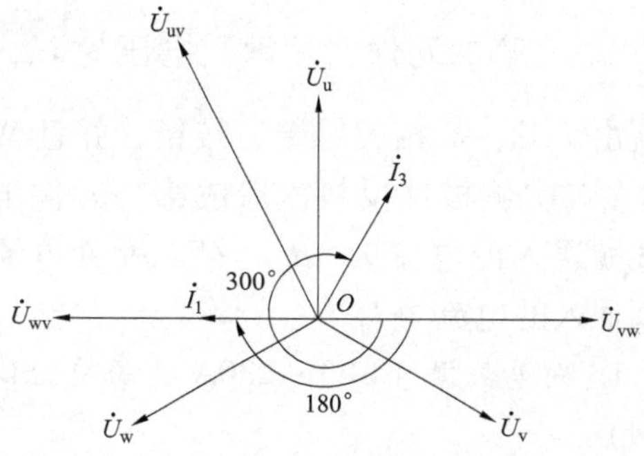

图 4－339

（6）将两个电流在相量图上的位置进行比较。比较结果是第五步以电压相序 UWV 推出的两个电流符合两个电流在相量图上的位置。

（7）最后得出错误接线结论：电压相序 UWV，电流相序 I_w、I_u，U 相电压断相。电能表的实际接线组别为：第一元件$\frac{1}{2}U_{vw}$、I_w，第二元件 U_{vw}、I_u。

（8）画出错误接线相量图，如图 4 - 340 所示。

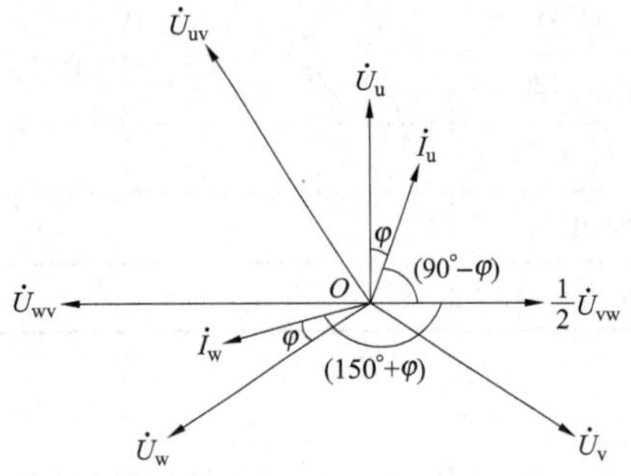

图 4 - 340

3. 写出错误接线时测得的电能（以功率表示）

因为电能表所计量的电能与所加电压和电流及相应相电流之间的夹角余弦乘积成正比，根据图 4 - 340 画出的错误接线相量图，对两个元件所计量的电能分别进行分析（以功率表示），并设 P_1'为第一元件错误计量的功率，P_2'为第二元件错误计量的功率。

第一元件测量的功率为

$$P_1' = \frac{1}{2}U_{vw}I_w\cos(150° + \varphi)$$

第二元件测量的功率为

$$P_2' = U_{vw}I_u\cos(90° - \varphi)$$

在三相电路完全对称时，两元件测量的总功率为

$$\begin{aligned}P' &= P_1' + P_2' \\ &= \frac{1}{2}U_{vw}I_w\cos(150° + \varphi) + U_{vw}I_u\cos(90° - \varphi)\end{aligned}$$

六、表尾电压相序 UWV，电流相序 I_wI_u，U 相 TV 二次侧电压断相，W 相 TA 二次侧极性反接

图 4 - 341 是三相三线有功电能表的错误接线。从图中可以看出，电能表表尾电压相序为 UWV，并且 U 相 TV 二次侧电压断相，造成电能表第一元件电压线圈两端实际承受电压为$\frac{1}{2}U_{vw}$，第二元件实际承受电压为 U_{vw}；电流由于 U、W 相表尾端钮接错，并且 W 相 TA 二次侧极性反接，造成第一元件电流线圈通入的电流为 $-I_w$，第二元件电流线圈通入的电流为 I_u。

1. 测量数据（以 T - 230A 现场校验仪为例）

按照第二章第三节现场校验仪测量方法的使用介绍，将校验仪与电能表接好。在选定的显示界面上将显示出分析所需的

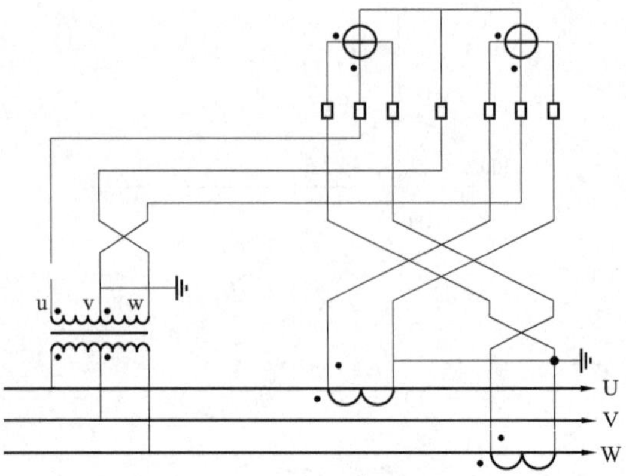

图 4 - 341

所有数据，显示屏数据如表 4－86 所示。

表 4－86

测试数据			
项目	1 元件	2－6 端子	3 元件
电压	49.2V	51.6V	100.8V
电流	1.5A	0.0A	1.5A
对地电压	51.3V	100.5V	0.3V
相位	$\varphi_{I_1I_3}=300.2°$		
	$\varphi_{U_{32}I_1}=359.9°$		
	$\varphi_{U_{32}I_3}=300.1°$　$P=148.8$		
相序	电压断相 U_1　电流相序逆		

2. 分析判断错误现象

（1）从表 4－86“电压”栏中的显示值看出 1 元件和 2 元件的电压值不等于 100V，可以判定该错误接线有电压断相，并且根据 1 元件和 2 元件的电压值可以看出，此电能表内部分压结构为“△”形。

（2）从“对地电压”栏中可以看出 3 元件的电压为 0V，所以确定 U_3 为 V 相。电压值为 51V 的 U_1 为电压断相，与“相序”栏中的电压断相 U_1 一致。

（3）确定 U_3 为 V 相后，就可以看出该错误接线的电压相序有两种可能，即 WUV 和 UWV。

（4）如图 4－342 所示，以电压相序 WUV 推出两个电流在相量图上的位置。将“相位”栏中的 U_{32} 替换成 U_{vu}。那么，$U_{32}I_1=360°$ 就替换成 $U_{vu}I_1=360°$、$U_{32}I_3=300°$ 就替换成 $U_{vu}I_3=300°$。即以 U_{vu} 为基准沿顺时针方向分别转 360°和 300°找到 I_1 和 I_3。

（5）如图 4－343 所示，以电压相序 UWV 推出两个电流在相量图上的位置。将“相位”栏中的 U_{32} 替换成 U_{vw}。那么，$U_{32}I_1=360°$ 就替换成 $U_{vw}I_1=360°$、$U_{32}I_3=300°$ 就替换成 $U_{vw}I_3=300°$。即以 U_{vw} 为基准沿顺时针方向分别转 360°和 300°找到 I_1 和 I_3。从图上可以看出 $I_1=-I_w$、$I_3=I_u$，并且其夹角等于 300°，电流相序为逆。

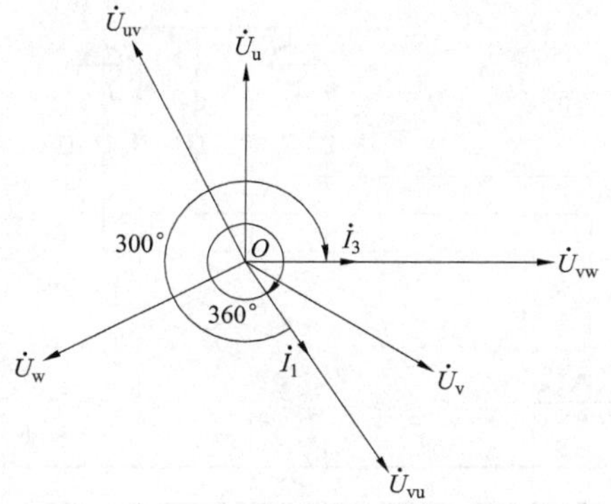

图 4－342

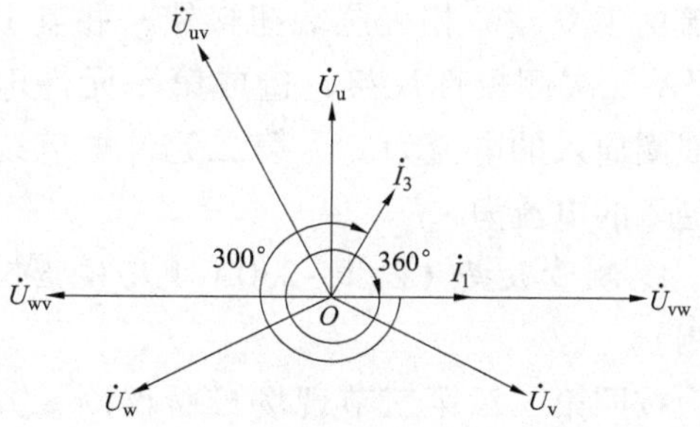

图 4－343

（6）将两个电流在相量图上的位置进行比较。比较结果是第五步以电压相序 UWV 推出的两个电流符合两个电流在相量图上的位置。

（7）最后得出错误接线结论：电压相序 UWV，电流相序 I_u、I_w，U 相电压断相。电能表的实际接线组别为：第一元件$\frac{1}{2}U_{vw}$、$-I_w$，第二元件 U_{vw}、I_u。

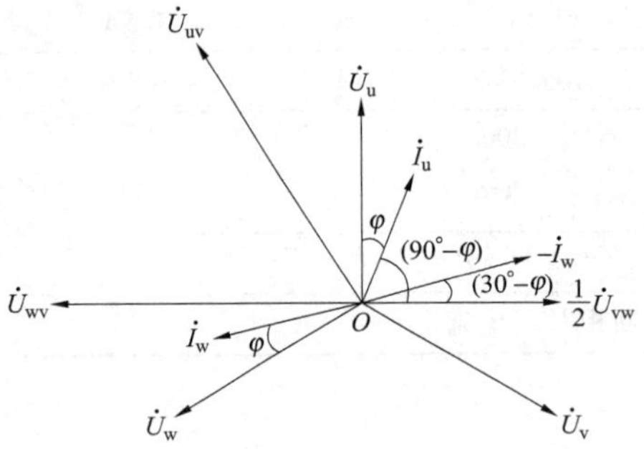

图 4－344

（8）画出错误接线相量图，如图 4－344 所示。

3. 写出错误接线时测得的电能（以功率表示）

因为电能表所计量的电能与所加电压和电流及应相电流之间的夹角余弦乘积成正比，根据图 4－344 画出的错误接线相量图，对两个元件所计量的电能分别进行分析（以功率表示），并设 P_1'为第一元件错误计量的功率，P_2'为第二元件错误计量的功率。

第一元件测量的功率为

$$P_1' = \frac{1}{2}U_{vw}(-I_w)\cos(30° - \varphi)$$

第二元件测量的功率为

$$P_2' = U_{vw}I_u\cos(90° - \varphi)$$

在三相电路完全对称时，两元件测量的总功率为

$$P' = P_1' + P_2'$$
$$= \frac{1}{2}U_{vw}(-I_w)\cos(30° - \varphi) + U_{vw}I_u\cos(90° - \varphi)$$

七、表尾电压相序 UWV，电流相序 I_wI_u，U 相 TV 二次侧电压断相，U 相 TA 二次侧极性反接

图 4－345 是三相三线有功电能表的错误接线。从图中可以看出，电能表表尾电压相序为 UWV，并且 U 相 TV 二次侧电压断相，造成电能表第一元件电压线圈两端实际承受电压为$\frac{1}{2}U_{vw}$，第二元件实际承受电压为 U_{vw}；电流由于 U、W 相表尾端钮接错，并且 U 相 TA 二次侧极性反接，造成第一元件电流线圈通入的电流为 I_w，第二元件电流线圈通入的电流为 $-I_u$。

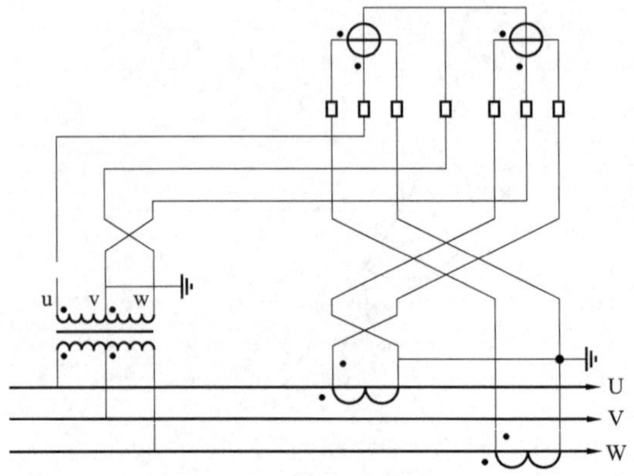

图 4－345

1. 测量数据（以 T－230A 现场校验仪为例）

按照第二章第三节现场校验仪测量方法的使用介绍，将校验仪与电能表接好。在选定的显示界面上将显示出分析所需的

所有数据，显示屏数据如表 4 – 87 所示。

表 4 – 87

测试数据			
项目	1 元件	2 – 6 端子	3 元件
电压	49.7V	51.2V	100.8V
电流	1.5A	0.0A	1.5A
对地电压	50.9V	100.5V	0.3V
相位	$\varphi_{I_1I_3}=300.3°$		
	$\varphi_{U_{32}I_1}=179.8°$		
	$\varphi_{U_{32}I_3}=120.1°$　$P=-149.6$		
相序	电压断相 U_1　电流相序逆		

2. 分析判断错误现象

（1）从表 4 – 87 “电压”栏中的显示值看出 1 元件和 2 元件的电压值不等于 100V，可以判定该错误接线有电压断相，并且根据 1 元件和 2 元件的电压值可以看出，此电能表内部分压结构为“△”形。

（2）从“对地电压”栏中可以看出 3 元件的电压为 0V，所以确定 U_3 为 V 相。电压值为 50V 的 U_1 为电压断相，与“相序”栏中的电压断相 U_1 一致。

（3）确定 U_3 为 V 相后，就可以看出该错误接线的电压相序有两种可能，即 WUV 和 UWV。

（4）如图 4 – 346 所示，以电压相序 WUV 推出两个电流在相量图上的位置。将“相位”栏中的 U_{32} 替换成 U_{vu}。那么，$U_{32}I_1=180°$ 就替换成 $U_{vu}I_1=180°$、$U_{32}I_3=120°$ 就替换成 $U_{vu}I_3=120°$。即以 U_{vu} 为基准沿顺时针方向分别转 180° 和 120° 找到 I_1 和 I_3。

（5）如图 4 – 347 所示，以电压相序 UWV 推出两个电流在相量图上的位置。将“相位”栏中的 U_{32} 替换成 U_{vw}。那么，$U_{32}I_1=180°$ 就替换成 $U_{vw}I_1=180°$、$U_{32}I_3=120°$ 就替换成 $U_{vw}I_3=120°$。即以 U_{vw} 为基准沿顺时针方向分别转 180° 和 120° 找到 I_1 和 I_3。从图上可以看出 $I_1=I_w$、$I_3=-I_u$，并且其夹角等于 300°，电流相序为逆。

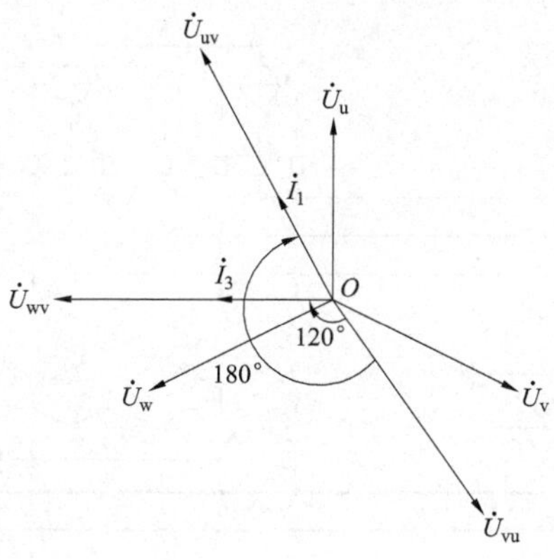

图 4 – 346

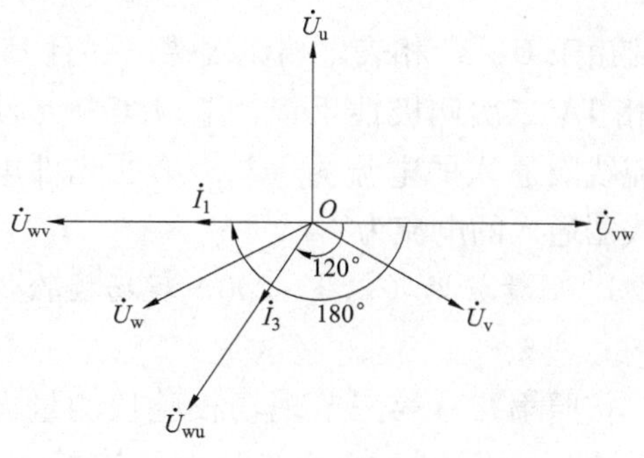

图 4 – 347

（6）将两个电流在相量图上的位置进行比较。比较结果是第五步以电压相序 UWV 推出的两个电流符合两个电流在相量图上的位置。

（7）最后得出错误接线结论：电压相序 UWV，电流相序 I_w、I_u，U 相电压断相。电能表的实际接线组别为：第一元件$\frac{1}{2}U_{vw}$、I_w，第二元件 U_{vw}、$-I_u$。

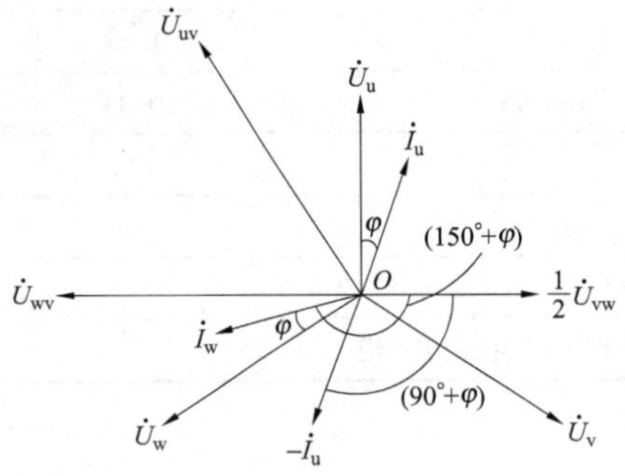

图 4－348

（8）画出错误接线相量图，如图 4－348 所示。

3. 写出错误接线时测得的电能（以功率表示）

因为电能表所计量的电能与所加电压和电流及相应相电流之间的夹角余弦乘积成正比，根据图 3－348 画出的错误接线相量图，对两个元件所计量的电能分别进行分析（以功率表示），并设 P_1'为第一元件错误计量的功率，P_2'为第二元件错误计量的功率。

第一元件测量的功率为

$$P_1' = \frac{1}{2}U_{vw}I_w\cos(150° + \varphi)$$

第二元件测量的功率为

$$P_2' = U_{vw}(-I_u)\cos(90° + \varphi)$$

在三相电路完全对称时，两元件测量的总功率为

$$\begin{aligned}P' &= P_1' + P_2' \\ &= \frac{1}{2}U_{vw}I_w\cos(150° + \varphi) + U_{vw}(-I_u)\cos(90° + \varphi)\end{aligned}$$

八、表尾电压相序 UWV，电流相序 I_wI_u，U 相 TV 二次侧电压断相，U、W 相 TA 二次侧极性反接

图 4－349 是三相三线有功电能表的错误接线。从图中可以看出，电能表表尾电压相序为 UWV，并且 U 相 TV 二次侧电压断相，造成电能表第一元件电压线圈两端实际承受电压为$\frac{1}{2}U_{vw}$，第二元件实际承受电压为 U_{vw}；电流由于 U、W 相表尾端钮接错，并且 U、W 相 TA 二次侧极性反接，造成第一元件电流线圈通入的电流为 $-I_w$，第二元件电流线圈通入的电流为 $-I_u$。

1. 测量数据（以 T－230A 现场校验仪为例）

按照第二章第三节现场校验仪测量方法的使用介绍，将校验仪与电能表接好。在选定的显示界面上将显示出分析所需的

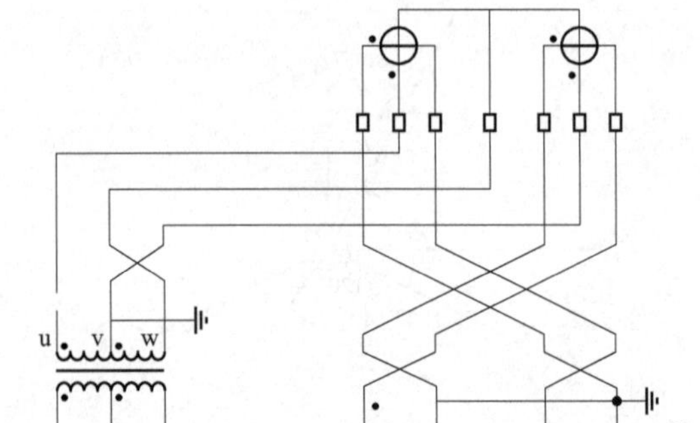

图 4－349

所有数据，显示屏数据如表 4－88 所示。

表 4－88

测　试　数　据			
项目	1 元件	2－6 端子	3 元件
电压	49.8V	51.1V	100.8V
电流	1.5A	0.0A	1.5A
对地电压	50.8V	100.5V	0.3V
相位	$\varphi_{I_1I_3}=120.6°$		
	$\varphi_{U_{32}I_1}=359.7°$		
	$\varphi_{U_{32}I_3}=120.4°$　$P=-1.4$		
相序	电压断相 U_1　电流相序逆		

2. 分析判断错误现象

（1）从表 4－88“电压”栏中的显示值看出 1 元件和 2 元件的电压值不等于 100V，可以判定该错误接线有电压断相，并且根据 1 元件和 2 元件的电压值可以看出，此电能表内部分压结构为“△”形。

（2）从“对地电压”栏中可以看出 3 元件的电压为 0V，所以确定 U_3 为 V 相。电压值为 50V 的 U_1 为电压断相，与“相序”栏中的电压断相 U_1 一致。

（3）确定 U_3 为 V 相后，就可以看出该错误接线的电压相序有两种可能，即 WUV 和 UWV。

（4）如图 4－350 所示，以电压相序 WUV 推出两个电流在相量图上的位置。将“相位”栏中的 U_{32} 替换成 U_{vu}。那么，$U_{32}I_1=360°$ 就替换成 $U_{vu}I_1=360°$、$U_{32}I_3=120°$ 就替换成 $U_{vu}I_3=120°$。即以 U_{vu} 为基准沿顺时针方向分别转 360°和 120°找到 I_1 和 I_3。

（5）如图 4－351 所示，以电压相序 UWV 推出两个电流在相量图上的位置。将“相位”栏中的 U_{32} 替换成 U_{vw}。那么，$U_{32}I_1=360°$ 就替换成 $U_{vw}I_1=360°$、$U_{32}I_3=120°$ 就替换成 $U_{vw}I_3=120°$。即以 U_{vw} 为基准沿顺时针方向分别转 360°和 120°找到 I_1 和 I_3。从图上可以看出 $I_1=-I_w$、$I_3=-I_u$，并且其夹角等于 120°，电流相序为逆。

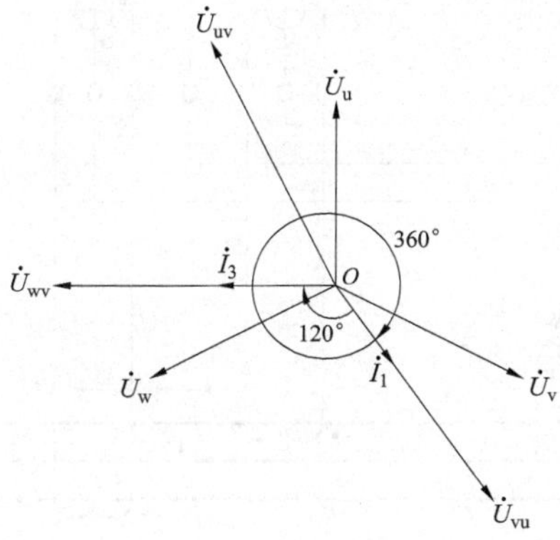

图 4－350

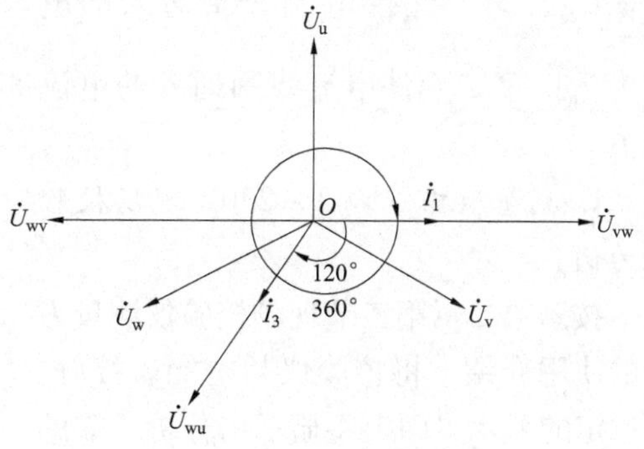

图 4－351

（6）将两个电流在相量图上的位置进行比较。比较结果是第五步以电压相序 UWV 推出的两个电流符合两个电流在相量图上的位置。

（7）最后得出错误接线结论：电压相序 UWV，电流相序 I_w、I_u，U 相电压断相。电能表的实际接线组别为：第一元件$\frac{1}{2}U_{vw}$、$-I_w$，第二元件 U_{vw}、$-I_u$。

（8）画出错误接线相量图，如图 4－352 所示。

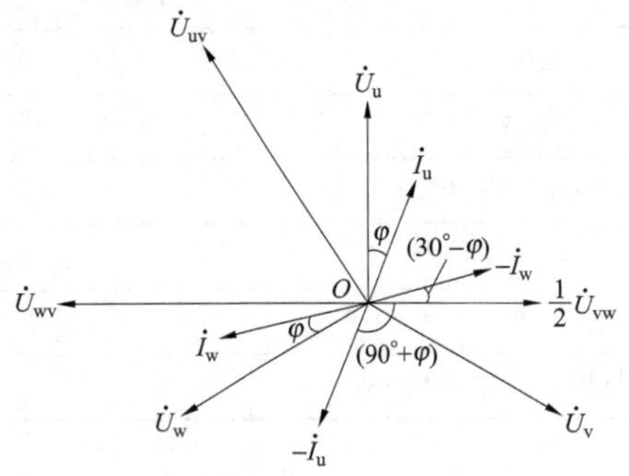

图 4－352

3. 写出错误接线时测得的电能（以功率表示）

因为电能表所计量的电能与所加电压和电流及相应相电流之间的夹角余弦乘积成正比，根据图 4－352 画出的错误接线相量图，对两个元件所计量的电能分别进行分析（以功率表示），并设 P_1'为第一元件错误计量的功率，P_2'为第二元件错误计量的功率。

第一元件测量的功率为

$$P_1' = \frac{1}{2}U_{vw}(-I_w)\cos(30° - \varphi)$$

第二元件测量的功率为

$$P_2' = U_{vw}(-I_u)\cos(90° + \varphi)$$

在三相电路完全对称时，两元件测量的总功率为

$$\begin{aligned}P' &= P_1' + P_2' \\ &= \frac{1}{2}U_{vw}(-I_w)\cos(30° - \varphi) + U_{vw}(-I_u)\cos(90° + \varphi)\end{aligned}$$

九、表尾电压相序 UWV，电流相序 I_uI_w，W 相 TV 二次侧电压断相

图 4－353 是三相三线有功电能表的错误接线。从图中可以看出，电能表表尾电压相序为 UWV，并且 W 相 TV 二次侧电压断相，造成电能表第一元件电压线圈两端实际承受电压为$\frac{1}{2}U_{uv}$，第二元件实际承受电压为$\frac{1}{2}U_{vu}$；第一元件电流线圈通入的电流为 I_u，第二元件电流线圈通入的电流为 I_w。

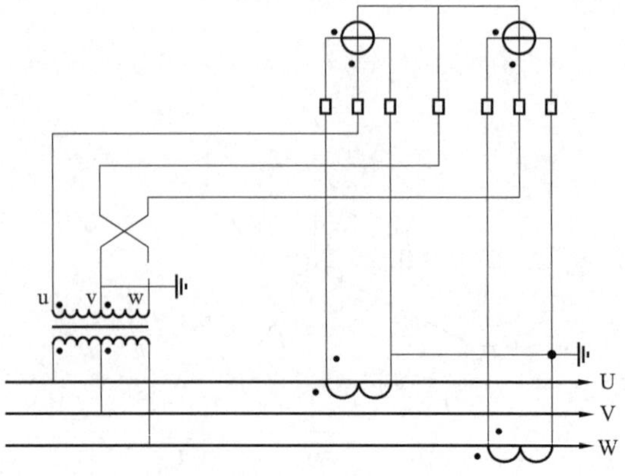

图 4－353

1. 测量数据（以 T－230A 现场校验仪为例）

按照第二章第三节现场校验仪测量方法的使用介绍，将校验仪与电能表接好。在选定的显示界面上将显示出分析所需的所有数据，显示屏数据如表 4－89 所示。

表 4－89

测 试 数 据			
项目	1 元件	2－6 端子	3 元件
电压	53.1V	100.7V	47.8V
电流	1.5A	0.0A	1.5A
对地电压	100.4V	47.5V	0.3V
相位	$\varphi_{I_1I_3}=239.4°$		
	$\varphi_{U_{31}I_1}=240.3°$		
	$\varphi_{U_{31}I_3}=119.7°$　$P=3.8$		
相序	电压断相 U_2　电流相序正		

2. 分析判断错误现象

（1）从表 4－89“电压”栏中的显示值看出 1 元件和 3 元件的电压值不等于 100V，可以判定该错误接线有电压断相，并且根据 1 元件和 3 元件的电压值可以看出，此电能表内部分压结构为“△”形。

（2）从“对地电压”栏中可以看出 3 元件的电压为 0V，所以确定 U_3 为 V 相。电压值为 47V 的 U_2 为电压断相，与“相序”栏中的电压断相 U_2 一致。

（3）确定 U_3 为 V 相后，就可以看出该错误接线的电压相序有两种可能，即 WUV 和 UWV。

（4）如图 4－354 所示，以电压相序 UWV 推出两个电流在相量图上的位置。将“相位”栏中的 U_{31} 替换成 U_{vu}。那么，$U_{31}I_1=240°$ 就替换成 $U_{vu}I_1=240°$、$U_{31}I_3=120°$ 就替换成 $U_{vu}I_3=120°$。即以 U_{vu} 为基准沿顺时针方向分别转 240° 和 120° 找到 I_1 和 I_3。从图上可以看出 $I_1=I_u$、$I_3=I_w$，并且其夹角等于 240°，电流相序为正。

（5）如图 4－355 所示，以电压相序 WUV 推出两个电流在相量图上的位置。将“相位”栏中的 U_{31} 替换成 U_{vw}。那么，$U_{31}I_1=240°$ 就替换成 $U_{vw}I_1=240°$、$U_{31}I_3=120°$ 就替换成 $U_{vw}I_3=120°$。即以 U_{vw} 为基准沿顺时针方向分别转 240° 和 120° 找到 I_1 和 I_3。

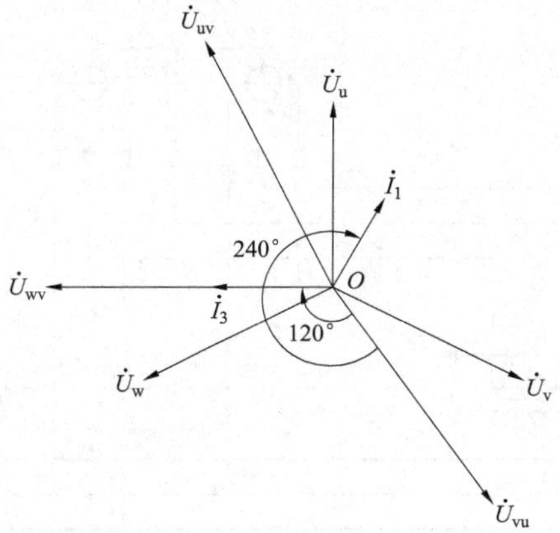

图 4－354

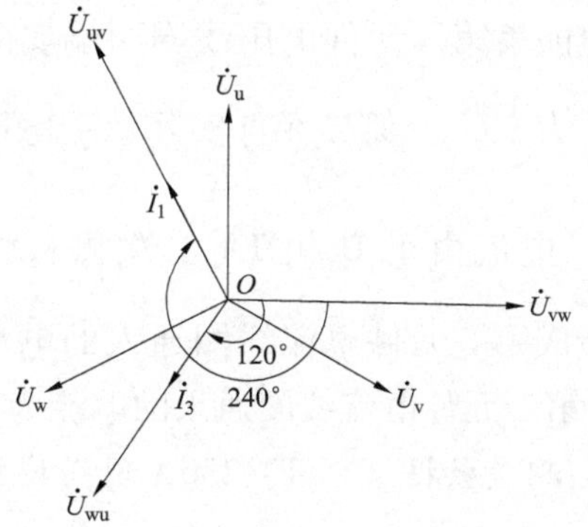

图 4－355

（6）将两个电流在相量图上的位置进行比较。比较结果是第四步以电压相序 UWV 推出的两个电流符合两个电流在相量图上的位置。

（7）最后得出错误接线结论：电压相序 UWV，电流相序 I_u、I_w，W 相电压断相。电能表的实际接线组别为：第一元件$\frac{1}{2}U_{uv}$、I_u，第二元件$\frac{1}{2}U_{vu}$、I_w。

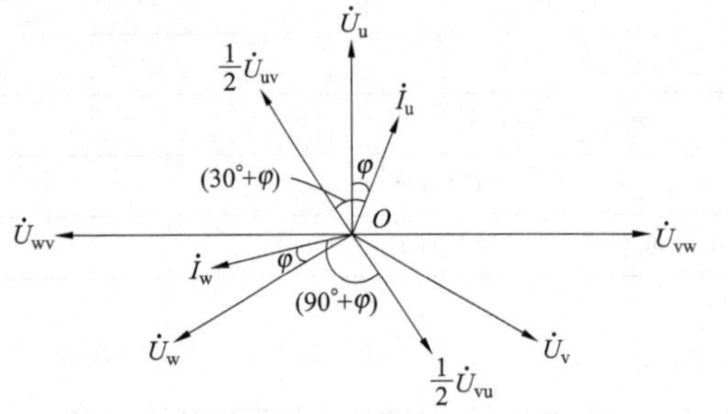

图 4－356

（8）画出错误接线相量图，如图 4－356 所示。

3. 写出错误接线时测得的电能（以功率表示）

因为电能表所计量的电能与所加电压和电流及相应相电流之间的夹角余弦乘积成正比，根据图 4－356 画出的错误接线相量图，对两个元件所计量的电能分别进行分析（以功率表示），并设 P_1'为第一元件错误计量的功率，P_2'为第二元件错误计量的功率。

第一元件测量的功率为

$$P_1' = \frac{1}{2}U_{uv}I_u\cos(30° + \varphi)$$

第二元件测量的功率为

$$P_2' = \frac{1}{2}U_{vu}I_w\cos(90° + \varphi)$$

在三相电路完全对称时，两元件测量的总功率为

$$\begin{aligned} P' &= P_1' + P_2' \\ &= \frac{1}{2}U_{uv}I_u\cos(30° + \varphi) + \frac{1}{2}U_{vu}I_w\cos(90° + \varphi) \end{aligned}$$

十、表尾电压相序 UWV，电流相序 I_uI_w，W 相 TV 二次侧电压断相，U 相 TA 二次侧极性反接

图 4－357 是三相三线有功电能表的错误接线。从图中可以看出，电能表表尾电压相序为 UWV，并且 W 相 TV 二次侧电压断相，造成电能表第一元件电压线圈两端实际承受电压为$\frac{1}{2}U_{uv}$，第二元件实际承受电压为$\frac{1}{2}U_{vu}$；电流由于 U 相 TA 二次侧极性反接，造成第一元件电流线圈通入的电流为 $-I_u$，第二元件电流线圈通入的电流为 I_w。

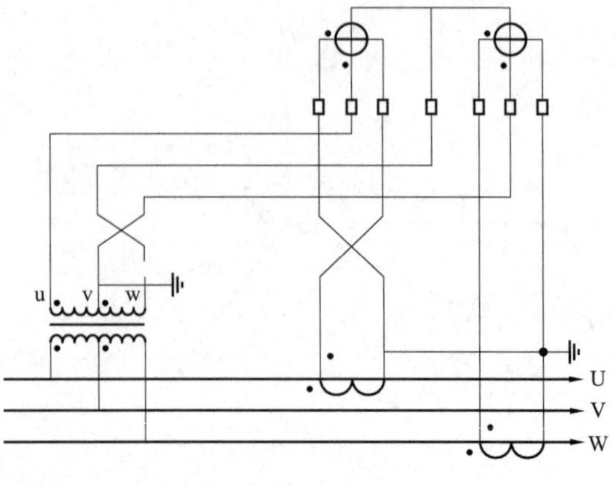

图 4－357

1. 测量数据（以 T－230A 现场校验仪为例）

按照第二章第三节现场校验仪测量方

法的使用介绍，将校验仪与电能表接好。在选定的显示界面上将显示出分析所需的所有数据，显示屏数据如表4－90所示。

表4－90

测 试 数 据			
项目	1元件	2－6端子	3元件
电压	53.1V	100.7V	47.9V
电流	1.5A	0.0A	1.5A
对地电压	100.4V	47.6V	0.3V
相位	$\varphi_{I_1I_3}=59.8°$		
	$\varphi_{U_{31}I_1}=60.1°$		
	$\varphi_{U_{31}I_3}=119.8°$ $P=-66.1$		
相序	电压断相 U_2 电流相序正		

2. 分析判断错误现象

（1）从表4－90“电压”栏中的显示值看出1元件和3元件的电压值不等于100V，可以判定该错误接线有电压断相，并且根据1元件和3元件的电压值可以看出，此电能表内部分压结构为“△”形。

（2）从“对地电压”栏中可以看出3元件的电压为0V，所以确定U_3为V相。电压值为47V的U_2为电压断相，与“相序”栏中的电压断相U_2一致。

（3）确定U_3为V相后，就可以看出该错误接线的电压相序有两种可能，即WUV和UWV。

（4）如图4－358所示，以电压相序UWV推出两个电流在相量图上的位置。将“相位”栏中的U_{31}替换成U_{vu}。那么，$U_{31}I_1=60°$就替换成$U_{vu}I_1=60°$、$U_{31}I_3=120°$就替换成$U_{vu}I_3=120°$。即以U_{vu}为基准沿顺时针方向分别转60°和120°找到I_1和I_3。从图上可以看出$I_1=-I_u$、$I_3=I_w$，并且其夹角等于60°，电流相序为正。

（5）如图4－359所示，以电压相序WUV推出两个电流在相量图上的位置。将“相位”栏中的U_{31}替换成U_{vw}。那么，$U_{31}I_1=60°$就替换成$U_{vw}I_1=60°$、$U_{31}I_3=120°$就替换成$U_{vw}I_3=120°$。即以U_{vw}为基准沿顺时针方向分别转60°和120°找到I_1和I_3。

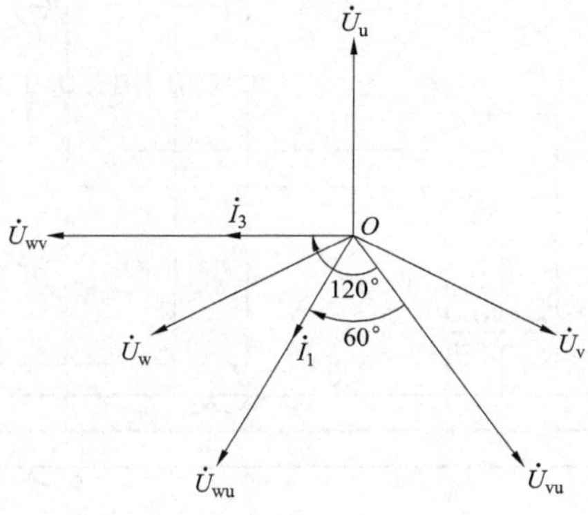

图4－358

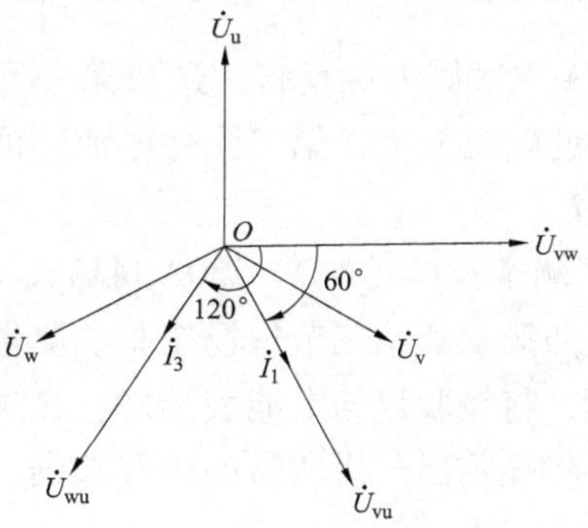

图4－359

（6）将两个电流在相量图上的位置进行比较。比较结果是第四步以电压相序 UWV 推出的两个电流符合两个电流在相量图上的位置。

（7）最后得出错误接线结论：电压相序 UWV，电流相序 I_u、I_w，W 相电压断相。电能表的实际接线组别为：第一元件$\frac{1}{2}U_{uv}$、$-I_u$，第二元件$\frac{1}{2}U_{vu}$、I_w。

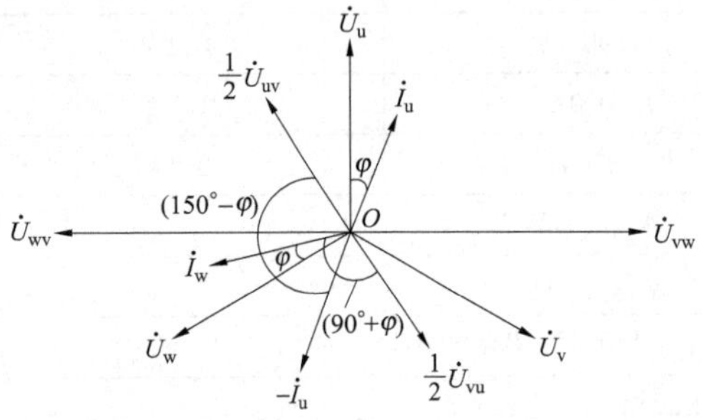

图 4－360

（8）画出错误接线相量图，如图 4－360 所示。

3. 写出错误接线时测得的电能（以功率表示）

因为电能表所计量的电能与所加电压和电流及相应相电流之间的夹角余弦乘积成正比，根据图 4－360 画出的错误接线相量图，对两个元件所计量的电能分别进行分析（以功率表示），并设 P_1'为第一元件错误计量的功率，P_2'为第二元件错误计量的功率。

第一元件测量的功率为

$$P_1' = \frac{1}{2}U_{uv}(-I_u)\cos(150° - \varphi)$$

第二元件测量的功率为

$$P_2' = \frac{1}{2}U_{vu}I_w\cos(90° + \varphi)$$

在三相电路完全对称时，两元件测量的总功率为

$$\begin{aligned} P' &= P_1' + P_2' \\ &= \frac{1}{2}U_{uv}(-I_u)\cos(150° - \varphi) + \frac{1}{2}U_{vu}I_w\cos(90° + \varphi) \end{aligned}$$

十一、表尾电压相序 UWV，电流相序 I_uI_w，W 相 TV 二次侧电压断相，W 相 TA 二次侧极性反接

图 4－361 是三相三线有功电能表的错误接线。从图中可以看出，电能表表尾电压相序为 UWV，并且 W 相 TV 二次侧电压断相，造成电能表第一元件电压线圈两端实际承受电压为$\frac{1}{2}U_{uv}$，第二元件实际承受电压为$\frac{1}{2}U_{vu}$；电流由于 W 相 TA 二次侧极性反接，造成第一元件电流线圈通入的电流为 I_u，第二元件电流线圈通入的电流为 $-I_w$。

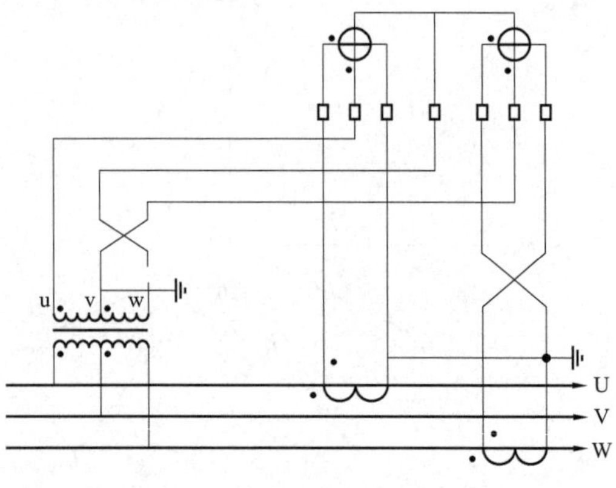

图 4－361

1. 测量数据（以 T－230A 现场校验仪为例）

按照第二章第三节现场校验仪测量方法的使用介绍，将校验仪与电能表接好。在选定的显示界面上将显示出分析所需的所有数据，显示屏数据如表 4－91 所示。

表 4 - 91

测试数据			
项目	1 元件	2 - 6 端子	3 元件
电压	53.1V	100.7V	47.9V
电流	1.5A	0.0A	1.5A
对地电压	100.4V	47.6V	0.3V
相位	$\varphi_{I_1I_3}=59.8°$		
	$\varphi_{U_{31}I_1}=240.1°$		
	$\varphi_{U_{31}I_3}=299.8°$　$P=66.2$		
相序	电压断相 U_2　电流相序正		

2. 分析判断错误现象

（1）从表 4 - 91 “电压” 栏中的显示值看出 1 元件和 3 元件的电压值不等于 100V，可以判定该错误接线有电压断相，并且根据 1 元件和 3 元件的电压值可以看出，此电能表内部分压结构为 “△” 形。

（2）从 “对地电压” 栏中可以看出 3 元件的电压为 0V，所以确定 U_3 为 V 相。电压值为 47V 的 U_2 为电压断相，与 “相序” 栏中的电压断相 U_2 一致。

（3）确定 U_3 为 V 相后，就可以看出该错误接线的电压相序有两种可能，即 WUV 和 UWV。

（4）如图 4 - 362 所示，以电压相序 UWV 推出两个电流在相量图上的位置。将 “相位” 栏中的 U_{31} 替换成 U_{vu}。那么，$U_{31}I_1=240°$ 就替换成 $U_{vu}I_1=240°$、$U_{31}I_3=300°$ 就替换成 $U_{vu}I_3=300°$。即以 U_{vu} 为基准沿顺时针方向分别转 240° 和 300° 找到 I_1 和 I_3。从图上可以看出 $I_1=I_u$、$I_3=-I_w$，并且其夹角等于 60°，电流相序为正。

（5）如图 4 - 363 所示，以电压相序 WUV 推出两个电流在相量图上的位置。将 “相位” 栏中的 U_{31} 替换成 U_{vw}。那么，$U_{31}I_1=240°$ 就替换成 $U_{vw}I_1=240°$、$U_{31}I_3=300°$ 就替换成 $U_{vw}I_3=300°$。即以 U_{vw} 为基准沿顺时针方向分别转 240° 和 300° 找到 I_1 和 I_3。

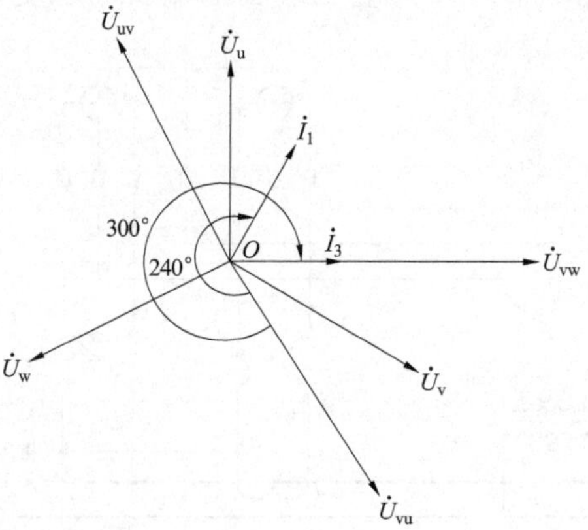

图 4 - 362

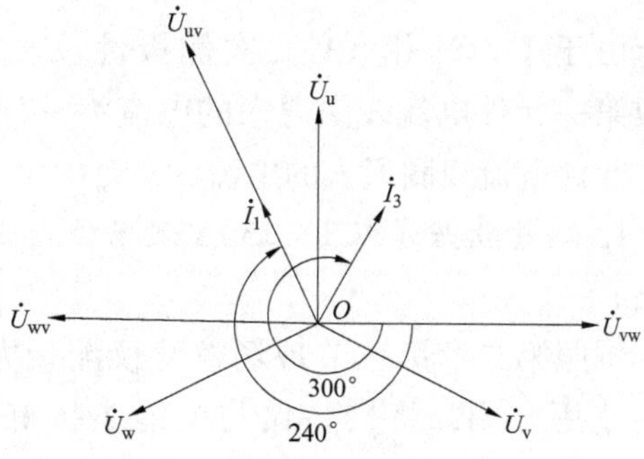

图 4 - 363

（6）将两个电流在相量图上的位置进行比较。比较结果是第四步以电压相序 UWV 推出的两个电流符合两个电流在相量图上的位置。

（7）最后得出错误接线结论：电压相序 UWV，电流相序 I_u、I_w，W 相电压断相。电能表的实际接线组别为：第一元件$\frac{1}{2}U_{uv}$、I_u，第二元件$\frac{1}{2}U_{vu}$、$-I_w$。

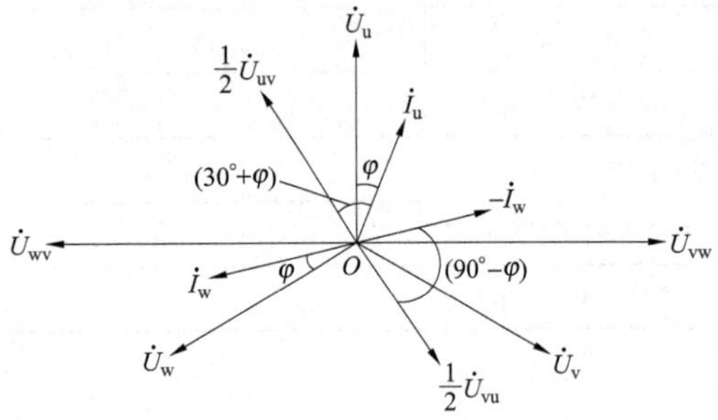

图 4－364

（8）画出错误接线相量图，如图 4－364 所示。

3. 写出错误接线时测得的电能（以功率表示）

因为电能表所计量的电能与所加电压和电流及相应相电流之间的夹角余弦乘积成正比，根据图 4－364 画出的错误接线相量图，对两个元件所计量的电能分别进行分析（以功率表示），并设 P_1'为第一元件错误计量的功率，P_2'为第二元件错误计量的功率。

第一元件测量的功率为

$$P_1' = \frac{1}{2}U_{uv}I_u\cos(30° + \varphi)$$

第二元件测量的功率为

$$P_2' = \frac{1}{2}U_{vu}(-I_w)\cos(90° - \varphi)$$

在三相电路完全对称时，两元件测量的总功率为

$$\begin{aligned} P' &= P_1' + P_2' \\ &= \frac{1}{2}U_{uv}I_u\cos(30° + \varphi) + \frac{1}{2}U_{vu}(-I_w)\cos(90° - \varphi) \end{aligned}$$

十二、表尾电压相序 UWV，电流相序 I_uI_w，W 相 TV 二次侧电压断相，U、W 相 TA 二次侧极性反接

图 4－365 是三相三线有功电能表的错误接线。从图中可以看出，电能表表尾电压相序为 UWV，并且 W 相 TV 二次侧电压断相，造成电能表第一元件电压线圈两端实际承受电压为$\frac{1}{2}U_{uv}$，第二元件实际承受电压为$\frac{1}{2}U_{vu}$；电流由于 U、W 相 TA 二次侧极性反接，造成第一元件电流线圈通入的电流为 $-I_u$，第二元件电流线圈通入的电流为 $-I_w$。

1. 测量数据（以 T－230A 现场校验仪为例）

按照第二章第三节现场校验仪测量方法的使用介绍，将校验仪与电能表接好。在选定的显示界面上将显示出分析所需的所有数据，显示屏数据如表 4－92 所示。

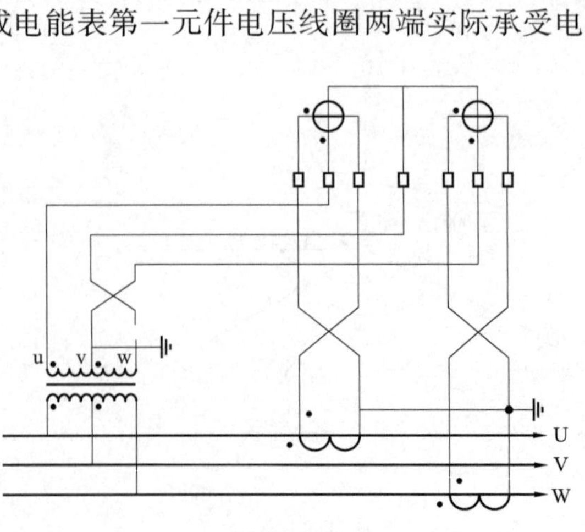

图 4－365

表 4－92

测试数据			
项目	1 元件	2－6 端子	3 元件
电压	53.1V	100.7V	47.8V
电流	1.5A	0.0A	1.5A
对地电压	100.4V	47.5V	0.3V
相位	$\varphi_{I_1I_3}=239.4°$		
	$\varphi_{U_{31}I_1}=60.3°$		
	$\varphi_{U_{31}I_3}=299.7°$　$P=-3.8$		
相序	电压断相 U_2　电流相序正		

2. 分析判断错误现象

（1）从表 4－92 “电压” 栏中的显示值看出 1 元件和 3 元件的电压值不等于 100V，可以判定该错误接线有电压断相，并且根据 1 元件和 3 元件的电压值可以看出，此电能表内部分压结构为 “△” 形。

（2）从 “对地电压” 栏中可以看出 3 元件的电压为 0V，所以确定 U_3 为 V 相。电压值为 47V 的 U_2 为电压断相，与 “相序” 栏中的电压断相 U_2 一致。

（3）确定 U_3 为 V 相后，就可以看出该错误接线的电压相序有两种可能，即 WUV 和 UWV。

（4）如图 4－366 所示，以电压相序 UWV 推出两个电流在相量图上的位置。将 “相位” 栏中的 U_{31} 替换成 U_{vu}。那么，$U_{31}I_1=60°$ 就替换成 $U_{vu}I_1=60°$、$U_{31}I_3=300°$ 就替换成 $U_{vu}I_3=300°$。即以 U_{vu} 为基准沿顺时针方向分别转 60° 和 300° 找到 I_1 和 I_3。从图上可以看出 $I_1=-I_u$、$I_3=-I_w$，并且其夹角等于 240°，电流相序为正。

（5）如图 4－367 所示，以电压相序 WUV 推出两个电流在相量图上的位置。将 “相位” 栏中的 U_{31} 替换成 U_{vw}。那么，$U_{31}I_1=60°$ 就替换成 $U_{vw}I_1=60°$、$U_{31}I_3=300°$ 就替换成 $U_{vw}I_3=300°$。即以 U_{vw} 为基准沿顺时针方向分别转 60° 和 300° 找到 I_1 和 I_3。

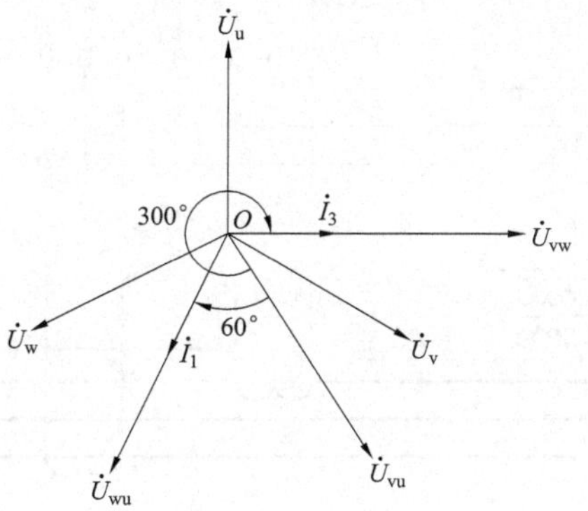

图 4－366

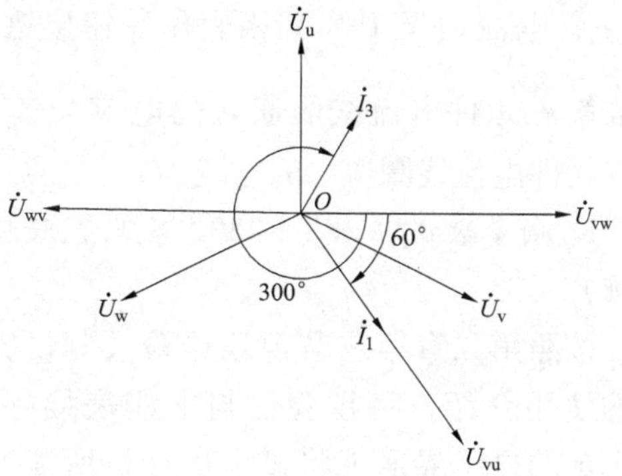

图 4－367

（6）将两个电流在相量图上的位置进行比较。比较结果是第四步以电压相序 UWV 推出的两个电流符合两个电流在相量图上的位置。

（7）最后得出错误接线结论：电压相序 UWV，电流相序 I_u、I_w，W 相电压断相。电能表的实际接线组别为：第一元件$\frac{1}{2}U_{uv}$、$-I_u$，第二元件$\frac{1}{2}U_{vu}$、$-I_w$。

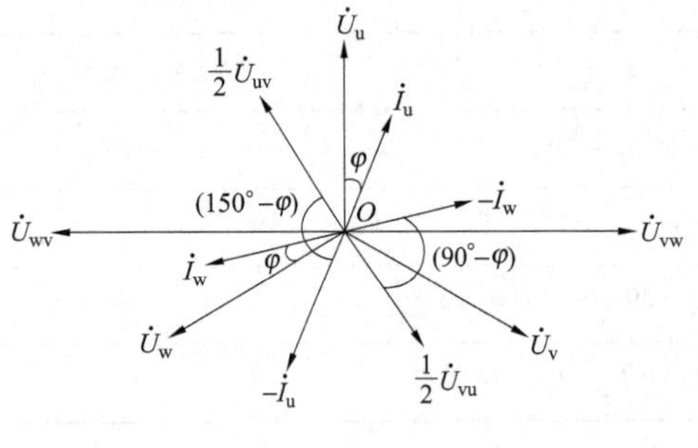

图 4－368

（8）画出错误接线相量图，如图 4－368 所示。

3. 写出错误接线时测得的电能（以功率表示）

因为电能表所计量的电能与所加电压和电流及相应相电流之间的夹角余弦乘积成正比，根据图 4－368 画出的错误接线相量图，对两个元件所计量的电能分别进行分析（以功率表示），并设 P_1'为第一元件错误计量的功率，P_2'为第二元件错误计量的功率。

第一元件测量的功率为

$$P_1' = \frac{1}{2}U_{uv}(-I_u)\cos(150° - \varphi)$$

第二元件测量的功率为

$$P_2' = \frac{1}{2}U_{vu}(-I_w)\cos(90° - \varphi)$$

在三相电路完全对称时，两元件测量的总功率为

$$\begin{aligned} P' &= P_1' + P_2' \\ &= \frac{1}{2}U_{uv}(-I_u)\cos(150° - \varphi) + \frac{1}{2}U_{vu}(-I_w)\cos(90° - \varphi) \end{aligned}$$

十三、表尾电压相序 UWV，电流相序 I_wI_u，W 相 TV 二次侧电压断相

图 4－369 是三相三线有功电能表的错误接线。从图中可以看出，电能表表尾电压相序为 UWV，并且 W 相 TV 二次侧电压断相，造成电能表第一元件电压线圈两端实际承受电压为$\frac{1}{2}U_{uv}$，第二元件实际承受电压为$\frac{1}{2}U_{vu}$；电流由于 U、W 相表尾端钮接错，造成第一元件电流线圈通入的电流为 I_w，第二元件电流线圈通入的电流为 I_u。

1. 测量数据（以 T－230A 现场校验仪为例）

按照第二章第三节现场校验仪测量方法的使用介绍，将校验仪与电能表接好。在选定的显示界面上将显示出分析所需的所有数据，显示屏数据如表 4－93 所示。

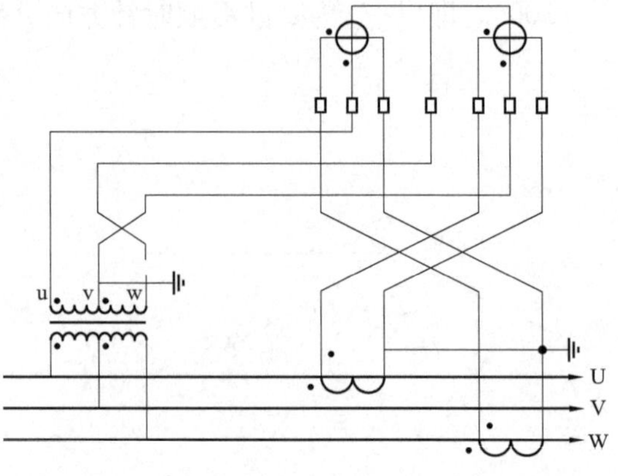

图 4－369

表 4-93

测 试 数 据			
项目	1 元件	2-6 端子	3 元件
电压	53.1V	100.7V	47.8V
电流	1.5A	0.0A	1.5A
对地电压	100.4V	47.5V	0.3V
相位	$\varphi_{I_1I_3}=120.6°$		
	$\varphi_{U_{31}I_1}=119.7°$		
	$\varphi_{U_{31}I_3}=240.3°$ $P=4.2$		
相序	电压断相 U_2 电流相序逆		

2. 分析判断错误现象

（1）从表 4-93“电压”栏中的显示值看出 1 元件和 3 元件的电压值不等于 100V，可以判定该错误接线有电压断相，并且根据 1 元件和 3 元件的电压值可以看出，此电能表内部分压结构为“△”形。

（2）从“对地电压”栏中可以看出 3 元件的电压为 0V，所以确定 U_3 为 V 相。电压值为 47V 的 U_2 为电压断相，与“相序”栏中的电压断相 U_2 一致。

（3）确定 U_3 为 V 相后，就可以看出该错误接线的电压相序有两种可能，即 WUV 和 UWV。

（4）如图 4-370 所示，以电压相序 UWV 推出两个电流在相量图上的位置。将“相位”栏中的 U_{31} 替换成 U_{vu}。那么，$U_{31}I_1=120°$ 就替换成 $U_{vu}I_1=120°$、$U_{31}I_3=240°$ 就替换成 $U_{vu}I_3=240°$。即以 U_{vu} 为基准沿顺时针方向分别转 120°和 240°找到 I_1 和 I_3。从图上可以看出 $I_1=I_w$、$I_3=I_u$，并且其夹角等于 120°，电流相序为逆。

（5）如图 4-371 所示，以电压相序 WUV 推出两个电流在相量图上的位置。将“相位”栏中的 U_{31} 替换成 U_{vw}。那么，$U_{31}I_1=120°$ 就替换成 $U_{vw}I_1=120°$、$U_{31}I_3=240°$ 就替换成 $U_{vw}I_3=240°$。即以 U_{vw} 为基准沿顺时针方向分别转 120°和 240°找到 I_1 和 I_3。

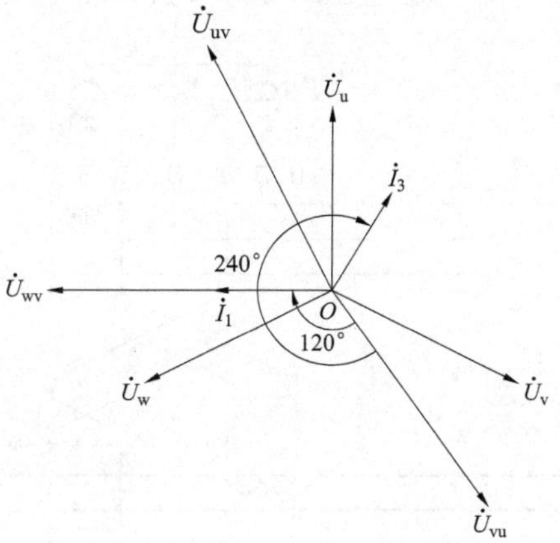

图 4-370

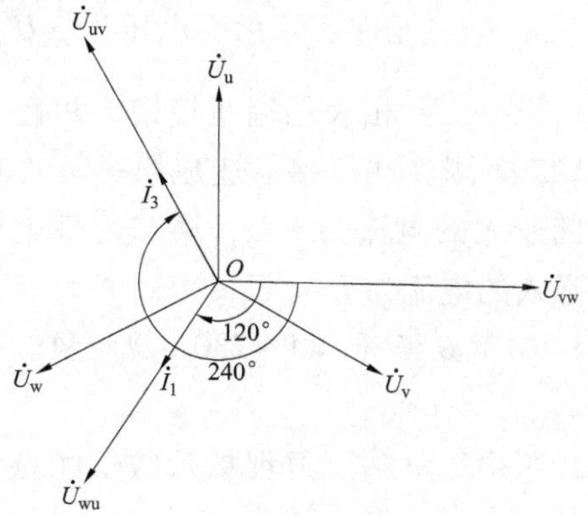

图 4-371

（6）将两个电流在相量图上的位置进行比较。比较结果是第四步以电压相序 UWV 推出的两个电流符合两个电流在相量图上的位置。

（7）最后得出错误接线结论：电压相序 UWV，电流相序 I_w、I_u，W 相电压断相。电能表的实际接线组别为：第一元件$\frac{1}{2}U_{uv}$、I_w，第二元件$\frac{1}{2}U_{vu}$、I_u。

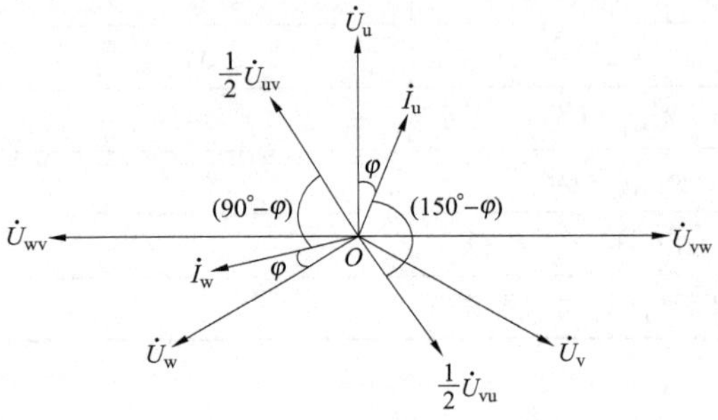

图 4－372

（8）画出错误接线相量图，如图 4－372 所示。

3. 写出错误接线时测得的电能（以功率表示）

因为电能表所计量的电能与所加电压和电流及相应相电流之间的夹角余弦乘积成正比，根据图 4－372 画出的错误接线相量图，对两个元件所计量的电能分别进行分析（以功率表示），并设 P_1'为第一元件错误计量的功率，P_2'为第二元件错误计量的功率。

第一元件测量的功率为

$$P_1' = \frac{1}{2}U_{uv}I_w\cos(90° - \varphi)$$

第二元件测量的功率为

$$P_2' = \frac{1}{2}U_{vu}I_u\cos(150° - \varphi)$$

在三相电路完全对称时，两元件测量的总功率为

$$\begin{aligned} P' &= P_1' + P_2' \\ &= \frac{1}{2}U_{uv}I_w\cos(90° - \varphi) + \frac{1}{2}U_{vu}I_u\cos(150° - \varphi) \end{aligned}$$

十四、表尾电压相序 UWV，电流相序 I_wI_u，W 相 TV 二次侧电压断相，W 相 TA 二次侧极性反接

图 4－373 是三相三线有功电能表的错误接线。从图中可以看出，电能表表尾电压相序为 UWV，并且 W 相 TV 二次侧电压断相，造成电能表第一元件电压线圈两端实际承受电压为$\frac{1}{2}U_{uv}$，第二元件实际承受电压为$\frac{1}{2}U_{vu}$；电流由于 U、W 相表尾端钮接错，并且 W 相 TA 二次侧极性反接，造成第一元件电流线圈通入的电流为 $-I_w$，第二元件电流线圈通入的电流为 I_u。

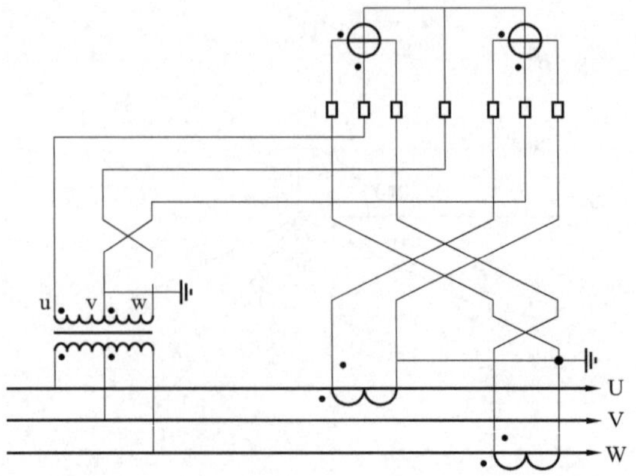

图 4－373

1. 测量数据（以 T－230A 现场校验仪为例）

按照第二章第三节现场校验仪测量方法的使用介绍，将校验仪与电能表接好。在选定的显示界面上将显示出分析所需的

所有数据，显示屏数据如表 4 - 94 所示。

表 4 - 94

测试数据			
项目	1 元件	2 - 6 端子	3 元件
电压	53.1V	100.7V	47.8V
电流	1.5A	0.0A	1.5A
对地电压	100.4V	47.5V	0.3V
相位	$\varphi_{I_1I_3}=300.3°$		
	$\varphi_{U_{31}I_1}=299.8°$		
	$\varphi_{U_{31}I_3}=240.1°$ $P=-83.4$		
相序	电压断相 U_2 电流相序逆		

2. 分析判断错误现象

（1）从表 4 - 94 “电压” 栏中的显示值看出 1 元件和 3 元件的电压值不等于 100V，可以判定该错误接线有电压断相，并且根据 1 元件和 3 元件的电压值可以看出，此电能表内部分压结构为 “△” 形。

（2）从 “对地电压” 栏中可以看出 3 元件的电压为 0V，所以确定 U_3 为 V 相。电压值为 47V 的 U_2 为电压断相，与 “相序” 栏中的电压断相 U_2 一致。

（3）确定 U_3 为 V 相后，就可以看出该错误接线的电压相序有两种可能，即 WUV 和 UWV。

（4）如图 4 - 374 所示，以电压相序 UWV 推出两个电流在相量图上的位置。将 “相位” 栏中的 U_{31} 替换成 U_{vu}。那么，$U_{31}I_1=300°$ 就替换成 $U_{vu}I_1=300°$、$U_{31}I_3=240°$ 就替换成 $U_{vu}I_3=240°$。即以 U_{vu} 为基准沿顺时针方向分别转 300° 和 240° 找到 I_1 和 I_3。从图上可以看出 $I_1=-I_w$、$I_3=I_u$，并且其夹角等于 300°，电流相序为逆。

（5）如图 4 - 375 所示，以电压相序 WUV 推出两个电流在相量图上的位置。将 “相位” 栏中的 U_{31} 替换成 U_{vw}。那么，$U_{31}I_1=300°$ 就替换成 $U_{vw}I_1=300°$、$U_{31}I_3=240°$ 就替换成 $U_{vw}I_3=240°$。即以 U_{vw} 为基准沿顺时针方向分别转 300° 和 240° 找到 I_1 和 I_3。

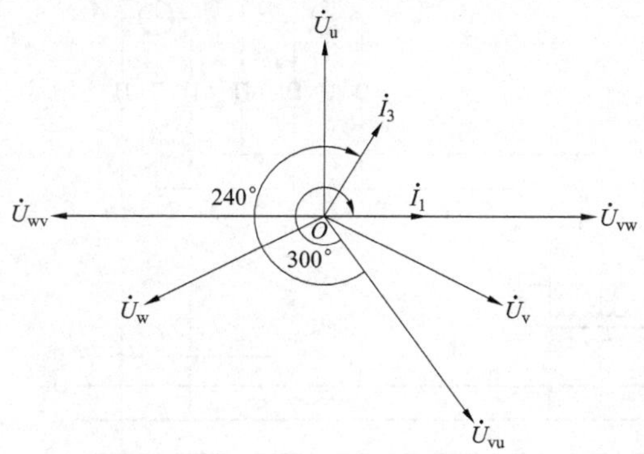

图 4 - 374

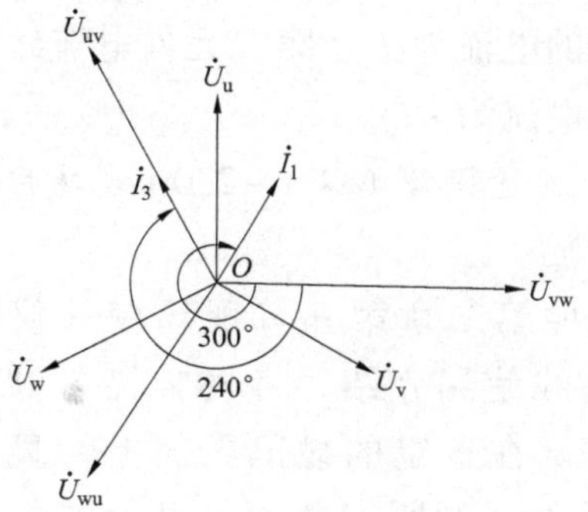

图 4 - 375

（6）将两个电流在相量图上的位置进行比较。比较结果是第四步以电压相序 UWV 推出的两个电流符合两个电流在相量图上的位置。

（7）最后得出错误接线结论：电压相序 UWV，电流相序 I_w、I_u，W 相电压断相。电能表的实际接线组别为：第一元件$\frac{1}{2}U_{uv}$、$-I_w$，第二元件$\frac{1}{2}U_{vu}$、I_u。

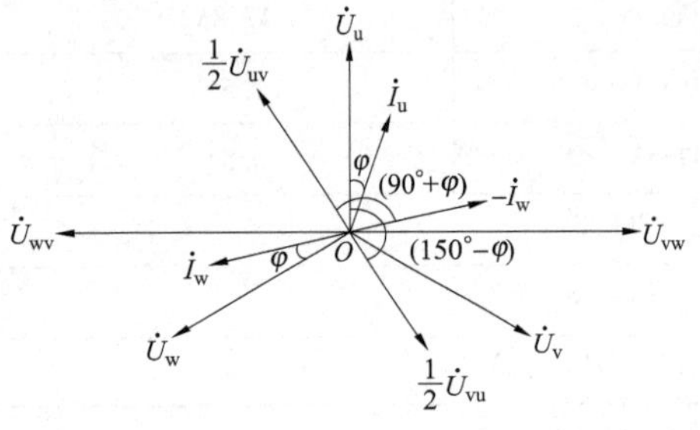

图 4－376

（8）画出错误接线相量图，如图 4－376 所示。

3. 写出错误接线时测得的电能（以功率表示）

因为电能表所计量的电能与所加电压和电流及相应相电流之间的夹角余弦乘积成正比，根据图 4－376 画出的错误接线相量图，对两个元件所计量的电能分别进行分析（以功率表示），并设 P_1'为第一元件错误计量的功率，P_2'为第二元件错误计量的功率。

第一元件测量的功率为

$$P_1' = \frac{1}{2}U_{uv}(-I_w)\cos(90° + \varphi)$$

第二元件测量的功率为

$$P_2' = \frac{1}{2}U_{vu}I_u\cos(150° - \varphi)$$

在三相电路完全对称时，两元件测量的总功率为

$$\begin{aligned} P' &= P_1' + P_2' \\ &= \frac{1}{2}U_{uv}(-I_w)\cos(90° + \varphi) + \frac{1}{2}U_{vu}I_u\cos(150° - \varphi) \end{aligned}$$

十五、表尾电压相序 UWV，电流相序 I_wI_u，W 相 TV 二次侧电压断相，U 相 TA 二次侧极性反接

图 4－377 是三相三线有功电能表的错误接线。从图中可以看出，电能表表尾电压相序为 UWV，并且 W 相 TV 二次侧电压断相，造成电能表第一元件电压线圈两端实际承受电压为$\frac{1}{2}U_{uv}$，第二元件实际承受电压为$\frac{1}{2}U_{vu}$；电流由于 U、W 相表尾端钮接错，并且 U 相 TA 二次侧极性反接，造成第一元件电流线圈通入的电流为 I_w，第二元件电流线圈通入的电流为 $-I_u$。

1. 测量数据（以 T－230A 现场校验仪为例）

按照第二章第三节现场校验仪测量方法的使用介绍，将校验仪与电能表接好。在选定的显示界面上将显示出分析所需的所有数据，显示屏数据如表 4－95 所示。

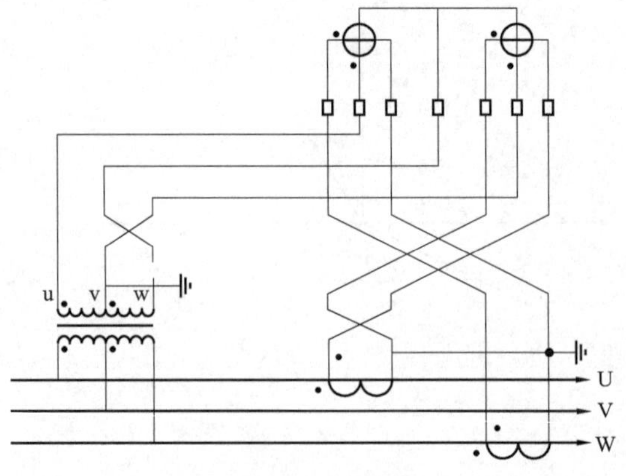

图 4－377

表 4 - 95

测 试 数 据			
项目	1 元件	2 - 6 端子	3 元件
电压	53. 1V	100. 7V	47. 8V
电流	1. 5A	0. 0A	1. 5A
对地电压	100. 4V	47. 5V	0. 3V
相位	$\varphi_{I_1 I_3} = 300.3°$		
	$\varphi_{U_{31} I_1} = 119.8°$		
	$\varphi_{U_{31} I_3} = 60.1°$　$P = 83.5$		
相序	电压断相 U_2　电流相序逆		

2. 分析判断错误现象

（1）从表 4 - 95 “电压” 栏中的显示值看出 1 元件和 3 元件的电压值不等于 100V，可以判定该错误接线有电压断相，并且根据 1 元件和 3 元件的电压值可以看出，此电能表内部分压结构为 “△” 形。

（2）从 “对地电压” 栏中可以看出 3 元件的电压为 0V，所以确定 U_3 为 V 相。电压值为 47V 的 U_2 为电压断相，与 “相序” 栏中的电压断相 U_2 一致。

（3）确定 U_3 为 V 相后，就可以看出该错误接线的电压相序有两种可能，即 WUV 和 UWV。

（4）如图 4 - 378 所示，以电压相序 UWV 推出两个电流在相量图上的位置。将 “相位” 栏中的 U_{31} 替换成 U_{vu}。那么，$U_{31} I_1 = 120°$ 就替换成 $U_{vu} I_1 = 120°$、$U_{31} I_3 = 60°$ 就替换成 $U_{vu} I_3 = 60°$。即以 U_{vu} 为基准沿顺时针方向分别转 120° 和 60° 找到 I_1 和 I_3。从图上可以看出 $I_1 = I_w$、$I_3 = -I_u$，并且其夹角等于 300°，电流相序为逆。

（5）如图 4 - 379 所示，以电压相序 WUV 推出两个电流在相量图上的位置。将 “相位” 栏中的 U_{31} 替换成 U_{vw}。那么，$U_{31} I_1 = 120°$ 就替换成 $U_{vw} I_1 = 120°$、$U_{31} I_3 = 60°$ 就替换成 $U_{vw} I_3 = 60°$。即以 U_{vw} 为基准沿顺时针方向分别转 120° 和 60° 找到 I_1 和 I_3。

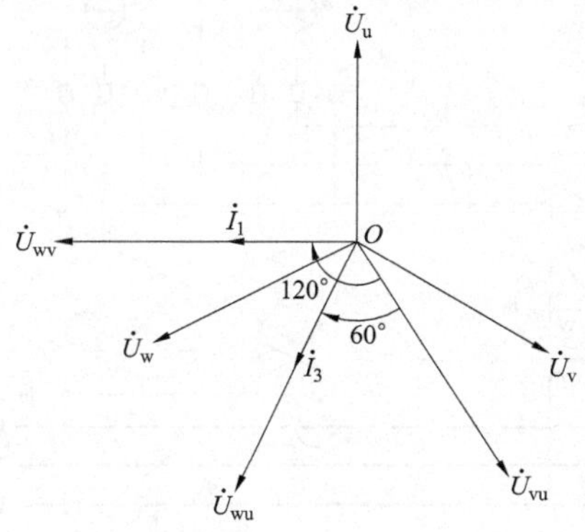

图 4 - 378

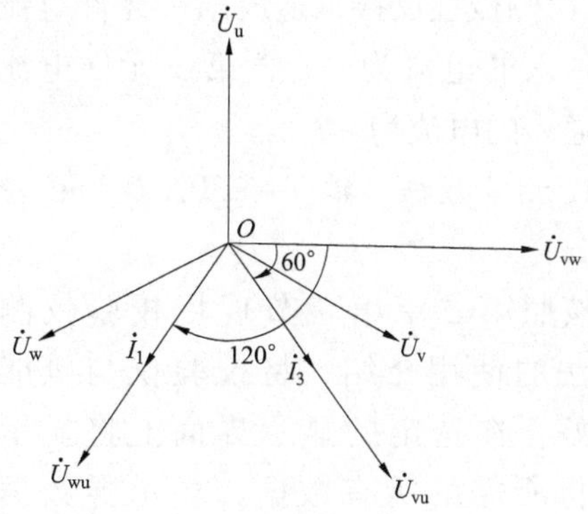

图 4 - 379

（6）将两个电流在相量图上的位置进行比较。比较结果是第四步以电压相序 UWV 推出的两个电流符合两个电流在相量图上的位置。

（7）最后得出错误接线结论：电压相序 UWV，电流相序 I_w、I_u，W 相电压断相。电能表的实际接线组别为：第一元件$\frac{1}{2}U_{uv}$、I_w，第二元件$\frac{1}{2}U_{vu}$、$-I_u$。

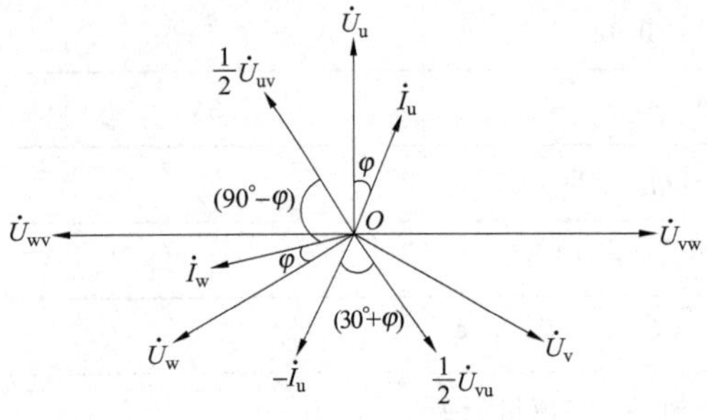

图 4－380

（8）画出错误接线相量图，如图 4－380 所示。

3. 写出错误接线时测得的电能（以功率表示）

因为电能表所计量的电能与所加电压和电流及相应相电流之间的夹角余弦乘积成正比，根据图 4－380 画出的错误接线相量图，对两个元件所计量的电能分别进行分析（以功率表示），并设 P_1'为第一元件错误计量的功率，P_2'为第二元件错误计量的功率。

第一元件测量的功率为

$$P_1' = \frac{1}{2}U_{uv}I_w\cos(90° - \varphi)$$

第二元件测量的功率为

$$P_2' = \frac{1}{2}U_{vu}(-I_u)\cos(30° + \varphi)$$

在三相电路完全对称时，两元件测量的总功率为

$$\begin{aligned} P' &= P_1' + P_2' \\ &= \frac{1}{2}U_{uv}I_w\cos(90° - \varphi) + \frac{1}{2}U_{vu}(-I_u)\cos(30° + \varphi) \end{aligned}$$

十六、表尾电压相序 UWV，电流相序 I_wI_u，W 相 TV 二次侧电压断相，U、W 相 TA 二次侧极性反接

图 4－381 是三相三线有功电能表的错误接线。从图中可以看出，电能表表尾电压相序为 UWV，并且 W 相 TV 二次侧电压断相，造成电能表第一元件电压线圈两端实际承受电压为$\frac{1}{2}U_{uv}$，第二元件实际承受电压为$\frac{1}{2}U_{vu}$；电流由于 U、W 相表尾端钮接错，并且 U、W 相 TA 二次侧极性反接，造成第一元件电流线圈通入的电流为$-I_w$，第二元件电流线圈通入的电流为$-I_u$。

1. 测量数据（以 T－230A 现场校验仪为例）

按照第二章第三节现场校验仪测量方法的使用介绍，将校验仪与电能表接好。在选定的显示界面上将显示出分析所需的所有数据，显示屏数据如表 4－96 所示。

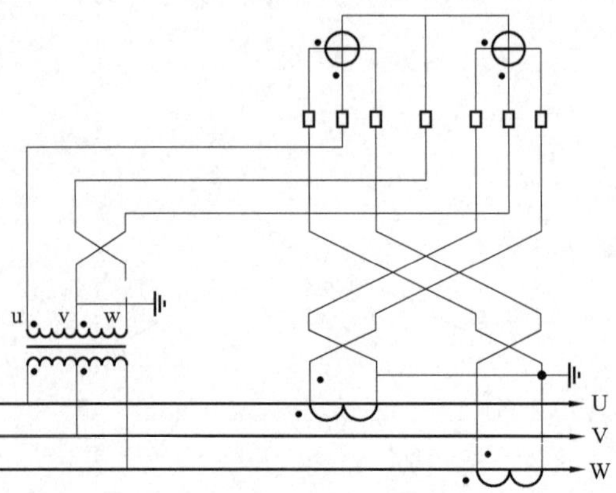

图 4－381

表 4 - 96

测 试 数 据			
项目	1 元件	2 - 6 端子	3 元件
电压	53.1V	100.7V	47.8V
电流	1.5A	0.0A	1.5A
对地电压	100.4V	47.5V	0.3V
相位	$\varphi_{I_1I_3}=120.6°$		
	$\varphi_{U_{31}I_1}=299.7°$		
	$\varphi_{U_{31}I_3}=60.3°$ $P=-4.3$		
相序	电压断相 U_2 电流相序逆		

2. 分析判断错误现象

（1）从表 4 - 96“电压”栏中的显示值看出 1 元件和 3 元件的电压值不等于 100V，可以判定该错误接线有电压断相，并且根据 1 元件和 3 元件的电压值可以看出，此电能表内部分压结构为“△”形。

（2）从“对地电压”栏中可以看出 3 元件的电压为 0V，所以确定 U_3 为 V 相。电压值为 47V 的 U_2 为电压断相，与“相序”栏中的电压断相 U_2 一致。

（3）确定 U_3 为 V 相后，就可以看出该错误接线的电压相序有两种可能，即 WUV 和 UWV。

（4）如图 4 - 382 所示，以电压相序 UWV 推出两个电流在相量图上的位置。将“相位”栏中的 U_{31} 替换成 U_{vu}。那么，$U_{31}I_1=300°$ 就替换成 $U_{vu}I_1=300°$、$U_{31}I_3=60°$ 就替换成 $U_{vu}I_3=60°$。即以 U_{vu} 为基准沿顺时针方向分别转 300°和 60°找到 I_1 和 I_3。从图上可以看出 $I_1=-I_w$、$I_3=-I_u$，并且其夹角等于 120°，电流相序为逆。

（5）如图 4 - 383 所示，以电压相序 WUV 推出两个电流在相量图上的位置。将“相位”栏中的 U_{31} 替换成 U_{vw}。那么，$U_{31}I_1=300°$ 就替换成 $U_{vw}I_1=300°$、$U_{31}I_3=60°$ 就替换成 $U_{vw}I_3=60°$。即以 U_{vw} 为基准沿顺时针方向分别转 300°和 60°找到 I_1 和 I_3。

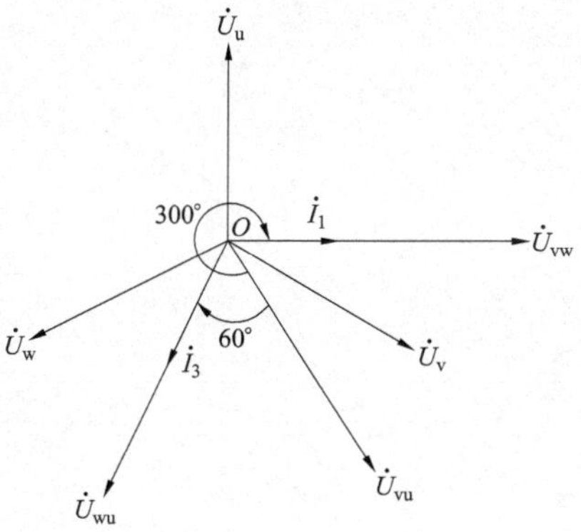

图 4 - 382

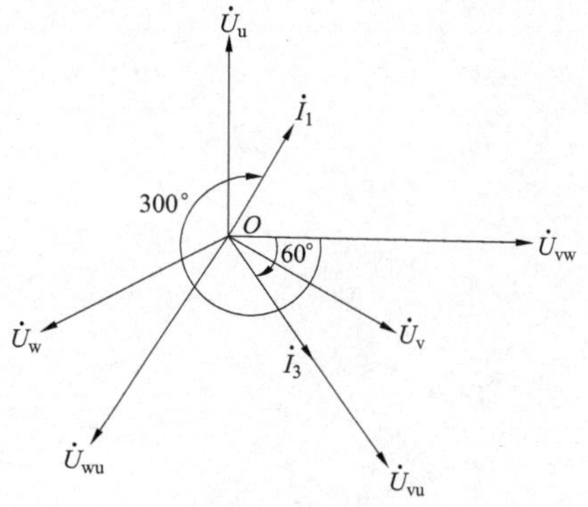

图 4 - 383

（6）将两个电流在相量图上的位置进行比较。比较结果是第四步以电压相序 UWV 推出的两个电流符合两个电流在相量图上的位置。

（7）最后得出错误接线结论：电压相序 UWV，电流相序 I_w、I_u，W 相电压断相。电能表的实际接线组别为：第一元件$\frac{1}{2}U_{uv}$、$-I_w$，第二元件$\frac{1}{2}U_{vu}$、$-I_u$。

（8）画出错误接线相量图，如图 4－384 所示。

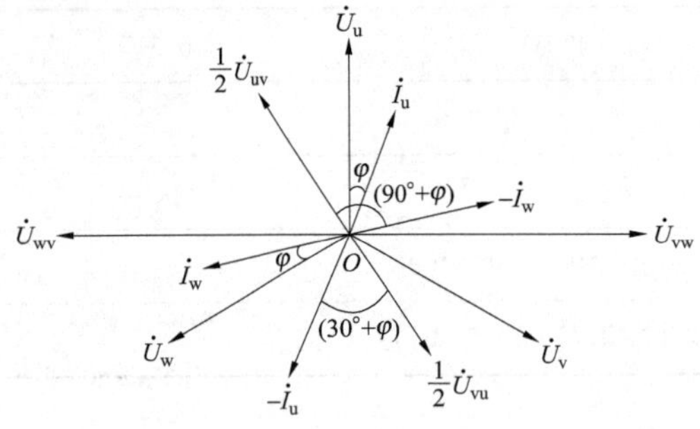

图 4－384

3. 写出错误接线时测得的电能（以功率表示）

因为电能表所计量的电能与所加电压和电流及相应相电流之间的夹角余弦乘积成正比，根据上面画出的错误接线相量图，对两个元件所计量的电能分别进行分析（以功率表示），并设 P_1'为第一元件错误计量的功率，P_2'为第二元件错误计量的功率。

第一元件测量的功率为

$$P_1' = \frac{1}{2}U_{uv}(-I_w)\cos(90° + \varphi)$$

第二元件测量的功率为

$$P_2' = \frac{1}{2}U_{vu}(-I_u)\cos(30° + \varphi)$$

在三相电路完全对称时，两元件测量的总功率为

$$\begin{aligned}P' &= P_1' + P_2' \\ &= \frac{1}{2}U_{uv}(-I_w)\cos(90° + \varphi) + \frac{1}{2}U_{vu}(-I_u)\cos(30° + \varphi)\end{aligned}$$

第五章

电能表的内部分压为“V”形结构时电压互感器接线二次侧断相错误接线的实例分析

第一节　电压相序为UVW时的错误接线实例分析

一、表尾电压相序UVW，电流相序I_uI_w，U相TV二次侧电压断相

图5-1是三相三线有功电能表的错误接线。由于U相TV二次侧电压断相，造成电能表第一元件失压，第二元件实际承受电压为U_{wv}；第一元件电流线圈通入的电流为I_u，第二元件电流线圈通入的电流为I_w。

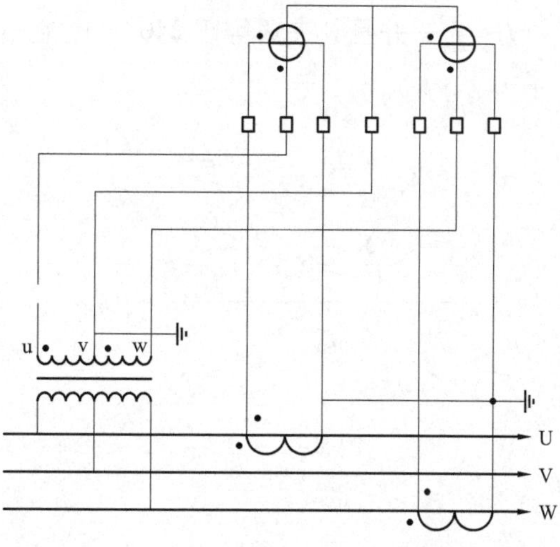

图5-1

1. 测量数据（以T-230A现场校验仪为例）

按照第二章第三节现场校验仪测量方法的使用介绍，将校验仪与电能表接好。在选定的显示界面上将显示出分析所需的所有数据，显示屏数据如表5-1所示。

表5-1

测试数据			
项目	1元件	2-6端子	3元件
电压	0.4V	99.2V	99.2V
电流	1.5A	0.0A	1.5A
对地电压	0.4V	0.2V	99.1V
相位	$\varphi_{I_1I_3}=239.6°$		
	$\varphi_{U_{32}I_1}=120.3°$		
	$\varphi_{U_{32}I_3}=359.9°$　$P=147.4$		
相序	电压断相U_1　电流相序正		

2. 分析判断错误现象

（1）从表5－1“电压”栏中的显示值看出1元件电压值不等于100V，可以判定该错误接线有电压断相，并且根据2元件和3元件的电压值可以看出，此电能表内部分压结构为“V”形。

（2）“电压”栏中1元件的电压 U_1 不等于100V，即可确定 U_1 为电压断相，与“相序”栏中显示的电压断相 U_1 一致。“对地电压”栏中3元件的电压等于100V为正常相，所以可以确定 U_2 为V相。

（3）确定 U_2 为V相后，就可以看出该错误接线的电压相序有两种可能，即UVW和WVU。

（4）如图5－2所示，以电压相序WVU推出两个电流在相量图上的位置。将“相位”栏中的 U_{32} 替换成 U_{uv}。那么，$U_{32}I_1=120°$ 就替换成 $U\text{uv}I_1=120°$、$U_{32}I_3=360°$ 就替换成 $U\text{uv}I_3=360°$。即以 U_{uv} 为基准沿顺时针方向分别转120°和360°找到 I_1 和 I_3。

（5）如图5－3所示，以电压相序UVW推出两个电流在相量图上的位置。将“相位”栏中的 U_{32} 替换成 U_{wv}。那么，$U_{32}I_1=120°$ 就替换成 $U_{wv}I_1=120°$、$U_{32}I_3=360°$ 就替换成 $U_{wv}I_3=360°$。即以 U_{wv} 为基准沿顺时针方向分别转120°和360°找到 I_1 和 I_3。从图上可以看出 $I_1=I_u$、$I_3=I_w$，并且其夹角等于240°，电流相序为正。

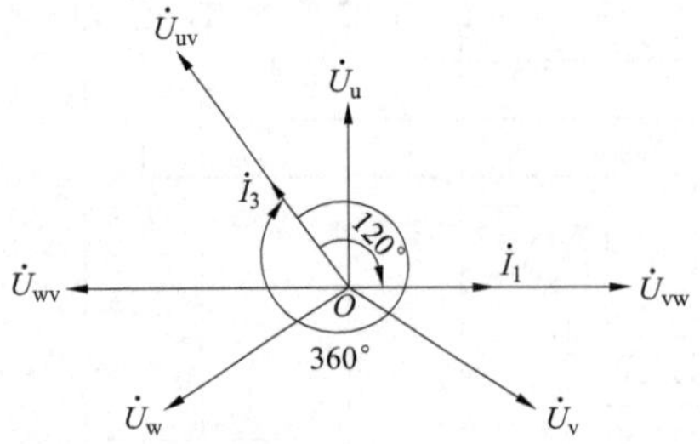

图5－2

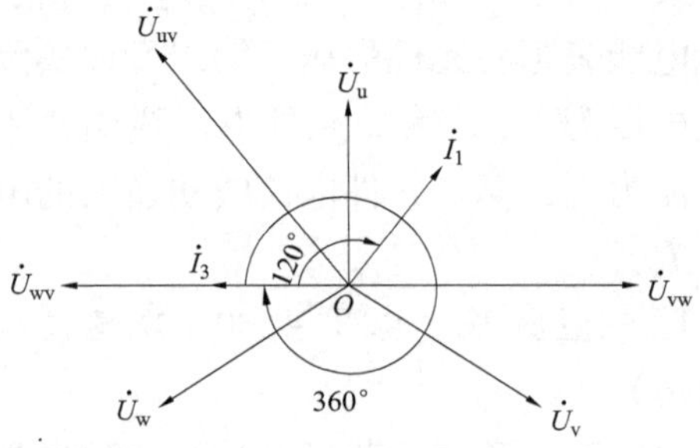

图5－3

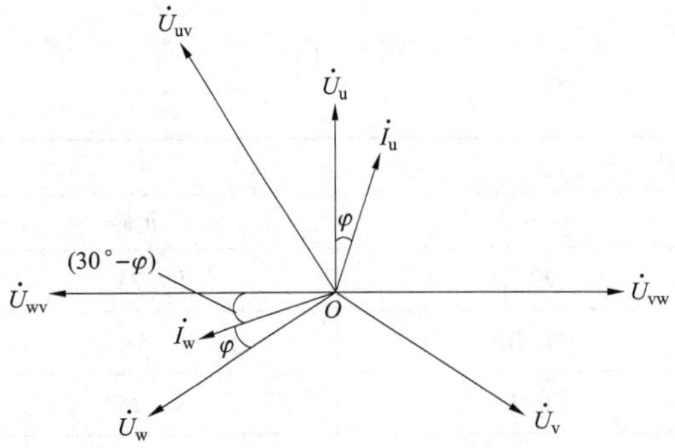

图5－4

（6）将两个电流在相量图上的位置进行比较。比较结果是第五步以电压相序UVW推出的两个电流符合两个电流在相量图上的位置。

（7）最后得出错误接线结论：电压相序UVW，电流相序 I_u、I_w，U相电压断相。电能表的实际接线组别为：第一元件 U_{uv}、I_u，第二元件 U_{wv}、I_w。

（8）画出错误接线相量图，如图5－4所示。

3. 写出错误接线时电能表测得的电能（以功率表示）

因为电能表所计量的电能与所加电压和电流及相应相电流之间的夹角余弦乘积成正比，根据图5－4画出的错误接线相量图，对两个元件所计量的电能分别进行分析（以功率表

示），并设 P_1' 为第一元件错误计量的功率，P_2' 为第二元件错误计量的功率。

第一元件测量的功率为

$$P_1' = 0$$

第二元件测量的功率为

$$P_2' = U_{wv} I_w \cos(30° - \varphi)$$

在三相电路完全对称时，两元件测量的总功率为

$$P' = P_1' + P_2' = U_{wv} I_w \cos(30° - \varphi)$$

二、表尾电压相序UVW，电流相序 $I_u I_w$，U相TV二次侧电压断相，U相TA二次侧极性反接

图5－5是三相三线有功电能表的错误接线。由于U相TV二次侧电压断相，造成电能表第一元件失压，第二元件实际承受电压为 U_{wv}；电流由于U相TA二次侧极性反接，造成第一元件电流线圈通入的电流为 $-I_u$，第二元件电流线圈通入的电流为 I_w。

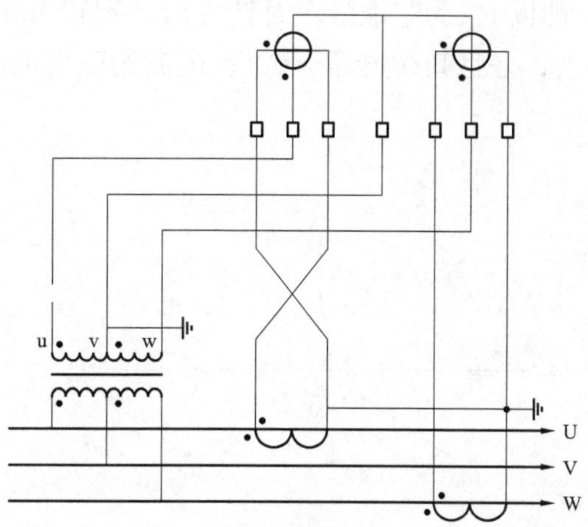

图5－5

1. 测量数据（以T－230A现场校验仪为例）

按照第二章第三节现场校验仪测量方法的使用介绍，将校验仪与电能表接好。在选定的显示界面上将显示出分析所需的所有数据，显示屏数据如表5－2所示。

表5－2

测 试 数 据			
项目	1元件	2－6端子	3元件
电压	0.4V	99.3V	99.3V
电流	1.5A	0.0A	1.5A
对地电压	0.4V	0.2V	99.1V
相位	$\varphi_{I_1 I_3} = 59.9°$		
	$\varphi_{U_{32} I_1} = 300.1°$		
	$\varphi_{U_{32} I_3} = 0.0°$ $P = 148.3$		
相序	电压断相 U_1 电流相序正		

2. 分析判断错误现象

（1）从表5－2“电压”栏中的显示值看出1元件电压值不等于100V，可以判定该错误接线有电压断相，并且根据2元件和3元件的电压值可以看出，此电能表内部分压结构为“V”形。

（2）“电压”栏中1元件的电压 U_1 不等于100V，即可确定 U_1 为电压断相，与“相序”

栏中显示的电压断相 U_1 一致。“对地电压”栏中 3 元件的电压等于 100V 为正常相，所以可以确定 U_2 为 V 相。

（3）确定 U_2 为 V 相后，就可以看出该错误接线的电压相序有两种可能，即 UVW 和 WVU。

（4）如图 5 - 6 所示，以电压相序 WVU 推出两个电流在相量图上的位置。将“相位”栏中的 U_{32} 替换成 U_{uv}。那么，$U_{32}I_1=300°$ 就替换成 $U_{uv}I_1=300°$、$U_{32}I_3=0°$ 就替换成 $U_{uv}I_3=0°$。即以 U_{uv} 为基准沿顺时针方向分别转 300°和 0°找到 I_1 和 I_3。

（5）如图 5 - 7 所示，以电压相序 UVW 推出两个电流在相量图上的位置。将“相位”栏中的 U_{32} 替换成 U_{wv}。那么，$U_{32}I_1=300°$ 就替换成 $U_{wv}I_1=300°$、$U_{32}I_3=0°$ 就替换成 $U_{wv}I_3=0°$。即以 U_{wv} 为基准沿顺时针方向分别转 300°和 0°找到 I_1 和 I_3。从图上可以看出 $I_1=-I_u$、$I_3=I_w$，并且其夹角等于 60°，电流相序为正。

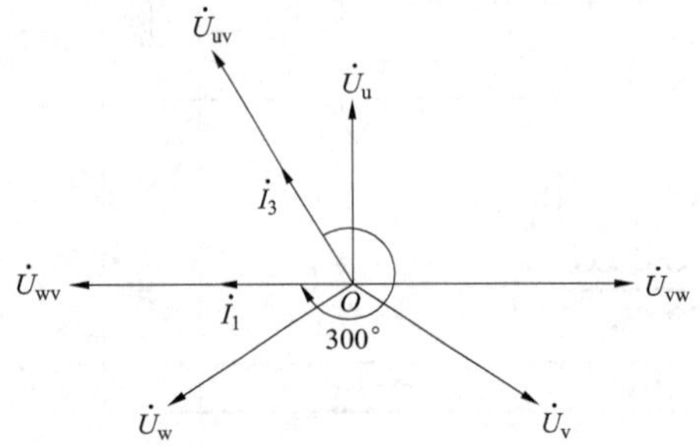

图 5 - 6

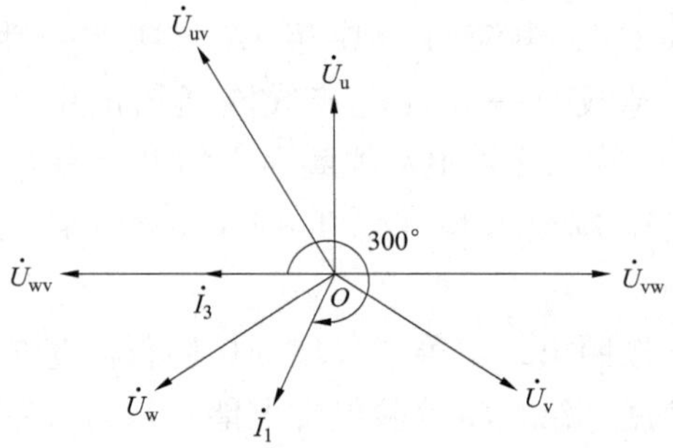

图 5 - 7

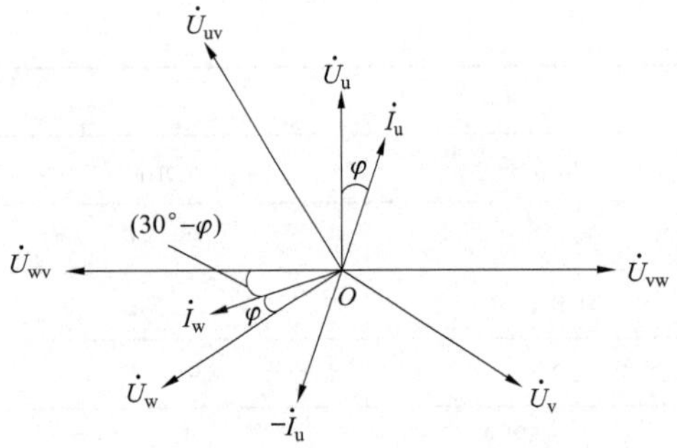

图 5 - 8

（6）将两个电流在相量图上的位置进行比较。比较结果是第五步以电压相序 UVW 推出的两个电流符合两个电流在相量图上的位置。

（7）最后得出错误接线结论：电压相序 UVW，电流相序 I_u、I_w，U 相电压断相。电能表的实际接线组别为：第一元件 U_{uv}、$-I_u$，第二元件 U_{wv}、I_w。

（8）画出错误接线相量图，如图 5 - 8 所示。

3. *写出错误接线时测得的电能（以功率表示）*

因为电能表所计量的电能与所加电压和电流及相应相电流之间的夹角余弦乘积成正比，根据图 5 - 8 画出的错误接线相量图，对两个元件所计量的电能分别进行分析（以功率表示），并设 P_1' 为第一元件错误计量的功率，P_2' 为第二元件错误计量的功率。

第一元件测量的功率为

$$P_1'=0$$

第二元件测量的功率为

$$P_2'=U_{wv}I_w\cos(30°-\varphi)$$

在三相电路完全对称时，两元件测量的总功率为

$$P' = P_1' + P_2'$$
$$= U_{wv} I_w \cos(30° - \varphi)$$

三、表尾电压相序 UVW，电流相序 $I_u I_w$，U 相 TV 二次侧电压断相，W 相 TA 二次侧极性反接

图 5－9 是三相三线有功电能表的错误接线。由于 U 相 TV 二次侧电压断相，造成电能表第一元件失压，第二元件实际承受电压为 U_{wv}；电流由于 W 相 TA 二次侧极性反接，造成第一元件电流线圈通入的电流为 I_u，第二元件电流线圈通入的电流为 $-I_w$。

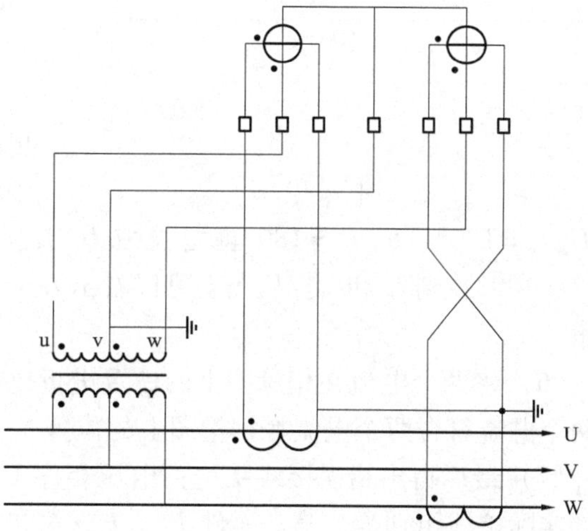

图 5－9

1. 测量数据（以 T－230A 现场校验仪为例）

按照第二章第三节现场校验仪测量方法的使用介绍，将校验仪与电能表接好。在选定的显示界面上将显示出分析所需的所有数据，显示屏数据如表 5－3 所示。

表 5－3

测试数据			
项目	1 元件	2－6 端子	3 元件
电压	0.4V	98.9V	99.0V
电流	1.5A	0.0A	1.5A
对地电压	0.4V	0.2V	98.8V
相位	$\varphi_{I_1 I_3} = 59.9°$		
	$\varphi_{U_{32} I_1} = 120.2°$		
	$\varphi_{U_{32} I_3} = 180.1°$　$P = -148.0$		
相序	电压断相 U_1　电流相序正		

2. 分析判断错误现象

（1）从表 5－3 "电压"栏中的显示值看出 1 元件电压值不等于 100V，可以判定该错误接线有电压断相，并且根据 2 元件和 3 元件的电压值可以看出，此电能表内部分压结构为"V"形。

（2）"电压"栏中 1 元件的电压 U_1 不等于 100V，即可确定 U_1 为电压断相，与"相序"栏中显示的电压断相 U_1 一致。"对地电压"栏中 3 元件的电压等于 100V 为正常相，所以可以确定 U_2 为 V 相。

（3）确定 U_2 为 V 相后，就可以看出该错误接线的电压相序有两种可能，即 UVW 和 WVU。

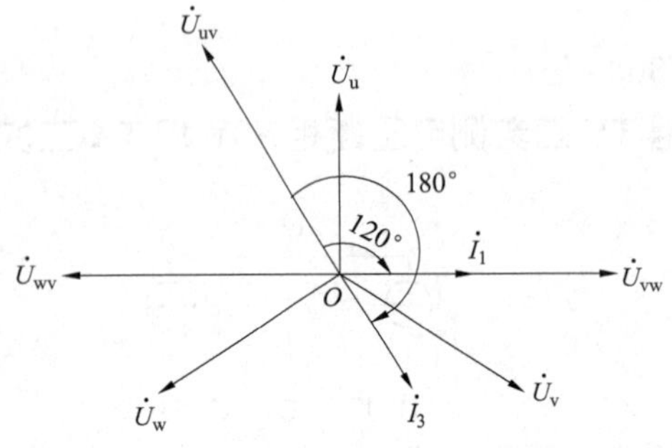

图 5－10

（4）如图 5－10 所示，以电压相序 WVU 推出两个电流在相量图上的位置。将“相位”栏中的 U_{32} 替换成 U_{uv}。那么，$U_{32}I_1=120°$ 就替换成 $U_{uv}I_1=120°$、$U_{32}I_3=180°$ 就替换成 $U_{uv}I_3=180°$。即以 U_{uv} 为基准沿顺时针方向分别转 120° 和 180° 找到 I_1 和 I_3。

（5）如图 5－11 所示，以电压相序 UVW 推出两个电流在相量图上的位置。将“相位”栏中的 U_{32} 替换成 U_{wv}。那么，$U_{32}I_1=120°$ 就替换成 $U_{wv}I_1=120°$、$U_{32}I_3=180°$ 就替换成 $U_{wv}I_3=180°$。即以 U_{wv} 为基准沿顺时针方向分别转 120° 和 180° 找到 I_1 和 I_3。从图上可以看出 $I_1=-I_u$、$I_3=I_w$，并且其夹角等于 60°，电流相序为正。

（6）将两个电流在相量图上的位置进行比较。比较结果是第五步以电压相序 UVW 推出的两个电流符合两个电流在相量图上的位置。

（7）最后得出错误接线结论：电压相序 UVW，电流相序 I_u、I_w，U 相电压断相。电能表的实际接线组别为：第一元件 U_{uv}、I_u，第二元件 U_{wv}、$-I_w$。

（8）画出错误接线相量图，如图 5－12 所示。

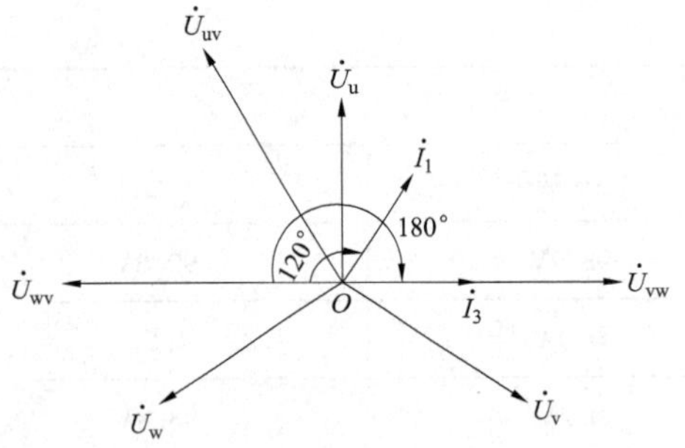

图 5－11

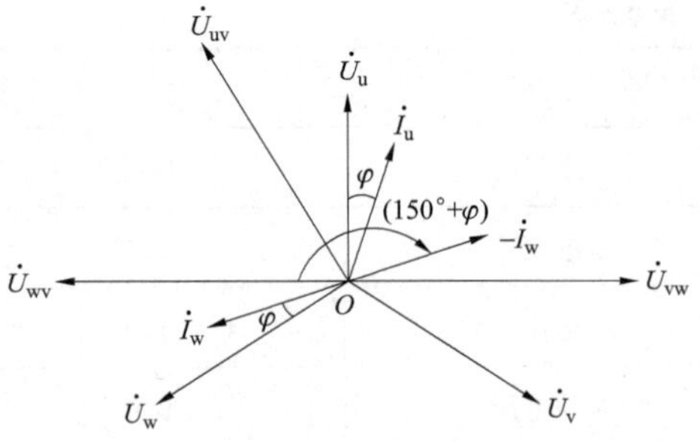

图 5－12

3. 写出错误接线时测得的电能（以功率表示）

因为电能表所计量的电能与所加电压和电流及相应相电流之间的夹角余弦乘积成正比，根据图 5－12 画出的错误接线相量图，对两个元件所计量的电能分别进行分析（以功率表示），并设 P_1' 为第一元件错误计量的功率，P_2' 为第二元件错误计量的功率。

第一元件测量的功率为

$$P_1'=0$$

第二元件测量的功率为

$$P_2'=U_{wv}(-I_w)\cos(150°+\varphi)$$

在三相电路完全对称时，两元件测量的总功率为

$$\begin{aligned}P'&=P_1'+P_2'\\&=U_{wv}(-I_w)\cos(150°+\varphi)\end{aligned}$$

四、表尾电压相序UVW，电流相序I_uI_w，U相TV二次侧电压断相，U、W相TA二次侧极性反接

图5－13是三相三线有功电能表的错误接线。由于U相TV二次侧电压断相，造成电能表第一元件失压，第二元件实际承受电压为U_{wv}；电流由于U、W相TA二次侧极性反接，造成第一元件电流线圈通入的电流为$-I_u$，第二元件电流线圈通入的电流为$-I_w$。

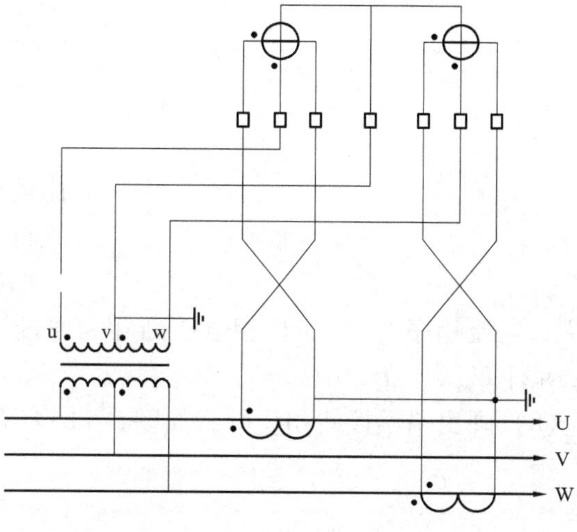

图5－13

1. 测量数据（以T－230A现场校验仪为例）

按照第二章第三节现场校验仪测量方法的使用介绍，将校验仪与电能表接好。在选定的显示界面上将显示出分析所需的所有数据，显示屏数据如表5－4所示。

表5－4

测试数据			
项目	1元件	2－6端子	3元件
电压	0.4V	99.3V	99.4V
电流	1.5A	0.0A	1.5A
对地电压	0.4V	0.2V	99.2V
相位	$\varphi_{I_1I_3}=239.6°$		
	$\varphi_{U_{32}I_1}=300.3°$		
	$\varphi_{U_{32}I_3}=179.9°$　$P=-148.2$		
相序	电压断相U_1　电流相序正		

2. 分析判断错误现象

（1）从表5－4“电压”栏中的显示值看出1元件电压值不等于100V，可以判定该错误接线有电压断相，并且根据2元件和3元件的电压值可以看出，此电能表内部分压结构为“V”形。

（2）“电压”栏中1元件的电压U_1不等于100V，即可确定U_1为电压断相，与“相序”栏中显示的电压断相U_1一致。“对地电压”栏中3元件的电压等于100V为正常相，所以可以确定U_2为V相。

（3）确定U_2为V相后，就可以看出该错误接线的电压相序有两种可能，即UVW和WVU。

（4）如图5－14所示，以电压相序WVU推出两个电流在相量图上的位置。将“相位”栏中的U_{32}替换成U_{uv}。那么，$U_{32}I_1=300°$就替换成$U_{uv}I_1=300°$、$U_{32}I_3=180°$就替换成$U_{uv}I_3=180°$。即以U_{uv}为基准沿顺时针方向分别转300°和180°找到I_1和I_3。

（5）如图5－15所示，以电压相序UVW推出两个电流在相量图上的位置。将“相位”

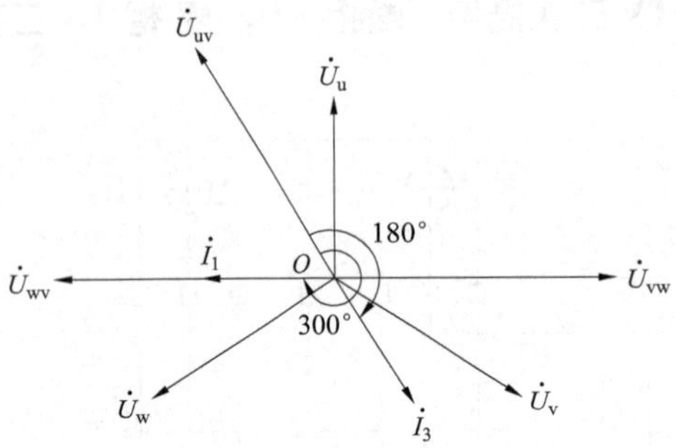

图 5－14

栏中的 U_{32} 替换成 U_{wv}。那么，$U_{32}I_1=300°$ 就替换成 $U_{wv}I_1=300°$、$U_{32}I_3=180°$ 就替换成 $U_{wv}I_3=180°$。即以 U_{wv} 为基准沿顺时针方向分别转 300°和 180°找到 I_1 和 I_3。从图上可以看出 $I_1=-I_u$、$I_3=-I_w$、并且其夹角等于 240°，电流相序为正。

（6）将两个电流在相量图上的位置进行比较。比较结果是第五步以电压相序 UVW 推出的两个电流符合两个电流在相量图上的位置。

（7）最后得出错误接线结论：电压相序 UVW，电流相序 I_u、I_w，U 相电压断相。电能表的实际接线组别为：第一元件 U_{uv}、$-I_u$，第二元件 U_{wv}、$-I_w$。

（8）画出错误接线相量图，如图 5－16 所示。

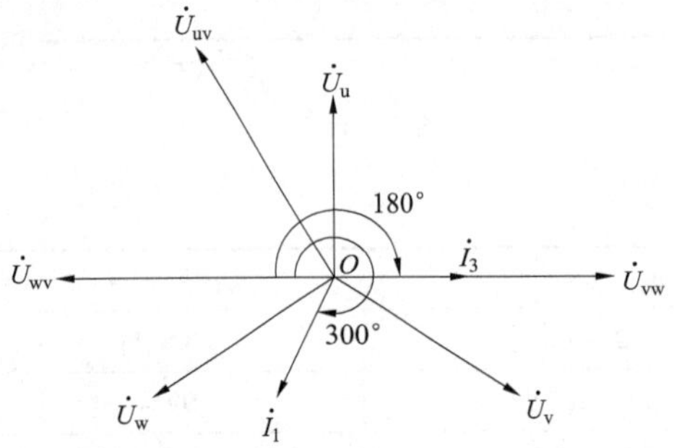

图 5－15

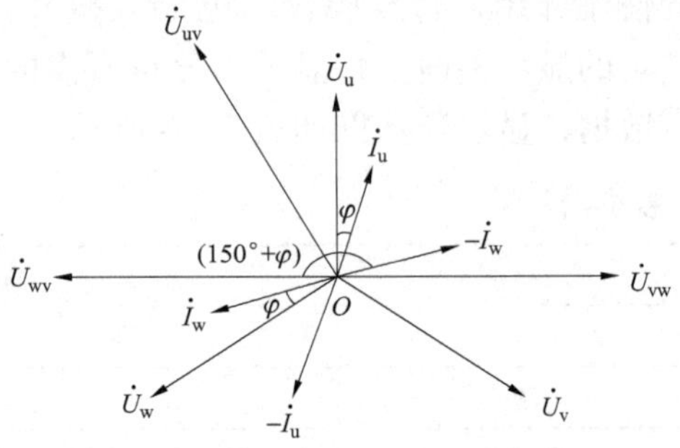

图 5－16

3. 写出错误接线时测得的电能（以功率表示）

因为电能表所计量的电能与所加电压和电流及相应相电流之间的夹角余弦乘积成正比，根据图 5－16 画出的错误接线相量图，对两个元件所计量的电能分别进行分析（以功率表示），并设 P_1' 为第一元件错误计量的功率，P_2' 为第二元件错误计量的功率。

第一元件测量的功率为

$$P_1'=0$$

第二元件测量的功率为

$$P_2'=U_{wv}(-I_w)\cos(150°+\varphi)$$

在三相电路完全对称时，两元件测量的总功率为

$$P'=P_1'+P_2'$$
$$=U_{wv}(-I_w)\cos(150°+\varphi)$$

五、表尾电压相序 UVW，电流相序 I_wI_u，U 相 TV 二次侧电压断相

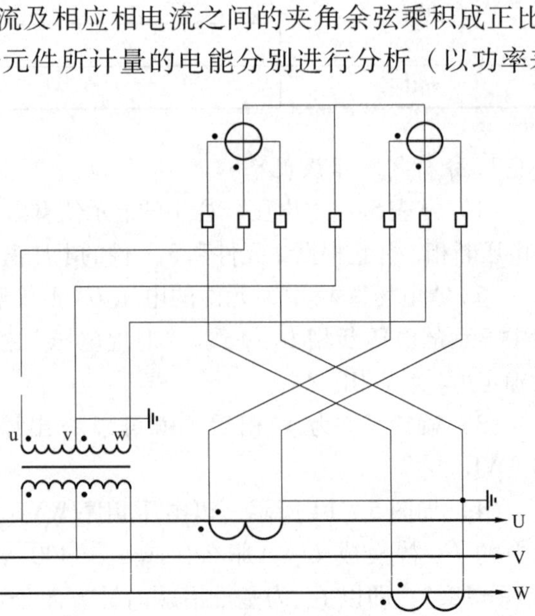

图 5－17

图 5－17 是三相三线有功电能表的错

误接线。由于U相TV二次侧电压断相，造成电能表第一元件失压，第二元件实际承受电压为 U_{wv}；电流由于U、W相表尾端钮接错，造成第一元件电流线圈通入的电流为 I_w，第二元件电流线圈通入的电流为 I_u。

1. 测量数据（以T－230A现场校验仪为例）

按照第二章第三节现场校验仪测量方法的使用介绍，将校验仪与电能表接好。在选定的显示界面上将显示出分析所需的所有数据，显示屏数据如表5－5所示。

表5－5

测 试 数 据			
项目	1元件	2－6端子	3元件
电压	0.4V	99.4V	99.5V
电流	1.5A	0.0A	1.5A
对地电压	0.4V	0.2V	99.3V
相位	$\varphi_{I_1I_3}=120.5°$		
	$\varphi_{U_{32}I_1}=359.8°$		
	$\varphi_{U_{32}I_3}=120.3°$　$P=-74.7$		
相序	电压断相 U_1　电流相序逆		

2. 分析判断错误现象

（1）从表5－5“电压”栏中的显示值看出1元件电压值不等于100V，可以判定该错误接线有电压断相，并且根据2元件和3元件的电压值可以看出，此电能表内部分压结构为“V”形。

（2）“电压”栏中1元件的电压 U_1 不等于100V，即可确定 U_1 为电压断相，与“相序”栏中显示的电压断相 U_1 一致。“对地电压”栏中3元件的电压等于100V为正常相，所以可以确定 U_2 为V相。

（3）确定 U_2 为V相后，就可以看出该错误接线的电压相序有两种可能，即UVW和WVU。

（4）如图5－18所示，以电压相序WVU推出两个电流在相量图上的位置。将“相位”栏中的 U_{32} 替换成 U_{uv}。那么，$U_{32}I_1=360°$ 就替换成 $U_{uv}I_1=360°$、$U_{32}I_3=120°$ 就替换成 $U_{uv}I_3=120°$。即以 U_{uv} 为基准沿顺时针方向分别转360°和120°找到 I_1 和 I_3。

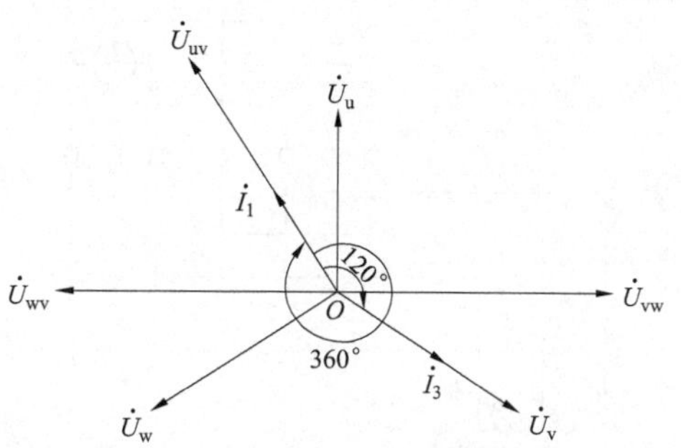

图5－18

（5）如图5－19所示，以电压相序UVW推出两个电流在相量图上的位置。将“相位”栏中的 U_{32} 替换成 U_{wv}。那么，$U_{32}I_1=360°$ 就替换成 $U_{wv}I_1=360°$、$U_{32}I_3=120°$ 就替换成 $U_{wv}I_3=120°$。即以 U_{wv} 为基准沿顺时针方向分别转360°和120°找到 I_1 和 I_3。从图上可以看出 $I_1=I_w$、$I_3=I_u$，并且其夹角等于120°，电流相序为逆。

（6）将两个电流在相量图上的位置进行比较。比较结果是第五步以电压相序UVW推出的两个电流符合两个电流在相量图上的位置。

（7）最后得出错误接线结论：电压相序 UVW，电流相序 I_w、I_u，U 相电压断相。电能表的实际接线组别为：第一元件 U_{uv}、I_w，第二元件 U_{wv}、I_u。

（8）画出错误接线相量图，如图 5－20 所示。

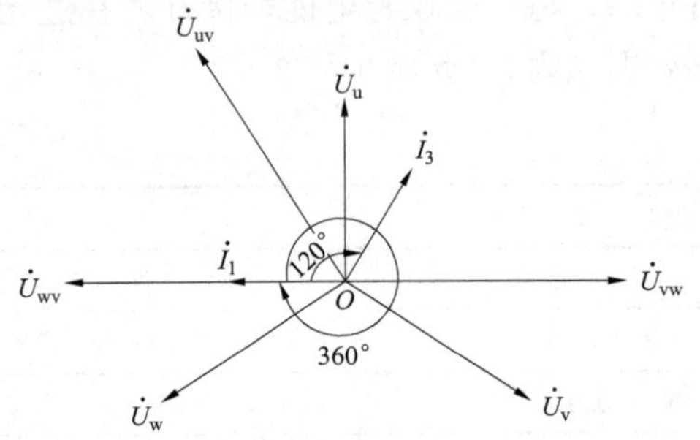

图 5－19

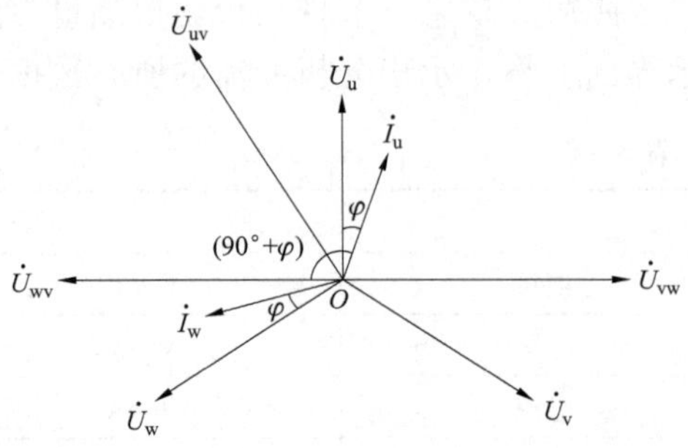

图 5－20

3. 写出错误接线时测得的电能（以功率表示）

因为电能表所计量的电能与所加电压和电流及相应相电流之间的夹角余弦乘积成正比，根据上面画出的错误接线相量图，对两个元件所计量的电能分别进行分析（以功率表示），并设 P_1' 为第一元件错误计量的功率，P_2' 为第二元件错误计量的功率。

第一元件测量的功率为

$$P_1' = 0$$

第二元件测量的功率为

$$P_2' = U_{wv}I_u\cos(90° + \varphi)$$

在三相电路完全对称时，两元件测量的总功率为

$$\begin{aligned} P' &= P_1' + P_2' \\ &= U_{wv}I_u\cos(90° + \varphi) \end{aligned}$$

六、表尾电压相序 UVW，电流相序 I_wI_u，U 相 TV 二次侧电压断相，W 相 TA 二次侧极性反接

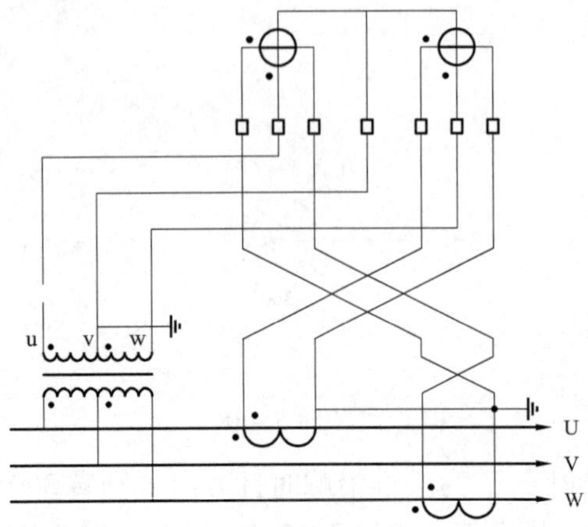

图 5－21

图 5－21 是三相三线有功电能表的错误接线。由于 U 相 TV 二次侧电压断相，造成电能表第一元件失压，第二元件实际承受电压为 U_{wv}；电流由于 U、W 相表尾端钮接错，并且 W 相 TA 二次侧极性反接，造成第一元件电流线圈通入的电流为 $-I_w$，第二元件电流线圈通入的电流为 I_u。

1. 测量数据（以 T－230A 现场校验仪为例）

按照第二章第三节现场校验仪测量方法的使用介绍，将校验仪与电能表接好。在选定的

显示界面上将显示出分析所需的所有数据，显示屏数据如表5－6所示。

表5－6

测 试 数 据			
项目	1元件	2－6端子	3元件
电压	0.4V	99.4V	99.4V
电流	1.5A	0.0A	1.5A
对地电压	0.4V	0.2V	99.3V
相位	$\varphi_{I_1I_3}=300.2°$		
	$\varphi_{U_{32}I_1}=180.0°$		
	$\varphi_{U_{32}I_3}=120.1°$ $P=-74.6$		
相序	电压断相 U_1 电流相序逆		

2. 分析判断错误现象

（1）从表5－6“电压”栏中的显示值看出1元件电压值不等于100V，可以判定该错误接线有电压断相，并且根据2元件和3元件的电压值可以看出，此电能表内部分压结构为“V”形。

（2）“电压”栏中1元件的电压 U_1 不等于100V，即可确定 U_1 为电压断相，与“相序”栏中显示的电压断相 U_1 一致。“对地电压”栏中3元件的电压等于100V为正常相，所以可以确定 U_2 为V相。

（3）确定 U_2 为V相后，就可以看出该错误接线的电压相序有两种可能，即UVW和WVU。

（4）如图5－22所示，以电压相序WVU推出两个电流在相量图上的位置。将“相位”栏中的 U_{32} 替换成 U_{uv}。那么，$U_{32}I_1=180°$ 就替换成 $U_{uv}I_1=180°$、$U_{32}I_3=120°$ 就替换成 $U_{uv}I_3=120°$。即以 U_{uv} 为基准沿顺时针方向分别转180°和120°找到 I_1 和 I_3。

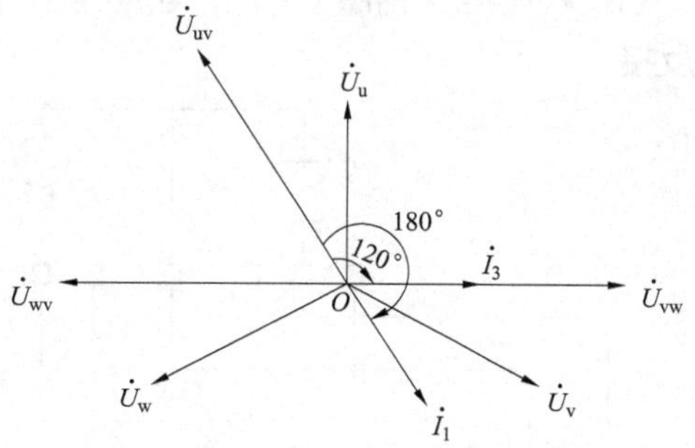

图5－22

（5）如图5－23所示，以电压相序UVW推出两个电流在相量图上的位置。将“相位”栏中的 U_{32} 替换成 U_{wv}。那么，$U_{32}I_1=180°$ 就替换成 $U_{wv}I_1=180°$、$U_{32}I_3=120°$ 就替换成 $U_{wv}I_3=120°$。即以 U_{wv} 为基准沿顺时针方向分别转180°和120°找到 I_1 和 I_3。从图上可以看出 $I_1=-I_w$、$I_3=I_u$，并且其夹角等于300°，电流相序为逆。

（6）将两个电流在相量图上的位置进行比较。比较结果是第五步以电压相序UVW推出的两个电流符合两个电流在相量图上的位置。

（7）最后得出错误接线结论：电压相序UVW，电流相序 I_w、I_u，U相电压断相。电能表的实际接线组别为：第一元件 U_{uv}、$-I_w$，第二元件 U_{wv}、I_u。

（8）画出错误接线相量图，如图 5－24 所示。

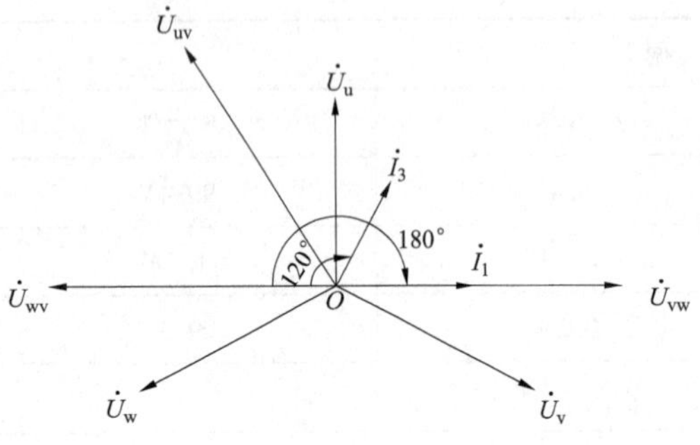

图 5－23

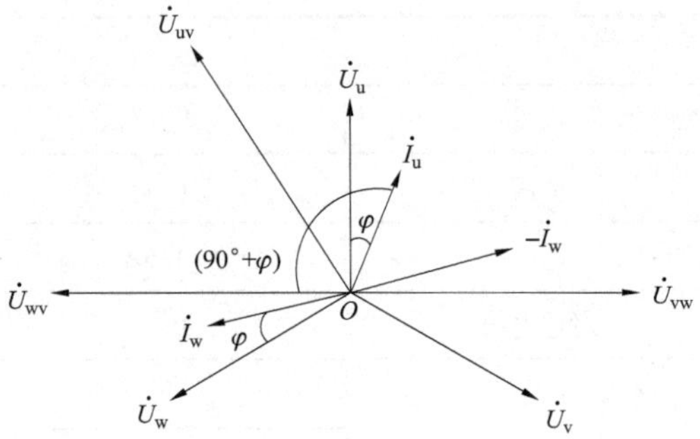

图 5－24

3. 写出错误接线时测得的电能（以功率表示）

因为电能表所计量的电能与所加电压和电流及相应相电流之间的夹角余弦乘积成正比，根据图 5－24 画出的错误接线相量图，对两个元件所计量的电能分别进行分析（以功率表示），并设 P_1' 为第一元件错误计量的功率，P_2' 为第二元件错误计量的功率。

第一元件测量的功率为

$$P_1' = 0$$

第二元件测量的功率为

$$P_2' = U_{wv} I_u \cos(90° + \varphi)$$

在三相电路完全对称时，两元件测量的总功率为

$$\begin{aligned} P' &= P_1' + P_2' \\ &= U_{wv} I_u \cos(90° + \varphi) \end{aligned}$$

七、表尾电压相序 UVW，电流相序 $\boldsymbol{I_w I_u}$，U 相 TV 二次侧电压断相，U 相 TA 二次侧极性反接

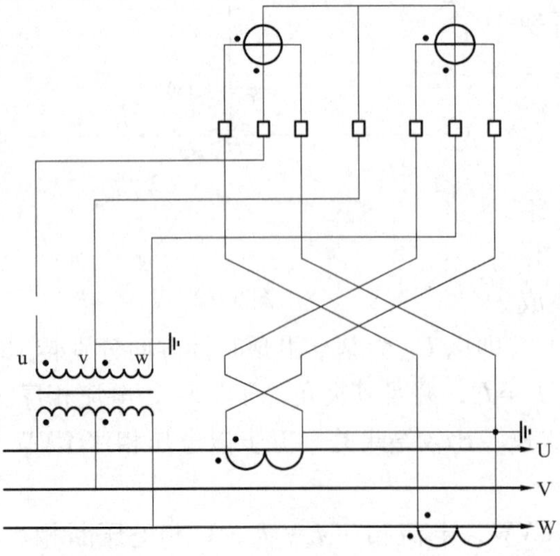

图 5－25

图 5－25 是三相三线有功电能表的错误接线。由于 U 相 TV 二次侧电压断相，造成电能表第一元件失压，第二元件实际承受电压为 U_{wv}；电流由于 U、W 相表尾端钮接错，并且 U 相 TA 二次侧极性反接，造成第一元件电流线圈通入的电流为 I_w，第二元件电流线圈通入的电流为 $-I_u$。

1. 测量数据（以 T－230A 现场校验仪为例）

按照第二章第三节现场校验仪测量方法的使用介绍，将校验仪与电能表接好。在选定的显示界面上将显示出分析所需的所有数据，显示屏数据如表 5－7

所示。

表 5－7

测 试 数 据			
项目	1 元件	2－6 端子	3 元件
电压	0.4V	99.5V	99.5V
电流	1.5A	0.0A	1.5A
对地电压	0.4V	0.2V	99.3V
相位	$\varphi_{I_1I_3}=300.2°$		
	$\varphi_{U_{32}I_1}=359.9°$		
	$\varphi_{U_{32}I_3}=300.1°$　$P=-74.6$		
相序	电压断相 U_1　电流相序逆		

2. 分析判断错误现象

（1）从表 5－7“电压”栏中的显示值看出 1 元件电压值不等于 100V，可以判定该错误接线有电压断相，并且根据 2 元件和 3 元件的电压值可以看出，此电能表内部分压结构为“V”形。

（2）“电压”栏中 1 元件的电压 U_1 不等于 100V，即可确定 U_1 为电压断相，与“相序”栏中显示的电压断相 U_1 一致。“对地电压”栏中 3 元件的电压等于 100V 为正常相，所以可以确定 U_2 为 V 相。

（3）确定 U_2 为 V 相后，就可以看出该错误接线的电压相序有两种可能，即 UVW 和 WVU。

（4）如图 5－26 所示，以电压相序 WVU 推出两个电流在相量图上的位置。将“相位”栏中的 U_{32} 替换成 U_{uv}。那么，$U_{32}I_1=360°$ 就替换成 $U_{uv}I_1=360°$、$U_{32}I_3=300°$ 就替换成 $U_{uv}I_3=300°$。即以 U_{uv} 为基准沿顺时针方向分别转 360°和 300°找到 I_1 和 I_3。

（5）如图 5－27 所示，以电压相序 UVW 推出两个电流在相量图上的位置。将“相位”栏中的 U_{32} 替换成 U_{wv}。那么，$U_{32}I_1=360°$ 就替换成 $U_{wv}I_1=360°$、$U_{32}I_3=300°$ 就替换成 $U_{wv}I_3=300°$。即以 U_{wv} 为基准沿顺时针方向分别转 360°和 300°找到 I_1 和 I_3。从图上可以看出 $I_1=I_w$、$I_3=-I_u$，并且其夹角等于 300°，电流相序为逆。

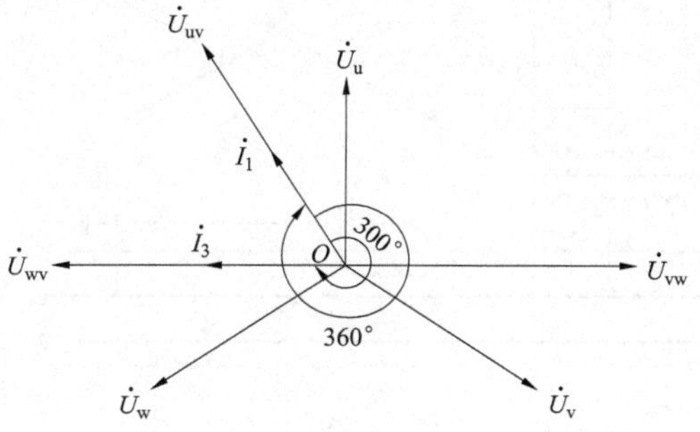

图 5－26

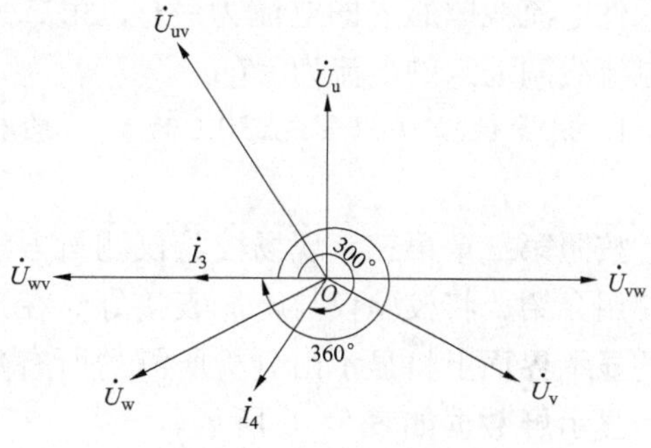

图 5－27

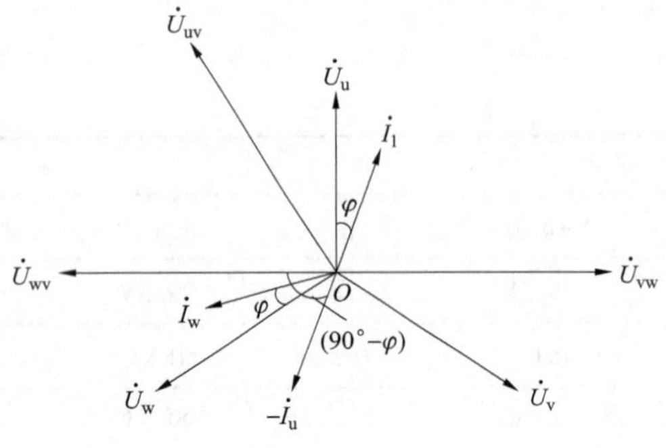

图 5－28

（6）将两个电流在相量图上的位置进行比较。比较结果是第五步以电压相序 UVW 推出的两个电流符合两个电流在相量图上的位置。

（7）最后得出错误接线结论：电压相序 UVW，电流相序 I_w、I_u，U 相电压断相。电能表的实际接线组别为：第一元件 U_{uv}、I_w，第二元件 U_{wv}、$-I_u$。

（8）画出错误接线相量图，如图 5－28 所示。

3. 写出错误接线时测得的电能（以功率表示）

因为电能表所计量的电能与所加电压和电流及相应相电流之间的夹角余弦乘积成正比，根据图 5－28 画出的错误接线相量图，对两个元件所计量的电能分别进行分析（以功率表示），并设 P_1' 为第一元件错误计量的功率，P_2' 为第二元件错误计量的功率。

第一元件测量的功率为

$$P_1' = 0$$

第二元件测量的功率为

$$P_2' = U_{wv}(-I_u)\cos(90° - \varphi)$$

在三相电路完全对称时，两元件测量的总功率为

$$P' = P_1' + P_2' = U_{wv}(-I_u)\cos(90° - \varphi)$$

八、表尾电压相序 UVW，电流相序 I_wI_u，U 相 TV 二次侧电压断相，U、W 相 TA 二次侧极性反接

图 5－29 是三相三线有功电能表的错误接线。由于 U 相 TV 二次侧电压断相，造成电能表第一元件失压，第二元件实际承受电压为 U_{wv}；电流由于 U、W 相表尾端钮接错，并且 U、W 相 TA 二次侧极性反接，造成第一元件电流线圈通入的电流为 $-I_w$，第二元件电流线圈通入的电流为 $-I_u$。

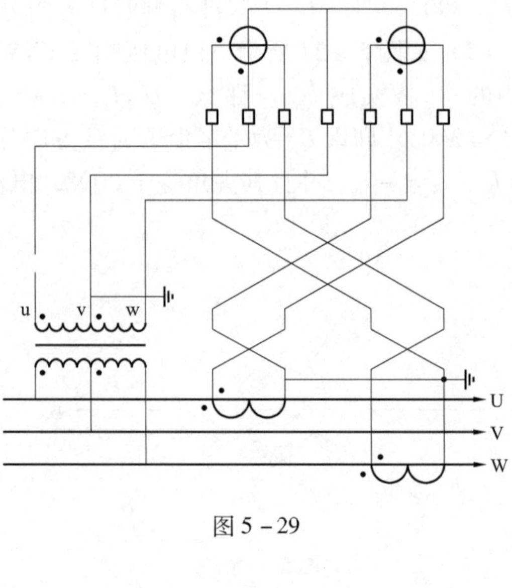

图 5－29

1. 测量数据（以 T－230A 现场校验仪为例）

按照第二章第三节现场校验仪测量方法的使用介绍，将校验仪与电能表接好。在选定的显示界面上将显示出分析所需的所有数据，显示屏数据如表 5－8 所示。

表 5－8

测 试 数 据			
项目	1 元件	2－6 端子	3 元件
电压	0.4V	99.6V	99.6V
电流	1.5A	0.0A	1.5A
对地电压	0.4V	0.2V	99.4V
相位	$\varphi_{I_1I_3}=120.5°$		
	$\varphi_{U_{32}I_1}=179.8°$		
	$\varphi_{U_{32}I_3}=300.3°$　$P=-74.8$		
相序	电压断相 U_1　电流相序逆		

2. 分析判断错误现象

（1）从表 5－8“电压”栏中的显示值看出 1 元件电压值不等于 100V，可以判定该错误接线有电压断相，并且根据 2 元件和 3 元件的电压值可以看出，此电能表内部分压结构为“V”形。

（2）“电压”栏中 1 元件的电压 U_1 不等于 100V，即可确定 U_1 为电压断相，与“相序”栏中显示的电压断相 U_1 一致。“对地电压”栏中 3 元件的电压等于 100V 为正常相，所以可以确定 U_2 为 V 相。

（3）确定 U_2 为 V 相后，就可以看出该错误接线的电压相序有两种可能，即 UVW 和 WVU。

（4）如图 5－30 所示，以电压相序 WVU 推出两个电流在相量图上的位置。将“相位”栏中的 U_{32} 替换成 U_{uv}。那么，$U_{32}I_1=180°$ 就替换成 $U_{uv}I_1=180°$、$U_{32}I_3=300°$ 就替换成 $U_{uv}I_3=300°$。即以 U_{uv} 为基准沿顺时针方向分别转 180°和 300°找到 I_1 和 I_3。

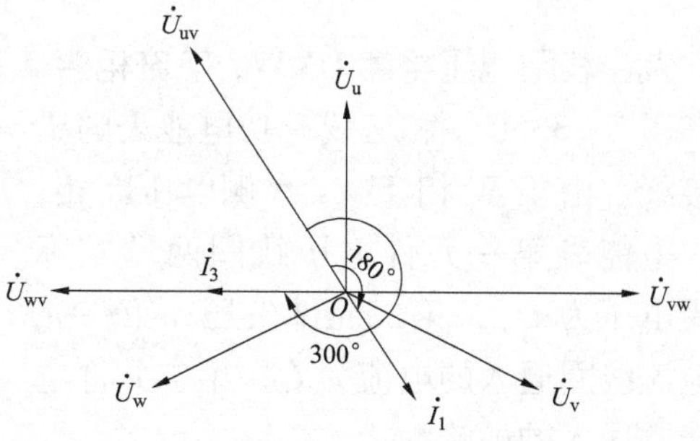

图 5－30

（5）如图 5－31 所示，以电压相序 UVW 推出两个电流在相量图上的位置。将“相位”栏中的 U_{32} 替换成 U_{wv}。那么，$U_{32}I_1=180°$ 就替换成 $U_{wv}I_1=180°$、$U_{32}I_3=300°$ 就替换成 $U_{wv}I_3=300°$。即以 U_{wv} 为基准沿顺时针方向分别转 180°和 300°找到 I_1 和 I_3。从图上可以看出 $I_1=-I_w$、$I_3=-I_u$，并且其夹角等于 120°，电流相序为逆。

（6）将两个电流在相量图上的位置进行比较。比较结果是第五步以电压相序 UVW 推出的两个电流符合两个电流在相量图上的位置。

（7）最后得出错误接线结论：电压相序 UVW，电流相序 I_w、I_u，U 相电压断相。电能表的实际接线组别为：第一元件 U_{uv}、$-I_w$，第二元件 U_{wv}、$-I_u$。

（8）画出错误接线相量图，如图5－32所示。

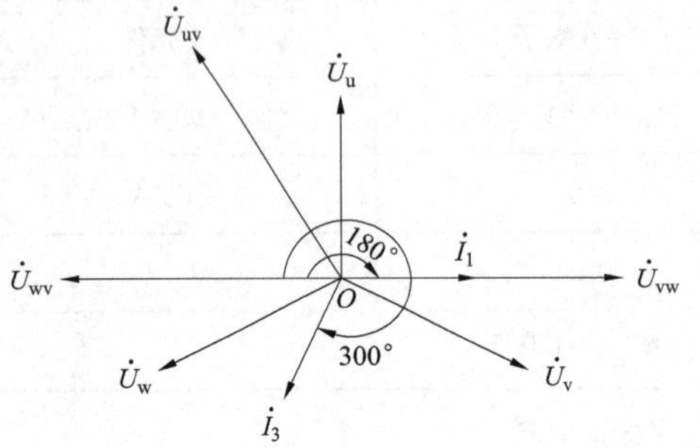

图5－31

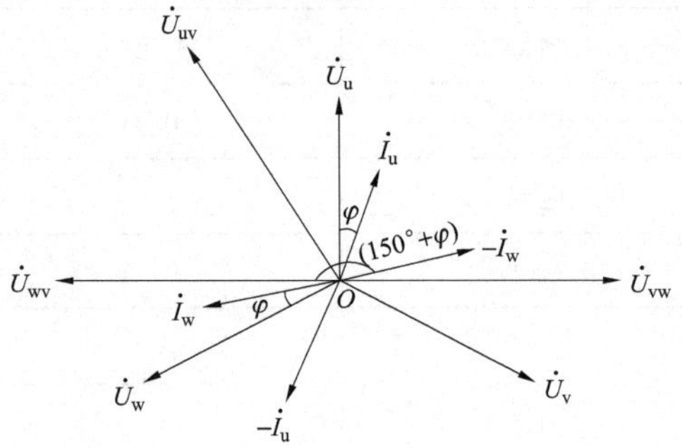

图5－32

3. 写出错误接线时测得的电能（以功率表示）

因为电能表所计量的电能与所加电压和电流及相应相电流之间的夹角余弦乘积成正比，根据图5－32画出的错误接线相量图，对两个元件所计量的电能分别进行分析（以功率表示），并设 P_1' 为第一元件错误计量的功率，P_2' 为第二元件错误计量的功率。

第一元件测量的功率为

$$P_1' = 0$$

第二元件测量的功率为

$$P_2' = U_{wv}(-I_u)\cos(90° - \varphi)$$

在三相电路完全对称时，两元件测量的总功率为

$$P' = P_1' + P_2' = U_{wv}(-I_u)\cos(90° - \varphi)$$

九、表尾电压相序 UVW，电流相序 $I_u I_w$，W 相 TV 二次侧电压断相

图5－33是三相三线有功电能表的错误接线。由于W相TV二次侧电压断相，造成电能表第一元件电压线圈两端实际承受电压为 U_{uv}，第二元件失压；第一元件电流线圈通入的电流为 I_u，第二元件电流线圈通入的电流为 I_w。

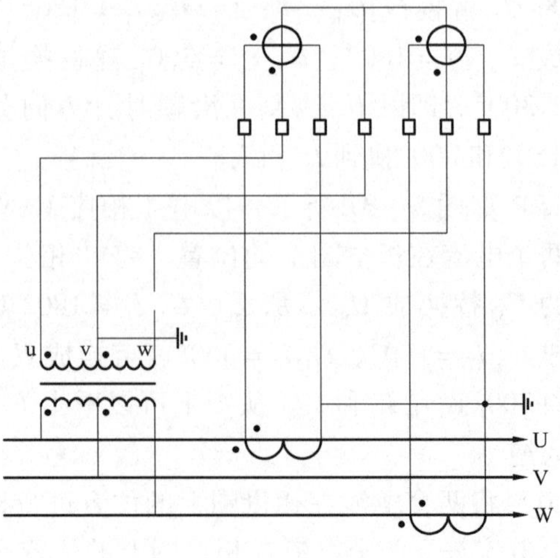

图5－33

1. 测量数据（以T－230A现场校验仪为例）

按照第二章第三节现场校验仪测量方法的使用介绍，将校验仪与电能表接好。在选定的显示界面上将显示出分析所需的所有数据，显示屏数据如表5－9所示。

表 5-9

测 试 数 据			
项目	1 元件	2-6 端子	3 元件
电压	99.9V	99.8V	0.4V
电流	1.5A	0.0A	1.5A
对地电压	99.7V	0.2V	0.4V
相位	$\varphi_{I_1I_3}=239.5°$		
	$\varphi_{U_{12}I_1}=60.1°$		
	$\varphi_{U_{12}I_3}=299.7°$　$P=74.5$		
相序	电压断相 U_3　电流相序正		

2. 分析判断错误现象

（1）从表 5-9“电压”栏中的显示值看出 3 元件电压值不等于 100V，可以判定该错误接线有电压断相，并且根据 1 元件和 2 元件的电压值可以看出，此电能表内部分压结构为“V”形。

（2）“电压”栏中 3 元件的电压 U_3 不等于 100V，即可确定 U_3 为电压断相，与“相序”栏中显示的电压断相 U_3 一致。“对地电压”栏中 1 元件的电压等于 100V 为正常相，所以可以确定 U_2 为 V 相。

（3）确定 U_2 为 V 相后，就可以看出该错误接线的电压相序有两种可能，即 UVW 和 WVU。

（4）如图 5-34 所示，以电压相序 UVW 推出两个电流在相量图上的位置。将“相位”栏中的 U_{12} 替换成 U_{uv}。那么，$U_{12}I_1=60°$就替换成 $U_{uv}I_1=60°$、$U_{12}I_3=300°$就替换成 $U_{uv}I_3=300°$。即以 U_{uv} 为基准沿顺时针方向分别转 60°和 300°找到 I_1 和 I_3。从图上可以看出 $I_1=I_u$、$I_3=I_w$，并且其夹角等于 240°，电流相序为正。

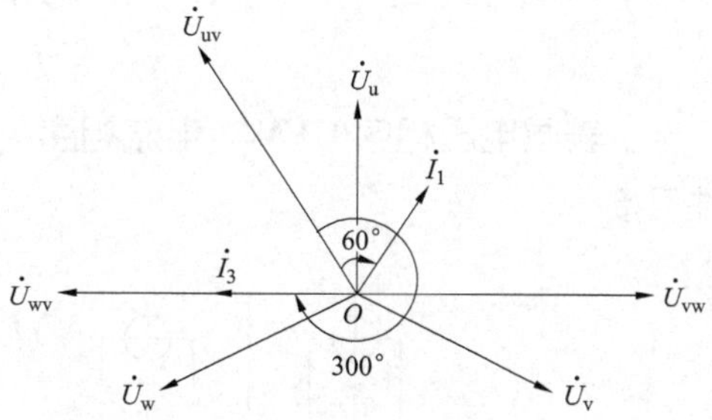

图 5-34

（5）如图 5-35 所示，以电压相序 WVU 推出两个电流在相量图上的位置。将“相位”栏中的 U_{12} 替换成 U_{wv}。那么，$U_{12}I_1=60°$就替换成 $U_{wv}I_1=60°$、$U_{12}I_3=300°$就替换成 $U_{wv}I_3=300°$。即以 U_{wv} 为基准沿顺时针方向分别转 60°和 300°找出 I_1 和 I_3。

（6）将两个电流在相量图上的位置进行比较。比较结果是第四步以电压相序 UVW 推出的两个电流符合两个电流在相量图上的位置。

（7）最后得出错误接线结论：电压相序 UVW，电流相序 I_u、I_w，W 相电压断相。电能表的实际接线组别为：第一元件 U_{uv}、I_u，第二元件 U_{wv}、I_w。

（8）画出错误接线相量图，如图 5-36 所示。

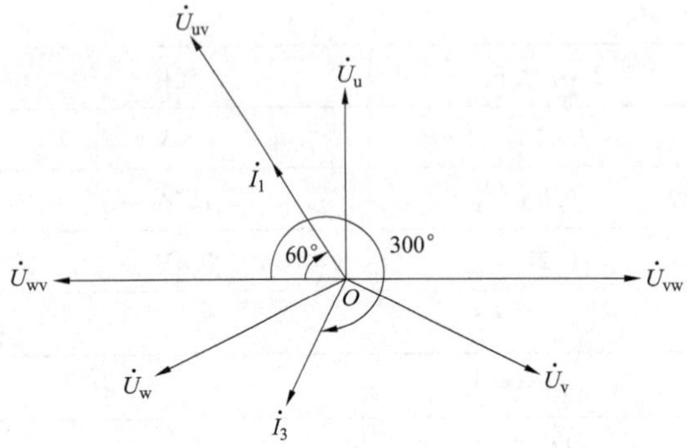

图 5-35

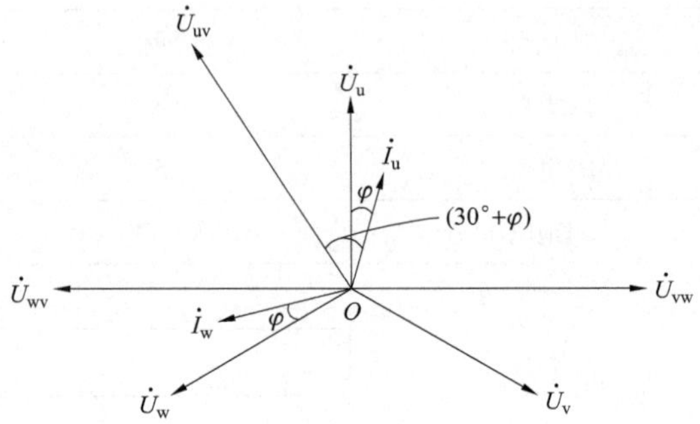

图 5-36

3. 写出错误接线时测得的电能（以功率表示）

因为电能表所计量的电能与所加电压和电流及相应相电流之间的夹角余弦乘积成正比，根据图 5-36 画出的错误接线相量图，对两个元件所计量的电能分别进行分析（以功率表示），并设 P_1' 为第一元件错误计量的功率，P_2' 为第二元件错误计量的功率。

第一元件测量的功率

$$P_1' = U_{uv}I_u\cos(30° + \varphi)$$

第二元件测量的功率为

$$P_2' = 0$$

在三相电路完全对称时，两元件测量的总功率为

$$\begin{aligned}P' &= P_1' + P_2' \\ &= U_{uv}I_u\cos(30° + \varphi)\end{aligned}$$

十、表尾电压相序 UVW，电流相序 I_uI_w，W 相 TV 二次侧电压断相，U 相 TA 二次侧极性反接

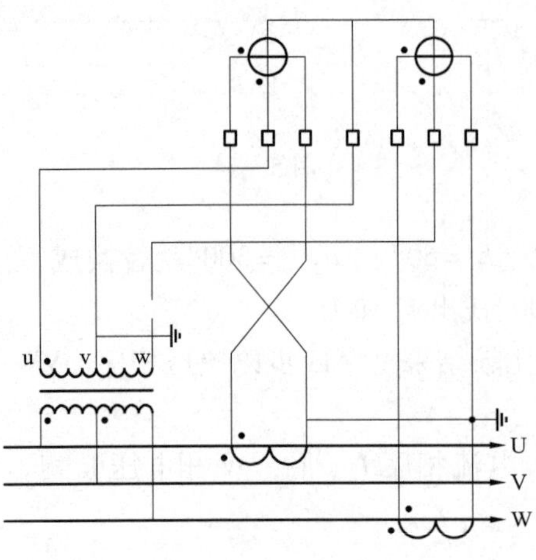

图 5-37

图 5-37 是三相三线有功电能表的错误接线。由于 W 相 TV 二次侧电压断相，造成电能表第一元件电压线圈两端实际承受电压为 U_{uv}，第二元件失压；电流由于 U 相 TA 二次侧极性反接，造成第一元件电流线圈通入的电流为 $-I_u$，第二元件电流线圈通入的电流为 I_w。

1. 测量数据（以 T-230A 现场校验仪为例）

按照第二章第三节现场校验仪测量方法的使用介绍，将校验仪与电能表接好。在选定的显示界面上将显示出分析所需的所有数据，显示屏数据如表 5-10 所示。

表 5－10

测 试 数 据			
项目	1 元件	2－6 端子	3 元件
电压	99.9V	99.8V	0.4V
电流	1.5A	0.0A	1.5A
对地电压	99.7V	0.2V	0.4V
相位	$\varphi_{I_1 I_3}=59.9°$		
	$\varphi_{U_{12} I_1}=239.9°$		
	$\varphi_{U_{12} I_3}=299.8°$　$P=-74.1$		
相序	电压断相 U_3　电流相序正		

2. 分析判断错误现象

（1）从表 5－10“电压”栏中的显示值看出 3 元件电压值不等于 100V，可以判定该错误接线有电压断相，并且根据 1 元件和 2 元件的电压值可以看出，此电能表内部分压结构为“V”形。

（2）“电压”栏中 3 元件的电压 U_3 不等于 100V，即可确定 U_3 为电压断相，与“相序”栏中显示的电压断相 U_3 一致。“对地电压”栏中 1 元件的电压等于 100V 为正常相，所以可以确定 U_2 为 V 相。

（3）确定 U_2 为 V 相后，就可以看出该错误接线的电压相序有两种可能，即 UVW 和 WVU。

（4）如图 5－38 所示，以电压相序 UVW 推出两个电流在相量图上的位置。将“相位”栏中的 U_{12} 替换成 U_{uv}。那么，$U_{12}I_1=240°$ 就替换成 $U_{uv}I_1=240°$、$U_{12}I_3=300°$ 就替换成 $U_{uv}I_3=300°$。即以 U_{uv} 为基准沿顺时针方向分别转 240°和 300°找到 I_1 和 I_3。从图上可以看出 $I_1=-I_u$、$I_3=I_w$，并且其夹角等于 60°，电流相序为正。

（5）如图 5－39 所示，以电压相序 WVU 推出两个电流在相量图上的位置。将“相位”栏中的 U_{12} 替换成 U_{wv}。那么，$U_{12}I_1=240°$ 就替换成 $U_{wv}I_1=240°$、$U_{12}I_3=300°$ 就替换成 $U_{wv}I_3=300°$。即以 U_{wv} 为基准沿顺时针方向分别转 240°和 300°找到 I_1 和 I_3。

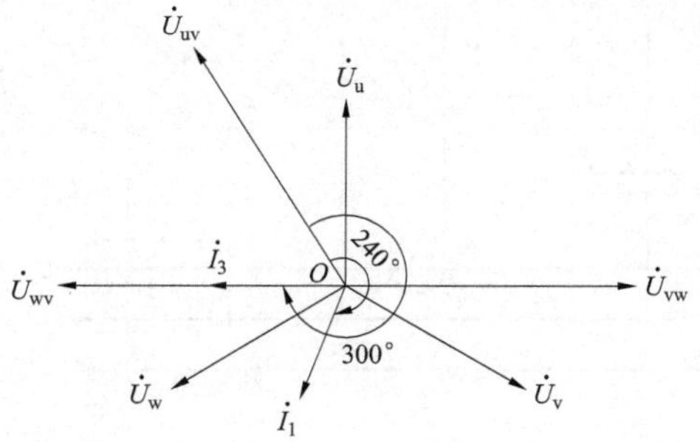

图 5－38

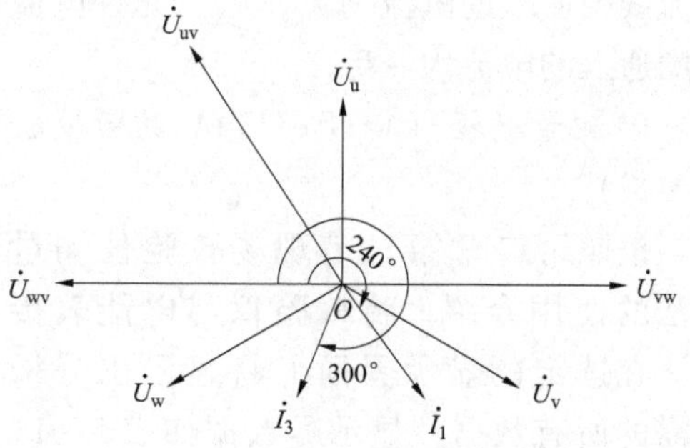

图 5－39

（6）将两个电流在相量图上的位置进行比较。比较结果是第四步以电压相序 UVW 推出的两个电流符合两个电流在相量图上的位置。

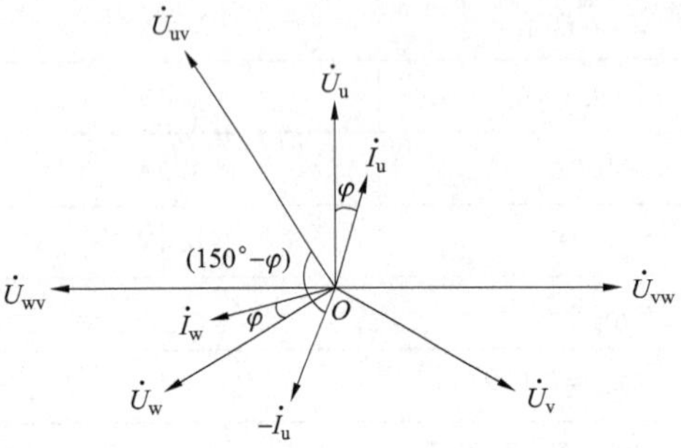

图 5－40

（7）最后得出错误接线结论：电压相序 UVW，电流相序 I_u、I_w，W 相电压断相。电能表的实际接线组别为：第一元件 U_{uv}、$-I_u$，第二元件 U_{wv}、I_w。

（8）画出错误接线相量图，如图 5－40 所示。

3. 写出错误接线时测得的电能（以功率表示）

因为电能表所计量的电能与所加电压和电流及相应相电流之间的夹角余弦乘积成正比，根据图 5－40 画出的错误接线相量图，对两个元件所计量的电能分别进行分析（以功率表示），并设 P_1' 为第一元件错误计量的功率，P_2' 为第二元件错误计量的功率。

第一元件测量的功率为

$$P_1' = U_{uv}(-I_u)\cos(150° - \varphi)$$

第二元件测量的功率为

$$P_2' = 0$$

在三相电路完全对称时，两元件测量的总功率为

$$P' = P_1' + P_2' = U_{uv}(-I_u)\cos(150° - \varphi)$$

十一、表尾电压相序 UVW，电流相序 I_uI_w，W 相 TV 二次侧电压断相，W 相 TA 二次侧极性反接

图 5－41 是三相三线有功电能表的错误接线。由于 W 相 TV 二次侧电压断相，造成电能表第一元件电压线圈两端实际承受电压为 U_{uv}，第二元件失压；电流由于 W 相 TA 二次侧极性反接，造成第一元件电流线圈通入的电流为 I_u，第二元件电流线圈通入的电流为 $-I_w$。

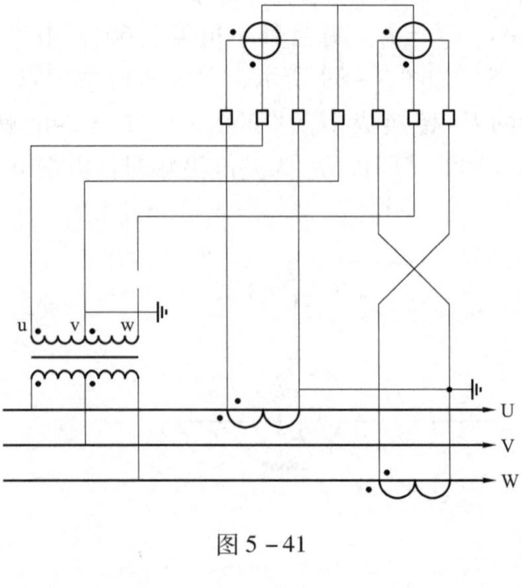

图 5－41

1. 测量数据（以 T－230A 现场校验仪为例）

按照第二章第三节现场校验仪测量方法的使用介绍，将校验仪与电能表接好。在选定的显示界面上将显示出分析所需的所有数据，显示屏数据如表 5－11 所示。

表 5－11

测 试 数 据			
项目	1 元件	2－6 端子	3 元件
电压	99.9V	99.8V	0.4V
电流	1.5A	0.0A	1.5A
对地电压	99.7V	0.4V	0.5V
相位	$\varphi_{I_1I_3}=59.9°$		
	$\varphi_{U_{12}I_1}=59.9°$		
	$\varphi_{U_{12}I_3}=119.8°$　$P=74.1$		
相序	电压断相 U_3　电流相序正		

2. 分析判断错误现象

（1）从表 5－11“电压”栏中的显示值看出 3 元件电压值不等于 100V，可以判定该错误接线有电压断相，并且根据 1 元件和 2 元件的电压值可以看出，此电能表内部分压结构为“V”形。

（2）“电压”栏中 3 元件的电压 U_3 不等于 100V，即可确定 U_3 为电压断相，与“相序”栏中显示的电压断相 U_3 一致。“对地电压”栏中 1 元件的电压等于 100V 为正常相，所以可以确定 U_2 为 V 相。

（3）确定 U_2 为 V 相后，就可以看出该错误接线的电压相序有两种可能，即 UVW 和 WVU。

（4）如图 5－42 所示，以电压相序 UVW 推出两个电流在相量图上的位置。将“相位”栏中的 U_{12} 替换成 U_{uv}。那么，$U_{12}I_1=60°$就替换成 $U_{uv}I_1=60°$、$U_{12}I_3=120°$就替换成 $U_{uv}I_3=120°$。即以 U_{uv} 为基准沿顺时针方向分别转 60°和 120°找到 I_1 和 I_3。从图上可以看出 $I_1=I_u$、$I_3=-I_w$，并且其夹角等于 60°，电流相序为正。

（5）如图 5－43 所示，以电压相序 WVU 推出两个电流在相量图上的位置。将“相位”栏中的 U_{12} 替换成 U_{wv}。那么，$U_{12}I_1=60°$就替换成 $U_{wv}I_1=60°$、$U_{12}I_3=120°$就替换成 $U_{wv}I_3=120°$。即以 U_{wv} 为基准沿顺时针方向分别转 60°和 120°找到 I_1 和 I_3。

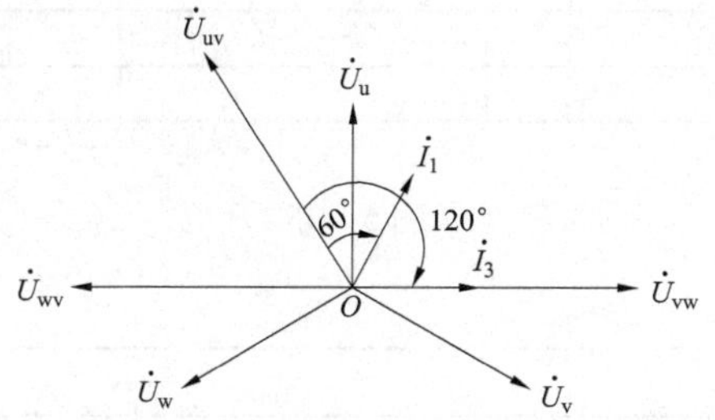

图 5－42

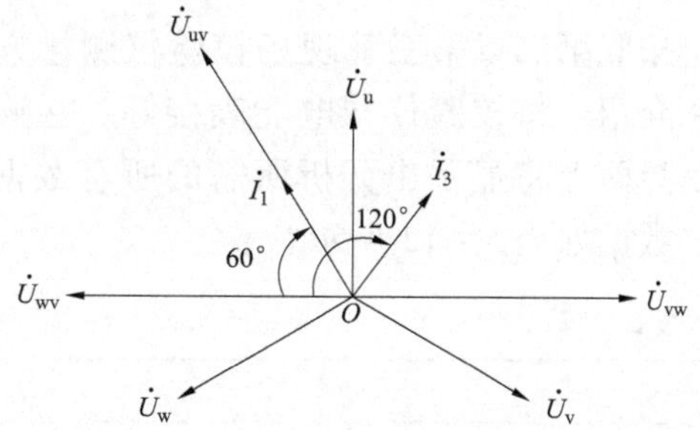

图 5－43

（6）将两个电流在相量图上的位置进行比较。比较结果是第四步以电压相序 UVW 推出的两个电流符合两个电流在相量图上的位置。

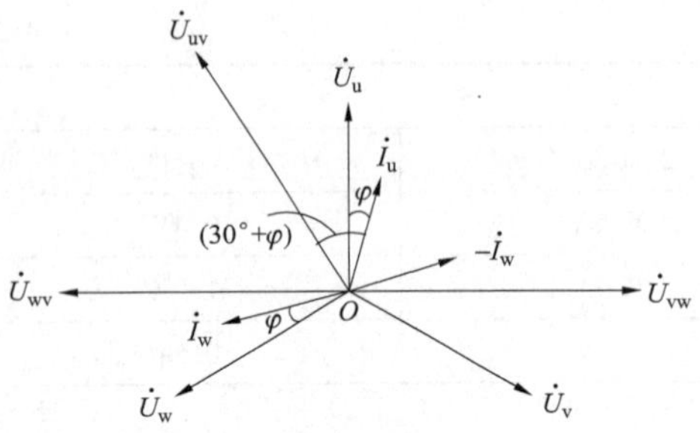

图 5－44

（7）最后得出错误接线结论：电压相序 UVW，电流相序 I_u、I_w，W 相电压断相。电能表的实际接线组别为：第一元件 U_{uv}、I_u，第二元件 U_{wv}、$-I_w$。

（8）画出错误接线相量图，如图 5－44 所示。

3. 写出错误接线时测得的电能（以功率表示）

因为电能表所计量的电能与所加电压和电流及相应相电流之间的夹角余弦乘积成正比，根据图 5－44 画出的错误接线相量图，对两个元件所计量的电能分别进行分析（以功率表示），并设 P_1' 为第一元件错误计量的功率，P_2' 为第二元件错误计量的功率。

第一元件测量的功率为

$$P_1' = U_{uv}I_u\cos(30° + \varphi)$$

第二元件测量的功率为

$$P_2' = 0$$

在三相电路完全对称时，两元件测量的总功率为

$$P' = P_1' + P_2' = U_{uv}I_u\cos(30° + \varphi)$$

十二、表尾电压相序 UVW，电流相序 I_uI_w，W 相 TV 二次侧电压断相，U、W 相 TA 二次侧极性反接

图 5－45 是三相三线有功电能表的错误接线。由于 W 相 TV 二次侧电压断相，造成电能表第一元件电压线圈两端实际承受电压为 U_{uv}，第二元件失压；电流由于 U、W 相 TA 二次侧极性反接，造成第一元件电流线圈通入的电流为 $-I_u$，第二元件电流线圈通入的电流为 $-I_w$。

1. 测量数据（以 T－230A 现场校验仪为例）

按照第二章第三节现场校验仪测量方法的使用介绍，将校验仪与电能表接好。在选定的显示界面上将显示出分析所需的所有数据，显示屏数据如表 5－12 所示。

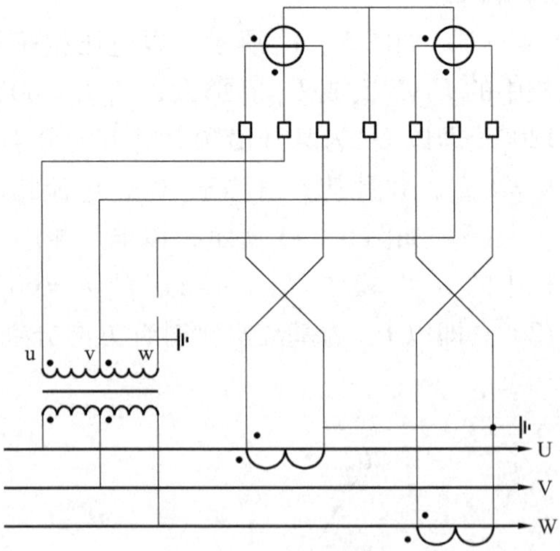

图 5－45

表 5－12

测试数据			
项目	1 元件	2－6 端子	3 元件
电压	99.9V	99.8V	0.4V
电流	1.5A	0.0A	1.5A
对地电压	99.7V	0.2V	0.4V

续表

测 试 数 据	
相位	$\varphi_{I_1I_3}=239.5°$
	$\varphi_{U_{12}I_1}=240.1°$
	$\varphi_{U_{12}I_3}=119.7°$　$P=74.4$
相序	电压断相 U_3　电流相序正

2. 分析判断错误现象

（1）从表 5－12“电压”栏中的显示值看出 3 元件电压值不等于 100V，可以判定该错误接线有电压断相，并且根据 1 元件和 2 元件的电压值可以看出，此电能表内部分压结构为“V”形。

（2）“电压”栏中 3 元件的电压 U_3 不等于 100V，即可确定 U_3 为电压断相，与“相序”栏中显示的电压断相 U_3 一致。“对地电压”栏中 1 元件的电压等于 100V 为正常相，所以可以确定 U_2 为 V 相。

（3）确定 U_2 为 V 相后，就可以看出该错误接线的电压相序有两种可能，即 UVW 和 WVU。

（4）如图 5－46 所示，以电压相序 UVW 推出两个电流在相量图上的位置。将“相位”栏中的 U_{12} 替换成 U_{uv}。那么，$U_{12}I_1=240°$ 就替换成 $U_{uv}I_1=240°$、$U_{12}I_3=120°$ 就替换成 $U_{uv}I_3=120°$。即以 U_{uv} 为基准沿顺时针方向分别转 240°和 120°找到 I_1 和 I_3。从图上可以看出 $I_1=-I_u$、$I_3=-I_w$，并且其夹角等于 240°，电流相序为正。

（5）如图 5－47 所示，以电压相序 WVU 推出两个电流在相量图上的位置。将“相位”栏中的 U_{12} 替换成 U_{wv}。那么，$U_{12}I_1=240°$ 就替换成 $U_{wv}I_1=240°$、$U_{12}I_3=120°$ 就替换成 $U_{wv}I_3=120°$。即以 U_{wv} 为基准沿顺时针方向分别转 240°和 120°找到 I_1 和 I_3。

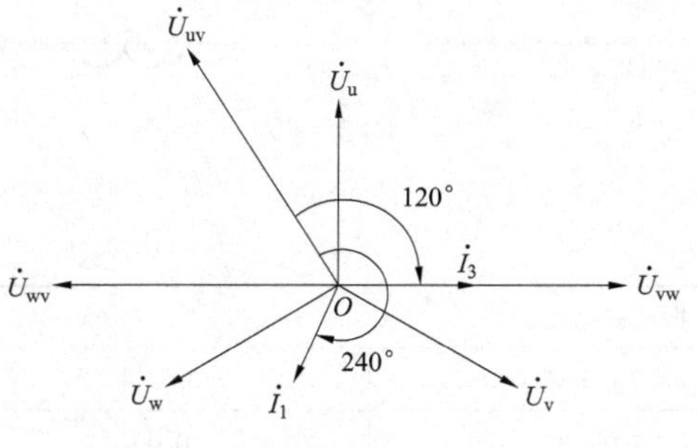

图 5－46

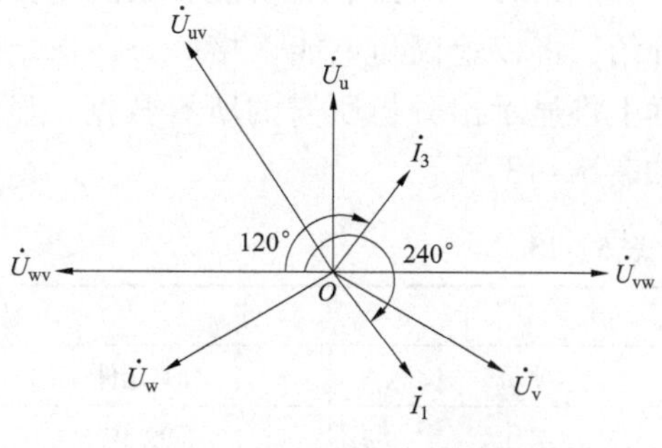

图 5－47

（6）将两个电流在相量图上的位置进行比较。比较结果是第四步以电压相序 UVW 推出的两个电流符合两个电流在相量图上的位置。

（7）最后得出错误接线结论：电压相序 UVW，电流相序 I_u、I_w，W 相电压断相。电能表的实际接线组别为：第一元件 U_{uv}、$-I_u$，第二元件 U_{wv}、$-I_w$。

（8）画出错误接线相量图，如图 5－48 所示。

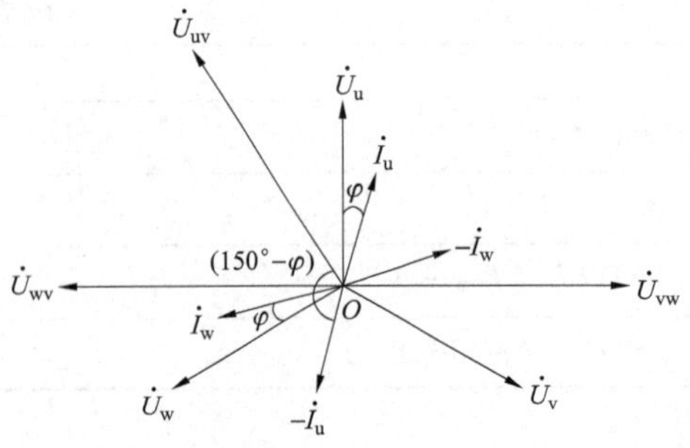

图 5-48

3. 写出错误接线时测得的电能（以功率表示）

因为电能表所计量的电能与所加电压和电流及相应相电流之间的夹角余弦乘积成正比，根据图 5-48 画出的错误接线相量图，对两个元件所计量的电能分别进行分析（以功率表示），并设 P'_1 为第一元件错误计量的功率，P'_2 为第二元件错误计量的功率。

第一元件测量的功率为

$$P'_1 = U_{uv}(-I_u)\cos(150° - \varphi)$$

第二元件测量的功率为

$$P'_2 = 0$$

在三相电路完全对称时，两元件测量的总功率为

$$P' = P'_1 + P'_2 = U_{uv}(-I_u)\cos(150° - \varphi)$$

十三、表尾电压相序 UVW，电流相序 $I_w I_u$，W 相 TV 二次侧电压断相

图 5-49 是三相三线有功电能表的错误接线。由于 W 相 TV 二次侧电压断相，造成电能表第一元件电压线圈两端实际承受电压为 U_{uv}，第二元件失压；电流由于 U、W 相表尾端钮接错，造成第一元件电流线圈通入的电流为 I_w，第二元件电流线圈通入的电流为 I_u。

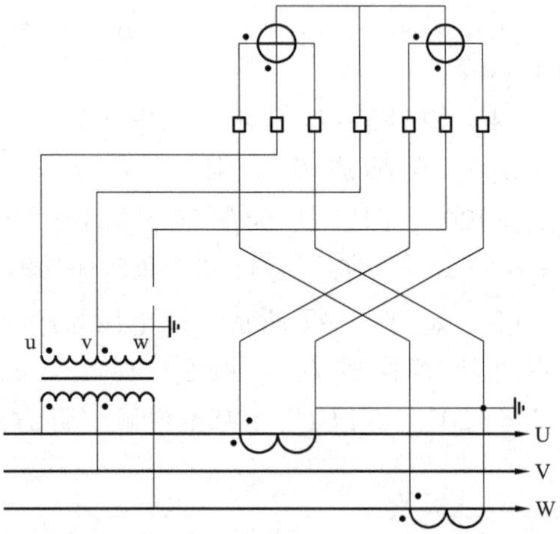

图 5-49

1. 测量数据（以 T-230A 现场校验仪为例）

按照第二章第三节现场校验仪测量方法的使用介绍，将校验仪与电能表接好。在选定的显示界面上将显示出分析所需的所有数据，显示屏数据如表 5-13 所示。

表 5-13

测 试 数 据			
项目	1 元件	2-6 端子	3 元件
电压	99.9V	99.8V	0.4V
电流	1.5A	0.0A	1.5A
对地电压	99.7V	0.2V	0.4V
相位	$\varphi_{I_1I_3} = 120.5°$		
	$\varphi_{U_{12}I_1} = 299.6°$		
	$\varphi_{U_{12}I_3} = 60.1°$　$P = 73.3$		
相序	电压断相 U_3　电流相序逆		

2. 分析判断错误现象

（1）从表5－13“电压”栏中的显示值看出3元件电压值不等于100V，可以判定该错误接线有电压断相，并且根据1元件和2元件的电压值可以看出，此电能表内部分压结构为“V”形。

（2）“电压”栏中3元件的电压 U_3 不等于100V，即可确定 U_3 为电压断相，与“相序”栏中显示的电压断相 U_3 一致。“对地电压”栏中1元件的电压等于100V为正常相，所以可以确定 U_2 为V相。

（3）确定 U_2 为V相后，就可以看出该错误接线的电压相序有两种可能，即UVW和WVU。

（4）如图5－50所示，以电压相序UVW推出两个电流在相量图上的位置。将“相位”栏中的 U_{12} 替换成 U_{uv}。那么，$U_{12}I_1=300°$ 就替换成 $U_{uv}I_1=300°$、$U_{12}I_3=60°$ 就替换成 $U_{uv}I_3=60°$。即以 U_{uv} 为基准沿顺时针方向分别转300°和60°找到 I_1 和 I_3。从图上可以看出 $I_1=I_w$、$I_3=I_u$，并且其夹角等于120°，电流相序为逆。

（5）如图5－51所示，以电压相序WVU推出两个电流在相量图上的位置。将“相位”栏中的 U_{12} 替换成 U_{wv}。那么，$U_{12}I_1=300°$ 就替换成 $U_{wv}I_1=300°$、$U_{12}I_3=60°$ 就替换成 $U_{wv}I_3=60°$。即以 U_{wv} 为基准沿顺时针方向分别转300°和60°找到 I_1 和 I_3。

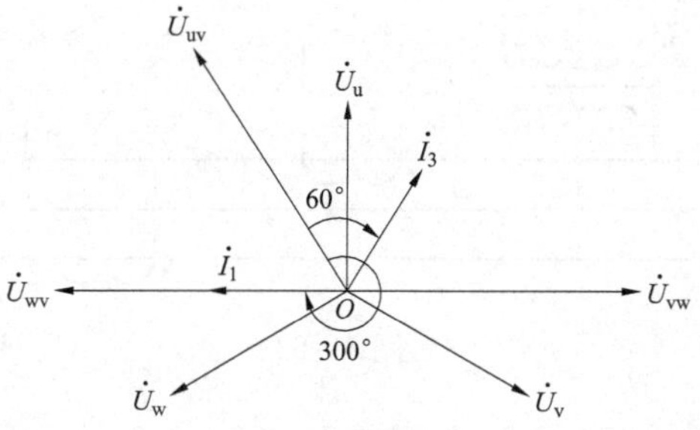

图5－50

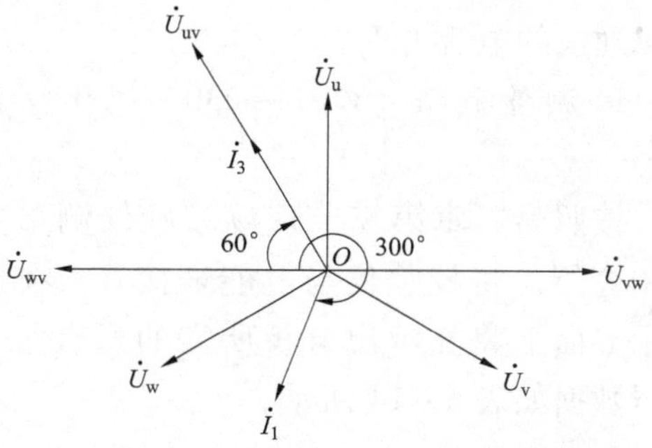

图5－51

（6）将两个电流在相量图上的位置进行比较。比较结果是第四步以电压相序UVW推出的两个电流符合两个电流在相量图上的位置。

（7）最后得出错误接线结论：电压相序UVW，电流相序 I_w、I_u，W相电压断相。电能表的实际接线组别为：第一元件 U_{uv}、I_w，第二元件 U_{wv}、I_u。

（8）画出错误接线相量图，如图5－52所示。

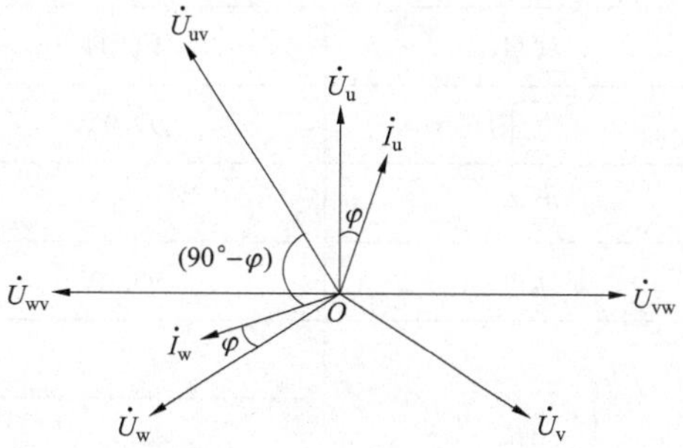

图5－52

3. 写出错误接线时测得的电能（以功率表示）

因为电能表所计量的电能与所加电压和电流及相应相电流之间的夹角余弦乘积成正比，

根据图 5－52 画出的错误接线相量图，对两个元件所计量的电能分别进行分析（以功率表示），并设 P_1' 为第一元件错误计量的功率，P_2' 为第二元件错误计量的功率。

第一元件测量的功率为

$$P_1' = U_{uv}I_w\cos(90° - \varphi)$$

第二元件测量的功率为

$$P_2' = 0$$

在三相电路完全对称时，两元件测量的总功率为

$$\begin{aligned} P' &= P_1' + P_2' \\ &= U_{uv}I_w\cos(90° - \varphi) \end{aligned}$$

十四、表尾电压相序 UVW，电流相序 I_wI_u，W 相 TV 二次侧电压断相，W 相 TA 二次侧极性反接

图 5－53 是三相三线有功电能表的错误接线。由于 W 相 TV 二次侧电压断相，造成电能表第一元件电压线圈两端实际承受电压为 U_{uv}，第二元件失压；电流由于 U、W 相表尾端钮接错，并且 W 相 TA 二次侧极性反接，造成第一元件电流线圈通入的电流为 $-I_w$，第二元件电流线圈通入的电流为 I_u。

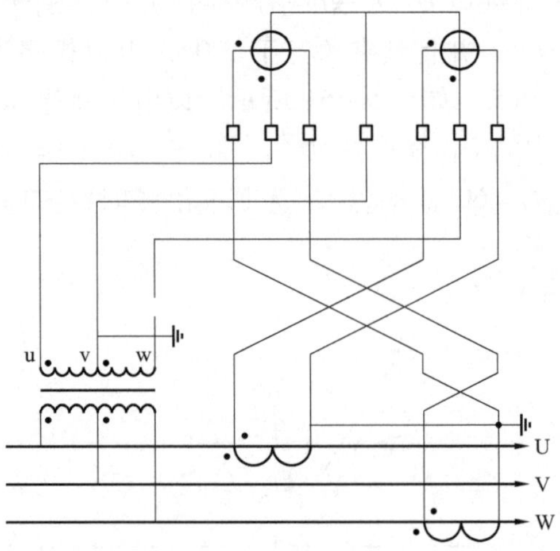

图 5－53

1. 测量数据（以 T－230A 现场校验仪为例）

按照第二章第三节现场校验仪测量方法的使用介绍，将校验仪与电能表接好。在选定的显示界面上将显示出分析所需的所有数据，显示屏数据如表 5－14 所示。

表 5－14

测 试 数 据			
项目	1 元件	2－6 端子	3 元件
电压	99.9V	99.8V	0.4V
电流	1.5A	0.0A	1.5A
对地电压	99.7V	0.2V	0.4V
相位	$\varphi_{I_1I_3}=300.2°$		
	$\varphi_{U_{12}I_1}=119.7°$		
	$\varphi_{U_{12}I_3}=59.9°$　$P=-74.0$		
相序	电压断相 U_3　电流相序逆		

2. 分析判断错误现象

（1）从表5－14“电压”栏中的显示值看出3元件电压值不等于100V，可以判定该错误接线有电压断相，并且根据1元件和2元件的电压值可以看出，此电能表内部分压结构为“V”形。

（2）“电压”栏中3元件的电压 U_3 不等于100V，即可确定 U_3 为电压断相，与“相序”栏中显示的电压断相 U_3 一致。“对地电压”栏中1元件的电压等于100V为正常相，所以可以确定 U_2 为V相。

（3）确定 U_2 为V相后，就可以看出该错误接线的电压相序有两种可能，即UVW和WVU。

（4）如图5－54所示，以电压相序UVW推出两个电流在相量图上的位置。将“相位”栏中的 U_{12} 替换成 U_{uv}。那么，$U_{12}I_1=120°$ 就替换成 $U_{uv}I_1=120°$、$U_{12}I_3=60°$ 就替换成 $U_{uv}I_3=60°$。即以 U_{uv} 为基准沿顺时针方向分别转120°和60°找到 I_1 和 I_3。从图上可以看出 $I_1=-I_w$、$I_3=I_u$，并且其夹角等于300°，电流相序为逆。

（5）如图5－55所示，以电压相序WVU推出两个电流在相量图上的位置。将“相位”栏中的 U_{12} 替换成 U_{wv}。那么，$U_{12}I_1=120°$ 就替换成 $U_{wv}I_1=120°$、$U_{12}I_3=60°$ 就替换成 $U_{wv}I_3=60°$。即以 U_{wv} 为基准沿顺时针方向分别转120°和60°找到 I_1 和 I_3。

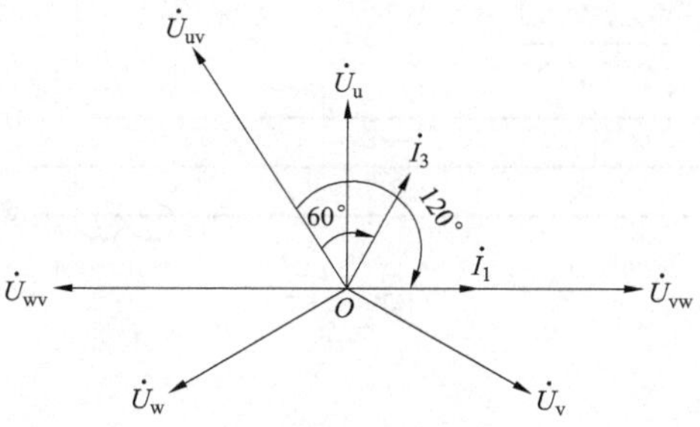

图5－54

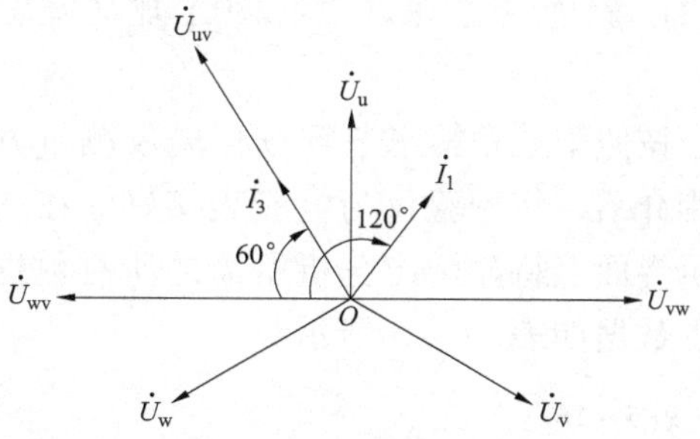

图5－55

（6）将两个电流在相量图上的位置进行比较。比较结果是第四步以电压相序UVW推出的两个电流符合两个电流在相量图上的位置。

（7）最后得出错误接线结论：电压相序UVW，电流相序 I_w、I_u，W相电压断相。电能表的实际接线组别为：第一元件 U_{uv}、$-I_w$，第二元件 U_{wv}、I_u。

（8）画出错误接线相量图，如图5－56所示。

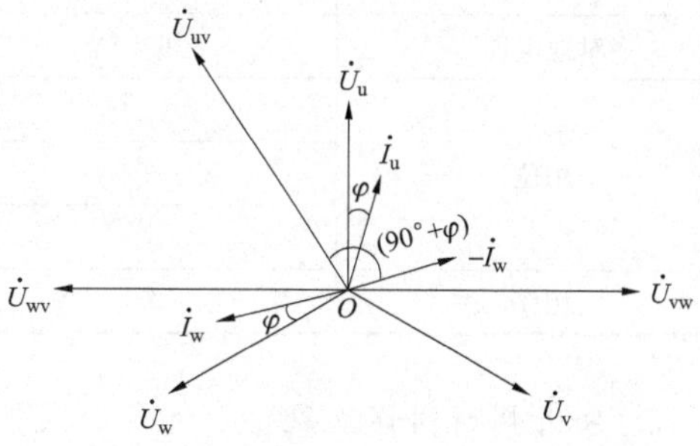

图5－56

3. 写出错误接线时测得的电能（以功率表示）

因为电能表所计量的电能与所加电压和电流及相应相电流之间的夹角余弦乘积成正比，根据图5－56画出的错误接线相量图，对两个元件所计量的电能分别进行分析（以功率表示），并设 P'_1 为第一元件错误计量的功率，P'_2 为第二元件错误计量的功率。

第一元件测量的功率为

$$P_1' = U_{uv}(-I_w)\cos(90° + \varphi)$$

第二元件测量的功率为

$$P_2' = 0$$

在三相电路完全对称时，两元件测量的总功率为

$$P' = P_1' + P_2' = U_{uv}(-I_w)\cos(90° + \varphi)$$

十五、表尾电压相序 UVW，电流相序 I_wI_u，W 相 TV 二次侧电压断相，U 相 TA 二次侧极性反接

图 5－57 是三相三线有功电能表的错误接线。由于 W 相 TV 二次侧电压断相，造成电能表第一元件电压线圈两端实际承受电压为 U_{uv}，第二元件失压；电流由于 U、W 相表尾端钮接错，并且 U 相 TA 二次侧极性反接，造成第一元件电流线圈通入的电流为 I_w，第二元件电流线圈通入的电流为 $-I_u$。

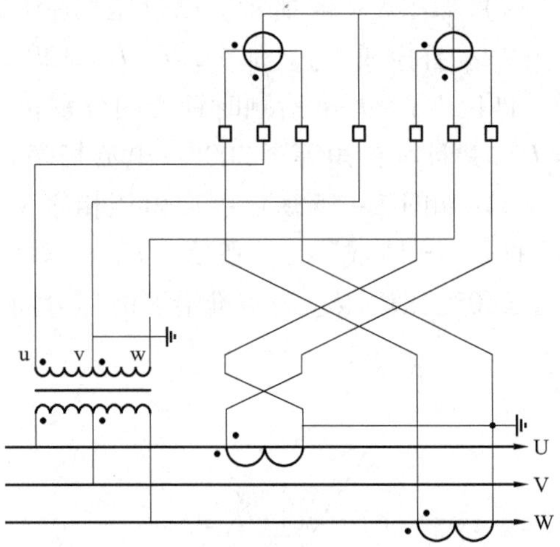

图 5－57

1. 测量数据（以 T－230A 现场校验仪为例）

按照第二章第三节现场校验仪测量方法的使用介绍，将校验仪与电能表接好。在选定的显示界面上将显示出分析所需的所有数据，显示屏数据如表 5－15 所示。

表 5－15

测 试 数 据			
项目	1 元件	2－6 端子	3 元件
电压	99.9V	99.8V	0.4V
电流	1.5A	0.0A	1.5A
对地电压	99.7V	0.2V	0.4V
相位	$\varphi_{I_1I_3} = 300.2°$		
	$\varphi_{U_{12}I_1} = 299.7°$		
	$\varphi_{U_{12}I_3} = 240.0°$　$P = 74.0$		
相序	电压断相 U_3　电流相序逆		

2. 分析判断错误现象

（1）从表 5－15 "电压" 栏中的显示值看出 3 元件电压值不等于 100V，可以判定该错误接线有电压断相，并且根据 1 元件和 2 元件的电压值可以看出，此电能表内部分压结构为 "V" 形。

（2）"电压" 栏中 3 元件的电压 U_3 不等于 100V，即可确定 U_3 为电压断相，与 "相序" 栏中显示的电压断相 U_3 一致。"对地电压" 栏中 1 元件的电压等于 100V 为正常相，所以可

以确定 U_2 为 V 相。

（3）确定 U_2 为 V 相后，就可以看出该错误接线的电压相序有两种可能，即 UVW 和 WVU。

（4）如图 5－58 所示，以电压相序 UVW 推出两个电流在相量图上的位置。将“相位”栏中的 U_{12} 替换成 U_{uv}。那么，$U_{12}I_1=300°$ 就替换成 $U_{uv}I_1=300°$、$U_{12}I_3=240°$ 就替换成 $U_{uv}I_3=240°$。即以 U_{uv} 为基准沿顺时针方向分别转 300°和 240°找到 I_1 和 I_3。从图上可以看出 $I_1=I_w$、$I_3=-I_u$，并且其夹角等于 300°，电流相序为逆。

（5）如图 5－59 所示，以电压相序 WVU 推出两个电流在相量图上的位置。将“相位”栏中的 U_{12} 替换成 U_{wv}。那么，$U_{12}I_1=300°$ 就替换成 $U_{wv}I_1=300°$、$U_{12}I_3=240°$ 就替换成 $U_{wv}I_3=240°$。即以 U_{wv} 为基准沿顺时针方向分别转 300°和 240°找到 I_1 和 I_3。

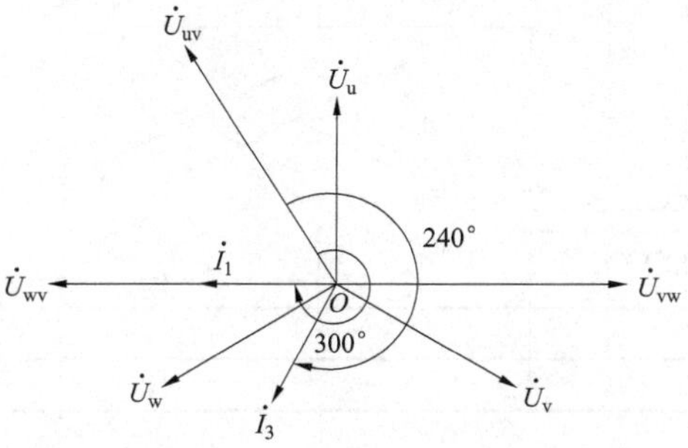

图 5－58

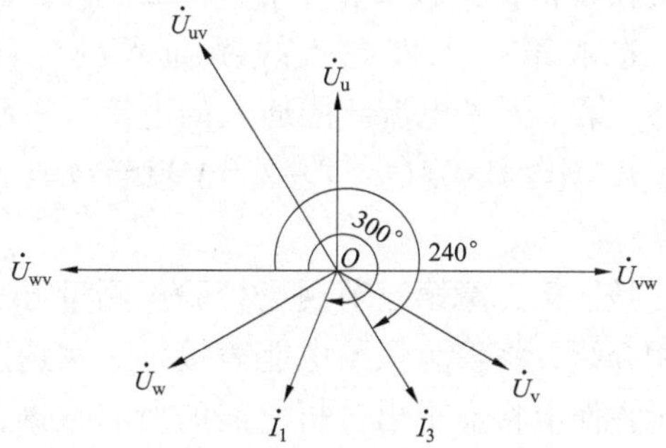

图 5－59

（6）将两个电流在相量图上的位置进行比较。比较结果是第四步以电压相序 UVW 推出的两个电流符合两个电流在相量图上的位置。

（7）最后得出错误接线结论：电压相序 UVW，电流相序 I_w、I_u，W 相电压断相。电能表的实际接线组别为：第一元件 U_{uv}、I_w，第二元件 U_{wv}、$-I_u$。

（8）画出错误接线相量图，如图 5－60 所示。

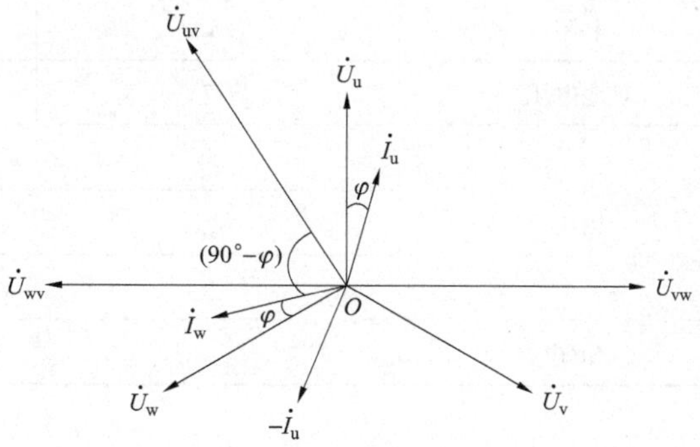

图 5－60

3. 写出错误接线时测得的电能（以功率表示）

因为电能表所计量的电能与所加电压和电流及相应相电流之间的夹角余弦乘积成正比，根据图 5－60 画出的错误接线相量图，对两个元件所计量的电能分别进行分析（以功率表示），并设 P_1' 为第一元件错误计量的功率，P_2' 为第二元件错误计量的功率。

第一元件测量的功率为

$$P_1'=U_{uv}I_w\cos(90°-\varphi)$$

第二元件测量的功率为

$$P_2' = 0$$

在三相电路完全对称时，两元件测量的总功率为

$$P' = P_1' + P_2'$$
$$= U_{uv} I_w \cos(90° - \varphi)$$

十六、表尾电压相序 UVW，电流相序 $I_w I_u$，W 相 TV 二次侧电压断相，U、W 相 TA 二次侧极性反接

图 5 - 61 是三相三线有功电能表的错误接线。由于 W 相 TV 二次侧电压断相，造成电能表第一元件电压线圈两端实际承受电压为 U_{uv}，第二元件失压；电流由于 U、W 相表尾端钮接错，并且 U、W 相 TA 二次侧极性反接，造成第一元件电流线圈通入的电流为 $-I_w$，第二元件电流线圈通入的电流为 $-I_u$。

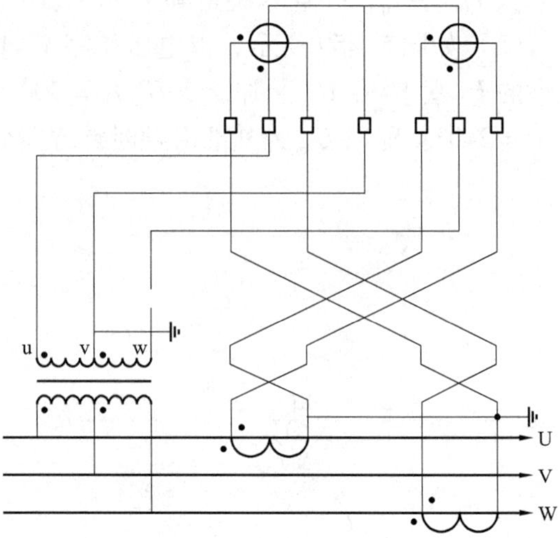

图 5 - 61

1. 测量数据（以 T - 230A 现场校验仪为例）

按照第二章第三节现场校验仪测量方法的使用介绍，将校验仪与电能表接好。在选定的显示界面上将显示出分析所需的所有数据，显示屏数据如表 5 - 16 所示。

表 5 - 16

测 试 数 据			
项目	1 元件	2 - 6 端子	3 元件
电压	99.9V	99.8V	0.4V
电流	1.5A	0.0A	1.5A
对地电压	99.7V	0.2V	0.4V
相位	$\varphi_{I_1I_3} = 120.5°$		
	$\varphi_{U_{12}I_1} = 119.6°$		
	$\varphi_{U_{12}I_3} = 240.2°$　$P = -73.4$		
相序	电压断相 U_3　电流相序逆		

2. 分析判断错误现象

（1）从表 5 - 16“电压”栏中的显示值看出 3 元件电压值不等于 100V，可以判定该错误接线有电压断相，并且根据 1 元件和 3 元件的电压值可以看出，此电能表内部分压结构为“V”形。

（2）“电压”栏中 3 元件的电压 U_3 不等于 100V，即可确定 U_3 为电压断相，与“相序”栏中显示的电压断相 U_3 一致。“对地电压”栏中 1 元件的电压等于 100V 为正常相，所以可

以确定 U_2 为 V 相。

（3）确定 U_2 为 V 相后，就可以看出该错误接线的电压相序有两种可能，即 UVW 和 WVU。

（4）如图 5－62 所示，以电压相序 UVW 推出两个电流在相量图上的位置。将“相位”栏中的 U_{12} 替换成 U_{uv}。那么，$U_{12}I_1=120°$ 就替换成 $U_{uv}I_1=120°$、$U_{12}I_3=240°$ 就替换成 $U_{uv}I_3=240°$。即以 U_{uv} 为基准沿顺时针方向分别转 120° 和 240° 找到 I_1 和 I_3。从图上可以看出 $I_1=-I_w$、$I_3=-I_u$，并且其夹角等于 120°，电流相序为逆。

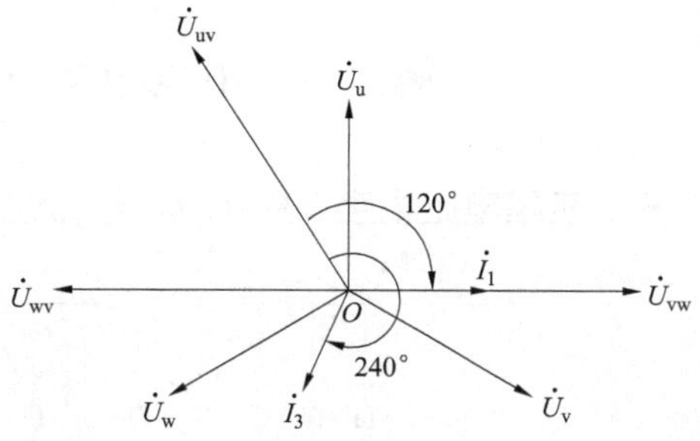

图 5－62

（5）如图 5－63 所示，以电压相序 WVU 推出两个电流在相量图上的位置。将“相位”栏中的 U_{12} 替换成 U_{wv}。那么，$U_{12}I_1=120°$ 就替换成 $U_{wv}I_1=120°$、$U_{12}I_3=240°$ 就替换成 $U_{wv}I_3=240°$。即以 U_{wv} 为基准沿顺时针方向分别转 120° 和 240° 找到 I_1 和 I_3。

（6）将两个电流在相量图上的位置进行比较。比较结果是第四步以电压相序 UVW 推出的两个电流符合两个电流在相量图上的位置。

（7）最后得出错误接线结论：电压相序 UVW，电流相序 I_w、I_u，W 相电压断相。电能表的实际接线组别为：第一元件 U_{uv}、$-I_w$，第二元件 U_{wv}、$-I_u$。

（8）画出错误接线相量图，如图 5－64 所示。

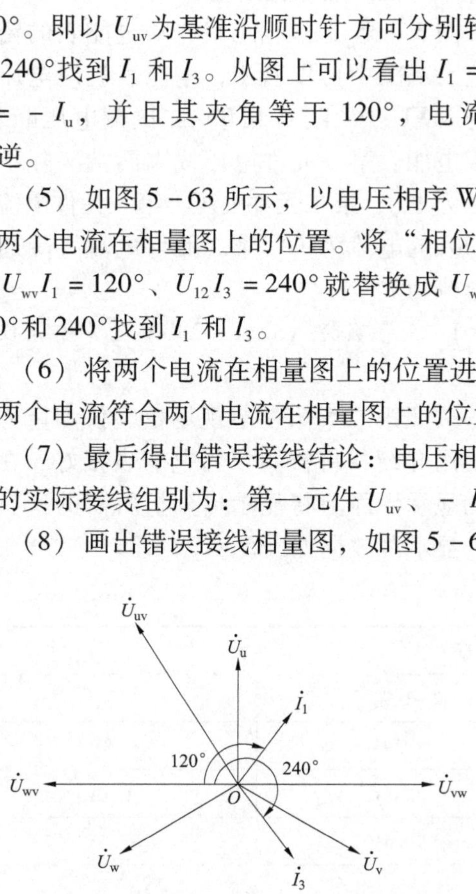

图 5－63

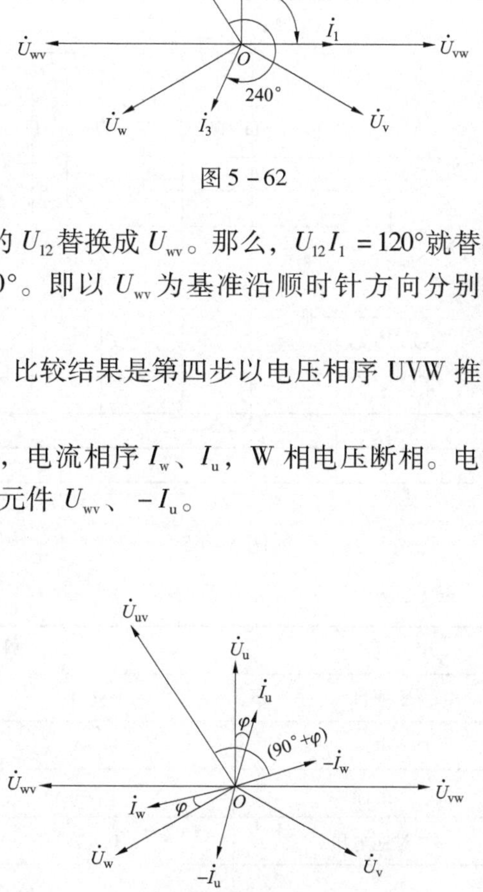

图 5－64

3. 写出错误接线时测得的电能（以功率表示）

因为电能表所计量的电能与所加电压和电流及相应相电流之间的夹角余弦乘积成正比，根据图 5－64 画出的错误接线相量图，对两个元件所计量的电能分别进行分析（以功率表示），并设 P_1' 为第一元件错误计量的功率，P_2' 为第二元件错误计量的功率。

第一元件测量的功率为

$$P_1'=U_{uv}(-I_w)\cos(90°+\varphi)$$

第二元件测量的功率为

$$P_2'=0$$

在三相电路完全对称时，两元件测量的总功率为

$$P' = P'_1 + P'_2$$
$$= U_{uv}(-I_w)\cos(90° + \varphi)$$

第二节　电压相序为 VWU 时的错误接线实例分析

一、表尾电压相序 VWU，电流相序 $I_u I_w$，U 相 TV 二次侧电压断相

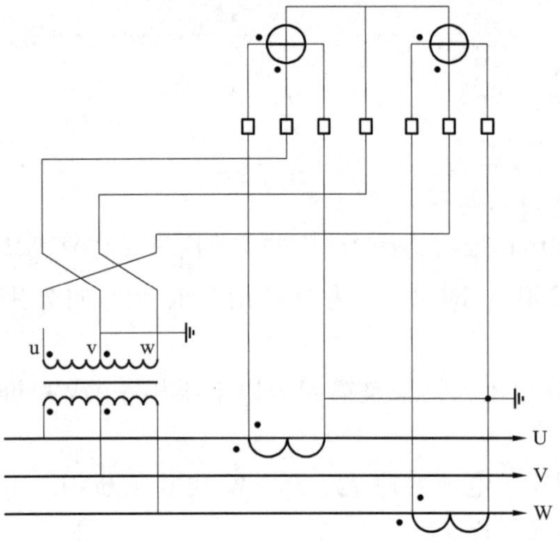

图 5－65

图 5－65 是三相三线有功电能表的错误接线。从图中可以看出，电能表表尾电压相序为 VWU，并且 U 相 TV 二次侧电压断相，造成电能表第一元件电压线圈两端实际承受电压为 U_{vw}，第二元件失压；第一元件电流线圈通入的电流为 I_u，第二元件电流线圈通入的电流为 I_w。

1. 测量数据（以 T－230A 现场校验仪为例）

按照第二章第三节现场校验仪测量方法的使用介绍，将校验仪与电能表接好。在选定的显示界面上将显示出分析所需的所有数据，显示屏数据如表 5－17 所示。

表 5－17

测　试　数　据			
项目	1 元件	2－6 端子	3 元件
电压	99.8V	99.9V	0.8V
电流	1.5A	0.0A	1.5A
对地电压	0.4V	99.4V	99.5V
相位	$\varphi_{I_1I_3}=239.5°$		
	$\varphi_{U_{12}I_1}=300.2°$		
	$\varphi_{U_{12}I_3}=179.8°$　$P=74.8$		
相序	电压断相 U_3　电流相序正		

2. 分析判断错误现象

（1）从表 5－17“电压”栏中的显示值看出 3 元件电压值不等于 100V，可以判定该错误接线有电压断相，并且根据 1 元件和 2 元件的电压值可以看出，此电能表内部分压结构为“V”形。

（2）从“对地电压”栏中可以看出 1 元件的电压值接近 0V，所以确定 U_1 为 V 相。“电压”栏中电压值不等于 100V 的 U_3 为电压断相，与“相序”栏中的电压断相 U_3 一致。

（3）确定 U_1 为 V 相后，就可以看出该错误接线的电压相序有两种可能，即 VWU 和 VUW。

（4）如图 5－66 所示，以电压相序 VWU 推出两个电流在相量图上的位置。将“相位”栏中的 U_{12} 替换成 U_{vw}。那么，$U_{12}I_1=300°$ 就替换成 $U_{vw}I_1=300°$、$U_{12}I_3=180°$ 就替换成 $U_{vw}I_3=180°$。即以 U_{vw} 为基准沿顺时针方向分别转 300°和 180°找到 I_1 和 I_3。从图上可以看出 $I_1=-I_u$、$I_3=I_w$，并且其夹角等于 240°，电流相序为正。

（5）如图 5－67 所示，以电压相序 VUW 推出两个电流在相量图上的位置。将“相位”栏中的 U_{12} 替换成 U_{vu}。那么，$U_{12}I_1=300°$ 就替换成 $U_{vu}I_1=300°$、$U_{32}I_3=180°$ 就替换成 $U_{vu}I_3=180°$。即以 U_{vu} 为基准沿顺时针方向分别转 300°和 180°找到 I_1 和 I_3。

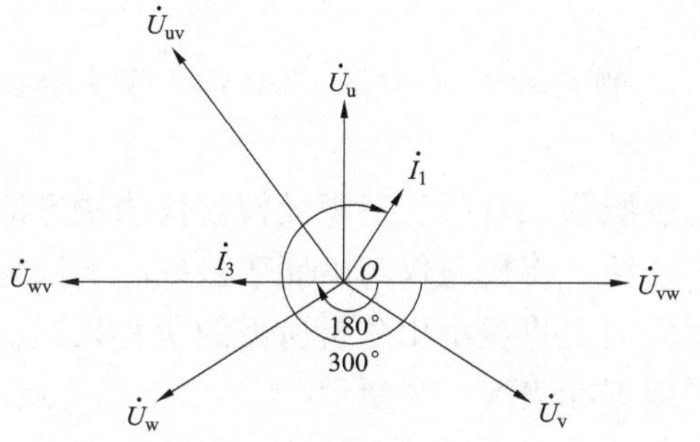

图 5－66

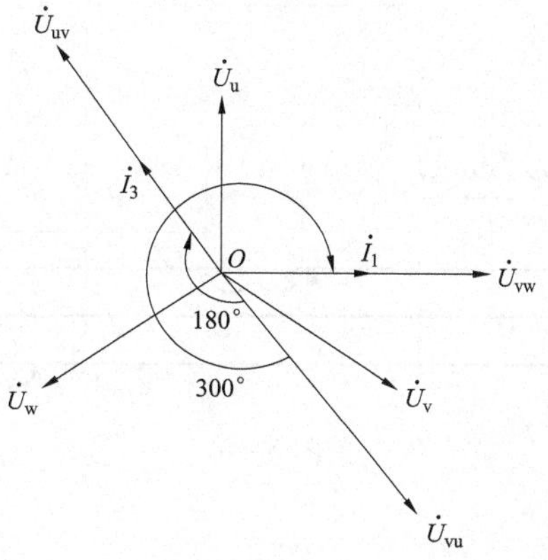

图 5－67

（6）将两个电流在相量图上的位置进行比较。比较结果是第四步以电压相序 VWU 推出的两个电流符合两个电流在相量图上的位置。

（7）最后得出错误接线结论：电压相序 VWU，电流相序 I_u、I_w，U 相电压断相。电能表的实际接线组别为：第一元件 U_{vw}、I_u，第二元件 U_{uw}、I_w。

（8）画出错误接线相量图，如图 5－68 所示。

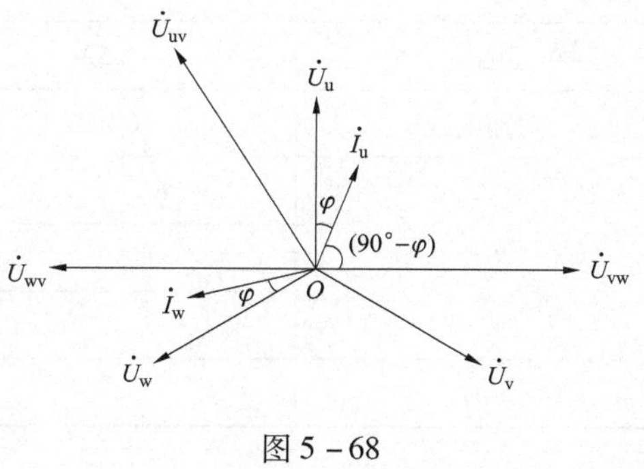

图 5－68

3. 写出错误接线时测得的电能（以功率表示）

因为电能表所计量的电能与所加电压和电流及相应相电流之间的夹角余弦乘积成正比，根据图 5－68 画出的错误接线相量图，对两个元件所计量的电能分别进行分析（以功率表示），并设 P_1' 为第一元件错误计量的功率，P_2' 为第二元件错误计量的功率。

第一元件测量的功率为

$$P_1'=U_{vw}I_u\cos(90°-\varphi)$$

第二元件测量的功率为

$$P_2'=0$$

在三相电路完全对称时，两元件测量的总功率为

$$
\begin{aligned}
P' &= P'_1 + P'_2 \\
&= U_{vw} I_u \cos(90° - \varphi)
\end{aligned}
$$

二、表尾电压相序 VWU，电流相序 $I_u I_w$，U 相 TV 二次侧电压断相，U 相 TA 二次侧极性反接

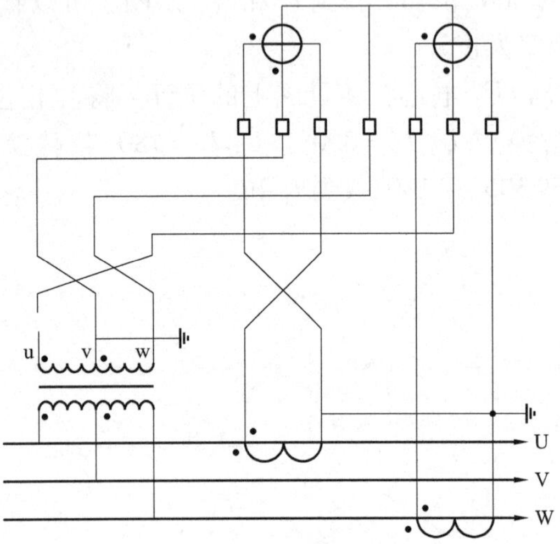

图 5－69

图 5－69 是三相三线有功电能表的错误接线。从图中可以看出，电能表表尾电压相序为 VWU，并且 U 相 TV 二次侧电压断相，造成电能表第一元件电压线圈两端实际承受电压为 U_{vw}，第二元件失压；电流由于 U 相 TA 二次侧极性反接，造成第一元件电流线圈通入的电流为 $-I_u$，第二元件电流线圈通入的电流为 I_w。

1. 测量数据（以 T－230A 现场校验仪为例）

按照第二章第三节现场校验仪测量方法的使用介绍，将校验仪与电能表接好。在选定的显示界面上将显示出分析所需的所有数据，显示屏数据如表 5－18 所示。

表 5－18

测 试 数 据			
项目	1 元件	2－6 端子	3 元件
电压	99.8V	99.8V	0.8V
电流	1.5A	0.0A	1.5A
对地电压	0.4V	99.4V	99.4V
相位	$\varphi_{I_1I_3}=59.8°$		
	$\varphi_{U_{12}I_1}=120.1°$		
	$\varphi_{U_{12}I_3}=179.9°$　$P=-74.3$		
相序	电压断相 U_3　电流相序正		

2. 分析判断错误现象

（1）从表 5－18“电压”栏中的显示值看出 3 元件电压值不等于 100V，可以判定该错误接线有电压断相，并且根据 1 元件和 2 元件的电压值可以看出，此电能表内部分压结构为“V”形。

（2）从“对地电压”栏中可以看出 1 元件的电压值接近 0V，所以确定 U_1 为 V 相。“电压”栏中电压值不等于 100V 的 U_3 为电压断相，与“相序”栏中的电压断相 U_3 一致。

（3）确定 U_1 为 V 相后，就可以看出该错误接线的电压相序有两种可能，即 VWU

和 VUW。

（4）如图 5－70 所示，以电压相序 VWU 推出两个电流在相量图上的位置。将“相位”栏中的 U_{12} 替换成 U_{vw}。那么，$U_{12}I_1=120°$ 就替换成 $U_{vw}I_1=120°$、$U_{12}I_3=180°$ 就替换成 $U_{vw}I_3=180°$。即以 U_{vw} 为基准沿顺时针方向分别转 120° 和 180° 找到 I_1 和 I_3。从图上可以看出 $I_1=-I_u$、$I_3=I_w$，并且其夹角等于 60°，电流相序为正。

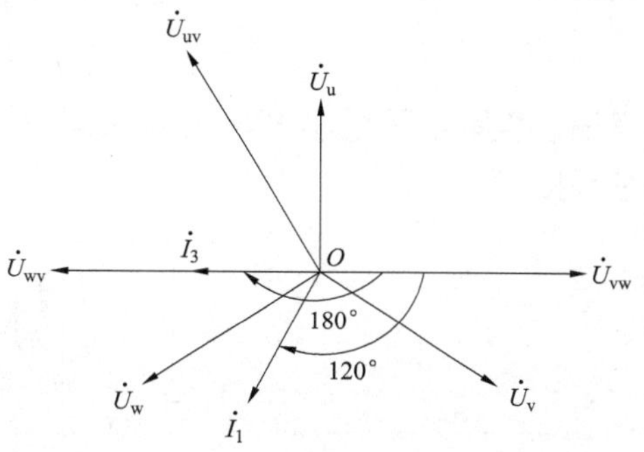

图 5－70

（5）如图 5－71 所示，以电压相序 VUW 推出两个电流在相量图上的位置。将“相位”栏中的 U_{12} 替换成 U_{vu}。那么，$U_{12}I_1=120°$ 就替换成 $U_{vu}I_1=120°$、$U_{32}I_3=180°$ 就替换成 $U_{vu}I_3=180°$。即以 U_{vu} 为基准沿顺时针方向分别转 120° 和 180° 找到 I_1 和 I_3。

（6）将两个电流在相量图上的位置进行比较。比较结果是第四步以电压相序 VWU 推出的两个电流符合两个电流在相量图上的位置。

（7）最后得出错误接线结论：电压相序 VWU，电流相序 I_u、I_w，U 相电压断相。电能表的实际接线组别为：第一元件 U_{vw}、$-I_u$，第二元件 U_{uw}、I_w。

（8）画出错误接线相量图，如图 5－72 所示。

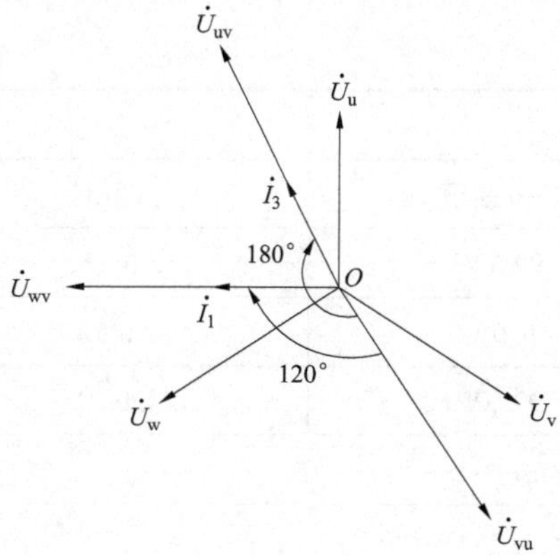

图 5－71

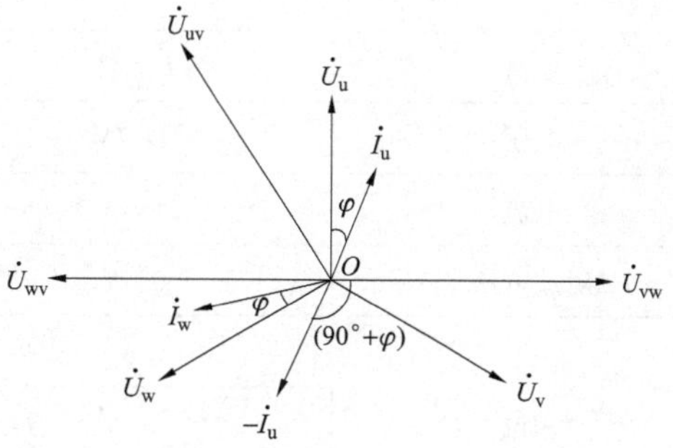

图 5－72

3. 写出错误接线时测得的电能（以功率表示）

因为电能表所计量的电能与所加电压和电流及相应相电流之间的夹角余弦乘积成正比，根据图 5－72 画出的错误接线相量图，对两个元件所计量的电能分别进行分析（以功率表示），并设 P_1' 为第一元件错误计量的功率，P_2' 为第二元件错误计量的功率。

第一元件测量的功率为

$$P_1'=U_{vw}(-I_u)\cos(90°+\varphi)$$

第二元件测量的功率为

$$P_2'=0$$

在三相电路完全对称时，两元件测量的总功率为

$$P' = P_1' + P_2'$$
$$= U_{vw}(-I_u)\cos(90° + \varphi)$$

三、表尾电压相序 VWU，电流相序 I_uI_w，U 相 TV 二次侧电压断相，W 相 TA 二次侧极性反接

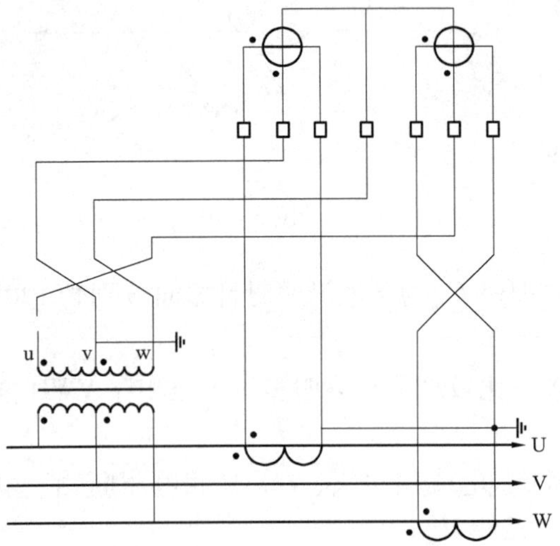

图 5-73

图 5-73 是三相三线有功电能表的错误接线。从图中可以看出，电能表表尾电压相序为 VWU，并且 U 相 TV 二次侧电压断相，造成电能表第一元件电压线圈两端实际承受电压为 U_{vw}，第二元件失压；电流由于 W 相 TA 二次侧极性反接，造成第一元件电流线圈通入的电流为 I_u，第二元件电流线圈通入的电流为 $-I_w$。

1. 测量数据（以 T-230A 现场校验仪为例）

按照第二章第三节现场校验仪测量方法的使用介绍，将校验仪与电能表接好。在选定的显示界面上将显示出分析所需的所有数据，显示屏数据如表 5-19 所示。

表 5-19

测 试 数 据			
项目	1 元件	2-6 端子	3 元件
电压	99.7V	99.7V	0.8V
电流	1.5A	0.0A	1.5A
对地电压	0.4V	99.3V	99.3V
相位	$\varphi_{I_1I_3}=59.8°$		
	$\varphi_{U_{12}I_1}=300.1°$		
	$\varphi_{U_{12}I_3}=359.9°$　$P=74.4$		
相序	电压断相 U_3　电流相序正		

2. 分析判断错误现象

（1）从表 5-19“电压”栏中的显示值看出 3 元件电压值不等于 100V，可以判定该错误接线有电压断相，并且根据 1 元件和 2 元件的电压值可以看出，此电能表内部分压结构为“V”形。

（2）从“对地电压”栏中可以看出 1 元件的电压值接近 0V，所以确定 U_1 为 V 相。“电压”栏中电压值不等于 100V 的 U_3 为电压断相，与“相序”栏中的电压断相 U_3 一致。

（3）确定 U_1 为 V 相后，就可以看出该错误接线的电压相序有两种可能，即 VWU 和 VUW。

（4）如图 5－74 所示，以电压相序 VWU 推出两个电流在相量图上的位置。将“相位”栏中的 U_{12}替换成 U_{vw}。那么，$U_{12}I_1=300°$就替换成 $U_{vw}I_1=300°$、$U_{12}I_3=360°$就替换成 $U_{vw}I_3=360°$。即以 U_{vw}为基准沿顺时针方向分别转 300°和 360°找到 I_1 和 I_3。从图上可以看出 $I_1=I_u$、$I_3=-I_w$，并且其夹角等于 60°，电流相序为正。

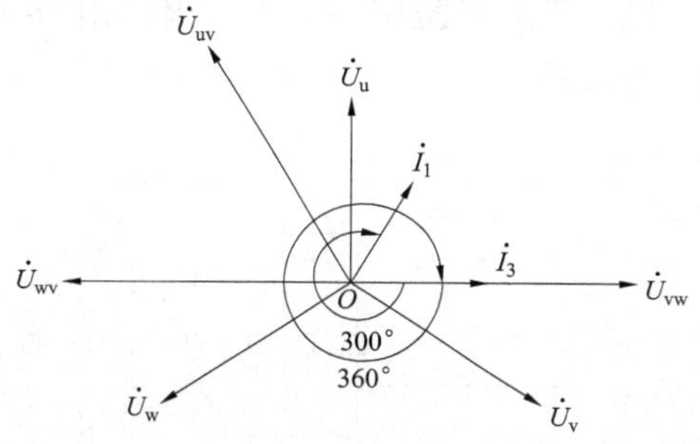

图 5－74

（5）如图 5－75 所示，以电压相序 VUW 推出两个电流在相量图上的位置。将“相位”栏中的 U_{12}替换成 U_{vu}。那么，$U_{12}I_1=300°$就替换成 $U_{vu}I_1=300°$、$U_{32}I_3=360°$就替换成 $U_{vu}I_3=360°$。即以 U_{vu}为基准沿顺时针方向分别转 300°和 360°找到 I_1 和 I_3。

（6）将两个电流在相量图上的位置进行比较。比较结果是第四步以电压相序 VWU 推出的两个电流符合两个电流在相量图上的位置。

（7）最后得出错误接线结论：电压相序 VWU，电流相序 I_u、I_w，U 相电压断相。电能表的实际接线组别为：第一元件 U_{vw}、I_u，第二元件 U_{uw}、$-I_w$。

（8）画出错误接线相量图，如图 5－76 所示。

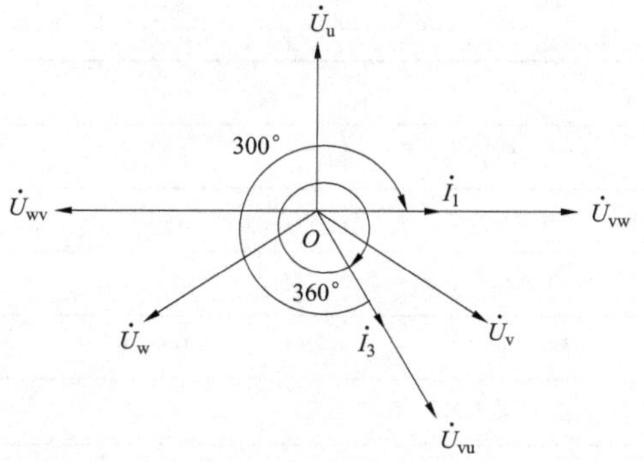

图 5－75

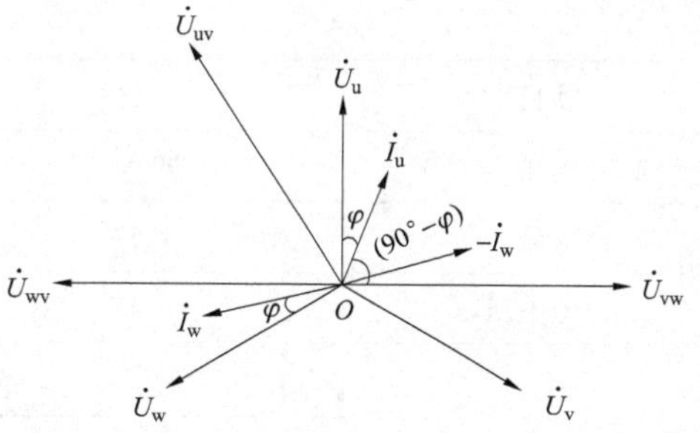

图 5－76

3. 写出错误接线时测得的电能（以功率表示）

因为电能表所计量的电能与所加电压和电流及相应相电流之间的夹角余弦乘积成正比，根据图 5－76 画出的错误接线相量图，对两个元件所计量的电能分别进行分析（以功率表示），并设 P_1' 为第一元件错误计量的功率，P_2' 为第二元件错误计量的功率。

第一元件测量的功率为

$$P_1'=U_{vw}I_u\cos(90°-\varphi)$$

第二元件测量的功率为

$$P_2'=0$$

在三相电路完全对称时，两元件测量的总功率为

$$P' = P_1' + P_2'$$
$$= U_{vw} I_u \cos(90° - \varphi)$$

四、表尾电压相序 VWU，电流相序 $I_u I_w$，U 相 TV 二次侧电压断相，U、W 相 TA 二次侧极性反接

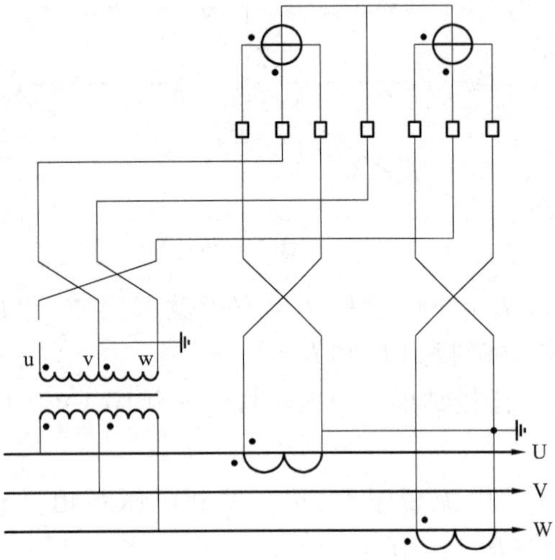

图 5－77

图 5－77 是三相三线有功电能表的错误接线。从图中可以看出，电能表表尾电压相序为 VWU，并且 U 相 TV 二次侧电压断相，造成电能表第一元件电压线圈两端实际承受电压为 U_{vw}，第二元件失压；电流由于 U、W 相 TA 二次侧极性反接，造成第一元件电流线圈通入的电流为 $-I_u$，第二元件电流线圈通入的电流为 $-I_w$。

1. 测量数据（以 T－230A 现场校验仪为例）

按照第二章第三节现场校验仪测量方法的使用介绍，将校验仪与电能表接好。在选定的显示界面上将显示出分析所需的所有数据，显示屏数据如表 5－20 所示。

表 5－20

测试数据			
项目	1 元件	2－6 端子	3 元件
电压	99.8V	99.8V	0.8V
电流	1.5A	0.0A	1.5A
对地电压	0.4V	99.4V	99.4V
相位	$\varphi_{I_1I_3}=239.5°$		
	$\varphi_{U_{12}I_1}=120.3°$		
	$\varphi_{U_{12}I_3}=359.8°$　$P=-74.8$		
相序	电压断相 U_3　电流相序正		

2. 分析判断错误现象

（1）从表 5－20“电压”栏中的显示值看出 3 元件电压值不等于 100V，可以判定该错误接线有电压断相，并且根据 1 元件和 2 元件的电压值可以看出，此电能表内部分压结构为“V”形。

（2）从“对地电压”栏中可以看出 1 元件的电压值接近 0V，所以确定 U_1 为 V 相。“电压”栏中电压值不等于 100V 的 U_3 为电压断相，与“相序”栏中的电压断相 U_3 一致。

（3）确定 U_1 为 V 相后，就可以看出该错误接线的电压相序有两种可能，即 VWU 和 VUW。

（4）如图 5－78 所示，以电压相序 VWU 推出两个电流在相量图上的位置。将“相位”栏中的 U_{12}替换成 U_{vw}。那么，$U_{12}I_1=120°$就替换成 $U_{vw}I_1=120°$、$U_{12}I_3=360°$就替换成 $U_{vw}I_3=360°$。即以 U_{vw}为基准沿顺时针方向分别转 120°和 360°找到 I_1 和 I_3。从图上可以看出 $I_1=-I_u$、$I_3=-I_w$，并且其夹角等于 240°，电流相序为正。

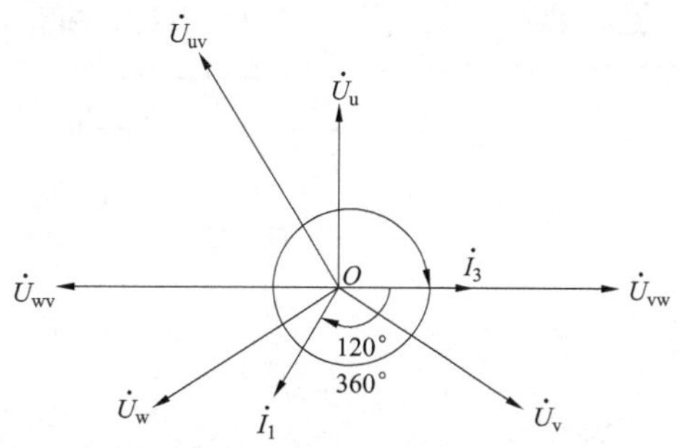

图 5－78

（5）如图 5－79 所示，以电压相序 VUW 推出两个电流在相量图上的位置。将“相位”栏中的 U_{12}替换成 U_{vu}。那么，$U_{12}I_1=120°$就替换成 $U_{vu}I_1=120°$、$U_{32}I_3=360°$就替换成 $U_{vu}I_3=360°$。即以 U_{vu}为基准沿顺时针方向分别转 120°和 360°找到 I_1 和 I_3。

（6）将两个电流在相量图上的位置进行比较。比较结果是第四步以电压相序 VWU 推出的两个电流符合两个电流在相量图上的位置。

（7）最后得出错误接线结论：电压相序 VWU，电流相序 I_u、I_w，U 相电压断相。电能表的实际接线组别为：第一元件 U_{vw}、$-I_u$，第二元件 U_{uw}、$-I_w$。

（8）画出错误接线相量图，如图 5－80 所示。

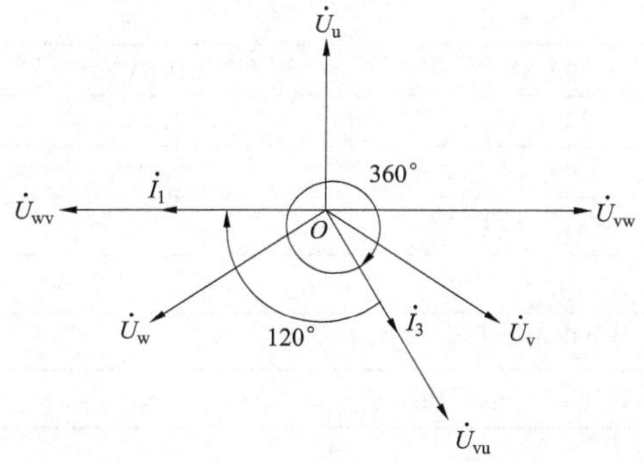

图 5－79

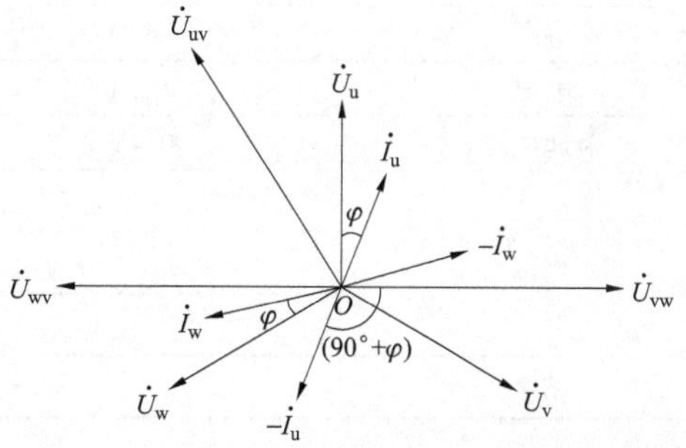

图 5－80

3. 写出错误接线时测得的电能（以功率表示）

因为电能表所计量的电能与所加电压和电流及相应相电流之间的夹角余弦乘积成正比，根据图 5－80 画出的错误接线相量图，对两个元件所计量的电能分别进行分析（以功率表示），并设 P_1' 为第一元件错误计量的功率，P_2' 为第二元件错误计量的功率。

第一元件测量的功率为

$$P_1'=U_{vw}(-I_u)\cos(90°+\varphi)$$

第二元件测量的功率为

$$P_2'=0$$

在三相电路完全对称时，两元件测量的总功率为

$$\begin{aligned}P'&=P_1'+P_2'\\&=U_{vw}(-I_u)\cos(90°+\varphi)\end{aligned}$$

五、表尾电压相序 VWU，电流相序 I_wI_u，U 相 TV 二次侧电压断相

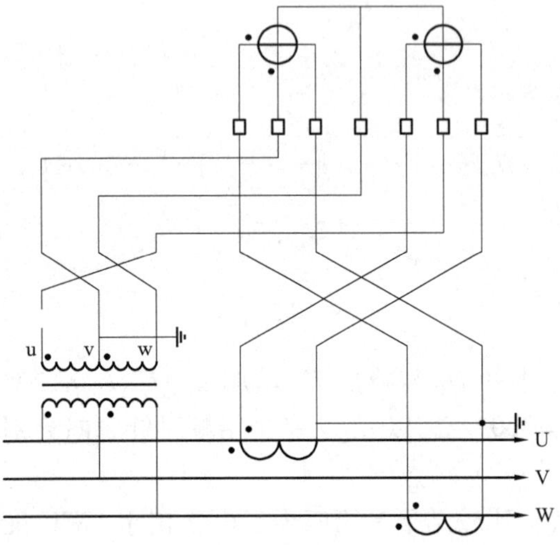

图 5－81

图 5－81 是三相三线有功电能表的错误接线。从图中可以看出，电能表表尾电压相序为 VWU，并且 U 相 TV 二次侧电压断相，造成电能表第一元件电压线圈两端实际承受电压为 U_{vw}，第二元件失压；电流由于 U、W 相表尾端钮接错，造成第一元件电流线圈通入的电流为 I_w，第二元件电流线圈通入的电流为 I_u。

1. 测量数据（以 T－230A 现场校验仪为例）

按照第二章第三节现场校验仪测量方法的使用介绍，将校验仪与电能表接好。在选定的显示界面上将显示出分析所需的所有数据，显示屏数据如表 5－21 所示。

表 5－21

测 试 数 据			
项目	1 元件	2－6 端子	3 元件
电压	99.7V	99.8V	0.8V
电流	1.5A	0.0A	1.5A
对地电压	0.4V	99.3V	99.4V
相位	$\varphi_{I_1I_3}=120.5°$		
	$\varphi_{U_{12}I_1}=179.8°$		
	$\varphi_{U_{12}I_3}=300.3°$　$P=-148.1$		
相序	电压断相 U_3　电流相序逆		

2. 分析判断错误现象

（1）从表 5－21“电压”栏中的显示值看出 3 元件电压值不等于 100V，可以判定该错误接线有电压断相，并且根据 1 元件和 2 元件的电压值可以看出，此电能表内部分压结构为“V”形。

（2）从“对地电压”栏中可以看出 1 元件的电压值接近 0V，所以确定 U_1 为 V 相。“电压”栏中电压值不等于 100V 的 U_3 为电压断相，与“相序”栏中的电压断相 U_3 一致。

（3）确定 U_1 为 V 相后，就可以看出该错误接线的电压相序有两种可能，即 VWU 和 VUW。

（4）如图 5－82 所示，以电压相序 VWU 推出两个电流在相量图上的位置。将“相位”栏中

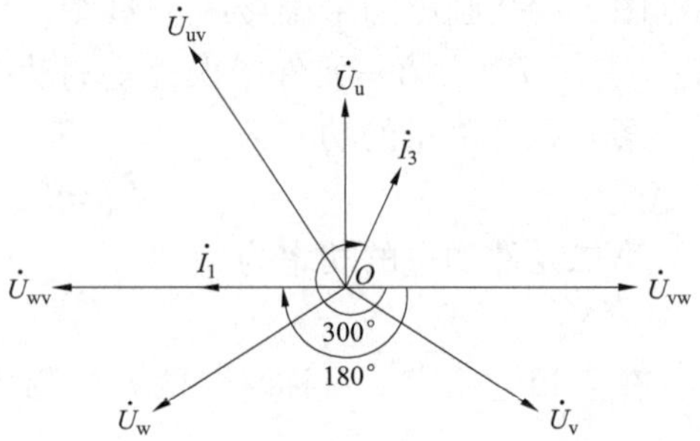

图 5－82

的 U_{12} 替换成 U_{vw}。那么，$U_{12}I_1=180°$ 就替换成 $U_{vw}I_1=180°$、$U_{12}I_3=300°$ 就替换成 $U_{vw}I_3=300°$。即以 U_{vw} 为基准沿顺时针方向分别转 180°和 300°找到 I_1 和 I_3。从图上可以看出 $I_1=I_w$、$I_3=I_u$，并且其夹角等于 120°，电流相序为逆。

（5）如图 5－83 所示，以电压相序 VUW 推出两个电流在相量图上的位置。将“相位”栏中的 U_{12} 替换成 U_{vu}。那么，$U_{12}I_1=180°$ 就替换成 $U_{vu}I_1=180°$、$U_{32}I_3=300°$ 就替换成 $U_{vu}I_3=300°$。即以 U_{vu} 为基准沿顺时针方向分别转 180°和 300°找到 I_1 和 I_3。

（6）将两个电流在相量图上的位置进行比较。比较结果是第四步以电压相序 VWU 推出的两个电流符合两个电流在相量图上的位置。

（7）最后得出错误接线结论：电压相序 VWU，电流相序 I_w、I_u，U 相电压断相。电能表的实际接线组别为：第一元件 U_{vw}、I_w，第二元件 U_{uw}、I_u。

（8）画出错误接线相量图，如图 5－84 所示。

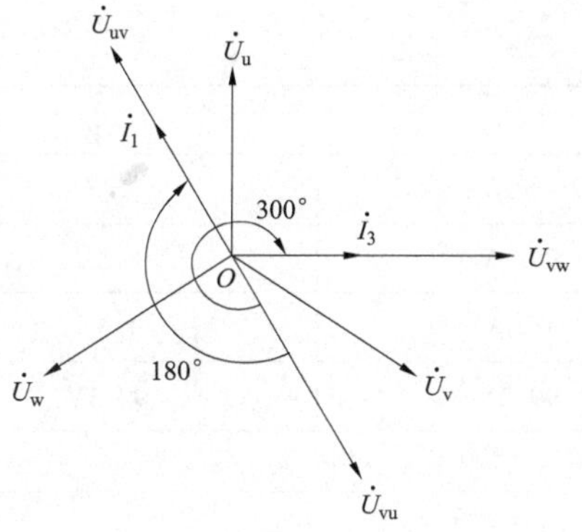

图 5－83

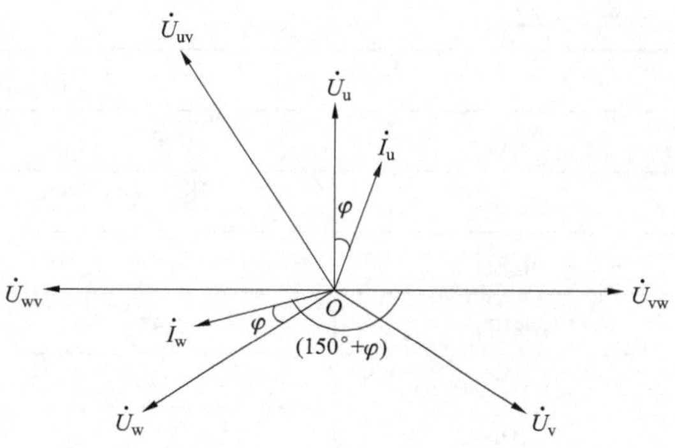

图 5－84

3. 写出错误接线时测得的电能（以功率表示）

因为电能表所计量的电能与所加电压和电流及相应相电流之间的夹角余弦乘积成正比，根据图 5－84 画出的错误接线相量图，对两个元件所计量的电能分别进行分析（以功率表示），并设 P_1' 为第一元件错误计量的功率，P_2' 为第二元件错误计量的功率。

第一元件测量的功率为

$$P_1'=U_{vw}I_w\cos(150°+\varphi)$$

第二元件测量的功率为

$$P_2'=0$$

在三相电路完全对称时，两元件测量的总功率为

$$P'=P_1'+P_2'$$
$$=U_{vw}I_w\cos(150°+\varphi)$$

六、表尾电压相序 VWU，电流相序 I_wI_u，U 相 TV 二次侧电压断相，W 相 TA 二次侧极性反接

图 5－85 是三相三线有功电能表的错误接线。从图中可以看出，电能表表尾电压相序为

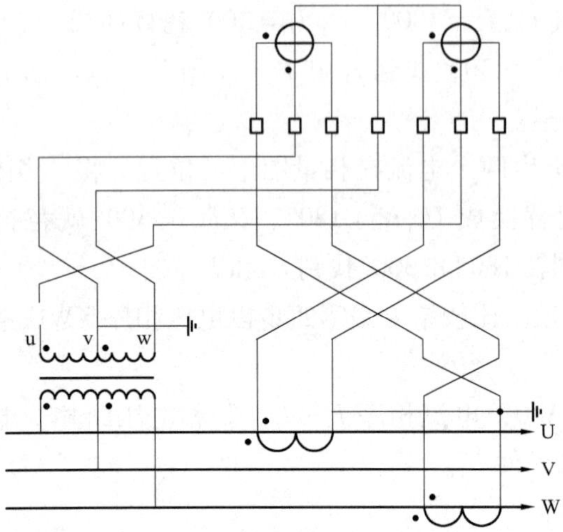

图 5 - 85

VWU，并且 U 相 TV 二次侧电压断相，造成电能表第一元件电压线圈两端实际承受电压为 U_{vw}，第二元件失压；电流由于 U、W 相表尾端钮接错，并且 W 相 TA 二次侧极性反接，造成第一元件电流线圈通入的电流为 $-I_w$，第二元件电流线圈通入的电流为 I_u。

1. 测量数据（以 T - 230A 现场校验仪为例）

按照第二章第三节现场校验仪测量方法的使用介绍，将校验仪与电能表接好。在选定的显示界面上将显示出分析所需的所有数据，显示屏数据如表 5 - 22 所示。

表 5 - 22

测 试 数 据			
项目	1 元件	2 - 6 端子	3 元件
电压	99.6V	99.7V	0.8V
电流	1.5A	0.0A	1.5A
对地电压	0.4V	99.2V	99.3V
相位	$\varphi_{I_1I_3}=300.2°$		
	$\varphi_{U_{12}I_1}=359.9°$		
	$\varphi_{U_{12}I_3}=300.1°$　$P=149.4$		
相序	电压断相 U_3　电流相序逆		

2. 分析判断错误现象

（1）从表 5 - 22 “电压”栏中的显示值看出 3 元件电压值不等于 100V，可以判定该错误接线有电压断相，并且根据 1 元件和 2 元件的电压值可以看出，此电能表内部分压结构为 “V” 形。

（2）从“对地电压”栏中可以看出 1 元件的电压值接近 0V，所以确定 U_1 为 V 相。“电压”栏中电压值不等于 100V 的 U_3 为电压断相，与“相序”栏中的电压断相 U_3 一致。

（3）确定 U_1 为 V 相后，就可以看出该错误接线的电压相序有两种可能，即 VWU 和 VUW。

（4）如图 5 - 86 所示，以电压相序 VWU 推出两个电流在相量图上的位置。将“相位”栏中的 U_{12} 替换成 U_{vw}。那么，$U_{12}I_1=360°$就替

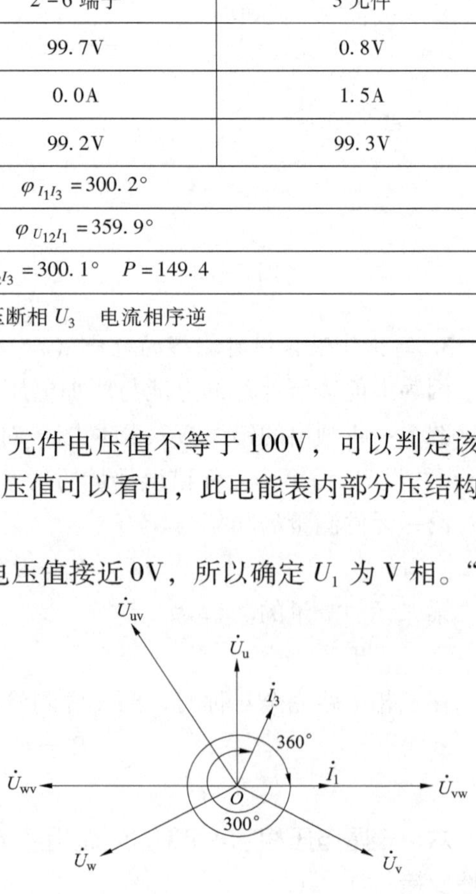

图 5 - 86

换成 $U_{vw}I_1=360°$、$U_{12}I_3=300°$就替换成 $U_{vw}I_3=300°$。即以 U_{vw}为基准沿顺时针方向分别转360°和300°找到 I_1 和 I_3。从图上可以看出 $I_1=-I_w$、$I_3=I_u$，并且其夹角等于300°，电流相序为逆。

（5）如图5－87所示，以电压相序VUW推出两个电流在相量图上的位置。将“相位”栏中的 U_{12}替换成 U_{vu}。那么，$U_{12}I_1=360°$就替换成 $U_{vu}I_1=360°$、$U_{32}I_3=300°$就替换成 $U_{vu}I_3=300°$。即以 U_{vu}为基准沿顺时针方向分别转360°和300°找到 I_1 和 I_3。

（6）将两个电流在相量图上的位置进行比较。比较结果是第四步以电压相序VWU推出的两个电流符合两个电流在相量图上的位置。

（7）最后得出错误接线结论：电压相序VWU，电流相序 I_w、I_u，U相电压断相。电能表的实际接线组别为：第一元件 U_{vw}、$-I_w$，第二元件 U_{uw}、I_u。

（8）画出错误接线相量图，如图5－88所示。

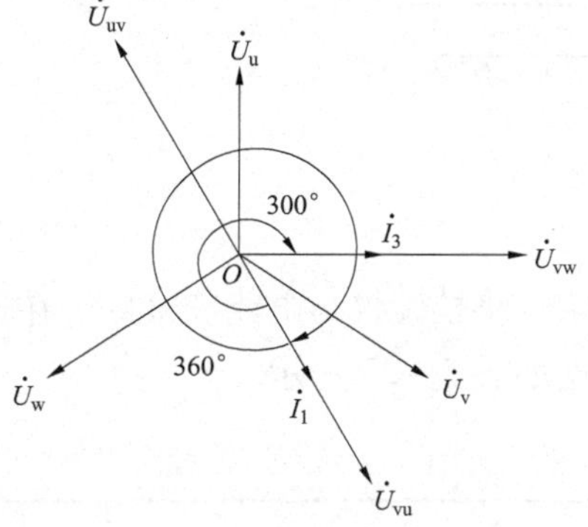

图5－87

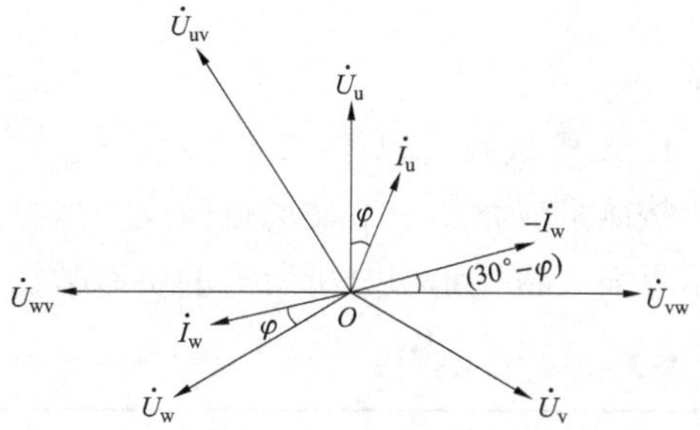

图5－88

3．写出错误接线时测得的电能（以功率表示）

因为电能表所计量的电能与所加电压和电流及相应相电流之间的夹角余弦乘积成正比，根据图5－88画出的错误接线相量图，对两个元件所计量的电能分别进行分析（以功率表示），并设 P_1' 为第一元件错误计量的功率，P_2' 为第二元件错误计量的功率。

第一元件测量的功率为

$$P_1'=U_{vw}(-I_w)\cos(30°-\varphi)$$

第二元件测量的功率为

$$P_2'=0$$

在三相电路完全对称时，两元件测量的总功率为

$$\begin{aligned}P'&=P_1'+P_2'\\&=U_{vw}(-I_w)\cos(30°-\varphi)\end{aligned}$$

七、表尾电压相序VWU，电流相序 I_wI_u，U相TV二次侧电压断相，U相TA二次侧极性反接

图5－89是三相三线有功电能表的错误接线。从图中可以看出，电能表表尾电压相序为VWU，并且U相TV二次侧电压断相，造成电能表第一元件电压线圈两端实际承受电压为 U_{vw}，第二元件失压；电流由于U、W相表尾端钮接错，并且U相二次侧TA极性反接，造

成第一元件电流线圈通入的电流为 I_w，第二元件电流线圈通入的电流为 $-I_u$。

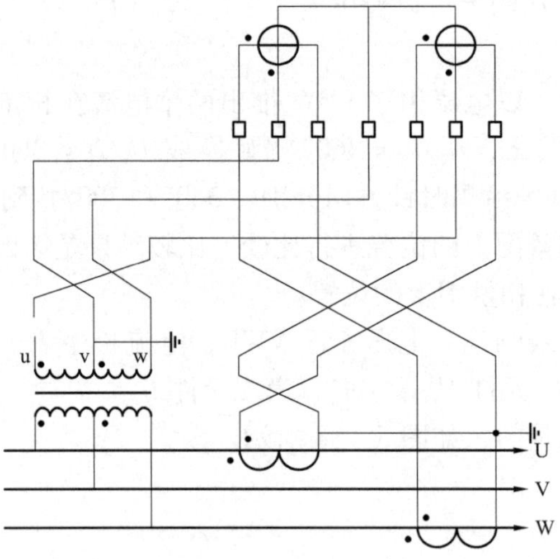

图 5－89

1. 测量数据（以 T－230A 现场校验仪为例）

按照第二章第三节现场校验仪测量方法的使用介绍，将校验仪与电能表接好。在选定的显示界面上将显示出分析所需的所有数据，显示屏数据如表 5－23 所示。

表 5－23

测试数据			
项目	1 元件	2－6 端子	3 元件
电压	99.5V	99.5V	0.8V
电流	1.5A	0.0A	1.5A
对地电压	0.4V	99.1V	99.2V
相位	$\varphi_{I_1I_3}=300.2°$		
	$\varphi_{U_{12}I_1}=180.0°$		
	$\varphi_{U_{12}I_3}=120.2°$　$P=-149.2$		
相序	电压断相 U_3　电流相序逆		

2. 分析判断错误现象

（1）从表 5－23“电压”栏中的显示值看出 3 元件电压值不等于 100V，可以判定该错误接线有电压断相，并且根据 1 元件和 2 元件的电压值可以看出，此电能表内部分压结构为“V”形。

（2）从“对地电压”栏中可以看出 1 元件的电压值接近 0V，所以确定 U_1 为 V 相。“电压”栏中电压值不等于 100V 的 U_3 为电压断相，与“相序”栏中的电压断相 U_3 一致。

（3）确定 U_1 为 V 相后，就可以看出该错误接线的电压相序有两种可能，即 VWU 和 VUW。

（4）如图 5－90 所示，以电压相序 VWU 推出两个电流在相量图上的位置。将“相位”栏中的 U_{12}替换成 U_{vw}。那么，$U_{12}I_1=180°$就替换成 $U_{vw}I_1=180°$、$U_{12}I_3=120°$就替换成 $U_{vw}I_3=120°$。即以 U_{vw}为基准沿顺时针方向分别转 180°和 120°找到 I_1 和 I_3。从图上可以看出 $I_1=I_w$、$I_3=-I_u$，并且其夹角等于 300°，电流相序为逆。

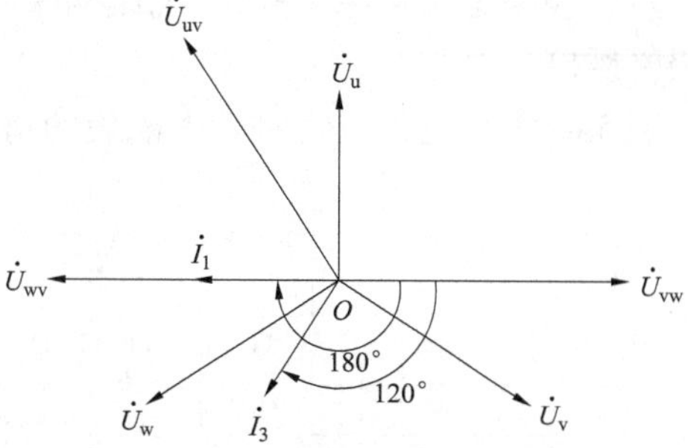

图 5－90

（5）如图 5－91 所示，以电压相序 VUW 推出两个电流在相量图上的位置。将“相位”栏中的 U_{12}替换成 U_{vu}。那么，$U_{12}I_1=180°$就替换成 $U_{vu}I_1=180°$、$U_{32}I_3=120°$就替换成 $U_{vu}I_3=120°$。即以 U_{vu}为基准沿顺时针方向分别转 180°和 120°找到 I_1 和 I_3。

（6）将两个电流在相量图上的位置进行比较。比较结果是第四步以电压相序 VWU 推出的两个电流符合两个电流在相量图上的位置。

（7）最后得出错误接线结论：电压相序 VWU，电流相序 I_w、I_u，U 相电压断相。电能表的实际接线组别为：第一元件 U_{vw}、I_w，第二元件 U_{uw}、$-I_u$。

（8）画出错误接线相量图，如图 5－92 所示。

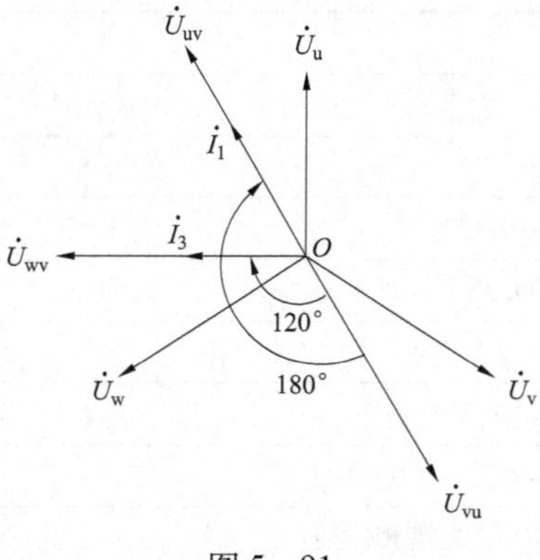

图 5－91

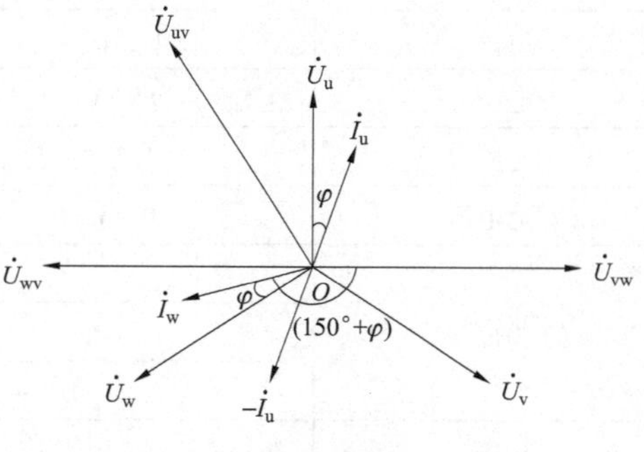

图 5－92

3. 写出错误接线时测得的电能（以功率表示）

因为电能表所计量的电能与所加电压和电流及相应相电流之间的夹角余弦乘积成正比，根据图 5－92 画出的错误接线相量图，对两个元件所计量的电能分别进行分析（以功率表示），并设 P_1' 为第一元件错误计量的功率，P_2' 为第二元件错误计量的功率。

第一元件测量的功率为

$$P_1'=U_{vw}I_w\cos(150°+\varphi)$$

第二元件测量的功率为

$$P_2'=0$$

在三相电路完全对称时，两元件测量的总功率为

$$P'=P_1'+P_2'$$
$$=U_{vw}I_w\cos(150°+\varphi)$$

八、表尾电压相序 VWU，电流相序 I_wI_u，U 相 TV 二次侧电压断相，U、W 相 TA 二次侧极性反接

图 5－93 是三相三线有功电能表的错误接线。从图中可以看出，电能表表尾电压相序为 VWU，并且 U 相 TV 二次侧电压断相，造成电能表第一元件电压线圈两端实际承受电压为 U_{vw}，第二元件失压；电流由于 U、W 相表尾端钮接错，并且 U、W 相 TA 二次侧极性反接，造成第一元件电流线圈通入的电流为 $-I_w$，第二元件电流线圈通入的电流为 $-I_u$。

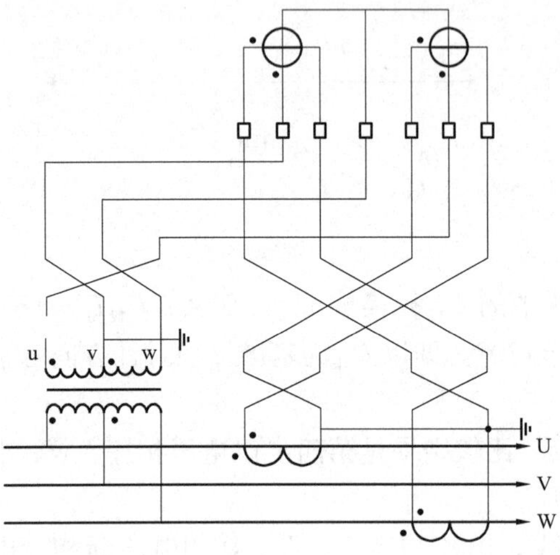

图 5－93

1. 测量数据（以 T－230A 现场校验仪为例）

按照第二章第三节现场校验仪测量方法的使用介绍，将校验仪与电能表接好。在选定的显示界面上将显示出分析所需的所有数据，显示屏数据如表 5－24 所示。

表 5－24

测试数据			
项目	1 元件	2－6 端子	3 元件
电压	99.7V	99.7V	0.8V
电流	1.5A	0.0A	1.5A
对地电压	0.4V	99.3V	99.3V
相位	$\varphi_{I_1I_3}=120.6°$		
	$\varphi_{U_{12}I_1}=359.8°$		
	$\varphi_{U_{12}I_3}=120.3°$　$P=148.1$		
相序	电压断相 U_3　电流相序逆		

2. 分析判断错误现象

（1）从表 5－24“电压”栏中的显示值看出 3 元件电压值不等于 100V，可以判定该错误接线有电压断相，并且根据 1 元件和 2 元件的电压值可以看出，此电能表内部分压结构为“V”形。

（2）从“对地电压”栏中可以看出 1 元件的电压值接近 0V，所以确定 U_1 为 V 相。“电压”栏中电压值不等于 100V 的 U_3 为电压断相，与“相序”栏中的电压断相 U_3 一致。

（3）确定 U_1 为 V 相后，就可以看出该错误接线的电压相序有两种可能，即 VWU 和 VUW。

（4）如图 5－94 所示，以电压相序 VWU 推出两个电流在相量图上的位置。将“相位”栏中的 U_{12} 替换成 U_{vw}。那么，$U_{12}I_1=360°$ 就替换成 $U_{vw}I_1=360°$、$U_{12}I_3=120°$ 就替换成 $U_{vw}I_3=120°$。即以 U_{vw} 为基准沿顺时针方向分别转 360°和 120°找到 I_1 和 I_3。从图上可以看出

$I_1 = -I_w$、$I_3 = -I_u$，并且其夹角等于120°，电流相序为逆。

（5）如图5－95所示，以电压相序VUW推出两个电流在相量图上的位置。将“相位”栏中的 U_{12} 替换成 U_{vu}。那么，$U_{12}I_1 = 360°$ 就替换成 $U_{vu}I_1 = 360°$、$U_{32}I_3 = 120°$ 就替换成 $U_{vu}I_3 = 120°$。即以 U_{vu} 为基准沿顺时针方向分别转360°和120°找到 I_1 和 I_3。

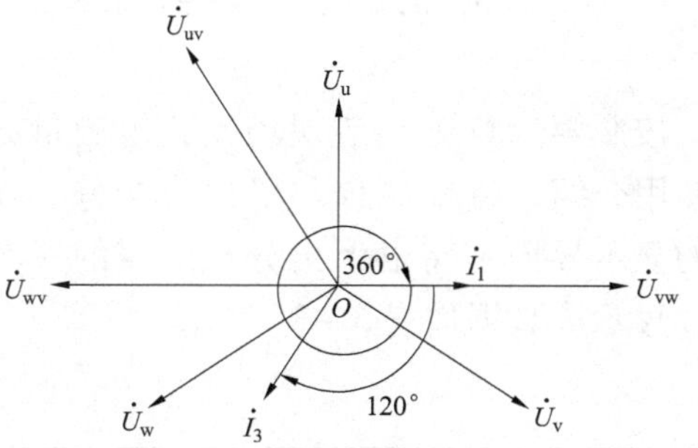

图5－94

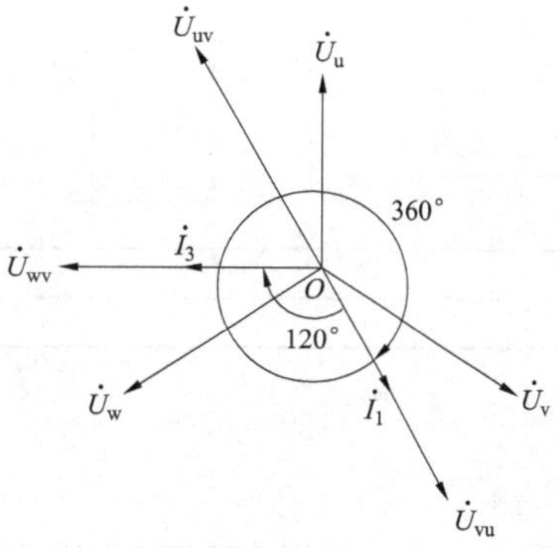

图5－95

（6）将两个电流在相量图上的位置进行比较。比较结果是第四步以电压相序VWU推出的两个电流符合两个电流在相量图上的位置。

（7）最后得出错误接线结论：电压相序VWU，电流相序 I_w、I_u，U相电压断相。电能表的实际接线组别为：第一元件 U_{vw}、$-I_w$，第二元件 U_{uw}、$-I_u$。

（8）画出错误接线相量图，如图5－96所示。

3. 写出错误接线时测得的电能（以功率表示）

因为电能表所计量的电能与所加电压和电流及相应相电流之间的夹角余弦乘积成正比，根据图5－96画出的错误接线相量图，对两个元件所计量的电能分别进行分析（以功率表示），并设 P'_1 为第一元件错误计量的功率，P'_2 为第二元件错误计量的功率。

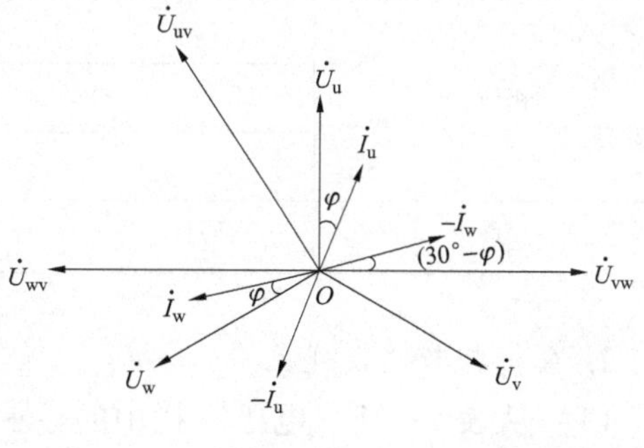

图5－96

第一元件测量的功率为

$$P'_1 = U_{vw}(-I_w)\cos(30° - \varphi)$$

第二元件测量的功率为

$$P'_2 = 0$$

在三相电路完全对称时，两元件测量的总功率为

$$\begin{aligned} P' &= P'_1 + P'_2 \\ &= U_{vw}(-I_w)\cos(30° - \varphi) \end{aligned}$$

九、表尾电压相序VWU，电流相序 I_uI_w，W相TV二次侧电压

图5－97是三相三线有功电能表的错误接线。从图中可以看出，电能表表尾电压相序为

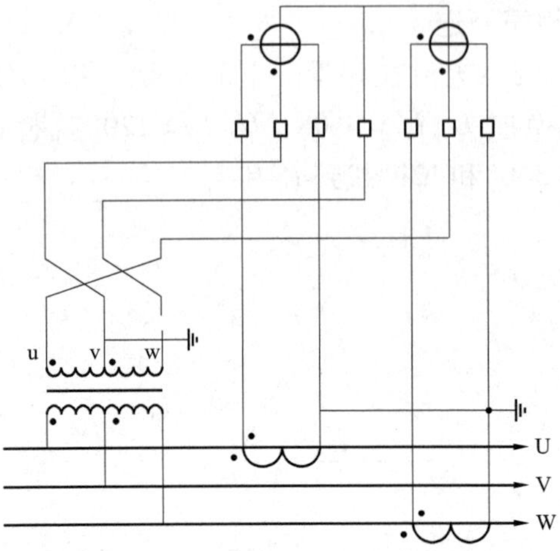

图 5－97

VWU，并且 W 相 TV 二次侧电压断相，造成电能表第一元件电压线圈两端实际承受电压为$\frac{1}{2}U_{vu}$，第二元件实际承受电压为$\frac{1}{2}U_{uv}$；第一元件电流线圈通入的电流为 I_u，第二元件电流线圈通入的电流为 I_w。

1. 测量数据（以 T－230A 现场校验仪为例）

按照第二章第三节现场校验仪测量方法的使用介绍，将校验仪与电能表接好。在选定的显示界面上将显示出分析所需的所有数据，显示屏数据如表 5－25 所示。

表 5－25

测　试　数　据			
项目	1 元件	2－6 端子	3 元件
电压	51.0V	99.7V	48.9V
电流	1.5A	0.0A	1.5A
对地电压	0.3V	50.7V	99.4V
相位	$\varphi_{I_1I_3}=239.5°$		
	$\varphi_{U_{31}I_1}=60.1°$		
	$\varphi_{U_{31}I_3}=299.6°$　$P=-1.5$		
相序	电压断相 U_2　电流相序正		

2. 分析判断错误现象

（1）从表 5－25“电压”栏中的显示值看出 1 元件和 3 元件的电压值不等于 100V，可以判定该错误接线有电压断相。

（2）从“对地电压”栏中可以看出 1 元件的电压为 0V，所以确定 U_1 为 V 相。电压值为 50V 的 U_2 为电压断相，与“相序”栏中的电压断相 U_2 一致。

（3）确定 U_1 为 V 相后，就可以看出该错误接线的电压相序有两种可能，即 VWU 和 VUW。

（4）如图 5－98 所示，以电压相序 VWU 推出两个电流在相量图上的位置。将“相位”栏中的 U_{31} 替换成 U_{uv}。那么，$U_{31}I_1=60°$就替换成 $U_{uv}I_1=60°$、$U_{31}I_3=300°$就替换成 $U_{uv}I_3=300°$。即以 U_{uv} 为基准沿顺时针方向分别转 60°和 300°找到 I_1 和 I_3。从图上可以看出 $I_1=I_u$、$I_3=I_w$，并且其夹角等于 240°，电流相序为正。

（5）如图 5－99 所示，以电压相序 VUW 推出两个电流在相量图上的位置。将“相位”

栏中的 U_{31} 替换成 U_{wv}。那么，$U_{31}I_1=60°$就替换成 $U_{wv}I_1=60°$、$U_{31}I_3=300°$就替换成 $U_{wv}I_3=300°$。即以 U_{wv} 为基准沿顺时针方向分别转 60°和 300°找到 I_1 和 I_3。

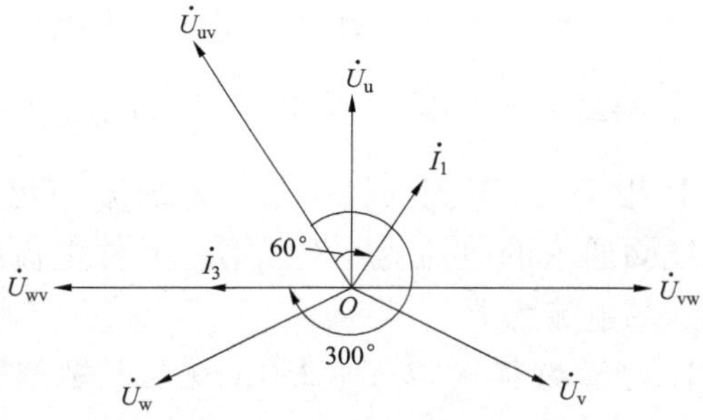

图 5－98

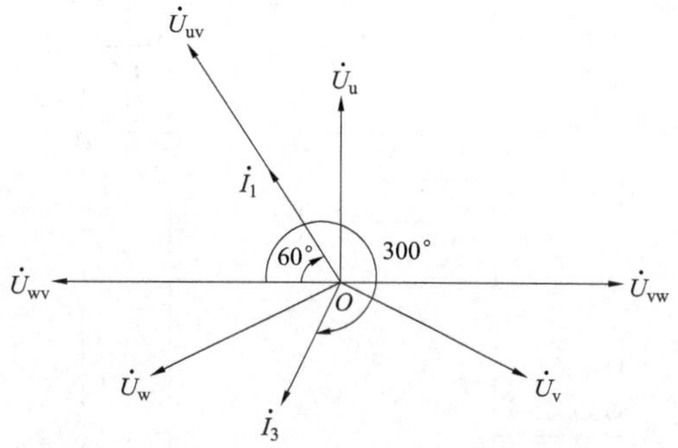

图 5－99

（6）将两个电流在相量图上的位置进行比较。比较结果是第四步以电压相序 VWU 推出的两个电流符合两个电流在相量图上的位置。

（7）最后得出错误接线结论：电压相序 VWU，电流相序 I_u、I_w，W 相电压断相。电能表的实际接线组别为：第一元件$\frac{1}{2}U_{vu}$、I_u，第二元件$\frac{1}{2}U_{uv}$、I_w。

（8）画出错误接线相量图，如图 5－100 所示。

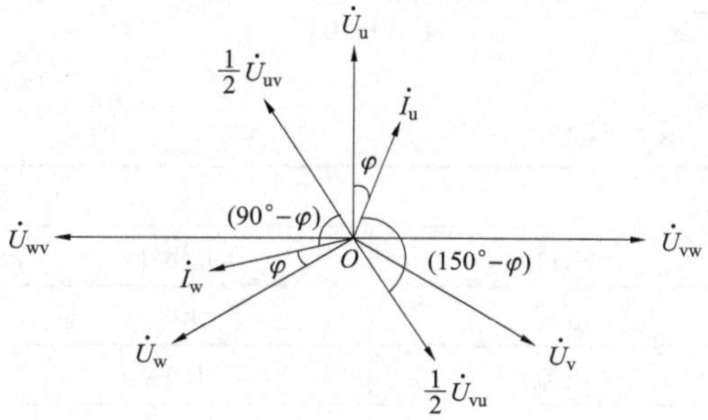

图 5－100

3. 写出错误接线时测得的电能（以功率表示）

因为电能表所计量的电能与所加电压和电流及相应相电流之间的夹角余弦乘积成正比，根据图 5－100 画出的错误接线相量图，对两个元件所计量的电能分别进行分析（以功率表示），并设 P'_1 为第一元件错误计量的功率，P'_2 为第二元件错误计量的功率。

第一元件测量的功率为

$$P'_1=\frac{1}{2}U_{vu}I_u\cos(150°-\varphi)$$

第二元件测量的功率为

$$P'_2=\frac{1}{2}U_{uv}I_w\cos(90°-\varphi)$$

在三相电路完全对称时，两元件测量的总功率为

$$\begin{aligned}P'&=P'_1+P'_2\\&=\frac{1}{2}U_{vu}I_u\cos(150°-\varphi)+\frac{1}{2}U_{uv}I_w\cos(90°-\varphi)\end{aligned}$$

十、表尾电压相序 VWU，电流相序 I_uI_w，W 相 TV 二次侧电压断相，U 相 TA 二次侧极性反接

图 5－101 是三相三线有功电能表的错误接线。从图中可以看出，电能表表尾电压相序为 VWU，并且 W 相 TV 二次侧电压断相，造成电能表第一元件电压线圈两端实际承受电压为 $\frac{1}{2}\dot{U}_{vu}$，第二元件实际承受电压为 $\frac{1}{2}\dot{U}_{uv}$；电流由于 U 相 TA 二次侧极性反接，造成第一元件电流线圈通入的电流为 $-\dot{I}_u$，第二元件电流线圈通入的电流为 $\dot{I}_w$。

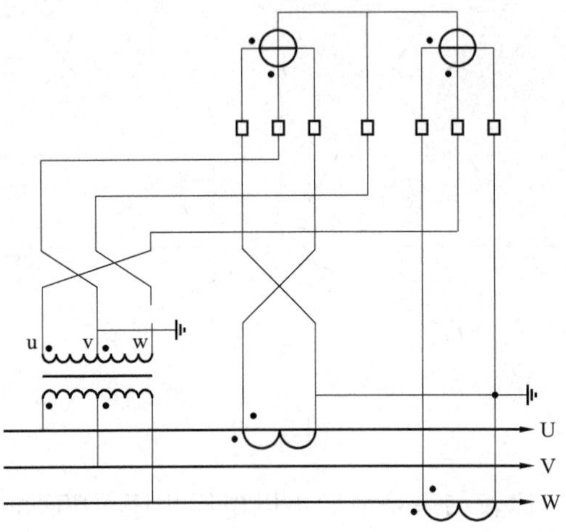

图 5－101

1. 测量数据（以 T－230A 现场校验仪为例）

按照第二章第三节现场校验仪测量方法的使用介绍，将校验仪与电能表接好。在选定的显示界面上将显示出分析所需的所有数据，显示屏数据如表 5－26 所示。

表 5－26

测 试 数 据			
项目	1 元件	2－6 端子	3 元件
电压	51.8V	99.7V	48.5V
电流	1.5A	0.0A	1.5A
对地电压	0.3V	51.3V	99.4V
相位	$\varphi_{I_1I_3}=59.8°$		
	$\varphi_{U_{31}I_1}=239.8°$		
	$\varphi_{U_{31}I_3}=299.7°$　$P=75.6$		
相序	电压断相 U_2　电流相序正		

2. 分析判断错误现象

（1）从表 5－26“电压”栏中的显示值看出 1 元件和 3 元件的电压值不等于 100V，可以判定该错误接线有电压断相。

（2）从“对地电压”栏中可以看出 1 元件的电压为 0V，所以确定 U_1 为 V 相。电压值为 51V 的 U_2 为电压断相，与“相序”栏中的电压断相 U_2 一致。

（3）确定 U_1 为 V 相后，就可以看出该错误接线的电压相序有两种可能，即 VWU 和 VUW。

（4）如图 5－102 所示，以电压相序 VWU

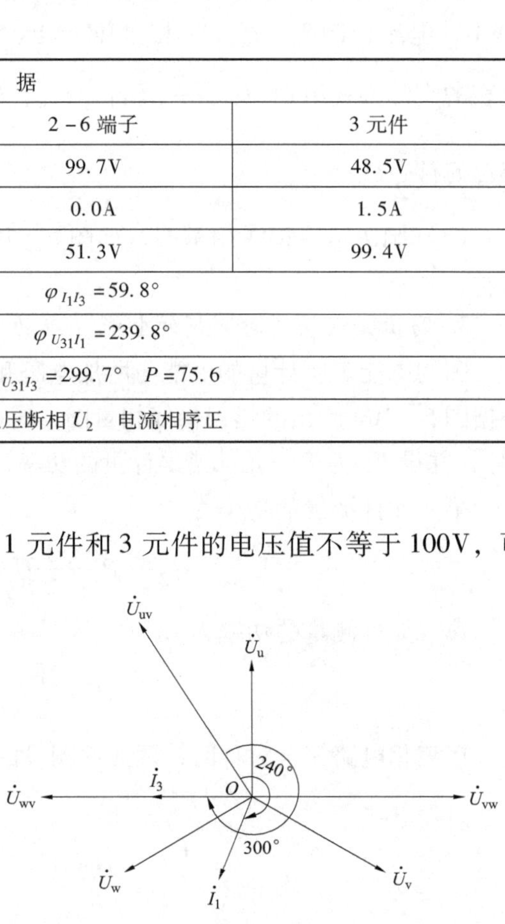

图 5－102

推出两个电流在相量图上的位置。将“相位”栏中的 U_{31} 替换成 U_{uv}。那么，$U_{31}I_1=240°$ 就替换成 $U_{uv}I_1=240°$、$U_{31}I_3=300°$ 就替换成 $U_{uv}I_3=300°$。即以 U_{uv} 为基准沿顺时针方向分别转 240°和 300°找到 I_1 和 I_3。从图上可以看出 $I_1=-I_u$、$I_3=I_w$，并且其夹角等于 60°，电流相序为正。

（5）如图 5－103 所示，以电压相序 VUW 推出两个电流在相量图上的位置。将“相位”栏中的 U_{31} 替换成 U_{wv}。那么，$U_{31}I_1=240°$ 就替换成 $U_{wv}I_1=240°$、$U_{31}I_3=300°$ 就替换成 $U_{wv}I_3=300°$。即以 U_{wv} 为基准沿顺时针方向分别转 240°和 300°找到 I_1 和 I_3。

（6）将两个电流在相量图上的位置进行比较。比较结果是第四步以电压相序 VWU 推出的两个电流符合两个电流在相量图上的位置。

（7）最后得出错误接线结论：电压相序 VWU，电流相序 I_u、I_w，W 相电压断相。电能表的实际接线组别为：第一元件 $\frac{1}{2}U_{vu}$、$-I_u$，第二元件 $\frac{1}{2}U_{uv}$、I_w。

（8）画出错误接线相量图，如图 5－104 所示。

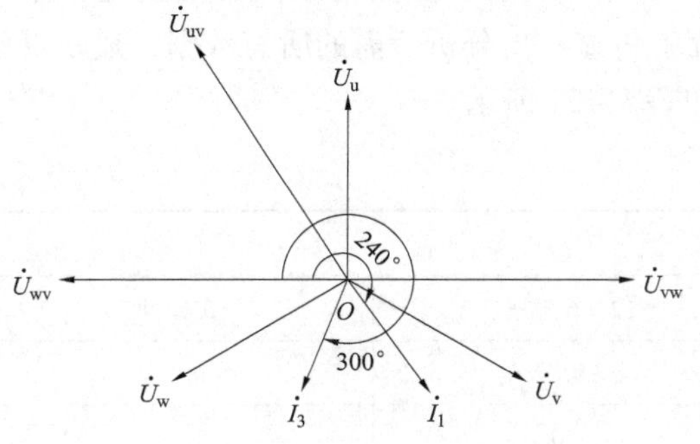

图 5－103

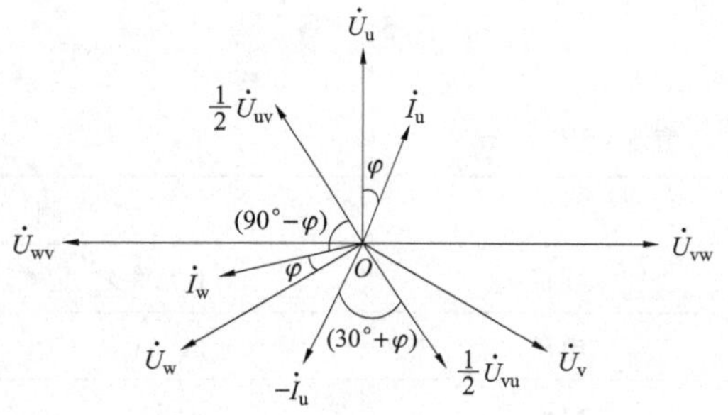

图 5－104

3. 写出错误接线时测得的电能（以功率表示）

因为电能表所计量的电能与所加电压和电流及相应相电流之间的夹角余弦乘积成正比，根据图 5－104 画出的错误接线相量图，对两个元件所计量的电能分别进行分析（以功率表示），并设 P_1' 为第一元件错误计量的功率，P_2' 为第二元件错误计量的功率。

第一元件测量的功率为

$$P_1'=\frac{1}{2}U_{vu}(-I_u)\cos(30°+\varphi)$$

第二元件测量的功率为

$$P_2'=\frac{1}{2}U_{uv}I_w\cos(90°-\varphi)$$

在三相电路完全对称时，两元件测量的总功率为

$$\begin{aligned}P'&=P_1'+P_2'\\&=\frac{1}{2}U_{vu}(-I_u)\cos(30°+\varphi)+\frac{1}{2}U_{uv}I_w\cos(90°-\varphi)\end{aligned}$$

十一、表尾电压相序 VWU，电流相序 I_uI_w，W 相 TV 二次侧电压断相，W 相 TA 二次侧极性反接

图 5－105 是三相三线有功电能表的错误接线。从图中可以看出，电能表表尾电压相序为 VWU，并且 W 相 TV 二次侧电压断相，造成电能表第一元件电压线圈两端实际承受电压为 $\frac{1}{2}U_{vu}$，第二元件实际承受电压为 $\frac{1}{2}U_{uv}$；电流由于 W 相 TA 二次侧极性反接，造成第一元件电流线圈通入的电流为 I_u，第二元件电流线圈通入的电流为 $-I_w$。

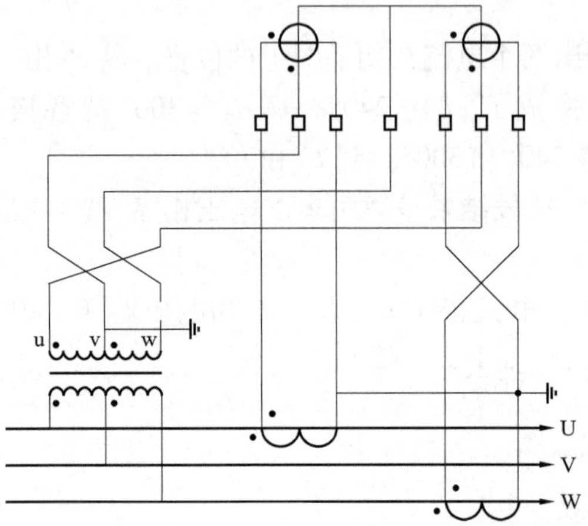

图 5－105

1. 测量数据（以 T－230A 现场校验仪为例）

按照第二章第三节现场校验仪测量方法的使用介绍，将校验仪与电能表接好。在选定的显示界面上将显示出分析所需的所有数据，显示屏数据如表 5－27 所示。

表 5－27

测试数据			
项目	1 元件	2－6 端子	3 元件
电压	51.6V	99.7V	48.4V
电流	1.5A	0.0A	1.5A
对地电压	0.4V	51.4V	99.5V
相位	$\varphi_{I_1I_3}=59.8°$		
	$\varphi_{U_{31}I_1}=59.8°$		
	$\varphi_{U_{31}I_3}=119.7°$　$P=-78.3$		
相序	电压断相 U_2　电流相序正		

2. 分析判断错误现象

（1）从表 5－27 “电压”栏中的显示值看出 1 元件和 3 元件的电压值不等于 100V，可以判定该错误接线有电压断相。

（2）从“对地电压”栏中可以看出 1 元件的电压为 0V，所以确定 U_1 为 V 相。电压值为 51V 的 U_2 为电压断相，与“相序”栏中的电压断相 U_2 一致。

（3）确定 U_1 为 V 相后，就可以看出该错误接线的电压相序有两种可能，即 VWU 和 VUW。

（4）如图 5－106 所示，以电压相序 VWU 推出两个电流在相量图上的位置。将“相位”栏中的 U_{31} 替换成 U_{uv}。那么，$U_{31}I_1=60°$就替换成 $U_{uv}I_1=60°$、$U_{31}I_3=120°$就替换成 $U_{uv}I_3=120°$。即以 U_{uv}为基准沿顺时针方向分别转 60°和 120°找到 I_1 和 I_3。从图上可以看出 $I_1=I_u$、$I_3=-I_w$，并且其夹角等于 60°，电流相序为正。

（5）如图 5－107 所示，以电压相序 VUW 推出两个电流在相量图上的位置。将“相位”栏中的 U_{31} 替换成 U_{wv}。那么，$U_{31}I_1=60°$ 就替换成 $U_{wv}I_1=60°$、$U_{31}I_3=120°$ 就替换成 $U_{wv}I_3=120°$。即以 U_{wv} 为基准沿顺时针方向分别转 60°和 120°找到 I_1 和 I_3。

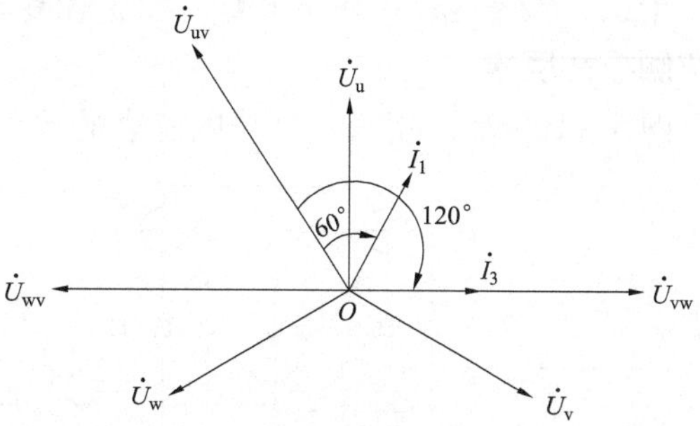

图 5－106

（6）将两个电流在相量图上的位置进行比较。比较结果是第四步以电压相序 VWU 推出的两个电流符合两个电流在相量图上的位置。

（7）最后得出错误接线结论：电压相序 VWU，电流相序 I_u、I_w，W 相电压断相。电能表的实际接线组别为：第一元件 $\frac{1}{2}U_{vu}$、I_u，第二元件 $\frac{1}{2}U_{uv}$、$-I_w$。

（8）画出错误接线相量图，如图 5－108 所示。

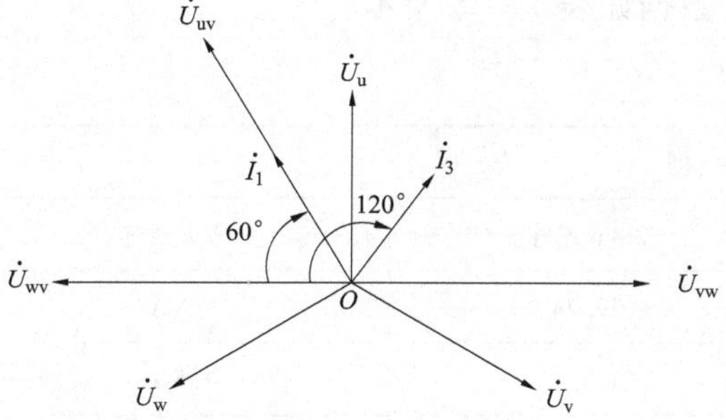

图 5－107

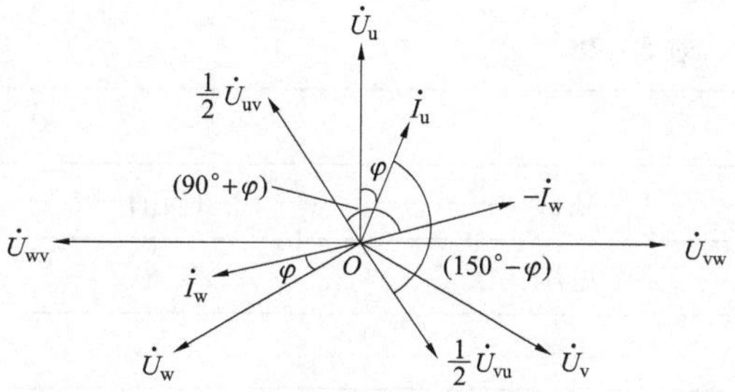

图 5－108

3. 写出错误接线时测得的电能（以功率表示）

因为电能表所计量的电能与所加电压和电流及相应相电流之间的夹角余弦乘积成正比，根据图 5－108 画出的错误接线相量图，对两个元件所计量的电能分别进行分析（以功率表示），并设 P_1' 为第一元件错误计量的功率，P_2' 为第二元件错误计量的功率。

第一元件测量的功率为

$$P_1'=\frac{1}{2}U_{vu}I_u\cos(150°-\varphi)$$

第二元件测量的功率为

$$P_2'=\frac{1}{2}U_{uv}(-I_w)\cos(90°+\varphi)$$

在三相电路完全对称时，两元件测量的总功率为

$$\begin{aligned}P'&=P_1'+P_2'\\&=\frac{1}{2}U_{vu}I_u\cos(150°-\varphi)+\frac{1}{2}U_{uv}(-I_w)\cos(90°+\varphi)\end{aligned}$$

十二、表尾电压相序VWU，电流相序I_uI_w，W相TV二次侧电压断相，U、W相TA二次侧极性反接

图5－109是三相三线有功电能表的错误接线。从图中可以看出，电能表表尾电压相序为VWU，并且W相TV二次侧电压断相，造成电能表第一元件电压线圈两端实际承受电压为$\frac{1}{2}U_{vu}$，第二元件实际承受电压为$\frac{1}{2}U_{uv}$；电流由于U、W相TA二次侧极性反接，造成第一元件电流线圈通入的电流为$-I_u$，第二元件电流线圈通入的电流为$-I_w$。

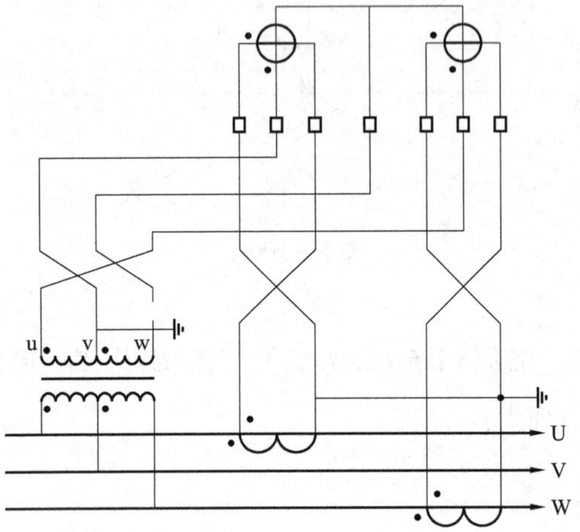

图5－109

1. 测量数据（以T－230A现场校验仪为例）

按照第二章第三节现场校验仪测量方法的使用介绍，将校验仪与电能表接好。在选定的显示界面上将显示出分析所需的所有数据，显示屏数据如表5－28所示。

表5－28

测 试 数 据			
项目	1元件	2－6端子	3元件
电压	51.6V	99.7V	48.4V
电流	1.5A	0.0A	1.5A
对地电压	0.3V	51.3V	99.4V
相位	$\varphi_{I_1I_3}=239.5°$		
	$\varphi_{U_{31}I_1}=240.0°$		
	$\varphi_{U_{31}I_3}=119.6°$　$P=2.3$		
相序	电压断相U_2　电流相序正		

2. 分析判断错误现象

（1）从表5－28“电压”栏中的显示值看出1元件和3元件的电压值不等于100V，可以判定该错误接线有电压断相。

（2）从“对地电压”栏中可以看出1元件的电压为0V，所以确定U_1为V相。电压值为51V的U_2为电压断相，与“相序”栏中的电压断相U_2一致。

（3）确定U_1为V相后，就可以看出该错误接线的电压相序有两种可能，即VWU和VUW。

（4）如图5－110所示，以电压相序VWU推出两个电流在相量图上的位置。将“相位”栏中的U_{31}替换成U_{uv}。那么，$U_{31}I_1=240°$就替换成$U_{uv}I_1=240°$、$U_{31}I_3=120°$就替换

成 $U_{uv}I_3=120°$。即以 U_{uv} 为基准沿顺时针方向分别转 240°和 120°找到 I_1 和 I_3。从图上可以看出 $I_1=-I_u$、$I_3=-I_w$，并且其夹角等于 60°，电流相序为正。

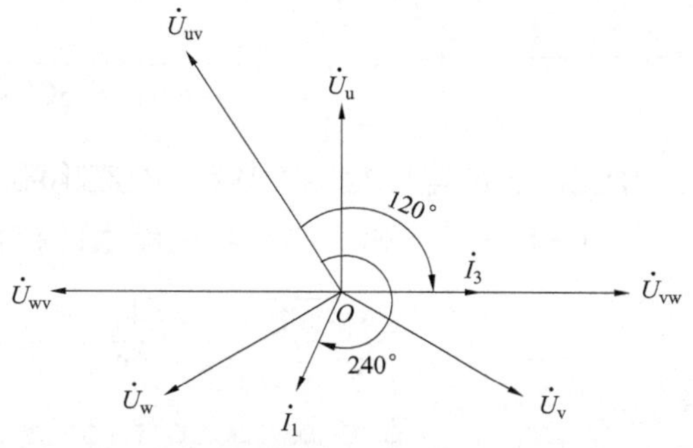

图 5－110

（5）如图 5－111 所示，以电压相序 VUW 推出两个电流在相量图上的位置。将“相位”栏中的 U_{31} 替换成 U_{wv}。那么，$U_{31}I_1=240°$就替换成 $U_{wv}I_1=240°$、$U_{31}I_3=120°$ 就替换成 $U_{wv}I_3=120°$。即以 U_{wv} 为基准沿顺时针方向分别转 240°和 120°找到 I_1 和 I_3。

（6）将两个电流在相量图上的位置进行比较。比较结果是第四步以电压相序 VWU 推出的两个电流符合两个电流在相量图上的位置。

（7）最后得出错误接线结论：电压相序 VWU，电流相序 I_u、I_w，W 相电压断相。电能表的实际接线组别为：第一元件$\frac{1}{2}U_{vu}$、$-I_u$，第二元件$\frac{1}{2}U_{uv}$、$-I_w$。

（8）画出错误接线相量图，如图 5－112 所示。

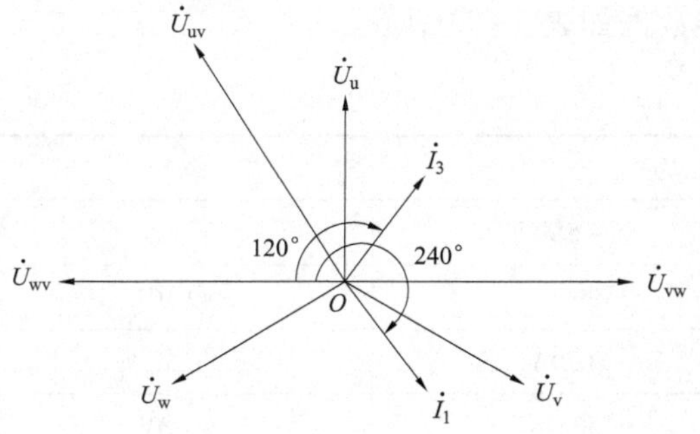

图 5－111

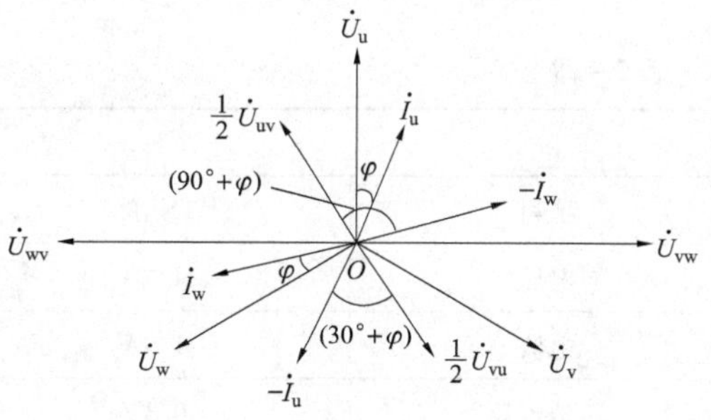

图 5－112

3. 写出错误接线时测得的电能（以功率表示）

因为电能表所计量的电能与所加电压和电流及相应相电流之间的夹角余弦乘积成正比，根据图 5－112 画出的错误接线相量图，对两个元件所计量的电能分别进行分析（以功率表示），并设 P_1' 为第一元件错误计量的功率，P_2' 为第二元件错误计量的功率。

第一元件测量的功率为

$$P_1'=\frac{1}{2}U_{vu}(-I_u)\cos(30°+\varphi)$$

第二元件测量的功率为

$$P_2'=\frac{1}{2}U_{uv}(-I_w)\cos(90°+\varphi)$$

在三相电路完全对称时，两元件测量的总功率为

$$P' = P_1' + P_2'$$

$$= \frac{1}{2}U_{vu}(-I_u)\cos(30° + \varphi) + \frac{1}{2}U_{uv}(-I_w)\cos(90° + \varphi)$$

十三、表尾电压相序 VWU，电流相序 I_wI_u，W 相 TV 二次侧电压断相

图 5－113 是三相三线有功电能表的错误接线。从图中可以看出，电能表表尾电压相序为 VWU，并且 W 相 TV 二次侧电压断相，造成电能表第一元件电压线圈两端实际承受电压为 $\frac{1}{2}U_{vu}$，第二元件实际承受电压为 $\frac{1}{2}U_{uv}$；电流由于 U、W 相表尾端钮接错，造成第一元件电流线圈通入的电流为 I_w，第二元件电流线圈通入的电流为 I_u。

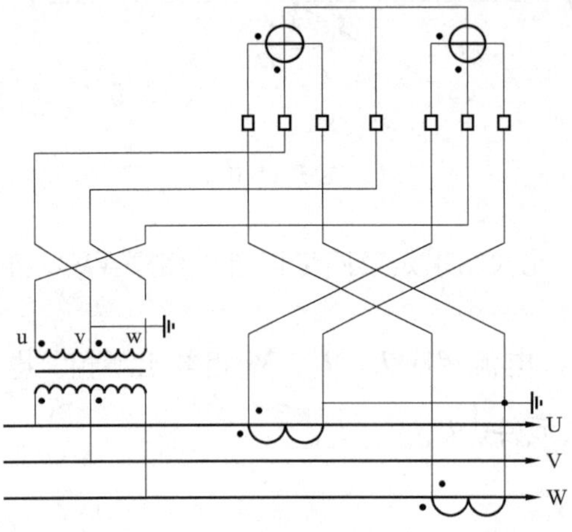

图 5－113

1. 测量数据（以 T－230A 现场校验仪为例）

按照第二章第三节现场校验仪测量方法的使用介绍，将校验仪与电能表接好。在选定的显示界面上将显示出分析所需的所有数据，显示屏数据如表 5－29 所示。

表 5－29

测 试 数 据			
项目	1 元件	2－6 端子	3 元件
电压	50.7V	99.6V	49.0V
电流	1.5A	0.0A	1.5A
对地电压	0.3V	50.4V	99.3V
相位	$\varphi_{I_1I_3}=120.6°$		
	$\varphi_{U_{31}I_1}=299.5°$		
	$\varphi_{U_{31}I_3}=60.0°$ $P=-0.7$		
相序	电压断相 U_2 电流相序逆		

2. 分析判断错误现象

（1）从表 5－29“电压”栏中的显示值看出 1 元件和 3 元件的电压值不等于 100V，可以判定该错误接线有电压断相。

（2）从“对地电压”栏中可以看出 1 元件的电压为 0V，所以确定 U_1 为 V 相。电压值为 50V 的 U_2 为电压断相，与“相序”栏中的电压断相 U_2 一致。

（3）确定 U_1 为 V 相后，就可以看出该错误接线的电压相序有两种可能，即 VWU 和 VUW。

（4）如图 5－114 所示，以电压相序 VWU 推出两个电流在相量图上的位置。将“相位”

栏中的 U_{31} 替换成 U_{uv}。那么，$U_{31}I_1=300°$ 就替换成 $U_{uv}I_1=300°$、$U_{31}I_3=60°$ 就替换成 $U_{uv}I_3=60°$。即以 U_{uv} 为基准沿顺时针方向分别转 300°和 60°找到 I_1 和 I_3。从图上可以看出 $I_1=I_w$、$I_3=I_u$，并且其夹角等于 120°，电流相序为逆。

（5）如图 5－115 所示，以电压相序 VUW 推出两个电流在相量图上的位置。将“相位”栏中的 U_{31} 替换成 U_{wv}。那么，$U_{31}I_1=300°$ 就替换成 $U_{wv}I_1=300°$、$U_{31}I_3=60°$ 就替换成 $U_{wv}I_3=60°$。即以 U_{wv} 为基准沿顺时针方向分别转 300°和 60°找到 I_1 和 I_3。

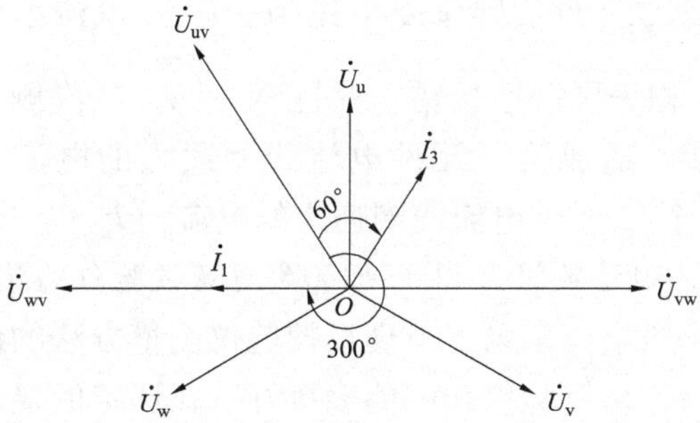

图 5－114

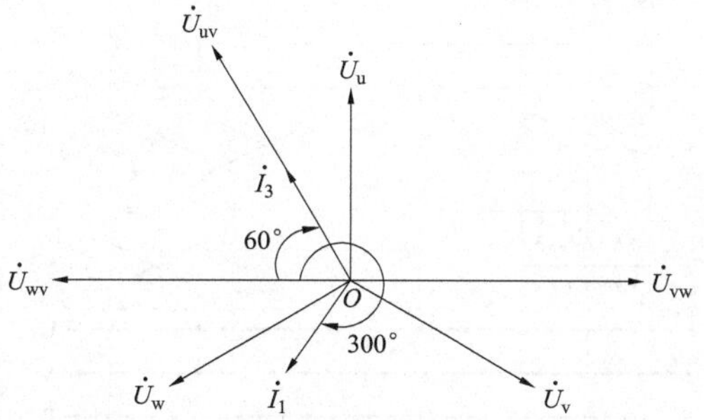

图 5－115

（6）将两个电流在相量图上的位置进行比较。比较结果是第四步以电压相序 VWU 推出的两个电流符合两个电流在相量图上的位置。

（7）最后得出错误接线结论：电压相序 VWU，电流相序 I_w、I_u，W 相电压断相。电能表的实际接线组别为：第一元件 $\frac{1}{2}U_{vu}$、I_w，第二元件 $\frac{1}{2}U_{uv}$、I_u。

（8）画出错误接线相量图，如图 5－116 所示。

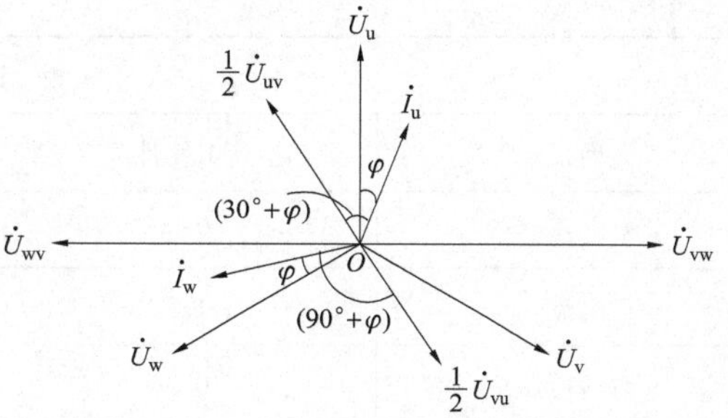

图 5－116

3. 写出错误接线时测得的电能（以功率表示）

因为电能表所计量的电能与所加电压和电流及相应相电流之间的夹角余弦乘积成正比，根据图 5－116 画出的错误接线相量图，对两个元件所计量的电能分别进行分析（以功率表示），并设 P_1' 为第一元件错误计量的功率，P_2' 为第二元件错误计量的功率。

第一元件测量的功率为

$$P_1'=\frac{1}{2}U_{vu}I_w\cos(90°+\varphi)$$

第二元件测量的功率为

$$P_2'=\frac{1}{2}U_{uv}I_u\cos(30°+\varphi)$$

在三相电路完全对称时，两元件测量的总功率为

$$\begin{aligned}P'&=P_1'+P_2'\\&=\frac{1}{2}U_{vu}I_w\cos(90°+\varphi)+\frac{1}{2}U_{uv}I_u\cos(30°+\varphi)\end{aligned}$$

十四、表尾电压相序 VWU，电流相序 I_wI_u，W 相 TV 二次侧电压断相，W 相 TA 二次侧极性反接

图 5－117 是三相三线有功电能表的错误接线。从图中可以看出，电能表表尾电压相序为 VWU，并且 W 相 TV 二次侧电压断相，造成电能表第一元件电压线圈两端实际承受电压为$\frac{1}{2}U_{vu}$，第二元件实际承受电压为$\frac{1}{2}U_{uv}$；电流由于 U、W 相表尾端钮接错，并且 W 相 TA 二次侧极性反接，造成第一元件电流线圈通入的电流为$-I_w$，第二元件电流线圈通入的电流为 I_u。

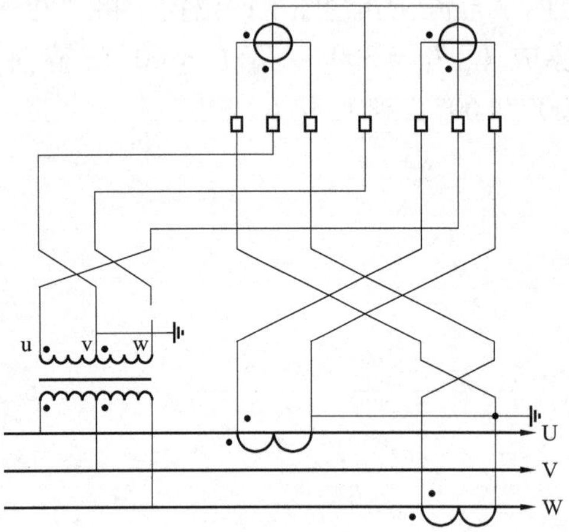

图 5－117

1. 测量数据（以 T－230A 现场校验仪为例）

按照第二章第三节现场校验仪测量方法的使用介绍，将校验仪与电能表接好。在选定的显示界面上将显示出分析所需的所有数据，显示屏数据如表 5－30 所示。

表 5－30

测试数据			
项目	1 元件	2－6 端子	3 元件
电压	50.4V	99.5V	49.2V
电流	1.5A	0.0A	1.5A
对地电压	0.3V	50.1V	99.2V
相位	$\varphi_{I_1I_3}=300.2°$		
	$\varphi_{U_{31}I_1}=119.6°$		
	$\varphi_{U_{31}I_3}=59.8°$　$P=74.0$		
相序	电压断相 U_2　电流相序逆		

2. 分析判断错误现象

（1）从表 5－30“电压”栏中的显示值看出 1 元件和 3 元件的电压值不等于 100V，可以判定该错误接线有电压断相。

（2）从“对地电压”栏中可以看出 1 元件的电压为 0V，所以确定 U_1 为 V 相。电压值为 50V 的 U_2 为电压断相，与“相序”栏中的电压断相 U_2 一致。

（3）确定 U_1 为 V 相后，就可以看出该错误接线的电压相序有两种可能，即 VWU 和 VUW。

（4）如图 5－118 所示，以电压相序 VWU 推出两个电流在相量图上的位置。将“相位”栏中的 U_{31} 替换成 U_{uv}。那么，$U_{31}I_1=120°$就替换成 $U_{uv}I_1=120°$、$U_{31}I_3=60°$就替换成 $U_{uv}I_3=$

60°。即以 U_{uv} 为基准沿顺时针方向分别转 120°和 60°找到 I_1 和 I_3。从图上可以看出 $I_1=-I_w$、$I_3=I_u$，并且其夹角等于 300°，电流相序为逆。

（5）如图 5－119 所示，以电压相序 VUW 推出两个电流在相量图上的位置。将"相位"栏中的 U_{31} 替换成 U_{wv}。那么，$U_{31}I_1=120°$就替换成 $U_{wv}I_1=120°$、$U_{31}I_3=60°$就替换成 $U_{wv}I_3=60°$。即以 U_{wv} 为基准沿顺时针方向分别转 120°和 60°找到 I_1 和 I_3。

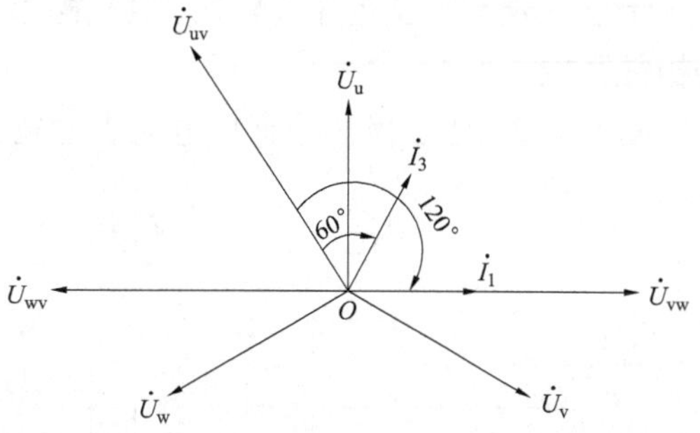

图 5－118

（6）将两个电流在相量图上的位置进行比较。比较结果是第四步以电压相序 VWU 推出的两个电流符合两个电流在相量图上的位置。

（7）最后得出错误接线结论：电压相序 VWU，电流相序 I_w、I_u，W 相电压断相。电能表的实际接线组别为：第一元件$\frac{1}{2}U_{vu}$、$-I_w$，第二元件$\frac{1}{2}U_{uv}$、I_u。

（8）画出错误接线相量图，如图 5－120 所示。

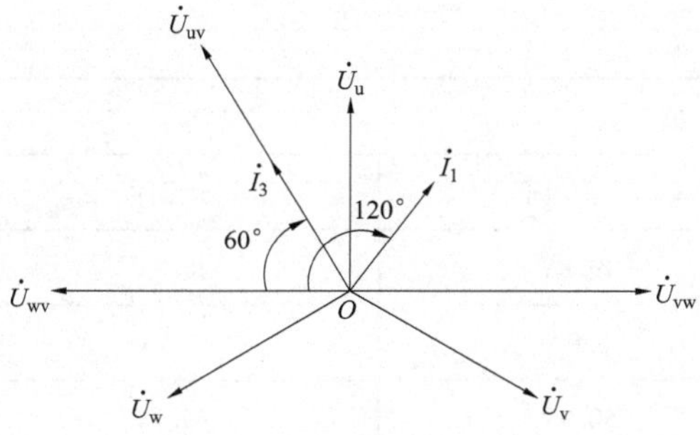

图 5－119

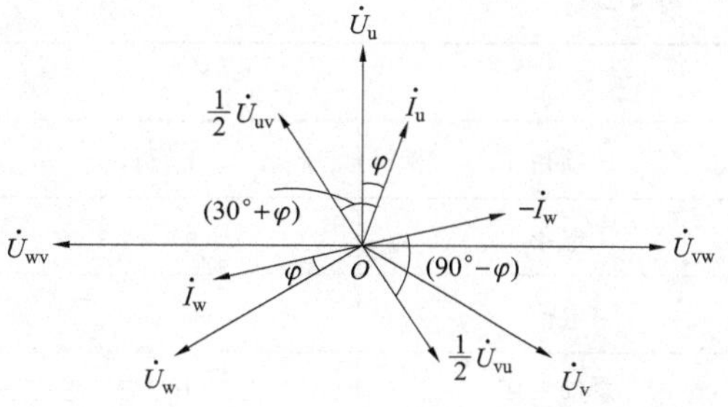

图 5－120

3. 写出错误接线时测得的电能（以功率表示）

因为电能表所计量的电能与所加电压和电流及相应相电流之间的夹角余弦乘积成正比，根据图 5－120 画出的错误接线相量图，对两个元件所计量的电能分别进行分析（以功率表示），并设 P_1' 为第一元件错误计量的功率，P_2' 为第二元件错误计量的功率。

第一元件测量的功率为

$$P_1'=\frac{1}{2}U_{vu}(-I_w)\cos(90°-\varphi)$$

第二元件测量的功率为

$$P_2'=\frac{1}{2}U_{uv}I_u\cos(30°+\varphi)$$

在三相电路完全对称时，两元件测量的总功率为

$$\begin{aligned}P'&=P_1'+P_2'\\&=\frac{1}{2}U_{vu}(-I_w)\cos(90°-\varphi)+\frac{1}{2}U_{uv}I_u\cos(30°+\varphi)\end{aligned}$$

十五、表尾电压相序 VWU，电流相序 $I_w I_u$，W 相 TV 二次侧电压断相，U 相 TA 二次侧极性反接

图 5－121 是三相三线有功电能表的错误接线。从图中可以看出，电能表表尾电压相序为 VWU，并且 W 相 TV 二次侧电压断相，造成电能表第一元件电压线圈两端实际承受电压为 $\frac{1}{2}U_{vu}$，第二元件实际承受电压为 $\frac{1}{2}U_{uv}$；电流由于 U、W 相表尾端钮接错，并且 U 相 TA 二次侧极性反接，造成第一元件电流线圈通入的电流为 I_w，第二元件电流线圈通入的电流为 $-I_u$。

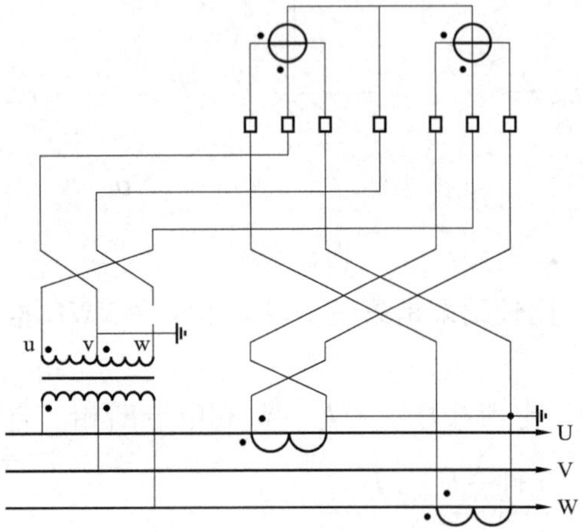

图 5－121

1. 测量数据（以 T－230A 现场校验仪为例）

按照第二章第三节现场校验仪测量方法的使用介绍，将校验仪与电能表接好。在选定的显示界面上将显示出分析所需的所有数据，显示屏数据如表 5－31 所示。

表 5－31

测试数据			
项目	1 元件	2－6 端子	3 元件
电压	51.2V	99.8V	48.9V
电流	1.5A	0.0A	1.5A
对地电压	0.3V	50.9V	99.5V
相位	$\varphi_{I_1 I_3}=300.2°$		
	$\varphi_{U_{31} I_1}=299.7°$		
	$\varphi_{U_{31} I_3}=239.9°$　$P=-73.5$		
相序	电压断相 U_2　电流相序逆		

2. 分析判断错误现象

（1）从表 5－31 “电压” 栏中的显示值看出 1 元件和 3 元件的电压值不等于 100V，可以判定该错误接线有电压断相。

（2）从 “对地电压” 栏中可以看出 1 元件的电压为 0V，所以确定 U_1 为 V 相。电压值为 50V 的 U_2 为电压断相，与 “相序” 栏中的电压断相 U_2 一致。

（3）确定 U_1 为 V 相后，就可以看出该错误接线的电压相序有两种可能，即 VWU 和 VUW。

（4）如图 5－122 所示，以电压相序 VWU 推出两个电流在相量图上的位置。将 “相位” 栏中的 U_{31} 替换成 U_{uv}。那么，$U_{31}I_1=300°$ 就替换成 $U_{uv}I_1=300°$、$U_{31}I_3=240°$ 就替换成

$U_{uv}I_3=240°$。即以 U_{uv} 为基准沿顺时针方向分别转 300°和 240°找到 I_1 和 I_3。从图上可以看出 $I_1=I_w$、$I_3=-I_u$，并且其夹角等于 300°，电流相序为逆。

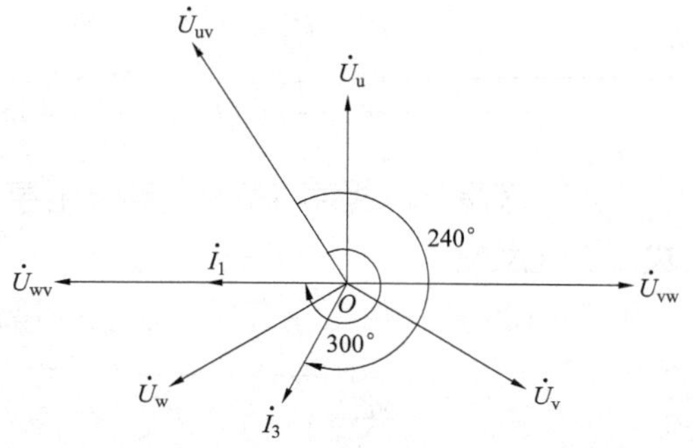

图 5－122

（5）如图 5－123 所示，以电压相序 VUW 推出两个电流在相量图上的位置。将“相位”栏中的 U_{31} 替换成 U_{wv}。那么，$U_{31}I_1=300°$就替换成 $U_{wv}I_1=300°$、$U_{31}I_3=240°$就替换成 $U_{wv}I_3=240°$。即以 U_{wv} 为基准沿顺时针方向分别转 300°和 240°找到 I_1 和 I_3。

（6）将两个电流在相量图上的位置进行比较。比较结果是第四步以电压相序 VWU 推出的两个电流符合两个电流在相量图上的位置。

（7）最后得出错误接线结论：电压相序 VWU，电流相序 I_w、I_u，W 相电压断相。电能表的实际接线组别为：第一元件$\frac{1}{2}U_{vu}$、I_w，第二元件$\frac{1}{2}U_{uv}$、$-I_u$。

（8）画出错误接线相量图，如图 5－124 所示。

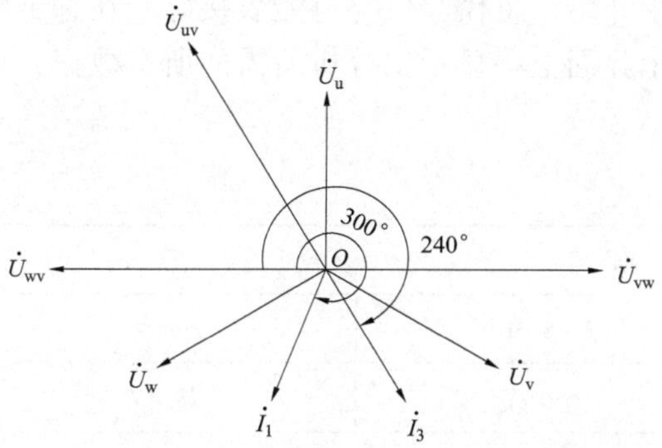

图 5－123

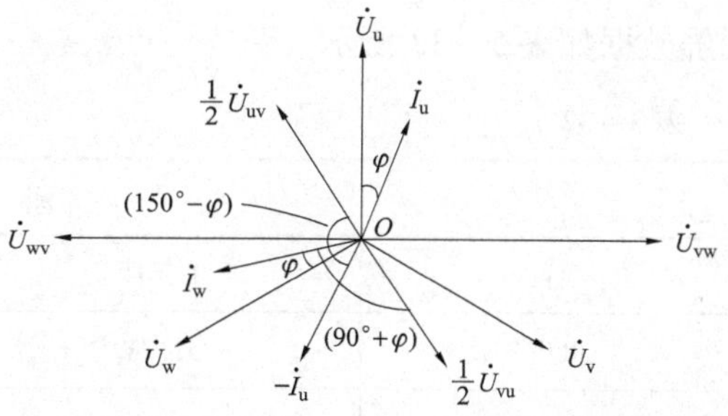

图 5－124

3. 写出错误接线时测得的电能（以功率表示）

因为电能表所计量的电能与所加电压和电流及相应相电流之间的夹角余弦乘积成正比，根据图 5－124 画出的错误接线相量图，对两个元件所计量的电能分别进行分析（以功率表示），并设 P_1' 为第一元件错误计量的功率，P_2' 为第二元件错误计量的功率。

第一元件测量的功率为

$$P_1'=\frac{1}{2}U_{vu}I_w\cos(90°+\varphi)$$

第二元件测量的功率为

$$P_2'=\frac{1}{2}U_{uv}(-I_u)\cos(150°-\varphi)$$

在三相电路完全对称时，两元件测量的总功率为

$$P' = P_1' + P_2'$$
$$= \frac{1}{2}U_{vu}I_w\cos(90° + \varphi) + \frac{1}{2}U_{uv}(-I_u)\cos(150° - \varphi)$$

十六、表尾电压相序 VWU，电流相序 I_wI_u，W 相 TV 二次侧电压断相，U、W 相 TA 二次侧极性反接

图 5－125 是三相三线有功电能表的错误接线。从图中可以看出，电能表表尾电压相序为 VWU，并且 W 相 TV 二次侧电压断相，造成电能表第一元件电压线圈两端实际承受电压为$\frac{1}{2}U_{vu}$，第二元件实际承受电压为$\frac{1}{2}U_{uv}$；电流由于 U、W 相表尾端钮接错，并且 U、W 相 TA 二次侧极性反接，造成第一元件电流线圈通入的电流为 $-I_w$，第二元件电流线圈通入的电流为 $-I_u$。

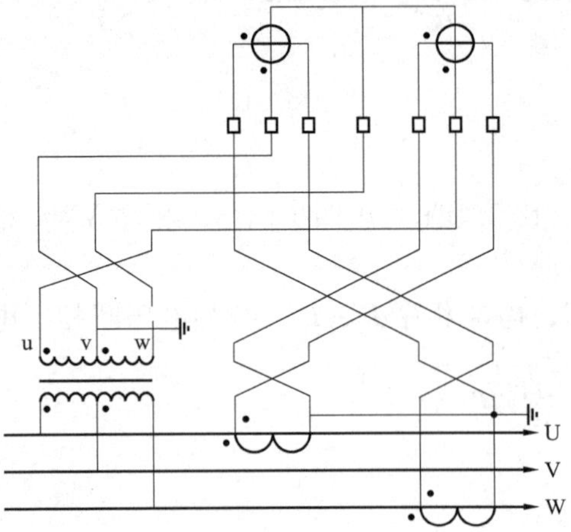

图 5－125

1. 测量数据（以 T－230A 现场校验仪为例）

按照第二章第三节现场校验仪测量方法的使用介绍，将校验仪与电能表接好。在选定的显示界面上将显示出分析所需的所有数据，显示屏数据如表 5－32 所示。

表 5－32

测 试 数 据			
项目	1 元件	2－6 端子	3 元件
电压	51.7V	99.9V	48.4V
电流	1.5A	0.0A	1.5A
对地电压	0.3V	51.4V	99.6V
相位	$\varphi_{I_1I_3}=120.6°$		
	$\varphi_{U_{31}I_1}=119.6°$		
	$\varphi_{U_{31}I_3}=240.1°$　$P=2.1$		
相序	电压断相 U_2　电流相序逆		

2. 分析判断错误现象

（1）从表 5－32“电压”栏中的显示值看出 1 元件和 3 元件的电压值不等于 100V，可以判定该错误接线有电压断相。

（2）从“对地电压”栏中可以看出 1 元件的电压为 0V，所以确定 U_1 为 V 相。电压值为 51V 的 U_2 为电压断相，与“相序”栏中的电压断相 U_2 一致。

（3）确定 U_1 为 V 相后，就可以看出该错误接线的电压相序有两种可能，即 VWU 和 VUW。

（4）如图 5－126 所示，以电压相序 VWU 推出两个电流在相量图上的位置。将“相位”栏中的 U_{31} 替换成 U_{uv}。那么，$U_{31}I_1=120°$就替换成 $U_{uv}I_1=120°$、$U_{31}I_3=240°$就替换成 $U_{uv}I_3=240°$。即以 U_{uv} 为基准沿顺时针方向分别转 120°和 240°找到 I_1 和 I_3。从图上可以看出 $I_1=-I_w$、$I_3=-I_u$，并且其夹角等于 120°，电流相序为逆。

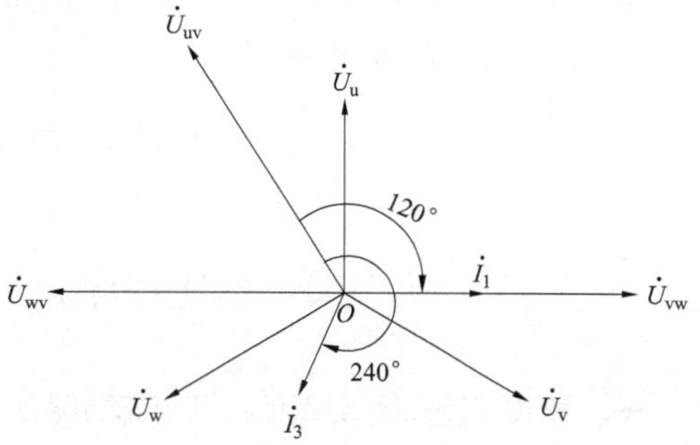

图 5－126

（5）如图 5－127 所示，以电压相序 VUW 推出两个电流在相量图上的位置。将“相位”栏中的 U_{31} 替换成 U_{wv}。那么，$U_{31}I_1=120°$就替换成 $U_{wv}I_1=120°$、$U_{31}I_3=240°$就替换成 $U_{wv}I_3=240°$。即以 U_{wv} 为基准沿顺时针方向分别转 120°和 240°找到 I_1 和 I_3。

（6）将两个电流在相量图上的位置进行比较。比较结果是第四步以电压相序 VWU 推出的两个电流符合两个电流在相量图上的位置。

（7）最后得出错误接线结论：电压相序 VWU，电流相序 I_w、I_u，W 相电压断相。电能表的实际接线组别为：第一元件$\frac{1}{2}U_{vu}$、$-I_w$，第二元件$\frac{1}{2}U_{uv}$、$-I_u$。

（8）画出错误接线相量图，如图 5－128 所示。

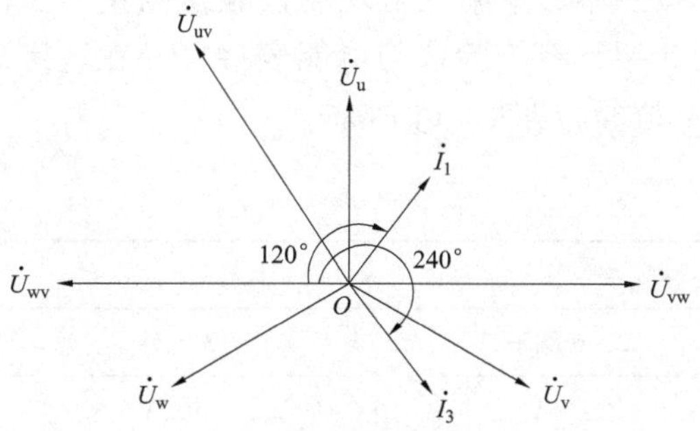

图 5－127

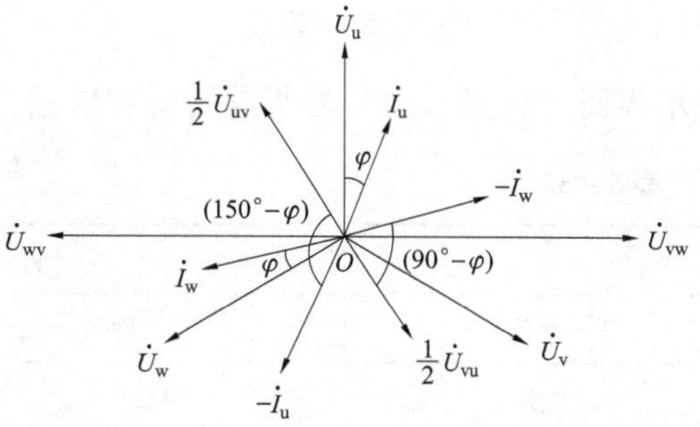

图 5－128

3. 写出错误接线时测得的电能（以功率表示）

因为电能表所计量的电能与所加电压和电流及相应相电流之间的夹角余弦乘积成正比，根据图 5－128 画出的错误接线相量图，对两个元件所计量的电能分别进行分析（以功率表示），并设 P_1' 为第一元件错误计量的功率，P_2' 为第二元件错误计量的功率。

第一元件测量的功率为

$$P_1'=\frac{1}{2}U_{vu}(-I_w)\cos(90°-\varphi)$$

第二元件测量的功率为

$$P'_2 = \frac{1}{2}U_{uv}(-I_u)\cos(150° - \varphi)$$

在三相电路完全对称时，两元件测量的总功率为

$$\begin{aligned} P' &= P'_1 + P'_2 \\ &= \frac{1}{2}U_{vu}(-I_w)\cos(90° - \varphi) + \frac{1}{2}U_{uv}(-I_u)\cos(150° - \varphi) \end{aligned}$$

第三节　电压相序为 WUV 时的错误接线实例分析

一、表尾电压相序 WUV，电流相序 I_uI_w，U 相 TV 二次侧电压断相

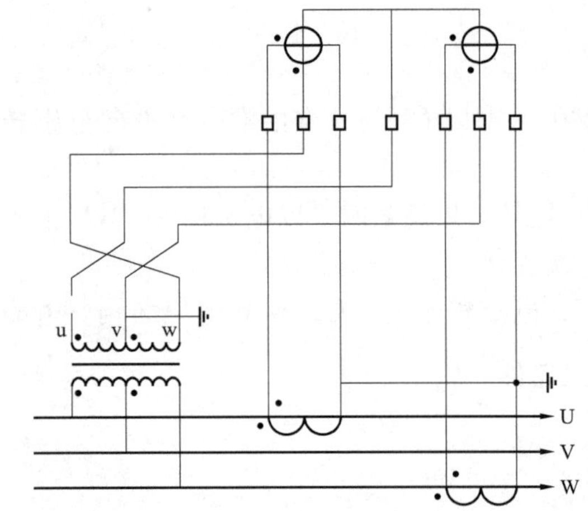

图 5－129

图 5－129 是三相三线有功电能表的错误接线。从图中可以看出，电能表表尾电压相序为 WUV，并且 U 相 TV 二次侧电压断相，造成电能表第一元件电压线圈两端实际承受电压为$\frac{1}{2}U_{wv}$，第二元件实际承受电压为$\frac{1}{2}U_{vw}$；第一元件电流线圈通入的电流为 I_u，第二元件电流线圈通入的电流为 I_w。

1. 测量数据（以 T－230A 现场校验仪为例）

按照第二章第三节现场校验仪测量方法的使用介绍，将校验仪与电能表接好。在选定的显示界面上将显示出分析所需的所有数据，显示屏数据如表 5－33 所示。

表 5－33

测 试 数 据			
项目	1 元件	2－6 端子	3 元件
电压	50.2V	99.6V	49.7V
电流	1.5A	0.0A	1.5A
对地电压	99.3V	49.4V	0.3V
相位	$\varphi_{I_1I_3}=239.5°$		
	$\varphi_{U_{31}I_1}=300.3°$		
	$\varphi_{U_{31}I_3}=179.8°$　$P=-113.5$		
相序	电压断相 U_2　电流相序正		

2. 分析判断错误现象

（1）从表 5－33“电压”栏中的显示值看出 1 元件和 3 元件的电压值不等于 100V，可

以判定该错误接线有电压断相。

（2）从“对地电压”栏中可以看出 3 元件的电压为 0V，所以确定 U_3 为 V 相。电压值为 49V 的 U_2 为电压断相，与“相序”栏中的电压断相 U_2 一致。

（3）确定 U_3 为 V 相后，就可以看出该错误接线的电压相序有两种可能，即 WUV 和 UWV。

（4）如图 5－130 所示，以电压相序 WUV 推出两个电流在相量图上的位置。将“相位”栏中的 U_{31} 替换成 U_{vw}。那么，$U_{31}I_1=300°$ 就替换成 $U_{vw}I_1=300°$、$U_{31}I_3=180°$ 就替换成 $U_{vw}I_3=180°$。即以 U_{vw} 为基准沿顺时针方向分别转 300°和 180°找到 I_1 和 I_3。从图上可以看出 $I_1=I_u$、$I_3=I_w$，并且其夹角等于 240°，电流相序为正。

（5）如图 5－131 所示，以电压相序 UWV 推出两个电流在相量图上的位置。将“相位”栏中的 U_{31} 替换成 U_{vu}。那么，$U_{31}I_1=300°$ 就替换成 $U_{vu}I_1=300°$、$U_{31}I_3=180°$ 就替换成 $U_{vu}I_3=180°$。即以 U_{vu} 为基准沿顺时针方向分别转 300°和 180°找到 I_1 和 I_3。

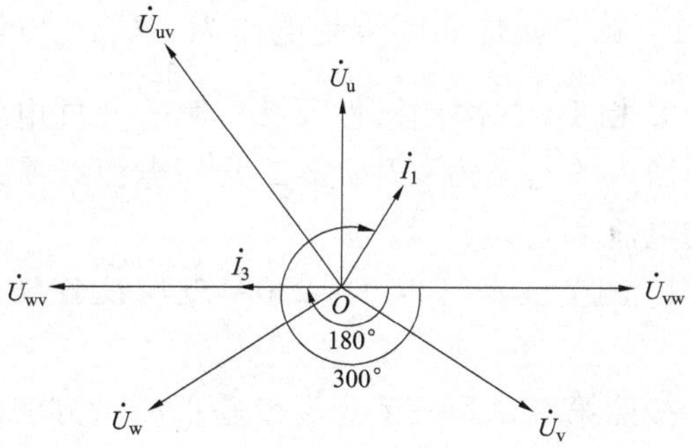

图 5－130

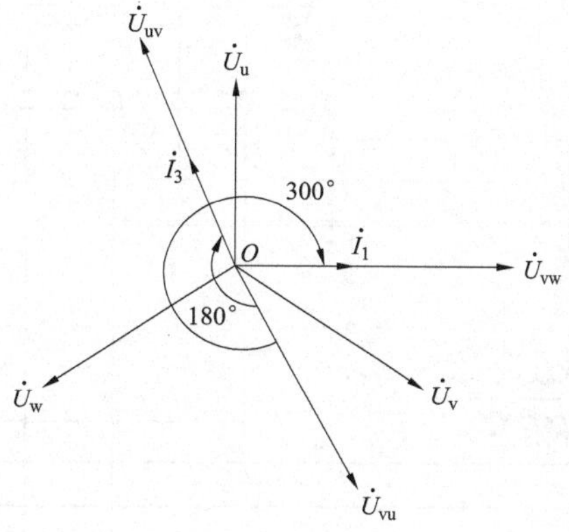

图 5－131

（6）将两个电流在相量图上的位置进行比较。比较结果是第四步以电压相序 WUV 推出的两个电流符合两个电流在相量图上的位置。

（7）最后得出错误接线结论：电压相序 WUV，电流相序 I_u、I_w，U 相电压断相。电能表的实际接线组别为：第一元件 $\frac{1}{2}U_{wv}$、I_u，第二元件 $\frac{1}{2}U_{vw}$、I_w。

（8）画出错误接线相量图，如图 5－132 所示。

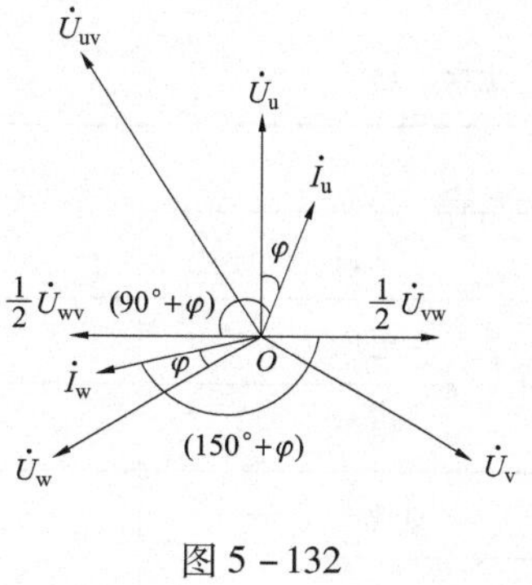

图 5－132

3. 写出错误接线时测得的电能（以功率表示）

因为电能表所计量的电能与所加电压和电流及相应相电流之间的夹角余弦乘积成正比，根据图 5－132 画出的错误接线相量图，对两个元件所计量的电能分别进行分析（以功率表示），并设 P_1' 为第一元件错误计量的功率，P_2' 为第二元件错误计量的功率。

第一元件测量的功率为

$$P_1' = \frac{1}{2}U_{wv}I_u\cos(90° + \varphi)$$

第二元件测量的功率为

$$P_2' = \frac{1}{2}U_{vw}I_w\cos(150° + \varphi)$$

在三相电路完全对称时，两元件测量的总功率为

$$\begin{aligned} P' &= P_1' + P_2' \\ &= \frac{1}{2}U_{wv}I_u\cos(90° + \varphi) + \frac{1}{2}U_{vw}I_w\cos(150° + \varphi) \end{aligned}$$

二、表尾电压相序 WUV，电流相序 I_uI_w，U 相 TV 二次侧电压断相，U 相 TA 二次侧极性反接

图 5－133 是三相三线有功电能表的错误接线。从图中可以看出，电能表表尾电压相序为 WUV，并且 U 相 TV 二次侧电压断相，造成电能表第一元件电压线圈两端实际承受电压为 $\frac{1}{2}U_{wv}$，第二元件实际承受电压为 $\frac{1}{2}U_{vw}$；电流由于 U 相 TA 二次侧极性反接，第一元件电流线圈通入的电流为 $-I_u$，第二元件电流线圈通入的电流为 I_w。

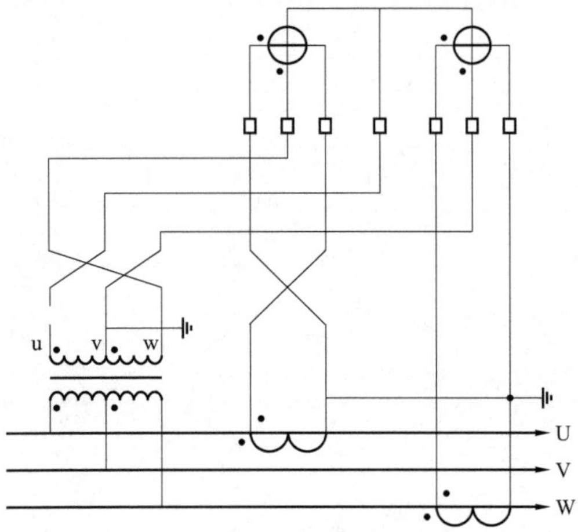

图 5－133

1. 测量数据（以 T－230A 现场校验仪为例）

按照第二章第三节现场校验仪测量方法的使用介绍，将校验仪与电能表接好。在选定的显示界面上将显示出分析所需的所有数据，显示屏数据如表 5－34 所示。

表 5－34

测 试 数 据			
项目	1 元件	2－6 端子	3 元件
电压	51.3V	99.4V	48.5V
电流	1.5A	0.0A	1.5A
对地电压	99.1V	48.2V	0.3V
相位	$\varphi_{I_1I_3}=59.8°$		
	$\varphi_{U_{31}I_1}=120.2°$		
	$\varphi_{U_{31}I_3}=180.0°$ $P=-33.9$		
相序	电压断相 U_2 电流相序正		

2. 分析判断错误现象

（1）从表5－34“电压”栏中的显示值看出1元件和3元件的电压值不等于100V，可以判定该错误接线有电压断相。

（2）从“对地电压”栏中可以看出3元件的电压为0V，所以确定 U_3 为V相。电压值为48V的 U_2 为电压断相，与“相序”栏中的电压断相 U_2 一致。

（3）确定 U_3 为V相后，就可以看出该错误接线的电压相序有两种可能，即WUV和UWV。

（4）如图5－134所示，以电压相序WUV推出两个电流在相量图上的位置。将“相位”栏中的 U_{31} 替换成 U_{vw}。那么，$U_{31}I_1=120°$ 就替换成 $U_{vw}I_1=120°$、$U_{31}I_3=180°$ 就替换成 $U_{vw}I_3=180°$。即以 U_{vw} 为基准沿顺时针方向分别转120°和180°找到 I_1 和 I_3。从图上可以看出 $I_1=-I_u$、$I_3=I_w$，并且其夹角等于60°，电流相序为正。

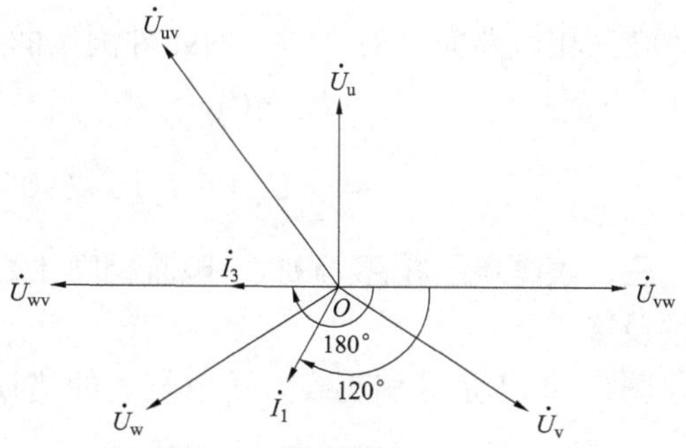

图5－134

（5）如图5－135所示，以电压相序UWV推出两个电流在相量图上的位置。将“相位”栏中的 U_{31} 替换成 U_{vu}。那么，$U_{31}I_1=120°$ 就替换成 $U_{vu}I_1=120°$、$U_{31}I_3=180°$ 就替换成 $U_{vu}I_3=180°$。即以 U_{vu} 为基准沿顺时针方向分别转120°和180°找到 I_1 和 I_3。

（6）将两个电流在相量图上的位置进行比较。比较结果是第四步以电压相序WUV推出的两个电流符合两个电流在相量图上的位置。

（7）最后得出错误接线结论：电压相序WUV，电流相序 I_u、I_w，U相电压断相。电能表的实际接线组别为：第一元件 $\frac{1}{2}U_{wv}$、$-I_u$，第二元件 $\frac{1}{2}U_{vw}$、I_w。

（8）画出错误接线相量图，如图5－136所示。

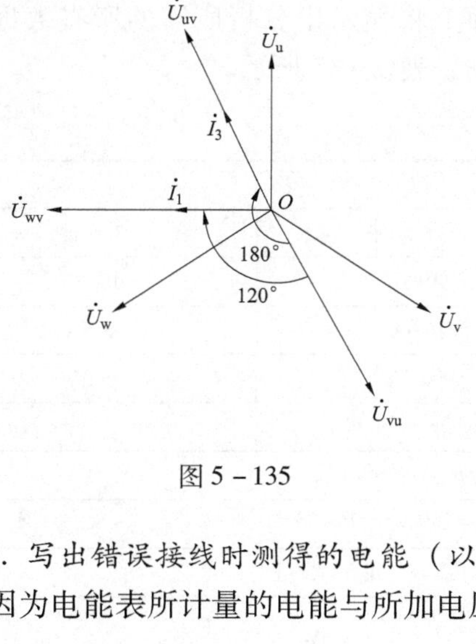

图5－135

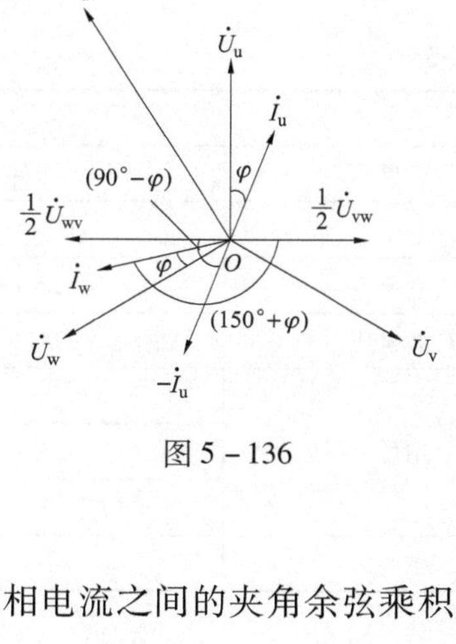

图5－136

3. 写出错误接线时测得的电能（以功率表示）

因为电能表所计量的电能与所加电压和电流及相应相电流之间的夹角余弦乘积成正比，

根据图 5－136 画出的错误接线相量图，对两个元件所计量的电能分别进行分析（以功率表示），并设 P_1' 为第一元件错误计量的功率，P_2' 为第二元件错误计量的功率。

第一元件测量的功率为

$$P_1'=\frac{1}{2}U_{wv}(-I_u)\cos(90°-\varphi)$$

第二元件测量的功率为

$$P_2'=\frac{1}{2}U_{vw}I_w\cos(150°+\varphi)$$

在三相电路完全对称时，两元件测量的总功率为

$$\begin{aligned}P'&=P_1'+P_2'\\&=\frac{1}{2}U_{wv}(-I_u)\cos(90°-\varphi)+\frac{1}{2}U_{vw}I_w\cos(150°+\varphi)\end{aligned}$$

三、表尾电压相序 WUV，电流相序 I_uI_w，U 相 TV 二次侧电压断相，W 相 TA 二次侧极性反接

图 5－137 是三相三线有功电能表的错误接线。从图中可以看出，电能表表尾电压相序为 WUV，并且 U 相 TV 二次侧电压断相，造成电能表第一元件电压线圈两端实际承受电压为 $\frac{1}{2}U_{wv}$，第二元件实际承受电压为 $\frac{1}{2}U_{vw}$；电流由于 W 相 TA 二次侧极性反接，第一元件电流线圈通入的电流为 I_u，第二元件电流线圈通入的电流为 $-I_w$。

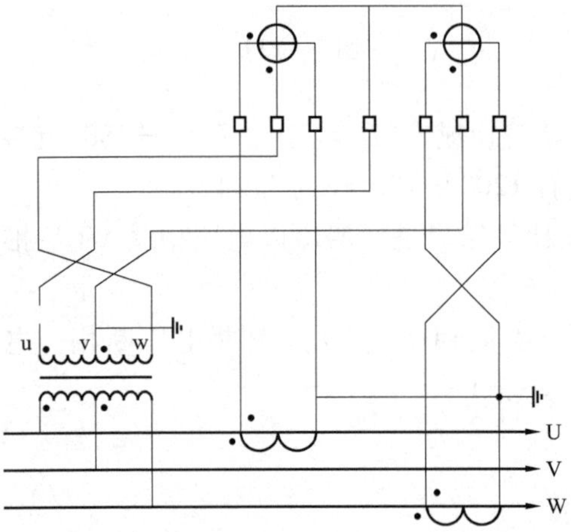

图 5－137

1. 测量数据（以 T－230A 现场校验仪为例）

按照第二章第三节现场校验仪测量方法的使用介绍，将校验仪与电能表接好。在选定的显示界面上将显示出分析所需的所有数据，显示屏数据如表 5－35 所示。

表 5－35

测试数据			
项目	1 元件	2－6 端子	3 元件
电压	51.0V	99.5V	48.6V
电流	1.5A	0.0A	1.5A
对地电压	99.2V	48.3V	0.3V
相位	$\varphi_{I_1I_3}=59.8°$		
	$\varphi_{U_{31}I_1}=300.1°$		
	$\varphi_{U_{31}I_3}=360.0°$　$P=35.2$		
相序	电压断相 U_2　电流相序正		

2. 分析判断错误现象

（1）从表5-35“电压”栏中的显示值看出1元件和3元件的电压值不等于100V，可以判定该错误接线有电压断相。

（2）从“对地电压”栏中可以看出3元件的电压为0V，所以确定U_3为V相。电压值为48V的U_2为电压断相，与“相序”栏中的电压断相U_2一致。

（3）确定U_3为V相后，就可以看出该错误接线的电压相序有两种可能，即WUV和UWV。

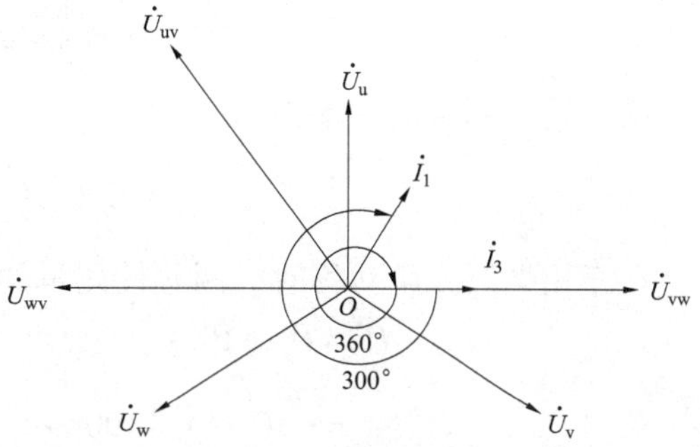

图5-138

（4）如图5-138所示，以电压相序WUV推出两个电流在相量图上的位置。将“相位”栏中的U_{31}替换成U_{vw}。那么，$U_{31}I_1=300°$就替换成$U_{vw}I_1=300°$、$U_{31}I_3=360°$就替换成$U_{vw}I_3=360°$。即以U_{vw}为基准沿顺时针方向分别转300°和360°找到I_1和I_3。从图上可以看出$I_1=I_u$、$I_3=-I_w$，并且其夹角等于60°，电流相序为正。

（5）如图5-139所示，以电压相序UWV推出两个电流在相量图上的位置。将“相位”栏中的U_{31}替换成U_{vu}。那么，$U_{31}I_1=300°$就替换成$U_{vu}I_1=300°$、$U_{31}I_3=360°$就替换成$U_{vu}I_3=360°$。即以U_{vu}为基准沿顺时针方向分别转300°和360°找到I_1和I_3。

（6）将两个电流在相量图上的位置进行比较。比较结果是第四步以电压相序WUV推出的两个电流符合两个电流在相量图上的位置。

（7）最后得出错误接线结论：电压相序WUV，电流相序I_u、I_w，U相电压断相。电能表的实际接线组别为：第一元件$\frac{1}{2}U_{wv}$、I_u，第二元件$\frac{1}{2}U_{vw}$、$-I_w$。

（8）画出错误接线相量图，如图5-140所示。

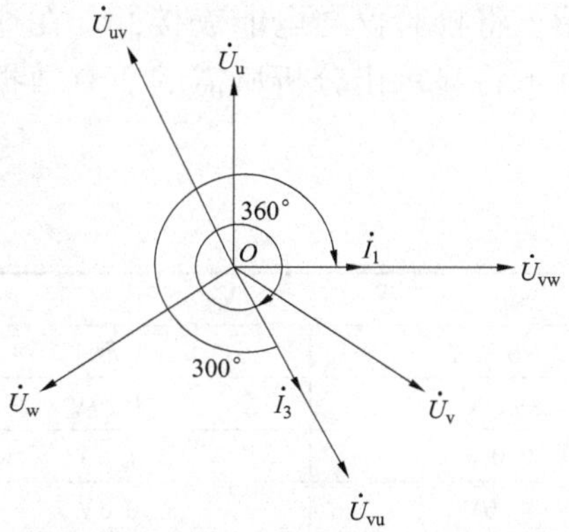

图5-139

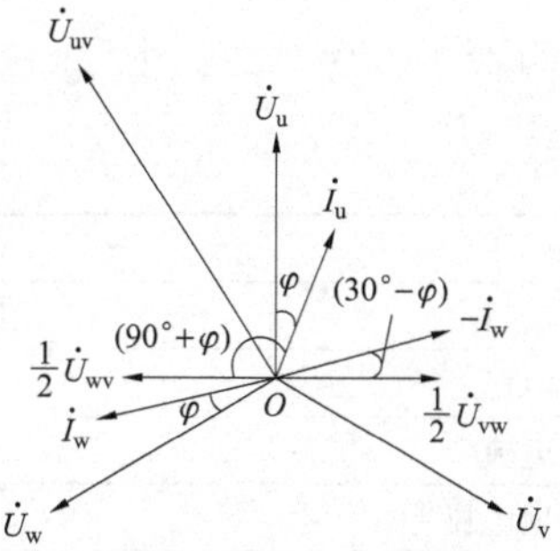

图5-140

3. 写出错误接线时测得的电能（以功率表示）

因为电能表所计量的电能与所加电压和电流及相应相电流之间的夹角余弦乘积成正比，

根据图 5－140 画出的错误接线相量图，对两个元件所计量的电能分别进行分析（以功率表示），并设 P_1' 为第一元件错误计量的功率，P_2' 为第二元件错误计量的功率。

第一元件测量的功率为

$$P_1' = \frac{1}{2}U_{wv}I_u\cos(90° + \varphi)$$

第二元件测量的功率为

$$P_2' = \frac{1}{2}U_{vw}(-I_w)\cos(30° - \varphi)$$

在三相电路完全对称时，两元件测量的总功率为

$$P' = P_1' + P_2'$$
$$= \frac{1}{2}U_{wv}I_u\cos(90° + \varphi) + \frac{1}{2}U_{vw}(-I_w)\cos(30° - \varphi)$$

四、表尾电压相序 WUV，电流相序 I_uI_w，U 相 TV 二次侧电压断相，U、W 相 TA 二次侧极性反接

图 5－141 是三相三线有功电能表的错误接线。从图中可以看出，电能表表尾电压相序为 WUV，并且 U 相 TV 二次侧电压断相，造成电能表第一元件电压线圈两端实际承受电压为 $\frac{1}{2}U_{wv}$，第二元件实际承受电压为 $\frac{1}{2}U_{vw}$；电流由于 U、W 相 TA 二次侧极性反接，第一元件电流线圈通入的电流为 $-I_u$，第二元件电流线圈通入的电流为 $-I_w$。

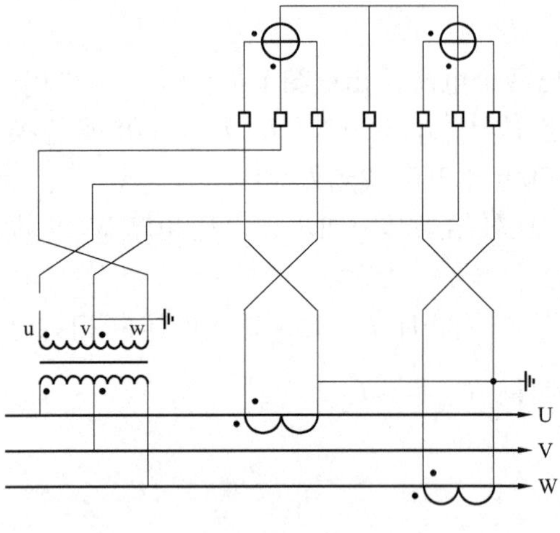

图 5－141

1. 测量数据（以 T－230A 现场校验仪为例）

按照第二章第三节现场校验仪测量方法的使用介绍，将校验仪与电能表接好。在选定的显示界面上将显示出分析所需的所有数据，显示屏数据如表 5－36 所示。

表 5－36

测 试 数 据			
项目	1 元件	2－6 端子	3 元件
电压	51.0V	99.7V	48.9V
电流	1.5A	0.0A	1.5A
对地电压	99.4V	48.6V	0.3V
相位	$\varphi_{I_1I_3}$ = 239.5°		
	$\varphi_{U_{31}I_1}$ = 120.3°		
	$\varphi_{U_{31}I_3}$ = 359.8°　P = 110.7		
相序	电压断相 U_2　电流相序正		

2. 分析判断错误现象

（1）从表5－36“电压”栏中的显示值看出1元件和3元件的电压值不等于100V，可以判定该错误接线有电压断相。

（2）从“对地电压”栏中可以看出3元件的电压为0V，所以确定 U_3 为V相。电压值为48V的 U_2 为电压断相，与“相序”栏中的电压断相 U_2 一致。

（3）确定 U_3 为V相后，就可以看出该错误接线的电压相序有两种可能，即WUV和UWV。

（4）如图5－142所示，以电压相序WUV推出两个电流在相量图上的位置。将“相位”栏中的 U_{31} 替换成 U_{vw}。那么，$U_{31}I_1=120°$ 就替换成 $U_{vw}I_1=120°$、$U_{31}I_3=360°$ 就替换成 $U_{vw}I_3=360°$。即以 U_{vw} 为基准沿顺时针方向分别转120°和360°找到 I_1 和 I_3。从图上可以看出 $I_1=-I_u$、$I_3=-I_w$，并且其夹角等于240°，电流相序为正。

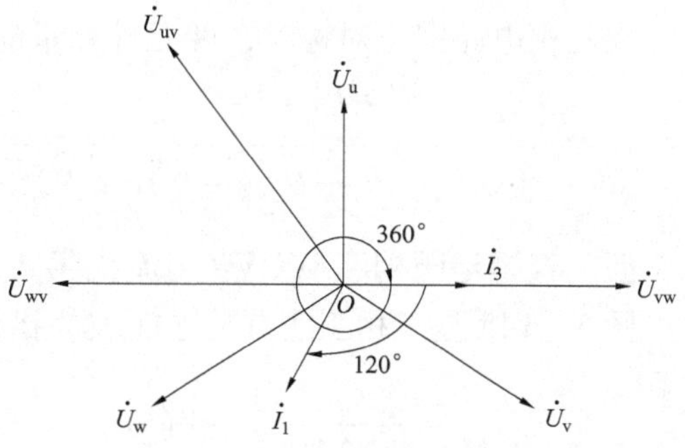

图5－142

（5）如图5－143所示，以电压相序UWV推出两个电流在相量图上的位置。将“相位”栏中的 U_{31} 替换成 U_{vu}。那么，$U_{31}I_1=120°$ 就替换成 $U_{vu}I_1=120°$、$U_{31}I_3=360°$ 就替换成 $U_{vu}I_3=360°$。即以 U_{vu} 为基准沿顺时针方向分别转120°和360°找到 I_1 和 I_3。

（6）将两个电流在相量图上的位置进行比较。比较结果是第四步以电压相序WUV推出的两个电流符合两个电流在相量图上的位置。

（7）最后得出错误接线结论：电压相序WUV，电流相序 I_u、I_w，U相电压断相。电能表的实际接线组别为：第一元件 $\frac{1}{2}U_{wv}$、$-I_u$，第二元件 $\frac{1}{2}U_{vw}$、$-I_w$。

（8）画出错误接线相量图，如图5－144所示。

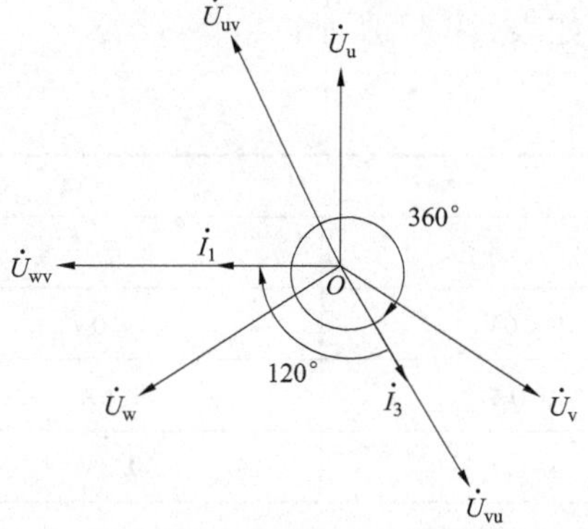

图5－143

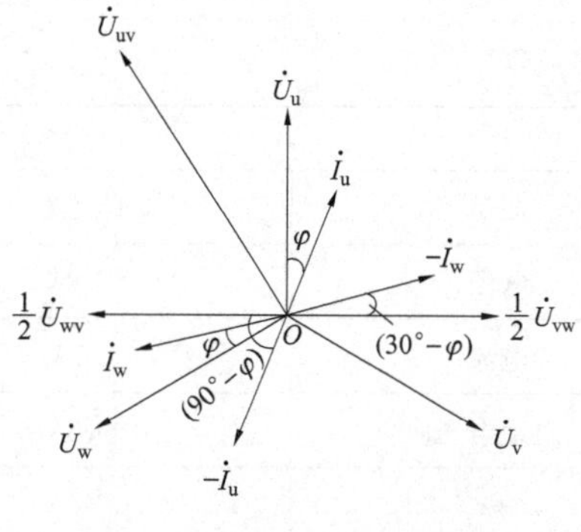

图5－144

3. 写出错误接线时测得的电能（以功率表示）

因为电能表所计量的电能与所加电压和电流及相应相电流之间的夹角余弦乘积成正比，

根据图 5－144 画出的错误接线相量图，对两个元件所计量的电能分别进行分析（以功率表示），并设 P_1' 为第一元件错误计量的功率，P_2' 为第二元件错误计量的功率。

第一元件测量的功率为

$$P_1' = \frac{1}{2}U_{wv}(-I_u)\cos(90° - \varphi)$$

第二元件测量的功率为

$$P_2' = \frac{1}{2}U_{vw}(-I_w)\cos(30° - \varphi)$$

在三相电路完全对称时，两元件测量的总功率为

$$\begin{aligned}P' &= P_1' + P_2' \\ &= \frac{1}{2}U_{wv}(-I_u)\cos(90° - \varphi) + \frac{1}{2}U_{vw}(-I_w)\cos(30° - \varphi)\end{aligned}$$

五、表尾电压相序 WUV，电流相序 I_wI_u，U 相 TV 二次侧电压断相

图 5－145 是三相三线有功电能表的错误接线。从图中可以看出，电能表表尾电压相序为 WUV，并且 U 相 TV 二次侧电压断相，造成电能表第一元件电压线圈两端实际承受电压为 $\frac{1}{2}U_{wv}$，第二元件实际承受电压为 $\frac{1}{2}U_{vw}$；电流由于 U、W 相表尾端钮接错，造成第一元件电流线圈通入的电流为 I_w，第二元件电流线圈通入的电流为 I_u。

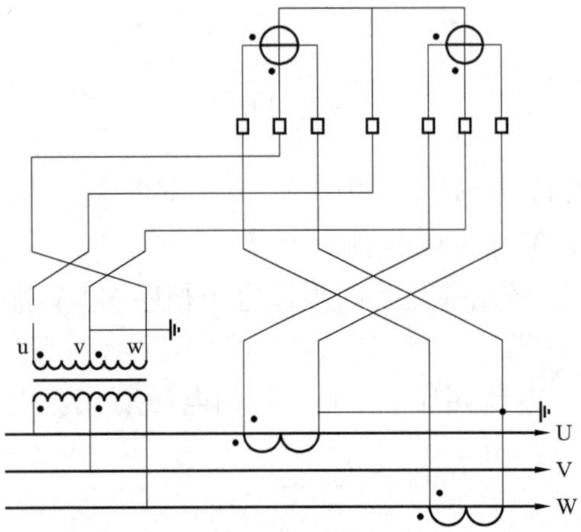

图 5－145

1. 测量数据（以 T－230A 现场校验仪为例）

按照第二章第三节现场校验仪测量方法的使用介绍，将校验仪与电能表接好。在选定的显示界面上将显示出分析所需的所有数据，显示屏数据如表 5－37 所示。

表 5－37

测试数据			
项目	1 元件	2－6 端子	3 元件
电压	50.8V	99.6V	49.0V
电流	1.5A	0.0A	1.5A
对地电压	99.3V	48.7V	0.3V
相位	$\varphi_{I_1I_3}=120.6°$		
	$\varphi_{U_{31}I_1}=179.8°$		
	$\varphi_{U_{31}I_3}=300.3°$　$P=112.8$		
相序	电压断相 U_2　电流相序逆		

2. 分析判断错误现象

（1）从表5－37“电压”栏中的显示值看出1元件和3元件的电压值不等于100V，可以判定该错误接线有电压断相。

（2）从“对地电压”栏中可以看出3元件的电压为0V，所以确定 U_3 为V相。电压值为48V的 U_2 为电压断相，与“相序”栏中的电压断相 U_2 一致。

（3）确定 U_3 为V相后，就可以看出该错误接线的电压相序有两种可能，即WUV和UWV。

（4）如图5－146所示，以电压相序WUV推出两个电流在相量图上的位置。将“相位”栏中的 U_{31} 替换成 U_{vw}。那么，$U_{31}I_1=180°$ 就替换成 $U_{vw}I_1=180°$、$U_{31}I_3=300°$ 就替换成 $U_{vw}I_3=300°$。即以 U_{vw} 为基准沿顺时针方向分别转180°和300°找到 I_1 和 I_3。从图上可以看出 $I_1=I_w$、$I_3=I_u$，并且其夹角等于120°，电流相序为逆。

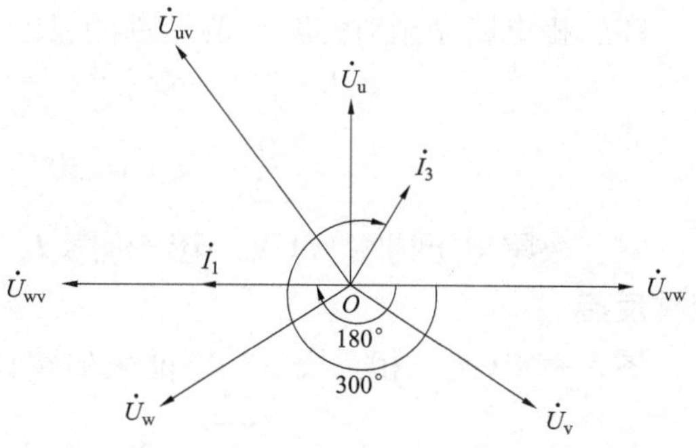

图5－146

（5）如图5－147所示，以电压相序UWV推出两个电流在相量图上的位置。将“相位”栏中的 U_{31} 替换成 U_{vu}。那么，$U_{31}I_1=180°$ 就替换成 $U_{vu}I_1=180°$、$U_{31}I_3=300°$ 就替换成 $U_{vu}I_3=300°$。即以 U_{vu} 为基准沿顺时针方向分别转180°和300°找到 I_1 和 I_3。

（6）将两个电流在相量图上的位置进行比较。比较结果是第四步以电压相序WUV推出的两个电流符合两个电流在相量图上的位置。

（7）最后得出错误接线结论：电压相序WUV，电流相序 I_w、I_u，U相电压断相。电能表的实际接线组别为：第一元件 $\frac{1}{2}U_{wv}$、I_w，第二元件 $\frac{1}{2}U_{vw}$、I_u。

（8）画出错误接线相量图，如图5－148所示。

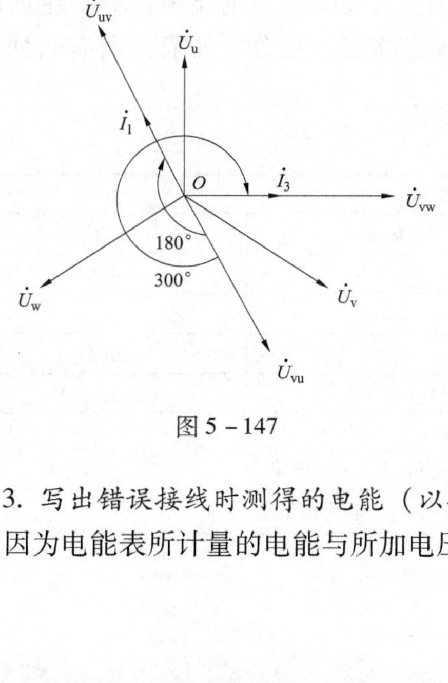

图5－147

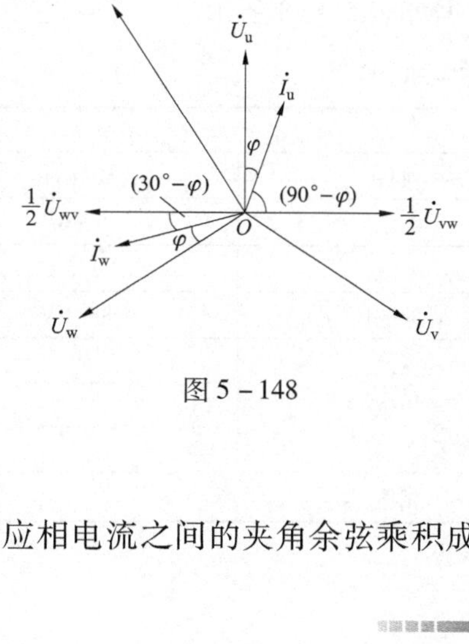

图5－148

3. 写出错误接线时测得的电能（以功率表示）

因为电能表所计量的电能与所加电压和电流及相应相电流之间的夹角余弦乘积成正比，

根据图 5－148 画出的错误接线相量图，对两个元件所计量的电能分别进行分析（以功率表示），并设 P_1' 为第一元件错误计量的功率，P_2' 为第二元件错误计量的功率。

第一元件测量的功率为

$$P_1' = \frac{1}{2}U_{wv}I_w\cos(30° - \varphi)$$

第二元件测量的功率为

$$P_2' = \frac{1}{2}U_{vw}I_u\cos(90° - \varphi)$$

在三相电路完全对称时，两元件测量的总功率为

$$\begin{aligned} P' &= P_1' + P_2' \\ &= \frac{1}{2}U_{wv}I_w\cos(30° - \varphi) + \frac{1}{2}U_{vw}I_u\cos(90° - \varphi) \end{aligned}$$

六、表尾电压相序 WUV，电流相序 I_wI_u，U 相 TV 二次侧电压断相，W 相 TA 二次侧极性反接

图 5－149 是三相三线有功电能表的错误接线。从图中可以看出，电能表表尾电压相序为 WUV，并且 U 相 TV 二次侧电压断相，造成电能表第一元件电压线圈两端实际承受电压为 $\frac{1}{2}U_{wv}$，第二元件实际承受电压为 $\frac{1}{2}U_{vw}$；电流由于 U、W 相表尾端钮接错，并且 W 相 TA 二次侧极性反接，造成第一元件电流线圈通入的电流为 $-I_w$，第二元件电流线圈通入的电流为 I_u。

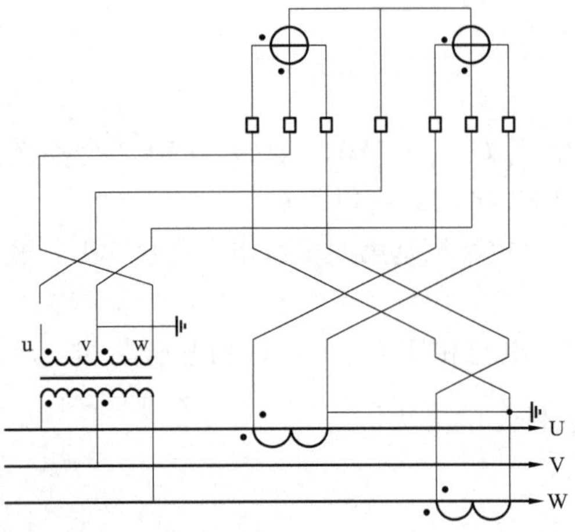

图 5－149

1. 测量数据（以 T－230A 现场校验仪为例）

按照第二章第三节现场校验仪测量方法的使用介绍，将校验仪与电能表接好。在选定的显示界面上将显示出分析所需的所有数据，显示屏数据如表 5－38 所示。

表 5－38

测 试 数 据			
项目	1 元件	2－6 端子	3 元件
电压	50.6V	99.5V	49.0V
电流	1.5A	0.0A	1.5A
对地电压	99.2V	48.7V	0.3V
相位	$\varphi_{I_1I_3}=300.2°$		
	$\varphi_{U_{31}I_1}=359.9°$		
	$\varphi_{U_{31}I_3}=300.2°$　$P=-38.7$		
相序	电压断相 U_2　电流相序逆		

2. 分析判断错误现象

（1）从表5－38“电压”栏中的显示值看出1元件和3元件的电压值不等于100V，可以判定该错误接线有电压断相。

（2）从“对地电压”栏中可以看出3元件的电压为0V，所以确定 U_3 为V相。电压值为48V的 U_2 为电压断相，与“相序”栏中的电压断相 U_2 一致。

（3）确定 U_3 为V相后，就可以看出该错误接线的电压相序有两种可能，即WUV和UWV。

（4）如图5－150所示，以电压相序WUV推出两个电流在相量图上的位置。将“相位”栏中的 U_{31} 替换成 U_{vw}。那么，$U_{31}I_1=360°$ 就替换成 $U_{vw}I_1=360°$、$U_{31}I_3=300°$ 就替换成 $U_{vw}I_3=300°$。即以 U_{vw} 为基准沿顺时针方向分别转360°和300°找到 I_1 和 I_3。从图上可以看出 $I_1=-I_w$、$I_3=I_u$，并且其夹角等于300°，电流相序为逆。

（5）如图5－151所示，以电压相序UWV推出两个电流在相量图上的位置。将“相位”栏中的 U_{31} 替换成 U_{vu}。那么，$U_{31}I_1=360°$ 就替换成 $U_{vu}I_1=360°$、$U_{31}I_3=300°$ 就替换成 $U_{vu}I_3=300°$。即以 U_{vu} 为基准沿顺时针方向分别转360°和300°找到 I_1 和 I_3。

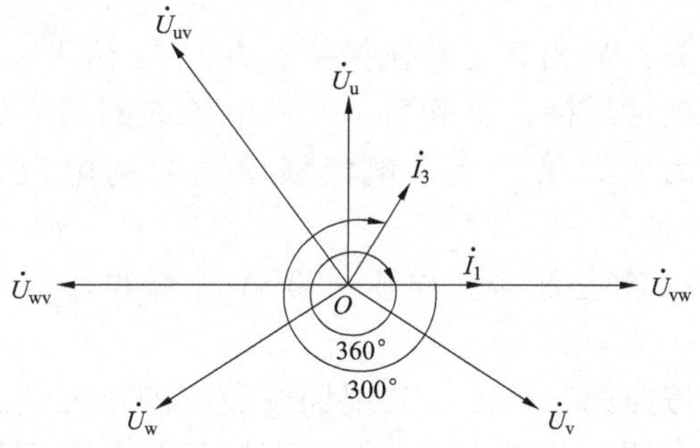

图5－150

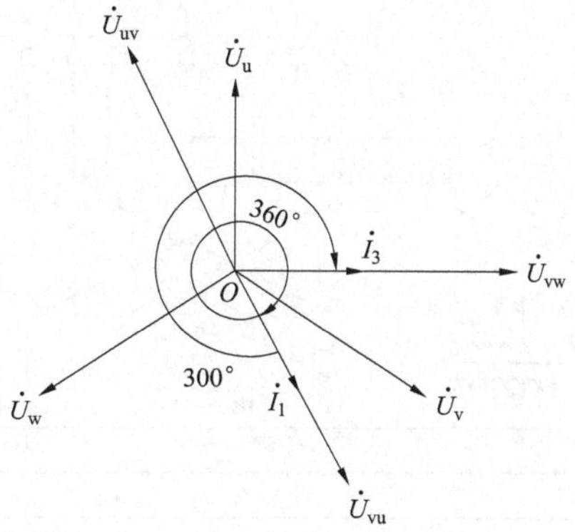

图5－151

（6）将两个电流在相量图上的位置进行比较。比较结果是第四步以电压相序WUV推出的两个电流符合两个电流在相量图上的位置。

（7）最后得出错误接线结论：电压相序WUV，电流相序 I_w、I_u，U相电压断相。电能表的实际接线组别为：第一元件$\frac{1}{2}U_{wv}$、$-I_w$，第二元件$\frac{1}{2}U_{vw}$、I_u。

（8）画出错误接线相量图，如图5－152所示。

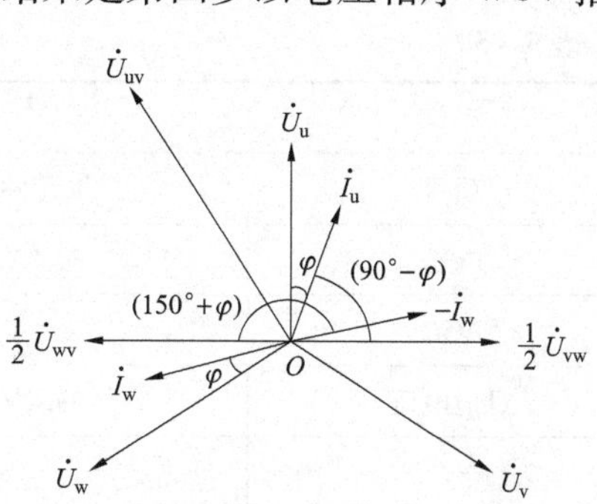

图5－152

3. 写出错误接线时测得的电能（以功率表示）

因为电能表所计量的电能与所加电压和电流及相应相电流之间的夹角余弦乘积成正比，根据图5－152画出的错误接线相量图，对两个元件所计量的电能分别进行分析（以功率表示），并设 P_1' 为第一元件错误计量的功率，P_2' 为第二元件错误计量的功率。

第一元件测量的功率为

$$P_1' = \frac{1}{2}U_{wv}(-I_w)\cos(150° + \varphi)$$

第二元件测量的功率为

$$P_2' = \frac{1}{2}U_{vw}I_u\cos(90° - \varphi)$$

在三相电路完全对称时，两元件测量的总功率为

$$P' = P_1' + P_2' = \frac{1}{2}U_{wv}(-I_w)\cos(150° + \varphi) + \frac{1}{2}U_{vw}I_u\cos(90° - \varphi)$$

七、表尾电压相序 WUV，电流相序 I_wI_u，U 相 TV 二次侧电压断相，U 相 TA 二次侧极性反接

图 5－153 是三相三线有功电能表的错误接线。从图中可以看出，电能表表尾电压相序为 WUV，并且 U 相 TV 二次侧电压断相，造成电能表第一元件电压线圈两端实际承受电压为 $\frac{1}{2}U_{wv}$，第二元件实际承受电压为 $\frac{1}{2}U_{vw}$；电流由于 U、W 相表尾端钮接错，并且 U 相 TA 二次侧极性反接，造成第一元件电流线圈通入的电流为 I_w，第二元件电流线圈通入的电流为 $-I_u$。

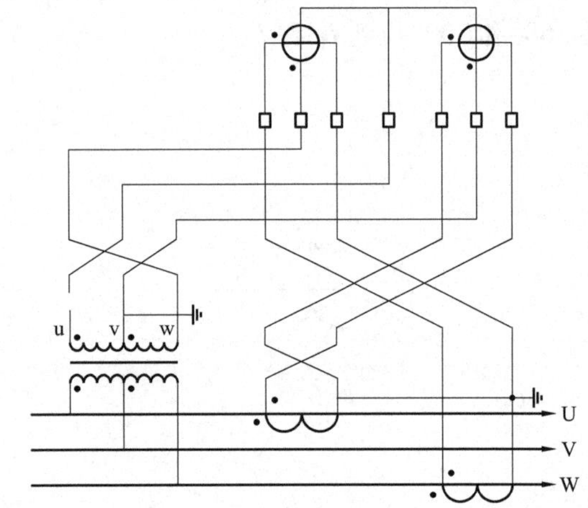

图 5－153

1. 测量数据（以 T－230A 现场校验仪为例）

按照第二章第三节现场校验仪测量方法的使用介绍，将校验仪与电能表接好。在选定的显示界面上将显示出分析所需的所有数据，显示屏数据如表 5－39 所示。

表 5－39

测试数据			
项目	1 元件	2－6 端子	3 元件
电压	50.9V	99.4V	48.7V
电流	1.5A	0.0A	1.5A
对地电压	99.2V	48.7V	0.3V
相位	$\varphi_{I_1I_3}=300.2°$		
	$\varphi_{U_{31}I_1}=180.0°$		
	$\varphi_{U_{31}I_3}=120.2°$　$P=38.5$		
相序	电压断相 U_2　电流相序逆		

2. 分析判断错误现象

（1）从表5－39“电压”栏中的显示值看出1元件和3元件的电压值不等于100V，可以判定该错误接线有电压断相。

（2）从“对地电压”栏中可以看出3元件的电压为0V，所以确定 U_3 为V相。电压值为48V的 U_2 为电压断相，与“相序”栏中的电压断相 U_2 一致。

（3）确定 U_3 为V相后，就可以看出该错误接线的电压相序有两种可能，即WUV和UWV。

（4）如图5－154所示，以电压相序WUV推出两个电流在相量图上的位置。将“相位”栏中的 U_{31} 替换成 U_{vw}。那么，$U_{31}I_1=180°$ 就替换成 $U_{vw}I_1=180°$、$U_{31}I_3=120°$ 就替换成 $U_{vw}I_3=120°$。即以 U_{vw} 为基准沿顺时针方向分别转180°和120°找到 I_1 和 I_3。从图上可以看出 $I_1=I_w$、$I_3=-I_u$，并且其夹角等于300°，电流相序为逆。

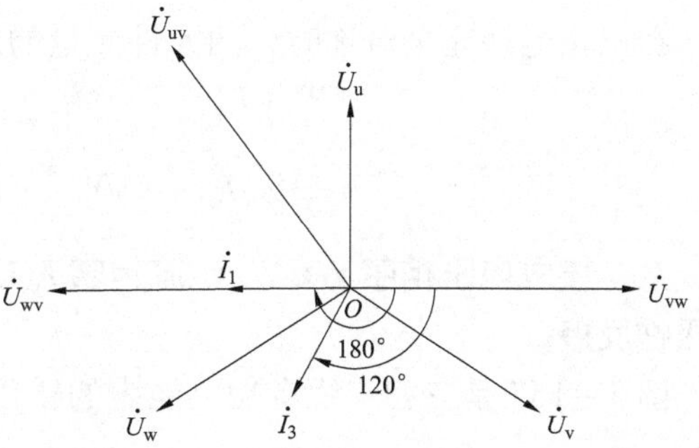

图5－154

（5）如图5－155所示，以电压相序UWV推出两个电流在相量图上的位置。将“相位”栏中的 U_{31} 替换成 U_{vu}。那么，$U_{31}I_1=180°$ 就替换成 $U_{vu}I_1=180°$、$U_{31}I_3=120°$ 就替换成 $U_{vu}I_3=120°$。即以 U_{vu} 为基准沿顺时针方向分别转180°和120°找到 I_1 和 I_3。

（6）将两个电流在相量图上的位置进行比较。比较结果是第四步以电压相序WUV推出的两个电流符合两个电流在相量图上的位置。

（7）最后得出错误接线结论：电压相序WUV，电流相序 I_w、I_u，U相电压断相。电能表的实际接线组别为：第一元件 $\frac{1}{2}U_{wv}$、I_w，第二元件 $\frac{1}{2}U_{vw}$、$-I_u$。

（8）画出错误接线相量图，如图5－156所示。

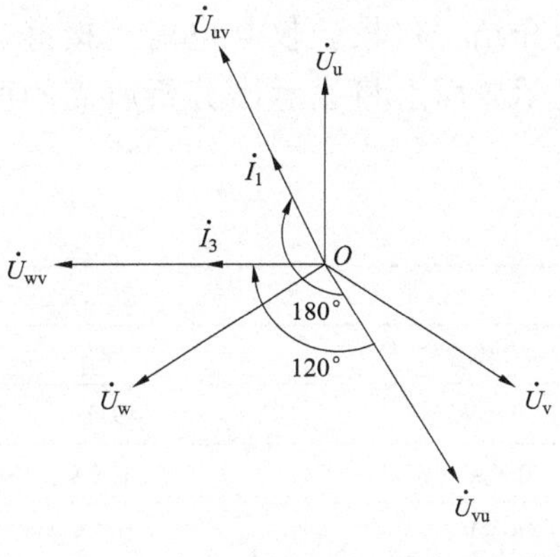

图5－155

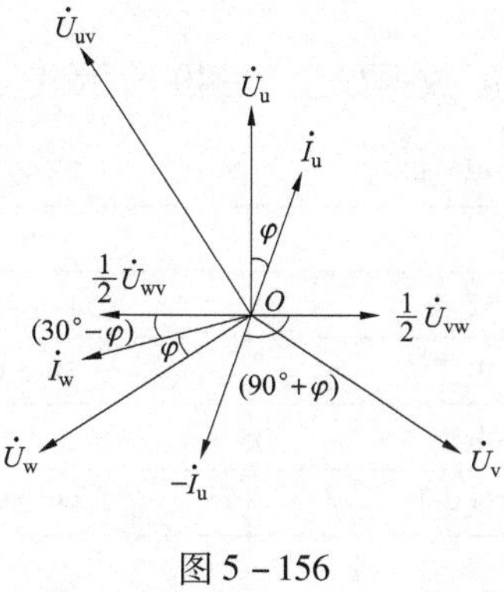

图5－156

3. 写出错误接线时测得的电能（以功率表示）

因为电能表所计量的电能与所加电压和电流及相应相电流之间的夹角余弦乘积成正比，根据图5－156画出的错误接线相量图，对两个元件所计量的电能分别进行分析（以功率表

示)，并设 P_1' 为第一元件错误计量的功率，P_2' 为第二元件错误计量的功率。

第一元件测量的功率为

$$P_1' = \frac{1}{2}U_{wv}I_w\cos(30° - \varphi)$$

第二元件测量的功率为

$$P_2' = \frac{1}{2}U_{vw}(-I_u)\cos(90° + \varphi)$$

在三相电路完全对称时，两元件测量的总功率为

$$\begin{aligned} P' &= P_1' + P_2' \\ &= \frac{1}{2}U_{wv}I_w\cos(30° - \varphi) + \frac{1}{2}U_{vw}(-I_u)\cos(90° + \varphi) \end{aligned}$$

八、表尾电压相序 WUV，电流相序 I_wI_u，U 相 TV 二次侧电压断相，U、W 相 TA 二次侧极性反接

图 5－157 是三相三线有功电能表的错误接线。从图中可以看出，电能表表尾电压相序为 WUV，并且 U 相 TV 二次侧电压断相，造成电能表第一元件电压线圈两端实际承受电压为$\frac{1}{2}U_{wv}$，第二元件实际承受电压为$\frac{1}{2}U_{vw}$；电流由于 U、W 相表尾端钮接错，并且 U、W 相 TA 二次侧极性反接，造成第一元件电流线圈通入的电流为 $-I_w$，第二元件电流线圈通入的电流为 $-I_u$。

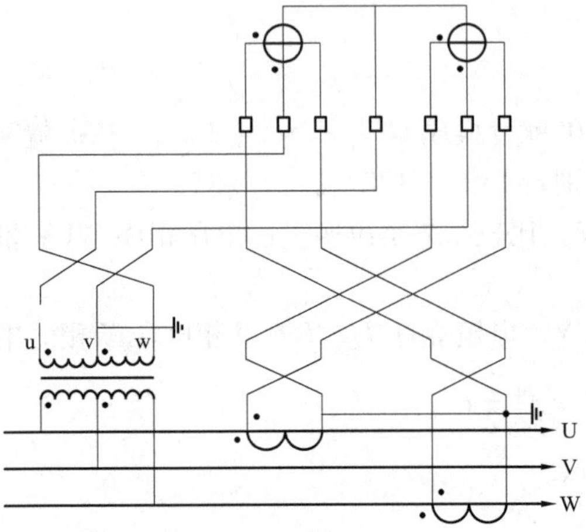

图 5－157

1. 测量数据（以 T－230A 现场校验仪为例）

按照第二章第三节现场校验仪测量方法的使用介绍，将校验仪与电能表接好。在选定的显示界面上将显示出分析所需的所有数据，显示屏数据如表 5－40 所示。

表 5－40

测 试 数 据			
项目	1 元件	2－6 端子	3 元件
电压	50.5V	99.5V	49.1V
电流	1.5A	0.0A	1.5A
对地电压	99.2V	48.8V	0.3V
相位	$\varphi_{I_1I_3}$ = 120.6°		
	$\varphi_{U_{31}I_1}$ = 359.8°		
	$\varphi_{U_{31}I_3}$ = 120.4° P = －111.7		
相序	电压断相 U_2 电流相序逆		

2. 分析判断错误现象

（1）从表5－40“电压”栏中的显示值看出1元件和3元件的电压值不等于100V，可以判定该错误接线有电压断相。

（2）从“对地电压”栏中可以看出3元件的电压为0V，所以确定U_3为V相。电压值为48V的U_2为电压断相，与“相序”栏中的电压断相U_2一致。

（3）确定U_3为V相后，就可以看出该错误接线的电压相序有两种可能，即WUV和UWV。

（4）如图5－158所示，以电压相序WUV推出两个电流在相量图上的位置。将“相位”栏中的U_{31}替换成U_{vw}。那么，$U_{31}I_1=360°$就替换成$U_{vw}I_1=360°$、$U_{31}I_3=120°$就替换成$U_{vw}I_3=120°$。即以U_{vw}为基准沿顺时针方向分别转360°和120°找到I_1和I_3。从图上可以看出$I_1=-I_w$、$I_3=-I_u$，并且其夹角等于120°，电流相序为逆。

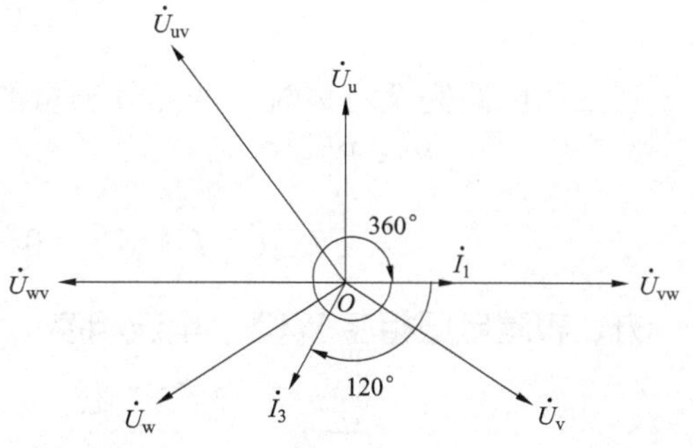

图5－158

（5）如图5－159所示，以电压相序UWV推出两个电流在相量图上的位置。将“相位”栏中的U_{31}替换成U_{vu}。那么，$U_{31}I_1=360°$就替换成$U_{vu}I_1=360°$、$U_{31}I_3=120°$就替换成$U_{vu}I_3=120°$。即以U_{vu}为基准沿顺时针方向分别转360°和120°找到I_1和I_3。

（6）将两个电流在相量图上的位置进行比较。比较结果是第四步以电压相序WUV推出的两个电流符合两个电流在相量图上的位置。

（7）最后得出错误接线结论：电压相序WUV，电流相序I_w、I_u，U相电压断相。电能表的实际接线组别为：第一元件$\frac{1}{2}U_{wv}$、$-I_w$，第二元件$\frac{1}{2}U_{vw}$、$-I_u$。

（8）画出错误接线相量图，如图5－160所示。

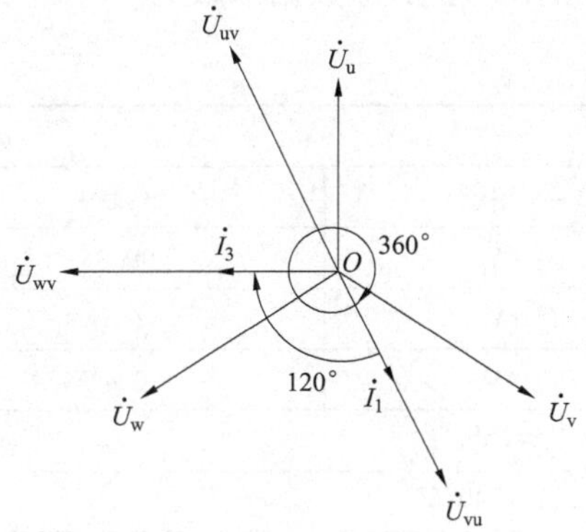

图5－159

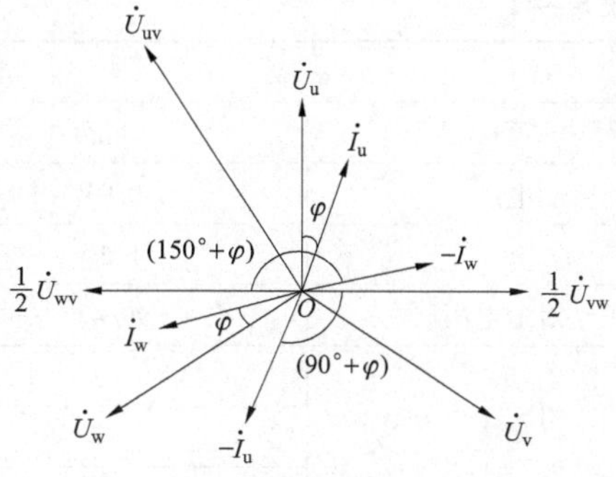

图5－160

3. 写出错误接线时测得的电能（以功率表示）

因为电能表所计量的电能与所加电压和电流及相应相电流之间的夹角余弦乘积成正比，根据图5－160画出的错误接线相量图，对两个元件所计量的电能分别进行分析（以功率表

示），并设 P_1' 为第一元件错误计量的功率，P_2' 为第二元件错误计量的功率。

第一元件测量的功率为

$$P_1' = \frac{1}{2}U_{wv}(-I_w)\cos(150° + \varphi)$$

第二元件测量的功率为

$$P_2' = \frac{1}{2}U_{vw}(-I_u)\cos(90° + \varphi)$$

在三相电路完全对称时，两元件测量的总功率为

$$\begin{aligned} P' &= P_1' + P_2' \\ &= \frac{1}{2}U_{wv}(-I_w)\cos(150° + \varphi) + \frac{1}{2}U_{vw}(-I_u)\cos(90° + \varphi) \end{aligned}$$

九、表尾电压相序 WUV，电流相序 I_uI_w，W 相 TV 二次侧电压断相

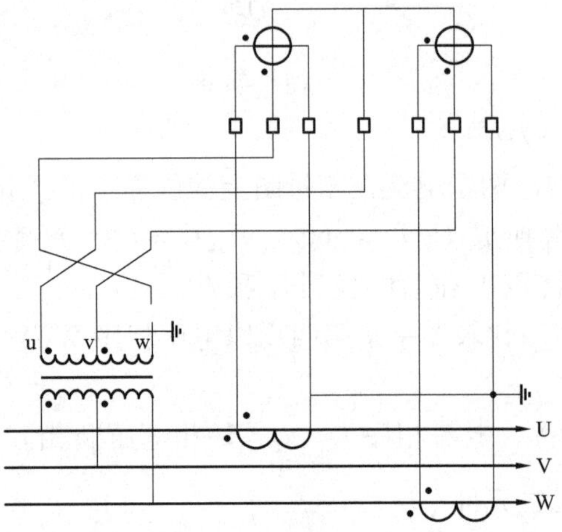

图 5－161

图 5－161 是三相三线有功电能表的错误接线。从图中可以看出，电能表表尾电压相序为 WUV，并且 W 相 TV 二次侧电压断相，造成电能表第一元件失压，第二元件实际承受电压为 U_{vu}；第一元件电流线圈通入的电流为 I_u，第二元件电流线圈通入的电流为 I_w。

1. 测量数据（以 T－230A 现场校验仪为例）

按照第二章第三节现场校验仪测量方法的使用介绍，将校验仪与电能表接好。在选定的显示界面上将显示出分析所需的所有数据，显示屏数据如表 5－41 所示。

表 5－41

测试数据			
项目	1 元件	2－6 端子	3 元件
电压	0.9V	99.8V	99.8V
电流	1.5A	0.0A	1.5A
对地电压	99.4V	99.4V	0.4V
相位	$\varphi_{I_1I_3} = 239.5°$		
	$\varphi_{U_{32}I_1} = 240.2°$		
	$\varphi_{U_{32}I_3} = 119.6°$　$P = -72.9$		
相序	电压断相 U_1　电流相序正		

2. 分析判断错误现象

（1）从表 5－41 “电压”栏中的显示值看出 1 元件电压值不等于 100V，可以判定该错

误接线有电压断相，并且根据2元件和3元件的电压值可以看出，此电能表内部分压结构为“V”形。

（2）从“对地电压”栏中可以看出3元件的电压值接近0V，所以确定U_3为V相。“电压”栏中电压值不等于100V的U_1为电压断相，与“相序”栏中的电压断相U_1一致。

（3）确定U_3为V相后，就可以看出该错误接线的电压相序有两种可能，即WUV和UWV。

（4）如图5－162所示，以电压相序WUV推出两个电流在相量图上的位置。将“相位”栏中的U_{32}替换成U_{vu}。那么，$U_{32}I_1=240°$就替换成$U_{vu}I_1=240°$、$U_{32}I_3=120°$就替换成$U_{vu}I_3=120°$。即以U_{vu}为基准沿顺时针方向分别转240°和120°找到I_1和I_3。从图上可以看出$I_1=I_u$、$I_3=I_w$，并且其夹角等于240°，电流相序为正。

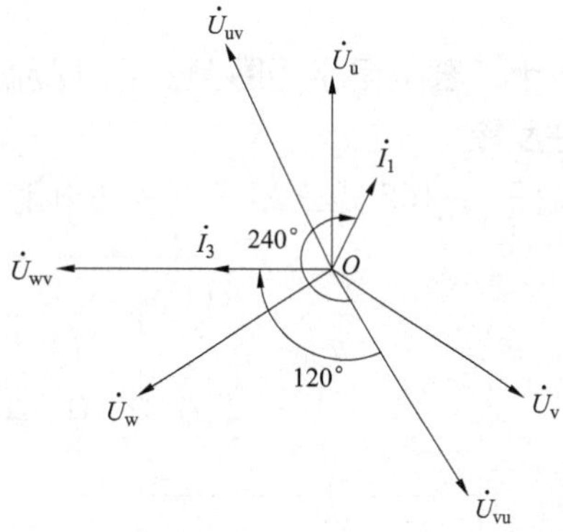

图5－162

（5）如图5－163所示，以电压相序UWV推出两个电流在相量图上的位置。将“相位”栏中的U_{32}替换成U_{vw}。那么，$U_{32}I_1=240°$就替换成$U_{vw}I_1=240°$、$U_{32}I_3=120°$就替换成$U_{vw}I_3=120°$。即以U_{vw}为基准沿顺时针方向分别转240°和120°找到I_1和I_3。

（6）将两个电流在相量图上的位置进行比较。比较结果是第四步以电压相序WUV推出的两个电流符合两个电流在相量图上的位置。

（7）最后得出错误接线结论：电压相序WUV，电流相序I_u、I_w，W相电压断相。电能表的实际接线组别为：第一元件U_{wu}、I_u，第二元件U_{vu}、I_w。

（8）画出错误接线相量图，如图5－164所示。

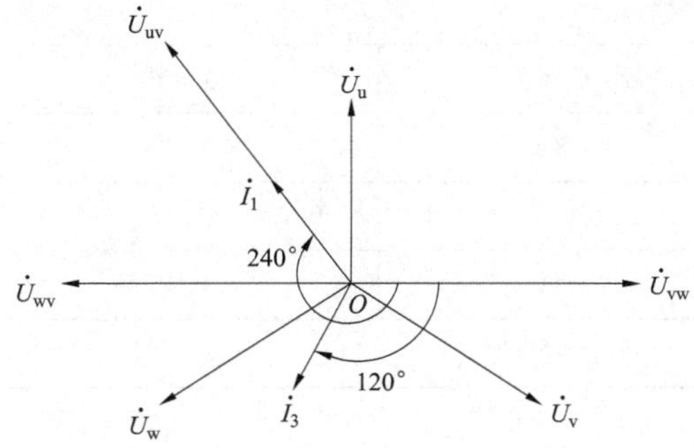

图5－163

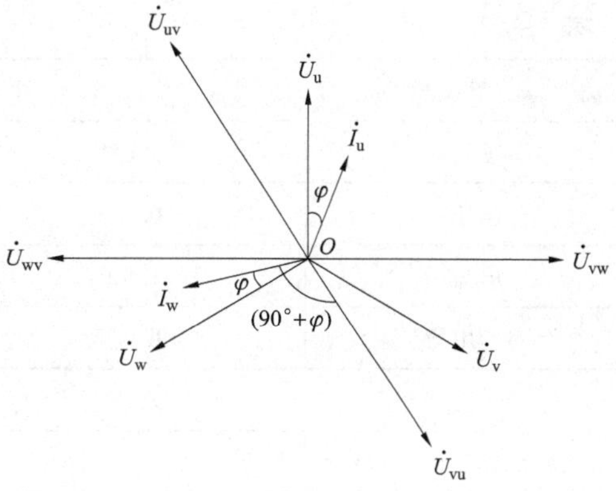

图5－164

3. 写出错误接线时测得的电能（以功率表示）

因为电能表所计量的电能与所加电压和电流及相应相电流之间的夹角余弦乘积成正比，根据图5－164画出的错误接线相量图，对两个元件所计量的电能分别进行分析（以功率表示），并设P'_1为第一元件错误计量的功率，P'_2为第二元件错误计量的功率。

第一元件测量的功率为

$$P_1' = 0$$

第二元件测量的功率为

$$P_2' = U_{vu} I_w \cos(90° + \varphi)$$

在三相电路完全对称时，两元件测量的总功率为

$$P' = P_1' + P_2' = U_{vu} I_w \cos(90° + \varphi)$$

十、表尾电压相序 WUV，电流相序 $I_u I_w$，W 相 TV 二次侧电压断相，U 相 TA 二次侧极性反接

图 5－165 是三相三线有功电能表的错误接线。从图中可以看出，电能表表尾电压相序为 WUV，并且 W 相 TV 二次侧电压断相，造成电能表第一元件失压，第二元件实际承受电压为 U_{vu}；电流由于 U 相 TA 二次侧极性反接，造成第一元件电流线圈通入的电流为 $-I_u$，第二元件电流线圈通入的电流为 I_w。

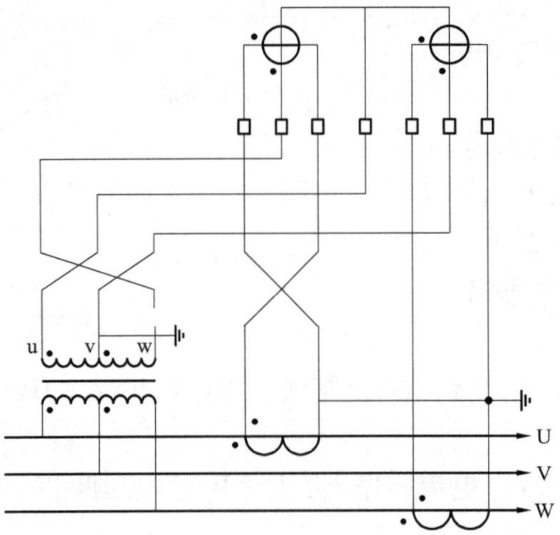

图 5－165

1. 测量数据（以 T－230A 现场校验仪为例）

按照第二章第三节现场校验仪测量方法的使用介绍，将校验仪与电能表接好。在选定的显示界面上将显示出分析所需的所有数据，显示屏数据如表 5－42 所示。

表 5－42

测 试 数 据			
项目	1 元件	2－6 端子	3 元件
电压	0.9V	99.8V	99.8V
电流	1.5A	0.0A	1.5A
对地电压	99.4V	99.4V	0.4V
相位	$\varphi_{I_1 I_3} = 59.8°$		
	$\varphi_{U_{32} I_1} = 59.9°$		
	$\varphi_{U_{32} I_3} = 119.8°$　$P = -75.2$		
相序	电压断相 U_1　电流相序正		

2. 分析判断错误现象

（1）从表 5－42“电压”栏中的显示值看出 1 元件电压值不等于 100V，可以判定该错

误接线有电压断相，并且根据 2 元件和 3 元件的电压值可以看出，此电能表内部分压结构为"V"形。

（2）从"对地电压"栏中可以看出 3 元件的电压值接近 0V，所以确定 U_3 为 V 相。"电压"栏中电压值不等于 100V 的 U_1 为电压断相，与"相序"栏中的电压断相 U_1 一致。

（3）确定 U_3 为 V 相后，就可以看出该错误接线的电压相序有两种可能，即 WUV 和 UWV。

（4）如图 5－166 所示，以电压相序 WUV 推出两个电流在相量图上的位置。将"相位"栏中的 U_{32} 替换成 U_{vu}。那么，$U_{32}I_1=60°$就替换成 $U_{vu}I_1=60°$、$U_{32}I_3=120°$就替换成 $U_{vu}I_3=120°$。即以 U_{vu} 为基准沿顺时针方向分别转 60°和 120°找到 I_1 和 I_3。从图上可以看出 $I_1=-I_u$、$I_3=I_w$，并且其夹角等于 60°，电流相序为正。

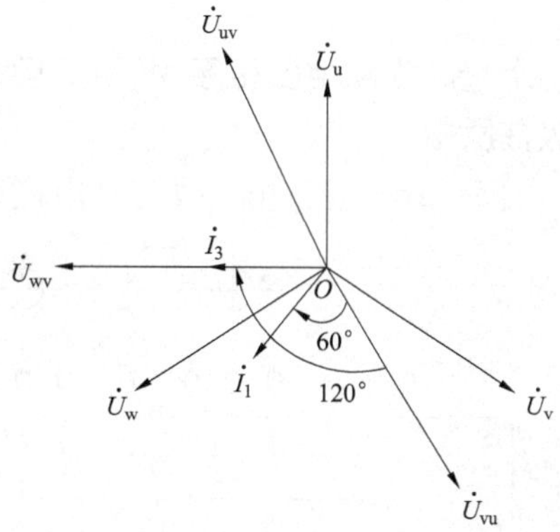

图 5－166

（5）如图 5－167 所示，以电压相序 UWV 推出两个电流在相量图上的位置。将"相位"栏中的 U_{32} 替换成 U_{vw}。那么，$U_{32}I_1=60°$就替换成 $U_{vw}I_1=60°$、$U_{32}I_3=120°$就替换成 $U_{vw}I_3=120°$。即以 U_{vw} 为基准沿顺时针方向分别转 60°和 120°找到 I_1 和 I_3。

（6）将两个电流在相量图上的位置进行比较。比较结果是第四步以电压相序 WUV 推出的两个电流符合两个电流在相量图上的位置。

（7）最后得出错误接线结论：电压相序 WUV，电流相序 I_u、I_w，W 相电压断相。电能表的实际接线组别为：第一元件 U_{wu}、$-I_u$，第二元件 U_{vu}、I_w。

（8）画出错误接线相量图，如图 5－168 所示。

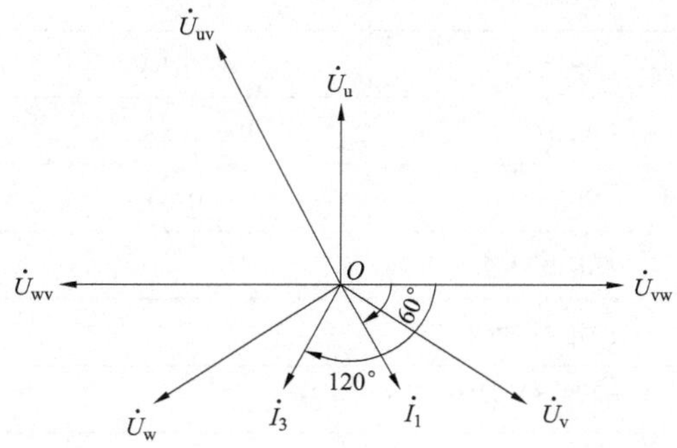

图 5－167

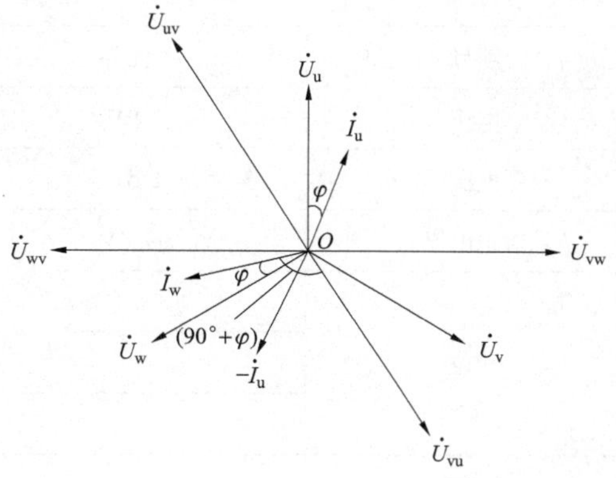

图 5－168

3. 写出错误接线时测得的电能（以功率表示）

因为电能表所计量的电能与所加电压和电流及相应相电流之间的夹角余弦乘积成正比，根据图 5－168 画出的错误接线相量图，对两个元件所计量的电能分别进行分析（以功率表示），并设 P_1' 为第一元件错误计量的功率，P_2' 为第二元件错误计量的功率。

第一元件测量的功率为

$$P_1' = 0$$

第二元件测量的功率为

$$P_2' = U_{vu} I_w \cos(90° + \varphi)$$

在三相电路完全对称时，两元件测量的总功率为

$$P' = P_1' + P_2' = U_{vu} I_w \cos(90° + \varphi)$$

十一、表尾电压相序 WUV，电流相序 $I_u I_w$，W 相 TV 二次侧电压断相，W 相 TA 二次侧极性反接

图 5-169 是三相三线有功电能表的错误接线。从图中可以看出，电能表表尾电压相序为 WUV，并且 W 相 TV 二次侧电压断相，造成电能表第一元件失压，第二元件实际承受电压为 U_{vu}；电流由于 W 相 TA 二次侧极性反接，造成第一元件电流线圈通入的电流为 I_u，第二元件电流线圈通入的电流为 $-I_w$。

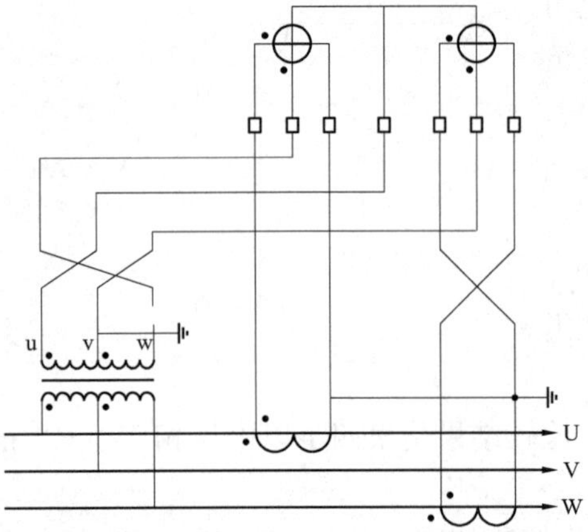

图 5-169

1. 测量数据（以 T-230A 现场校验仪为例）

按照第二章第三节现场校验仪测量方法的使用介绍，将校验仪与电能表接好。在选定的显示界面上将显示出分析所需的所有数据，显示屏数据如表 5-43 所示。

表 5-43

测 试 数 据			
项目	1 元件	2-6 端子	3 元件
电压	0.9V	99.8V	99.9V
电流	1.5A	0.0A	1.5A
对地电压	99.4V	99.5V	0.4V
相位	$\varphi_{I_1 I_3} = 59.8°$		
	$\varphi_{U_{32} I_1} = 239.9°$		
	$\varphi_{U_{32} I_3} = 299.8°$　$P = 75.3$		
相序	电压断相 U_1　电流相序正		

2. 分析判断错误现象

（1）从表 5-43“电压”栏中的显示值看出 1 元件电压值不等于 100V，可以判定该错误接线有电压断相，并且根据 2 元件和 3 元件的电压值可以看出，此电能表内部分压结构为“V”形。

(2) 从“对地电压”栏中可以看出 3 元件的电压值接近 0V，所以确定 U_3 为 V 相。“电压”栏中电压值不等于 100V 的 U_1 为电压断相，与“相序”栏中的电压断相 U_1 一致。

(3) 确定 U_3 为 V 相后，就可以看出该错误接线的电压相序有两种可能，即 WUV 和 UWV。

(4) 如图 5－170 所示，以电压相序 WUV 推出两个电流在相量图上的位置。将“相位”栏中的 U_{32} 替换成 U_{vu}。那么，$U_{32}I_1=240°$ 就替换成 $U_{vu}I_1=240°$、$U_{32}I_3=300°$ 就替换成 $U_{vu}I_3=300°$。即以 U_{vu} 为基准沿顺时针方向分别转 240°和 300°找到 I_1 和 I_3。从图上可以看出 $I_1=I_u$、$I_3=-I_w$，并且其夹角等于 60°，电流相序为正。

(5) 如图 5－171 所示，以电压相序 UWV 推出两个电流在相量图上的位置。将“相位”栏中的 U_{32} 替换成 U_{vw}。那么，$U_{32}I_1=240°$ 就替换成 $U_{vw}I_1=240°$、$U_{32}I_3=300°$ 就替换成 $U_{vw}I_3=300°$。即以 U_{vw} 为基准沿顺时针方向分别转 240°和 300°找到 I_1 和 I_3。

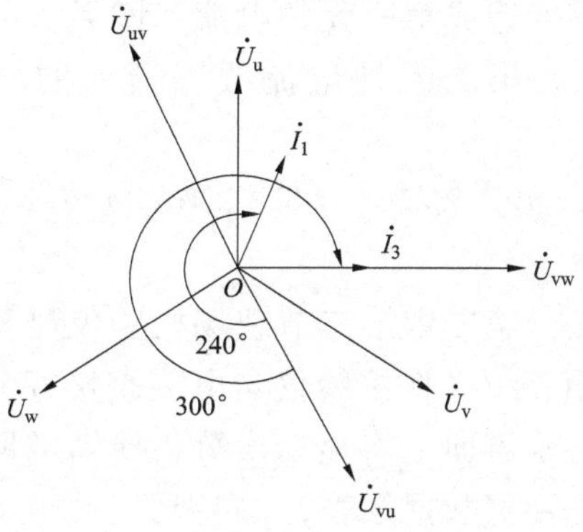

图 5－170

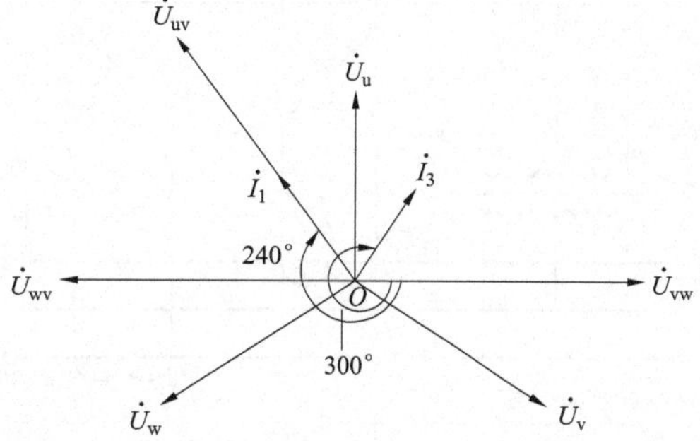

图 5－171

(6) 将两个电流在相量图上的位置进行比较。比较结果是第四步以电压相序 WUV 推出的两个电流符合两个电流在相量图上的位置。

(7) 最后得出错误接线结论：电压相序 WUV，电流相序 I_u、I_w，W 相电压断相。电能表的实际接线组别为：第一元件 U_{wu}、I_u，第二元件 U_{vu}、$-I_w$。

(8) 画出错误接线相量图，如图 5－172 所示。

3. 写出错误接线时测得的电能（以功率表示）

因为电能表所计量的电能与所加电压和电流及相应相电流之间的夹角余弦乘积成正比，根据图 5－172 画出的错误接线相量图，对两个元件所计量的电能分别进行分析（以功率表示），并设 P_1' 为第一元件错误计量的功率，P_2' 为第二元件错误计量的功率。

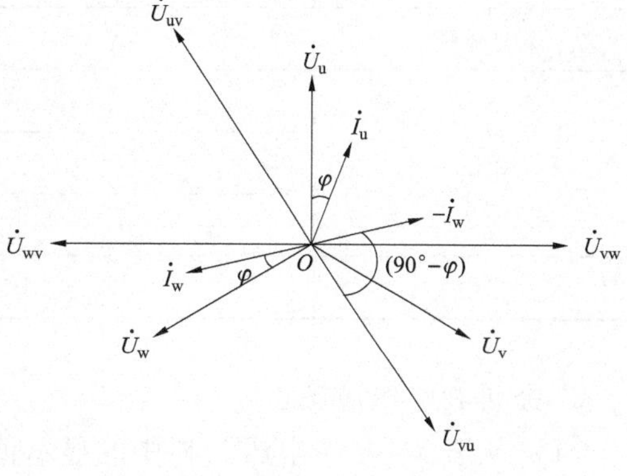

图 5－172

第一元件测量的功率为

$$P_1'=0$$

第二元件测量的功率为

$$P_2' = U_{vu}(-I_w)\cos(90° - \varphi)$$

在三相电路完全对称时，两元件测量的总功率为

$$P' = P_1' + P_2'$$
$$= U_{vu}(-I_w)\cos(90° - \varphi)$$

十二、表尾电压相序 WUV，电流相序 I_uI_w，W 相 TV 二次侧电压断相，U、W 相 TA 二次侧极性反接

图 5－173 是三相三线有功电能表的错误接线。从图中可以看出，电能表表尾电压相序为 WUV，并且 W 相 TV 二次侧电压断相，造成电能表第一元件失压，第二元件实际承受电压为 U_{vu}；电流由于 U、W 相 TA 二次侧极性反接，造成第一元件电流线圈通入的电流为 $-I_u$，第二元件电流线圈通入的电流为 $-I_w$。

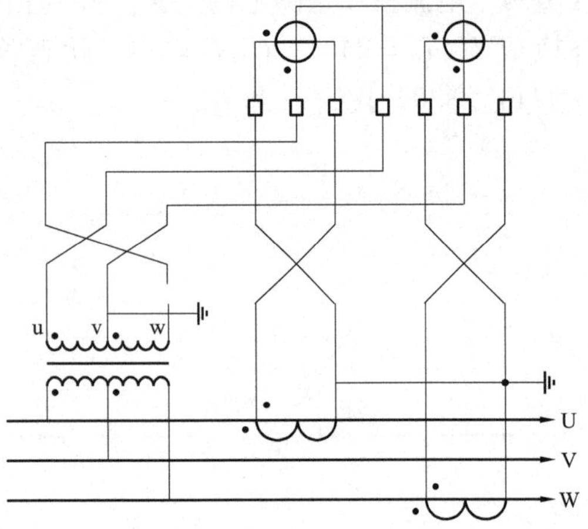

图 5－173

1. 测量数据（以 T－230A 现场校验仪为例）

按照第二章第三节现场校验仪测量方法的使用介绍，将校验仪与电能表接好。在选定的显示界面上将显示出分析所需的所有数据，显示屏数据如表 5－44 所示。

表 5－44

测试数据			
项目	1 元件	2－6 端子	3 元件
电压	0.9V	99.8V	99.9V
电流	1.5A	0.0A	1.5A
对地电压	99.4V	99.5V	0.4V
相位	$\varphi_{I_1I_3}=239.5°$		
	$\varphi_{U_{32}I_1}=60.2°$		
	$\varphi_{U_{32}I_3}=299.7°$　$P=73.1$		
相序	电压断相 U_1　电流相序正		

2. 分析判断错误现象

（1）从表 5－44“电压”栏中的显示值看出 1 元件电压值不等于 100V，可以判定该错误接线有电压断相，并且根据 2 元件和 3 元件的电压值可以看出，此电能表内部分压结构为“V”形。

（2）从“对地电压”栏中可以看出 3 元件的电压值接近 0V，所以确定 U_3 为 V 相。“电

压”栏中电压值不等于100V的 U_1 为电压断相，与“相序”栏中的电压断相 U_1 一致。

（3）确定 U_3 为V相后，就可以看出该错误接线的电压相序有两种可能，即WUV和UWV。

（4）如图5－174所示，以电压相序WUV推出两个电流在相量图上的位置。将“相位”栏中的 U_{32} 替换成 U_{vu}。那么，$U_{32}I_1=60°$ 就替换成 $U_{vu}I_1=60°$、$U_{32}I_3=300°$ 就替换成 $U_{vu}I_3=300°$。即以 U_{vu} 为基准沿顺时针方向分别转60°和300°找到 I_1 和 I_3。从图上可以看出 $I_1=-I_u$、$I_3=-I_w$，并且其夹角等于240°，电流相序为正。

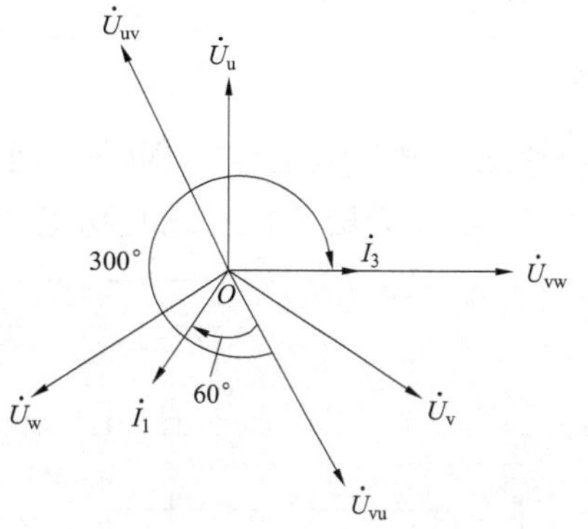

图5－174

（5）如图5－175所示，以电压相序UWV推出两个电流在相量图上的位置。将“相位”栏中的 U_{32} 替换成 U_{vw}。那么，$U_{32}I_1=60°$ 就替换成 $U_{vw}I_1=60°$、$U_{32}I_3=300°$ 就替换成 $U_{vw}I_3=300°$。即以 U_{vw} 为基准沿顺时针方向分别转60°和300°找到 I_1 和 I_3。

（6）将两个电流在相量图上的位置进行比较。比较结果是第四步以电压相序WUV推出的两个电流符合两个电流在相量图上的位置。

（7）最后得出错误接线结论：电压相序WUV，电流相序 I_u、I_w，W相电压断相。电能表的实际接线组别为：第一元件 U_{wu}、$-I_u$，第二元件 U_{vu}、$-I_w$。

（8）画出错误接线相量图，如图5－176所示。

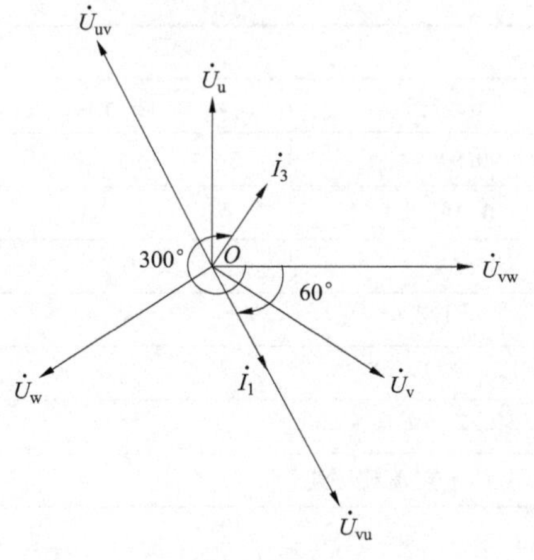

图5－175

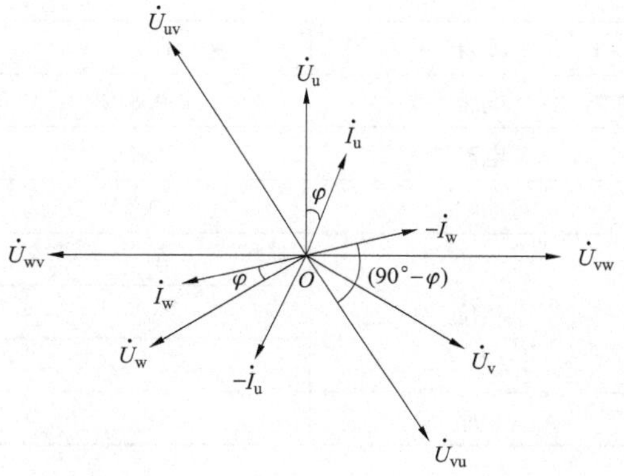

图5－176

3. 写出错误接线时测得的电能（以功率表示）

因为电能表所计量的电能与所加电压和电流及相应相电流之间的夹角余弦乘积成正比，根据图5－176画出的错误接线相量图，对两个元件所计量的电能分别进行分析（以功率表示），并设 P_1' 为第一元件错误计量的功率，P_2' 为第二元件错误计量的功率。

第一元件测量的功率为

$$P_1'=0$$

第二元件测量的功率为

$$P_2' = U_{vu}(-I_w)\cos(90° - \varphi)$$

在三相电路完全对称时，两元件测量的总功率为

$$P' = P_1' + P_2' = U_{vu}(-I_w)\cos(90° - \varphi)$$

十三、表尾电压相序 WUV，电流相序 I_wI_u，W 相 TV 二次侧电压断相

图 5－177 是三相三线有功电能表的错误接线。从图中可以看出，电能表表尾电压相序为 WUV，并且 W 相 TV 二次侧电压断相，造成电能表第一元件失压，第二元件实际承受电压为 U_{vu}；电流由于 U、W 相表尾端钮接错，造成第一元件电流线圈通入的电流为 I_w，第二元件电流线圈通入的电流为 I_u。

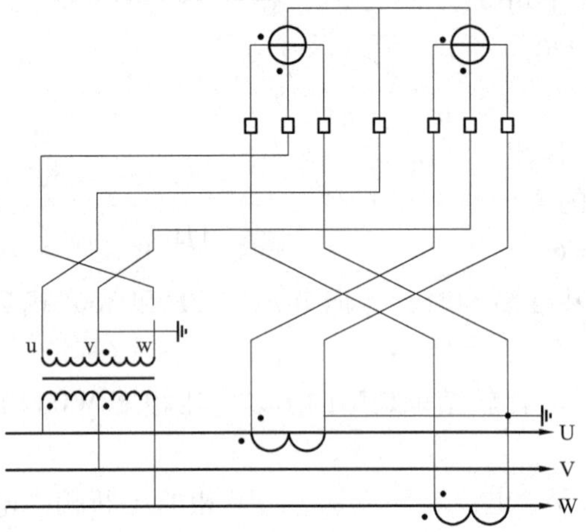

图 5－177

1. 测量数据（以 T－230A 现场校验仪为例）

按照第二章第三节现场校验仪测量方法的使用介绍，将校验仪与电能表接好。在选定的显示界面上将显示出分析所需的所有数据，显示屏数据如表 5－45 所示。

表 5－45

测 试 数 据			
项目	1 元件	2－6 端子	3 元件
电压	0.8V	99.9V	99.9V
电流	1.5A	0.0A	1.5A
对地电压	99.5V	99.5V	0.5V
相位	$\varphi_{I_1I_3}$ = 120.6°		
	$\varphi_{U_{32}I_1}$ = 119.6°		
	$\varphi_{U_{32}I_3}$ = 240.2°　P = －75.0		
相序	电压断相 U_1　电流相序逆		

2. 分析判断错误现象

（1）从表 5－45“电压”栏中的显示值看出 1 元件电压值不等于 100V，可以判定该错误接线有电压断相，并且根据 2 元件和 3 元件的电压值可以看出，此电能表内部分压结构为“V”形。

（2）从“对地电压”栏中可以看出 3 元件的电压值接近 0V，所以确定 U_3 为 V 相。“电压”栏中电压值不等于 100V 的 U_1 为电压断相，与“相序”栏中的电压断相 U_1 一致。

（3）确定 U_3 为 V 相后，就可以看出该错误接线的电压相序有两种可能，即 WUV 和 UWV。

(4) 如图 5－178 所示，以电压相序 WUV 推出两个电流在相量图上的位置。将“相位”栏中的 U_{32} 替换成 U_{vu}。那么，$U_{32}I_1=120°$就替换成 $U_{vu}I_1=120°$、$U_{32}I_3=240°$就替换成 $U_{vu}I_3=240°$。即以 U_{vu} 为基准沿顺时针方向分别转 120°和 240°找到 I_1 和 I_3。从图上可以看出 $I_1=I_w$、$I_3=I_u$，并且其夹角等于 120°，电流相序为逆。

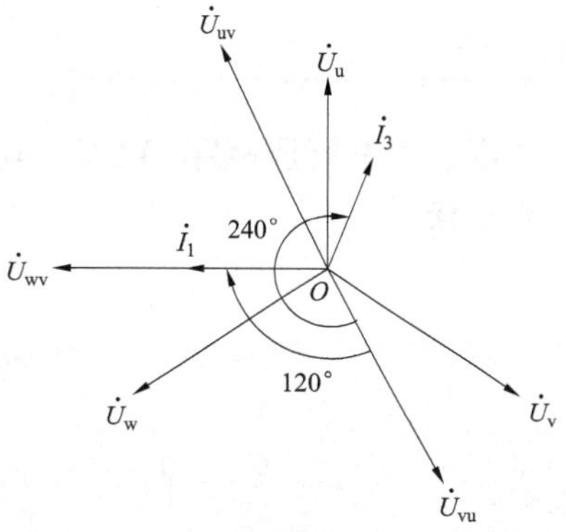

图 5－178

(5) 如图 5－179 所示，以电压相序 UWV 推出两个电流在相量图上的位置。将“相位”栏中的 U_{32} 替换成 U_{vw}。那么，$U_{32}I_1=120°$就替换成 $U_{vw}I_1=120°$、$U_{32}I_3=240°$就替换成 $U_{vw}I_3=240°$。即以 U_{vw} 为基准沿顺时针方向分别转 120°和 240°找到 I_1 和 I_3。

(6) 将两个电流在相量图上的位置进行比较。比较结果是第四步以电压相序 WUV 推出的两个电流符合两个电流在相量图上的位置。

(7) 最后得出错误接线结论：电压相序 WUV，电流相序 I_w、I_u，W 相电压断相。电能表的实际接线组别为：第一元件 U_{wu}、I_w，第二元件 U_{vu}、I_u。

(8) 画出错误接线相量图，如图 5－180 所示。

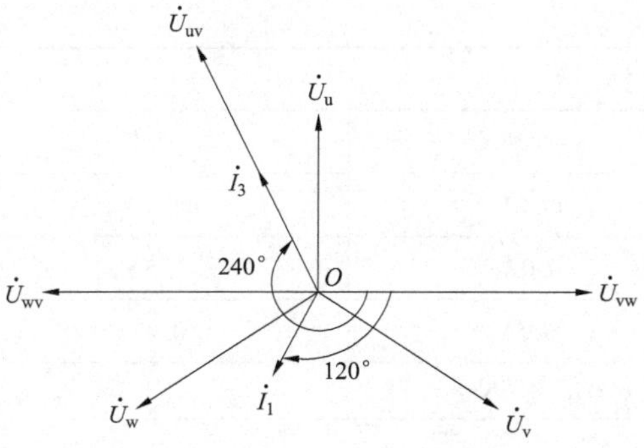

图 5－179

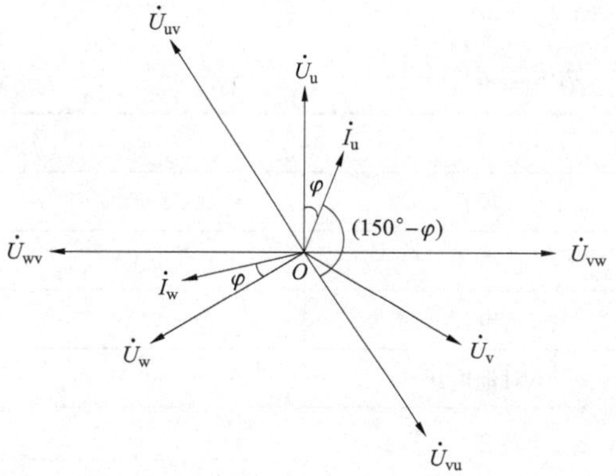

图 5－180

3. 写出错误接线时测得的电能（以功率表示）

因为电能表所计量的电能与所加电压和电流及相应相电流之间的夹角余弦乘积成正比，根据图 5－180 画出的错误接线相量图，对两个元件所计量的电能分别进行分析（以功率表示），并设 P'_1 为第一元件错误计量的功率，P'_2 为第二元件错误计量的功率。

第一元件测量的功率为

$$P'_1=0$$

第二元件测量的功率为

$$P'_2=U_{vu}I_u\cos(150°-\varphi)$$

在三相电路完全对称时，两元件测量的总功率为

$$P' = P'_1 + P'_2$$
$$= U_{vu} I_u \cos(150° - \varphi)$$

十四、表尾电压相序 WUV，电流相序 $I_w I_u$，W 相 TV 二次侧电压断相，W 相 TA 二次侧极性反接

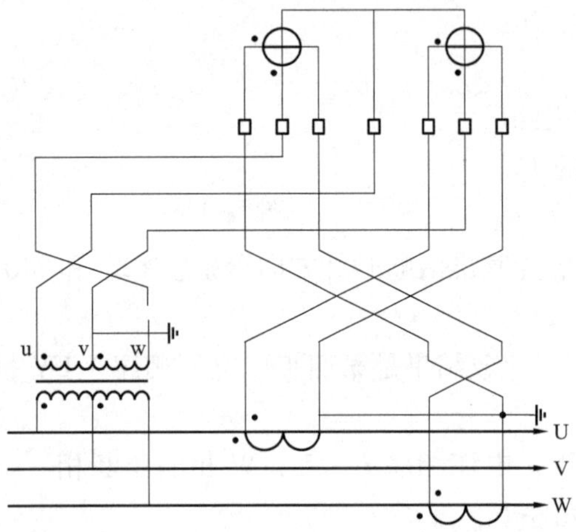

图 5－181

图 5－181 是三相三线有功电能表的错误接线。从图中可以看出，电能表表尾电压相序为 WUV，并且 W 相 TV 二次侧电压断相，造成电能表第一元件失压，第二元件实际承受电压为 U_{vu}；电流由于 U、W 相表尾端钮接错，并且 W 相 TA 二次侧极性反接，造成第一元件电流线圈通入的电流为 $-I_w$，第二元件电流线圈通入的电流为 I_u。

1. 测量数据（以 T－230A 现场校验仪为例）

按照第二章第三节现场校验仪测量方法的使用介绍，将校验仪与电能表接好。在选定的显示界面上将显示出分析所需的所有数据，显示屏数据如表 5－46 所示。

表 5－46

测 试 数 据			
项目	1 元件	2－6 端子	3 元件
电压	0.9V	99.9V	99.9V
电流	1.5A	0.0A	1.5A
对地电压	99.5V	99.5V	0.4V
相位	$\varphi_{I_1I_3}=300.2°$		
	$\varphi_{U_{32}I_1}=299.7°$		
	$\varphi_{U_{32}I_3}=240.0°$　$P=-73.3$		
相序	电压断相 U_1　电流相序逆		

2. 分析判断错误现象

（1）从表 5－46“电压”栏中的显示值看出 1 元件电压值不等于 100V，可以判定该错误接线有电压断相，并且根据 2 元件和 3 元件的电压值可以看出，此电能表内部分压结构为“V”形。

（2）从“对地电压”栏中可以看出 3 元件的电压值接近 0V，所以确定 U_3 为 V 相。“电压”栏中电压值不等于 100V 的 U_1 为电压断相，与“相序”栏中的电压断相 U_1 一致。

（3）确定 U_3 为 V 相后，就可以看出该错误接线的电压相序有两种可能，即 WUV 和 UWV。

（4）如图 5－182 所示，以电压相序 WUV 推出两个电流在相量图上的位置。将“相位”栏中的 U_{32} 替换成 U_{vu}。那么，$U_{32}I_1=300°$ 就替换成 $U_{vu}I_1=300°$、$U_{32}I_3=240°$ 就替换成 $U_{vu}I_3=240°$。即以 U_{vu} 为基准沿顺时针方向分别转 300°和 240°找到 I_1 和 I_3。从图上可以看出 $I_1=-I_w$、$I_3=I_u$，并且其夹角等于 300°，电流相序为逆。

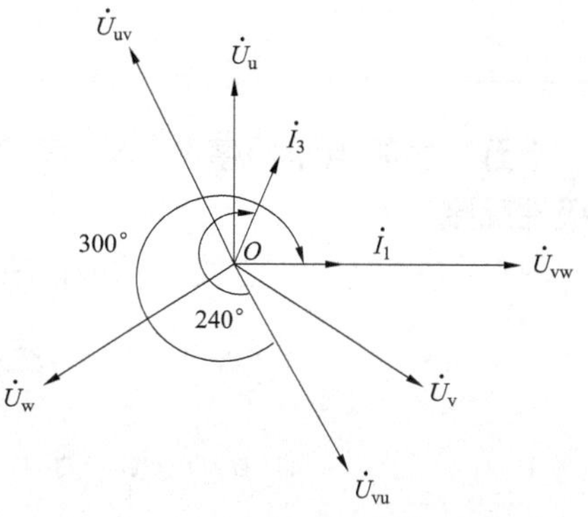

图 5－182

（5）如图 5－183 所示，以电压相序 UWV 推出两个电流在相量图上的位置。将“相位”栏中的 U_{32} 替换成 U_{vw}。那么，$U_{32}I_1=300°$ 就替换成 $U_{vw}I_1=300°$、$U_{32}I_3=240°$ 就替换成 $U_{vw}I_3=240°$。即以 U_{vw} 为基准沿顺时针方向分别转 300°和 240°找到 I_1 和 I_3。

（6）将两个电流在相量图上的位置进行比较。比较结果是第四步以电压相序 WUV 推出的两个电流符合两个电流在相量图上的位置。

（7）最后得出错误接线结论：电压相序 WUV，电流相序 I_w、I_u，W 相电压断相。电能表的实际接线组别为：第一元件 U_{wu}、$-I_w$，第二元件 U_{vu}、I_u。

（8）画出错误接线相量图，如图 5－184 所示。

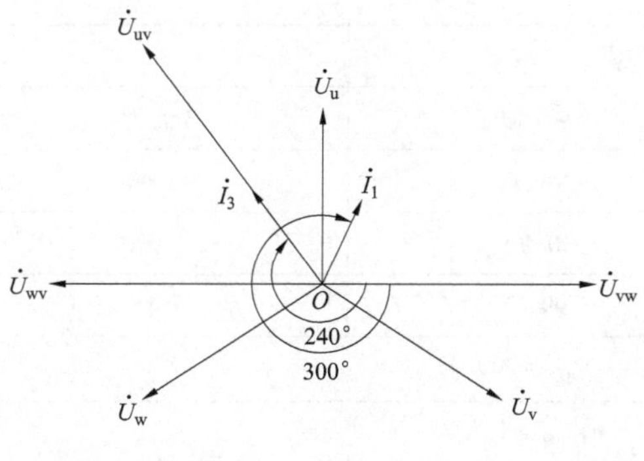

图 5－183

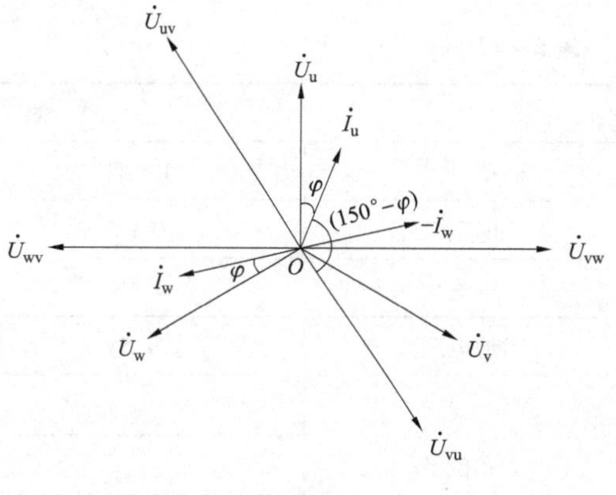

图 5－184

3. 写出错误接线时测得的电能（以功率表示）

因为电能表所计量的电能与所加电压和电流及相应相电流之间的夹角余弦乘积成正比，根据图 5－184 画出的错误接线相量图，对两个元件所计量的电能分别进行分析（以功率表示），并设 P_1' 为第一元件错误计量的功率，P_2' 为第二元件错误计量的功率。

第一元件测量的功率为

$$P_1'=0$$

第二元件测量的功率为

$$P_2'=U_{vu}I_u\cos(150°-\varphi)$$

在三相电路完全对称时，两元件测量的总功率为

$$P' = P'_1 + P'_2$$
$$= U_{vu} I_u \cos(150° - \varphi)$$

十五、表尾电压相序 WUV，电流相序 $I_w I_u$，W 相 TV 二次侧电压断相，U 相 TA 二次侧极性反接

图 5－185 是三相三线有功电能表的错误接线。从图中可以看出，电能表表尾电压相序为 WUV，并且 W 相 TV 二次侧电压断相，造成电能表第一元件失压，第二元件实际承受电压为 U_{vu}；电流由于 U、W 相表尾端钮接错，并且 U 相 TA 二次侧极性反接，造成第一元件电流线圈通入的电流为 I_w，第二元件电流线圈通入的电流为 $-I_u$。

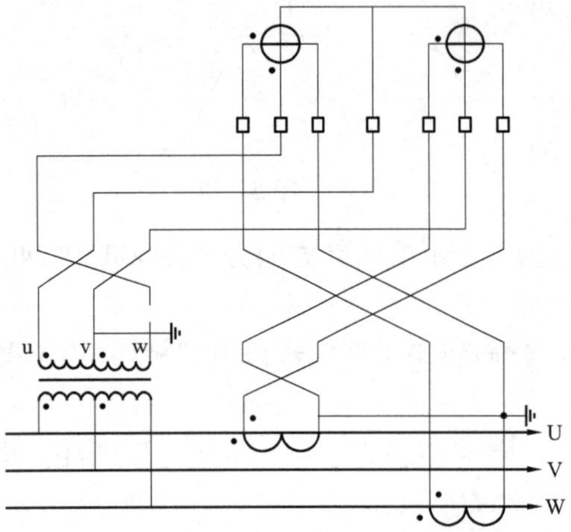

图 5－185

1. 测量数据（以 T－230A 现场校验仪为例）

按照第二章第三节现场校验仪测量方法的使用介绍，将校验仪与电能表接好。在选定的显示界面上将显示出分析所需的所有数据，显示屏数据如表 5－47 所示。

表 5－47

测 试 数 据			
项目	1 元件	2－6 端子	3 元件
电压	0.9V	99.9V	99.9V
电流	1.5A	0.0A	1.5A
对地电压	99.5V	99.5V	0.4V
相位	$\varphi_{I_1I_3} = 300.3°$		
	$\varphi_{U_{32}I_1} = 119.7°$		
	$\varphi_{U_{32}I_3} = 60.0°$　$P = 73.3$		
相序	电压断相 U_1　电流相序逆		

2. 分析判断错误现象

（1）从表 5－47“电压”栏中的显示值看出 1 元件电压值不等于 100V，可以判定该错误接线有电压断相，并且根据 2 元件和 3 元件的电压值可以看出，此电能表内部分压结构为“V”形。

（2）从“对地电压”栏中可以看出 3 元件的电压值接近 0V，所以确定 U_3 为 V 相。“电压”栏中电压值不等于 100V 的 U_1 为电压断相，与“相序”栏中的电压断相 U_1 一致。

（3）确定 U_3 为 V 相后，就可以看出该错误接线的电压相序有两种可能，即 WUV 和 UWV。

（4）如图 5－186 所示，以电压相序 WUV 推出两个电流在相量图上的位置。将“相位”栏中的 U_{32} 替换成 U_{vu}。那么，$U_{32}I_1=120°$ 就替换成 $U_{vu}I_1=120°$、$U_{32}I_3=60°$就替换成 $U_{vu}I_3=60°$。即以 U_{vu} 为基准沿顺时针方向分别转 120°和 60°找到 I_1 和 I_3。从图上可以看出 $I_1=I_w$、$I_3=-I_u$，并且其夹角等于 300°，电流相序为逆。

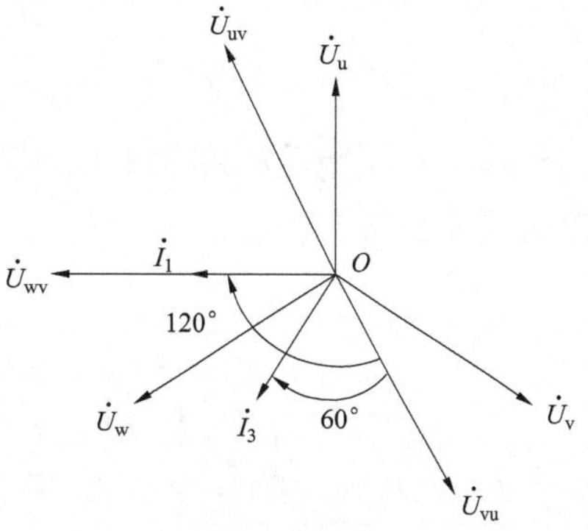

图 5－186

（5）如图 5－187 所示，以电压相序 UWV 推出两个电流在相量图上的位置。将“相位”栏中的 U_{32} 替换成 U_{vw}。那么，$U_{32}I_1=120°$ 就替换成 $U_{vw}I_1=120°$、$U_{32}I_3=60°$就替换成 $U_{vw}I_3=60°$。即以 U_{vw} 为基准沿顺时针方向分别转 120°和 60°找到 I_1 和 I_3。

（6）将两个电流在相量图上的位置进行比较。比较结果是第四步以电压相序 WUV 推出的两个电流符合两个电流在相量图上的位置。

（7）最后得出错误接线结论：电压相序 WUV，电流相序 I_w、I_u，W 相电压断相。电能表的实际接线组别为：第一元件 U_{wu}、I_w，第二元件 U_{vu}、$-I_u$。

（8）画出错误接线相量图，如图 5－188 所示。

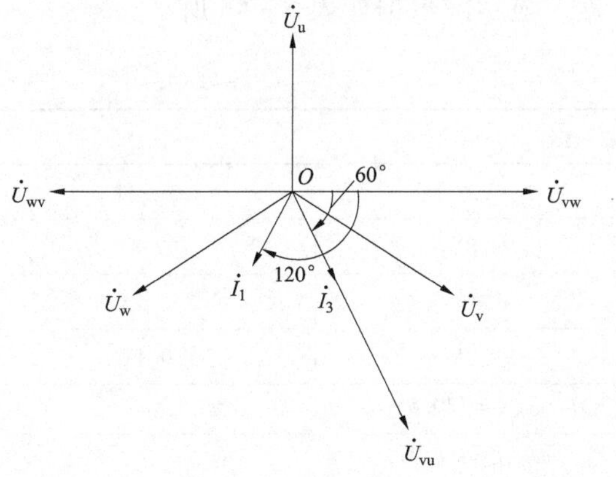

图 5－187

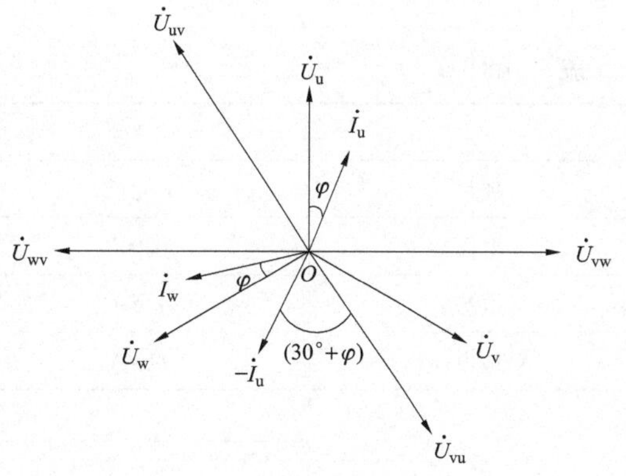

图 5－188

3. 写出错误接线时测得的电能（以功率表示）

因为电能表所计量的电能与所加电压和电流及相应相电流之间的夹角余弦乘积成正比，根据图 5－188 画出的错误接线相量图，对两个元件所计量的电能分别进行分析（以功率表示），并设 P_1' 为第一元件错误计量的功率，P_2' 为第二元件错误计量的功率。

第一元件测量的功率为

$$P_1'=0$$

第二元件测量的功率为

$$P_2'=U_{vu}(-I_u)\cos(30°+\varphi)$$

在三相电路完全对称时，两元件测量的总功率为

$$P' = P'_1 + P'_2$$
$$= U_{vu}(-I_u)\cos(30° + \varphi)$$

十六、表尾电压相序 WUV，电流相序 I_wI_u，W 相 TV 二次侧电压断相，U、W 相 TA 二次侧极性反接

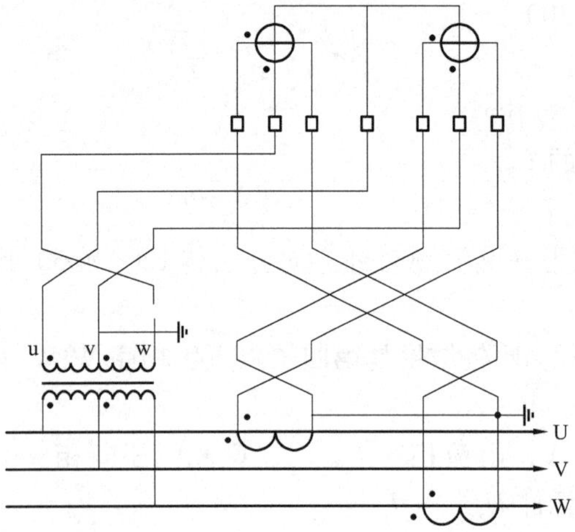

图 5－189

图 5－189 是三相三线有功电能表的错误接线。从图中可以看出，电能表表尾电压相序为 WUV，并且 W 相 TV 二次侧电压断相，造成电能表第一元件失压，第二元件实际承受电压为 U_{vu}；电流由于 U、W 相表尾端钮接错，并且 U、W 相 TA 二次侧极性反接，造成第一元件电流线圈通入的电流为 $-I_w$，第二元件电流线圈通入的电流为 $-I_u$。

1. 测量数据（以 T－230A 现场校验仪为例）

按照第二章第三节现场校验仪测量方法的使用介绍，将校验仪与电能表接好。在选定的显示界面上将显示出分析所需的所有数据，显示屏数据如表 5－48 所示。

表 5－48

测试数据			
项目	1 元件	2－6 端子	3 元件
电压	0.9V	99.8V	99.8V
电流	1.5A	0.0A	1.5A
对地电压	99.4V	99.4V	0.4V
相位	$\varphi_{I_1I_3}=120.6°$		
	$\varphi_{U_{32}I_1}=299.6°$		
	$\varphi_{U_{32}I_3}=60.2°$　$P=75.0$		
相序	电压断相 U_1　电流相序逆		

2. 分析判断错误现象

（1）从表 5－48“电压”栏中的显示值看出 1 元件电压值不等于 100V，可以判定该错误接线有电压断相，并且根据 2 元件和 3 元件的电压值可以看出，此电能表内部分压结构为“V”形。

（2）从“对地电压”栏中可以看出 3 元件的电压值接近 0V，所以确定 U_3 为 V 相。“电压”栏中电压值不等于 100V 的 U_1 为电压断相，与“相序”栏中的电压断相 U_1 一致。

（3）确定 U_3 为 V 相后，就可以看出该错误接线的电压相序有两种可能，即 WUV 和 UWV。

（4）如图 5－190 所示，以电压相序 WUV 推出两个电流在相量图上的位置。将“相位”栏中的 U_{32} 替换成 U_{vu}。那么，$U_{32}I_1=300°$ 就替换成 $U_{vu}I_1=300°$、$U_{32}I_3=60°$ 就替换成 $U_{vu}I_3=60°$。即以 U_{vu} 为基准沿顺时针方向分别转 300°和 60°找到 I_1 和 I_3。从图上可以看出 $I_1=-I_w$、$I_3=-I_u$，并且其夹角等于 120°，电流相序为逆。

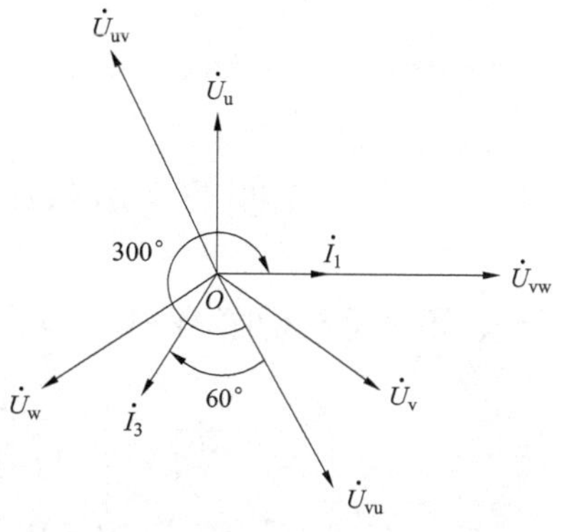

图 5－190

（5）如图 5－191 所示，以电压相序 UWV 推出两个电流在相量图上的位置。将“相位”栏中的 U_{32} 替换成 U_{vw}。那么，$U_{32}I_1=300°$ 就替换成 $U_{vw}I_1=300°$、$U_{32}I_3=60°$ 就替换成 $U_{vw}I_3=60°$。即以 U_{vw} 为基准沿顺时针方向分别转 300°和 60°找到 I_1 和 I_3。

（6）将两个电流在相量图上的位置进行比较。比较结果是第四步以电压相序 WUV 推出的两个电流符合两个电流在相量图上的位置。

（7）最后得出错误接线结论：电压相序 WUV，电流相序 I_w、I_u，W 相电压断相。电能表的实际接线组别为：第一元件 U_{wu}、$-I_w$，第二元件 U_{vu}、$-I_u$。

（8）画出错误接线相量图，如图 5－192 所示。

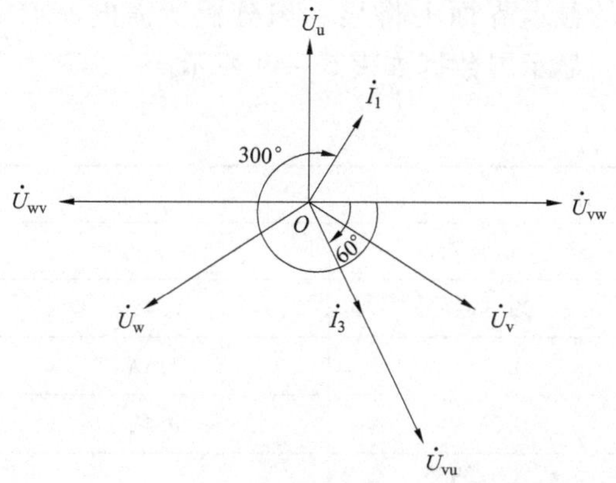

图 5－191

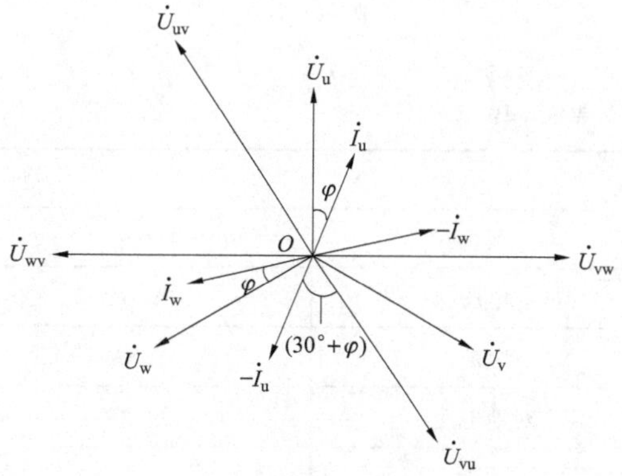

图 5－192

3. 写出错误接线时测得的电能（以功率表示）

因为电能表所计量的电能与所加电压和电流及相应相电流之间的夹角余弦乘积成正比，根据图 5－192 画出的错误接线相量图，对两个元件所计量的电能分别进行分析（以功率表示），并设 P_1' 为第一元件错误计量的功率，P_2' 为第二元件错误计量的功率。

第一元件测量的功率为

$$P_1'=0$$

第二元件测量的功率为

$$P_2'=U_{vu}(-I_u)\cos(30°+\varphi)$$

在三相电路完全对称时，两元件测量的总功率为

$$P' = P_1' + P_2'$$
$$= U_{vu}(-I_u)\cos(30° + \varphi)$$

第四节　电压相序为WVU时的错误接线实例分析

一、表尾电压相序WVU，电流相序 I_uI_w，U相TV二次侧电压断相

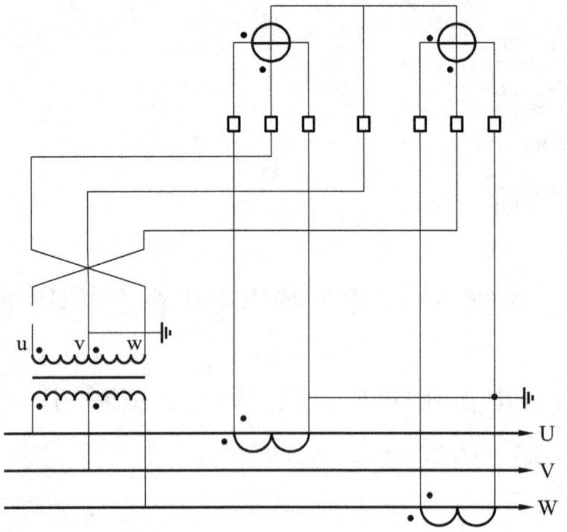

图5－193

图5－193是三相三线有功电能表的错误接线。从图中可以看出，电能表表尾电压相序为WVU，并且U相TV二次侧电压断相，造成电能表第一元件电压线圈两端实际承受电压为 U_{wv}，第二元件失压；第一元件电流线圈通入的电流为 I_u，第二元件电流线圈通入的电流为 I_w。

1. 测量数据（以T－230A现场校验仪为例）

按照第二章第三节现场校验仪测量方法的使用介绍，将校验仪与电能表接好。在选定的显示界面上将显示出分析所需的所有数据，显示屏数据如表5－49所示。

表5－49

测　试　数　据			
项目	1元件	2－6端子	3元件
电压	99.4V	99.3V	0.4V
电流	1.5A	0.0A	1.5A
对地电压	99.2V	0.2V	0.4V
相位	$\varphi_{I_1I_3}=239.5°$		
	$\varphi_{U_{12}I_1}=120.4°$		
	$\varphi_{U_{12}I_3}=359.9°$　$P=-74.7$		
相序	电压断相 U_3　电流相序正		

2. 分析判断错误现象

（1）从表5－49“电压”栏中的显示值看出3元件电压值不等于100V，可以判定该错误接线有电压断相，并且根据1元件和2元件的电压值可以看出，此电能表内部分压结构为“V”形。

（2）“电压”栏中3元件的电压 U_3 不等于100V，即可确定 U_3 为电压断相，与“相序”栏中显示的电压断相 U_3 一致。“对地电压”栏中1元件的电压等于100V为正常相，所以可以确定 U_2 为V相。

（3）确定 U_2 为 V 相后，就可以看出该错误接线的电压相序有两种可能，即 UVW 和 WVU。

（4）如图 5－194 所示，以电压相序 UVW 推出两个电流在相量图上的位置。将“相位”栏中的 U_{12} 替换成 U_{uv}。那么，$U_{12}I_1=120°$ 就替换成 $U_{uv}I_1=120°$、$U_{12}I_3=360°$ 就替换成 $U_{uv}I_3=360°$。即以 U_{uv} 为基准沿顺时针方向分别转 120° 和 360° 找到 I_1 和 I_3。

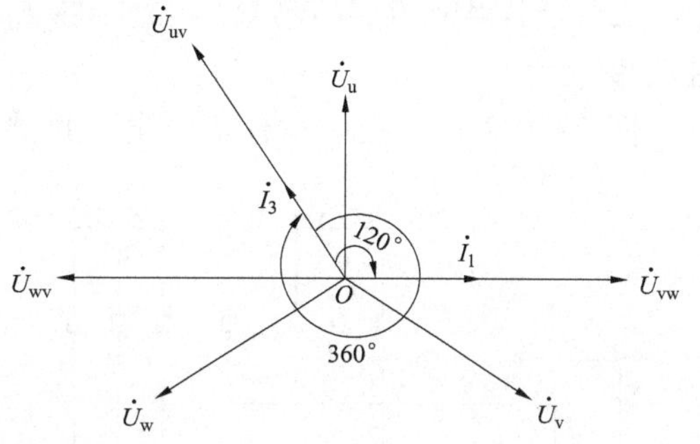

图 5－194

（5）如图 5－195 所示，以电压相序 WVU 推出两个电流在相量图上的位置。将“相位”栏中的 U_{12} 替换成 U_{wv}。那么，$U_{12}I_1=120°$ 就替换成 $U_{wv}I_1=120°$、$U_{12}I_3=360°$ 就替换成 $U_{wv}I_3=360°$。即以 U_{wv} 为基准沿顺时针方向分别转 120° 和 360° 找到 I_1 和 I_3。从图上可以看出 $I_1=I_u$、$I_3=I_w$，并且其夹角等于 240°，电流相序为正。

（6）将两个电流在相量图上的位置进行比较。比较结果是第五步以电压相序 WVU 推出的两个电流符合两个电流在相量图上的位置。

（7）最后得出错误接线结论：电压相序 WVU，电流相序 I_u、I_w，U 相电压断相。电能表的实际接线组别为：第一元件 U_{wv}、I_u，第二元件 U_{uv}、I_w。

（8）画出错误接线相量图，如图 5－196 所示。

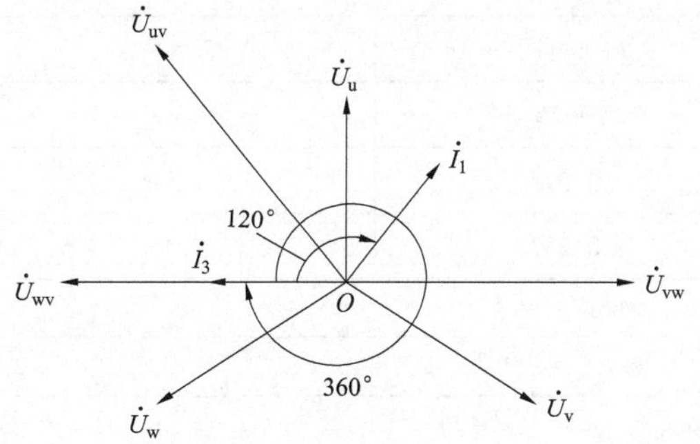

图 5－195

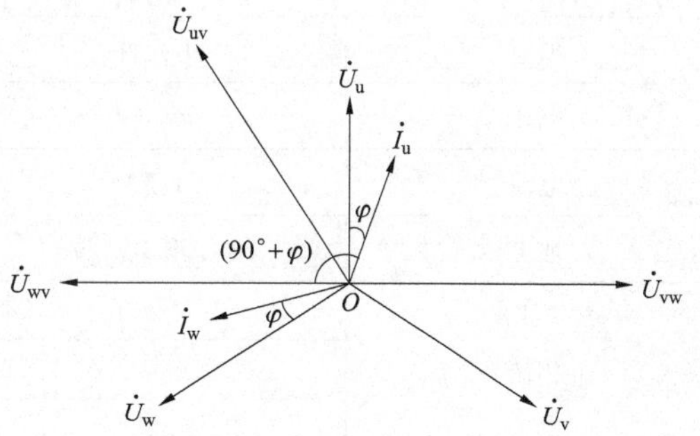

图 5－196

3. 写出错误接线时测得的电能（以功率表示）

因为电能表所计量的电能与所加电压和电流及相应相电流之间的夹角余弦乘积成正比，根据图 5－196 画出的错误接线相量图，对两个元件所计量的电能分别进行分析（以功率表示），并设 P'_1 为第一元件错误计量的功率，P'_2 为第二元件错误计量的功率。

第一元件测量的功率为

$$P'_1=U_{wv}I_u\cos(90°+\varphi)$$

第二元件测量的功率为

$$P'_2=0$$

在三相电路完全对称时，两元件测量的总功率为

$$P' = P_1' + P_2'$$
$$= U_{wv} I_u \cos(90° + \varphi)$$

二、表尾电压相序WVU，电流相序$I_u I_w$，U相TV二次侧电压断相，U相TA二次侧极性反接

图5－197是三相三线有功电能表的错误接线。从图中可以看出，电能表表尾电压相序为WVU，并且U相TV二次侧电压断相，造成电能表第一元件电压线圈两端实际承受电压为U_{wv}，第二元件失压；电流由于U相TA二次侧极性反接，造成第一元件电流线圈通入的电流为$-I_u$，第二元件电流线圈通入的电流为I_w。

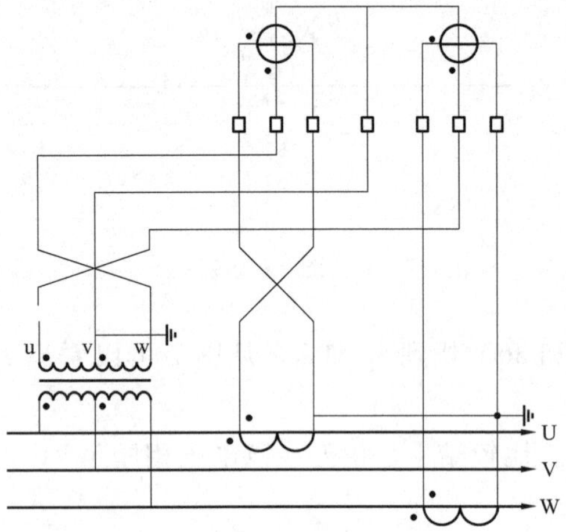

图5－197

1. 测量数据（以T－230A现场校验仪为例）

按照第二章第三节现场校验仪测量方法的使用介绍，将校验仪与电能表接好。在选定的显示界面上将显示出分析所需的所有数据，显示屏数据如表5－50所示。

表5－50

测试数据			
项目	1元件	2－6端子	3元件
电压	99.4V	99.3V	0.4V
电流	1.5A	0.0A	1.5A
对地电压	99.2V	0.2V	0.4V
相位	$\varphi_{I_1 I_3}=59.8°$		
	$\varphi_{U_{12} I_1}=300.2°$		
	$\varphi_{U_{12} I_3}=0.0°$　$P=74.5$		
相序	电压断相U_3　电流相序正		

2. 分析判断错误现象

（1）从表5－50“电压”栏中的显示值看出3元件电压值不等于100V，可以判定该错误接线有电压断相，并且根据1元件和2元件的电压值可以看出，此电能表内部分压结构为“V”形。

（2）“电压”栏中3元件的电压U_3不等于100V，即可确定U_3为电压断相，与“相序”栏中显示的电压断相U_3一致。“对地电压”栏中1元件的电压等于100V为正常相，所以可以确定U_2为V相。

（3）确定U_2为V相后，就可以看出该错误接线的电压相序有两种可能，即UVW和WVU。

（4）如图 5－198 所示，以电压相序 UVW 推出两个电流在相量图上的位置。将“相位”栏中的 U_{12} 替换成 U_{uv}。那么，$U_{12}I_1=300°$ 就替换成 $U_{uv}I_1=300°$、$U_{12}I_3=0°$ 就替换成 $U_{uv}I_3=0°$。即以 U_{uv} 为基准沿顺时针方向分别转 300°和 0°找到 I_1 和 I_3。

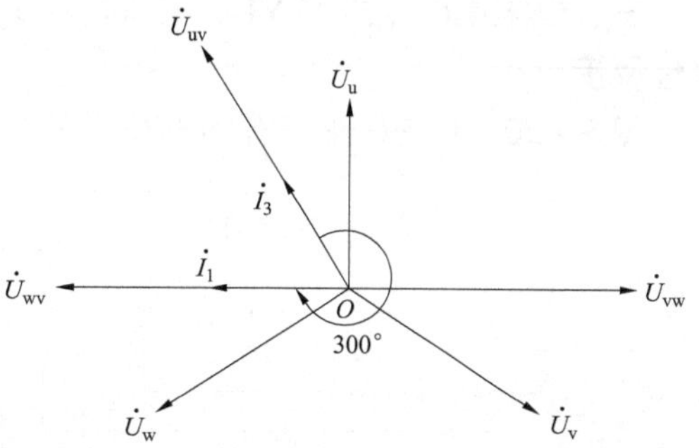

图 5－198

（5）如图 5－199 所示，以电压相序 WVU 推出两个电流在相量图上的位置。将“相位”栏中的 U_{12} 替换成 U_{wv}。那么，$U_{12}I_1=300°$ 就替换成 $U_{wv}I_1=300°$、$U_{12}I_3=0°$ 就替换成 $U_{wv}I_3=0°$。即以 U_{wv} 为基准沿顺时针方向分别转 300°和 0°找到 I_1 和 I_3。从图上可以看出 $I_1=-I_u$、$I_3=I_w$，并且其夹角等于 60°，电流相序为正。

（6）将两个电流在相量图上的位置进行比较。比较结果是第五步以电压相序 WVU 推出的两个电流符合两个电流在相量图上的位置。

（7）最后得出错误接线结论：电压相序 WVU，电流相序 I_u、I_w，U 相电压断相。电能表的实际接线组别为：第一元件 U_{wv}、$-I_u$，第二元件 U_{uv}、I_w。

（8）画出错误接线相量图，如图 5－200 所示。

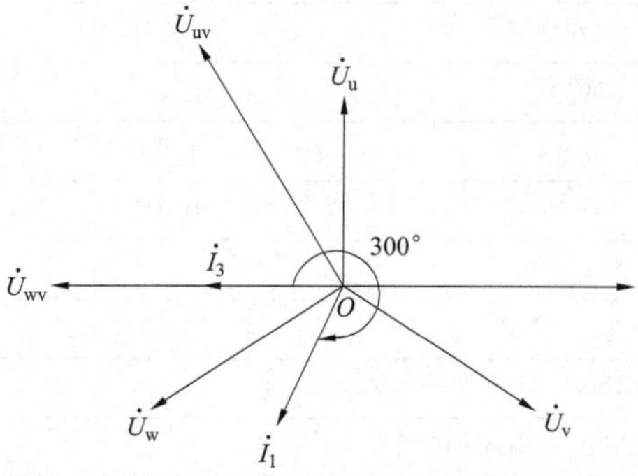

图 5－199

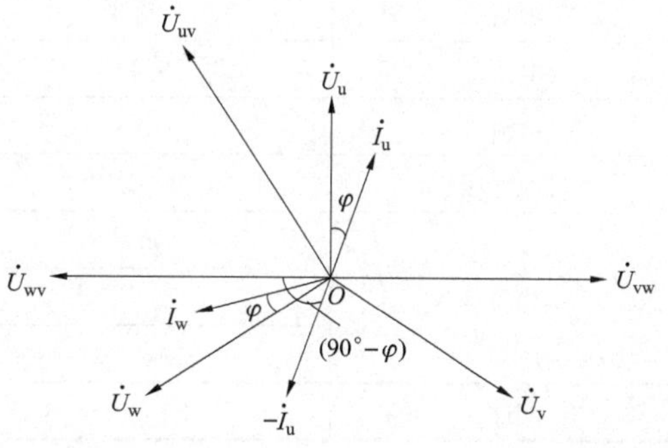

图 5－200

3. 写出错误接线时测得的电能（以功率表示）

因为电能表所计量的电能与所加电压和电流及相应相电流之间的夹角余弦乘积成正比，根据图 5－200 画出的错误接线相量图，对两个元件所计量的电能分别进行分析（以功率表示），并设 P'_1 为第一元件错误计量的功率，P'_2 为第二元件错误计量的功率。

第一元件测量的功率为

$$P'_1=U_{wv}(-I_u)\cos(90°-\varphi)$$

第二元件测量的功率为

$$P'_2=0$$

在三相电路完全对称时，两元件测量的总功率为

$$\begin{aligned}P'&=P'_1+P'_2\\&=U_{wv}(-I_u)\cos(90°-\varphi)\end{aligned}$$

三、表尾电压相序 WVU，电流相序 I_uI_w，U 相 TV 二次侧电压断相，W 相 TA 二次侧极性反接

图 5－201 是三相三线有功电能表的错误接线。从图中可以看出，电能表表尾电压相序为 WVU，并且 U 相 TV 二次侧电压断相，造成电能表第一元件电压线圈两端实际承受电压为 U_{wv}，第二元件失压；电流由于 W 相 TA 二次侧极性反接，造成第一元件电流线圈通入的电流为 I_u，第二元件电流线圈通入的电流为 $-I_w$。

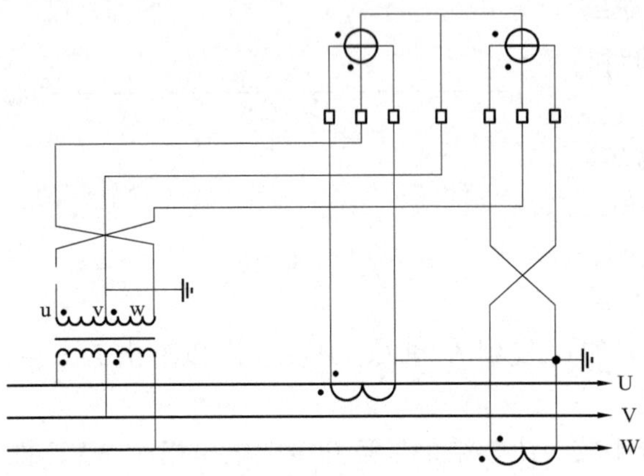

图 5－201

1. 测量数据（以 T－230A 现场校验仪为例）

按照第二章第三节现场校验仪测量方法的使用介绍，将校验仪与电能表接好。在选定的显示界面上将显示出分析所需的所有数据，显示屏数据如表 5－51 所示。

表 5－51

测　试　数　据			
项目	1 元件	2－6 端子	3 元件
电压	99.4V	99.3V	0.4V
电流	1.5A	0.0A	1.5A
对地电压	99.2V	0.2V	0.4V
相位	$\varphi_{I_1I_3}=59.8°$		
	$\varphi_{U_{12}I_1}=120.2°$		
	$\varphi_{U_{12}I_3}=180.0°$　$P=-74.6$		
相序	电压断相 U_3　电流相序正		

2. 分析判断错误现象

（1）从“电压”栏中的显示值看出 3 元件电压值不等于 100V，可以判定该错误接线有电压断相，并且根据 1 元件和 2 元件的电压值可以看出，此电能表内部分压结构为“V”形。

（2）“电压”栏中 3 元件的电压 U_3 不等于 100V，即可确定 U_3 为电压断相，与“相序”栏中显示的电压断相 U_3 一致。“对地电压”栏中 1 元件的电压等于 100V 为正常相，所以可以确定 U_2 为 V 相。

（3）确定 U_2 为 V 相后，就可以看出该错误接线的电压相序有两种可能，即 UVW 和 WVU。

（4）如图 5－202 所示，以电压相序 UVW 推出两个电流在相量图上的位置。将“相位”栏中的 U_{12} 替换成 U_{uv}。那么，$U_{12}I_1=120°$ 就替换成 $U_{uv}I_1=120°$、$U_{12}I_3=180°$ 就替换成 $U_{uv}I_3=180°$。即以 U_{uv} 为基准沿顺时针方向分别转 120°和 180°找到 I_1 和 I_3。

（5）如图5－203所示，以电压相序WVU推出两个电流在相量图上的位置。将“相位”栏中的U_{12}替换成U_{wv}。那么，$U_{12}I_1=120°$就替换成$U_{wv}I_1=120°$、$U_{12}I_3=180°$就替换成$U_{wv}I_3=180°$。即以U_{wv}为基准沿顺时针方向分别转120°和180°找到I_1和I_3。从图上可以看出$I_1=I_u$、$I_3=-I_w$，并且其夹角等于60°，电流相序为正。

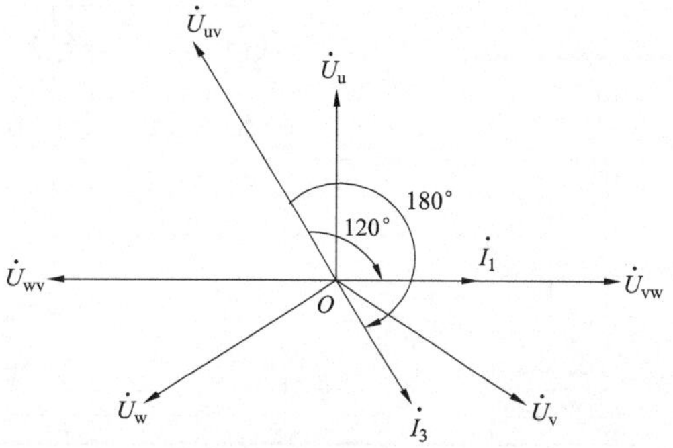

图5－202

（6）将两个电流在相量图上的位置进行比较。比较结果是第五步以电压相序WVU推出的两个电流符合两个电流在相量图上的位置。

（7）最后得出错误接线结论：电压相序WVU，电流相序I_u、I_w，U相电压断相。电能表的实际接线组别为：第一元件U_{wv}、I_u，第二元件U_{uv}、$-I_w$。

（8）画出错误接线相量图，如图5－204所示。

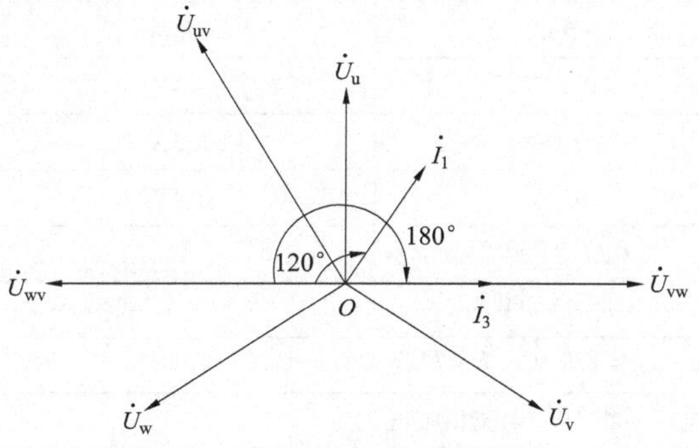

图5－203

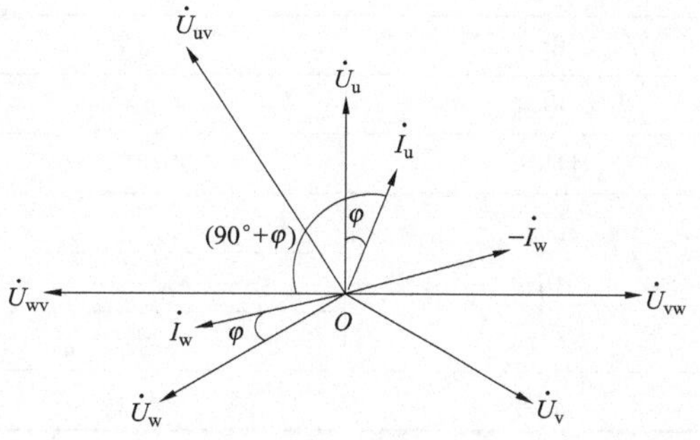

图5－204

3. 写出错误接线时测得的电能（以功率表示）

因为电能表所计量的电能与所加电压和电流及相应相电流之间的夹角余弦乘积成正比，根据图5－204画出的错误接线相量图，对两个元件所计量的电能分别进行分析（以功率表示），并设P_1'为第一元件错误计量的功率，P_2'为第二元件错误计量的功率。

第一元件测量的功率为

$$P_1'=U_{wv}I_u\cos(90°+\varphi)$$

第二元件测量的功率为

$$P_2'=0$$

在三相电路完全对称时，两元件测量的总功率为

$$\begin{aligned}P'&=P_1'+P_2'\\&=U_{wv}I_u\cos(90°+\varphi)\end{aligned}$$

四、表尾电压相序WVU，电流相序I_uI_w，U相TV二次侧电压断相，U、W相TA二次侧极性反接

图5－205是三相三线有功电能表的错误接线。从图中可以看出，电能表表尾电压相序

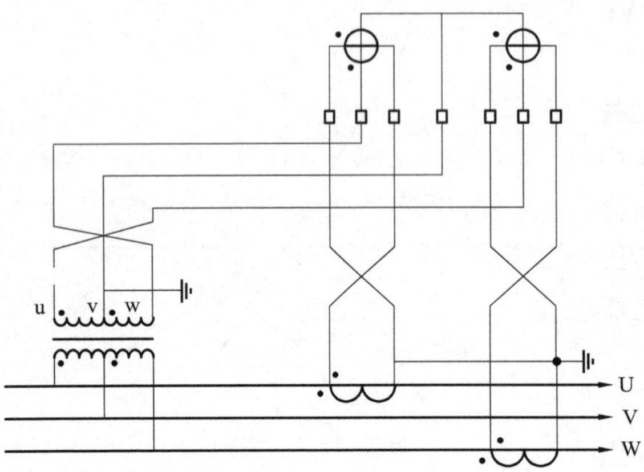

图 5－205

为 WVU，并且 U 相 TV 二次侧电压断相，造成电能表第一元件电压线圈两端实际承受电压为 U_{wv}，第二元件失压；电流由于 U、W 相 TA 二次侧极性反接，造成第一元件电流线圈通入的电流为 $-I_u$，第二元件电流线圈通入的电流为 $-I_w$。

1. 测量数据（以 T－230A 现场校验仪为例）

按照第二章第三节现场校验仪测量方法的使用介绍，将校验仪与电能表接好。在选定的显示界面上将显示出分析所需的所有数据，显示屏数据如表 5－52 所示。

表 5－52

测 试 数 据			
项目	1 元件	2－6 端子	3 元件
电压	99.5V	99.4V	0.4V
电流	1.5A	0.0A	1.5A
对地电压	99.3V	0.2V	0.4V
相位	$\varphi_{I_1I_3}=239.5°$		
	$\varphi_{U_{12}I_1}=300.4°$		
	$\varphi_{U_{12}I_3}=179.9°$　$P=74.7$		
相序	电压断相 U_3　电流相序正		

2. 分析判断错误现象

（1）从表 5－52“电压”栏中的显示值看出 3 元件电压值不等于 100V，可以判定该错误接线有电压断相，并且根据 1 元件和 2 元件的电压值可以看出，此电能表内部分压结构为“V”形。

（2）“电压”栏中 3 元件的电压 U_3 不等于 100V，即可确定 U_3 为电压断相，与“相序”栏中显示的电压断相 U_3 一致。“对地电压”栏中 1 元件的电压等于 100V 为正常相，所以可以确定 U_2 为 V 相。

（3）确定 U_2 为 V 相后，就可以看出该错误接线的电压相序有两种可能，即 UVW 和 WVU。

（4）如图 5－206 所示，以电压相序 UVW 推出两个电流在相量图上的位置。将“相位”栏中的 U_{12} 替换成 U_{uv}。那么，$U_{12}I_1=300°$就替换成 $U_{uv}I_1=300°$、$U_{12}I_3=180°$就替

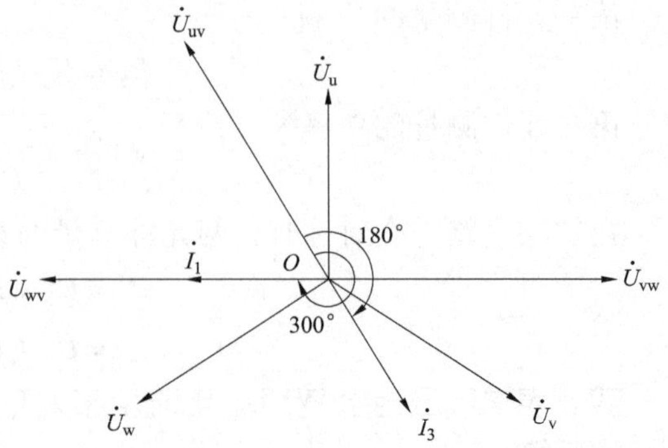

图 5－206

换成 $\dot{U}_{uv}\dot{I}_3=180°$。即以 $\dot{U}_{uv}$ 为基准沿顺时针方向分别转 300°和 180°找到 $\dot{I}_1$ 和 $\dot{I}_3$。

（5）如图 5－207 所示，以电压相序 WVU 推出两个电流在相量图上的位置。将“相位”栏中的 $\dot{U}_{12}$ 替换成 $\dot{U}_{wv}$。那么，$\dot{U}_{12}\dot{I}_1=300°$ 就替换成 $\dot{U}_{wv}\dot{I}_1=300°$、$\dot{U}_{12}\dot{I}_3=180°$ 就替换成 $\dot{U}_{wv}\dot{I}_3=180°$。即以 $\dot{U}_{wv}$ 为基准沿顺时针方向分别转 300°和 180°找到 $\dot{I}_1$ 和 $\dot{I}_3$。从图上可以看出 $\dot{I}_1=-\dot{I}_u$、$\dot{I}_3=-\dot{I}_w$，并且其夹角等于 240°，电流相序为正。

（6）将两个电流在相量图上的位置进行比较。比较结果是第五步以电压相序 WVU 推出的两个电流符合两个电流在相量图上的位置。

（7）最后得出错误接线结论：电压相序 WVU，电流相序 $\dot{I}_u$、$\dot{I}_w$，U 相电压断相。电能表的实际接线组别为：第一元件 $\dot{U}_{wv}$、$-\dot{I}_u$，第二元件 $\dot{U}_{uv}$、$-\dot{I}_w$。

（8）画出错误接线相量图，如图 5－208 所示。

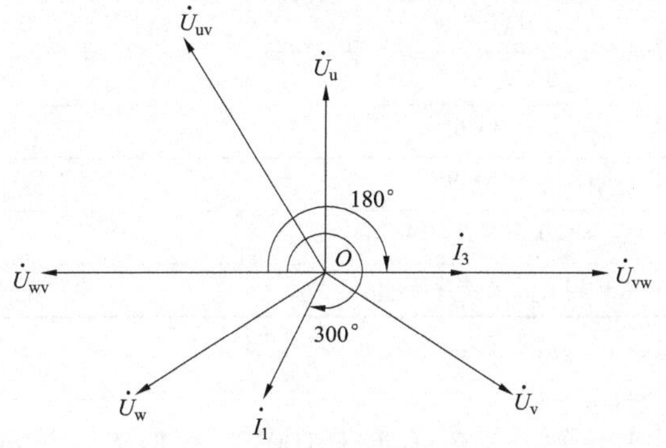

图 5－207

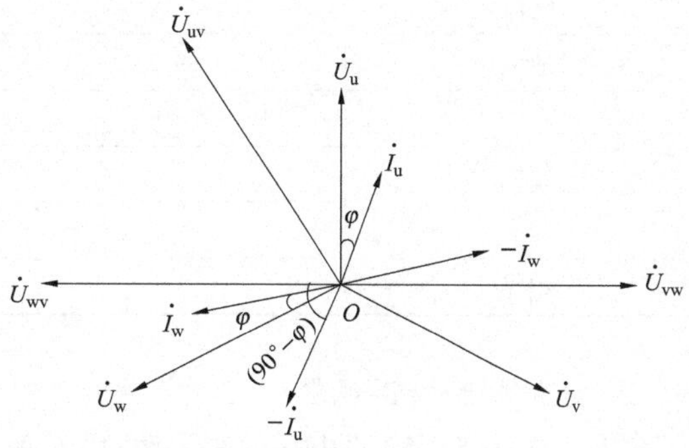

图 5－208

3. 写出错误接线时测得的电能（以功率表示）

因为电能表所计量的电能与所加电压和电流及相应相电流之间的夹角余弦乘积成正比，根据图 5－208 画出的错误接线相量图，对两个元件所计量的电能分别进行分析（以功率表示），并设 P_1' 为第一元件错误计量的功率，P_2' 为第二元件错误计量的功率。

第一元件测量的功率为

$$P_1'=U_{wv}(-I_u)\cos(90°-\varphi)$$

第二元件测量的功率为

$$P_2'=0$$

在三相电路完全对称时，两元件测量的总功率为

$$P'=P_1'+P_2'=U_{wv}(-I_u)\cos(90°-\varphi)$$

五、表尾电压相序 WVU，电流相序 I_wI_u，U 相 TV 二次侧电压断相

图 5－209 是三相三线有功电能表的错误接线。从图中可以看出，电能表表尾电压相序为 WVU，并且 U 相 TV 二次侧

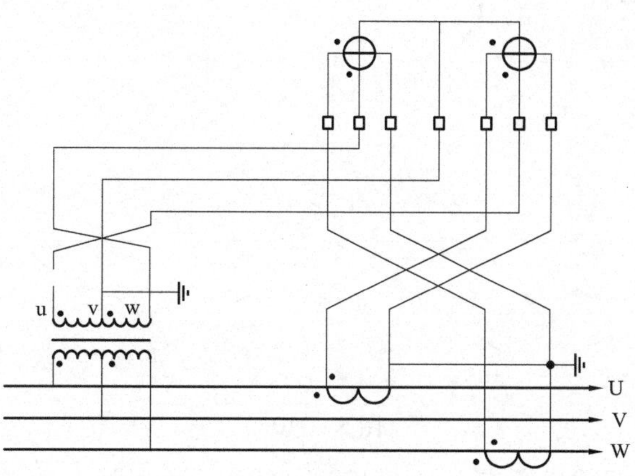

图 5－209

电压断相，造成电能表第一元件电压线圈两端实际承受电压为 U_{wv}，第二元件失压；电流由于U、W 相表尾端钮接错，造成第一元件电流线圈通入的电流为 I_w，第二元件电流线圈通入的电流为 I_u。

1. 测量数据（以 T－230A 现场校验仪为例）

按照第二章第三节现场校验仪测量方法的使用介绍，将校验仪与电能表接好。在选定的显示界面上将显示出分析所需的所有数据，显示屏数据如表 5－53 所示。

表 5－53

测　试　数　据			
项目	1 元件	2－6 端子	3 元件
电压	99.4V	99.3V	0.4V
电流	1.5A	0.0A	1.5A
对地电压	99.2V	0.2V	0.4V
相位	$\varphi_{I_1I_3}=120.6°$		
	$\varphi_{U_{12}I_1}=359.9°$		
	$\varphi_{U_{12}I_3}=120.5°$　$P=148.6$		
相序	电压断相 U_3　电流相序逆		

2. 分析判断错误现象

（1）从表 5－53“电压”栏中的显示值看出 3 元件电压值不等于 100V，可以判定该错误接线有电压断相，并且根据 1 元件和 2 元件的电压值可以看出，此电能表内部分压结构为“V”形。

（2）“电压”栏中 3 元件的电压 U_3 不等于 100V，即可确定 U_3 为电压断相，与“相序”栏中显示的电压断相 U_3 一致。“对地电压”栏中 1 元件的电压等于 100V 为正常相，所以可以确定 U_2 为 V 相。

（3）确定 U_2 为 V 相后，就可以看出该错误接线的电压相序有两种可能，即 UVW 和 WVU。

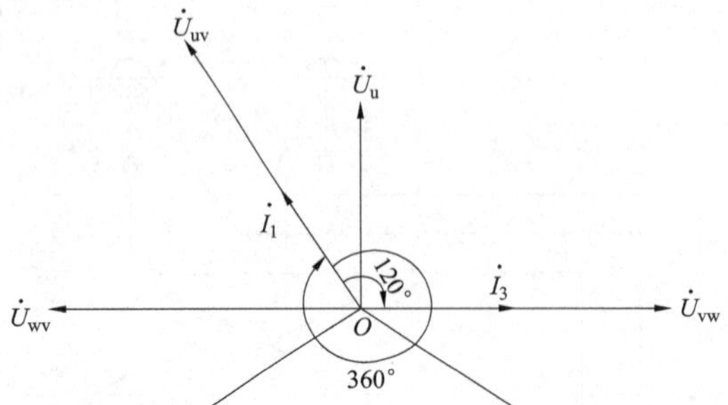

图 5－210

（4）如图 5－210 所示，以电压相序 UVW 推出两个电流在相量图上的位置。将“相位”栏中的 U_{12} 替换成 U_{uv}。那么，$U_{12}I_1=360°$就替换成 $U_{uv}I_1=360°$、$U_{12}I_3=120°$就替换成 $U_{uv}I_3=120°$。即以 U_{uv} 为基准沿顺时针方向分别转 360°和 120°找到 I_1 和 I_3。

（5）如图 5－211 所示，以电压相序 WVU 推出两个电流在相量图上的位置。将“相位”栏中的 U_{12} 替换成 U_{wv}。那么，$U_{12}I_1=360°$就替换成 $U_{wv}I_1=360°$、$U_{12}I_3=120°$就替换成 $U_{wv}I_3=120°$。即以 U_{wv} 为基准沿顺时针方向分别转 360°和 120°找到 I_1 和 I_3。从图上可以看出 $I_1=I_w$、$I_3=I_u$，并且其夹角等于 120°，电流相序为逆。

（6）将两个电流在相量图上的位置进行比较。比较结果是第五步以电压相序 WVU 推出的两个电流符合两个电流在相量图上的位置。

（7）最后得出错误接线结论：电压相序 WVU，电流相序 I_w、I_u，U 相电压断相。电能表的实际接线组别为：第一元件 U_{wv}、I_w，第二元件 U_{uv}、I_u。

（8）画出错误接线相量图，如图 5－212 所示。

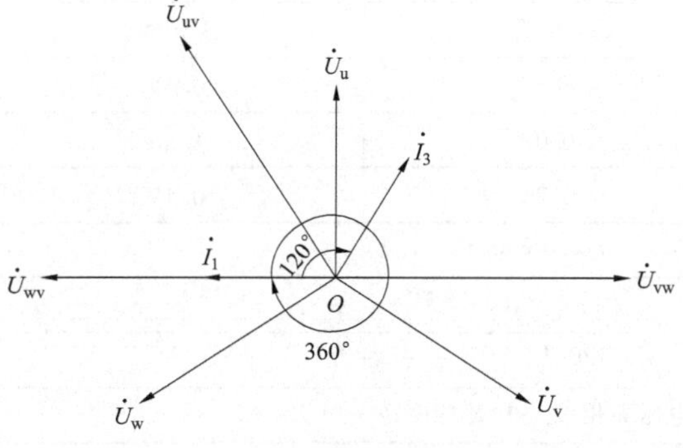

图 5－211

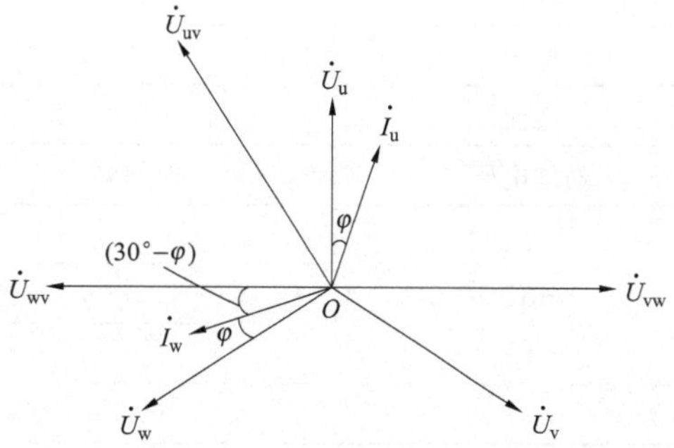

图 5－212

3. 写出错误接线时测得的电能（以功率表示）

因为电能表所计量的电能与所加电压和电流及相应相电流之间的夹角余弦乘积成正比，根据图 5－212 画出的错误接线相量图，对两个元件所计量的电能分别进行分析（以功率表示），并设 P'_1 为第一元件错误计量的功率，P'_2 为第二元件错误计量的功率。

第一元件测量的功率为

$$P'_1 = U_{wv}I_w\cos(30° - \varphi)$$

第二元件测量的功率为

$$P'_2 = 0$$

在三相电路完全对称时，两元件测量的总功率为

$$P' = P'_1 + P'_2$$
$$= U_{wv}I_w\cos(30° - \varphi)$$

六、表尾电压相序 WVU，电流相序 I_wI_u，U 相 TV 二次侧电压断相，W 相 TA 二次侧极性反接

图 5－213 是三相三线有功电能表的错误接线。从图中可以看出，电能表表尾电压相序为 WVU，并且 U 相 TV 二次侧电压断相，造成电能表第一元件电压线圈两端实际承受电压为 U_{wv}，第二元件失压；电流由于 U、W 相表尾端钮接错，并且 W 相 TA 二次侧极性反接，造成第一元件电流线圈通入的电流为 $-I_w$，第二元件电流线圈通入的电流为 I_u。

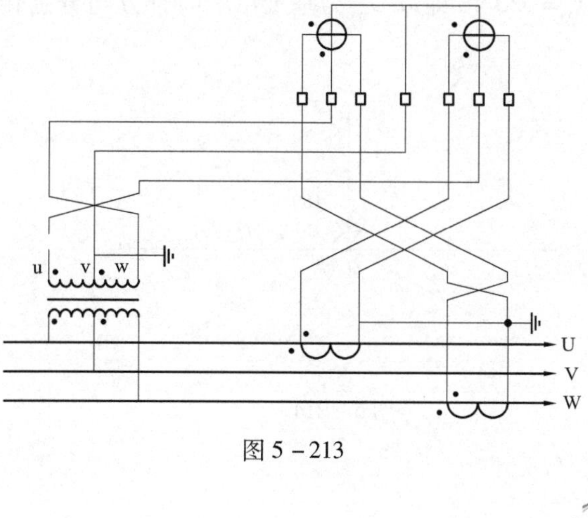

图 5－213

1. 测量数据（以 T－230A 现场校验仪为例）

按照第二章第三节现场校验仪测量方法的使用介绍，将校验仪与电能表接好。在选定的显示界面上将显示出分析所需的所有数据，显示屏数据如表 5－54 所示。

表 5－54

测 试 数 据			
项目	1 元件	2－6 端子	3 元件
电压	99.0V	99.0V	0.4V
电流	1.5A	0.0A	1.5A
对地电压	98.8V	0.2V	0.4V
相位	$\varphi_{I_1I_3}=300.3°$		
	$\varphi_{U_{12}I_1}=180.1°$		
	$\varphi_{U_{12}I_3}=120.4°$　$P=-148.4$		
相序	电压断相 U_3　电流相序逆		

2. 分析判断错误现象

（1）从表 5－54“电压”栏中的显示值看出 3 元件电压值不等于 100V，可以判定该错误接线有电压断相，并且根据 1 元件和 2 元件的电压值可以看出，此电能表内部分压结构为“V”形。

（2）“电压”栏中 3 元件的电压 U_3 不等于 100V，即可确定 U_3 为电压断相，与“相序”栏中显示的电压断相 U_3 一致。“对地电压”栏中 1 元件的电压等于 100V 为正常相，所以可以确定 U_2 为 V 相。

（3）确定 U_2 为 V 相后，就可以看出该错误接线的电压相序有两种可能，即 UVW 和 WVU。

（4）如图 5－214 所示，以电压相序 UVW 推出两个电流在相量图上的位置。将“相位”栏中的 U_{12} 替换成 U_{uv}。那么，$U_{12}I_1=180°$ 就替换成 $U_{uv}I_1=180°$、$U_{12}I_3=120°$ 就替换成 $U_{uv}I_3=120°$。即以 U_{uv} 为基准沿顺时针方向分别转 180°和 120°找到 I_1 和 I_3。

（5）如图 5－215 所示，以电压相序 WVU 推出两个电流在相量图上的位置。将“相位”栏中的 U_{12} 替换成 U_{wv}。那么，$U_{12}I_1=180°$ 就替换成 $U_{wv}I_1=180°$、$U_{12}I_3=120°$ 就替换成 $U_{wv}I_3=120°$。即以 U_{wv} 为基准沿顺时针方向分别转 180°和 120°找到 I_1 和 I_3。从图上可以看出

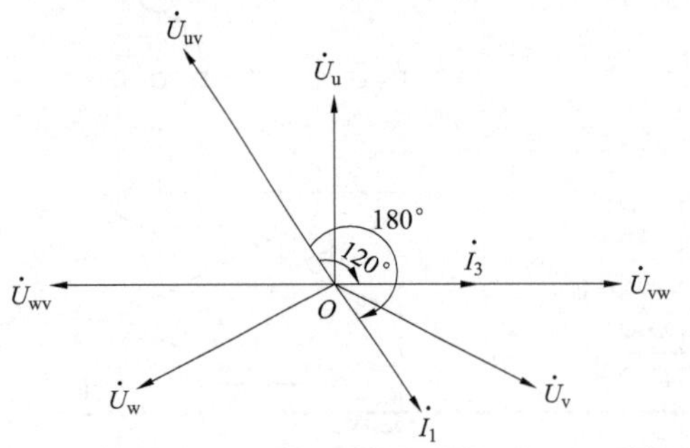

图 5－214

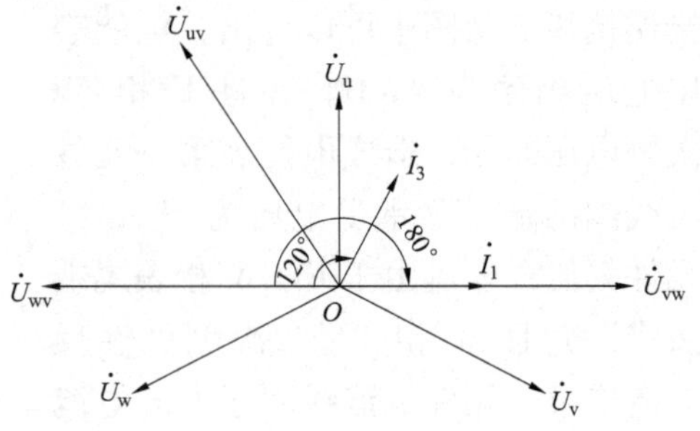

图 5－215

$I_1 = -I_w$、$I_3 = I_u$，并且其夹角等于300°，电流相序为逆。

（6）将两个电流在相量图上的位置进行比较。比较结果是第五步以电压相序 WVU 推出的两个电流符合两个电流在相量图上的位置。

（7）最后得出错误接线结论：电压相序WVU，电流相序 I_w、I_u，U 相电压断相。电能表的实际接线组别为：第一元件 U_{wv}、$-I_w$，第二元件 U_{uv}、I_u。

（8）画出错误接线相量图，如图 5－216 所示。

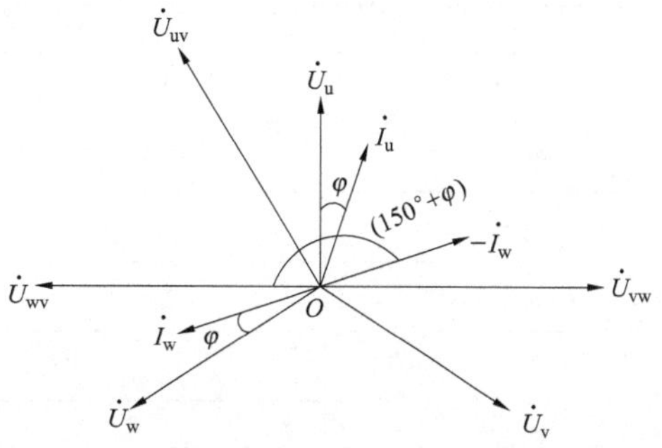

图 5－216

3. 写出错误接线时测得的电能（以功率表示）

因为电能表所计量的电能与所加电压和电流及相应相电流之间的夹角余弦乘积成正比，根据图 5－216 画出的错误接线相量图，对两个元件所计量的电能分别进行分析（以功率表示），并设 P_1' 为第一元件错误计量的功率，P_2' 为第二元件错误计量的功率。

第一元件测量的功率为

$$P_1' = U_{wv}(-I_w)\cos(150° + \varphi)$$

第二元件测量的功率为

$$P_2' = 0$$

在三相电路完全对称时，两元件测量的总功率为

$$\begin{aligned} P' &= P_1' + P_2' \\ &= U_{wv}(-I_w)\cos(150° + \varphi) \end{aligned}$$

七、表尾电压相序WVU，电流相序 I_wI_u，U 相 TV 二次侧电压断相，U 相 TA 二次侧极性反接

图 5－217 是三相三线有功电能表的错误接线。从图中可以看出，电能表表尾电压相序为 WVU，并且 U 相 TV 二次侧电压断相，造成电能表第一元件电压线圈两端实际承受电压为 U_{wv}，第二元件失压；电流由于 U、W 相表尾端钮接错，并且 U 相 TA 二次侧极性反接，造成第一元件电流线圈通入的电流为 I_w，第二元件电流线圈通入的电流为 $-I_u$。

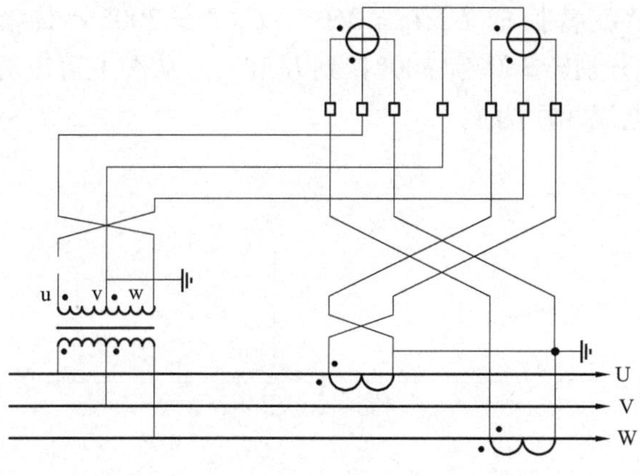

图 5－217

1. 测量数据（以 T－230A 现场校验仪为例）

按照第二章第三节现场校验仪测量方法的使用介绍，将校验仪与电能表接好。在选定的显示界面上将显示出分析所需的所有数据，显示屏数据如表 5－55 所示。

表 5-55

测试数据			
项目	1 元件	2-6 端子	3 元件
电压	99.4V	99.3V	0.4V
电流	1.5A	0.0A	1.5A
对地电压	99.2V	0.2V	0.4V
相位	$\varphi_{I_1I_3}=300.3°$		
	$\varphi_{U_{12}I_1}=360.0°$		
	$\varphi_{U_{12}I_3}=300.3°$　$P=149.0$		
相序	电压断相 U_3　电流相序逆		

2. 分析判断错误现象

（1）从表 5-55“电压”栏中的显示值看出 3 元件电压值不等于 100V，可以判定该错误接线有电压断相，并且根据 1 元件和 2 元件的电压值可以看出，此电能表内部分压结构为“V”形。

（2）“电压”栏中 3 元件的电压 U_3 不等于 100V，即可确定 U_3 为电压断相，与“相序”栏中显示的电压断相 U_3 一致。“对地电压”栏中 1 元件的电压等于 100V 为正常相，所以可以确定 U_2 为 V 相。

（3）确定 U_2 为 V 相后，就可以看出该错误接线的电压相序有两种可能，即 UVW 和 WVU。

（4）如图 5-218 所示，以电压相序 UVW 推出两个电流在相量图上的位置。将“相位”栏中的 U_{12} 替换成 U_{uv}。那么，$U_{12}I_1=360°$ 就替换成 $U_{uv}I_1=360°$、$U_{12}I_3=300°$ 就替换成 $U_{uv}I_3=300°$。即以 U_{uv} 为基准沿顺时针方向分别转 360°和 300°找到 I_1 和 I_3。

（5）如图 5-219 所示，以电压相序 WVU 推出两个电流在相量图上的位置。将“相位”栏中的 U_{12} 替换成 U_{wv}。那么，$U_{12}I_1=360°$ 就替换成 $U_{wv}I_1=360°$、$U_{12}I_3=300°$ 就替换成 $U_{wv}I_3=300°$。即以 U_{wv} 为基准沿顺时针方向分别转 360°和 300°找到 I_1 和 I_3。从图上可以看出 $I_1=I_w$、$I_3=-I_u$，并且其夹角等于 300°，电流相序为逆。

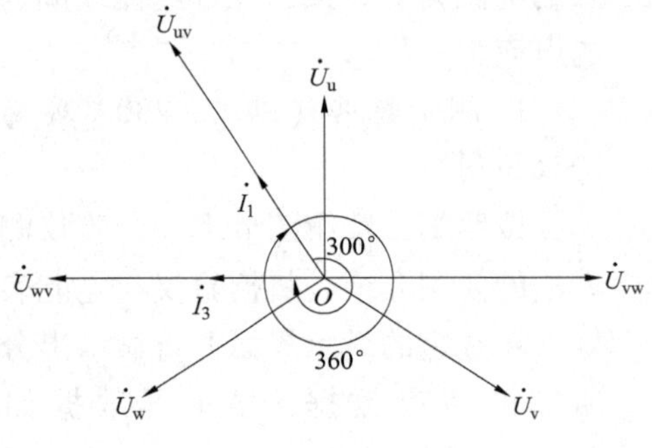

图 5-218

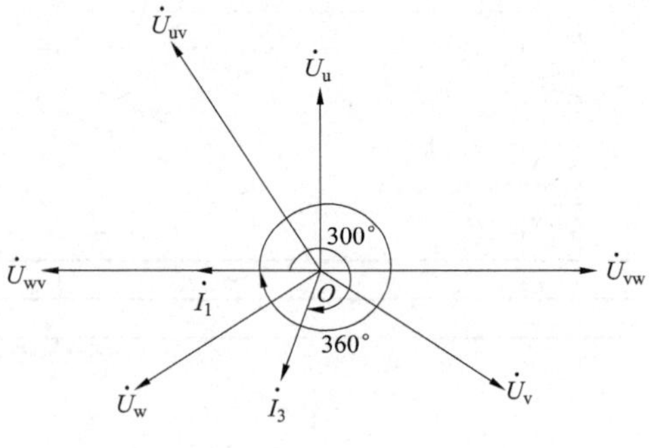

图 5-219

（6）将两个电流在相量图上的位置进行比较。比较结果是第五步以电压相序 WVU 推出的两个电流符合两个电流在相量图上的位置。

（7）最后得出错误接线结论：电压相序 WVU，电流相序 I_w、I_u，U 相电压断相。电能表的实际接线组别为：第一元件 U_{wv}、I_w，第二元件 U_{uv}、$-I_u$。

（8）画出错误接线相量图，如图 5－220 所示。

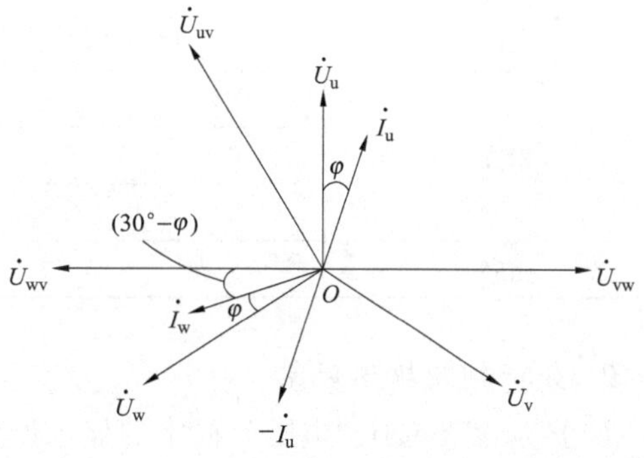

图 5－220

3. 写出错误接线时测得的电能（以功率表示）

因为电能表所计量的电能与所加电压和电流及应相电流之间的夹角余弦乘积成正比，根据图 5－220 画出的错误接线相量图，对两个元件所计量的电能分别进行分析（以功率表示），并设 P'_1 为第一元件错误计量的功率，P'_2 为第二元件错误计量的功率。

第一元件测量的功率为

$$P'_1 = U_{wv} I_w \cos(30° - \varphi)$$

第二元件测量的功率为

$$P'_2 = 0$$

在三相电路完全对称时，两元件测量的总功率为

$$\begin{aligned} P' &= P'_1 + P'_2 \\ &= U_{wv} I_w \cos(30° - \varphi) \end{aligned}$$

八、表尾电压相序 WVU，电流相序 $I_w I_u$，U 相 TV 二次侧电压断相，U、W 相 TA 二次侧极性反接

图 5－221 是三相三线有功电能表的错误接线。从图中可以看出，电能表表尾电压相序为 WVU，并且 U 相 TV 二次侧电压断相，造成电能表第一元件电压线圈两端实际承受电压为 U_{wv}，第二元件失压；电流由于 U、W 相表尾端钮接错，并且 U、W 相 TA 二次侧极性反接，造成第一元件电流线圈通入的电流为 $-I_w$，第二元件电流线圈通入的电流为 $-I_u$。

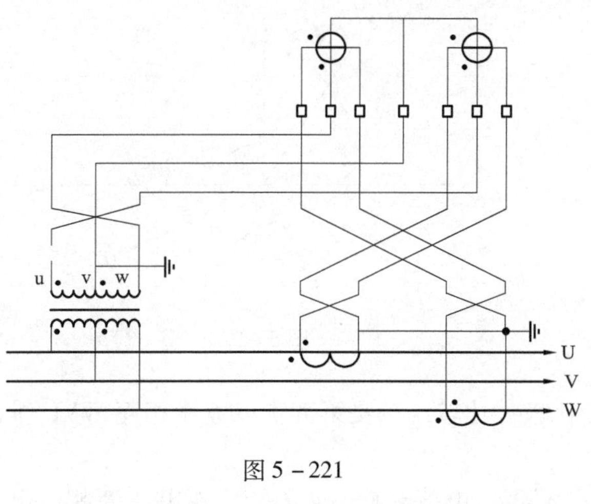

图 5－221

1. 测量数据（以 T－230A 现场校验仪为例）

按照第二章第三节现场校验仪测量方法的使用介绍，将校验仪与电能表接好。在选定的显示界面上将显示出分析所需的所有数据，显示屏数据如表 5－56 所示。

表 5 -56

测 试 数 据			
项目	1 元件	2 -6 端子	3 元件
电压	99.3V	99.2V	0.4V
电流	1.5A	0.0A	1.5A
对地电压	99.1V	0.2V	0.4V
相位	$\varphi_{I_1I_3}=120.6°$		
	$\varphi_{U_{12}I_1}=179.9°$		
	$\varphi_{U_{12}I_3}=300.5°$ $P=-148.5$		
相序	电压断相 U_3 电流相序逆		

2. 分析判断错误现象

（1）从表 5 -56“电压”栏中的显示值看出 3 元件电压值不等于 100V，可以判定该错误接线有电压断相，并且根据 1 元件和 2 元件的电压值可以看出，此电能表内部分压结构为“V”形。

（2）“电压”栏中 3 元件的电压 U_3 不等于 100V，即可确定 U_3 为电压断相，与“相序”栏中显示的电压断相 U_3 一致。“对地电压”栏中 1 元件的电压等于 100V 为正常相，所以可以确定 U_2 为 V 相。

（3）确定 U_2 为 V 相后，就可以看出该错误接线的电压相序有两种可能，即 UVW 和 WVU。

（4）如图 5 -222 所示，以电压相序 UVW 推出两个电流在相量图上的位置。将“相位”栏中的 U_{12} 替换成 U_{uv}。那么，$U_{12}I_1=180°$ 就替换成 $U_{uv}I_1=180°$、$U_{12}I_3=300°$ 就替换成 $U_{uv}I_3=300°$。即以 U_{uv} 为基准沿顺时针方向分别转 180°和 300°找到 I_1 和 I_3。

（5）如图 5 -223 所示，以电压相序 WVU 推出两个电流在相量图上的位置。将“相位”栏中的 U_{12} 替换成 U_{wv}。那么，$U_{12}I_1=180°$ 就替换成 $U_{wv}I_1=180°$、$U_{12}I_3=300°$ 就替换成 $U_{wv}I_3=300°$。即以 U_{wv} 为基准沿顺时针方向分别转 180°和 300°找到 I_1 和 I_3。从图上可以看出 $I_1=-I_w$、$I_3=-I_u$，并且其夹角等于 120°，电流相序为逆。

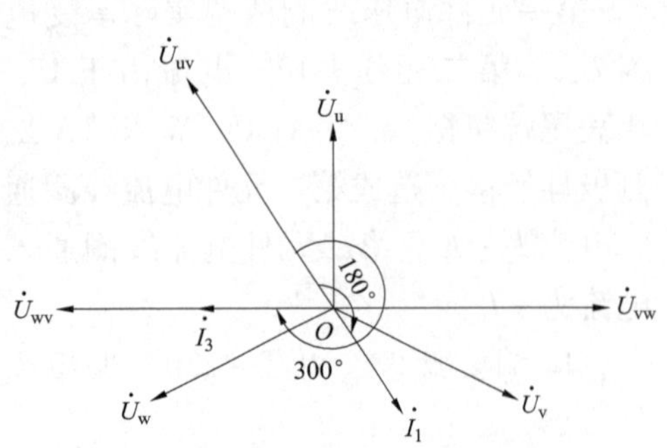

图 5 -222

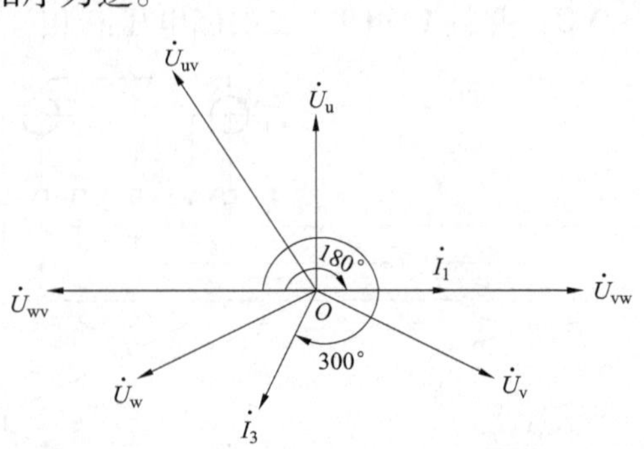

图 5 -223

（6）将两个电流在相量图上的位置进行比较。比较结果是第五步以电压相序 WVU 推出的两个电流符合两个电流在相量图上的位置。

（7）最后得出错误接线结论：电压相序 WVU，电流相序 I_w、I_u，U 相电压断相。电能表的实际接线组别为：第一元件 $\dot{U}_{wv}$、$-\dot{I}_{w}$，第二元件 $\dot{U}_{uv}$、$-\dot{I}_{u}$。

（8）画出错误接线相量图，如图 5－224 所示。

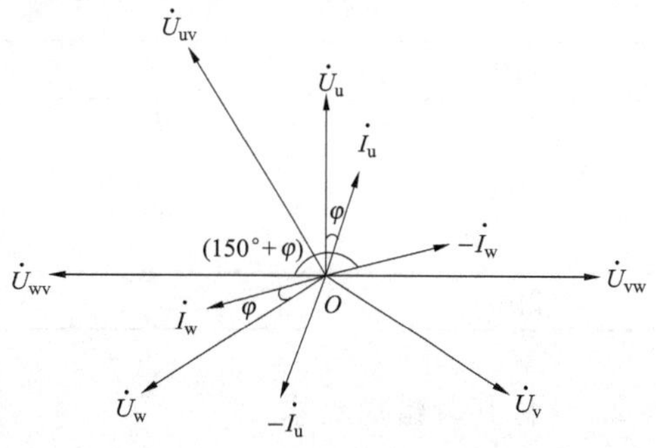

图 5－224

3. 写出错误接线时测得的电能（以功率表示）

因为电能表所计量的电能与所加电压和电流及相应相电流之间的夹角余弦乘积成正比，根据图 5－224 画出的错误接线相量图，对两个元件所计量的电能分别进行分析（以功率表示），并设 P_1' 为第一元件错误计量的功率，P_2' 为第二元件错误计量的功率。

第一元件测量的功率为

$$P_1' = U_{wv}(-I_w)\cos(150° + \varphi)$$

第二元件测量的功率为

$$P_2' = 0$$

在三相电路完全对称时，两元件测量的总功率为

$$\begin{aligned} P' &= P_1' + P_2' \\ &= U_{wv}(-I_w)\cos(150° + \varphi) \end{aligned}$$

九、表尾电压相序 WVU，电流相序 I_uI_w，W 相 TV 二次侧电压断相

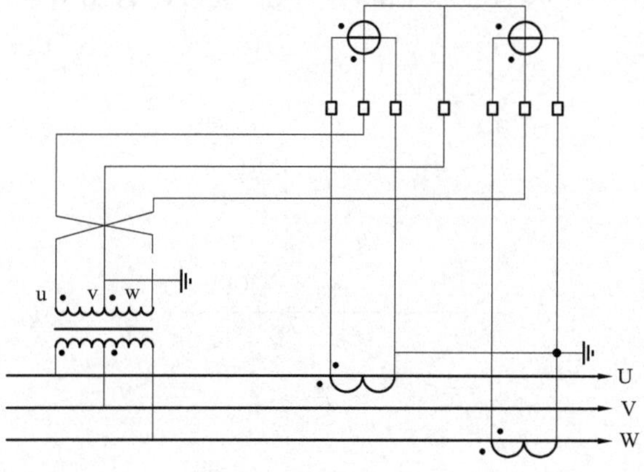

图 5－225

图 5－225 是三相三线有功电能表的错误接线。从图中可以看出，电能表表尾电压相序为 WVU，并且 W 相 TV 二次侧电压断相，造成电能表第一元件失压，第二元件实际承受电压为 U_{uv}；第一元件电流线圈通入的电流为 I_u，第二元件电流线圈通入的电流为 I_w。

1. 测量数据（以 T－230A 现场校验仪为例）

按照第二章第三节现场校验仪测量方法的使用介绍，将校验仪与电能表接好。在选定的显示界面上将显示出分析所需的所有数据，显示屏数据如表 5－57 所示。

表 5－57

测试数据			
项目	1 元件	2－6 端子	3 元件
电压	0.4V	99.6V	99.7V
电流	1.5A	0.0A	1.5A
对地电压	0.4V	0.2V	99.5V

续表

测试数据			
项目	1 元件	2 - 6 端子	3 元件
相位	$\varphi_{I_1I_3}=239.5°$		
	$\varphi_{U_{32}I_1}=60.1°$		
	$\varphi U_{32}I_3=299.6°$　$P=73.7$		
相序	电压断相 U_1　电流相序正		

2. 分析判断错误现象

（1）从表 5 - 57“电压”栏中的显示值看出 1 元件电压值不等于 100V，可以判定该错误接线有电压断相，并且根据 2 元件和 3 元件的电压值可以看出，此电能表内部分压结构为“V”形。

（2）“电压”栏中 1 元件的电压 U_1 不等于 100V，即可确定 U_1 为电压断相，与“相序”栏中显示的电压断相 U_1 一致。“对地电压”栏中 3 元件的电压等于 100V 为正常相，所以可以确定 U_2 为 V 相。

（3）确定 U_2 为 V 相后，就可以看出该错误接线的电压相序有两种可能，即 UVW 和 WVU。

（4）如图 5 - 226 所示，以电压相序 WVU 推出两个电流在相量图上的位置。将“相位”栏中的 U_{32} 替换成 U_{uv}。那么，$U_{32}I_1=60°$ 就替换成 $U_{uv}I_1=60°$、$U_{32}I_3=300°$ 就替换成 $U_{uv}I_3=300°$。即以 U_{uv} 为基准沿顺时针方向分别转 60°和 300°找到 I_1 和 I_3。从图上可以看出 $I_1=I_u$、$I_3=I_w$，并且其夹角等于 240°，电流相序为正。

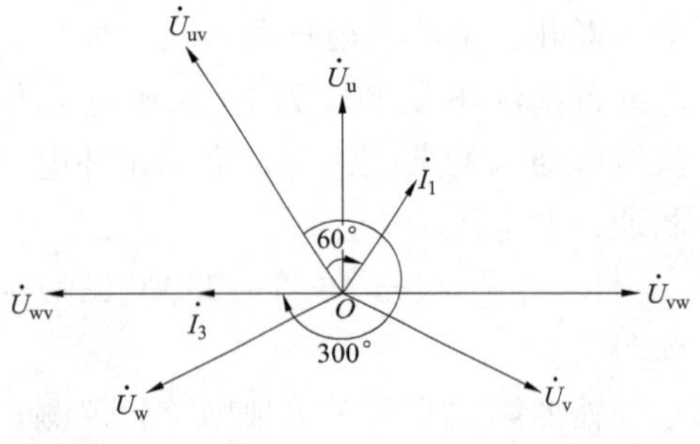

图 5 - 226

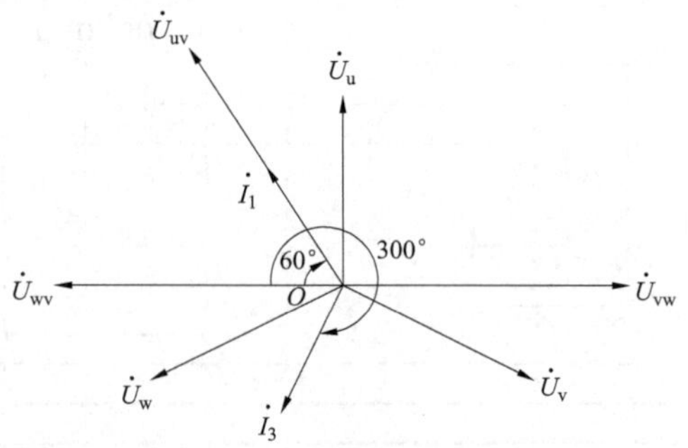

图 5 - 227

（5）如图 5 - 227 所示，以电压相序 UVW 推出两个电流在相量图上的位置。将“相位”栏中的 U_{32} 替换成 U_{wv}。那么，$U_{32}I_1=60°$ 就替换成 $U_{wv}I_1=60°$、$U_{32}I_3=300°$ 就替换成 $U_{wv}I_3=300°$。即以 U_{wv} 为基准沿顺时针方向分别转 60°和 300°找到 I_1 和 I_3。

（6）将两个电流在相量图上的位置进行比较。比较结果是第四步以电压相序 WVU 推出的两个电流符合两个电流在相量图上的位置。

（7）最后得出错误接线结论：电压相序 WVU，电流相序 I_u、I_w，W 相电压断相。电能表的实际接线组别为：第一元件 U_{wv}、I_u，第二元件 U_{uv}、I_w。

（8）画出错误接线相量图，如图 5－228 所示。

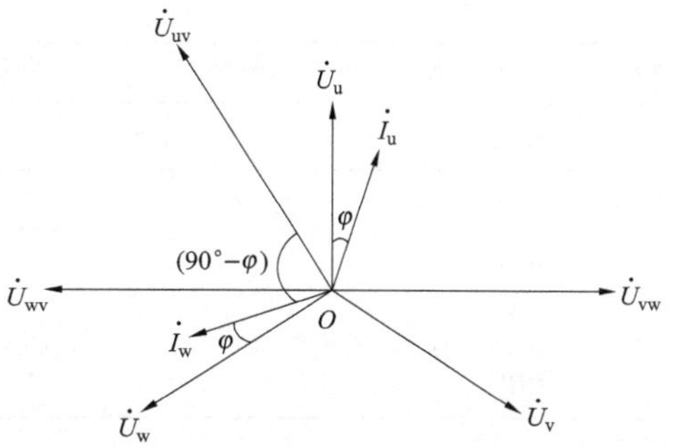

图 5－228

3. 写出错误接线时测得的电能（以功率表示）

因为电能表所计量的电能与所加电压和电流及相应相电流之间的夹角余弦乘积成正比，根据图 5－228 画出的错误接线相量图，对两个元件所计量的电能分别进行分析（以功率表示），并设 P'_1 为第一元件错误计量的功率，P'_2 为第二元件错误计量的功率。

第一元件测量的功率为

$$P'_1 = 0$$

第二元件测量的功率为

$$P'_2 = U_{uv} I_w \cos(90° - \varphi)$$

在三相电路完全对称时，两元件测量的总功率为

$$P' = P'_1 + P'_2 = U_{uv} I_w \cos(90° - \varphi)$$

十、表尾电压相序 WVU，电流相序 $I_u I_w$，W 相 TV 二次侧电压断相，U 相 TA 二次侧极性反接

图 5－229 是三相三线有功电能表的错误接线。从图中可以看出，电能表表尾电压相序为 WVU，并且 W 相 TV 二次侧电压断相，造成电能表第一元件失压，第二元件实际承受电压为 U_{uv}；电流由于 U 相 TA 二次侧极性反接，造成第一元件电流线圈通入的电流为 $-I_u$，第二元件电流线圈通入的电流为 I_w。

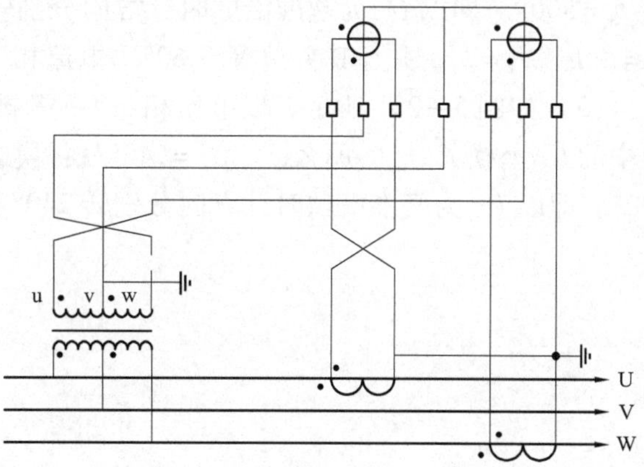

图 5－229

1. 测量数据（以 T－230A 现场校验仪为例）

按照第二章第三节现场校验仪测量方法的使用介绍，将校验仪与电能表接好。在选定的显示界面上将显示出分析所需的所有数据，显示屏数据如表 5－58 所示。

表 5－58

测 试 数 据			
项目	1 元件	2－6 端子	3 元件
电压	0.4V	99.9V	99.9V
电流	1.5A	0.0A	1.5A
对地电压	0.4V	0.2V	99.7V

续表

测试数据			
项目	1 元件	2－6 端子	3 元件
相位	$\varphi_{I_1I_3}=59.8°$		
	$\varphi_{U_{32}I_1}=240.0°$		
	$\varphi_{U_{32}I_3}=299.8°$　$P=74.8$		
相序	电压断相 U_1　电流相序正		

2. 分析判断错误现象

（1）从表 5－58“电压”栏中的显示值看出 1 元件电压值不等于 100V，可以判定该错误接线有电压断相，并且根据 2 元件和 3 元件的电压值可以看出，此电能表内部分压结构为“V”形。

（2）“电压”栏中 1 元件的电压 U_1 不等于 100V，即可确定 U_1 为电压断相，与“相序”栏中显示的电压断相 U_1 一致。“对地电压”栏中 3 元件的电压等于 100V 为正常相，所以可以确定 U_2 为 V 相。

（3）确定 U_2 为 V 相后，就可以看出该错误接线的电压相序有两种可能，即 UVW 和 WVU。

（4）如图 5－230 所示，以电压相序 WVU 推出两个电流在相量图上的位置。将“相位”栏中的 U_{32} 替换成 U_{uv}。那么，$U_{32}I_1=240°$ 就替换成 $U_{uv}I_1=240°$、$U_{32}I_3=300°$ 就替换成 $U_{uv}I_3=300°$。即以 U_{uv} 为基准沿顺时针方向分别转 240°和 300°找到 I_1 和 I_3。从图上可以看出 $I_1=-I_u$、$I_3=I_w$，并且其夹角等于 60°，电流相序为正。

（5）如图 5－231 所示，以电压相序 UVW 推出两个电流在相量图上的位置。将“相位”栏中的 U_{32} 替换成 U_{wv}。那么，$U_{32}I_1=240°$ 就替换成 $U_{wv}I_1=240°$、$U_{32}I_3=300°$ 就替换成 $U_{wv}I_3=300°$。即以 U_{wv} 为基准沿顺时针方向分别转 240°和 300°找到 I_1 和 I_3。

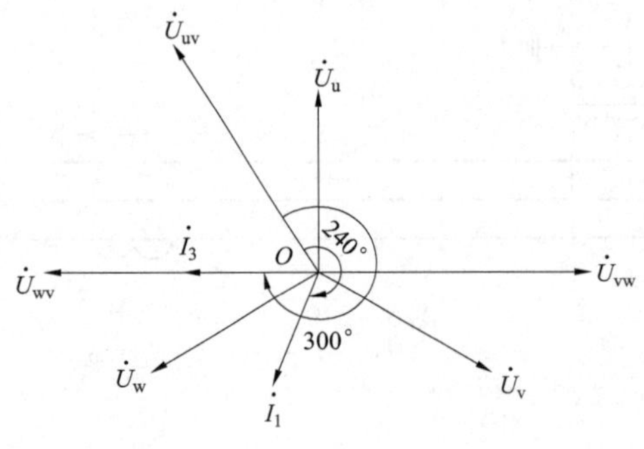

图 5－230

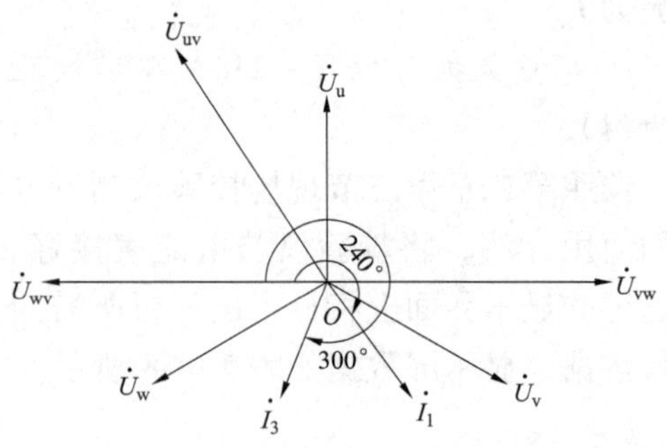

图 5－231

（6）将两个电流在相量图上的位置进行比较。比较结果是第四步以电压相序 WVU 推出的两个电流符合两个电流在相量图上的位置。

（7）最后得出错误接线结论：电压相序 WVU，电流相序 I_u、I_w，W 相电压断相。电能表的实际接线组别为：第一元件 U_{wv}、$-I_u$，第二元件 U_{uv}、I_w。

（8）画出错误接线相量图，如图 5－232 所示。

3. 写出错误接线时测得的电能（以功率表示）

因为电能表所计量的电能与所加电压和电流及相应相电流之间的夹角余弦乘积成正比，根据图 5－232 画出的错误接线相量图，对两个元件所计量的电能分别进行分析（以功率表示），并设 P_1' 为第一元件错误计量的功率，P_2' 为第二元件错误计量的功率。

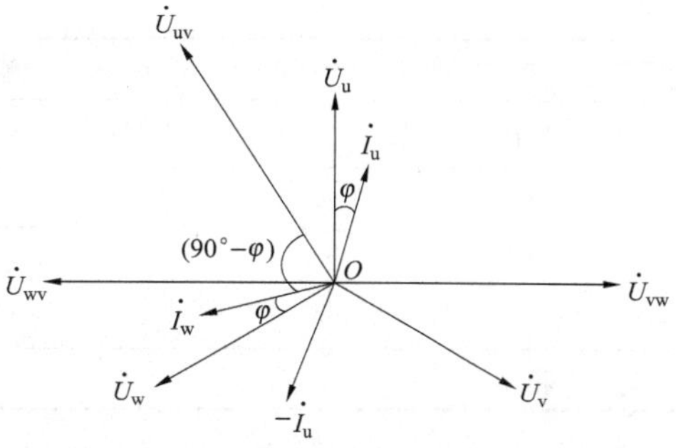

图 5－232

第一元件测量的功率为

$$P_1' = 0$$

第二元件测量的功率为

$$P_2' = U_{uv}I_w\cos(90° - \varphi)$$

在三相电路完全对称时，两元件测量的总功率为

$$P' = P_1' + P_2' = U_{uv}I_w\cos(90° - \varphi)$$

十一、表尾电压相序 WVU，电流相序 I_uI_w，W 相 TV 二次侧电压断相，W 相 TA 二次侧极性反接

图 5－233 是三相三线有功电能表的错误接线。从图中可以看出，电能表表尾电压相序为 WVU，并且 W 相 TV 二次侧电压断相，造成电能表第一元件失压，第二元件实际承受电压为 U_{uv}；电流由于 W 相 TA 二次侧极性反接，造成第一元件电流线圈通入的电流为 I_u，第二元件电流线圈通入的电流为 $-I_w$。

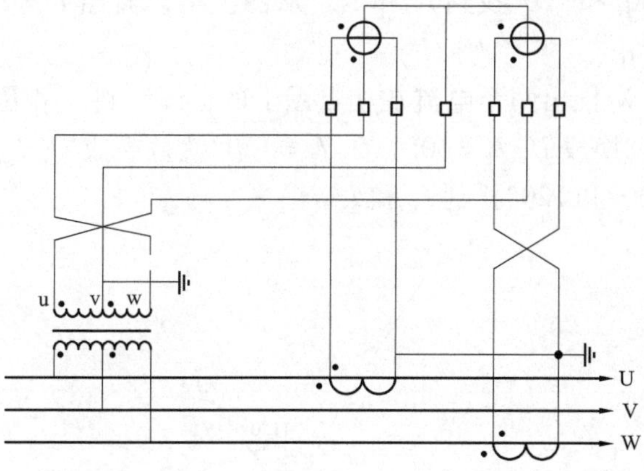

图 5－233

1. 测量数据（以 T－230A 现场校验仪为例）

按照第二章第三节现场校验仪测量方法的使用介绍，将校验仪与电能表接好。在选定的显示界面上将显示出分析所需的所有数据，显示屏数据如表 5－59 所示。

表 5－59

测试数据			
项目	1 元件	2－6 端子	3 元件
电压	0.4V	99.9V	99.9V
电流	1.5A	0.0A	1.5A
对地电压	0.4V	0.2V	99.7V

续表

测 试 数 据			
项目	1 元件	2 - 6 端子	3 元件
相位	$\varphi_{I_1I_3}=59.8°$		
	$\varphi_{U_{32}I_1}=60.0°$		
	$\varphi_{U_{32}I_3}=119.8°$ $P=-74.8$		
相序	电压断相 U_1 电流相序正		

2. 分析判断错误现象

（1）从表 5 - 59“电压”栏中的显示值看出 1 元件电压值不等于 100V，可以判定该错误接线有电压断相，并且根据 2 元件和 3 元件的电压值可以看出，此电能表内部分压结构为“V”形。

（2）“电压”栏中 1 元件的电压 U_1 不等于 100V，即可确定 U_1 为电压断相，与“相序”栏中显示的电压断相 U_1 一致。“对地电压”栏中 3 元件的电压等于 100V 为正常相，所以可以确定 U_2 为 V 相。

（3）确定 U_2 为 V 相后，就可以看出该错误接线的电压相序有两种可能，即 UVW 和 WVU。

（4）如图 5 - 234 所示，以电压相序 WVU 推出两个电流在相量图上的位置。将“相位”栏中的 U_{32} 替换成 U_{uv}。那么，$U_{32}I_1=60°$ 就替换成 $U_{uv}I_1=60°$、$U_{32}I_3=120°$ 就替换成 $U_{uv}I_3=120°$。即以 U_{uv} 为基准沿顺时针方向分别转 60°和 120°找到 I_1 和 I_3。从图上可以看出 $I_1=I_u$、$I_3=-I_w$，并且其夹角等于 60°，电流相序为正。

（5）如图 5 - 235 所示，以电压相序 UVW 推出两个电流在相量图上的位置。将“相位”栏中的 U_{32} 替换成 U_{wv}。那么，$U_{32}I_1=60°$ 就替换成 $U_{wv}I_1=60°$、$U_{32}I_3=120°$ 就替换成 $U_{wv}I_3=120°$。即以 U_{wv} 为基准沿顺时针方向分别转 60°和 120°找到 I_1 和 I_3。

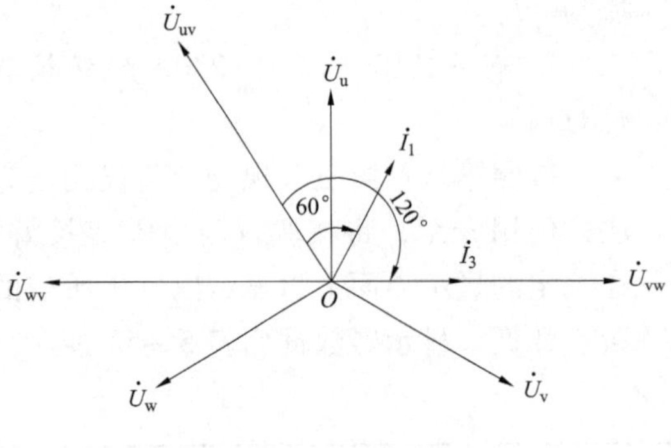

图 5 - 234

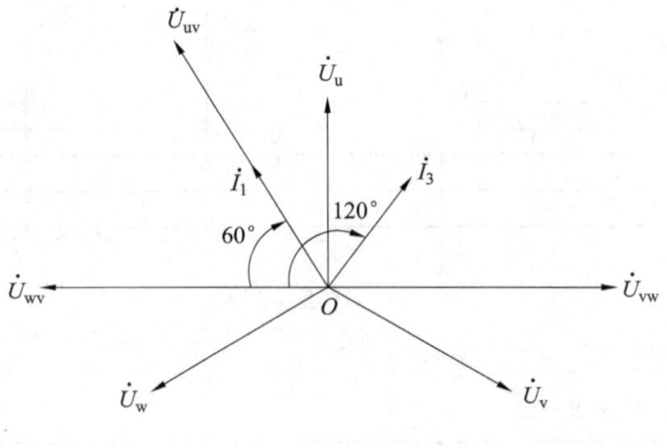

图 5 - 235

（6）将两个电流在相量图上的位置进行比较。比较结果是第四步以电压相序 WVU 推出的两个电流符合两个电流在相量图上的位置。

（7）最后得出错误接线结论：电压相序 WVU，电流相序 I_u、I_w，W 相电压断相。电能表的实际接线组别为：第一元件 U_{wv}、I_u，第二元件 U_{uv}、$-I_w$。

（8）画出错误接线相量图，如图 5－236 所示。

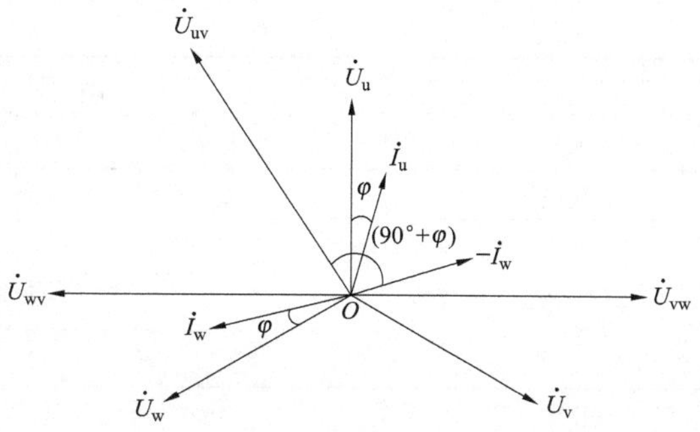

图 5－236

3. 写出错误接线时测得的电能（以功率表示）

因为电能表所计量的电能与所加电压和电流及相应相电流之间的夹角余弦乘积成正比，根据图 5－236 画出的错误接线相量图，对两个元件所计量的电能分别进行分析（以功率表示），并设 P_1' 为第一元件错误计量的功率，P_2' 为第二元件错误计量的功率。

第一元件测量的功率为

$$P_1' = 0$$

第二元件测量的功率为

$$P_2' = U_{uv}(-I_w)\cos(90° + \varphi)$$

在三相电路完全对称时，两元件测量的总功率为

$$P' = P_1' + P_2' = U_{uv}(-I_w)\cos(90° + \varphi)$$

十二、表尾电压相序 WVU，电流相序 I_uI_w，W 相 TV 二次侧电压断相，U、W 相 TA 二次侧极性反接

图 5－237 是三相三线有功电能表的错误接线。从图中可以看出，电能表表尾电压相序为 WVU，并且 W 相 TV 二次侧电压断相，造成电能表第一元件失压，第二元件实际承受电压为 U_{uv}；电流由于 U、W 相 TA 二次侧极性反接，造成第一元件电流线圈通入的电流为 $-I_u$，第二元件电流线圈通入的电流为 $-I_w$。

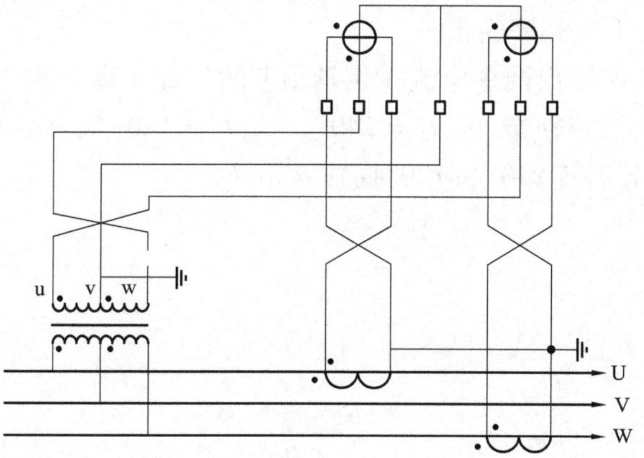

图 5－237

1. 测量数据（以 T－230A 现场校验仪为例）

按照第二章第三节现场校验仪测量方法的使用介绍，将校验仪与电能表接好。在选定的显示界面上将显示出分析所需的所有数据，显示屏数据如表 5－60 所示。

表 5－60

测试数据			
项目	1 元件	2－6 端子	3 元件
电压	0.4V	99.9V	99.9V
电流	1.5A	0.0A	1.5A

续表

测 试 数 据			
项目	1 元件	2 - 6 端子	3 元件
对地电压	0.4V	0.2V	99.7V
相位	$\varphi_{I_1I_3}=239.5°$		
	$\varphi_{U_{32}I_1}=240.2°$		
	$\varphi_{U_{32}I_3}=119.7°$　$P=-74.1$		
相序	电压断相 U_1　电流相序正		

2. 分析判断错误现象

（1）从表 5 - 60“电压”栏中的显示值看出 1 元件电压值不等于 100V，可以判定该错误接线有电压断相，并且根据 2 元件和 3 元件的电压值可以看出，此电能表内部分压结构为“V”形。

（2）“电压”栏中 1 元件的电压 U_1 不等于 100V，即可确定 U_1 为电压断相，与“相序”栏中显示的电压断相 U_1 一致。“对地电压”栏中 3 元件的电压等于 100V 为正常相，所以可以确定 U_2 为 V 相。

（3）确定 U_2 为 V 相后，就可以看出该错误接线的电压相序有两种可能，即 UVW 和 WVU。

（4）如图 5 - 238 所示，以电压相序 WVU 推出两个电流在相量图上的位置。将“相位”栏中的 U_{32} 替换成 U_{uv}。那么，$U_{32}I_1=240°$ 就替换成 $U_{uv}I_1=240°$、$U_{32}I_3=120°$ 就替换成 $U_{uv}I_3=120°$。即以 U_{uv} 为基准沿顺时针方向分别转 240°和 120°找到 I_1 和 I_3。从图上可以看出 $I_1=-I_u$、$I_3=-I_w$，并且其夹角等于 240°，电流相序为正。

（5）如图 5 - 239 所示，以电压相序 UVW 推出两个电流在相量图上的位置。将“相位”栏中的 U_{32} 替换成 U_{wv}。那么，$U_{32}I_1=240°$ 就替换成 $U_{wv}I_1=240°$、$U_{32}I_3=120°$ 就替换成 $U_{wv}I_3=120°$。即以 U_{wv} 为基准沿顺时针方向分别转 240°和 120°找到 I_1 和 I_3。

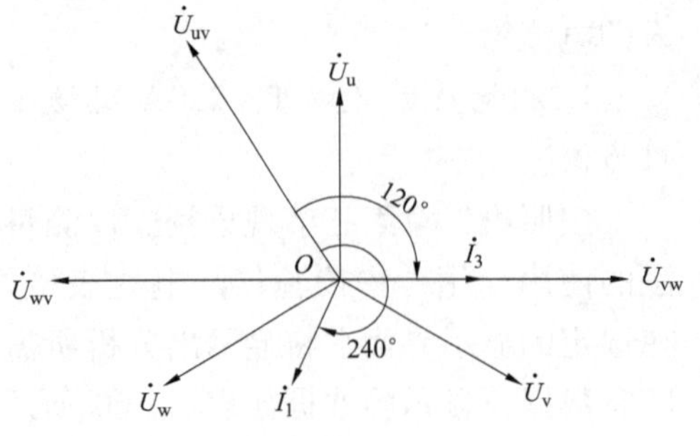

图 5 - 238

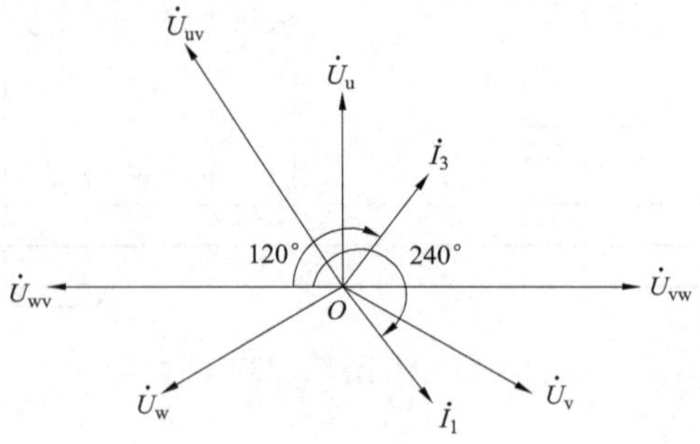

图 5 - 239

（6）将两个电流在相量图上的位置进行比较。比较结果是第四步以电压相序 WVU 推出的两个电流符合两个电流在相量图上的位置。

（7）最后得出错误接线结论：电压相序 WVU，电流相序 I_u、I_w，W 相电压断相。电能表的实际接线组别为：第一元件 U_{wv}、$-I_u$，第二元件 U_{uv}、$-I_w$。

（8）画出错误接线相量图，如图 5－240 所示。

3. 写出错误接线时测得的电能（以功率表示）

因为电能表所计量的电能与所加电压和电流及相应相电流之间的夹角余弦乘积成正比，根据图 5－240 画出的错误接线相量图，对两个元件所计量的电能分别进行分析（以功率表示），并设 P_1' 为第一元件错误计量的功率，P_2' 为第二元件错误计量的功率。

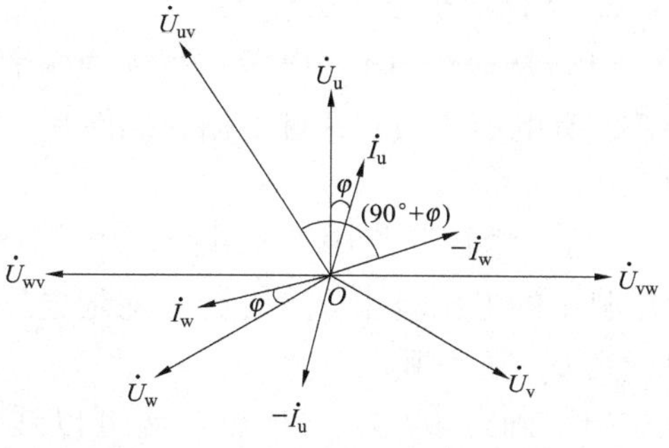

图 5－240

第一元件测量的功率为

$$P_1' = 0$$

第二元件测量的功率为

$$P_2' = U_{uv}(-I_w)\cos(90° + \varphi)$$

在三相电路完全对称时，两元件测量的总功率为

$$P' = P_1' + P_2' = U_{uv}(-I_w)\cos(90° + \varphi)$$

十三、表尾电压相序 WVU，电流相序 I_wI_u，W 相 TV 二次侧电压断相

图 5－241 是三相三线有功电能表的错误接线。从图中可以看出，电能表表尾电压相序为 WVU，并且 W 相 TV 二次侧电压断相，造成电能表第一元件失压 v，第二元件实际承受电压为 U_{uv}；电流由于 U、W 相表尾端钮接错，造成第一元件电流线圈通入的电流为 I_w，第二元件电流线圈通入的电流为 I_u。

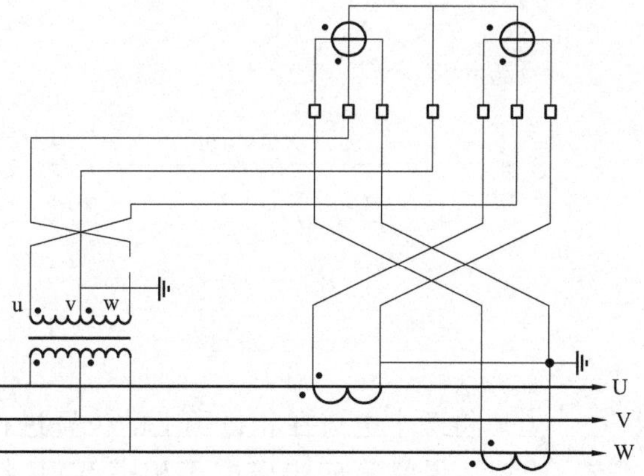

图 5－241

1. 测量数据（以 T－230A 现场校验仪为例）

按照第二章第三节现场校验仪测量方法的使用介绍，将校验仪与电能表接好。在选定的显示界面上将显示出分析所需的所有数据，显示屏数据如表 5－61 所示。

表 5－61

测试数据			
项目	1 元件	2－6 端子	3 元件
电压	0.4V	99.9V	99.9V
电流	1.5A	0.0A	1.5A
对地电压	0.4V	0.2V	99.7V
相位	$\varphi_{I_1I_3}=120.6°$		
	$\varphi_{U_{32}I_1}=299.6°$		
	$\varphi_{U_{32}I_3}=60.2°$　$P=74.3$		
相序	电压断相 U_1　电流相序逆		

2. 分析判断错误现象

（1）从表 5－61“电压”栏中的显示值看出 1 元件电压值不等于 100V，可以判定该错误接线有电压断相，并且根据 2 元件和 3 元件的电压值可以看出，此电能表内部分压结构为“V”形。

（2）“电压”栏中 1 元件的电压 U_1 不等于 100V，即可确定 U_1 为电压断相，与“相序”栏中显示的电压断相 U_1 一致。“对地电压”栏中 3 元件的电压等于 100V 为正常相，所以可以确定 U_2 为 V 相。

（3）确定 U_2 为 V 相后，就可以看出该错误接线的电压相序有两种可能，即 UVW 和 WVU。

（4）如图 5－242 所示，以电压相序 WVU 推出两个电流在相量图上的位置。将“相位”栏中的 U_{32} 替换成 U_{uv}。那么，$U_{32}I_1=300°$ 就替换成 $U_{uv}I_1=300°$、$U_{32}I_3=60°$ 就替换成 $U_{uv}I_3=60°$。即以 U_{uv} 为基准沿顺时针方向分别转 300°和 60°找到 I_1 和 I_3。从图上可以看出 $I_1=I_w$、$I_3=I_u$，并且其夹角等于 120°，电流相序为逆。

（5）如图 5－243 所示，以电压相序 UVW 推出两个电流在相量图上的位置。将“相位”栏中的 U_{32} 替换成 U_{wv}。那么，$U_{32}I_1=300°$ 就替换成 $U_{wv}I_1=300°$、$U_{32}I_3=60°$ 就替换成 $U_{wv}I_3=60°$。即以 U_{wv} 为基准沿顺时针方向分别转 300°和 60°找到 I_1 和 I_3。

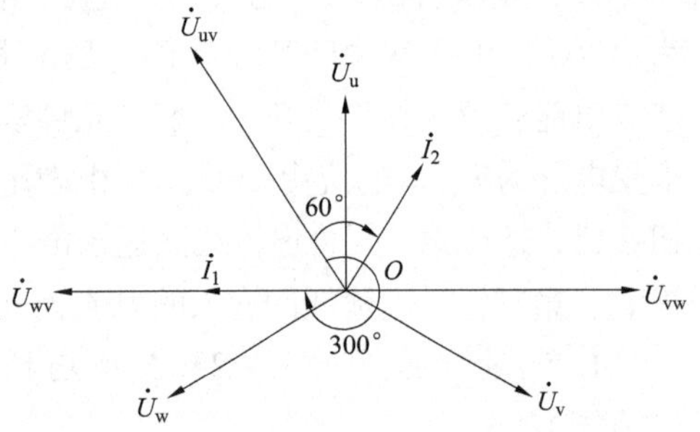

图 5－242

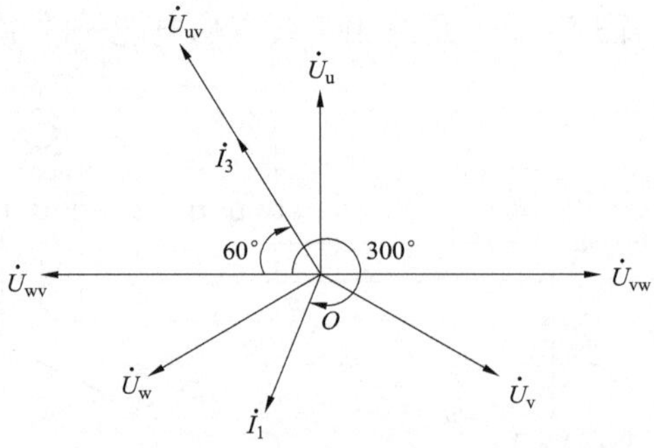

图 5－243

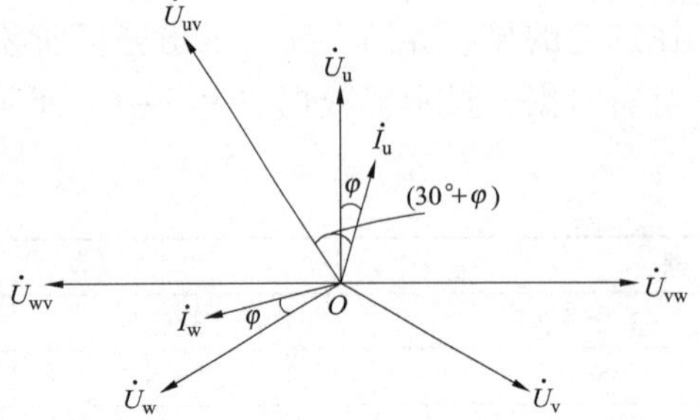

图 5－244

（6）将两个电流在相量图上的位置进行比较。比较结果是第四步以电压相序 WVU 推出的两个电流符合两个电流在相量图上的位置。

（7）最后得出错误接线结论：电压相序 WVU，电流相序 I_w、I_u，W 相电压断相。电能表的实际接线组别为：第一元件 U_{wv}、I_w，第二元件 U_{uv}、I_u。

（8）画出错误接线相量图，如图 5－244 所示。

3. 写出错误接线时测得的电能（以功率表示）

因为电能表所计量的电能与所加电压和电流及相应相电流之间的夹角余弦乘积成正比，根据图 5－244 画出的错误接线相量图，对两个元件所计量的电能分别进行分析（以功率表示），并设 P_1' 为第一元件错误计量的功率，P_2' 为第二元件错误计量的功率。

第一元件测量的功率为

$$P_1' = 0$$

第二元件测量的功率为

$$P_2' = U_{uv} I_u \cos(30° + \varphi)$$

在三相电路完全对称时，两元件测量的总功率为

$$\begin{aligned} P' &= P_1' + P_2' \\ &= U_{uv} I_u \cos(30° + \varphi) \end{aligned}$$

十四、表尾电压相序 WVU，电流相序 $I_w I_u$，W 相 TV 二次侧电压断相，W 相 TA 二次侧极性反接

图 5－245 是三相三线有功电能表的错误接线。从图中可以看出，电能表表尾电压相序为 WVU，并且 W 相 TV 二次侧电压断相，造成电能表第一元件失压，第二元件实际承受电压为 U_{uv}；电流由于 U、W 相表尾端钮接错，并且 W 相 TA 二次侧极性反接，造成第一元件电流线圈通入的电流为 $-I_w$，第二元件电流线圈通入的电流为 I_u。

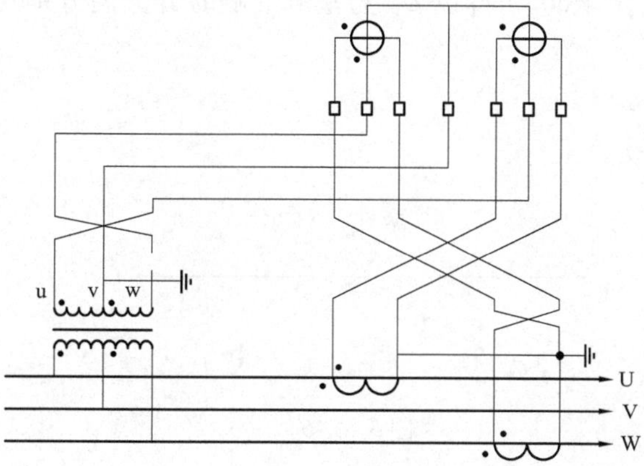

图 5－245

1. 测量数据（以 T－230A 现场校验仪为例）

按照第二章第三节现场校验仪测量方法的使用介绍，将校验仪与电能表接好。在选定的显示界面上将显示出分析所需的所有数据，显示屏数据如表 5－62 所示。

表 5－62

测　试　数　据			
项目	1 元件	2－6 端子	3 元件
电压	0.4V	99.9V	99.9V
电流	1.5A	0.0A	1.5A
对地电压	0.4V	0.2V	99.7V
相位	$\varphi_{I_1I_3} = 300.3°$		
	$\varphi_{U_{32}I_1} = 119.8°$		
	$\varphi_{U_{32}I_3} = 60.0°$　$P = 73.9$		
相序	电压断相 U_1　电流相序逆		

2. 分析判断错误现象

（1）从表 5－62“电压”栏中的显示值看出 1 元件电压值不等于 100V，可以判定该错误接线有电压断相，并且根据 2 元件和 3 元件的电压值可以看出，此电能表内部分压结构为“V”形。

（2）“电压”栏中1元件的电压 U_1 不等于100V，即可确定 U_1 为电压断相，与“相序”栏中显示的电压断相 U_1 一致。“对地电压”栏中3元件的电压等于100V为正常相，所以可以确定 U_2 为V相。

（3）确定 U_2 为V相后，就可以看出该错误接线的电压相序有两种可能，即UVW和WVU。

（4）如图5-246所示，以电压相序WVU推出两个电流在相量图上的位置。将“相位”栏中的 U_{32} 替换成 U_{uv}。那么，$U_{32}I_1=120°$ 就替换成 $U_{uv}I_1=120°$、$U_{32}I_3=60°$ 就替换成 $U_{uv}I_3=60°$。即以 U_{uv} 为基准沿顺时针方向分别转120°和60°找到 I_1 和 I_3。从图上可以看出 $I_1=-I_w$、$I_3=I_u$，并且其夹角等于300°，电流相序为逆。

（5）如图5-247所示，以电压相序UVW推出两个电流在相量图上的位置。将“相位”栏中的 U_{32} 替换成 U_{wv}。那么，$U_{32}I_1=120°$ 就替换成 $U_{wv}I_1=120°$、$U_{32}I_3=60°$ 就替换成 $U_{wv}I_3=60°$。即以 U_{wv} 为基准沿顺时针方向分别转120°和60°找到 I_1 和 I_3。

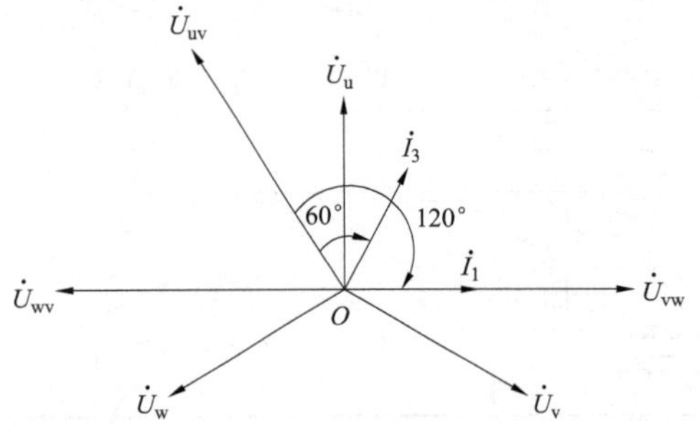

图5-246

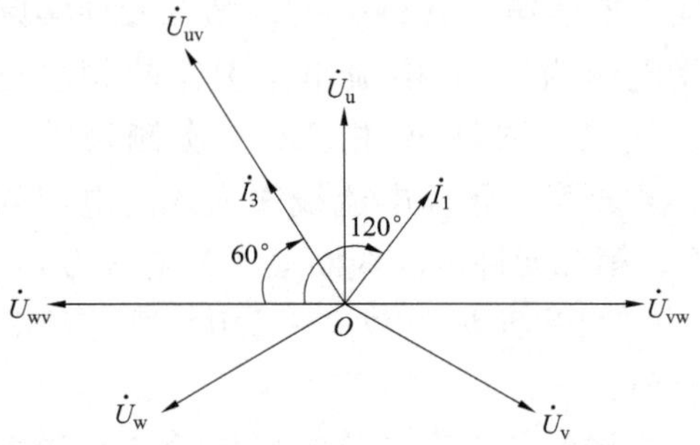

图5-247

（6）将两个电流在相量图上的位置进行比较。比较结果是第四步以电压相序WVU推出的两个电流符合两个电流在相量图上的位置。

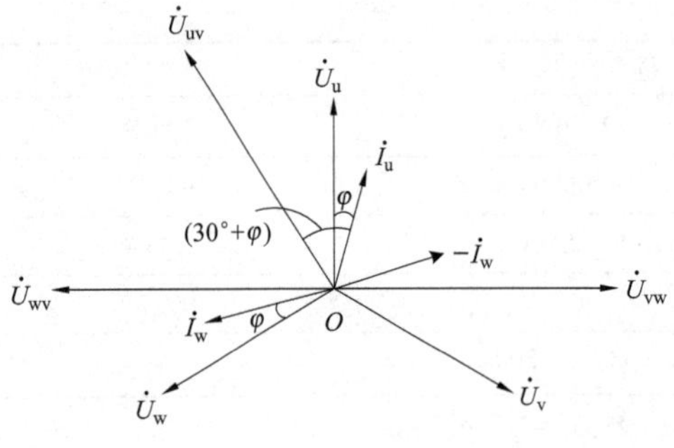

图5-248

（7）最后得出错误接线结论：电压相序WVU，电流相序 I_w、I_u，W相电压断相。电能表的实际接线组别为：第一元件 U_{wv}、$-I_w$，第二元件 U_{uv}、I_u。

（8）画出错误接线相量图，如图5-248所示。

3. 写出错误接线时测得的电能（以功率表示）

因为电能表所计量的电能与所加电压和电流及相应相电流之间的夹角余弦乘积成正比，根据图5-248画出的错误接线相量图，对两个元件所计量的电能分别进行分析（以功率表示），并设 P_1' 为第一元件错误计量的功率，P_2' 为第二元件错误计量的功率。

第一元件测量的功率为

$$P_1'=0$$

第二元件测量的功率为

$$P_2' = U_{uv} I_u \cos(30° + \varphi)$$

在三相电路完全对称时，两元件测量的总功率为

$$P' = P_1' + P_2'$$
$$= U_{uv} I_u \cos(30° + \varphi)$$

十五、表尾电压相序 WVU，电流相序 $I_w I_u$，W 相 TV 二次侧电压断相，U 相 TA 二次侧极性反接

图 5－249 是三相三线有功电能表的错误接线。从图中可以看出，电能表表尾电压相序为 WVU，并且 W 相 TV 二次侧电压断相，造成电能表第一元件失压，第二元件实际承受电压为 U_{uv}；电流由于 U、W 相表尾端钮接错，并且 U 相 TA 二次侧极性反接，造成第一元件电流线圈通入的电流为 I_w，第二元件电流线圈通入的电流为 $-I_u$。

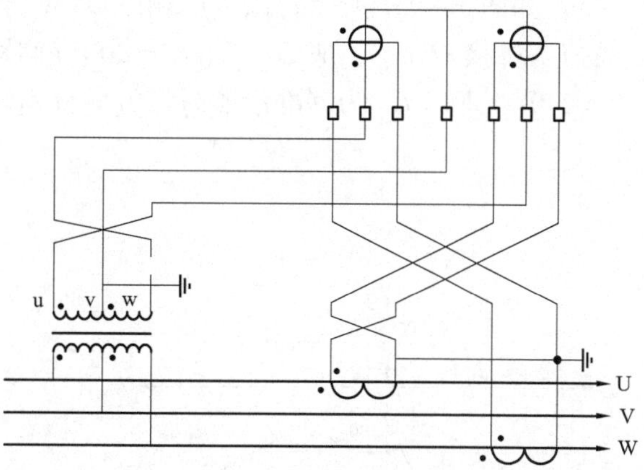

图 5－249

1. 测量数据（以 T－230A 现场校验仪为例）

按照第二章第三节现场校验仪测量方法的使用介绍，将校验仪与电能表接好。在选定的显示界面上将显示出分析所需的所有数据，显示屏数据如表 5－63 所示。

表 5－63

测试数据			
项目	1 元件	2－6 端子	3 元件
电压	0.4V	99.9V	99.9V
电流	1.5A	0.0A	1.5A
对地电压	0.4V	0.2V	99.7V
相位	$\varphi_{I_1 I_3} = 300.3°$		
	$\varphi_{U_{32} I_1} = 299.8°$		
	$\varphi_{U_{32} I_3} = 240.0°$　$P = -73.9$		
相序	电压断相 U_1　电流相序逆		

2. 分析判断错误现象

（1）从表 5－63“电压”栏中的显示值看出 1 元件电压值不等于 100V，可以判定该错误接线有电压断相，并且根据 2 元件和 3 元件的电压值可以看出，此电能表内部分压结构为“V”形。

（2）“电压”栏中 1 元件的电压 U_1 不等于 100V，即可确定 U_1 为电压断相，与“相序”栏中显示的电压断相 U_1 一致。“对地电压”栏中 3 元件的电压等于 100V 为正常相，所以可

以确定 U_2 为 V 相。

（3）确定 U_2 为 V 相后，就可以看出该错误接线的电压相序有两种可能，即 UVW 和 WVU。

（4）如图 5－250 所示，以电压相序 WVU 推出两个电流在相量图上的位置。将“相位”栏中的 U_{32} 替换成 U_{uv}。那么，$U_{32}I_1=300°$ 就替换成 $U_{uv}I_1=300°$、$U_{32}I_3=240°$ 就替换成 $U_{uv}I_3=240°$。即以 U_{uv} 为基准沿顺时针方向分别转 300°和 240°找到 I_1 和 I_3。从图上可以看出 $I_1=I_w$、$I_3=-I_u$，并且其夹角等于 300°，电流相序为逆。

（5）如图 5－251 所示，以电压相序 UVW 推出两个电流在相量图上的位置。将“相位”栏中的 U_{32} 替换成 U_{wv}。那么，$U_{32}I_1=300°$ 就替换成 $U_{wv}I_1=300°$、$U_{32}I_3=240°$ 就替换成 $U_{wv}I_3=240°$。即以 U_{wv} 为基准沿顺时针方向分别转 300°和 240°找到 I_1 和 I_3。

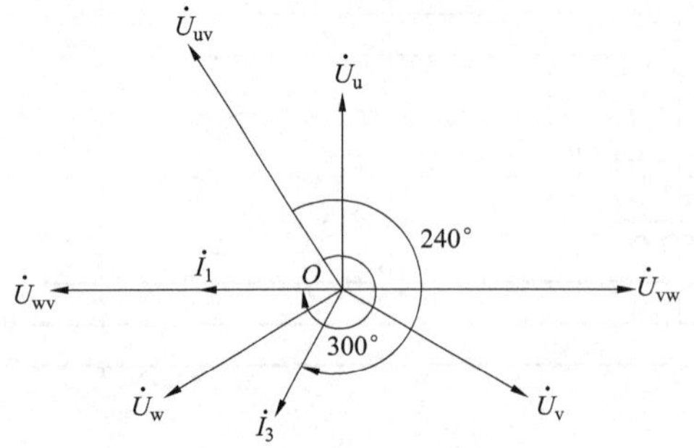

图 5－250

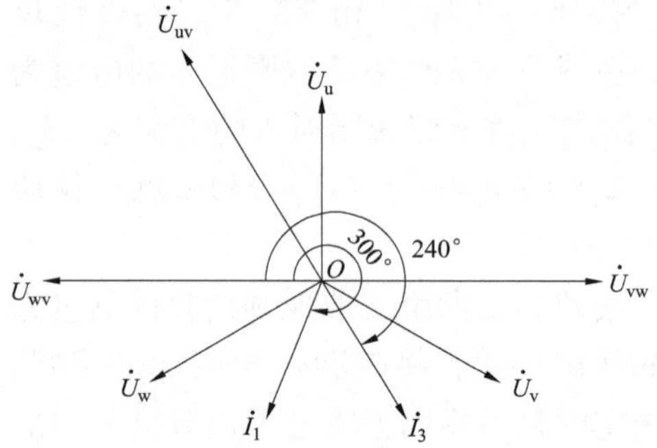

图 5－251

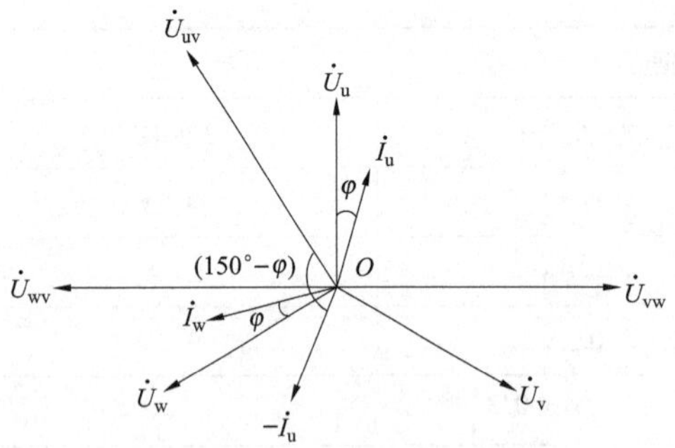

图 5－252

（6）将两个电流在相量图上的位置进行比较。比较结果是第四步以电压相序 WVU 推出的两个电流符合两个电流在相量图上的位置。

（7）最后得出错误接线结论：电压相序 WVU，电流相序 I_w、I_u，W 相电压断相。电能表的实际接线组别为：第一元件 U_{wv}、I_w，第二元件 U_{uv}、$-I_u$。

（8）画出错误接线相量图，如图 5－252 所示。

3. 写出错误接线时测得的电能（以功率表示）

因为电能表所计量的电能与所加电压和电流及相应相电流之间的夹角余弦乘积成正比，根据图 5－252 画出的错误接线相量图，对两个元件所计量的电能分别进行分析（以功率表示），并设 P_1' 为第一元件错误计量的功率，P_2' 为第二元件错误计量的功率。

第一元件测量的功率为

$$P_1'=0$$

第二元件测量的功率为

$$P_2'=U_{uv}(-I_u)\cos(150°-\varphi)$$

在三相电路完全对称时，两元件测量的总功率为

$$P' = P_1' + P_2'$$
$$= (-I_u)\cos(150° - \varphi)$$

十六、表尾电压相序 WVU，电流相序 I_wI_u，W 相 TV 二次侧电压断相，U、W 相 TA 二次侧极性反接

图 5－253 是三相三线有功电能表的错误接线。从图中可以看出，电能表表尾电压相序为 WVU，并且 W 相 TV 二次侧电压断相，造成电能表第一元件失压，第二元件实际承受电压为 U_{uv}；电流由于 U、W 相表尾端钮接错，并且 U、W 相 TA 二次侧极性反接，造成第一元件电流线圈通入的电流为 $-I_w$，第二元件电流线圈通入的电流为 $-I_u$。

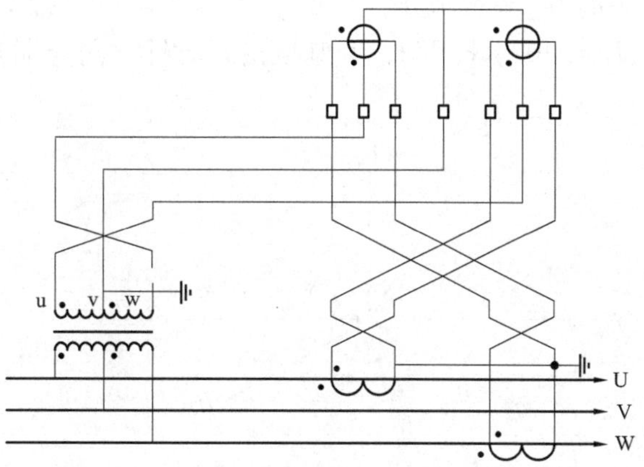

图 5－253

1. 测量数据（以 T－230A 现场校验仪为例）

按照第二章第三节现场校验仪测量方法的使用介绍，将校验仪与电能表接好。在选定的显示界面上将显示出分析所需的所有数据，显示屏数据如表 5－64 所示。

表 5－64

测试数据			
项目	1 元件	2－6 端子	3 元件
电压	0.4V	99.9V	99.9V
电流	1.5A	0.0A	1.5A
对地电压	0.4V	0.2V	99.7V
相位	$\varphi_{I_1I_3} = 120.6°$		
	$\varphi_{U_{32}I_1} = 119.6°$		
	$\varphi_{U_{32}I_3} = 240.2°$　$P = -74.3$		
相序	电压断相 U_1　电流相序逆		

2. 分析判断错误现象

（1）从表 5－64“电压”栏中的显示值看出 1 元件电压值不等于 100V，可以判定该错误接线有电压断相，并且根据 2 元件和 3 元件的电压值可以看出，此电能表内部分压结构为“V”形。

（2）“电压”栏中 1 元件的电压 U_1 不等于 100V，即可确定 U_1 为电压断相，与“相序”栏中显示的电压断相 U_1 一致。“对地电压”栏中 3 元件的电压等于 100V 为正常相，所以可以确定 U_2 为 V 相。

（3）确定 U_2 为 V 相后，就可以看出该错误接线的电压相序有两种可能，即 UVW 和 WVU。

（4）如图 5－254 所示，以电压相序 WVU 推出两个电流在相量图上的位置。将“相位”栏中的 U_{32} 替换成 U_{uv}。那么，$U_{32}I_1=120°$ 就替换成 $U_{uv}I_1=120°$、$U_{32}I_3=240°$ 就替换成 $U_{uv}I_3=240°$。即以 U_{uv} 为基准沿顺时针方向分别转 120°和 240°找到 I_1 和 I_3。从图上可以看出 $I_1=-I_w$、$I_3=-I_u$，并且其夹角等于 120°，电流相序为逆。

（5）如图 5－255 所示，以电压相序 UVW 推出两个电流在相量图上的位置。将“相位”栏中的 U_{32} 替换成 U_{wv}。那么，$U_{32}I_1=120°$ 就替换成 $U_{wv}I_1=120°$、$U_{32}I_3=240°$ 就替换成 $U_{wv}I_3=240°$。即以 U_{wv} 为基准沿顺时针方向分别转 120°和 240°找到 I_1 和 I_3。

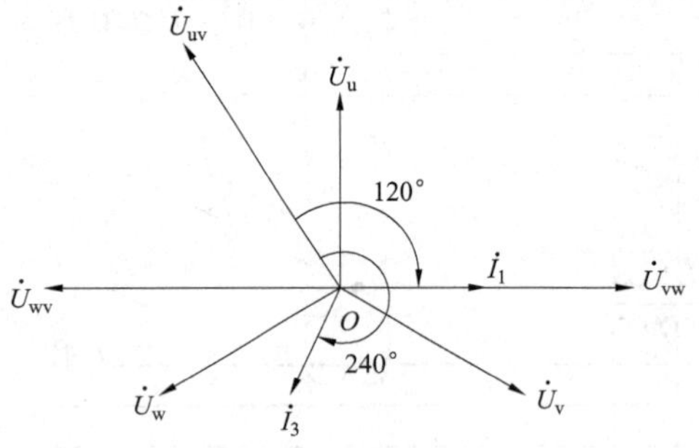

图 5－254

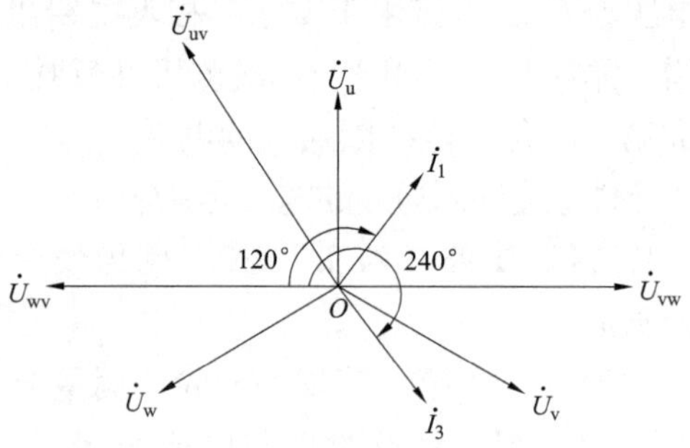

图 5－255

（6）将两个电流在相量图上的位置进行比较。比较结果是第四步以电压相序 WVU 推出的两个电流符合两个电流在相量图上的位置。

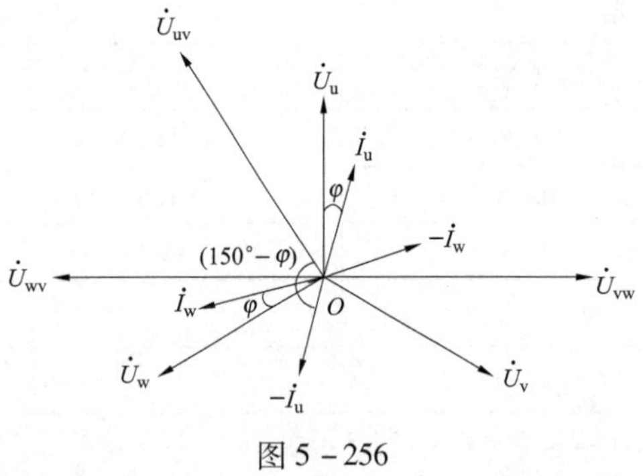

图 5－256

（7）最后得出错误接线结论：电压相序 WVU，电流相序 I_w、I_u，W 相电压断相。电能表的实际接线组别为：第一元件 U_{wv}、$-I_w$，第二元件 U_{uv}、$-I_u$。

（8）画出错误接线相量图，如图 5－256 所示。

3. *写出错误接线时测得的电能（以功率表示）*

因为电能表所计量的电能与所加电压和电流及相应相电流之间的夹角余弦乘积成正比，根据图 5－256 画出的错误接线相量图，对两个元件所计量的电能分别进行分析（以功率表示），并设 P'_1 为第一元件错误计量的功率，P'_2 为第二元件错误计量的功率。

第一元件测量的功率为

$$P'_1=0$$

第二元件测量的功率为

$$P'_2=U_{uv}(-I_u)\cos(150°-\varphi)$$

在三相电路完全对称时，两元件测量的总功率为

$$\begin{aligned}P'&=P'_1+P'_2\\&=U_{uv}(-I_u)\cos(150°-\varphi)\end{aligned}$$

第五节　电压相序为 VUW 时的错误接线实例分析

一、表尾电压相序 VUW，电流相序 $I_u I_w$，U 相 TV 二次侧电压断相

图 5－257 是三相三线有功电能表的错误接线。从图中可以看出，电能表表尾电压相序为 VUW，并且 U 相 TV 二次侧电压断相，造成电能表第一元件电压线圈两端实际承受电压为 $\frac{1}{2}U_{vw}$，第二元件实际承受电压为 $\frac{1}{2}U_{wv}$；第一元件电流线圈通入的电流为 I_u，第二元件电流线圈通入的电流为 I_w。

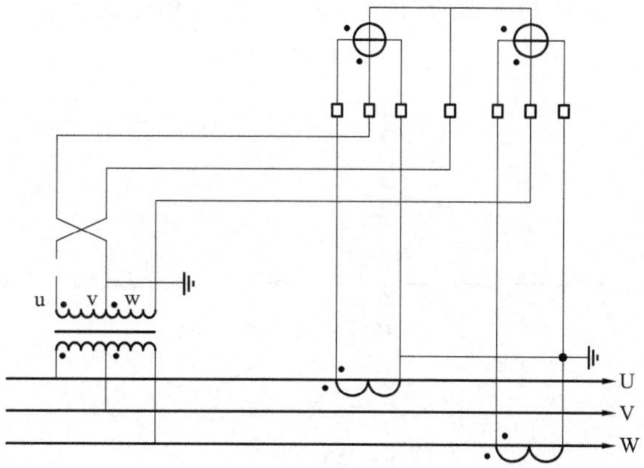

图 5－257

1. 测量数据（以 T－230A 现场校验仪为例）

按照第二章第三节现场校验仪测量方法的使用介绍，将校验仪与电能表接好。在选定的显示界面上将显示出分析所需的所有数据，显示屏数据如表 5－65 所示。

表 5－65

测　试　数　据			
项目	1 元件	2－6 端子	3 元件
电压	50.3V	99.9V	49.7V
电流	1.5A	0.0A	1.5A
对地电压	0.3V	50.0V	99.6V
相位	$\varphi_{I_1I_3}=239.5°$		
	$\varphi_{U_{31}I_1}=120.3°$		
	$\varphi_{U_{31}I_3}=359.7°$　$P=113.3$		
相序	电压断相 U_2　电流相序正		

2. 分析判断错误现象

（1）从表 5－65“电压”栏中的显示值看出 1 元件和 3 元件的电压值不等于 100V，可以判定该错误接线有电压断相。

（2）从“对地电压”栏中可以看出 1 元件的电压为 0V，所以确定 U_1 为 V 相。电压值为 50V 的 U_2 为电压断相，与“相序”栏中的电压断相 U_2 一致。

（3）确定 U_1 为 V 相后，就可以看出该错误接线的电压相序有两种可能，即 VWU 和 VUW。

（4）如图 5－258 所示，以电压相序 VWU 推出两个电流在相量图上的位置。将“相位”

栏中的 U_{31} 替换成 U_{uv}。那么，$U_{31}I_1=120°$就替换成 $U_{uv}I_1=120°$、$U_{31}I_3=360°$就替换成 $U_{uv}I_3=360°$。即以 U_{uv} 为基准沿顺时针方向分别转 120°和 360°找到 I_1 和 I_3。

（5）如图 5－259 所示，以电压相序 VUW 推出两个电流在相量图上的位置。将“相位”栏中的 U_{31} 替换成 U_{wv}。那么，$U_{31}I_1=120°$就替换成 $U_{wv}I_1=120°$、$U_{31}I_3=360°$就替换成 $U_{wv}I_3=360°$。即以 U_{wv} 为基准沿顺时针方向分别转 120°和 360°找到 I_1 和 I_3。从图上可以看出 $I_1=I_u$、$I_3=I_w$，并且其夹角等于 240°，电流相序为正。

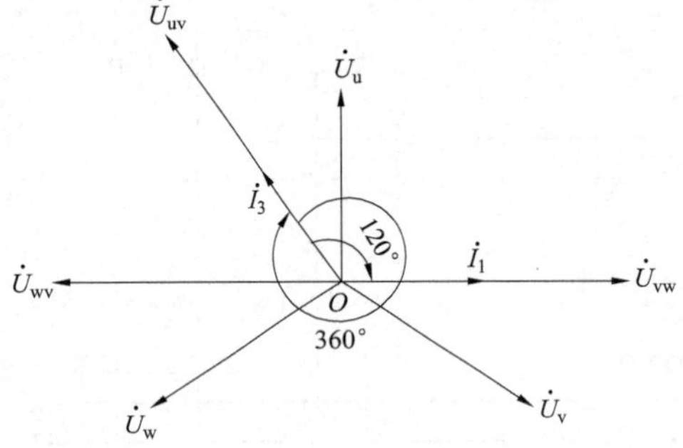

图 5－258

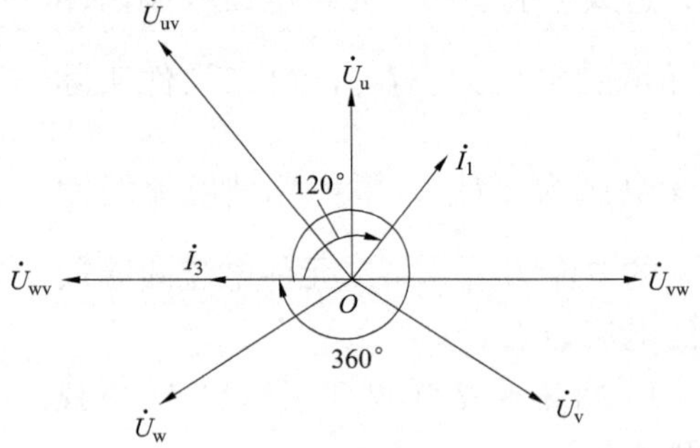

图 5－259

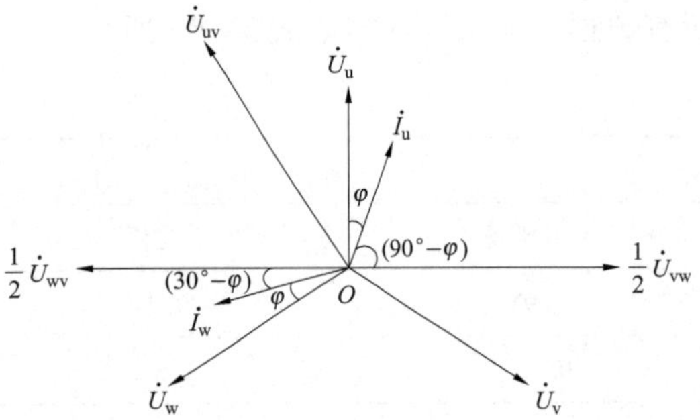

图 5－260

（6）将两个电流在相量图上的位置进行比较。比较结果是第五步以电压相序 VUW 推出的两个电流符合两个电流在相量图上的位置。

（7）最后得出错误接线结论：电压相序 VUW，电流相序 I_u、I_w，U 相电压断相。电能表的实际接线组别为：第一元件$\frac{1}{2}U_{vw}$、I_u，第二元件$\frac{1}{2}U_{wv}$、I_w。

（8）画出错误接线相量图，如图 5－260 所示。

3. 写出错误接线时测得的电能（以功率表示）

因为电能表所计量的电能与所加电压和电流及相应相电流之间的夹角余弦乘积成正比，根据图 5－260 画出的错误接线相量图，对两个元件所计量的电能分别进行分析（以功率表示），并设 P_1' 为第一元件错误计量的功率，P_2' 为第二元件错误计量的功率。

第一元件测量的功率为

$$P_1'=\frac{1}{2}U_{vw}I_u\cos(90°-\varphi)$$

第二元件测量的功率为

$$P_2'=\frac{1}{2}U_{wv}I_w\cos(30°-\varphi)$$

在三相电路完全对称时，两元件测量的总功率为

$$P' = P_1' + P_2'$$
$$= \frac{1}{2}U_{vw}I_u\cos(90° - \varphi) + \frac{1}{2}U_{wv}I_w\cos(30° - \varphi)$$

二、现象为表尾电压相序 VUW，电流相序 I_uI_w，U 相 TV 二次侧电压断相，U 相 TA 二次侧极性反接

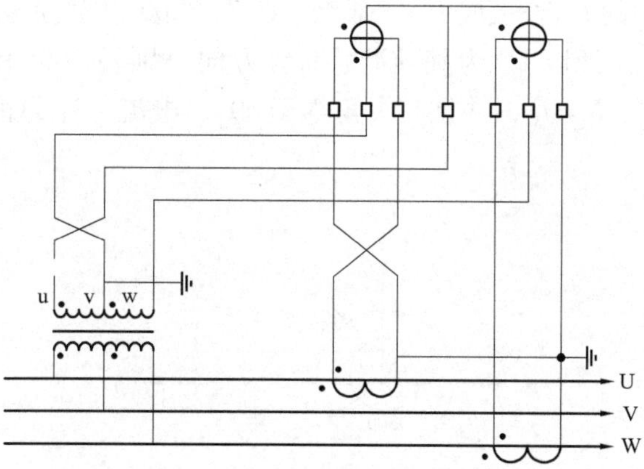

图 5－261

图 5－261 是三相三线有功电能表的错误接线。从图中可以看出，电能表表尾电压相序为 VUW，并且 U 相 TV 二次侧电压断相，造成电能表第一元件电压线圈两端实际承受电压为$\frac{1}{2}U_{vw}$，第二元件实际承受电压为$\frac{1}{2}U_{wv}$；电流由于 U 相 TA 二次侧极性反接，造成第一元件电流线圈通入的电流为 $-I_u$，第二元件电流线圈通入的电流为 I_w。

1. 测量数据（以 T－230A 现场校验仪为例）

按照第二章第三节现场校验仪测量方法的使用介绍，将校验仪与电能表接好。在选定的显示界面上将显示出分析所需的所有数据，显示屏数据如表 5－66 所示。

表 5－66

测 试 数 据			
项目	1 元件	2－6 端子	3 元件
电压	50.9V	99.8V	49.1V
电流	1.5A	0.0A	1.5A
对地电压	0.3V	50.6V	99.5V
相位	$\varphi_{I_1I_3}$ = 59.8°		
	$\varphi_{U_{31}I_1}$ = 300.1°		
	$\varphi_{U_{31}I_3}$ = 359.9°　P = 35.9		
相序	电压断相 U_2　电流相序正		

2. 分析判断错误现象

（1）从表 5－66“电压”栏中的显示值看出 1 元件和 3 元件的电压值不等于 100V，可以判定该错误接线有电压断相。

（2）从“对地电压”栏中可以看出 1 元件的电压为 0V，所以确定 U_1 为 V 相。电压值为 50V 的 U_2 为电压断相，与“相序”栏中的电压断相 U_2 一致。

（3）确定 U_1 为 V 相后，就可以看出该错误接线的电压相序有两种可能，即 VWU

和 VUW。

（4）如图 5－262 所示，以电压相序 VWU 推出两个电流在相量图上的位置。将“相位”栏中的 U_{31} 替换成 U_{uv}。那么，$U_{31}I_1=300°$就替换成 $U_{uv}I_1=300°$、$U_{31}I_3=360°$就替换成 $U_{uv}I_3=360°$。即以 U_{uv} 为基准沿顺时针方向分别转 300°和 360°找到 I_1 和 I_3。

（5）如图 5－263 所示，以电压相序 VUW 推出两个电流在相量图上的位置。将“相位”栏中的 U_{31} 替换成 U_{wv}。那么，$U_{31}I_1=300°$就替换成 $U_{wv}I_1=300°$、$U_{31}I_3=360°$就替换成 $U_{wv}I_3=360°$。即以 U_{wv} 为基准沿顺时针方向分别转 300°和 360°找到 I_1 和 I_3。从图上可以看出 $I_1=-I_u$、$I_3=I_w$，并且其夹角等于 60°，电流相序为正。

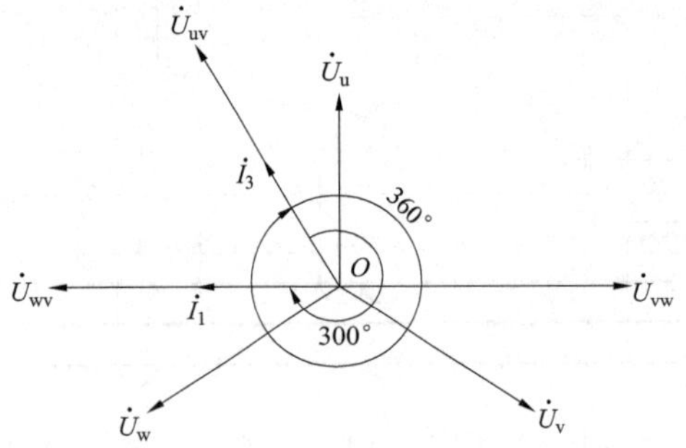

图 5－262

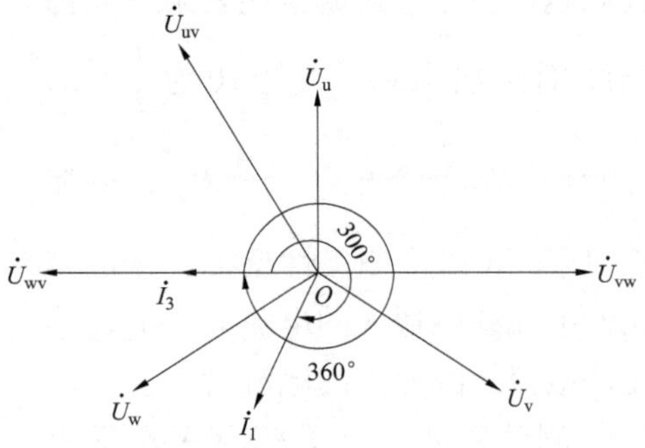

图 5－263

（6）将两个电流在相量图上的位置进行比较。比较结果是第五步以电压相序 VUW 推出的两个电流符合两个电流在相量图上的位置。

（7）最后得出错误接线结论：电压相序 VUW，电流相序 I_u、I_w，U 相电压断相。电能表的实际接线组别为：第一元件$\frac{1}{2}U_{vw}$、$-I_u$，第二元件$\frac{1}{2}U_{wv}$、I_w。

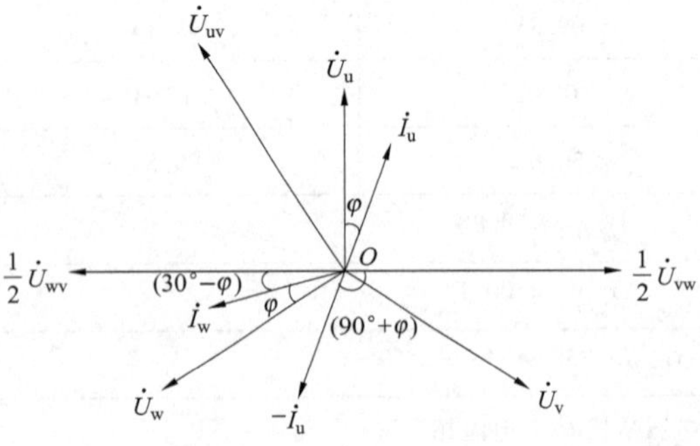

图 5－264

（8）画出错误接线相量图，如图 5－264 所示。

3. 写出错误接线时测得的电能（以功率表示）

因为电能表所计量的电能与所加电压和电流及应相电流之间的夹角余弦乘积成正比，根据图 5－264 画出的错误接线相量图，对两个元件所计量的电能分别进行分析（以功率表示），并设 P'_1 为第一元件错误计量的功率，P'_2 为第二元件错误计量的功率。

第一元件测量的功率为

$$P'_1=\frac{1}{2}U_{vw}(-I_u)\cos(90°+\varphi)$$

第二元件测量的功率为

$$P'_2=\frac{1}{2}U_{wv}I_w\cos(30°-\varphi)$$

在三相电路完全对称时，两元件测量的总功率为

$$P' = P'_1 + P'_2$$

$$= \frac{1}{2}U_{vw}(-I_u)\cos(90° + \varphi) + \frac{1}{2}U_{wv}I_w\cos(30° - \varphi)$$

三、表尾电压相序 VUW，电流相序 I_uI_w，U 相 TV 二次侧电压断相，W 相 TA 二次侧极性反接

图 5－265 是三相三线有功电能表的错误接线。从图中可以看出，电能表表尾电压相序为 VUW，并且 U 相 TV 二次侧电压断相，造成电能表第一元件电压线圈两端实际承受电压为 $\frac{1}{2}U_{vw}$，第二元件实际承受电压为 $\frac{1}{2}U_{wv}$；电流由于 W 相 TA 二次侧极性反接，造成第一元件电流线圈通入的电流为 I_u，第二元件电流线圈通入的电流为 $-I_w$。

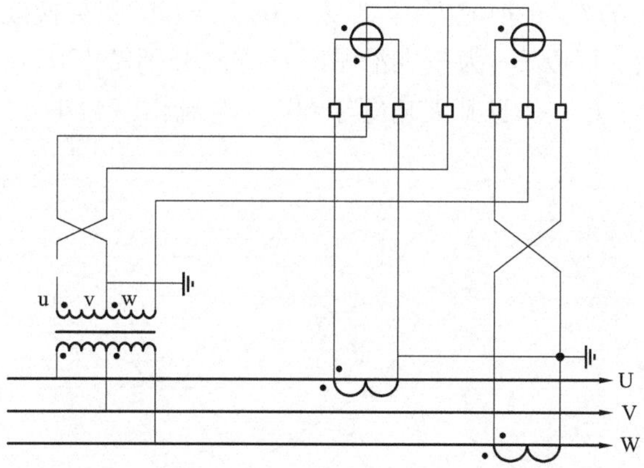

图 5－265

1. 测量数据（以 T－230A 现场校验仪为例）

按照第二章第三节现场校验仪测量方法的使用介绍，将校验仪与电能表接好。在选定的显示界面上将显示出分析所需的所有数据，显示屏数据如表 5－67 所示。

表 5－67

测试数据			
项目	1 元件	2－6 端子	3 元件
电压	50.8V	99.8V	49.1V
电流	1.5A	0.0A	1.5A
对地电压	0.3V	50.5V	99.5V
相位	$\varphi_{I_1I_3}=59.8°$		
	$\varphi_{U_{31}I_1}=120.1$		
	$\varphi_{U_{31}I_3}=179.9°$　$P=-35.9$		
相序	电压断相 U_2　电流相序正		

2. 分析判断错误现象

（1）从表 5－67“电压”栏中的显示值看出 1 元件和 3 元件的电压值不等于 100V，可以判定该错误接线有电压断相。

（2）从“对地电压”栏中可以看出 1 元件的电压为 0V，所以确定 U_1 为 V 相。电压值为 50V 的 U_2 为电压断相，与“相序”栏中的电压断相 U_2 一致。

（3）确定 U_1 为 V 相后，就可以看出该错误接线的电压相序有两种可能，即 VWU 和 VUW。

（4）如图 5－266 所示，以电压相序 VWU 推出两个电流在相量图上的位置。将“相位”栏中的 U_{31} 替换成 U_{uv}。那么，$U_{31}I_1=120°$就替换成 $U_{uv}I_1=120°$、$U_{31}I_3=180°$就替换成 $U_{uv}I_3=180°$。即以 U_{uv} 为基准沿顺时针方向分别转 120°和 180°找到 I_1 和 I_3。

（5）如图 5－267 所示，以电压相序 VUW 推出两个电流在相量图上的位置。将“相位”栏中的 U_{31} 替换成 U_{wv}。那么，$U_{31}I_1=120°$就替换成 $U_{wv}I_1=120°$、$U_{31}I_3=180°$就替换成 $U_{wv}I_3=180°$。即以 U_{wv} 为基准沿顺时针方向分别转 120°和 180°找到 I_1 和 I_3。从图上可以看出 $I_1=I_u$、$I_3=-I_w$，并且其夹角等于 60°，电流相序为正。

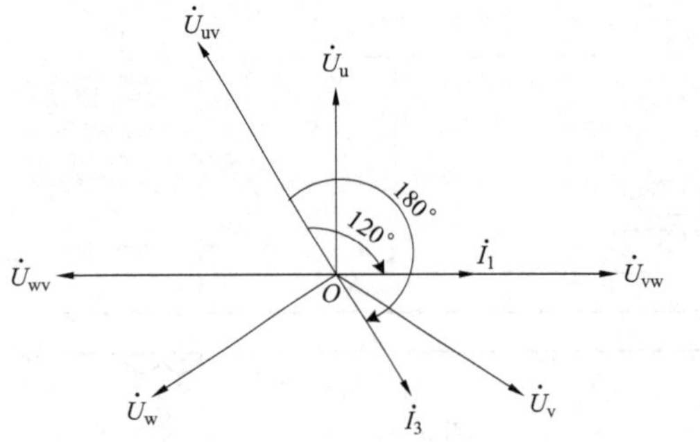

图 5－266

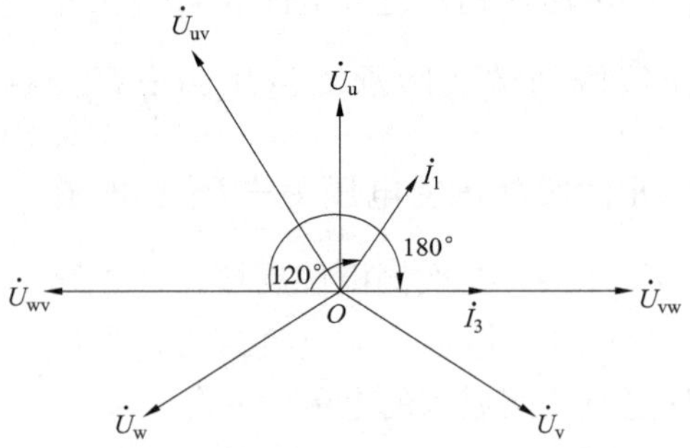

图 5－267

（6）将两个电流在相量图上的位置进行比较。比较结果是第五步以电压相序 VUW 推出的两个电流符合两个电流在相量图上的位置。

（7）最后得出错误接线结论：电压相序 VUW，电流相序 I_u、I_w，U 相电压断相。电能表的实际接线组别为：第一元件$\frac{1}{2}U_{vw}$、I_u，第二元件$\frac{1}{2}U_{wv}$、$-I_w$。

（8）画出错误接线相量图、如图 5－268 所示。

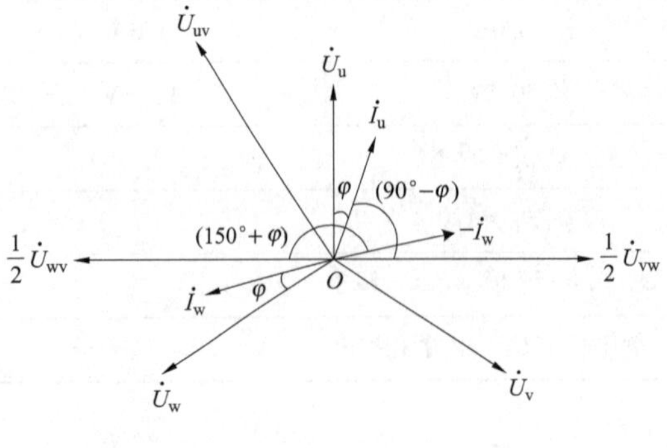

图 5－268

3. 写出错误接线时测得的电能（以功率表示）

因为电能表所计量的电能与所加电压和电流及相应相电流之间的夹角余弦乘积成正比，根据图 5－268 画出的错误接线相量图，对两个元件所计量的电能分别进行分析（以功率表示），并设 P_1' 为第一元件错误计量的功率，P_2' 为第二元件错误计量的功率。

第一元件测量的功率为

$$P_1'=\frac{1}{2}U_{vw}I_u\cos(90°-\varphi)$$

第二元件测量的功率为

$$P'_2 = \frac{1}{2}U_{wv}(-I_w)\cos(150° + \varphi)$$

在三相电路完全对称时，两元件测量的总功率为

$$P' = P'_1 + P'_2$$
$$= \frac{1}{2}U_{vw}I_u\cos(90° - \varphi) + \frac{1}{2}U_{wv}(-I_w)\cos(150° + \varphi)$$

四、表尾电压相序 VUW，电流相序 I_uI_w，U 相 TV 二次侧电压断相，U、W 相 TA 二次侧极性反接

图 5－269 是三相三线有功电能表的错误接线。从图中可以看出，电能表表尾电压相序为 VUW，并且 U 相 TV 二次侧电压断相，造成电能表第一元件电压线圈两端实际承受电压为 $\frac{1}{2}U_{vw}$，第二元件实际承受电压为 $\frac{1}{2}U_{wv}$；电流由于 U、W 相 TA 二次侧极性反接，造成第一元件电流线圈通入的电流为 $-I_u$，第二元件电流线圈通入的电流为 $-I_w$。

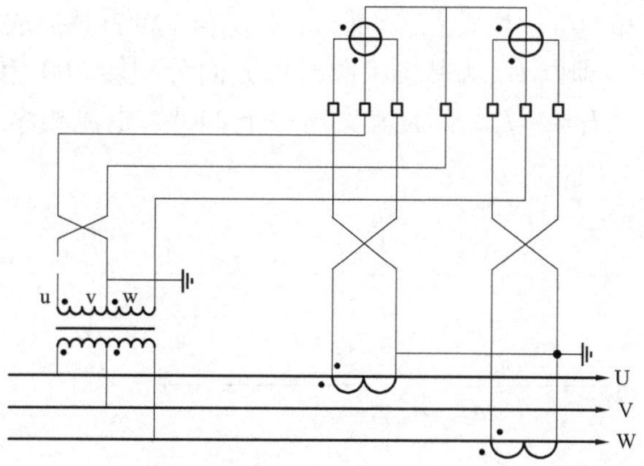

图 5－269

1. 测量数据（以 T－230A 现场校验仪为例）

按照第二章第三节现场校验仪测量方法的使用介绍，将校验仪与电能表接好。在选定的显示界面上将显示出分析所需的所有数据，显示屏数据如表 5－68 所示。

表 5－68

测 试 数 据			
项目	1 元件	2－6 端子	3 元件
电压	50.5V	99.8V	49.3V
电流	1.5A	0.0A	1.5A
对地电压	0.3V	50.2V	99.5V
相位	$\varphi_{I_1I_3}=239.4°$		
	$\varphi_{U_{31}I_1}=300.3°$		
	$\varphi_{U_{31}I_3}=179.8°$　$P=-112.4$		
相序	电压断相 U_2　电流相序正		

2. 分析判断错误现象

（1）从表 5－68 “电压” 栏中的显示值看出 1 元件和 3 元件的电压值不等于 100V，可以判定该错误接线有电压断相。

（2）从“对地电压”栏中可以看出1元件的电压为0V，所以确定 U_1 为V相。电压值为50V的 U_2 为电压断相，与“相序”栏中的电压断相 U_2 一致。

（3）确定 U_1 为V相后，就可以看出该错误接线的电压相序有两种可能，即VWU和VUW。

（4）如图5－270所示，以电压相序VWU推出两个电流在相量图上的位置。将“相位”栏中的 U_{31} 替换成 U_{uv}。那么，$U_{31}I_1=300°$ 就替换成 $U_{uv}I_1=300°$、$U_{31}I_3=180°$ 就替换成 $U_{uv}I_3=180°$。即以 U_{uv} 为基准沿顺时针方向分别转300°和180°找到 I_1 和 I_3。

（5）如图5－271所示，以电压相序VUW推出两个电流在相量图上的位置。将“相位”栏中的 U_{31} 替换成 U_{wv}。那么，$U_{31}I_1=300°$ 就替换成 $U_{wv}I_1=300°$、$U_{31}I_3=180°$ 就替换成 $U_{wv}I_3=180°$。即以 U_{wv} 为基准沿顺时针方向分别转300°和180°找到 I_1 和 I_3。从图上可以看出 $I_1=-I_u$、$I_3=-I_w$，并且其夹角等于240°，电流相序为正。

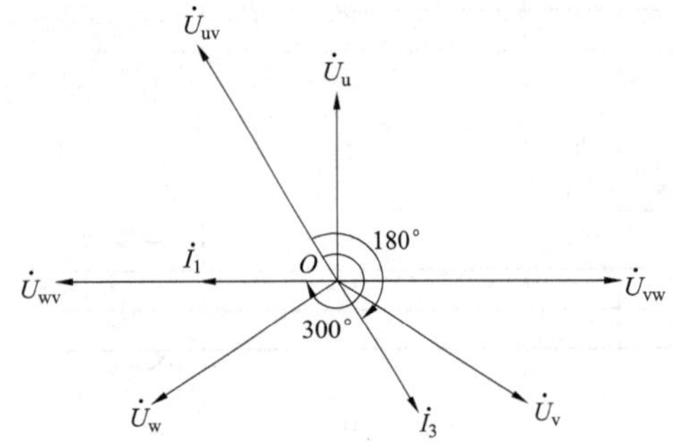

图5－270

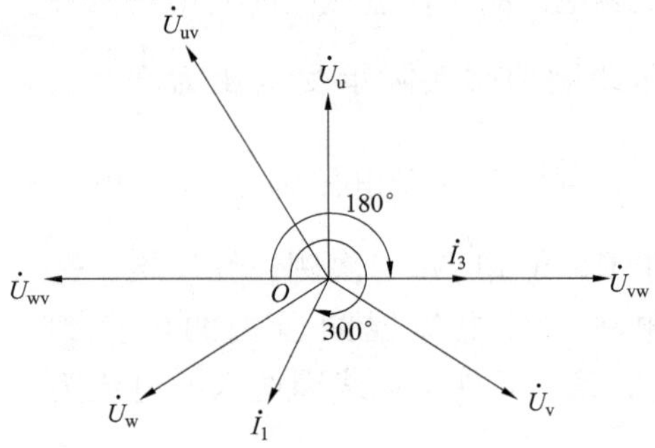

图5－271

（6）将两个电流在相量图上的位置进行比较。比较结果是第五步以电压相序VUW推出的两个电流符合两个电流在相量图上的位置。

（7）最后得出错误接线结论：电压相序VUW，电流相序 I_u、I_w，U相电压断相。电能表的实际接线组别为：第一元件$\frac{1}{2}U_{vw}$、$-I_u$，第二元件$\frac{1}{2}U_{wv}$、$-I_w$。

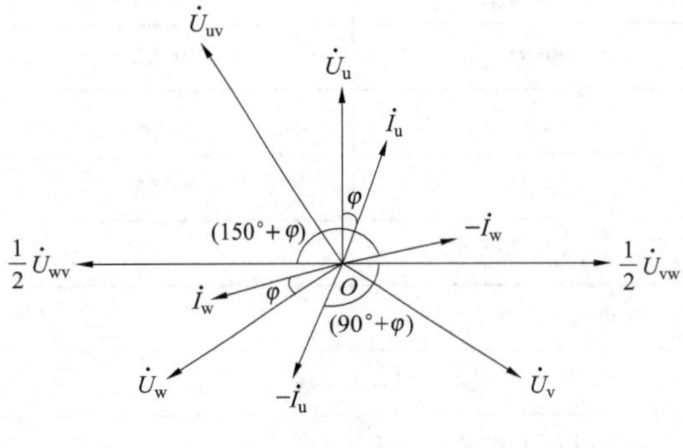

图5－272

（8）画出错误接线相量图，如图5－272所示。

3. 写出错误接线时测得的电能（以功率表示）

因为电能表所计量的电能与所加电压和电流及相应相电流之间的夹角余弦乘积成正比，根据图5－272画出的错误接线相量图，对两个元件所计量的电能分别进行分析（以功率表示），并设 P_1' 为第一元件错误计量的功率，P_2' 为第二元件错误计量的功率。

第一元件测量的功率为

$$P_1'=\frac{1}{2}U_{vw}(-I_u)\cos(90°+\varphi)$$

第二元件测量的功率为

$$P_2' = \frac{1}{2}U_{wv}(-I_w)\cos(150° + \varphi)$$

在三相电路完全对称时，两元件测量的总功率为

$$\begin{aligned} P' &= P_1' + P_2' \\ &= \frac{1}{2}U_{vw}(-I_u)\cos(90° + \varphi) + \frac{1}{2}U_{wv}(-I_w)\cos(150° + \varphi) \end{aligned}$$

五、表尾电压相序 VUW，电流相序 I_wI_u，U 相 TV 二次侧电压断相

图 5-273 是三相三线有功电能表的错误接线。从图中可以看出，电能表表尾电压相序为 VUW，并且 U 相 TV 二次侧电压断相，造成电能表第一元件电压线圈两端实际承受电压为$\frac{1}{2}U_{vw}$，第二元件实际承受电压为$\frac{1}{2}U_{wv}$；电流由于 U、W 相表尾端钮接错，造成第一元件电流线圈通入的电流为 I_w，第二元件电流线圈通入的电流为 I_u。

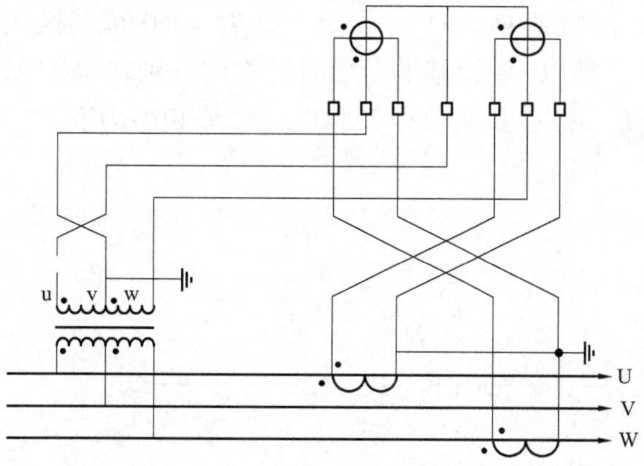

图 5-273

1. 测量数据（以 T-230A 现场校验仪为例）

按照第二章第三节现场校验仪测量方法的使用介绍，将校验仪与电能表接好。在选定的显示界面上将显示出分析所需的所有数据，显示屏数据如表 5-69 所示。

表 5-69

测试数据			
项目	1 元件	2-6 端子	3 元件
电压	50.3V	99.7V	49.6V
电流	1.5A	0.0A	1.5A
对地电压	0.3V	50.0V	99.4V
相位	$\varphi_{I_1I_3}=120.6°$		
	$\varphi_{U_{31}I_1}=359.8°$		
	$\varphi_{U_{31}I_3}=120.4°$　$P=-111.5$		
相序	电压断相 U_2　电流相序逆		

2. 分析判断错误现象

（1）从表 5-69“电压”栏中的显示值看出 1 元件和 3 元件的电压值不等于 100V，可以判定该错误接线有电压断相。

（2）从“对地电压”栏中可以看出 1 元件的电压为 0V，所以确定 U_1 为 V 相。电压值为 50V 的 U_2 为电压断相，与“相序”栏中的电压断相 U_2 一致。

（3）确定 U_1 为 V 相后，就可以看出该错误接线的电压相序有两种可能即 VWU 和 VUW。

（4）如图 5－274 所示，以电压相序 VWU 推出两个电流在相量图上的位置。将“相位”栏中的 U_{31} 替换成 U_{uv}。那么，$U_{31}I_1=360°$ 就替换成 $U_{uv}I_1=360°$、$U_{31}I_3=120°$ 就替换成 $U_{uv}I_3=120°$。即以 U_{uv} 为基准沿顺时针方向分别转 360°和 120°找到 I_1 和 I_3。

（5）如图 5－275 所示，以电压相序 VUW 推出两个电流在相量图上的位置。将“相位”栏中的 U_{31} 替换成 U_{wv}。那么，$U_{31}I_1=360°$ 就替换成 $U_{wv}I_1=360°$、$U_{31}I_3=120°$ 就替换成 $U_{wv}I_3=120°$。即以 U_{wv} 为基准沿顺时针方向分别转 360°和 120°找到 I_1 和 I_3。从图上可以看出 $I_1=I_w$、$I_3=I_u$，并且其夹角等于 120°，电流相序为逆。

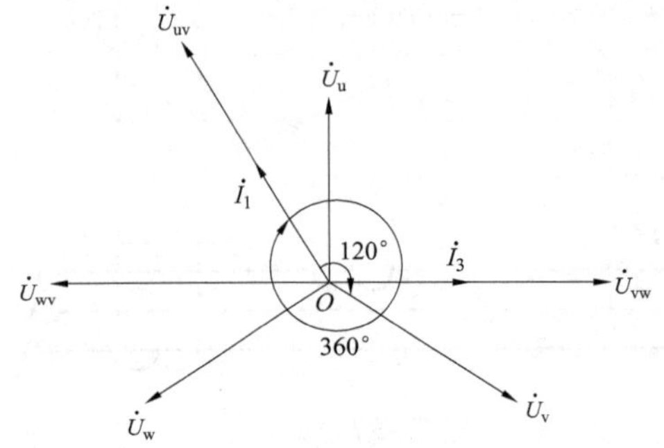

图 5－274

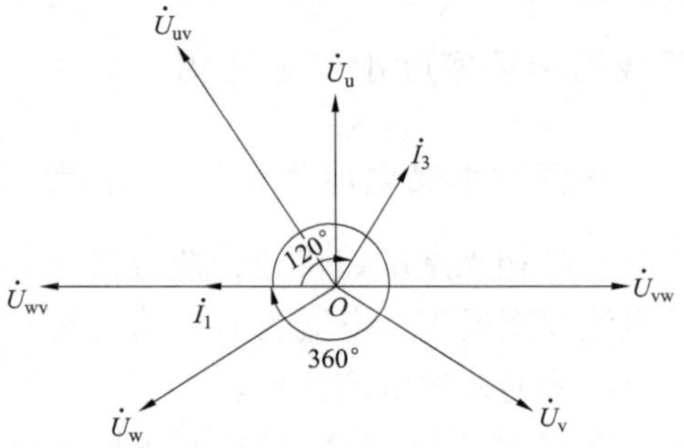

图 5－275

（6）将两个电流在相量图上的位置进行比较。比较结果是第五步以电压相序 VUW 推出的两个电流符合两个电流在相量图上的位置。

（7）最后得出错误接线结论：电压相序 VUW，电流相序 I_w、I_u，U 相电压断相。电能表的实际接线组别为：第一元件 $\frac{1}{2}U_{vw}$、I_w，第二元件 $\frac{1}{2}U_{wv}$、I_u。

（8）画出错误接线相量图，如图 5－276 所示。

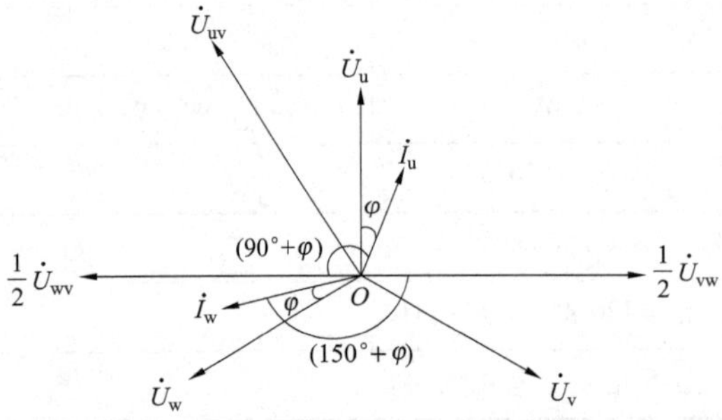

图 5－276

3. 写出错误接线时测得的电能（以功率表示）

因为电能表所计量的电能与所加电压和电流及相应相电流之间的夹角余弦乘积成正比，根据图 5－276 画出的错误接线相量图，对两个元件所计量的电能分别进行分析（以功率表示），并设 P_1' 为第一元件错误计量的功率，P_2' 为第二元件错误计量的功率。

第一元件测量的功率为

$$P_1'=\frac{1}{2}U_{vw}I_w\cos(150°+\varphi)$$

第二元件测量的功率为

$$P_2' = \frac{1}{2}U_{wv}I_u\cos(90° + \varphi)$$

在三相电路完全对称时，两元件测量的总功率为

$$P' = P_1' + P_2'$$

$$= \frac{1}{2}U_{vw}I_w\cos(150° + \varphi) + \frac{1}{2}U_{wv}I_u\cos(90° + \varphi)$$

六、表尾电压相序 VUW，电流相序 I_wI_u，U 相 TV 二次侧电压断相，W 相 TA 二次侧极性反接

图 5-277 是三相三线有功电能表的错误接线。从图中可以看出，电能表表尾电压相序为 VUW，并且 U 相 TV 二次侧电压断相，造成电能表第一元件电压线圈两端实际承受电压为 $\frac{1}{2}U_{vw}$，第二元件实际承受电压为 $\frac{1}{2}U_{wv}$；电流由于 U、W 相表尾端钮接错，并且 W 相 TA 二次侧极性反接，造成第一元件电流线圈通入的电流为 $-I_w$，第二元件电流线圈通入的电流为 I_u。

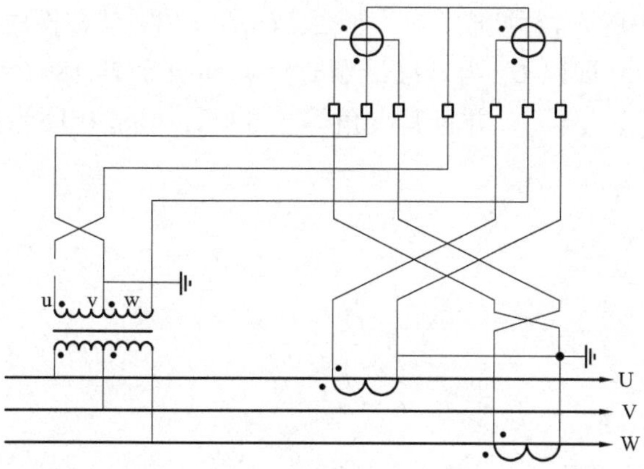

图 5-277

1. 测量数据（以 T-230A 现场校验仪为例）

按照第二章第三节现场校验仪测量方法的使用介绍，将校验仪与电能表接好。在选定的显示界面上将显示出分析所需的所有数据，显示屏数据如表 5-70 所示。

表 5-70

测试数据			
项目	1 元件	2-6 端子	3 元件
电压	50.5V	99.6V	49.2V
电流	1.5A	0.0A	1.5A
对地电压	0.3V	50.2V	99.3V
相位	$\varphi_{I_1I_3}=300.3°$		
	$\varphi_{U_{31}I_1}=179.9°$		
	$\varphi_{U_{31}I_3}=120.2°$　$P=39.0$		
相序	电压断相 U_2　电流相序逆		

2. 分析判断错误现象

（1）从表 5-70“电压”栏中的显示值看出 1 元件和 3 元件的电压值不等于 100V，可

以判定该错误接线有电压断相。

（2）从“对地电压”栏中可以看出1元件的电压为0V，所以确定 U_1 为V相。电压值为50V的 U_2 为电压断相，与“相序”栏中的电压断相 U_2 一致。

（3）确定 U_1 为V相后，就可以看出该错误接线的电压相序有两种可能，即VWU和VUW。

（4）如图5-278所示，以电压相序VWU推出两个电流在相量图上的位置。将“相位”栏中的 U_{31} 替换成 U_{uv}。那么，$U_{31}I_1=180°$ 就替换成 $U_{uv}I_1=180°$、$U_{31}I_3=120°$ 就替换成 $U_{uv}I_3=120°$。即以 U_{uv} 为基准沿顺时针方向分别转180°和120°找到 I_1 和 I_3。

（5）如图5-279所示，以电压相序VUW推出两个电流在相量图上的位置。将“相位”栏中的 U_{31} 替换成 U_{wv}。那么，$U_{31}I_1=180°$ 就替换成 $U_{wv}I_1=180°$、$U_{31}I_3=120°$ 就替换成 $U_{wv}I_3=120°$。即以 U_{wv} 为基准沿顺时针方向分别转180°和120°找到 I_1 和 I_3。从图上可以看出 $I_1=-I_w$、$I_3=I_u$，并且其夹角等于300°，电流相序为逆。

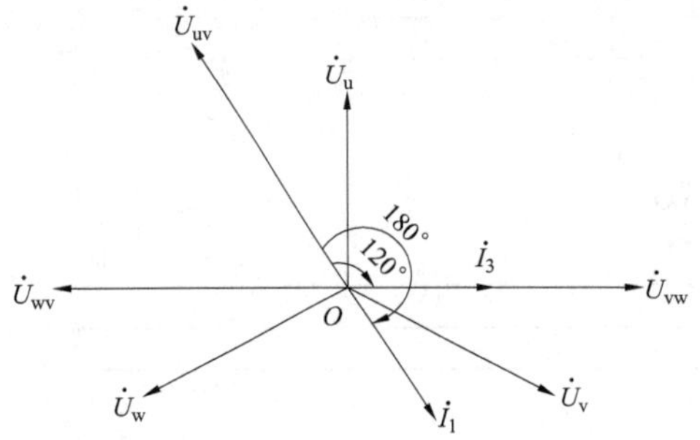

图5-278

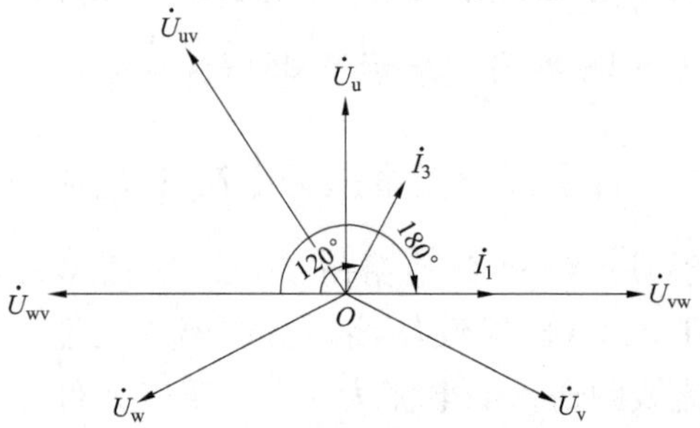

图5-279

（6）将两个电流在相量图上的位置进行比较。比较结果是第五步以电压相序VUW推出的两个电流符合两个电流在相量图上的位置。

（7）最后得出错误接线结论：电压相序VUW，电流相序 I_w、I_u，U相电压断相。电能表的实际接线组别为：第一元件 $\frac{1}{2}U_{vw}$、$-I_w$，第二元件 $\frac{1}{2}U_{wv}$、I_u。

（8）画出错误接线相量图，如图5-280所示。

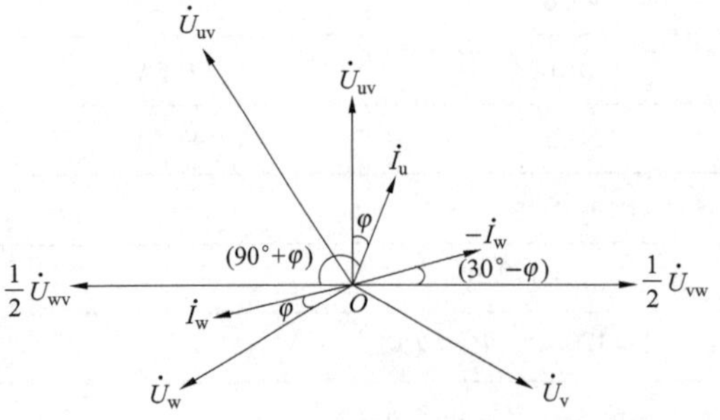

图5-280

3. 写出错误接线时测得的电能（以功率表示）

因为电能表所计量的电能与所加电压和电流及相应相电流之间的夹角余弦乘积成正比，根据图5-280画出的错误接线相量图，对两个元件所计量的电能分别进行分析（以功率表示），并设 P'_1 为第一元件错误计量的功率，P'_2 为第二元件错误计量的功率。

第一元件测量的功率为

$$P'_1=\frac{1}{2}U_{vw}(-I_w)\cos(30°-\varphi)$$

第二元件测量的功率为

$$P_2' = \frac{1}{2}U_{wv}I_u\cos(90° + \varphi)$$

在三相电路完全对称时，两元件测量的总功率为

$$P' = P_1' + P_2'$$

$$= \frac{1}{2}U_{vw}(-I_w)\cos(30° - \varphi) + \frac{1}{2}U_{wv}I_u\cos(90° + \varphi)$$

七、现象为表尾电压相序 VUW，电流相序 I_wI_u，U 相 TV 二次侧电压断相，U 相 TA 二次侧极性反接

图 5－281 是三相三线有功电能表的错误接线。从图中可以看出，电能表表尾电压相序为 VUW，并且 U 相 TV 二次侧电压断相，造成电能表第一元件电压线圈两端实际承受电压为$\frac{1}{2}U_{vw}$，第二元件实际承受电压为$\frac{1}{2}U_{wv}$；电流由于 U、W 相表尾端钮接错，并且 U 相 TA 二次侧极性反接，造成第一元件电流线圈通入的电流为 I_w，第二元件电流线圈通入的电流为 $-I_u$。

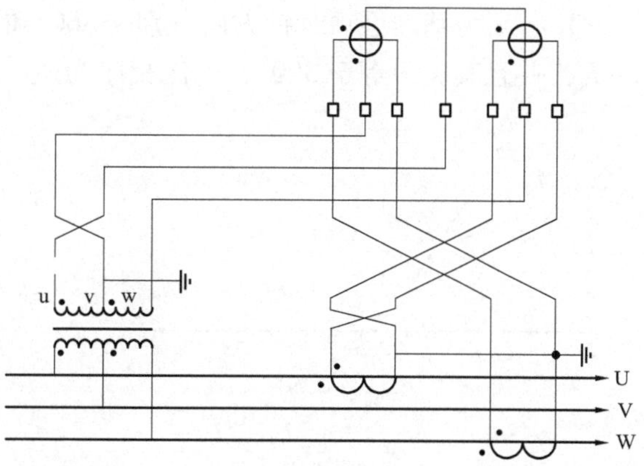

图 5－281

1. 测量数据（以 T－230A 现场校验仪为例）

按照第二章第三节现场校验仪测量方法的使用介绍，将校验仪与电能表接好。在选定的显示界面上将显示出分析所需的所有数据，显示屏数据如表 5－71 所示。

表 5－71

测试数据			
项目	1 元件	2－6 端子	3 元件
电压	50.9V	99.5V	48.8V
电流	1.5A	0.0A	1.5A
对地电压	0.3V	50.6V	99.2V
相位	$\varphi_{I_1I_3}=300.3°$		
	$\varphi_{U_{31}I_1}=359.9°$		
	$\varphi_{U_{31}I_3}=300.2°$　$P=-38.2$		
相序	电压断相 U_2　电流相序逆		

2. 分析判断错误现象

（1）从表 5－71“电压”栏中的显示值看出 1 元件和 3 元件的电压值不等于 100V，可

以判定该错误接线有电压断相。

（2）从“对地电压”栏中可以看出1元件的电压为0V，所以确定 U_1 为V相。电压值为50V的 U_2 为电压断相，与“相序”栏中的电压断相 U_2 一致。

（3）确定 U_1 为V相后，就可以看出该错误接线的电压相序有两种可能，即VWU和VUW。

（4）如图5－282所示，以电压相序VWU推出两个电流在相量图上的位置。将“相位”栏中的 U_{31} 替换成 U_{uv}。那么，$U_{31}I_1=360°$ 就替换成 $U_{uv}I_1=360°$、$U_{31}I_3=300°$ 就替换成 $U_{uv}I_3=300°$。即以 U_{uv} 为基准沿顺时针方向分别转360°和300°找到 I_1 和 I_3。

（5）如图5－283所示，以电压相序VUW推出两个电流在相量图上的位置。将“相位”栏中的 U_{31} 替换成 U_{wv}。那么，$U_{31}I_1=360°$ 就替换成 $U_{wv}I_1=360°$、$U_{31}I_3=300°$ 就替换成 $U_{wv}I_3=300°$。即以 U_{wv} 为基准沿顺时针方向分别转360°和300°找到 I_1 和 I_3。从图上可以看出 $I_1=I_w$、$I_3=-I_u$，并且其夹角等于300°，电流相序为逆。

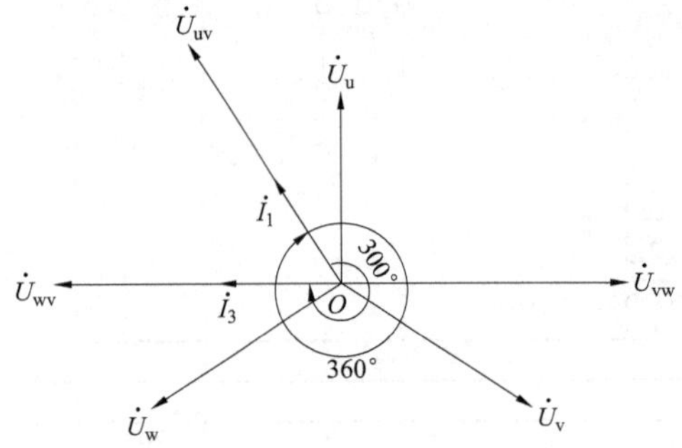

图5－282

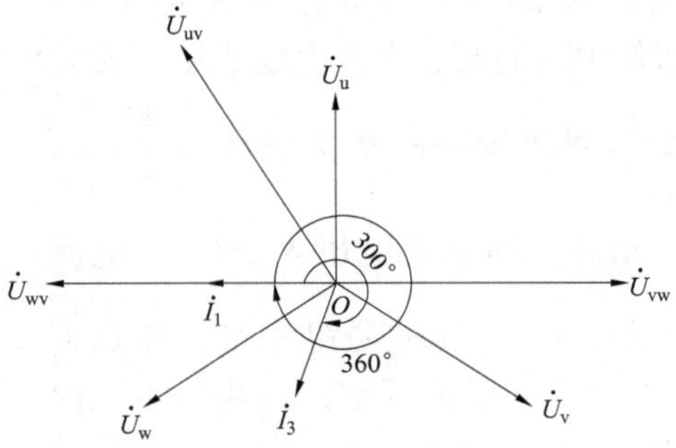

图5－283

（6）将两个电流在相量图上的位置进行比较。比较结果是第五步以电压相序VUW推出的两个电流符合两个电流在相量图上的位置。

（7）最后得出错误接线结论：电压相序VUW，电流相序 I_w、I_u，U相电压断相。电能表的实际接线组别为：第一元件 $\frac{1}{2}U_{vw}$、I_w，第二元件 $\frac{1}{2}U_{wv}$、$-I_u$。

（8）画出错误接线相量图，如图5－284所示。

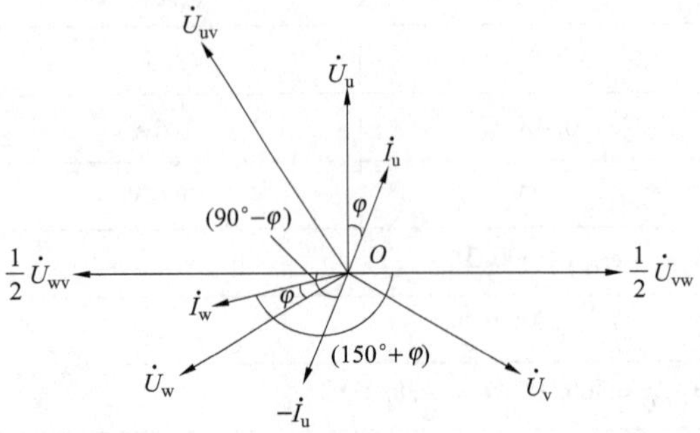

图5－284

3. 写出错误接线时测得的电能（以功率表示）

因为电能表所计量的电能与所加电压和电流及相应相电流之间的夹角余弦乘积成正比，根据图5－284画出的错误接线相量图，对两个元件所计量的电能分别进行分析（以功率表示），并设 P_1' 为第一元件错误计量的功率，P_2' 为第二元件错误计量的功率。

第一元件测量的功率为

$$P_1'=\frac{1}{2}U_{vw}I_w\cos(150°+\varphi)$$

第二元件测量的功率为

$$P_2' = \frac{1}{2}U_{wv}(-I_u)\cos(90° - \varphi)$$

在三相电路完全对称时，两元件测量的总功率为

$$P' = P_1' + P_2'$$
$$= \frac{1}{2}U_{vw}I_w\cos(150° + \varphi) + \frac{1}{2}U_{wv}(-I_u)\cos(90° - \varphi)$$

八、现象为表尾电压相序 VUW，电流相序 I_wI_u，U 相 TV 二次侧电压断相，U、W 相 TA 二次侧极性反接

图 5－285 是三相三线有功电能表的错误接线。从图中可以看出，电能表表尾电压相序为 VUW，并且 U 相 TV 二次侧电压断相，造成电能表第一元件电压线圈两端实际承受电压为$\frac{1}{2}U_{vw}$，第二元件实际承受电压为$\frac{1}{2}U_{wv}$；电流由于 U、W 相表尾端钮接错，并且 U、W 相 TA 二次侧极性反接，造成第一元件电流线圈通入的电流为 $-I_w$，第二元件电流线圈通入的电流为 $-I_u$。

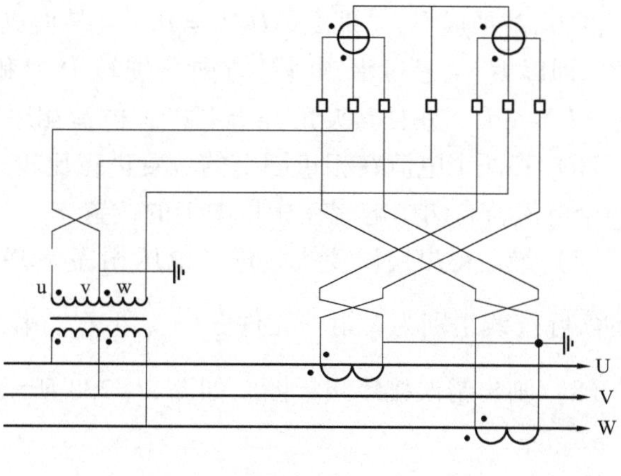

图 5－285

1. 测量数据（以 T－230A 现场校验仪为例）

按照第二章第三节现场校验仪测量方法的使用介绍，将校验仪与电能表接好。在选定的显示界面上将显示出分析所需的所有数据，显示屏数据如表 5－72 所示。

表 5－72

测试数据			
项目	1 元件	2－6 端子	3 元件
电压	50.4V	99.4V	49.1V
电流	1.5A	0.0A	1.5A
对地电压	0.3V	50.1V	99.1V
相位	$\varphi_{I_1I_3}=120.6°$		
	$\varphi_{U_{31}I_1}=179.9°$		
	$\varphi_{U_{31}I_3}=300.5°$　$P=112.8$		
相序	电压断相 U_2　电流相序逆		

2. 分析判断错误现象

（1）从表 5－72“电压”栏中的显示值看出 1 元件和 3 元件的电压值不等于 100V，可以判定该错误接线有电压断相。

（2）从“对地电压”栏中可以看出 1 元件的电压为 0V，所以确定 U_1 为 V 相。电压值为 50V 的 U_2 为电压断相，与“相序”栏中的电压断相 U_2 一致。

（3）确定 U_1 为 V 相后，就可以看出该错误接线的电压相序有两种可能，即 VWU 和 VUW。

（4）如图 5－286 所示，以电压相序 VWU 推出两个电流在相量图上的位置。将“相位”栏中的 U_{31} 替换成 U_{uv}。那么，$U_{31}I_1=180°$ 就替换成 $U_{uv}I_1=180°$、$U_{31}I_3=300°$ 就替换成 $U_{uv}I_3=300°$。即以 U_{uv} 为基准沿顺时针方向分别转 180°和 300°找到 I_1 和 I_3。

（5）如图 5－287 所示，以电压相序 VUW 推出两个电流在相量图上的位置。将“相位”栏中的 U_{31} 替换成 U_{wv}。那么，$U_{31}I_1=180°$ 就替换成 $U_{wv}I_1=180°$、$U_{31}I_3=300°$ 就替换成 $U_{wv}I_3=300°$。即以 U_{wv} 为基准沿顺时针方向分别转 180°和 300°找到 I_1 和 I_3。从图上可以看出 $I_1=-I_w$、$I_3=-I_u$，并且其夹角等于 120°，电流相序为逆。

（6）将两个电流在相量图上的位置进行比较。比较结果是第五步以电压相序 VUW 推出的两个电流符合两个电流在相量图上的位置。

（7）最后得出错误接线结论：电压相序 VUW，电流相序 I_w、I_u，U 相电压断相。电能表的实际接线组别为：第一元件 $\frac{1}{2}U_{vw}$、$-I_w$，第二元件 $\frac{1}{2}U_{wv}$、$-I_u$。

（8）画出错误接线相量图，如图 5－288 所示。

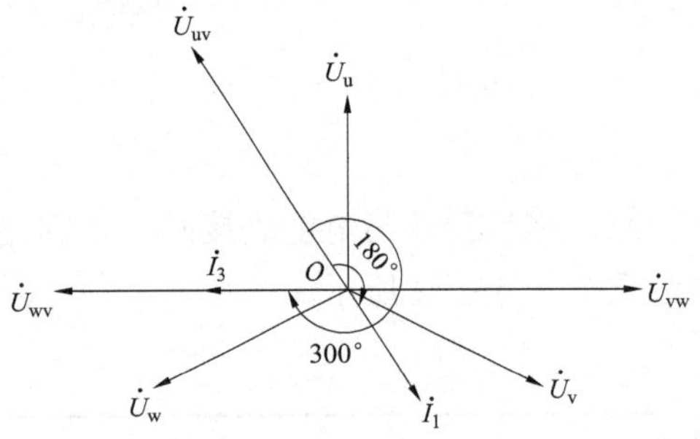

图 5－286

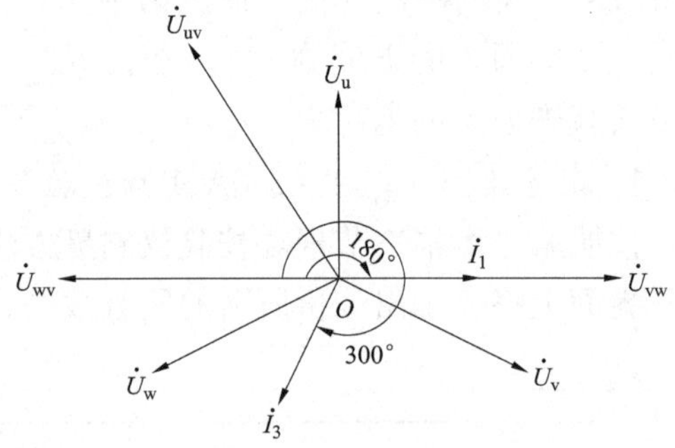

图 5－287

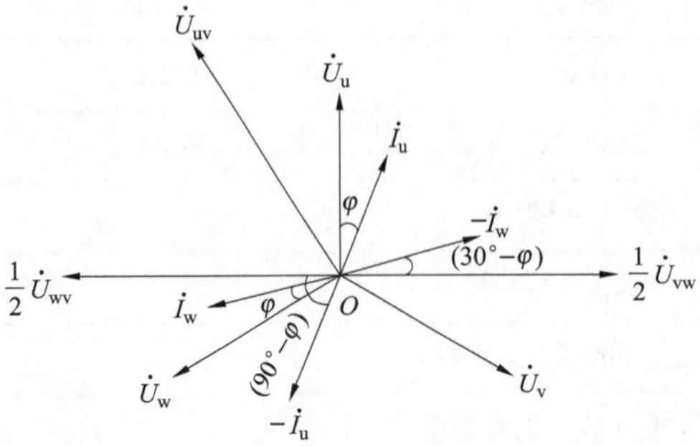

图 5－288

3. 写出错误接线时测得的电能（以功率表示）

因为电能表所计量的电能与所加电压和电流及相应相电流之间的夹角余弦乘积成正比，根据图 5－288 画出的错误接线相量图，对两个元件所计量的电能分别进行分析（以功率表示），并设 P_1' 为第一元件错误计量的功率，P_2' 为第二元件错误计量的功率。

第一元件测量的功率为

$$P_1'=\frac{1}{2}U_{vw}(-I_w)\cos(30°-\varphi)$$

第二元件测量的功率为

$$P_2' = \frac{1}{2}U_{wv}(-I_u)\cos(90° - \varphi)$$

在三相电路完全对称时，两元件测量的总功率为

$$P' = P_1' + P_2'$$

$$= \frac{1}{2}U_{vw}(-I_w)\cos(30° - \varphi) + \frac{1}{2}U_{wv}(-I_u)\cos(90° - \varphi)$$

九、现象为表尾电压相序 VUW，电流相序 I_uI_w，W 相 TV 二次侧电压断相

图 5－289 是三相三线有功电能表的错误接线。从图中可以看出，电能表表尾电压相序为 VUW，并且 W 相 TV 二次侧电压断相，造成电能表第一元件电压线圈两端实际承受电压为 U_{vu}，第二元件失压；第一元件电流线圈通入的电流为 I_u，第二元件电流线圈通入的电流为 I_w。

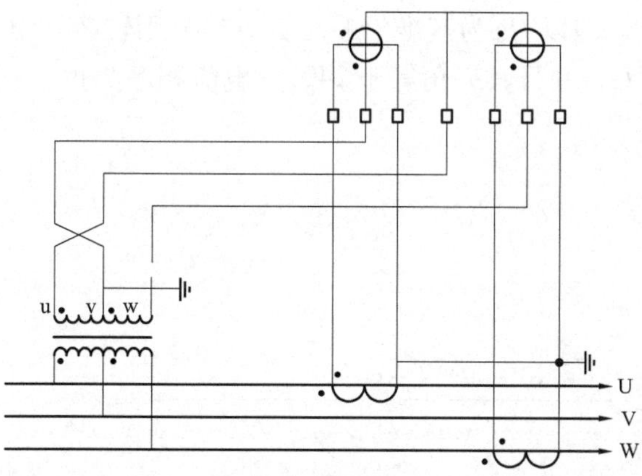

图 5－289

1. 测量数据（以 T－230A 现场校验仪为例）

按照第二章第三节现场校验仪测量方法的使用介绍，将校验仪与电能表接好。在选定的显示界面上将显示出分析所需的所有数据，显示屏数据如表 5－73 所示。

表 5－73

测试数据			
项目	1 元件	2－6 端子	3 元件
电压	99.4V	99.5V	0.9V
电流	1.5A	0.0A	1.5A
对地电压	0.4V	99.0V	99.1V
相位	$\varphi_{I_1I_3} = 239.5°$		
	$\varphi_{U_{12}I_1} = 240.1°$		
	$\varphi_{U_{12}I_3} = 119.5°$　$P = -74.7$		
相序	电压断相 U_3　电流相序正		

2. 分析判断错误现象

（1）从表 5－73“电压”栏中的显示值看出 3 元件电压值不等于 100V，可以判定该错误接线有电压断相，并且根据 1 元件和 2 元件的电压值可以看出，此电能表内部分压结构为“V”形。

（2）从“对地电压”栏中可以看出 1 元件的电压值接近 0V，所以确定 U_1 为 V 相。“电压”栏中电压值不等于 100V 的 U_3 为电压断相，与“相序”栏中的电压断相 U_3 一致。

（3）确定 U_1 为 V 相后，就可以看出该错误接线的电压相序有两种可能，即 VWU 和 VUW。

（4）如图 5－290 所示，以电压相序 VWU 推出两个电流在相量图上的位置。将“相位”栏中的 U_{12} 替换成 U_{vw}。那么，$U_{12}I_1=240°$就替换成 $U_{vw}I_1=240°$、$U_{12}I_3=120°$就替换成 $U_{vw}I_3=120°$。即以 U_{vw}为基准沿顺时针方向分别转 240°和 120°找到 I_1 和 I_3。

（5）如图 5－291 所示，以电压相序 VUW 推出两个电流在相量图上的位置。将“相位”栏中的 U_{12}替换成 U_{vu}。那么，$U_{12}I_1=240°$就替换成 $U_{vu}I_1=240°$、$U_{12}I_3=120°$就替换成 $U_{vu}I_3=120°$。即以 U_{vu}为基准沿顺时针方向分别转 240°和 120°找到 I_1 和 I_3。从图上可以看出$I_1=I_u$、$I_3=I_w$，并且其夹角等于 240°，电流相序为正。

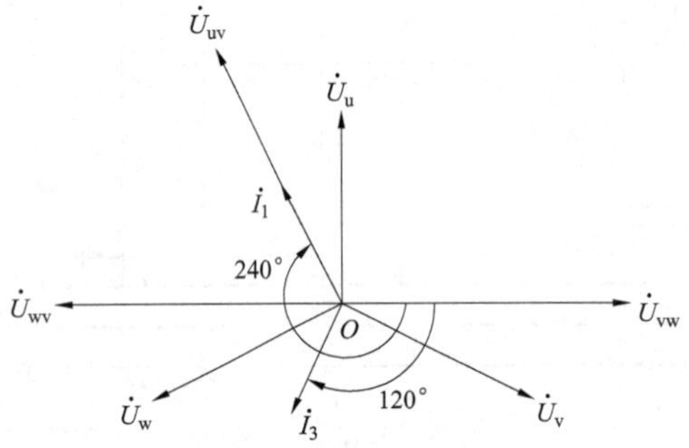

图 5－290

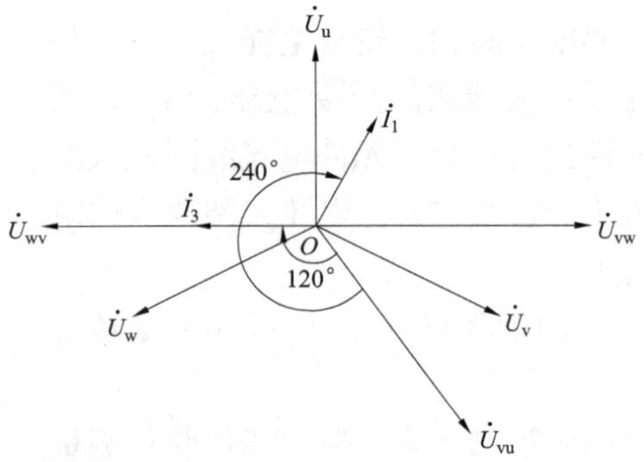

图 5－291

（6）将两个电流在相量图上的位置进行比较。比较结果是第五步以电压相序 VUW 推出的两个电流符合两个电流在相量图上的位置。

（7）最后得出错误接线结论：电压相序 VUW，电流相序 I_u、I_w，W 相电压断相。电能表的实际接线组别为：第一元件 U_{vu}、I_u，第二元件 U_{wu}、I_w。

（8）画出错误接线相量图，如图 5－292 所示。

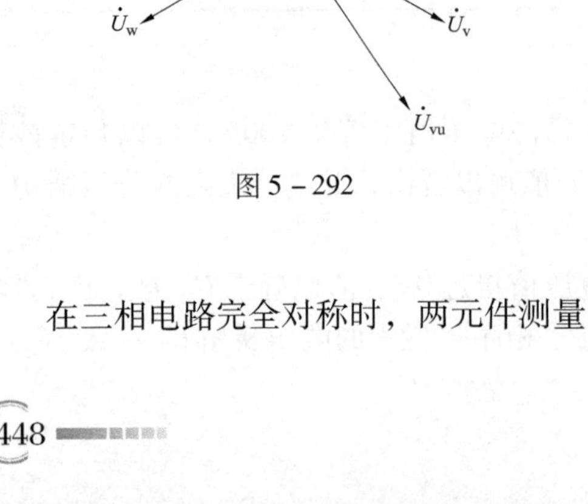

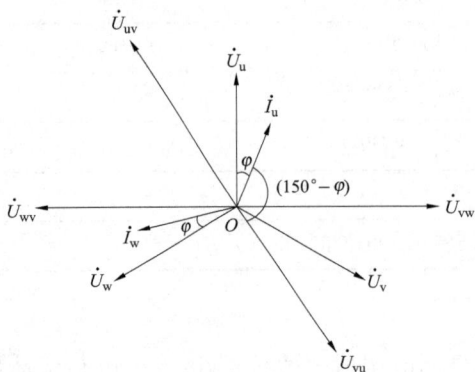

图 5－292

3. 写出错误接线时测得的电能（以功率表示）

因为电能表所计量的电能与所加电压和电流及相应相电流之间的夹角余弦乘积成正比，根据图 5－292 画出的错误接线相量图，对两个元件所计量的电能分别进行分析（以功率表示），并设 P_1' 为第一元件错误计量的功率，P_2' 为第二元件错误计量的功率。

第一元件测量的功率为

$$P_1'=U_{vu}I_u\cos(150°-\varphi)$$

第二元件测量的功率为

$$P_2'=0$$

在三相电路完全对称时，两元件测量的总功率为

$$P' = P'_1 + P'_2$$
$$= U_{vu} I_u \cos(150° - \varphi)$$

十、现象为表尾电压相序 VUW，电流相序 $I_u I_w$，W 相 TV 二次侧电压断相，U 相 TA 二次侧极性反接

图 5－293 是三相三线有功电能表的错误接线。从图中可以看出，电能表表尾电压相序为 VUW，并且 W 相 TV 二次侧电压断相，造成电能表第一元件电压线圈两端实际承受电压为 U_{vu}，第二元件失压；电流由于 U 相 TA 二次侧极性反接，造成第一元件电流线圈通入的电流为 $-I_u$，第二元件电流线圈通入的电流为 I_w。

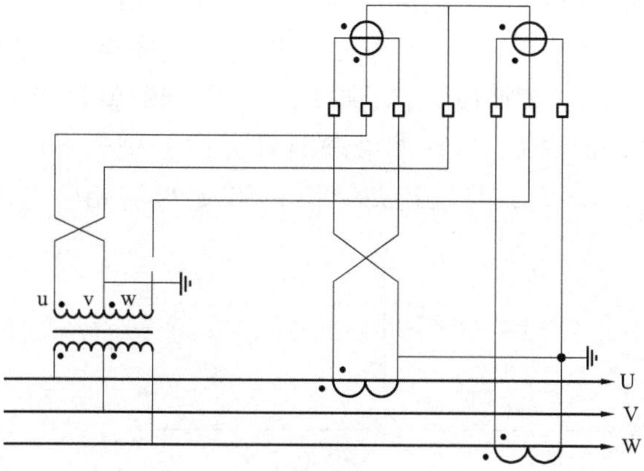

图 5－293

1. 测量数据（以 T－230A 现场校验仪为例）

按照第二章第三节现场校验仪测量方法的使用介绍，将校验仪与电能表接好。在选定的显示界面上将显示出分析所需的所有数据，显示屏数据如表 5－74 所示。

表 5－74

测试数据			
项目	1 元件	2－6 端子	3 元件
电压	99.8V	99.8V	0.9V
电流	1.5A	0.0A	1.5A
对地电压	0.4V	99.4V	99.4V
相位	$\varphi_{I_1I_3} = 59.8°$		
	$\varphi_{U_{12}I_1} = 60.0°$		
	$\varphi_{U_{12}I_3} = 119.7°$　$P = 73.1$		
相序	电压断相 U_3　电流相序正		

2. 分析判断错误现象

（1）从表 5－74“电压”栏中的显示值看出 3 元件电压值不等于 100V，可以判定该错误接线有电压断相，并且根据 1 元件和 2 元件的电压值可以看出，此电能表内部分压结构为“V”形。

（2）从“对地电压”栏中可以看出 1 元件的电压值接近 0V，所以确定 U_1 为 V 相。“电压”栏中电压值不等于 100V 的 U_3 为电压断相，与“相序”栏中的电压断相 U_3 一致。

（3）确定 U_1 为 V 相后，就可以看出该错误接线的电压相序有两种可能，即 VWU 和 VUW。

（4）如图 5－294 所示，以电压相序 VWU 推出两个电流在相量图上的位置。将“相位”栏中的 U_{12} 替换成 U_{vw}。那么，$U_{12}I_1=60°$ 就替换成 $U_{vw}I_1=60°$、$U_{12}I_3=120°$ 就替换成 $U_{vw}I_3=120°$。即以 U_{vw} 为基准沿顺时针方向分别转 60°和 120°找到 I_1 和 I_3。

（5）如图 5－295 所示，以电压相序 VUW 推出两个电流在相量图上的位置。将“相位”栏中的 U_{12} 替换成 U_{vu}。那么，$U_{12}I_1=60°$ 就替换成 $U_{vu}I_1=60°$、$U_{12}I_3=120°$ 就替换成 $U_{vu}I_3=120°$。即以 U_{vu} 为基准沿顺时针方向分别转 60°和 120°找到 I_1 和 I_3。从图上可以看出 $I_1=-I_u$、$I_3=I_w$，并且其夹角等于 60°，电流相序为正。

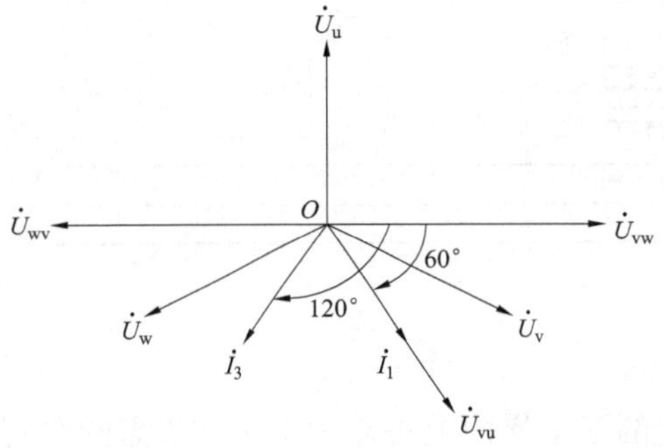

图 5－294

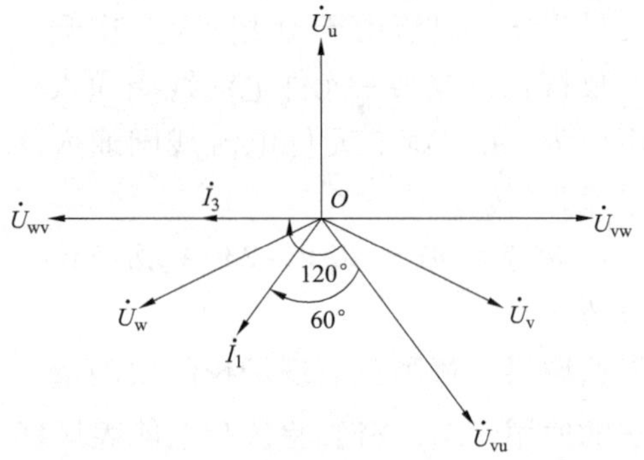

图 5－295

（6）将两个电流在相量图上的位置进行比较。比较结果是第五步以电压相序 VUW 推出的两个电流符合两个电流在相量图上的位置。

（7）最后得出错误接线结论：电压相序 VUW，电流相序 I_u、I_w，W 相电压断相。电能表的实际接线组别为：第一元件 U_{vu}，$-I_u$，第二元件 U_{wu}，I_w。

（8）画出错误接线相量图，如图 5－296 所示。

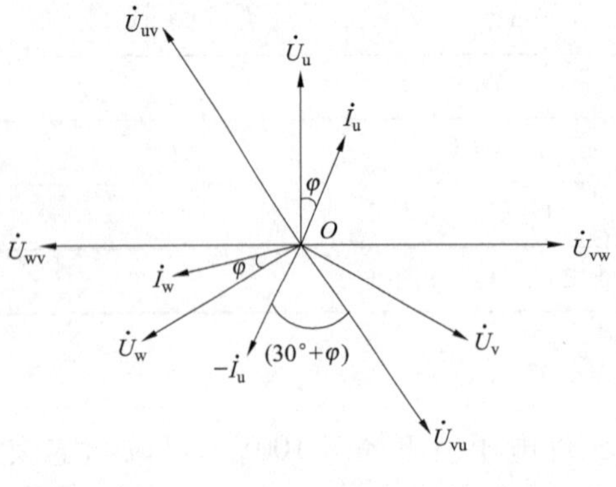

图 5－296

3. 写出错误接线时测得的电能（以功率表示）

因为电能表所计量的电能与所加电压和电流及相应相电流之间的夹角余弦乘积成正比，根据图 5－296 画出的错误接线相量图，对两个元件所计量的电能分别进行分析（以功率表示），并设 P_1' 为第一元件错误计量的功率，P_2' 为第二元件错误计量的功率。

第一元件测量的功率为

$$P_1'=U_{vu}(-I_u)\cos(30°+\varphi)$$

第二元件测量的功率为

$$P_2'=0$$

在三相电路完全对称时，两元件测量的总功率为

$$P' = P'_1 + P'_2$$
$$= U_{vu}(-I_u)\cos(30° + \varphi)$$

十一、现象为表尾电压相序 VUW，电流相序 I_uI_w，W 相 TV 二次侧电压断相，W 相 TA 二次侧极性反接

图 5－297 是三相三线有功电能表的错误接线。从图中可以看出，电能表表尾电压相序为 VUW，并且 W 相 TV 二次侧电压断相，造成电能表第一元件电压线圈两端实际承受电压为 U_{vu}，第二元件失压；电流由于 W 相 TA 二次侧极性反接，造成第一元件电流线圈通入的电流为 I_u，第二元件电流线圈通入的电流为 $-I_w$。

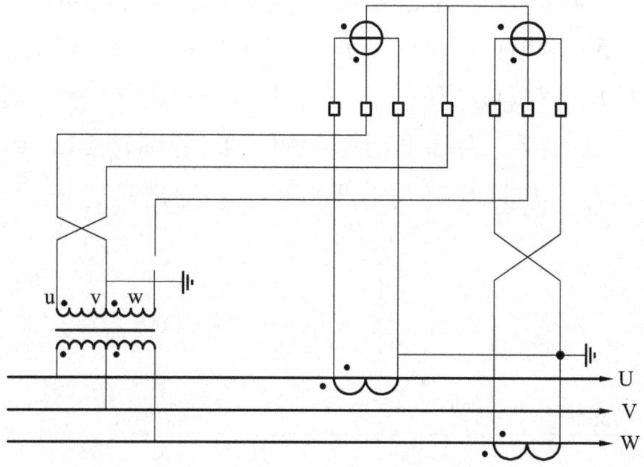

图 5－297

1. 测量数据（以 T－230A 现场校验仪为例）

按照第二章第三节现场校验仪测量方法的使用介绍，将校验仪与电能表接好。在选定的显示界面上将显示出分析所需的所有数据，显示屏数据如表 5－75 所示。

表 5－75

测试数据			
项目	1 元件	2－6 端子	3 元件
电压	99.9V	99.9V	0.9V
电流	1.5A	0.0A	1.5A
对地电压	0.4V	99.5V	99.5V
相位	$\varphi_{I_1I_3}=59.8°$		
	$\varphi_{U_{12}I_1}=240.0°$		
	$\varphi_{U_{12}I_3}=299.8°$　$P=-73.1$		
相序	电压断相 U_3　电流相序正		

2. 分析判断错误现象

（1）从表 5－75“电压”栏中的显示值看出 3 元件电压值不等于 100V，可以判定该错误接线有电压断相，并且根据 1 元件和 2 元件的电压值可以看出，此电能表内部分压结构为“V”形。

（2）从“对地电压”栏中可以看出 1 元件的电压值接近 0V，所以确定 U_1 为 V 相。“电压”栏中电压值不等于 100V 的 U_3 为电压断相，与“相序”栏中的电压断相 U_3 一致。

（3）确定 U_1 为 V 相后，就可以看出该错误接线的电压相序有两种可能，即 VWU 和 VUW。

（4）如图 5－298 所示，以电压相序 VWU 推出两个电流在相量图上的位置。将“相位”栏中的 U_{12} 替换成 U_{vw}。那么，$U_{12}I_1=240°$ 就替换成 $U_{vw}I_1=240°$、$U_{12}I_3=300°$ 就替换成 $U_{vw}I_3=300°$。即以 U_{vw} 为基准沿顺时针方向分别转 240°和 300°找到 I_1 和 I_3。

（5）如图 5－299 所示，以电压相序 VUW 推出两个电流在相量图上的位置。将“相位”栏中的 U_{12} 替换成 U_{vu}。那么，$U_{12}I_1=240°$ 就替换成 $U_{vu}I_1=240°$、$U_{12}I_3=300°$ 就替换成 $U_{vu}I_3=300°$。即以 U_{vu} 为基准沿顺时针方向分别转 240°和 300°找到 I_1 和 I_3。从图上可以看出 $I_1=I_u$、$I_3=-I_w$，并且其夹角等于 60°，电流相序为正。

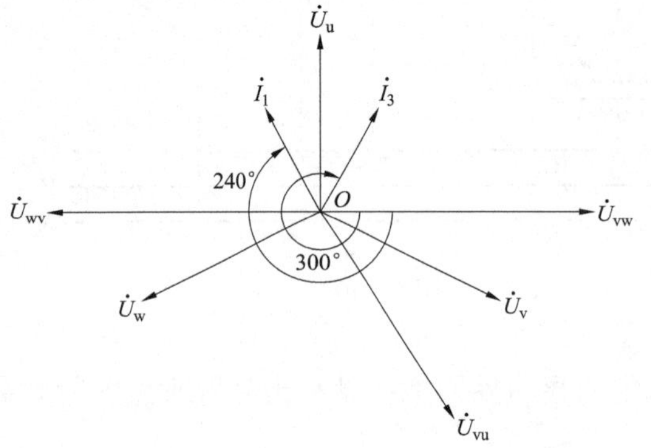

图 5－298

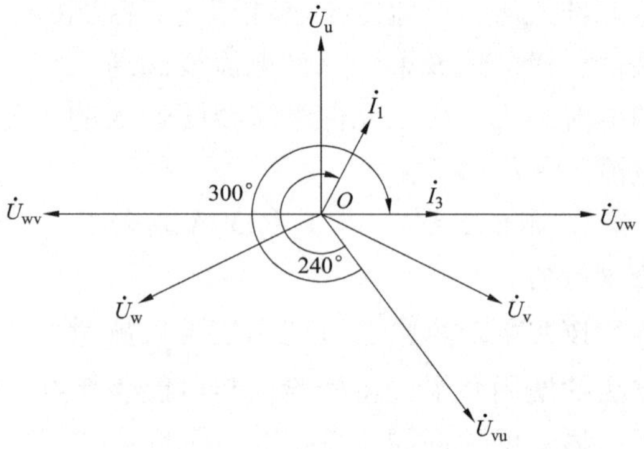

图 5－299

（6）将两个电流在相量图上的位置进行比较。比较结果是第五步以电压相序 VUW 推出的两个电流符合两个电流在相量图上的位置。

（7）最后得出错误接线结论：电压相序 VUW，电流相序 I_u、I_w，W 相电压断相。电能表的实际接线组别为：第一元件 U_{vu}、I_u，第二元件 U_{wu}、$-I_w$。

（8）画出错误接线相量图，如图 5－300 所示。

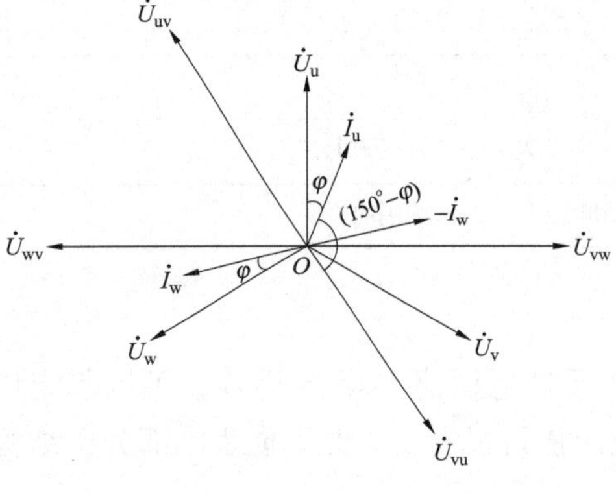

图 5－300

3. 写出错误接线时测得的电能（以功率表示）

因为电能表所计量的电能与所加电压和电流及相应相电流之间的夹角余弦乘积成正比，根据图 5－300 画出的错误接线相量图，对两个元件所计量的电能分别进行分析（以功率表示），并设 P_1' 为第一元件错误计量的功率，P_2' 为第二元件错误计量的功率。

第一元件测量的功率为

$$P_1'=U_{vu}I_u\cos(150°-\varphi)$$

第二元件测量的功率为

$$P_2'=0$$

在三相电路完全对称时，两元件测量的总功率为

$$P' = P_1' + P_2'$$
$$= U_{vu} I_u \cos(150° - \varphi)$$

十二、表尾电压相序 VUW，电流相序 $I_u I_w$，W 相 TV 二次侧电压断相，U、W 相 TA 二次侧极性反接

图 5－301 是三相三线有功电能表的错误接线。从图中可以看出，电能表表尾电压相序为 VUW，并且 W 相 TV 二次侧电压断相，造成电能表第一元件电压线圈两端实际承受电压为 U_{vu}，第二元件失压；电流由于 U、W 相 TA 二次侧极性反接，造成第一元件电流线圈通入的电流为 $-I_u$，第二元件电流线圈通入的电流为 $-I_w$。

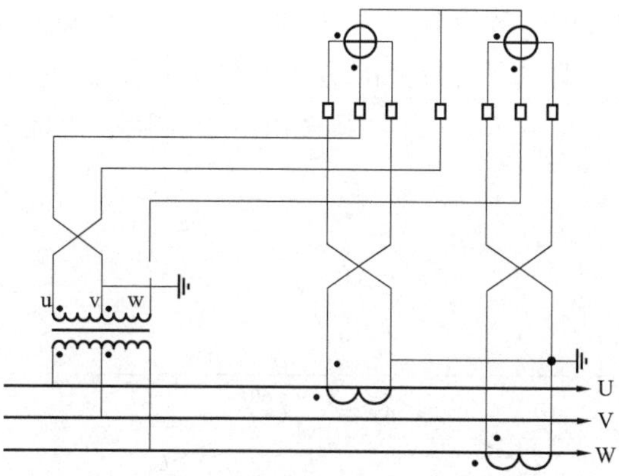

图 5－301

1. 测量数据（以 T－230A 现场校验仪为例）

按照第二章第三节现场校验仪测量方法的使用介绍，将校验仪与电能表接好。在选定的显示界面上将显示出分析所需的所有数据，显示屏数据如表 5－76 所示。

表 5－76

测试数据			
项目	1 元件	2－6 端子	3 元件
电压	99.9V	100.0V	0.9V
电流	1.5A	0.0A	1.5A
对地电压	0.4V	99.5V	99.6V
相位	$\varphi_{I_1 I_3} = 239.5°$		
	$\varphi_{U_{12} I_1} = 60.2°$		
	$\varphi_{U_{12} I_3} = 299.7°$　$P = 74.7$		
相序	电压断相 U_3　电流相序正		

2. 分析判断错误现象

（1）从表 5－76“电压”栏中的显示值看出 3 元件电压值不等于 100V，可以判定该错误接线有电压断相，并且根据 1 元件和 2 元件的电压值可以看出，此电能表内部分压结构为“V”形。

（2）从“对地电压”栏中可以看出 1 元件的电压值接近 0V，所以确定 U_1 为 V 相。“电压”栏中电压值不等于 100V 的 U_3 为电压断相，与“相序”栏中的电压断相 U_3 一致。

（3）确定 U_1 为 V 相后，就可以看出该错误接线的电压相序有两种可能，即 VWU 和 VUW。

（4）如图 5-302 所示，以电压相序 VWU 推出两个电流在相量图上的位置。将“相位”栏中的 U_{12} 替换成 U_{vw}。那么，$U_{12}I_1=60°$ 就替换成 $U_{vw}I_1=60°$、$U_{12}I_3=300°$ 就替换成 $U_{vw}I_3=300°$。即以 U_{vw} 为基准沿顺时针方向分别转 60° 和 300° 找到 I_1 和 I_3。

（5）如图 5-303 所示，以电压相序 VUW 推出两个电流在相量图上的位置。将“相位”栏中的 U_{12} 替换成 U_{vu}。那么，$U_{12}I_1=60°$ 就替换成 $U_{vu}I_1=60°$、$U_{12}I_3=300°$ 就替换成 $U_{vu}I_3=300°$。即以 U_{vu} 为基准沿顺时针方向分别转 60° 和 300° 找到 I_1 和 I_3。从图上可以看出 $I_1=-I_u$、$I_3=-I_w$，并且其夹角等于 240°，电流相序为正。

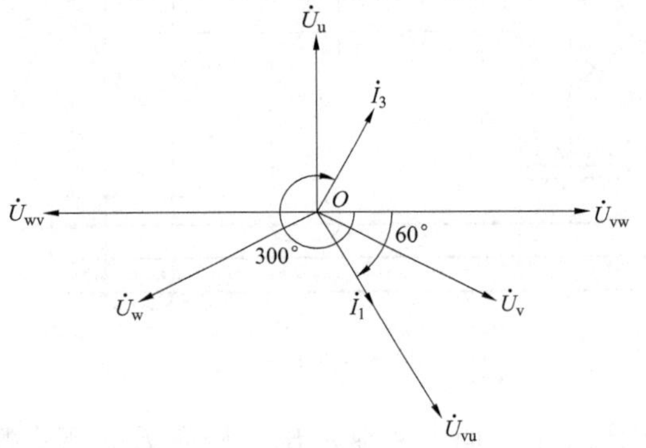

图 5-302

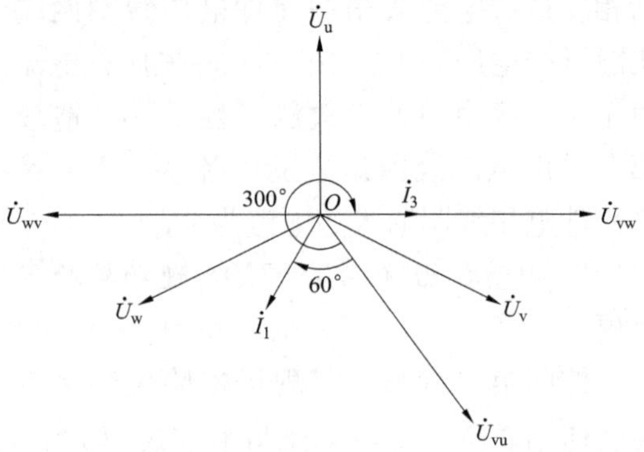

图 5-303

（6）将两个电流在相量图上的位置进行比较。比较结果是第五步以电压相序 VUW 推出的两个电流符合两个电流在相量图上的位置。

（7）最后得出错误接线结论：电压相序 VUW，电流相序 I_u、I_w，W 相电压断相。电能表的实际接线组别为：第一元件 U_{vu}、$-I_u$，第二元件 U_{wu}、$-I_w$。

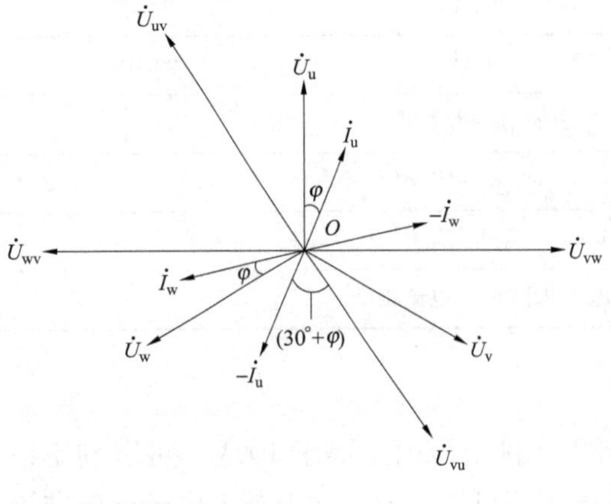

图 5-304

（8）画出错误接线相量图，如图 5-304 所示。

3. 写出错误接线时测得的电能（以功率表示）

因为电能表所计量的电能与所加电压和电流及相应相电流之间的夹角余弦乘积成正比，根据图 5-304 画出的错误接线相量图，对两个元件所计量的电能分别进行分析（以功率表示），并设 P_1' 为第一元件错误计量的功率，P_2' 为第二元件错误计量的功率。

第一元件测量的功率为

$$P_1'=U_{vu}(-I_u)\cos(30°+\varphi)$$

第二元件测量的功率为

$$P_2'=0$$

在三相电路完全对称时，两元件测量的总功率为

$$P' = P'_1 + P'_2$$
$$= U_{vu}(-I_u)\cos(30° + \varphi)$$

十三、表尾电压相序 VUW，电流相序 I_wI_u，W 相 TV 二次侧电压断相

图 5－305 是三相三线有功电能表的错误接线。从图中可以看出，电能表表尾电压相序为 VUW，并且 W 相 TV 二次侧电压断相，造成电能表第一元件电压线圈两端实际承受电压为 U_{vu}，第二元件失压；电流由于 U、W 相表尾端钮接错，造成第一元件电流线圈通入的电流为 I_w，第二元件电流线圈通入的电流为 I_u。

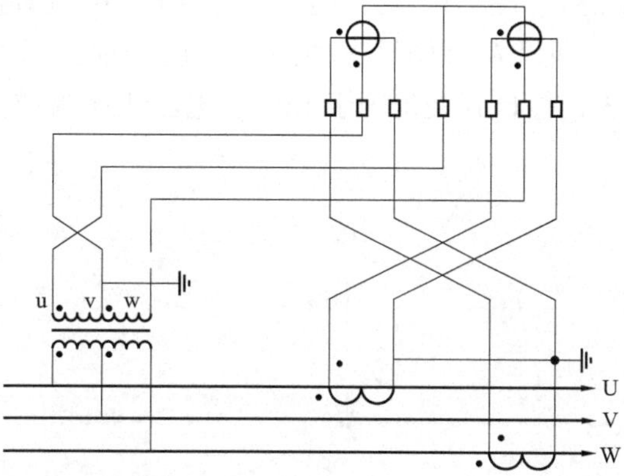

图 5－305

1. 测量数据（以 T－230A 现场校验仪为例）

按照第二章第三节现场校验仪测量方法的使用介绍，将校验仪与电能表接好。在选定的显示界面上将显示出分析所需的所有数据，显示屏数据如表 5－77 所示。

表 5－77

测试数据			
项目	1 元件	2－6 端子	3 元件
电压	99.9V	100.0V	0.9V
电流	1.5A	0.0A	1.5A
对地电压	0.4V	99.5V	99.6V
相位	$\varphi_{I_1I_3}=120.6°$		
	$\varphi_{U_{12}I_1}=119.6°$		
	$\varphi_{U_{12}I_3}=240.3°$　$P=-73.1$		
相序	电压断相 U_3　电流相序逆		

2. 分析判断错误现象

（1）从表 5－77“电压”栏中的显示值看出 3 元件电压值不等于 100V，可以判定该错误接线有电压断相，并且根据 1 元件和 2 元件的电压值可以看出，此电能表内部分压结构为“V”形。

（2）从“对地电压”栏中可以看出 1 元件的电压值接近 0V，所以确定 U_1 为 V 相。“电压”栏中电压值不等于 100V 的 U_3 为电压断相，与“相序”栏中的电压断相 U_3 一致。

（3）确定 U_1 为 V 相后，就可以看出该错误接线的电压相序有两种可能，即 VWU 和 VUW。

（4）如图 5－306 所示，以电压相序 VWU 推出两个电流在相量图上的位置。将“相位”

栏中的 U_{12} 替换成 U_{vw}。那么，$U_{12}I_1=120°$ 就替换成 $U_{vw}I_1=120°$、$U_{12}I_3=240°$ 就替换成 $U_{vw}I_3=240°$。即以 U_{vw} 为基准沿顺时针方向分别转 120°和 240°找到 I_1 和 I_3。

（5）如图 5－307 所示，以电压相序 VUW 推出两个电流在相量图上的位置。将“相位”栏中的 U_{12} 替换成 U_{vu}。那么，$U_{12}I_1=120°$ 就替换成 $U_{vu}I_1=120°$、$U_{12}I_3=240°$ 就替换成 $U_{vu}I_3=240°$。即以 U_{vu} 为基准沿顺时针方向分别转 120°和 240°找到 I_1 和 I_3。从图上可以看出 $I_1=I_w$、$I_3=I_u$，并且其夹角等于 120°，电流相序为逆。

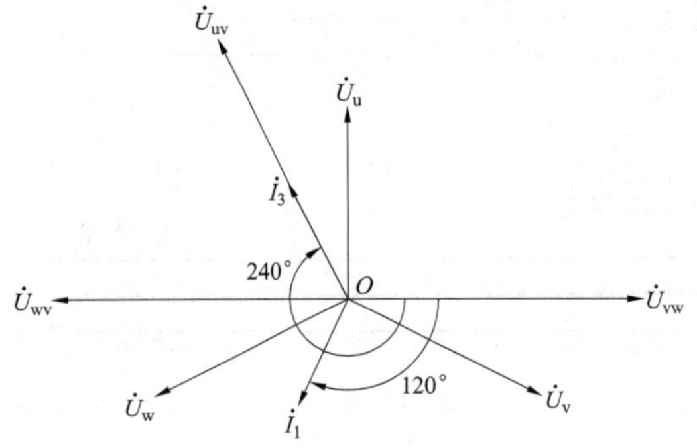

图 5－306

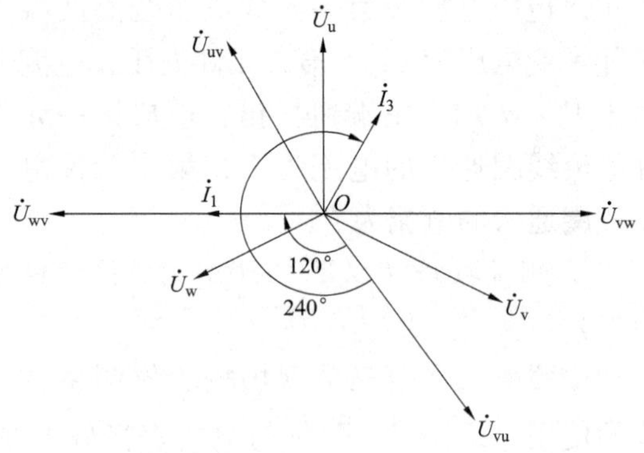

图 5－307

（6）将两个电流在相量图上的位置进行比较。比较结果是第五步以电压相序 VUW 推出的两个电流符合两个电流在相量图上的位置。

（7）最后得出错误接线结论：电压相序 VUW，电流相序 I_w、I_u，W 相电压断相。电能表的实际接线组别为：第一元件 U_{vu}、I_w，第二元件 U_{wu}、I_u。

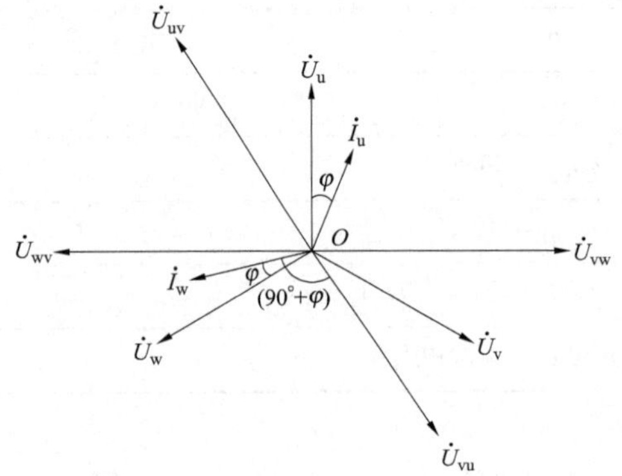

图 5－308

（8）画出错误接线相量图，如图 5－308 所示。

3. 写出错误接线时测得的电能（以功率表示）

因为电能表所计量的电能与所加电压和电流及相应相电流之间的夹角余弦乘积成正比，根据图 5－308 画出的错误接线相量图，对两个元件所计量的电能分别进行分析（以功率表示），并设 P_1' 为第一元件错误计量的功率，P_2' 为第二元件错误计量的功率。

第一元件测量的功率为

$$P_1'=U_{vu}I_w\cos(90°+\varphi)$$

第二元件测量的功率为

$$P_2'=0$$

在三相电路完全对称时，两元件测量的总功率为

$$\begin{aligned}P'&=P_1'+P_2'\\&=U_{vu}I_w\cos(90°+\varphi)\end{aligned}$$

十四、表尾电压相序 VUW，电流相序 I_wI_u，W 相 TV 二次侧电压断相，W 相 TA 二次侧极性反接

图 5－309 是三相三线有功电能表的错误接线。从图中可以看出，电能表表尾电压相序为 VUW，并且 W 相 TV 二次侧电压断相，造成电能表第一元件电压线圈两端实际承受电压为 U_{vu}，第二元件失压；电流由于 U、W 相表尾端钮接错，并且 W 相 TA 二次侧极性反接，造成第一元件电流线圈通入的电流为 $-I_w$，第二元件电流线圈通入的电流为 I_u。

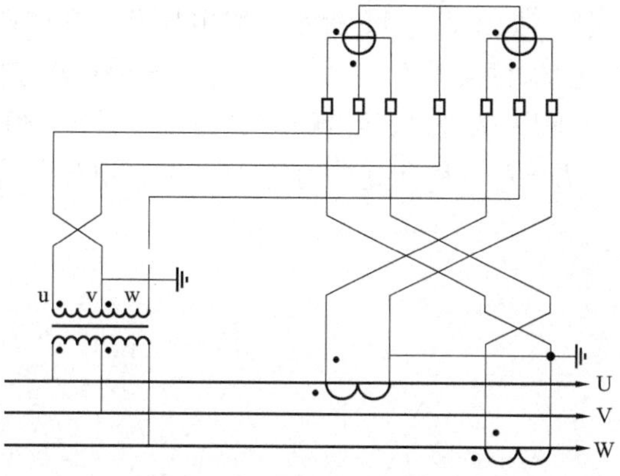

图 5－309

1. 测量数据（以 T－230A 现场校验仪为例）

按照第二章第三节现场校验仪测量方法的使用介绍，将校验仪与电能表接好。在选定的显示界面上将显示出分析所需的所有数据，显示屏数据如表 5－78 所示。

表 5－78

<table>
<tr><th colspan="4">测 试 数 据</th></tr>
<tr><td>项目</td><td>1 元件</td><td>2－6 端子</td><td>3 元件</td></tr>
<tr><td>电压</td><td>99.9V</td><td>100.0V</td><td>0.9V</td></tr>
<tr><td>电流</td><td>1.5A</td><td>0.0A</td><td>1.5A</td></tr>
<tr><td>对地电压</td><td>0.5V</td><td>99.6V</td><td>99.6V</td></tr>
<tr><td rowspan="3">相位</td><td colspan="3">$\varphi_{I_1I_3}=300.3°$</td></tr>
<tr><td colspan="3">$\varphi_{U_{12}I_1}=299.8°$</td></tr>
<tr><td colspan="3">$\varphi_{U_{12}I_3}=240.1°$　$P=75.3$</td></tr>
<tr><td>相序</td><td colspan="3">电压断相 U_3　电流相序逆</td></tr>
</table>

2. 分析判断错误现象

（1）从表 5－78“电压”栏中的显示值看出 3 元件电压值不等于 100V，可以判定该错误接线有电压断相，并且根据 1 元件和 2 元件的电压值可以看出，此电能表内部分压结构为“V”形。

（2）从“对地电压”栏中可以看出 1 元件的电压值接近 0V，所以确定 U_1 为 V 相。“电压”栏中电压值不等于 100V 的 U_3 为电压断相，与“相序”栏中的电压断相 U_3 一致。

（3）确定 U_1 为 V 相后，就可以看出该错误接线的电压相序有两种可能，即 VWU 和 VUW。

（4）如图 5－310 所示，以电压相序 VWU 推出两个电流在相量图上的位置。将“相位”

栏中的 U_{12} 替换成 U_{vw}。那么，$U_{12}I_1=300°$ 就替换成 $U_{vw}I_1=300°$、$U_{12}I_3=240°$ 就替换成 $U_{vw}I_3=240°$。即以 U_{vw} 为基准沿顺时针方向分别转 300°和 240°找到 I_1 和 I_3。

（5）如图 5－311 所示，以电压相序 VUW 推出两个电流在相量图上的位置。将“相位”栏中的 U_{12} 替换成 U_{vu}。那么，$U_{12}I_1=300°$ 就替换成 $U_{vu}I_1=300°$、$U_{12}I_3=240°$ 就替换成 $U_{vu}I_3=240°$。即以 U_{vu} 为基准沿顺时针方向分别转 300°和 240°找到 I_1 和 I_3。从图上可以看出 $I_1=-I_w$、$I_3=I_u$，并且其夹角等于 300°，电流相序为逆。

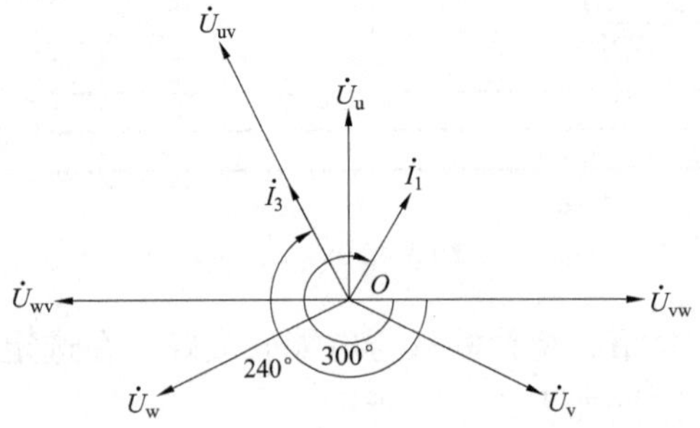

图 5－310

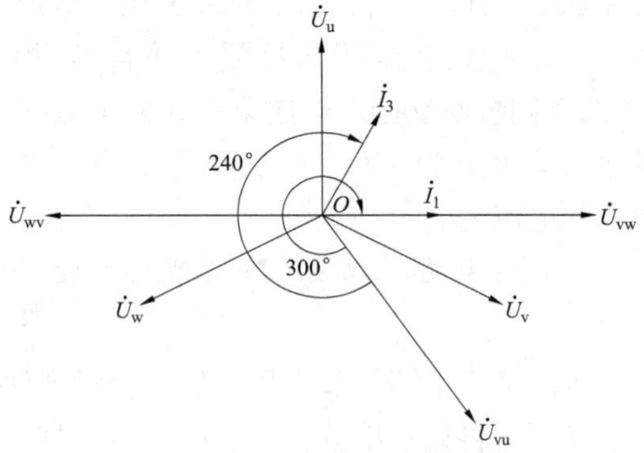

图 5－311

（6）将两个电流在相量图上的位置进行比较。比较结果是第五步以电压相序 VUW 推出的两个电流符合两个电流在相量图上的位置。

（7）最后得出错误接线结论：电压相序 VUW，电流相序 I_w、I_u，W 相电压断相。电能表的实际接线组别为：第一元件 U_{vu}、$-I_w$，第二元件 U_{wu}、I_u。

（8）画出错误接线相量图，如图 5－312 所示。

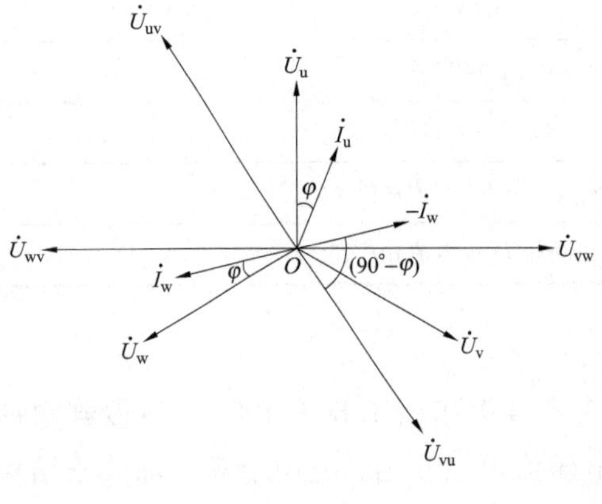

图 5－312

3. *写出错误接线时测得的电能（以功率表示）*

因为电能表所计量的电能与所加电压和电流及相应相电流之间的夹角余弦乘积成正比，根据图 5－312 画出的错误接线相量图，对两个元件所计量的电能分别进行分析（以功率表示），并设 P_1' 为第一元件错误计量的功率，P_2' 为第二元件错误计量的功率。

第一元件测量的功率为

$$P_1'=U_{vu}(-I_w)\cos(90°-\varphi)$$

第二元件测量的功率为

$$P_2'=0$$

在三相电路完全对称时，两元件测量的总功率为

$$\begin{aligned}P'&=P_1'+P_2'\\&=U_{vu}(-I_w)\cos(90°-\varphi)\end{aligned}$$

十五、表尾电压相序 VUW，电流相序 I_wI_u，W 相 TV 二次侧电压断相，U 相 TA 二次侧极性反接

图 5－313 是三相三线有功电能表的错误接线。从图中可以看出，电能表表尾电压相序为 VUW，并且 W 相 TV 二次侧电压断相，造成电能表第一元件电压线圈两端实际承受电压为 U_{vu}，第二元件失压；电流由于 U、W 相表尾端钮接错，并且 U 相 TA 二次侧极性反接，造成第一元件电流线圈通入的电流为 I_w，第二元件电流线圈通入的电流为 $-I_u$。

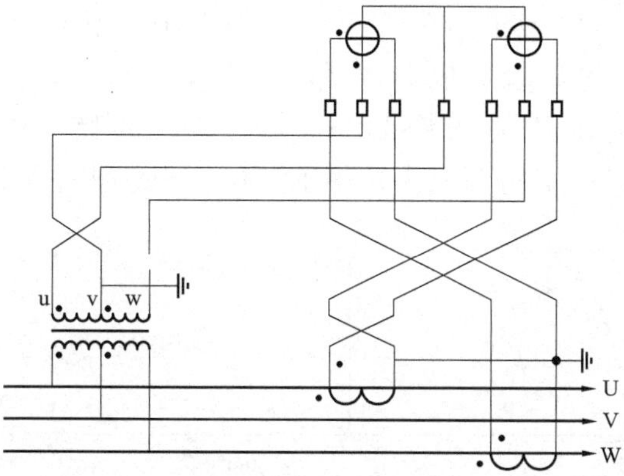

图 5－313

1. 测量数据（以 T－230A 现场校验仪为例）

按照第二章第三节现场校验仪测量方法的使用介绍，将校验仪与电能表接好。在选定的显示界面上将显示出分析所需的所有数据，显示屏数据如表 5－79 所示。

表 5－79

测试数据			
项目	1 元件	2－6 端子	3 元件
电压	99.9V	100.0V	0.9V
电流	1.5A	0.0A	1.5A
对地电压	0.4V	99.5V	99.6V
相位	$\varphi_{I_1I_3}=300.3°$		
	$\varphi_{U_{12}I_1}=119.8°$		
	$\varphi_{U_{12}I_3}=60.1°$　$P=-75.3$		
相序	电压断相 U_3　电流相序逆		

2. 分析判断错误现象

（1）从表 5－79“电压”栏中的显示值看出 3 元件电压值不等于 100V，可以判定该错误接线有电压断相，并且根据 1 元件和 2 元件的电压值可以看出，此电能表内部分压结构为“V”形。

（2）从“对地电压”栏中可以看出 1 元件的电压值接近 0V，所以确定 U_1 为 V 相。“电压”栏中电压值不等于 100V 的 U_3 为电压断相，与“相序”栏中的电压断相 U_3 一致。

（3）确定 U_1 为 V 相后，就可以看出该错误接线的电压相序有两种可能，即 VWU 和 VUW。

（4）如图 5－314 所示，以电压相序 VWU 推出两个电流在相量图上的位置。将“相位”

栏中的 U_{12} 替换成 U_{vw}。那么，$U_{12}I_1=120°$ 就替换成 $U_{vw}I_1=120°$、$U_{12}I_3=60°$ 就替换成 $U_{vw}I_3=60°$。即以 U_{vw} 为基准沿顺时针方向分别转 120°和 60°找到 I_1 和 I_3。

（5）如图 5－315 所示，以电压相序 VUW 推出两个电流在相量图上的位置。将“相位”栏中的 U_{12} 替换成 U_{vu}。那么，$U_{12}I_1=120°$ 就替换成 $U_{vu}I_1=120°$、$U_{12}I_3=60°$ 就替换成 $U_{vu}I_3=60°$。即以 U_{vu} 为基准沿顺时针方向分别转 120°和 60°找到 I_1 和 I_3。从图上可以看出 $I_1=I_w$、$I_3=-I_u$，并且其夹角等于 300°，电流相序为逆。

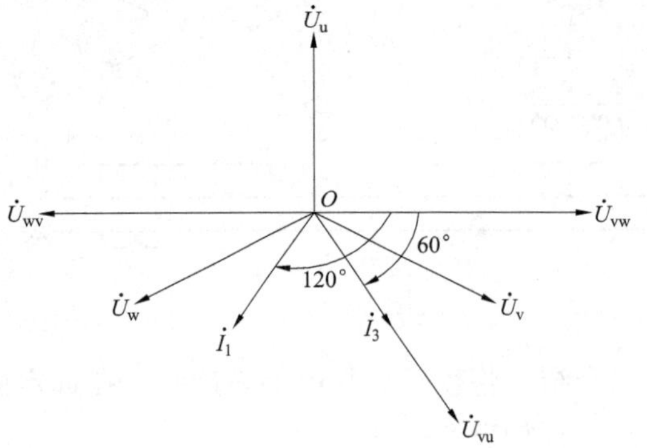

图 5－314

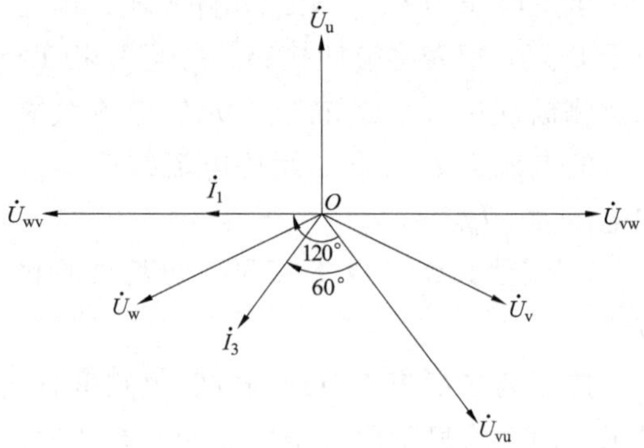

图 5－315

（6）将两个电流在相量图上的位置进行比较。比较结果是第五步以电压相序 VUW 推出的两个电流符合两个电流在相量图上的位置。

（7）最后得出错误接线结论：电压相序 VUW，电流相序 I_w、I_u，W 相电压断相。电能表的实际接线组别为：第一元件 U_{vu}、I_w，第二元件 U_{wu}、$-I_u$。

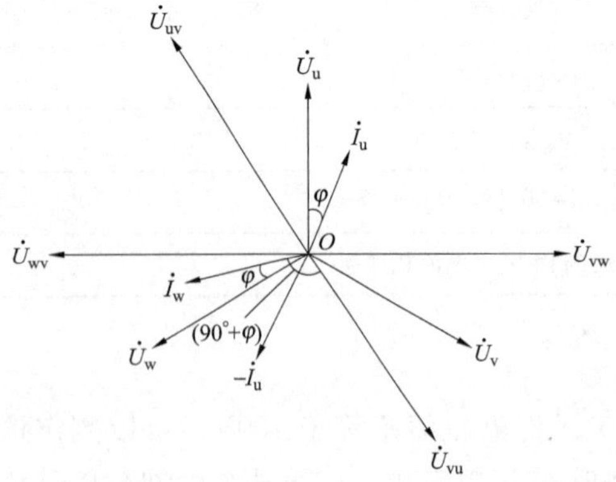

图 5－316

（8）画出错误接线相量图，如图 5－316 所示。

3. 写出错误接线时测得的电能（以功率表示）

因为电能表所计量的电能与所加电压和电流及相应相电流之间的夹角余弦乘积成正比，根据图 5－316 画出的错误接线相量图，对两个元件所计量的电能分别进行分析（以功率表示），并设 P_1' 为第一元件错误计量的功率，P_2' 为第二元件错误计量的功率。

第一元件测量的功率为

$$P_1'=U_{vu}I_w\cos(90°+\varphi)$$

第二元件测量的功率为

$$P_2'=0$$

在三相电路完全对称时，两元件测量的总功率为

$$\begin{aligned}P'&=P_1'+P_2'\\&=U_{vu}I_w\cos(90°+\varphi)\end{aligned}$$

十六、表尾电压相序 VUW，电流相序 I_wI_u，W 相 TV 二次侧电压断相，U、W 相 TA 二次侧极性反接

图 5-317 是三相三线有功电能表的错误接线。从图中可以看出，电能表表尾电压相序为 VUW，并且 W 相 TV 二次侧电压断相，造成电能表第一元件电压线圈两端实际承受电压为 U_{vu}，第二元件失压；电流由于 U、W 相表尾端钮接错，并且 U、W 相 TA 二次侧极性反接，造成第一元件电流线圈通入的电流为 $-I_w$，第二元件电流线圈通入的电流为 $-I_u$。

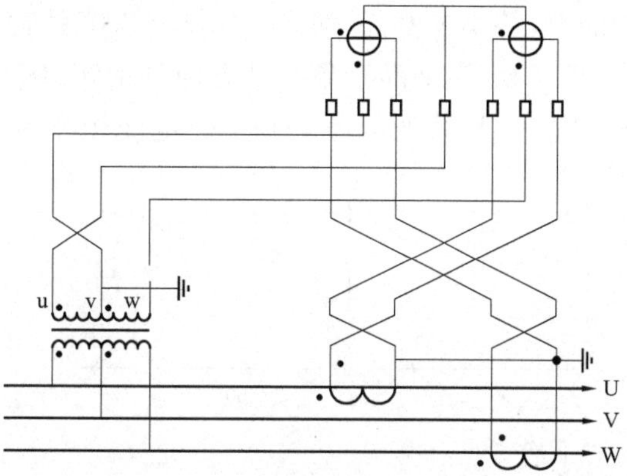

图 5-317

1. 测量数据（以 T-230A 现场校验仪为例）

按照第二章第三节现场校验仪测量方法的使用介绍，将校验仪与电能表接好。在选定的显示界面上将显示出分析所需的所有数据，显示屏数据如表 5-80 所示。

表 5-80

测试数据			
项目	1 元件	2-6 端子	3 元件
电压	99.9V	100.0V	0.9V
电流	1.5A	0.0A	1.5A
对地电压	0.4V	99.5V	99.6V
相位	$\varphi_{I_1I_3}=120.6°$		
	$\varphi_{U_{12}I_1}=299.6°$		
	$\varphi_{U_{12}I_3}=60.3°$　$P=73.1$		
相序	电压断相 U_3　电流相序逆		

2. 分析判断错误现象

（1）从表 5-80“电压”栏中的显示值看出 3 元件电压值不等于 100V，可以判定该错误接线有电压断相，并且根据 1 元件和 2 元件的电压值可以看出，此电能表内部分压结构为“V”形。

（2）从“对地电压”栏中可以看出 1 元件的电压值接近 0V，所以确定 U_1 为 V 相。“电压”栏中电压值不等于 100V 的 U_3 为电压断相，与“相序”栏中的电压断相 U_3 一致。

（3）确定 U_1 为 V 相后，就可以看出该错误接线的电压相序有两种可能，即 VWU 和 VUW。

（4）如图 5-318 所示，以电压相序 VWU 推出两个电流在相量图上的位置。将“相位”栏中的 U_{12} 替换成 U_{vw}。那么，$U_{12}I_1=300°$就替换成 $U_{vw}I_1=300°$、$U_{12}I_3=60°$就替换成 $U_{vw}I_3=$

60°。即以 U_{vw} 为基准沿顺时针方向分别转 300°和 60°找到 I_1 和 I_3。

（5）如图 5－319 所示，以电压相序 VUW 推出两个电流在相量图上的位置。将“相位”栏中的 U_{12} 替换成 U_{vu}。那么，$U_{12}I_1=300°$ 就替换成 $U_{vu}I_1=300°$、$U_{12}I_3=60°$ 就替换成 $U_{vu}I_3=60°$。即以 U_{vu} 为基准沿顺时针方向分别转 300°和 60°找到 I_1 和 I_3。从图上可以看出 $I_1=-I_w$、$I_3=-I_u$，并且其夹角等于 120°，电流相序为逆。

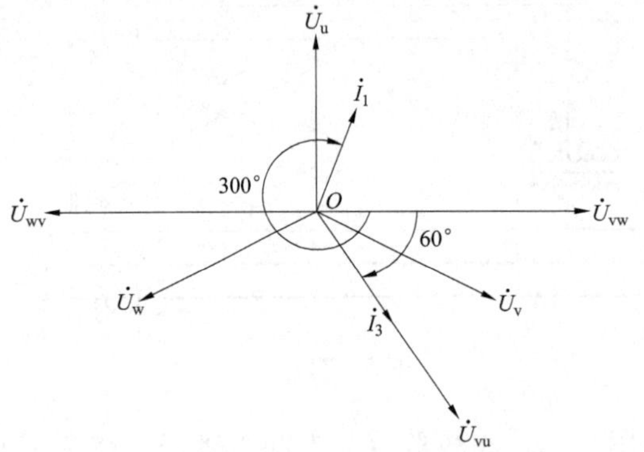

图 5－318

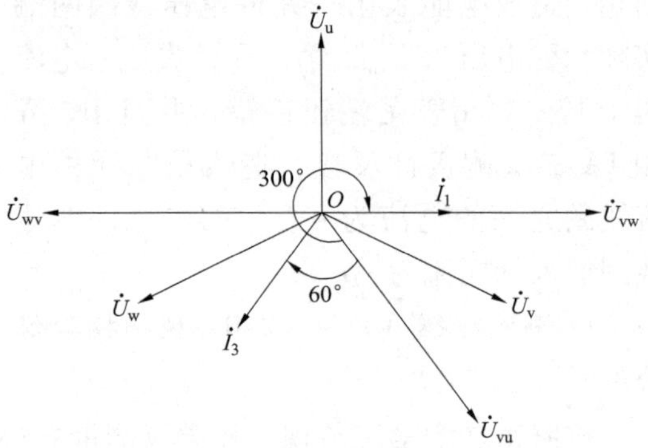

图 5－319

（6）将两个电流在相量图上的位置进行比较。比较结果是第五步以电压相序 VUW 推出的两个电流符合两个电流在相量图上的位置。

（7）最后得出错误接线结论：电压相序 VUW，电流相序 I_w、I_u，W 相电压断相。电能表的实际接线组别为：第一元件 U_{vu}、$-I_w$，第二元件 U_{wu}、$-I_u$。

（8）画出错误接线相量图，如图 5－320 所示。

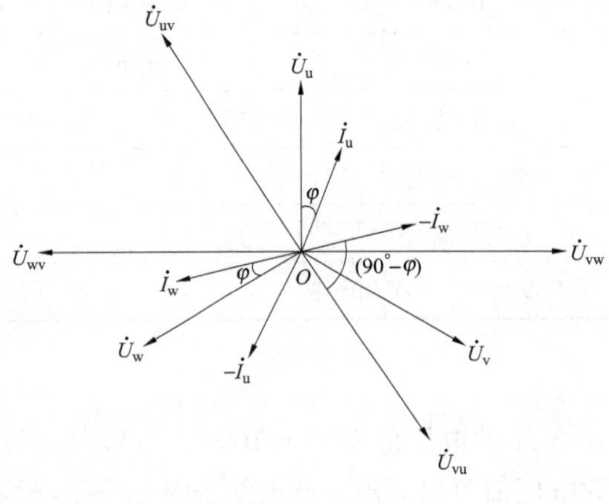

图 5－320

3. 写出错误接线时测得的电能（以功率表示）

因为电能表所计量的电能与所加电压和电流及相应相电流之间的夹角余弦乘积成正比，根据图 5－320 画出的错误接线相量图，对两个元件所计量的电能分别进行分析（以功率表示），并设 P_1' 为第一元件错误计量的功率，P_2' 为第二元件错误计量的功率。

第一元件测量的功率为

$$P_1'=U_{vu}(-I_w)\cos(90°-\varphi)$$

第二元件测量的功率为

$$P_2'=0$$

在三相电路完全对称时，两元件测量的总功率为

$$\begin{aligned}P'&=P_1'+P_2'\\&=U_{vu}(-I_w)\cos(90°-\varphi)\end{aligned}$$

第六节 电压相序为UWV时的错误接线实例分析

一、表尾电压相序UWV，电流相序I_uI_w，U相TV二次侧电压断相

图5－321是三相三线有功电能表的错误接线。从图中可以看出，电能表表尾电压相序为UWV，并且U相TV二次侧电压断相，造成电能表第一元件失压，第二元件实际承受电压为U_{vw}；第一元件电流线圈通入的电流为I_u，第二元件电流线圈通入的电流为I_w。

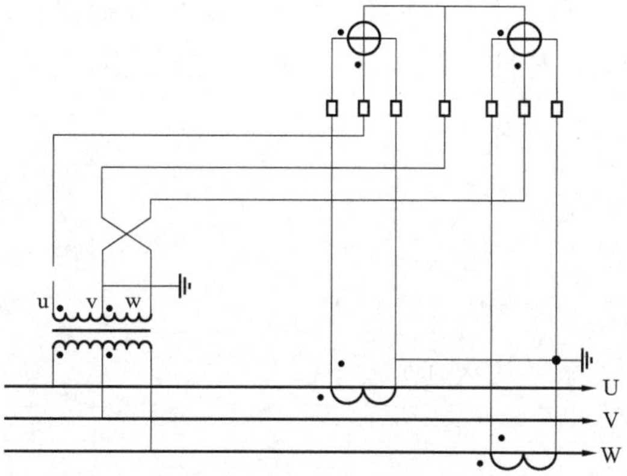

图5－321

1. 测量数据（以T－230A现场校验仪为例）

按照第二章第三节现场校验仪测量方法的使用介绍，将校验仪与电能表接好。在选定的显示界面上将显示出分析所需的所有数据，显示屏数据如表5－65所示。

表5－81

测试数据			
项目	1元件	2－6端子	3元件
电压	0.9V	99.9V	99.9V
电流	1.5A	0.0A	1.5A
对地电压	99.5V	99.5V	0.4V
相位	$\varphi_{I_1I_3}=239.4°$		
	$\varphi_{U_{32}I_1}=300.3°$		
	$\varphi_{U_{32}I_3}=179.7°$　$P=-149.2$		
相序	电压断相U_1　电流相序正		

2. 分析判断错误现象

（1）从表5－81“电压”栏中的显示值看出1元件电压值不等于100V，可以判定该错误接线有电压断相，并且根据2元件和3元件的电压值可以看出，此电能表内部分压结构为“V”形。

（2）从“对地电压”栏中可以看出3元件的电压值接近0V，所以确定U_3为V相。“电压”栏中电压值不等于100V的U_1为电压断相，与“相序”栏中的电压断相U_1一致。

（3）确定U_3为V相后，就可以看出该错误接线的电压相序有两种可能，即WUV和UWV。

（4）如图5－322所示，以电压相序WUV推出两个电流在相量图上的位置。将“相位”

栏中的 U_{32} 替换成 U_{vu}。那么，$U_{32}I_1=300°$ 就替换成 $U_{vu}I_1=300°$、$U_{32}I_3=180°$ 就替换成 $U_{vu}I_3=180°$。即以 U_{vu} 为基准沿顺时针方向分别转 300°和 180°找到 I_1 和 I_3。

（5）如图 5－323 所示，以电压相序 UWV 推出两个电流在相量图上的位置。将“相位”栏中的 U_{32} 替换成 U_{vw}。那么，$U_{32}I_1=300°$ 就替换成 $U_{vw}I_1=300°$、$U_{32}I_3=180°$ 就替换成 $U_{vw}I_3=180°$。即以 U_{vw} 为基准沿顺时针方向分别转 300°和 180°找到 I_1 和 I_3。从图上可以看出 $I_1=I_u$、$I_3=I_w$，并且其夹角等于 240°，电流相序为正。

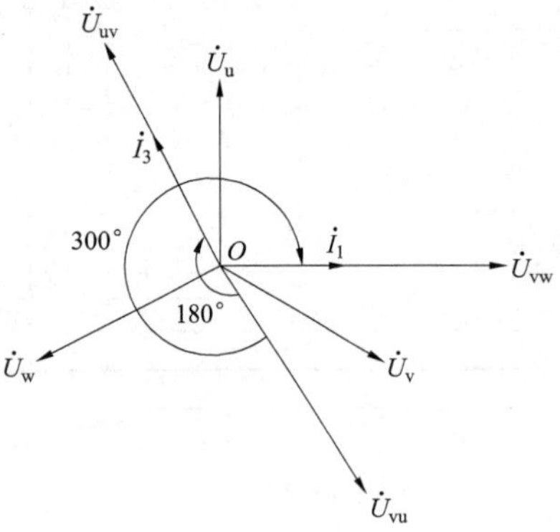

图 5－322

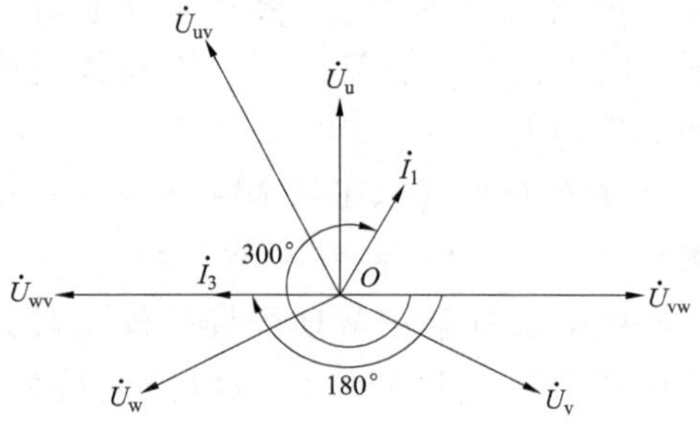

图 5－323

（6）将两个电流在相量图上的位置进行比较。比较结果是第五步以电压相序 UWV 推出的两个电流符合两个电流在相量图上的位置。

（7）最后得出错误接线结论：电压相序 UWV，电流相序 I_u、I_w，U 相电压断相。电能表的实际接线组别为：第一元件 U_{uw}、I_u，第二元件 U_{vw}、I_w。

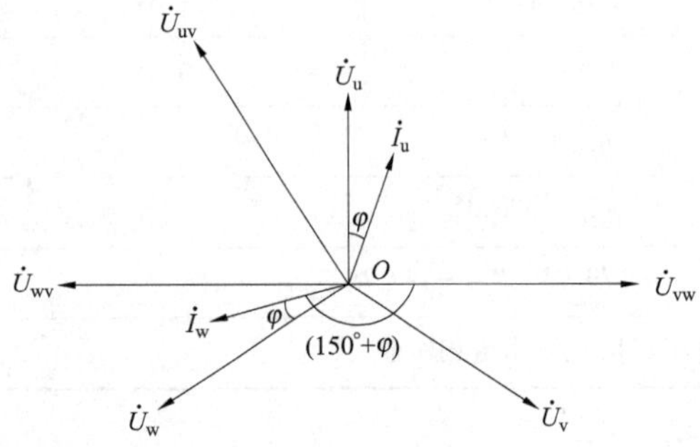

图 5－324

（8）画出错误接线相量图，如图 5－324 所示。

3. 写出错误接线时测得的电能（以功率表示）

因为电能表所计量的电能与所加电压和电流及相应相电流之间的夹角余弦乘积成正比，根据图 5－324 画出的错误接线相量图，对两个元件所计量的电能分别进行分析（以功率表示），并设 P_1' 为第一元件错误计量的功率，P_2' 为第二元件错误计量的功率。

第一元件测量的功率为

$$P_1'=0$$

第二元件测量的功率为

$$P_2'=U_{vw}I_w\cos(150°+\varphi)$$

在三相电路完全对称时，两元件测量的总功率为

$$\begin{aligned}P'&=P_1'+P_2'\\&=U_{vw}I_w\cos(150°+\varphi)\end{aligned}$$

二、现象为表尾电压相序 UWV，电流相序 I_uI_w，U 相 TV 二次侧电压断相，U 相 TA 二次侧极性反接

图 5－325 是三相三线有功电能表的错误接线。从图中可以看出，电能表表尾电压相序为 UWV，并且 U 相 TV 二次侧电压断相，造成电能表第一元件失压，第二元件实际承受电压为 U_{vw}；由于 U 相 TA 二次侧极性反接，造成第一元件电流线圈通入的电流为 $-I_u$，第二元件电流线圈通入的电流为 I_w。

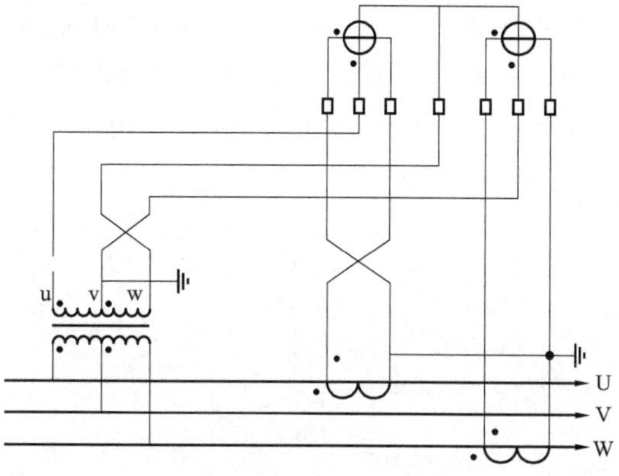

图 5－325

1. 测量数据（以 T－230A 现场校验仪为例）

按照第二章第三节现场校验仪测量方法的使用介绍，将校验仪与电能表接好。在选定的显示界面上将显示出分析所需的所有数据，显示屏数据如表 5－82 所示。

表 5－82

测试数据			
项目	1 元件	2－6 端子	3 元件
电压	0.9V	99.9V	99.9V
电流	1.5A	0.0A	1.5A
对地电压	99.5V	99.5V	0.4V
相位	$\varphi_{I_1I_3}=59.8°$		
	$\varphi_{U_{32}I_1}=120.1°$		
	$\varphi_{U_{32}I_3}=179.8°$　$P=-150.8$		
相序	电压断相 U_1　电流相序正		

2. 分析判断错误现象

（1）从表 5－82“电压”栏中的显示值看出 1 元件电压值不等于 100V，可以判定该错误接线有电压断相，并且根据 2 元件和 3 元件的电压值可以看出，此电能表内部分压结构为“V”形。

（2）从“对地电压”栏中可以看出 3 元件的电压值接近 0V，所以确定 U_3 为 V 相。“电压”栏中电压值不等于 100V 的 U_1 为电压断相，与“相序”栏中的电压断相 U_1 一致。

（3）确定 U_3 为 V 相后，就可以看出该错误接线的电压相序有两种可能，即 WUV 和 UWV。

（4）如图 5－326 所示，以电压相序 WUV 推出两个电流在相量图上的位置。将“相位”栏中的 U_{32} 替换成 U_{vu}。那么，$U_{32}I_1=120°$就替换成 $U_{vu}I_1=120°$、$U_{32}I_3=180°$就替换成 $U_{vu}I_3=$

180°。即以 U_{vu} 为基准沿顺时针方向分别转 120°和 180°找到 I_1 和 I_3。

（5）如图 5－327 所示，以电压相序 UWV 推出两个电流在相量图上的位置。将“相位”栏中的 U_{32} 替换成 U_{vw}。那么，$U_{32}I_1=120°$ 就替换成 $U_{vw}I_1=120°$、$U_{32}I_3=180°$ 就替换成 $U_{vw}I_3=180°$。即以 U_{vw} 为基准沿顺时针方向分别转 120°和 180°找到 I_1 和 I_3。从图上可以看出 $I_1=-I_u$、$I_3=I_w$，并且其夹角等于 60°，电流相序为正。

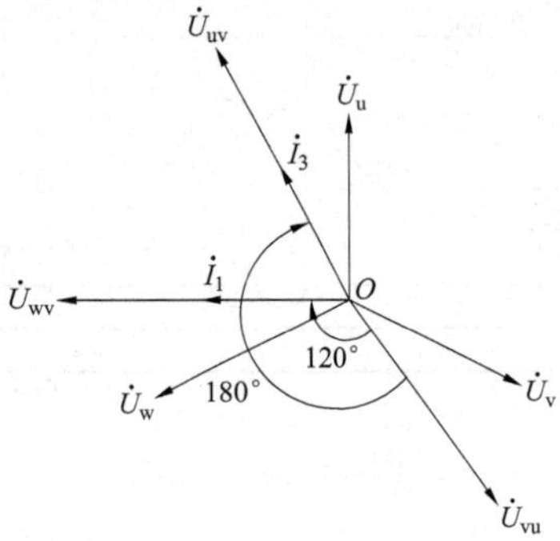

图 5－326

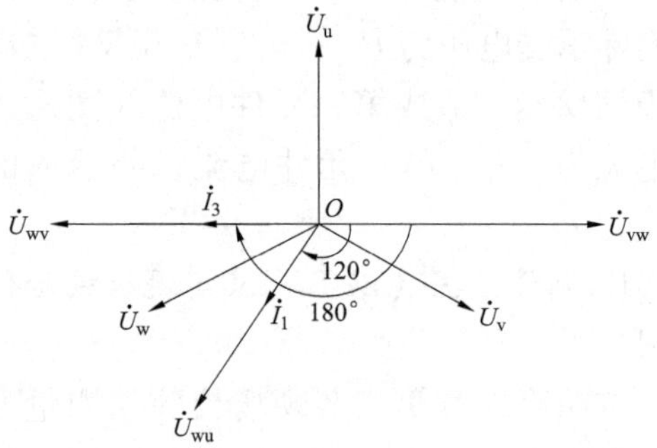

图 5－327

（6）将两个电流在相量图上的位置进行比较。比较结果是第五步以电压相序 UWV 推出的两个电流符合两个电流在相量图上的位置。

（7）最后得出错误接线结论：电压相序 UWV，电流相序 I_u、I_w，U 相电压断相。电能表的实际接线组别为：第一元件 U_{uw}、$-I_u$，第二元件 U_{vw}、I_w。

（8）画出错误接线相量图，如图 5－328 所示。

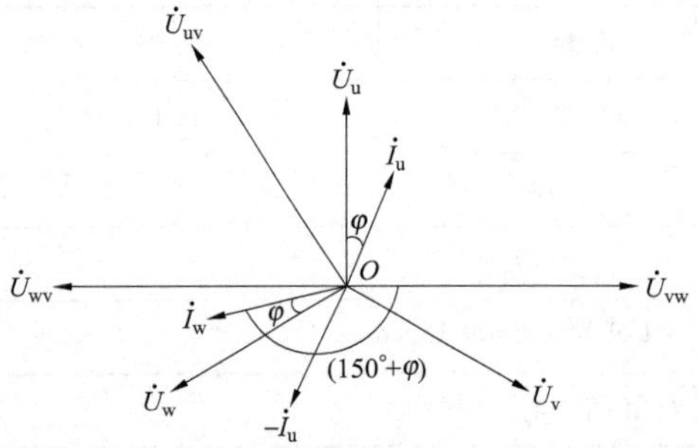

图 5－328

3. 写出错误接线时测得的电能（以功率表示）

因为电能表所计量的电能与所加电压和电流及相应相电流之间的夹角余弦乘积成正比，根据图 5－328 画出的错误接线相量图，对两个元件所计量的电能分别进行分析（以功率表示），并设 P_1' 为第一元件错误计量的功率，P_2' 为第二元件错误计量的功率。

第一元件测量的功率为

$$P_1'=0$$

第二元件测量的功率为

$$P_2'=U_{vw}I_w\cos(150°+\varphi)$$

在三相电路完全对称时，两元件测量的总功率为

$$\begin{aligned}P'&=P_1'+P_2'\\&=U_{vw}I_w\cos(150°+\varphi)\end{aligned}$$

三、表尾电压相序 UWV，电流相序 I_uI_w，U 相 TV 二次侧电压断相，W 相 TA 二次侧极性反接

图 5－329 是三相三线有功电能表的错误接线。从图中可以看出，电能表表尾电压相序为 UWV，并且 U 相 TV 二次侧电压断相，造成电能表第一元件失压，第二元件实际承受电压为 U_{vw}；由于 W 相 TA 二次侧极性反接，造成第一元件电流线圈通入的电流为 I_u，第二元件电流线圈通入的电流为 $-I_w$。

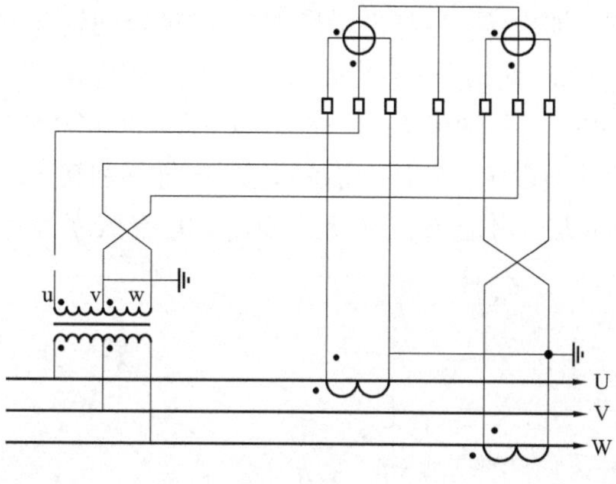

图 5－329

1. 测量数据（以 T－230A 现场校验仪为例）

按照第二章第三节现场校验仪测量方法的使用介绍，将校验仪与电能表接好。在选定的显示界面上将显示出分析所需的所有数据，显示屏数据如表 5－83 所示。

表 5－83

测试数据			
项目	1 元件	2－6 端子	3 元件
电压	0.9V	99.9V	99.9V
电流	1.5A	0.0A	1.5A
对地电压	99.5V	99.5V	0.4V
相位	$\varphi_{I_1I_3}=59.8°$		
	$\varphi_{U_{32}I_1}=300.1°$		
	$\varphi_{U_{32}I_3}=359.9°$　$P=150.8$		
相序	电压断相 U_1　电流相序正		

2. 分析判断错误现象

（1）从表 5－83“电压”栏中的显示值看出 1 元件电压值不等于 100V，可以判定该错误接线有电压断相，并且根据 2 元件和 3 元件的电压值可以看出，此电能表内部分压结构为“V”形。

（2）从“对地电压”栏中可以看出 3 元件的电压值接近 0V，所以确定 U_3 为 V 相。“电压”栏中电压值不等于 100V 的 U_1 为电压断相，与“相序”栏中的电压断相 U_1 一致。

（3）确定 U_3 为 V 相后，就可以看出该错误接线的电压相序有两种可能，即 WUV 和 UWV。

（4）如图 5－330 所示，以电压相序 WUV 推出两个电流在相量图上的位置。将“相位”栏中的 U_{32} 替换成 U_{vu}。那么，$U_{32}I_1=300°$ 就替换成 $U_{vu}I_1=300°$、$U_{32}I_3=360°$ 就替换成 $U_{vu}I_3=360°$。即以 U_{vu} 为基准沿顺时针方向分别转 300°和 360°找到 I_1 和 I_3。

（5）如图 5－331 所示，以电压相序 UWV 推出两个电流在相量图上的位置。将“相位”栏中的 U_{32} 替换成 U_{vw}。那么，$U_{32}I_1=300°$ 就替换成 $U_{vw}I_1=300°$、$U_{32}I_3=360°$ 就替换成 $U_{vw}I_3=360°$。即以 U_{vw} 为基准沿顺时针方向分别转 300°和 360°找到 I_1 和 I_3。从图上可以看出 $I_1=I_u$、$I_3=-I_w$，并且其夹角等于 60°，电流相序为正。

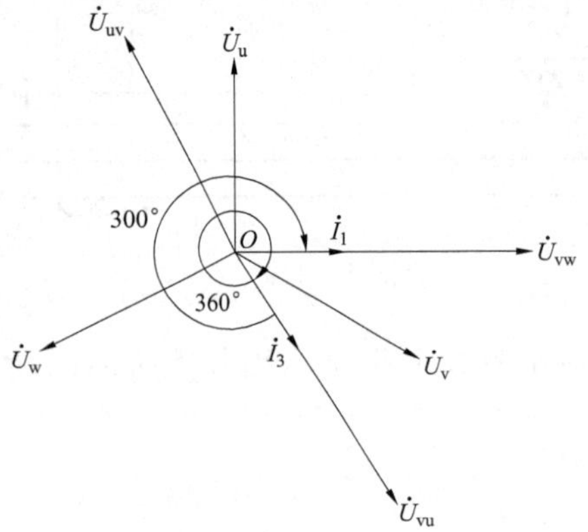

图 5－330

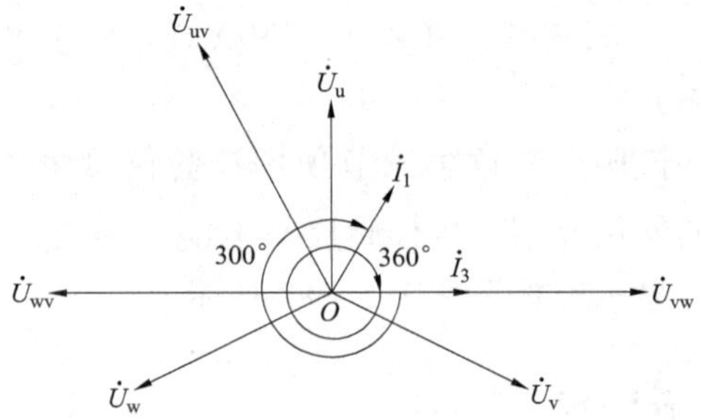

图 5－331

（6）将两个电流在相量图上的位置进行比较。比较结果是第五步以电压相序 UWV 推出的两个电流符合两个电流在相量图上的位置。

（7）最后得出错误接线结论：电压相序 UWV，电流相序 I_u、I_w，U 相电压断相。电能表的实际接线组别为：第一元件 U_{uw}、I_u，第二元件 U_{vw}、$-I_w$。

（8）画出错误接线相量图，如图 5－332 所示。

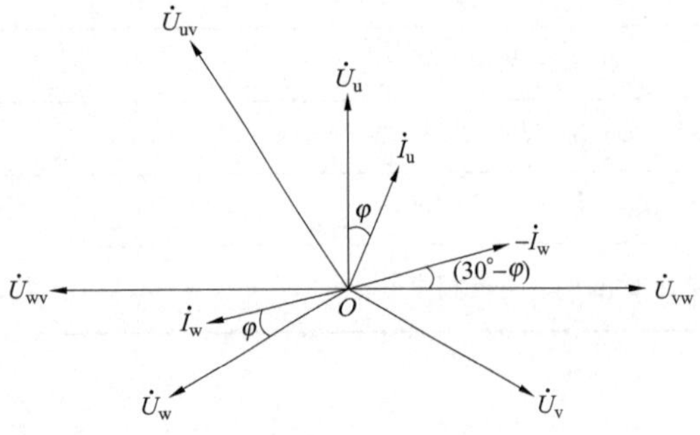

图 5－332

3. 写出错误接线时测得的电能（以功率表示）

因为电能表所计量的电能与所加电压和电流及相应相电流之间的夹角余弦乘积成正比，根据图 5－332 画出的错误接线相量图，对两个元件所计量的电能分别进行分析（以功率表示），并设 P_1' 为第一元件错误计量的功率，P_2' 为第二元件错误计量的功率。

第一元件测量的功率为

$$P_1'=0$$

第二元件测量的功率为

$$P_2'=U_{vw}(-I_w)\cos(30°-\varphi)$$

在三相电路完全对称时，两元件测量的总功率为

$$P' = P'_1 + P'_2$$
$$= U_{vw}(-I_w)\cos(30° - \varphi)$$

四、表尾电压相序 UWV，电流相序 I_uI_w，U 相 TV 二次侧电压断相，U、W 相 TA 二次侧极性反接

图 5－333 是三相三线有功电能表的错误接线。从图中可以看出，电能表表尾电压相序为 UWV，并且 U 相 TV 二次侧电压断相，造成电能表第一元件失压，第二元件实际承受电压为 U_{vw}；由于 U、W 相 TA 二次侧极性反接，造成第一元件电流线圈通入的电流为 $-I_u$，第二元件电流线圈通入的电流为 $-I_w$。

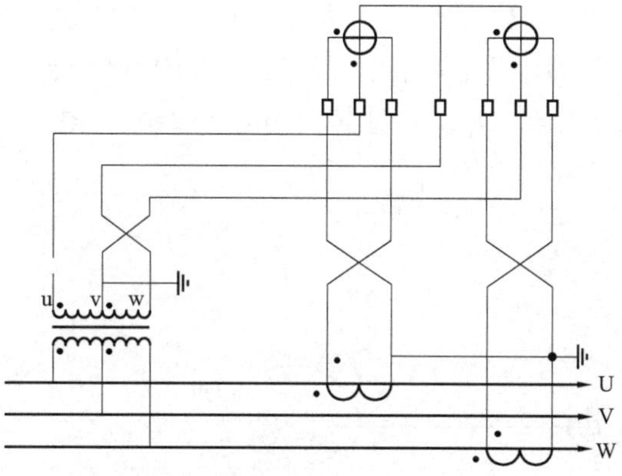

图 5－333

1. 测量数据（以 T－230A 现场校验仪为例）

按照第二章第三节现场校验仪测量方法的使用介绍，将校验仪与电能表接好。在选定的显示界面上将显示出分析所需的所有数据，显示屏数据如表 5－84 所示。

表 5－84

测 试 数 据			
项目	1 元件	2－6 端子	3 元件
电压	0.9V	99.9V	99.9V
电流	1.5A	0.0A	1.5A
对地电压	99.5V	99.5V	0.4V
相位	$\varphi_{I_1I_3} = 239.4°$		
	$\varphi_{U_{32}I_1} = 120.3°$		
	$\varphi_{U_{32}I_3} = 359.7°$　$P = 149.1$		
相序	电压断相 U_1　电流相序正		

2. 分析判断错误现象

（1）从表 5－84“电压”栏中的显示值看出 1 元件电压值不等于 100V，可以判定该错误接线有电压断相，并且根据 2 元件和 3 元件的电压值可以看出，此电能表内部分压结构为“V”形。

（2）从“对地电压”栏中可以看出 3 元件的电压值接近 0V，所以确定 U_3 为 V 相。“电压”栏中电压值不等于 100V 的 U_1 为电压断相，与“相序”栏中的电压断相 U_1 一致。

（3）确定 U_3 为 V 相后，就可以看出该错误接线的电压相序有两种可能，即 WUV 和 UWV。

（4）如图 5－334 所示，以电压相序 WUV 推出两个电流在相量图上的位置。将“相位”栏中的 U_{32} 替换成 U_{vu}。那么，$U_{32}I_1=120°$就替换成 $U_{vu}I_1=120°$、$U_{32}I_3=360°$就替换成 $U_{vu}I_3=360°$。即以 U_{vu}为基准沿顺时针方向分别转 120°和 360°找到 I_1 和 I_3。

（5）如图 5－335 所示，以电压相序 UWV 推出两个电流在相量图上的位置。将“相位”栏中的 U_{32} 替换成 U_{vw}。那么，$U_{32}I_1=120°$就替换成 $U_{vw}I_1=120°$、$U_{32}I_3=360°$就替换成 $U_{vw}I_3=360°$。即以 U_{vw}为基准沿顺时针方向分别转 120°和 360°找到 I_1 和 I_3。从图上可以看出 $I_1=-I_u$、$I_3=-I_w$，并且其夹角等于 240°，电流相序为正。

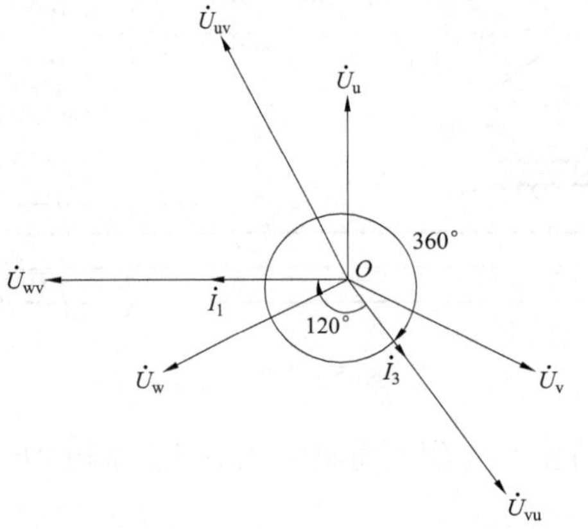

图 5－334

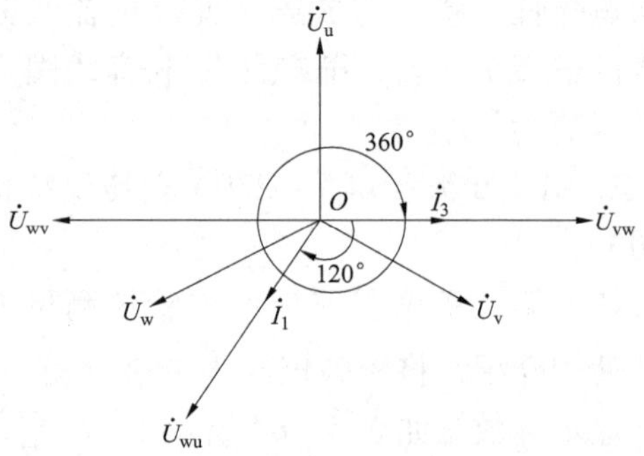

图 5－335

（6）将两个电流在相量图上的位置进行比较。比较结果是第五步以电压相序 UWV 推出的两个电流符合两个电流在相量图上的位置。

（7）最后得出错误接线结论：电压相序 UWV，电流相序 I_u、I_w，U 相电压断相。电能表的实际接线组别为：第一元件 U_{uw}，$-I_u$，第二元件 U_{vw}，$-I_w$。

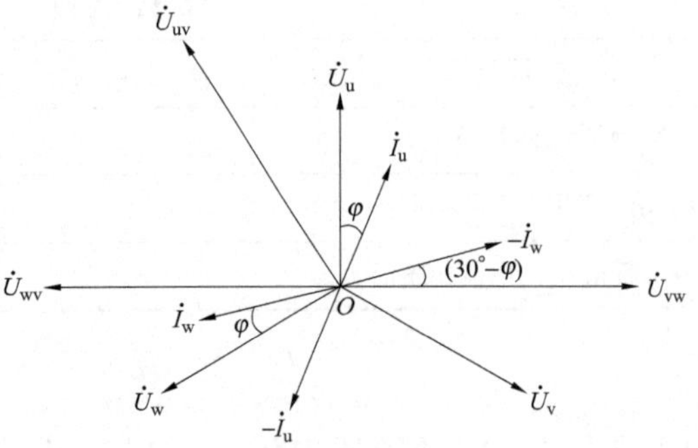

图 5－336

（8）画出错误接线相量图，如图 5－336 所示。

3. 写出错误接线时测得的电能（以功率表示）

因为电能表所计量的电能与所加电压和电流及相应相电流之间的夹角余弦乘积成正比，根据图 5－336 画出的错误接线相量图，对两个元件所计量的电能分别进行分析（以功率表示），并设 P_1' 为第一元件错误计量的功率，P_2' 为第二元件错误计量的功率。

第一元件测量的功率为

$$P_1'=0$$

第二元件测量的功率为

$$P_2'=U_{vw}(-I_w)\cos(30°-\varphi)$$

在三相电路完全对称时，两元件测量的总功率为

$$P' = P'_1 + P'_2$$
$$= U_{vw}(-I_w)\cos(30° - \varphi)$$

五、表尾电压相序 UWV，电流相序 $I_w I_u$，U 相 TV 二次侧电压断相

图 5－337 是三相三线有功电能表的错误接线。从图中可以看出，电能表表尾电压相序为 UWV，并且 U 相 TV 二次侧电压断相，造成电能表第一元件失压，第二元件实际承受电压为 U_{vw}；电流由于 U、W 相表尾端钮接错，造成第一元件电流线圈通入的电流为 I_w，第二元件电流线圈通入的电流为 I_u。

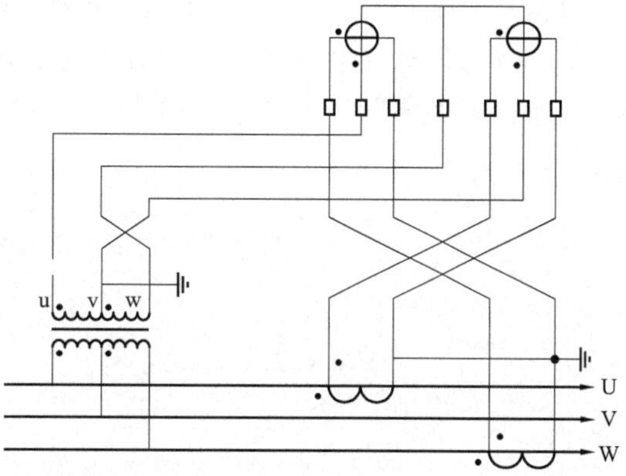

图 5－337

1. 测量数据（以 T－230A 现场校验仪为例）

按照第二章第三节现场校验仪测量方法的使用介绍，将校验仪与电能表接好。在选定的显示界面上将显示出分析所需的所有数据，显示屏数据如表 5－85 所示。

表 5－85

测试数据			
项目	1 元件	2－6 端子	3 元件
电压	0.9V	99.9V	99.9V
电流	1.5A	0.0A	1.5A
对地电压	99.5V	99.5V	0.4V
相位	$\varphi_{I_1 I_3} = 120.6°$		
	$\varphi_{U_{32} I_1} = 179.7°$		
	$\varphi_{U_{32} I_3} = 300.3°$　$P = 74.5$		
相序	电压断相 U_1　电流相序正		

2. 分析判断错误现象

（1）从表 5－85“电压”栏中的显示值看出 1 元件电压值不等于 100V，可以判定该错误接线有电压断相，并且根据 2 元件和 3 元件的电压值可以看出，此电能表内部分压结构为“V”形。

（2）从“对地电压”栏中可以看出 3 元件的电压值接近 0V，所以确定 U_3 为 V 相。“电压”栏中电压值不等于 100V 的 U_1 为电压断相，与“相序”栏中的电压断相 U_1 一致。

（3）确定 U_3 为 V 相后，就可以看出该错误接线的电压相序有两种可能，即 WUV 和 UWV。

（4）如图 5－338 所示，以电压相序 WUV 推出两个电流在相量图上的位置。将“相位”

栏中的 U_{32} 替换成 U_{vu}。那么，$U_{32}I_1=180°$ 就替换成 $U_{vu}I_1=180°$、$U_{32}I_3=300°$ 就替换成 $U_{vu}I_3=300°$。即以 U_{vu} 为基准沿顺时针方向分别转 180°和 300°找到 I_1 和 I_3。

（5）如图 5－339 所示，以电压相序 UWV 推出两个电流在相量图上的位置。将“相位”栏中的 U_{32} 替换成 U_{vw}。那么，$U_{32}I_1=180°$ 就替换成 $U_{vw}I_1=180°$、$U_{32}I_3=300°$ 就替换成 $U_{vw}I_3=300°$。即以 U_{vw} 为基准沿顺时针方向分别转 180°和 300°找到 I_1 和 I_3。从图上可以看出 $I_1=I_w$、$I_3=I_u$，并且其夹角等于 120°，电流相序为逆。

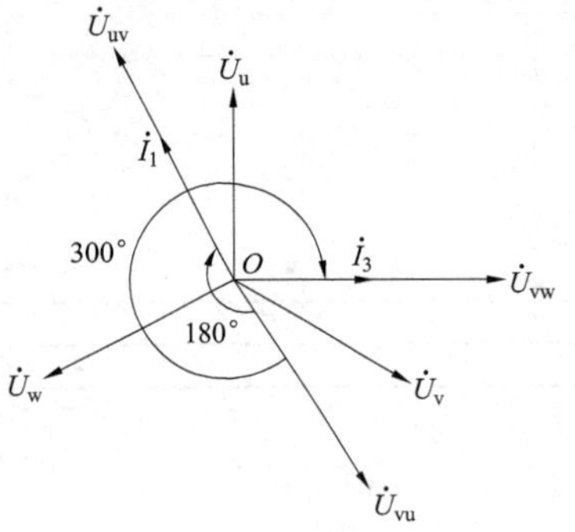

图 5－338

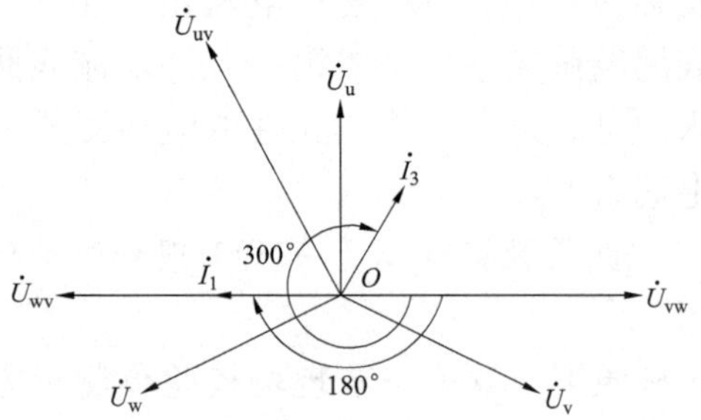

图 5－339

（6）将两个电流在相量图上的位置进行比较。比较结果是第五步以电压相序 UWV 推出的两个电流符合两个电流在相量图上的位置。

（7）最后得出错误接线结论：电压相序 UWV，电流相序 I_w、I_u，U 相电压断相。电能表的实际接线组别为：第一元件 U_{uw}、I_w，第二元件 U_{vw}、I_u。

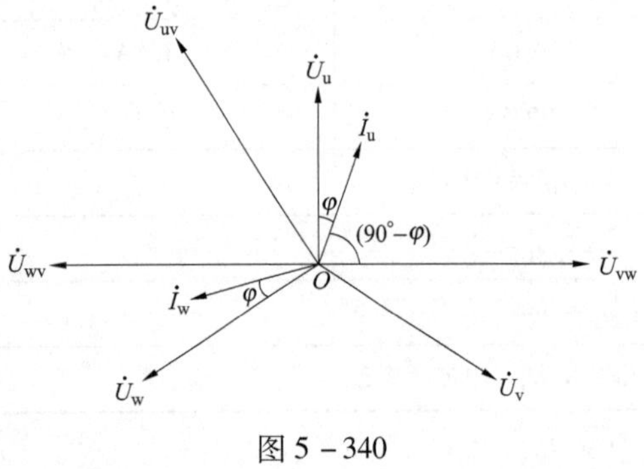

图 5－340

（8）画出错误接线相量图，如图 5－340 所示。

3. 写出错误接线时测得的电能（以功率表示）

因为电能表所计量的电能与所加电压和电流及相应相电流之间的夹角余弦乘积成正比，根据图 5－340 画出的错误接线相量图，对两个元件所计量的电能分别进行分析（以功率表示），并设 P_1' 为第一元件错误计量的功率，P_2' 为第二元件错误计量的功率。

第一元件测量的功率为

$$P_1'=0$$

第二元件测量的功率为

$$P_2'=U_{vw}I_u\cos(90°-\varphi)$$

在三相电路完全对称时，两元件测量的总功率为

$$P'=P_1'+P_2'$$
$$=U_{vw}I_u\cos(90°-\varphi)$$

六、表尾电压相序 UWV，电流相序 I_wI_u，U 相 TV 二次侧电压断相，W 相 TA 二次侧极性反接

图 5－341 是三相三线有功电能表的错误接线。从图中可以看出，电能表表尾电压相序为 UWV，并且 U 相 TV 二次侧电压断相，造成电能表第一元件失压，第二元件实际承受电压为 U_{vw}；电流由于 U、W 相表尾端钮接错，并且 W 相 TA 二次侧极性反接，造成第一元件电流线圈通入的电流为 $-I_w$，第二元件电流线圈通入的电流为 I_u。

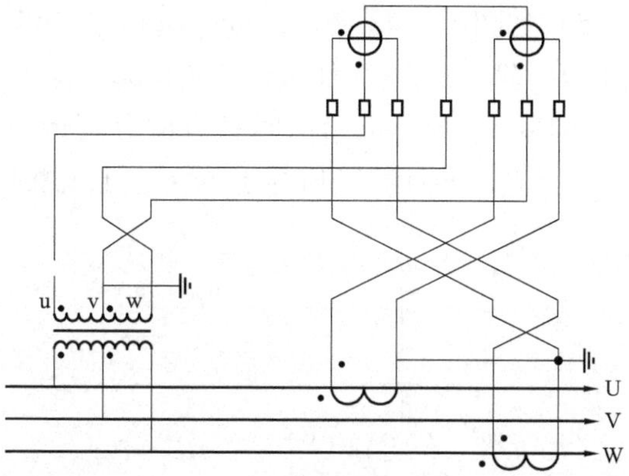

图 5－341

1. 测量数据（以 T－230A 现场校验仪为例）

按照第二章第三节现场校验仪测量方法的使用介绍，将校验仪与电能表接好。在选定的显示界面上将显示出分析所需的所有数据，显示屏数据如表 5－86 所示。

表 5－86

测试数据			
项目	1 元件	2－6 端子	3 元件
电压	0.9V	99.9V	99.9V
电流	1.5A	0.0A	1.5A
对地电压	99.5V	99.5V	0.4V
相位	$\varphi_{I_1I_3}=300.1°$		
	$\varphi_{U_{32}I_1}=359.8°$		
	$\varphi_{U_{32}I_3}=300.1°$　$P=74.7$		
相序	电压断相 U_1　电流相序逆		

2. 分析判断错误现象

（1）从表 5－86“电压”栏中的显示值看出 1 元件电压值不等于 100V，可以判定该错误接线有电压断相，并且根据 2 元件和 3 元件的电压值可以看出，此电能表内部分压结构为“V”形。

（2）从“对地电压”栏中可以看出 3 元件的电压值接近 0V，所以确定 U_3 为 V 相。“电压”栏中电压值不等于 100V 的 U_1 为电压断相，与“相序”栏中的电压断相 U_1 一致。

（3）确定 U_3 为 V 相后，就可以看出该错误接线的电压相序有两种可能，即 WUV 和 UWV。

（4）如图 5－342 所示，以电压相序 WUV 推出两个电流在相量图上的位置。将“相位”

栏中的 U_{32} 替换成 U_{vu}。那么，$U_{32}I_1=360°$就替换成 $U_{vu}I_1=360°$、$U_{32}I_3=300°$就替换成 $U_{vu}I_3=300°$。即以 U_{vu} 为基准沿顺时针方向分别转 360°和 300°找到 I_1 和 I_3。

（5）如图 5－343 所示，以电压相序 UWV 推出两个电流在相量图上的位置。将“相位”栏中的 U_{32} 替换成 U_{vw}。那么，$U_{32}I_1=360°$就替换成 $U_{vw}I_1=360°$、$U_{32}I_3=300°$就替换成 $U_{vw}I_3=300°$。即以 U_{vw} 为基准沿顺时针方向分别转 360°和 300°找到 I_1 和 I_3。从图上可以看出 $I_1=-I_w$、$I_3=I_u$，并且其夹角等于 300°，电流相序为逆。

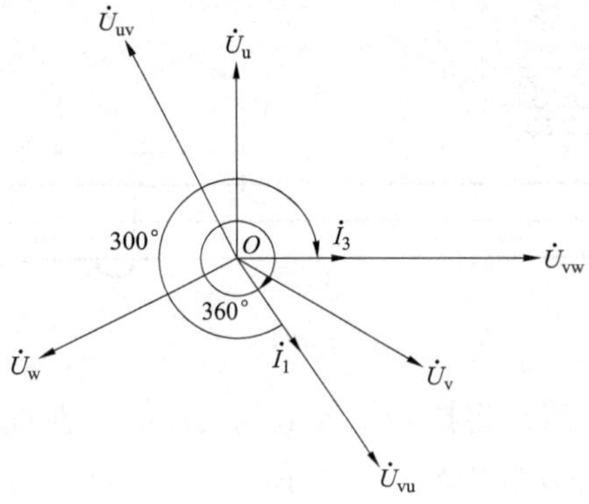

图 5－342

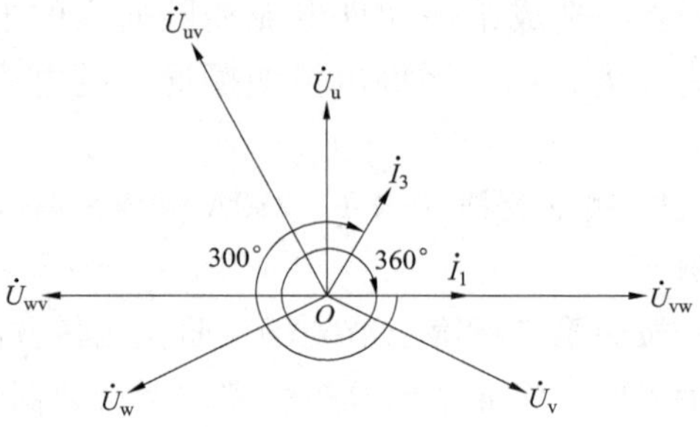

图 5－343

（6）将两个电流在相量图上的位置进行比较。比较结果是第五步以电压相序 UWV 推出的两个电流符合两个电流在相量图上的位置。

（7）最后得出错误接线结论：电压相序 UWV，电流相序 I_u、I_w，U 相电压断相。电能表的实际接线组别为：第一元件 U_{uw}、$-I_w$，第二元件 U_{vw}、I_u。

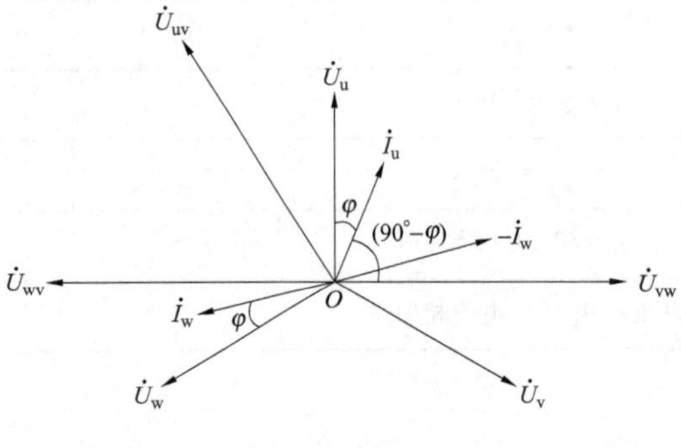

图 5－344

（8）画出错误接线相量图，如图 5－344 所示。

3. 写出错误接线时测得的电能（以功率表示）

因为电能表所计量的电能与所加电压和电流及相应相电流之间的夹角余弦乘积成正比，根据图 5－344 画出的错误接线相量图，对两个元件所计量的电能分别进行分析（以功率表示），并设 P_1' 为第一元件错误计量的功率，P_2' 为第二元件错误计量的功率。

第一元件测量的功率为

$$P_1'=0$$

第二元件测量的功率为

$$P_2'=U_{vw}I_u\cos(90°-\varphi)$$

在三相电路完全对称时，两元件测量的总功率为

$$\begin{aligned}P'&=P_1'+P_2'\\&=U_{vw}I_u\cos(90°-\varphi)\end{aligned}$$

七、表尾电压相序 UWV，电流相序 I_wI_u，U 相 TV 二次侧电压断相，U 相 TA 二次侧极性反接

图 5－345 是三相三线有功电能表的错误接线。从图中可以看出，电能表表尾电压相序为 UWV，并且 U 相 TV 二次侧电压断相，造成电能表第一元件失压，第二元件实际承受电压为 U_{vw}；电流由于 U、W 相表尾端钮接错，并且 U 相 TA 二次侧极性反接，造成第一元件电流线圈通入的电流为 I_w，第二元件电流线圈通入的电流为 $-I_u$。

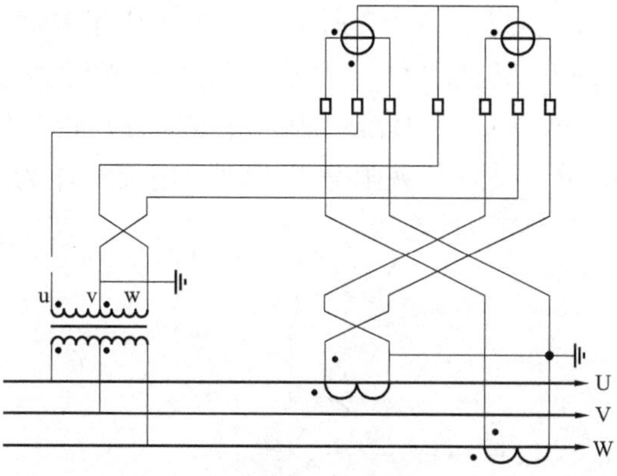

图 5－345

1. 测量数据（以 T－230A 现场校验仪为例）

按照第二章第三节现场校验仪测量方法的使用介绍，将校验仪与电能表接好。在选定的显示界面上将显示出分析所需的所有数据，显示屏数据如表 5－87 所示。

表 5－87

测试数据			
项目	1 元件	2－6 端子	3 元件
电压	0.9V	99.9V	99.9V
电流	1.5A	0.0A	1.5A
对地电压	99.5V	99.5V	0.4V
相位	$\varphi_{I_1I_3}=300.3°$		
	$\varphi_{U_{32}I_1}=179.8°$		
	$\varphi_{U_{32}I_3}=120.2°$　$P=-74.7$		
相序	电压断相 U_1　电流相序逆		

2. 分析判断错误现象

（1）从表 5－87“电压”栏中的显示值看出 1 元件电压值不等于 100V，可以判定该错误接线有电压断相，并且根据 2 元件和 3 元件的电压值可以看出，此电能表内部分压结构为“V”形。

（2）从“对地电压”栏中可以看出 3 元件的电压值接近 0V，所以确定 U_3 为 V 相。“电压”栏中电压值不等于 100V 的 U_1 为电压断相，与“相序”栏中的电压断相 U_1 一致。

（3）确定 U_3 为 V 相后，就可以看出该错误接线的电压相序有两种可能，即 WUV 和 UWV。

（4）如图 5－346 所示，以电压相序 WUV 推出两个电流在相量图上的位置。将“相位”

栏中的 U_{32} 替换成 U_{vu}。那么，$U_{32}I_1=180°$ 就替换成 $U_{vu}I_1=180°$、$U_{32}I_3=120°$ 就替换成 $U_{vu}I_3=120°$。即以 U_{vu} 为基准沿顺时针方向分别转 180°和 120°找到 I_1 和 I_3。

（5）如图 5－347 所示，以电压相序 UWV 推出两个电流在相量图上的位置。将“相位”栏中的 U_{32} 替换成 U_{vw}。那么，$U_{32}I_1=180°$ 就替换成 $U_{vw}I_1=180°$、$U_{32}I_3=120°$ 就替换成 $U_{vw}I_3=120°$。即以 U_{vw} 为基准沿顺时针方向分别转 180°和 120°找到 I_1 和 I_3。从图上可以看出 $I_1=I_w$、$I_3=-I_u$，并且其夹角等于 300°，电流相序为逆。

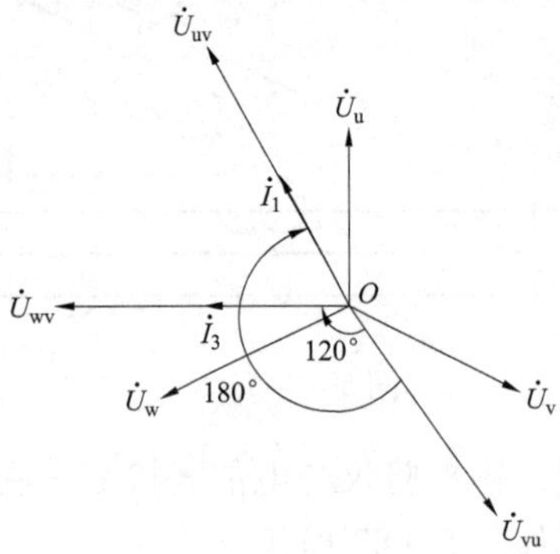

图 5－346

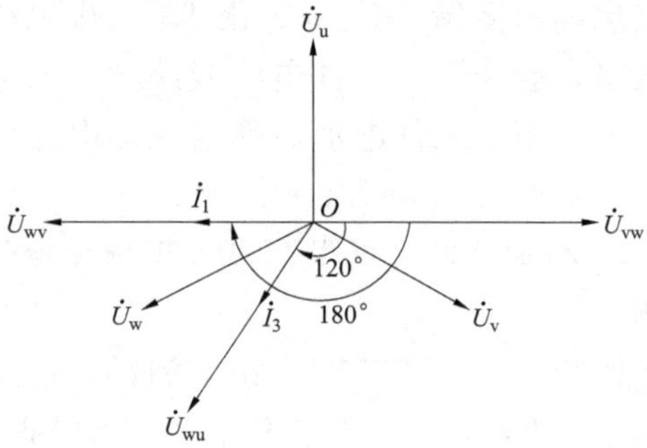

图 5－347

（6）将两个电流在相量图上的位置进行比较。比较结果是第五步以电压相序 UWV 推出的两个电流符合两个电流在相量图上的位置。

（7）最后得出错误接线结论：电压相序 UWV，电流相序 I_w、I_u，U 相电压断相。电能表的实际接线组别为：第一元件 U_{uw}、I_w，第二元件 U_{vw}、$-I_u$。

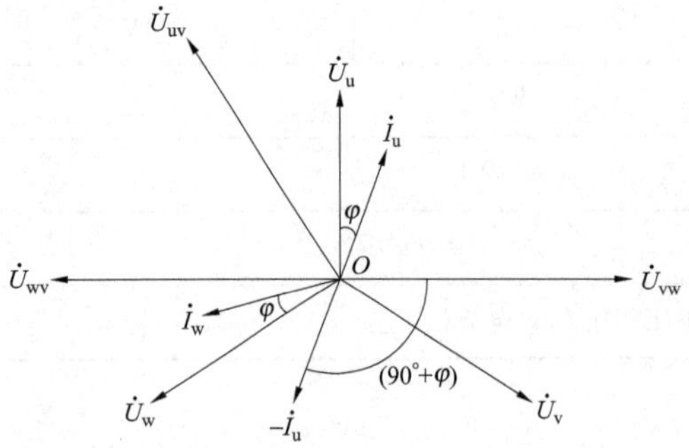

图 5－348

（8）画出错误接线相量图，如图 5－348 所示。

3. 写出错误接线时测得的电能（以功率表示）

因为电能表所计量的电能与所加电压和电流及相应相电流之间的夹角余弦乘积成正比，根据图 5－348 画出的错误接线相量图，对两个元件所计量的电能分别进行分析（以功率表示），并设 P_1' 为第一元件错误计量的功率，P_2' 为第二元件错误计量的功率。

第一元件测量的功率为

$$P_1'=0$$

第二元件测量的功率为

$$P_2'=U_{vw}(-I_u)\cos(90°+\varphi)$$

在三相电路完全对称时，两元件测量的总功率为

$$\begin{aligned}P'&=P_1'+P_2'\\&=U_{vw}(-I_u)\cos(90°+\varphi)\end{aligned}$$

八、现象为表尾电压相序 UWV，电流相序 I_wI_u，U 相 TV 二次侧电压断相，U、W 相 TA 二次侧极性反接

图 5－349 是三相三线有功电能表的错误接线。从图中可以看出，电能表表尾电压相序为 UWV，并且 U 相 TV 二次侧电压断相，造成电能表第一元件失压，第二元件实际承受电压为 U_{vw}；电流由于 U、W 相表尾端钮接错，并且 U、W 相 TA 二次侧极性反接，造成第一元件电流线圈通入的电流为 $-I_w$，第二元件电流线圈通入的电流为 $-I_u$。

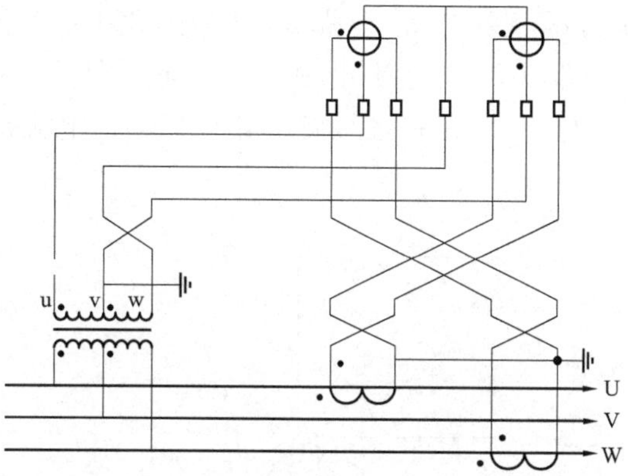

图 5－349

1. 测量数据（以 T－230A 现场校验仪为例）

按照第二章第三节现场校验仪测量方法的使用介绍，将校验仪与电能表接好。在选定的显示界面上将显示出分析所需的所有数据，显示屏数据如表 5－88 所示。

表 5－88

测试数据			
项目	1 元件	2－6 端子	3 元件
电压	0.9V	99.8V	99.9V
电流	1.5A	0.0A	1.5A
对地电压	99.4V	99.5V	0.4V
相位	$\varphi_{I_1I_3}=120.6°$		
	$\varphi_{U_{32}I_1}=359.7°$		
	$\varphi_{U_{32}I_3}=120.4°$　$P=-75.0$		
相序	电压断相 U_1　电流相序逆		

2. 分析判断错误现象

（1）从表 5－88“电压”栏中的显示值看出 1 元件电压值不等于 100V，可以判定该错误接线有电压断相，并且根据 2 元件和 3 元件的电压值可以看出，此电能表内部分压结构为“V”形。

（2）从“对地电压”栏中可以看出 3 元件的电压值接近 0V，所以确定 U_3 为 V 相。“电压”栏中电压值不等于 100V 的 U_1 为电压断相，与“相序”栏中的电压断相 U_1 一致。

（3）确定 U_3 为 V 相后，就可以看出该错误接线的电压相序有两种可能，即 WUV 和 UWV。

（4）如图 5－350 所示，以电压相序 WUV 推出两个电流在相量图上的位置。将“相位”栏中的 U_{32} 替换成 U_{vu}。那么，$U_{32}I_1=360°$就替换成 $U_{vu}I_1=360°$、$U_{32}I_3=120°$就替换成 $U_{vu}I_3=$

120°。即以 U_{vu} 为基准沿顺时针方向分别转 360°和 120°找到 I_1 和 I_3。

（5）如图 5 - 351 所示，以电压相序 UWV 推出两个电流在相量图上的位置。将“相位”栏中的 U_{32} 替换成 U_{vw}。那么，$U_{32}I_1 = 360°$就替换成 $U_{vw}I_1 = 360°$、$U_{32}I_3 = 120°$就替换成 $U_{vw}I_3 = 120°$。即以 U_{vw} 为基准沿顺时针方向分别转 360°和 120°找到 I_1 和 I_3。从图上可以看出 $I_1 = -I_w$、$I_3 = -I_u$，并且其夹角等于 120°，电流相序为逆。

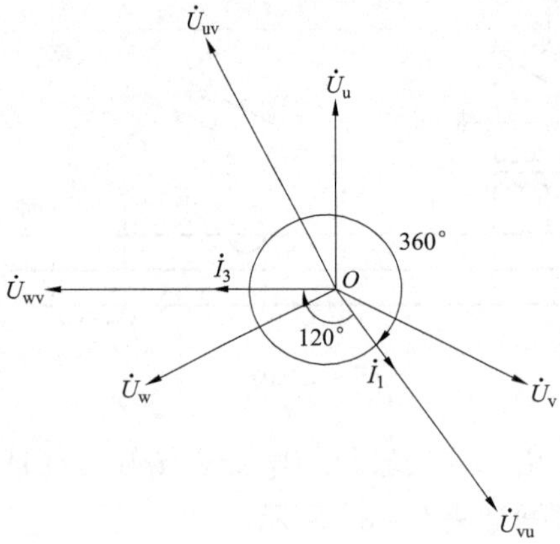

图 5 - 350

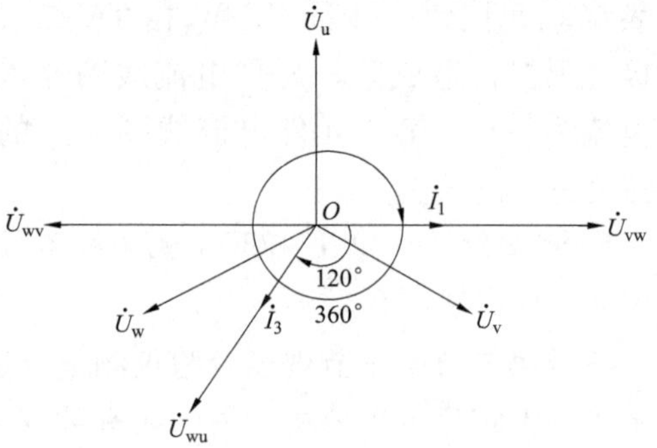

图 5 - 351

（6）将两个电流在相量图上的位置进行比较。比较结果是第五步以电压相序 UWV 推出的两个电流符合两个电流在相量图上的位置。

（7）最后得出错误接线结论：电压相序 UWV，电流相序 I_w、I_u，U 相电压断相。电能表的实际接线组别为：第一元件 U_{uw}、$-I_w$，第二元件 U_{vw}、$-I_u$。

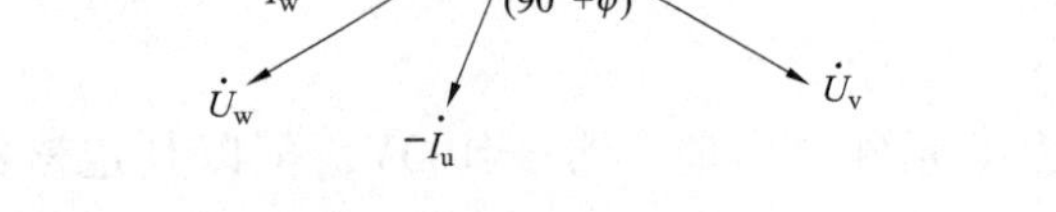

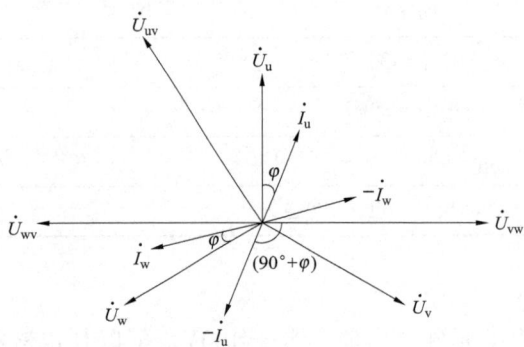

图 5 - 352

（8）画出错误接线相量图，如图 5 - 352 所示。

3. 写出错误接线时测得的电能（以功率表示）

因为电能表所计量的电能与所加电压和电流及相应相电流之间的夹角余弦乘积成正比，根据图 5 - 352 画出的错误接线相量图，对两个元件所计量的电能分别进行分析（以功率表示），并设 P_1' 为第一元件错误计量的功率，P_2' 为第二元件错误计量的功率。

第一元件测量的功率为

$$P_1' = 0$$

第二元件测量的功率为

$$P_2' = U_{vw}(-I_u)\cos(90° + \varphi)$$

在三相电路完全对称时，两元件测量的总功率为

$$\begin{aligned} P' &= P_1' + P_2' \\ &= U_{vw}(-I_u)\cos(90° + \varphi) \end{aligned}$$

九、表尾电压相序 UWV，电流相序 $I_u I_w$，W 相 TV 二次侧电压断相

图 5－353 是三相三线有功电能表的错误接线。从图中可以看出，电能表表尾电压相序为 UWV，并且 W 相 TV 二次侧电压断相，造成电能表第一元件电压线圈两端实际承受电压为 $\frac{1}{2}U_{uv}$，第二元件实际承受电压为 $\frac{1}{2}U_{vu}$；第一元件电流线圈通入的电流为 I_u，第二元件电流线圈通入的电流为 I_w。

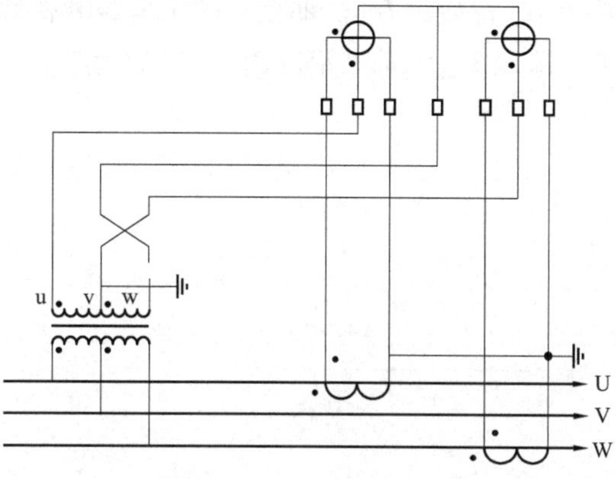

图 5－353

1. 测量数据（以 T－230A 现场校验仪为例）

按照第二章第三节现场校验仪测量方法的使用介绍，将校验仪与电能表接好。在选定的显示界面上将显示出分析所需的所有数据，显示屏数据如表 5－89 所示。

表 5－89

测试数据			
项目	1 元件	2－6 端子	3 元件
电压	50.0V	99.8V	50.0V
电流	1.5A	0.0A	1.5A
对地电压	99.5V	49.0V	0.3V
相位	$\varphi_{I_1I_3}=239.4°$		
	$\varphi_{U_{31}I_1}=240.2°$		
	$\varphi_{U_{31}I_3}=119.6°$　$P=-0.3$		
相序	电压断相 U_2　电流相序正		

2. 分析判断错误现象

（1）从表 5－89“电压”栏中的显示值看出 1 元件和 3 元件的电压值不等于 100V，可以判定该错误接线有电压断相。

（2）从“对地电压”栏中可以看出 3 元件的电压为 0V，所以确定 U_3 为 V 相。电压值为 49V 的 U_2 为电压断相，与“相序”栏中的电压断相 U_2 一致。

（3）确定 U_3 为 V 相后，就可以看出该错误接线的电压相序有两种可能，即 WUV 和 UWV。

（4）如图 5－354 所示，以电压相序 UWV 推出两个电流在相量图上的位置。将“相位”栏中的 U_{31} 替换成 U_{vu}。那么，$U_{31}I_1=240°$就替换成 $U_{vu}I_1=240°$、$U_{31}I_3=120°$就替换成 $U_{vu}I_3=120°$。即以 U_{vu}为基准沿顺时针方向分别转 240°和 120°找到 I_1 和 I_3。从图上可以看出 $I_1=I_u$、$I_3=I_w$，并且其夹角等于 240°，电流相序为正。

（5）如图 5－355 所示，以电压相序 WUV 推出两个电流在相量图上的位置。将“相位”栏中的 U_{31} 替换成 U_{vw}。那么，$U_{31}I_1=240°$就替换成 $U_{vw}I_1=240°$、$U_{31}I_3=120°$就替换成 $U_{vw}I_3=120°$。即以 U_{vw} 为基准沿顺时针方向分别转 240°和 120°找到 I_1 和 I_3。

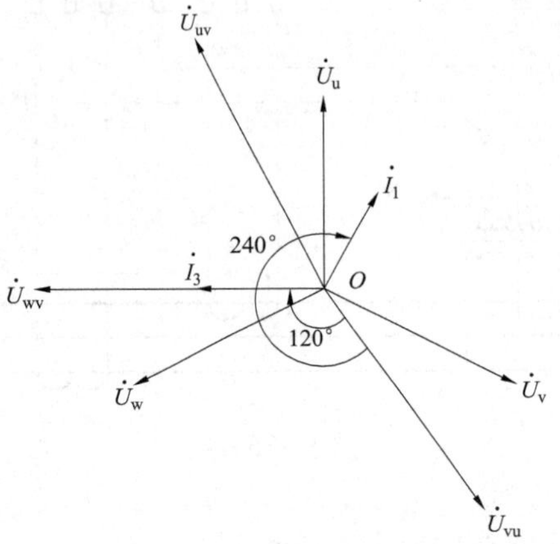

图 5－354

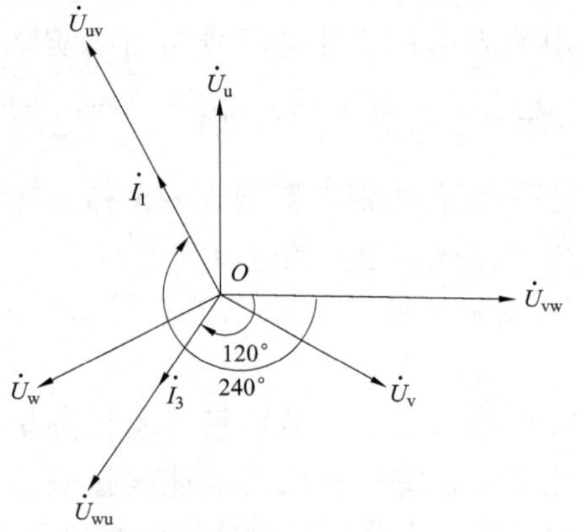

图 5－355

（6）将两个电流在相量图上的位置进行比较。比较结果是第四步以电压相序 UWV 推出的两个电流符合两个电流在相量图上的位置。

（7）最后得出错误接线结论：电压相序 UWV，电流相序 I_u、I_w，W 相电压断相。电能表的实际接线组别为：第一元件$\frac{1}{2}U_{uv}$、I_u，第二元件$\frac{1}{2}U_{vu}$、I_w。

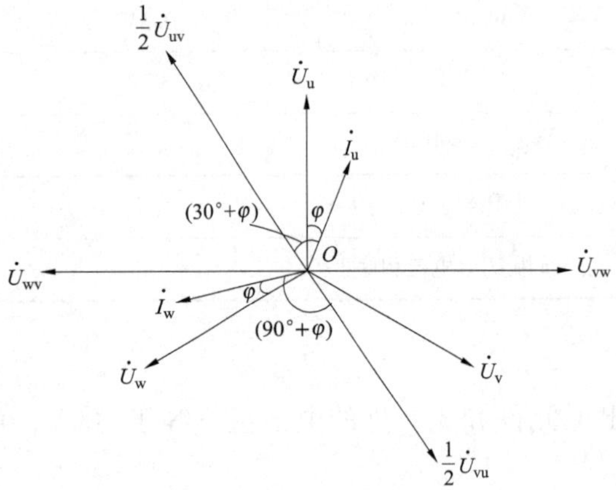

图 5－356

（8）画出错误接线相量图，如图 5－356 所示。

3. 写出错误接线时测得的电能（以功率表示）

因为电能表所计量的电能与所加电压和电流及相应相电流之间的夹角余弦乘积成正比，根据图 5－356 画出的错误接线相量图，对两个元件所计量的电能分别进行分析（以功率表示），并设 P_1' 为第一元件错误计量的功率，P_2' 为第二元件错误计量的功率。

第一元件测量的功率为

$$P_1'=\frac{1}{2}U_{uv}I_u\cos(30°+\varphi)$$

第二元件测量的功率为

$$P_2'=\frac{1}{2}U_{vu}I_w\cos(90°+\varphi)$$

在三相电路完全对称时，两元件测量的总功率为

$$
\begin{aligned}
P' &= P_1' + P_2' \\
&= \frac{1}{2}U_{uv}I_u\cos(30° + \varphi) + \frac{1}{2}U_{vu}I_w\cos(90° + \varphi)
\end{aligned}
$$

十、表尾电压相序 UWV，电流相序 I_uI_w，W 相 TV 二次侧电压断相，U 相 TA 二次侧极性反接

图 5－357 是三相三线有功电能表的错误接线。从图中可以看出，电能表表尾电压相序为 UWV，并且 W 相 TV 二次侧电压断相，造成电能表第一元件电压线圈两端实际承受电压为 $\frac{1}{2}U_{uv}$，第二元件实际承受电压为 $\frac{1}{2}U_{vu}$；电流由于 U 相 TA 二次侧极性反接，造成第一元件电流线圈通入的电流为 $-I_u$，第二元件电流线圈通入的电流为 I_w。

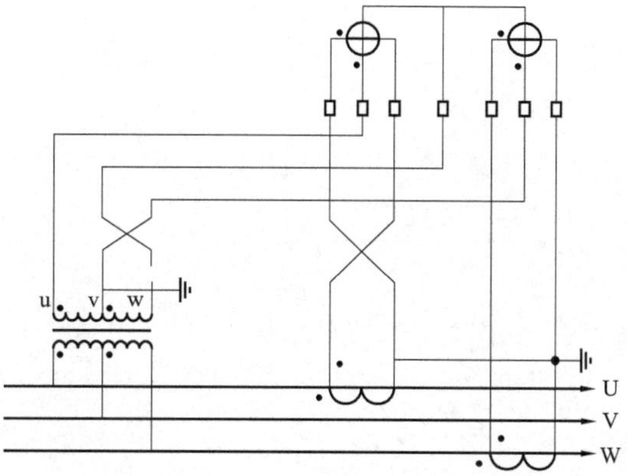

图 5－357

1. 测量数据（以 T－230A 现场校验仪为例）

按照第二章第三节现场校验仪测量方法的使用介绍，将校验仪与电能表接好。在选定的显示界面上将显示出分析所需的所有数据，显示屏数据如表 5－90 所示。

表 5－90

测 试 数 据			
项目	1 元件	2－6 端子	3 元件
电压	49.6V	99.8V	50.3V
电流	1.5A	0.0A	1.5A
对地电压	99.5V	50.0V	0.3V
相位	$\varphi_{I_1I_3}=59.8°$		
	$\varphi_{U_{31}I_1}=59.9°$		
	$\varphi_{U_{31}I_3}=119.7°$　$P=-68.7$		
相序	电压断相 U_2　电流相序正		

2. 分析判断错误现象

（1）从表 5－90“电压”栏中的显示值看出 1 元件和 3 元件的电压值不等于 100V，可以判定该错误接线有电压断相。

（2）从“对地电压”栏中可以看出 3 元件的电压为 0V，所以确定 U_3 为 V 相。电压值为 50V 的 U_2 为电压断相，与“相序”栏中的电压断相 U_2 一致。

（3）确定 U_3 为 V 相后，就可以看出该错误接线的电压相序有两种可能，即 WUV 和 UWV。

（4）如图 5－358 所示，以电压相序 UWV 推出两个电流在相量图上的位置。将“相位”栏中的 U_{31} 替换成 U_{vu}。那么，$U_{31}I_1=60°$就替换成 $U_{vu}I_1=60°$、$U_{31}I_3=120°$就替换成 $U_{vu}I_3=$

120°。即以 U_{vu} 为基准沿顺时针方向分别转 60°和 120°找到 I_1 和 I_3。从图上可以看出 $I_1 = -I_u$、$I_3 = I_w$，并且其夹角等于 60°，电流相序为正。

（5）如图 5 - 359 所示，以电压相序 WUV 推出两个电流在相量图上的位置。将“相位”栏中的 U_{31} 替换成 U_{vw}。那么，$U_{31}I_1 = 60°$就替换成 $U_{vw}I_1 = 60°$、$U_{31}I_3 = 120°$就替换成 $U_{vw}I_3 = 120°$。即以 U_{vw} 为基准沿顺时针方向分别转 60°和 120°找到 I_1 和 I_3。

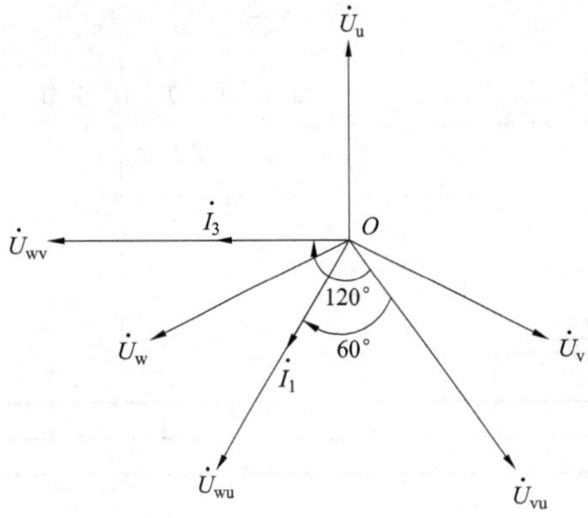

图 5 - 358

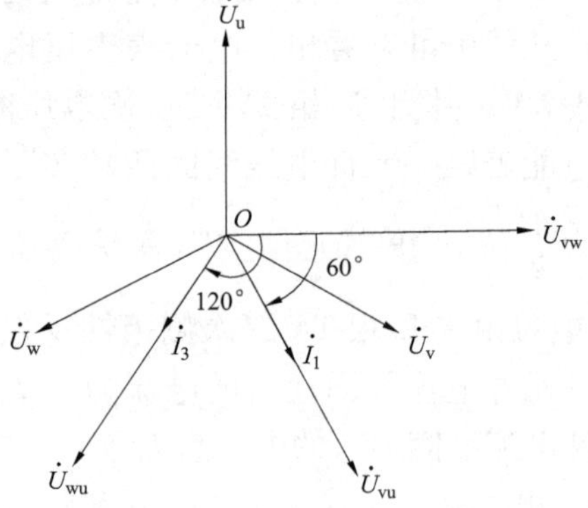

图 5 - 359

（6）将两个电流在相量图上的位置进行比较。比较结果是第四步以电压相序 UWV 推出的两个电流符合两个电流在相量图上的位置。

（7）最后得出错误接线结论：电压相序 UWV，电流相序 I_u、I_w，W 相电压断相。电能表的实际接线组别为：第一元件$\frac{1}{2}U_{uv}$、$-I_u$，第二元件$\frac{1}{2}U_{vu}$、I_w。

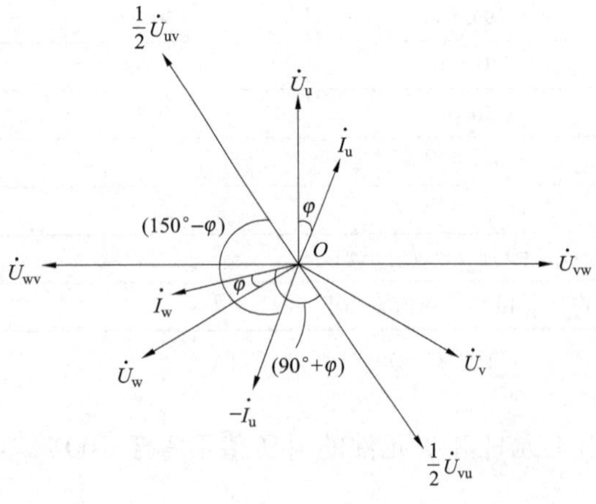

图 5 - 360

（8）画出错误接线相量图，如图 5 - 360 所示。

3. 写出错误接线时测得的电能（以功率表示）

因为电能表所计量的电能与所加电压和电流及相应相电流之间的夹角余弦乘积成正比，根据图 5 - 360 画出的错误接线相量图，对两个元件所计量的电能分别进行分析（以功率表示），并设 P_1' 为第一元件错误计量的功率，P_2' 为第二元件错误计量的功率。

第一元件测量的功率为

$$P_1' = \frac{1}{2}U_{uv}(-I_u)\cos(150° - \varphi)$$

第二元件测量的功率为

$$P_2' = \frac{1}{2}U_{vu}I_w\cos(90° + \varphi)$$

在三相电路完全对称时，两元件测量的总功率为

$$P' = P_1' + P_2'$$

$$= \frac{1}{2}U_{uv}(-I_u)\cos(150° - \varphi) + \frac{1}{2}U_{vu}I_w\cos(90° + \varphi)$$

十一、表尾电压相序 UWV，电流相序 I_uI_w，W 相 TV 二次侧电压断相，W 相 TA 二次侧极性反接

图 5－361 是三相三线有功电能表的错误接线。从图中可以看出，电能表表尾电压相序为 UWV，并且 W 相 TV 二次侧电压断相，造成电能表第一元件电压线圈两端实际承受电压为$\frac{1}{2}U_{uv}$，第二元件实际承受电压为$\frac{1}{2}U_{vu}$；电流由于 W 相 TA 二次侧极性反接，造成第一元件电流线圈通入的电流为 I_u，第二元件电流线圈通入的电流为 $-I_w$。

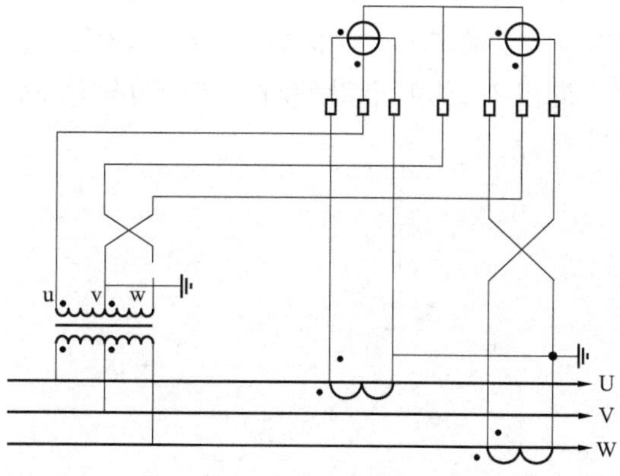

图 5－361

1. 测量数据（以 T－230A 现场校验仪为例）

按照第二章第三节现场校验仪测量方法的使用介绍，将校验仪与电能表接好。在选定的显示界面上将显示出分析所需的所有数据，显示屏数据如表 5－91 所示。

表 5－91

测 试 数 据			
项目	1 元件	2－6 端子	3 元件
电压	49.7V	99.8V	50.2V
电流	1.5A	0.0A	1.5A
对地电压	99.5V	49.9V	0.3V
相位	$\varphi_{I_1I_3}=59.8°$		
	$\varphi_{U_{31}I_1}=239.9°$		
	$\varphi_{U_{31}I_3}=299.7°$　$P=71.0$		
相序	电压断相 U_2　电流相序正		

2. 分析判断错误现象

（1）从表 5－91“电压”栏中的显示值看出 1 元件和 3 元件的电压值不等于 100V，可以判定该错误接线有电压断相。

（2）从“对地电压”栏中可以看出 3 元件的电压为 0V，所以确定 U_3 为 V 相。电压值为 49V 的 U_2 为电压断相，与“相序”栏中的电压断相 U_2 一致。

（3）确定 U_3 为 V 相后，就可以看出该错误接线的电压相序有两种可能，即 WUV 和 UWV。

（4）如图 5－362 所示，以电压相序 UWV 推出两个电流在相量图上的位置。将“相位”栏中的 U_{31} 替换成 U_{vu}。那么，$U_{31}I_1=240°$ 就替换成 $U_{vu}I_1=240°$、$U_{31}I_3=300°$ 就替换成 $U_{vu}I_3=300°$。即以 U_{vu} 为基准沿顺时针方向分别转 240°和 300°找到 I_1 和 I_3。从图上可以看出 $I_1=I_u$、$I_3=-I_w$，并且其夹角等于 60°，电流相序为正。

（5）如图 5－363 所示，以电压相序 WUV 推出两个电流在相量图上的位置。将“相位”栏中的 U_{31} 替换成 U_{vw}。那么，$U_{31}I_1=240°$ 就替换成 $U_{vw}I_1=240°$、$U_{31}I_3=300°$ 就替换成 $U_{vw}I_3=300°$。即以 U_{vw} 为基准沿顺时针方向分别转 240°和 300°找到 I_1 和 I_3。

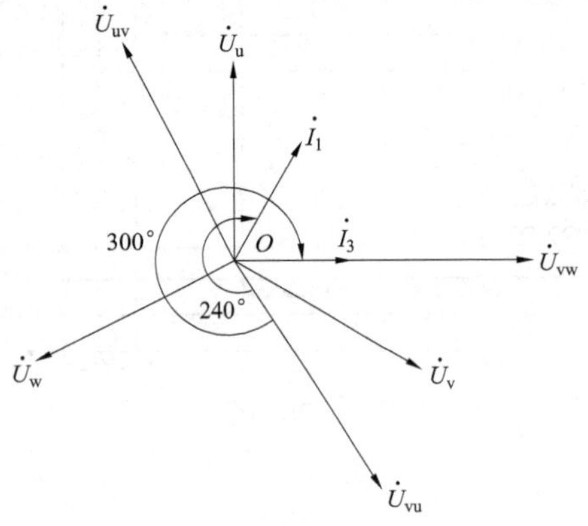

图 5－362

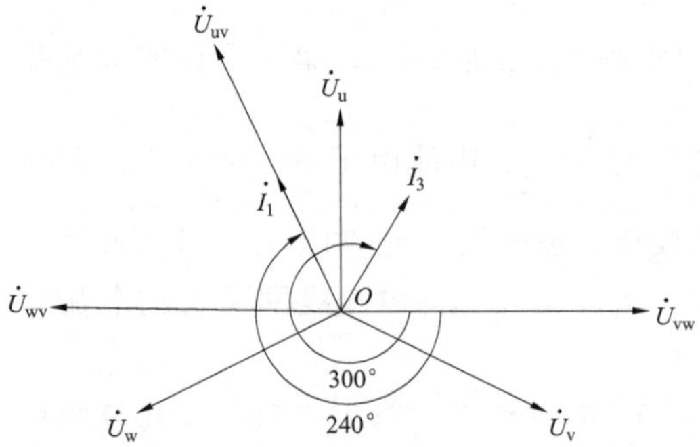

图 5－363

（6）将两个电流在相量图上的位置进行比较。比较结果是第四步以电压相序 UWV 推出的两个电流符合两个电流在相量图上的位置。

（7）最后得出错误接线结论：电压相序 UWV，电流相序 I_u、I_w，W 相电压断相。电能表的实际接线组别为：第一元件 $\frac{1}{2}U_{uv}$、I_u，第二元件 $\frac{1}{2}U_{vu}$、$-I_w$。

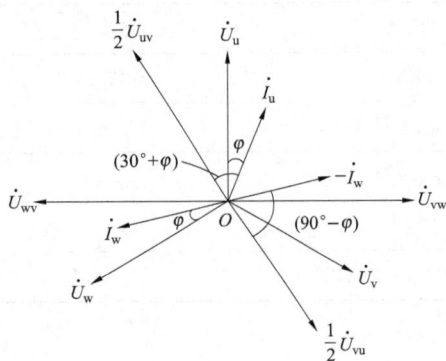

图 5－364

（8）画出错误接线相量图，如图 5－364 所示。

3. 写出错误接线时测得的电能（以功率表示）

因为电能表所计量的电能与所加电压和电流及相应相电流之间的夹角余弦乘积成正比，根据图 5－364 画出的错误接线相量图，对两个元件所计量的电能分别进行分析（以功率表示），并设 P_1' 为第一元件错误计量的功率，P_2' 为第二元件错误计量的功率。

第一元件测量的功率为

$$P_1'=\frac{1}{2}U_{uv}I_u\cos(30°+\varphi)$$

第二元件测量的功率为

$$P_2'=\frac{1}{2}U_{vu}(-I_w)\cos(90°-\varphi)$$

在三相电路完全对称时，两元件测量的总功率为

$$P' = P_1' + P_2'$$
$$= \frac{1}{2}U_{uv}I_u\cos(30° + \varphi) + \frac{1}{2}U_{vu}(-I_w)\cos(90° - \varphi)$$

十二、表尾电压相序 UWV，电流相序 I_uI_w，W 相 TV 二次侧电压断相，U、W 相 TA 二次侧极性反接

图 5－365 是三相三线有功电能表的错误接线。从图中可以看出，电能表表尾电压相序为 UWV，并且 W 相 TV 二次侧电压断相，造成电能表第一元件电压线圈两端实际承受电压为$\frac{1}{2}U_{uv}$，第二元件实际承受电压为$\frac{1}{2}U_{vu}$；电流由于 U、W 相 TA 二次侧极性反接，造成第一元件电流线圈通入的电流为 $-I_u$，第二元件电流线圈通入的电流为 $-I_w$。

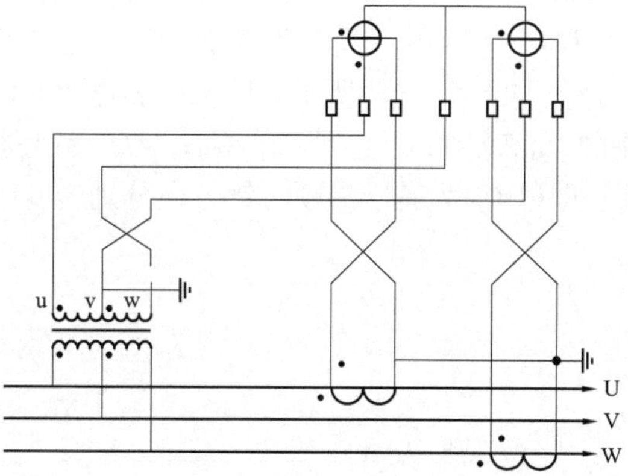

图 5－365

1. 测量数据（以 T－230A 现场校验仪为例）

按照第二章第三节现场校验仪测量方法的使用介绍，将校验仪与电能表接好。在选定的显示界面上将显示出分析所需的所有数据，显示屏数据如表 5－92 所示。

表 5－92

测试数据			
项目	1 元件	2－6 端子	3 元件
电压	50.4V	99.8V	49.4V
电流	1.5A	0.0A	1.5A
对地电压	99.5V	49.2V	0.3V
相位	$\varphi_{I_1I_3}=239.4°$		
	$\varphi_{U_{31}I_1}=60.2°$		
	$\varphi_{U_{31}I_3}=299.6°$　$P=-0.4$		
相序	电压断相 U_2　电流相序正		

2. 分析判断错误现象

（1）从表 5－92“电压”栏中的显示值看出 1 元件和 3 元件的电压值不等于 100V，可以判定该错误接线有电压断相。

（2）从“对地电压”栏中可以看出 3 元件的电压为 0V，所以确定 U_3 为 V 相。电压值

为 49V 的 U_2 为电压断相，与“相序”栏中的电压断相 U_2 一致。

（3）确定 U_3 为 V 相后，就可以看出该错误接线的电压相序有两种可能，即 WUV 和 UWV。

（4）如图 5－366 所示，以电压相序 UWV 推出两个电流在相量图上的位置。将“相位”栏中的 U_{31} 替换成 U_{vu}。那么，$U_{31}I_1=60°$ 就替换成 $U_{vu}I_1=60°$、$U_{31}I_3=300°$ 就替换成 $U_{vu}I_3=300°$。即以 U_{vu} 为基准沿顺时针方向分别转 60°和 300°找到 I_1 和 I_3。从图上可以看出 $I_1=-I_u$、$I_3=-I_w$，并且其夹角等于 240°，电流相序为正。

（5）如图 5－367 所示，以电压相序 WUV 推出两个电流在相量图上的位置。将“相位”栏中的 U_{31} 替换成 U_{vw}。那么，$U_{31}I_1=60°$ 就替换成 $U_{vw}I_1=60°$、$U_{31}I_3=300°$ 就替换成 $U_{vw}I_3=300°$。即以 U_{vw} 为基准沿顺时针方向分别转 60°和 300°找到 I_1 和 I_3。

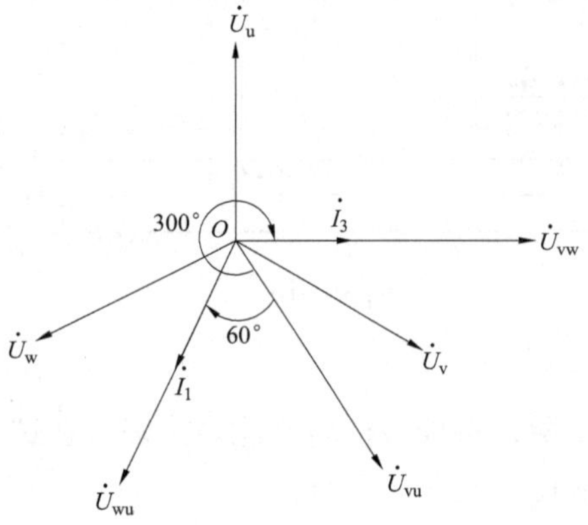

图 5－366

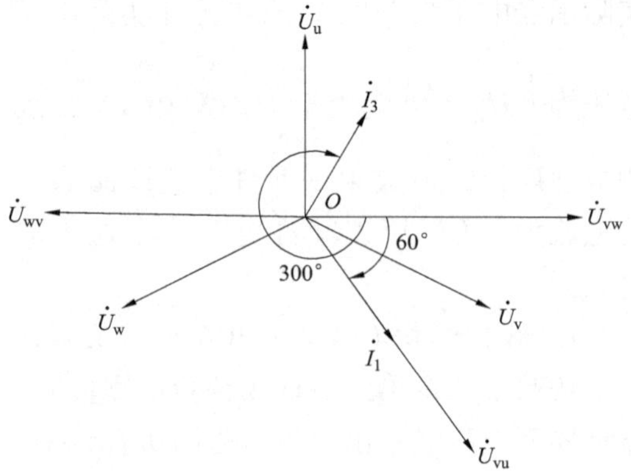

图 5－367

（6）将两个电流在相量图上的位置进行比较。比较结果是第四步以电压相序 UWV 推出的两个电流符合两个电流在相量图上的位置。

（7）最后得出错误接线结论：电压相序 UWV，电流相序 I_u、I_w，W 相电压断相。电能表的实际接线组别为：第一元件$\frac{1}{2}U_{uv}$、$-I_u$，第二元件$\frac{1}{2}U_{vu}$、$-I_w$。

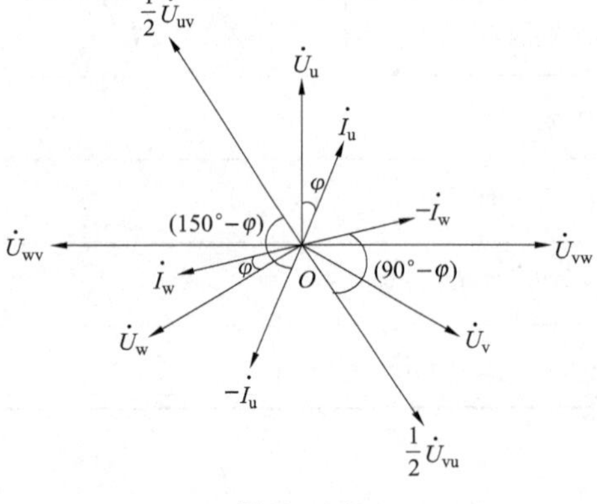

图 5－368

（8）画出错误接线相量图，如图 5－368 所示。

3. 写出错误接线时测得的电能（以功率表示）

因为电能表所计量的电能与所加电压和电流及相应相电流之间的夹角余弦乘积成正比，根据图 5－368 画出的错误接线相量图，对两个元件所计量的电能分别进行分析（以功率表示），并设 P_1' 为第一元件错误计量的功率，P_2' 为第二元件错误计量的功率。

第一元件测量的功率为

$$P_1'=\frac{1}{2}U_{uv}(-I_u)\cos(150°-\varphi)$$

第二元件测量的功率为

$$P_2' = \frac{1}{2}U_{vu}(-I_w)\cos(90° - \varphi)$$

在三相电路完全对称时，两元件测量的总功率为

$$P' = P_1' + P_2'$$

$$= \frac{1}{2}U_{uv}(-I_u)\cos(150° - \varphi) + \frac{1}{2}U_{vu}(-I_w)\cos(90° - \varphi)$$

十三、表尾电压相序 UWV，电流相序 I_wI_u，W 相 TV 二次侧电压断相

图 5－369 是三相三线有功电能表的错误接线。从图中可以看出，电能表表尾电压相序为 UWV，并且 W 相 TV 二次侧电压断相，造成电能表第一元件电压线圈两端实际承受电压为 $\frac{1}{2}U_{uv}$，第二元件实际承受电压为 $\frac{1}{2}U_{vu}$；电流由于 U、W 相表尾端钮接错，造成第一元件电流线圈通入的电流为 I_w，第二元件电流线圈通入的电流为 I_u。

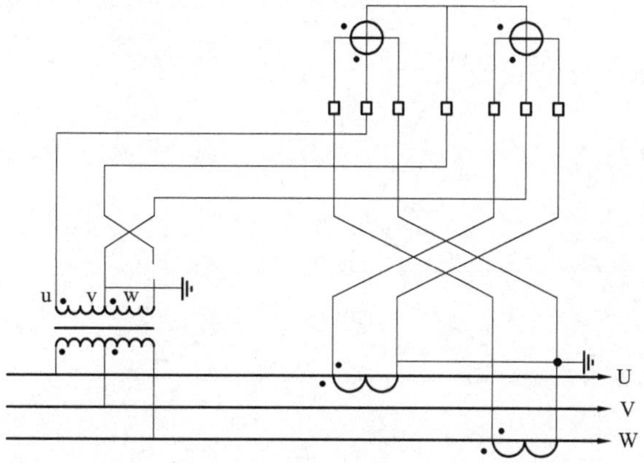

图 5－369

1. 测量数据（以 T－230A 现场校验仪为例）

按照第二章第三节现场校验仪测量方法的使用介绍，将校验仪与电能表接好。在选定的显示界面上将显示出分析所需的所有数据，显示屏数据如表 5－93 所示。

表 5－93

测试数据			
项目	1 元件	2－6 端子	3 元件
电压	49.8V	99.8V	50.1V
电流	1.5A	0.0A	1.5A
对地电压	99.5V	49.8V	0.3V
相位	$\varphi_{I_1I_3} = 120.6°$		
	$\varphi_{U_{31}I_1} = 119.6°$		
	$\varphi_{U_{31}I_3} = 240.2°$　$P = -0.1$		
相序	电压断相 U_2　电流相序逆		

2. 分析判断错误现象

（1）从表 5－93“电压”栏中的显示值看出 1 元件和 3 元件的电压值不等于 100V，可以判定该错误接线有电压断相。

（2）从“对地电压”栏中可以看出 3 元件的电压为 0V，所以确定 U_3 为 V 相。电压值为 49V 的 U_2 为电压断相，与“相序”栏中的电压断相 U_2 一致。

（3）确定 U_3 为 V 相后，就可以看出该错误接线的电压相序有两种可能，即 WUV 和 UWV。

（4）如图 5－370 所示，以电压相序 UWV 推出两个电流在相量图上的位置。将“相位”栏中的 U_{31} 替换成 U_{vu}。那么，$U_{31}I_1=120°$ 就替换成 $U_{vu}I_1=120°$、$U_{31}I_3=240°$ 就替换成 $U_{vu}I_3=240°$。即以 U_{vu} 为基准沿顺时针方向分别转 120° 和 240° 找到 I_1 和 I_3。从图上可以看出 $I_1=I_w$、$I_3=I_u$，并且其夹角等于 120°，电流相序为逆。

（5）如图 5－371 所示，以电压相序 WUV 推出两个电流在相量图上的位置。将“相位”栏中的 U_{31} 替换成 U_{vw}。那么，$U_{31}I_1=120°$ 就替换成 $U_{vw}I_1=120°$、$U_{31}I_3=240°$ 就替换成 $U_{vw}I_3=240°$。即以 U_{vw} 为基准沿顺时针方向分别转 120° 和 240° 找到 I_1 和 I_3。

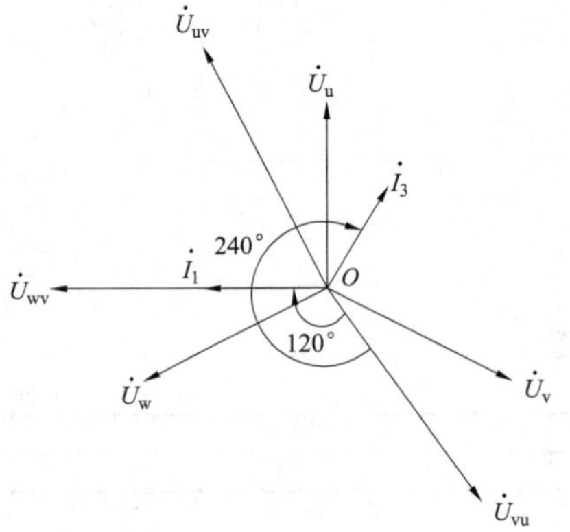

图 5－370

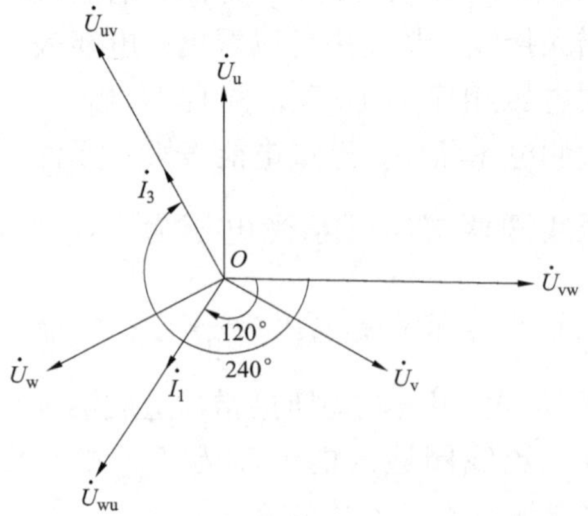

图 5－371

（6）将两个电流在相量图上的位置进行比较。比较结果是第四步以电压相序 UWV 推出的两个电流符合两个电流在相量图上的位置。

（7）最后得出错误接线结论：电压相序 UWV，电流相序 I_w、I_u，W 相电压断相。电能表的实际接线组别为：第一元件 $\frac{1}{2}U_{uv}$、I_w，第二元件 $\frac{1}{2}U_{vu}$、I_u。

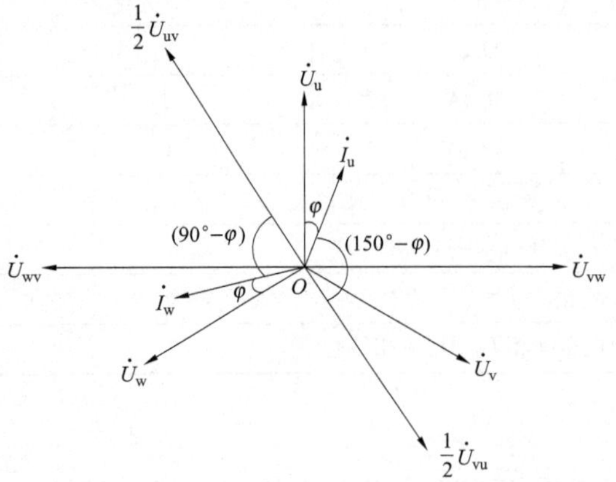

图 5－372

（8）画出错误接线相量图，如图 5－372 所示。

3. 写出错误接线时测得的电能（以功率表示）

因为电能表所计量的电能与所加电压和电流及相应相电流之间的夹角余弦乘积成正比，根据图 5－372 画出的错误接线相量图，对两个元件所计量的电能分别进行分析（以功率表示），并设 P_1' 为第一元件错误计量的功率，P_2' 为第二元件错误计量的功率。

第一元件测量的功率为

$$P_1'=\frac{1}{2}U_{uv}I_w\cos(90°-\varphi)$$

第二元件测量的功率为

$$P_2' = \frac{1}{2}U_{vu}I_u\cos(150° - \varphi)$$

在三相电路完全对称时，两元件测量的总功率为

$$P' = P_1' + P_2' = \frac{1}{2}U_{uv}I_w\cos(90° - \varphi) + \frac{1}{2}U_{vu}I_u\cos(150° - \varphi)$$

十四、表尾电压相序 UWV，电流相序 I_wI_u，W 相 TV 二次侧电压断相，W 相 TA 二次侧极性反接

图 5－373 是三相三线有功电能表的错误接线。从图中可以看出，电能表表尾电压相序为 UWV，并且 W 相 TV 二次侧电压断相，造成电能表第一元件电压线圈两端实际承受电压为 $\frac{1}{2}U_{uv}$，第二元件实际承受电压为 $\frac{1}{2}U_{vu}$；电流由于 U、W 相表尾端钮接错，并且 W 相 TA 二次侧极性反接，造成第一元件电流线圈通入的电流为 $-I_w$，第二元件电流线圈通入的电流为 I_u。

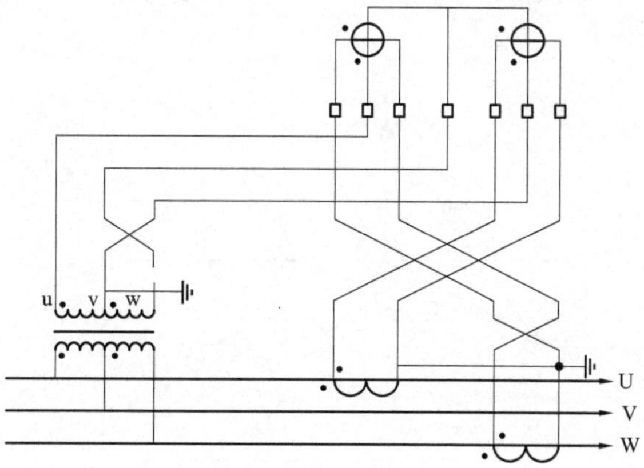

图 5－373

1. 测量数据（以 T－230A 现场校验仪为例）

按照第二章第三节现场校验仪测量方法的使用介绍，将校验仪与电能表接好。在选定的显示界面上将显示出分析所需的所有数据，显示屏数据如表 5－94 所示。

表 5－94

测试数据			
项目	1 元件	2－6 端子	3 元件
电压	49.5V	99.9V	50.6V
电流	1.5A	0.0A	1.5A
对地电压	99.6V	50.3V	0.3V
相位	$\varphi_{I_1I_3}=300.3°$		
	$\varphi_{U_{31}I_1}=299.7°$		
	$\varphi_{U_{31}I_3}=240.0°$　$P=-79.3$		
相序	电压断相 U_2　电流相序逆		

2. 分析判断错误现象

（1）从表 5－94“电压”栏中的显示值看出 1 元件和 3 元件的电压值不等于 100V，可以判定该错误接线有电压断相。

（2）从“对地电压”栏中可以看出 3 元件的电压为 0V，所以确定 U_3 为 V 相。电压值

为 50V 的 U_2 为电压断相，与“相序”栏中的电压断相 U_2 一致。

（3）确定 U_3 为 V 相后，就可以看出该错误接线的电压相序有两种可能，即 WUV 和 UWV。

（4）如图 5－374 所示，以电压相序 UWV 推出两个电流在相量图上的位置。将“相位”栏中的 U_{31} 替换成 U_{vu}。那么，$U_{31}I_1=300°$就替换成 $U_{vu}I_1=300°$、$U_{31}I_3=240°$就替换成 $U_{vu}I_3=240°$。即以 U_{vu} 为基准沿顺时针方向分别转 300°和 240°找到 I_1 和 I_3。从图上可以看出 $I_1=-I_w$、$I_3=I_u$，并且其夹角等于 300°，电流相序为逆。

（5）如图 5－375 所示，以电压相序 WUV 推出两个电流在相量图上的位置。将“相位”栏中的 U_{31} 替换成 U_{vw}。那么，$U_{31}I_1=300°$就替换成 $U_{vw}I_1=300°$、$U_{31}I_3=240°$就替换成 $U_{vw}I_3=240°$。即以 U_{vw} 为基准沿顺时针方向分别转 300°和 240°找到 I_1 和 I_3。

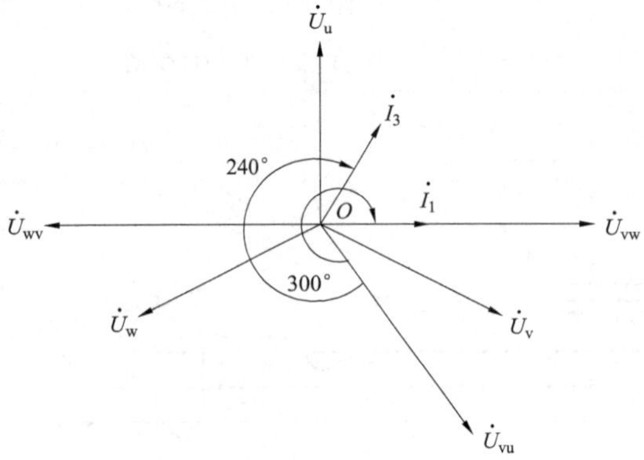

图 5－374

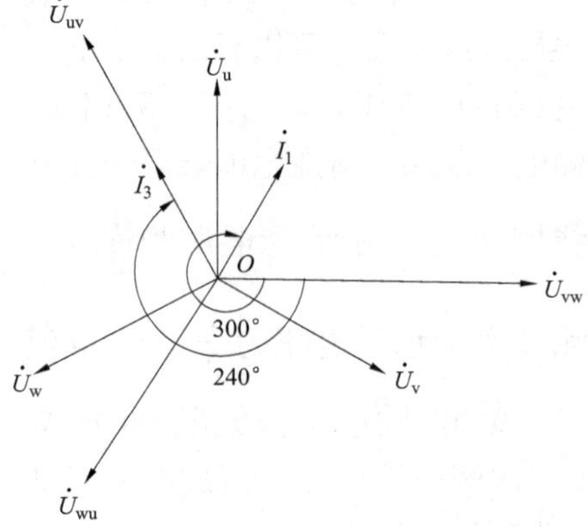

图 5－375

（6）将两个电流在相量图上的位置进行比较。比较结果是第四步以电压相序 UWV 推出的两个电流符合两个电流在相量图上的位置。

（7）最后得出错误接线结论：电压相序 UWV，电流相序 I_w、I_u，W 相电压断相。电能表的实际接线组别为：第一元件$\frac{1}{2}U_{uv}$、$-I_w$，第二元件$\frac{1}{2}U_{vu}$、I_u。

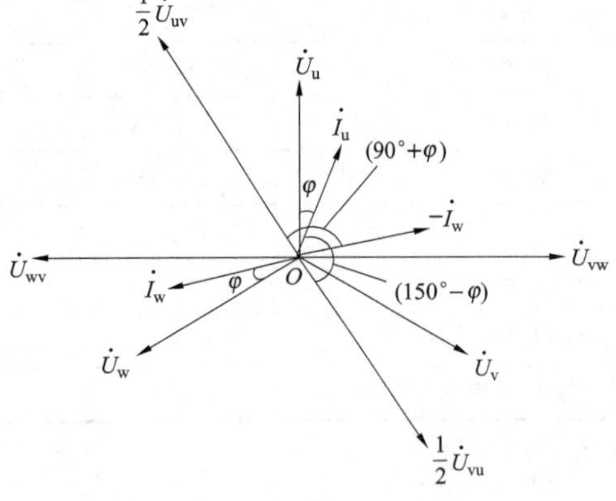

图 5－376

（8）画出错误接线相量图，如图 5－376 所示。

3. 写出错误接线时测得的电能（以功率表示）

因为电能表所计量的电能与所加电压和电流及相应相电流之间的夹角余弦乘积成正比，根据图 5－376 画出的错误接线相量图，对两个元件所计量的电能分别进行分析（以功率表示），并设 P_1' 为第一元件错误计量的功率，P_2' 为第二元件错误计量的功率。

第一元件测量的功率为

$$P_1'=\frac{1}{2}U_{uv}(-I_w)\cos(90°+\varphi)$$

第二元件测量的功率为

$$P_2' = \frac{1}{2}U_{vu}I_u\cos(150° - \varphi)$$

在三相电路完全对称时，两元件测量的总功率为

$$\begin{aligned}P' &= P_1' + P_2' \\ &= \frac{1}{2}U_{uv}(-I_w)\cos(90° + \varphi) + \frac{1}{2}U_{vu}I_u\cos(150° - \varphi)\end{aligned}$$

十五、表尾电压相序 UWV，电流相序 I_wI_u，W 相 TV 二次侧电压断相，U 相 TA 二次侧极性反接

图 5－377 是三相三线有功电能表的错误接线。从图中可以看出，电能表表尾电压相序为 UWV，并且 W 相 TV 二次侧电压断相，造成电能表第一元件电压线圈两端实际承受电压为 $\frac{1}{2}U_{uv}$，第二元件实际承受电压为 $\frac{1}{2}U_{vu}$；电流由于 U、W 相表尾端钮接错，并且 U 相 TA 二次侧极性反接，造成第一元件电流线圈通入的电流为 I_w，第二元件电流线圈通入的电流为 $-I_u$。

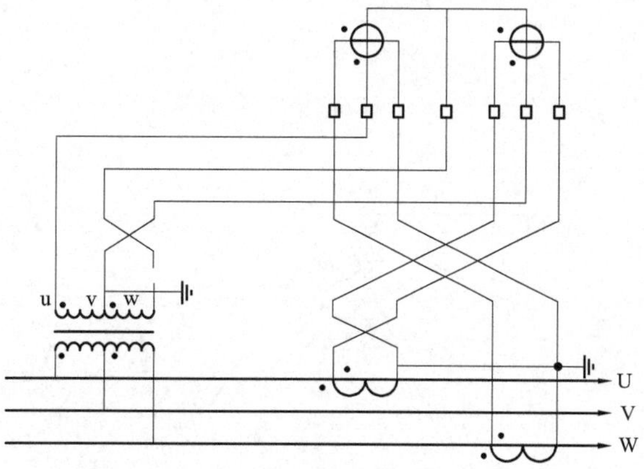

图 5－377

1. 测量数据（以 T－230A 现场校验仪为例）

按照第二章第三节现场校验仪测量方法的使用介绍，将校验仪与电能表接好。在选定的显示界面上将显示出分析所需的所有数据，显示屏数据如表 5－95 所示。

表 5－95

测试数据			
项目	1 元件	2－6 端子	3 元件
电压	49.4V	99.9V	50.7V
电流	1.5A	0.0A	1.5A
对地电压	99.7V	50.4V	0.4V
相位	$\varphi_{I_1I_3}=300.3°$		
	$\varphi_{U_{31}I_1}=119.7°$		
	$\varphi_{U_{31}I_3}=60.0°$　$P=78.7$		
相序	电压断相 U_2　电流相序逆		

2. 分析判断错误现象

（1）从表 5－95“电压”栏中的显示值看出 1 元件和 3 元件的电压值不等于 100V，可以判定该错误接线有电压断相。

（2）从“对地电压”栏中可以看出 3 元件的电压为 0V，所以确定 U_3 为 V 相。电压值

为 50V 的 U_2 为电压断相，与“相序”栏中的电压断相 U_2 一致。

（3）确定 U_3 为 V 相后，就可以看出该错误接线的电压相序有两种可能，即 WUV 和 UWV。

（4）如图 5－378 所示，以电压相序 UWV 推出两个电流在相量图上的位置。将“相位”栏中的 U_{31} 替换成 U_{vu}。那么，$U_{31}I_1=120°$ 就替换成 $U_{vu}I_1=120°$、$U_{31}I_3=60°$ 就替换成 $U_{vu}I_3=60°$。即以 U_{vu} 为基准沿顺时针方向分别转 120°和 60°找到 I_1 和 I_3。从图上可以看出 $I_1=I_w$、$I_3=-I_u$，并且其夹角等于 300°，电流相序为逆。

（5）如图 5－379 所示，以电压相序 WUV 推出两个电流在相量图上的位置。将“相位”栏中的 U_{31} 替换成 U_{vw}。那么，$U_{31}I_1=120°$ 就替换成 $U_{vw}I_1=120°$、$U_{31}I_3=60°$ 就替换成 $U_{vw}I_3=60°$。即以 U_{vw} 为基准沿顺时针方向分别转 120°和 60°找到 I_1 和 I_3。

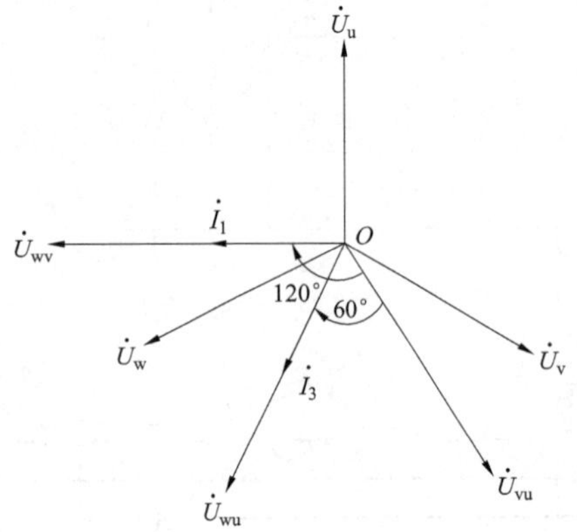

图 5－378

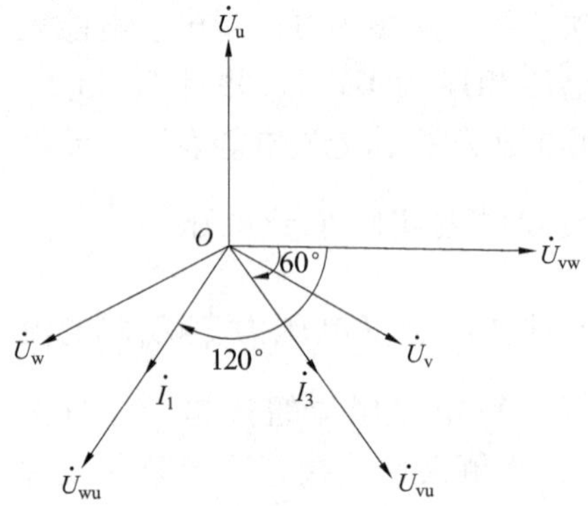

图 5－379

（6）将两个电流在相量图上的位置进行比较。比较结果是第四步以电压相序 UWV 推出的两个电流符合两个电流在相量图上的位置。

（7）最后得出错误接线结论：电压相序 UWV，电流相序 I_w、I_u，W 相电压断相。电能表的实际接线组别为：第一元件 $\frac{1}{2}U_{uv}$、I_w，第二元件 $\frac{1}{2}U_{vu}$、$-I_u$。

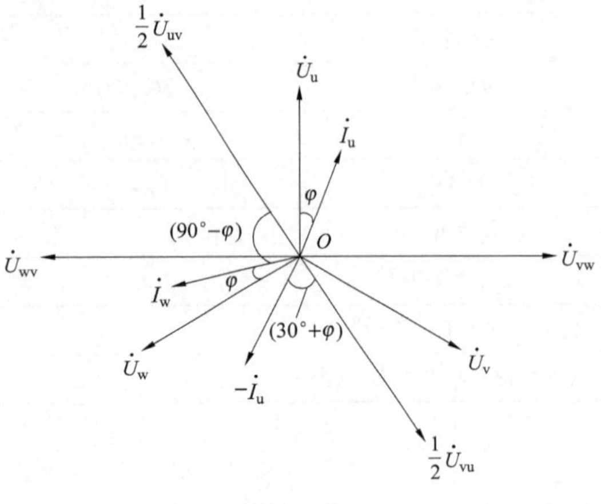

图 5－380

（8）画出错误接线相量图，如图 5－380 所示。

3. 写出错误接线时测得的电能（以功率表示）

因为电能表所计量的电能与所加电压和电流及相应相电流之间的夹角余弦乘积成正比，根据图 5－380 画出的错误接线相量图，对两个元件所计量的电能分别进行分析（以功率表示），并设 P_1' 为第一元件错误计量的功率，P_2' 为第二元件错误计量的功率。

第一元件测量的功率为

$$P_1'=\frac{1}{2}U_{uv}I_w\cos(90°-\varphi)$$

第二元件测量的功率为

$$P_2' = \frac{1}{2}U_{vu}(-I_u)\cos(30° + \varphi)$$

在三相电路完全对称时，两元件测量的总功率为

$$P' = P_1' + P_2'$$
$$= \frac{1}{2}U_{uv}I_w\cos(90° - \varphi) + \frac{1}{2}U_{vu}(-I_u)\cos(30° + \varphi)$$

十六、表尾电压相序 UWV，电流相序 I_wI_u，W 相 TV 二次侧电压断相，U、W 相 TA 二次侧极性反接

图 5－3818 是三相三线有功电能表的错误接线。从图中可以看出，电能表表尾电压相序为 UWV，并且 W 相 TV 二次侧电压断相，造成电能表第一元件电压线圈两端实际承受电压为 $\frac{1}{2}U_{uv}$，第二元件实际承受电压为 $\frac{1}{2}U_{vu}$；电流由于 U、W 相表尾端钮接错，并且 U、W 相 TA 二次侧极性反接，造成第一元件电流线圈通入的电流为 $-I_w$，第二元件电流线圈通入的电流为 $-I_u$。

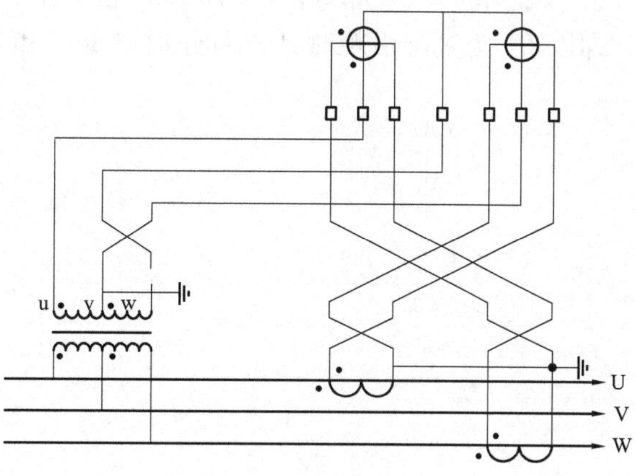

图 5－381

1. 测量数据（以 T－230A 现场校验仪为例）

按照第二章第三节现场校验仪测量方法的使用介绍，将校验仪与电能表接好。在选定的显示界面上将显示出分析所需的所有数据，显示屏数据如表 5－96 所示。

表 5－96

测 试 数 据			
项目	1 元件	2－6 端子	3 元件
电压	49.8V	99.9V	50.2V
电流	1.5A	0.0A	1.5A
对地电压	99.6V	49.9V	0.3V
相位	$\varphi_{I_1I_3}=120.6°$		
	$\varphi_{U_{31}I_1}=299.6°$		
	$\varphi_{U_{31}I_3}=60.2°$ $P=0.0$		
相序	电压断相 U_2 电流相序逆		

2. 分析判断错误现象

（1）从表 5－96“电压”栏中的显示值看出 1 元件和 3 元件的电压值不等于 100V，可以判定该错误接线有电压断相。

（2）从“对地电压”栏中可以看出 3 元件的电压为 0V，所以确定 U_3 为 V 相。电压值

为 49V 的 U_2 为电压断相，与“相序”栏中的电压断相 U_2 一致。

（3）确定 U_3 为 V 相后，就可以看出该错误接线的电压相序有两种可能，即 WUV 和 UWV。

（4）如图 5－382 所示，以电压相序 UWV 推出两个电流在相量图上的位置。将“相位”栏中的 U_{31} 替换成 U_{vu}。那么，$U_{31}I_1=300°$ 就替换成 $U_{vu}I_1=300°$、$U_{31}I_3=60°$ 就替换成 $U_{vu}I_3=60°$。即以 U_{vu} 为基准沿顺时针方向分别转 300°和 60°找到 I_1 和 I_3。从图上可以看出 $I_1=-I_w$、$I_3=-I_u$，并且其夹角等于 120°，电流相序为逆。

（5）如图 5－383 所示，以电压相序 WUV 推出两个电流在相量图上的位置。将“相位”栏中的 U_{31} 替换成 U_{vw}。那么，$U_{31}I_1=300°$ 就替换成 $U_{vw}I_1=300°$、$U_{31}I_3=60°$ 就替换成 $U_{vw}I_3=60°$。即以 U_{vw} 为基准沿顺时针方向分别转 300°和 60°找到 I_1 和 I_3。

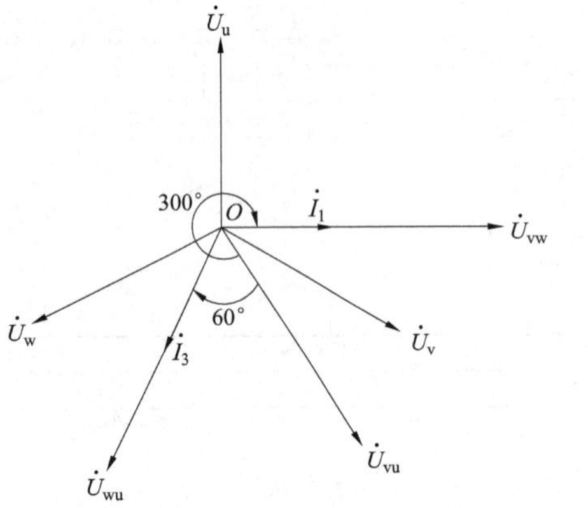

图 5－382

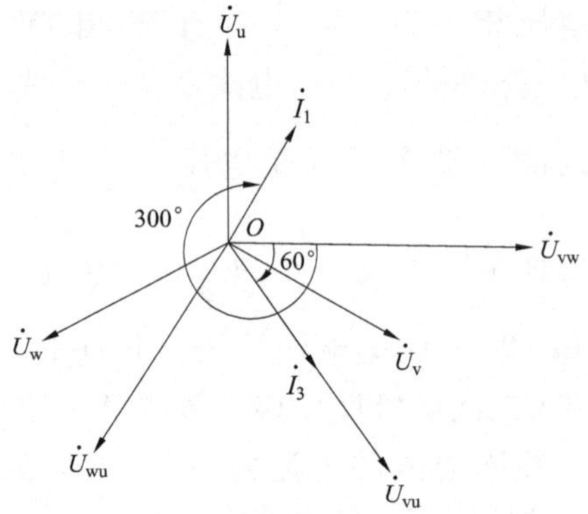

图 5－383

（6）将两个电流在相量图上的位置进行比较。比较结果是第四步以电压相序 UWV 推出的两个电流符合两个电流在相量图上的位置。

（7）最后得出错误接线结论：电压相序 UWV，电流相序 I_w、I_u，W 相电压断相。电能表的实际接线组别为：第一元件$\frac{1}{2}U_{uv}$、$-I_w$，第二元件$\frac{1}{2}U_{vu}$、$-I_u$。

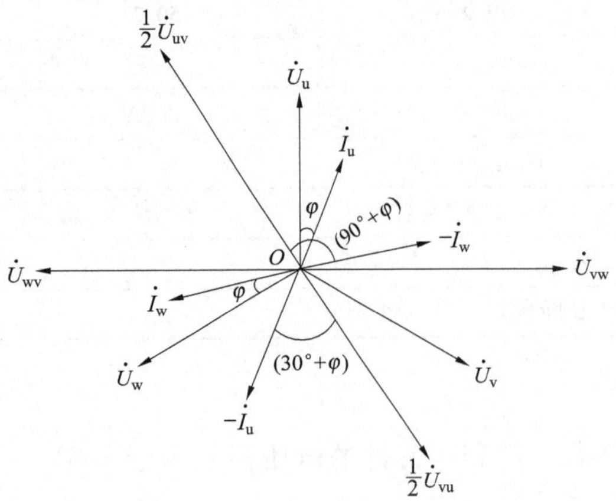

图 5－384

（8）画出错误接线相量图，如图 5－384 所示。

3. 写出错误接线时测得的电能（以功率表示）

因为电能表所计量的电能与所加电压和电流及相应相电流之间的夹角余弦乘积成正比，根据图 5－384 画出的错误接线相量图，对两个元件所计量的电能分别进行分析（以功率表示），并设 P_1' 为第一元件错误计量的功率，P_2' 为第二元件错误计量的功率。

第一元件测量的功率为

$$P_1' = \frac{1}{2}U_{uv}(-I_w)\cos(90° + \varphi)$$

第二元件测量的功率为

$$P_2' = \frac{1}{2}U_{vu}(-I_u)\cos(30° + \varphi)$$

在三相电路完全对称时，两元件测量的总功率为

$$\begin{aligned} P' &= P_1' + P_2' \\ &= \frac{1}{2}U_{uv}(-I_w)\cos(90° + \varphi) + \frac{1}{2}U_{vu}(-I_u)\cos(30° + \varphi) \end{aligned}$$

第六章

电能量信息采集系统

第一节　电能量信息采集系统简介

低压集中抄表系统由主站系统、集中器、载波器、采集器、电能表组成，如图 6－1 所示。

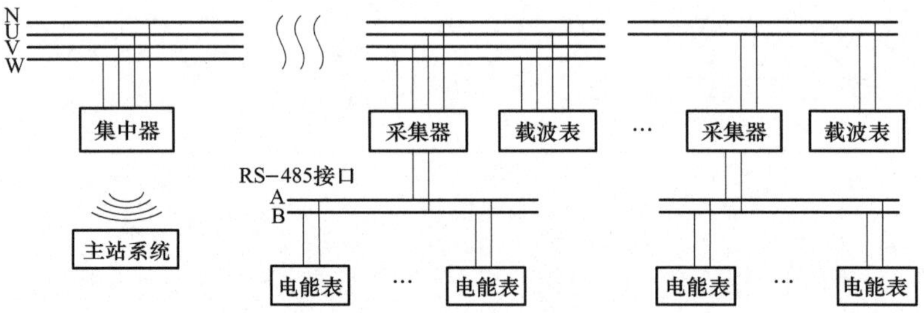

图 6－1

一、定义

1. 电力用户用电信息采集系统

电力用户用电信息采集系统是对电力用户的用电信息采集、处理和实时监控的系统，实现用电信息的自动采集、计量异常和电能质量监测、用电分析和管理等功能。

2. 预付费

预付费是指用户“先缴费、后用电”的用电方式。预付费方式分为主站预付费、终端预付费、电能表预付费三种方式。

3. 采集终端

采集终端是负责各信息采集点的电能信息的采集、数据管理、数据传输以及执行或转发主站下发的控制命令的设备。采集终端按应用场所分为专用变压器采集终端、公用变压器采集终端、低压集中抄表采集终端等类型。

4. 手持设备

手持设备（或称手持抄表终端）是指能够近距离直接与单台电能表、集中器、采集器及计算机设备进行数据交换的设备。

5. 专用变压器采集终端

专用变压器采集终端是专用变压器用户电能信息采集终端，实现对专用变压器用户的电能信息采集，包括电能表数据采集、电能计量设备工况和供电电能质量监测，以及对用户用电负荷、电能量的监控和预付费控制，并对采集数据进行管理和传输。

6. 公用变压器采集终端（集中器）

公用变压器采集终端（集中器）是指收集各采集器或电能表的数据，并进行处理储存，同时能和主站或手持设备进行数据交换的设备。

7. 低压集中抄表采集终端（采集器）

低压集中抄表采集终端是用于采集多个电能表电能信息，并可与专用变压器采集终端（集中器）交换数据的设备，直接转发与公用变压器采集终端（集中器）与电能表间的命令和数据。

8. 数据转发

一种借用其他设备的远程信道进行数据传输的方式。主站通过数据转发命令，可以将电能表的数据通过主站与电能采集终端间的远程信道直接传送到主站。

9. 一次数据采集成功率

一次数据采集成功率指在特定时刻对系统内指定数据采集点集合（如不同类型客户）的特定数据（如总功率和电能量）一次采集的成功率。

$$\text{一次数据采集成功率}=\frac{\text{一次采集成功的数据总数}}{\text{应采集的数据总数}}\times 100\%$$

10. 周期数据采集成功率

周期数据采集成功率指在指定时间段内（如 1d）按系统日常运行设定的周期采集系统内数据采集点数据的采集成功率。

$$\text{周期数据采集成功率}=\frac{\text{1d 内采集成功的数据总数}}{\text{1d 内应采集的数据总数}}\times 100\%$$

11. 类型标识代码

终端类型标识代码如下：

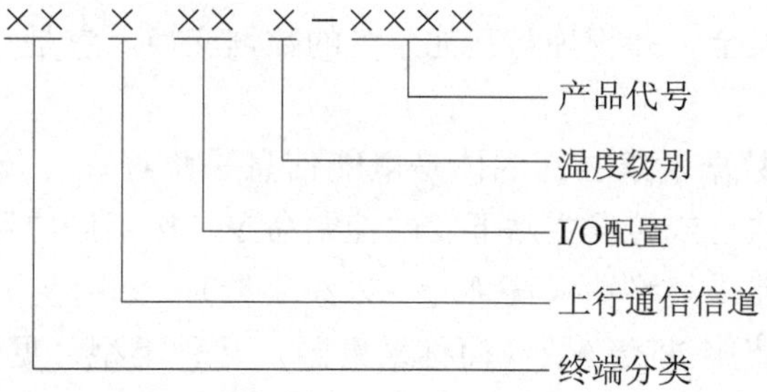

终端类型标识代码分类说明见表 6－1。

表 6－1

<table>
<tr><td>××</td><td>×</td><td>×</td><td>×</td><td>×</td><td>－××××</td></tr>
<tr><td>终端分类</td><td>上行通信信道</td><td colspan="2">I/O 配置/下行通信信道</td><td>温度级别</td><td>产品代号</td></tr>
<tr><td rowspan="4">CC—厂站终端
FK—有控制专用变压器终端
FC—无控制专用变压器终端
ZB—专用变压器终端
GB—公用变压器终端
DJ—低压集中器
DC—低压采集器</td><td rowspan="4">W—230MHz 专网
G—无线 G 网
C—无线 C 网
J—微功率无线
Z—电力线载波
L—有线网络
P—公共交换电话网
T—其他</td><td colspan="2">低压集中抄表终端</td><td rowspan="4">1—C1
2—C2
3—C3
4—C4</td><td rowspan="4">由不大于 8 位的英文字母和数字组成。英文字母可由生产企业名称拼音简称表示，数字代表产品设计序号</td></tr>
<tr><td>下行通信信道：
J—微功率无线
Z—电力线载波
L—有线网络</td><td>1～9—1～9 路电能表接口
A～W—10～32 路电能表接口</td></tr>
<tr><td colspan="2">其他采集终端</td></tr>
<tr><td>I/O 配置：
A—交流模拟量输入
B—基本型
D—外接装置</td><td>1～9—1～9 路控制出/双位置状态入/脉冲入/电能表接口（厂站采集终端）
A～W—10～32 路控制出/双位置状态入/脉冲入/电能表接口（厂站采集终端）
X—大于 32 路</td></tr>
</table>

二、系统结构

电能信息采集与管理系统物理结构见图 6－2。

系统可由 3 层物理结构组成。第 1 层主站，是整个系统的管理中心，负责整个系统的电能信息采集、用电管理以及数据管理和数据应用等。第 2 层数据采集层，负责对各采集点电能信息的采集和监控，包括各种应用场所的电能信息采集终端。第 3 层采集点监控设备，是电能信息采集源和监控对象，如电能表和相关测量设备、用户配电开关、无功补偿装置以及其他现场智能设备等。通信网络完成系统各层之间的数据传输，它可以是专用或公共无线、有线通信网络以及电力线载波通信网络。

1. 各组成部分说明

（1）主站。主站是整个系统的管理中心，管理全系统的数据传输、数据处理和数据应用以及系统运行和系统安全，并管理与其他系统的数据交换。它是一个包括软件和硬件的计算机网络系统。

（2）数据采集层。数据采集层的主体是电能信息采集终端，负责电能信息的采集、数据管理、数据传输以及执行或转发主站下发的控制命令。按不同应用场所，电能信息采集终端可分为专用变压器电能采集终端（简称专变采集终端）、公用变压器电能采集终端（简称公变采集终端）和低压集中抄表终端（简称采集器）几种类型，见图 6－2（b）。通信单元负责主站与电能表之间的数据传输。

专变采集终端实现专用变压器用户电能信息采集，包括电能表数据采集、电能计量设备工况和电能质量监测，以及用户用电负荷和电能量的监控，并对采集的数据实现管理和远程传输。

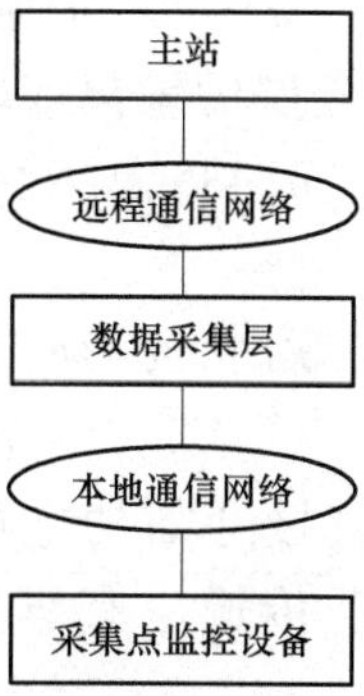

(a)

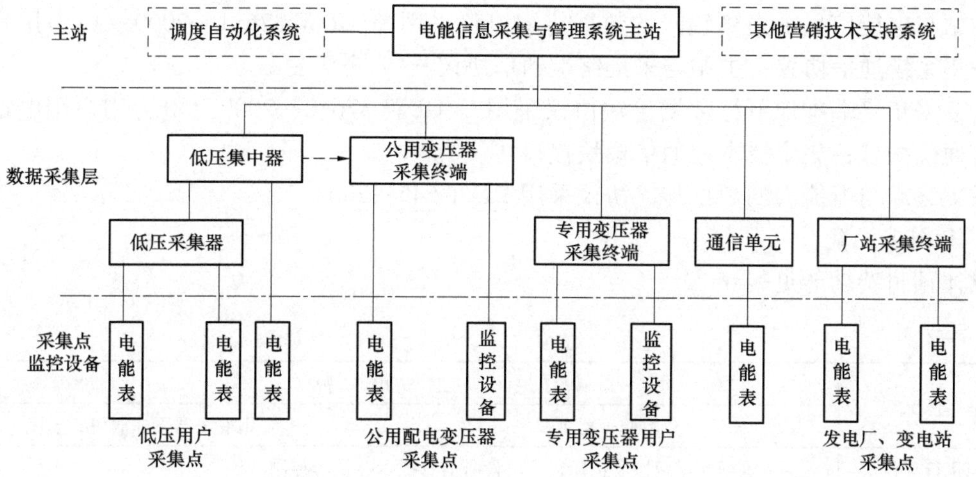

(b)

图 6－2

公变采集终端实现配电区内公用变压器侧电能信息采集，包括电能量数据采集、配电变压器和开关运行状态监测、电能质量监测，并对采集的数据实现管理和远程传输。同时还可以集成计量、台区电压考核等功能，并实现配电区内低压用户电能表数据的采集。

低压集中抄表终端实现低压用户电能表数据的采集、用电异常监测，并对采集的数据实现管理和远程传输。低压集中抄表终端包括低压采集器和手持单元等。低压集中器集中管理一个区域内的电能表数据采集、数据处理和通信管理，它可与低压采集器或具有通信模块的电能表交换数据。低压采集器直接采集多个电能表数据，并与公变采集终端交换数据。手持单元实现公变采集终端、低压采集器、电能表的本地数据采集和参数设置。

2. 采集点监控设备

采集点监控设备是各采集点的电能信息采集源和监控对象，包括电能表和相关测量设备、用户配电开关、无功补偿装置以及其他现场智能设备等。这些设备通过各种接口与电能信息采集终端连接。

3. 数据传输

系统的远程通信网络可采用多种无线、有线数据传输网络，实现主站和数据采集层设备间的数据传输。信道设计遵循实时性和安全性的原则。

系统的本地通信网络用于数据采集层的采集终端之间以及采集终端与电能表之间的通信，可采用电力线载波、微功率无线、RS485 总线及各种有线网络。

4. 安全防护

系统的局域网与其他信息系统互联时，必须采用横向安全隔离措施，保证系统网络安全。

主站与电能信息采集终端以及直接通信的电能表通信单元间重要信息（重要参数设置、重要客户电能量、控制等）的传输应有纵向认证和加密措施，防护重要信息的安全。

5. 数据传输协议

主站与电能信息采集终端间的数据传输协议采用 Q/GDW 376. 1—2009《电力用户用电信息采集系统通信协议：主站与采集终端通信协议》。

公变采集终端本地下行数据传输协议采用 Q/GDW 376. 2—2009《电力用户用电信息采集系统通信协议：集中器本地通信模块接口协议》。

采集终端与电能表的数据传输协议采用 DL/T 645—2007。

6. 预付费功能

具体预付费功能见表 6 – 2。

表 6 – 2

适用情况	主站预付费	
	专用变压器用户	公用变压器下非居民、居民
逻辑执行部位	主站执行预付费控制逻辑，现场设备信息提示并执行控制动作	
适用对象范围	适用用于各类专用变压器用户，配电变压器下单、三相供电的非居民用户，可作居民用户	
采集终端要求	专变采集终端（控制型）	低压集中抄表终端（控制型）
电能表要求	多功能电能表	电能表带 485 通信输出

三、系统功能

系统主要功能包括系统数据采集、数据管理、控制、综合应用、运行维护管理、系统接口等。具体系统功能见表 6 – 3。

表 6 – 3

序号	项目	
1	数据采集	电能表数据采集
		状态量采集
2	数据处理	实时和当前数据
		历史日数据
		历史月数据
		电能表运行状况监测
		电能质量数据统计

续表

序号	项　　目	
3	参数设置和查询	时钟召测和对时
		TA 变比、TV 变比及电能表脉冲常数
		预付费控制参数
		终端参数
		抄表参数
		遥控
4	控制	主站远方控制
5	事件记录	重要事件记录
		一般事件记录
6	数据传输	与主站通信
		与电能表通信
7	本地功能	显示相关信息
		用户数据接口
8	终端维护	自检自恢复
		终端初始化
		软件远程下载
		断点续传

1. 数据采集

根据不同业务对采集数据的要求，编制自动采集任务，包括任务名称、任务类型、采集群组、采集数据项、任务执行起止时间、采集周期、执行优先级、正常补采次数等信息，并管理各种采集任务的执行，检查任务执行情况。

（1）采集数据类型。系统采集的主要数据类型有：

1）电能数据：总电能示值、各费率电能示值、总电能量、各费率电能量、最大需量等。

2）工况数据：开关状态、终端及计量设备工况信息。

3）电能质量越限统计数据：电压、功率因数、谐波等越限统计数据。

4）事件记录数据：终端和电能表记录的事件记录数据。

5）其他数据：预付费信息等。

（2）采集方式。主要采集方式有：

1）定时自动采集。按采集任务设定的时间间隔（包括典型日）自动采集终端数据，自动采集时间、内容、对象可设置。当定时自动数据采集失败时，主站应有自动及人工补采功能，保证数据的完整性。

2）随机召测数据。根据实际需要随时人工召测数据。如出现事件告警时，随即召测与事件相关的重要数据，供事件分析用。

3）主动上报数据。在全双工通道和数据交换网络通道的数据传输中，允许终端启动数据传输过程（简称为主动上报），将重要事件立即上报主站，以及按定时发送任务设置将数据定时上报主站。主站应支持主动上报数据的采集和处理。

（3）采集数据模型。通过需求分析，按照电力用户性质和营销业务需要，划分为六种需求类型，并分别定义了不同类型用户的采集要求和采集数据模型，采集数据模型如下：

大型专用变压器用户（A类）：立约容量在100kVA及以上的专用变压器用户。

中小型专用变压器用户（B类）：立约容量在100kVA以下的专用变压器用户。

三相一般工商业用户（C类）：包括低压商业、小动力、办公等用电性质的非居民三相用电。

单相一般工商业用户（D类）：包括低压商业、小动力、办公等用电性质的非居民单相用电。

居民用户（E类）：用电性质为居民的用户。

公用配用变压器考核计量点（F类）：即公用配电变压器上的用于内部考核的计量点。

（4）采集数据质量统计分析。检查采集任务的执行情况，分析采集数据，发现采集任务失败和采集数据异常，记录详细信息。统计数据采集成功率、采集数据完整率。

2. 数据管理

（1）数据合理性检查。提供采集数据完整性、正确性的检查和分析手段，发现异常数据或数据不完整时自动进行补采。提供数据异常事件记录和告警功能；对于异常数据不予自动修复，并限制其发布，保证原始数据的唯一性和真实性。

（2）数据计算、分析。根据应用功能需求，用户可通过主站系统，对采集的数据进行计算、统计和分析。

1）实现按“分区、分压、分线、分台区”的四分线路损耗统计计算。

2）按区域、行业、线路、自定义群组、单客户等类别，按日、月、季、年或自定义时间段，进行负荷、电能量的分类统计分析。

3）电能质量数据统计分析，对监测点的电压、电流、功率因数、谐波等电能质量数据进行越限、合格率等统计分析。

4）计算线路损耗、母线不平衡、变压器损耗等。

（3）数据存储管理。采用统一的数据存储管理技术，对采集的各类原始数据和应用数据进行分类存储和管理，为“SG186”一体化平台提供数据的汇总、存储、共享和分析利用。按照访问者受信度、数据频度、数据交换量的不同，对外提供统一的实时或准实时数据服务接口，为其他系统开放有权限的数据共享服务提供系统级和应用级完备的数据备份和恢复机制。

（4）数据查询。系统支持数据综合查询功能，并提供组合条件方式查询相应的数据页面信息。

3. 控制

系统通过对终端下达远程直接开关控制命令，实现遥控功能。

（1）遥控。主站可以根据需要向终端或电能表下发遥控跳闸或允许合闸命令，控制用户开关。遥控跳闸命令包含告警延时时间和限电时间。控制命令可以按单地址或组地址进行操作，所有操作应有操作记录。

（2）保电。主站可以向终端下发保电投入命令，保证终端的被控开关在任何情况下不执行任何跳闸命令。保电解除命令可以使终端恢复正常受控状态。

（3）剔除。主站可以向终端下发剔除投入命令，使终端处于剔除状态，此时终端对任何广播命令和组地址命令（除对时命令外）均不响应。剔除解除命令使终端解除剔除状态，返回正常状态。

4. 综合应用

（1）自动抄表管理。根据采集任务的要求，自动采集系统内电力用户电能表的数据，获得电费结算所需的用电计量数据和其他信息。

（2）预付费管理。预付费管理需要由主站、终端、电能表多个环节协调执行，实现预付费控制方式为主站实施预付费形式。

主站根据用户的预付费信息和定时采集的用户电能表数据计算剩余电费，当剩余电费等于或低于报警门限值时，主站下发催费告警命令，通知用户及时缴费。当剩余电费等于或低于跳闸门限值时，主站下发跳闸控制命令，告知用户并切断供电。用户缴费成功后，在规定时间内主站应及时下发允许合闸命令，允许合闸。

（3）用电情况统计分析。

1）综合用电分析有以下几点。

① 负荷分析。按区域、行业、线路、电压等级、自定义群组、用户、变压器容量等类别，以组合的方式对一定时段内的负荷进行分析，统计负荷的最大值及发生时间、最小值及发生时间，分析负荷曲线趋势，并可进行同期比较，以便及时了解系统负荷的变化情况。

② 负荷率分析。按区域、行业、线路、电压等级、自定义群组等统计分析各时间段内的负荷率，并可进行趋势分析。

③ 电能量分析。按区域、行业、线路、电压等级、自定义群组、用户等类别，以日、月、年等时间维度对系统所采集的电能量进行组合分析，包括统计电能量查询、电能量同比环比分析、电能量峰谷分析、电能量突变分析、用户用电趋势分析和用电高峰时段分析、排名分析等。

④ 三相平衡度分析。通过分析配电变压器三相负荷或者台区下所属用户按相线电能量统计数据，确定三相平衡度，进而适当调整用户相线分布，为优化配电管理奠定基础。

2）负荷预测支持。分析地区、行业等历史负荷、电能量数据，找出负荷变化规律，为负荷预测提供支持。

（4）异常用电分析。

1）计量及用电异常监测。对采集数据进行比对、统计分析，发现用电异常。如同一计量点不同采集方式的采集数据比对或实时数据和历史数据的比对，发现功率超差、电能量超差、负荷超容量等用电异常，记录异常信息。

对现场设备运行工况进行监测，发现用电异常。如计量柜门、TA/TV 回路、表计状态等，发现异常，记录异常信息。

用采集到的历史数据分析用电规律，与当前用电情况进行比对分析，分析异常，记录异常信息。

发现异常后，启动异常处理流程，将异常信息通过接口传送到相关职能部门。

2）重点用户监测。对重点用户提供用电情况跟踪、查询和分析功能。可按行业、容量、电压等级、电价类别等分类组合定义，查询重点用户或用户群的信息。查询信息包括历史和实时负荷曲线、电能量曲线、电能质量数据、工况数据以及异常事件信息等。

3）事件处理和查询。根据系统应用要求，主站将终端记录的告警事件设置为重要事件和一般事件。

对于不支持主动上报的终端，主站接收到来自终端的请求访问要求后，立即启动事件查询模块，召测终端发生的事件，并立即对召测事件进行处理。对于支持主动上报的终端，主站收到终端主动上报的重要事件，应立即对上报事件进行处理。

主站可以定期查询终端的一般事件或重要事件记录，并能存储和打印相关报表。

（5）电能质量数据统计。

1）电压越限统计。对电压监测点的电压按照电压等级进行分类分析，统计电压监测点的电压合格率、电压不平衡度等。

2）功率因数越限统计。按照不同用户的负荷特点，对用户设定相应的功率因数分段定值，对功率因数进行考核统计分析；记录用户指定时间段内的功率因数最大值、最小值及其变化范围；对超标用户分析统计、异常记录等。

（6）线损、变损分析。根据各供电点和受电点的有功功率和无功功率的正/反向电能量数据以及供电网络拓扑数据，统计、计算各种电压等级、分区域、分线、分台区的线损。可进行实时线损计算，按日、月固定周期或指定时间段统计分析线损。主站应能人工编辑和自动生成线损计算统计模型。

变损分析，是指将计算出的电能量信息作为原始数据，将原始数据注入到指定的变损计算模型中，生成对应计量点各变压器的损耗率信息。变损计算模型可以通过当前的电网结构自动生成，也支持对于个别特殊变压器进行特例配置。

（7）信息发布。系统具备通过 Web 进行综合查询功能，满足业务需求；能够按照设定的操作权限，提供不同的数据页面信息及不同的数据查询范围。

Web 信息发布，包括原始电能量数据、加工数据、参数数据、基于统计分析生成的各种电能量、线损分析、电能质量分析报表、统计图形（曲线、棒图、饼图）网页等。

通过手机短信、语音提示等多种方式及时向用户发布用电能量信息、缴费通知、停电通知、恢复供电等相关信息，实现短信提醒、信息发布等功能。

系统可支持网上售电服务，通过银电联网，预付费数据与系统进行实时交换。

5. 运行维护管理

（1）系统对时。系统具有与标准时钟对时的功能，并支持从其他系统获取标准时间。

主站可以对系统内全部终端进行广播对时或批量对时，也可以对单个终端进行对时。

主站可以对时钟误差小于 5min 的电能表进行远程校时。

（2）权限和密码管理。对系统用户进行分级管理，可进行包括操作系统、数据库、应用程序三部分的用户密码设置和权限分配。

登录系统的所有操作员都要经过授权，进行身份和权限认证，根据授权权限使用规定的系统功能和操作范围。

（3）终端管理。终端管理主要对终端运行相关的采集点和终端档案参数、配置参数、运行参数、运行状态等进行管理。

主站可以对终端进行远程配置，支持新上线终端自动上报的配置信息。

主站可以向终端下发复位命令，使终端自动复位。

（4）档案管理。主要对维护系统运行必须的电网结构、用户、采集点、设备进行分层分级管理。系统可实现从营销和其他系统进行相关档案的实时同步和批量导入及管理，以保持档案信息的一致性。

（5）通信和路由管理。对系统使用的通信设备、中继路由参数等进行配置和管理。对系统使用的公网信道进行流量管理。

（6）运行状况管理。运行状况管理包括主站运行工况监测、终端运行工况监测、专用中继站运行状况监测和操作监测。

1）主站运行工况监测。实时显示通信前置机、应用服务器以及通信设备等的运行工况；检测报文合法性、统计每个通信端口及终端的通信成功率。

2）终端运行工况监测。终端运行状态统计（包括各类终端的台数，投运台数）、终端数据采集情况（包括电能表数据采集）、通信情况的分析和统计。

3）专用中继站运行状况监测。实时显示中继站的运行状态与工作环境参数。

4）操作监测。通过权限统一认证机制，确认操作人员情况与所在进程及程序、操作权限等内容。

系统自动记录重要操作（包括参数下发、控制下发、增删终端、增删电表、增删交采等）的当前操作员、操作时间、操作内容、操作结果等信息，并在值班日志内自动显示。

（7）维护及故障记录。自动检测主站、终端以及通信信道等运行情况，记录故障发生时间、故障现象等信息，生成故障通知单，提示标准的故障处理流程及方案，并建立相应的维护记录。

统计主站和终端的月/年可用率，对各类终端进行分类故障统计。

对电能表运行状态进行远程监测，及时发现运行异常并告警。

（8）报表管理。系统提供专用和通用的制表功能。系统操作人员可在线建立和修改报表格式。

应根据不同需求，对各类数据选择各种数据分类方式（如按地区、行业、变电站、线路、不同电压等级等）和不同时间间隔组合成各种报表并支持导出、打印等功能。

第二节　电能量信息采集系统的通信方式

一、通信

1. 终端上行通信（GPRS/CDMA）

GPRS（General Packet Radio Service）是一种以手机系统（GSM）为基础的数据传输技术，提供端到端的、广域的无线 IP 连接。以封包（Packet）型式来传输，数据实现分组发送和接受，按流量计费，速率为“56～115kbit/s”，不再需要现行无线应用所需要的中介转换器。

（1）GPRS 的分组交换技术。GPRS 采用的分组交换技术，是一种基于 GSM 系统的无线分组交换技术，提供端到端的、广域的无线 IP 连接。它可以让多个用户共享某些固定的信道资源。如果把空中接口上的 TDMA 帧中的 8 个时隙都用来传送数据，那么数据速率最高可达 164kbit/s。GSM 空中接口的信道资源既可以被话音占用，也可以被 GPRS 数据业务占用。

（2）GPRS 的封包传输技术。所谓的封包就是将 Date 封装成许多独立的封包，再将这些封包一个一个传送出去，形式上有点类似寄包裹，采用包交换的好处是只有在有资料需要传送时才会占用频宽，而且可以以传输的资料量计价。此外，GPRS 可以提供四种不同的编码方式，这些编码方式也分别提供不同的错误保护（Error Protection）能力。利用四种不同的编码方式每个时槽可提供的传输速率为 CS－1（9.05k）、CS－2（13.4k）、CS－3（15.6k）及 CS－4（21.4k），其中 CS－1 的保护最为严密，CS－4 则是完全未加以任何保护。每个用户最多可同时使用八个时槽。

（3）GPRS 协议模型。Um 接口是 GSM 的空中接口。Um 接口上的通信协议有 5 层，自下而上依次为物理层、MAC（Mdium Access Control）层、LLC（Logical Link Control）层、SNDC（Subnetwork Dependant Convergence）层和网络层。

Um 接口的物理层为射频接口部分，而物理链路层则负责提供空中接口的各种逻辑信道。GSM 空中接口的载频带宽为 200kHz，一个载频分为 8 个物理信道。如果 8 个物理信道都分配为传送 GPRS 数据，则原始数据速率可达 200kbit/s。考虑前向纠错码的开销，则最终的数据速率可达 164kbit/s 左右。

MAC 为媒质接入控制层。MAC 的主要作用是定义和分配空中接口的 GPRS 逻辑信道，使得这些信道能被不同的移动台共享。GPRS 的逻辑信道共有 3 类，分别是公共控制信道、分组业务信道和 GPRS 广播信道。公共控制信道用来传送数据通信的控制信令，具体又分为寻呼和应答等信道。分组业务信道用来传送分组数据。广播信道则是用来给移动台发送网络信息。

LLC 层为逻辑链路控制层。它是一种基于高速数据链路规程 HDLC 的无线链路协议。LLC 层负责在高层 SNDC 层的 SNDC 数据单元上形成 LLC 地址、帧字段，从而生成完整的 LLC 帧。另外，LLC 可以实现一点对多点的寻址和数据帧的重发控制。

BSS 中的 LLR 层是逻辑链路传递层。这一层负责转送 MS 和 SGSN 之间的 LLC 帧。LLR 层对于 SNDC 数据单元来说是透明的，即不负责处理 SNDC 数据。

SNDC 被称为子网依赖结合层。它的主要作用是完成传送数据的分组、打包，确定 TCP/IP 地址和加密方式。在 SNDC 层，移动台和 SGSN 之间传送的数据被分割为一个或多个 SNDC 数据包单元。SNDC 数据包单元生成后被放置到 LLC 帧内。

网络层的协议目前主要是 Phasel 阶段提供的 TCP/IP 和 L25 协议。TCP/IP 和 X.25 协议对于传统的 GSM 网络设备（如 BSS 和 NSS 等设备）是透明的。

（4）GPRS 的路由管理。GPRS 的路由管理是指 GPRS 网络如何进行寻址和建立数据传送路由。GPRS 的路由管理表现在移动台发送数据的路由建立、移动台接收数据的路由建立以及移动台处于漫游时数据路由的建立 3 个方面。

对于第一种情况，当移动台产生了一个 PDU（分组数据单元），这个 PDU 经过 SNDC 层处理，称为 SNDC 数据单元。然后经过 LLC 层处理为 LLC 帧通过空中接口送到 GSM 网络中移动台所处的 SGSN。SGSN 把数据送到 GGSN。GGSN 把收到的消息进行解装处理，转换为可在公用数据网中传送的格式（如 PSPDN 的 PDU），最终送给公用数据网的用户。为了提高传输效率，并保证数据传输的安全，可以对空中接口上的数据做压缩和加密处理。

在第二种情况中，一个公用数据网用户传送数据到移动台。首先通过数据网的标准协议建立数据网和 GGSN 之间的路由。数据网用户发出的数据单元（如 PSPDN 中的 PDU），通过建立好的路由把数据单元 PDU 送给 GGSN。而 GGSN 再把 PDU 送给移动台所在的 SGSN 上，GGSN 把 PDU 封装成 SNDC 数据单元，再经过 LLC 层处理为 LLC 帧单元，最终通过空中接口送给移动台。

第三种情况是一个数据网用户传送数据给一个正在漫游的移动用户。其数据必须要经过归属地的 GGSN，然后送到移动用户 A。空中接口的信道构成 GPRS 空中接口的信道构成如下。

1）PDTCH（Pachet Data Traffic Channe1），分组数据业务信道。这种信道用来传送空中接口的 GPRS 分组数据。

2）PPCH（Packet Paging Channe1），分组寻呼信道，PPCH 用来寻呼 GPRS 被叫用户。

3）PRACH（Packet Randem Access Channel），分组随机接入信道。GPRS 用户通过 PRACH 向基站发出信道请求。

4）PAGCH（Packet Access Grant Channel），分组接人应答信道。PAGCH 是一种应答信道，对 PRACH 作出应答。

5）PACCH（Packet Asscrchted Control Channel），分组随路控制信道。这种信道用来传送实现 GPRS 数据业务的信令。

（5）GPRS 与 IP。从 GPRS 结构可以看出，基站与 SGSN 设备之间的连接一般通过帧中继连接，SGSN 与 GGSN 设备之间通过 IP 网络连接。

GGSN 可以由具有 NAT（网络地址翻译）功能的路由器承担内部 IP 地址与外部网络 IP 地址的转换，MS 可以访问 GPRS 内部的网络，也可以通过 APN（外部网络接入点）访问外部的 PDN/Internet 网络。

在标识 GPRS 设备中，如手机 MS 的标识除了在 GSM 中使用的 IMSI、MSISDN 等号码外，还需要分配 IP 地址。网元设备 SGSN、GGSN 的标识既有 7 号信令地址，又有数据 GGSN 的 IP 地址，GSN（SGSN 或 GGSN）之间的通信采用 IP 地址，而 GSN 与 MSC、HLR 等实体的通信采用 7 号信令地址。在 GPRS 系统中，有两个重要的数据库记录信息。一是用户移动性管理上下文，用于管理移动用户的位置信息，另一是用户的 PDP 上下文（分组数据协议上下文），用于管理从手机 MS 到网关 GGSN 及到 ISP（Internet 服务提供商）之间的数据路由信息。当 MS 访问 GPRS 内部网络或外部 PDN/ Internet 网络时，MS 向 SGSN 发激活 PDP 上下文请求消息，MS 可以与运营商签约选择固定服务的 GGSN，或根据 APN 选择规则，由 SGSN 选择服务的 GGSN，SGSN 再向 GGSN 发建立 PDP 上下文请求消息。GGSN 分配 MS 一个 IP 地址（静态或动态、公用或私有），在建立 PDP 上下文过程中，需要对用户的身份，需要的服务质量进行鉴权和论证，在成功地建立和激活 PDP 上下文后，MS、SGSN 和 GGSN 都存储了用户的 PDP 上下文信息。有了用户的位置信息和数据的路由信息，MS 就可以访问该网络的资源。

2. 下行通信（低压载波/微功率无线）

电力线载波通信是电力系统特有的通信方式，它是利用现有电力线，通过载波方式高速传输模拟或数字信号的技术，由于使用坚固可靠的电力线作为载波信号的传输介质，因此具有信息传输稳定可靠、路由合理的特点，是唯一不需要线路投资的有线通信方式。

电路线通信是先将数据调制成载波信号或扩频信号，然后通过耦合器耦合到220V或其他交/直流电力线甚至是没有电力的双绞线上。电力线载波通信不仅提供了实用的通信手段，而且具有现有物理链路易维护、易推广、易使用、低成本等优点。

低压电力线载波通信存在以下问题：电力线间歇性噪声较大（某些电器的启动、停止和运行都会产生较大的噪声），信号衰减快，线路阻抗经常波动等等。

低压载波技术类型有以下几种。

（1）相移键控（BPSK）。

1）调制方式。二相相移键控（BPSK）是利用同一个载波频率的不同相位（0°相位与180°相位）分别表示数字信号“1”和“0”。数据通信时利用数字信号的“1”和“0”去控制这一载波正弦信号的相位变化，调制波形如图6－3所示。图中，$s(t)$ 代表信息的二进制脉冲序列，$e(t)$ 表示BPSK信号。

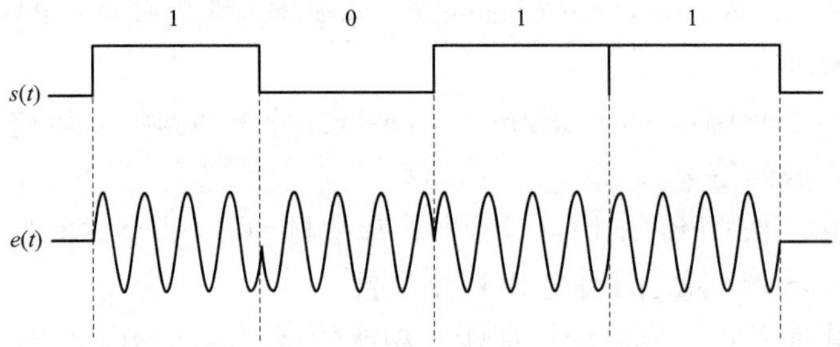

图6－3

2）载波频率。

传号频率：$f_c = 120\text{kHz}$

信号带宽：$B_w = \pm 7.5\text{kHz}$

3）通信速率。

数据通信速率（符号率）：500bit/s。

4）通信方式。采用m序列直序扩频（DSSS）通信方式：

码片宽度：$T_c = 133.33\mu\text{s}$

伪随机码长度：$L = 15$

扩频制度增益：$G = 12\text{dB}$

伪码序列：111101011001000

5）码元编码。差分编码方案。

6）字节传输顺序。每个字节由8位数据组成，按照低位在先原则来传送，即先传低位后传高位。

（2）移频键控（BFSK）。

1）调制方式。采用二进制移频键控（BFSK）调制。

频移键控是利用两个不同频率 f_1 和 f_2 的正弦信号分别表示数字信号“1”（传号，Mark）和“0”（空号，Space）。数据通信是用数字信号的“1”和“0”去控制这两个正弦信号的交替输出，二进制移频键控信号的表示如图 6－4 所示。图中，$s(t)$ 代表信息的二进制脉冲序列，$e(t)$ 表示 BFSK 信号。

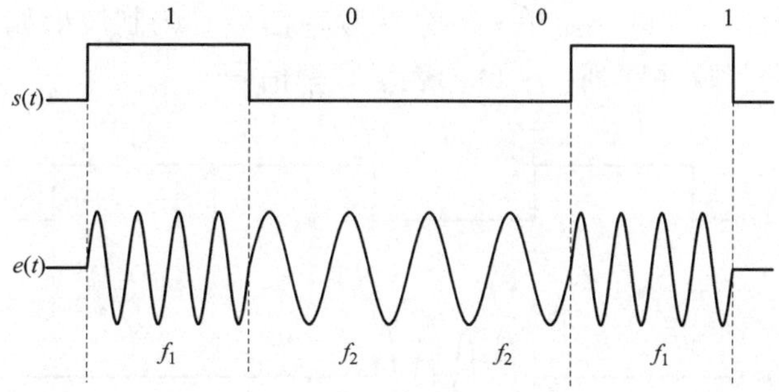

图 6－4

2）载波频率。根据 DL/T 698.35—2010《电能信息采集与管理系统 第 3－5 部分 电能信息采集终端技术规范－低压集中抄表终端特殊要求》中第 4.6.1.1 条（信号频带）规定，载波信号频率范围应为 3k～500kHz。载波中心频率 f_0 是依据其附近噪声特性、线路衰减特性、线路阻抗（包括用电负荷的影响）特性等因素选定的。推荐载波频率如下：

中心频率：$f_0=270\text{kHz}$

传号频率：$f_1=277\text{kHz}$

空号频率：$f_2=263\text{kHz}$

3）通信速率。

符号（或称数据位）传输速率：330bit/s。

4）通信方式。采用直序列扩频通信（Direct Sequence Spread Spectrum，DSSS）。

码片脉冲宽度：$T_c=48\mu s$

伪随机码长度：$L=63$

扩频增益：$G=18\text{dB}$

伪随机码序列：

数据“1”序列：

0 0 0 0 1 0 0 0 0 0 1 1 1 1 1 1 0 1 0 1 0 1 1 0 0 1 1 0 1 1 1 0 1 1 0 1 0 0 1 0 0 1 1 1 0 0 0 1 0 1 1 1 1 0 0 1 0 1 0 0 0 1 1

数据“0”序列：

1 1 1 1 0 1 1 1 1 1 0 0 0 0 0 0 1 0 1 0 1 0 0 1 1 0 0 1 0 0 0 1 0 0 1 0 1 1 0 1 1 0 0 0 1 1 1 0 1 0 0 0 0 0 1 1 0 1 0 1 1 1 0 0

5）码元编码。采用不归零码（NRZ）。

6）字节传输顺序。每个字节由 8 位数据组成，按照“低位在先”的原则，即先传低位、后传高位，如表 6－4 所示。

表 6－4

MSB　　　　　　　　　　　　　　　　　　　　　　　　　　　　　LSB ⟶

D_7	D_6	D_5	D_4	D_3	D_2	D_1	D_0

（3）过零传输。

1）调制方式。采用单频调制。利用固定频率代表信号的有无，数字信号“1”不产生频率信号，而数字信号“0”则产生单一的余弦频率信号。调制波形如图 6－5 所示，图中，s（t）代表信息的二进制脉冲序列，e（t）表示频率信号。

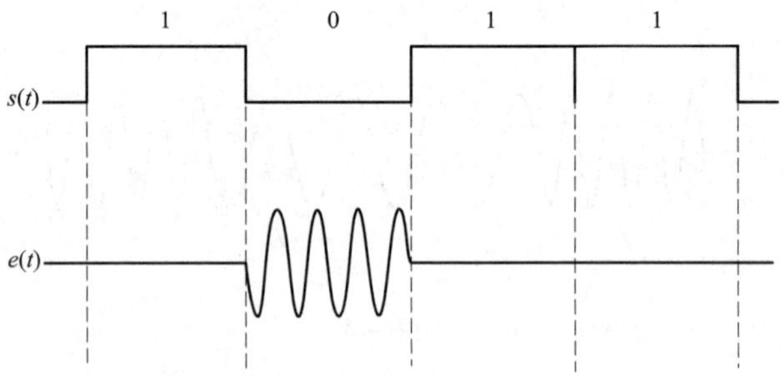

图 6－5

信号识别方面，可采用简单的鉴频识别，但加入频－幅关联、包络识别、自适应阈值等较完备的信号检测方法后，能大幅度提高检测效果。

2）相控传输。为降低平均发射功耗，减少对电网的影响，同时提高抗干扰能力，载波信号只在电网 50Hz 信号每个周期的固定相位进行传输，并严格控制占空比。

如图 6－6 所示，每个 20ms 的电网周期内，信号传输时间小于 200μs，占空比小于 1%。

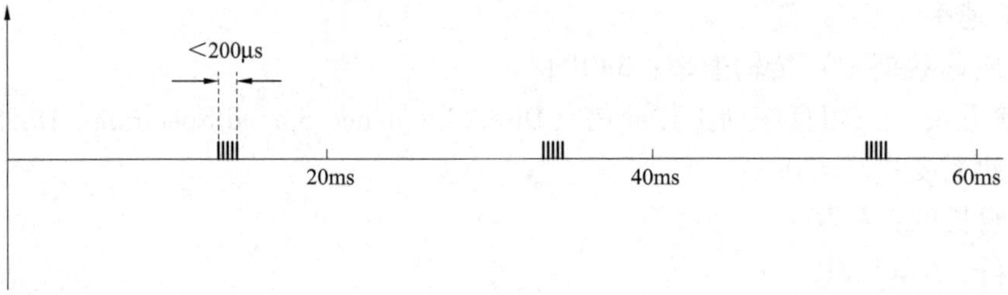

图 6－6

3）载波频率。

载波中心频率：$f_c=12\text{kHz}$。

4）通信速率。

数据接口通信波特率：1200bit/s。

5）字节传输顺序。每个字节由 8 位数据组成，按照“低位在先”原则来传送，即先传低位后传高位。

二、通信规约

通信规约是指通信双方的一种约定。约定包括对数据格式、同步方式、传送速度、传送步骤、检纠错方式以及控制字符定义等问题作出统一规定，通信双方必须共同遵守。因此，也叫做通信控制规程，或称传输控制规程，它属于ISOS OSI七层参考模型中的数据链路层。目前，采用的通信协议有两类：异步协议和同步协议。同步协议又有面向字符和面向比特以及面向字节计数三种。其中，面向字节计数的同步协议主要用于DEC（美国数据）公司的网络体系结构中。

1. Q/GDW 376.1—2009《电力用户用电信息采集系统通信协议：主站与采集终端通信协议》

此协议规定了电能信息采集与管理系统中主站和电能信息采集终端之间进行数据传输的帧格式、数据编码及传输规则。适用于点对点、多点共线及一点对多点的通信方式，适用于主站对终端执行主从问答方式以及终端主动上传方式的通信。

（1）帧结构。

1）参考模型。基于GB/T 18657.3—2002《远动设备及系统　第5部分：传输规约　第3篇：应用数据的一般结构》规定的三层参考模型“增强性能体系结构”。

2）字节格式。帧的基本单元为8位字节。链路层传输顺序为低位在前，高位在后；低字节在前，高字节在后。

（2）帧格式。本部分采用GB/T 18657.1—2002《远动设备及系统　第5部分：传输规约　第一篇：传输帧格式》的6.2.4 FT1.2异步式传输帧格式，定义见表6－5。

表6－5

起始字符（68H）	固定长度的报文头	
长度L		
长度L		
起始字符（68H）		
控制域C	控制域	用户数据区
地址域A	地址域	
链路用户数据	链路用户数据（应用层）	
帧校验和CS	帧校验和	
结束字符（16H）		

（3）传输规则。

1）线路空闲状态为二进制1。

2）帧的字符之间无线路空闲间隔；两帧之间的线路空闲间隔最少需33位。

3）如按5）检出了差错，两帧之间的线路空闲间隔最少需33位。

4）帧校验和（CS）是用户数据区的八位位组的算术和，不考虑进位位。

5）接收方校验。

对于每个字符：校验起始位、停止位、偶校验位。

对于每帧：检验帧的固定报文头中的开头和结束所规定的字符以及规约标识位；识别 2 个长度 L；每帧接收的字符数为用户数据长度 L1 +8；帧校验和；结束字符；校验出一个差错时，校验按 3）的线路空闲间隔进行。

若这些校验有一个失败，舍弃此帧；若无差错，则此帧数据有效。

2. Q/GDW 376.2—2009《电力用户用电信息采集系统通信协议：集中器本地通信模块接口协议》

此协议规定了电力用户用电信息采集系统中集中器与下行通信模块接口间进行数据传输的帧格式、数据编码及传输规则。适用于采用低压电力线载波、微功率无线通信、以太网传输通道的本地通信组网方式，适用于集中器与下行通信模块间数据交换。

（1）下行接口协议帧结构。

1）参考模型。基于 GB/T 18657.3—2002 规定的三层参考模型“增强性能体系结构”。

2）字节格式。帧的基本单元为 8 位字节。链路层传输顺序为低位在前、高位在后，低字节在前、高字节在后。

字节传输按异步方式进行，通信速率 9600bit/s 或以上，默认为 9600bit/s，它包含 8 个数据位、1 个起始位“0”、1 个偶校验位“P”和 1 个停止位“1”，定义见表 6 -6。

表 6 -6

0	D0	D1	D2	D3	D4	D5	D6	D7	P	1
起始位	8 个数据位								偶校验位	停止位

（2）帧格式。本部分采用 GB/T 18657.1—2002 的 6.2.4 FT1.2 异步式传输帧格式，定义见表 6 -7。

表 6 -7

起始字符（68H）	固定报文头
长度 L	
控制域 C	控制域
用户数据	用户数据区
帧校验和 CS	帧校验和
结束字符（16H）	

（3）传输规则。

1）线路空闲状态为二进制 1。

2）帧的字符之间无线路空闲间隔。

3）如按 4）检出了差错，两帧之间的线路空闲间隔最少需 33 位。

4）接收方校验。

对于每个字符：校验起始位、停止位、偶校验位。

对于每帧：检验帧的固定报文头中的起始字符；识别 1 个长度 L；每帧接收的字符数为

用户数据长度 L1 +5；帧校验和；结束字符；校验出一个差错时，校验按 3）的线路空闲间隔进行。

若这些校验有一个失败，舍弃此帧；若无差错，则此帧数据有效。

3. Q/GDW 374.3—2009《电力用户用电信息采集系统技术规范：通信单元技术规范》及 DL/T 645—2007《多功能电能表通信协议》

这两个标准规定了电能表与手持单元（HHU）或其他数据终端设备之间的物理连接、通信链路及应用技术规范。适用于河南省电力系统中电能表与手持单元（HHU）或其他数据终端设备进行点对点的或一主多从的数据交换方式。

（1）数据链路层。本协议为主—从结构的半双工通信方式，手持单元或其他数据终端为主站，多功能电能表为从站，每个多功能电能表均有各自的地址编码。通信链路的建立与解除均由主站发出的信息帧来控制，每帧由帧起始符、从站地址域、控制码、数据域长度、数据域、帧信息纵向校验码及帧结束符 7 个域组成，每部分由若干字节组成。

1）字节格式。每字节含 8 位二进制码，传输时加上一个起始位（0）、一个偶校验位和一个停止位（1），共 11 位，其传输序列如图 6－7 所示。D0 是字节的最低有效位，D7 是字节的最高有效位。先传低位，后传高位。

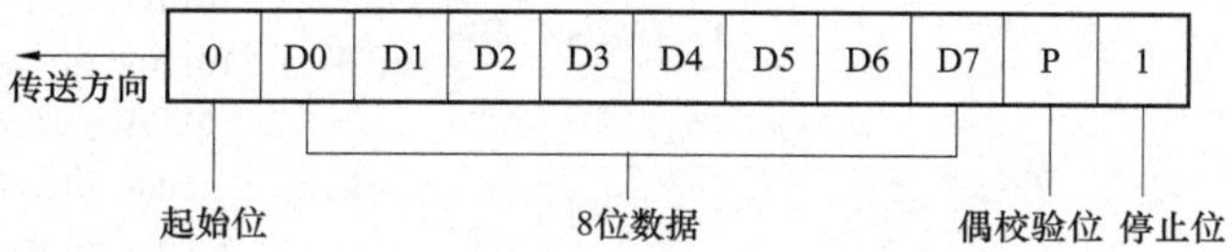

图 6－7

2）帧格式。帧是传送信息的基本单元，帧格式如表 6－8 所示。

表 6－8

说　明	代　码	说　明	代　码
帧起始符	68H	帧起始符	68H
地址域	A0	控制码	C
	A1	数据域长度	L
	A2	数据域	DATA
	A3	校验码	CS
	A4	结束符	16H
	A5		

帧起始符 68H

标识一帧信息的开始，其值为 68H =01101000B。

地址域 A0 ~ A5

地址域由 6 个字节构成，每字节 2 位 BCD 码，地址长度可达 12 位十进制数。每块表具有唯一的通信地址，且与物理层信道无关。当使用的地址码长度不足 6 字节时，高位用“0”补足 6 字节。

通信地址 999999999999H 为广播地址，只针对特殊命令有效，如广播校时、广播冻结等。广播命令不要求从站应答。

地址域支持缩位寻址，即从若干低位起，剩余高位补 AAH 作为通配符进行读表操作，从站应答帧的地址域返回实际通信地址。

地址域传输时低字节在前，高字节在后。

控制码 C

控制码的格式如图 6-8 所示。

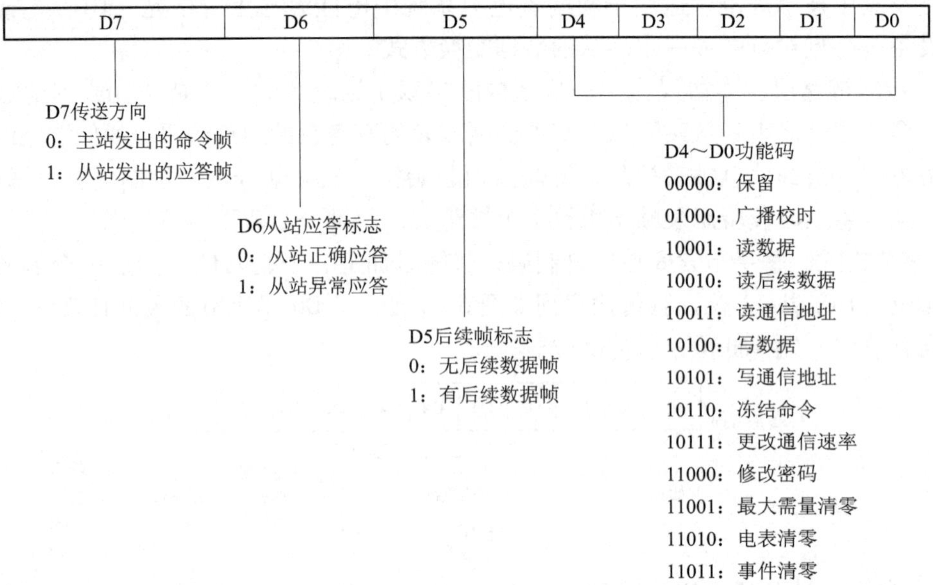

图 6-8

数据域长度 L

L 为数据域的字节数，读数据时 $L\leqslant 200$；写数据时 $L\leqslant 50$；$L=0$ 表示无数据域。

数据域 DATA

数据域包括数据标识、密码、操作者代码、数据、帧序号等，其结构随控制码的功能而改变。传输时发送方按字节进行加 33H 处理，接收方按字节进行减 33H 处理。

校验和 CS

从第一个帧起始符开始到校验码之前的所有各字节的模 256 的和，即各字节二进制算术和，不计超过 256 的溢出值。

结束符 16H

标识一帧信息的结束，其值为 16H = 00010110B。

（2）传输。

1）前导字节。在主站发送帧信息之前，先发送 4 个字节 FEH，以唤醒接收方。

2）传输次序。所有数据项均先传送低位字节，后传送高位字节。数据传输的举例：电能量值为 123 456.78kWh，其传输次序如图 6-9 所示。

3）传输响应。每次通信都是由主站向按信息帧地址域选择的从站发出请求命令帧开始，被请求的从站接收到命令后作出响应。

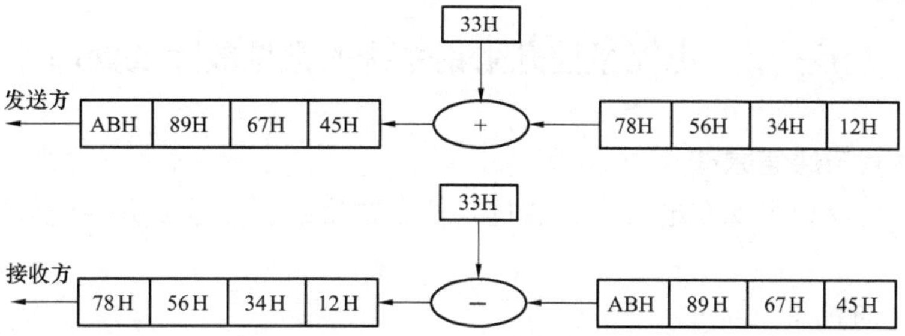

图 6－9

收到命令帧后的响应延时 T_d：20ms≤T_d≤500ms。

字节之间停顿时间 T_b：T_b≤500ms。

4）差错控制。字节校验为偶校验，帧校验为纵向信息校验和，接收方无论检测到偶校验出错或纵向信息校验和出错，均放弃该信息帧，不予响应。

5）通信速率。

标准速率：600bit/s、1200bit/s、2400bit/s、4800bit/s、9600bit/s、19 200bit/s。

特殊速率：由厂家规定。

通信速率特征字见附录 B，特征字的各位不允许组合使用，修改通信速率时特征字仅在 0～7bit 一个二进制位为 1 时有效。

通信速率的变更，首先由主站向从站发变更速率请求，从站发确认应答帧或否认应答帧。收到从站确认帧后，双方以确认的新速率进行以后的通信，并在通信结束后保持更改速率不变。最大通信速率受光电头或多功能电能表光学接口的限制，也受多功能电能表数据处理单元中工作时钟频率的限制。

（3）数据标识。

数据标识结构

数据标识编码用四个字节区分不同数据项，四字节分别用 DI3、DI2、DI1 和 DI0 代表，每字节采用十六进制编码。数据类型分为七类：电能量、最大需量及发生时间、变量、事件记录、参变量、冻结量、负荷记录。数据标识具体定义见附录 C 的表 C－1 数据标识编码表。

数据传输形式	DI_3	DI_2	DI_1	DI_0

数据标识码标识单个数据项或数据项集合。单个数据项可以用附录 C 中表 C－1 对应数据项的标识码唯一地标识。当请求访问由若干数据项组成的数据集合时，可使用数据块标识码。实际应用以数据标识编码表定义内容为准。

数据项：除特殊说明的数据项以 ASCII 码表示外，其他数据项均采用压缩 BCD 码表示。

数据块：数据标识 DI_2、DI_1、DI_0 中任意一字节取值为 FFH 时（其中 DI_3 不存在 FFH 的情况），代表该字节定义的所有数据项与其他三字节组成的数据块。

第三节 电能量信息采集系统的常见故障及处理

一、电力线载波通信原理

电力线载波是指利用现有电力线，通过载波方式将模拟信号或数字信号进行高速传输的技术。

1. 载波信道的优点

（1）使用现有电力线作为通信线路，无需另外布线，安装简易方便。

（2）模块成本相对低，适合大规模集中抄表工程。

2. 载波信道的缺点

（1）强衰减。配电线路本身的阻抗和配电线路的材料、粗细、距离、老化程度有关，线路阻抗越大对通信衰减越大，当然地下电缆通信受对地电容的影响，频率越高、信号衰减越大。

（2）强噪声。电力线上接有各种各样的用电设备，阻性的、感性的、容性的；有大功率的、小功率的。各种用电设备经常频繁开闭，就会给电力线上带来各种噪声干扰，而且幅度比较大。用耦合电感从电力线上耦合下来的噪声一般就在10mV以上，而一般传输的数据信号会削减到1mV，如不采用电力线专用Modem芯片来解调数据信号，通信距离会相当短。

（3）致畸性。电力线网本身是一个分布参数的网络，不同点对数据信号的影响是不一样的，同时电力线时刻动态变化，不同时间对数据信号影响也不一样，这就使发出的规则数据信号经过电力线后，严重变形、参差不齐。

（4）时变性。由于电网上负载的不断接入、切出，马达的停止、启动，电器有开、有关等各种随机事件，使表现出来的信道特性具有很强的时变性。

（5）拓扑未知。中压电力线路的优势在于噪声环境比低压电力线路好，并且网络结构相对简单。中压电力线载波通信可以很方便地描述出线路的物理拓扑结构，载波组网可以直接按照物理拓扑结构组网，因此中继策略的制定也比较简单，可以指定静态中继，也可以根据网络拓扑结构制定动态中继算法，低压电力线网络的拓扑结构要复杂很多，在大多数情况下，甚至无法直接描述出网络的物理结构，即使描述出了物理结构，这种结构也是经常变化的。

（6）电磁兼容要求。对于PLC系统来说，干扰源要整体考虑。不仅包括PLC设备，而且要考虑当信号加到电力线上时，由于电力线是一种非屏蔽的线路，有可能作为发射天线对无线通信和广播产生不利影响。此外还要考虑多种PLC设备间的相互影响。PLC的耦合途径是非常复杂的，是不同的途径相互作用的结果。总体上分为两种，一种是空间的辐射，对应的被干扰设备是无线通信和广播信号；另一种是沿电力线的传导干扰，主要造成对电能质量的影响。PLC系统的电磁兼容问题涉及多个PLC系统的共存，以及与无线网络的共存等，因此对PLC系统要做严格的电磁兼容试验。

二、集中器简介

集中器为集抄系统的核心设备，完成数据的采集、统计和上报，通过上行信道（GPRS、CDMA等）与主站通信，通过下行信道（载波、小无线、RS－485等）与电能表或采集器通信。

　　集中器示意图如图6-10所示。

液晶屏
光通信口
RS-232通信口
载波模块
或无线模块
USB接口
GPRS模块
或CDMA模块
辅助端子
主端子

XXXXX 型 集 中 器

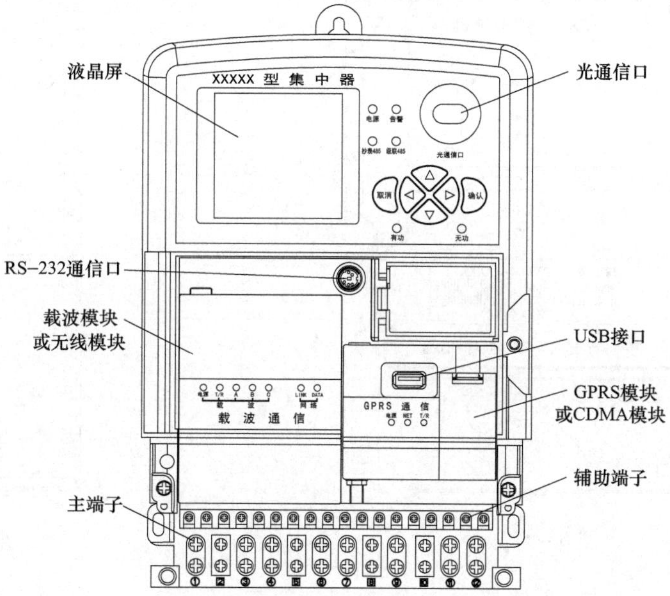

图6-10

　　集中器主/辅端子接线图如图6-11所示。

①	②	③	④	⑤	⑥	⑦	⑧	⑨	⑩	⑪	⑫
I_u	U_u	I_u	I_v	U_v	I_v	I_w	U_w	I_w	U_N		

+	−	+	−	+	−	+	−	正有	正无	秒	公共	A	B	A	B	A	B
⑬	⑭	⑮	⑯	⑰	⑱	⑲	⑳	㉑	㉒	㉓	㉔	㉕	㉖	㉗	㉘	㉙	㉚
遥信1		遥信2		4~20mA		12V		脉	冲	输	出	RS-485Ⅲ		RS-485Ⅱ		RS-485Ⅰ	

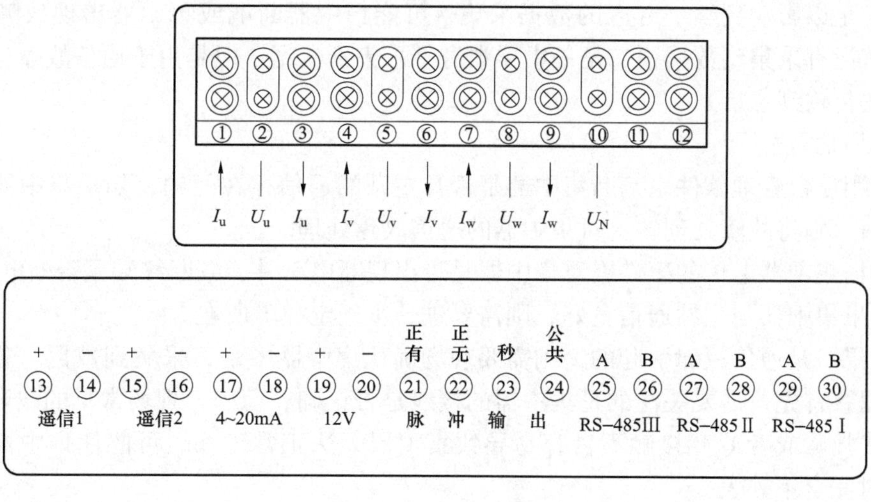

图6-11

三、采集器简介

　　采集器为集抄系统的物理转换设备，上行信道为载波/小无线，下行信道为RS-485；可分为Ⅰ型采集器（如图6-12所示）和Ⅱ型采集器（如图6-13所示），其中Ⅰ型采集器又分为基本型和简易型。

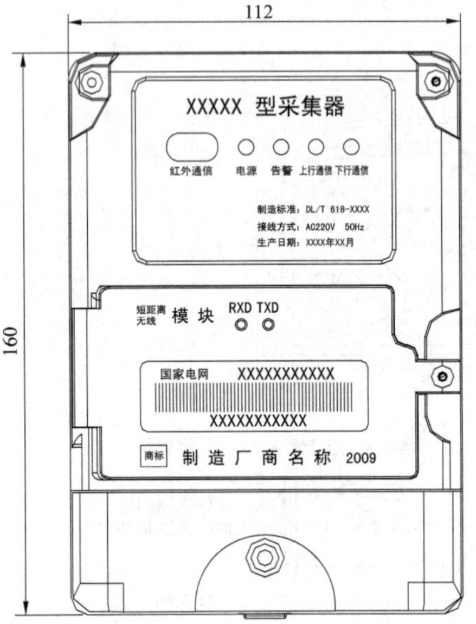

图 6－12

图 6－13

四、载波集抄常见故障及分析

1. 整个台区完全采集不到数据

（1）分析。发生此种故障时较有可能的是集中器故障，因为单个电表或者采集器的故障一般都不足以影响到整个台区的数据采集，可能集中器断电或集中器出现故障（一是集中器自身就没有采集到数据；二是集中器本身已采集到数据，但是由于通信故障，集中器中的数据无法传输到主台）。

（2）处理方法。

1）利用后台管理软件来判断集中器是否与主站的通信存在问题，如果集中器无法与主站进行通信，则将故障处理转入对集中器的通信故障处理。

2）根据集中器上传的事件查看集中器是否出现断电事件，判断终端是否断电。

3）如果集中器与主站通信良好，则需要进一步确定故障所在。

4）如果不是通信故障引起的，则需要现场确认集中器中是否采集到数据。若集中器未采集到数据，首先，需要关注的是集中器的接线是否正确、稳固，现场常见的故障是由于U相电压接线故障或者U相接触不良容易导致集中器无法正常工作，可能使集中器有时抄表正常，有时完全不抄表。

5）通过观察集中器的载波模块指示灯或使用相应的设备（如抄控器）来确定集中器的载波模块是否正常，在现场运行过程中集中器与载波模块的接口故障或者载波模块损坏。

6）如集中器工作正常，需要确定集中器中的档案与现场是否一致，容易出现的问题是串台区或电能表规约配置错误等。

7）在新建小区，容易出现现场所有的采集器或者电能表未上电正常运行的情况。

2. 可采集部分数据

（1）分析。造成该故障的原因可能是集中器的通信故障造成的集中器数据上报或者召测不完全，也有可能是由于部分采集器的故障或者电表的故障引起的。

（2）处理方法。

1）根据数据分析，是否存在整个采集器所属的所有电能表不能采集，如有，则可能是采集器没有上电，或者是采集器的载波模块损坏，可以用抄控器来确认。

2）如有采集器下属的部分电能表无法召测，则可能是 RS－485 的接线故障，建议每个采集器布线完成后，即对该采集器的下行通信进行检测，来避免该项故障。

3）查看电能表档案及所归属的采集器档案是否正确。

4）观察相关电能表是否有通信故障，或者电能表是否未接入用电系统，可用抄控器来进行确认。

3. 有时抄到数据，有时抄不到

（1）分析。因为集中器可以采集数据，所以可以排除集中器的硬件故障，应分析集中器日志，看集中器是否一直处于正常工作状态，以及观察集中器的档案是否与现场一致，以免在不经意间主站对集中器进行了误操作。

（2）处理方法。

1）观察集中器 U 相电压输入是否稳定，现场多有 U 相接触不良引起这种问题。

2）核对档案，检测集中器是否被主站进行了误操作导致档案改变。

4. 个别电表信息无法采集

（1）分析。如有个别电能表信息无法采集，应从电能表一侧来排查故障。

（2）处理方法。

1）核对电能表档案，核对其归属的采集器档案。

2）用抄控器来确认电能表的通信是否工作正常。

3）观察电能表是否接入用电。

4）集中器尚处于路由学习期间，尚未能与该电能表建立相关路径。

五、现场维护方法及介绍

1. 常见问题及处理办法

常见问题及处理办法见表 6－9。

表 6－9

序号	问　题	解　决　办　法
1	SIM 卡接触不良	拆下 SIM 卡重新安装
2	信号强度弱	天线连接不稳定，重新安装天线，确定天线接触良好
3	SIM 卡服务未开通	与 SIM 卡运营商联系开通所需服务
4	SIM 卡服务开通不正确	联系 SIM 卡运营商确定 SIM 卡所开的服务与需要的一致
5	现场信号不稳定	更换长天线或者将天线放置在信号好的地点
6	终端地址与档案不符	现场确定终端地址及时修改档案
7	主站通道阻塞	联系移动解决通道问题

续表

序号	问　题	解 决 办 法
8	前置机软件故障	重新启动前置机
9	终端通信模块不工作	检查终端通信模块电源灯是否点亮，若不亮则更换通信模块，如果问题依然存在，就更换终端
10	终端地址与铭牌不符	从终端上查看终端地址
11	终端按键不能设置参数	通过主站设置参数或者将终端返厂修理
12	RS－485 接线与本地通信所设置的端口不符	查看电能表参数所设置的 RS－485 接口与现场接入终端的 RS－485 接口是否一致
13	RS－485 抄表异常（硬件）	RS－485 正负接反、接线错位、接触不良（存在压皮）、接入多个电能表的情况下，其中的某个 RS－485 接线错误导致全部电表不能抄到
14	RS－485 抄表异常（软件）	电能表参数设置不正确，规约不正确、表地址不正确、波特率不正确。如果电能表铭牌上不能提供正确的规约与电能表地址，联系厂家获得详细信息（DL 645—1997 规约默认波特率为 1200、DL 645—2007 规约默认波特率为 2400）
15	终端所抄到电表数据不全	多等待几个抄表周期后再次查看数据，或者电表不支持相应数据项，更换电能表
16	电能表地址重复（常见于使用威胜规约电表）	更改电能表地址
17	终端上电后频繁启动	程序异常，请返厂修理
18	终端上电后内部有异常声响	终端电源模块部分出现异常，请返厂修理
19	终端内部有异常响动	运输过程中有损坏，请返厂修理
20	终端启动后屏幕轮显异常	终端程序异常，请返厂修理
21	终端启动后屏幕频繁闪烁	电源电压过低或者显示屏幕异常，确认工作电源正常的情况下仍不能解决问题，请返厂修理

2. 常见通信故障分析处理

（1）故障现象：终端安装到现场后，无法获得 IP 地址，无法注册前置机。观察信号强度发现只有一格或没有，重启终端后发现状态栏显示的终端信号强度小于 13。用场强测试仪测试周围发现信号强度衰减数值为：－95～－80B。

原因分析：这是由于现场 GPRS 信号强度较弱造成。

解决方法：将这些终端逻辑地址、大用户名称以及地址统计出来并提交移动公司或者提交给终端厂家并邀请终端厂家、移动公司共同协商解决方案。

（2）故障现象：终端安装到现场后，在打开柜门的状态下，终端可以正常上线并通过主站的联调；但是安装队关上柜门并离开现场一段时间后，由于现场停电等原因导致终端下线，发现终端掉线并再也无法重新上线。

原因分析：这是由于现场 GPRS 信号强度较弱造成。但与（1）不同的是，终端所在电房周围的信号强度比较大，可以满足终端上线的要求，柜门关闭后由于柜门对信号有较强的衰减作用导致柜内终端无法接收外界的信号，一旦终端掉线就需要重新进行拨号并注册网络，此时如果信号强度不够的话，则极有可能导致终端无法成功注册前置机。这种现象一般出现在箱式变压器内比较多。

解决方法：针对此类终端，可加装外引天线，通过场强测试仪找到一个安全可靠并且信号强度较强的位置安置好外置天线的接收端。

（3）故障现象：终端安装到现场后，终端可以正常拨号并显示信号强度，但是无法正常通过身份验证并获得 IP 地址，也没有相应的提示信息显示。

原因分析：可能是由于 SIM 卡相关业务开通异常或 SIM 卡欠费等，导致 SIM 卡无法通过身份验证导致拨号失败。

解决方法：针对此类终端，可将终端中的 SIM 卡取出并清除干净 SIM 卡表面的污垢后重新装入终端，同时检查确信终端的天线连接紧固，并与 SIM 卡运营商确定 SIM 业务开通情况，在现场信号强度达到要求的情况下，一般可以解决问题，否则可考虑更换终端。

（4）故障现象：终端安装现场信号强度大于 18，终端可以通过身份验证并获得 IP 地址，但是注册前置机失败，终端显示“登陆前置机失败，休眠 5min”的信息。

原因分析：这种现象的故障原因一般是由于终端中有关通道的参数设置有误造成。

解决方法：重点检查终端通信通道参数设置，还要检查一下终端地址是否正确。

（5）故障现象：终端液晶屏无信号指示，终端无法获得 IP 地址，也无法注册前置机上线，重启终端后查看通信调试信息，没有显示正在拨号或信号强度、身份验证等信息提示，检查周围信号强度达到要求，可排除信号不够的可能性。

原因分析：一般为硬件故障，有以下几种原因：① 由于终端本身的通信模块损坏或者 SIM 卡被烧坏、SIM 卡数据被损坏等原因造成。② 由于终端在搬运和安装过程中导致通信模块松动或者由于在现场环境的高温条件下导致通信模块变形扩张，从而使得终端上的 SIM 卡插槽松动，SIM 卡接触不良而引起。③ 另外，如果 SIM 卡表面存在污垢或者由于高温和现场环境空气污染而导致 SIM 卡表面的铜膜被氧化也有可能产生上述故障。④ 终端天线松动或者接口处在高温下被氧化也有可能导致该现象。⑤ SIM 卡被注销等。

解决方法：首先确定是否是由于 SIM 卡的原因造成的，可用一张确信没有问题的备用卡来替换终端中原有的 SIM 卡，重新启动终端，如果成功注册上线说明原来的 SIM 卡有问题，可交移动公司解决；如果上述方法无法解决问题，可观察终通信调试信息，若终端无法检测通信模块型号，且停留在“打开串口”状态，则可能是通信模块故障或模块与终端接口故障，需要更换通信模块或终端。

（6）故障现象：终端能够拨号成功上线，并与主站建立通信连接，但在十几秒甚至几秒钟后很快掉线并重新开始拨号。并且每次都能够拨号成功，不断重复上述过程。

原因分析：终端上线后与主站建立 TCP 连接后马上被系统关闭 TCP 连接，可能是终端 IP 不在系统路由表中，或系统对于同一个地址只允许一台终端上线，另一台地址相同的终端登录上线后系统自动踢出之前上线的终端。

解决方法：关闭终端电源，请系统操作人员召测终端数据，若系统仍显示终端通信正常，则表明系统内该终端地址被重复使用，需要同步更改终端地址和系统档案中对应的终端地址，并且设法确认另一台终端地址是否正确，如现场核实所有通信失败终端等。若排除了终端地址重复使用，则需要现场查看终端获取的 IP 地址，请移动公司确认该地址是否在预先正确分配的 IP 地址段，系统路由及防火墙配置是否正确。一般现场可通过更换 SIM 卡的方法解决 IP 地址分配不当的问题。

（7）故障现象：终端正常上线但是无法与主站正常通信。

原因分析：04/376.1 通信协议中可包含时间标签，部分系统发送下行报文时带有时间标签，若终端与系统时钟误差过大可能导致终端判断超时，不能正常响应主站下行数据。

解决办法：现场对终端进行校时。

附录A　用电信息采集系统数据模型

用电信息采集系统数据模型见表A－1。

表A－1　　**用电信息采集系统数据模型**

序号	数　据　项	数据标识	主站抄读终端数据项						终端生成数据最小间隔						数据源
			A	B	C	D	E	F	A	B	C	D	E	F	
一	实时和当前数据														
1	当前总加有功功率	1类数据F17	√	√				○	1	1				1	脉冲/交采
2	当前总加无功功率	1类数据F18	○	○				○	1	1				1	脉冲/交采
3	当日总加有功电能量（总、各费率）	1类数据F19	○	○					15	15					终端
4	当日总加无功电能量	1类数据F20	○	○					15	15					终端
5	当月总加有功电能量（总、各费率）	1类数据F21	○	○					15	15					终端
6	当月总加无功电能量	1类数据F22	○	○					15	15					终端
7	终端当前剩余电量（费）	1类数据F23	√	√					1	1					终端
8	实时三相电压、电流	1类数据F25	○	○				○	1	1				1	交采
9	实时三相总及分相有功功率	1类数据F25	○	○				○	1	1				1	交采
10	实时三相总及分相无功功率	1类数据F25	○	○				○	1	1				1	交采
11	实时功率因数	1类数据F25	○	○				○	1	1				1	交采
12	当月有功最大需量及发生时间	1类数据F35	○	○				○	15	15				15	电能表
13	当前电压、电流相位角	1类数据F49	○	○				○	1	1				1	交采
14	当前正向有功电能示值（总、各费率）	1类数据F33	○	○				○	15	15				15	电能表
15	当前正向无功电能示值	1类数据F33	○	○				○	15	15				15	电能表

续表

序号	数据项	数据标识	主站抄读终端数据项						终端生成数据最小间隔						数据源
			A	B	C	D	E	F	A	B	C	D	E	F	
16	当前反向有功电能示值（总、各费率）	1 类数据 F34	○	○				○	15	15				15	电能表
17	当前反向无功电能示值	1 类数据 F34	○	○				○	15	15				15	电能表
18	当前一/四象限无功电能示值	1 类数据 F33	○	○				○	15	15				15	电能表
19	当前二/三象限无功电能示值	1 类数据 F34	○	○				○	15	15				15	电能表
20	三相断相统计数据及最近一次断相记录	1 类数据 F26	○	○	○			○	15	15	15			15	电能表
21	终端日历时钟	1 类数据 F2	○	○	○	○	○	○	1	1	1	1	1	1	终端
22	终端参数状态	1 类数据 F3	○	○	○	○	○	○	1	1	1	1	1	1	终端
23	终端上行通信状态	1 类数据 F4	○	○	○	○	○	○	1	1	1	1	1	1	终端
24	终端控制设置状态	1 类数据 F5	○	○					1	1					终端
25	终端当前控制状态	1 类数据 F6	○	○					1	1					终端
26	终端事件计数器当前值	1 类数据 F7	○	○	○	○	○	○	1	1	1	1	1	1	终端
27	终端事件标志状态	1 类数据 F8	○	○	○	○	○	○	1	1	1	1	1	1	终端
28	终端状态量及变位标志	1 类数据 F9	√	√	○	○	○	√	1	1	1	1	1	1	终端
29	终端与主站当日/月通信流量	1 类数据 F10	○	○	○	○	○	○	1	1	1	1	1	1	终端
30	终端集中抄表状态信息	1 类数据 F11			○	○	○	○			1	1	1	1	终端
31	电能表日历时钟	1 类数据 F27	○	○	○	○	○	○	15	15	1d	1d	1d	15	电能表
32	电能表运行状态字及其变位标志	1 类数据 F28	○	○	○	○	○	○	15	15	1d	1d	1d	15	电能表
33	电能表远程控制状态及记录（修改）	1 类数据 F161			○	○	○				1d	1d	1d		电能表
34	电能表远程控制操作次数及时间（修改）	1 类数据 F165			○	○	○				1d	1d	1d		电能表
35	电能表参数修改次数及时间	1 类数据 F166	√	√	○	○	○	√	15	15	1d	1d	1d	15	电能表
36	电能表预付费信息	1 类数据 F167			○	○	○				1d	1d	1d		电能表

续表

序号	数　据　项	数据标识	主站抄读终端数据项						终端生成数据最小间隔						数据源
			A	B	C	D	E	F	A	B	C	D	E	F	
37	电能表结算信息（建议删除）	1 类数据 F168			○	○	○				1d	1d	1d		电能表
二	历史日数据														
38	日有功最大需量及发生时间	2 类数据 F3	○	○				○	1d	1d				1d	电能表
39	日总最大有功功率及发生时间	2 类数据 F25	○	○				○	1d	1d				1d	终端
40	日正向有功电能量（总、各费率）	2 类数据 F5	○	○				○	1d	1d				1d	终端
41	日正向无功总电能量	2 类数据 F6	○	○				○	1d	1d				1d	终端
42	日反向有功电能量（总、各费率）	2 类数据 F7	○	○				○	1d	1d				1d	终端
43	日反向无功总电能量	2 类数据 F8	○	○				○	1d	1d				1d	终端
44	日正向有功电能示值（总、各费率）	2 类数据 F1	√	√	√	√	√	√	1d	1d	1d	1d	1d	1d	电能表
45	日正向无功电能示值	2 类数据 F1	√	√	√			√	1d	1d	1d			1d	电能表
46	日反向有功电能示值（总、各费率）	2 类数据 F2	○	○	○			√	1d	1d	1d			1d	电能表
47	日反向无功电能示值	2 类数据 F2	√	√	√			√	1d	1d	1d			1d	电能表
48	日一/四象限无功电能示值	2 类数据 F1	√	√	√			√	1d	1d	1d			1d	电能表
49	日二/三象限无功电能示值	2 类数据 F2	○	○	○			√	1d	1d	1d			1d	电能表
50	电容器投入累计时间和次数	2 类数据 F41						○						1d	终端
51	日、月电容器累计补偿的无功电能量	2 类数据 F42						○						1d	终端
52	日功率因数区段累计时间	2 类数据 F43						○						1d	终端
53	终端日供电时间、日复位累计次数	2 类数据 F49	○	○	○	○	○	○	1d	1d	1d	1d	1d	1d	终端
54	终端日控制统计数据	2 类数据 F50	○	○					1d	1d	1d	1d	1d	1d	终端
55	终端与主站日通信流量	2 类数据 F53	○	○	○	○	○	○	1d	1d	1d	1d	1d	1d	终端
56	抄表日有功最大需量及发生时间	2 类数据 F11	○	○	○			○	1d	1d	1d			1d	电能表

续表

序号	数　据　项	数据标识	主站抄读终端数据项						终端生成数据最小间隔						数据源
			A	B	C	D	E	F	A	B	C	D	E	F	
57	抄表日正向有功电能示值（总、各费率）	2 类数据 F9	√	√	√	√	√	○	1d	1d	1d	1d	1d	1d	电能表
58	抄表日正向无功电能示值	2 类数据 F9	√	√	√			○	1d	1d	1d			1d	电能表
59	总加组有功功率曲线	2 类数据 F73	√	√				√	15	15				15	终端
60	总加组无功功率曲线	2 类数据 F74	√	√				√	15	15				15	终端
61	总加组有功电能量曲线	2 类数据 F75	○	○				○	15	15				15	终端
62	总加组无功电能量曲线	2 类数据 F76	○	○				○	15	15				15	终端
63	有功功率曲线	2 类数据 F81	○	○	○			○	15	15	1d			15	终端
64	无功功率曲线	2 类数据 F85	○	○	○			○	15	15	1d			15	终端
65	总功率因数曲线	2 类数据 F105	○	○	○			○	15	15	1d			15	终端
66	电压曲线	2 类数据 F89 ~ 91	√	√	√			√	15	15	1d			15	终端
67	电流曲线	2 类数据 F92 ~ 94	√	√	√			√	15	15	1d			15	终端
68	正向有功总电能量曲线	2 类数据 F97	○	○				○	15	15				15	终端
69	正向无功总电能量曲线	2 类数据 F98	○	○				○	15	15				15	终端
70	反向有功总电能量曲线	2 类数据 F99	○	○				○	15	15				15	终端
71	反向无功总电能量曲线	2 类数据 F100	○	○				○	15	15				15	终端
72	正向有功总电能示值曲线	2 类数据 F101	√	√	√	√	√	√	1d	1d	1d	1d	1d	15	电能表
73	正向无功总电能示值曲线	2 类数据 F102	√	√	√			√	1d	1d	1d			15	电能表
74	反向有功总电能示值曲线	2 类数据 F103	√	√	√			√	1d	1d	1d			15	电能表
75	反向无功总电能示值曲线	2 类数据 F104	√	√	√			√	1d	1d	1d			15	电能表
三	历史月数据														
76	月有功最大需量及发生时间	2 类数据 F19	√	√	√				1m	1m	1m				电能表

续表

序号	数　据　项	数据标识	主站抄读终端数据项						终端生成数据最小间隔						数据源
			A	B	C	D	E	F	A	B	C	D	E	F	
77	月总最大有功功率及发生时间	2 类数据 F33	○	○	○			○	1m	1m	1m			1m	终端
78	月正向有功电能量（总、各费率）	2 类数据 F21	○	○	○	○	○	○	1m	1m	1m	1m	1m	1m	终端
79	月正向无功总电能量	2 类数据 F22	○	○	○			○	1m	1m	1m			1m	终端
80	月反向有功电能量（总、各费率）	2 类数据 F23	○	○	○			○	1m	1m	1m			1m	终端
81	月反向无功总电能量	2 类数据 F24	○	○	○			○	1m	1m	1m			1m	终端
82	月正向有功电能示值（总、各费率）	2 类数据 F17	○	○	○	○	○	○	1m	1m	1m	1m	1m	1m	电能表
83	月正向无功电能示值	2 类数据 F17	○	○	○			○	1m	1m	1m			1m	电能表
84	月反向有功电能示值（总、各费率）	2 类数据 F18	○	○	○			○	1m	1m	1m			1m	电能表
85	月反向无功电能示值	2 类数据 F18	○	○	○			○	1m	1m	1m			1m	电能表
86	月一/四象限无功电能示值	2 类数据 F17	○	○	○			○	1m	1m	1m			1m	电能表
87	月二/三象限无功电能示值	2 类数据 F18	○	○	○			○	1m	1m	1m			1m	电能表
88	月电压越限统计数据	2 类数据 F35	√	√	√			√	1m	1m	1m			1m	终端/电能表
89	月不平衡度越限累计时间	2 类数据 F36	√	√				√	1m	1m				1m	终端
90	月电流越限统计数据	2 类数据 F37	○	○	○			○	1m	1m	1m			1m	终端
91	月功率因数区段累计时间	2 类数据 F44	○	○				○	1m	1m				1m	终端
92	终端月供电时间、月复位累计次数	2 类数据 F51	○	○	○	○	○	○	1m	1m	1m	1m	1m	1m	终端
93	终端月控制统计数据	2 类数据 F52	○	○					1m	1m					终端
94	终端与主站月通信流量	2 类数据 F54	○	○	○	○	○	○	1m	1m	1m	1m	1m	1m	终端
四	事件记录														
95	数据初始化和版本变更记录	ERC1	√	√	√	√	√	√	√	√	√	√	√	√	终端
96	参数丢失记录	ERC2	√	√	√	√	√	√	√	√	√	√	√	√	终端

续表

序号	数　据　项	数据标识	主站抄读终端数据项						终端生成数据最小间隔						数据源
			A	B	C	D	E	F	A	B	C	D	E	F	
97	参数变更记录	ERC3	√	√	√	√	√	√	√	√	√	√	√	√	终端
98	状态量变位记录	ERC4	√	√				√	√	√				√	终端
99	遥控跳闸记录	ERC5	√	√					√	√					终端
100	功控跳闸记录	ERC6	√	√					√	√					终端
101	电控跳闸记录	ERC7	√	√					√	√					终端
102	电能表参数变更	ERC8	√	√	√	√	√	√	√	√	√	√	√	√	终端
103	电流回路异常	ERC9	√	√	√			√	√	√	√			√	终端
104	电压回路异常	ERC10	√	√	√			√	√	√	√			√	终端
105	相序异常	ERC11	√	√	√			√	√	√	√			√	终端
106	电能表时间超差	ERC12	√	√	√	√	√	√	√	√	√	√	√	√	终端
107	电能表故障信息	ERC13	√	√	√	√	√	√	√	√	√	√	√	√	终端
108	终端停/上电事件	ERC14	√	√	√	√	√	√	√	√	√	√	√	√	终端
109	电压/电流不平衡越限	ERC17	√	√				√	√	√				√	终端
110	电容器投切自锁	ERC18						√						√	终端
111	购电参数设置记录	ERC19	√	√					√	√					终端
112	消息认证错误记录	ERC20	√	√	√	√	√	√	√	√	√	√	√	√	终端
113	终端故障记录	ERC21	√	√	√	√	√	√	√	√	√	√	√	√	终端
114	有功总电能量差动越限事件记录	ERC22	√	√	√				√	√	√				终端
115	电压越限记录	ERC24	√	√				√	√	√				√	终端
116	电流越限记录	ERC25	√	√				√	√	√				√	终端
117	视在功率越限记录	ERC26	√	√				√	√	√				√	终端

续表

序号	数　据　项	数据标识	主站抄读终端数据项						终端生成数据最小间隔						数据源
			A	B	C	D	E	F	A	B	C	D	E	F	
118	电能表示度下降	ERC27	√	√	√				√	√	√				终端
119	电能量超差	ERC28	√	√	√				√	√	√				终端
120	电能表飞走	ERC29	√	√	√				√	√	√				终端
121	电能表停走	ERC30	√	√	√				√	√	√				终端
122	485 抄表失败	ERC31	√	√	√	√	√	√	√	√	√	√	√	√	终端
123	终端与主站通信流量超门限	ERC32	√	√	√	√	√	√	√	√	√	√	√	√	终端
124	电能表运行状态字变位	ERC33	√	√	√	√	√	√	√	√	√	√	√	√	终端

注：1. 数据项：对于不同需求类型，系统所应采集的数据。

2. 数据标识：参照 DL/T698.41—2010《电能信息采集与管理系统　第 4－1 部分：通信协议——主站与电能信息采集终端通信》，每个数据项所对应的信息类标识和事件记录代码。

3. 采集数据最小间隔：对于数据源为电能表的数据指终端采集电能表数据的最小间隔，对于数据源为终端的数据指终端生成数据的最小间隔，电能表生成的曲线数据最小冻结间隔由电能表设定，设定时间间隔为 60min。

1 代表最小采集数据间隔为 1min；

15 代表最小采集数据间隔为 15min；

1d 代表最小采集数据间隔为 1 天；

1m 代表代表最小采集数据间隔为 1 月。

4. 事件记录数据：终端可根据主站设置的事件属性按照重要事件和一般事件分类记录，当有事件发生时，终端应能立即生产事件记录数据，对于支持主动上报功能的终端应在 1min 中内向主站发送事件记录。

5. “√”表示主站按照不同的任务要求和设定的间隔必须要采集的数据项。

6. “○”表示主站会根据不同的应用需求有选择进行采集的数据项。

附录B　智能电能表运行状态字

智能电能表运行状态字分别见表 B－1～表 B－7。

表 B－1　智能电能表运行状态字 1

bit7	bit6	bit5	bit4	bit3	bit2	bit1	bit0
保留	保留	无功功率方向（0 正向、1 反向）	有功功率方向（0 正向、1 反向）	停电抄表电池（0 正常，1 欠压）	时钟电池（0 正常，1 欠压）	需量积算方式（0 滑差，1 区间）	保留
bit15	bit14	bit13	bit12	bit11	bit10	bit9	bit8
保留	保留	保留	保留	保留	保留	保留	保留

表 B－2　智能电能表运行状态字 2

bit7	bit6	bit5	bit4	bit3	bit2	bit1	bit0
保留	C 相无功功率方向	B 相无功功率方向	A 相无功功率方向	保留	C 相有功功率方向	B 相有功功率方向	A 相有功功率方向
bit15	bit14	bit13	bit12	bit11	bit10	bit9	bit8
保留	保留	保留	保留	保留	保留	保留	保留

注　0 代表正向，1 代表反向。

表 B－3　智能电能表运行状态字 3（操作类）

bit7	bit6	bit5	bit4	bit3	bit2	bit1	bit0
预跳闸报警状态（0 无，1 有）	继电器命令状态（0 通，1 断）	保留	继电器状态（0 通，1 断）	编程允许（0 禁止，1 许可）	供电方式（00 主电源，01 辅助电源，10 电池供电）		当前运行时段（0 第一套，1 第二套）

续表

bit15	bit14	bit13	bit12	bit11	bit10	bit9	bit8
保留	保留	保留	保留	当前阶梯（0 第一套，1 第二套）	当前运行费率电价（0 第一套，1 第二套）	电能表类型（00 非预付费表，01 电量型预付费表，10 电费型预付费表）	

注 1. 编程允许一般指编程按键状态。

2. （备案文件）：预跳闸报警状态是指剩余电量或剩余金额到达报警电量或报警金额时电表发出报警提示时的状态，该状态位置 1，提示用户需购电或交费。

3. （备案文件）：电能表类型有非预付费型、电量型预付费和电费型预付费三种。当电表类型为 00 时定义为非预付费型电能表；当电表类型为 01 时为电量型预付费电能表；当电表类型为 10 时定义为电费型预付费电能表。

4. （备案文件）：电表运行状态字 3 的 bit6 定义为继电器命令状态，当电表满足跳闸条件，或收到主站跳闸命令时，bit6 置 1，否则 bit6 置 0。

5. （备案文件）：bit7 定义为预跳闸报警状态。预跳闸报警状态是指剩余电量（金额）等于或小于预置的报警阀值时，bit7 置 1，电表报警，提示用户购电（或交费）；否则 bit7 置 0。

6. （备案文件）：bit8、bit9 定义为电表类型，bit8、bit9 =00 为非预付费型电能表；bit8、bit9 =01 为电量型预付费电能表；bit8、bit9 =10 为电费型预付费电能表。

7. （备案文件）：bit10 定义为当前运行费率电价，由于备案文件定义两套可以自由切换的费率电价，用这一位向用户指明当前运行的是哪套费率电价。电表运行状态字的 bit11 定义为“当前阶梯”，向用户指明电能表当前运行的是哪套阶梯和阶梯电价。0 代表第一套，1 代表第二套。

表 B－4　　电表运行状态字 4（U 相故障状态）

bit7	bit6	bit5	bit4	bit3	bit2	bit1	bit0
断相	潮流反向	过载	过流	失流	过压	欠压	失压
bit15	bit14	bit13	bit12	bit11	bit10	bit9	bit8
保留	保留	保留	保留	保留	保留	保留	断流

注　0 代表无此类故障，1 代表当前发生此类故障。

表 B－5　　智能电能表运行状态字 5（V 相故障状态）

bit7	bit6	bit5	bit4	bit3	bit2	bit1	bit0
断相	潮流反向	过载	过流	失流	过压	欠压	失压
bit15	bit14	bit13	bit12	bit11	bit10	bit9	bit8
保留	保留	保留	保留	保留	保留	保留	断流

注　0 代表无此类故障，1 代表当前发生此类故障。

表 B－6　　智能电能表运行状态字 6（W 相故障状态）

bit7	bit6	bit5	bit4	bit3	bit2	bit1	bit0
断相	潮流反向	过载	过流	失流	过压	欠压	失压
bit15	bit14	bit13	bit12	bit11	bit10	bit9	bit8
保留	保留	保留	保留	保留	保留	保留	断流

注　0 代表无此类故障，1 代表当前发生此类故障。

表 B－7　　智能电能表运行状态字 7（合相故障状态）

bit7	bit6	bit5	bit4	bit3	bit2	bit1	bit0
总功率因数超下限	需量超限	掉电	辅助电源失电	电流不平衡	电压不平衡	电流逆相序	电压逆相序
bit15	bit14	bit13	bit12	bit11	bit10	bit9	bit8
保留	保留	保留	保留	保留	保留	保留	电流严重不平衡

注　1. 0 代表无此类故障，1 代表当前发生此类故障。

2.（备案文件）：通信协议新增总功率因数超下限事件记录，电表运行状态字中也应有相应的状态提示。由于是总功率因数事件，不牵扯到分相，所以将电表运行状态字 7 中的 bit7 定义为“总功率因数超下限”状态指示。

3.（备案文件）：智能电能表技术规范中要求电能表具备电流严重不平衡异常状态显示，为了便于主站或采集终端及时了解电能表此状态，将电表运行状态字 7 中的 bit8 定义为“电流严重不平衡”状态指示。该故障不要求事件记录。

附录 C　最大需量及发生时间数据标识编码

最大需量及发生时间数据标识编码见表 C－1。

表 C－1　　最大需量及发生时间数据标识编码表

数据标识				数据格式	数据长度（字节）	单位	功能		数据项名称
DI_3	DI_2	DI_1	DI_0				读	写	
01	01	00	00	××.×××× YYMMDDhhmm	8	kW 年月日时分	*		（当前）正向有功总最大需量及发生时间
		01							（当前）正向有功费率 1 最大需量及发生时间
		…							…
		3F							（当前）正向有功费率 63 最大需量及发生时间
		FF							（当前）正向有功最大需量及发生时间数据块

续表

数据标识				数据格式	数据长度（字节）	单位	功能		数据项名称
DI_3	DI_2	DI_1	DI_0				读	写	
01	02	00	00	××.×××× YYMMDDhhmm	8	kW 年月日时分	*		（当前）反向有功总最大需量及发生时间
		01							（当前）反向有功费率 1 最大需量及发生时间
		…							…
		3F							（当前）反向有功费率 63 最大需量及发生时间
		FF							（当前）反向有功最大需量及发生时间数据块
01	03	00	00	××.×××× YYMMDDhhmm	8	kvar 年月日时分	*		（当前）组合无功 1 总最大需量及发生时间
		01							（当前）组合无功 1 费率 1 最大需量及发生时间
		…							…
		3F							（当前）组合无功 1 费率 63 最大需量及发生时间
		FF							（当前）组合无功 1 最大需量及发生时间数据块
01	04	00	00	××.×××× YYMMDDhhmm	8	kvar 年月日时分	*		（当前）组合无功 2 总最大需量及发生时间
		01							（当前）组合无功 2 费率 1 最大需量及发生时间
		…							…
		3F							（当前）组合无功 2 费率 63 最大需量及发生时间
		FF							（当前）组合无功 2 最大需量及发生时间数据块
01	05	00	00	××.×××× YYMMDDhhmm	8	kvar 年月日时分	*		（当前）第一象限无功总最大需量及发生时间
		01							（当前）第一象限无功费率 1 最大需量及发生时间
		…							…
		3F							（当前）第一象限无功费率 63 最大需量及发生时间
		FF							（当前）第一象限无功最大需量及发生时间数据块

续表

数据标识				数据格式	数据长度（字节）	单位	功能		数据项名称
DI_3	DI_2	DI_1	DI_0				读	写	
01	06	00	00	××.×××× YYMMDDhhmm	8	kvar 年月日时分	*		（当前）第二象限无功总最大需量及发生时间
		01							（当前）第二象限无功费率 1 最大需量及发生时间
		…							…
		3F							（当前）第二象限无功费率 63 最大需量及发生时间
		FF							（当前）第二象限无功最大需量及发生时间数据块
01	07	00	00	××.×××× YYMMDDhhmm	8	kvar 年月日时分	*		（当前）第三象限无功总最大需量及发生时间
		01							（当前）第三象限无功费率 1 最大需量及发生时间
		…							…
		3F							（当前）第三象限无功费率 63 最大需量及发生时间
		FF							（当前）第三象限无功最大需量及发生时间数据块
01	08	00	00	××.×××× YYMMDDhhmm	8	kvar 年月日时分	*		（当前）第四象限无功总最大需量及发生时间
		01							（当前）第四象限无功费率 1 最大需量及发生时间
		…							…
		3F							（当前）第四象限无功费率 63 最大需量及发生时间
		FF							（当前）第四象限无功最大需量及发生时间数据块
01	09	00	00	××.×××× YYMMDDhhmm	8	kVA 年月日时分	*		（当前）正向视在总最大需量及发生时间
		01							（当前）正向视在费率 1 最大需量及发生时间
		…							…
		3F							（当前）正向视在费率 63 最大需量及发生时间
		FF							（当前）正向视在最大需量及发生时间数据块

续表

数据标识				数据格式	数据长度（字节）	单位	功能		数据项名称
DI_3	DI_2	DI_1	DI_0				读	写	
01	0A	00	00	××.×××× YYMMDDhhmm	8	kVA 年月日时分	*		（当前）反向视在总最大需量及发生时间
		01							（当前）反向视在费率 1 最大需量及发生时间
		…							…
		3F							（当前）反向视在费率 63 最大需量及发生时间
		FF							（当前）反向视在最大需量及发生时间数据块
01	15	00	00	××.×××× YYMMDDhhmm	8	kW 年月日时分	*		（当前）U 相正向有功最大需量及发生时间
	16					kW 年月日时分			（当前）U 相反向有功最大需量及发生时间
	17					kvar 年月日时分			（当前）U 相组合无功 1 最大需量及发生时间
	18					kvar 年月日时分			（当前）U 相组合无功 2 最大需量及发生时间
	19					kvar 年月日时分			（当前）U 相第一象限无功最大需量及发生时间
	1A					kvar 年月日时分			（当前）U 相第二象限无功最大需量及发生时间
	1B					kvar 年月日时分			（当前）U 相第三象限无功最大需量及发生时间
	1C					kvar 年月日时分			（当前）U 相第四象限无功最大需量及发生时间
	1D					kVA 年月日时分			（当前）U 相正向视在最大需量及发生时间
	1E					kVA 年月日时分			（当前）U 相反向视在最大需量及发生时间
01	29	00	00	××.×××× YYMMDDhhmm	8	kW 年月日时分	*		（当前）V 相正向有功最大需量及发生时间
	2A					kW 年月日时分			（当前）V 相反向有功最大需量及发生时间
	2B					kvar 年月日时分			（当前）V 相组合无功 1 最大需量及发生时间
	2C					kvar 年月日时分			（当前）V 相组合无功 2 最大需量及发生时间

续表

数据标识				数据格式	数据长度（字节）	单位	功能		数据项名称
DI_3	DI_2	DI_1	DI_0				读	写	
01	2D	00	00	××.×××× YYMMDDhhmm	8	kvar 年月日时分	*		（当前）V 相第一象限无功最大需量及发生时间
	2E					kvar 年月日时分			（当前）V 相第二象限无功最大需量及发生时间
	2F					kvar 年月日时分			（当前）V 相第三象限无功最大需量及发生时间
	30					kvar 年月日时分			（当前）V 相第四象限无功最大需量及发生时间
	31					kVA 年月日时分			（当前）V 相正向视在最大需量及发生时间
	32					kVA 年月日时分			（当前）V 相反向视在最大需量及发生时间
01	3D	00	00	××.×××× YYMMDDhhmm	8	kW 年月日时分	*		（当前）W 相正向有功最大需量及发生时间
	3E					kW 年月日时分			（当前）W 相反向有功最大需量及发生时间
	3F					kvar 年月日时分			（当前）W 相组合无功 1 最大需量及发生时间
	40					kvar 年月日时分			（当前）W 相组合无功 2 最大需量及发生时间
	41					kvar 年月日时分			（当前）W 相第一象限无功最大需量及发生时间
	42					kvar 年月日时分			（当前）W 相第二象限无功最大需量及发生时间
	43					kvar 年月日时分			（当前）W 相第三象限无功最大需量及发生时间
	44					kvar 年月日时分			（当前）W 相第四象限无功最大需量及发生时间
	45					kVA 年月日时分			（当前）W 相正向视在最大需量及发生时间
	46					kVA 年月日时分			（当前）W 相反向视在最大需量及发生时间

续表

数据标识				数据格式	数据长度（字节）	单位	功能		数据项名称
DI_3	DI_2	DI_1	DI_0				读	写	
01	01	00 01 … 3F FF	01	××.×××× YYMMDDhhmm	8	kW 年月日时分	*		（上1结算日）正向有功总最大需量及发生时间 （上1结算日）正向有功费率1最大需量及发生时间 … （上1结算日）正向有功费率63最大需量及发生时间 （上1结算日）正向有功最大需量及发生时间数据块
01	02	00 01 … 3F FF	01	××.×××× YYMMDDhhmm	8	kW 年月日时分	*		（上1结算日）反向有功总最大需量及发生时间 （上1结算日）反向有功费率1最大需量及发生时间 … （上1结算日）反向有功费率63最大需量及发生时间 （上1结算日）反向有功最大需量及发生时间数据块
01	03	00 01 … 3F FF	01	××.×××× YYMMDDhhmm	8	kvar 年月日时分	*		（上1结算日）组合无功1总最大需量及发生时间 （上1结算日）组合无功1费率1最大需量及发生时间 … （上1结算日）组合无功1费率63最大需量及发生时间 （上1结算日）组合无功1最大需量及发生时间数据块
01	04	00 01 … 3F FF	01	××.×××× YYMMDDhhmm	8	kvar 年月日时分	*		（上1结算日）组合无功2总最大需量及发生时间 （上1结算日）组合无功2费率1最大需量及发生时间 … （上1结算日）组合无功2费率63最大需量及发生时间 （上1结算日）组合无功2最大需量及发生时间数据块

续表

数据标识				数据格式	数据长度（字节）	单位	功能		数据项名称
DI_3	DI_2	DI_1	DI_0				读	写	
01	05	00	01	××.×××× YYMMDDhhmm	8	kvar 年月日时分	*		（上1结算日）第一象限无功总最大需量及发生时间
		01							（上1结算日）第一象限无功费率1最大需量及发生时间
		…							…
		3F							（上1结算日）第一象限无功费率63最大需量及发生时间
		FF							（上1结算日）第一象限无功最大需量及发生时间数据块
01	06	00	01	××.×××× YYMMDDhhmm	8	kvar 年月日时分	*		（上1结算日）第二象限无功总最大需量及发生时间
		01							（上1结算日）第二象限无功费率1最大需量及发生时间
		…							…
		3F							（上1结算日）第二象限无功费率63最大需量及发生时间
		FF							（上1结算日）第二象限无功最大需量及发生时间数据块
01	07	00	01	××.×××× YYMMDDhhmm	8	kvar 年月日时分	*		（上1结算日）第三象限无功总最大需量及发生时间
		01							（上1结算日）第三象限无功费率1最大需量及发生时间
		…							…
		3F							（上1结算日）第三象限无功费率63最大需量及发生时间
		FF							（上1结算日）第三象限无功最大需量及发生时间数据块
01	08	00	01	××.×××× YYMMDDhhmm	8	kvar 年月日时分	*		（上1结算日）第四象限无功总最大需量及发生时间
		01							（上1结算日）第四象限无功费率1最大需量及发生时间
		…							…
		3F							（上1结算日）第四象限无功费率63最大需量及发生时间
		FF							（上1结算日）第四象限无功最大需量及发生时间数据块

续表

数据标识				数据格式	数据长度（字节）	单位	功能		数据项名称
DI_3	DI_2	DI_1	DI_0				读	写	
01	09	00	01	××.×××× YYMMDDhhmm	8	kVA 年月日时分	*		（上1结算日）正向视在总最大需量及发生时间
		01							（上1结算日）正向视在费率1最大需量及发生时间
		…							…
		3F							（上1结算日）正向视在费率63最大需量及发生时间
		FF							（上1结算日）正向视在最大需量及发生时间数据块
01	0A	00	01	××.×××× YYMMDDhhmm	8	kVA 年月日时分	*		（上1结算日）反向视在总最大需量及发生时间
		01							（上1结算日）反向视在费率1最大需量及发生时间
		…							…
		3F							（上1结算日）反向视在费率63最大需量及发生时间
		FF							（上1结算日）反向视在最大需量及发生时间数据块
01	15	00	01	××.×××× YYMMDDhhmm	8	kW 年月日时分	*		（上1结算日）U相正向有功最大需量及发生时间
	16					kW 年月日时分			（上1结算日）U相反向有功最大需量及发生时间
	17					kvar 年月日时分			（上1结算日）U相组合无功1最大需量及发生时间
	18					kvar 年月日时分			（上1结算日）U相组合无功2最大需量及发生时间
	19					kvar 年月日时分			（上1结算日）U相第一象限无功最大需量及发生时间
	1A					kvar 年月日时分			（上1结算日）U相第二象限无功最大需量及发生时间
	1B					kvar 年月日时分			（上1结算日）U相第三象限无功最大需量及发生时间
	1C					kvar 年月日时分			（上1结算日）U相第四象限无功最大需量及发生时间
	1D					kVA 年月日时分			（上1结算日）U相正向视在最大需量及发生时间
	1E					kVA 年月日时分			（上1结算日）U相反向视在最大需量及发生时间

续表

数据标识				数据格式	数据长度（字节）	单位	功能		数据项名称
DI_3	DI_2	DI_1	DI_0				读	写	
01	29	00	01	××.×××× YYMMDDhhmm	8	kW 年月日时分	*		（上1结算日）V相正向有功最大需量及发生时间
	2A					kW 年月日时分			（上1结算日）V相反向有功最大需量及发生时间
	2B					kvar 年月日时分			（上1结算日）V相组合无功1最大需量及发生时间
	2C					kvar 年月日时分			（上1结算日）V相组合无功2最大需量及发生时间
	2D					kvar 年月日时分			（上1结算日）V相第一象限无功最大需量及发生时间
	2E					kvar 年月日时分			（上1结算日）V相第二象限无功最大需量及发生时间
	2F					kvar 年月日时分			（上1结算日）V相第三象限无功最大需量及发生时间
	30					kvar 年月日时分			（上1结算日）V相第四象限无功最大需量及发生时间
	31					kVA 年月日时分			（上1结算日）V相正向视在最大需量及发生时间
	32					kVA 年月日时分			（上1结算日）V相反向视在最大需量及发生时间
01	3D	00	01	××.×××× YYMMDDhhmm	8	kW 年月日时分	*		（上1结算日）W相正向有功最大需量及发生时间
	3E					kW 年月日时分			（上1结算日）W相反向有功最大需量及发生时间
	3F					kvar 年月日时分			（上1结算日）W相组合无功1最大需量及发生时间
	40					kvar 年月日时分			（上1结算日）W相组合无功2最大需量及发生时间
	41					kvar 年月日时分			（上1结算日）W相第一象限无功最大需量及发生时间
	42					kvar 年月日时分			（上1结算日）W相第二象限无功最大需量及发生时间
	43					kvar 年月日时分			（上1结算日）W相第三象限无功最大需量及发生时间
	44					kvar 年月日时分			（上1结算日）W相第四象限无功最大需量及发生时间
	45					kVA 年月日时分			（上1结算日）W相正向视在最大需量及发生时间
	46					kVA 年月日时分			（上1结算日）W相反向视在最大需量及发生时间

续表

数据标识				数据格式	数据长度（字节）	单位	功能		数据项名称
DI_3	DI_2	DI_1	DI_0				读	写	
01	…	…	…	…	…	…	…	…	…
01	01	00 01 … 3F FF	0C	××.×××× YYMMDDhhmm	8	kW 年月日时分	*		（上12结算日）正向有功总最大需量及发生时间 （上12结算日）正向有功费率1最大需量及发生时间 … （上12结算日）正向有功费率63最大需量及发生时间 （上12结算日）正向有功最大需量及发生时间数据块
01	02	00 01 … 3F FF	0C	××.×××× YYMMDDhhmm	8	kW 年月日时分	*		（上12结算日）反向有功总最大需量及发生时间 （上12结算日）反向有功费率1最大需量及发生时间 … （上12结算日）反向有功费率63最大需量及发生时间 （上12结算日）反向有功最大需量及发生时间数据块
01	03	00 01 … 3F FF	0C	××.×××× YYMMDDhhmm	8	kvar 年月日时分	*		（上12结算日）组合无功1总最大需量及发生时间 （上12结算日）组合无功1费率1最大需量及发生时间 … （上12结算日）组合无功1费率63最大需量及发生时间 （上12结算日）组合无功1最大需量及发生时间数据块
01	04	00 01 … 3F FF	0C	××.×××× YYMMDDhhmm	8	kvar 年月日时分	*		（上12结算日）组合无功2总最大需量及发生时间 （上12结算日）组合无功2费率1最大需量及发生时间 … （上12结算日）组合无功2费率63最大需量及发生时间 （上12结算日）组合无功2最大需量及发生时间数据块

续表

数据标识				数据格式	数据长度（字节）	单位	功能		数据项名称
DI_3	DI_2	DI_1	DI_0				读	写	
01	05	00	0C	××.×××× YYMMDDhhmm	8	kvar 年月日时分	*		（上12结算日）第一象限无功总最大需量及发生时间
		01							（上12结算日）第一象限无功费率1最大需量及发生时间
		…							…
		3F							（上12结算日）第一象限无功费率63最大需量及发生时间
		FF							（上12结算日）第一象限无功最大需量及发生时间数据块
01	06	00	0C	××.×××× YYMMDDhhmm	8	kvar 年月日时分	*		（上12结算日）第二象限无功总最大需量及发生时间
		01							（上12结算日）第二象限无功费率1最大需量及发生时间
		…							…
		3F							（上12结算日）第二象限无功费率63最大需量及发生时间
		FF							（上12结算日）第二象限无功最大需量及发生时间数据块
01	07	00	0C	××.×××× YYMMDDhhmm	8	kvar 年月日时分	*		（上12结算日）第三象限无功总最大需量及发生时间
		01							（上12结算日）第三象限无功费率1最大需量及发生时间
		…							…
		3F							（上12结算日）第三象限无功费率63最大需量及发生时间
		FF							（上12结算日）第三象限无功最大需量及发生时间数据块
01	08	00	0C	××.×××× YYMMDDhhmm	8	kvar 年月日时分	*		（上12结算日）第四象限无功总最大需量及发生时间
		01							（上12结算日）第四象限无功费率1最大需量及发生时间
		…							…
		3F							（上12结算日）第四象限无功费率63最大需量及发生时间
		FF							（上12结算日）第四象限无功最大需量及发生时间数据块

续表

数据标识				数据格式	数据长度（字节）	单位	功能		数据项名称
DI_3	DI_2	DI_1	DI_0				读	写	
01	09	00	0C	××.×××× YYMMDDhhmm	8	kVA 年月日时分	*		（上12结算日）正向视在总最大需量及发生时间
		01							（上12结算日）正向视在费率1最大需量及发生时间
		…							…
		3F							（上12结算日）正向视在费率63最大需量及发生时间
		FF							（上12结算日）正向视在最大需量及发生时间数据块
01	0A	00	0C	××.×××× YYMMDDhhmm	8	kVA 年月日时分	*		（上12结算日）反向视在总最大需量及发生时间
		01							（上12结算日）反向视在费率1最大需量及发生时间
		…							…
		3F							（上12结算日）反向视在费率63最大需量及发生时间
		FF							（上12结算日）反向视在最大需量及发生时间数据块
01	15	00	0C	××.×××× YYMMDDhhmm	8	kW 年月日时分	*		（上12结算日）U相正向有功最大需量及发生时间
	16					kW 年月日时分			（上12结算日）U相反向有功最大需量及发生时间
	17					kvar 年月日时分			（上12结算日）U相组合无功1最大需量及发生时间
	18					kvar 年月日时分			（上12结算日）U相组合无功2最大需量及发生时间
	19					kvar 年月日时分			（上12结算日）U相第一象限无功最大需量及发生时间
	1A					kvar 年月日时分			（上12结算日）U相第二象限无功最大需量及发生时间
	1B					kvar 年月日时分			（上12结算日）U相第三象限无功最大需量及发生时间
	1C					kvar 年月日时分			（上12结算日）U相第四象限无功最大需量及发生时间
	1D					kVA 年月日时分			（上12结算日）U相正向视在最大需量及发生时间
	1E					kVA 年月日时分			（上12结算日）U相反向视在最大需量及发生时间

续表

数据标识				数据格式	数据长度（字节）	单位	功能		数据项名称
DI_3	DI_2	DI_1	DI_0				读	写	
01	29	00	0C	××.×××× YYMMDDhhmm	8	kW 年月日时分	*		（上 12 结算日）V 相正向有功最大需量及发生时间
	2A					kW 年月日时分			（上 12 结算日）V 相反向有功最大需量及发生时间
	2B					kvar 年月日时分			（上 12 结算日）V 相组合无功 1 最大需量及发生时间
	2C					kvar 年月日时分			（上 12 结算日）V 相组合无功 2 最大需量及发生时间
	2D					kvar 年月日时分			（上 12 结算日）V 相第一象限无功最大需量及发生时间
	2E					kvar 年月日时分			（上 12 结算日）V 相第二象限无功最大需量及发生时间
	2F					kvar 年月日时分			（上 12 结算日）V 相第三象限无功最大需量及发生时间
	30					kvar 年月日时分			（上 12 结算日）V 相第四象限无功最大需量及发生时间
	31					kVA 年月日时分			（上 12 结算日）V 相正向视在最大需量及发生时间
	32					kVA 年月日时分			（上 12 结算日）V 相反向视在最大需量及发生时间
01	3D	00	0C	××.×××× YYMMDDhhmm	8	kW 年月日时分	*		（上 12 结算日）W 相正向有功最大需量及发生时间
	3E					kW 年月日时分			（上 12 结算日）W 相反向有功最大需量及发生时间
	3F					kvar 年月日时分			（上 12 结算日）W 相组合无功 1 最大需量及发生时间
	40					kvar 年月日时分			（上 12 结算日）W 相组合无功 2 最大需量及发生时间
	41					kvar 年月日时分			（上 12 结算日）W 相第一象限无功最大需量及发生时间
	42					kvar 年月日时分			（上 12 结算日）W 相第二象限无功最大需量及发生时间
	43					kvar 年月日时分			（上 12 结算日）W 相第三象限无功最大需量及发生时间
	44					kvar 年月日时分			（上 12 结算日）W 相第四象限无功最大需量及发生时间
	45					kVA 年月日时分			（上 12 结算日）W 相正向视在最大需量及发生时间
	46					kVA 年月日时分			（上 12 结算日）W 相反向视在最大需量及发生时间

续表

数据标识				数据格式	数据长度（字节）	单位	功能		数据项名称
DI_3	DI_2	DI_1	DI_0				读	写	
01	ZZ	ZZ	FF	××.×××× YYMMDDhhmm	8×13		*		某项当前和12个结算日最大需量及发生时间数据块

注 1. 组合无功最大需量的最高位是符号位，0正1负。取值范围：0.0000～79.0000。

2. 在传输某结算日最大需量及发生时间数据块时，数据块中包含的费率最大需量及发生时间以实际设置的费率数为准。

3. ZZ代表本字节所列数值的任意一个取值，ZZ不能取值为FF。

参 考 文 献

[1] 陈向群．电能计量技能考核培训教材．北京：中国电力出版社，2003.

[2] 郑尧，李兆华，谭金超，等．电能计量技术手册．北京：中国电力出版社，2002.